实用铆工手册

第三版

胡忆沩　杨梅　李鑫　等编

化学工业出版社

·北京·

《实用铆工手册》包括：常用知识，铆工制图与识图基础，铆工计算与展开，铆工常用工具与设备，铆工基本操作技能，备料，放样与号料，加工成形，装配，压力容器制造与安装，铆接与敛缝，铆工工艺规程及产品检验，铆工检维修新技术介绍，专业数据全部取自国家现行标准，为铆工提供了必备、权威的技术资料和成熟的操作技能知识。最后一章，分别介绍了高分子合金修补技术，断丝取出技术，压力容器、压力管道在线机械加工修复技术，压力容器、压力管道带压开孔及封堵技术，压力容器、压力管道碳纤维复合材料修复技术。

《实用铆工手册》内容丰富、取材权威、新技术和新工艺介绍全面，可供从事金属结构工程安装、维修的铆工（冷作钣金工）技术工人使用，也可作为从事一般金属结构工程设计、施工的专业技术人员及相关职业技术院校师生的参考用书。

图书在版编目（CIP）数据

实用铆工手册/胡忆沩等编. —3版. —北京：化学工业出版社，2017.4（2023.1重印）
ISBN 978-7-122-29079-3

Ⅰ.①实… Ⅱ.①胡… Ⅲ.①铆工-技术手册 Ⅳ.①TG938-62

中国版本图书馆CIP数据核字（2017）第029540号

责任编辑：袁海燕
责任校对：边　涛　　　　装帧设计：刘丽华

出版发行：化学工业出版社（北京市东城区青年湖南街13号　邮政编码100011）
印　　装：北京盛通数码印刷有限公司
850mm×1168mm　1/32　印张26¾　字数857千字
2023年1月北京第3版第9次印刷

购书咨询：010-64518888　　　　售后服务：010-64518899
网　　址：http://www.cip.com.cn
凡购买本书，如有缺损质量问题，本社销售中心负责调换。

定　　价：128.00元　

第三版前言

本手册是在原《实用铆工手册》第二版基础上修订完成的精练版。再版过程中充分依据我国现行国家职业标准《铆工（冷作钣金工）》应当掌握的知识和技能要求，广泛收集最新的资料，采用现行国家标准和技术法规，更新了相关标准年号，删除了各章中相对陈旧的内容，增加了新技术和新工艺，篇幅适中，便于读者理解和使用；手册编写中大量采用图表形式，对所选资料进行反复核对和精心选编，使其技术难度适宜，语言简练；选编内容比较全面，对重要的章节选择了较完整的国家标准或国家行业标准，基本覆盖了铆工（冷作钣金工）所涉及的基础知识和专业知识，数据翔实，方便读者查证。

进入“十三五”期间，国家加大了标准更新修订的力度。为使本手册提供的数据准确无误，编者选择的数据资料全部取自国家现行标准，有利于广大读者对国家金属结构工程方面技术法规和标准的理解和掌握。在编写整理的相应数据和表格中，均给出国家现行标准编号及被代替标准编号。如国家标准 GB/T 1047 和 GB/T 1048 分别在 2005 年进行了修订，并与国际标准接轨或等效采用等因素，2006 年后实施的新标准或新修订的标准，已经采用“公称尺寸和公称压力”新的术语内涵，而在 2006 年前实施的现行国家标准则依旧采用公称直径、公称通径等术语，存在着同义不同语的问题。再如早期的金属表面光洁度“▽”演变为 GB/T 131—1983（第一版）的表面粗糙度“$\overset{1.6}{\triangledown}$”，发展为 GB/T 131—1993（第二版）“$\overset{1.6}{\triangledown}$ $\overset{1.6}{\triangledown}$”，而如今的 GB/T 131—2006（第三版）的表面结构参数为“$\triangledown\sqrt{Ra\ 1.6}$”等，本手册中均有详细的介绍。

铆工施工作业时，都是依据图纸和施工方案来进行。不同机械行业的技术人员所撰写的施工方案所依据标准也有所不同。为能够满足不同行业铆工的需求，本手册尽可能给出同一内容不同标准的术语和解释。限于篇幅，手册中不可能给出标准中的详细数据，但给出了各类标准的编号和年号，便于读者比较、借鉴和查寻。

本手册由胡忆沩、杨梅、李鑫、吴巍共同编写，由胡忆沩统稿。

全书内容包括第 1 章常用知识，第 2 章铆工制图与识图基础，第 3 章铆工计算与展开，第 4 章铆工常用工具与设备，第 5 章铆工基本操作技能，第 6 章备料，第 7 章放样与号料，第 8 章加工成形，第 9 章装配，第 10 章压力容器制造与安装，第 11 章铆接与敛缝，第 12 章铆工工艺规程及产品检验，第 13 章铆工检维修新技术介绍。特别是在最后一章中，分别介绍了高分子合金修补技术，断丝取出技术，压力容器、压力管道在线机械加工修复技术，压力容器、压力管道带压开孔及封堵技术，压力容器、压力管道碳纤维复合材料修复技术，有利于启迪读者的发明创造灵感。

由于编者水平所限，手册中难免存在缺陷，敬请广大读者批评指正。

编者

2017 年 1 月

目录

第10章 压力容器制造与安装

第1章 常用知识

1.1 铆工专业术语和定义

① 排料（排样）。在板料或条料上合理安排每个坯件下料位置的过程。

② 画线。在毛坯或工件上，用画线工具画出待加工部位的轮廓线或作为基准的点、线。

③ 打样冲眼。在毛坯或工件画线后，在中心线或辅助线上用样冲打出冲点的方法。

④ 放样。根据构件图样，用1∶1的比例（或一定的比例）在放样台（或平台）上画出其所需图形的过程。

⑤ 展开。将构件的各个表面依次摊开在一个平面的过程。

⑥ 号料。根据图样，或利用样板、样杆等直接在材料上画出构件形状和加工界线的过程。

⑦ 切割。把板材或型材等切成所需形状和尺寸的坯料或工件的过程。

⑧ 剪切。通过两剪刃的相对运动，切断材料的加工方法。

⑨ 锯削。用锯对材料或工件进行切断或切槽等的加工方法。

⑩ 錾削。用手锤打击錾子对金属工件进行切削加工的方法。

⑪ 锉削。用锉刀对工件进行切削加工的方法。

⑫ 去毛刺。清除工件已加工部位周围所形成的刺状物或飞边。

⑬ 倒钝锐边。除去工件上尖锐棱角的过程。

⑭ 砂光。用砂布或砂纸磨光工件表面的过程。

⑮ 除锈。将工件表面上的锈蚀除去的过程。

⑯ 清洗。用清洗剂清除产品或工件上的油污、灰尘等脏物的过程。

⑰ 弯形。将坯料弯成所需形状的加工方法。

⑱ 压弯。用模具或压弯设备将坯料弯成所需形状的加工方法。

⑲ 拉弯。坯料在受拉状态下沿模具弯曲成形的方法。

⑳ 滚弯。通过旋转辊轴使坯料弯曲成形的方法。

㉑ 热弯。将坯料在热状态下弯曲成形的方法。

㉒ 弯管。将管材弯曲成形的方法。

㉓ 热成形。使坯料或工件在热状态下成形的方法。

㉔ 胀形。板料或空心坯料在双向拉应力作用下，使其产生塑性变形取得所需制件的成形方法。

㉕ 扩口。将管件或空心制件的端部径向尺寸扩大的加工方法。

㉖ 缩口。将管件或空心制件的端部加压，使其径向尺寸缩小的加工方法。

㉗ 缩颈。将管件或空心制件局部加压，使其径向尺寸缩小的加工方法。

㉘ 咬缝（锁接）。将薄板的边缘相互折转扣合压紧的连接方法。

㉙ 胀接。利用管子和管板变形来达到紧固和密封的连接方法。

㉚ 放边。使工件单边延伸变薄而弯曲成形的方法。

㉛ 收边。使工件单边起皱收缩而弯曲成形的方法。

㉜ 拔缘。利用放边和收边使板料边缘弯曲的方法。

㉝ 拱曲。将板料周围起皱收边，而中间打薄锤放，使之成为半球形或其它所需形状的加工方法。

㉞ 扭曲。将坯料的一部分与另一部分相对扭转一定角度的加工方法。

㉟ 拼接。将坯料以小拼整的方法。

㊱ 卷边。将工件边缘卷成圆弧的加工方法。

㊲ 折边。将工件边缘压扁成叠边或压扁成一定儿何形状的加工方法。

㊳ 翻边。将板件边缘或管件（或空心制件）的口部进行折边或翻扩的加工方法。

㊴ 刨边。对板件的边缘进行的刨削加工。

㊵ 修边。对板件的边缘进行修整加工的方法。

㊶ 缩口（缩颈）。将管件或空心制件的端部加压，使其径向尺寸缩小的加工方法；或将管件或空心制件的局部加压，使其径向尺寸缩小的加工方法。

㊷ 咬缝（锁接）。将薄板的边缘相互折转扣合压紧的连接方法。

㊸ 矫直。消除材料或制件弯曲的加工方法。

㊹ 校平。消除板材或平板制件的翘曲、局部凸凹不平等的加工方法。

1.2 公称尺寸（直径）

公称尺寸与公称直径是同义术语。但在不同的专业领域，公称尺寸与公称直径所表达的概念并非一致。在压力容器工程中，公称直径是首选术语；而在管道工程中，公称尺寸是首选术语。

1.2.1 压力容器的公称直径

压力容器的公称直径在现行国家标准 GB/T 9019—2015《压力容器公称直径》中给出了准确的定义。压力容器公称直径适用于圆筒形压力容器及常压容器，但不适用于气瓶类压力容器。

按 GB/T 9019 国家标准，压力容器公称直径以容器圆筒直径表示，分为以下两个系列。

(1) *以内径为基准的压力容器公称直径*

① 以内径为基准的压力容器公称直径系指容器圆筒的内径，如表 1-1 所示。

表 1-1 以内径为基准的压力容器公称直径系列 mm

300	350	400	450	500	550	600	650	700	750
800	850	900	950	1000	1100	1200	1300	1400	1500
1600	1700	1800	1900	2000	2100	2200	2300	2400	2500
2600	2700	2800	2900	3000	3100	3200	3300	3400	3500
3600	3700	3800	3900	4000	4100	4200	4300	4400	4500
4600	4700	4800	4900	5000	5100	5200	5300	5400	5500
5600	5700	5800	5900	6000	—	—	—	—	—

② 标记示例。圆筒内径为 1200mm 的压力容器公称直径：

公称直径 DN1200 GB/T 9019—2015

③ 本标准并不限制直径在 6000mm 以上的圆筒的使用。

(2) *以外径为基准的压力容器公称直径*

① 以外径为基准的压力容器公称直径系指容器圆筒的外径，如表 1-2 所示。

表 1-2 以外径为基准的压力容器公称直径系列 mm

159	219	273	325	377	426

② 标记示例。外径为 159mm 的管子做筒体的压力容器公称直径：

公称直径 DN159 GB/T 9019—2015

1.2.2 管道元件的公称尺寸

管道元件公称尺寸在现行国家标准 GB/T 1047—2005《管道元件 DN（公称尺寸）的定义和选用》中给出了准确的定义，该标准采用 ISO 6708：1995《管道元件 DN（公称尺寸）的定义和选用》的内容。管道元件公称尺寸术语适用于输送流体用的各类管道元件。

（1）管道元件公称尺寸术语定义 DN 用于管道元件的字母和数字组合的尺寸标识。它由字母 DN 和后跟无量纲的整数数字组成。这个数字与端部连接件的孔径或外径（用 mm 表示）等特征尺寸直接相关。一般情况下，公称尺寸的数值既不是管道元件的内径，也不是管道元件的外径，而是与管道元件的外径相接近的一个整数值。

应当注意的是，并非所有的管道元件均须用公称尺寸标记，如钢管就可用外径和壁厚进行标记。

（2）标记方法 公称尺寸的标记由字母 DN 后跟一个无量纲的整数数字组成，如外径为 89mm 的无缝钢管的公称尺寸标记为 DN80。

（3）公称尺寸系列规定 公称尺寸的系列规定如表 1-3 所示。表中黑体字为 GB/T 1047—2005 优先选用的公称尺寸。

GB/T 1047—2005 对原标准名称、范围、定义进行修改，对 DN 的数值进行了简化，删去了原标准中的标记方法。

管道元件的公称尺寸在我国工程界也有称其为公称通径或公称直径的，但三者的含义完全相同。与国际标准接轨后，将逐步采用“公称尺寸”这一国际通用术语。

ISO 6708 和 GB/T 1048 也允许采用 NPS、外径等标识方法。NPS 是公称直径采用以英寸（in）为单位计量时的标识代号。无论是采用 DN 还是 NPS，管道元件标准应给出 DN（或 NPS）与外径（如管子、管件），或 DN（或 NPS）与内径或通径（如阀门）的关系。

美国的工程公司一般采用 NPS 表达，其 PDS 数据库也是以 NPS 为基础建立的。日本标准采用 DN 与 NPS 并列的办法。前者为 A 系列，后者为 B 系列。

表 1-3 管道元件公称尺寸 DN 优先选用数值表 mm

公称尺寸系列 DN							
3	50	225	450	750	1200	2000	3800
6	65	250	475	800	1250	2200	4000
8	80	275	500	850	1300	2400	
10	90	300	525	900	1350	2600	
15	100	325	550	950	1400	2800	
20	125	350	575	1000	1450	3000	
25	150	375	600	1050	1500	3200	
32	175	400	650	1100	1600	3400	
40	200	425	700	1150	1800	3600	

我国和欧洲各国一般采用 DN。但与国外合作设计时也采用 NPS。应当说明的是，采用英寸为单位仅限于公称直径（及管螺纹）。而其它尺寸计量单位还是采用国际单位制。以 DN400 为例，即相当于美国的 NPS16，日本的 400A 或 16B。

1.3 公称压力

公称压力是为了设计、制造和使用方便，而人为规定的一种名义压力。一定的材料，一定公称压力的容器或管道标准件可以承受的最大操作压力随着操作温度的升高而下降。

1.3.1 压力容器的定义

根据质检总局关于修订《特种设备目录》的公告（2014 年第 114 号）令，压力容器的最新定义是：

压力容器，是指盛装气体或者液体，承载一定压力的密闭设备，其范围规定为最高工作压力大于或者等于 0.1MPa（表压）的气体、液化气体和最高工作温度高于或者等于标准沸点的液体、容积大于或者等于 30L 且内直径（非圆形截面指截面内边界最大几何尺寸）大于或者等于 150mm 的固定式容器和移动式容器；盛装公称工作压力大于或者等于 0.2MPa（表压），且压力与容积的乘积大于或者等于 1.0MPa·L 的气体、液化气体和标准沸点等于或者低于 60℃液体的气瓶；氧舱。

1.3.2 压力容器的公称压力

压力容器的公称压力指的是压力容器法兰的公称压力。

压力容器法兰的公称压力指的是在规定的设计条件下，在确定法兰结构尺寸时所采用的设计压力。

压力容器法兰的公称压力分成 7 个等级，即 0.25MPa、0.60MPa、1.00MPa、1.60MPa、2.50MPa、4.00MPa 和 6.40MPa。

1.3.3 压力管道的定义

根据质检总局关于修订《特种设备目录》的公告（2014 年第 114 号）令，压力管道的最新定义是：

压力管道，是指利用一定的压力，用于输送气体或者液体的管状设备，其范围规定为最高工作压力大于或者等于 0.1MPa（表压），介质为气体、液化气体、蒸汽或者可燃、易爆、有毒、有腐蚀性、最高工作温度高于或者等于标准沸点的液体，且公称直径大于或者等于 50mm 的管道。公称直径小于 150mm，且其最高工作压力小于 1.6MPa（表压）的输送无毒、不可燃、无腐蚀性气体的管道和设备，本体所属管道除外。其中，石油天然气管道的安全监督管理还应按照《安全生产法》、《石油天然气管道保护法》等法律法规实施。

1.3.4 管道元件公称压力

管道元件公称压力在国家标准 GB/T 1048—2005《管道元件 PN（公称压力）的定义和选用》中给出了准确的定义，该标准采用了 ISO 7268：1996《管道元件 PN 的定义和选用》的内容。

（1）管道元件公称压力术语定义　PN 与管道元件的力学性能和尺寸特性相关、用于参考的字母和数字组合的标识。它由字母 PN 和后跟无量纲的数字组成。

① 字母 PN 后跟的数字不代表测量值，不应用于计算目的，除非在有关标准中另有规定。

② 除与相关的管道元件标准有关联外，术语 PN 不具有任何意义。

③ 管道元件允许压力取决于元件的 PN 数值、材料和设计以及

允许工作温度等，允许压力在相应标准的压力-温度等级中给出。

④ 具有同样 PN 数值的所有管道元件同与其相配的法兰应具有相同的配合尺寸。

(2) **标记方法** 公称压力的标记由字母 PN 和后跟一个无量纲的数值组成，如公称压力为 1.6MPa 的管道元件标记为：PN16。

(3) **公称压力系列** 公称压力 PN 的数值应从表 1-4 中选择。必要时允许选用其它 PN 数值。

表 1-4 管道元件公称压力系列

DIN	ANSI	DIN	ANSI
PN2.5	PN20	PN25	PN260
PN6	PN50	PN40	PN420
PN10	PN110	PN63	
PN16	PN150	PN100	

GB/T 1048—2005 删去了原标准中的公称压力的标记方法，删去了 PN 数值的单位（MPa)，明确了 PN（公称压力）只是“与管道元件的力学性能和尺寸特性相关、用于参考的字母和数字组合的标识”的基本概念，并在注解中进一步说明了字母 PN 后跟的数字不代表测量值，不应用于计算。

目前国内许多标准还处于新旧交替阶段，GB/T 1048—2005《管道元件 PN（公称压力）的定义和选用》已经与国标标准 ISO 7268：1996《管道元件 PN 的定义和选用》接轨，一些与公称压力相关的管道元件的国家现行标准将随之修订，应当引起读者的高度关注。

在国家最新的标准 GB/T 1047 和 GB/T 1048 中的公称尺寸和公称压力都是由字母及后跟无量纲的数字组成。这一点是与被替代标准的本质区别。

1.4 金属型材的最小弯曲半径

1.4.1 板材的最小弯曲半径

板材的最小弯曲半径如表 1-5 所示。

表 1-5 板材的最小弯曲半径 mm

材料	正火或退火状态		冷轧状态	
	弯曲线位置			
	与纤维垂直	与纤维平行	与纤维垂直	与纤维平行
低碳钢 08～20、Q235	0.5t	1.0t	1.0t	1.5t
中碳钢 30～45	0.8t	1.5t	1.5t	2.5t
高碳钢 60、65Mn、T7	1.0t	2.0t	2.0t	3.0t
紫铜、锌	0.25t	0.4t	1.0t	2.0t
黄铜、铝	0.3t	0.45t	0.5t	1.0t
磷青铜	—	—	1.0t	3.0t
软杜拉铝	1.3t	2.0t	2.0t	3.0t
硬杜拉铝	2.5t	3.5t	3.5t	5.0t
镁合金 MA1、MA8	加热到 300℃		冷轧状态	
	2t	3t	7t	9t
	2t	3t	5t	8t
钛合金 BT1、BT5	加热到 300～400℃		冷轧状态	
	1.5t	2t	3t	4t
	—	—	4t	5t

1.4.2 管材的最小弯曲半径

管材的最小弯曲半径如表 1-6 所示。

表 1-6 管材的最小弯曲半径 mm

种类	加工状态		管外径	弯曲半径 $R \geqslant$			
钢管	热弯		任意值	3d			
	冷弯	焊接钢管	任意值	6d			
		无缝钢管	5～20	壁厚≤2	4d	壁厚>2	3d
			>20～35		5d		3d
			>36～60		—		4d
			>60～140		—		5d
铜管	冷弯		≤18	2d			
铝管			>18	3d			

1.5 材料标记及移植制度

1.5.1 材料标记及移植的目的

按下料规程要求，在下完的料上和剩余的料上要作材料标记及移植。

(1) 移植的目的

① 移植是一种跟踪记录，在剩余的材料上移植材料标记，待再用时可从记录中查到材质种类、规格、炉批号和入库验收编号等，以防混用。

② 在已使用的材料上移植材料标记，以备使用的压力容器一旦出现裂纹或爆炸事故，可将其材料标记与制造厂的材料标记相对照，便于追查事故责任。

(2) 移植范围

1) 需作移植者 《压力容器安全技术监察规程》规定：

① 压力容器制造单位对第二、三类容器的受压元件材料都要有标记，并在生产过程中进行标记移植；

② 对第一类容器，应对受压关键元件材料实行标记移植。受压元件主要有板、管、圆钢、法兰、封头、补强圈和锻件等。

不锈钢作压力容器的受压元件或非压力容器时，都要作材料标记移植，可用红蓝铅笔或碳素墨水作出，其目的主要是防止材料混用。

2) 无需作移植者 非压力容器的所有元件、低温钢（如16MnDR）、屈服强度$\sigma_s>392$MPa的钢种、压力容器的非受压元件如裙座、吊臂等都不需作材料标记移植。

1.5.2 材料移植制度

(1) 钢号、检号移植规定

为了切实保证产品的安全可靠，在产品的零、部件上应有明确的标记，如牌号、检号等，以防止不合格材料用于压力容器生产。

需要进行标记的零、部件种类如下。

① 各种法兰、盲板、管板。

② 设备的筒体、封头及其相焊的受压元件（如接管、补强圈）等。

③ 用于设计压力大于6.4MPa的螺栓、螺柱和螺母。

(2) 需要标记的钢种

① Q235-A钢可不打钢号直接打检号，其它材质必须同时打钢号及检号。

② 接管除20钢外，其余应打标记。

（3）标记部位的规定

① 法兰、盲板和圆形板件的标记应打在板面上，并用红油漆涂注工程编号。

② 零件加工时，在毛坯上的标记没加工掉之前先移植。

③ 筒体的标记应打在筒体的中间部位，距焊缝边缘 50mm 左右处，内容应包括钢号、检号、台号。

④ 封头应在距封头圆顶心 100～200mm 处打印标记。

⑤ 补强圈应打在内圆及外圆中间部位的板面上。

⑥ 圆钢直径不小于 45mm 时，需打印标记；直径小于 45mm 时，采用挂标签的办法标记。

⑦ 接管直径不小于 45mm 时，钢印打在接管的中间部位；直径小于 45mm 时采用标签，其内容包括工程编号、钢号及检号。

⑧ 不锈钢抗腐蚀的表面不允许打钢印，应用红油漆写上明显的标记。

⑨ 打过的钢号、检号四周应用油漆画出明显标框，使标记更加明显。

（4）打印的分工和责任

① 材料应由施工者根据保管员提供的钢号，经检查无误后进行打印。对于筒体或封头需要焊接时，生产班组应提供与实际相符的拼板图，拼板图上应标有每块钢板的钢号、检号。

② 每一道工序都应注意保存或打印标记，如果标记不清楚或发现无标记或被加工掉时，必须由操作工会同工序检查员把情况弄清，重新打印或打标记，在材质没弄清前不应加工。

③ 标记应打在零件的表面上，如果筒体滚卷将标记卷在筒体里面时，筒体表面需重新打印，并经工序检查员确认。

④ 工序检查员在每一道工序检查中，都应检查标记是否完整、清楚，并作为零件是否合格的项目。

⑤ 为了确保标记移植的正确性，必须先移植后消除标记。

⑥ 对于焊接试板也应打印标记。

（5）焊工钢印　焊接压力容器的焊工，必须按照《锅炉压力容器焊工考试规则》进行考试，取得焊工合格证后，才能在有效期间内担任合格项目范围内的焊接工作。每一个焊工都应有编号，施焊后应在焊缝附近规定的部位打上焊工钢印。

① 打钢印的范围　压力容器每一条焊缝焊接后都应打上焊工

钢印。

② 打钢印部位的规定

a. 纵缝：在焊缝中间部位距焊缝 50mm 处。

b. 环缝：在焊缝中间部位距焊缝 50mm 处。

c. 接管与法兰对接焊缝：在距对接焊缝 30mm 处打印，小接管与法兰的焊接焊工钢印可打在法兰外圆上。

d. 接管与壳体或封头的角焊缝：在距焊缝 30mm 处的筒体或封头上打印（有补强圈时可打在补强圈上）。

③ 印记和责任

a. 每个焊工在规定的打印范围和部位，打上焊工钢印，由工序检查员负责确认并打确认印，用油漆圈出，记录于工艺检验卡上。

b. 对于热压封头的拼接焊缝，应做好原始记录，热成形后不清晰者，补打焊工钢印。

c. 对无钢印和标记不清者，不给予探伤。

(6) 探伤编号标记

① 完工的焊缝由质量检验员进行宏观检查，确认合格后填写检伤申请单，委托理化检验站进行探伤。

② 局部探伤由质量检验员画出局部探伤位置，并编出探伤编号，在委托单上画出草图，标出探伤编号。

③ 同时制造多台相同规格的压力容器时应用数字加以区别。

④ 探伤底片应有编号及探伤时间。

(7) 责任人员的标记

责任人员的钢印标记如下：

材料技术员——字母 C；

工序检查员——字母 G；

质量检验员——字母 J。

第2章　铆工制图与识图基础

2.1　制图概述

目前在金属结构制造图中经常会看到《机械制图》与《技术制图》标准同时出现的情况。国家标准《机械制图》是一项重要基础标准。1959 年我国正式发布了 GB 122～141—1959《机械制图》，它是我国制定和发布的第一个关于工程类制图标准，也是工程图学的各分支学科中发展较早的重要学科之一。改革开放后，国家明确提出积极采用国际标准的方针，并对 1974 年的《机械制图》国家标准进行修订，形成了 GB 4457.1～GB 4457.5、GB 4458.1～GB 4458.5、GB 4459.1～GB 4459.7 共计 17 个标准（1984 年版），在这些标准名称前面皆统一冠以机械制图。1984 年版《机械制图》标准除部分被新标准代替外，还一直在使用着。但从 1988 年后，我国又陆续颁布了一批冠以技术制图字样的制图标准，如：

GB/T 10609.1—1989 技术制图　标题栏；

GB/T 10609.1—2008 技术制图　标题栏；

GB/T 4457.2—2003 技术制图　图样画法　指引线和基准线的基本规定。

技术制图在我国出现于 20 世纪 80 年代中后期，是更高层次的工程制图。它涵盖了各类制图，从发展的眼光看，它很可能成为工程图学中最重要的学科。由于它的出现，工程图学也可能更名，工程图学极有可能被技术图学所取代。

表 2-1 所示是我国发布的《机械制图》标准与国际标准的对应关系。

表 2-1　《机械制图》标准与国际标准的对应关系

序号	国家标准名称及代号	与国际标准的关系
1	机械制图　图样画法　图线 GB/T 4457.4—2002	修改采用 ISO 128-24：1999 《技术制图　图样画法　机械工程制图用图线》

续表

序号	国家标准名称及代号	与国际标准的关系
2	机械制图　剖面符号 GB/T 4457.5—2013	
3	机械制图　图样画法　视图 GB/T 4458.1—2002	参照采用 ISO 128-34：2001 《技术制图　图样画法　机械工程制图用视图》
4	机械制图　装配图中零、部件序号及其编排方法 GB/T 4458.2—2003	
5	机械制图　轴测图 GB/T 4458.3—2013	
6	机械制图　尺寸注法 GB/T 4458.4—2003	
7	机械制图　尺寸公差与配合注法 GB/T 4458.5—2003	
8	机械制图　图样画法 剖视图和断面图 GB/T 4458.6—2002	修改采用 ISO 128-44：2001 《技术制图　图样画法　机械工程制图用剖视图和断面图》
9	机械制图　螺纹及螺纹紧固件表示法 GB/T 4459.1—1995	等效采用 ISO 6410—1993 《技术制图　螺纹和螺纹件的表示法》
10	机械制图　齿轮画法 GB/T 4459.2—2003	参照采用 ISO 2203—1973 《技术制图　齿轮的规定画法》
11	机械制图　花键表示法 GB/T 4459.3—2000	等效采用 ISO 6413—1988 《技术制图　花键联结和细齿联结的表示法》
12	机械制图　弹簧画法 GB/T 4459.4—2003	参照采用 ISO 2162—1973 《技术制图　弹簧表示法》
13	机械制图　中心孔表示法 GB/T 4459.5—1999	参照采用 ISO 6411—1982 《技术制图　中心孔表示法》
14	机械制图　动密封圈表示法 GB/T 4459.6—1996	等效采用 ISO 9222-1：1989 《技术制图　动密封圈　第 1 部分：通用的简化表示法》 ISO 9222-2：1989 《技术制图　动密封圈　第 2 部分：细致的简化表示法》
15	机械制图　滚动轴承表示法 GB/T 4459.7—1998	等效采用 ISO 9226-1：1989 《技术制图　滚动轴承　第 1 部分：通用的简化表示法》 ISO 9222-2：1989 《技术制图　滚动轴承　第 2 部分：细致的简化表示法》

续表

序号	国家标准名称及代号	与国际标准的关系
16	机械制图　机构运动简图用图形符号 GB/T 4460—2013	等效采用 ISO 3952-4：1997 《机构运动简图　图示符号》
17	产品几何技术规范(GPS)技术 产品文件中表面结构的表示法 GB/T 131—2006	等效采用 ISO 1302：2002 《产品几何技术规范(GPS)技术产品文件中表面结构的表示法》
18	技术制图　棒料、型材及其断 面的简化表示法 GB/T 4656—2008	等同采用 ISO 5261：1995 《技术制图　棒料、型材及其断面的简化表示法》
19	焊缝符号表示法 GB/T 324—2008	等效采用 ISO 2553：1992 《焊接、硬钎焊和软钎焊接头　图样上的符号表示法》
20	焊接及相关工艺方法代号 GB/T 5185—2005	等效采用 ISO 4063：1998 《焊接与相关处理-参考号对应处理的术语法》
21		

表 2-2 所示是我国发布的《技术制图》标准与国际标准的对应关系。

表 2-2 《技术制图》标准与国际标准的对应关系

序号	国家标准名称及代号	与国际标准的关系
1	技术产品文件词汇投影法术语 GB/T 16948—1997	等效采用 ISO 10209-2：1993 《技术产品文件　词汇—投影法术语》
2	字体和符号模板基本要求、 识别标记及槽宽尺寸 GB/T 16949—1997	等效采用 ISO 9178：1988 《字体和符号模板》
3	技术制图　标题栏 GB/T 10609.1—2008	参照采用 ISO 7200—1984 《技术制图　标题栏》
4	技术制图　明细栏 GB/T 10609.2—2009	参照采用 ISO 7573—1983 《技术制图　明细表》
5	技术制图　复制图的折叠方法 GB/T 10609.3—2009	
6	技术制图　对缩微复制原件的要求 GB/T 10609.4—2009	参照采用 ISO 6428—1982 《技术制图　对缩微复制的要求》

续表

序号	国家标准名称及代号	与国际标准的关系
7	技术制图 焊缝符号的尺寸、比例及简化表示法 GB/T 12212—2012	
8	技术制图 玻璃器具表示法 GB/T 12213—1990	参照采用 ISO 6414—1982《玻璃仪器技术制图》
9	技术制图 通用术语 GB/T 13361—2012	
10	技术制图 图纸幅面和格式 GB/T 14689—2008	等效采用 ISO 5457—1999 ISO 5457—1999,MOD《技术制图 图纸尺寸及格式》
11	技术制图 比例 GB/T 14690—1993	等效采用 ISO 5455—1979《技术制图 比例》
12	技术制图 字体 GB/T 14691—1993	等效采用 ISO 3098/1—1974《技术制图 字体 第一部分:常用字母》ISO 3098/2:1984《技术制图 字体 第二部分:希腊字母》
13	技术制图 投影法 GB/T 14692—2008	等效采用 ISO 5456—1993《技术制图 投影法》
14	技术制图 圆锥的尺寸和公差注法 GB/T 15754—1995	等效采用 ISO 3040—1990《技术制图 尺寸公差注法—圆锥》
15	技术制图 简化表示法 第1部分:图样画法 GB/T 16675.1—2012	
16	技术制图 简化表示法 第2部分:尺寸注法 GB/T 16675.2—2012	
17	技术制图 图线 GB/T 17450—1998	等同采用 ISO 128-20:1996《技术制图 画法通则 第20部分:图线的基本规定》
18	技术制图 图样画法 视图 GB/T 17451—1998	非等同采用 ISO 11947-1:1995《技术制图 视图、断面图和剖视图 第1部分:视图》
19	技术制图 图样画法 剖视图和断面图 GB/T 17452—1998	等同采用 ISO 11947-2:1995《技术制图 视图、断面图和剖视图 第2部分:断面图和剖视图》
20	技术制图 图样画法 剖面区域的表示法 GB/T 17453—2005	等同采用 ISO 11947-2:1995 ISO 128-50:2001 IDT《技术制图 视图、断面图和剖视图 第3部分:断面和剖面区域的表示法》

续表

序号	国家标准名称及代号	与国际标准的关系
21	技术制图　图样画法 指引线和基准线的基本规定 GB/T 4457.2—2003	等同采用 ISO 128-22：1999 《技术制图　通用规则　指引线和参考线的基本规定与应用》
22	技术制图　棒料、型材及其断面的简化表示法 GB/T 4656—2008	等同采用 ISO 5261：1995 ISO 5261—1995,IDT 《技术制图棒料、型材及其断面的简化表示法》
23	技术制图　图样画法　未定义形状边的术语和注法 GB/T 19096—2003	等同采用 ISO 13715：2000 《技术制图　未定义形状边刃用语与特征》

2.2 图纸幅面和格式

GB/T 14689—2008《图纸幅面和格式》是现行国家技术制图标准；等效采用国际标准 ISO 5457—1999《技术制图—图纸尺寸及格式》。内容有：技术图样的幅面种类及尺寸、图框的格式及大小；标题栏在图纸中的位置；对中符号和图幅分区方法；剪切符号等。

绘制技术图样时优先采用代号为 A0、A1、A2、A3、A4 这 5 种基本幅面（第一选择），这与 ISO 标准规定的幅面代号和尺寸完全一致。基本幅面的尺寸如表 2-3 所示。

表 2-3　基本幅面的代号及尺寸（第一选择）　mm

幅面代号	尺寸 $B\times L$	幅面代号	尺寸 $B\times L$
A0	841×1189	A3	297×420
A1	594×841	A4	210×297
A2	420×594		

在 5 种基本幅面中，各相邻幅面的面积大小均相差 1 倍，如 A0 为 A1 幅面的 2 倍，A1 又为 A2 幅面的 2 倍，以此类推。

2.3 标题栏

GB/T 10609.1—2008《标题栏》是现行国家技术制图标准。

在每张技术图样上，均应画出标题栏，而且其位置配置、线型、字体等均需遵守相关国家标准。

标题栏中的“年　月　日”的写法和顺序应按 GB 2808—2005《数据之和交换格式　信息交换　日期和时间表示法》的规定。

20160824（不用分隔符）、2016-08-24（用连字符分隔）、2016 08 24（用间隔字符分隔）。

每个区内的具体项目和格式尺寸，在国家标准的附录 A 中作为参考件列举了一个图例，如图 2-1 所示，宜采用这种格式，以利于图纸格式的统一和计算机绘图发展的需要。

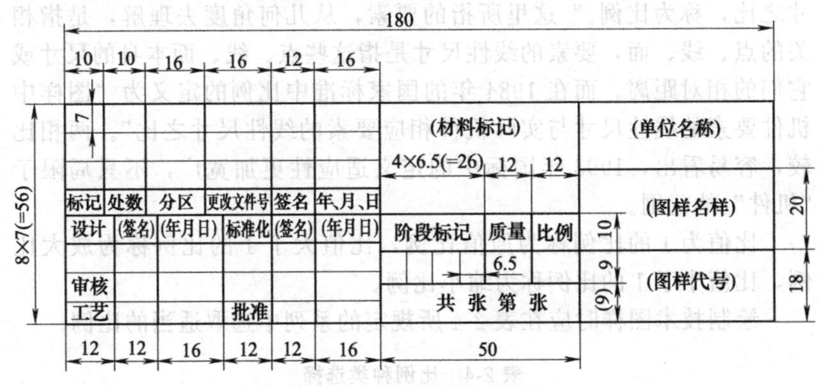

图 2-1　标题栏格式示意图

2.4　明细栏

GB/T 10609.2—2009《明细栏》是现行国家技术制图标准。

明细栏放在装配图中标题栏上方时的格式和尺寸如图 2-2 所示。

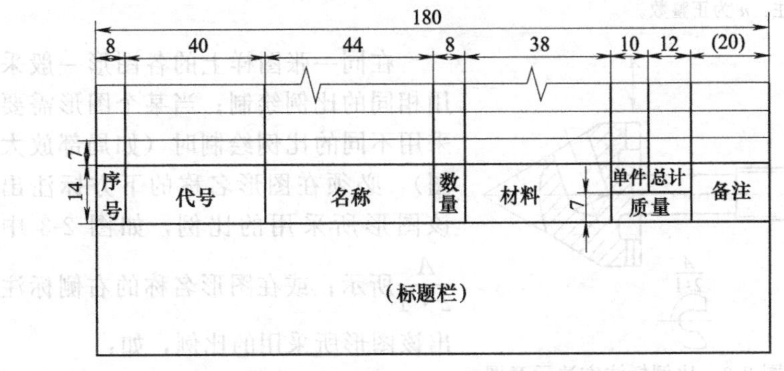

图 2-2　明细栏格式和尺寸示意图

2.5 比例

GB/T 14690—1993《比例》是现行国家技术制图标准；等效采用国际标准 ISO 5455—1979。本标准规定了绘图比例及其标注方法，适用于技术图样及有关技术文件。

1993 年的国家标准规定："图中图形与其实物相应要素的线性尺寸之比，称为比例。"这里所指的要素，从几何角度去理解，是指相关的点、线、面，要素的线性尺寸是指这些点、线、面本身的尺寸或它们的相对距离。而在 1984 年的国家标准中比例的定义为"图样中机件要素的线性尺寸与实际机件相应要素的线性尺寸之比"。两相比较，容易看出，1993 年国标中的定义适应性更加宽广，不只局限于"机件"的范围。

比值为 1 的比例称为原值比例，比值大于 1 的比例称为放大比例，比值小于 1 的比例称为缩小比例。

绘制技术图样时应在表 2-4 所规定的系列中选取适当的比例。

表 2-4 比例种类选择

种 类	比 例
原值比例	1∶1
放大比例	5∶1 2∶1 5×10^n∶1 2×10^n∶1 1×10^n∶1
缩小比例	1∶2 1∶5 1∶10 1∶2×10^n 1∶5×10^n 1∶1×10^n

注：n 为正整数。

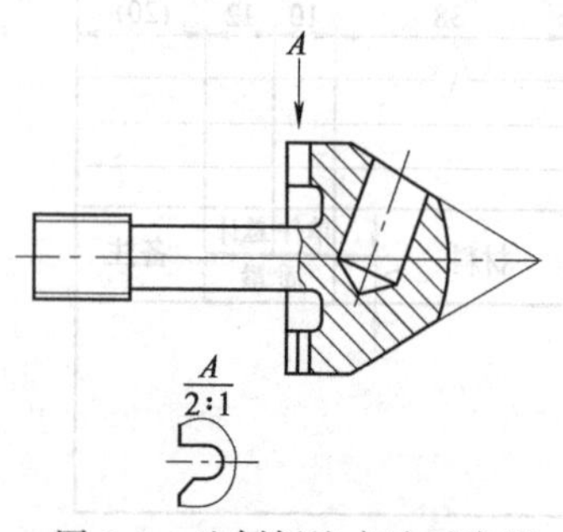

图 2-3 比例标注方法示意图

在同一张图样上的各图形一般采用相同的比例绘制；当某个图形需要采用不同的比例绘制时（如局部放大图），必须在图形名称的下方标注出该图形所采用的比例，如图 2-3 中 $\frac{A}{2:1}$ 所示；或在图形名称的右侧标注出该图形所采用的比例，如：

平面图 1∶200

2.6 字体

GB/T 14691—1993《字体》是现行国家技术制图标准；等效采用国际标准 ISO 3098/1—1974 中的第一部分和 ISO 3098/2—1984 中的第二部分。本标准规定了汉字、字母和数字的结构形式及基本尺寸，适用于技术图样及有关技术文件。

国家标准规定图样中书写的字体必须做到：字体工整、笔画清楚、间隔均匀、排列整齐。

字体的高度（h）代表字体的号数，如 7 号字的高度为 7mm。字体高度的公称尺寸系列为 1.8mm、2.5mm、3.5mm、5mm、7mm、10mm、14mm、20mm 等 8 种。若需书写更大的字，则字体高度应按$\sqrt{2}$的比率递增。

由于有些汉字的笔画较多，所以国家标准规定汉字的最小高度不应小于 3.5mm。汉字应写成长仿宋体（直体），其字宽约为字高的 0.7 倍。

字母和数字按笔画宽度情况分为 A 型和 B 型两类，A 型字体的笔画宽度（d）为字高（h）的 1/14，B 型字体的笔画宽度为字高的 1/10，即 B 型字体比 A 型字体的笔画要粗一点。在同一张图上只允许选用同一种形式的字体。

字母和数字可写成斜体或直体，斜体字的字头向右倾斜，与水平基准线成 75°角。

2.7 图线

GB/T 17450—1998《图线》是现行国家技术制图标准；等同采用国际标准 ISO 128-20：1996《技术制图　画法通则　第 20 部分：图线的基本规定》。本标准规定了图线的名称、形式、结构、标记及画法规则，适用于技术图样，如机械、电气、建筑和土木工程图样等。

GB/T 4457.4—2002《图线》是现行国家机械制图标准；修改采用国际标准 ISO 128-24：1999《技术制图　画样画法　机械工程制图用图线》。本标准规定了机械制图中图线的一般规则，适用于机械工程图样。

目前绘制机械图样时，上述两项国家标准需要同时应用。

而在 2002 年的机械制图《图线》国家标准中，则规定了绘制机械图样时涉及的各种图线的应用。不过图线的形式及图线的宽度系列等方面须受 1998 年国家标准的制约。

2.7.1 基本线型及其变形

（1）**基本线型** 基本线型共有 15 种形式，如表 2-5 所示。绘制机械图样只用到其中的一小部分。

表 2-5 基本线型

代码 No.	基本线型	名 称
01		实线
02		虚线
03		间隔画线
04		点画线
05		双点画线
06		三点画线
07		点线
08		长画短画线
09		长画双短画线
10		画点线
11		双画单点线
12		画双点线
13		双画双点线
14		画三点线
15		双画三点线

（2）**基本线型的变形** 以实线为例，基本线型可能出现的变形如表 2-6 所示，其余各种基本线型可用同样的方法变形表示，视需要而定。

表 2-6 基本线型的变形线表

名 称	基本线型的变形
规则波浪连续线	
规则螺旋连续线	
规则锯齿连续线	
波浪线(徒手连续线)	

2.7.2 图线宽度

所有线型的图线宽度应在下列数系中选择：0.13mm、0.18mm、0.25mm、0.35mm、0.5mm、0.7mm、1mm、1.4mm 及 2mm。

该数系的公比为 $1:\sqrt{2}$ (≈1：1.4)。

粗线、中粗线、细线的宽度比率为 4：2：1，在同一张图样中，同类图线的宽度应一致。

表 2-5 所列各种基本线型，根据需要均可选用粗、中粗、细等宽度。

2.7.3 机械图样上图线的应用

根据机械制图国家标准 GB/T 4457.4—2002《图线》的规定，机械图样上图线的形式及在图样中的一般应用如表 2-7 所示。

表 2-7 线型及应用

代码 No.	线 型	一般应用
01.1	细实线	.1 过渡线
		.2 尺寸线
		.3 尺寸界线
		.4 指引线和基准线
		.5 剖面线
		.6 重合断面的轮廓线
		.7 短中心线

续表

代码 No.	线型	一般应用
01.1	细实线	.8 螺纹牙底线
		.9 尺寸线的起止线
		.10 表示平面的对角线
		.11 零件成形前的弯折线
		.12 范围线及分界线
		.13 重复要素表示线，如齿轮的齿根线
		.14 锥形结构的基面位置线
		.15 叠片结构位置线，如变压器叠钢片
		.16 辅助线
		.17 不连续同一表面连线
		.18 成规律分布的相同要素连线
		.19 投影线
		.20 网格线
	波浪线	.21 断裂处边界线；视图与剖视图的分界线
	双折线	.22 断裂处边界线；视图与剖视图的分界线
01.2	粗实线	.1 可见棱边线
		.2 可见轮廓线
		.3 相贯线
		.4 螺纹牙顶线
		.5 螺纹长度终止线
		.6 齿顶圆线
		.7 表格图、流程图中的主要表示线
		.8 系统结构线(金属结构工程)
		.9 模样分型线
		.10 剖切符号用线
02.1	细虚线	.1 不可见棱边线
		.2 不可见轮廓线

续表

代码 No.	线　　型	一般应用
02.2	粗虚线	.1　允许表面处理的表示线
04.1	细点画线	.1　轴线
		.2　对称中心线
		.3　分度圆
		.4　孔系分布的中心线
		.5　剖切线
04.2	粗点画线	.1　限定范围表示线
05.1	细双点画线	.1　相邻辅助零件的轮廓线
		.2　可动零件的极限位置的轮廓线
		.3　重心线
		.4　成形前轮廓线
		.5　剖切面前的结构轮廓线
		.6　轨迹线
		.7　毛坯图中制成品的轮廓线
		.8　特定区域线
		.9　延伸公差带表示线
		.10　工艺用结构的轮廓线
		.11　中断线

2.8　剖面区域的表示法

GB/T 17453—2005《技术制图　图样画法　剖面区域的表示法》是国家现行技术制图标准，规定了剖面区域的基本表示法；GB/T 4457.5—2013《剖面符号》是国家现行机械制图标准。

2.8.1　通用剖面线的表示

在剖视图及断面图中，当不需要在剖面区域中表示材料的类别时，可采用通用剖面线来表示。

剖面线应以与主要轮廓成适当角度，并按 GB/T 4457.4 所指定的细实线绘制。最好是采用与主要轮廓或剖面区域的对称线成 45°角的细实线绘制，如图 2-4 所示。

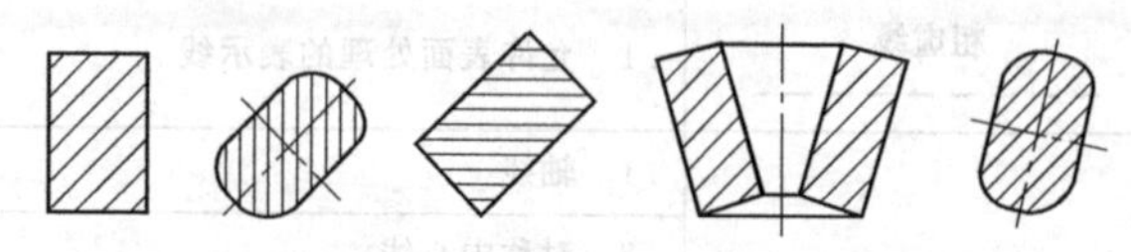

图 2-4 通用剖面线画法

在同一张图样上，表示同一物体的各剖视图上的剖面线画法应一致（即剖面线方向及间隔应保持一致），如图 2-5 所示。该图形象地说明各剖视图上的剖面线应保持的相互关系，但图中所注角度尺寸只是为了说明要求，而在实际图样上是不必标注这些角度的。

在装配图中，相互邻接的零件的剖面线，必须以不同的倾斜方向或不同的剖面线间隔表示，有利于明显地区分，如图 2-5 所示。但在同一装配图中的同一个零件的各图形上，剖面线方向应相同，间隔应相等。实际上这是将零件图与装配图的剖面线画法综合在一起，采用的是同一个原则。

同一个零件相隔的剖面或断面应使用相同的剖面线，相邻零件的剖面线应该用方向不同、间距不同的剖面线，如图 2-6 所示。

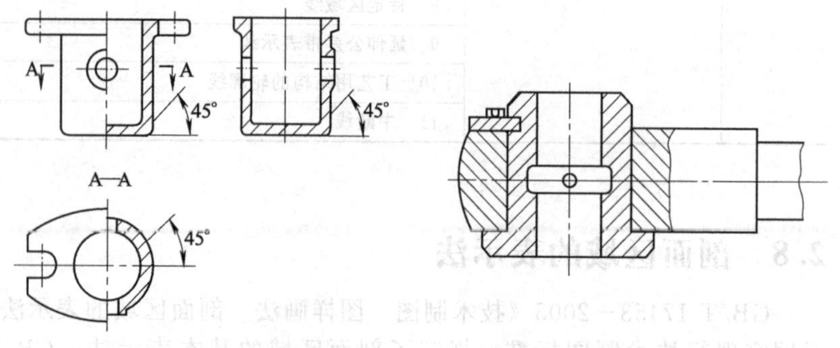

图 2-5 装配图中剖面线画法　　图 2-6 相邻零件剖面线画法

允许在剖面区域内用点阵或涂色代替通用剖面线。但装配图不宜采用此方法；窄剖面区域可用全部涂黑表示，如图 2-7 所示。

相近的狭小剖面可以表示成完全黑色，在相邻的剖面之间至少应留下 0.7mm 的间距，以便明显地区分，这样也保证了缩微摄影的要求，如图 2-8 所示。这种方法不表示实际的几何形状。

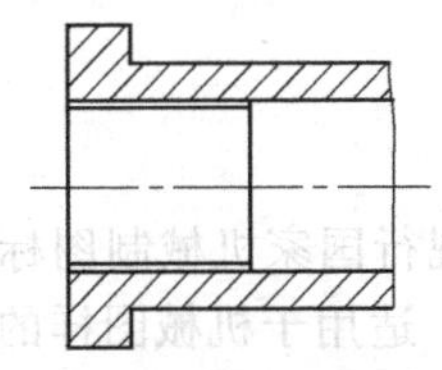

图 2-7　窄剖面区域涂黑画法

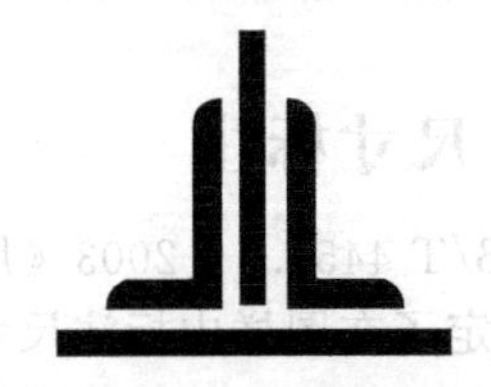

图 2-8　相邻被剖切零件的剖面区域均窄小时的画法

2.8.2　特定材料的表示

当机械图样上需要在剖面区域内表示材料的类别时，可按 GB/T 4457.5—2013 中规定的剖面符号绘制，如表 2-8 所示。

表 2-8　剖面符号

金属材料（已有规定剖面符号者除外）			木质胶合板（不分层数）	
线圈绕组元件			基础周围的泥土	
转子、电枢、变压器和电抗器等的叠钢片			混凝土	
非金属材料（已有规定剖面符号者除外）			钢筋混凝土	
型砂、填砂、粉末冶金、砂轮、陶瓷刀片、硬质合金刀片等			砖	
玻璃及供观察用的其它透明材料			格网（筛网、过滤网等）	
木材	纵断面		液体	
	横断面			

2.9 尺寸标注

GB/T 4458.4—2003《尺寸注法》是现行国家机械制图标准；本标准规定了在图样中标注尺寸的基本方法，适用于机械图样的绘制。

GB/T 15754—1995《圆锥的尺寸和公差注法》是现行国家技术制图标准；等效采用国际标准 ISO 3040：1990《技术制图 尺寸和公差注法 圆锥》。本标准规定了光滑正圆锥的尺寸和公差注法，适用于技术图样及有关技术文件。

GB/T 16675.2—2012《简化表示法 第 2 部分：尺寸注法》是现行国家技术制图标准；本标准规定了技术图样中使用的简化注法，适用于由手工或计算机绘制的技术图样及有关技术文件。

2.9.1 基本规则

① 图样上标注的尺寸数值就是机件实际大小的数值。它与画图时采用的缩放比例无关，与画图的精确度亦无关。

② 图样上的尺寸以 mm 为计量单位时，不需标注单位代号或名称。若应用其它计量单位时，须注明相应计量单位的代号或名称。例如，角度为 30 度 10 分 5 秒，则在图样上应标注成 30°10′5″。

③ 国家标准明确规定：图样上标注的尺寸是机件的最后完工尺寸，否则要另加说明。

④ 机件的每个尺寸，一般只在反映该结构最清楚的图形上标注一次。

2.9.2 尺寸要素

（1）尺寸界线 尺寸界线用细实线绘制，并由图形的轮廓线、对称中心线、轴线等处引出，如图 2-9 所示。也可利用轮廓线、对称中心线、轴线作为尺寸界线。

尺寸界线一般与尺寸线垂直，必要时才允许与尺寸线倾斜，如图 2-10 所示。此时在光滑过渡处标注尺寸，需用细实线将轮廓线延长，从它们的交点处引出尺寸界线。

（2）尺寸线 尺寸线用细实线绘制，尺寸线的终端可以有箭头或 45°细斜线两种形式，如图 2-11 所示。

只有当尺寸线和尺寸界线是互相垂直的两条直线时，尺寸线的终端才能采用细斜线形式，如图 2-12 所示。

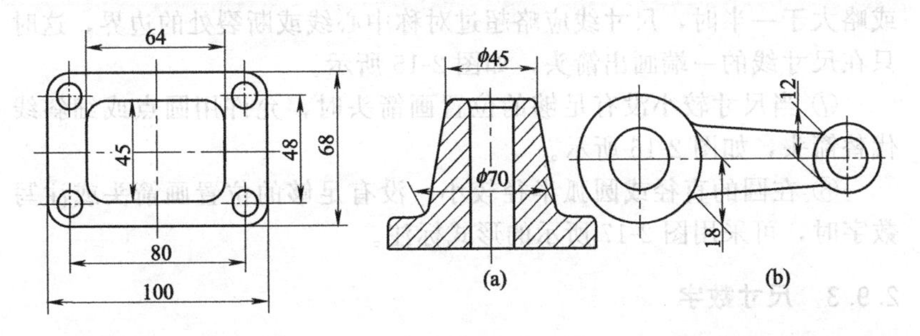

图 2-9 尺寸界线画法　　图 2-10 尺寸界线特殊画法

① 为了统一而且不致引起误解，细斜线终端应以尺寸线为准逆时针方向旋转 45°。

② 当尺寸线和尺寸界线互相垂直时，同一张图中只能采用一种尺寸线终端形式。

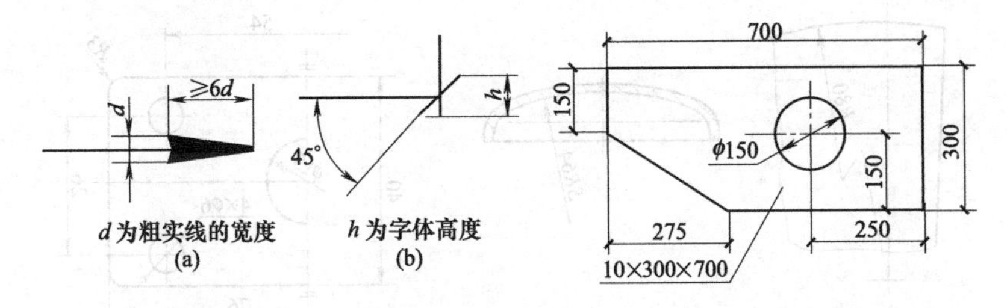

图 2-11 尺寸线的终端箭头画法　　图 2-12 尺寸线的终端细斜线画法

③ 机械图样中一般采用箭头作为尺寸线的终端。

④ 在圆或圆弧上标注直径或半径，以及标注角度尺寸时都不适合采用细斜线形式的尺寸线终端，而应画成箭头，如图 2-13 所示。

⑤ 若圆弧半径过大，无法标出其圆心位置时，应按图 2-14（a）所示的形式标注，不需要标出圆心位置时，可按图 2-14（b）所示的形式标注。

⑥ 对称机械的图形只画出一半

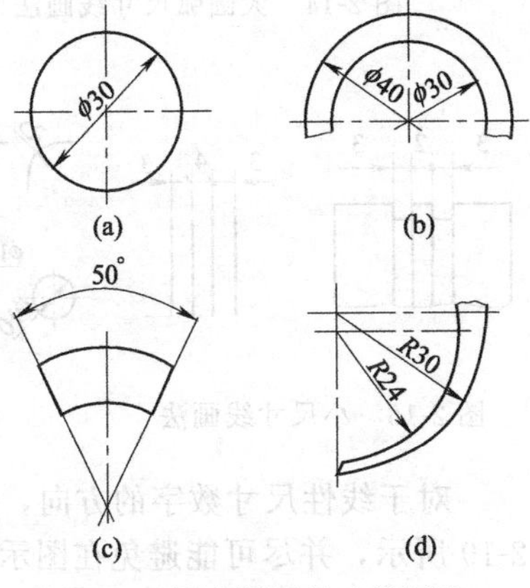

图 2-13 圆或圆弧尺寸线画法

或略大于一半时，尺寸线应略超过对称中心线或断裂处的边界，这时只在尺寸线的一端画出箭头，如图 2-15 所示。

⑦ 当尺寸较小没有足够的位置画箭头时，允许用圆点或细斜线代替箭头，如图 2-16 所示。

⑧ 在圆的直径或圆弧半径较小，没有足够的位置画箭头或注写数字时，可采用图 2-17 所示的形式标注。

2.9.3 尺寸数字

线性尺寸的数字一般应注写在尺寸线的上方，也允许注写在尺寸线的中断处，如图 2-17 所示。这表明应以数字注写在尺寸线上方为首选形式。当位置有限，在尺寸线上方注写数字有困难时，才采用了数字标注在尺寸线中断处的形式，如图 2-18 中的尺寸 $\phi16$ 所示。

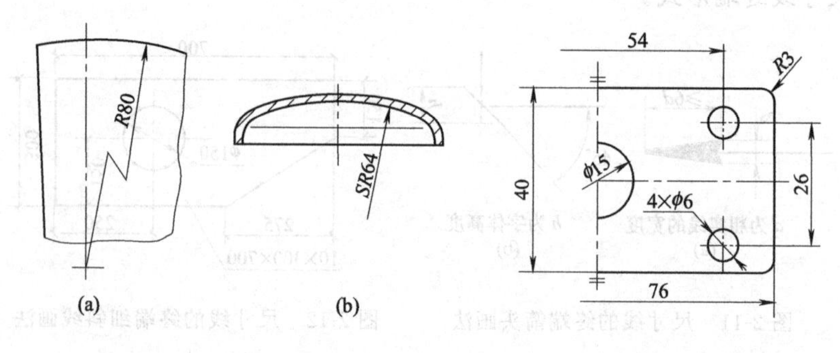

图 2-14 大圆弧尺寸线画法　　图 2-15 对称图形尺寸线画法

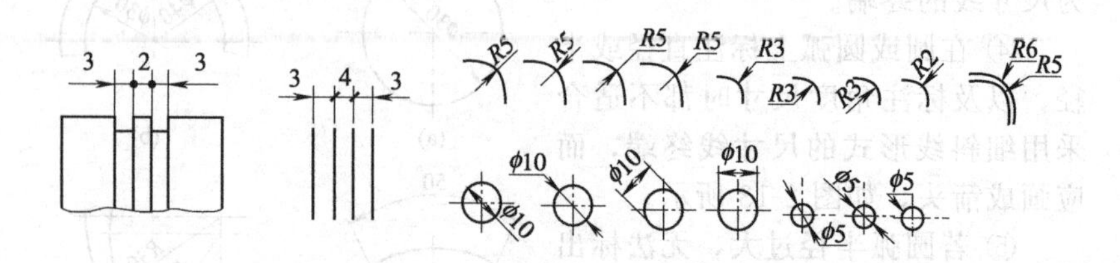

图 2-16 小尺寸线画法　　图 2-17 小圆或小圆弧尺寸线画法

对于线性尺寸数字的方向，一般应随尺寸线的方位而变化，如图 2-19 所示，并尽可能避免在图示的 30°范围内标注尺寸，当无法避免时可按如图 2-20 所示的形式注写。

对于非水平方向的尺寸，在不致引起误解时，其数字也允许水平地注写在尺寸线中断处，如图 2-21 所示。这种注法在某些特定条件下书写和阅读都比较方便，但国家标准规定在同一张图样上应尽可能采用同一种方法，而且以图 2-19 所示的方法为首选。

标注角度的数字一律写成水平方向，一般注写在尺寸线的中断处，如图 2-22（a）所示。必要时也可引出标注，或将数字书写在尺寸线上方，如图 2-22（b）中的形式所示。

尺寸数字不可被任何图线所通过，否则应将该图线断开，如图 2-23 所示。

2.9.4　标注尺寸的符号和缩写词

标注尺寸的符号和缩写词应符合表 2-9 所示的规定。表 2-9 中符号的线宽为 $h/10$（h 为字体高度）。符号的比例画法如图 2-24 所示。

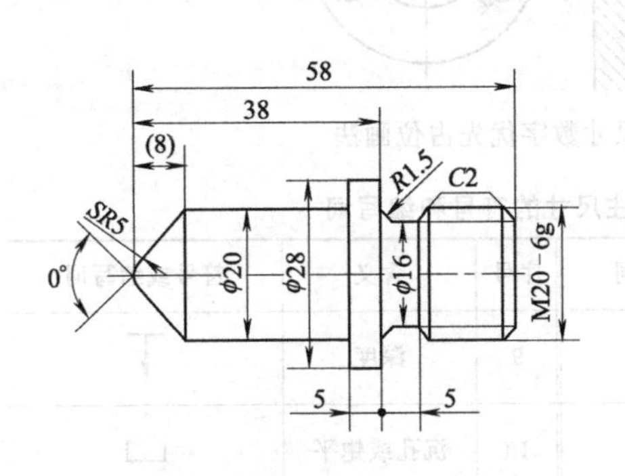

图 2-18　位置有限的尺寸线画法

图 2-19　线性尺寸数字的方向画法

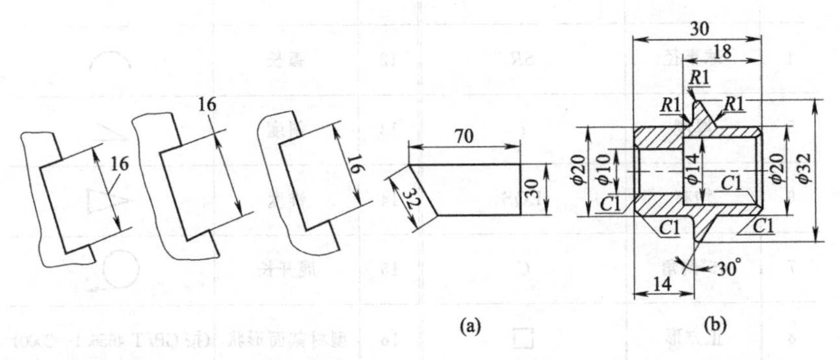

图 2-20　特殊线性尺寸数字的方向画法　　图 2-21　非水平方向的尺寸数字画法

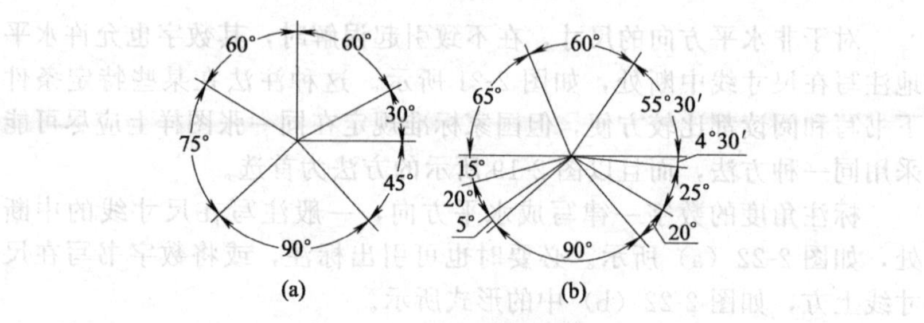

图 2-22 角度的数字画法

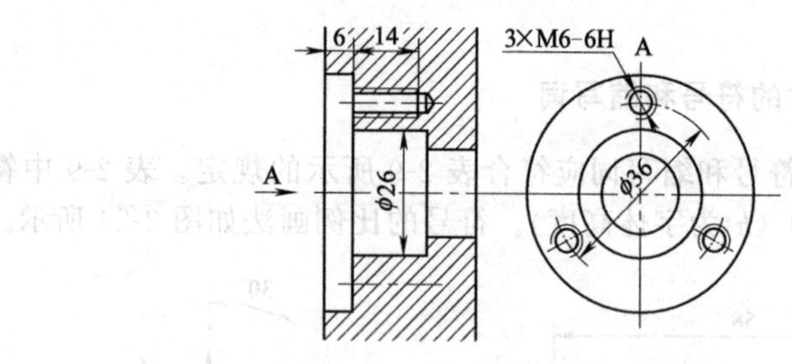

图 2-23 尺寸数字优先占位画法

表 2-9 标注尺寸的符号和缩写词

序号	含义	符号或缩写词	序号	含义	符号或缩写词
1	直径	ϕ	9	深度	↧
2	半径	R	10	沉孔或锪平	⌴
3	球直径	$S\phi$	11	埋头孔	⌵
4	球半径	SR	12	弧长	⌒
5	厚度	t	13	斜度	∠
6	均布	EQS	14	锥度	◁
7	45°倒角	C	15	展开长	○→
8	正方形	□	16	型材截面形状	(按 GB/T 4656.1—2000)

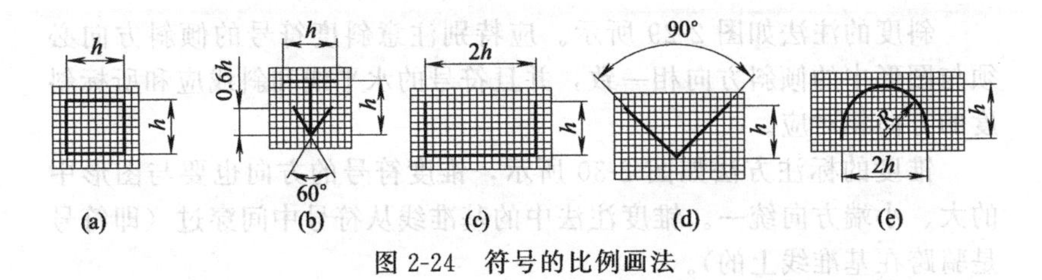

图 2-24 符号的比例画法

（1）表示直径、半径、球面的符号　直径尺寸数字前加注符号“ϕ”，半径尺寸数字前加注符号“R”。在标注球面的直径或半径时，在符号“ϕ”或“R”前加注符号“S”，如图 2-25 所示。不会引起误解时（如铆钉的头部、轴的端部及手柄的端部等处）允许省略符号“S”。

（2）表示圆弧长度的符号　标注圆弧的弧长尺寸时，应在尺寸数字的左方加注符号“⌒”，如图 2-25 所示。其中图 2-26（b）表示的弧长是指中心线的弧长。

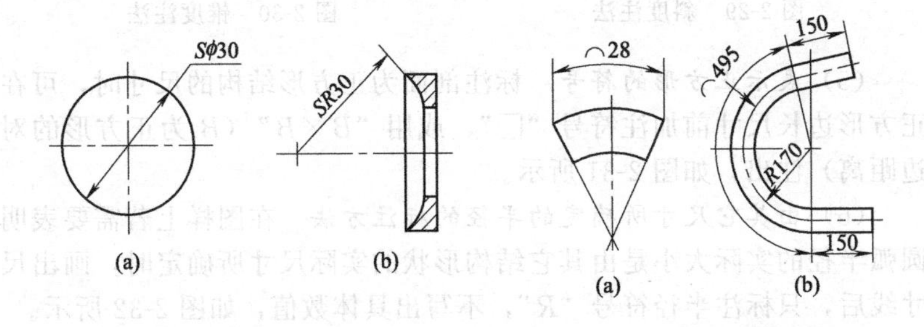

图 2-25 直径、半径、球面的符号画法　　图 2-26 圆弧长度的符号画法

（3）表示厚度的符号　对于板状零件的厚度，可在尺寸数字前加注符号“t”，见图 2-27。

（4）斜度及锥度符号　斜度符号的尺寸比例见图 2-28（a）；锥度符号的尺寸比例见图 2-28（b）。

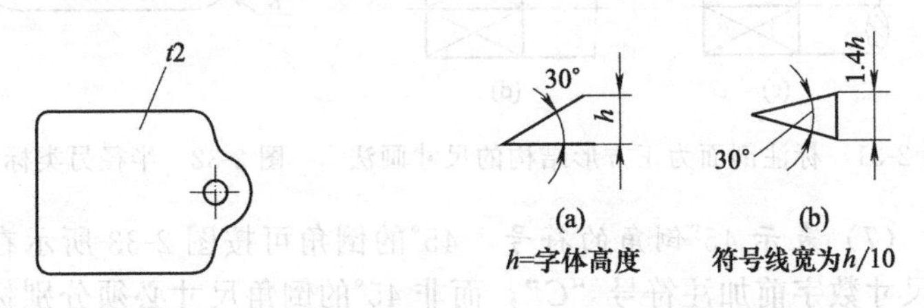

图 2-27 厚度的符号画法　　图 2-28 斜度和锥度符号的尺寸比例

斜度的注法如图 2-29 所示。应特别注意斜度符号的倾斜方向必须与图形中的倾斜方向相一致，并且符号的水平线和斜线应和所标斜度的方向相对应。

锥度的标注方法如图 2-30 所示，锥度符号的方向也要与图形中的大、小端方向统一。锥度注法中的基准线从符号中间穿过（即符号是骑跨在基准线上的）。

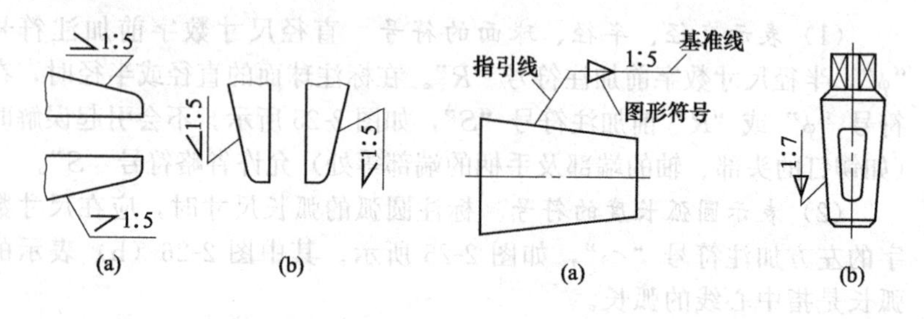

图 2-29 斜度注法 图 2-30 锥度注法

（5）*表示正方形的符号* 标注剖面为正方形结构的尺寸时，可在正方形边长尺寸前加注符号“□”，或用“$B\times B$”（B 为正方形的对边距离）注出，如图 2-31 所示。

（6）*由其它尺寸所确定的半径的标注方法* 在图样上若需要表明圆弧半径的实际大小是由其它结构形状的实际尺寸所确定时，画出尺寸线后，只标注半径符号“R”，不写出具体数值，如图 2-32 所示。

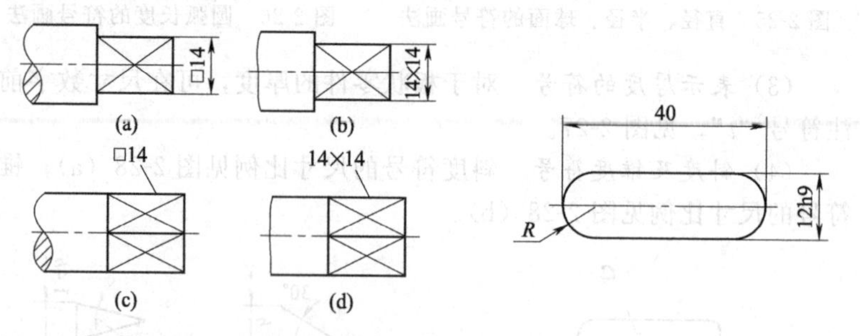

图 2-31 标注剖面为正方形结构的尺寸画法 图 2-32 半径另类标注方法

（7）*表示 45°倒角的符号* 45°的倒角可按图 2-33 所示在倒角高度尺寸数字前加注符号“C”，而非 45°的倒角尺寸必须分别标注出倒角的高度和角度尺寸，如图 2-34 所示。

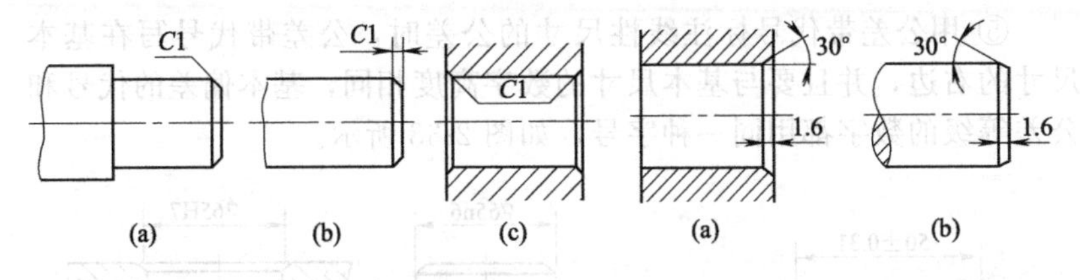

图 2-33　45°倒角标注画法　　　图 2-34　非 45°倒角尺寸标注画法

2.10　尺寸公差与配合注法

GB/T 4458.5—2003《尺寸公差与配合注法》是现行国家机械制图标准；本标准规定了机械图样中尺寸公差与配合公差的标注方法，适用于机械图样中尺寸公差与配合的标注方法。

2.10.1　在零件图中标注线性尺寸公差的方法

在零件图中有 3 种标注线性尺寸公差的方法：一是标注公差带代号；二是标注极限偏差值；三是同时标注公差带代号和极限偏差值。这 3 种标注形式具有同等效力，可根据具体需要选用。

① 应用极限偏差标注线性尺寸公差时，上偏差需注在基本尺寸的右上方，下偏差则与基本尺寸注写在同一底线上，以便于书写。极限偏差的数字高度一般比基本尺寸的数字高度小一号，如图 2-35 所示。

② 在标注极限偏差时，上、下偏差的小数点必须对齐，小数点后右端的“0”一般不注出，如果为了使上、下偏差值的小数点后的位数相同，可以用“0”补齐，如图 2-35（a）中的下偏差所示。

③ 当上、下偏差值中的一个为“零”时，必须用“0”注出，它的位置应和另一极限偏差的小数点前的个位数对齐，如图 2-36 所示。

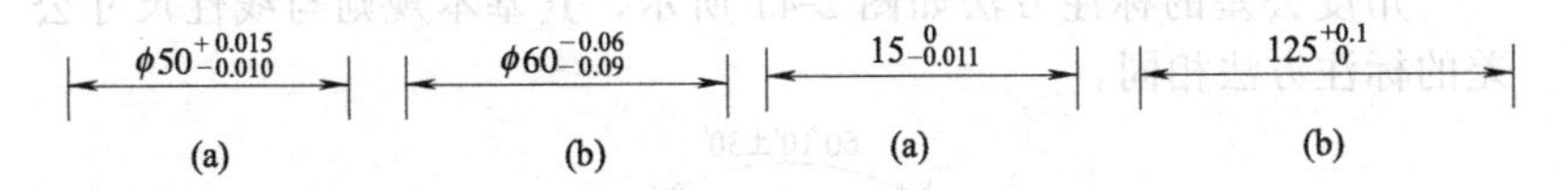

图 2-35　上偏差、下偏差标注画法　　　图 2-36　零偏差对齐标注画法

④ 当公差带相对基本尺寸对称地配置时，即上、下偏差数字相同，正、负相反，只需注写一次数字，高度与基本尺寸相同，并在偏差与基本尺寸之间注出符号“±”，如图 2-37 所示。

⑤ 用公差带代号标注线性尺寸的公差时，公差带代号写在基本尺寸的右边，并且要与基本尺寸的数字高度相同，基本偏差的代号和公差等级的数字都用同一种字号，如图 2-38 所示。

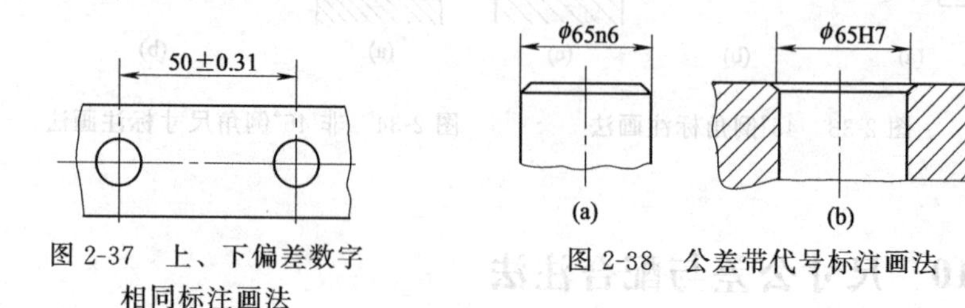

图 2-37 上、下偏差数字相同标注画法

图 2-38 公差带代号标注画法

⑥ 同时用公差带代号和相应的极限偏差值标注线性尺寸的公差时，公差带代号在前，极限偏差值在后，并且加圆括号，如图 2-39 所示。

⑦ 若只需要限制某一尺寸的单个方向极限时，应在该极限尺寸的右边标注符号“max”（表示最大）或“min”（表示最小），如图 2-40 所示。

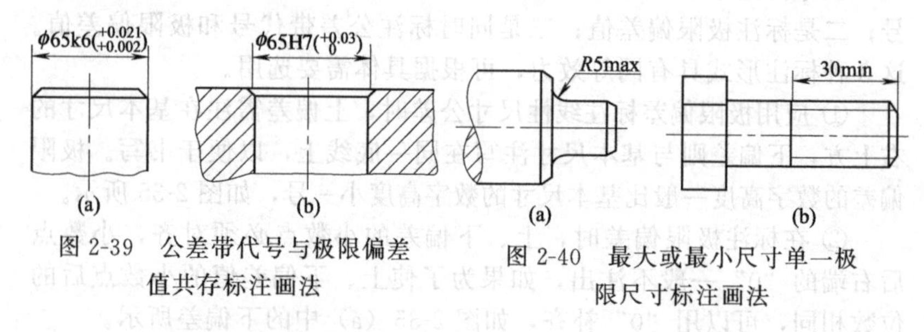

图 2-39 公差带代号与极限偏差值共存标注画法

图 2-40 最大或最小尺寸单一极限尺寸标注画法

2.10.2 标注角度公差的方法

角度公差的标注方法如图 2-41 所示，其基本规则与线性尺寸公差的标注方法相同。

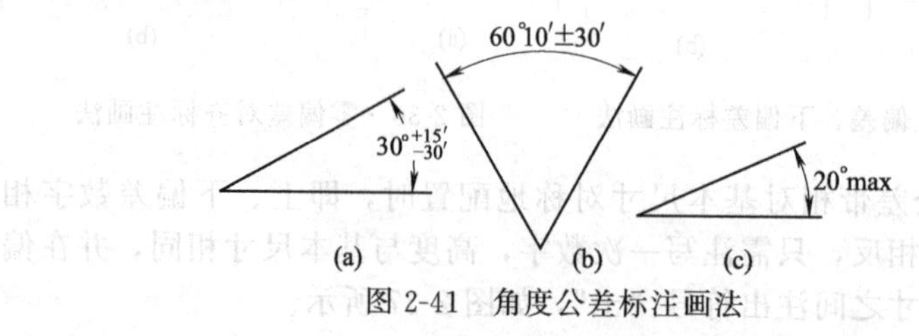

图 2-41 角度公差标注画法

2.11　形状和位置公差表示法

GB/T 1182—2008《形状和位置公差　通则、定义、符号和图样表示法》是现行国家技术制图标准，等效采用国际标准 ISO 1101：2004《技术制图　几何公差　形状、定向、定位和跳动公差　通则、定义、符号和图样表示法》。本标准规定了工件需要的所有形状和位置公差（简称形位公差）的定义，提出了形位公差的基本要求、符号、标注和在图样中的表示方法，适用于一切工业制品从功能出发的形状和位置公差要求。

2.11.1　概述

金属构件的形状和相关表面的相对位置在制造过程中不可能绝对准确，为保证零件之间的可装配性，除了对某些关键的点、线、面等要素给出尺寸公差要求外，还需要对某些要素给出形状或位置公差的要求。

（1）*要素*　要素是指零件上的特征部分的点、线或面；被测要素即是给出了形状或（和）位置公差的要素；基准要素即是用来确定被测要素的方向或（和）位置的要素；单一要素即是仅对其本身给出形状公差要求的要素；关联要素即是对其它要素有功能关系的要素。

（2）*公差带的主要形式*　形状公差是指单一实际要素的形状所允许的变动全量；位置公差是指关联实际要素的位置对基准所允许的变动全量。形位公差的公差带主要形式如表 2-10 所示。

表 2-10　形位公差带的主要形式

序号	形式	图示	序号	形式	图示
1	一个圆内的区域		6	一个圆柱面内的区域	
2	两同心圆之间的区域		7	两等距曲面之间的区域	
3	两同轴圆柱面之间的区域		8	两平行平面之间的区域	
4	两等距曲线之间的区域		9	一个圆球内的区域	
5	两平行直线之间的区域				

形位公差的公差带必须包含实际的被测要素。若无进一步的要求，被测要素在公差带内可以具有任何形状。除非另有要求，其公差带适用于整个被测要素。图样上给定的每一个尺寸和形状、位置要求均是独立的，应分别满足要求。如果对尺寸和形状、尺寸与位置之间的相互关系有特定要求时，应在图样上做出规定，这称之为独立原则。独立原则是尺寸公差和形位公差相互关系所遵循的基本原则。形状和位置公差要求应在矩形框格内给出，如图 2-42 所示。

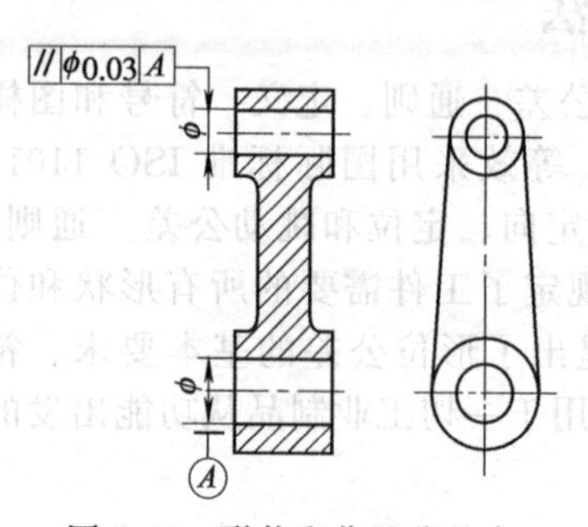

图 2-42 形状和位置公差在图样中表示法

2.11.2 公差框格

矩形公差框格由两格或多格组成，框格自左至右填写，各格内容如图 2-43 所示。

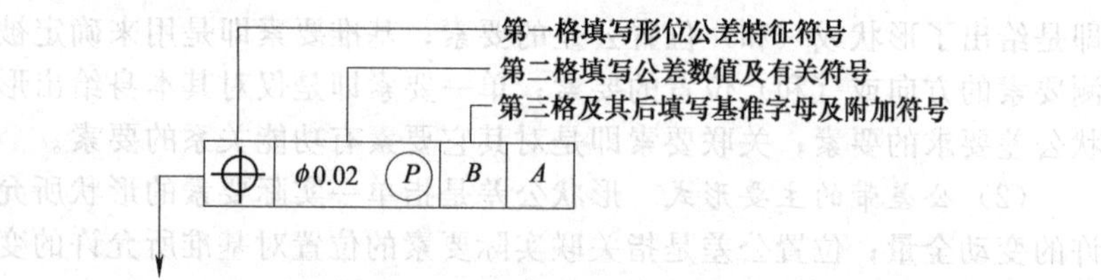

图 2-43 矩形公差框格结构

公差框格的第二格内填写的公差值用线性值，公差带为圆形或圆柱形时，应在公差值前加注“ϕ”，若是球形则加注“Sϕ”。

当一个以上要素作为该项形位公差的被测要素时，应在公差框格的上方注明，如图 2-44 所示。若要求在公差带内进一步限定被测要素的形状，则应在公差值后面加注表 2-11 所示的符号，注法见表中举例一栏。

对同一要素有一个以上公差特征项目要求时，为了简化可将两个框格叠在一起标注，如图 2-45 所示。

2.11.3 符号

在形位公差框格中第一格内填写的形位公差特征项目的符号如表 2-12 所示。

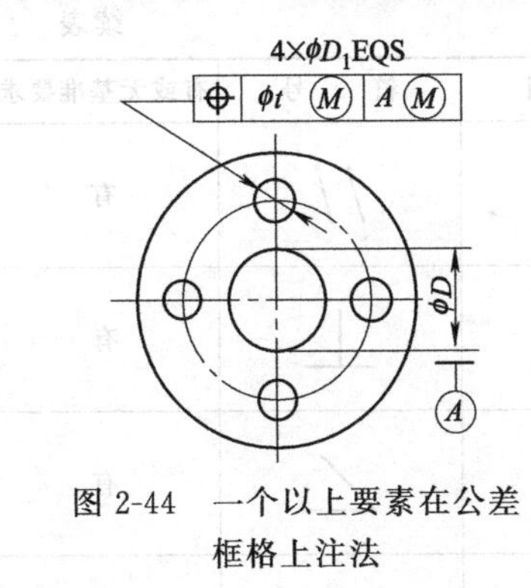

图 2-44 一个以上要素在公差框格上注法

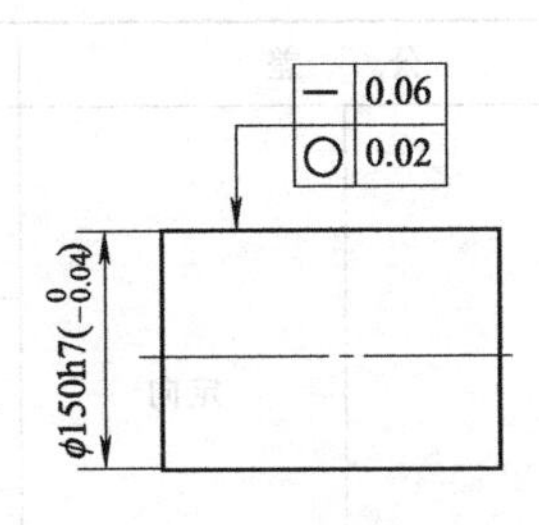

图 2-45 两个框格叠在一起标注画法

表 2-11 要素形状加注符号

含 义	符 号	举 例
只许中间向材料内凹下	(–)	— | t (–)
只许中间向材料外凸起	(+)	▱ | t (+)
只许从左至右减小	(▷)	⌭ | t (▷)
只许从右至左减小	(◁)	⌭ | t (◁)

注：表中的“t”为公差值。

表 2-12 形位公差特征项目的符号

公 差		特征项目	符 号	有或无基准要求
形状	形状	直线度	—	无
		平面度	▱	无
		圆度	○	无
		圆柱度	⌭	无
形状或位置	轮廓	线轮廓度	⌒	有或无
		面轮廓度	⌓	有或无

续表

公差		特征项目	符号	有或无基准要求
位置	定向	平行度	//	有
		垂直度	⊥	有
		倾斜度	∠	有
	定位	位置度	⌖	有或无
		同轴（同心）度	◎	有
		对称度	⌯	有
	跳动	圆跳动	↗	有
		全跳动	⌰	有

2.12 中心孔表示法

GB/T 4459.5—1999《中心孔表示法》是现行国家机械制图标准；等效采用 ISO 6411—1982《技术制图　中心孔表示法》。本标准规定了中心孔表示法，适用于在机械图样中不需要确切地表示出形状和结构的标准中心孔，非标准中心孔也可参照采用。

中心孔也是机件上常用的一种结构要素。在 GB/T 145—2001 中给出了 A 型、B 型、C 型及 R 型等 4 种中心孔的结构形式及其尺寸，可分别用于不同场合。

A 型：不带护锥中心孔，零件加工完后一般不保留中心孔，如图 2-46（a）所示。

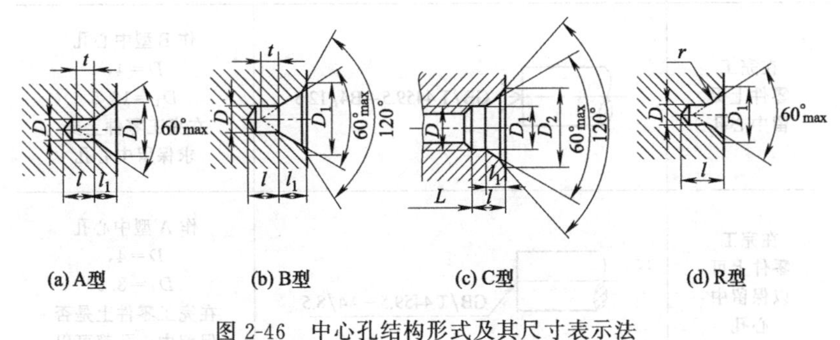

图 2-46 中心孔结构形式及其尺寸表示法

B 型：带护锥中心孔，零件加工完后保留中心孔，如图 2-46（b）所示。

C 型：带螺纹中心孔，其螺纹常用于轴端固定等，如图 2-46（c）所示。

R 型：弧形中心孔，用于某些重要零件，如图 2-46（d）所示。

因此，对于标准的中心孔，在图样上只需注出其相关符号及尺寸，不必另画局部放大图来表达其结构形状和尺寸。

2.12.1 中心孔的符号

① 为了表达在完工的零件上是否保留中心孔，可采用如图 2-47 所示的符号，图 2-47（a）所示为保留中心孔的符号，图 2-47（b）所示为不保留中心孔的符号。

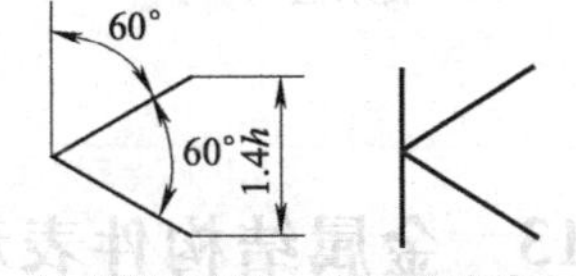

(a) 保留中心孔 (b) 不保留中心孔

图 2-47 中心孔的符号用法

h 为字体高度；符号线宽为 $1/10h$

② 对于非标准的中心孔，图 2-47 所示的符号仍可应用，但必须绘制局部放大图表达其结构形状，并在图上标注尺寸及有关要求（如表面粗糙度等）。

2.12.2 在图样上标注中心孔的方法

在图样上标注中心孔符号的示例如表 2-13 所示。

在需要指明中心孔标准编号时的规定表示法，亦可按图 2-48 及图 2-49 所示的形式进行标注。

表 2-13 中心孔符号应用示例

要 求	符号标注示例	说 明
在完工零件上保留中心孔	GB/T 4459.5—B4/12.5	作 B 型中心孔 $D=4$， $D_1=12.5$ 在完工零件上要求保留中心孔
在完工零件上可以保留中心孔	GB/T 4459.5—A4/8.5	作 A 型中心孔 $D=4$， $D_1=8.5$ 在完工零件上是否保留中心孔都可以
在完工零件上不保留中心孔	GB/T 4459.5—A1.6/3.35	作 A 型中心孔 $D=1.6$， $D_1=3.35$ 在完工零件上不允许保留中心孔

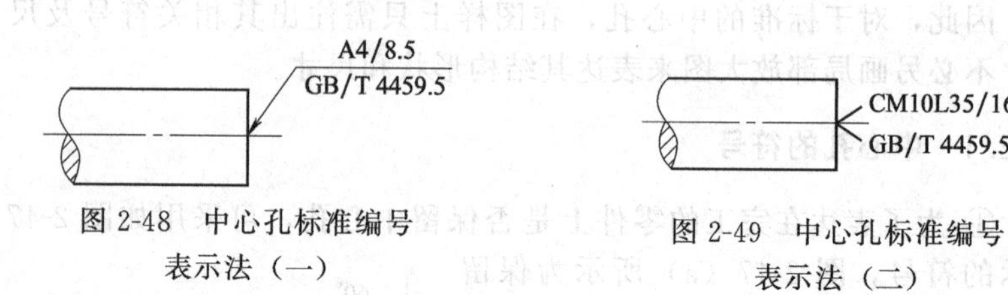

图 2-48 中心孔标准编号表示法（一）

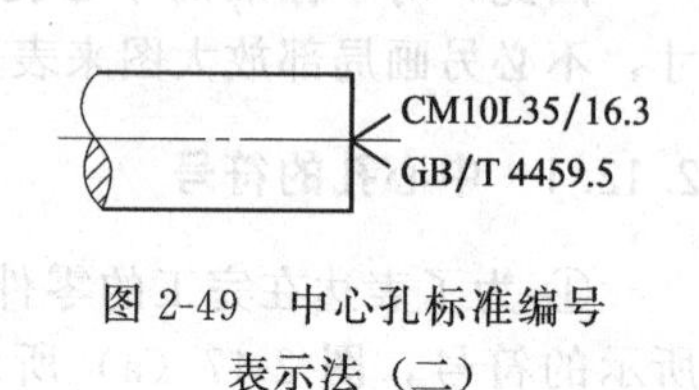

图 2-49 中心孔标准编号表示法（二）

2.13 金属结构件表示法

GB/T 4656—2008《技术制图 棒料、型材及其断面的简化表示法》是现行国家技术制图标准；等效采用国际标准 ISO 5261：1995《技术制图 棒料、型材及其断面的简化表示法》。

金属结构件的表示法和尺寸注法，它们与一般机械图样有所不同。由型钢、板材等构成的金属构件，常用于桩基、桥梁、构架等，在升降机、起重运输设备及传送带等设备上也多见。一般采用焊接、铆接等不可拆连接形式，或者采用螺栓作为可拆的连接形式。

2. 13. 1　孔、螺栓及铆钉的表示法

在垂直于孔的轴线的视图上，采用表 2-14 所示的规定，用粗实线绘制孔的符号，特别注意符号中心处不得有圆点，如图 2-50 所示。

因为在垂直于孔、螺栓、铆钉的轴线的视图上，它们的数量及排列位置最明显，必须表示清楚，符号不能省略。

表 2-14　垂直于轴线的视图上孔的符号

孔	无沉孔	近侧有沉孔	远侧有沉孔	两侧有沉孔
在车间钻孔				
在工地钻孔				

在平行于孔的轴线的视图上，采用表 2-15 中规定的用粗实线绘制的符号，孔的轴线画成细实线。在垂直于螺栓、铆钉轴线的视图上，采用表 2-16 中规定的用粗实线绘制的符号表示螺栓或铆钉连接。并可根据图样中标注的标记来区分螺栓或铆钉，如图 2-51 所示。

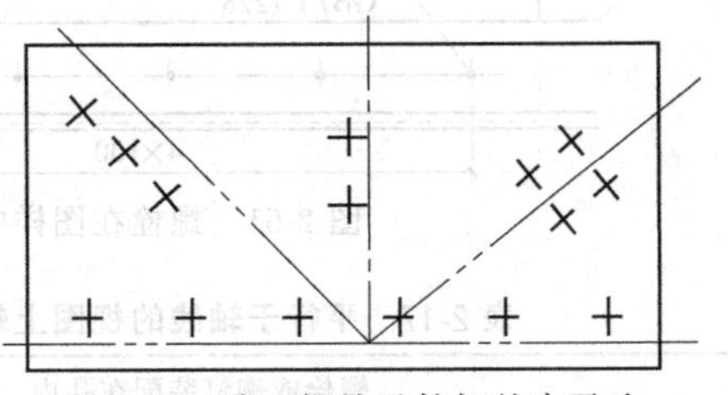

图 2-50　孔、螺栓及铆钉的表示法

表 2-15　平行于轴线的视图上孔的符号

孔	无沉孔	仅一侧有沉孔	两侧有沉孔
在车间钻孔			
在工地钻孔			

在平行于螺栓、铆钉轴线的视图上，采用表 2-17 中规定的用粗实线绘制的符号表示螺栓或铆钉连接，螺栓或铆钉的轴线画成细实线。

表 2-16　垂直于轴线的视图上螺栓或铆钉连接的符号

螺栓或铆钉	螺栓或铆钉装配在孔内			铆钉装在两侧有沉孔的孔内
	无沉孔	近侧有沉孔	远侧有沉孔	
在车间装配				
在工地装配				
在工地钻孔及装配				

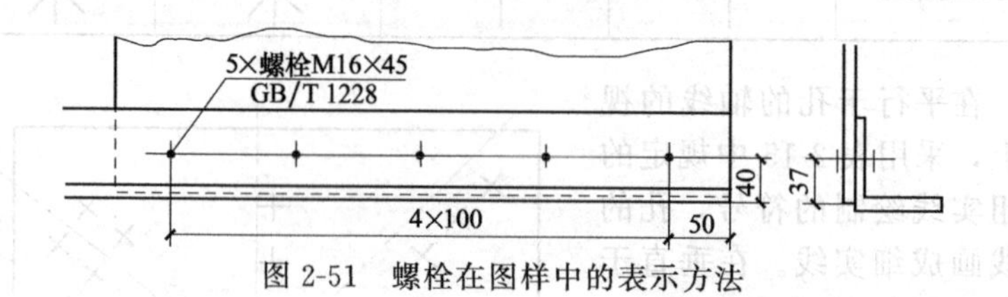

图 2-51　螺栓在图样中的表示方法

表 2-17　平行于轴线的视图上螺栓或铆钉连接的符号

螺栓或铆钉	螺栓或铆钉装配在孔内		两侧有沉孔的铆钉连接	带有指定螺母位置的螺栓
	无沉孔	仅一侧有沉孔		
在车间装配				
在工地装配				
在工地钻孔及装配				

2.13.2　条钢、型钢及板钢的标记

条钢或型钢应采用表 2-18 中规定的符号及尺寸进行标记，必要

表 2-18 条钢及型钢的标记

名称	标记		尺寸含义
	符号	尺寸	
圆钢 钢管		d $d\times t$	
实心 方钢 空心		b $b\times t$	
实心 扁钢 空心		$b\times h$ $b\times h\times t$	
实心 六角钢		s $s\times t$	

名称	标记		尺寸含义
	符号	尺寸	
实心 三角钢		b	
半圆钢		$b\times h$	
角钢 （等边）		若无其它相应标准时，应详细地标明型钢的规格尺寸，并在规格尺寸前加注符号标记	
角钢 （不等边）			
工字钢			
槽钢			
丁字钢		若无其它相应标准时，应详细地标明型钢的规格尺寸，并在规格尺寸前加注符号标记	
Z字钢			
钢轨			
球头扁钢			

时，可在标记后注出切割长度，并用一短画线与标记隔开。例如，某图中标注为“▭ 50×10-150”，即该板钢宽度为 50mm，板钢厚度为 10mm，切割长度为 150mm。

板钢的标记应为板厚，然后为钢板形状的总体尺寸（最大的宽度与长度）。例如，某图中标注为“10×440×785”，即该板钢厚度应为 10mm，总体尺寸应为宽 440mm、长 785mm。

2.13.3 孔、倒角、弧长等尺寸的注法

标注金属结构件尺寸时用的尺寸线终端，采用与尺寸线成 45°倾

斜的细短线形式，尺寸界线从符号引出时应与符号断开。

孔的直径应采用引出标注的方法，标注在孔符号的附近，如图2-52所示。

孔、螺栓、铆钉等离中心线等间距时，应按图2-52所示的方法标注。

倒角采用线性尺寸标注，如图2-53所示。因为金属结构件上的倒角不适合用角度进行度量。

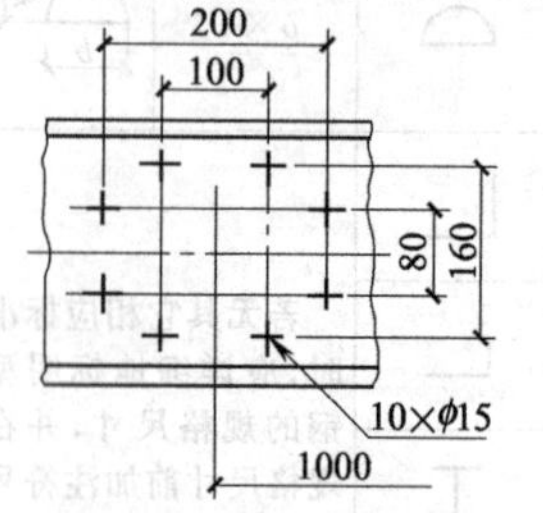

图2-52 孔尺寸的注法

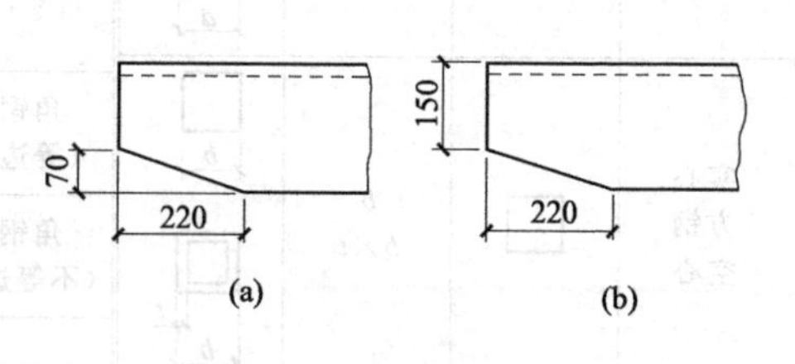

图2-53 倒角尺寸的注法

金属构件图上，需标注弧形构件的弧线展开长度时，应将这些展开长度所对的弯曲半径注写在展开长度旁的圆括号内，如图2-54所示。

2.13.4 节点板的尺寸注法

由两条或更多条成定角汇交的重心线（用细双点画线）组成了节点板尺寸的基准系，重心线的汇交点称为基准点。

重心线的斜度用直角三角形的两短边表示，并在短边旁注出各基准点之间的实际距离，或用注写在圆括号内的相对于100的比值表示，如图2-55所示。

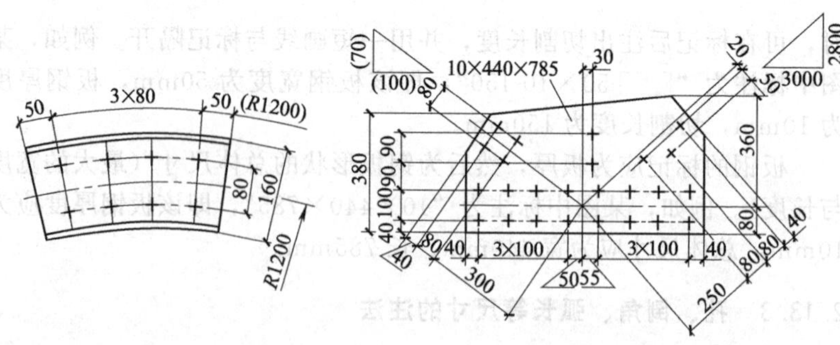

图2-54 弧长尺寸的注法

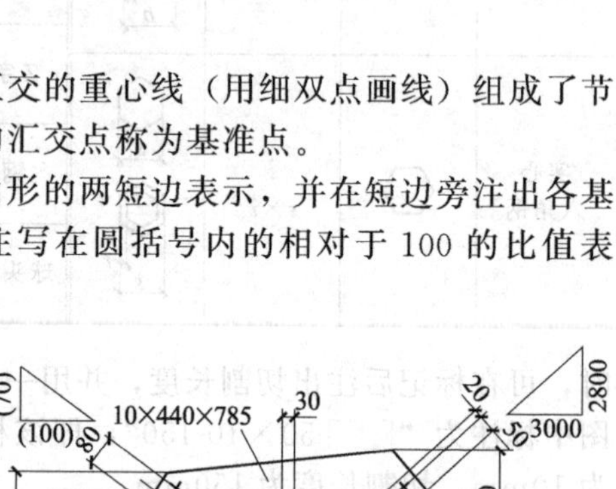

图2-55 节点板尺寸注法

节点板的尺寸应包括以重心线为基准的各孔的位置尺寸、节点板的形状尺寸、节点板边缘到孔中心线间的最小距离等尺寸。

图 2-56 所示是由条钢、型钢、板钢等采用铆钉连接组成的构架的局部。

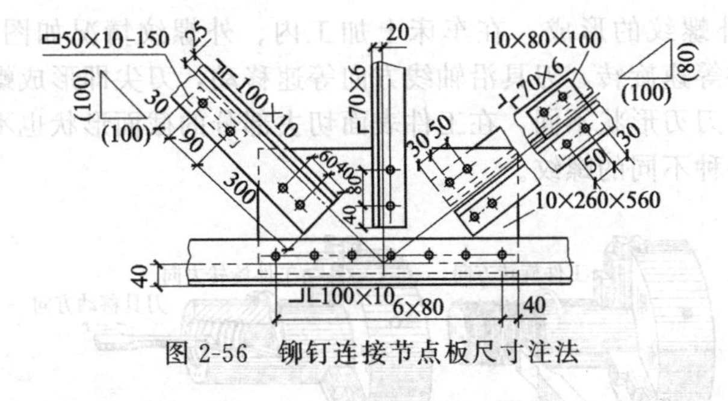

图 2-56 铆钉连接节点板尺寸注法

2.13.5 简图表示法

金属结构件可用简图（即用粗实线画出相交杆件的重心线）表示，如图 2-57 所示。

在简图上，重心线基准点间的距离值应直接注写在所画杆件上，图 2-57 中只画出了构架的左半部分。

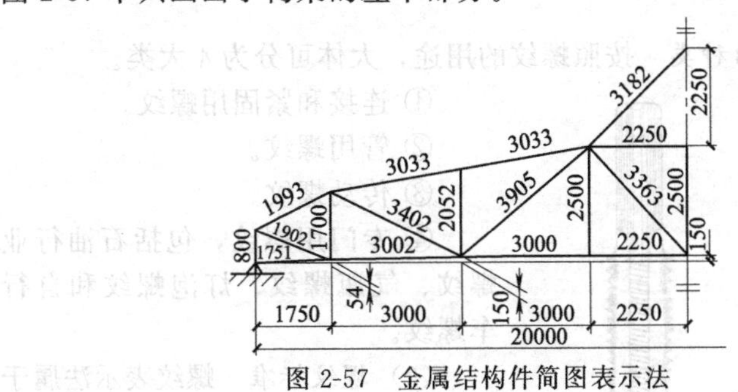

图 2-57 金属结构件简图表示法

2.14 螺纹及螺纹紧固件表示法

2.14.1 螺纹概述

螺纹是在圆柱（或圆锥）表面上沿螺旋线形成的具有相同剖面

(三角形、梯形、锯齿形等)的连续凸起和沟槽。螺纹在管道工程中应用很多。加工在外表面的螺纹称外螺纹,加工在内表面的螺纹称内螺纹。内、外螺纹旋合在一起,可起到连接及密封等作用。

(1) 螺纹的形成　各种螺纹都是根据螺旋线原理加工而成的。

① 外螺纹的形成　在车床上加工内、外螺纹情况如图 2-58 所示。工件等速旋转,刀具沿轴线方向等速移动,刀尖即形成螺旋线运动。车刀刀刃形状不同,在工件表面切去部分的截面形状也不同,因而形成各种不同的螺纹。

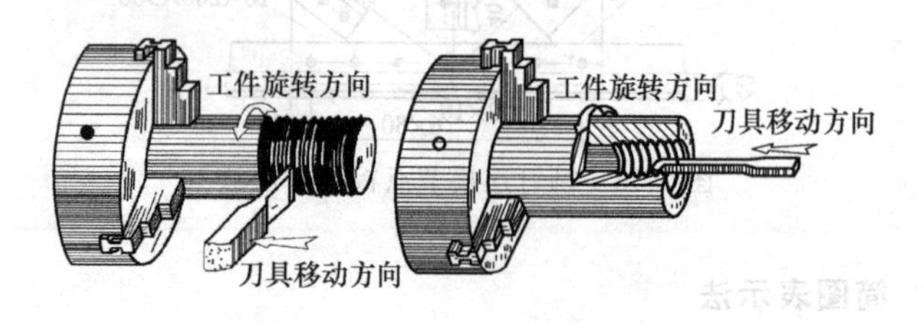

(a) 车外螺纹　(b) 车内螺纹

图 2-58　内螺纹加工示意图

② 内螺纹的形成　先钻底孔,然后攻螺纹,加工内螺纹情况如图 2-59 所示。

(2) 螺纹的种类　按照螺纹的用途,大体可分为 4 大类。

① 连接和紧固用螺纹。

② 管用螺纹。

③ 传动螺纹。

④ 专门用螺纹,包括石油行业螺纹、气瓶螺纹、灯泡螺纹和自行车螺纹。

(3) 螺纹标准　螺纹表示法属于机械制图范畴,其国家标准是 GB/T 4459.1—1995《机械制图　螺纹及螺纹紧固件表示法》,等效采用国际标准 ISO 6410:1993。

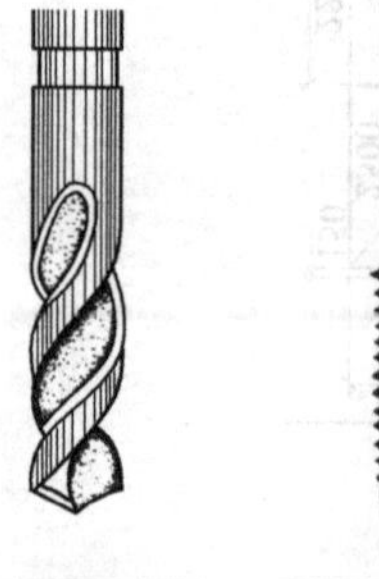

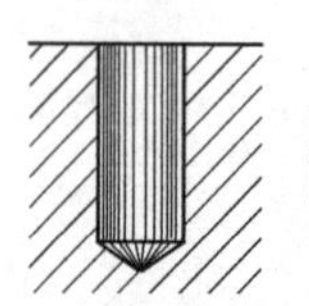

(a) 钻孔　(b) 丝锥攻内螺纹

图 2-59　内螺纹加工示意图

2.14.2　螺纹术语

螺纹要素包括牙型、螺纹直径

(大径、中径和小径)、线数、螺距(或导程)、旋向等。在管道工程中的内、外螺纹成对使用时，上述要素必须一致，两者才能旋合在一起。

(1) 螺纹牙型　沿螺纹轴线剖切时，螺纹的轮廓形状称为牙型。螺纹的牙型有三角形、梯形、锯齿形等。常用标准螺纹的牙型及符号如表 2-19 所示。

表 2-19　常用标准螺纹的分类、牙型及符号

<table>
<tr><th colspan="4">螺纹分类</th><th>牙型及牙型角</th><th>特征代号</th><th>说　明</th></tr>
<tr><td rowspan="6">连接螺纹</td><td rowspan="2">普通螺纹</td><td colspan="2">粗牙普通螺纹</td><td rowspan="2">60°</td><td rowspan="2">M</td><td>用于一般零件连接</td></tr>
<tr><td colspan="2">细牙普通螺纹</td><td>与粗牙螺纹大径相同时，螺距小，小径大，强度高，多用于精密零件，薄壁零件</td></tr>
<tr><td rowspan="4">管螺纹</td><td colspan="2">非螺纹密封的管螺纹</td><td>55°</td><td>G</td><td>用于非螺纹密封的低压管路的连接</td></tr>
<tr><td rowspan="3">用螺纹密封的</td><td>圆锥外螺纹</td><td>55°</td><td>R</td><td rowspan="3">用于螺纹密封的中、高压管路的连接</td></tr>
<tr><td>圆锥内螺纹</td><td>55°</td><td>R_c</td></tr>
<tr><td>圆柱内螺纹</td><td>55°</td><td>R_p</td></tr>
</table>

续表

螺纹分类		牙型及牙型角	特征代号	说明
传动螺纹	梯形螺纹	30°	Tr	可双向传递运动及动力，常用于承受双向力的丝杠传动
	锯齿形螺纹	3° 30°	B	只能传递单向动力

（2）牙顶　在螺纹凸起部分的顶端，连接相邻两个侧面的那部分螺纹表面，如图 2-60 所示。

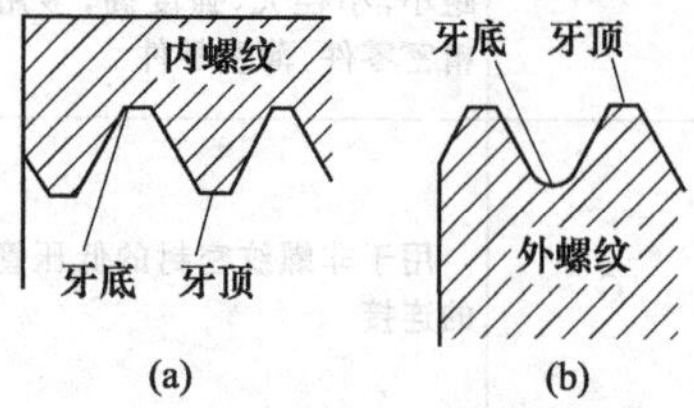

图 2-60　螺纹牙顶、牙底示意图

（3）牙底　在螺纹沟槽的底部，连接相邻两个侧面的那部分螺纹表面，如图 2-60 所示。

（4）大径　与外螺纹牙顶或内螺纹牙底相重合的假想圆柱面的直径。

（5）小径　与外螺纹牙底或内螺纹牙顶相重合的假想圆柱面的直径。

（6）中径　一个假想圆柱的直径，该圆柱的母线通过牙型上沟槽和凸起宽度相等的地方。

（7）公称直径　代表螺纹尺寸的直径，一般指螺纹大径的基本尺寸。

（8）顶径　与外螺纹或内螺纹牙顶相重合的假想圆柱的直径，指外螺纹大径或内螺纹小径，如图 2-61 所示。

（9）底径　与外螺纹或内螺纹牙底相重合的假想圆柱的直径，指外螺纹小径或内螺纹大径，如图 2-61 所示。

（10）螺距　相邻两牙在中径线上对应两点的轴向距离，用 P 表示，如图 2-62 所示。

（11）导程　同一条螺旋线上的相邻两牙在中径线上对应两点间的轴向距离，如图 2-63 所示。当为单线螺纹时，导程与螺距相等；

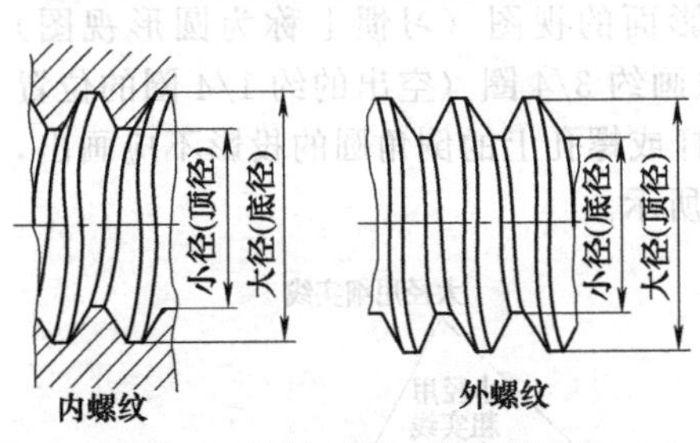

图 2-61 螺纹顶径、底径示意图

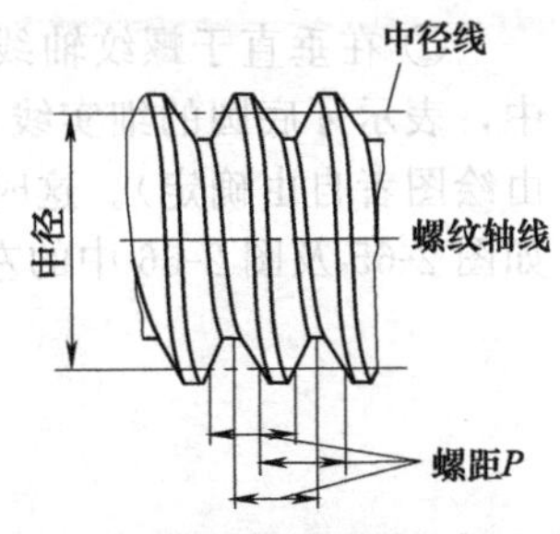

图 2-62 螺纹螺距示意图

当为多线螺纹（由几个牙型同时形成的）时，导程是螺距的倍数，如双线螺纹的导程为螺距的 2 倍。

（12）**螺纹旋合长度** 两个相互配合的螺纹，沿螺纹轴线方向相互旋合部分的长度，如图 2-64 所示。

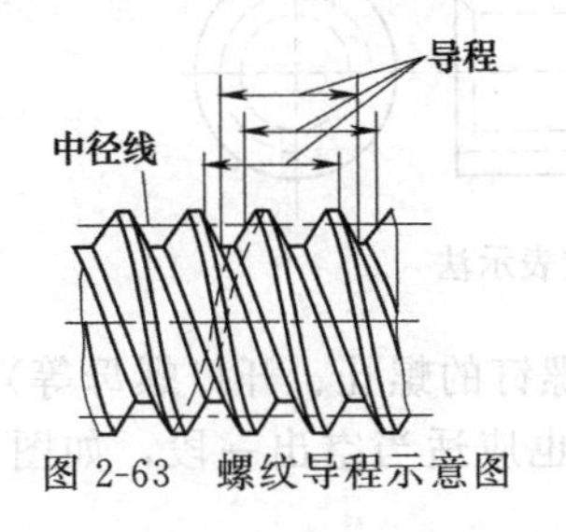

图 2-63 螺纹导程示意图

旋合长度

图 2-64 螺纹旋合长度示意图

2.14.3 螺纹的表示法

① 在图纸中平行于螺纹轴线的视图或剖视图上，螺纹牙顶圆的投影用粗实线表示，牙底圆的投影用细实线表示（螺杆的倒角或倒圆部分也应画出），如图 2-65 中主视图所示。

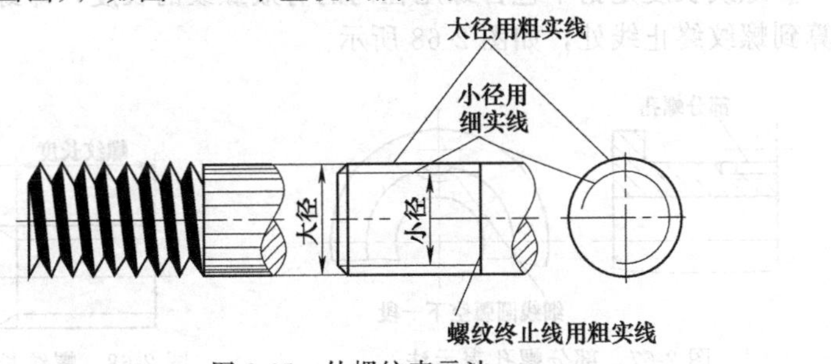

图 2-65 外螺纹表示法

② 在垂直于螺纹轴线的投影面的视图（习惯上称为圆形视图）中，表示牙底圆的细实线，圆只画约 3/4 圈（空出的约 1/4 圈的位置由绘图者自由确定）。这时，螺杆或螺孔上的倒角圆的投影不应画出，如图 2-65 及图 2-66 中的左视图所示。

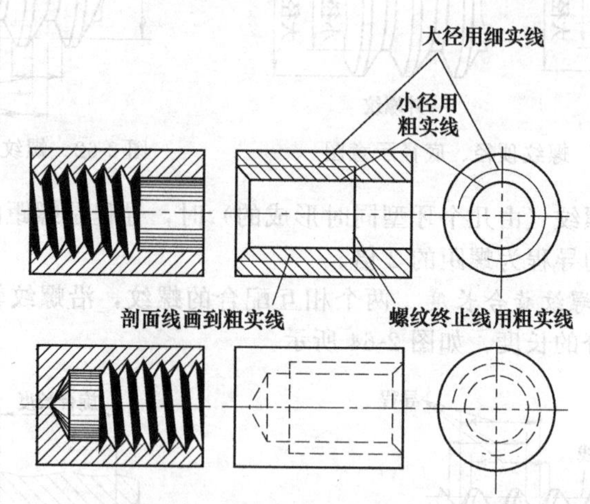

图 2-66　内螺纹表示法

当需要表示部分螺纹时（如骑缝螺钉的螺孔、开口螺母等），在圆形视图上表示牙底圆的细实线圆弧也应适当空出一段，如图 2-67 中的左视图所示。

③ 有效螺纹的终止界线（简称螺纹终止线）用粗实线表示（可见部分），如图 2-65 至图 2-66 所示。螺尾部分（制造时牙型不完整的无效螺纹）一般不画出。当需要表示螺尾时，该部分的牙底用与轴线成 30°的细实线画出，如图 2-65 中的主视图所示。

螺纹长度是指不包含螺尾在内的有效螺纹的长度，即螺纹长度计算到螺纹终止线处，如图 2-68 所示。

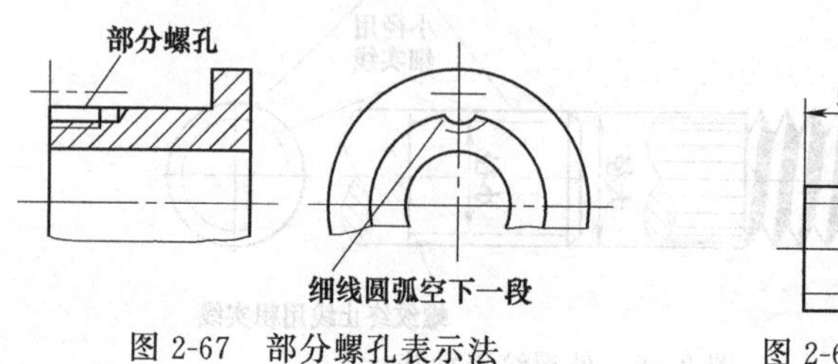

图 2-67　部分螺孔表示法

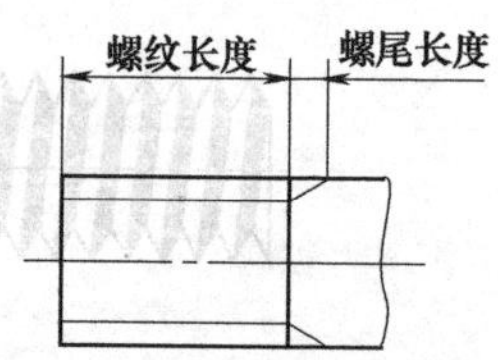

图 2-68　螺纹长度表示法

④ 不可见螺纹的所有图线均按虚线绘制，如图 2-69 所示。

⑤ 外螺纹或内螺纹的剖视图及断面图中，剖面线都应画到粗实线处，如图 2-65 及图 2-66 所示。图 2-70 给出螺纹通孔正确表示法与错误表示法的对比。

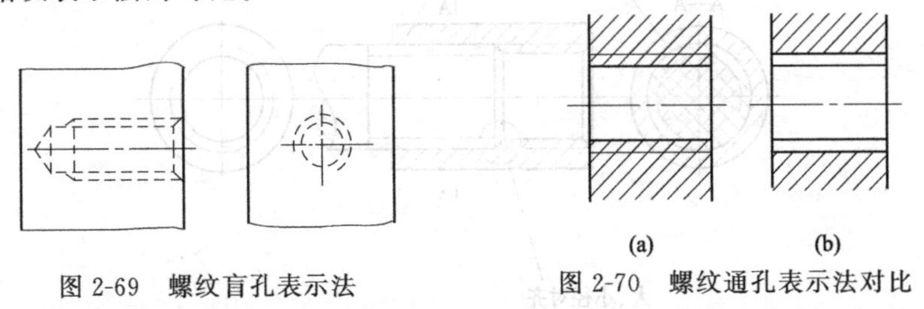

图 2-69　螺纹盲孔表示法　　　图 2-70　螺纹通孔表示法对比

⑥ 当需要表示螺纹牙型时，可按图 2-71 给出的形式表示。

⑦ 圆锥外螺纹的表示法如图 2-72（a）所示；圆锥内螺纹的表示法如图 2-72（b）所示。其共同特点是只画出可见端的牙底圆（即约 3/4 圈细实线圆），另一端的牙底不表示。

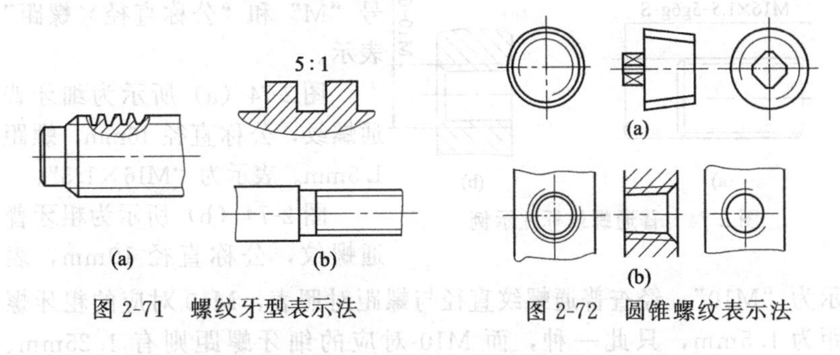

图 2-71　螺纹牙型表示法　　　图 2-72　圆锥螺纹表示法

⑧ 当用剖视图表示内、外螺纹的连接时，其旋合部分应按外螺纹画，其余部分仍按各自的画法表示，如图 2-73 所示。

2.14.4　普通螺纹和梯形螺纹在图纸中的标注方法

标准的螺纹应注出相应标准所规定的螺纹标记。

公称直径以 mm 为单位的螺纹，其标记直接注在大径的尺寸线上或其引出线上。

普通螺纹和梯形螺纹的完整标记由螺纹代号、螺纹公差带代号和螺纹旋合长度代号等 3 部分组成，三者之间用短横线“-”隔开。

(1) 普通螺纹　普通螺纹的标注示例如图 2-74 所示。

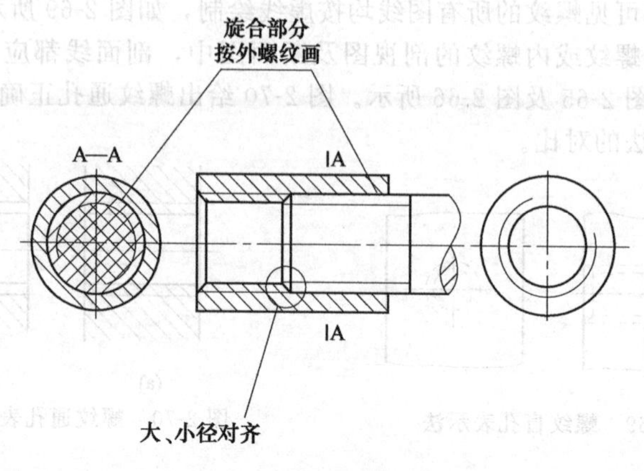

图 2-73 螺纹连接表示法

① 螺纹代号 粗牙普通螺纹用特征代号“M”和“公称直径”表示；细牙普通螺纹用特征代号“M”和“公称直径×螺距”表示。

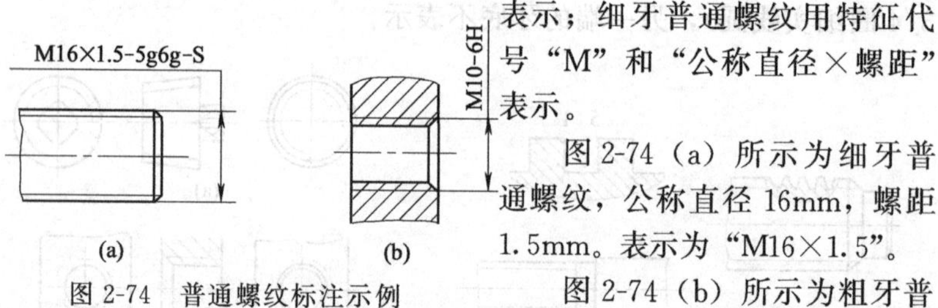

图 2-74 普通螺纹标注示例

图 2-74（a）所示为细牙普通螺纹，公称直径 16mm，螺距 1.5mm。表示为“M16×1.5”。

图 2-74（b）所示为粗牙普通螺纹，公称直径 10mm，表示为“M10”。经查普通螺纹直径与螺距对照表，M10 对应的粗牙螺距为 1.5mm，只此一种，而 M10 对应的细牙螺距则有 1.25mm、1mm、0.75mm 等多种。所以，粗牙螺纹不必标注螺距，而细牙螺纹必须注出螺距才能表达准确。

② 螺纹公差带代号 螺纹公差带代号包括中径公差带代号和顶径公差带代号等两部分。

顶径是指外螺纹的大径或内螺纹的小径。

若中径公差带代号和顶径公差带代号相同，只需标注一个公差带代号。

如： M10-6H

中径和顶径公差带代号相同

若中径公差带代号和顶径公差带代号不相同，则应分别标注，中径公差带代号在前，顶径公差带代号在后。

如：　M16×1.5-5g 6g

顶径公差带代号

中径公差带代号

每个公差带代号由公差等级数字和基本偏差的字母所组成。大写字母表示的是内螺纹的基本偏差，小写字母表示的是外螺纹的基本偏差。

③ 螺纹旋合长度代号

a. 长旋合长度，代号为L。

b. 中等旋合长度，代号为N，应用较广泛，所以标注时省略不注。

c. 短旋合长度，代号为S。

有特殊需要时，也可注出旋合长度的具体数值。

螺纹精度则由螺纹公差带和旋合长度合成，它反映了加工质量的综合状况。

普通螺纹的精度分为精密、中等、粗糙3种类型，选用时可按下述原则考虑。

a. 精密。用于精密螺纹，在要求配合性质变动较小时采用。

b. 中等。一般用途时采用。

c. 粗糙。对精度要求不高或制造较困难时采用。

图2-74（a）中的螺纹标记“M16×1.5-5g6g-S”表示的是：外螺纹，公称直径为16mm，螺距为1.5mm的细牙普通螺纹，中径公差带代号为5g，顶径公差带代号为6g，短旋合长度。

图2-74（b）中的螺纹标记“M10-6H”表示的是：公称直径为10mm的粗牙普通螺纹，中径和顶径公差带代号均为6H，中等旋合长度的内螺纹。

(2) 螺纹副的标注方法　需要时，在装配图中可标注出螺纹副的标记，是将相互连接的内外螺纹的标记组合成一个标记。

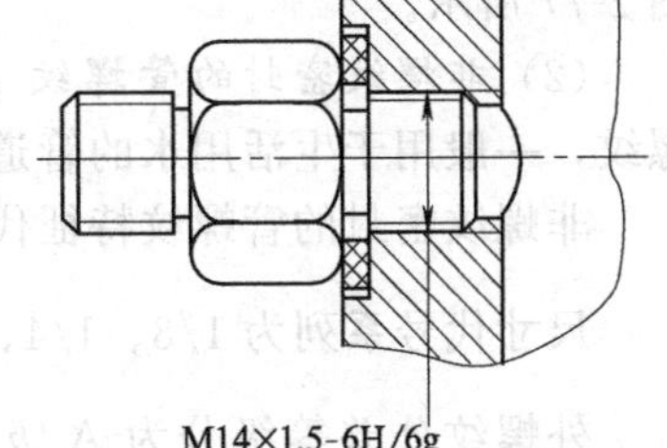

图2-75　螺纹副标记示意图

① 内螺纹标记为：Tr24×10（P5）LH-8H-L。

② 外螺纹标记为：Tr24×10

(P5) LH-8e-L。

③ 螺纹副的标记应为：Tr24×10 (P5) LH-8H/Se-L。

螺纹副的标记在装配图上标注时，可直接标注在大径的尺寸线上或其引出线上，如图 2-75 所示。

2.14.5 管螺纹

管螺纹的种类有多种，本手册只介绍与金属结构工相关的两种。

(1) 用螺纹密封的管螺纹 (GB 7306—2000)

① 连接形式 圆锥内螺纹与圆锥外螺纹连接；圆柱内螺纹与圆锥外螺纹连接。

② 标记 管螺纹的标记由螺纹特征代号和尺寸代号组成。公差带只有一种，所以可省略标注。

螺纹特征代号：

R_c——圆锥内螺纹；

R_p——圆柱内螺纹；

R——圆锥外螺纹。

尺寸代号系列为 1/8、1/4、3/8、1/2、3/4、1、…、$1\frac{1}{2}$等。

尺寸代号注在螺纹特征代号之后，如：

R_c1/2——圆锥内螺纹，管子公称直径为 1/2in (1in=0.0254m)；

R_p1/2——圆柱内螺纹，管子公称直径为 1/2in；

R1/2——圆锥外螺纹，管子公称直径为 1/2in；

R1/2-LH——圆锥外螺纹，左旋，管子公称直径为 1/2in。

③ 标注方法 管螺纹的标记一律注在引出线上，如图 2-76 所示。引出线从大径处引出或由对称中心处引出。

需要时，管螺纹在装配图中应从配合部分的大径处引出标注，如图 2-77 所示。

(2) 非螺纹密封的管螺纹 (GB 7307—2001) 这是一种圆柱管螺纹，一般用于生活用水的管道连接。

非螺纹密封的管螺纹特征代号为“G”。

尺寸代号系列为 1/8、1/4、3/8、1/2、3/4、1、…、$1\frac{1}{2}$等。

外螺纹公差等级分为 A 级和 B 级两种，标注在尺寸代号之后；内螺纹公差等级只有一种，所以省略标注。

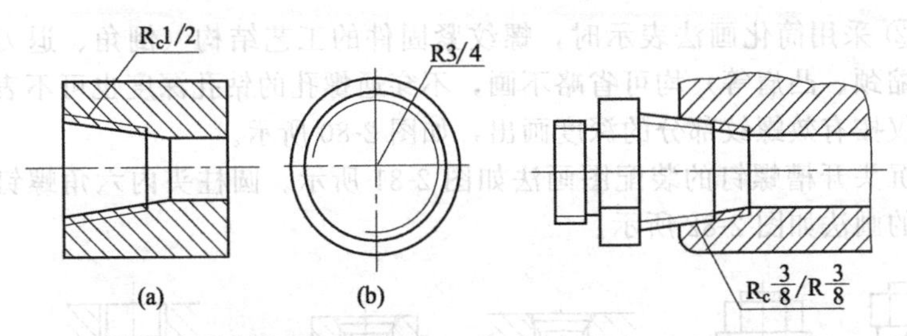

图 2-76　管螺纹标记示意图　　图 2-77　管螺纹在装配处标记示意图

非螺纹密封的管螺纹标记示例如下：

G1/2——公称直径 1/2in 内螺纹；

G1/2A——公称直径 1/2in A 级外螺纹；

G1/2B——公称直径 1/2in B 级外螺纹；

G1/2LH——公称直径 1/2in 左旋内螺纹；

G1/2G1/2A——公称直径 1/2in 内螺纹与 A 级外螺纹连接。

非螺纹密封的管螺纹在图样上的标注方法与用螺纹密封的管螺纹的标注方法完全相同，如图 2-78 所示。

管螺纹一律采用在引出线上注出标记的方法是其重要特征，也是管螺纹与普通螺纹及梯形螺纹在标注方法上的差别。

2.14.6　装配图中螺纹紧固件的画法

① 在管道装配图中，当剖切平面通过螺杆的轴线时，对于螺栓、螺柱、螺母及垫圈等均按未剖切绘制，弹簧垫圈的斜槽可用与螺杆轴线成 30°角的两条平行线表示，倒角和螺纹孔的钻孔深度等工艺结构基本上按实情表示，如图 2-79 所示。

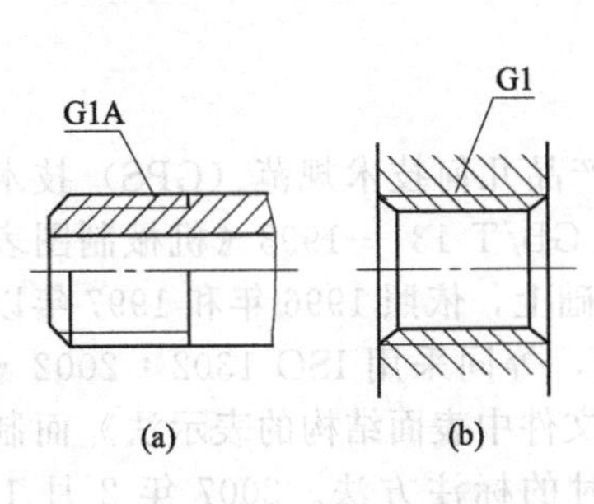

图 2-78　非螺纹密封的管螺纹标记

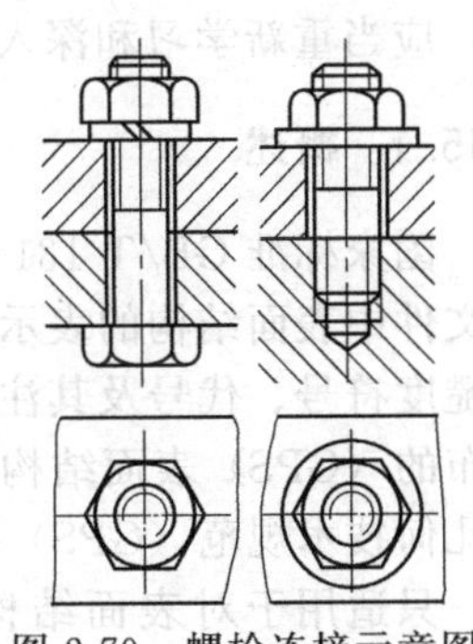

图 2-79　螺栓连接示意图

② 采用简化画法表示时，螺纹紧固件的工艺结构（倒角、退刀槽、缩颈、凸肩等）均可省略不画，不穿通螺孔的钻孔深度也可不表示，仅按有效螺纹部分的深度画出，如图 2-80 所示。

沉头开槽螺钉的装配图画法如图 2-81 所示。圆柱头内六角螺钉连接的画法如图 2-82 所示。

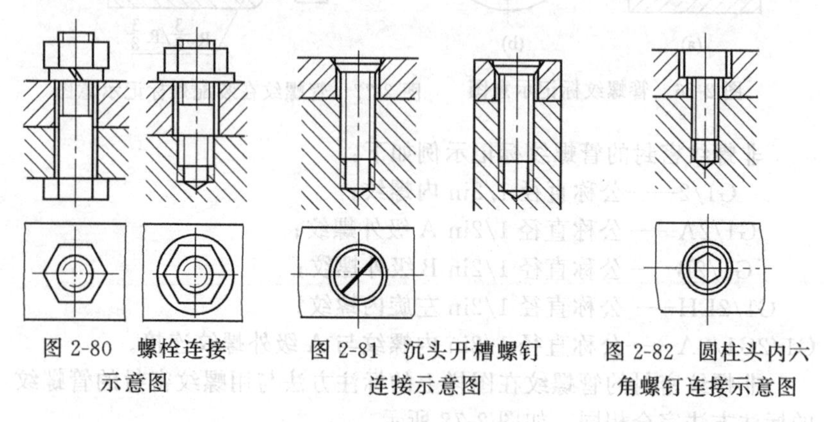

图 2-80 螺栓连接示意图　　图 2-81 沉头开槽螺钉连接示意图　　图 2-82 圆柱头内六角螺钉连接示意图

2.15 技术产品文件中表面结构的表示法

本节主要介绍技术产品中表面结构的表示法，以及表面结构标注用图形符号和标注方法。同时涉及粗糙度、波纹度和原始轮廓等一系列的标准。适用于对表面结构有要求时的表示法，不适用表面缺陷的标注。与旧标准 GB/T 131—1983 和 GB/T 131—1993 相比，新标准 GB/T 131—2006 变化较大，对于从事金属结构作业人员（铆工）来说，应当重新学习和深入理解。

2.15.1 概述

国家标准 GB/T 131—2006《产品几何技术规范（GPS）技术产品文件中表面结构的表示法》是在 GB/T 131—1993《机械制图表面粗糙度符号、代号及其注法》的基础上，依照 1996 年和 1997 年以来发布的（GPS）表面结构系列标准，等同采用 ISO 1302：2002《产品几何技术规范（GPS）技术产品文件中表面结构的表示法》而制定的，只适用于对表面结构有要求时的标注方法。2007 年 2 月 1 日实施。

GB/T 131—2006是新一代GPS系列标准中的通用标准，它影响粗糙度、波纹度和形状轮廓等相关标准。该标准的修订，在表面结构技术领域建立了一个更加完整、明确和先进的图样标注体系，从设计的图样表达上，已不再是只给出参数值要求，同时也给出检验时的规范要求，因为在产品图样中科学、准确地标注出轮廓、图形、支承率曲线等参数要求，对提高设计质量十分重要。因此GB/T 131—2006体现了设计规范、功能要求和检验评定方法的有机统一，图样标注清晰且科学严谨。

由于GB/T 131—2006等同采用了ISO 1302：2002，因此涉及一些新的名词和术语。

2.15.2 技术产品中表面结构相关术语解释

一般术语的解释如下。

① 基本图形符号。对表面结构有要求的图形符号。简称基本符号，如“√”所示。

② 扩展图形符号。对表面结构有指定要求（去除材料或不去除材料）的图形符号，简称扩展符号，如“▽/”所示。

③ 完整图形符号。对基本图形符号或扩展图形符号扩充后的图形符号，简称完整符号，用于对表面结构有补充要求的标注，如“o/”所示。

2.15.3 标注表面结构的图形符号

在技术产品文件中对表面结构的要求可用几种不同的图形符号表示。每种符号都有特定含义。在特殊情况下，图形符号可以在技术图样中单独使用以表达特殊意义。

（1）基本图形符号　表示没有指定相关工艺方法的表面，当通过一个注释解释时可单独使用。它由两条不等长的与标注表面成60°夹角的直线构成，如图2-83所示。基本图形符号仅用于简化代号标注，没有补充说明时不能单独使用。

如果基本图形符号与补充的或辅助的说明一起使用，则不需要进一步说明为了获得指定的表面是否应去除材料或不去除材料。

图2-83　表面结构的基本图形符号

（2）扩展图形符号

① 要求去除材料的图形符号　在基本图形

符号上加一短横，表示指定表面是用去除材料的方法获得，如通过机械加工获得的表面，如图 2-84 所示。只在其含义是“被加工并去除材料的表面”时可单独使用。

② 不允许去除材料的图形符号　在基本图形符号上加一个圆圈，表示指定表面是用不去除材料的方法获得，如图 2-85 所示。它也可用于表示保持上道工序形成的表面，如铸、锻、冲压成形、热轧、冷轧、粉末冶金等。

图 2-84　表示去除材料的扩展图形符号

图 2-85　表示不去除材料的扩展图形符号

③ 完整图形符号　当要求标注表面结构特征的补充信息时，应在图 2-83 至图 2-85 所示的图形符号的长边上加一横线，如图 2-86 所示。

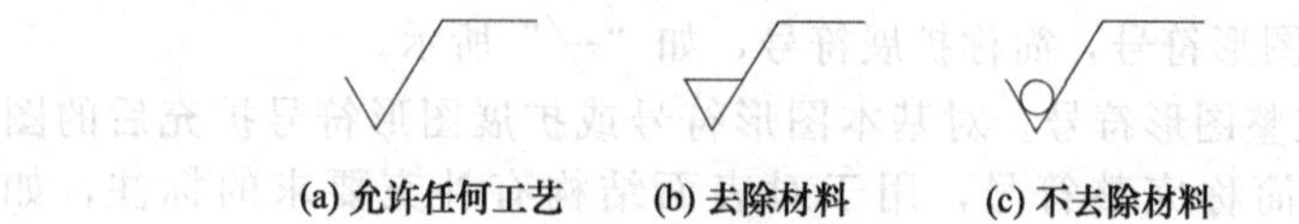

(a) 允许任何工艺　(b) 去除材料　(c) 不去除材料

图 2-86　完整图形符号

在报告和合同的文本文件中用文字表达如图 2-86 所示的符号时，用 APA 表示图 2-86（a）所示的符号，MRR 表示图 2-86（b）所示的符号，NMR 表示图 2-86（c）所示的符号。

④ 工件轮廓各表面的图形符号　当在图样某个视图上构成封闭轮廓的各表面有相同的表面结构要求时，应在图 2-86（b）所示的完整图形符号上加一圆圈，标注在图样中工件的封闭轮廓线上，如图 2-87 所示。如果标注会引起歧义时，则各表面应分别标注。

2.15.4　表面结构完整图形符号的组成

为了明确表面结构要求，除了标注表面结构参数和数值外，必要时应标注补充要求，补充要求包括传输带、取样长度、加工工艺、表面纹理及方向、加工余量等。为了保证表面的功能特征，应对表面结构参数规定不同要求。

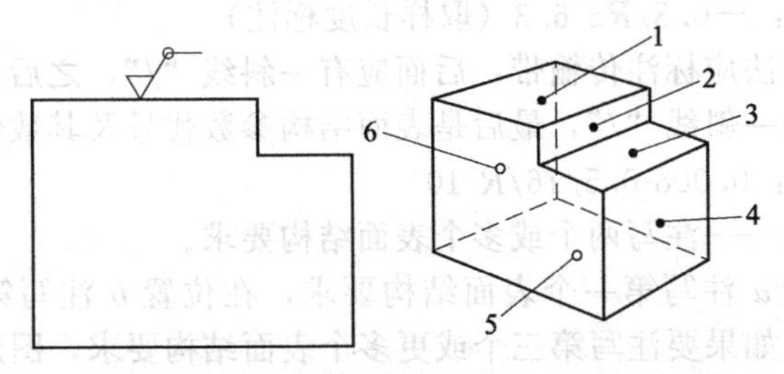

图 2-87 对周边各面有相同的表面结构要求的注法

注：图示的表面结构符号是指对图形中封闭轮廓的 6 个面的共同要求（不包括前、后面）

(1) 表面结构补充要求的注写位置 表面结构的补充要求包括表面结构参数代号、数值、传输带/取样长度。

在 GB/T 131—2006 标准的完整符号中，对表面结构的单一要求和补充要求应注写在图 2-88 (b) 所示的指定位置。而图 2-88 (a) 所示为 GB/T 131—1993 旧标准对表面结构的单一要求和补充要求的注写。

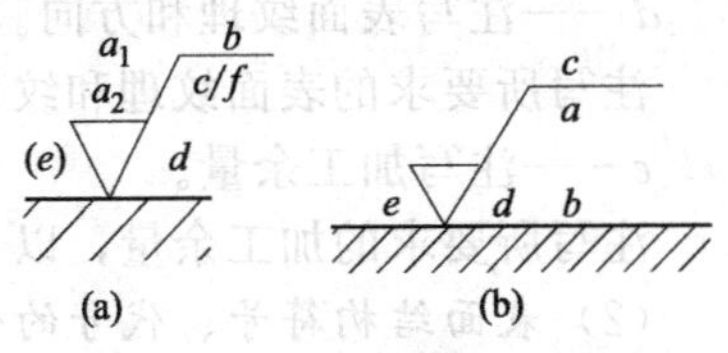

图 2-88 表面结构标注示例

① 图 2-88 (a) 中符号说明

a_1，a_2——粗糙度高度参数代号及其数值，mm；

b——加工要求，镀覆、涂覆、表面处理或其它说明等；

c——取样长度或波纹度，mm；

d——加工纹理方向符号；

e——加工余量，mm；

f——粗糙度间距参数值（mm）或轮廓支承长度率。

② 图 2-88 (b) 中符号说明

a——注写表面结构的单一要求。

根据标注表面结构参数代号、极限值和传输带或取样长度的规定，为了避免误解，在参数代号和极限值间应插入空格。传输带或取样长度后应有一斜线“/”，之后是表面结构参数代号，最后是数值。

示例 1：0.0025-0.8/Rz6.3（传输带标注）

示例 2：-0.8/*Rz* 6.3（取样长度标注）

对图形法应标注传输带，后面应有一斜线“/”，之后是评定长度值，再后是一斜线“/”，最后是表面结构参数代号及其数值。

示例 3：0.008-0.5/16/*R* 10

a，*b*——注写两个或多个表面结构要求。

在位置 *a* 注写第一个表面结构要求，在位置 *b* 注写第二个表面结构要求。如果要注写第三个或更多个表面结构要求，图形符号应在垂直方向扩大，以空出足够的空间。扩大图形符号时，*a* 和 *b* 的位置随之上移。

c——注写加工方法。

注写加工方法、表面处理、涂层或其它加工工艺要求等，如车、磨、镀等加工表面。

d——注写表面纹理和方向。

注写所要求的表面纹理和纹理的方向，如“=”、“X”及“M”。

e——注写加工余量。

注写所要求的加工余量，以 mm 为单位给出数值。

(2) 表面结构符号、代号的含义　如表 2-20 和表 2-21 所示。

表 2-20　表面结构符号的含义

序号	符　号	含　　义
1		基本图形符号，未指定工艺方法的表面，当通过一个注释解释时可单独使用
2		扩展图形符号，用去除材料方法获得的表面；仅当其含义是“被加工表面”时可单独使用
3		扩展图形符号，不去除材料的表面，也可用于表示保持上道工序形成的表面，不管这种状况是通过去除材料或不去除材料形成的

表 2-21　表面结构代号的含义

序号	符　　号	含义/解释
1	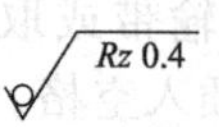	表示不允许去除材料，单向上限值，默认传输带，*R* 轮廓，粗糙度的最大高度 0.40μm，评定长度为 5 个取样长度(默认)，“16%规则”(默认)
2	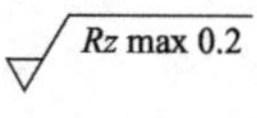	表示去除材料，单向上限值，默认传输带，*R* 轮廓，粗糙度最大高度的最大值 0.2μm，评定长度为 5 个取样长度(默认)，“最大规则”

续表

序号	符号	含义/解释
3	0.008-0.8/*Ra* 3.2	表示去除材料，单向上限值，传输带 0.008～0.8mm，*R* 轮廓，算术平均偏差 3.2μm，评定长度为 5 个取样长度（默认），“16%规则”（默认）
4	-0.8/*Ra*3 3.2	表示去除材料，单向上限值，传输带：根据 GB/T 6062，取样长度 0.8μm（λ_s 默认 0.0025μm），*R* 轮廓，算术平均偏差 3.2μm，评定长度包含 3 个取样长度，“16%规则”（默认）
5	U *Ra* max 3.2 L *Ra* 0.8	表示不允许去除材料，双向极限值，两极限值均使用默认传输带，*R* 轮廓，上限值：算术平均偏差 3.2μm，评定长度为 5 个取样长度（默认），“最大规则”，下限值：算术平均偏差 0.8μm，评定长度为 5 个取样长度（默认），“16%规则”（默认）
6	0.8-25/*Wz*3 10	表示去除材料，单向上限值，传输带 0.8～25mm，*W* 轮廓，波纹度最大高度 10μm，评定长度包含 3 个取样长度，“16%规则”（默认）
7	0.008-/*Pt* max 25	表示去除材料，单向上限值，传输带 λ_s=0.008mm，无长波滤波器，*P* 轮廓，轮廓总高 25μm，评定长度等于工件长度（默认），“最大规则”
8	0.0025-0.1//*Rx* 0.2	表示任意加工方法，单向上限值，传输带 λ_s=0.0025mm，*A*=0.1mm，评定长度 3.2mm（默认），粗糙度图形参数，粗糙度图形最大深度 0.2μm，“16%规则”（默认）
9	/10/*R* 10	表示不允许去除材料，单向上限值，传输带 λ_s=0.008mm（默认），*A*＝0.5mm（默认），评定长度 10mm，粗糙度图形参数，粗糙度图形平均深度 10μm，“16%规则”（默认）
10	*W* 1	表示去除材料，单向上限值，传输带 *A*＝0.5mm（默认），*B*＝2.5mm（默认），评定长度 16mm（默认），波纹度图形参数，波纹度图形平均深度 1mm，“16%规则”（默认）
11	-0.3/6/*AR* 0.09	表示任意加工方法，单向上限值，传输带 λ_s=0.008mm（默认），*A*=0.3mm（默认），评定长度 6mm，粗糙度图形参数，粗糙度图形平均间距 0.09mm，“16%规则”（默认）

注：这里给出的表面结构参数、传输带/取样长度和参数值以及所选择的符号仅作为示例。

① 根据新标准规定的简化标注方法进行标注时；

② 当图 2-89 表示的基本符号使用在加工工艺的图样中，可以这样理解，不管是通过不去除材料的方法或其它方法获得的特定表面，判断其合格与否，其状态均由最后一道加工工序确定，并根据 GB /T 18779.1—2002《产品几何量技术规范（GPS）工件与测量设备的测量检验　第 1 部分：按规范检验合格或不合格的判定规则》判定一个特定的表面是否符合表面结构要求。此外，应考虑该标准的解释规则和相关的标准规定。

2.15.5 图形符号的比例和尺寸

为了协调该标准中的符号尺寸与技术图样中的其它符号的尺寸，应采用 ISO 81714-1：1999《技术产品文件图形符号设计　第 1 部分：基本规则》中给出的规则。

（1）**比例**　应根据图 2-89～图 2-91 画出基本图形符号和附加部分。图 2-89、图 2-90 中的符号形状与 GB/T 14691—1993《技术制图字体》（B 型，直体）中相应的大写字母相同。图 2-89（b）符号的水平线长度取决于其上下所标注内容的长度。

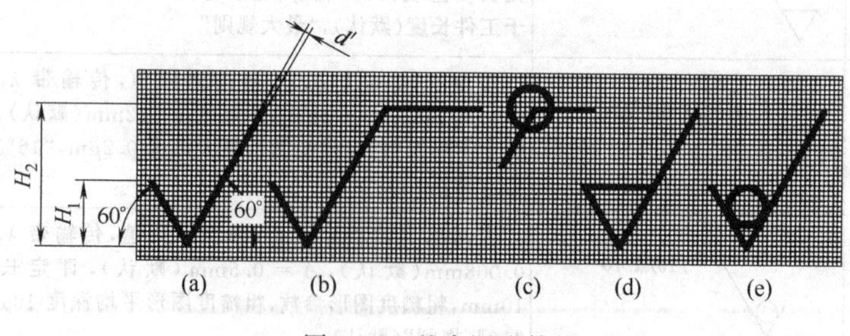

图 2-89　基本图形符号

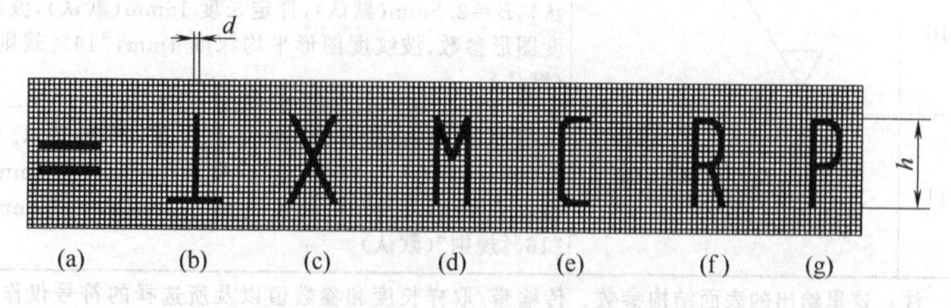

图 2-90　符号形状

图 2-91 中在“a”“b”“d”和“e”区域中的所有字母高应该等于 h。

在图 2-91 区域“c”中的字体可以是大写字母、小写字母或汉字，这个区域的高度可以大于 h 以便能够写出小写字母的尾部。

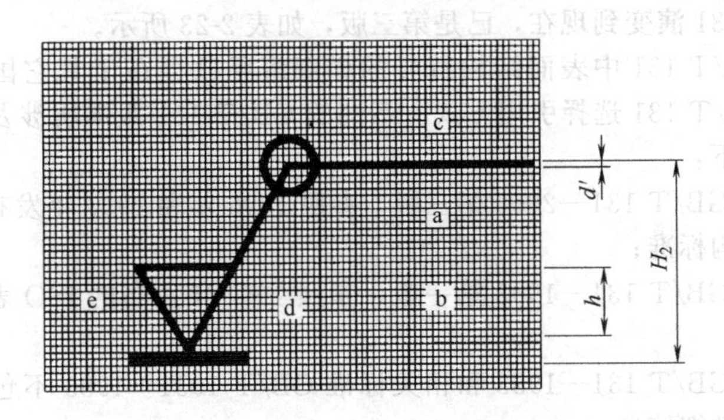

图 2-91　标注尺寸示意图

注：在位置“a”～“e”处注写表面结构要求

（2）尺寸　图形符号和附加标注的尺寸如表 2-22 所示。

表 2-22　图形符号和附加标注的尺寸

数字和字母高度 h（见 GB/T 14690）	2.5	3.5	5	7	10	14	20
符号线宽 d' 字母线宽 d	0.25	0.35	0.5	0.7	1	1.4	2
高度 H_1	3.5	5	7	10	14	20	28
高度 H_2（最小值）①	7.5	10.5	15	21	30	42	60

① H_2 取决于标注内容的多少。

加工工艺以及某些情况下的表面纹理对表面功能和图样中的表面结构要求之间的关系有非常重要的作用。对相同的表面功能，两种不同的加工工艺常有它们自己的“表面结构尺度”。当采用两种不同的加工工艺时，为了得到相同的表面功能，表面的测量参数值的差异可能会超过 10%。

对两个或多个表面结构参数值做比较时，只有在这些值有相同的测量条件时才有意义，相同的测量条件是指传输带、评定长度和加工工艺等相同。

2.15.6 标准的演变

(1) 表面结构要求图样标注的演变　表面结构要求图样标注从GB/T 131演变到现在，已是第三版，如表2-23所示。

GB/T 131中表面结构符号的详细解释已存在于其它国家标准中，GB/T 131选择引用方式。不同的GB/T 131版本所涉及的国家标准如下：

① GB/T 131—2006第三版，参照1996年和1997年发布的ISO表面结构标准；

② GB/T 131—1993第一版，参照1992年发布的ISO表面粗糙度标准；

③ GB/T 131—1983和相关标准GB/T 1031—1983不包含解释符号的详细信息。

如果正确使用不同版本GB/T 131中的标注规则，就不会误解表面结构要求的详细规则和含义。

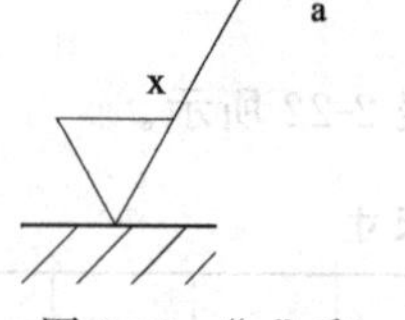

图2-92 "x"和"a"的位置

注：原来在"x"位置上有足够的空间用于标注单独给出的极限数值，这意味着是Ra参数的极限值（根据GB/T 131—1983、GB/T 131—1993）或者任何表面结构参数代号和给出的极限数值（根据GB/T 131—1993）。

使用GB/T 131—1983的代号标注的图样不能满足1992年后发布的表面粗糙度国家标准的要求。

使用GB/T 131—1993年的代号标注的图样不能满足1997年后发布的表面结构国家标准的要求。

(2) 位置"x"和"a"　应避免在新图样中"x"位置，如图2-92所示。标注表面结构要求应在"a"位置上（在原来的版本GB/T 131中给出）标注相关取样长度，并且表面结构要求总是包括参数代号和说明极限的数值。

表2-23　表面结构要求的GB/T 131不同版本图形标注的演变

序号	GB/T 131的版本			
	1983(第一版)①	1993(第二版)②	2006(第三版)③	说明主要问题的示例
1	1.6	1.6　1.6	Ra 1.6	Ra 只采用"16%规则"

续表

序号	GB/T 131 的版本			
	1983(第一版)①	1993(第二版)②	2006(第三版)③	说明主要问题的示例
2	R_y 3.2	R_y 3.2　R_y3.2	Rz 3.2	除了 Ra“16%规则”的参数
3	—④	1.6max	Ra max 1.6	“最大规则”
4	1.6　0.8	1.6　0.8	−0.8/Ra 1.6	Ra 加取样长度
5	—④	—④	0.025−0.8/Ra 1.6	传输带
6	R_y 3.2　0.8	R_y 3.2　0.8	−0.8/Rz 6.3	除 Ra 外其它参数及取样长度
7	1.6 R_y 6.3	1.6 R_y 6.3	Ra 1.6 Rz 6.3	Ra 及其它参数
8	—④	R_y 3.2	Rz3 6.3	评定长度中的取样长度个数如果不是 5
9	—④	—④	L Ra 1.6	下限值
10	3.2 1.6	3.2 1.6	U Ra 3.2 L Ra 1.6	上、下限值

① 既没有定义默认值也没有其它的细节，尤其是

——无默认评定长度；

——无默认取样长度；

——无“16%规则”或“最大规则”。

② 在 GB/T 3505—1983 和 GB/T 10610—1989 中定义的默认值和规则仅用于参数 R_a、R_y 和 R_z（十点高度）。此外，GB/T 131—1993 中存在着参数代号书写不一致问题，标准正文要求参数代号第二个字母标注为下标，但在所有的图表中，第二个字母都是小写，而当时所有的其它表面结构标准都使用下标。

③ 新的 Rz 为原 R_y 的定义，原 R_y 的符号不再使用。

④ 表示没有该项。

2.16 基本几何作图

铆工在样台进行放样作业时，必须掌握一套熟练的几何作图方法，才能把构件的形状正确地绘制在工件上。而正确放样的基础是几何作图。本节主要介绍铆工常用的基本几何作图方法。

2.16.1 作平行线

（1）作距已知直线为 h 的平行线　已知 AB 直线，作一平行于 AB 的直线 CD，两条平行线间距为 R。作法如图 2-93 所示。

① 在直线 AB 上任取两点 1、2 为圆心，以 h 为半径分别画圆弧。

② 作两圆弧的公切线 CD，此直线 CD 即为所求。

（2）过线外一点 C，作平行于该直线 AB 的平行线　作法如图 2-94 所示。

① 任取长度 R 为半径，C 为圆心作圆弧，交直线 AB 于 1 点。

② 以 1 点为圆心，R 为半径作圆弧，交直线 AB 于 2 点。

③ 以 1 点为圆心，取 C、2 两点距离为半径画圆弧，得交点 D。

④ 连接 CD 即为所求。

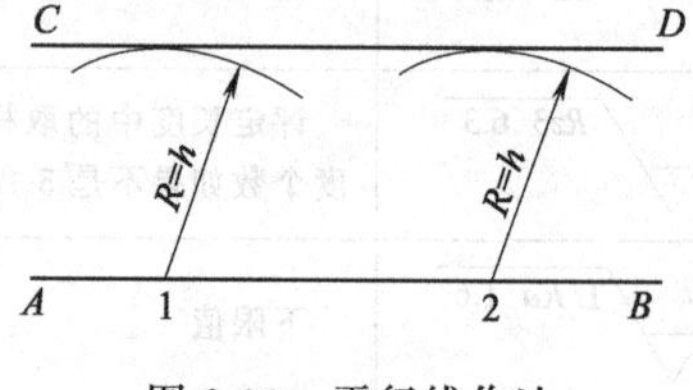

图 2-93　平行线作法

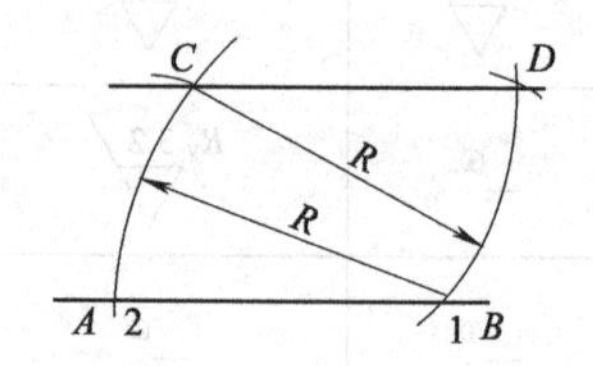

图 2-94　平行线作法

2.16.2 作垂直线

（1）作已知 AB 直线上一点 O 的垂线作法

已知 AB 直线上一点 O 的垂线作法如图 2-95 所示。

① 以 O 为圆心，任意长为半径画弧，在 AB 直线上交于 C、D 两点。

② 分别以 C、D 为圆心，以任意半径画弧，相交于 E、F 两点。

③ 连接 FE，即为垂直于 AB 并过 O 点的直线。就是通常所说的十字线。

(2) 过端点作该线段的垂线

1）作法1如图2-96所示。

① 以A点为圆心，任意长尺寸为半径画弧，交AB线于1点。

② 以1点为圆心，R为半径画弧，交前弧于2点，连接1—2并延长。

③ 以2点为圆心，R为半径画弧，交1—2延长线于C点，连接CA即为所求。

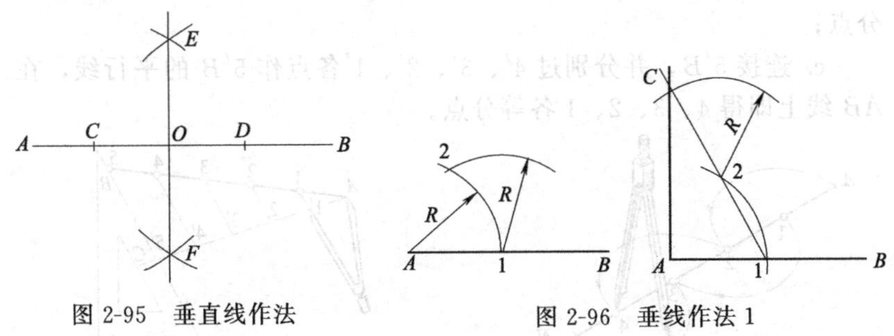

图2-95 垂直线作法　　图2-96 垂线作法1

2）作法2如图2-97所示。

① 在线外任取一点C为圆心，以CB为半径作圆，交直线AB于D点。

② 连接CD并延长交圆于E点，连接BE即为所求的垂线。

2.16.3 作等分直线

(1) 作线段的二等分线

已知线段AB，作AB垂直平分线CD，如图2-98所示。

① 分别以直线的两端点A、B为圆心，取大于AB之长为半径，作弧交于C及D两点。

② 连接CD交直线AB于E，即$AE=EB$。CD又称为AB的垂直平分线。

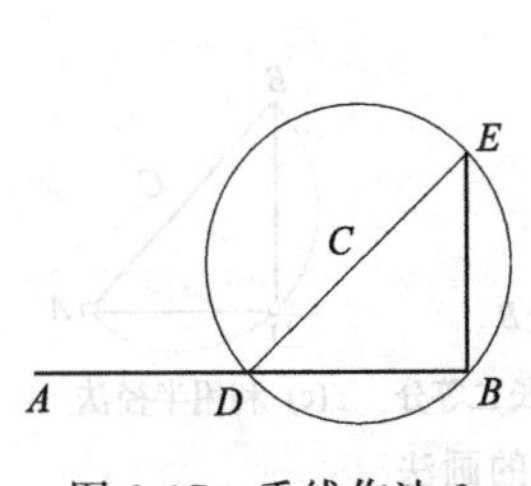

图2-97 垂线作法2

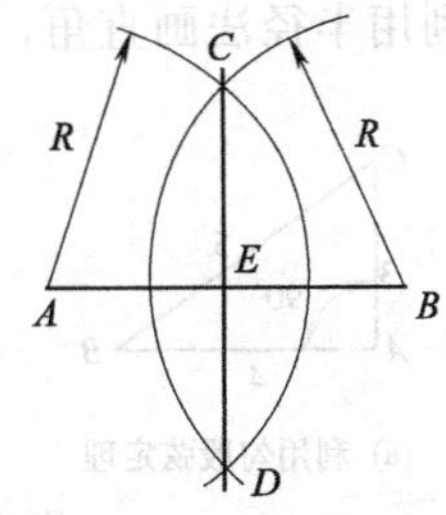

图2-98 二等分线作法

（2）作线段的任意等分线

① 试分法　对已知线段可凭目测用分规进行等分，如图 2-99 所示。

② 平行线法　已知线段 AB，求作任意等分（如 5 等分）。其作图方法如图 2-100 所示。作图步骤如下：

a. 过端点 A 作直线 AC，与已知线段 AB 成任意锐角；

b. 用分规在 AC 上任意取相等长度得 $1'$、$2'$、$3'$、$4'$、$5'$各等分点；

c. 连接 $5'B$，并分别过 $4'$、$3'$、$2'$、$1'$各点作 $5'B$ 的平行线，在 AB 线上即得 4、3、2、1 各等分点。

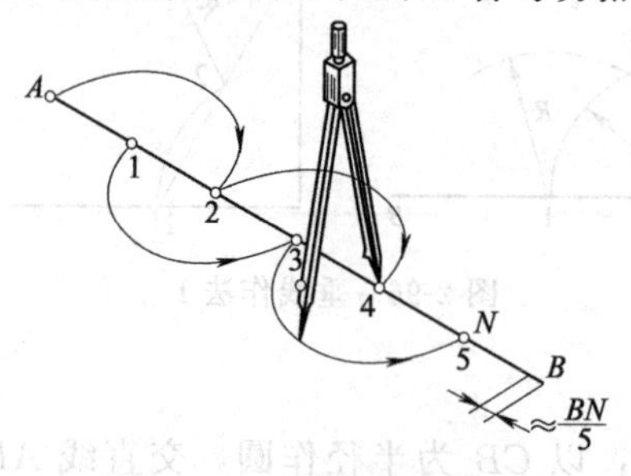

图 2-99　试分法等分线段

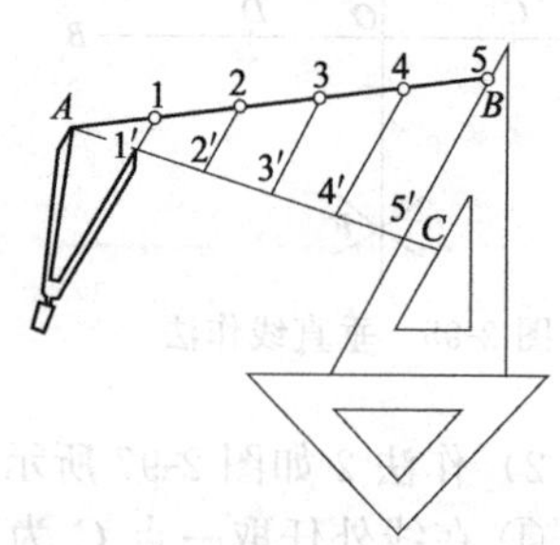

图 2-100　用平行线法等分线段

2.16.4　角和三角形的画法

（1）画直角的方法　铆工操作中，直角通常是用来检验钢板是否规矩（俗称为规方），以及检验所画的垂直线和角度是否正确。常用的画直角方法有以下几种。

① 利用勾股弦定理（即勾 3、股 4、弦 5）画直角，如图 2-101（a）所示。

② 利用斜边长二等分画直角，如图 2-101（b）所示。

③ 利用半径法画直角，如图 2-101（c）所示。

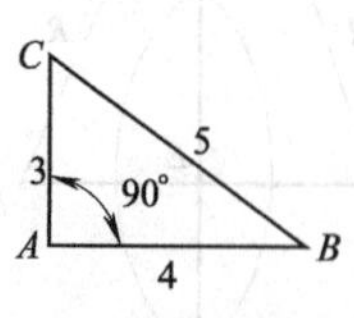

(a) 利用勾股弦定理

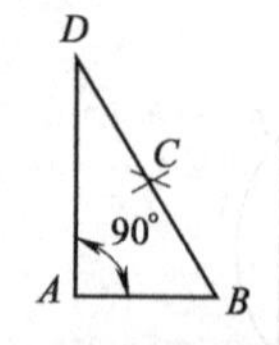

(b) 利用斜边长二等分

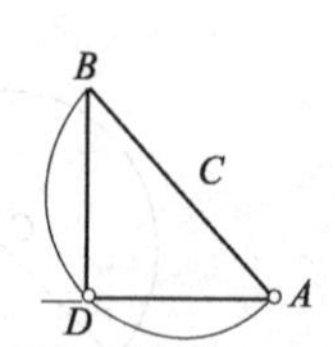

(c) 利用半径法

图 2-101　直角的画法

（2）任意角的画法　如图 2-102 所示的近似法。若作一角等于 50°，其步骤如下。

① 画线段 AB 等于 57.3mm；

② 以 A 为圆心，AB 为半径画圆弧；

③ 在圆弧上每取 1mm 的弧长，其所对的圆心角为 1°（因为圆周长 $L=2\pi R$，其中 R 为圆的半径，所以 $2\times3.1416\times57.3=360.0159$），这样截取$\overset{\frown}{BC}$等于 50mm，则$\angle CAB$ 即为 50°。为减小角度误差，在放样时可根据结构尺寸用 n 倍（放大系数）57.3mm 为半径画圆，这时该圆上的 n 倍弧长所对的圆心角为 1°。

（3）作角等于已知角　如图 2-103 所示，已知$\angle ABC$，求作一角等于已知角。其步骤如下。

① 以 B 点为圆心，取 R 长为半径画圆弧，交两边于 1、2 点［图 2-103（a）］。

② 另作一条直线 $B'C'$，以 B'点为圆心，R 为半径，画圆弧交 $B'C'$于 1′点［图 2-103（b）］。

③ 以 1′点为圆心，用已知角上的 1—2 弦长为半径，画弧交前弧于 2′点［图 2-103（c）］。

④ 连接 2′点与 B'点，则$\angle 2'B'1'=\angle ABC$［图 2-103（d）］。

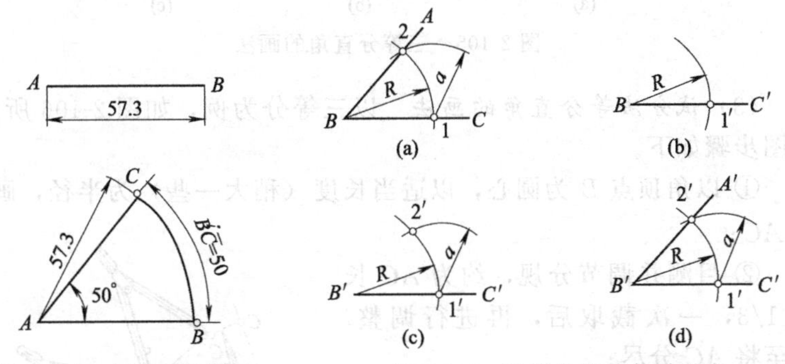

图 2-102　任意角的画法　　图 2-103　已知角的三角形画法

2.16.5　等分角的画法

（1）角的二等分画法　作法如图 2-104 所示。

① 以 B 点为圆心，任意长度为半径画圆弧，交角的两边于 1、2 两点［图 2-104（a）］。

② 分别以 1、2 两点为圆心，R 为半径画弧相交于 D 点［图 2-104（b)］。

③ 连接 B、D 两点，则 BD 线分$\angle ABC$ 为二等分［图 2-104（c)］。

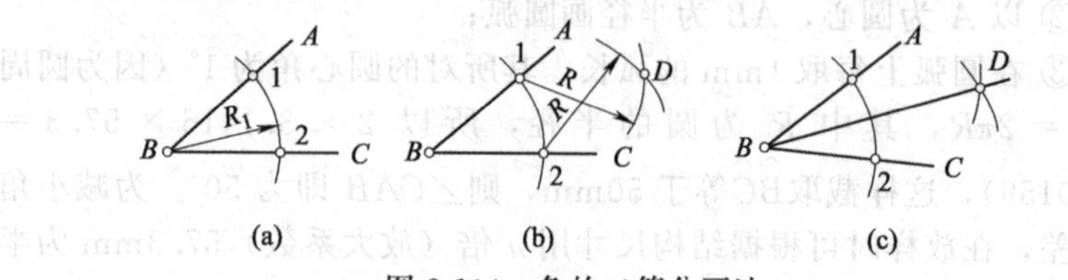

图 2-104　角的二等分画法

（2）三等分直角的画法　作法如图 2-105 所示。

① 以 B 点为圆心，R 为半径画圆弧，交直角两边于 1、2 两点。

② 以 1、2 两点为圆心，R 为半径，分别画两弧交前弧于 3、4 两点。

③ 连接 B、3 和 B、4，便为直角$\angle ABC$ 的三等分。

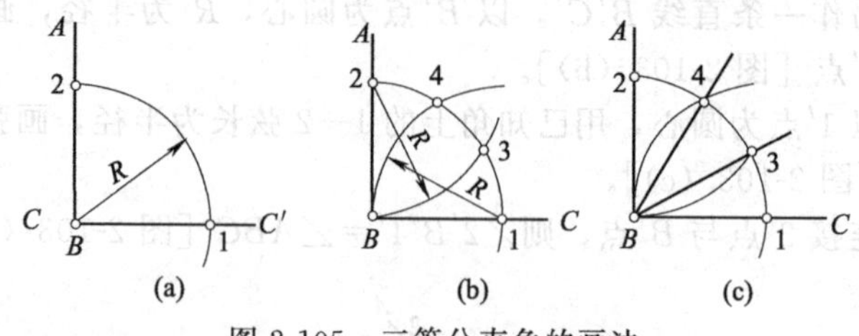

图 2-105　三等分直角的画法

（3）试分法等分直角的画法　以三等分为例，如图 2-106 所示。作图步骤如下。

① 以角顶点 B 为圆心，以适当长度（稍大一些）为半径，画圆弧 AC；

② 目测并调节分规，约为 AC 长的 1/3，一次截取后，再进行调整，直至将 AC 分尽；

③ 将角顶点 B 与各分点连接，即将角等分。

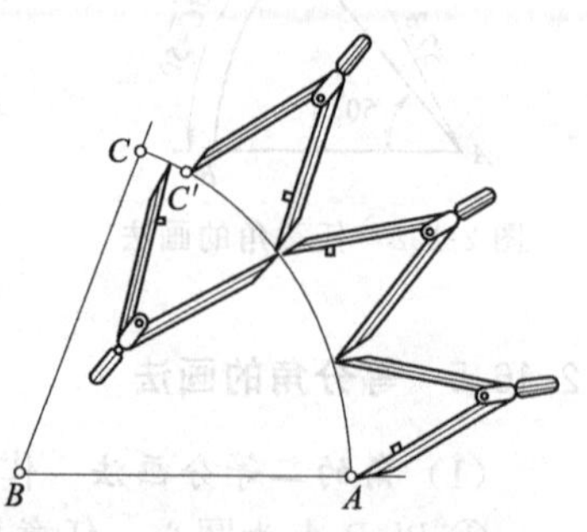

图 2-106　角度试分法

2.16.6　等分圆周

（1）六等分圆周和作正六边形

① 用圆的半径六等分圆周。当已

知正六边形对角距离（即外圆直径）时，可用此法画出正六边形，如图 2-107 所示。

② 用丁字尺、三角板配合作圆的内接、外切正六边形，如图 2-108 所示。

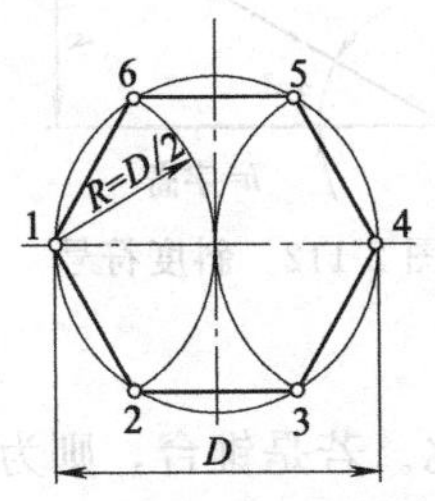

图 2-107　用半径六等分圆周

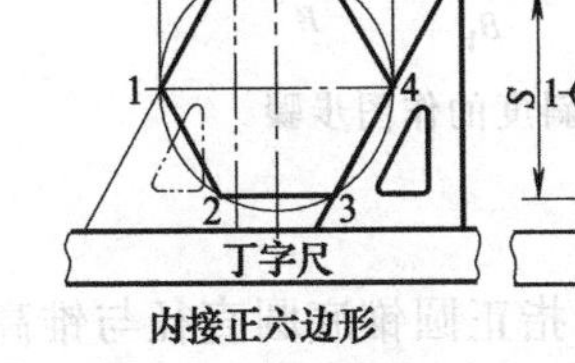

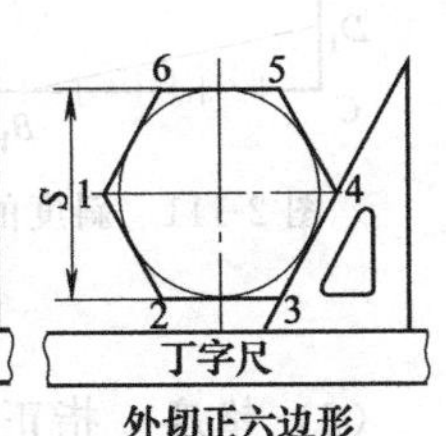

图 2-108　圆的内接、外切正六边形画法

(2) 五等分圆周和作正五边形

① 平分 OB 得其中点 P。

② 在 AB 上取 $PH=PC$，得点 H。

③ 以 CH 为边长等分圆周，得 E、F、G、L 等分点，依次连接，即得正五边形，如图 2-109 所示。

2.16.7　斜度和锥度画法

(1) 斜度　斜度是指一直线（或平面）对另一直线（或平面）的倾斜程度。在图 2-110 (a) 中，AB 边对 AC 边的斜度用 BC 边与 AC 边的比值表示，即 AB 对 AC 的斜度$=BC/AC=\tan\alpha=1:n$。

斜度的标注用符号"$\angle 1:n$"表示，如图 2-110 (b) 所示。

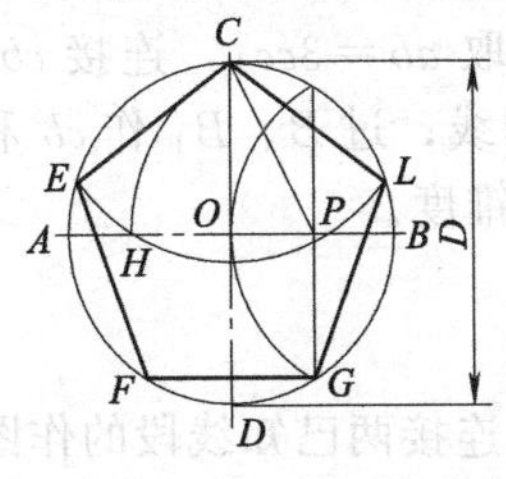

图 2-109　正五边形画法

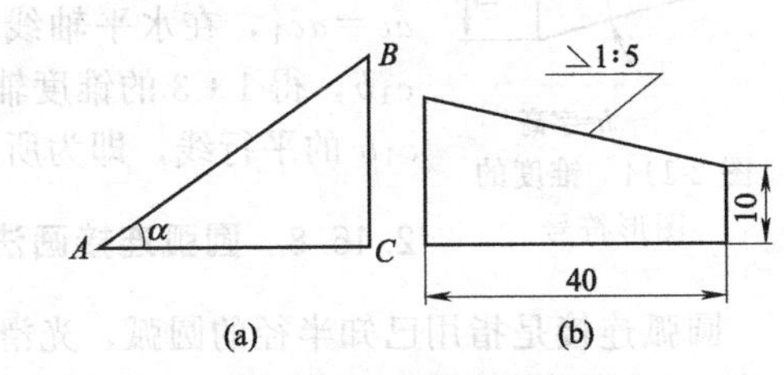

图 2-110　斜度及其标注

其作图过程如图 2-111 所示，在 CD 上取一个单位长 CD_1，在 CB 上取 5 个单位长 CB_1，即 $CB_1=5CD_1$；连接 B_1D_1，为 $1:5$ 的斜度；过 A 点做 B_1D_1 的平行线，即为所求。

斜度符号按图 2-112 所示绘制，其符号中斜线所示的方向应与斜度方向一致。

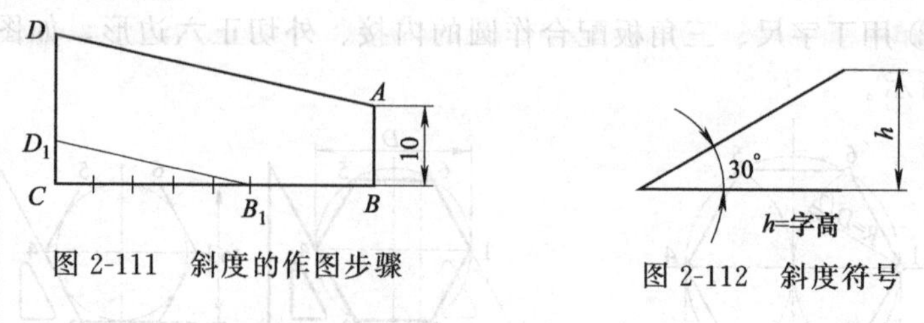

图 2-111 斜度的作图步骤

图 2-112 斜度符号

（2）**锥度** 指正圆锥底圆直径与锥高之比。若是锥台，则为两底圆直径之差与锥台高度之比，如图 2-113（a）所示。

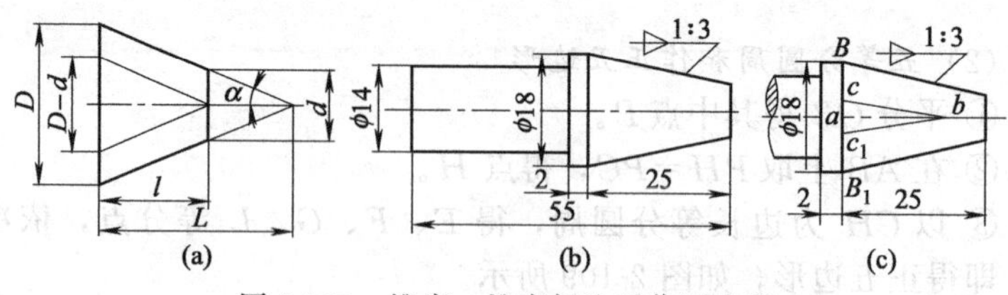

图 2-113 锥度、锥度标注及作图步骤

$$锥度=D/L=(D-d)/l=2\tan\alpha=1:n$$

锥度的标注用符号"⊳1∶n"表示，要标注在基准线上，锥度符号方向应与圆锥方向一致，如图 2-113（b）、（c）所示。锥度符号按图 2-114 所示绘制。

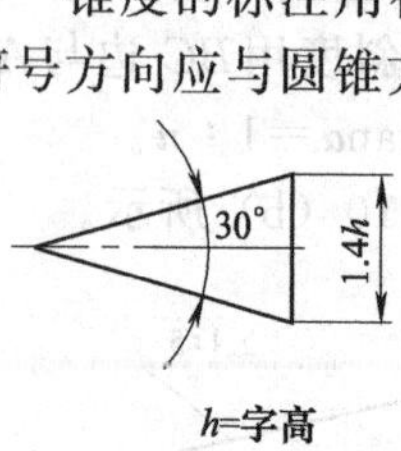

锥度的作图过程如图 2-113（c）所示。取 $ac=ac_1$，在水平轴线上取 $ab=3cc_1$，连接 cb、c_1b，得 1∶3 的锥度辅助线；过 B、B_1 作 cb 和 c_1b 的平行线，即为所求锥度。

30°
1.4h
h=字高

图 2-114 锥度的图形符号

2.16.8 圆弧连接画法

圆弧连接是指用已知半径的圆弧，光滑地连接两已知线段的作图方法。如图 2-115 所示，圆弧连接的实质就是使连接圆弧与相邻线段相切，以达到光滑连接的目的。

（1）圆弧与直线连接（相切）画法

① 连接弧圆心的轨迹为一平行于已知直线的直线。两直线间的垂直距离为连接弧的半径 R。

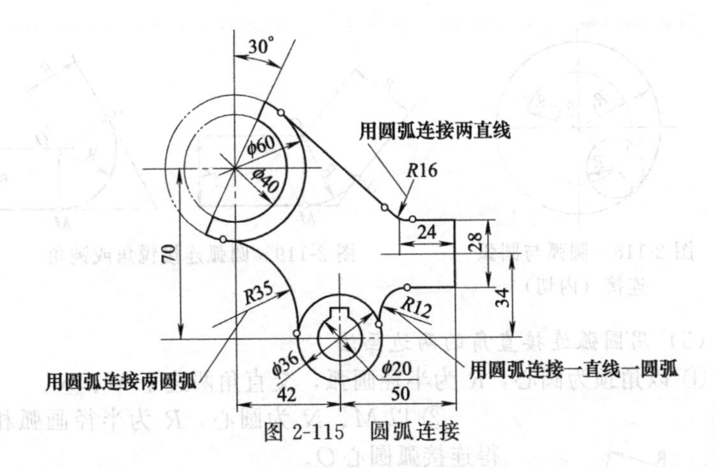

图 2-115 圆弧连接

② 由圆心向已知直线作垂线，其垂足即为切点，如图 2-116 所示。

(2) 圆弧与圆弧连接（外切）画法

① 连接弧圆心的轨迹为已知圆弧的同心圆，该圆的半径为两圆弧半径之和（R_1+R）。

② 两圆心的连线与已知圆弧的交点即为切点，如图 2-117 所示。

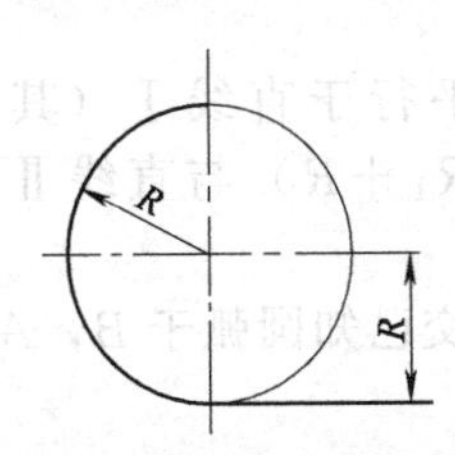

图 2-116 圆弧与直线连接

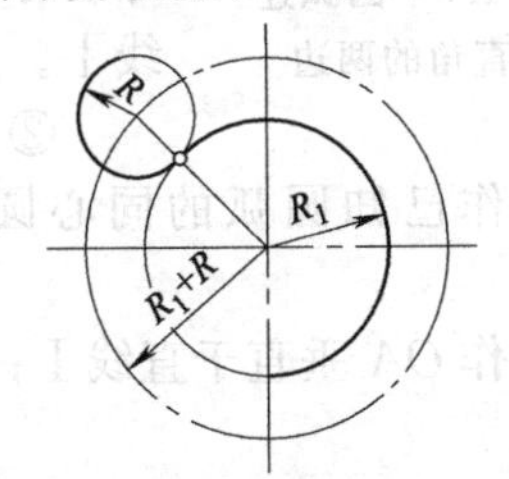

图 2-117 圆弧与圆弧连接（外切）

(3) 圆弧与圆弧连接（内切）画法

① 连接弧圆心的轨迹为已知圆弧的同心圆，该圆的半径为两圆弧半径之差（R_1-R）。

② 两圆心连线的延长线与已知圆弧的交点即为切点，如图 2-118 所示。

(4) 用圆弧连接锐角或钝角的两边画法

① 作与已知角两边分别相距为 R 的平行线，交点 O 即为连接弧圆心。

② 自 O 点分别向已知角两边作垂线，垂足 M、N 即为切点。

③ 以 O 为圆心，R 为半径在两切点 M、N 之间画连接圆弧即为所求，如图 2-119 所示。

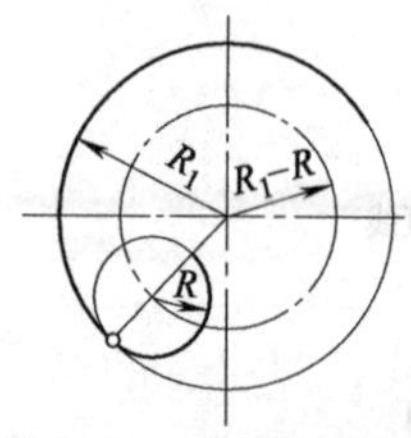

图 2-118 圆弧与圆弧连接（内切）

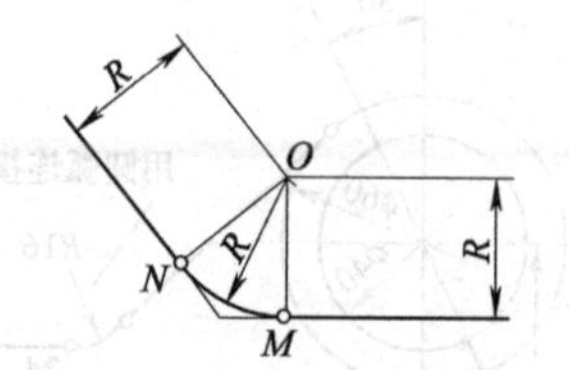

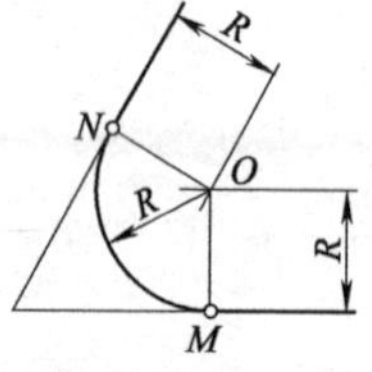

图 2-119 圆弧连接锐角或钝角

（5）用圆弧连接直角的两边画法

① 以角顶为圆心，R 为半径画弧，交直角两边于 M、N。

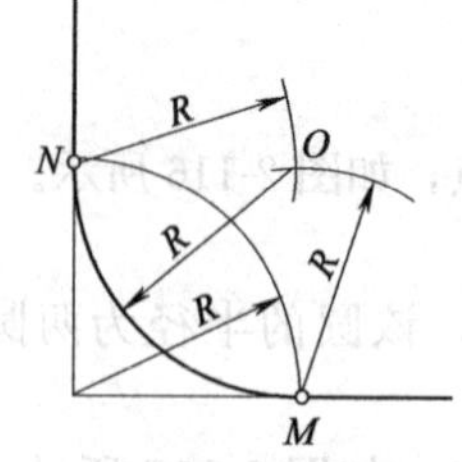

图 2-120 圆弧连接直角的两边

② 以 M、N 为圆心，R 为半径画弧相交得连接弧圆心 O。

③ 以 O 为圆心，R 为半径在 M、N 间画连接圆弧即为所求，如图 2-120 所示。

（6）直线和圆弧间的圆弧连接

① 已知连接圆弧的半径为 R，将此圆弧外切于圆心为 O_1，半径为 R_1 的圆弧和直线Ⅰ。

② 作直线Ⅱ平行于直线Ⅰ（其间距为 R）；再作已知圆弧的同心圆（半径为 R_1+R）与直线Ⅱ相交于 O 点。

③ 作 OA 垂直于直线Ⅰ；连接 OO_1 交已知圆弧于 B，A、B 即为切点。

④ 以 O 为圆心，R 为半径画圆弧，连接直线Ⅰ和圆弧 O_1 于 A、B 即完成作图，如图 2-121 所示。

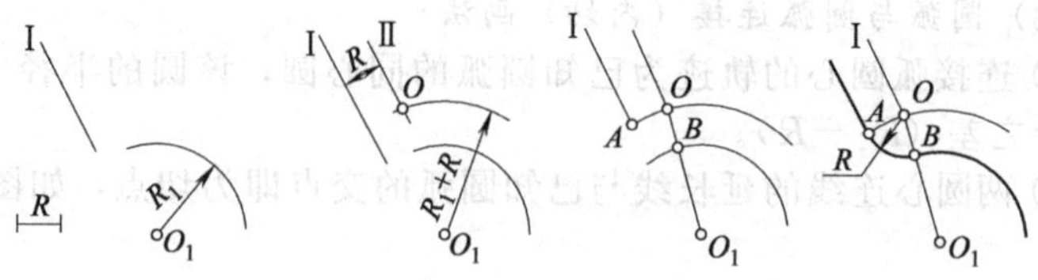

图 2-121 直线和圆弧间的圆弧连接

（7）两圆弧间的圆弧连接

① 已知连接圆弧的半径为 R，将此圆弧同时外切于圆心为 O_1、O_2，半径为 R_1、R_2 的圆弧。

② 分别以（R_1+R）及（R_2+R）为半径，O_1、O_2 为圆心，画圆弧相交于 O 点。

③ 连接 OO_1 交已知圆弧于 A 点，连接 OO_2 交已知圆弧于 B 点，A、B 即为切点。

④ 以 O 为圆心，R 为半径作圆弧，连接已知圆弧于 A、B 即完成作图，如图 2-122 所示。

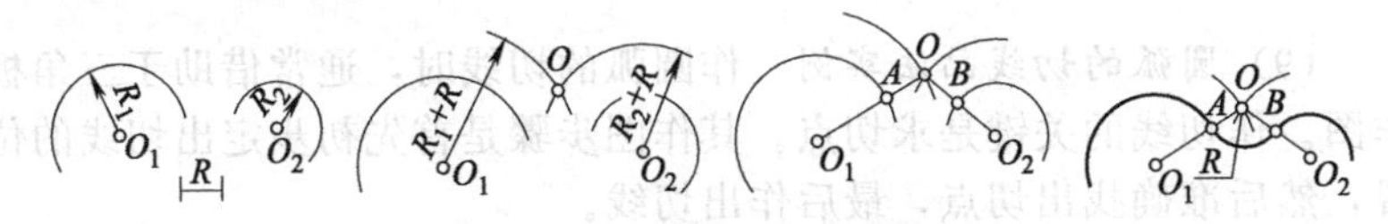

图 2-122　两圆弧间的圆弧连接

(8) 两圆弧间内连接的画法

① 已知连接圆弧的半径为 R，将此圆弧同时内切于圆心为 O_1、O_2，半径为 R_1，R_2 的圆弧。

a. 分别以（$R-R_1$）和（$R-R_2$）为半径，O_1 和 O_2 为圆心，画圆弧相交于 O 点。

b. 连接 OO_1 并延长，交已知圆弧于 A 点；连接 OO_2 并延长，交已知圆弧于 B 点，A、B 即为切点。

c. 以 O 点为圆心，R 为半径作圆弧，连接已知圆弧于 A、B 即完成作图，如图 2-123 所示。

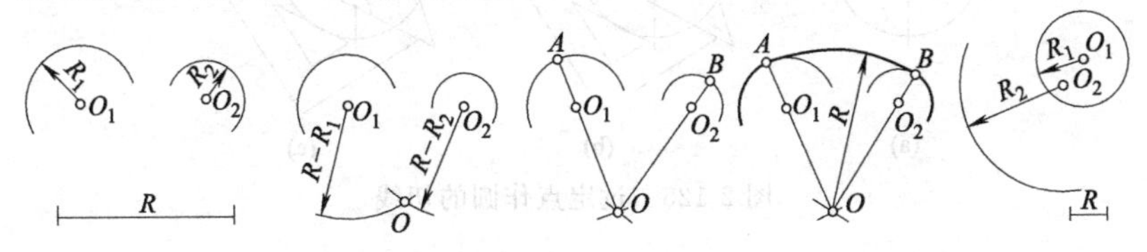

图 2-123　两圆弧间内连接（一）

② 已知连接圆弧的半径为 R，将此圆弧外切于圆心为 O_1 点，半径为 R_1 的圆；同时又内切于圆心为 O_2，半径为 R_2 的圆弧。

a. 分别以（R_1+R）及（R_2-R）为半径，O_1O_2 为圆心，画圆弧相交于 O 点。

b. 连接 OO_1 交已知圆弧于 A 点；连接 OO_1 并延长交已知圆弧于 B 点，A、B 即为切点。

c. 以 O 点为圆心，R 为半径作圆弧，连接已知圆弧于 A、B 即完成作图，如图 2-124 所示。

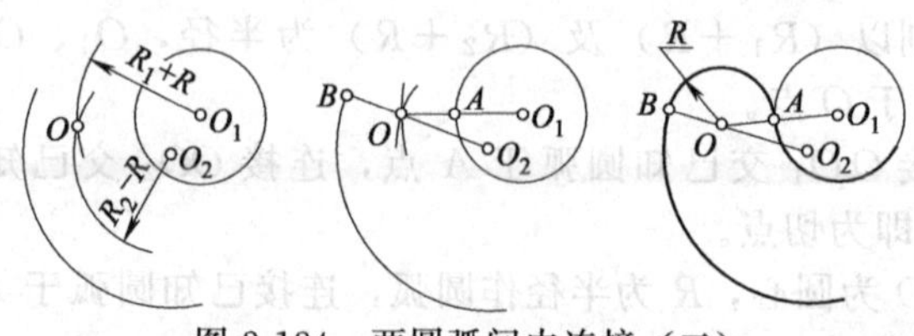

图 2-124　两圆弧间内连接（二）

（9）**圆弧的切线画法实例**　作圆弧的切线时，通常借助于三角板作图。作切线的关键是求切点。其作图步骤是首先初步定出切线的位置，然后准确找出切点，最后作出切线。

① 过定点作已知圆的一条切线，如图 2-125（a）所示。

a. 把第一块三角板的一直角边放在过点 A 且与已知圆相切的位置上，然后将第二块三角板与第一块三角板的斜边靠紧，如图 2-125（b）所示。

b. 沿第二块三角板推动第一块三角板，直至另一直角边通过圆心时作直线，其与圆相交得切点 K，连接 A、K 即作出切线，如图 2-125（c）所示。

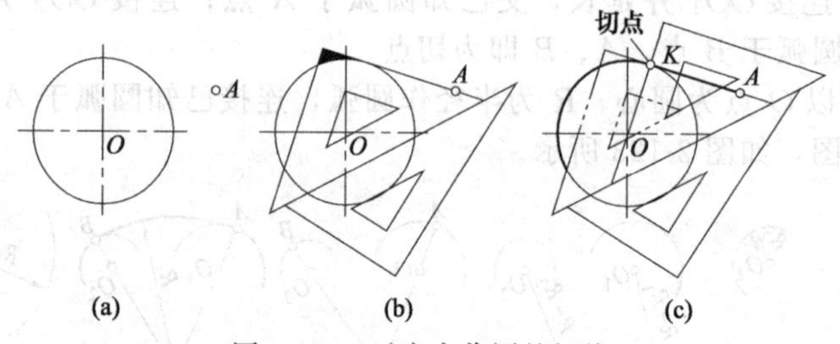

图 2-125　过定点作圆的切线

② 作两圆的一条内公切线，如图 2-126（a）所示。

a. 把第一块三角板的一直角边放在内公切线的位置上，然后将第二块三角板与第一块三角板的斜边靠紧，如图 2-126（b）所示。

b. 沿第二块三角板推动第一块三角板，当另一直角边通过圆心 O_1、O_2 时，分别作直线，与圆相交得 K、M 点，连接 K、M 即作出内公切线，如图 2-126（c）所示。

2.16.9　椭圆近似画法

（1）**已知长、短轴，作椭圆（同心圆法）**

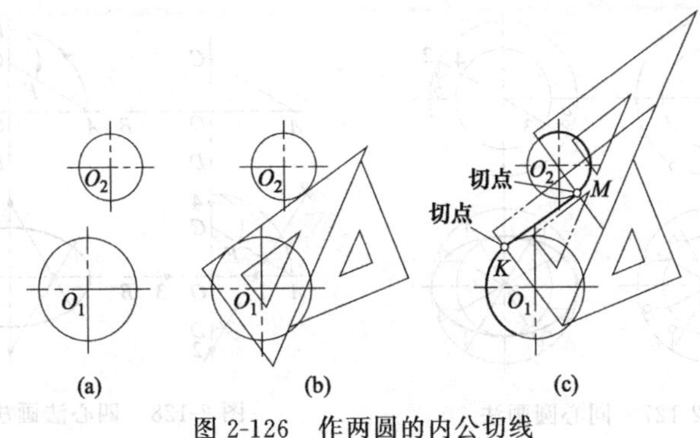

图 2-126 作两圆的内公切线

① 以椭圆中心为圆心，分别以长轴、短轴长度为直径，作两个同心圆。

② 过圆心作任意直线交大圆于 1、2 两点，交小圆于 3、4 两点，分别过 1、2 点引垂线，过 3、4 点引水平线，它们的交点 a、b 即为椭圆上的点。

③ 按步骤②的方法，重复作图，求出椭圆上一系列的点。

④ 用曲线板光滑地连接诸点即得椭圆，如图 2-127 所示。

(2) 已知长、短轴作近似椭圆（四心法）

① 画出长轴 AB 和短轴 CD。连接 AC。

② 以 O 点为圆心，OA 为半径画弧 AE。再以 C 点为圆心，CE 为半径画弧 EF。

③ 作 AF 的垂直平分线，与 AB 交于 1 点，与 CD 交于 2。取 1、2 的对称点 3、4。

④ 分别以 2、4 为圆心，$2C$ 为半径画弧，与 21、23、41、43 的延长线相交，即得两条大圆弧。分别以 1、3 为圆心，$1A$ 为半径画弧，与所画的大圆弧连接，即近似地得到所求的椭圆，如图 2-128 所示。

2.16.10 特殊圆弧画法

(1) 腰子圆的画法 已知腰子圆的短轴 a，长轴 b。作法如图 2-129所示。

① 作以 O 点为中心的十字线。

② 在长轴的对称中心线上取出两个 O' 点，使 $OO'=\dfrac{b-a}{2}$，O'点成为腰子圆的圆心。

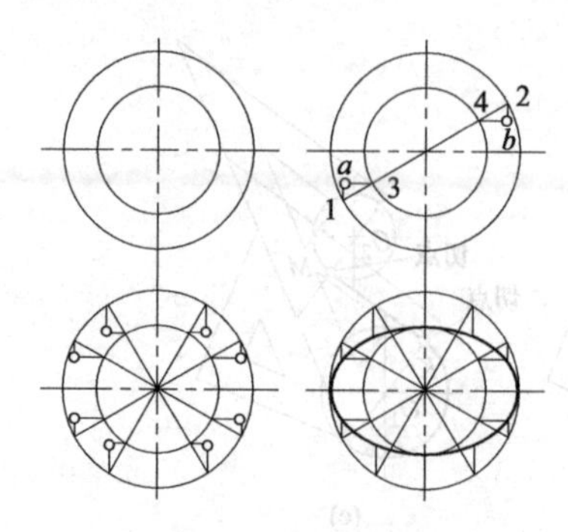

图 2-127　同心圆画法

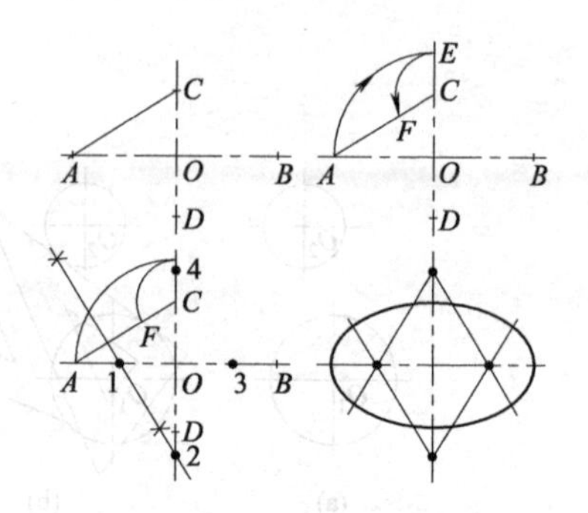

图 2-128　四心法画法

③ 以 O' 点为圆心，$R=\dfrac{a}{2}$ 为半径作两个半圆，并画出它们的公切线，得出 1、2、3、4 这 4 个切点。

（2）作大、小圆的圆弧连接（鸡蛋圆）　已知大、小圆半径为 R 和 R_1，圆心距 AB，求作鸡蛋圆。作法如图 2-130 所示。

① 分别以 O_1 和 O_2 为圆心，以 R 和 R_1 为半径，画出大、小两个圆，并与两圆中心线相交于 1、2 点。

② 连接 1、2 两点，并延长交于 R_1 圆弧上 3 点，连接 3、O_1，并延长交于 4 点。

③ 以 4 为圆心，1、4 长为半径，画圆弧交于 1、3 点。同理，画圆弧交于 7、6 点。

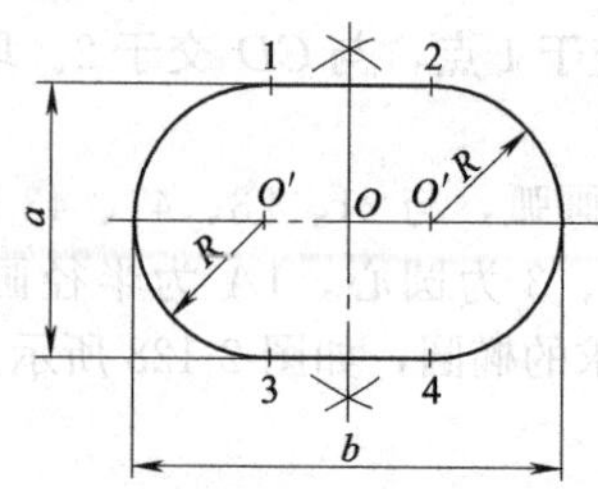

图 2-129　腰子圆的画法

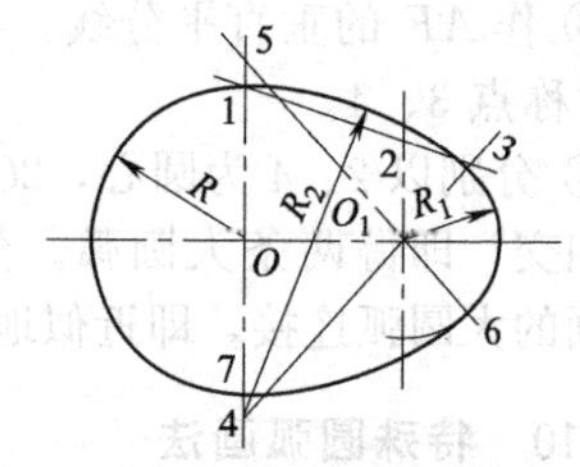

图 2-130　大、小圆的圆弧连接作法

（3）特大圆弧的近似作法　铆工作业中，对某些巨大的金属结构，如大型储气罐的罐顶，放样时会遇到作特大圆弧的问题，即知罐体的直径（弦长）AB 和罐顶拱高（弧弦距）h。两种大圆弧的近似作法介绍如下。

作法 1　（如图 2-131 所示）

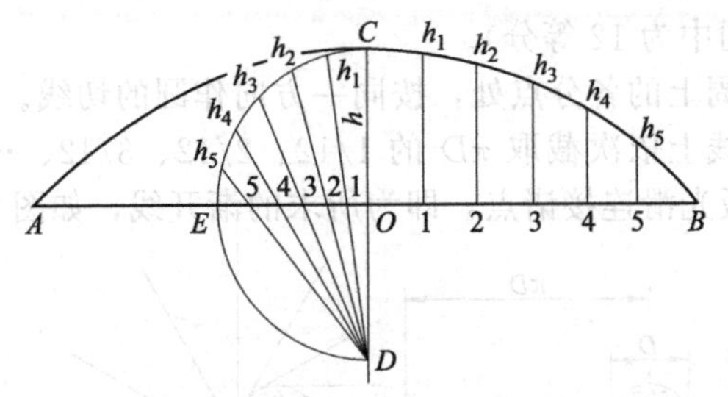

图 2-131　特大圆弧的近似作法 1

① 作 AB 的垂直平分线 OC，取 $OC=h$。

② 以 O 为圆心，OC 长为半径画半圆 CED。

③ 分 CE 弧为 6 等分，过 D 点作各等分点的连线，交 OE 线于 1、2、3、4、5 点。

④ 分 AB 弦为与半圆的同数（12）等分，并过等分点作垂线，在各垂线上取对应等于 h_5—5、h_4—4、h_3—3、h_2—2、h_1—1 的距离，得到各点。

⑤ 用光滑的曲线连接各点，即得精度不高的大圆弧。

作法 2　（如图 2-132 所示）

① 作弦长 AB 的垂直平分线，并取 OC 等于弧弦距 h。

② 连接 AC 作 CD 平行于 AB，AD 垂直于 AC，AE 垂直于 AB（即也垂直于 CD）。

③ 分别将 AO、EA、DC 4 等分，连接 1—1′、2—2′、3—3′和 C—1″、C—2″、C—3″。

④ 上述两组线的对应交点Ⅰ、Ⅱ、Ⅲ，与 A、C 点，用光滑的曲线连接，即得到较准确的大圆弧。

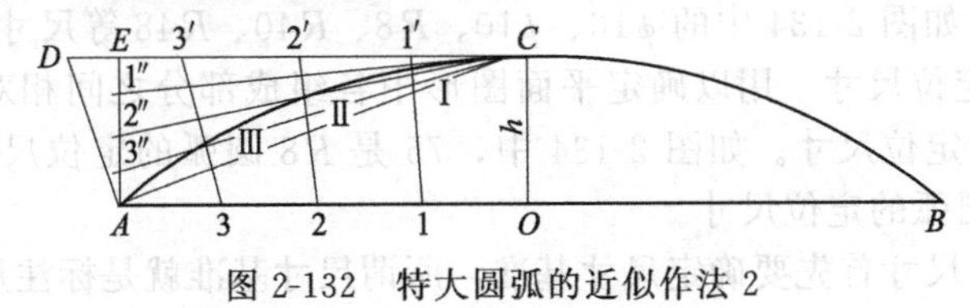

图 2-132　特大圆弧的近似作法 2

2.16.11　渐开线画法

已知基圆 D 作圆的渐开线。

① 将基圆 D 分成任意等分，并将基圆的展开长度 πD 也分成相

同的等分（图中为12等分）。

② 在圆周上的各分点处，按同一方向作圆的切线。

③ 在切线上依次截取 πD 的1/12、2/12、3/12、…得一系列的点，用曲线板光滑连接诸点，即为所求的渐开线，如图2-133所示。

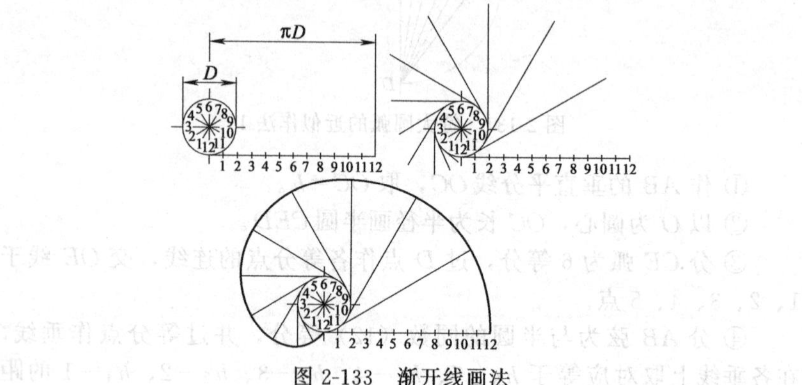

图2-133 渐开线画法

2.16.12 平面图形的画法

平面图形都是由各种线段（直线与曲线）连接而成的，线段的长短、形状和位置是由图形的尺寸所决定。因此，要迅速、准确地绘制平面图形，必须对图形的尺寸和线段进行分析。

（1）平面图形的尺寸分析　平面图形中所注的尺寸，按其作用可分为以下两大类。

① 定形尺寸　用以确定平面图形各组成部分形状和大小的尺寸称为定形尺寸，如圆和圆弧的直径（或半径）、线段的长度和角度的大小等。如图2-134中的 $\phi16$、$\phi10$、$R8$、$R40$、$R48$ 等尺寸。

② 定位尺寸　用以确定平面图形中各组成部分之间相对位置的尺寸称为定位尺寸。如图2-134中，75是 $R8$ 圆弧的定位尺寸，$\phi24$ 是 $R48$ 圆弧的定位尺寸。

标注尺寸首先要确定尺寸基准，所谓尺寸基准就是标注尺寸的起点。对平面图形来说，应有水平和垂直两个方向的尺寸基准，通常取图形的边界线、轴线、对称线或中心线等作为尺寸基准。

（2）平面图形的线段分析　按其作用可分为3类：已知线段，中间线段，连接线段。

① 已知线段　凡定形、定位尺寸齐全，可以直接画出的线段，

称为已知线段。如图 2-134 中，手柄左端的两个长方形，右端的圆弧 $R8$，都是已知线段。

② 中间线段　只有定形尺寸而定位尺寸不全的线段称为中间线段。作图时，须部分依赖于其它线段才能画出，如图 2-134 中的 $R48$ 为中间线段。

③ 连接线段　只有定形尺寸而没有定位尺寸的线段称为连接线段，如图 2-134 中的 $R40$ 为连接线段。

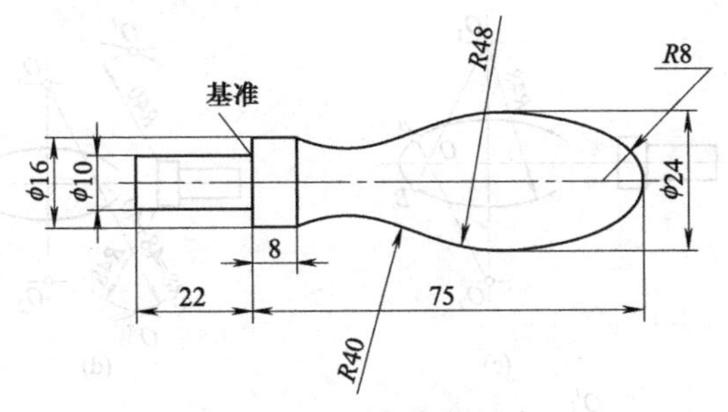

图 2-134　手柄各部尺寸

(3) 平面图形的画图步骤

① 分析图形，画出基准线。

② 画已知线段。

③ 画中间线段。

④ 画连接线段。

(4) 现以手柄为例介绍画图的具体步骤

① 画中心线和已知线段的轮廓，以及相距为 24 的两根范围线，如图 2-135 (a) 所示。

② 确定连接圆弧 $R48$ 的中心 O_1 及 O_2，如图 2-135 (b) 所示。

③ 确定连接圆弧 $R48$ 和已知圆弧 $R8$ 的切点 A、B，并以 48 为半径画圆弧，如图 2-135 (c) 所示。

④ 确定连接圆弧 $R40$ 的圆心 O' 和 O''，如图 2-135 (d) 所示。

⑤ 确定 $R40$ 和 $R48$ 的切点 C、D，如图 2-135 (e) 所示。

⑥ 以 O' 和 O'' 为圆心，以 40 为半径画圆弧，即完成作图，如图 2-135 (f) 所示。

2.16.13　徒手画图的方法

以目测估计图形与实物的比例，按一定的画法要求徒手（或部分

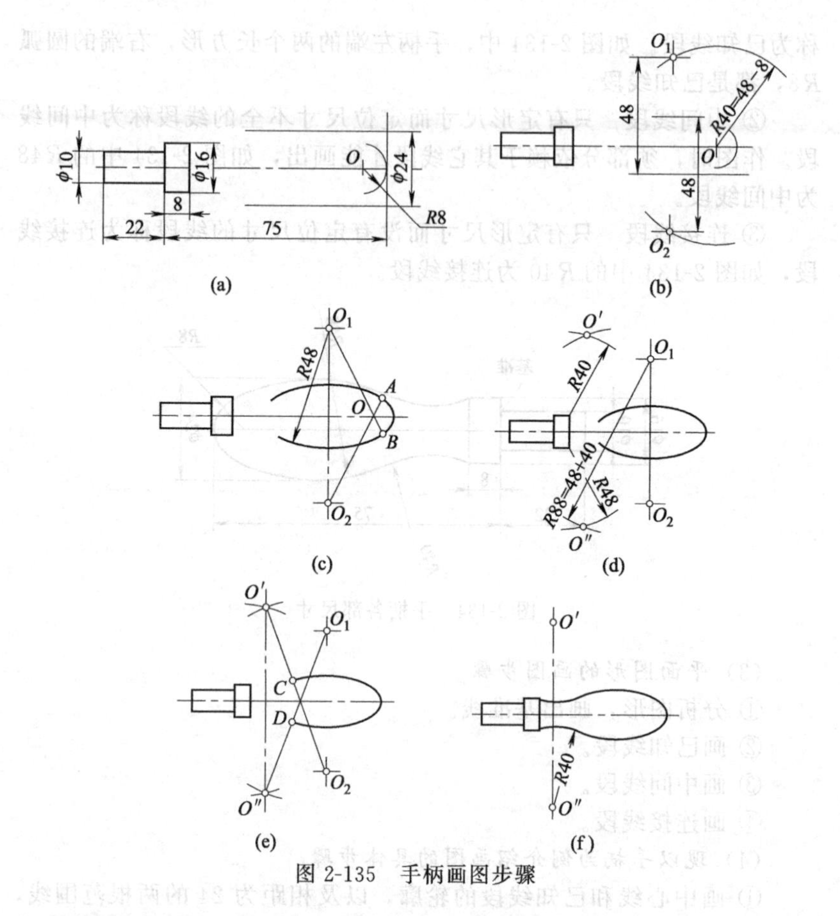

图 2-135 手柄画图步骤

使用绘图仪器）绘制的图，称为草图。在生产实践中，经常需要借助草图来记录或表达技术思想。因此，绘制草图是工程技术人员必备的一种基本技能。

徒手画草图一般用 HB 或 B 铅笔。为了提高徒手绘图的速度和技巧，必须掌握徒手绘制各种线条的基本手法。

(1) 草图图线的徒手画法

① 直线的画法　画直线时，可先标出直线的两端点，手腕靠着纸面，眼睛注视线段终点，匀速运笔一气完成。画水平线时，为了便于运笔，可将图纸斜放，如图 2-136（a）所示；画垂直线应自上而下运笔，如图 2-136（b）所示；画斜线时，可以调整图纸位置，使其便于画线，如图 2-136（c）所示。

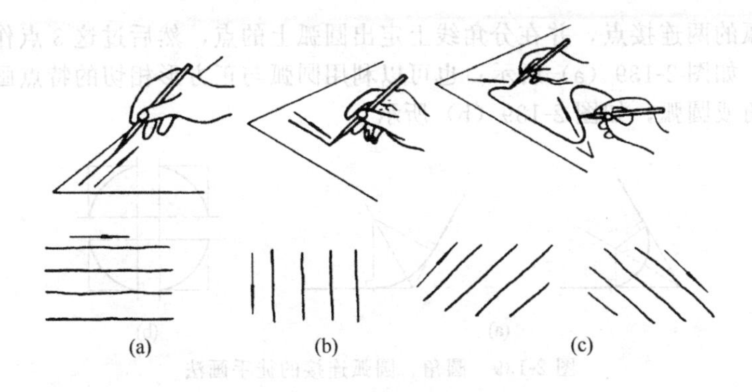

图 2-136 直线的徒手画法

② 常用角度的画法 画 30°、45°、60°等常用角度时，可根据两直角边的比例关系，在两直角边上定出两端点后，徒手连成直线，如图 2-137 所示。

③ 圆的画法 画直径较小的圆时，先在中心线上按半径大小目测定出四点，然后徒手将这 4 点连接成圆，如图 2-138（a）所示；画较大圆时，可通过圆心加画两条 45°的斜线，按半径目测定出八点，然后连接成圆，如图 2-138（b）所示。

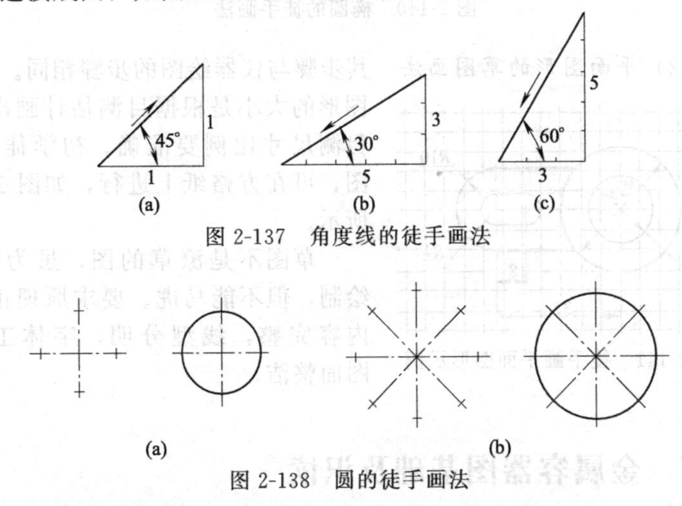

图 2-137 角度线的徒手画法

图 2-138 圆的徒手画法

④ 圆角及圆弧连接的画法 画圆角及圆弧连接时，根据圆角半径大小，在分角线上定出圆心位置，从圆心向分角两边引垂线，定出

圆弧的两连接点，并在分角线上定出圆弧上的点，然后过这 3 点作圆弧，如图 2-139（a）所示；也可以利用圆弧与正方形相切的特点画出圆角或圆弧，如图 2-139（b）所示。

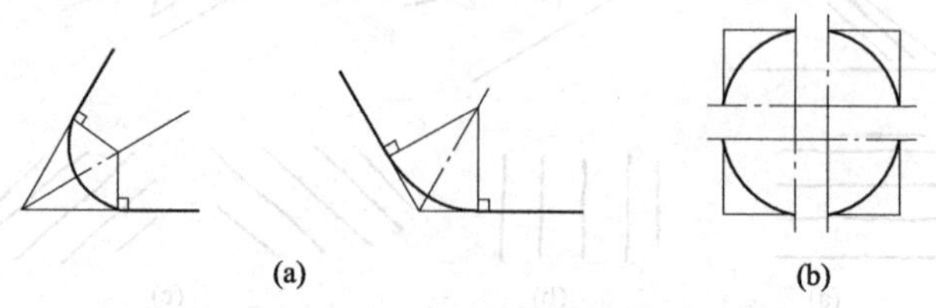

图 2-139 圆角、圆弧连接的徒手画法

⑤ 椭圆的画法 画椭圆时，先画椭圆长、短轴，定出长、短轴顶点，过 4 个顶点画矩形，然后作椭圆与矩形相切，如图 2-140（a）所示；或者利用其与菱形相切的特点画椭圆，如图 2-140（b）所示。

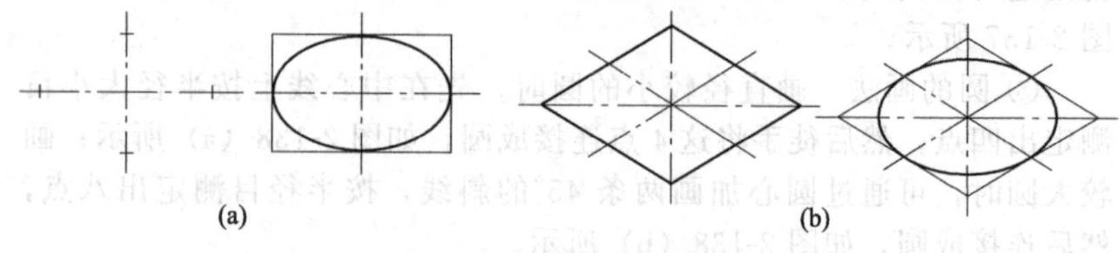

图 2-140 椭圆的徒手画法

（2）平面图形的草图画法 其步骤与仪器绘图的步骤相同。草图图形的大小是根据目测估计画出的，目测尺寸比例要准确。初学徒手绘图，可在方格纸上进行，如图 2-141 所示。

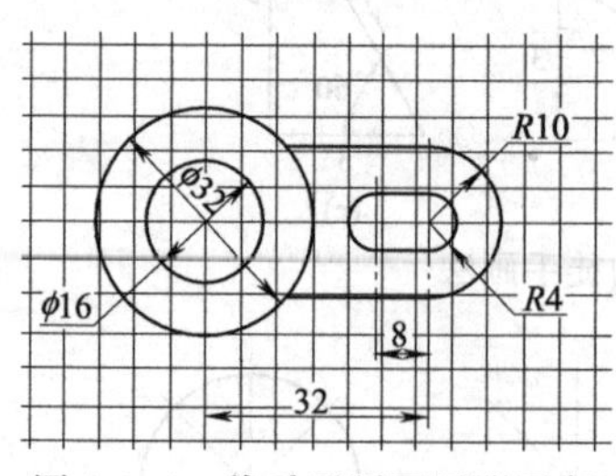

图 2-141 徒手画平面图形示例

草图不是潦草的图，虽为徒手绘制，但不能马虎。要求原理正确，内容完整，线型分明，字体工整，图面整洁。

2.17 金属容器图基础及识读

金属容器是铆工来完成的主要产品之一，而看懂图是工作的首要环节。本节主要简介容器图的知识和识读方法。

2.17.1 金属容器概述

容器用来盛装液体、气体或固体。由于介质的不同，分为金属容器和非金属容器两大类。金属容器中主要是钢制容器，就其主要成形方法而言，有焊接容器、铸造容器和锻造容器，最广泛使用的容器是钢制焊接而成的容器。根据钢的良好性能，通过设计，容器可以承受一定的压力、温度及腐蚀，故在化工、轻工、食品、石油化工、精细化工、医药和运输部门广泛应用。容器除用于储存运输外，也用于物理和化学反应及换热的场合。其形状、尺寸差别较大，容积小至几升大至几千立方米。

(1) 容器的基本特征 容器主要为圆柱形，少数为球形或其它形状。圆柱形容器通常由筒体、封头、接管、法兰等零件和部件组成，容器工作压力越高，筒体的壁就应越厚。

容器尽管用途不同，几何形状和尺寸差别较大，但组成容器及部件的零件基本是相同的。容器的组成离不开筒体、封头、接管、支座、内件以及为容器使用服务的附件，如加固件、梯子、平台等。容器的主体为板结构，支座、内件及附件可以是板材或型材，通过剪切、机械加工、压力加工、焊接或螺栓连接而成。

(2) 容器的分类

① 按容器在生产中的作用分类

反应容器（代号 R）：用于完成介质的物理、化学反应。

换热容器（代号 E）：用于完成介质的热量交换。

分离容器（代号 S）：用于完成介质的流体压力平衡缓冲和气体净化分离。

储存容器（代号 C，其中球罐代号 B）：用于储存、盛装气体、液体、液化气体等介质。

② 按安装方式分类

固定式容器：有固定安装和使用地点，工艺条件和操作人员也较固定的压力容器。

移动式容器：使用时不仅承受内压或外压载荷，搬运过程中还会受到由于内部介质晃动引起的冲击力，以及运输过程带来的外部撞击和振动载荷，因而在结构、使用和安全方面均有其特殊的要求。

2.17.2 金属容器的基本结构和特点

各种容器因工艺要求的不同，其结构形状也各有差异。图 2-142

给出了 4 种常用容器的基本结构情况。分析这些典型容器的结构形状，可归纳出以下几个共同的结构特点。

（1）基本形体以回转体为主 容器多为壳体容器，要求承压性能好，制作方便、省料。因此其主体结构如筒体、封头等，以及一些零部件（人孔、手孔、接管等）多由圆柱、圆锥、圆球和椭球等构成。

（2）各部结构尺寸大小相差悬殊 容器的总高（长）与直径、容器的总体尺寸（长、高及直径）与壳体壁厚或其它细部结构尺寸大小相差悬殊。大尺寸大至几十米，小的只有几毫米。

（3）壳体上开孔和管口多 容器壳体上，根据化工工艺的需要，有众多的开孔和管口，如进（出）料口、放空口、清理孔、观察孔、人（手）孔以及液面、温度、压力、取样等检测口。

（4）广泛采用标准化零、部件 容器中较多的通用零、部件都已标准化、系列化，如封头、支座、管法兰、容器法兰、人（手）孔、视镜、液面计、补强圈等。一些典型容器中部分常用零、部件如填料箱、搅拌器、波形膨胀节、浮阀及泡罩等也有相应的标准。在设计时可根据需要直接选用。

（5）采用焊接结构多 设备中较多的零部件如筒体、支座、人（手）孔等都是焊接成形的。零、部件间连接，如筒体与封头，筒体、封头与容器法兰、壳体与支座、人（手）孔、接管等大都采用焊接结构。焊接结构多是容器一个突出的特点。

（6）对材料有特殊要求 容器的材料除考虑强度、刚度外，还应当考虑耐腐蚀、耐高温（最高达 1500℃）、耐深冷（最低为 −269℃）、耐高压（最高达 300MPa）、高真空。因此，常使用碳钢、合金钢、有色金属、稀有金属（钛、钽、锆等）及非金属材料（陶瓷、玻璃、石墨、塑料等）作为结构材料或衬里材料，以满足各种容器的特殊要求。

（7）防泄漏安全结构要求高 在处理有毒、易燃、易爆的介质时，要求密封结构好，安全装置可靠，以免发生“跑、冒、滴、漏”及爆炸。因此，除对焊缝进行严格的检验外，对于各连接面的密封结构提出了较高要求。

由于上述结构特点，在容器的表达方法上，形成了相应的图示特点。

2.17.3 容器标准化的通用零、部件简介

容器的结构形状虽各有差异，但是组件往往都选用一些作用相同

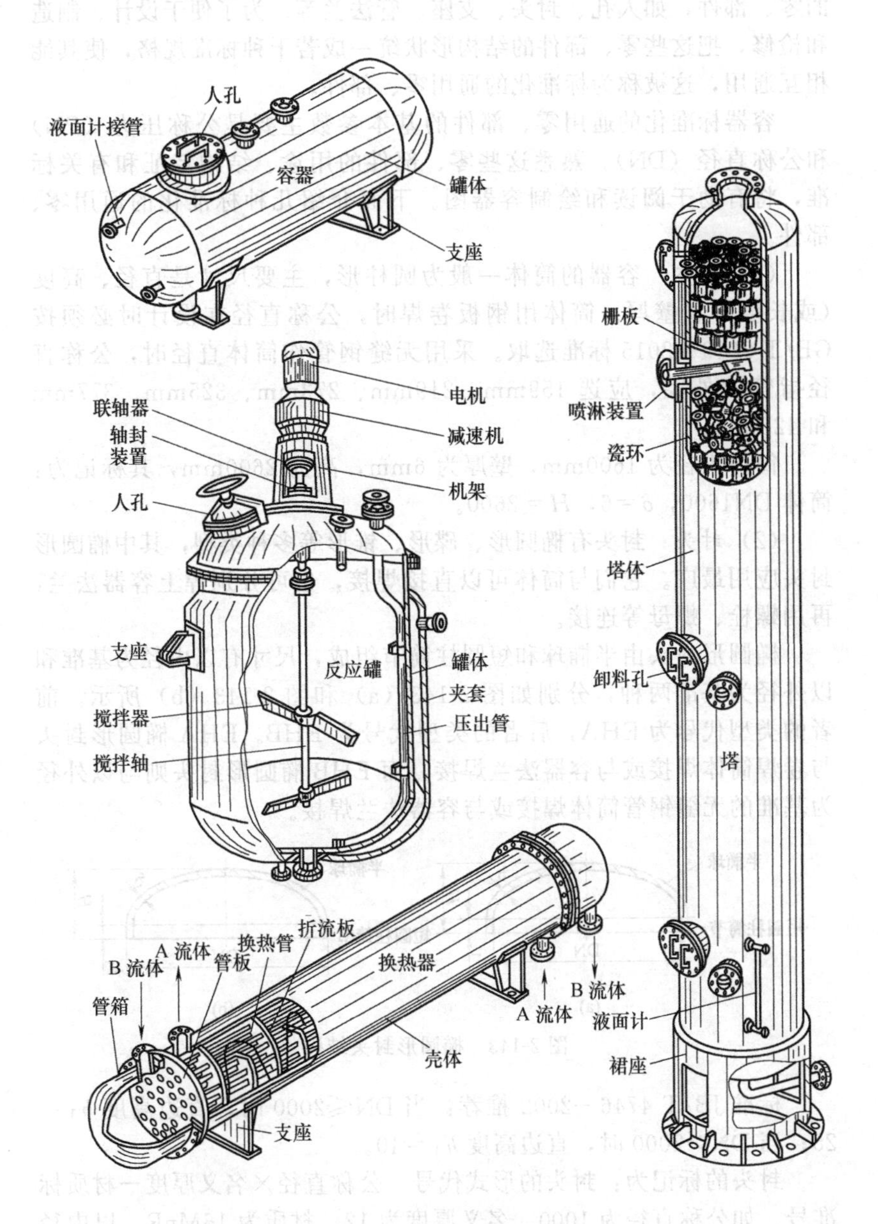

图 2-142 常见容器的直观图

的零、部件，如人孔、封头、支座、管法兰等。为了便于设计、制造和检修，把这些零、部件的结构形状统一成若干种标准规格，使其能相互通用，这被称为标准化的通用零、部件。

容器标准化的通用零、部件的基本参数主要是公称压力（PN）和公称直径（DN）。熟悉这些零、部件的用途、结构特征和有关标准，将有助于阅读和绘制容器图。下面介绍几种标准化的通用零、部件。

（1）筒体　容器的筒体一般为圆柱形，主要尺寸是直径、高度（或长度）和壁厚。筒体用钢板卷焊时，公称直径在设计时必须按 GB/T 9019—2015 标准选取。采用无缝钢管作筒体直径时，公称直径指管的外径，应选 159mm、219mm、273mm、325mm、377mm 和 426mm。

筒体内径为 1600mm，壁厚为 6mm，高为 2600mm，其标记为：筒体 DN1600，$\delta=6$，$H=2600$。

（2）封头　封头有椭圆形、碟形、锥形等多种类型，其中椭圆形封头应用最广。它们与筒体可以直接焊接，也可分别焊上容器法兰，再用螺栓、螺母等连接。

椭圆形封头由半椭球和短圆柱筒节组成，尺寸有以内径为基准和以外径为基准两种，分别如图 2-143（a）和图 2-143（b）所示。前者的类型代号为 EHA，后者的类型代号为 EHB。EHA 椭圆形封头与卷焊筒体焊接或与容器法兰焊接，而 EHB 椭圆形封头则与以外径为基准的无缝钢管筒体焊接或与容器法兰焊接。

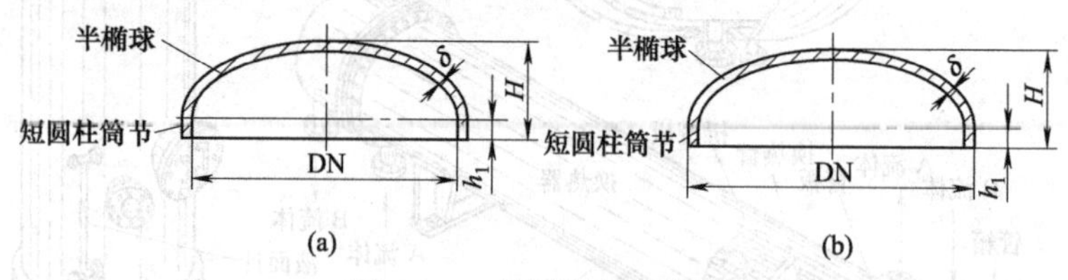

图 2-143　椭圆形封头结构

标准 JB/T 4746—2002 推荐：当 DN≤2000 时，直边高度 $h_1=25$；当 DN＞2000 时，直边高度 $h_1=40$。

封头的标记为：封头的形式代号　公称直径×名义厚度－材质标准号。如公称直径为 1000、名义厚度为 12、材质为 16MnR、以内径为基准的椭圆形封头的标记为：EHA1000×12—16MnR JB/T 4746。

(3) 法兰及垫片　法兰是容器连接中的主要零件。法兰连接如图 2-144 所示。法兰分别焊接于筒体、封头（或管子）的一端，两法兰的密封面之间放有垫片，用螺栓或螺柱连接件加以连接，待螺母旋紧后，就得到不会泄漏的连接。

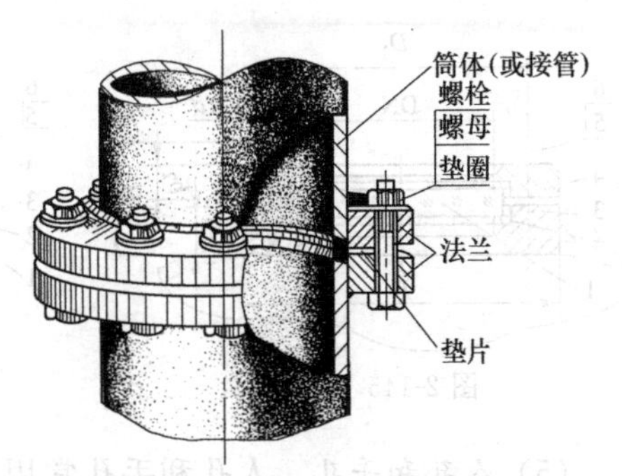

图 2-144　法兰连接结构

容器用的法兰有容器法兰和管法兰两种。

① 容器法兰　用于容器筒体间（或筒体和封头间）的连接。容器法兰有平焊法兰（分为甲型和乙型，乙型与甲型的主要区别在于带有与筒体或封头对焊的短圆柱筒节）和长颈对焊法兰两种。压力容器法兰现大多采用 NB/T 47021—2012～NB/T 47023—2012 标准。

按密封面形式分，有平面、凹凸面和榫槽密封面 3 种，其中平密封面的代号为 RF，凹凸密封面中的凹面和凸面的代号分别为 FM 和 M，榫槽密封面中的榫面和槽面的代号分别为 T 和 G。

② 容器法兰用垫片　常用的有非金属软垫片（标准号为 NB/T 47024—2012)、金属包垫片（标准号为 JB/T 47026—2012）等。非金属软垫片用于中低压、常温容器。

③ 管法兰　管法兰主要用于管道间的连接。目前大多采用 HG 20592～20635—2009 标准。按连接形式分，管法兰有平焊、对焊等多种。按结构形式分，管法兰有板式平焊法兰（代号 PL)、带颈平焊法兰（代号 SO)、带颈对焊法兰（代号 WN)、螺纹法兰（代号 Th）等多种。

(4) 视镜　视镜用来观察容器内部的反应情况，常成对使用（其中一个用作灯孔)。目前常用的有 HG/T 21619.10—1986 等标准。图2-145表示标准号为 HG/T 21619.10—1986 的视镜结构。另有带短筒节的带颈视镜，标准号为 HG/T 21620—1986，如图 2-146 所示。

图 2-145 所示视镜的接缘与封头或筒体直接焊接，适用于容器无保温层的场合；图 2-146 所示带颈视镜的钢管与封头或筒体连接，适用于容器有保温层的场合。尺寸系列有 DN50、DN80、DN100、DN125 和 DN150。

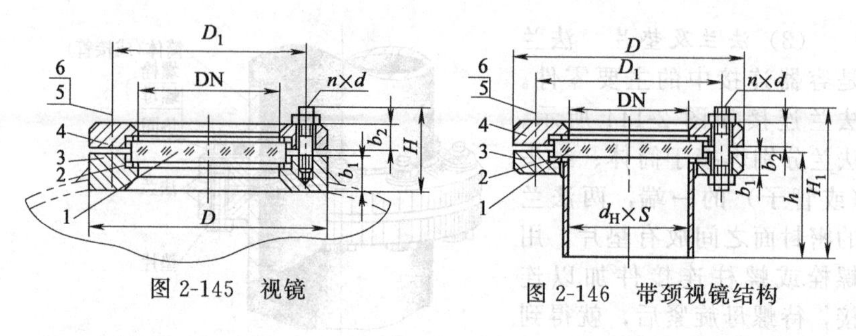

图 2-145　视镜　　　图 2-146　带颈视镜结构

（5）人孔和手孔　人孔和手孔常用于容器内部零、部件的安装、检修和清洗。

人孔有多种形式，但结构类同，其主要区别在于孔的开启方式和安装位置，以适应工艺和操作的各种要求。图 2-147 表示了碳素钢制常压人孔（标准号 HG/T 21515—2014）的基本结构，其工作温度范围为 0～200℃。

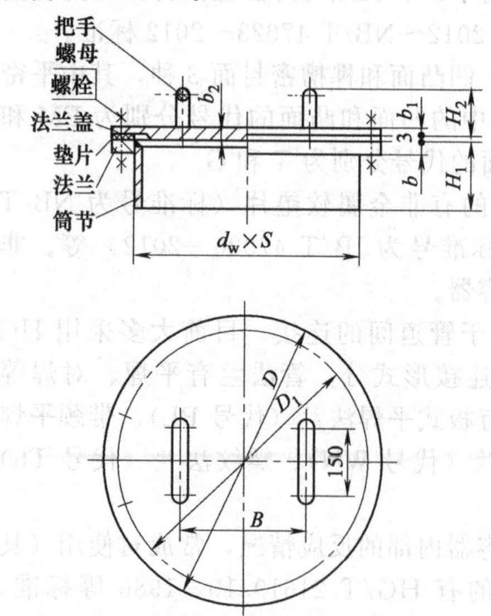

图 2-147　常压人孔的基本结构

由于容器内介质的不同，垫片所采用的材料也应不同。垫片材料为：普通的石棉橡胶板，其代号为 A·G；耐油石棉橡胶板，其代号为 A·O；普通橡胶板，其代号为 R·G；耐酸、耐碱橡胶板，其代号为 R·A。

碳素钢制常压人孔的标记示例：

公称直径 DN450、采用 2707 耐酸、耐碱橡胶板垫片的常压人孔，其标记为：人孔（R·A-2707）450 HG/T 21515—2014。

如有特殊需要，允许修改人孔高度 H_1，但需在标记中注明修改后的 H_1 尺寸。例如，H_1＝190（非标准尺寸）的上例人孔，其规定标记为：人孔（R·A-2707）450　H_1-190 HG/T 21515—2014。上面两标记中的 2707 为 GB 5574 标准中耐酸、耐碱橡胶板的一种代号。

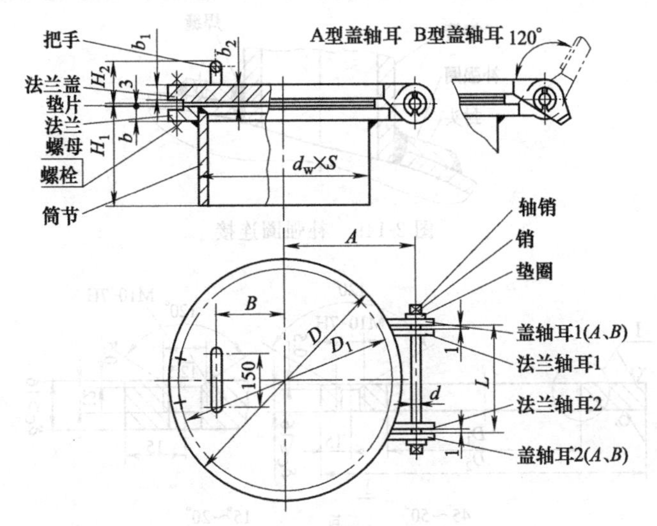

图 2-148 回转盖板式平焊法兰人孔

图 2-148 所示为回转盖板式平焊法兰人孔的结构（标准号 HG/T 21516—2014），其适用于公称压力 PN≤0.6MPa，工作温度为－20～300℃。工作温度的确定与构成该人孔的各种材料有关。人孔材料的类别代号有Ⅰ、Ⅱ、Ⅲ、Ⅳ、Ⅴ这 5 种。各种材料类别代号及所表达的该人孔各零件的材料详见 HG/T 21516—2014 标准。

回转盖板式平焊法兰人孔的标记示例：

公称压力 PN＝0.6、公称直径 DN＝450、H_1＝220、A 型轴耳、采用Ⅲ类材料，其中垫片采用石棉橡胶板的回转盖板式平焊法兰人孔，其规定标记为：人孔Ⅲ(A·G)A 450—0.6 HG/T 21516—2014。

(6) 补强圈 补强圈用于加强开孔过大的器壁处的强度。图 2-149表示了补强圈的结构和与器壁的连接情况。补强圈现多采用 JB/T 4736—2002 标准，如图 2-150 所示。补强圈按坡口角度的不同分为 A、B、C、D 和 E 型 5 种，其适用条件如下：

A 型——适用于壳体为内坡口的填角焊结构；

B 型——适用于壳体为内坡口的局部焊透结构；

C 型——适用于壳体为外坡口的全焊透结构；

D 型——适用于壳体为内坡口的全焊透结构；

E 型——适用于壳体为内坡口的全焊透结构。

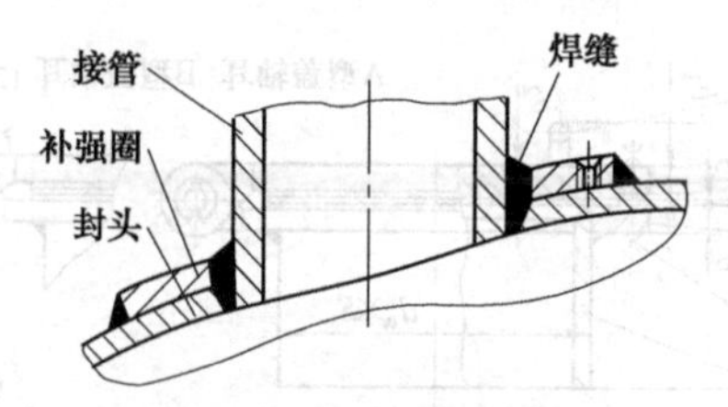

图 2-149 补强圈连接

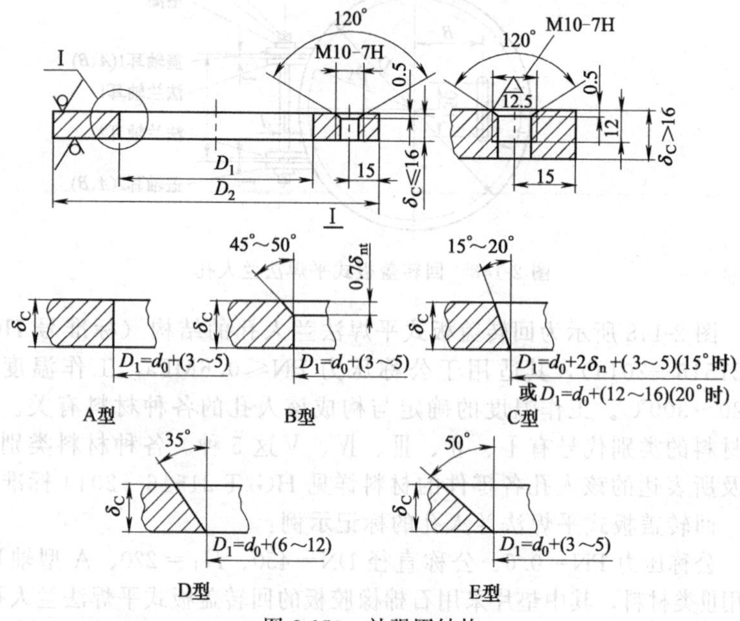

图 2-150 补强圈结构

根据焊接的要求，补强圈应选用不同的坡口角度。补强圈应与补强部分表面密切贴合，其厚度和材料一般应与器壁厚度和材料相同。图中，d_0 为接管外径，δ_n 为壳体开孔处名义壁厚，δ_{nt}为接管名义壁厚；$M10$ 螺孔可供焊缝气密性试验时连通压缩空气之用。

补强圈的规定标记为：DN 数值×补强圈厚度-坡口形式-补强圈材料 标准号。例如：接管公称直径 DN＝100mm，壁厚为 8mm，坡口形式为 D 型，材料为 Q235-B 的补强圈，其标记为，DN100×8-D-Q235-B JB/T 4736。

（7）**支座** 支座用来支承和固定容器。常用的有耳式支座和鞍式支座。

① 耳式支座　耳式支座由筋板、底板和垫板焊接而成，如图2-151所示。适用于立式容器，一般由四只支座均匀分布，焊接于容器筒体四周。小型容器也有用两只或三只的。

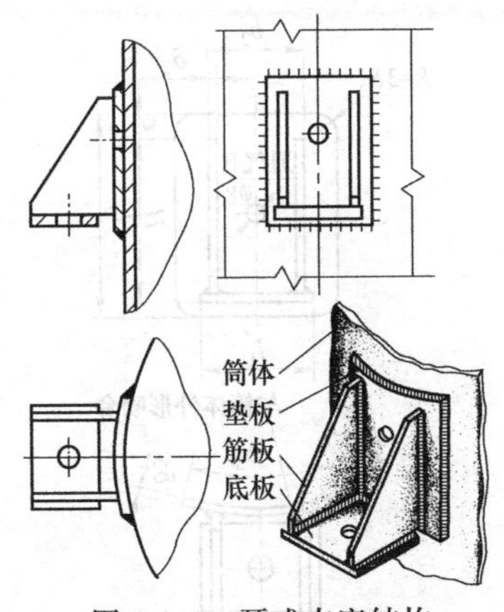

图 2-151　耳式支座结构

耳式支座现多使用 JB/T 4712.3—2007 标准。耳式支座有 A、AN 和 B、BN 型 4 种，如图 2-152 所示。A 型和 B 型均带有垫板，而 AN 和 BN 均不带垫板。B 型和 BN 适用于带保温层的容器。

耳式支座底板和筋板的材料为 Q235-A・F。垫板材料一般应与容器材料相同。使用时，垫板的厚度一般与筒体壁厚相等，也可根据实际需要确定。垫板厚度 δ_3 与标准尺寸不同时，则应在图中明细栏的名称栏或备注栏中注明，如 $\delta_3=12$。

整个支座和垫板的材料应在图样的明细栏内注明，表示方法为：支座材料/垫板材料，无垫板时，只注支座材料。

耳式支座规定标记示例如下。

A 型，不带垫板，支座材料为 Q235-A・F 的 3 号耳式支座，其标记为：JB/T 4712.3—2007，耳座 AN3。明细栏的材料栏中填写：Q235-A・F。

B 型，带垫板，2 号耳式支座，支座材料为 Q235-A・F，垫板材料为 0Cr19Ni9，垫板厚 12mm，其规定标记为：JB/T 4712.3—2007，耳座 B2，$\delta_3 = 12$。明细栏的材料栏中填写：Q235-A・F/0Cr19Ni9。

② 鞍式支座　鞍式支座适用于卧式容器，它由腹板、垫板、筋板和底板焊成。鞍式支座多采用 JB/T 4712.1—2007 标准。图 2-153 所示为 JB/T 4712.1—2007 标准中双筋、120°包角、带垫板的重型鞍式支座的示意图。鞍式支座一般使用两只，必要时可多于两只。

鞍式支座分为轻型（代号 A）和重型（代号 B）两种；后者按包角、制作方式（焊接或弯制）及附带垫板等情况，它分为 5 种型号，即 BⅠ型、BⅡ型、BⅢ型、BⅣ型、BⅤ型；同时又分为固定式（代号 F）和滑动式（代号 S）两种安装形式。DN1000～2000 的轻型

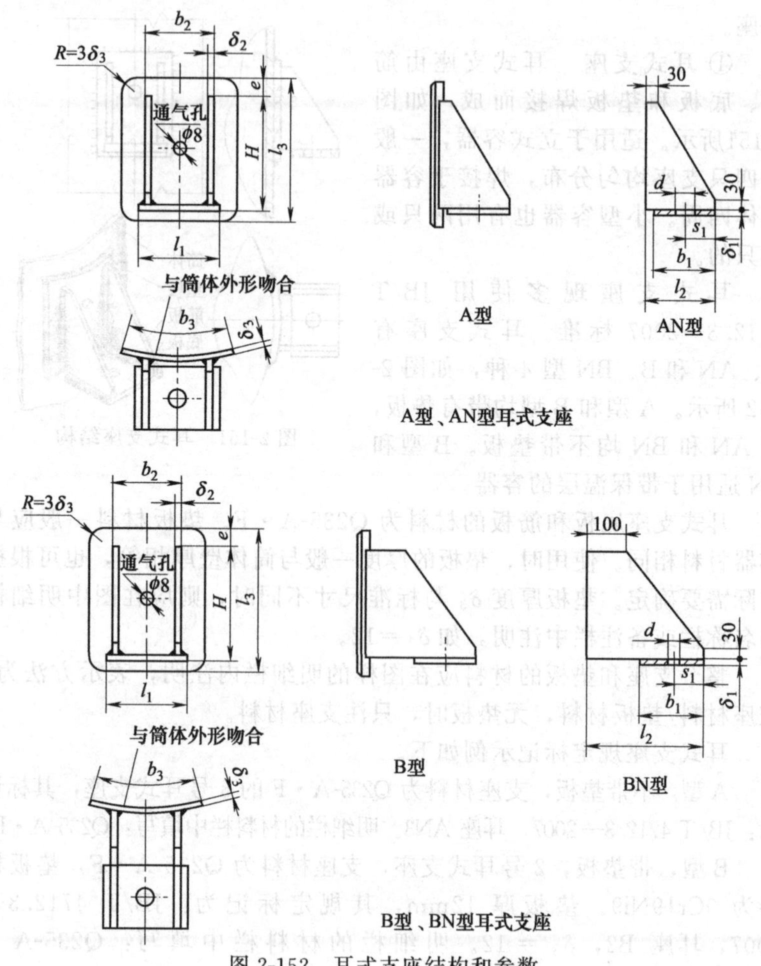

图 2-152 耳式支座结构和参数

图 2-153 鞍式支座示意图

（A 型）鞍式支座和 BⅠ型鞍式支座的结构和参数如图 2-154 所示。

DN500～900 的 BⅠ型（重型）鞍式支座的结构和参数如图 2-155 所示。

鞍式支座材料为 Q235-A・F，按需要可改用其它材料。垫板材料一般应与容器筒体材料相同。鞍式支座所采用的材料应在图样明细栏的材料栏

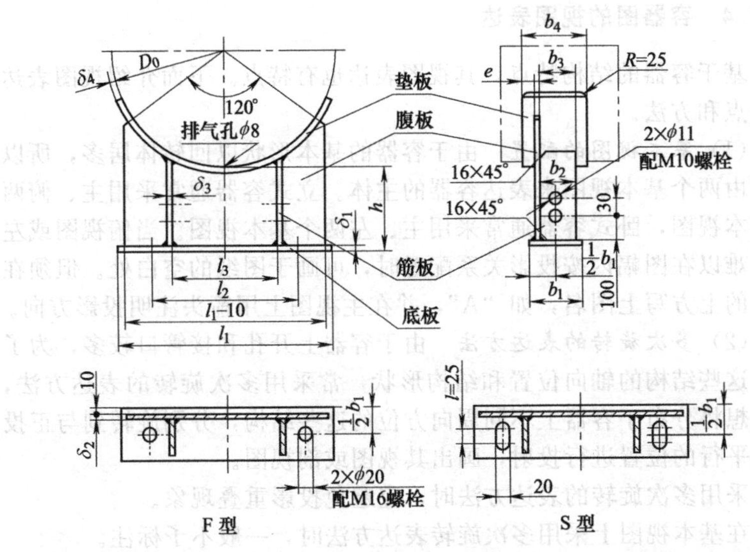

图 2-154　DN1000～2000 的轻型（A 型）和 BⅠ型（重型）鞍式支座

内注明，表示方法为：支座材料/垫板材料，无垫板时只注支座材料（BⅢ和 BⅤ型不带垫板）。

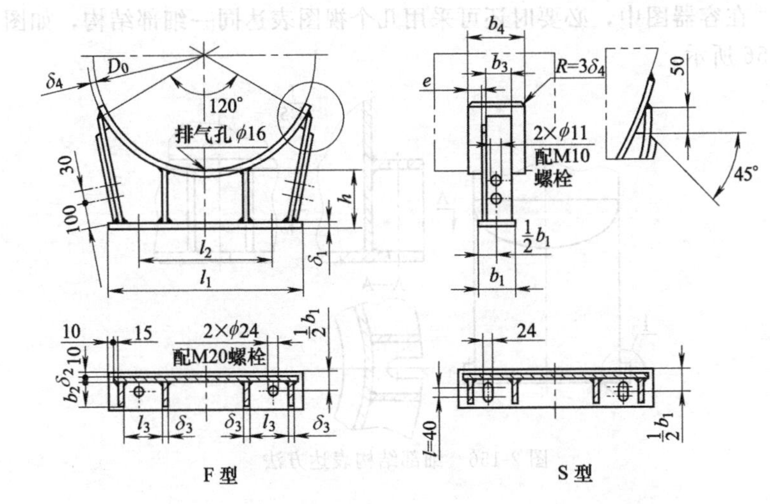

图 2-155　DN500～900 的 BⅠ型（重型）鞍式支座

2.17.4 容器图的视图表达

基于容器的结构特点，其视图表达也有特点。下面介绍视图表达的特点和方法。

（1）*基本视图的配置* 由于容器的基本形状以回转体居多，所以一般由两个基本视图来表达容器的主体。立式容器通常采用主、俯两个基本视图，卧式容器通常采用主、左两个基本视图。当俯视图或左视图难以在图幅内按投影关系配置时，可画于图纸的空白处。但须在视图的上方写上图名，如“A”，并在主视图上用箭头注明投影方向。

（2）*多次旋转的表达方法* 由于容器上开孔和接管口较多，为了反映这些结构的轴向位置和结构形状，常采用多次旋转的表达方法，即假想将分布于容器上不同周向方位的这些结构，分别旋转到与正投影面平行的位置进行投射，画出其视图或剖视图。

采用多次旋转的表达方法时，应避免投影重叠现象。

在基本视图上采用多次旋转表达方法时，一般不予标注。

（3）*细部结构的表达方法* 由于容器总体与某些零、部件的大小相差悬殊，按总体尺寸所选定的绘图比例往往无法在基本视图上表达清楚某些细部结构，如容器中的焊接结构，所以常采用局部放大图（俗称节点图）表达。

在容器图中，必要时还可采用几个视图表达同一细部结构，如图2-156所示。

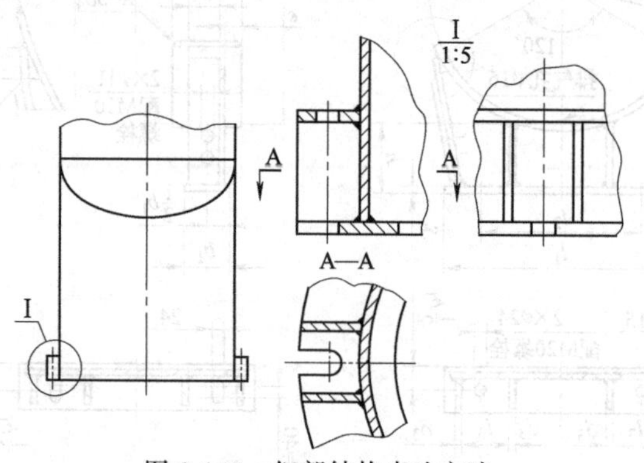

图 2-156 细部结构表达方法

（4）*夸大的表达方法* 为了解决容器的总体与某些零、部件间尺寸相差悬殊的矛盾，除了采用局部放大图外，有时还可采用夸大的画法，如容器的壁厚、垫片等，按总体尺寸所选定的绘图比例绘制时，其投影往往无法表达，此时可不按比例，适当夸大地用双线画出一定的厚度。若画出的壁厚过小（≤2mm）时，其剖面符号可用涂色代替。

（5）断开和分段（层）的表达方法　对于较长（或较高）的容器，沿长度（或高度）方向的形状或结构相同或按规律变化时，为了简化作图，节省图幅，可采用断开画法。图 2-157（a）和图 2-157（b）所示分别为采用断开画法的填料塔和浮阀塔。前者断开省略部分是形状和结构完全相同的填料层（用符号简化表示）；后者断开省略部分则为结构与间距相同，左、右间隔成规律分布的塔盘结构。

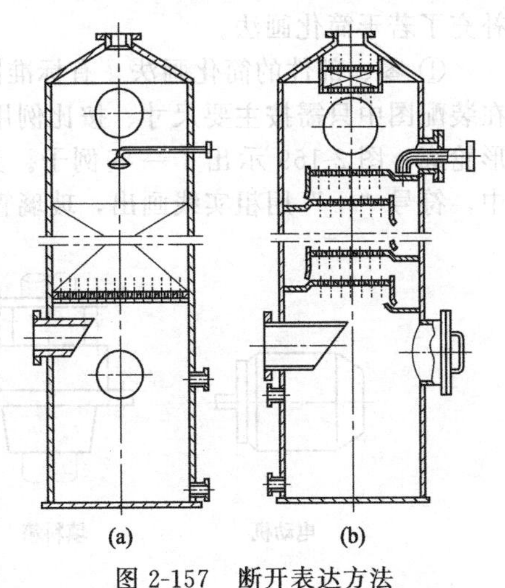

图 2-157　断开表达方法

图 2-158 所示为采用分段（层）画法的填料塔，把整个塔体分成若干段（层）画出。此画法适用于容器的视图表达不宜采用断开画法但图幅又不够的场合。

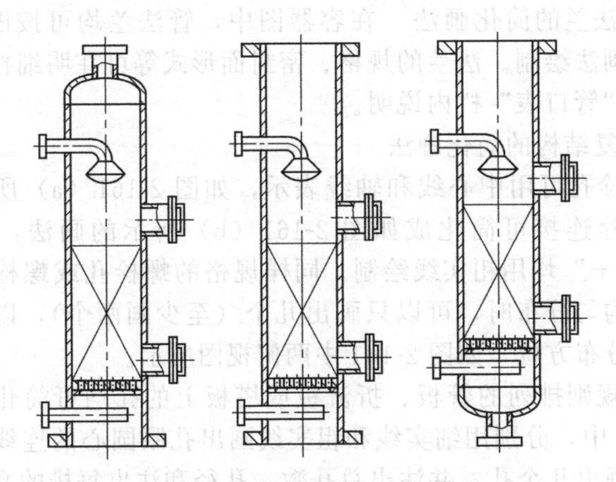
图 2-158　分段（层）表达方法

(6) 简化画法　在容器图中，除采用《机械制图》国家标准中的规定和简化画法外，根据容器的特点和设计、生产的需要，有关标准补充了若干简化画法。

① 零、部件的简化画法　有标准图、复用图或外购的零、部件，在装配图中只需按主要尺寸、按比例用粗实线画出表示它们特征的外形轮廓，图 2-159 示出了一些例子。其中玻璃管液面计的简化画法中，符号“+”用粗实线画出，玻璃管用细点画线表示。

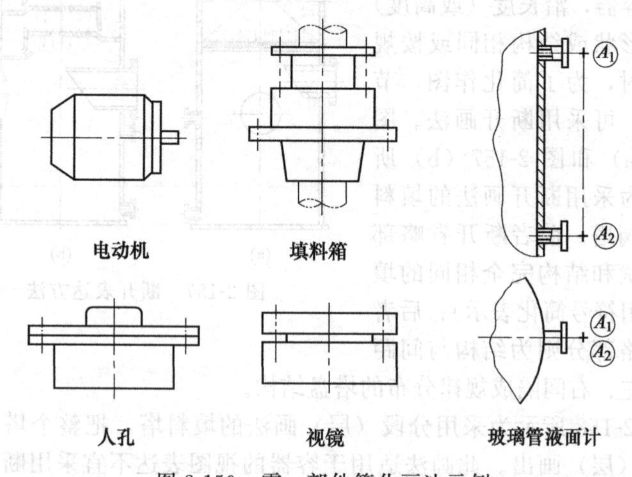

图 2-159　零、部件简化画法示例

② 管法兰的简化画法　在容器图中，管法兰均可按图 2-160 所示的简化画法绘制。法兰的规格、密封面形式等可在明细栏及技术数据表中的“管口表”栏内说明。

③ 重复结构的简化画法

a. 螺栓孔可用中心线和轴线表示，如图 2-161（a）所示。容器图中的螺栓连接可简化成如图 2-161（b）所示的画法，其中符号“×”和“+”均用粗实线绘制。同样规格的螺栓孔或螺栓连接在数量较多且均匀分布时，可以只画出几个（至少画两个），以表示跨中或对中的分布方位，如图 2-161 中两俯视图所示。

b. 按规则排列的管板、折流板或塔板上的孔均可简化绘制。图 2-162（a）中，分别用细实线和粗实线画出孔眼圆心的连线和钻孔的范围线，画出几个孔，并注出总孔数、孔径和注出每排的孔数（即图中 $n_1 \sim n_7$）。但在零件图上孔眼的倒角和开槽、排列方式、间距、加

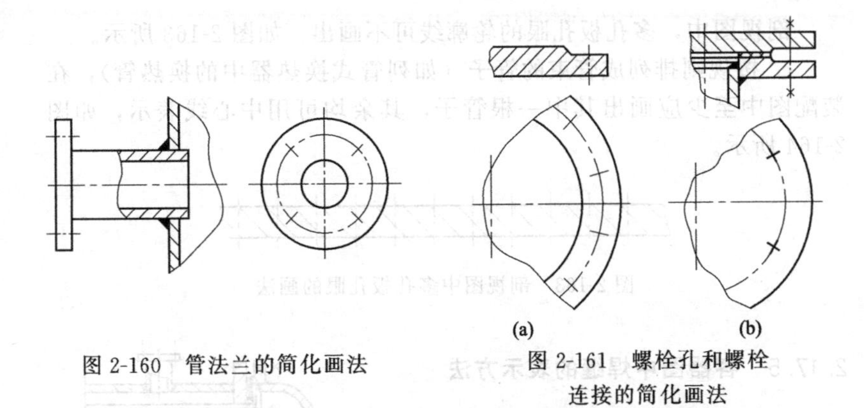

图 2-160 管法兰的简化画法

图 2-161 螺栓孔和螺栓连接的简化画法

工情况应用局部放大图表示。用粗实线画出的符号“十”表示管板上定距杆螺孔的位置。图 2-162（b）所示为孔眼按同心圆排列时的画法。

图 2-162（c）所示为对孔眼数要求不严格的多孔板（如隔板、筛板等）的画法和注法；图中不必全部画出孔眼和连心线，钻孔范围线采用细实线，用局部放大图表示孔眼的大小、排列方法和间距。

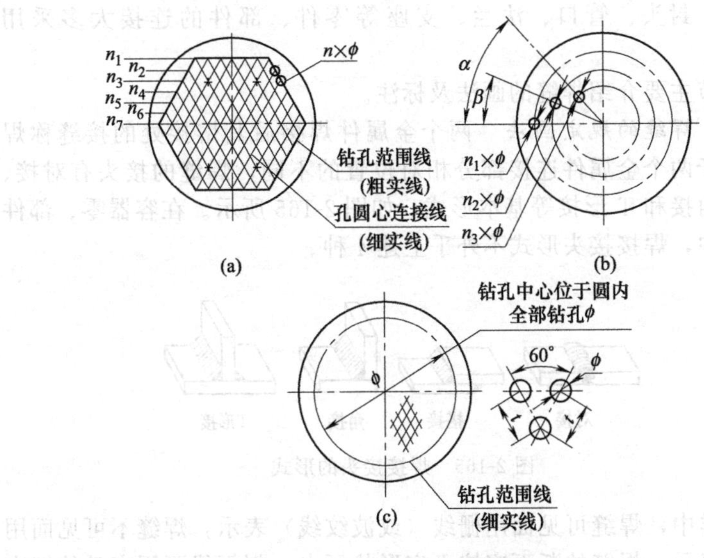

图 2-162 多孔板上的孔的简化画法

剖视图中，多孔板孔眼的轮廓线可不画出，如图 2-163 所示。

c. 按规则排列成管束的管子（如列管式换热器中的换热管），在装配图中至少应画出其中一根管子，其余均可用中心线表示，如图 2-164 所示。

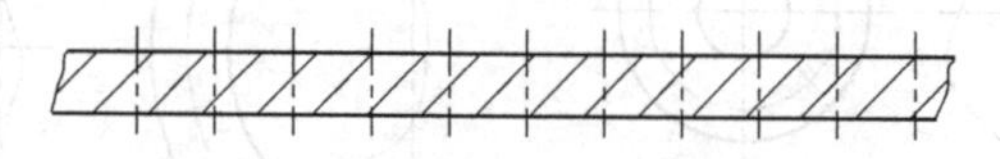

图 2-163 剖视图中多孔板孔眼的画法

2.17.5 容器图中焊缝的表示方法

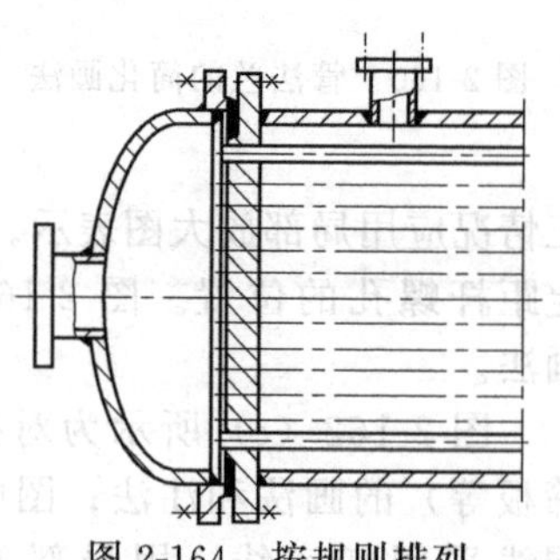

图 2-164 按规则排列管子的简化画法

焊接是将需要连接的金属件，在连接部分加热到熔化或半熔化状态后用压力使其连接起来；或在其间加入熔化状态的金属，待它们冷却后使两个金属件连接起来。因此，焊接是一种不可拆卸的连接形式，具有工艺简单、连接结构强度高、可靠、重量轻等优点，被广泛应用于容器的制造，如筒体、封头、管口、法兰、支座等零件、部件的连接大多采用焊接。

本节主要介绍焊缝的画法及标注。

(1) 焊缝的规定画法　两个金属件焊接后其熔接处的接缝称焊缝。由于两个金属件连接部分相对位置的不同，焊缝的接头有对接、搭接、角接和 T 形接等基本形式，如图 2-165 所示。在容器零、部件的焊接中，焊接接头形式不外乎上述 4 种。

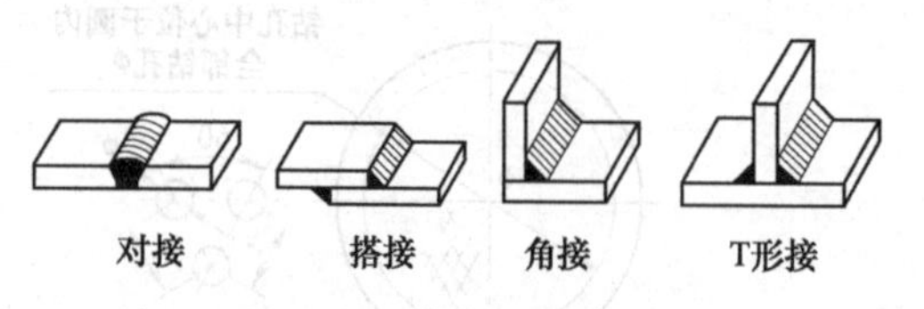

图 2-165 焊接接头的形式

图样中，焊缝可见面用栅线（或波纹线）表示，焊缝不可见面用粗实线表示。焊缝的断面应按真实形状画出，剖面线可用交叉的细实线或涂黑表示（图形较小时，可不必画出断面形状），如图 2-166 所示。不连续焊缝的画法如图 2-166（b）所示。图 2-166（c）所示为焊缝的一种简化画法。

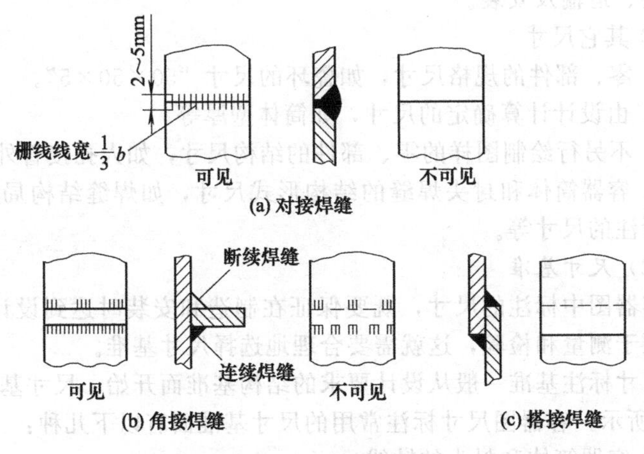

图 2-166 焊缝画法

（2）焊缝的标注 根据国家标准 GB/T 324—2008《焊缝符号表示法》的规定，为了简化图样，焊缝一般只采用标准所规定的焊缝符号标注即可。详见本章第 2.19 节。

2.17.6 容器图的尺寸标注

容器图上标注的尺寸，除遵守国家《机械制图》标准中的规定外，还应结合容器的特点做到完整、清晰、合理，以满足容器制造、检验和安装的要求。尺寸不允许注成封闭的尺寸链。外形尺寸前常加符号“～”，表示近似的含义。参考尺寸数字要加括号，以示区别。

（1）标注的尺寸种类

容器图上标注的尺寸有以下几类。

① 特性尺寸 表达容器主要性能、规格的尺寸。如容器筒体的内径、高度（长度）、反应器搅拌轴的轴径等。

② 装配尺寸 表达零、部件间的相对位置尺寸。如接管间的定位尺寸，封头上接管的伸出长度，筒体与支座的定位尺寸，换热器的折流板、管板间的定位尺寸，塔器中塔板的间距等。

③ 安装尺寸　表达容器安装在基础或其它构件上所需的尺寸。如支座螺栓孔间的定位尺寸及孔径。

④ 外形尺寸　表达容器总长、总宽、总高的尺寸，以便于容器的包装、运输及安装。

⑤ 其它尺寸

a. 零、部件的规格尺寸，如瓷环的尺寸“50×50×5”。

b. 由设计计算确定的尺寸，如筒体壁厚等。

c. 不另行绘制图样的零、部件的结构尺寸，如人孔接管外径等。

d. 容器筒体和封头焊缝的结构形式尺寸，如焊缝结构局部放大图上所注的尺寸等。

(2) 尺寸基准

容器图中标注的尺寸，既要保证在制造和安装时达到设计要求，又要便于测量和检验，这就需要合理地选择尺寸基准。

尺寸标注基准一般从设计要求的结构基准面开始。尺寸基准如图2-167所示，容器图尺寸标注常用的尺寸基准面有以下几种：

① 容器筒体和封头的轴线；

② 封头的切线，即法兰直边与椭圆的切线；

③ 容器法兰的端面；

④ 容器支座的底面。

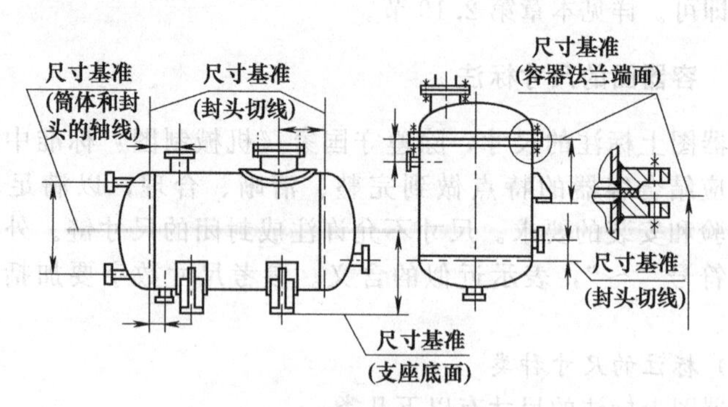

图 2-167　容器常用的尺寸基准

(3) 常见典型结构的尺寸注法

① 筒体　筒体一般应注出内径（若用无缝钢管作筒体时，则注外径）、壁厚和高度（或长度）。

② 封头　封头一般应标注壁厚δ和直边高度h_1。

③ 接管　接管为无缝钢管时，在图上一般不予标注，而在“管口表”的“名称”栏中注明“外径×壁厚”。

容器上接管伸出长度的标注方法如图 2-168 所示。从图中可看出：

a. 接管轴线与筒体轴线垂直相交（或垂直交叉）时，接管伸出长度是指管法兰密封面到筒体轴线的距离，在图上不必标注，而注写在“管口表”中的“容器中心线至法兰面距离”栏内；

b. 接管轴线与封头轴线相平行时，接管伸出长度应标注管法兰密封面到封头切线的距离；

c. 接管轴线与筒体轴线非垂直相交（或非垂直交叉）和接管轴线与封头轴线非平行时，接管的伸出长度应分别标注管法兰密封面与筒体和封头外表面交点间的距离；

d. 除在“管口表”的“容器中心线至法兰面距离”栏中已注明的外，未注明的管口伸出长度均应标注。

④ 夹套　图 2-169 所示为夹套的尺寸标注方法。通常注出夹套筒体的内径 D_p、夹套壁厚 S_1，弯边圆角半径及弯边角度等。

⑤ 填充物　填充物的尺寸标注方法。注出堆放方法和规格尺寸，“50×50×5”表示瓷环“直径×高×壁厚”尺寸。

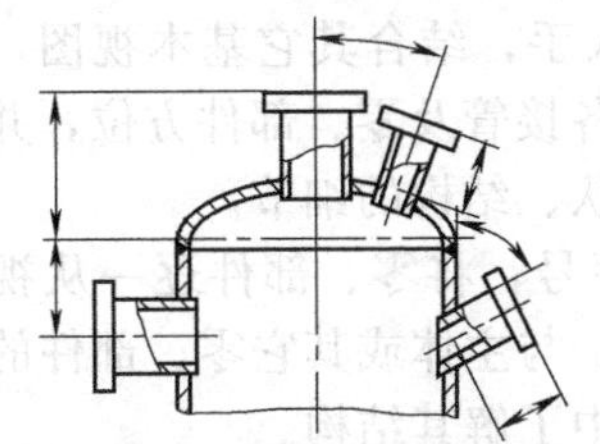

图 2-168　接管伸出长度的标注

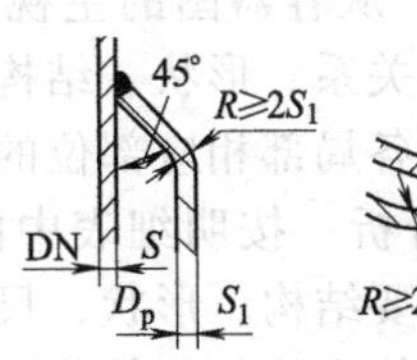

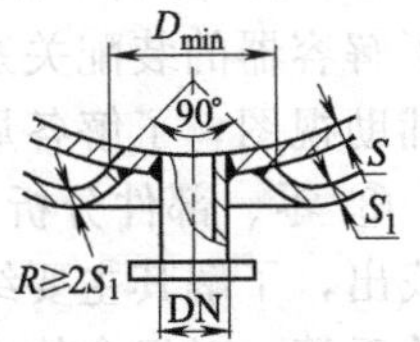

图 2-169　夹套的尺寸标注

2.17.7　容器图的识读

识读容器图就是要从图样所表达的内容来了解容器的用途、工作状况、结构特点和技术要求；弄清各零、部件间的装配连接关系，各主要零、部件的结构形状，容器上的管口数量和方位；了解容器在制造、检验、安装等方面的技术要求。

(1) 识读容器图的基本要求　通过对容器图样的识读，应达到以下方面的基本要求：

了解容器的性能、作用和工作原理；

了解各零件之间的装配关系和各零、部件的装拆顺序；

了解容器各零、部件的主要形状、结构和作用，进而了解整个容器的结构；

了解容器在设计、制造、检验和安装等方面的技术要求。

容器图的阅读方法和步骤与阅读机械装配图基本相同，应从概括了解开始，分析视图，分析零、部件及容器的结构。在读总装配图对一些部件进行分析时，应结合其部件装配图一同阅读。在读图过程中应注意容器图所独特的内容和图示特点。

（2）识读容器图的方法和步骤　识读容器图，一般可按下列方法步骤进行。

① 概括了解

看标题栏：通过标题栏，了解容器名称、规格、材料、重量、绘图比例等内容。

看明细栏、接管表、技术特性表及技术要求等：了解各零、部件和接管的名称、数量。对照零、部件序号和管口符号在容器图上查找到其所在位置。了解容器在设计、施工方面的要求。

对视图进行分析：了解表达容器所采用的视图数量和表达方法，找出各视图、剖视等的位置及各自的表达重点。

② 视图分析　从容器图的主视图入手，结合其它基本视图，详细了解容器的装配关系、形状、结构、各接管及零、部件方位，并结合辅助视图，了解各局部相应部位的形状、结构的细节。

③ 零、部件分析　按明细表中的序号，将零、部件逐一从视图中找出，了解其主要结构、形状、尺寸、与主体或其它零、部件的装配关系等。对组合体应从其部件装配图中了解其结构。

④ 容器分析　通过对视图和零、部件的分析、对容器的总体结构全面了解，并结合有关技术资料，进一步了解容器的结构特点、工作原理和操作过程等内容。

识读容器图的方法和步骤与识读机械装配图一样，但必须着重注意容器图的表达特点、各种表达方法、管口方位、技术数据和技术要求等与机械装配图不同的方面。

识读容器图，若具有一定的容器零、部件和结构特点的基础知识，则可提高读图的效率和质量。

（3）固定管板式换热器识读

① 总装配图纸　固定管板式冷凝器结构见图 2-170。该图纸包括以下文字内容。

技术要求

1 本设备按 GB 150—2011《压力容器》和 GB 151《钢制管壳式换热器》Ⅰ级进行制造、检验和验收。并接受国家质量技术监督检疫总局颁发的 TSG-21-2016《固定式压力容器安全技术监察规程》的监督。

2 焊接采用电弧焊，焊条牌号：低合金钢之间采用：E5015 焊条，低合金与碳钢之间，碳钢之间均采用 E4303 焊条。

3 焊接接头形式及尺寸除图中注明外，均按 HG 20583—2011 的规定，法兰焊接按相应法兰标准的规定，角焊缝及搭接焊缝的焊脚尺寸按两焊件中较薄板的厚度。

4 筒体和管板的焊接采用氩弧焊打底，焊缝表面进行着色检验。

5 容器上的 A 类和 B 类焊缝应进行 X 射线擦伤检查，擦伤长度为 20%，X 射线擦伤应符合 NB/T 47013—2015《承力设备无损检测》的规定，Ⅲ级为合格。

6 换热管与管板的连接采用强度胀接。

7 设备制造完毕后，壳程以 0.82MPa 进行水压试验，管程以 0.44MPa 进行水压试验，合格后管程再以 0.35MPa 的压缩空气进行气密性试验。

8 设备的油漆、包装、运输按 JB 4711—2003《压力容器涂敷与运输包装》的规定。

9 管口及支座方位按本图。

技术特性表

项目	壳程	管程	项目	壳程	管程
工作压力/MPa	0.8	0.8	换热面积/m^2	227	
设计压力/MPa	1.0	1.0	程数	1	2
工作温度/℃	25/30	34/29	焊缝系数	0.85	0.85
设计温度/℃	50	50	腐蚀裕度/mm	3	3
物料名称	水	气相丁二烯			

管口表

符号	公称尺寸/mm	公称压力/MPa	连接标准	连接面形式	用途或名称
A	150	1.6	HG 5010	平面	丁二烯入口
B	200	1.6	HG 5010	平面	循环水入口
C	200	1.6	HG 5010	平面	循环水出口
D	100	1.6	HG 5010	平面	丁二烯出口

图纸明细栏

容器重:6515kg

件号	图号或标准号	名称	数量	材料	单 质量/kg	总 质量/kg	备注
26	R2000-12-5	顶起螺栓 M16×75	4	25	0.19	0.76	
25		定距管 $\phi25\times2.5L=1000$	2	20	1.39	2.78	
24	R2000-12-4	左支座	1	组合件		43.3	
23		定距管 $\phi25\times2.5L=592$	28	20	0.82	23.0	
22	R2000-12-6	拉杆 $\phi16\ L=4970$	2	Q235-A	7.83	15.7	
21	R2000-12-4	折流板	8	Q235-A	12.3	98.5	
20	R2000-12-4	右支座	1	组合件		43.3	
19	GB 6170—2015	螺母 M16	16	8 级	0.03	0.48	
18		筒体 DN800×10L=5890	1	16MnR		1177	
17	R2000-12-2	右管箱	1	组合件		133.5	
16		垫片 $\phi844/\phi804\delta=3$	1	耐油橡胶石棉板	—	—	
15	R2000-12-3	右管板	2	16MnR		158	
14	JB/T 4736—2002	补强圈 DN200×10	2	16MnR	6.8	13.6	
13	R2000-12-6	法兰 DN200	2	20	10.1	20.2	
12		接管 $\phi219\times8L=200$	2	20	8.16	16.32	
11		换热管 $\phi25\times2.5L=6000$	490	20	8.32	4078	
10	R2000-12-5	拉杆 $\phi16L=5270$	6	Q235-A	8.30	49.8	
9		定距管 $\phi25\times2.5L=292$	60	20	0.41	24.3	
8	R2000-12-4	折流板	8	Q235-A	12.3	98.5	
7		定距管 $\phi25\times2.5L=700$	6	20	0.97	5.83	
6	GB 95—2002	垫圈 20	160	Q235-A	0.01	0.16	
5	GB 6170—2015	螺母 M20	160	25	0.05	8.00	
4	GB 3016—2016	螺柱 M20×160	80	35	0.33	26.4	
3	R2000-12-3	左管板	1	16MnR		158	
2	R2000-12-5	垫片	1	耐油橡胶石棉板	—	—	
1	R2000-12-2	左管箱	1	组合件		317	

××化工设计院		丁二烯成品冷凝器 $F=227m^2$ (H-431) 装配图	设计项目	
设计			设计阶段	施工图
制图				R2000-12-1
校核				
审核				
审定				
2007 年		比例 1∶0	第 1 张	共 6 张

② 左管箱部件图　左管箱部件图如图 2-171 所示。

③ 右管箱部件图　右管箱部件图如图 2-172 所示。

④ 管板零件图　管板零件图如图 2-173 所示。

⑤ 折流板零件图　折流板零件图如图 2-174 所示。

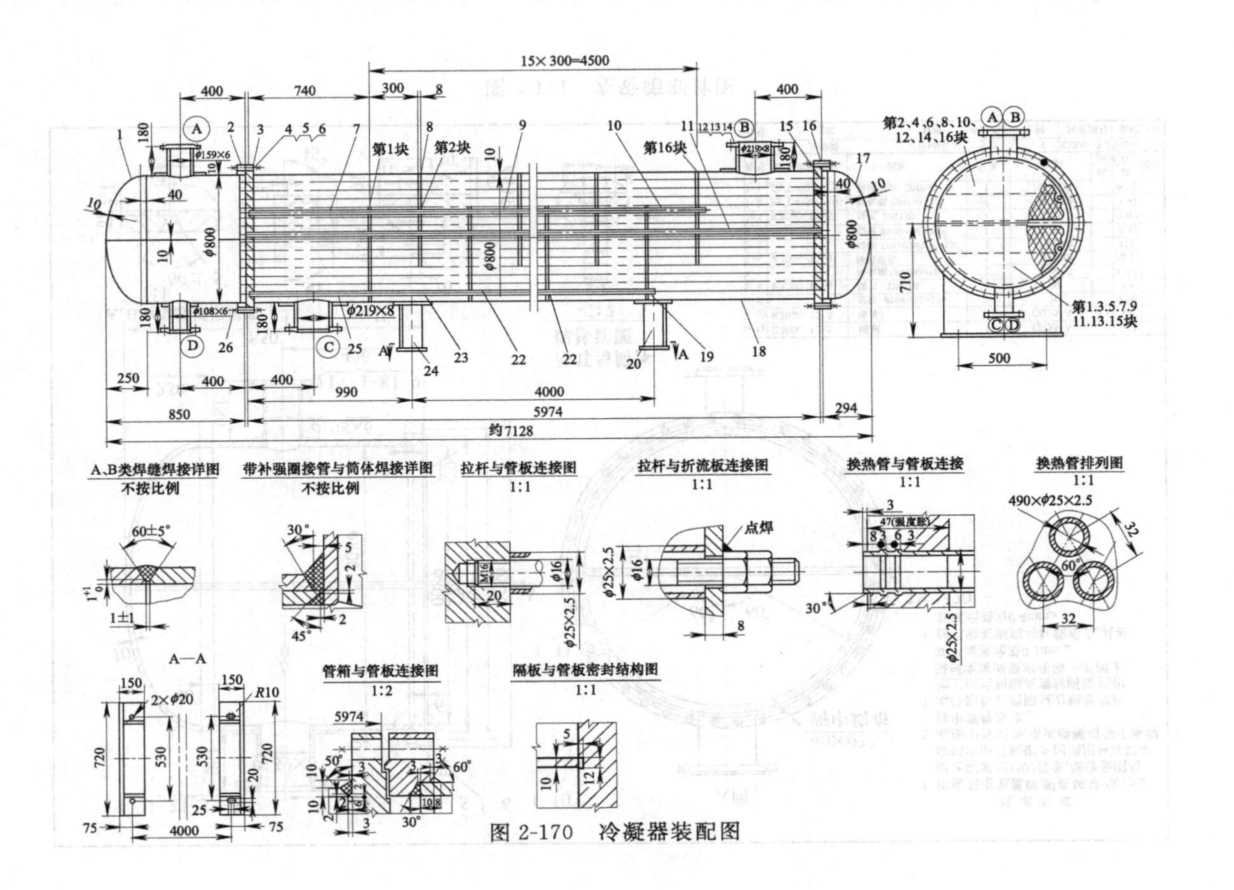

图 2-170　冷凝器装配图

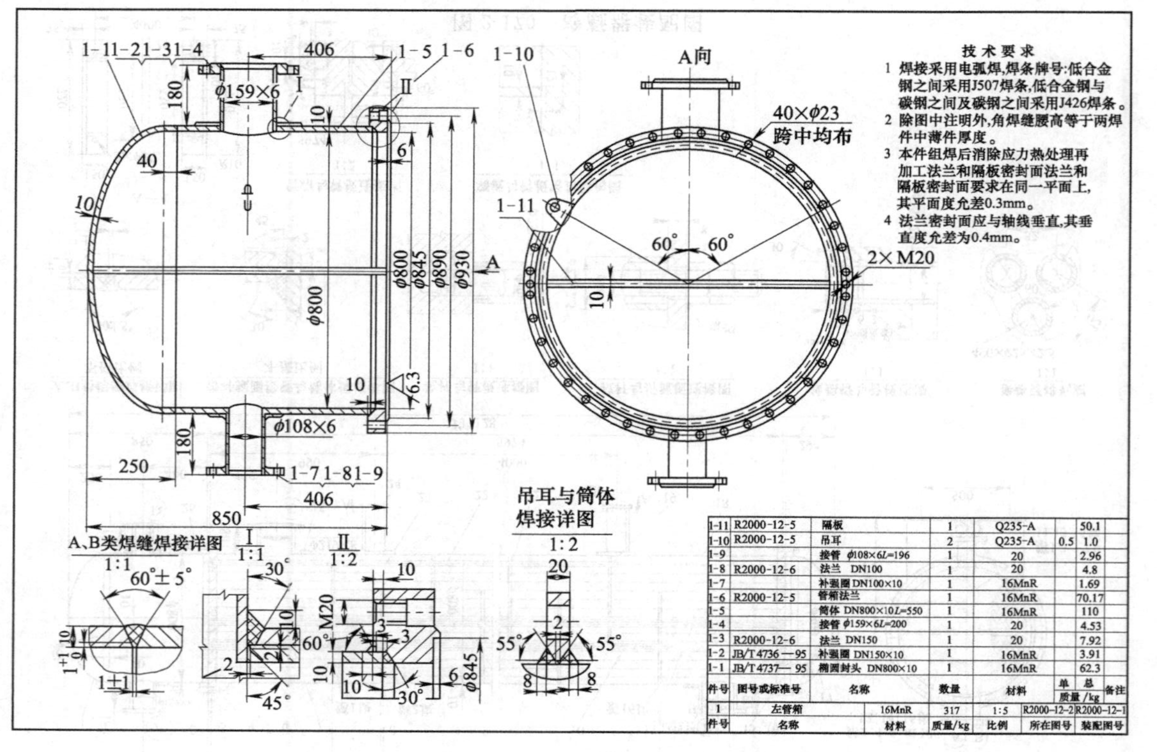

件号	图号或标准号	名称	数量	材料	单 质量/kg	总 质量/kg	备注
1-11	R2000-12-5	隔板	1	Q235-A		50.1	
1-10	R2000-12-5	吊耳	2	Q235-A	0.5	1.0	
1-9		接管 ϕ108×6L=196	1	20		2.96	
1-8	R2000-12-6	法兰 DN100	1	20		4.8	
1-7		补强圈 DN100×10	1	16MnR		1.69	
1-6	R2000-12-5	管箱法兰	1	16MnR		70.17	
1-5		筒体 DN800×10L=550	1	16MnR		110	
1-4		接管 ϕ159×6L=200	1	20		4.53	
1-3	R2000-12-6	法兰 DN150	1	20		7.92	
1-2	JB/T 4736—95	补强圈 DN150×10	1	16MnR		3.91	
1-1	JB/T 4737—95	椭圆封头 DN800×10	1	16MnR		62.3	

件号	名称	材料	质量/kg	比例	所在图号	装配图号
1	左管箱	16MnR	317	1:5	R2000-12-2	R2000-12-1

图 2-171　左管箱部件图

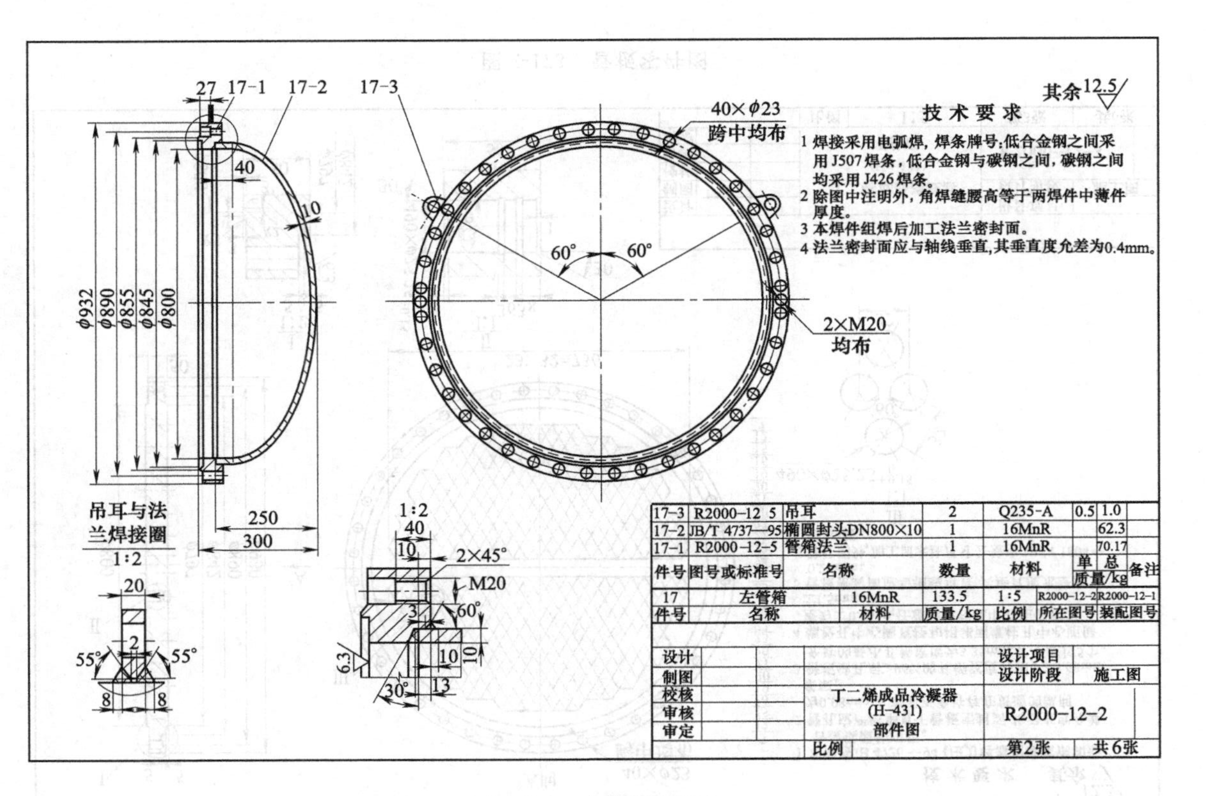

图 2-172 右管箱部件图

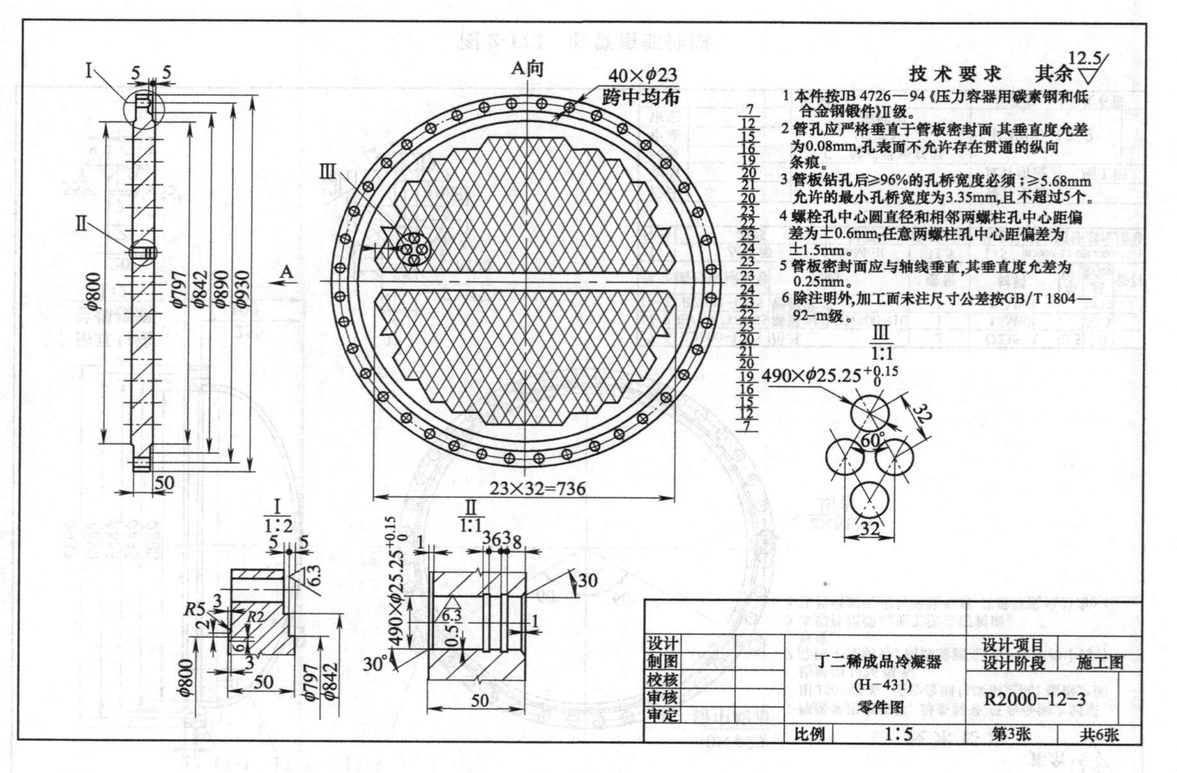
技术要求 其余 12.5
1 本件按JB 4726—94《压力容器用碳素钢和低合金钢锻件》II级。
2 管孔应严格垂直于管板密封面 其垂直度允差为0.08mm,孔表面不允许存在贯通的纵向条痕。
3 管板钻孔后≥96%的孔桥宽度必须；≥5.68mm 允许的最小孔桥宽度为3.35mm,且不超过5个。
4 螺栓孔中心圆直径和相邻两螺柱孔中心距偏差为±0.6mm;任意两螺柱孔中心距偏差为±1.5mm。
5 管板密封面应与轴线垂直,其垂直度允差为0.25mm。
6 除注明外,加工面未注尺寸公差按GB/T 1804—92-m级。
A向
40×φ23
跨中均布
23×32=736
490×φ25.25
φ800
φ797
φ842
φ890
φ930
丁二稀成品冷凝器
(H-431)
零件图
设计项目
设计阶段
施工图
R2000-12-3
比例
1:5
第3张
共6张
设计
制图
校核
审核
审定

图 2-173 管板零件图

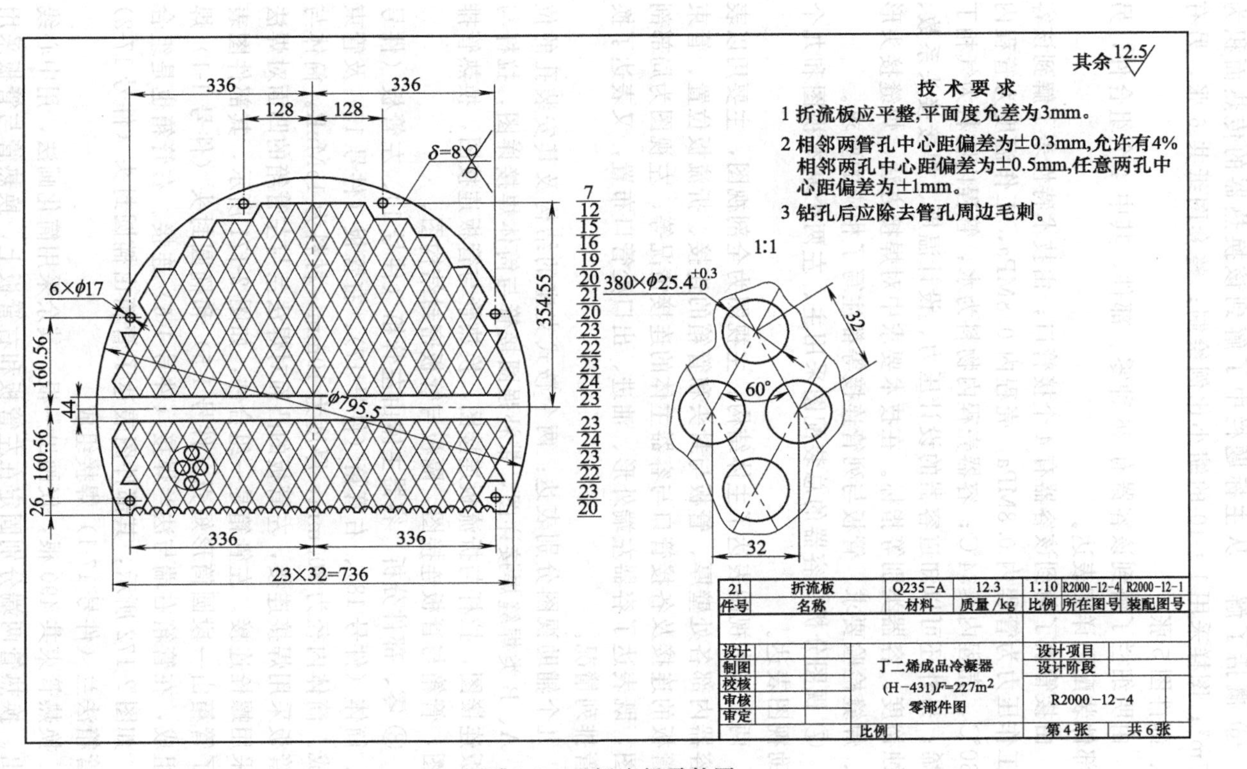
其余 12.5
技术要求
1 折流板应平整,平面度允差为3mm。
2 相邻两管孔中心距偏差为±0.3mm,允许有4%相邻两孔中心距偏差为±0.5mm,任意两孔中心距偏差为±1mm。
3 钻孔后应除去管孔周边毛刺。
1:1
380×ϕ25.4$^{+0.3}_{0}$
32
32
60°
336
336
128
128
δ=8
6×ϕ17
354.55
ϕ795.5
160.56
44
160.56
26
336
336
23×32=736
7
12
15
16
19
20
21
20
23
22
23
24
23
23
24
23
22
23
20
21
折流板
Q235-A
12.3
1:10
R2000-12-4
R2000-12-1
件号
名称
材料
质量/kg
比例
所在图号
装配图号
设计
制图
校核
审核
审定
丁二烯成品冷凝器
(H-431)F=227m²
零部件图
设计项目
设计阶段
R2000-12-4
比例
第4张
共6张

图 2-174 折流板零件图

⑥ 概括了解　从主标题栏中了解到该换热器的传热面积为 $227m^2$；图样采用 1∶10 的缩小比例绘制；整套图纸共 6 张，另有零、部件图 5 张。

由明细栏了解到该容器有 26 种零、部件，其中 4 个组合件，另有部件装配图详细表达。

由接管表了解到该容器有 4 个接管口；由技术特性表了解到该容器工作压力为管程内 0.8MPa，壳程内 0.8MPa，工作温度为管程内 ≤30℃、壳程内≤34℃；容器壳程内物料为水，管程内物料为气相丁二烯；另外还可以知道容器的设计压力、设计温度、焊接接头系数、腐蚀裕度、容器类别等指标。在技术要求中对焊接方法、焊缝接头形式、焊缝检验要求、管板与列管连接等都注写了相应的要求。

⑦ 视图分析　容器的总装配图采用主、左两个基本视图和九个辅助视图表达。

两个基本视图表达了主体结构。主视图为全剖视图，主要用以表达容器内部各处壁厚、管板与封头和管箱的连接、折流板位置、管束与管板的连接及各接管口与容器主体的连接情况等；左视图为局部剖视图，既表达了容器左端外形、油进、出口处管口布置，又表达了换热管排列情况。

九个辅助视图分别表达：两个鞍式支座的结构及其安装孔的位置，A、B 类焊缝焊接详图，带补强圈接管与筒体焊接详图，拉杆与管板连接图，拉杆与折流板连接图，换热管与管板连接图，换热管排列图，管箱与管板连接图，隔板与管板密封结构图。

⑧ 零、部件分析　容器主体由左管箱（件号 1）、左管板（件号 3）、筒体（件号 18）、右管箱（件号 17）、右管板（件号 15）及管束组成。筒体内径为 800mm，厚度为 10mm，材料为 16MnR。筒体与左管板采用焊接连接，左管板的凸面对焊法兰与左管箱的凹面对焊法兰采用螺栓连接。左管箱是一组合件，如图 2-171 所示，其部件图表达了管箱由一段圆筒形短壳（件号 1-5）和椭圆封头（件号 1-1）焊接组成，在管箱右端与法兰焊接（件号 1-6）连接。右管箱也是组合件，如图 2-172 所示，其部件图表达了管箱由椭圆封头（件号 17-2）与管箱法兰（件号 17-1）焊接组成。

换热管束共 490 根，仅画出一根，其余采用简化画法，用中心线画出。换热管两端分别固定在左管板和右管板上，换热管与管板采用胀接。管板形状如图 2-173 所示。

冷却器筒体内有上弓形折流板（件号 8）八块，下弓形折流板（件号 21）八块。折流板间由定距管保持距离。所有折流板用拉杆连接，左端固定在左管板上，右端用螺母锁紧。折流板形状如图2-173所示。

⑨ 容器分析 固定管板式冷凝器是石化行业常见的一种冷却容器，其特点是构造简单、结构紧凑。冷凝器两端管板直接与筒体焊接在一起且兼作法兰。管束胀接在管板上，由于管束与管板、壳体与管板都是刚性固定，所以它属于刚性结构。此冷却器每根管子都能单独更换和清洗管内，但管外清洗困难，因而应用于壳体介质清洁且管壁与壳壁温差不大的场合。容器共有 4 个接管口及管法兰，下部由两个鞍式支座支承。

容器工作时，循环水由 B 进入壳程，与管程内的丁二烯进行热交换后，丁二烯由管 D 流出。循环水由管 C 带出。

容器图上直接注出各处壁厚、管壳体筒体直径（如 ϕ800×10、ϕ159×6、ϕ108×6、ϕ219×8）、换热管尺寸（如 ϕ25×2.5、$L=6000$）等的定形尺寸（其中换热管尺寸在明细栏中给出），图中注出各管口相对管板位置尺寸（如 400）及各零、部件之间定位尺寸（如 5974、740、300）等供容器装配使用，鞍式支座安装孔的定位尺寸在 B—B 视图中给出，供容器安装使用，另给出总长尺寸（如 7128）为容器总体尺寸。

2.18 管道制图与识图

铆工作业中涉及的管道图主要是容器的接口。在传统的金属结构作业中，DN800 以上的管道常由铆工来完成制作及安装。实际工作中铆工也承担着金属管道的安装任务。甚至一些行业已将铆工、管工、钣金工等统称为金属结构工。因此铆工也应当掌握管道的制图与识图。

管道图是在《机械制图》的基础上逐步形成和发展起来的。它与机械图既有相似之处，又有不同之点。虽然它们都按正投影原理或轴测投影原理进行绘制，但在管道图中，主视图称为立面图，俯视图称为平面图，左视图称为左立面图或侧立面图，且往往采用具有行业特点的规定画法。

2.18.1 管道的三视图及规定画法

(1) 管件的三视图

① 短管的三视图：短管的两个端面是两个同心的圆，如图

2-175（a)所示。

② 大小头的三视图：同心大小头是内外表面光滑的空心圆锥台，如图 2-175（b）所示。

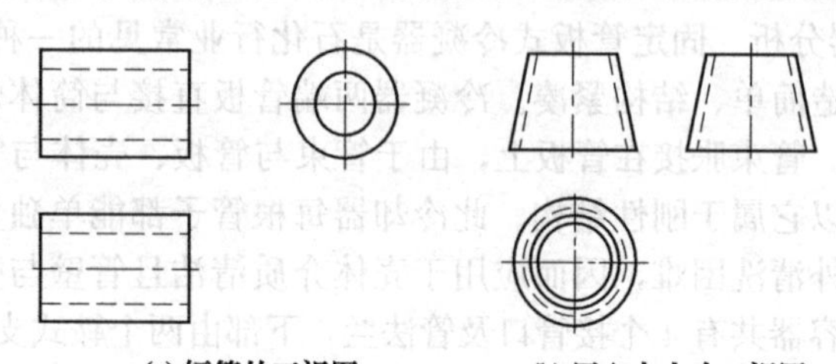

(a) 短管的三视图　　(b) 同心大小头三视图

图 2-175　管件三视图（一）

③ 法兰的三视图：平焊法兰的三视图见图 2-176（a)。

④ 弯头的三视图：弯头的三视图见图 2-176（b)。

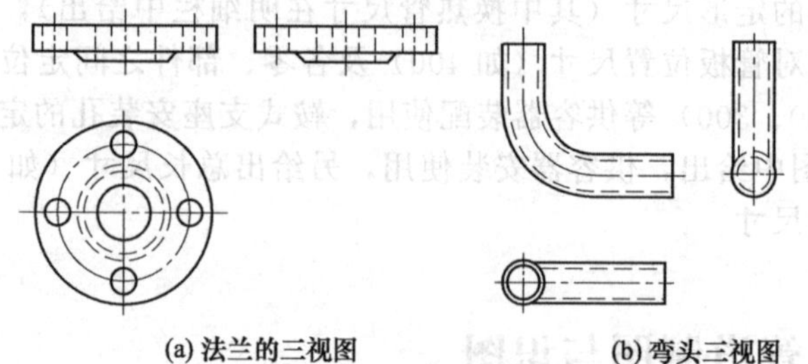

(a) 法兰的三视图　　(b) 弯头三视图

图 2-176　管件三视图（二）

⑤ 三通的三视图：三通的三视图见图 2-177。

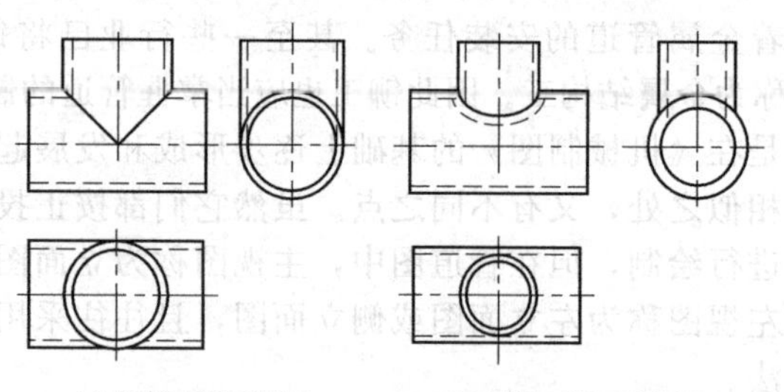

(a) 等径三通三视图　　(b) 异径三通三视图

图 2-177　管件三视图（三）

（2）管道的单、双线绘制法　管道的单、双线绘制法同机械图一样，一般按正投影原理绘制。但做了一些必要的简化，即所谓的规定画法，即单、双线绘制法。省去管子壁厚而管子和管件仍用两根线条画成的图样，通常叫做双线绘制法。由于管道的截面尺寸比长度尺寸小得多，所以在小比例的施工图中往往把空心的管子仅仅看成一条线的投影，这种用单根粗实线来表示管子的图样，称为单线绘制法。

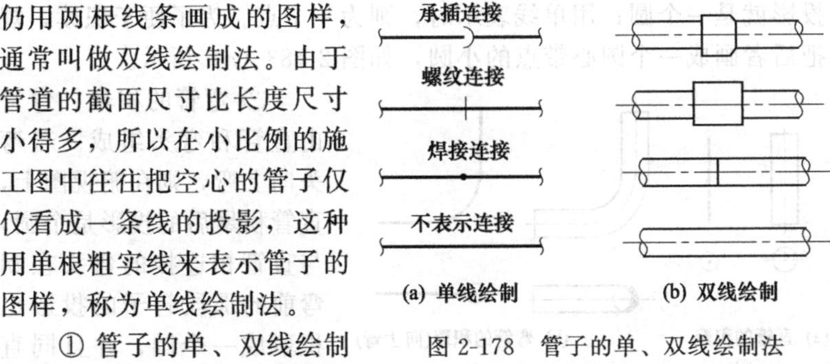

图 2-178 管子的单、双线绘制法

① 管子的单、双线绘制法 见图 2-178。若管道只画出其中一段时，一般应在管子中断处画上折断符号。无特殊必要，管道布置图中往往不表示管道连接形式，而在有关资料中予以说明。

② 弯头的单、双线绘制法 图 2-179 所示是单线绘制弯头的三视图，图 2-180 所示是双线绘制弯头的三视图。

③ 三通的单、双线绘制法 图 2-181 是单线绘制三通的三视图，图 2-182 所示是双线绘制三通的三视图。

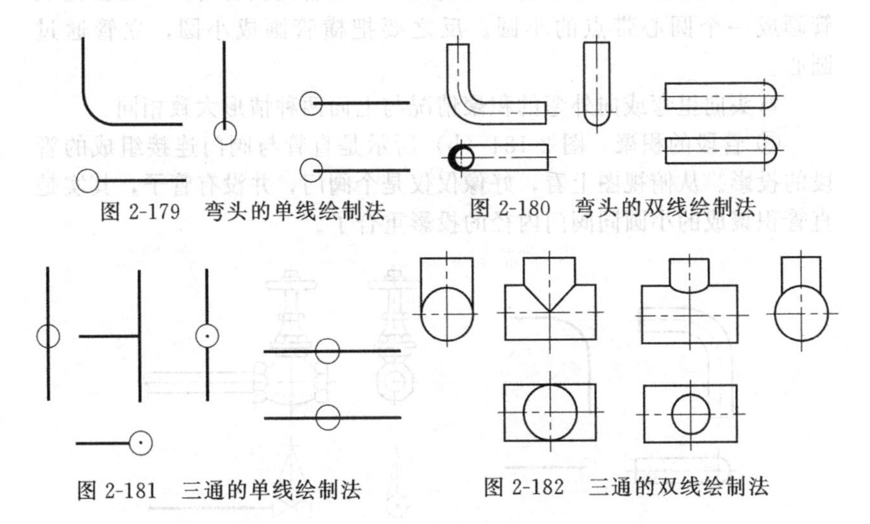
图 2-179 弯头的单线绘制法　图 2-180 弯头的双线绘制法

图 2-181 三通的单线绘制法　图 2-182 三通的双线绘制法

(3) 管线的积聚

① 直管的积聚 当一条直线与投影面垂直时，它在这个投影面

上的正投影就是一个点，而且在这条线上的任意一点的投影也都落在这个点上。根据直线的积聚性可知，一根直管用双线表示时，积聚后的投影就是一个圆；用单线表示时，则为一个点。为了便于识读，规定把后者画成一个圆心带点的小圆，如图 2-183（a）所示。

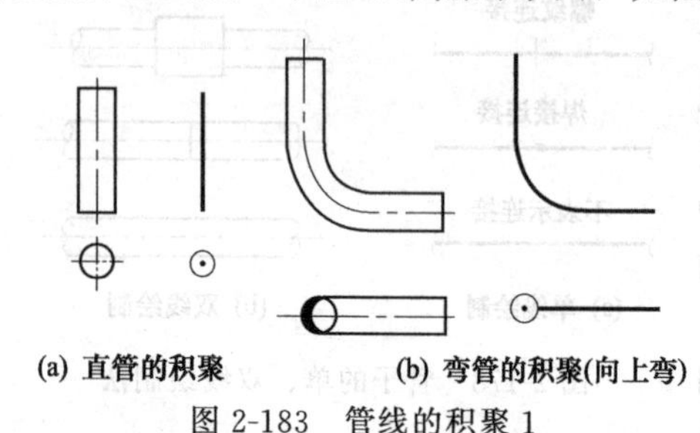

图 2-183　管线的积聚 1

② 弯管的积聚　弯管由直管和弯头组成。若弯头向上弯，则在俯视图上，直管积聚后的投影是个圆，与直管相连接的弯头在拐弯前的那段管子的投影也积聚成一个圆，并且同直管积聚的投影重合。双线绘制时，应在该部位画一“新月形”剖面符号，如图 2-183（b）所示。

如果弯头向下弯，那么在俯视图上显示的仅仅是弯头的投影，它的直管虽也积聚成圆，但被弯头的投影所遮盖，如图 2-184（a）所示。

用单线绘制时，如先看到立管端口，后看到横管时，一定要把立管画成一个圆心带点的小圆。反之要把横管画成小圆，立管通过圆心。

弯头向里弯或向外弯的积聚情况与上面两种情形大致相同。

③ 管段的积聚　图 2-184（b）所示是直管与阀门连接组成的管段的投影。从俯视图上看，好像仅仅是个阀门，并没有管子，其实是直管积聚成的小圆同阀门内径的投影重合了。

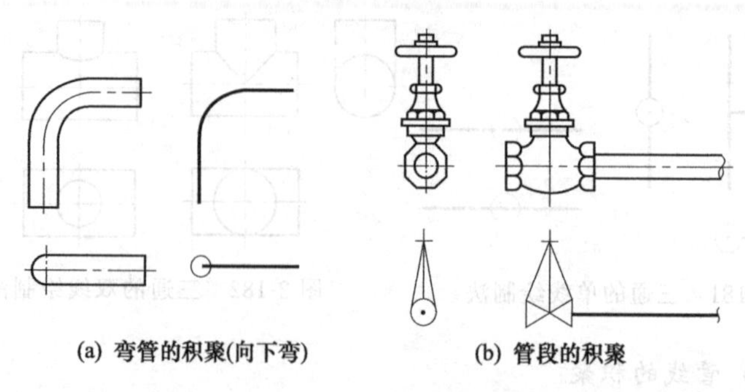

图 2-184　管线的积聚 2

(4) 管线的重叠　直径相同、长短相等的两根或多根管子，如果叠合在一起的话，它们的投影也就完全重合，反映在投影面上的投影好像是一根管子，这种现象称为管子的重叠，如图 2-185 所示。

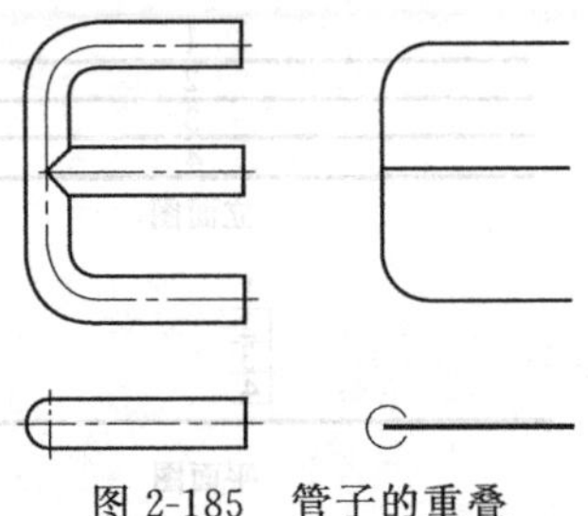

图 2-185　管子的重叠

① 两根管线重叠的表示方法　为了把管线表示清楚和识读方便，在绘制管道施工图时，对重叠管线的表示方法做了一些规定，当投影中出现两根管子重叠时，假想前面(或上面)一根已经被截断(用折断符号表示)，这样便显露出了后面(或下面)一根管线，用这样的方法就能把两根重叠管线显示清楚。

图 2-186　两根管线重叠的表示法

图 2-186 所示是两根管线重叠的平面图，说明断开的管线高于中间显露的管线。在工程图中，用这种形式来表示重叠管线的方法，称为折断显露法。

图 2-185 所示是弯管和直管重叠时的平面图，当弯管高于直管时，它的平面图如图 2-187 (a) 所示；画起来一般是让弯管和直管稍微断开 3～4mm，以示区别弯、直两管不在同一个标高上。当直管高于弯管时，一般是用折断符号将直管折断，并显露出弯管。它的平面图如图 2-187 (b) 所示。

② 多根管线重叠时的表示方法　图 2-188 所示是 4 根管线重叠，通过平面图、立面图可以知道 1 号管线为最高管，2 号管线为次高管，3 号管线为次低管，4 号管线为最低管。

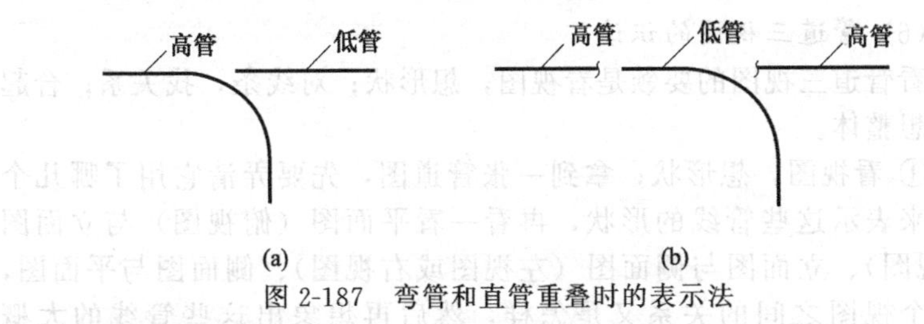

图 2-187　弯管和直管重叠时的表示法

在单线图中，对折断符号的画法和识读也有一定的规定，只有折断符号相对应的(如一曲对一曲、二曲对二曲)，才能理解为原来的

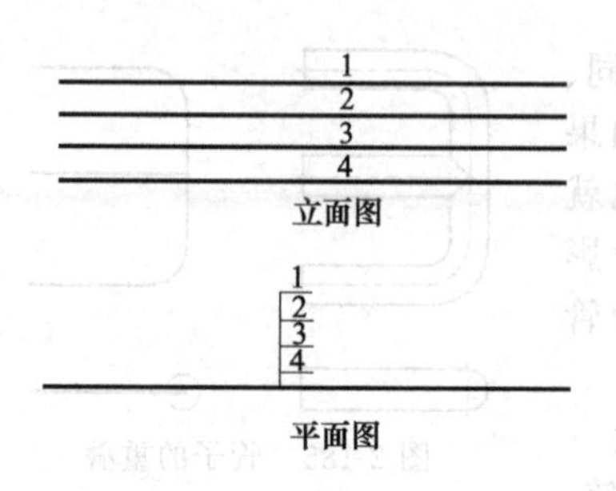

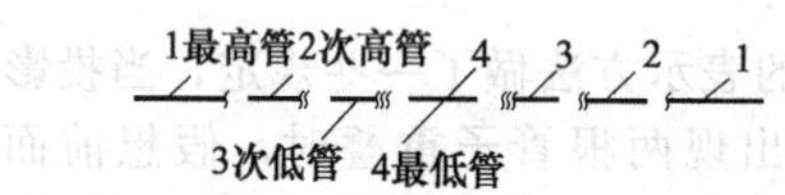

图 2-188 多条管线重叠时的表示法

管子是相连通的。在用折断符号表示时，一般是折断符号如用一曲（呈 S 形状）表示，那么管线的另一端相对应的，也必定是一曲。如用二曲表示时，相对应的也是二曲。依此类推，不能混淆。

(5) 管线的交叉 在图纸中经常出现交叉管线，这是管线投影相交所致。

如果两条管线投影交叉，高的管线不论是用双线表示还是用单线表示，它都显示完整，低的管线画成单线时却要断开表示，以此说明这两根管线不在同一标高上，如图 2-189 (a) 所示。画成双线时，低的管线用虚线表示，如图 2-189 (b) 所示。

在单、双线绘制同时存在的平面图中，如果大管（双线）高于小管（单线），那么小管与大管投影相交部分用虚线表示，如图 2-189 (c) 所示；如果小管高于大管时则不存在虚线，如图 2-189 (d) 所示。

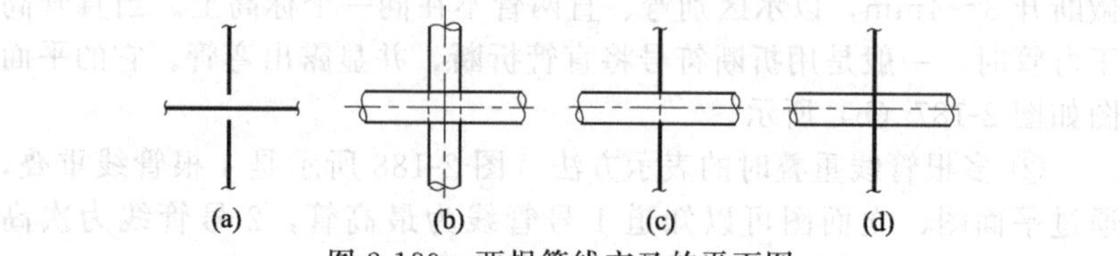

图 2-189 两根管线交叉的平面图

(6) 管道三视图的识读

看管道三视图的要领是看视图，想形状；对线条，找关系；合起来，想整体。

① 看视图，想形状；拿到一张管道图，先要弄清它用了哪几个视图来表示这些管线的形状，再看一看平面图（俯视图）与立面图（主视图）、立面图与侧面图（左视图或右视图）、侧面图与平面图，这几个视图之间的关系又是怎样，然后再想象出这些管线的大概形状。

② 对线条，找关系 管线的大概轮廓想象出后，各个视图之间的相互关系，可利用对线条，即对投影关系的方法，找出视图之间相

对应的投影关系，尤其是积聚、重叠、交叉管线之间的投影关系。

③ 合起来，想整体　看懂了各个视图的各部分的形状后，再根据它们相应的投影关系综合起来想象，对每条管线形成一个完整的认识。这样就可以在脑子里把整个管路的立体形状完整地想象出来。

2.18.2 管道的剖视图

（1）剖视图概念　在管道施工图中，按规定，看不见的管子、管件、阀门或机器设备、仪表、电器等要用虚线表示。当管线、机械设备比较密集或比较复杂时，视图上的虚线就会很多，使视图表达的管道和设备内、外层次不清，甚至根本无法表达，因而增加了读图和画图的困难，而且也不便于标注尺寸。而采用剖视的方法则非常便于理解，如图 2-190 所示。

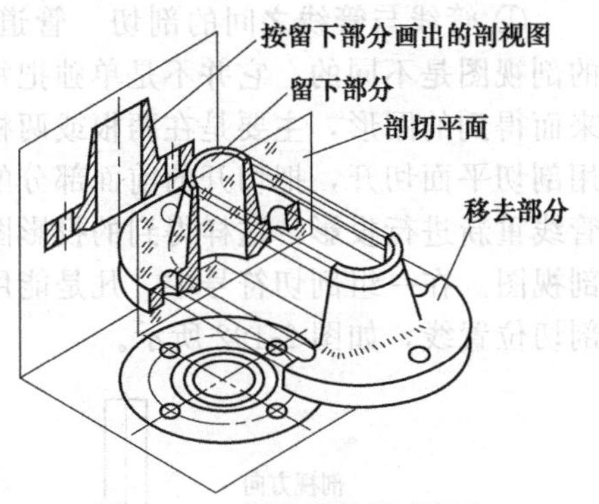

图 2-190　剖视图的基本概念

这种假想用剖切平面，在适当部位将管线、设备等切开，把处于观察者和剖切平面之间的部分移去，将留下的部分向与剖切平面平行的投影面投影，立在切断面上画出剖面线的图形，称为剖视图。

（2）剖视图的标注　用剖切符号来表示。这一组剖切符号应表明剖切位置、投影方向和剖视图名称。如图 2-191 所示。

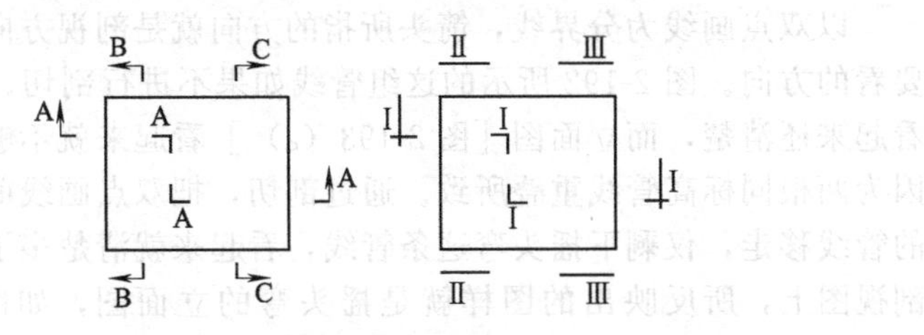

图 2-191　剖视图的标注

① 剖切位置　通常以剖切平面与投影面的交线表示剖切位置。在它的起剖处，画下短粗实线表示，但不得与图形的轮廓线相交。

② 投影方向　在剖切位置线的两端画一垂直于剖切位置线的短粗实线表示。在这段粗实线上，有的标上箭头，有的不标箭头。

③ 剖视图的名称　一般采用阿拉伯（或罗马）数字，按顺序连续编排，如 1—1、2—2 剖视或Ⅰ—Ⅰ、Ⅱ—Ⅱ剖视，也可用英文大写字母或大写汉语拼音字母表示，如 A—A、B—B 剖视等。不论用数字还是字母标注，一般都应标写在各剖视图的上方或下方。同时在表示该剖视图剖切位置线的投影方向一侧，应标上相同的数字（或字母）。

（3）管道剖视图形式

① 管线与管线之间的剖切　管道图的剖视图同机械图、建筑图的剖视图是不同的。它并不是单独把每根管子沿着管子中心线剖切开来而得到的图形，主要是在两根或两根以上的管线与管线之间，假想用剖切平面切开，把切开的前面部分的所有管线移走，对保留下来的管线重新进行投影，这样得到的投影图（其实也是立面图）称为管道剖视图。在一组剖切符号中，凡是能用直线相连的两根粗短线，就是剖切位置线，如图 2-192 所示。

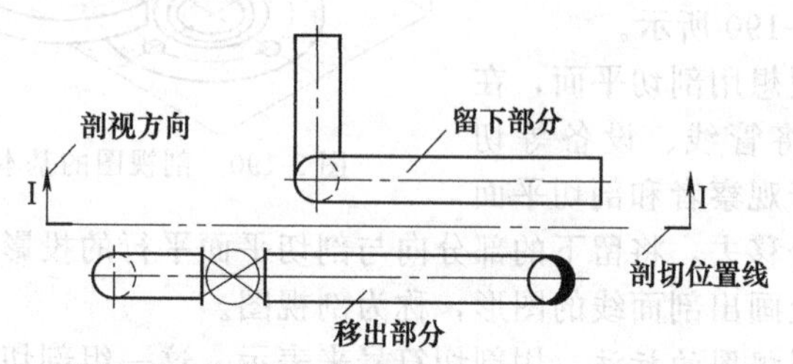

图 2-192　管线与管线之间的剖切（平面图）

以双点画线为分界线，箭头所指的方向就是剖视方向，也就是所要看的方向。图 2-192 所示的这组管线如果不进行剖切，作为平面图看起来还清楚，而立面图［图 2-193（a）］看起来就不够清楚，这是因为两根同标高管线重叠所致。通过剖切，把双点画线前面的带阀门的管线移走，仅剩下摇头弯这条管线，看起来就清楚多了。在Ⅰ—Ⅰ剖视图上，所反映出的图样就是摇头弯的立面图，如图 2-193（b）所示。

② 管线的断面剖切　管道剖视图并不是都在管线之间剖切，有的也可以在管子的断面上剖切，如图 2-194 所示。在这组由 3 条管线所组成的平面图里，仍以粗短线之间的双点画线为分界线。管线 1 剖

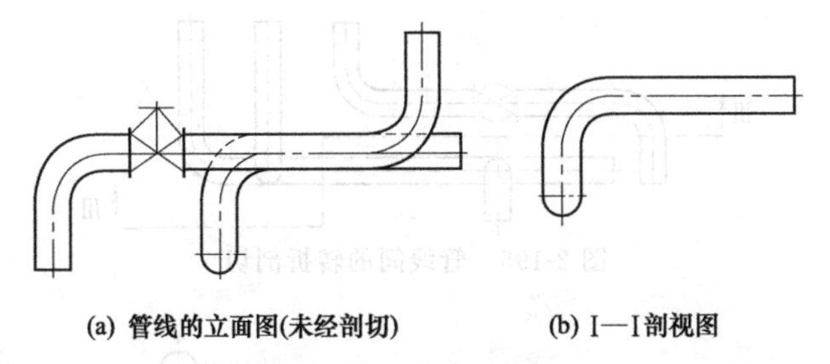

(a) 管线的立面图(未经剖切)　　(b) Ⅰ—Ⅰ剖视图

图 2-193　管线的积聚

切后，阀门这部分是属移去部分，直管和摇头弯则是留下部分，反映在剖视图上的是一个小圆，下面连着弯头，方向朝左。这个小圆是留下部分的直管积聚而成的。同时，与直管相连的弯头在朝下拐弯前它的投影也积聚成小圆，并同直管积聚成的小圆重合。管线 2 本身是段直管，被剖切后留下的也是一段直管，在剖视图上看到的仅仅是一个小圆。管线 3 剖切后，摇头弯部分移去，直管和朝下弯的弯头部分留下，因此在剖视图上看到的是小圆和朝下弯的弯头部分。

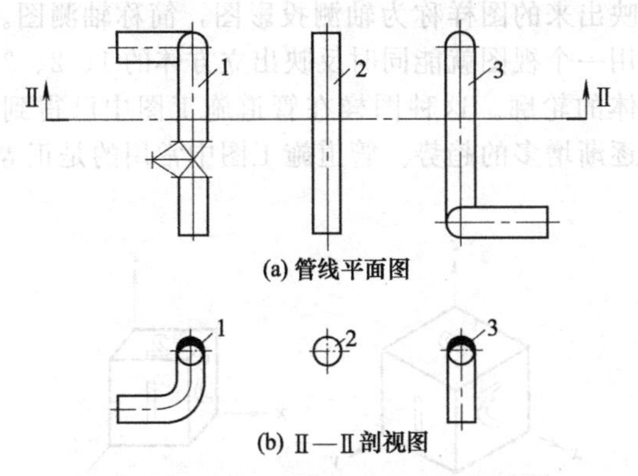

(a) 管线平面图

(b) Ⅱ—Ⅱ剖视图

图 2-194　管线平面图及Ⅱ—Ⅱ剖视图

③ 管线间的转折剖切　管线间的转折剖视又叫阶梯剖视。在管线与管线之间进行剖切时，一般来说，剖切位置线是一条直线。在实际应用中，有时一个剖切面只需要剖切一部分，另一部分又非留不可，那么剖切位置线就需要转折，按规定只允许转折一次，如图 2-195 所示。在Ⅲ—Ⅲ剖视图（图 2-196）上，三通管的左边端部是转折处管子的剖切口。

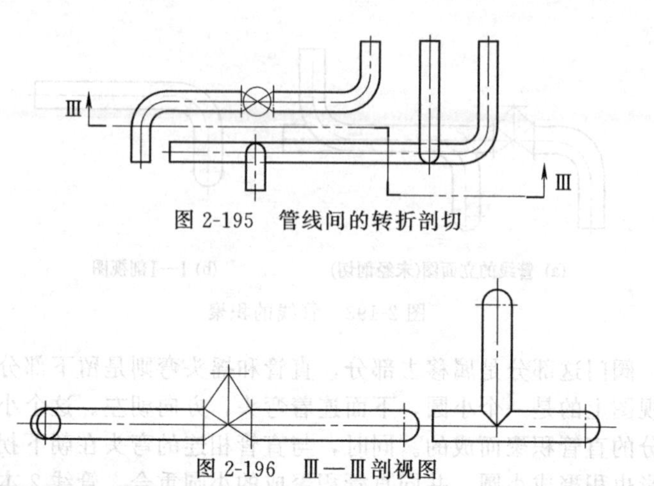

图 2-195　管线间的转折剖切

图 2-196　Ⅲ—Ⅲ剖视图

2.18.3　管道的轴测图

利用平行原理，将物体的长、宽、高 3 个方向的形状在一个投影面上同时反映出来的图样称为轴测投影图，简称轴测图。如图 2-197 所示。它只用一个视图就能同时反映出立方体的 1、2、3 这 3 个面的形状和立方体的轮廓。这种图样在管道施工图中已得到了广泛的应用，近来有逐渐增多的趋势。管道施工图中常用的是正等测图和斜等测图两种。

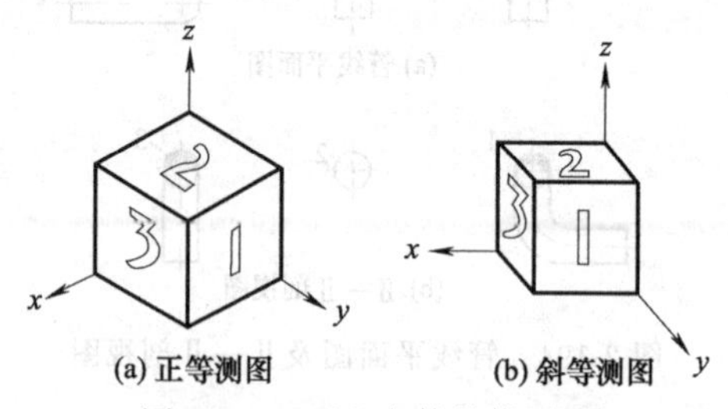

(a) 正等测图　(b) 斜等测图

图 2-197　正立方体的轴测图

（1）**正等测图**　又叫三等正轴测图，是工艺管道施工图中最常用的一种。以正立方体为例，让投影线的方向正好穿过正立方体的对顶角，并垂直于轴测投影面，此时正立方体的 3 条相互垂直的棱线，即 3 个直角坐标轴，它们与轴测投影面的倾斜角是相等的，所以 3 个轴的变形系数也相等，经计算表明，都是 0.82。为作图方便起见，一般都取轴向变形系数为 1，并称它为简化变形系数，但所得的轴测图比物体（管线）实际的轴测投影图略微放大。3 个轴测轴 x、y、z 之间的轴间角也相等，都是 120°，如图 2-198 所示。

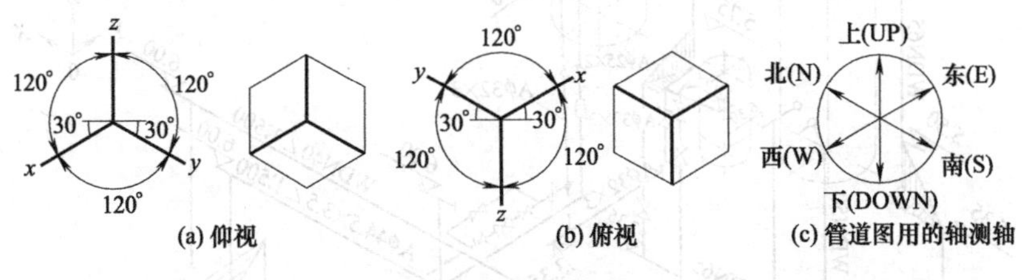

图 2-198 正等测图

作图时，一般使 x、y 轴与水平线各成 30°夹角，使 z 轴与水平线垂直，可利用 30°三角板与丁字尺配合画出。

画管道轴测图时，常把 x 轴定为东（E）西（W）轴，y 轴定为南（S）北（N）轴，z 轴定为上（UP）下（DOWN）轴（也有把 x 轴定为南北轴，y 轴定为东西轴的）。在这 6 个空间方向上，由于 3 个轴的简化变形系数都是 1，所以沿轴向的管线长度可以根据管道平面布置图（俯视图）和立（剖）面图（主视图）上每段管子的实际长度（系指图样上的实际长度，并非指由数字标注的实物长度），用圆规或直尺去直接量取，这样画出的轴测图称为管道的正等测图，俗称 30°画法。

实际管道施工图中的正等测图应用实例如图 2-199 所示。

（2）斜等测图　是给排水、采暖通风和城市煤气管道施工图中常用的一种图样。其特点是：物体的正立面平行于轴测投影面，其投影反映实形，所以 x、z 两轴平行于轴测投影面，它们之间的轴间角为 90°。z 轴常为铅垂线，x 轴常为水平线。y 轴为斜线，它与水平线的夹角常为 30°、45°、60°，也可自定，但一般选用 45°。它的变形系数也是 1，如图 2-200 所示。

画管道的斜等测图时，常把 x 轴定为东西轴，y 轴定为南北轴，z 轴定为上、下（垂直）轴，选定 3 个轴的简化变形系数都等于 1。所以沿轴向或平行于轴向的管线长度可以根据管道的平、立（剖）面图上的实际长度（并非指实物的实际尺寸）用圆规或直尺直接量取，这样画出的轴测图，称为管道的斜等测图，俗称 45°画法。

实际管道施工图中的斜等测图应用实例如图 2-201 所示。

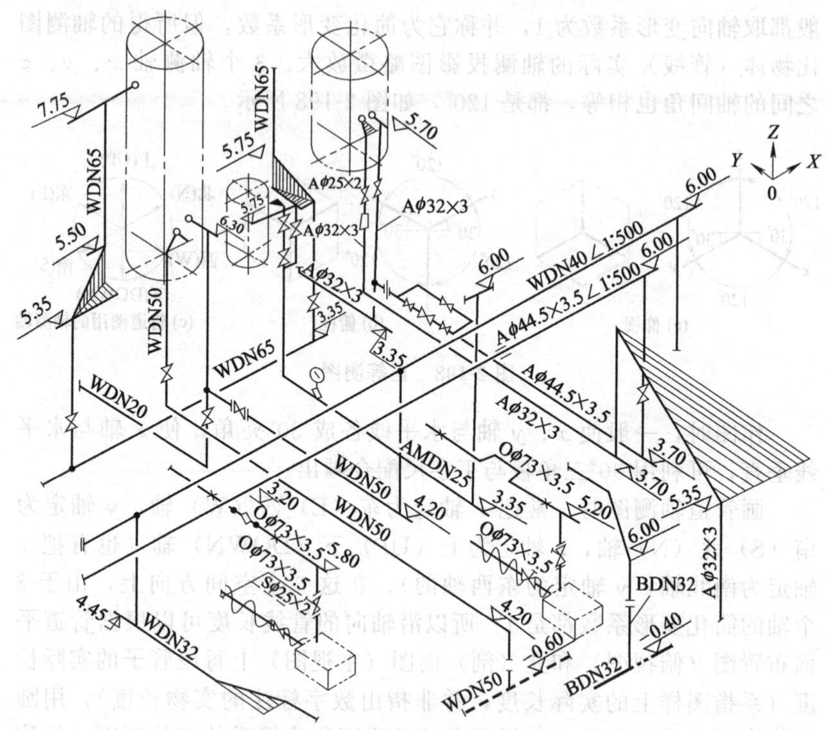

图 2-199　综合输送管路的正等测图

W—水；B—碱液；A—压缩空气；O—油；AM—氨；S—蒸汽

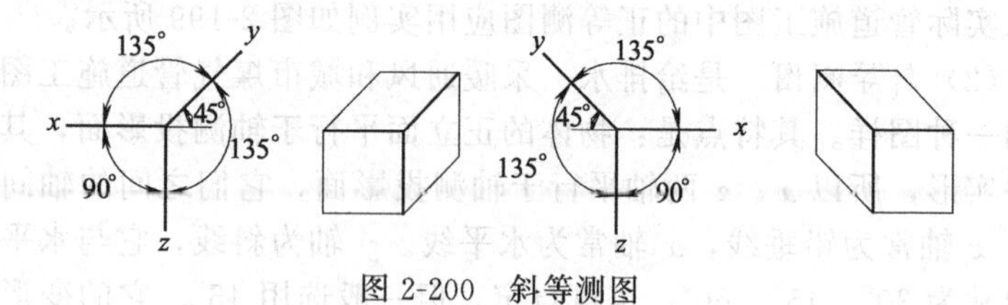

图 2-200　斜等测图

2.18.4　管道图的分类方法

（1）**按管道类别分类**　管道图按其类别可分为工艺管道施工图、采暖通风管道施工图、动力管道施工图、给排水管道施工图和自控仪表管道施工图等。

每个专业里又可分为多个具体的工程施工图或具体的专业施工图。例如，给排水工程施工图可分为给水管道施工图、排水管道施工图和

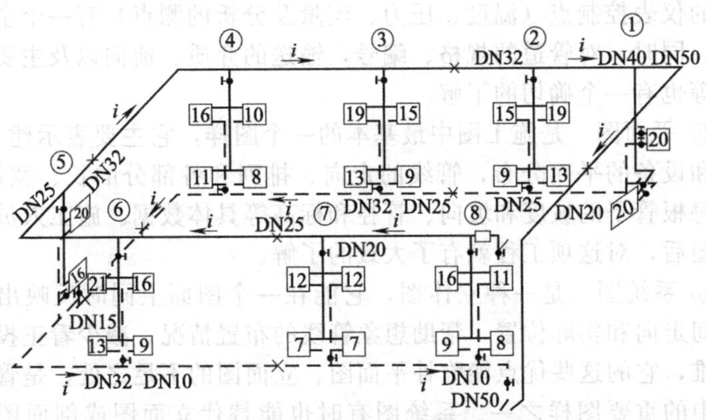

图 2-201　某厂房供暖系统斜等测图

卫生工程施工图；采暖通风施工图又可分为采暖、通风、空气调节和制冷管道施工图；动力管道施工图又可分为氧气管道施工图、煤气管道施工图、空压管道施工图、乙炔管道施工图和热力管道施工图等。

(2) 按施工图图形和作用分类　按施工图图形及其作用，管道施工图可分为基本图和详图两大部分。基本图内容包括图纸目录、施工图说明、设备材料表、流程图、平面图、轴测图（系统图）和立(剖) 面图等；详图内容包括节点图、大样图和标准图。

① 图纸目录　对于数量较多的施工图纸，设计人员把它按一定的图名和顺序归纳编排成图纸目录以便查阅。通过图纸目录可以知道工程设计单位、建设单位、工程名称、地点、编号及图纸名称等。

② 施工图说明　凡在图样上无法表示出来而又非要施工人员知道的一些技术和质量方面的要求，一般都用施工图说明加以表述。内容一般包括工程的主要技术数据、施工和验收要求及注意事项。

③ 设备、材料表　该项工程所需的各种设备和各类管道、管件、阀门以及防腐、保温材料的名称、规格、型号、数量的明细表。特别应当注意管道件所采用的标准情况，有疑问时，应当对照查对标准原件内容。

尽管以上这三点只是些文字说明，也没有线条和图形，但它是施工图纸必不可少的一个组成部分，是对线条、图形的补充和说明。对于这些内容的了解有助于进一步看懂管道图。

④ 流程图　是对一个生产系统或一个石化装置的整个工艺变化过程的表示，通过它可以对设备的位号、建（构）筑物的名称及整个

系统的仪表控制点（温度、压力、流量及分析的测点）有一个全面的了解。同时，对管道的规格、编号，输送的介质、流向以及主要控制阀门等也有一个确切的了解。

⑤ 平面图　是施工图中最基本的一个图样，它主要表示建（构）筑物和设备的平面分布，管线的走向、排列和各部分的长、宽尺寸，以及每根管子的坡度和坡向、管径和标高等具体数据。施工人员看了平面图后，对这项工程就有了大致的了解。

⑥ 系统图　是一种立体图，它能在一个图面上同时反映出管线的空间走向和实际位置，帮助想象管线的布置情况，减少看正投影图的困难，它的这些优点能弥补平面图、立面图的不足之处，是管道施工图中的重要图样之一。系统图有时也能替代立面图或剖面图。例如，室内给排水或室内采暖工程图样主要由平面图和系统图组成，一般情况下，设计人员不再绘制立面图和剖面图。

⑦ 立面图和剖面图　是施工图中最常见的一种图样，它主要表达建（构）筑物和设备的立面分布、管线垂直方向上的排列和走向，以及每路管线的编号、管径和标高等具体数据。

⑧ 节点图　能清楚地表示某一部分管道的详细结构及尺寸，是对平面图及其它施工图所不能反映清楚的某点图形的放大。节点用代号来表示它的所在部位，如“A 节点”，那就要在平面图上找到用“A”所表示的部位。

⑨ 大样图　是表示一组设备的配管或一组管配件组合安装的一种详图。大样图的特点是用双线图表示，对物体有真实感，并对组装体各部位的详细尺寸都作了注记。

⑩ 标准图　是一种具有通用性质的图样。标准图中标有成组管道、设备或部件的具体图形和详细尺寸，但是它一般不能用来作为单独进行施工的图纸，而只能作为某些施工图的一个组成部分。一般由国家或有关部委出版标准图集，作为国家标准或部标准的一部分予以颁发。

2.18.5 管道、设备符号及图例

（1）常用图线及其应用范围　工艺管道图中，各种不同的线型有着不同的含义和作用，工艺物料管道用粗实线绘制，辅助物料管道用中实线绘制，仪表管道则用细虚线或细实线绘制。图线如表 2-24 所示。

表 2-24 工艺管道图中的图线及其应用范围

图线形式	应用范围	图线形式	应用范围
———— b=0.9mm	可见工艺物料管道及图表边框线	$\frac{1}{3}b$或更细	蒸汽伴热管道
------ b	不可见或埋地工艺物料管道	$\frac{1}{3}b$或更细	电伴热管道
———— $\left(\frac{1}{2}\sim\frac{1}{3}\right)b$	可见辅助物料管道	$\frac{1}{3}b$或更细	套管管道
------ $\left(\frac{1}{2}\sim\frac{1}{3}\right)b$	不可见或埋地辅助物料管道	$\frac{1}{3}b$或更细	设备、管道中心线，厂房建筑轴线
$\frac{1}{3}b$或更细	尺寸线，引出线，分界线，剖面线，仪表管道，设备，构筑物	$\frac{1}{3}b$或更细	假想投影轮廓线、中断线等
$\frac{1}{3}b$或更细	仪表管道，不可见轮廓线，过渡线	$\frac{1}{3}b$或更细	假想的机件、设备、管道、建筑物断裂处的边界线
$\frac{1}{3}b$或更细	保温管道	$\frac{1}{3}b$或更细	保冷管道

（2）设备代号与图例 设备在工艺管道图上一般按比例用细线画出能够反映设备形状特征的主要轮廓；有时也画出具有工艺特征的内件示意结构，设备代号与图例如表 2-25 所示。

（3）管段的标注与物料代号 工艺管道图中，管路的种类繁多，为了区别各种不同类型的管路，每一管段上都有相应的标注，横向管道标注在管线的上方，竖向管道则标注在管线的左方，若标注位置不够时，用引线引出标注在适当的位置。标注内容一般包括管路的公称直径、物料代号、管段序号、管道等级代号、保温等级代号、物料流向等，有时还包括装置、工段号、管材代号，如图 2-202 所示。

图中“GW”或“W”系物料代号。目前有的部门根据各自的专业特点，行业上还作了一些规定和补充，表 2-26 就是某设计单位规定的物料代号。有些部门还统一了一些物料的英文名称为首字母作为代号，见表 2-26，可供参考。

表 2-25 工艺图中的设备代号与图例

序号	设备类别	代号	图例
1	泵	B	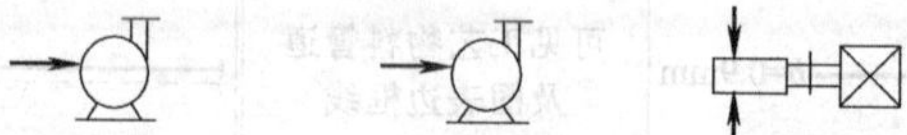 (电动)离心泵　(汽轮机)离心泵　往复泵
2	反应器和转化器	F	 固定床反应器　管式反应器　聚合釜
3	换热器	H	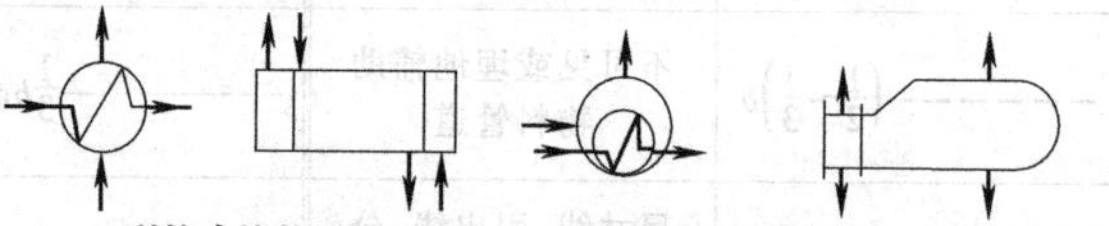 列管式换热器　带蒸发空间换热器 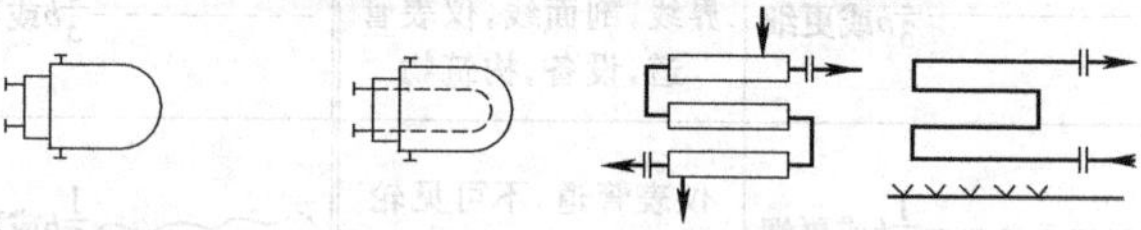　预热器(加热器)　热水器(热交换器)　套管式换热器　喷淋式冷却器
4	压缩机 鼓风机 驱动机	J	 离心式鼓风机　罗茨鼓风机　轴流式通风机 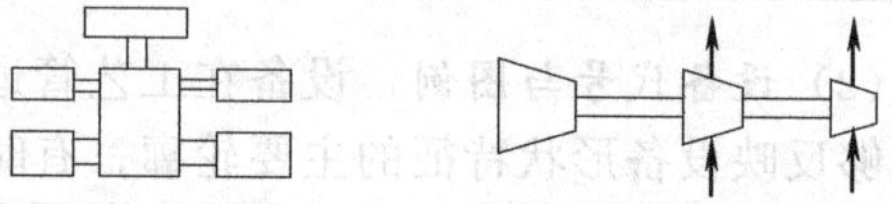　多级往复式压缩机　汽轮机传动离心式压缩机
5	工业炉	L	箱式炉　圆筒炉
6	储槽和分离器	R	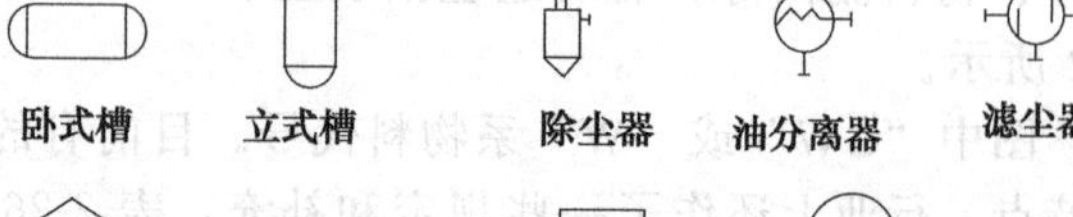 卧式槽　立式槽　除尘器　油分离器　滤尘器 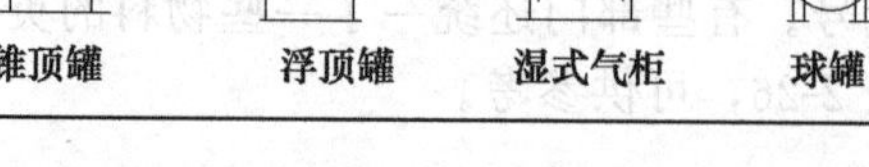　锥顶罐　浮顶罐　湿式气柜　球罐

续表

序号	设备类别	代号	图例
7	起重和运输设备	Q	螺旋输送机　带式输送机　斗式提升机　桥式吊车
8	塔	T	精馏塔　填料吸收塔　合成塔

表 2-26 工艺图管道物料代号

汉语拼音字母代号				英文字母代号			
代号	物料名称	代号	物料名称	代号	物料名称	代号	物料名称
S	工业用水(上水)	YA	液氨	A	工艺空气	ME	甲醇系
X	下水	A	气氨	AC	酸	MS	中压蒸汽
XS	循环上水	Z	蒸汽	AG	酸性气体	N	氮气
XS′	循环回水	K	空气	BD	排污	NA	丙烯腈
SS	生活用水	D_1	氮气和惰性气体	BF	锅炉给水	NG	天然气
FS	消防用水	D_2	仪表用氮气	BW	锅炉水	NH	氨
RS	热水	ZK	真空	CAB	本菲尔溶液	OX	氧气
RS′	热水回水	F	放空、火炬系统	CO	二氧化碳	PA	工厂空气
DS	低温水	M	煤气、燃料气	CW	冷却水	PG	工艺气体
DS′	低温水回水	RM	有机载热体	DM	脱盐水	PW	工艺水
YS	冷冻盐水	Y	油	DR	导淋	PV	安全线
YS′	冷冻盐水回水	RY	燃料油	DW	饮用水	RW	未处理的水
HS	化学软水	LY	润滑油	FG	燃料气	SC	蒸汽冷凝液
TS	脱盐水	MY	密封油	HS	高压蒸汽	SG	合成气
NS	凝结水	YQ	氧气	HW	冷却水回水	SO	密封油
DS	排污水	YS	压缩空气	IA	仪表空气	ET	乙烯
CS	酸性下水	YF	通风	LA	醛系	TW	处理水
JS	碱性下水	YI	乙炔	LO	润滑油	V	放空
E	二氧化碳	QQ	氢气	LS	低压蒸汽	VE	真空排放

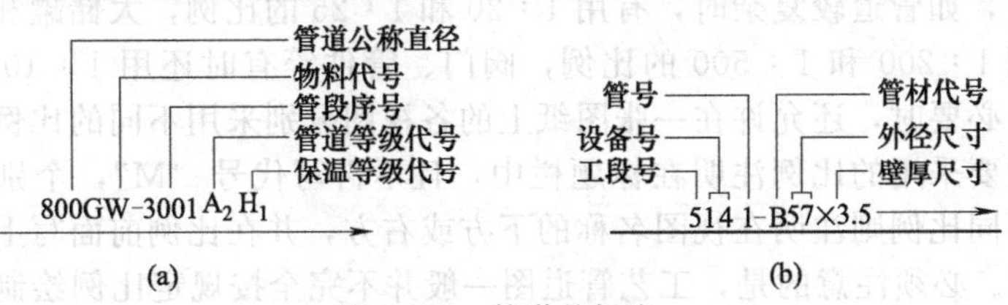

图 2-202 管道的标注

（4）管架的表示方法与符号　管道是用各种形式的管架安装并固定在建（构）筑物上的，这些管架的位置和形式应在管道布置图上表示出来。管架的位置一般在平面图上用符号表示，在管架符号的边上应注以管架代号标明管架形式，如图 2-203 所示。

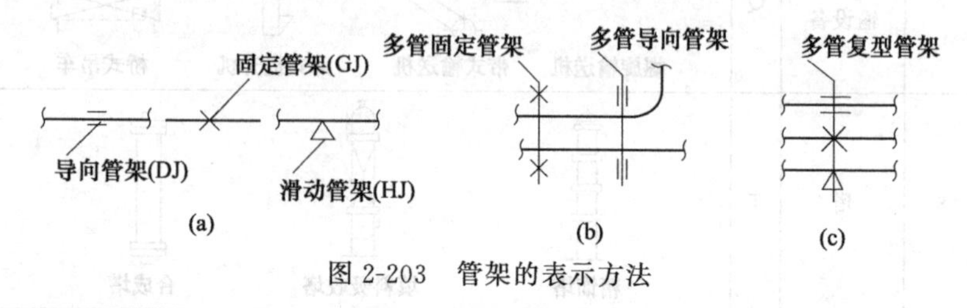

图 2-203　管架的表示方法

管架用“J”表示，“J”为“架”的汉语拼音首位字母。管架的形式种类很多，其中我国化工行业管架标准有 HG/T 21629—1999《管架标准图》，包括的管架分 A、B、C、D、E、F、G、J、K、L、M 共 11 大类，对管架的结构形式、规格、尺寸、符号、代号以及制作、安装方法与要求等都做了明确规定。管架类别代号如表 2-27 所示。

表 2-27　管架类别代号

序号	管架名称	代号	图　号	序号	管架名称	代号	图　号
1	管架标准零、部件	A 类	A1～A40	7	支架	G 类	G1～G20
2	管吊与吊架	B 类	B1～B29	8	管托(座)	J 类	J1～J14
3	弹簧支吊架	C 类	C1～C18	9	挡块	K 类	K1～K6
4	托架	D 类	D1～D32	10	滚动支吊架	L 类	L1～L9
5	导向架	E 类	E1～E24	11	非金属(塑料)管道支架及零、部件	M 类	M1-1～M1-7
6	支腿(耳)	F 类	F1～F16				

（5）比例　绘制图样时所采用的比例，为图形上的长度与物体的实际长度之比，用代号“M”表示。

工艺管道图的基本图一般采用 1∶50 和 1∶100 的比例。个别情况下，如管道较复杂时，有用 1∶20 和 1∶25 的比例，大储罐和仓库有用 1∶200 和 1∶500 的比例，阀门、管件等有时还用 1∶10 的比例。必要时，还允许在一张图纸上的各视图分别采用不同的比例，此时主要采用的比例注明在标题栏中，且不再写代号“M”，个别视图的不同比例则注明在视图名称的下方或右方，并在比例前面写上代号“M”。必须注意的是，工艺管道图一般并不完全按规定比例绘制，所以施工时，应根据图样上所标注的尺寸或现场实测的尺寸来进行加工、制作或安装，而不能根据比例直接从图样上量取尺寸。

（6）**标高的表示方法与符号**　标高是标注管道或建筑物高度的一种尺寸形式。标高符号的标注形式如图 2-204（a）所示。标高符号用细实线绘制，三角形的尖端画在标高引出线上，表示标高位置，尖端的指向可以向下，也可以向上。剖面图中的管道标高应按图 2-204（b）所示进行标注。当有几条管线在相邻位置时，可以用引出线引至管线外面，再画标高符号，在标高符号上分别注出几条管线的标高值。

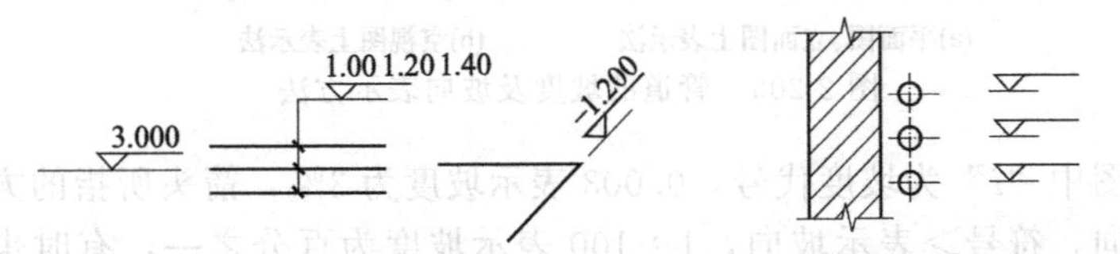

(a) 平面图与系统图中管道标高的标注　　(b) 剖面图中管道标高的标注

图 2-204　管道标高标注

标高值以 m 为单位，在一般图纸中宜注写到小数点后第三位，在总平面图及相应的厂区（小区）管道施工图中可注写到小数点后第二位。各种管道应在起弯点、转角点、连接点、变坡点、交叉点等处视需要标注管道的标高；地沟宜标注沟底标高；压力管道宜标注管中心标高；室内外重力管道宜标注管内底标高；必要时，室内架空重力管道可标注管中心标高，但图中应加以说明。

标高有绝对标高和相对标高两种。

绝对标高是把我国青岛附近黄海的平均海平面定为绝对标高的零点，其它各地标高都以它为基准。如果总平面图上某一位置的高度比绝对标高零点高 5.2m，那么这个位置的绝对标高为 5.20。

相对标高一般是以新建建筑物的底层室内主要地平面定为该建筑物的相对标高的零点，用±0.000 表示，比地平面低的用负号表示，如－1.350 表示这一位置比室内底层地平面低 1.35m，比相对标高零点高的标高数值前不写“＋”，如 3.200，表示这一位置比室内底层地平面高 3.2m。

在某些引进石化装置中的管道图中，一般不用标高符号，而是在管线上直接写上“标高”的英文缩写。英国、美国、日本、荷兰、丹麦等用“ϕBL”表示管中心标高，用“EL、TOP”表示管顶标高，用“BL、BOT”表示管底标高、用“WPEL”表示工作点标高，用“EL”表示其它标高。法国则用“ELX”表示管中心标高，其它与英国、美国基本相同。

(7) 管道的坡度及坡向　工艺管道大多有一定的坡度和坡向，表示坡度和坡向的方法常用的有两种，见图 2-205。

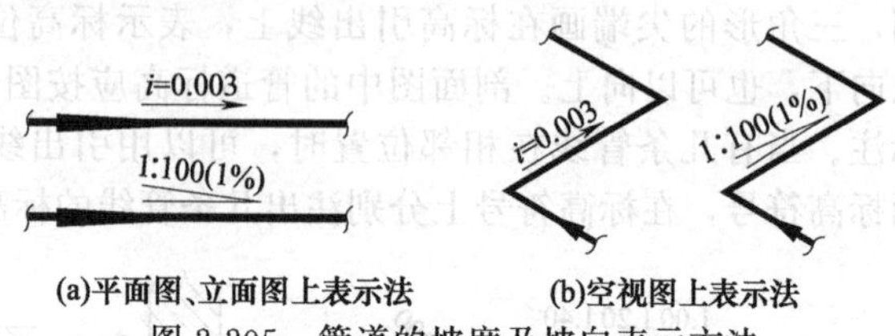

(a)平面图、立面图上表示法　(b)空视图上表示法

图 2-205　管道的坡度及坡向表示方法

图中“i”为坡度代号，0.003 表示坡度为 3‰，箭头所指的方向为坡向，符号＞表示坡向，1∶100 表示坡度为百分之一，有时也写成 1%。

2.18.6　管道图识读要领

管道施工图属于建筑图和石化图的范畴，它的显著特点是示意性和附属性。管道作为建筑物或石化设备的一部分，在图纸上是示意性画出来的，图纸中以不同的线型来表示不同介质或不同材质的管道，图样上管件、附件、器具、设备等都用图例符号表示，这些图线和图例只能表示管线及其附件等安装位置，而不能反映安装的具体尺寸和要求，因此在看图之前，必须已经具备管道安装的工艺知识，了解管道安装操作的基本方法及各种特点与安装要求，熟悉各类管道施工规范和质量标准，这样才算具备了看图的能力。

属于建筑范畴的管道，如给水排水管道、采暖与制冷管道、动力站管道等，大多数都布置在建筑物上。管道对建筑物的依附性很强，看这类管道施工图，必须对建筑物的构造及建筑施工图的表示方法有所了解，才能看懂图纸，搞清管道与建筑物之间的关系。是石化设备的一部分，它将各个石化设备连接起来，形成了石化装置，石化既有独立性的一面，又有与石化设备相关的一面，看懂这类施工图，必须对石化生产工艺流程和石化设备的构造、作用以及在图样上的表示方法有所了解。

(1) 识图方法　各种管道施工图的识图方法，一般应遵循从整体到局部、从大到小、从粗到细的原则，将图样与文字对照看，各种图样对照看，以便逐步深入和逐步细化。识图过程是一个从平面到空间的过程，必须利用投影还原的方法，再现图纸上各种线条、符号所代表的、附件、器具、设备的空间位置及其走向。

识图顺序是首先看图纸目录，了解建设工程性质、设计单位、管道种类，搞清楚这套图纸一共有多少张，有哪几类图纸，以及图纸编号；其次是看施工说明书、材料表、设备表等一系列文字说明，然后按照流程图（原理图）、平面图、立（剖）面图、系统轴测图及详图的顺序，逐一详细阅读。由于图纸的复杂性和表示方法的不同，各种图纸之间应该相互补充，相互说明，所以看图过程不能死板地一张一张看，而应该将内容相同的图样对照起来看。

对于每一张图纸，识图时首先看标题栏，了解图纸名称、比例、图号、图别及设计人员，其次看图纸上所画的图样、文字说明和各种数据，弄清管线编号、走向、介质流向、坡度坡向、管径大小、连接方法、尺寸标高、施工要求；对于其中的管子、管件、附件、支架、器具（设备）等应弄清楚材质、名称、种类、规格、型号、数量、参数等；同时还要弄清楚与建筑物、设备之间的相互依存关系和定位尺寸。

（2）识图的内容

① 流程图　掌握设备的种类、名称、位号（编号）、型号。

了解物料介质的流向以及由原料转变为半成品或成品的来龙去脉，也就是工艺流程的全过程。

掌握管子、管件、阀门的规格、型号及编号。

对于配有自动控制仪表装置的系统还要掌握控制点的分布状况。

② 平面图　了解建筑物的朝向、基本构造、轴线分布及有关尺寸。

了解设备的位号（编号）、名称、平面定位尺寸、接管方向及其标高。

掌握各条管线的编号、平面位置、介质名称、管子及附件的规格、型号、种类、数量。

管道支架的设计情况，弄清支架的形式、作用、数量及其构造。

③ 立（剖）面图　了解建筑物竖向构造、层次分布、尺寸及标高。

了解设备的立面布置情况，查明位号（编号）、型号、接管要求及标高尺寸。

掌握各条管线在立面布置上的状况，特别是坡度坡向、标高尺寸等情况，以及管子、附件的各类参数。

④ 系统图　掌握系统的空间立体走向，弄清楚标高、坡度坡向、出口和入口的组成。

了解干管、立管及支管的连接方式，掌握管件、阀门、器具、设备的规格、型号、数量。

了解设备的连接方式、连接方向及要求。

2.18.7 管道图识读

(1) 工艺流程图的识读　工艺流程图是表示石化生产过程的图样。可分为工艺方案流程图和工艺施工流程图。

工艺方案流程图又称为工艺流程示意图或工艺流程简图，它是用来表达整个工厂、车间或某一工段生产过程概况的图样。当生产方法确定之后，就开始设计和绘制工艺流程简图，以便进行物料衡算，热量衡算和设备、工艺计算，它可作为讨论工艺方案和设计工艺施工流程图的依据，工艺施工流程图又叫工艺安装流程图或带控制点工艺流程图，简称施工流程图。

① 施工流程图的内容　在工艺设计过程中，当物料衡算、热量衡算和设备、工艺计算完成以后，即可在方案流程图的基础上着手绘制施工流程图。

施工流程图，一方面作为设备布置图和布置图设计的原始资料，同时也是安装的指导性文件。带控制点工艺安装流程图包括以下内容：

带编号、名称和管口的全部设备示意图；

带编号、规格、阀门和控制点（测压点、测温点和分析点）的全部流程线；

表示各种管件、阀门和控制点的图例。

② 工艺施工流程图识读

a. 识读带控制点工艺流程图，首先要了解标题栏和图例说明。

从标题栏中了解工程名称、设计单位以及图名、图号、设计阶段和图纸张数等内容。

从图例说明中，应大致了解图样中所用的图例符号、管道标注以及管材、物料、仪表等的代号。

b. 掌握设备的数量、名称和编号，由图 2-206 可以看出，脱硫系统的工艺设备共有 10 台。传动设备有 6 台：两台罗茨鼓风机 201-1、

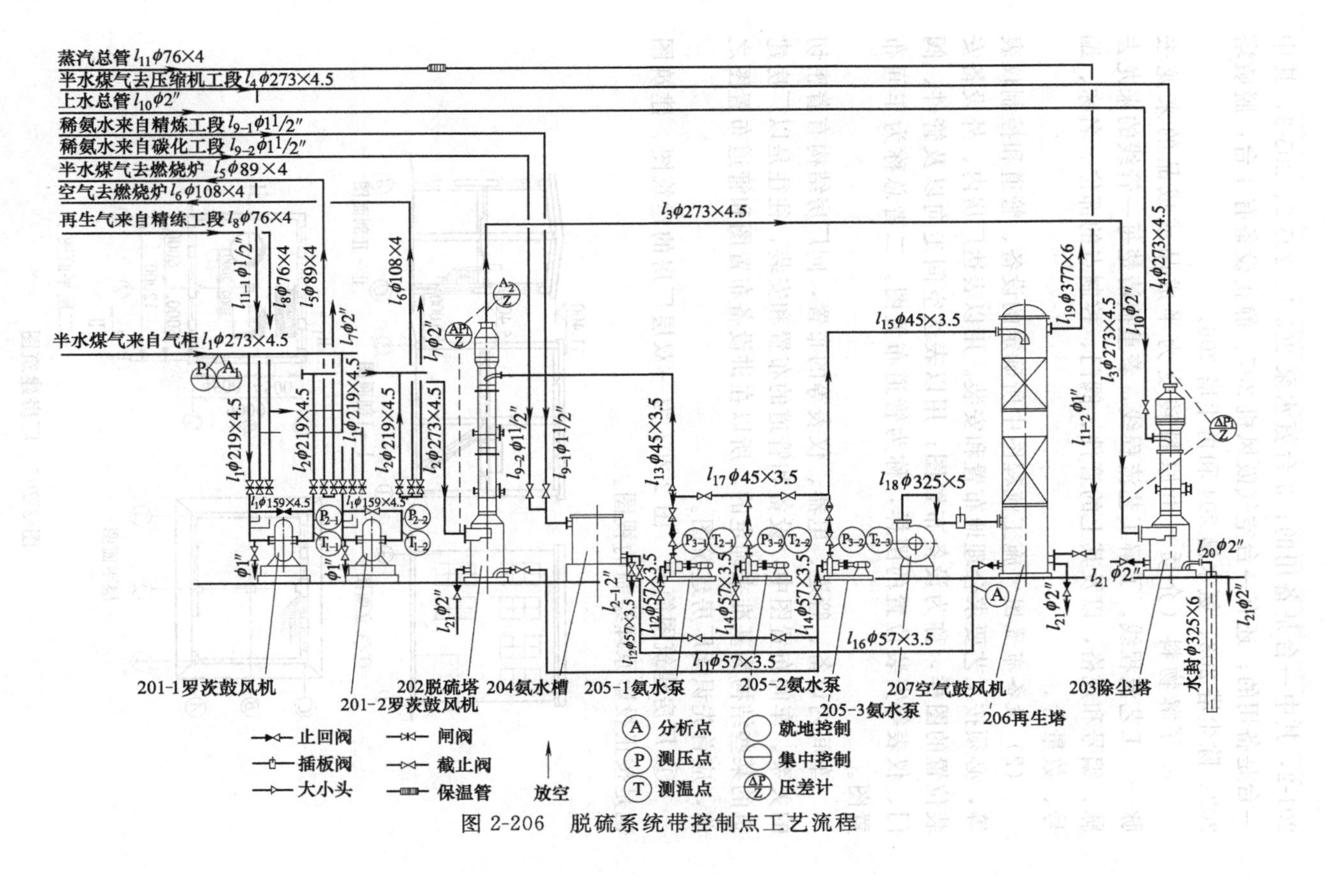

图 2-206　脱硫系统带控制点工艺流程

201-2，其中一台是备用的；3 台氨水泵 205-1、205-2、205-3，其中一台是备用的；还有一台空气鼓风机 207。静止设备有 4 台：脱硫塔 202、除尘塔 203、氨水槽 204 和再生塔 206。

c. 了解物料（介质）由原料转变为半成品或成品的来龙去脉——工艺流程线。了解工艺流程线，着重搞清楚每一管线的来龙去脉、编号和规格，以及其上的管件、阀门、控制点的部位、名称、编号、数量等。

(2) 设备布置图　施工流程图中所确定的设备、管道和控制仪表等，必须按工艺要求合理地布置和安装。用以表达厂房内、外设备安装位置的图样，称为设备布置图；用以表达空间走向以及管件、阀门、仪表等安装位置的图样，称为管道布置图。二者总称为车间布置图。

车间内设备、管道、电器、仪表等的布置，同厂房结构有着密切的关系。车间布置图中，设备和管道的布置和安装，往往是以厂房建筑的某些结构为基准来确定的。所以在讲设备布置图和管道布置图之前，应首先识读厂房建筑图。

① 厂房建筑图简介　图 2-207 为一双层厂房的建筑图。建筑图也是按正投影原理绘制的视图。

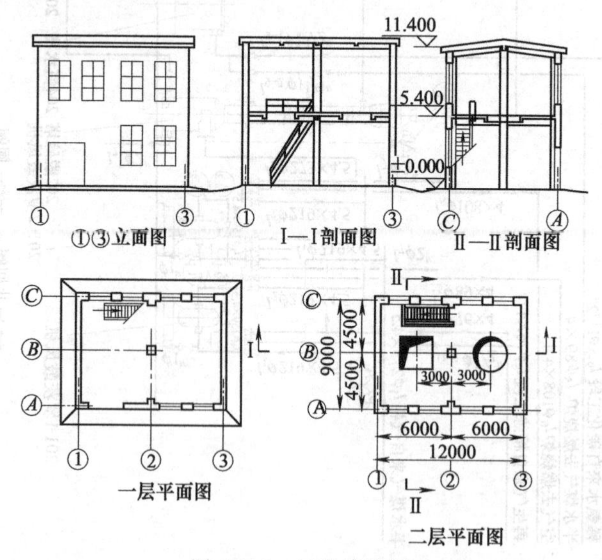

图 2-207　厂房建筑图

表达建筑物正面外形的主视图，称为正立面图。侧视图称为左或右侧立面图。将正立面图或侧立面图画成剖视图时，一般将垂直的剖切平面通过建筑物的门、窗，这种立面上的剖视图称为剖面图，如图2-207 中的Ⅰ—Ⅰ及Ⅱ—Ⅱ剖面图。

建筑物的俯视图画成剖视图。这时水平的剖切平面也是通过建筑物的门、窗。这种俯视图上的剖视图称为平面图，如图 2-207 中的一、二层平面图。图样中凡未被剖切的墙、墙垛、梁柱和楼板等结构的轮廓，都用细实线画出；被剖切后的剖面轮廓，则用较粗的实线画出。这些结构以及门、窗、孔洞、楼梯等常见构件都有规定画法。

厂房平面图和剖面图，或这两种图样的某些内容，常常是设备布置图的重要组成部分，而表达建筑物正面、侧面等外形的立面图在设备布置图中则很少采用。

② 设备布置图的识读　厂房建筑图上以建筑物的定位轴线为基准，按设备的安装位置添加设备的图形或标记，并标注其定位尺寸，即成为设备布置图。平面图上的设备布置图称为设备布置平面图；剖面图上的则称为设备布置剖面图或设备布置立面图。设备布置图的内容包括：

厂房平、立（剖）面图，装置较大时，还有首页图；

设备的平面布置图和立面布置图以及设备的编号和名称如图2-208所示；

厂房定位轴线尺寸和设备定位尺寸；

设备基础的平面尺寸和定位尺寸；

厂房各部分的标高尺寸和设备基础的标高尺寸；

平台、支架等的平面尺寸、定位尺寸和标高尺寸；

标题栏、设备一览表以及说明、附注等。

对设备布置图铆工应当搞清楚设备的编号、名称和数量是否与带控制点工艺流程图上的相同，设备的安装位置是否与管道布置图上的一致。而最主要的是要搞清楚设备布置图中设备的管口方位、标高、规格、数量是否与管道布置图中所表示的相同。目前铆工已经开始承担静止设备的安装任务。因此应当了解以下内容：

a. 首先从标题栏了解图名、图号、比例、设计阶段，对照带控制点工艺流程图，从设备一览表中查清设备位号、名称、台数；

b. 了解厂房建筑情况，如厂房大小、内部分隔、跨度、层数、门窗位置、预留孔洞等，应以平面图为主，对照剖面图来看；

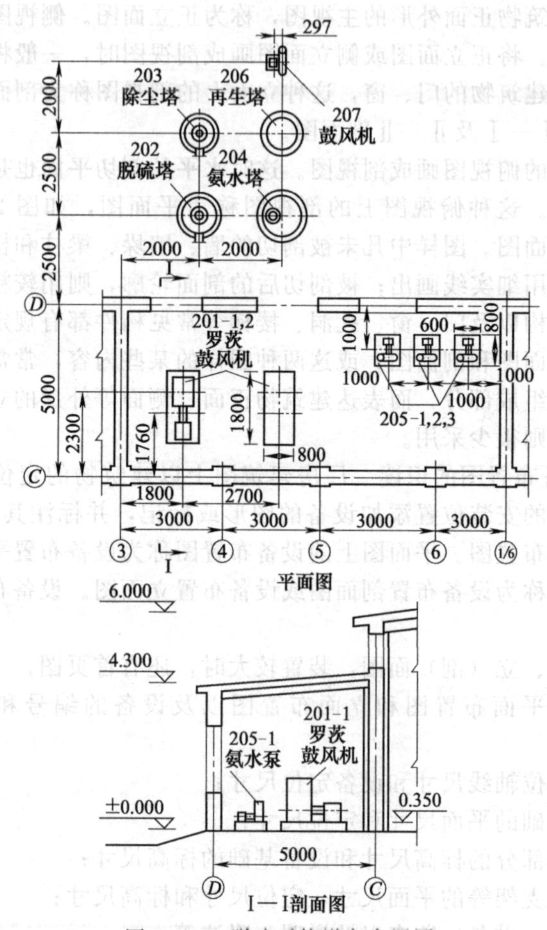

图 2-208 脱硫系统设备布置图

c. 了解厂房建筑各部分标高，定位轴线尺寸和轴线编号；

d. 了解设备的安装位置、定位尺寸及设备基础的平面尺寸、标高尺寸；

e. 了解设备布置与厂房建筑物的位置关系；

f. 对照管道布置图、管口方位图、设备图，查清设备布置图上所表示的管口方位、标高、数量与管道布置图、管口方位图是否一致，如有矛盾，应作好记录，并向有关部门提出。

(3) 管道布置图　管道布置图又称管道安装图或配管图。通常以带控制点工艺流程图、设备布置图、有关的设备图，以及土建图、自控仪表、电气专业等有关图样和资料作为依据；由工艺设计人员在设备布置图上添加及其它附件、自控仪表、电器等的图形或标记而构成的。

布置图是指导设备和安装的技术资料，所以它的内容必须详尽，才能满足安装的要求。布置包括布置平面图和剖面图。布置应以平面图为主，如图 2-209 所示。布置平面图包括以下内容：

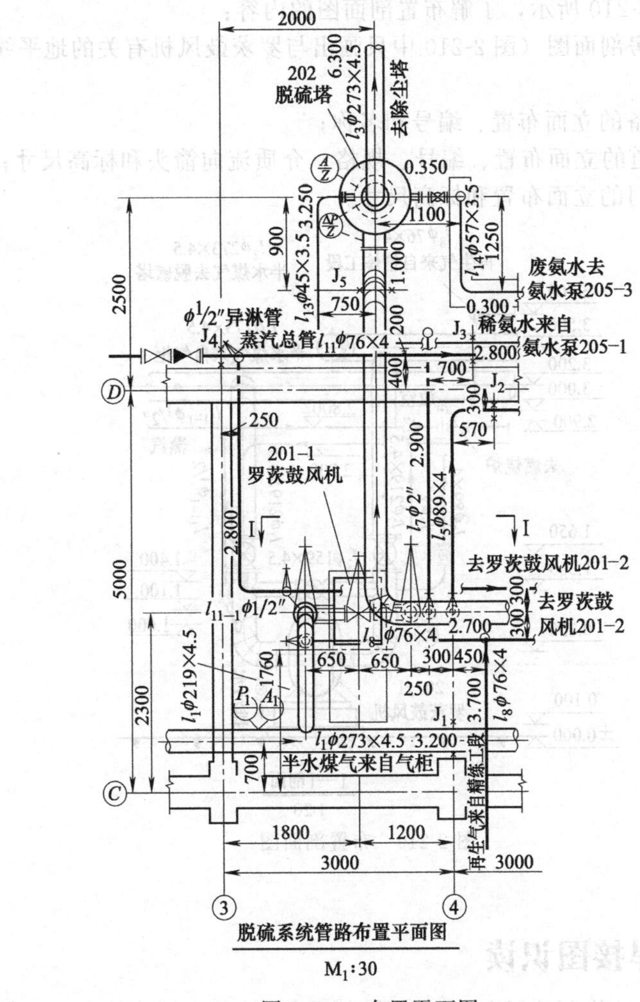

图 2-209 布置平面图

a. 厂房平面图；

b. 设备的平面布置、编号和名称；

c. 管道的平面布置、编号、规格和介质流向箭头，有时还注出横管的标高；

d. 管件、阀门的平面布置；

e. 管架的平面布置；

f. 厂房定位轴线尺寸、设备定位尺寸和管道的定位尺寸。

如图 2-210 所示，了解布置剖面图的内容：

a. 厂房剖面图（图 2-210 中只画出与罗茨鼓风机有关的地平线和基础）；

b. 设备的立面布置、编号和名称；

c. 管道的立面布置、编号、规格、介质流向箭头和标高尺寸；

d. 阀门的立面布置和标高尺寸。

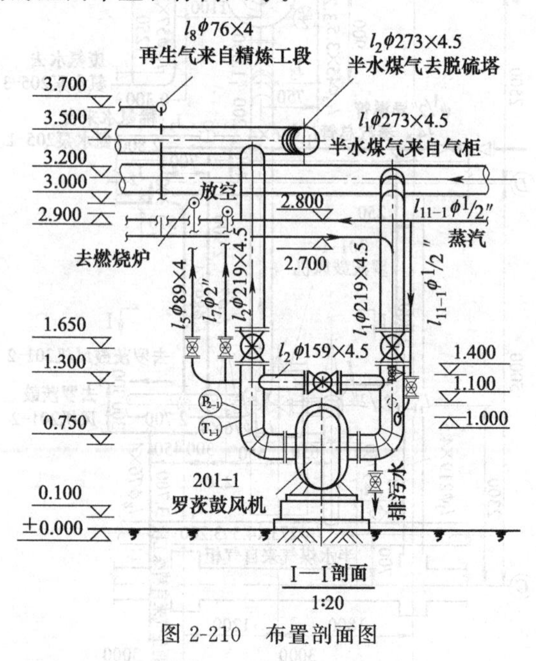

图 2-210 布置剖面图

2.19 焊接图识读

在金属结构制造过程中，焊接是不可或缺的金属连接方式。但通常的金属结构施工图中一般只给出相应的施工及验收规范的国家或行业标准，具体的焊接工艺、焊条选择、焊接坡口形式、焊条用量计算及最终的焊接材料计划等都是由施工技术人员来完成。

2.19.1　焊缝符号

焊缝画法和符号表达方式是与机械、建筑、土木、水利等多行业有关的“技术制图”标准范畴。目前国家现行的执行标准有：

GB/T 12212—2012《技术制图　焊缝符号的尺寸、比例及简化表示法》；

GB/T 324—2008《焊缝符号表示法》；

GB/T 5185—2005《金属焊接及钎焊方法在图样上的表示代号》。

其中《焊缝符号表示法》等效采用了国际标准 ISO 2553：1992 焊缝在图样上的符号表示法。

在技术制图图样中，焊缝的横截面形状及坡口可按接触面的投影画成一条轮廓线，然后按 GB/T 324—2008《焊缝符号表示法》规定的焊缝符号标注，即可表示焊缝。焊接图样有以下两种画法。

① 焊接图除了包含与焊接有关的内容外，还须有其它加工所需要的全部内容，这种图要求把零件或构件的全部结构形状、尺寸和技术要求都表达得完整、清晰。因此，表达内容和零件图基本相同。

② 焊接图只包含与焊接有关的内容，而其中的每一构件需另画零件图。这种焊接图近似于装配图。

(1) 常用焊接方法代号　GB/T 5185—2005《金属焊接及钎焊方法在图样上的表示代号》规定，用阿拉伯数字代号来表示各种焊接方法，并可在图样上标出。常用焊接方法及代号如表 2-28 所示。

表 2-28　焊接方法代号（摘自 GB/T 5185—2005）

代号	焊接方法	代号	焊接方法	代号	焊接方法
1	电弧焊	311	氧-乙炔焊	43	锻焊
111	手工电弧焊	312	氧-丙烷焊	21	点焊
12	埋弧焊	72	电渣焊	441	爆炸焊
121	丝极埋弧焊	15	等离子弧焊	91	硬钎焊
122	带极埋弧焊	4	压焊	94	软钎焊
3	气焊	42	摩擦焊	912	火焰硬钎焊

(2) 焊缝的图示法　常见的焊接接头有对接、T 形接、角接、搭接 4 种，如图 2-211 所示。

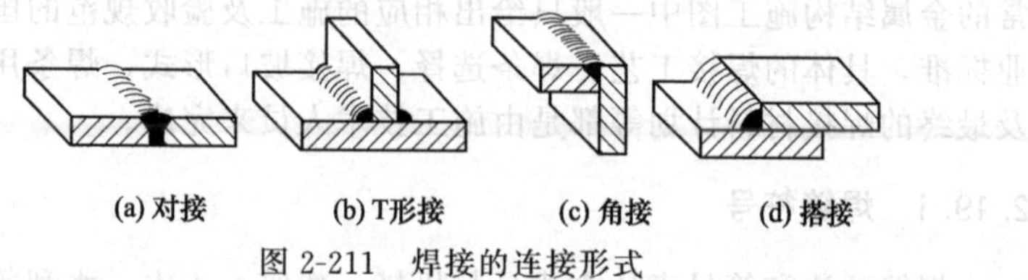

图 2-211　焊接的连接形式

在技术图样中，一般按 GB/T 324—2008 规定的焊缝符号表示焊缝。如需在图样中简易地绘制焊缝，可用视图、剖视图或剖面图表示，也可用轴测图示意地表示。

在视图中，焊缝用一系列细实线段（允许徒手绘制）表示，也允许采用特粗线（$2b \sim 3b$，b 表示粗实线的宽度）表示，但在同一图样中，只允许采用一种画法。在剖视图或剖面图上，金属的熔焊区通常应涂黑表示。焊缝的规定画法如图 2-212 所示。

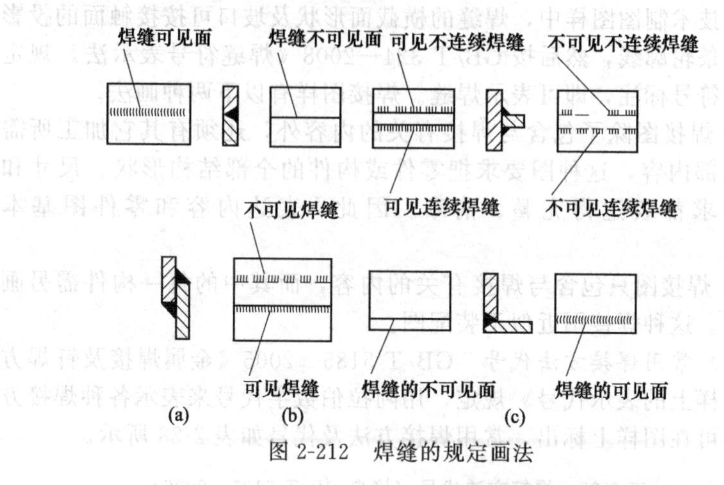

图 2-212　焊缝的规定画法

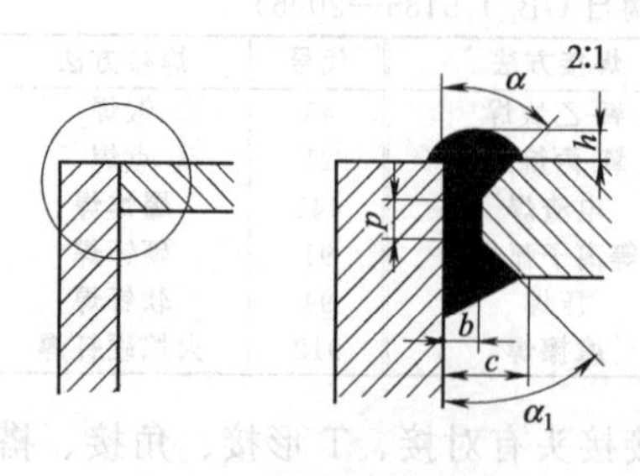

图 2-213　焊缝放大图

焊缝部位需要详细表达时，用放大图表示，并标注有关尺寸，如图 2-213 所示。

(3) *焊缝符号表示法*　当焊缝分布比较简单时，可不必画出焊缝，只在焊缝处标注焊缝代号。为简化图样，不使图样增加过多的注解，有关焊缝的要求一般应采用标准规定的焊缝代号来表示。

焊缝代号一般由基本符号与指引线组成。必要时还可以加上辅助符号、补充符号和焊缝尺寸符号。

a. 基本符号。基本符号是表示焊缝横截面形状的符号，它采用近似于焊缝横截面形状的符号来表示，如表 2-29 所示。

表 2-29　焊缝符号及标注方法（摘自 GB/T 324—2008）

名称	符号	示意图	图示法	标注法
I形焊缝		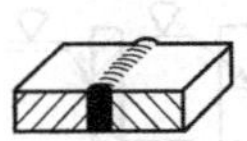	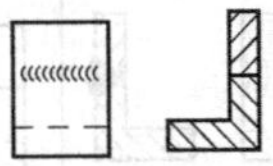	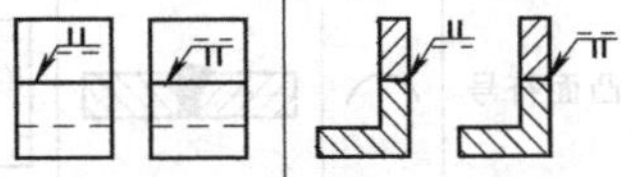
V形焊缝		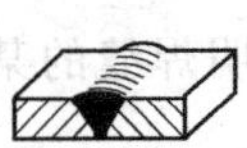	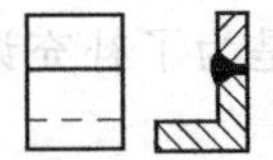	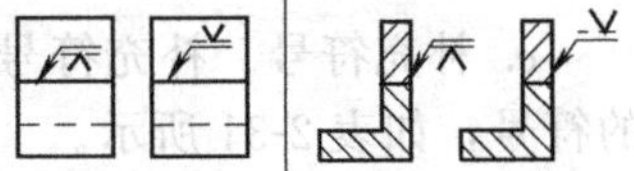
单边V形焊缝		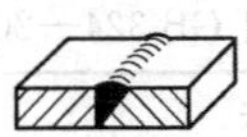	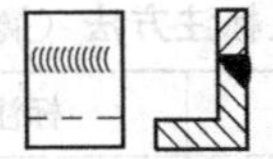	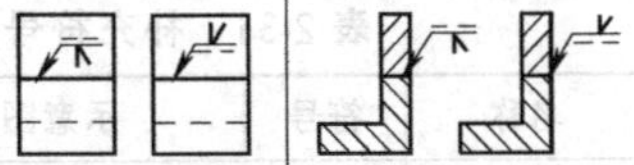
带钝边V形焊缝		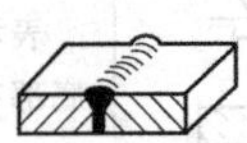	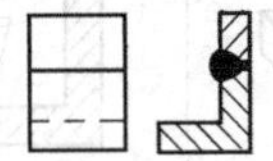	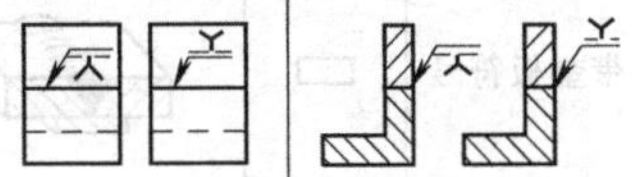
带钝边单边V形焊缝		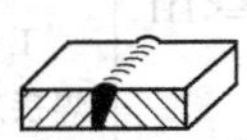	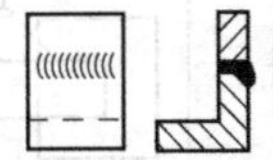	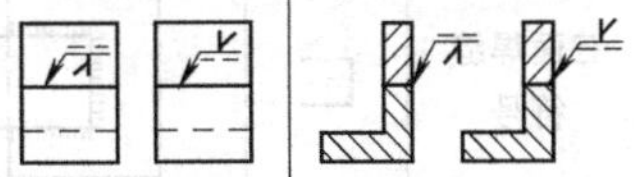
带钝边U形焊缝		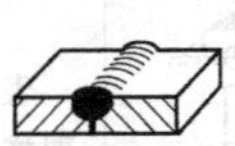	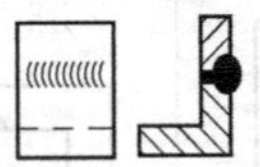	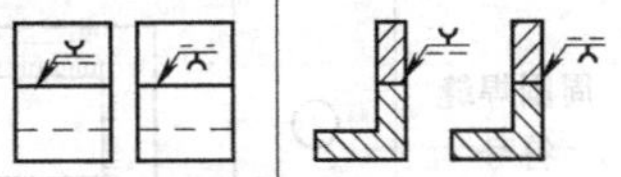
带钝边J形焊缝		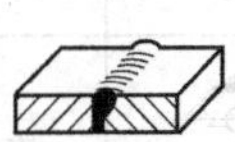	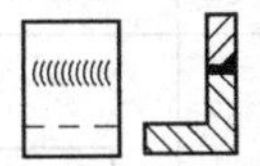	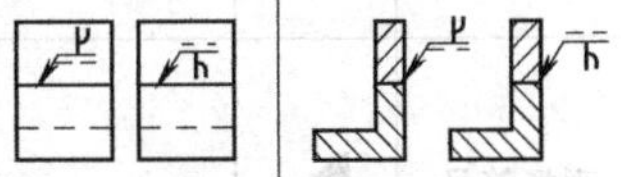
角焊缝		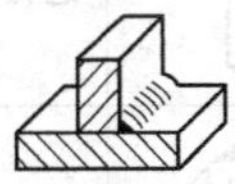	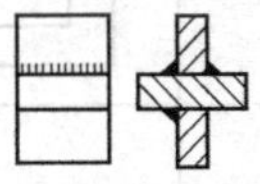	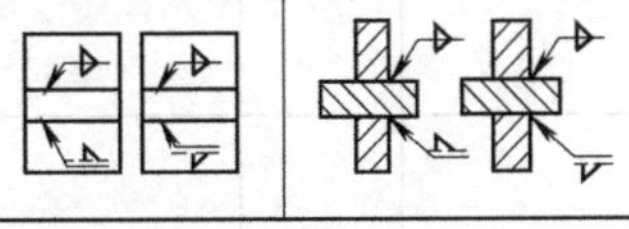

b. 辅助符号。辅助符号是表示焊缝表面形状特征的符号，如表 2-30 所示。不需要确切地说明焊缝表面形状时，可省略此符号。

表 2-30 辅助符号及标注方法（摘自 GB/T 324—2008）

名称	符号	示意图	图示法	标注法	说明
平面符号	—				焊缝表面平齐（一般通过加工）
凹面符号	◡				焊缝表面凹陷
凸面符号	◠				焊缝表面凸起

c. 补充符号。补充符号是为了补充说明焊缝的某些特征而采用的符号，如表 2-31 所示。

表 2-31 补充符号及标注方法（摘自 GB 324—2008）

名称	符号	示意图	标注法	说明
带垫板符号	▭			表示 V 形焊缝的背面底部有垫板
三面焊缝符号	⊏		111	工件三面带有焊缝，焊接方法为手工电弧焊
周围焊缝符号	○			表示在现场沿工件周围施焊
现场符号	▶			表示在现场或工地上进行焊接
尾部符号	＜			

d. 指引线。指引线由带箭头的箭头线和基准线两部分组成，如图 2-214 所示。基准线由两条相互平行的细实线和虚线组成。基准线一般与标题栏的长边相平行；必要时，也可与标题栏的长边相垂直。箭头线用细实线绘制，箭头指向有关焊缝处，必要时允许箭头线折弯一次。当需要说明焊接方法时，可在基准线末端增加尾部符号。

图 2-214 指引线

焊缝画法及标注综合实例如表 2-32 所示。

e. 焊缝尺寸符号。焊缝尺寸符号是用字母代表焊缝的尺寸要求，如图 2-215 所示。焊缝尺寸符号的含义如表 2-33 所示。

在图样中，焊缝符号的线宽、焊缝符号中字体的字形、字高和字体笔画宽度应与图样中其它符号（如尺寸符号、表面粗糙度符号、形状和位置公差符号）的线宽、尺寸字体的字形、字高和笔画宽度相同。

表 2-32 焊缝画法及标注综合实例

焊缝画法及焊缝结构	标注格式	标注实例	说明
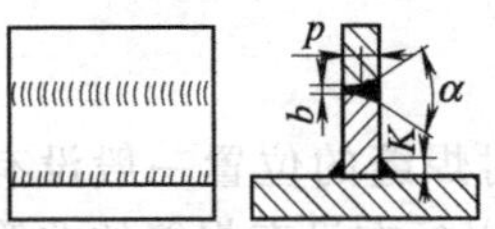	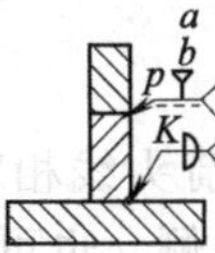	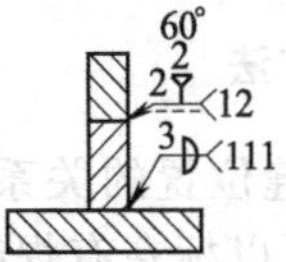	1. 用埋弧焊形成的带钝边 V 形焊缝（表面平齐）在箭头侧，钝边 $P=2$mm，根部间隙 $b=2$mm，坡口角度 $\alpha=60°$ 2. 用手工电弧焊形成的连续、对称角焊缝（表面凸起），焊角尺寸 $K=3$mm
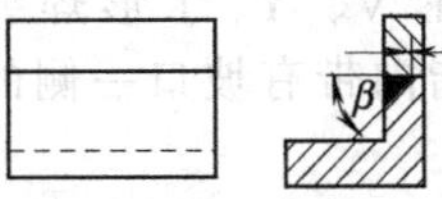	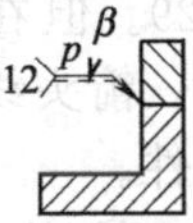	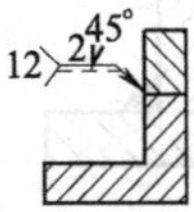	表示用埋弧焊形成的带钝边单边 V 形焊缝在箭头侧。钝边 $P=2$mm，坡口面角度 $\beta=45°$焊缝是连续的
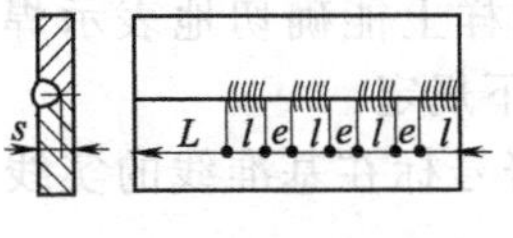	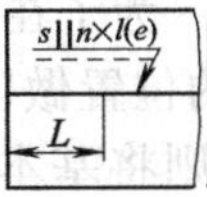	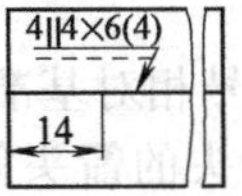	表示连续 I 形焊缝在箭头侧。焊缝段数 $n=4$mm，每段焊缝长度 $l=6$mm，焊缝间距 $e=4$mm，焊缝有效厚度 $s=4$mm
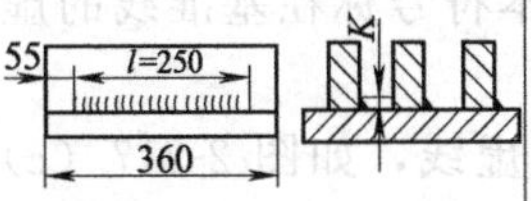	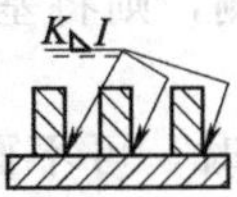	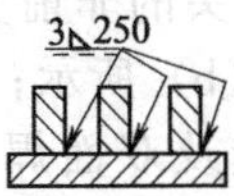	表示 3 条相同的角焊缝在箭头侧，焊缝长度小于整个工件长度。焊角尺寸 $K=3$mm，焊缝长度 $l=250$mm。箭头线允许折一次

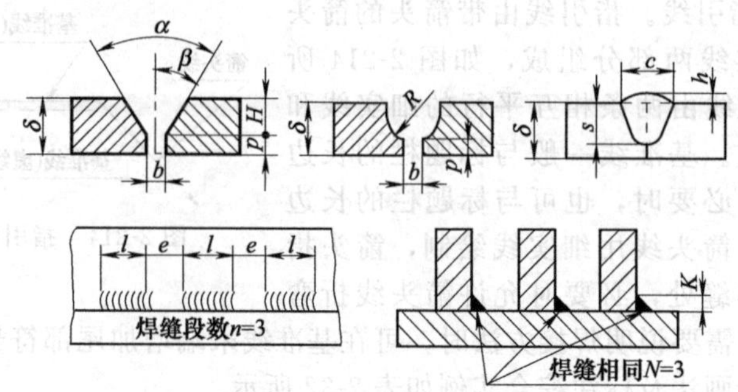

图 2-215 焊缝尺寸符号

表 2-33 焊缝尺寸符号含义（摘自 GB/T 324—2008）

符号	名称	符号	名称	符号	名称
δ	工件厚度	R	根部半径	s	焊缝有效厚度
α	坡口角度	K	焊角尺寸	l	焊缝长度
b	根部间隙	H	坡口深度	e	焊缝间距
p	钝边	h	余高	n	焊缝段数
c	焊缝宽度	β	坡口面角度	N	相同焊缝数量

2.19.2 焊缝标注方法

① 箭头线与焊缝位置的关系　箭头线相对焊缝的位置一般没有特殊要求，箭头线可以标在有焊缝一侧，也可以标在没有焊缝的非箭头侧，如图 2-216 所示，并参考表 2-29。但在标注 V、Y、J 形焊缝时，箭头线应指向带有坡口一侧的工件。

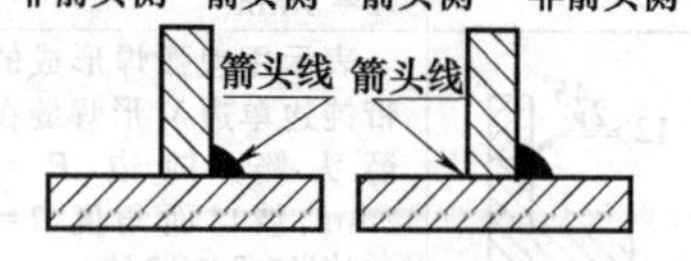

图 2-216 箭头线的位置示意图

② 基本符号在指引线上的位置　为了在图样上能确切地表示焊缝位置，特将基本符号相对基准线的位置做以下规定：

a. 如果焊缝在接头的箭头侧，则将基本符号标在基准线的实线一侧，如图 2-217（a）所示；

b. 如果焊缝在接头的非箭头侧，则将基本符号标在基准线的虚线一侧，如图 2-217（b）所示；

c. 标注对称焊缝及双面焊缝时，可不画虚线，如图 2-217（c）所示。

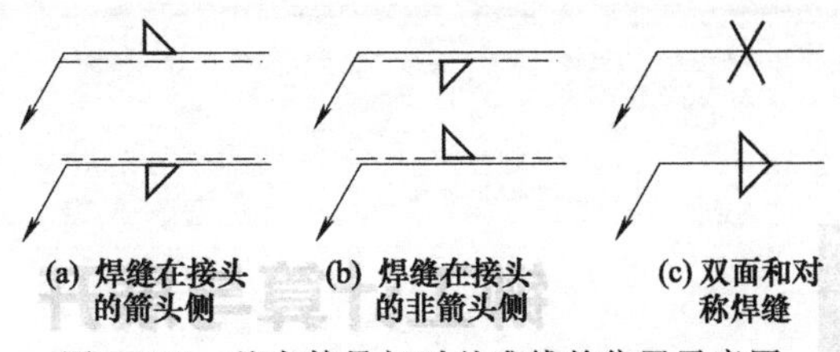

图 2-217 基本符号相对基准线的位置示意图

③ 焊缝尺寸符号及数据的标注 焊缝尺寸符号及数据的标注原则如图 2-218 所示。

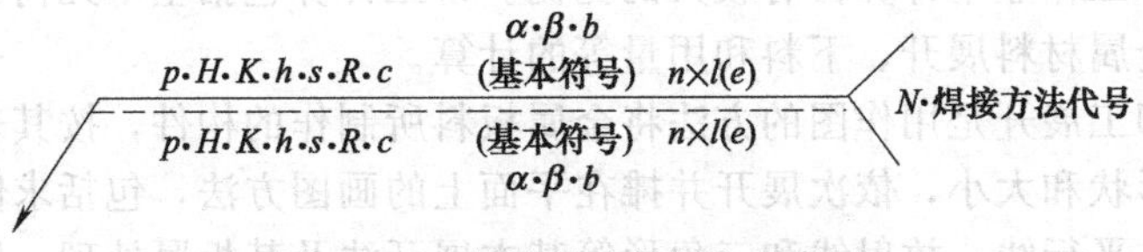

图 2-218 焊缝尺寸的标注示意图

a. 焊缝横截面上的尺寸数据标在基本符号的左侧。

b. 焊缝长度方向的尺寸数据标在基本符号的右侧。

c. 坡口角度、坡口面角度、根部间隙等尺寸数据标在基本符号的上侧或下侧。

d. 相同焊缝数量及焊接方法代号标在尾部。

e. 当需要标注的尺寸数据较多又不易分辨时，可在数据前面增加相应的尺寸符号。

焊缝位置的尺寸不在焊缝符号中标出，而是标注在图样上。在基本符号右侧无任何标注又无其它说明时，意味着焊缝在工件的整个长度上是连续的。在基本符号左侧无任何标注又无其它说明时，表示对接焊缝要完全焊透。

第3章　铆工计算与展开

铆工作业中计算占有较大的比例。铆工计算包括基本几何图形计算及金属材料展开、下料和用量等的计算。

铆工展开是用作图的方法将金属板料所制作的构件，按其表面的真实形状和大小，依次展开并摊在平面上的画图方法，包括求倾斜线实长、平行线、放射线和三角形等基本展开法及其板厚处理，以及常用的基本几何作图法和对构件的形体分析。

计算与展开是铆工下料工作的技术基础。展开图的正确与否直接影响到构件的质量好坏和材料利用率的高低。

3.1　铆工计算

3.1.1　金属材料质量的计算

常用钢材理论质量的计算方法如表 3-1 所示。

表 3-1　常用钢材理论质量的计算方法①

型材类别	图　形	型材断面积计算公式
方型材		$F=a^2$
圆角方型材		$F=a^2-0.8584r^2$
板材、带材		$F=a\delta$

续表

型材类别	图 形	型材断面积计算公式
圆角板材、带材		$F=a\delta-0.8584r^2$
圆材		$F=\frac{\pi}{4}d^2\approx0.7854d^2$
六角型材		$F=0.866s^2=2.598a^2$
八角型材		$F=0.828s^2=4.828a^2$
管材		$F=\pi\delta(D-\delta)$
等边角钢		$F=d(2b-d)+0.2146(r^2-2r_1^2)$
不等边角钢		$F=d(B+b-d)+0.2146(r^2-2r_1^2)$
工字钢		$F=hd+2t(b-d)+0.8584(r^2-2r_1^2)$
槽钢		$F=hd+2t(b-d)+0.4292(r^2-2r_1^2)$

① 型材质量计算公式　　$m=\rho FL$

式中，m 为型材理论质量；F 为型材断面面积；ρ 为型材密度，钢材通常取 7.85g/cm^3；L 为型材的长度。

3.1.2 管件尺寸计算

管件尺寸计算方法如表 3-2 所示。

表 3-2 管件尺寸计算方法

序号	名 称	计算公式	符号说明
1	弯曲壁厚减薄率 φ	钢管弯曲时壁厚的减薄率计算公式为 $\varphi=\frac{\delta-\delta_0}{\delta}\times100\%$ 示意图:	φ——钢管弯曲时壁厚的减薄率,% δ——钢管弯曲前管壁厚度,mm δ_0——钢管弯曲后管壁厚度,mm 《规范》规定高压管弯曲时壁厚的减薄率不超过 10%,中、低压管不超过 15%,且不小于设计壁厚
2	截面椭圆率 ψ	钢管截面椭圆率的计算公式如为 $\psi=\frac{D_{max}-D_{min}}{D_{max}}\times100\%$ 示意图:	ψ——钢管截面椭圆率,% D_{max}——钢管的最大外直径,mm D_{min}——钢管的最小外直径,mm 《规范》规定高压管椭圆率不超过 5%;中、低压管椭圆率不超过 8%;铜管和铝管不超过 9%;铜合金管和铝合金管不超过 8%
3	弯曲缩径度 Δ	管子弯曲时,由于受热应力的作用,截面有时会变小的现象称为缩径,缩径度的计算公式为 $\Delta=\frac{D_{max}-D_{min}}{2D}\times100\%$	Δ——管子缩径度,% D_{max}——管子最大外径,mm D_{min}——管子最小外径,mm D——管子外直径,mm
4	弯曲长度 L	钢管弯曲长度的计算公式为 $L=\frac{\alpha\pi R}{180}$	L——管子弯曲长度,mm α——管子弯曲角度,(°) R——管子弯曲半径,mm π——圆周率,$\pi=3.14$
5	方形胀力长度 L	方形胀力是由 4 个 90°的弯头组成其下料长度,计算公式为 $L=2A+B-6R+2\pi R$ 示意图:	L——弯曲部分总长度,mm A——方形胀力垂直臂长,mm B——方形胀力平行臂长,mm R——弯曲部分的弯曲半径,mm 按上式计算出长度 L 后再加上端头所需直管长度,就是制作方形胀力的下料长度

3.1.3 接管尺寸及连接强度计算

接管尺寸及连接强度计算方法如表 3-3 所示。

表 3-3 接管尺寸及连接强度计算方法

序号	名 称	计 算 公 式	符 号 说 明
1	管壁厚度 S 或 S_s	按管道外径确定壁厚时的公式为 $S=\frac{pD_w}{2[\sigma]_t\varphi+p}$	S——管道计算壁厚,mm S_s——管道设计壁厚,mm p——计算压力,MPa D_w——管子外径,mm d_n——管子内径,mm $[\sigma]_t$——钢管在设计温度下的许用应力,MPa,或查表选用 φ——纵向焊缝系数,无缝钢管 $\varphi=1$,焊接钢管 $\varphi=0.8$,螺旋焊接钢管 $\varphi=0.6$ c——附加厚度,mm $c=c_1+c_2+c_3$ c_1——管壁制造偏差值,mm c_2——介质腐蚀减薄值,mm c_3——螺纹加工深度值,mm c_1、c_2、c_3 数值及计算见表 3-4
		按管子内径确定壁厚时的公式为: $S=\frac{pd_n}{2[\sigma]_t\varphi-p}$	
		管道设计壁厚按下式计算: $S_s=S+c=S+c_1+c_2+c_3$	
2	管道直径 d_n	根据已知流量和允许流速范围确定管径。按质量流量计算管径为 $d_n=527\sqrt{\frac{q_m}{\rho v}}$	d_n——管道内径,mm q_m——工作状态下的质量流量,t/h q_V——工作状态下的体积流量,m^3/h v——工作状态下的流速,m/s ρ——工作状态下的密度,kg/m^3 λ——摩擦阻力系数 Δh——允许的压力降,Pa/m
		按体积流量计算管径为 $d_n=16.7\sqrt{\frac{q_V}{v}}$	
		根据流量和允许的压力降及摩擦阻力系数计算管径为 $d_n=\sqrt{\frac{6.38\lambda q_V^2}{10^8\Delta h}}$	
3	对接焊缝强度 σ	对接焊缝主要承受轴向拉力时,且焊缝端部强度较弱,计算时可将实际长度减去 10mm,作为焊缝的计算长度 $\sigma=\frac{N}{l\delta}\leqslant[\sigma]$	N——作用于焊缝上的计算内力,N $[\sigma]$——焊缝材料的许用拉应力 Pa,其值可查表 σ——焊缝实际承受的应力,Pa δ——焊缝的厚度,mm l——焊缝的计算长度,其值等于每条焊缝的实际长度减去 10mm,为 0.01m

续表

序号	名　称	计算公式	符号说明
4	角焊缝强度 τ	角焊缝的横截面可视为一直角三角形，小直角边的边长为 h_f，计算时可取焊缝的最小高度 $0.7h_f$ 作为焊缝工作截面的计算为 $\tau=\dfrac{Q}{0.7h_fl}\leqslant[\tau_n]$	τ——焊缝内的剪切应力，Pa $[\tau_n]$——贴角焊缝的许用剪应力，Pa，其值可查表获得 Q——作用在焊缝上的剪切内力，N h_f——等腰直角三角形的直角边，m l——焊缝的计算长度，其值等于每条焊缝的实际长度减去10mm，为0.01m

3.2 展开放样基础知识

3.2.1 求线段实长

在构件的展开图上，所有图线（如轮廓线、棱线、辅助线等）都是构件表面上对应线段的实长线。然而，并非构件上所有线段在图样中都反映实长，因此，必须能够正确判断线段的投影是否为实长，并掌握求线段实长的一些方法。

（1）线段实长的鉴别　线段的投影是否反映实长，要根据线段的投影特性来判断。空间各种线段的投影特性如下。

① 垂直线　正投影中，垂直于一个投影面，而平行于另两个投影面的线段称为垂直线。垂直线在它所垂直的投影面上的投影为一个点，具有积聚性；而在与其平行的另两个投影面上的投影反映实长。图 3-1 所示为三种垂直线的投影情况。

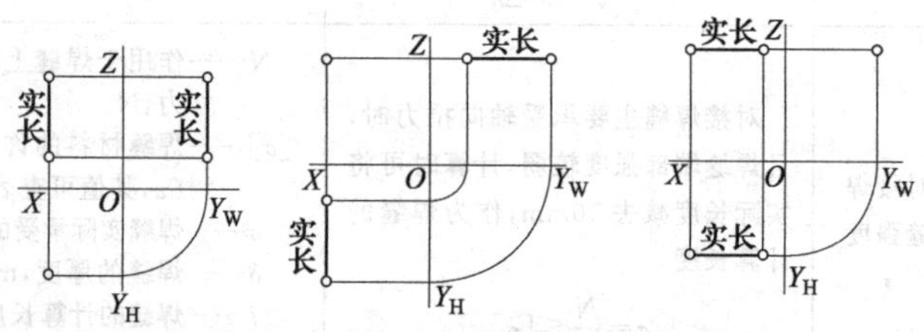

(a) 垂直于XOY 面的线　(b) 垂直于XOZ 面的线　(c) 垂直于ZOY 面的线

图 3-1　垂直线的投影

② 平行线　正投影中，平行于一个投影面，而倾斜于另两个投影面的线段，称为平行线。平行线在其所平行的投影面上的投影反映实长；而在另两个投影面上的投影为缩短了的直线段。图 3-2 所示为三种平行线的投影情况。

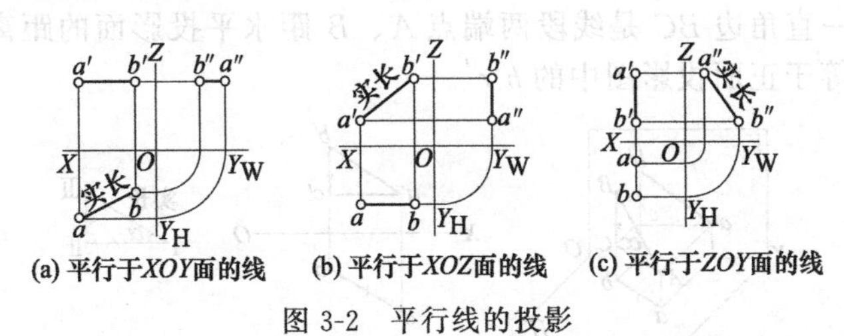

图 3-2　平行线的投影

③ 一般位置直线　正投影中，与三个投影面均倾斜的线段称为一般位置直线。一般位置直线在三个投影面上的投影均不反映实长，如图 3-3 所示。

④ 曲线　曲线可分为平面曲线和空间曲线。

a. 平面曲线。平面曲线的投影是否反映实长，由该曲线所在平面的位置来决定。位于平行面上的曲线，在与它平行的投影面上的投影反映实长，而另两个投影面上的投影则为平行于投影轴的直线，如图 3-4（a）所示；位于垂直面上的曲线，在其所垂直的投影面上的投影积聚成直线，而在另外两投影面上的投影仍为曲线，但不反映实长，如图 3-4（b）所示。曲线若位于一般位置平面上，则其三面投影均不反映实长。

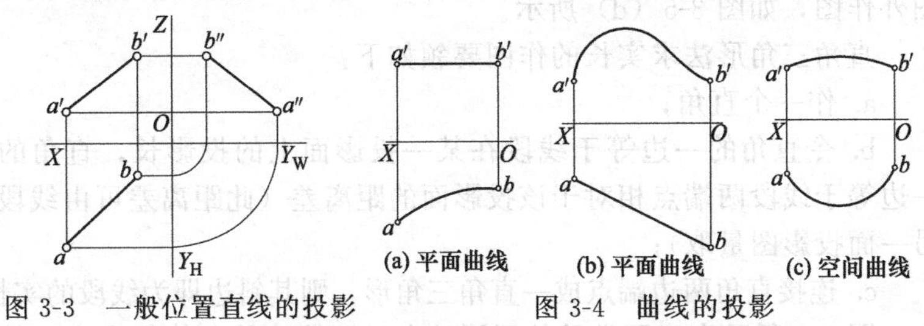

图 3-3　一般位置直线的投影　　　　图 3-4　曲线的投影

b. 空间曲线。空间曲线又称翘曲线，这种曲线上各点不在同一平面上，它的各面投影均不反映实长。图 3-4（c）所示为一空间曲线的投影。

（2）求直线段实长　由于空间一般位置直线的三面投影均不反映实长。可采用下述方法求一般位置直线段的实长。

① 直角三角形法　图 3-5（a）所示为一般位置线段 AB 的直观

图。现在分析线段和它的投影之间的关系，以寻找求线段实长的图解方法。过点 B 作 H 面垂线，过点 A 作 H 面平行线且与垂线交于点 C，成直角三角形 ABC，其斜边 AB 是空间线段的实长。两直角边的长度可在投影图上量得：一直角边 AC 的长度等于线段的水平投影 ab；另一直角边 BC 是线段两端点 A、B 距水平投影面的距离之差，其长度等于正面投影图中的 $b'c'$。

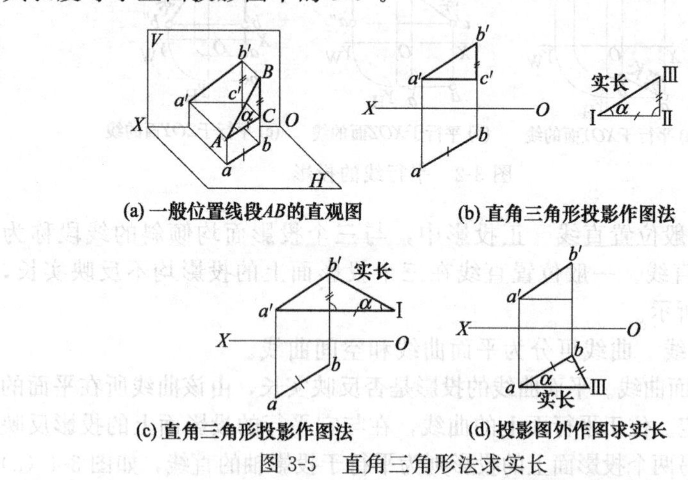

(a) 一般位置线段AB的直观图　　(b) 直角三角形投影作图法

(c) 直角三角形投影作图法　　(d) 投影图外作图求实长

图 3-5　直角三角形法求实长

由上述分析得直角三角形法求实长的投影作图方法，如图 3-5 (b)、(c) 所示。根据实际需要，直角三角形法求实长也可以在投影图外作图，如图 3-5 (d) 所示。

直角三角形法求实长的作图要领如下：

a. 作一个直角；

b. 令直角的一边等于线段在某一投影面上的投影长，直角的另一边等于线段两端点相对于该投影面的距离差（此距离差可由线段的另一面投影图量取）；

c. 连接直角两边端点成一直角三角形，则其斜边即为线段的实长。

图 3-6 所示为工厂常见的天圆地方过渡接头的立体图和主、俯视图。俯视图中 4 个全等的等腰三角形表示其平面部分，各等腰线为圆方过渡线（平面与曲面的分界线）。这些线均为一般位置直线，在视图中不反映实长。为展开需要，还需在曲面部分作出一些辅助线，如 B—2、B—3（2、3 点为 1/4 圆角的等分点），这些辅助线也是一般位置直线，投影不反映实长。

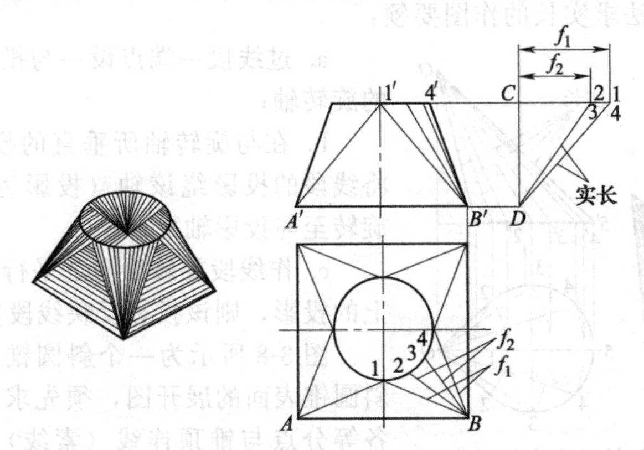

图 3-6　直角三角形法求实长举例

实长线求法：上述各线的实长，实际放样时多直接在主视图中作出。为使图面清晰，将求实长作图移至主视图右侧。即以各线段正面投影高度差（距离差）CD 为一直角边，以各线的水平投影长 f_1、f_2 为另一直角边，画出两直角三角形，则三角形的斜边即为所求线段的实长。

② 旋转法　旋转法求实长，是将空间一般位置直线绕一垂直于投影面的固定旋转轴旋转成投影面平行线，则该直线在与之平行的投影面上的投影反映实长。如图 3-7（a）所示，以 AO 为轴，将一般位置直线 AB 旋转至与正面平行的 AB_1 位置。此时，线段 AB 已由一般位置变为正平线位置，其新的正面投影 $a'b_1'$，即为 AB 的实长。图 3-7（b）所示为上述旋转法求实长的投影作图。图 3-7（c）所示为将 AB 线旋转成水平位置以求其实长的作图过程。

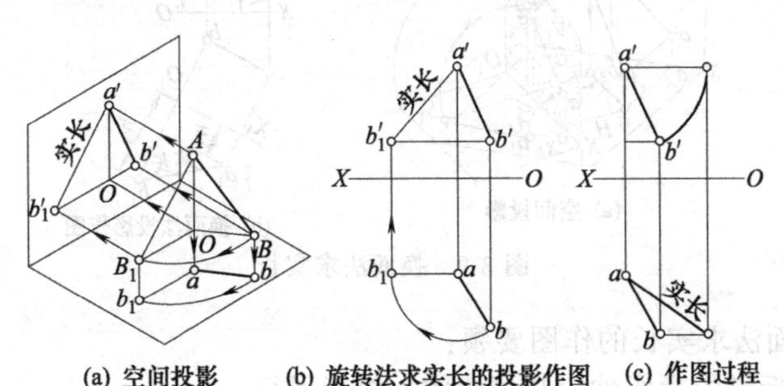

(a) 空间投影　(b) 旋转法求实长的投影作图　(c) 作图过程

图 3-7　旋转法求实长

旋转法求实长的作图要领：

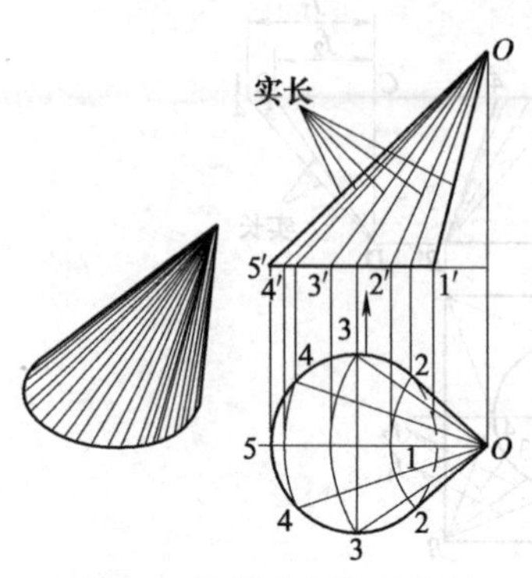

图 3-8 旋转法求实长举例

a. 过线段一端点设一与投影面垂直的旋转轴；

b. 在与旋转轴所垂直的投影面上，将线段的投影绕该轴（投影为一个点）旋转至与投影轴平行；

c. 作线段旋转后与之平行的投影面上的投影，则该投影反映线段实长。

图 3-8 所示为一个斜圆锥，为作出斜圆锥表面的展开图，须先求出其圆周各等分点与锥顶连线（素线）的实长。由图 3-8 可知，这些素线除主视图两边轮廓线（O'—$1'$、O'—$5'$）外，均不反映实长。

实长线求法：以 O 点为圆心，O 至 2、3、4 各点的距离为半径画同心圆弧，得到与水平中心线 O—5 的各交点。由各交点引上垂线交 $1'$—$5'$ 于 $2'$、$3'$、$4'$点，连接 $2'$、$3'$、$4'$与 O'，则 O'—$2'$、O'—$3'$、O'—$4'$即为所求 3 条素线的实长。

③ 换面法　当线段与某一投影面平行时，它在该投影面上的投影反映实长。换面法求实长就是根据线段投影的这一规律，当空间线段与投影面不平行时，设法用一新的与空间线段平行的投影面，替换原来的投影面，则线段在新投影面上的投影就能反映实长，如图 3-9 所示。

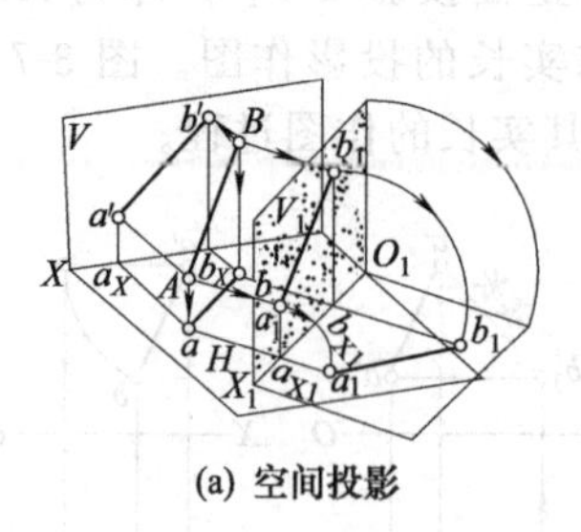

图 3-9 换面法求实长

换面法求实长的作图要领：

a. 新设的投影轴应与线段的一投影平行；

b. 新引出的投影连线要与新设的投影轴垂直；

c. 新投影面上点的投影至投影轴的距离，应与新投影面所替代的原投影面上点的投影至投影轴的距离相等。

在实际放样时，当构件上求实长的线段较多时，直接应用换面法求实长，会使样图上图线过多，显得零乱。这时，往往将求实长作图从投影图中移出，如图 3-10 所示。换面法的移出作图形式，也常称为直角梯形法。

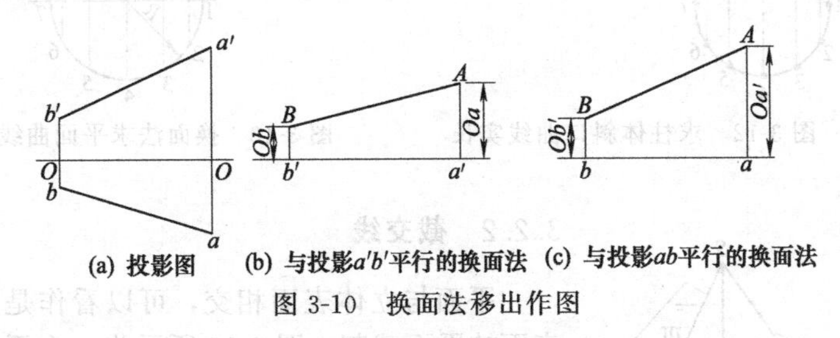

(a) 投影图　(b) 与投影a′b′平行的换面法　(c) 与投影ab平行的换面法

图 3-10　换面法移出作图

图 3-11 所示为一个顶口与底口垂直的圆方过渡接头，它表面各线的实长就是利用换面法移出作图求出的。

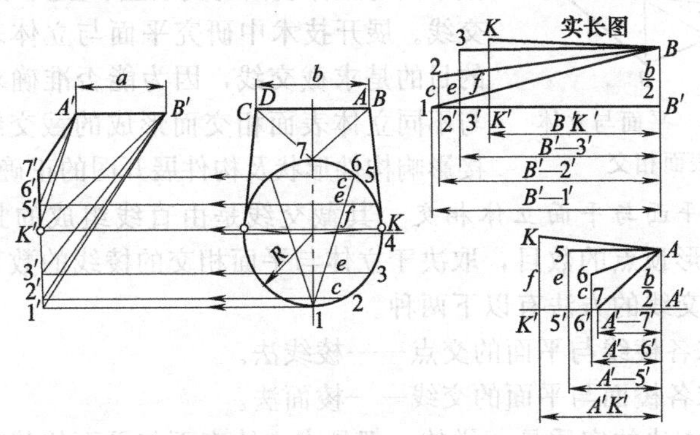

图 3-11　换面法求实长应用举例

(3) 求曲线实长　通常是将曲线划分为若干段，当分段足够多时，即可把每一段都近似视为直线，然后再用上述求线段实长的方法，逐段求出其实长。图 3-12 所示为一个斜截圆柱，求它的斜口曲线实长就采用了换面移出作图法，按分段顺序求出每段实长，再连成光滑曲线。

当曲线为平面曲线，又垂直于投影面时，更可直接应用换面法求出其实长，而不必分段，如图 3-13 所示。

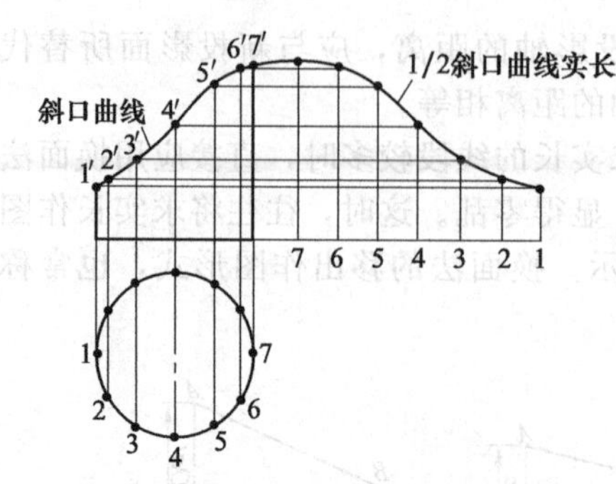

图 3-12 求柱体斜口曲线实长

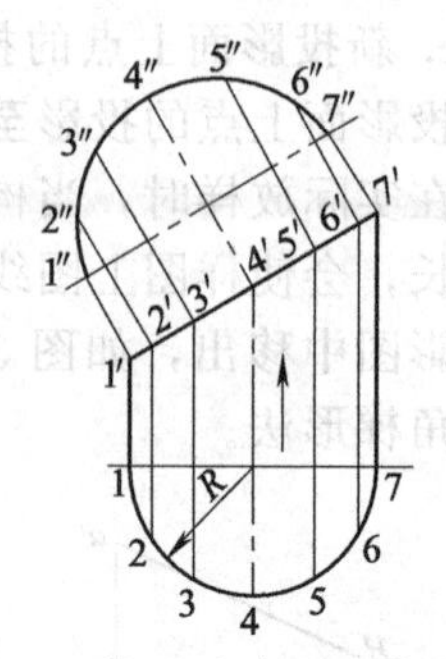

图 3-13 换面法求平面曲线实长

3.2.2 截交线

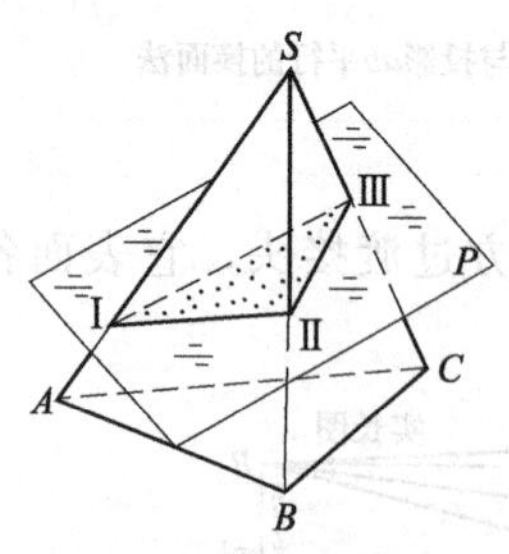

图 3-14 平面与立体表面相交

平面与立体表面相交，可以看作是立体表面被平面截割。图 3-14 所示为一个平面与三棱锥相交，截割立体的平面 P 称为截平面，截平面与立体表面的交线ⅠⅡ、ⅡⅢ、ⅢⅠ称为截交线。展开技术中研究平面与立体表面相交的目的是求截交线，因为能否准确求出平面与不同立体表面相交而形成的截交线，将直接影响构件形状及构件展开图的正确性。

（1）平面与平面立体相交　其截交线是由直线组成的封闭多边形。多边形顶点的数目，取决于立体与平面相交的棱线的数目。求平面立体截交线的方法有以下两种。

① 求各棱线与平面的交点——棱线法。

② 求各棱面与平面的交线——棱面法。

两种方法的实质是一样的，都是求立体表面与平面的共有点和共有线。作图时，两种方法有时也可相互结合应用。

在图 3-15 所示中，P 为正垂面，正面投影 P_V 有积聚性，用棱线法可直接求出 P 平面与 SA、SB、SC 这 3 条棱线的交点Ⅰ、Ⅱ、Ⅲ的正面投影 1′、2′、3′，然后再求出各点的水平投影 1、2、3。其中，点Ⅱ所在 SB 线为侧平线，不能直接求出Ⅱ点的水平投影 2 点。为求 2 点，可通过 2′点作水平辅助线交 $s'c'$ 于 2″点，再由 2″点引下垂线与 sc 线相交，并由此交点引 bc 平行线交 sb 于 2 点，即为Ⅱ点的水平投影。连接 1—2—3—1 得△123，就是截交线的水平投影。

如图 3-16 所示中，截平面 P 为正垂面，利用 P_V 的积聚性可以看出，P 平面与四棱柱的顶面、底面及 B、D 棱相交。四棱柱的顶面为水平面，它与 P 平面相交，其正面投影 $1'$（$2'$）积聚为一点；水平投影 1—2 为可见直线。同理，四棱柱的底面也是水平面，它与 P 平面的交线也是正垂线，正面投影 $5'$（4）积聚为一点，水平投影 5—4 也可直接按投影规律求出。P 平面与 B、D 两棱线的交点Ⅵ、Ⅲ的正面投影 $6'$、$3'$和水平投影 6、3 可直接找出。将求出的交点顺次连接，即得所求截交线。

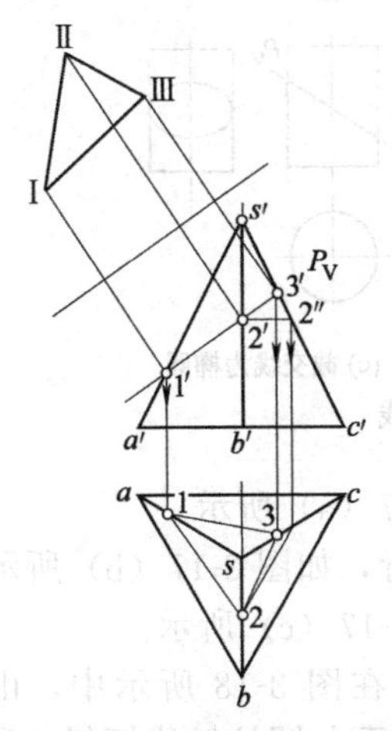

图 3-15　平面与正三棱锥相交的截交线

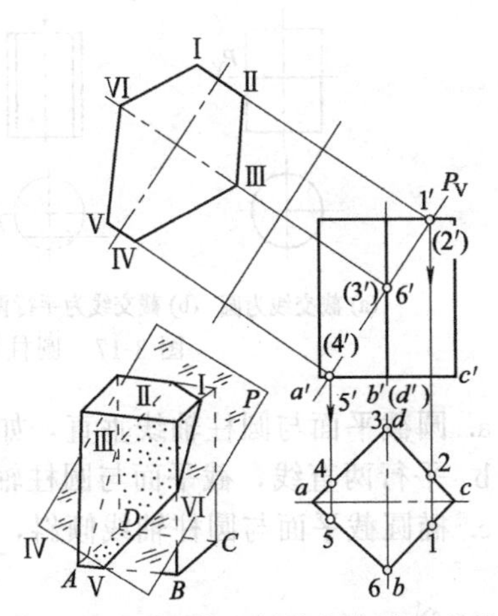

图 3-16　平面与四棱柱相交的截交线

(2) **平面与曲面立体相交**　截交线为平面曲线，曲线上的每一点都是平面与曲面立体表面的共有点。所以，若要求截交线，就必须找出一系列共有点，然后用光滑曲线把这些点的同名投影连接起来，即得所求截交线的投影。

求曲面立体截交线，常用以下两种方法。

① 素线法：在曲面立体表面取若干条素线，求出每条素线与截平面的交点，然后依次相连成截交线。

② 辅助平面法：利用特殊位置的辅助平面（如水平面）截切曲面立体，使得到的交线为简单易画的规则曲线（如圆），然后再画出这些规则曲线与所给截平面的交点，即为截平面与曲面立体表面的共有点，即可作出截交线。

下面将展开放样中最常见的曲面立体——圆柱和圆锥的截交线情况，分别介绍如下。

①圆柱 平面与圆柱相交，根据平面与圆柱轴线的相对位置不同，其截交线可有如图3-17所示的三种情况。

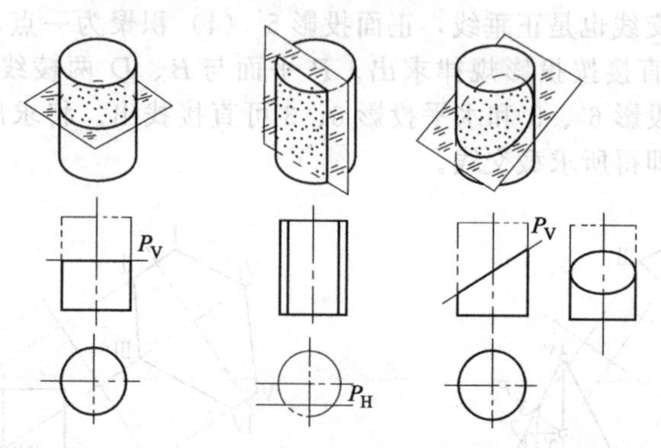

(a) 截交线为圆 (b) 截交线为平行两直线 (c) 截交线为椭圆

图3-17 圆柱的截交线

a. 圆截平面与圆柱轴线垂直，如图3-17（a）所示。

b. 平行两直线，截平面与圆柱轴线平行，如图3-17（b）所示。

c. 椭圆截平面与圆柱轴线倾斜，如图3-17（c）所示。

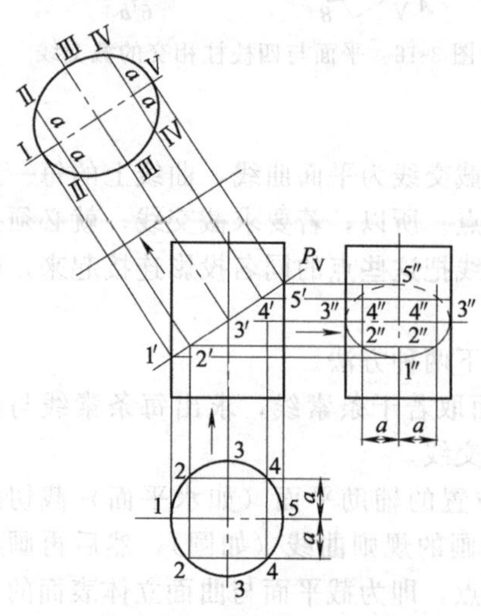

图3-18 正垂面与圆柱的截交线

在图3-18所示中，由于截平面与圆柱轴线倾斜，所以截交线是椭圆。截交线的正面投影积聚于P_V，水平投影积聚于圆周。侧面投影在一般情况下为一个椭圆，需通过素线求点的方法作图。

先求特殊点。截交线的最左点和最右点（也是最低点和最高点）的正面投影$1'$、$5'$是圆柱左、右轮廓线与P_V的交点。其侧面投影$1''$、$5''$位于圆柱轴线上，可按正投影“高平齐”的规律求得。截交线的最前点和最后点（两点正面重影）的正面投影 3′位于轴线与 P_V 的交点，其侧面投影 3″、3″点在左视图的轮廓线上。然后，再用素线法求出一般点Ⅱ、Ⅳ的正面投影 2′、4′和侧面投影 2″、4″。通过各点连成椭圆曲线，即为所求截交线的侧面投影。

然后用换面法可求得截交线的断面实形。

② 圆锥　平面与圆锥相交，根据平面与圆锥的相对位置不同，其截交线分为五种情况。

a. 圆。截平面与圆锥轴线垂直，如图 3-19（a）所示。

b. 椭圆。截平面与圆锥轴线倾斜，并截圆锥所有素线，如图 3-19（b）所示。

c. 抛物线。截平面与圆锥母线平行而与圆锥轴线相交，如图 3-19（c）所示。

d. 双曲线。截平面与圆锥轴线平行，如图 3-19（d）所示。

e. 相交两直线。截平面通过锥顶，如图 3-19（e）所示。

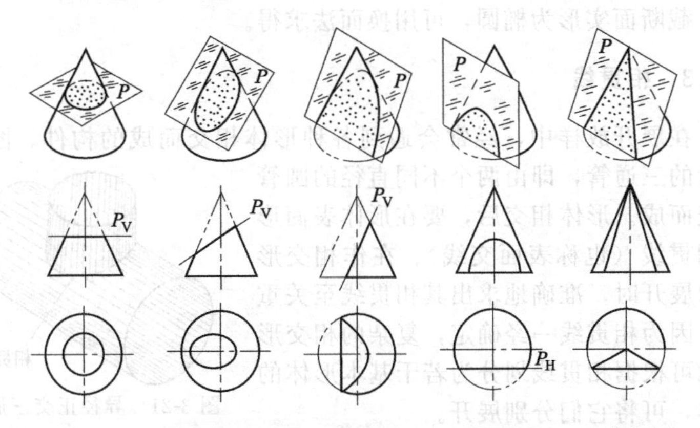

(a) 截交线为圆 (b) 截交线为椭圆 (c) 截交线为抛物线 (d) 截交线为双曲线 (e) 截交线为相交两直线

图 3-19　圆锥面的截交线

如图 3-20 所示，因为截平面 P 与圆锥轴线倾斜，并与所有素线相交，故知截交线为椭圆。截交线的正面投影积聚于 P_V，而水平投影和侧面投影可用素线法或辅助平面法求出。本例选用素线法，具体作图如下。

先求特殊点。P 平面与圆锥母线的正面投影交点为 1′、5′，其水平投影在俯视图水平中心线上，按“长对正”的投影规律可直接求出 1、5

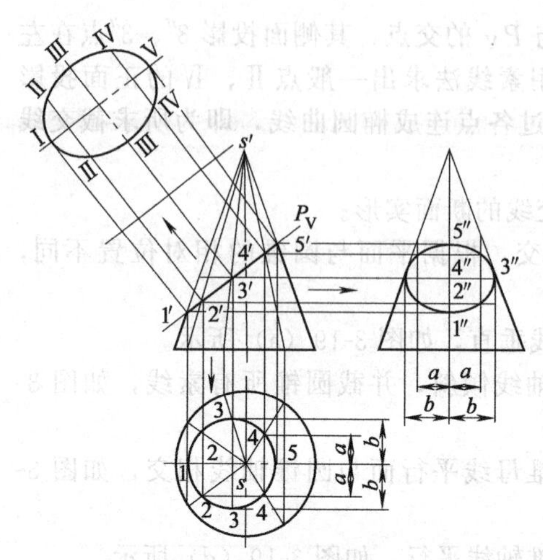

图 3-20　正垂面与圆锥的截交线

两点。1′—5′线的中点 3′是截交线的最前点和最后点（两点正面投影重合），可过 3′点引圆锥表面素线，并作出该素线的水平投影，则 3′点的水平投影必在该素线的水平投影上，可按“长对正”规律作出。用同样的方法，求出一般点 2′、4′对应的水平投影 2、4。通过各点连成椭圆曲线，即得截交线的水平投影。

截交线的侧面投影，可根据其正面投影和水平投影，按正投影规则求出。

截断面实形为椭圆，可用换面法求得。

3.2.3　相贯线

在展开放样中，经常会遇到各种形体相交而成的构件。图 3-21 所示的三通管，即由两个不同直径的圆管相交而成。形体相交后，要在形体表面形成相贯线（也称表面交线）。在作相交形体的展开时，准确地求出其相贯线至关重要。因为相贯线一经确定，复杂的相交形体就可根据相贯线划分为若干基本形体的截体，可将它们分别展开。

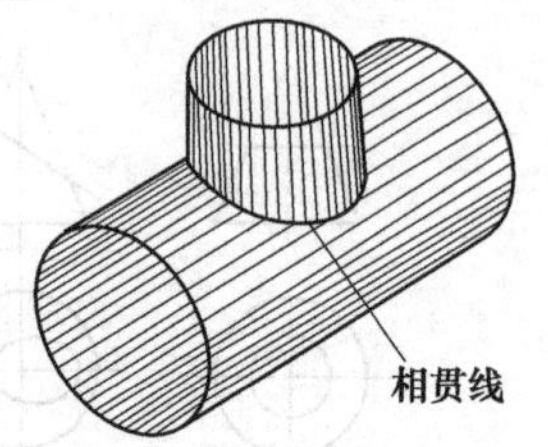

图 3-21　异径正交三通管

由于组成相交形体的各基本形体的几何形状和相对位置不同，相贯线的形状也就各异。但任何相交形体的相贯线，都具有以下性质。

① 相贯线是相交两形体表面的共有线，也是相交两形体表面的分界线。

② 由于形体都有一定的范围，所以相贯线都是封闭的。

根据相贯线的性质可知，求相贯线的实质就是在相交两形体表面找出一定数量的共有点，将这些共有点依次连接起来，如图 3-22 所示，即得到所求相贯线。求相贯线的方法主要有辅助平面法、辅助球面法和素线法。

(1) **辅助平面法** 以一个假想辅助平面截切相交两形体，然后作出两形体的截交线，两截交线的交点即为两形体表面共有点。当以若干辅助平面截切相交两形体时，就可求出足够多的表面共有点，从而求出相交两形体的相贯线。

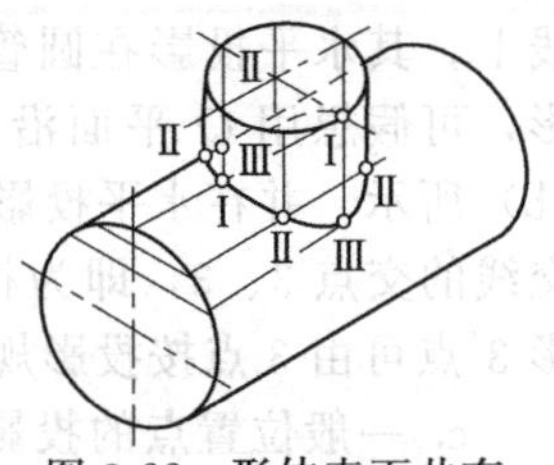

图 3-22 形体表面共有点构成相贯线

① 采用辅助平面法求圆管正交圆锥管的相贯线方法 圆管正交圆锥管，相贯线为空间曲线。相贯线的侧面投影积聚成圆为已知，另外两面投影可用辅助平面法求得。具体作法如图 3-23 所示。

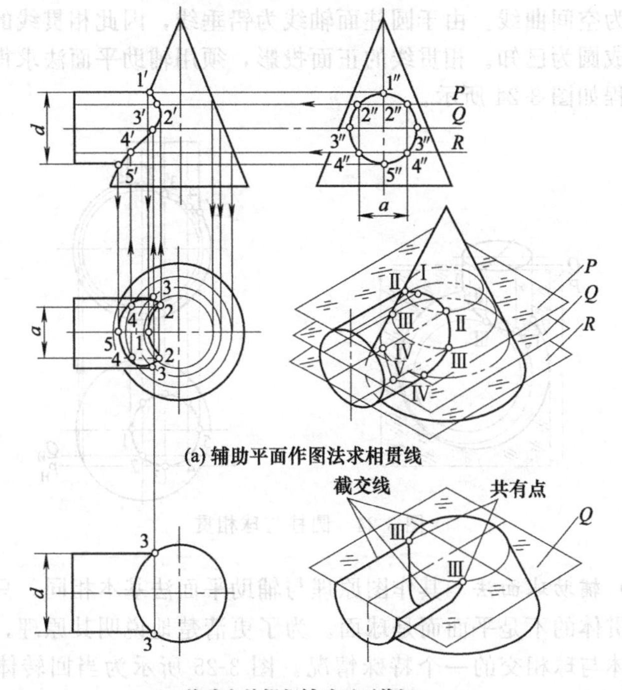

(a) 辅助平面作图法求相贯线

(b) 特殊点的假想辅助平面截切

图 3-23 圆管与圆锥管正交相贯线的求法

a. 相贯线的最高点和最低点的正面投影为圆管轮廓线和圆锥管母线的交点 1′、5′，作正面投影时可直接画出。这两点的水平投影可由 1′、5′点按正投影规则求出为 1、5。

b. 相贯线的最前点和最后点的正面投影，在圆管轴线位置的素线上，其水平投影在圆管前后两轮廓线上。为准确求出这两点的投影，可假想用 Q 平面沿圆管轴线位置水平截切相贯体，如图 3-23（b）所示。并在水平投影图上作出相贯体的截交线，求得两形体截交线的交点 3、3，即为相贯线的最前点和最后点。这两点的正面投影 $3'$ 点可由 3 点按投影规则在辅助平面 Q 的正面迹线位置上求得。

c. 一般位置点的投影，可按上述方法设置辅助平面 P、R 截切相贯体来求得，它们在投影图中为 $2'$、$4'$ 和 2、4。

d. 各相贯点的正面投影和水平投影都求出后，便可用光滑曲线将其连接，以构成完整相贯线的投影。

② 圆柱和球偏心相交的相贯线作法　圆柱面与球面偏心相交，相贯线为空间曲线。由于圆柱面轴线为铅垂线，因此相贯线的水平投影积聚成圆为已知。相贯线的正面投影，须用辅助平面法求得，具体作图过程如图 3-24 所示。

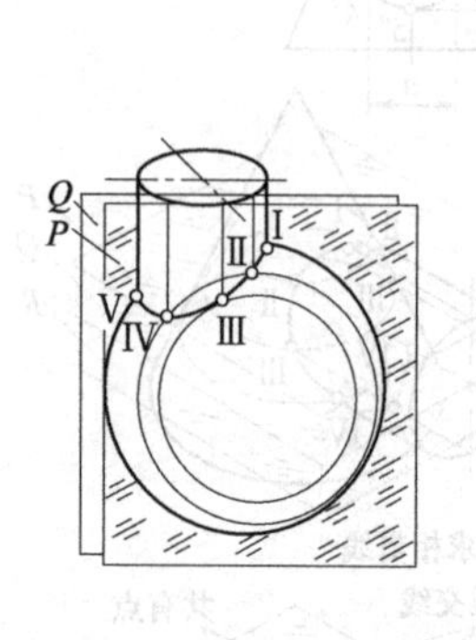

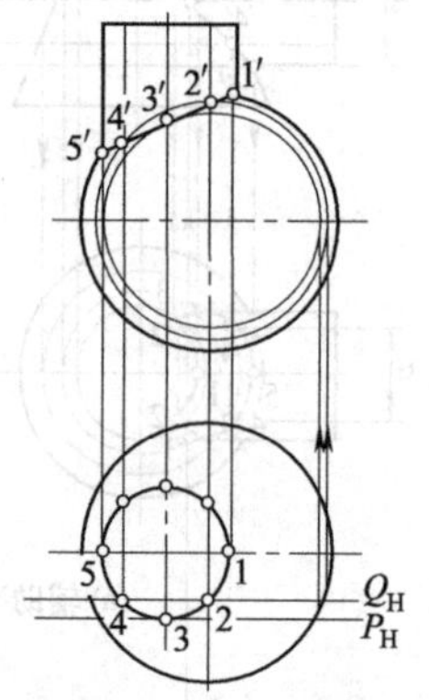

图 3-24　圆柱与球相贯

（2）辅助球面法　其作图原理与辅助平面法基本相同，只是用以截切相贯体的不是平面而是球面。为了更清楚地说明其原理，先来分析回转体与球相交的一个特殊情况。图 3-25 所示为当回转体轴线通过球心与球相交时，其交线为平面曲线——圆，特别是当回转体轴线又平行于某一投影面时，则交线在该投影面的投影为一条直线。回转体与球相交的这一特殊性质，为人们提供了用辅助球面作图的方法。

当两相交回转体轴线相交，且平行于某一投影面时，可以两轴线交点为球心，在相贯区域内用一个辅助球面（在投影图中为一半径为 R 的圆）截切两回转体，然后求出各回转体的截交线（这截交线在投

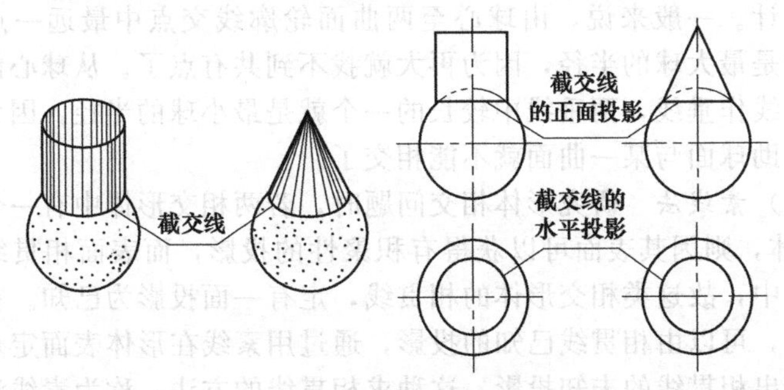

图 3-25 回转体与球相交的特殊情况

影图中表现为直线），两截交线的交点 A、B 就是相交两回转体的表面共有点，即相贯点。当以必要多的辅助球面截切相贯体时，就可求出足够多的相贯点。将各相贯点连成光滑曲线，就是所求相贯线。这便是用辅助球面法求相贯线的作图原理，如图 3-26 所示。

圆柱与圆锥斜交如图 3-27 所示，相贯线为空间曲线。相贯线的最高点和最低点的正面投影 1、4 为圆柱轮廓线与圆锥母线的交点，作投影图时可直接画出。由于相交两形体均为回转体，而且轴线相交并平行于正面投影面，相贯线上其它各点的正面投影可用辅助球面法求得。

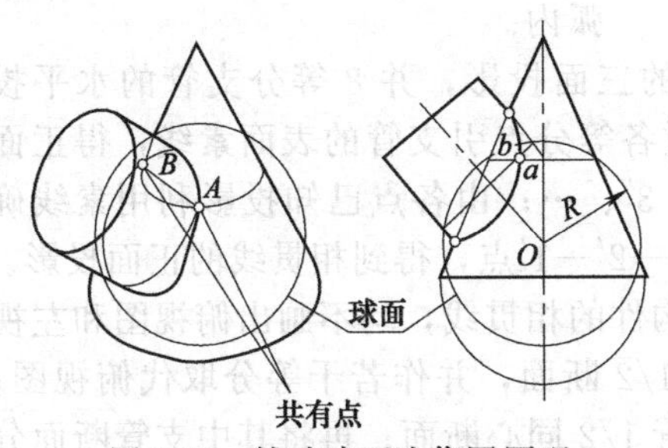

图 3-26 辅助球面法作图原理

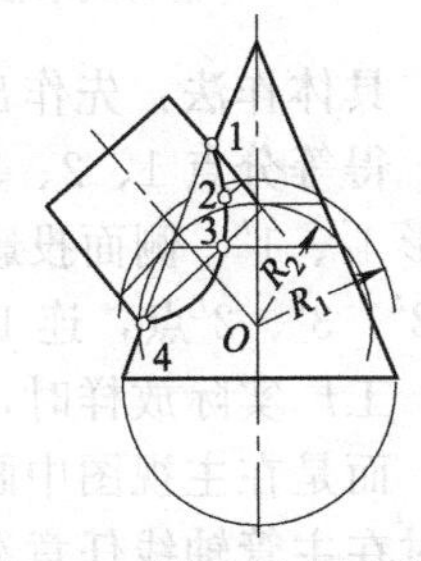

图 3-27 圆柱斜交圆锥的相贯线求法

具体作法：以两回转体轴线交点 O 为圆心（球心），适宜长 R_1、R_2 为半径画两同心圆弧（球面），与两回转体轮廓线分别相交，在各回转体内分别连接各弧的弦长，对应交点为 2、3。通过各点连成 1—2—3—4 曲线，即为所求相贯线。

应用辅助球面法求相贯线，作图时应对最大的和最小的球面半径有个估计。一般来说，由球心至两曲面轮廓线交点中最远一点的距离，就是最大球的半径，因为再大就找不到共有点了。从球心向两曲面轮廓线作垂线，两垂线中较长的一个就是最小球的半径，因为再小的话辅助球面与某一曲面就不能相交了。

（3）素线法　研究形体相交问题时，若两相交形体中有一个为柱（管）体，则因其表面可以获得有积聚性的投影，而表面相贯线又必积聚其中，故这类相交形体的相贯线，定有一面投影为已知。在这种情况下，可以由相贯线已知的投影，通过用素线在形体表面定点的方法，求出相贯线的未知投影。这种求相贯线的方法，称为素线法。

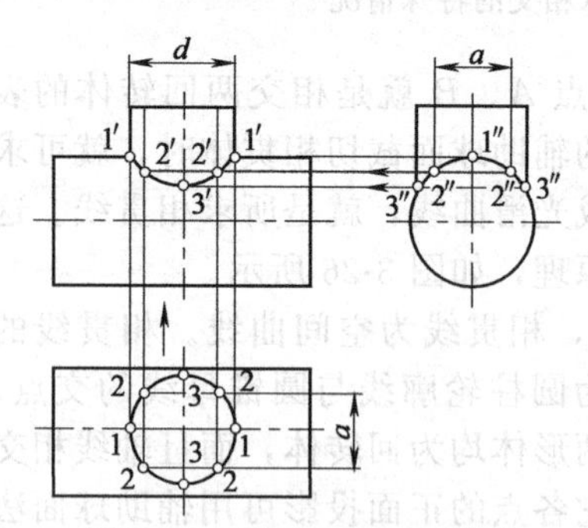

图 3-28　异径正交三通管的相贯线求法

异径正交三通管的相贯线求法。图 3-28 所示为两异径圆管正交，相贯线为空间曲线。由投影图可知，支管轴线为铅垂线，主管轴线为侧垂线，所以支管的水平投影和主管的侧面投影都积聚成圆。根据相贯线的性质可知，相贯线的水平投影必积聚在支管水平投影上；相贯线的侧面投影必积聚在主管的侧面投影上，并只在相交部分的圆弧内。

具体作法：先作出相贯件的三面投影，并 8 等分支管的水平投影，得等分点 1、2、3、…；过各等分点引支管的表面素线，得正面投影 1′、1′、侧面投影 1″、2″、3″、…；由各点已知投影利用素线确定 2′、3′、2′点，连 1′—2′—3′—2′—1′点，得到相贯线的正面投影。

工厂实际放样时，求这类构件的相贯线，均不画出俯视图和左视图，而是在主视图中画出支管 1/2 断面，并作若干等分取代俯视图；同时在主管轴线任意端画出两管 1/2 同心断面；再将其中支管断面分为与前相同等分，并将各等分点沿铅垂方向投影至主管断面圆周上，得相贯点的侧面投影；再用素线法求出相贯线的正面投影，如图3-29所示。

应用素线法求相贯线，应至少已知相贯线的一面投影。为此，须满足“两相交形体中有一个为柱体”的条件。但若相交形体中的柱体并不与已给的投影面垂直，投影则无积聚性。这时须先经投影变换，以求得柱体积聚性的投影（当然相贯线的一面投影也包含其中），然后再利用素线法求相贯线的未知投影。图 3-30 所示为圆柱斜交圆锥的相贯线，即用此法求得。

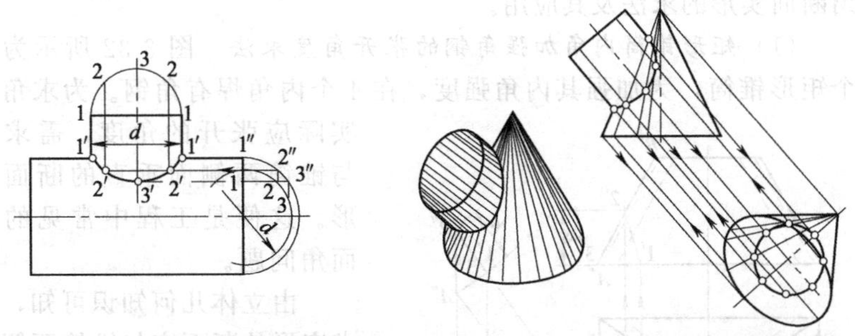

图 3-29　三通管相贯线的简便求法　　图 3-30　换面法与素线法结合求相贯线

（4）相贯线的特殊情况　回转体相交相贯线一般为空间曲线。如图 3-31 所示，当两相交回转体外切于同一球面时，其相贯线便为平面曲线，此时，若两回转体的轴线平行于某一投影面，则相贯线在该面上的投影为两相交直线。

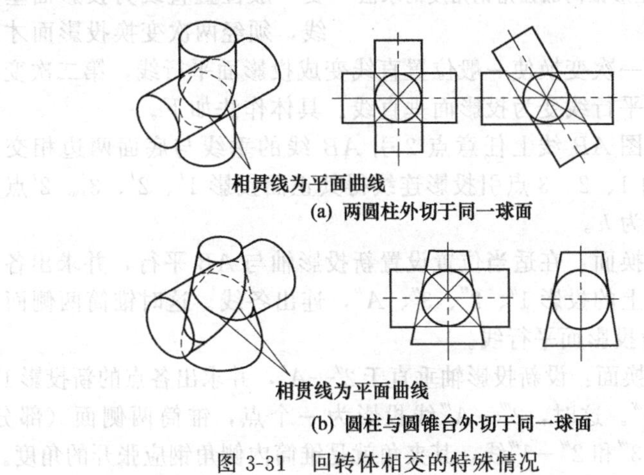

(a) 两圆柱外切于同一球面

(b) 圆柱与圆锥台外切于同一球面

图 3-31　回转体相交的特殊情况

3.2.4　断面实形及其应用

在放样过程中，有些构件要制作空间角度的检验样板，而这空间角度的实际大小需通过求取构件的局部断面实形来获得。还有些构件往往要先求出其断面实形，才能确定展开长度。因此，准确求出构件的断面实形是放样技术的重要内容。

放样中求构件断面实形，主要是利用变换投影面法。下面举例介绍断面实形的求法及其应用。

（1）矩形锥筒内角加强角钢的张开角度求法　图 3-32 所示为一个矩形锥筒，为加强其内角强度，在 4 个内角焊有角钢。为求角钢实际应张开的角度，需求出与锥筒两侧面垂直的断面实形。这便是工程中常见的两面角问题。

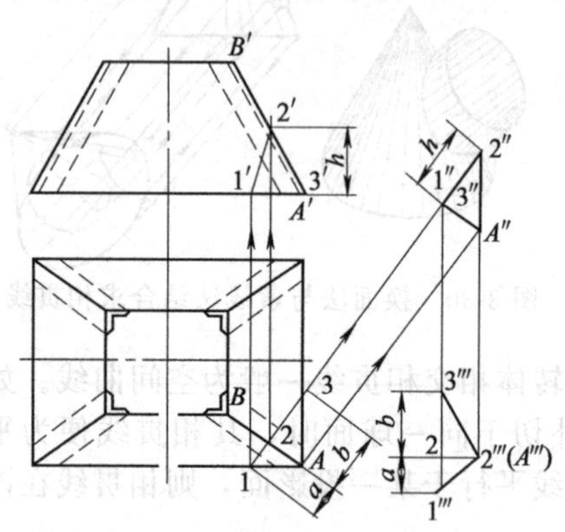

图 3-32　矩形锥筒加强角钢角度的求法

由立体几何知识可知，欲求实形的断面应与锥筒两侧面交线垂直，即这交线应为所求平面（相当于一新投影面）的垂直线。本例所给的锥筒两侧面的交线为一般位置直线，而变一般位置直线为投影面垂直线，须经两次变换投影面才能实现。即第一次变换使一般位置直线变成投影面平行线，第二次变换再使投影面平行线变为投影面垂直线。具体作法如下。

由俯视图 AB 线上任意点 2 引 AB 线的垂线与底面两边相交于 1、3 点；由 1、2、3 点引投影连线得其正面投影 1′、2′、3′。2′点至底边的高度为 h。

第一次换面：在适当位置设置新投影轴与 AB 平行，并求出各点在新投影面上的投影 1″、2″、3″、A''，连出各线。这时锥筒两侧面交线 2″—A''为投影面平行线。

第二次换面：设新投影轴垂直于2″—A''，并求出各点的新投影 1‴、2‴（A'''）、3‴。这时，2‴—A'''线投影为一个点，锥筒两侧面（部分）分别为 2‴—3‴和 2‴—1‴线，其夹角就是锥筒内侧角钢应张开的角度。

（2）圆顶腰圆底过渡连接管断面实形的求法　图 3-33 所示的过渡连接管由曲面和平面组成，其中左面是半径为 R 的 1/2 圆管，中间为三角形平面，右面为 1/2 椭圆管。作这类连接管的展开时，一般需用换面法求出椭圆管与素线垂直的断面实形，用以确定展开长度。具体作法如下：

用已知尺寸画出主视图和顶、底 1/2 端面图。由 O 点画剖切迹线 A—A 垂直于右轮廓线并交于 1′点。3 等分顶圆断面 1/4 圆周，得等分点 1、2、3、4。由等分点引下垂线得与顶口线交点，再由各交点引椭圆管表面素线交剖面迹线于 2′、3′、4′点。

设新投影轴与剖面迹线 A—A 平行，并求出剖面迹线上各点在新投影面上的投影 1″、2″、3″、4″。用光滑曲线连接各点，即得椭圆管部分的断面实形。

(3) 求空间弯管夹角　金属结构上经常有成各种空间角度的弯管，这类空间弯管弯曲时，需要检验弯曲角度的样板，应在放样时作出。图 3-34 所示为一空间弯管，其右侧管成水平位置，投影 bc 反映实长；左侧管为一般位置，在视图中不反映实长。求这一弯管的空间夹角，可用二次换面法：即在第一次换面时，将弯管所在平面变成投影面的垂直面；第二次换面时，将该平面变成投影面的平行面，则弯管夹角的大小可求出。

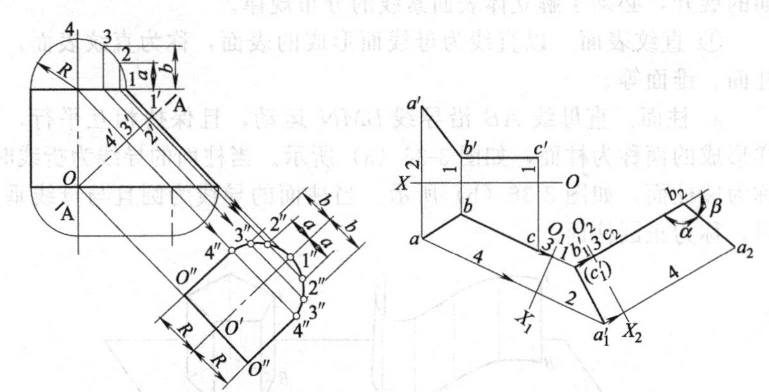

图 3-33　过渡连接管断面实形的求法　　图 3-34　空间弯管夹角求法

3.2.5　展开的基本方法简介

将金属板壳构件的表面全部或局部按其实际形状和大小依次铺平在同一平面上，称为构件表面展开。如图 3-35 所示，简称展开。构件表面展开后构成的平面图形称为展开图。

作展开图的方法通常有作图法和计算法两种，目前工厂多采用作图法展开。但是随着计算技术的发展和计算机的广泛应用，计算法作展开在工厂的应用也日益增多。

(1) 立体表面成形分析　研究金属板壳构件的展开，先要熟悉立

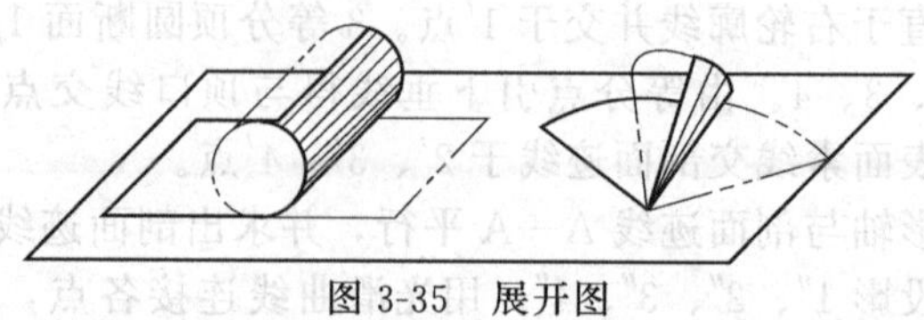

图 3-35 展开图

体表面的成形过程，分析立体表面形状特征，从而确定立体表面能否展开及采用什么方式展开。

任何立体表面都可看作是由线（直线或曲线）按一定的要求运动而形成。这种运动着的线，被称为母线。控制母线运动的线或面，被称为导线或导面。母线在立体表面上的任一位置叫做素线。因此，也可以说立体表面是由无数条素线构成的。从这个意义上讲，表面展开就是将立体表面素线按一定的规律铺展到平面上。所以，研究立体表面的展开，必须了解立体表面素线的分布规律。

① 直纹表面　以直线为母线而形成的表面，称为直纹表面，如柱面、锥面等。

a. 柱面。直母线 AB 沿导线 BMN 运动，且保持相互平行，这样形成的面称为柱面，如图 3-36（a）所示。当柱面的导线为折线时，称为棱柱面，如图 3-36（b）所示。当柱面的导线为圆且与母线垂直时，称为正圆柱面。

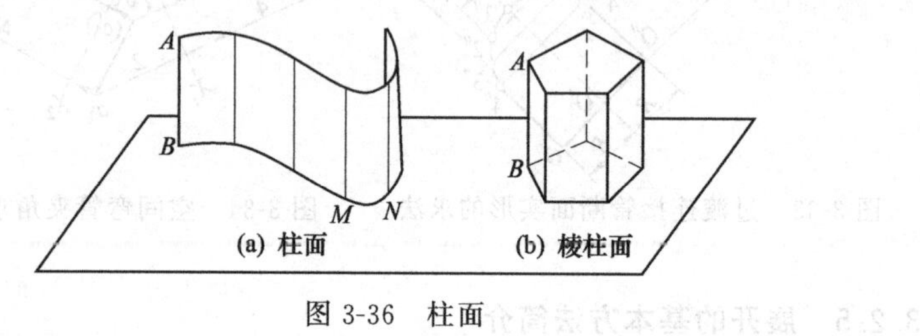

图 3-36　柱面

柱面有以下性质：ⅰ. 所有素线相互平行；ⅱ. 用相互平行的平面截切柱面时，其断面图形相同。

b. 锥面。直母线 AS 沿导线 AMN 运动，且母线始终通过定点 S，这样形成的面称为锥面，定点 S 称为锥顶，如图 3-37（a）所示。当锥面的导线为折线时，称为棱锥面，如图 3-37（b）所示。

当锥面导线为圆且垂直于中轴线时，称为正圆锥面，如图 3-37（c）所示。

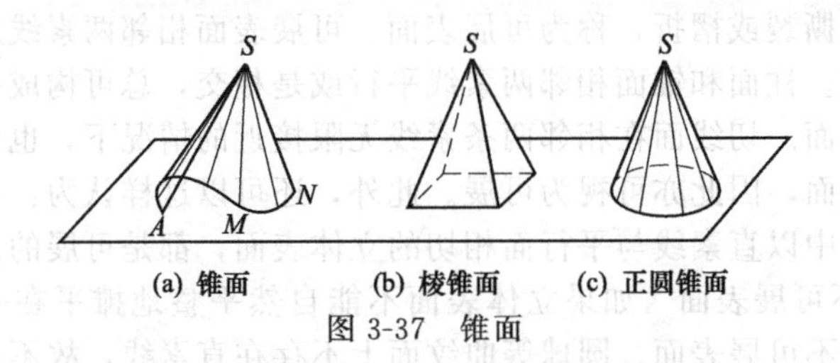

图 3-37　锥面

锥面有以下特征：ⅰ. 所有素线相交于一点；ⅱ. 用相互平行的平面截切锥面时，其断面图形相似；ⅲ. 过锥顶的截交线为直线。

c. 切线面。直母线沿导线 CMN 运动，且始终与导线相切，这样形成的面称为切线面，其导线称为脊线，如图 3-38（a）所示。

切线面的一个重要特征是同一素线上各点有相同的切平面。切线面上相邻的两条素线一般既不平行也不相交，但当导线上两点的距离趋近于零时，相邻的两条切线便趋向同一个平面，也就是切平面。

柱面和锥面也符合上述特征，因此它们是切线面的一种特殊形式（即脊线化为一点的切线面）。

需要说明的是，像图 3-38（a）那样明显的带有脊线的切线面并不常见，在工程上常用的是它的转化形式。图 3-38（b）所示的曲面 MAA_1M_1，是以圆柱螺旋线 NMQ 为导线的切线面的一部分。

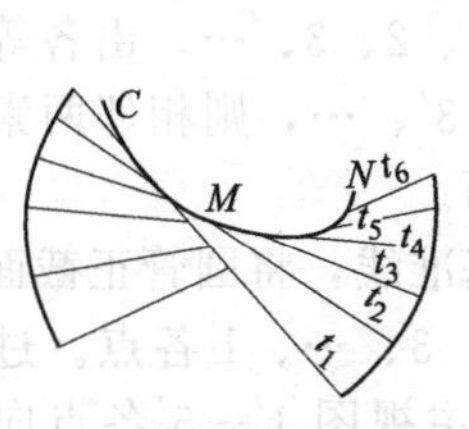

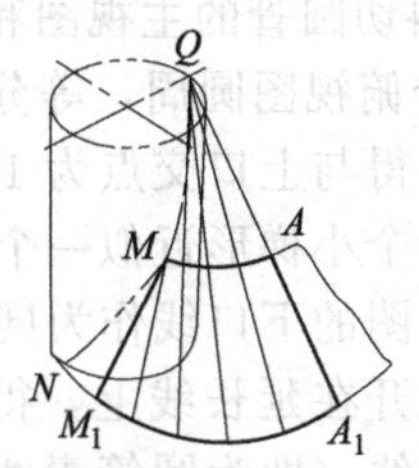

图 3-38　切线面

② 曲纹面　以曲线为母线，并作曲线运动而形成的面称为曲纹面，如圆球面、椭球面和圆环面等。曲纹面通常具有双重曲度。

（2）可展表面与不可展表面

就可展性而言，立体表面可分为可展表面和不可展表面。立体表面的可展性分析是展开放样中的一个重要问题。

① 可展表面　立体的表面若能全部平整地摊平在一个平面上，

而不发生撕裂或褶折，称为可展表面。可展表面相邻两素线应能构成一个平面。柱面和锥面相邻两素线平行或是相交，总可构成平面，故是可展表面。切线面在相邻两条素线无限接近的情况下，也可构成一微小的平面，因此亦可视为可展。此外，还可以这样认为：凡是在连续的滚动中以直素线与平行面相切的立体表面，都是可展的。

② 不可展表面　如果立体表面不能自然平整地摊平在一个平面上，称为不可展表面。圆球等曲纹面上不存在直素线，故不可展。螺旋面等扭曲面虽然由直素线构成，但相邻两素线是异面直线，因而也是不可展表面。

(3) *展开的基本方法*　展开的基本方法有平行线法、放射线法和三角形法 3 种。这 3 种方法的共同特点是：先按立体表面的性质，用直素线把待展表面分割成许多小平面，用这些小平面去逼近立体表面；然后求出这些小平面的实形，并依次画在平面上，从而构成立体表面的展开图。这一过程可以形象地比喻为“化整为零”和“积零为整”两个阶段。

① 平行线展开法　主要用于表面素线相互平行的立体。首先将立体表面用其相互平行的素线分割为若干平面，展开时就以这些相互平行的素线为骨架，依次作出每个平面的实形，以构成展开图。

斜切圆管的展开方法如下。

a. 画出斜切圆管的主视图和俯视图。

b. 8 等分俯视图圆周，等分点为 1、2、3、…。由各等分点向主视图引素线，得与上口交点为 1′、2′、3′、…，则相邻两素线组成一个小梯形，每个小梯形近似一个小平面。

延长主视图的下口线作为展开的基准线，将圆管正截面（即俯视图）的圆周展开在延长线上，得 1、2、3、…、1 各点。过基准线上各分点引上垂线（即为圆管素线），与主视图 1′—5′各点向右所引水平线相交，对应交点连接成光滑曲线，即为展开图，如图 3-39 所示。

② 放射线展开法　适用于表面素线相交于一点的锥体。展开时，将锥体表面用呈放射状的素线分割成共顶的若干小三角形平面，求出其实际大小后，以这些放射状素线为骨架，依次将它们画在同一平面上，即得所求锥体表面的展开图。

正圆锥的展开方法：

正圆锥的特点是表面所有素线长度相等，圆锥母线为它们的实长线，展开图为一个扇形。

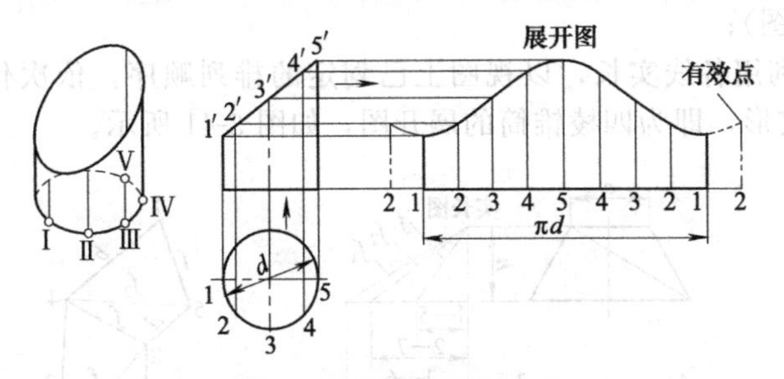

图 3-39　斜切圆管的展开

展开时，先画出圆锥的主视图和锥底断面图，并将锥底断面半圆周分为若干等分。过等分点向圆锥底口引垂线即得交点，由底口线上各交点向锥顶 S 连素线，即将圆锥面划分为 12 个三角形小平面，如图 3-40（a）所示。再以 S 为圆心、S—7 长为半径画圆弧 11 等于底断面圆周长，连接 1、1 与 S，即得所求展开图，如图 3-40（b）所示。若将展开图圆弧上各分点与 S 连接，便是圆锥表面素线在展开图上的位置。

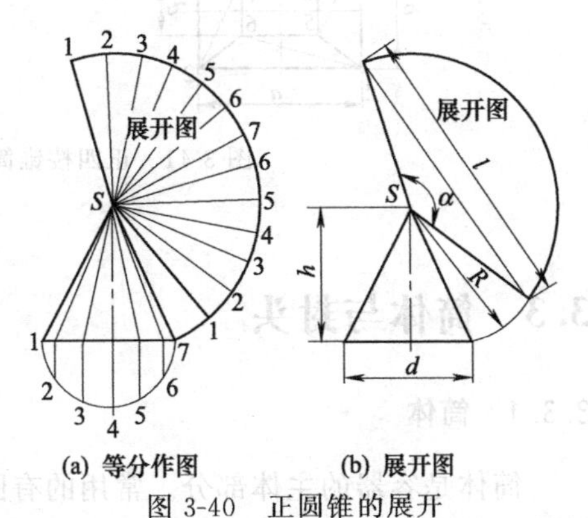

(a) 等分作图　　(b) 展开图

图 3-40　正圆锥的展开

③ 三角形展开法　三角形展开法是以立体表面素线（棱线）为主，并画出必要的辅助线，将立体表面分割成一定数量的三角形平面，然后求出每个三角形的实形，并依次画在平面上，从而得到整个立体表面的展开图。

三角形展开法适用于各类形体，只是精确程度有所不同。

正四棱锥筒的展开方法：

a. 画出四棱锥筒的主视图和俯视图；

b. 在俯视图中依次连出各面的对角线 1—6、2—7、3—8、4—5，并求出它们在主视图的对应位置，则锥筒侧面被划分为 8 个三角形；

c. 由主、俯两视图可知，锥筒的上口、下口各线在视图中反映实长，而 4 个棱线及对角线不反映实长，可用直角三角形法求其实长

（见实长图）；

d. 利用各线实长，以视图上已划定的排列顺序，依次作出各三角形的实形，即为四棱锥筒的展开图，如图 3-41 所示。

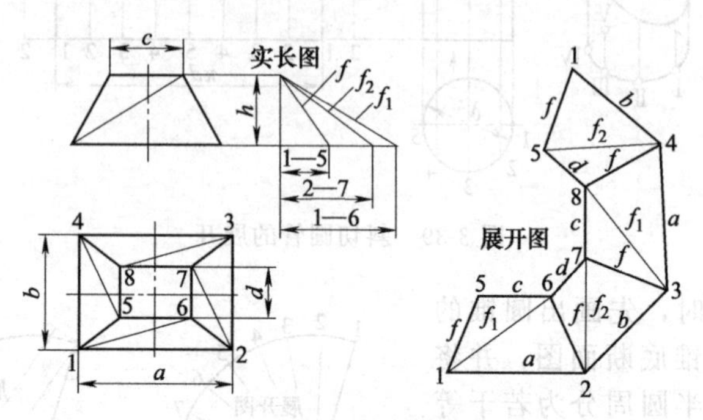

图 3-41　正四棱锥筒的展开

3.3　筒体与封头

3.3.1　筒体

筒体是容器的主体部分。常用的有圆筒体、长圆筒体和椭圆截面筒体，其两端截面有垂直轴线和与轴线倾斜两种。

（1）圆筒体　已知尺寸为：内直径 D_i，壁厚 t，筒体长度 l。筒体长度 l 为实长，根据钢板宽度而决定是否拼接。通常由一节或几节组成，节高尺寸应符合 GB 150 的规定。

圆筒体展开长计算公式为

$$L=\pi(D_i+t)$$

如图 3-42 所示。

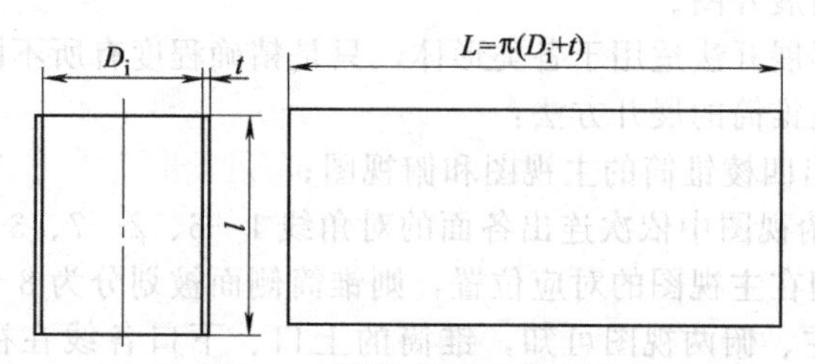

图 3-42　圆筒体展开示意图

(2) 斜截圆筒体

① 已知尺寸与计算　已知尺寸为：d（中径）、l（总高）、l_1 及 α 角，则圆周长 $L=\pi d$，下料最高处为 l。计算斜截面上各点的高度时，可设不变高度为 $l-l_1$，变化高度为 l_{a_i}，其计算式为

$$l_{a_i}=a_i\tan\alpha$$

$$a_i=r(1-\cos\beta_i)\text{或}a_i=0.5d(1-\cos\beta_i)$$

a_i 是任意点 A 至 O 点的横向距离，计算时可将半圆分成 8 等分，另一半为对称。上式中有关数值如表 3-4 所示。

表 3-4　三角函数

点位 a_i	0	1	2	3	4	5	6	7	8
β_i	0	22.5	45	67.5	90	112.5	135	157.5	180
$\cos\beta_i$	1	0.9239	0.7071	0.3827	0	−0.3827	−0.7071	−0.9239	−1
$1-\cos\beta_i$	0	0.0761	0.2929	0.6173	1	1.3827	1.7071	1.9239	2

各分点之间的弧长 S 为

$$S=\frac{2\pi r}{n}=\frac{2\pi r}{16}=0.3927r$$

② 展开图作法　沿钢板纵向平行边作直线，直线段长 $L=\pi d$，并分成 n 等分（图示为 16 等分，间距 $S=0.3927r$），在每分点上作直线的垂线，长度为 $l-l_1+l_{a_i}$，将各端点连成圆滑曲线，则底线、两侧边线和曲线组成的图形即为斜截圆筒体展开图，如图 3-43 所示。

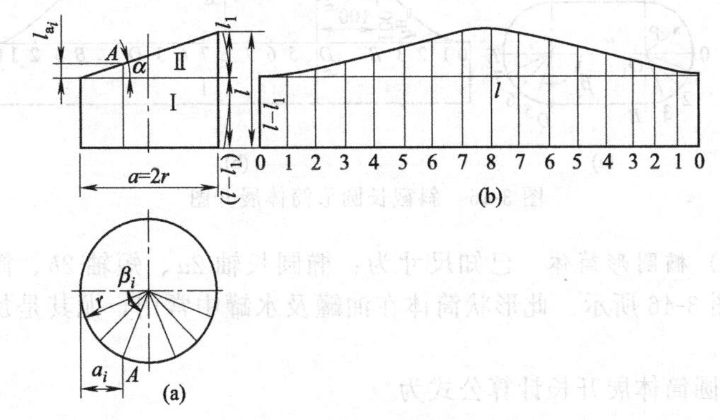

图 3-43　斜截圆筒体展开图

(3) 长圆形筒体　已知尺寸为 b、R、h，则长圆筒体展开长计算公式为：$L=2\pi R+2b$，如图 3-44 所示。

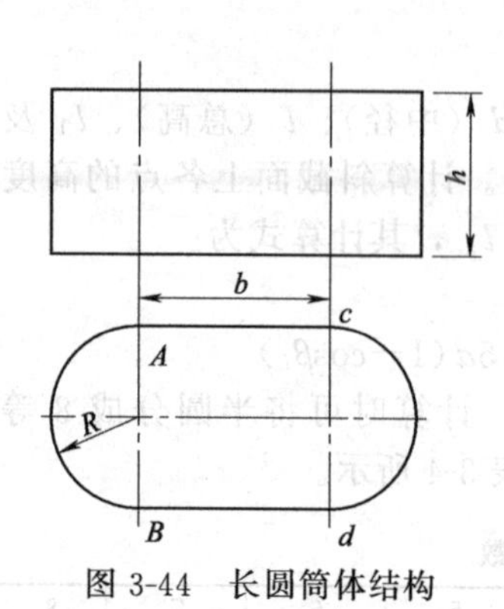

图 3-44 长圆筒体结构

板高为 h，可用整板或拼板，焊缝可以按板长及开孔情况确定。

(4) 斜截长圆形筒体 已知尺寸为 b、R、h，倾斜角 α。将展开图视为Ⅰ、Ⅱ两部分。

第Ⅰ部分周长为：$L=2\pi R+2b$；板高为 h。

第Ⅱ部分是将$\angle OO_1B$（90°角）分成4等分，并按表3-11所示计算各位置的高度，

$$h_i=R(1-\cos\beta_i)\tan\alpha$$

$$h_{\mathrm{b}}=R\tan\alpha$$

$$h_{\mathrm{d}}=(R+b)\tan\alpha$$

$$h_{\mathrm{j}}=R(1-\cos\beta_i)\tan\alpha+(h_{\mathrm{d}}+h_{\mathrm{b}})$$

此处 β_i 为第5、6、7的 β_i 角

$$h_{\mathrm{e}}=(2R+b)\tan\alpha$$

知道高度及圆周相应点的位置即可画展开图，如图3-45所示。

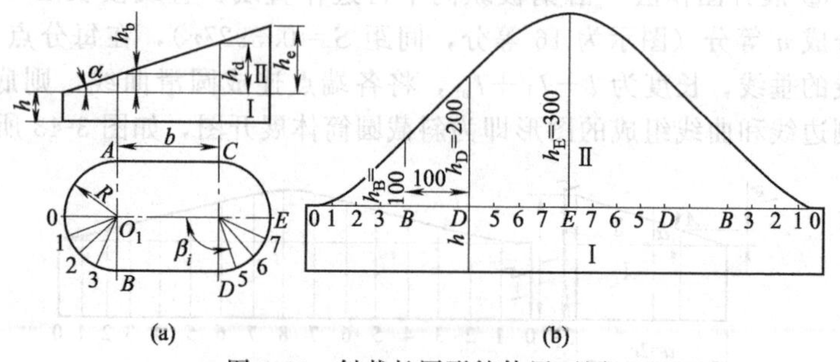

图 3-45 斜截长圆形筒体展开图

(5) 椭圆形筒体 已知尺寸为：椭圆长轴 $2a$、短轴 $2b$、筒体长 l，如图3-46所示。此形状筒体在油罐及水罐中常用，尤其是加油车的罐体。

椭圆筒体展开长计算公式为

$$L=af\left(\frac{a}{b}\right)$$

$f\left(\frac{a}{b}\right)$与$\frac{a}{b}$的关系如表3-5所示。

表 3-5　$f\left(\frac{a}{b}\right)$与$\frac{a}{b}$关系

$\frac{a}{b}$	0.1	0.2	0.3	0.4	0.5	0.6	0.7	0.8	0.9	1.0
$f\left(\frac{a}{b}\right)$	4.064	4.202	4.386	4.6026	4.8442	5.1054	5.3824	5.6723	5.9723	6.2832

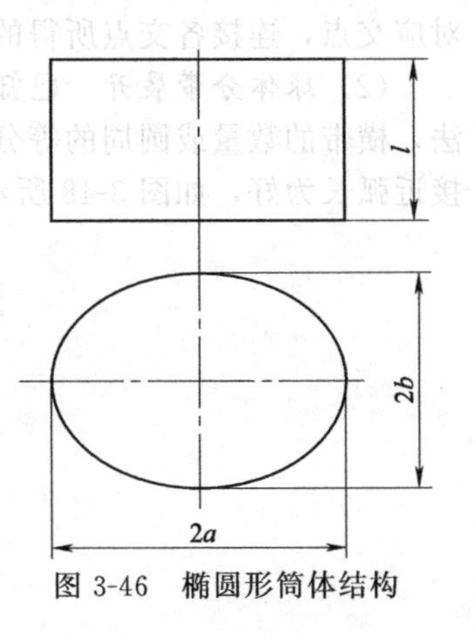

图 3-46　椭圆形筒体结构

3.3.2　球体

球体实际上是一个不可展表面，实际中所作的是近似展开。

（1）球体分瓣展开　已知尺寸为d。球体分瓣展开是应用平行线法，如图 3-47 所示。

① 主视图曲线的画法。将俯视图和主视图的圆周分别作 12 等分。连接俯视图上圆周各等分点与中心点O，连接主视图上的等分点成水平线。在俯视图上由点 2、3 向下作垂直线与水平中心线 4—4 得出交点d'、d''。以O点为圆心，以Od'、Od''为半

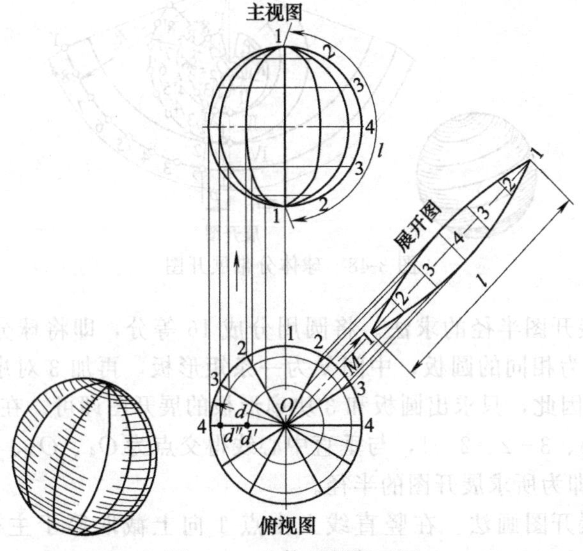

图 3-47　球体分瓣展开图

径画同心圆，从同心圆与等分线得出的交点向上引垂线与主视图对应线得交点，分别连接各交点即成所求的曲线。

② 展开图画法。在俯视图上取等分中点 M。在 OM 延长线上截取 1—1 段等于主视图半圆周长 l，并照录各等分点 2、3、4、…。由 O—2、O—3 各点向上引与 OM 的平行线，与 1—1 线上各点垂线得对应交点，连接各交点所得的曲线，即展开图的 1/12。

（2）球体分带展开　已知尺寸为 d。球体分带展开是采用放射线法，横带的数量或圆周的等分数，根据球的大小确定，以弦长尽可能接近弧长为好，如图 3-48 所示。

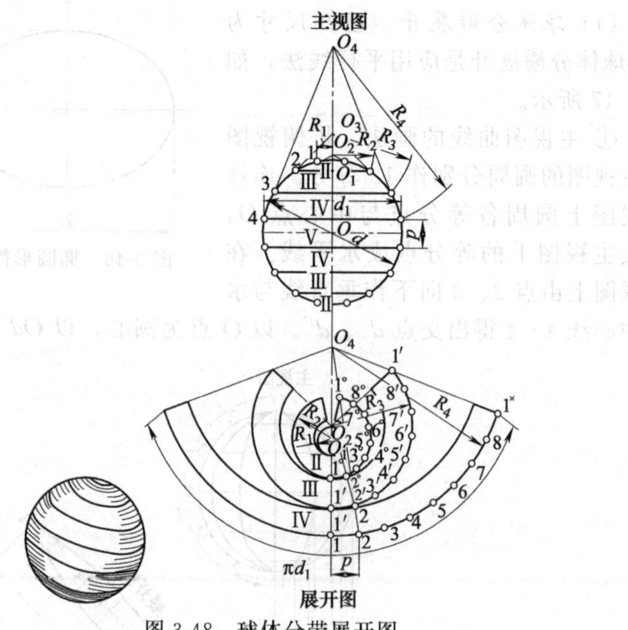

图 3-48　球体分带展开图

① 展开图半径的求法。将圆周分成 16 等分，即将球分为 9 段：上下顶Ⅰ为相同的圆板，中间Ⅴ为一条矩形板，再加 3 对扇形板Ⅱ、Ⅲ、Ⅳ。因此，只求出圆板和 3 块扇形板的展开图即可。在主视图上延长 4—3、3—2、2—1，与垂直中心线得交点为 O_4、O_3、O_2，R_4、R_3、R_2 即为所求展开图的半径。

② 展开图画法。在竖直线上由点 1 向上截取等于主视图圆弧 $4O_1$ 的伸直长度得点为 1、1′、1°、O_1。由各点分别向上截取等于主

视图 R_4、R_3、R_2、R_1，得点为 O_4、O_3、O_2、O_1。分别以点 O_4、O_3、O_2、O_1 为中心，以 R_4、R_3、R_2、R_1 为半径作圆弧，由点 1 向左、右各取等于Ⅳ段大头圆周直径 d_1。展开长度的一半 $\left(\frac{\pi d_1}{2}\right)$，得点为 $1^{\times}$。连接 O_4、$1^{\times}$ 得出Ⅳ段展开图。Ⅳ段展开图的内圆弧长，就是Ⅲ段展开图的外圆弧长，Ⅲ段展开图的内圆弧长就是Ⅱ段展开图的外圆弧长，分别由外圆点向圆心连线，即得出各段展开图。

3.3.3 封头

封头可理解为不可展开表面，在设计或生产中对制品多要求为整板成形，即利用本身的塑性变形，通过外力作用而达到技术条件。

封头的放样计算是根据“面积不变”的原理来处理的，切实的计算则应根据“体积不变”的原理来进行，但由于存在加工余量的问题，所以“坯料面积＝封头中性层面积＋余量”为实际工作中普遍采用的计算方法。

(1) 缺球体封头　已知尺寸为 d、R、h、t（板厚）。缺球体封头结构如图 3-49 所示。封头加工成形用的圆板料直径用下式计算，即

$$D=\sqrt{d^2+4h^2}+2c \quad 或 \quad D=\sqrt{8Rh}+2c$$

式中，c 为加工余量，根据加工情况（冲压或锤打）确定。成批制作时，找出加工过程的规律，可少加或不加余量。

(2) 缺球体直边封头　已知尺寸为 d、h_1、h_2、R、t。缺球体直边封头结构如图 3-50 所示。封头加工成形用的圆板料直径用下式

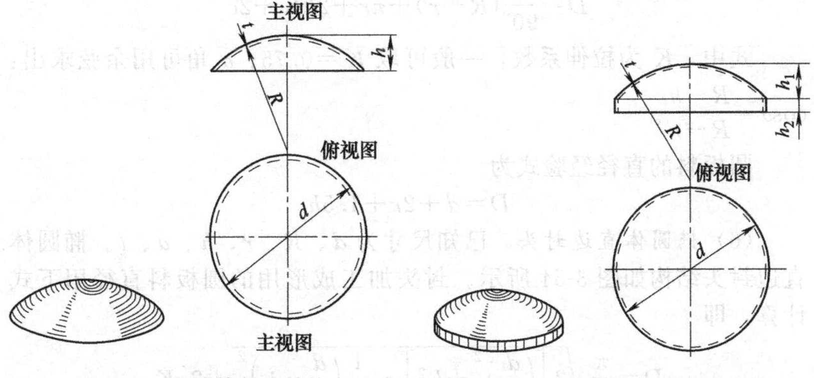

图 3-49　缺球体封头结构　　图 3-50　缺球体直边封头结构

计算，即

$$D=\sqrt{d^2+4(h_1^2+dh_2)}+2c$$

（3）半球体封头　已知尺寸为 d、t（板厚）。半球体封头结构如图 3-51 所示。封头加工成形用的圆板料直径用下式计算，即

$$D=\sqrt{d^2}+2c$$

（4）半球体直边封头　已知尺寸为 h、d、t（板厚）。半球体直边封头结构如图 3-52 所示。封头加工成形用的圆板料直径用下式计算，即

$$D=\sqrt{d^2+4dh}+2c$$

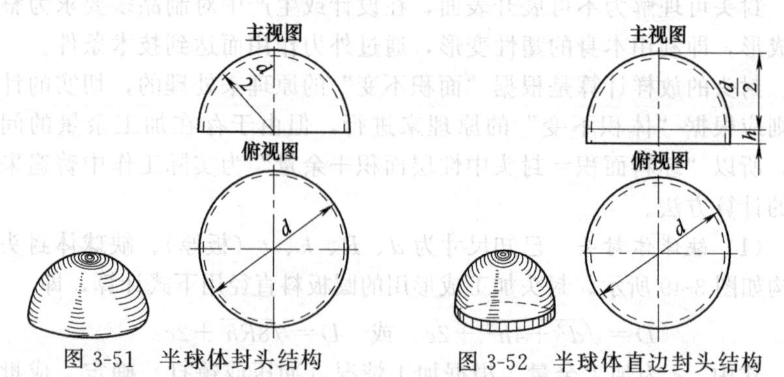

图 3-51　半球体封头结构　　　图 3-52　半球体直边封头结构

（5）大、小半径椭圆体封头　已知尺寸为 d、R、r、h、t（板厚）。大、小半径椭圆体封头结构如图 3-53 所示。封头加工成形用的圆板料直径用下式计算，即

$$D=\frac{\pi\alpha}{90°}(R-r)+\pi r+2hK+2c$$

式中，K 为拉伸系数，一般可取 $K=0.75$；α 角可用余弦求出：$\cos\alpha=\dfrac{R-h}{R-r}$。

圆板料的直径经验式为

$$D=d+2r+1.5h$$

（6）椭圆体直边封头　已知尺寸为 d、R、r、h、a、t。椭圆体直边封头结构如图 3-54 所示。封头加工成形用的圆板料直径用下式计算，即

$$D=\frac{\pi}{2}\sqrt{2\left[\left(\frac{d}{2}\right)^2+h^2\right]-\frac{1}{4}\left(\frac{d}{2}-h\right)^2}+2aK$$

标准椭圆体直边封头的直径经验式为

$$D=d+h+a$$

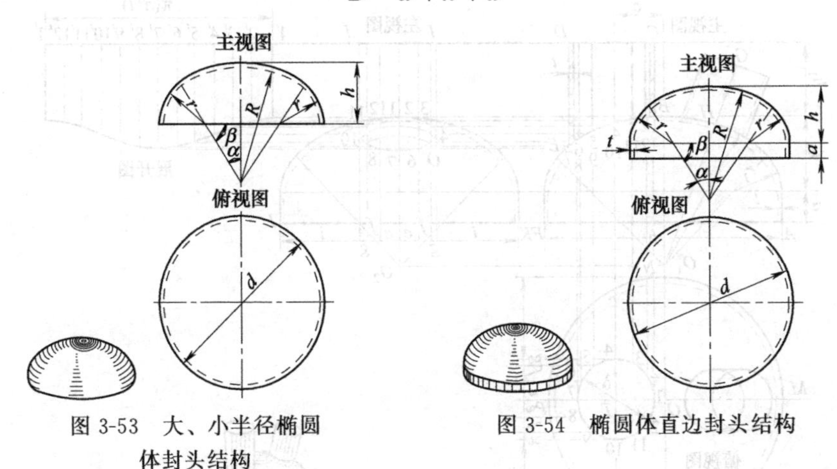

图 3-53 大、小半径椭圆体封头结构

图 3-54 椭圆体直边封头结构

(7) **平顶圆角封头** 已知尺寸为 d、d_1、r、t。平顶圆角封头结构如图 3-55 所示。封头加工成形用的圆板料直径用下式计算，即

$$D=\sqrt{d_1^2+6.3rd_1+8r^2}+2c$$

(8) **平顶圆角直边封头** 已知尺寸为 d、r、h、t。平顶圆角直边封头结构如图 3-56 所示。封头加工成形用的圆板料直径用下式计算，即

$$D=\sqrt{d^2+4d(h-0.43r)}+2c$$

(9) **圆管直插封头** 已知尺寸为 a、b、c、d、h、h_1、t。圆管

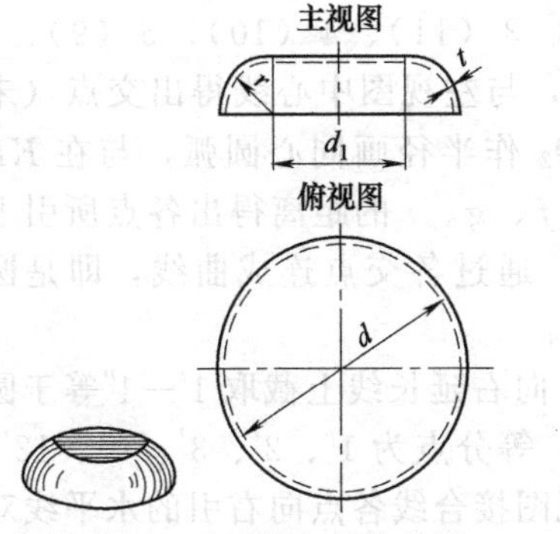

图 3-55 平顶圆角封头结构

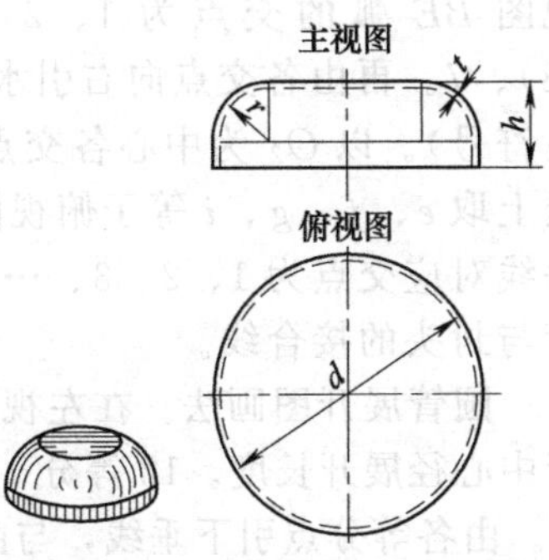

图 3-56 平顶圆角直边封头结构

直插封头展开图如图 3-57 所示。

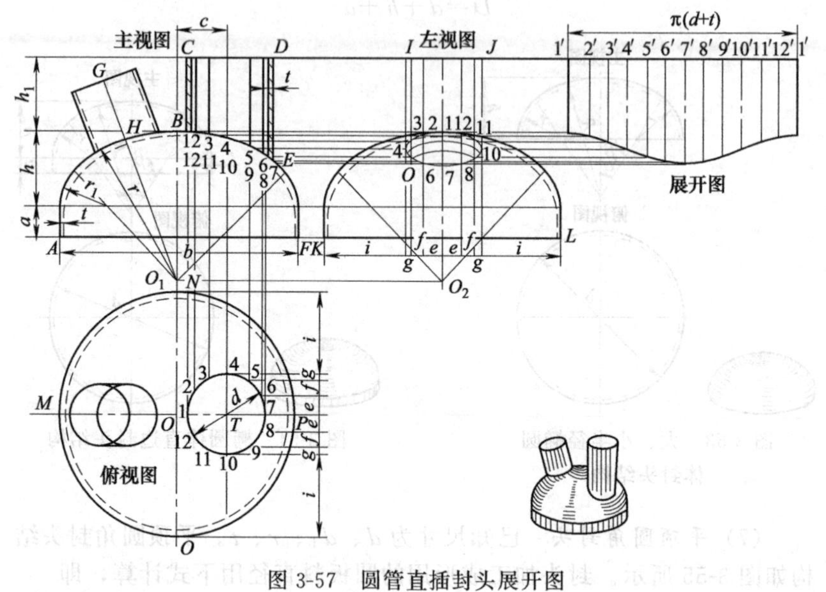

图 3-57 圆管直插封头展开图

从俯视图和主视图可以看出：右管与封头垂直相接，左管与封头倾斜相接，但左管中心线延长与封头圆心点 O_1 相交，所以左管端部是平的，可与封头直接相接，因之此管与封头的接合线不用求出。

用已知尺寸画出俯视图、主视图和左视图。12 等分俯视图 T 圆圆周，等分点为 1、2、3、…、12。由各等分点引上垂线，与主视图 BE 弧的交点为 1、2（12）、3（11）、4（10）、5（9）、6（8）、7。再由各交点向右引水平线，与左视图中心线得出交点（未注符号）。以 O_2 为中心各交点到 O_2 作半径画同心圆弧，与在 KL 线上取 e、f、g、i 等于俯视图 e、f、g、i 的距离得出各点所引上垂线对应交点为 1、2、3、…、12。通过各交点连成曲线，即是圆管与封头的接合线。

圆管展开图画法。在左视图 IJ 向右延长线上截取 $1'$—$1''$等于圆管中心径展开长度。12 等分 $1'$—$1''$，等分点为 $1'$、$2'$、$3'$、…、$12'$、$1''$。由各等分点引下垂线，与由左视图接合线各点向右引的水平线对应交点连成曲线，即得出所求圆管的展开图。

3.4 直管段

3.4.1 等径管

(1) 缺角圆管　已知尺寸为 h、d、t 及角 α。缺角圆管结构如图 3-58 所示。

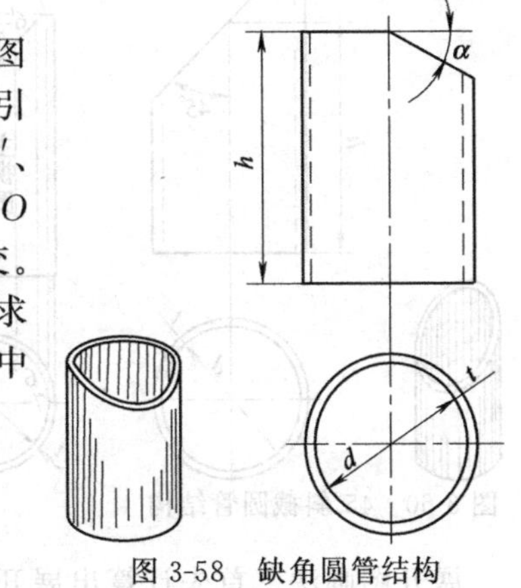

图 3-58　缺角圆管结构

图 3-59 所示的俯视图和主视图即为放样图。由俯视图的等分点引上垂线与主视图得出交点为 1′、2′、3′、4′。由各交点向右引水平线与 O 圆的圆周等分点 1、2、3、4 相交。由此得出简易的“小圆法”，即只求出 r 画 1/4 圆即可。在实际工作中俯视图和主视图可以不画。

r 计算式为

$$r=\frac{d+2t}{2}\tan\alpha$$

画图时先按圆管画展开图，然后以 r 为半径作 1/4 圆曲线，如展开图 3-59 所示。

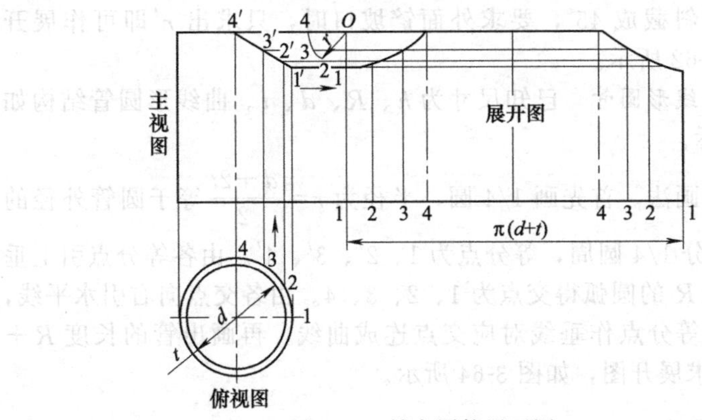

图 3-59　缺角圆管展开图

(2) 45°斜截圆管　已知尺寸为 h、d、t 及角 45°。45°斜截圆管结构如图 3-60 所示。

图 3-61 所示的俯视图和主视图即为放样图。当圆管斜截后不铲坡口还能保持斜截角度时，可根据此放样图画展开图，只求出 r、r' 即可。其计算式为

$$r=\frac{d+2t}{2};\ r'=\frac{d}{2}$$

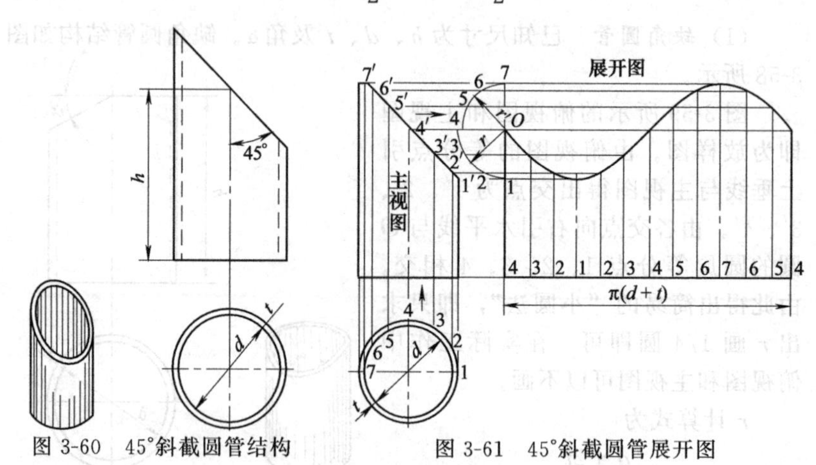

图 3-60 45°斜截圆管结构　　图 3-61 45°斜截圆管展开图

展开图画法。首先计算出展开长度并分为 12 等分（不等于俯视图的等分）。由各等分点引上垂线，与由 O 圆圆周等分点向右引各水平线对应交点连成曲线，即得出所求展开图。

当圆管斜截成 45°，要求外面铲坡口时，只求出 r' 即可作展开图，如图 3-62 所示。

(3) 曲线形圆管　已知尺寸为 h、R、d、t。曲线形圆管结构如图 3-63 所示。

展开图画法。首先画 1/4 圆，半径为 $r=\dfrac{d+2t}{2}$ 等于圆管外径的一半；3 等分 1/4 圆周，等分点为 1、2′、3′、4′。由各等分点引上垂线与半径为 R 的圆弧得交点为 1、2、3、4。由各交点向右引水平线，与展开长度等分点作垂线对应交点连成曲线，再画出管的长度 $R+h$，即得所求展开图，如图 3-64 所示。

3.4.2 圆锥管

(1) 正圆锥管　已知尺寸为 d_1、d_2、h、l、t。只要求出展开图半径 r，即可直接画展开图。r 计算式为

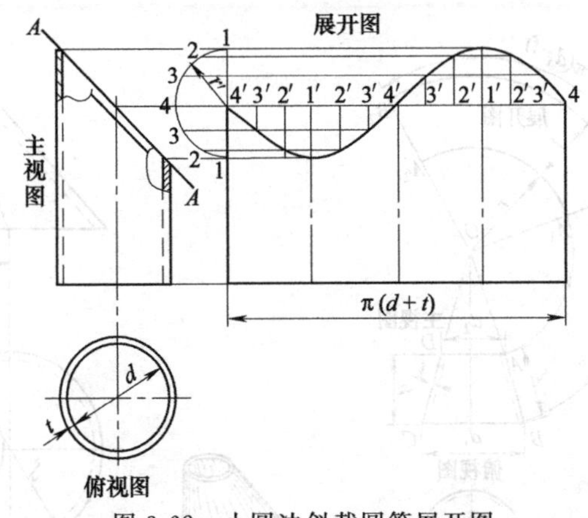

图 3-62 小圆法斜截圆管展开图

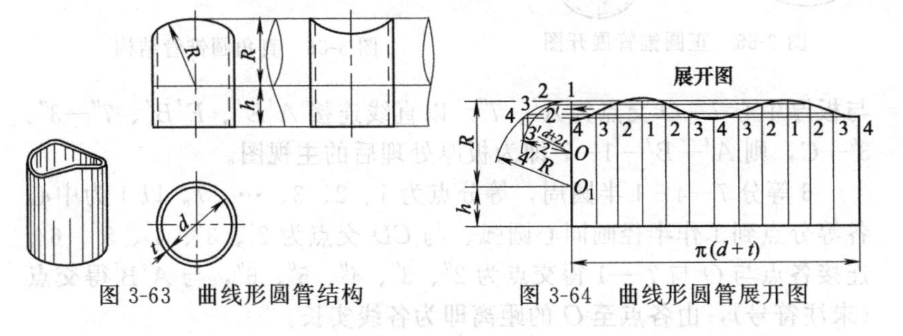

图 3-63 曲线形圆管结构 图 3-64 曲线形圆管展开图

$$r=\frac{l(d_2+t)}{d_1-d_2}$$

展开图画法。在以点 O 为中心，以 BO、AO 作半径画同心圆弧上截取等于大口展开长度，得点为 B_1、B_2，连接 B_1、B_2 与 O。$B_1B_2A_2A_1$ 即为所求展开图，如图 3-65 所示。

(2) 直角圆锥管 已知尺寸为 a、d、d'、h、t。直角圆锥管结构见图 3-66。

用已知尺寸画出左视图和主视图及按中心径画出底圆断面的1/2。延长主视图和左视图两侧线求出锥管顶点 O。连接 7—O，则 7—O—1 即为直角圆锥。

由左视图 E 外皮点和 H 里皮点分别引对 EH 的直角线，与板厚中心线交点为 E'、3″。再由 E'、3″向左引水平线与主视图中心线 TO 交点为 E'、3″。由主视图 A 外皮点和 D 里皮点引对 AD 的直角线，

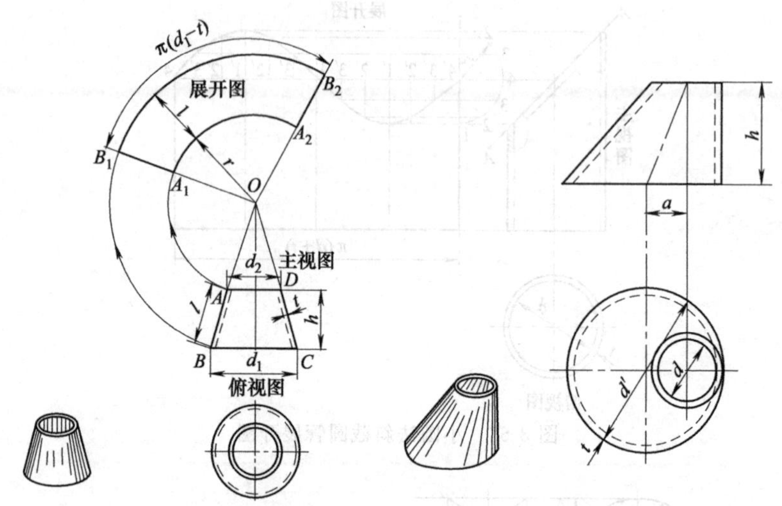

图 3-65 正圆锥管展开图

图 3-66 直角圆锥管结构

与板厚中心 7—O 交点为A'、7″。以直线连接 $A'E'$、$E'B'$、7″—3″、3″—C，则 A'—B'—1—7″即为板厚处理后的主视图。

6 等分 7—4—1 半圆周，等分点为 1、2、3、…、7。以 1 为中心各等分点到 1 作半径画同心圆弧、与 CD 交点为 2′、3′、4′、5′、6′。连接各点与 O 与 7″—1 得交点为 2″、3″、4″、5″、6″，与 $A'B'$得交点(未注符号)，由各点至 O 的距离即为各线实长。

展开图画法。在以 O 为中心，以 O—1 作半径画圆弧上任取点 1″。以 1″为中心断面图 1—2 作半径画圆弧，与以 O 为中心，以O—2′作半径画圆弧交点为 2。再以 O 为中心，以 O—3′、O—4′、…、O—7′作半径画同心圆弧，与以 2 为中心俯视图 2—3 作半径顺次画圆弧得交点为 3、4、…、7、6、…、1″。以直线连接各点与 O，将各点连成曲线 1″—1″。再以 O 点为中心，以 $A'B'$线各点到 O 作半径画圆弧，对应交点连成曲线 B_1B_2，则 1″—B_2—B_1—1″即为所求展开图，如图 3-67 所示。

(3) 斜圆锥管　已知尺寸为 a、d、d'、h、t。斜圆锥管顶点用以下计算式求得

$$x=\frac{h(d+t)}{d'-d}\text{；}y=\frac{ax}{h}$$

用已知尺寸按中心径画主视图和底断面的 1/2。在水平线上取

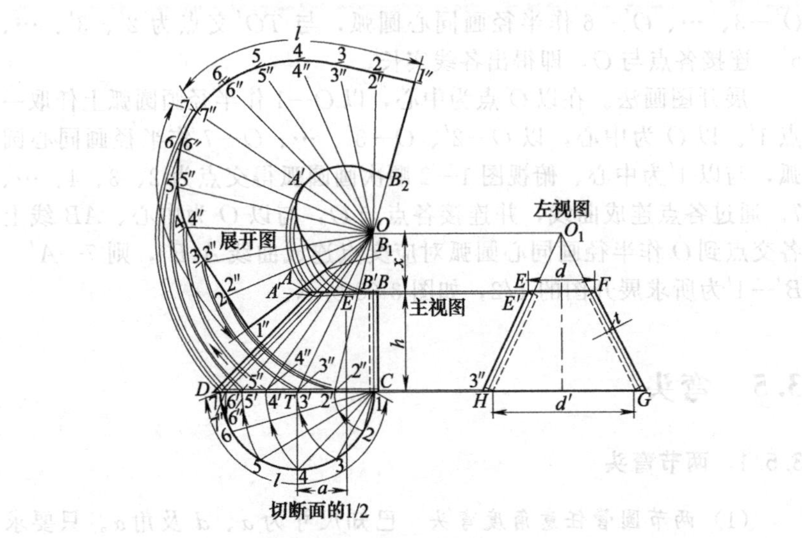

图 3-67　直角圆锥管展开图

TO'等于$a+y$。以T为中心按板中心径$d'+t$的一半作半径画半圆周1—4—7。6等分半圆周，等分点为1、2、3、…、7。以直线连接各等分点与O'。再画主视图。在由O'引到TO'的直角线取$O'C$、CO等于h、x高度。连接1—O和7—O，与由C向左引与TO'的平行线，交点为A、B，即得出主视图。再以O'为中心，以O'—2、

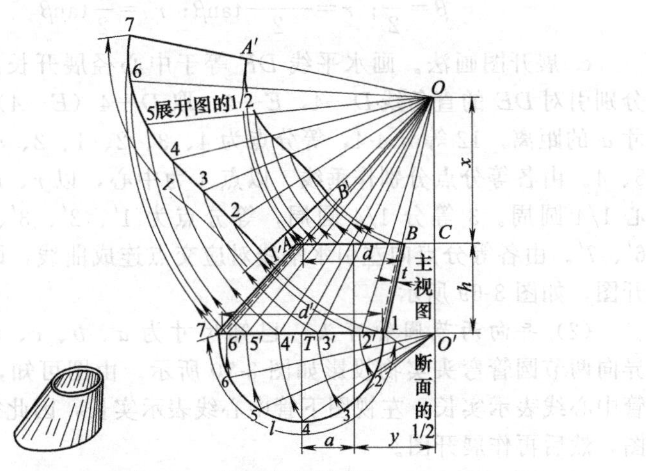

图 3-68　斜圆锥管展开图

O'—3、…、O'—6 作半径画同心圆弧，与 TO' 交点为 $2'$、$3'$、…、$6'$。连接各点与 O，即得出各线实长。

展开图画法。在以 O 点为中心，以 O—1 作半径画圆弧上任取一点 $1'$。以 O 为中心，以 O—$2'$、O—$3'$、…、O—7 作半径画同心圆弧，与以 $1'$为中心、俯视图 1—2 顺次画圆弧得交点为 2、3、4、…、7。通过各点连成曲线，并连接各点与 O，与以 O 为中心、AB 线上各交点到 O 作半径画同心圆弧对应交点连成曲线 $A'B'$，则 7—A'—B'—$1'$为所求展开图的 1/2，如图 3-68 所示。

3.5 弯头

3.5.1 两节弯头

（1）两节圆管任意角度弯头　已知尺寸为 a、d 及角 α。只要求出 r、r'即可直接作展开图。求 r 和 r 的方法可分为图解法和计算法两种。

a. 图解法。先画出角 β 等于已知 α 的 1/2（$\beta=\alpha/2$），取 AA'等于管外径的 1/2，取 AC'等于管内径的 1/2。由点 A'、C'引上垂线，与斜线得交点为 B、C，即得出所求 r，r'，如图 3-69（a）所示。

b. 计算法。计算式为

$$\beta=\frac{\alpha}{2}；\ r=\frac{d+2t}{2}\tan\beta；\ r'=\frac{d}{2}\tan\beta$$

c. 展开图画法。画水平线 DE 等于中心径展开长度。由 D、E 分别引对 DE 的直角线 D—4，E—4。取 D—4（E—4）等于已知尺寸 a 的距离。12 等分 4-4，等分点为 4、3、2、1、2、…、6、7、6、5、4。由各等分点分别作垂线。以点 4 为中心，以 r、r'作半径画同心 1/4 圆周。3 等分 1/4 圆周，等分点为 $1'$、$2'$、$3'$、$4'$，$4'$、$5'$、$6'$、$7'$。由各等分点向左引水平线对应交点连成曲线，即得出所求展开图，如图 3-69 所示。

（2）异向两节圆管弯头　已知尺寸为 a、b、c、d、e、h、t。异向两节圆管弯头实物投影如图 3-70 所示。由图可知，在主视图上管中心线表示实长，左视图下管中心线表示实长，因此须先求出辅视图，然后再作展开图。

① 辅视图的画法。作 $B'C''$线与左视图 BC 平行且相等，BB'、

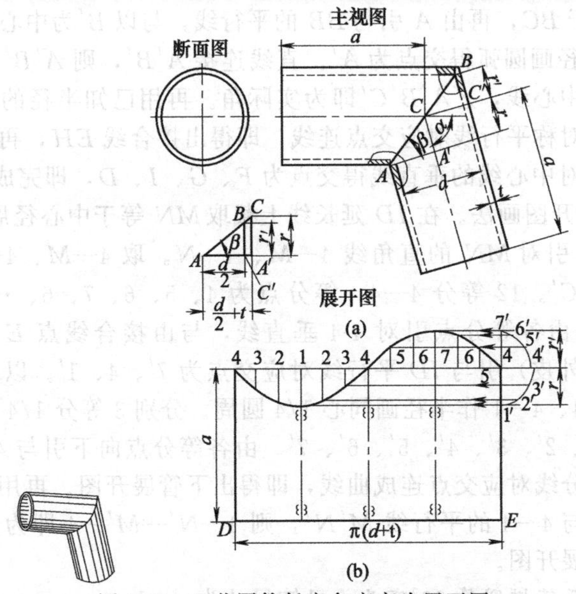

图 3-69　两节圆管任意角度弯头展开图

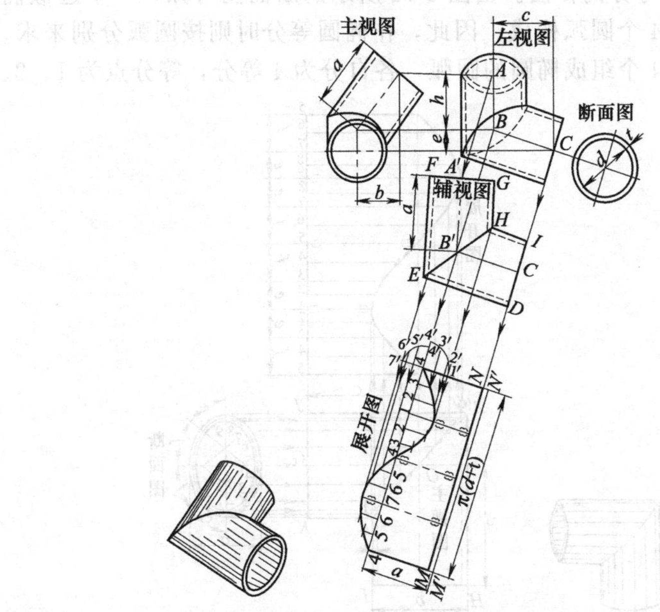

图 3-70　异向两节圆管弯头展开图

CC'垂直于BC，再由A引与BB的平行线，与以B'为中心，以主视图a作半径画圆弧得交点为A'。直线连接$A'B'$，则$A'B'$、$B'C'$即为两管的中心线，$\angle A'B'C'$即为实际角。再用已知半径的距离引与中心线的对称平行线对应交点连线，即得出接合线EH，再由点A'、C'分别引对中心线的垂直线得交点为F、G、I、D，即完成辅视图。

② 展开图画法。在ID延长线上截取MN等于中心径展开长度。由M、N引对MN的直角线4—M、4—N。取4—M、4—N等于辅视图$B'C'$。12等分4—4，等分点为4、5、6、7、6、…、2、1、2、3、4。由各等分点引对4-4垂直线，与由接合线点E（里皮）、B'、H（外皮）引与ID平行线对应交点为7′、4、1′。以点4为中心以7′—4、4—1′作半径画同心1/4圆周。分别3等分1/4圆周，等分点为1′、2′、3′、4′、5′、6′、7′。由各等分点向下引与4—4平行线，与等分线对应交点连成曲线，即得出下管展开图。再用主视图a的距离引与4—4的平行线$M'N'$，则4—N'—M'—4即为异向两节圆管弯头展开图。

（3）**两节椭圆管90°弯头** 已知尺寸为a、b、c、t。

① 椭圆等分的作法。由图3-71所示的断面图可知，一个近似椭圆形可以由4个圆弧构成。因此，作椭圆等分时则按圆弧分别来求。将断面图的4个组成椭圆的圆弧，各自分为4等分，等分点为1、2、

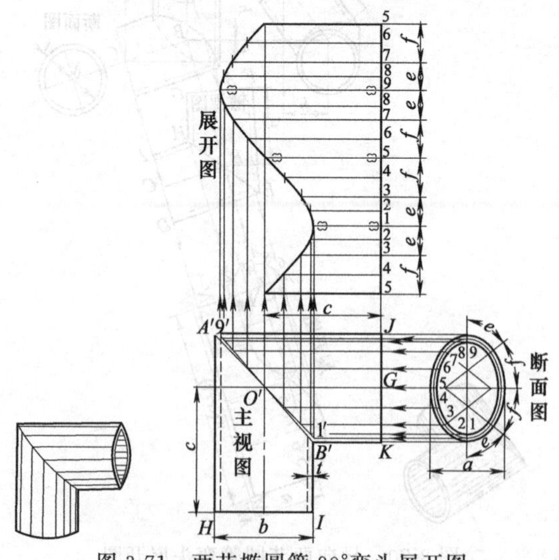

图3-71 两节椭圆管90°弯头展开图

3、…、8、9。其等分点均以中心径为准。

② 主视图接合线的求法。用已知尺寸画出主视图。由断面图中心径点 9 向左引水平线，与 $A'H$ 里皮交点为 9′。再由断面图中心径点 1 向左引水平线，与 $B'I$ 外径交点为 1′。连接 9′—O'、O'—1′，即为板厚处理后的接合线。

③ 展开图画法。在 KJ 延长线上截取 5—5 等于断面图中心径伸直长度，并照录等分点向左引水平线；由断面图中心径的等分点向左引水平线，与接合线 9′—O'、O'—1′相交，由各交点向上引与 JK 的平行线，与水平线对应交点连成曲线，即得出所求的展开图，如图 3-71 所示。

(4) **圆锥管两节任意角度弯头** 已知尺寸为 d_1、d_2、R、t 及角 α。圆锥管两节任意角度弯头实物投影如图 3-72 所示。

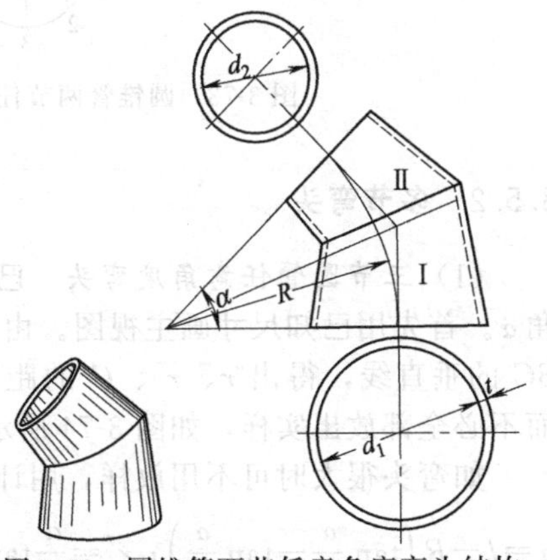

图 3-72 圆锥管两节任意角度弯头结构

① 接合线的求法。先用已知尺寸画出弯头的中心线 T_1T_2、T_2T_3。以 T_1 为中心取 CD 等于大头板厚中心径，以 T_3 为中心取 AB 等于小头板厚中心径。以 T_2 为中心、$r\left(r=\dfrac{2t+d_1+d_3}{4}\right)$为半径作圆。以直线分别连接点 A、B、C、D 与圆的切点得交点为 E、F，EF 即为所求接合线。再画出板厚。由图可以看出点 E 是外皮先接触，点 F 是里皮先接触，是和圆管弯头板厚处理相似的。将管Ⅱ$ABFE$ 掉转 180°与管Ⅰ相接，即成为圆锥管，EF 即为圆锥管的斜截线，由于板厚的影响产生出两条线 F—3°、E—3°°。

② 展开图画法。以 T_1 为中心按板厚中心径画半圆周。由 4 等分半圆周的等分点引上垂线与 1—5 得交点并与 O_1 连线，与 F—3°、E—3 得出交点向右引水平线与 O_1—5 得出交点。在以 O_1 为中心以 O_1—5 作半径画圆弧，截取 3—3 等于半周伸直长度的 2 倍，并照录各等分点与 O_1 连成直线，与以点 O_1 为中心 O_1—5 各点至 O_1 分别作半径画同心圆弧对应交点连成曲线，A_1—A_2—3°°—F—E—3°°为

Ⅱ展开图。$3^{\circ\circ}$—F—E—$3^{\circ\circ}$—3—3 即为Ⅰ展开图，如图 3-73 所示。

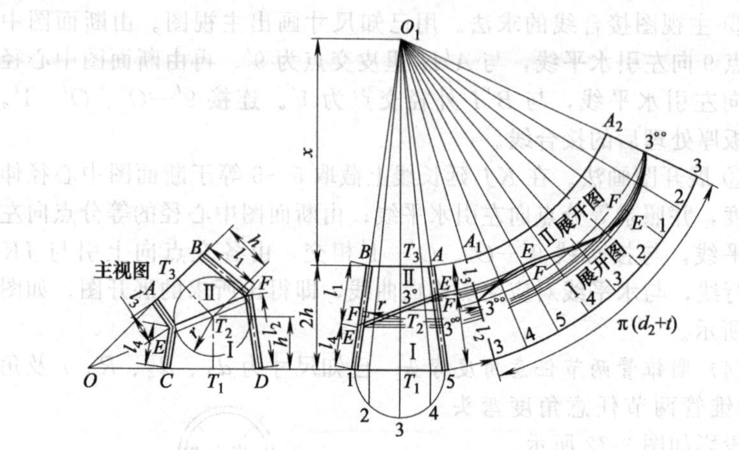

图 3-73　圆锥管两节任意角度弯头展开图

3.5.2　多节弯头

(1) 三节圆管任意角度弯头　已知尺寸为 a、l、d、b、t、R 及角 α。首先用已知尺寸画主视图。由接合线点 G_1、G、G_2 和 E 引对 BC 的垂直线，得出 r、r'、C 的距离即为画展开图所需要的尺寸，而不必全部放出实样，如图 3-74 所示。

如弯头很大时可不用放样，用计算法最为简便。计算式为

$$a=l-R\left(\tan\frac{\alpha}{2}-\tan\frac{\alpha}{4}\right);\ r'=\frac{d}{2}\tan\frac{\alpha}{4};\ r=\frac{d+2t}{2}\tan\frac{\alpha}{4};\ c=\frac{b}{2}-r$$

① 管Ⅱ展开图画法。画水平线 AB 等于中心径展开长度，由 AB 引对 AB 的直角线 A—4、B—4。取 A—4（B—4）等于已知尺寸 b 的一半，以直线连接 4—4，12 等分 4—4，等分点为 4、3、…、5、4。以 4 为中心主视图 r、r' 作半径画同心 1/4 圆周。3 等分两个 1/4 圆周，等分点为 1′、2′、3′、4′和 4′、5′、6′、7′。由各等分点向左引水平线与由 4—4 线各等分点所引垂线对应交点连成曲线，并在 AB 下边画对称曲线，得出Ⅱ展开图。

② 管Ⅲ展开图画法。画 CD 等于中心径展开长度，由 C、D 引对 CD 的直角线 C—4、D—4。取 C—4 等于主视图 a，由 4 向右引与 CD 的平行线对应交点为 4，12 等分 4—4，等分点为 4、5、…、3、4。以 4 为中心以 r、r' 作半径画同心 1/4 圆周。3 等分两 1/4 圆周，

等分点为 1′、2′、3′、4′和 4′、5′、6′、7′。由各等分点向左引水平线，与由 4—4 线各等分点所引垂线对应交点连成曲线，即得出所求管Ⅲ的展开图。

③ 卡样板的作法。画水平线 1—2，由 2 引与水平线成 α 角的线 2—3。以 2 为中心任意长度作半径画圆弧与 1—2、2—3，得交点为 4、5。分别以 4、5 为中心任意长度作半径画圆弧得交点为 6，连接 2—6，取主视图 c 的距离引与 2—6 对称的平行线，得与 1—2、2—3 的交点为 7、8。1—7—8—3 即为所求的卡样板。

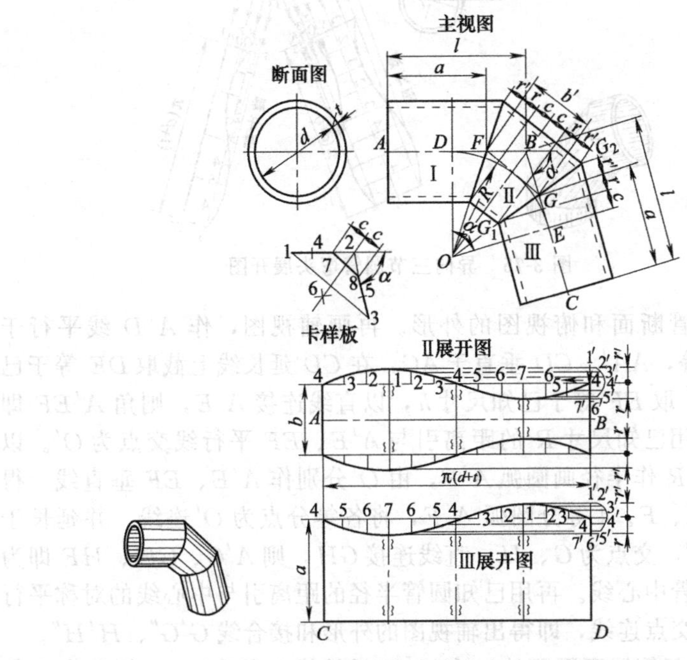

图 3-74 三节圆管任意角度弯头展开图

（2）异向三节圆管弯头 已知尺寸为 a、b、c、d、h、R、t。异向三节圆管弯头实物投影如图 3-75 所示。由 A 部放大图可知，管外径为 d，板厚为 t，半径为 R，中间有一节连接管。

管件在主视图和左视图都不能表示出实长和实角，根据变换图面的方法先用已知尺寸直接画出俯视图和辅视图（主视图和左视图可以不画）。首先画俯视图，作直角 ABC，取 AB 等于已知尺寸 b，取 BC 等于已知尺寸 a。AC 即为俯视图圆管弯头的中心线。再用已知

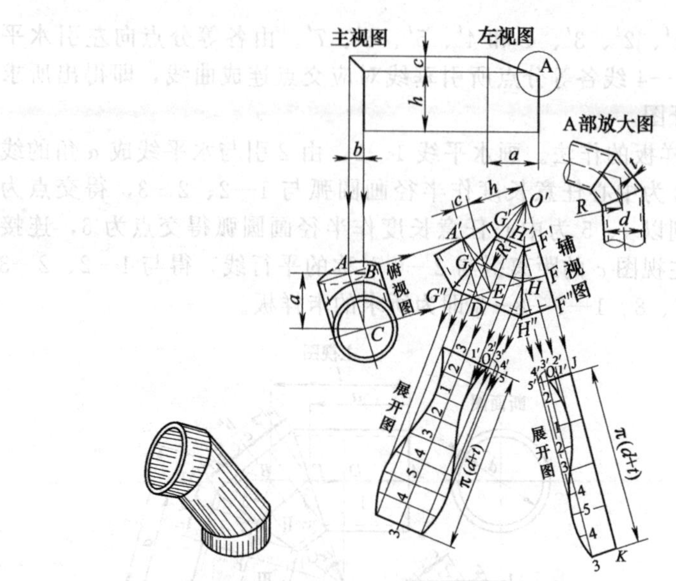

图 3-75　异向三节圆管弯头展开图

半径画圆管断面和俯视图的外形。再画辅视图，作 $A'D$ 线平行于 AC 且相等，AA'、CD 垂直于 AC，在 CD 延长线上截取 DE 等于已知尺寸 c，取 EF 等于已知尺寸 h，以直线连接 $A'E$，则角 $A'EF$ 即为实角。用已知尺寸 R 的距离引与 $A'E$、EF 平行线交点为 O'。以 O'为中心 R 作半径画圆弧 $A'F$，由 O'分别作 $A'E$、EF 垂直线，得垂足为 A'、F。4 等分圆弧 $A'F$，将各等分点为 O'连线，并延长于 $A'E$、EF，交点为 G、H。直线连接 GH，则 $A'G$、GH、HF 即为辅视图圆管中心线。再用已知圆管半径的距离引与中心线的对称平行线，对应交点连线，即得出辅视图的外形和接合线 $G'G''$、$H'H''$。

① 中间管展开图画法。在 $O'E$ 延长线上截取 3—3 等于中心径展开长度。8 等分 3—3，等分点为 3、4、…、2、3。由各等分点引对 3—3 的直角线，与由接合线点 H'（外皮点）、H、H''（里皮交点）引与 OE 的平行线，对应交点为 $1'$、O、$5'$。以 O 为中心以 $1'$—O、O—$5'$作半径画两个同心圆 1/4 圆周。分别 2 等分 1/4 圆周，等分点为 $1'$、$2'$、$3'$、$4'$、$5'$。由各等分点引与 3—3 的平行线与 3—3 线各等分点的垂线对应交点连成曲线，并在 3—3 上边画对称曲线，即完成所求的展开图。

② 上、下管展开图画法。因为上下管大小相同，所以只求出一节

展开图即可。在 $F'F''$ 延长线上截取 JK 等于中心径展开长度。由 J、K 引对 JK 的直角线 3—K、O—J。由接合线点 H 引与 $F'F''$ 的平行线，与 3—K、O—J 交点为 3、O。8 等分 3—O，等分点为 3、4、…、2、O。由各等分点引对 3—O 的垂直线。由接合线点 H'（外皮点）、H''（为里皮交点）引与 $F'F''$ 的平行线对应交点为 $5'$、$1'$。以 O 为中心 $1'$—O、O—$5'$ 作半径画两个同心圆 1/4 圆周，分别 2 等分 1/4 圆周，等分点为 $1'$、$2'$、$3'$、$4'$、$5'$。由各等分点引与 3—O 的平行线，与 3—O 线各等分点的垂线对应交点连成曲线，即得出所求的展开图。

（3）**三节组合的蛇形弯管**　已知尺寸为 a、b、c、d、h、t。三节组合的蛇形弯管实物投影如图 3-76 所示。管Ⅰ和管Ⅲ在俯视图和主视图上都是水平的，只有管Ⅱ是倾斜的。因此，须作出蛇形管的辅视图，求出接合的实角才能作展开图。

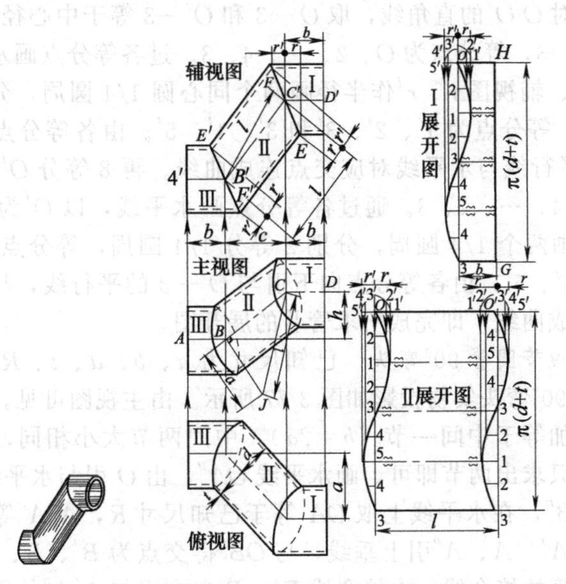

图 3-76　三节组合的蛇形弯管展开图

① 辅视图画法。首先用已知尺寸画出主视图的中心线 AB、BC、CD。然后应用三角法求出管Ⅱ中心线的实长。由 B 引对 BC 的直角线 BJ，取 BJ 等于俯视图已知尺寸 a，直线连接 CJ 即为管Ⅱ中心线的实长。再画辅视图。作 $A'B'$ 线平行于 AB 且相等，AA'、BB' 垂直于 AB。由 C 引与 BB' 平行线，与以 B' 为中心、管Ⅱ中心线实长

作半径画圆弧交点为C'。过C'向右引水平线，与由主视图D向上引与CC'的平行线，交点为D'。则$A'B'$、$B'C'$、$C'D'$即为辅视图的中心线。再用圆管已知半径的距离引与中心线对称的平行线，即得辅视图的外形和接合线$E'F'$、EF。

② 管Ⅰ展开图画法。画OH等于辅视图$C'D'$。由O、H引对OH的直角线O—3、H—G。取O—3和H—G等于中心径展开长度。8等分O—3，等分点为O、2、…、4、3。通过各等分点画水平线。以O为中心、辅视图r、r'作半径画两个同心圆1/4圆周，分别2等分1/4圆周，等分点为$1'$、$2'$、$3'$和$3'$、$4'$、$5'$。由各等分点向下引对O—3的平行线，与水平线对应交点连成曲线，即得出管Ⅰ展开图。管Ⅲ展开图和管Ⅰ展开图画法相同。

③ 管Ⅱ展开图画法。画水平线O—O'等于辅视图B'—C'，在由O、O'引对OO'的直角线，取O—3和O'—3等于中心径展开长度。8等分O—3，等分点为O、2、…、4、3。过各等分点画水平线。以O为中心、辅视图r、r'作半径画两个同心圆1/4圆周，分别2等分1/4圆周，等分点为$1'$、$2'$、$3'$和$3'$、$4'$、$5'$。由各等分点向下引与O—3的平行线与水平线对应交点连成曲线。再8等分O'—3，等分点为O'、4、…、2、3。通过各等分点画水平线，以O'为中心以r、r'作半径画两个1/4圆周，分别2等分1/4圆周，等分点为$1'$、$2'$、$3'$和$3'$、$4'$、$5'$。由各等分点向下引与O'—3的平行线，与水平线对应交点连成曲线，即完成所求管Ⅱ的展开图。

(4) **四节圆管90°弯头**　已知尺寸为a、b、d、t、R及角90°。四节圆管90°弯头实物投影如图3-77所示。由主视图可见，弯头的首尾两节相加等于中间一节（$b=2a$），中间两节大小相同，因此画展开图形时只求出两节即可。画水平线OA''，由O引与水平线成15°角的斜线OB''，在水平线上取OA等于已知尺寸R，$A'A''$等于已知直径d，由A'、A、A''引上垂线，与OB''得交点为B'、B、B''。$B'B''$即为中间管的接合线。由接合线B'、B向右引与$A'A''$的平行线，得出r'、r、c的距离，即为作展开图的必需尺寸。

① 尾节展开图画法。画水平线AB等于中心径展开长度，由A、B引对AB的直角线A—4、B—4。取A—4等于已知尺寸a，由4向右画水平线，对应交点为4。连接点4、4，12等分4—4，等分点为4、3、…、5、4。由各等分点引4—4的垂线，与以点4为中心以r、r'作半径画两个同心1/4圆周。3等分两1/4圆周，等分点为$1'$、

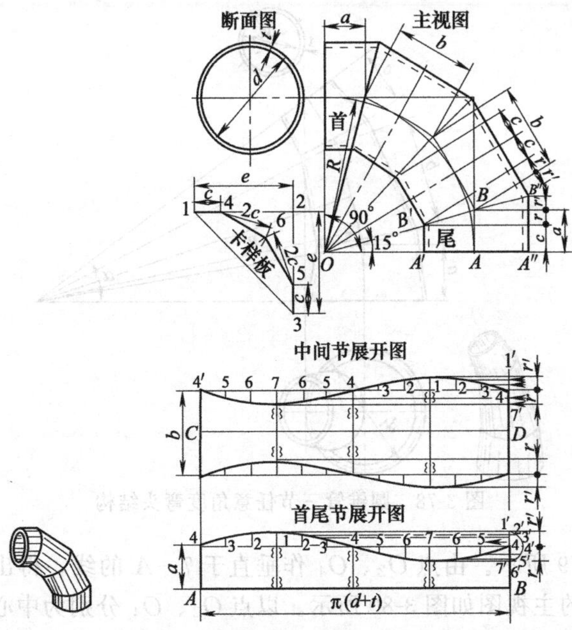

图 3-77 四节圆管 90°弯头展开图

2′、3′、4′和4′、5′、6′、7′。由各等分点向左引与 AB 的平行线，对应交点连成曲线，即得出所求尾节（首节）展开图。

② 中间节展开图画法。在 A—4 延长线上取 C—4′，等于已知尺寸 6 的一半，由 C、4′向右引与 AB 的平行线与 B—4 延长线对应交点为 D、4。12 等分 4′—4，等分点为 4′、5、…、3、4。由各等分点引 4′—4 的垂线，与在 1′—D 线上照录首尾节展开图上 1′—B 线上各点向左引与 CD 的平行线，对应交点连成曲线，并在 CD 下边画对称曲线，得出中间管的展开图。

③ 卡样板的作法。画直角 1—2—3，取 1—2 和 2—3 分别等于 $OA'\left(\dfrac{d}{2}+t\right)$，由点 1、3 分别取 c 的距离得点 4、5。以点 4、5 分别为中心、$2c$ 作半径画圆弧得交点为 6。直线连接 4—6 和 5—6，即得出所求的卡样板。

(5) 圆锥管三节任意角度弯头　已知尺寸为 a、b、c、d_1、d_2、R、t 及角 α。圆锥管三节任意角度弯头结构如图 3-78 所示。

① 接合线的求法。根据已知尺寸 $a+b+c$ 和 d_1、d_2，画出圆锥

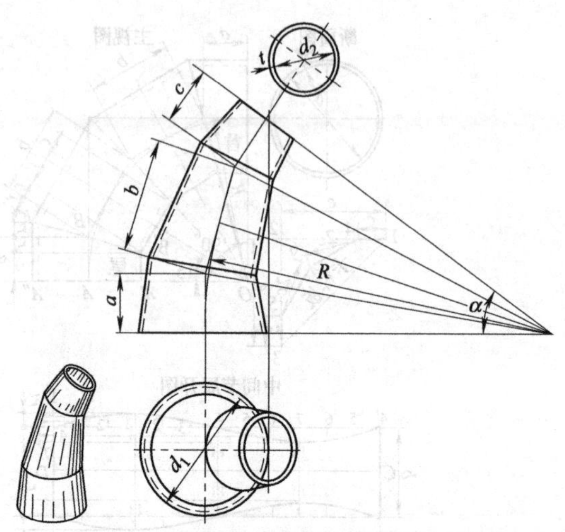

图 3-78　圆锥管三节任意角度弯头结构

管如图 3-79 所示。由点 O_2、O_4 作垂直于 7—A 的线，得出 r_2、r_4。再画弯头的主视图如图 3-80 所示。以点 O_2、O_4 分别为中心、以 r_2、r_4 分别为半径作圆，由点 A、B、1、7 分别与圆的切点连线，再连两个圆的公切线得出交点连成直线，即得出所求接合线。将弯头的内外侧线 a_1、a_2、b_1、b_2、c_1、c_2 移到图 3-79 所示的圆锥管两侧，画出锥管的斜截线。

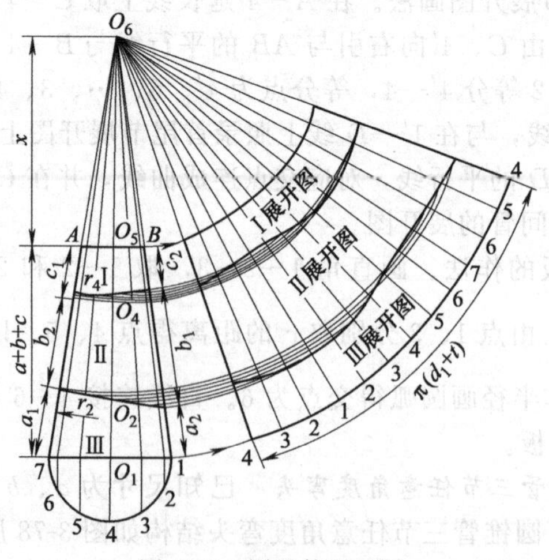

图 3-79　圆锥管展开图

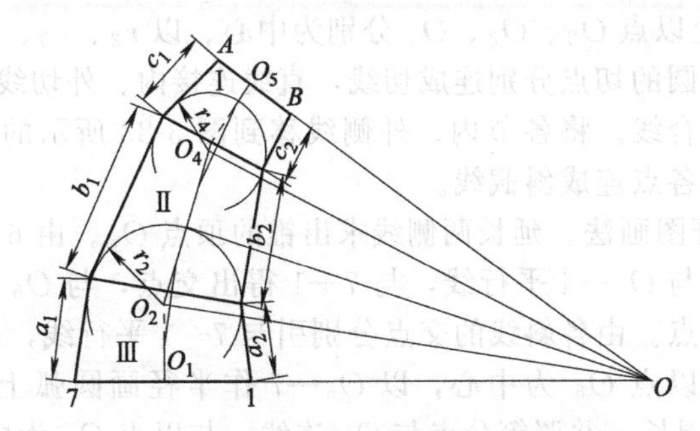

图 3-80　圆锥管三节任意角度弯头主视图

② 展开图画法。由 6 等分半圆周的等分点引上垂线，与 7—1 得出交点，各交点与 O_6 连线与斜截线得出交点，由各交点向右引水平线与 O_6—1 得出交点。在以点 O_6 为中心、以 O_6—1 为半径所画圆弧上截取 4—4 等于 O_1 圆周长，并照录各等分点与 O_6 连线，与以 O_6 为中心、以 1—O_6 上各点至 O_6 的距离分别为半径画同心圆弧相交，将对应交点连成曲线，即得出Ⅰ、Ⅱ、Ⅲ展开图。

（6）**圆锥管四节 90°弯头**　已知尺寸为 d_1、d_2、R、t 及角 90°。圆锥管四节 90°弯头实物投影如图 3-81 所示。

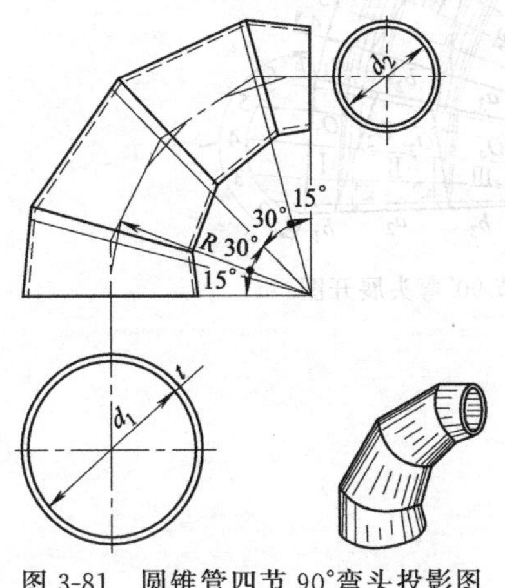

图 3-81　圆锥管四节 90°弯头投影图

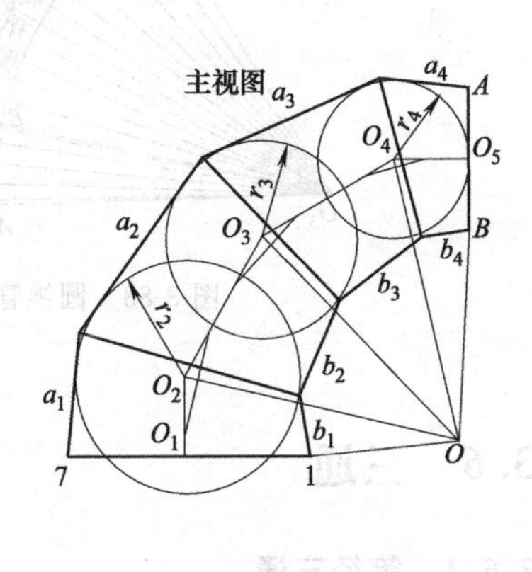

图 3-82　圆锥管四节 90°弯头主视图

① 接合线的求法。先用已知尺寸画出主视图的中心线，如图 3-82所示。将中心线伸直，再用已知大、小头直径画出圆锥管，如图 3-83 所示。由点 O_2、O_3、O_4 分别垂直于 A—1 即得出 r_2、r_3、r_4。

在图 3-82 上以点 O_2、O_3、O_4 分别为中心、以 r_2、r_3、r_4 分别作半径画圆。由圆的切点分别连成切线，直线连接内、外切线的交点，即得出所求接合线。将各节内、外侧线移到图 3-83 所示的圆锥管两侧线上，得出各点连成斜截线。

② 展开图画法。延长两侧线求出锥的顶点 O_6。由 6 等分半圆周的等分点引与 O_6—4 平行线，与 7—1 得出交点，与 O_6 连线，与各斜线得出交点。由各斜线的交点分别引与 7—1 平行线，与 O_6—7 得出交点。在以点 O_6 为中心，以 O_6—7 作半径画圆弧上截取 4—4，等于 O_1 圆周长，并照等分点与 O_6 连线，与以点 O_6 为中心以 O_6—7 各点至 O_6 分别作半径画同心圆弧对应交点连成曲线，即得出Ⅰ、Ⅱ、Ⅲ、Ⅳ展开图。

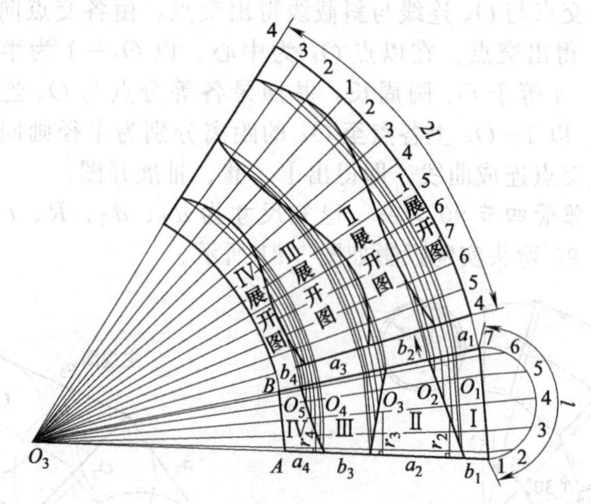

图 3-83　圆锥管四节 90°弯头展开图

3.6　三通

3.6.1　等径三通

（1）等径直交三通　已知尺寸为 a、d、h、t、R。等径直交三通实物投影如图 3-84 所示。等径三通，无论垂直和倾斜，接合线均为直线。因此，用已知半径 R 即可直接画出展开图。

① 管Ⅰ展开图画法。画水平线 AB 等于中心径展开长度。再由

点 B 引对 AB 的直角线取 BO 等于已知尺寸 h。以 O 为中心以 R 作半径画 1/4 圆周，3 等分 1/4 圆周，等分点为 $1'$、$2'$、$3'$、$4'$。由点 $4'$向左引水平线，与由点 A 引对 AB 的直角线对应交点为 4。12 等分 4—$4'$，由各等分点引 4—$4'$的下垂线，与由 1/4 圆周各等分点向左引水平线对应交点连成曲线，即为所求的展开图。

② 管Ⅱ展开图画法。在 A—4 向下延长线上取 CD 和 DE 等于已知尺寸 a，由 C、D、E 向右引水平线，与 BO 向下延长线得交点为 C'、D'、E'。4 等分 CC'，由各等分点引 CC'的下垂线与 EE'相交为圆管卷成后的表面中心线，即得出所求展开图。

③ 切孔的画法。6 等分管Ⅱ展开图的 1—1。以点 1 为中心以 R 作半径画 1/4 圆周，3 等分 1/4 圆周，等分点为 $1'$、$2'$、$3'$、$4'$。由各等分点向左引水平线与垂线对应交点连曲线，并在 1—1 下边画对称曲线，即得出切孔实形。

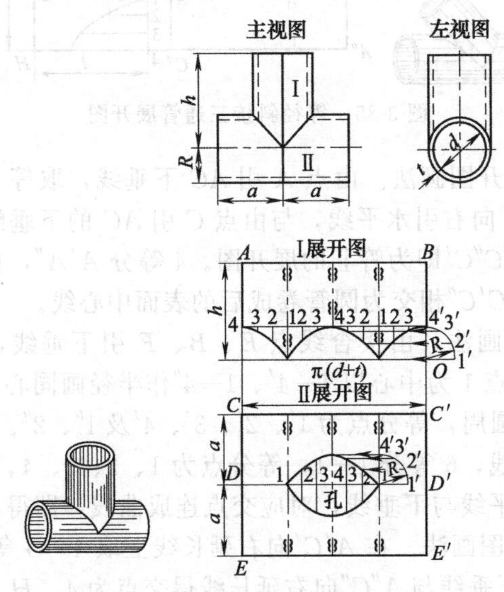

图 3-84 等径直交三通管展开图

(2) 等径斜接三通 已知尺寸为 a、b、d、t 及角 β。等径斜接三通的实物投影如图 3-85 所示。从主视图可以看出，作此展开图，只用两个尺寸 r、r'即可。所以应用计算法最为简便。

$$\alpha=\frac{\beta}{2};r'=\frac{d+2t}{2}\tan\alpha;r=\frac{d+2t}{2}\cot\alpha$$

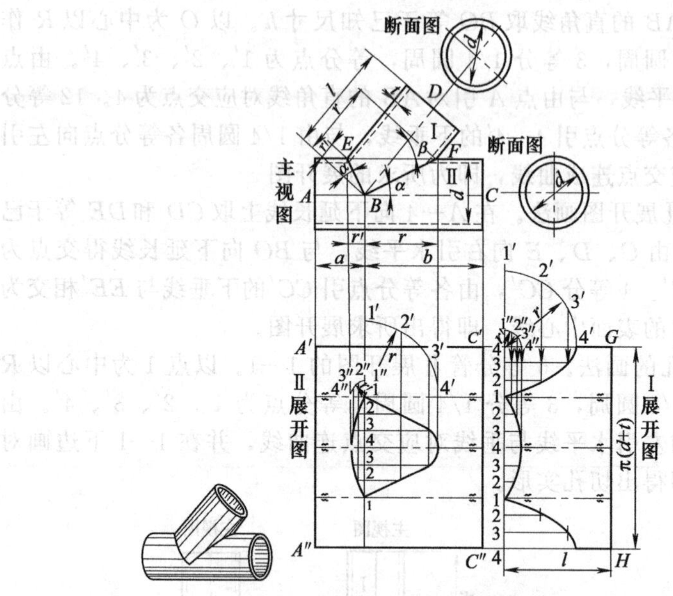

图 3-85　等径斜接三通管展开图

① 管Ⅱ展开图画法。由点 A 引 AC 下垂线，取等于中心径展开长度，由 $A'A''$向右引水平线，与由点 C 引 AC 的下垂线对应交点为 C'、C''。$A'A''C''C'$即为管Ⅱ的展开图。4 等分 $A'A''$，由等分点向右引水平线，与 $C'C''$相交为圆管卷成后的表面中心线。

② 切孔的画法。由接合线点 E、B、F 引下垂线，对应交点为 4″、1、4′。以点 1 为中心以 1—4′、1—4″作半径画同心 1/4 圆周。分别 3 等分 1/4 圆周，等分点为 1′、2′、3′、4′及 1″、2″、3″、4″。由各等分点引下垂线，6 等分 1—1，等分点为 1、2、3、4、3、2、1。由各等分点引水平线与下垂线，对应交点连成曲线，即得出切孔实形。

③ Ⅰ展开图画法。在 $A'C'$向右延长线上取 4—G 等于主视图 1，由点 4、G 引下垂线与 $A''C''$向右延长线得交点为 4、H。12 等分 4—4，等分点为 4、3、2、…、2、3、4。由各等分点向右画水平线，以点 1 为中心以 r、r'作半径画同心 1/4 圆周，分别 3 等分 1/4 圆周，等分点为 1′、2′、3′、4′及 1″、2″、3″、4″。由各等分点引下垂线与水平线，将对应交点连成曲线，即为所求的展开图。

(3) 等角 Y 形等径三通　已知尺寸为 a、t、d。等角 Y 形等径三通的实物投影如图 3-86 所示。等角等径三通的直径相等且角度相

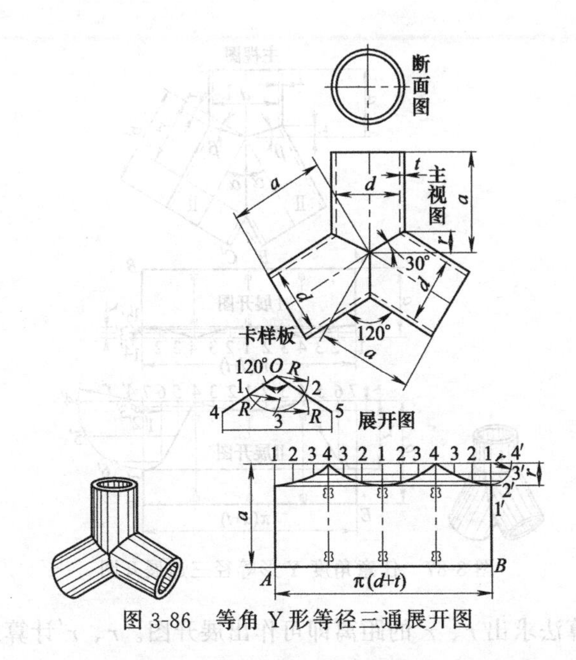

图 3-86　等角 Y 形等径三通展开图

等，均为 120°，三通管长度也相等，所以只求出一节展开图即可。

用计算法只求出 r 的距离即可作出展开图。计算式为

$$r=\frac{d+2t}{2}\tan30^{\circ}$$

① 展开图画法。画 AB 等于中心径的长度，由 4、B 引对 AB 的直角线 A—1、B—1。取 A—1 等于主视图 a，由 1 向右引与 AB 的平行线对应交点为 1，12 等分 1—1。由各等分点引下垂线，以点 1 为中心取主视图 r 作半径画 1/4 圆周，3 等分 1/4 圆周，等分点为 1′、2′、3′、4′。由各等分点向左引水平线与垂线对应点连成曲线，得出所求的展开图。

② 卡样板的画法。卡样板主要要求是角度精确，样板的长度按实际情况决定。画 O—4 直线，以 O 为中心取任意长度 R 作半径画圆弧 1—2，与 O—4 交点为 1，以点 1 为中心 R 作半径画圆弧，与 1—2 圆弧交点为 3，以点 3 为中心 R 作半径画圆弧，与 1—2 圆弧交点为 2。连接 O—2，∠1O2 即为所求卡样板的实际角度 120°，4—O 和O—5的长度应根据三通管的大小实际情况决定。

(4) 任意角度 Y 形等径三通　已知尺寸为 a、b、d、t 及角 α。任意角度 Y 形等径三通的实物投影如图 3-87 所示。

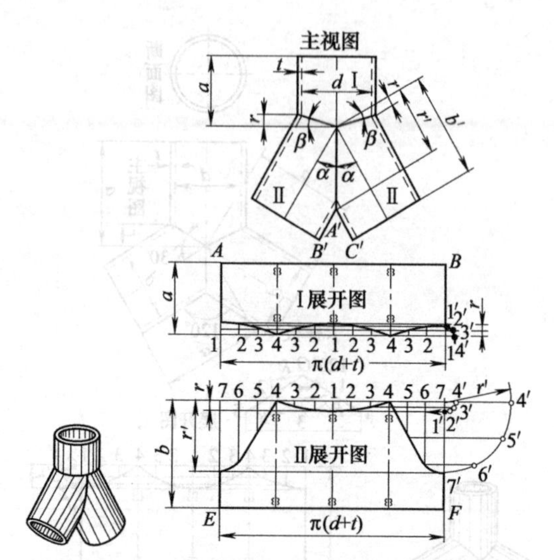

图 3-87　任意角度 Y 形等径三通展开图

用计算法求出 r、r'的距离即可作出展开图。r、r'计算式为

$$\beta=\frac{\alpha}{2}\text{；}r=\frac{d+2t}{2}\cot\alpha\text{；}r'=\frac{d+2t}{2}\tan\beta$$

① 管Ⅰ展开图画法。画水平线 AB 等于中心径展开长度，由 A、B 向下引对 AB 的直角线 A—1、B—1。取 A—1 等于主视图口。由点 1 向右引水平线对应交点为 1。

12 等分 1—1，由各等分点向上引对 1—1 的垂直线。以 1 为中心取主视图 r 作半径画 1/4 圆周，3 等分 1/4 圆周，等分点为 1′、2′、3′、4′。由各等分点向左引与 1—1 的平行线与垂线，对应交点连成曲线，得出管Ⅰ的展开图。

② 管Ⅱ展开图画法。画水平线 EF 等于中心径展开长度，由点 E、F 引对 EF 的直角线 E—7、F—7。取 E—7 等于主视图中 b。由点 7 向右引与 EF 的平行线，对应交点为 7。12 等分 7—7，等分点为 7、6、5、…、2、1、2、…、6、7。由各等分点引下垂线，以点 7 为中心、主视图中 r、r'作半径画同心 1/4 圆周。分别 3 等分 1/4 圆周，等分点为 1′、2′、3′、4′和 4′、5′、6′、7′。由各等分点向左引与 7—7 的平行线与垂线对应点连成曲线，即得出所求管Ⅱ展开图。

(5) 裤形等径三通　已知尺寸为 a、b、c、d、e、f、t 和角 60°。裤形等径三通的实物投影如图 3-88 所示。

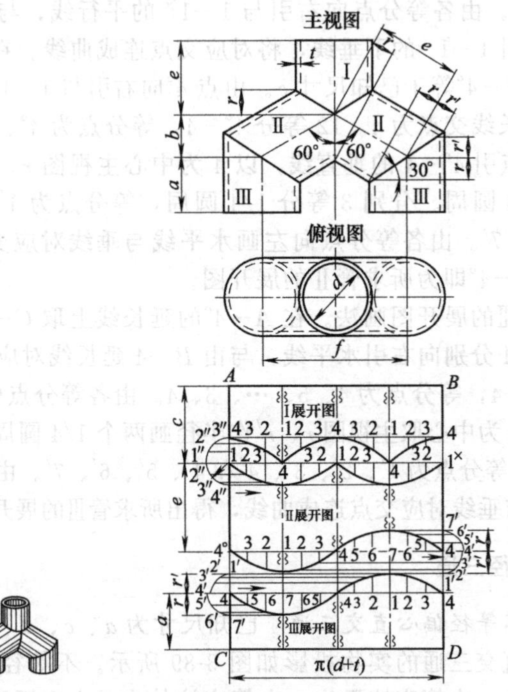

图 3-88　裤形等径三通展开图

已知管Ⅱ与垂直中心线成 60°角，则接合线与水平线成 30°角。

由图可知，已知 30°角及 d，只要求出 r、r'即可作出管Ⅰ、Ⅱ、Ⅲ的展开图。r、r'计算式为

$$r=\frac{d+2t}{2}\tan30^\circ;\ r'=\frac{d}{2}\tan30^\circ$$

① 管Ⅰ展开图画法。画水平线 AB 等于中心径展开长度，在由点 A 向下引对 AB 直角线取等于主视图 C，得点为 1。以点 1 为中心 r 作半径画 1/4 圆周，3 等分 1/4 圆周，等分点为 1″、2″、3″、4。由点 4 向右引与 AB 的平行线，与由点 B 向下引对 AB 直角线得交点为 4。由 12 等分 4—4 的等分点向下引对 AB 的垂直线，与由圆周等分点向右引与 AB 的平行线对应交点连成曲线，即得出Ⅰ展开图。

② 管Ⅱ展开图画法。由点 1 向右引与 AB 的平行线，与 B—4 向下延长线交点为 $1^\times$。12 等分 1—$1^\times$，等分点为 1、2、…、2、$1^\times$。以点 1 为中心 r 作半径画 1/4 圆周，3 等分 1/4 圆周，等分点为 1″、

$2''$、$3''$、$4''$。由各等分点向右引与 $1—1^{\times}$ 的平行线，与由 $1—1^{\times}$ 各等分点分别引 $1—1^{\times}$ 的下垂线，将对应交点连成曲线。在 $A—1$ 向下延长线上取 $1—4^{\circ}$ 等于已知尺寸 e。由点 4° 向右引与 1—1 的平行线，与 $B—1^{\times}$ 延长线交点为 4。12 等分 $4^{\circ}—4$，等分点为 4°、3、…、5、4。由各等分点引 $4^{\circ}—4$ 的垂直线，以 4 为中心主视图 r、r' 作半径画两个同心 1/4 圆周。分别 3 等分 1/4 圆周，等分点为 $1'$、$2'$、3、4 和 4、5、$6'$、$7'$。由各等分点向左画水平线与垂线对应交点连成曲线，$1-1^{\times}-4-4^{\circ}$ 即为所求管Ⅱ的展开图。

③ 管Ⅲ的展开图画法。在 $A—4^{\circ}$ 的延长线上取 $C—4$ 等于主视图 a，由 C、4 分别向右引水平线，与由 $B—4$ 延长线对应交点为 4、D。12 等分 4—4，等分点为 4、5、…、3、4。由各等分点引 4—4 的垂直线，以点 4 为中心取主视图 r、r' 作半径画两个 1/4 圆周，分别 3 等分 1/4 圆周，等分点为 $1'$、$2'$、$3'$、$4'$ 和 $4'$、$5'$、$6'$、$7'$。由各等分点向右引水平线与垂线对应交点连成曲线，得出所求管Ⅲ的展开图。

3.6.2 异径三通

（1）不等径偏心直交三通　已知尺寸为 a、c、d、h、R、t。不等径偏心直交三通的实物投影如图 3-89 所示。不等径偏心直交三通接合线求法，小管应按里皮，大管应按外皮。由右视图接合线可知，点 1 是外皮相交，点 7 是小管外与大管的中心近似相交。

① 主视图和右视图接合线的求法。用已知尺寸画主视图、右视图和断面图，6 等分右视图小管断面半圆周，等分点为 1、2、…、7。由各等分点引下垂线与大管外皮相交，得点 1、2、…、7。由各点向右引水平线，6 等分主视图小管断面半圆周，等分点与右视图小管断面图等分点掉转 90°，由各等分点引下垂线与水平线对应交点连成曲线，即为主视图接合线。

以点 O 为中心取小管外径的 1/2（$1—O$），画 1/2 圆周 1—7，6 等分半圆周，等分点为 1、2、…、7。由各等分点引上垂线，再由 O 向右取 OO' 等于右视图 c，以 O' 为中心以右视图 R 作半径画圆弧得交点为 1、$2'$、…、$7'$，即为两管的接合线。

② 管Ⅰ展开图画法在 7—7，向上延长线上取 $7—7^{\circ}$ 等于主视图已知尺寸 h。由点 7° 向右引水平线 $7^{\circ}—7$ 等于管Ⅰ中心径展开长度。12 等分 $7^{\circ}—7$，等分点为 7°、6、5、…、2、1、2、…、6、7。由各等分点引下垂线，与由圆弧上点 1、$2'$、$3'$、…、$6'$、$7'$ 向右引水平线

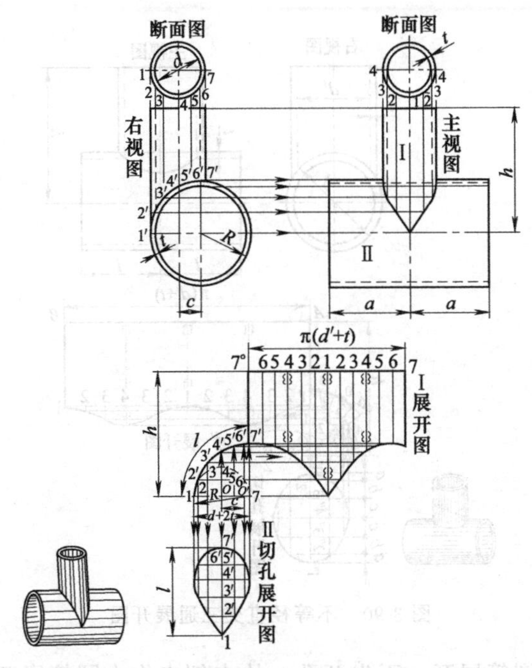

图 3-89 不等径偏心直交三通展开图

对应交点连成曲线，即得出所求管Ⅰ的展开图。

③ 管Ⅱ切孔展开图画法在 O—4 向下延长线上截取 1—7′等于圆弧 1—7′伸直长度，并照录各点引水平线，与由半圆周 1—7 各等分点所引下垂线对应交点连成曲线，即为所求管Ⅱ切孔展开图。

（2）不等径直交三通　已知尺寸为 h、l、d、d'、t。不等径直交三通的实物投影如图 3-90 所示。

① 小圆管的展开图画法。画水平线 AB 等于小管中心径展开长度，由 A 引对 AB 直角线 AO 等于已知尺寸 h。以 O 为中心以支管内径 1/2 作半径画 1/4 圆周，3 等分 1/4 圆周，等分点为 1、2、3、4。再以 O 点为中心以 $d/2$ 为半径作圆弧，与由点 1、2、3、4 引与 AO 的平行线得交点为 1′、2′、3′、4′，即得小圆管与大圆管相交的接合点。由 1′引与 AB 的平行线 1′—1，其长等于 AB。12 等分 1′—1，由各等分点引下垂线，与由点 1′、2′、3′、4′向右引与 AB 的平行线对应交点连成曲线，即为所求的展开图。

② 切孔展开图画法。切孔展开图须用大圆管外径作展开（大圆

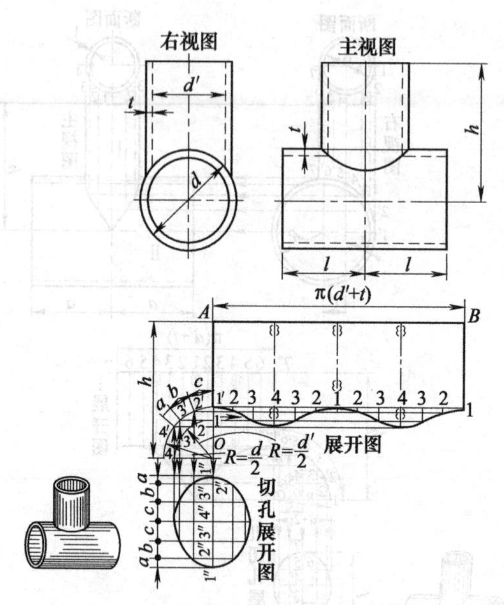

图 3-90 不等径直交三通展开图

管则按普通圆管展开，不先开孔。故本例未作大圆管展开图）。当小圆管直径较小时，则可用样板画开孔切割线。

在 AO 延长线上取 $1''$—$4''$—$1''$等于大圆弧 $1'$—$4'$伸直的 2 倍，并照录各点画水平线，与由点 $2'$、$3'$、$4'$向下引 AO 平行线对应交点连成曲线，并在右边画对称曲线，得出所求的展开图。

（3）不等径斜接三通 已知尺寸为 h、l、m，n、d、R'和角 α。不等径斜接三通的实物投影如图 3-91 所示。

① 支管主视图作法。用放样法作支管主视图（在实际工作中只画下端部分即可，不用全画），如图 3-92 所示。画 OE 等于已知尺寸 l，用已知角度 α_1（$\alpha_1=180°-\alpha$）作斜线 OO'，由 O'点作垂线 O'—$1'$等于已知尺寸 R'，以 O'点为中心以 $d/2$ 为半径作 1/4 圆周，3 等分 1/4 圆周，等分点为 1、2、3、4。由点 1、2、3、4 向上引 $O'-1'$平行线，与以 O'点为中心以 O'—$1'$作半径画圆弧得交点为 $1'$、$2'$、$3'$、$4'$。再由 1 引对 O'—$1'$的直角线 $1'$—$7''$，取 1/4 圆周上的点 2、3、4 与 O'—$1'$垂直距离引与 OE 的对称平行线，与由大圆弧上的点 $2'$、$3'$、$4'$向左引与 $1'$—$7''$的平行线对应交点连成曲线，即为两管相交的接合线。通过 $1'$、$7''$向上引与 OE 的平行线。与由 E 画水平线交

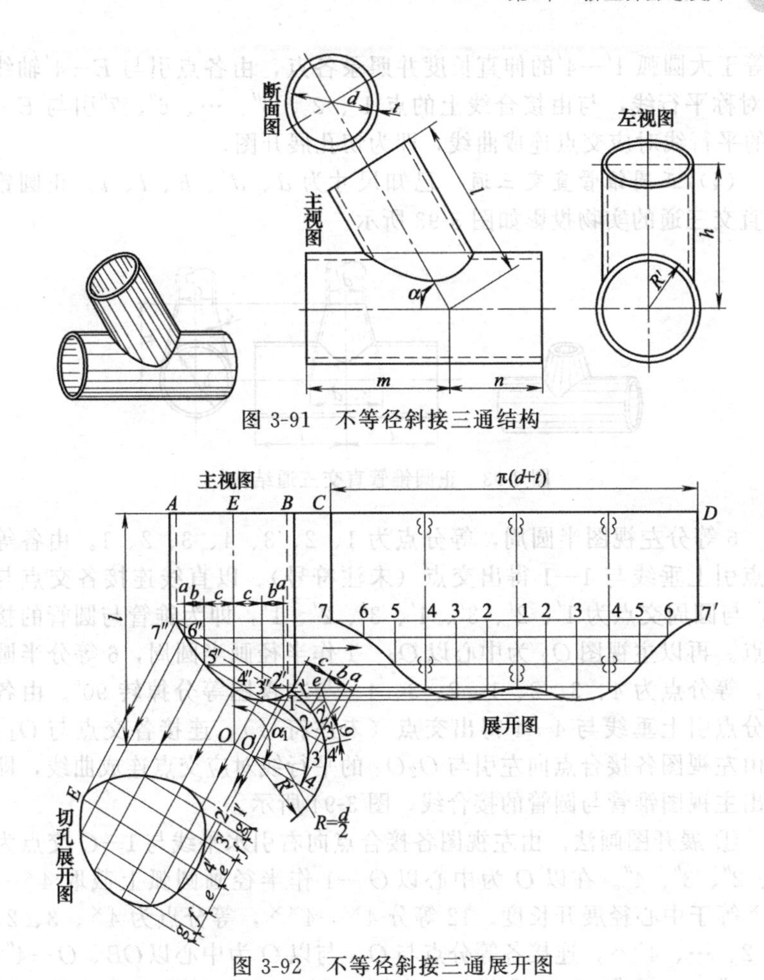

图 3-91 不等径斜接三通结构

图 3-92 不等径斜接三通展开图

点为 A、B。取已知尺寸 t 的距离引与 $A—7''$、$B—1'$ 的平行线，得出小管的外形，即完成主视图。

② 小圆管的展开图画法。在 AB 延长线上截取 CD 等于小管中心展开长度。由 C、D 引下垂线，与由主视图点 $7''$ 向右画水平线交点于 7、$7'$。12 等分 $7—7'$ 得点 7、6、…、2、1、2、…、$7'$。由各点引 $7—7'$ 下垂线，与由接合线上点 $1'$、$2''$、…、$6''$、$7''$ 向右引水平线对应交点连成曲线，即为所求小圆管的展开图。

③ 切孔展开图画法。引主视图 $1'—7''$ 的平行线 $E—4'$，并由点 $1'$、$7''$ 引对 $1'—7''$ 的直角线 $E—7''$、$4'—1'$。以 $E—4'$ 为基线，取 $1'—$

$4'$等于大圆弧 $1'$—$4'$的伸直长度并照录各点，由各点引与 E—$4'$轴线的对称平行线，与由接合线上的点 $1'$、$2''$、$3''$、…、$6''$、$7''$引与 E—$7''$的平行线对应交点连成曲线，即为切孔展开图。

(4) **正圆锥管直交三通** 已知尺寸为 d、d'、h、l、t。正圆锥管直交三通的实物投影如图 3-93 所示。

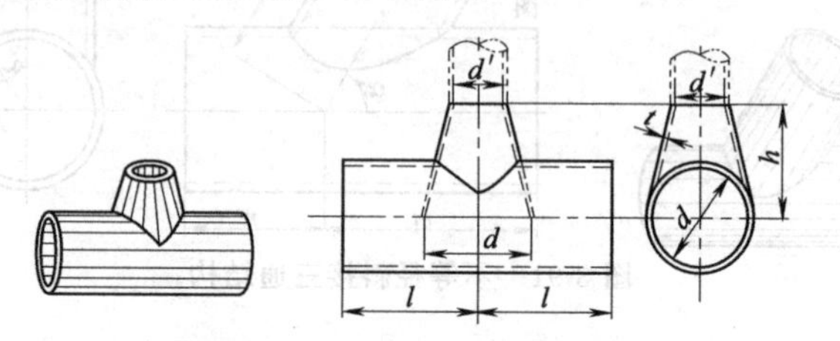

图 3-93 正圆锥管直交三通结构

6 等分左视图半圆周，等分点为 1、2、3、4、3、2、1。由各等分点引上垂线与 1—1 得出交点（未注符号）。以直线连接各交点与 O，与圆周交点为 $1'$、$2'$、$3'$、$4'$、$3'$、$2'$、$1'$，即为锥管与圆管的接合点。再以主视图 O_2 为中心以 O_2—1 作半径画半圆周，6 等分半圆周，等分点为 4、3、2、1、2、3、4。与左视图等分掉转 90°。由各等分点引上垂线与 4—4 得出交点（未注符号），连接各交点与 O_1，与由左视图各接合点向左引与 O_2O_3 的平行线对应交点连成曲线，即得出主视图锥管与圆管的接合线，图 3-94 所示。

① 展开图画法。由左视图各接合点向右引水平线与 1—O 交点为 $1''$、$2''$、$3''$、$4''$。在以 O 为中心以 O—1 作半径画圆弧上截取 $4^{\times}$—$4^{\times\times}$等于中心径展开长度。12 等分 $4^{\times}$—$4^{\times\times}$，等分点为 $4^{\times}$、3、2、1、2、…、$4^{\times\times}$，连接各等分点与 O，与以 O 为中心以 OB、O—$4''$、O—$3''$、O—$2''$、O—$1''$为半径作同心圆弧对应交点连成曲线，则 B''—$4^{\circ\circ}$—4°—B'即为所求展开图。

② 切孔展开图画法。在主视图 O_1O_2 向下延长线上截取 $1'$—1 等于左视图 $1'$—1 弧长伸直，并照录各点后引水平线，与由接合线各点向下引与 O_1O_2 的平行线，对应交点连成曲线，即得出所求切孔展开图。

(5) **正圆锥管斜交三通** 已知尺寸为 a、d、d'、r、t 和角 α。正圆锥管斜交三通的实物投影如图 3-95 所示。

① 主视图和右视图的画法。先用已知尺寸 r 画出主视图的圆管 $IJKJ$（长度任意）。在水平中心线上任取一点 T，由 T 引与水平线

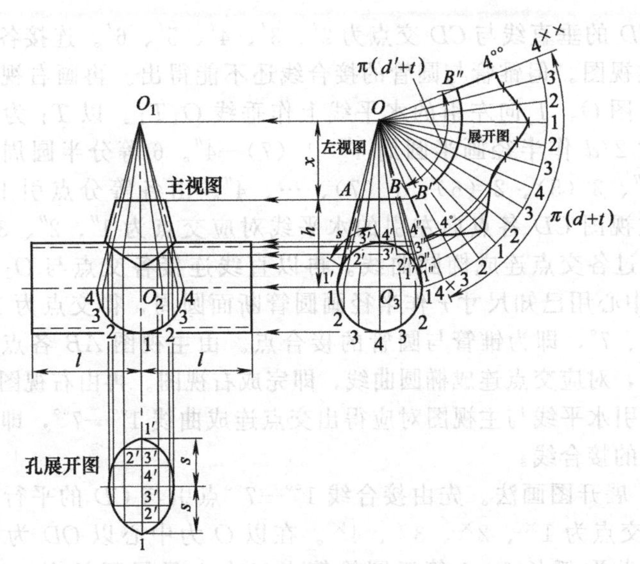

图 3-94 正圆锥管直交三通展开图

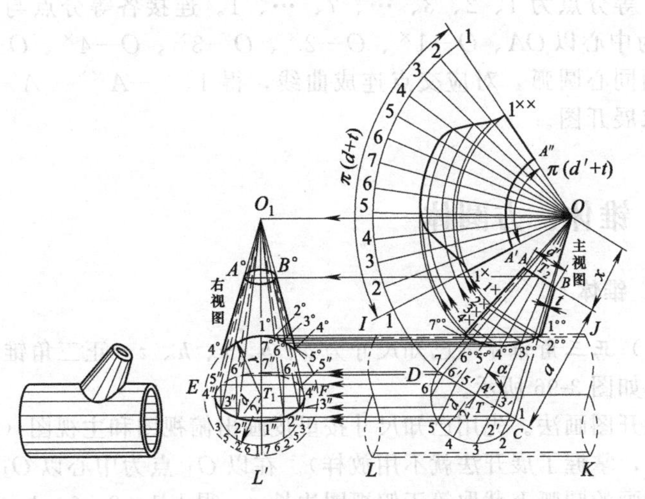

图 3-95 正圆锥管斜交三通展开图

成α角的TO线。在TO线上取TT_2等于已知尺寸a，取T_2O_2等于圆锥顶与AB线的距离x。通过T引对TO的垂线CD等于圆锥管大口内径。以T为中心CT作半径画半圆周C—4—D，为锥管大口断面的1/2。6等分半圆周，等分点为1、2、3、…、7。由各等分点

引对 CD 的垂直线与 CD 交点为 $2'$、$3'$、$4'$、$5'$、$6'$。连接各点与 O 完成主视图。但锥管与圆管的接合线还不能得出。再画右视图，在由主视图 O、T 向左引的水平线上作垂线 O_1T_1。以 T_1 为中心已知尺寸 $2/d$ 作半径画半圆周 $4''$—1 (7)—$4''$。6 等分半圆周，等分点为 $4''$、3 (5)、2 (6)、1 (7)、…、$4''$。由各等分点引上垂线，与由主视图 CD 各点向左引的水平线对应交点为 $1''$、$2''$、$3''$、…、$7''$。通过各交点连成椭圆曲线。再以直线连接各交点与 O_1，与以 T_1 为中心用已知尺寸 r 作半径画圆管断面圆周，得交点为 1°、2°、3°、…、7°，即为锥管与圆管的接合点。由主视图 AB 各点向左引水平线，对应交点连成椭圆曲线，即完成右视图。再由右视图各接合点向右引水平线与主视图对应得出交点连成曲线 $1^{\circ\circ}$—$7^{\circ\circ}$，即为锥管与圆管的接合线。

② 展开图画法。先由接合线 $1^{\circ\circ}$—$7^{\circ\circ}$点引与 CD 的平行线，与 OD 的交点为 $1^{\times}$、$2^{\times}$、$3^{\times}$、$4^{\times}$。在以 O 为中心以 OD 为半径画圆弧上截取弧长 1—1 等于圆锥管大口中心径展开长度。12 等分 1—1，等分点为 1、2、3、…、7、…、1。连接各等分点与 O，与以 O 为中心以 OA、O—$1^{\times}$、O—$2^{\times}$、O—$3^{\times}$、O—$4^{\times}$、O—$7^{\circ\circ}$作半径画同心圆弧，对应交点连成曲线，得 $1^{\times\times}$—$A^{\times\times}$—A'—$1^{\times}$ 即为所求展开图。

3.7 锥体、方圆体

3.7.1 锥体

(1) **正三角锥体** 已知尺寸为 a、b、r、h、t。正三角锥体的实物投影如图 3-96 所示。

展开图画法。先用已知尺寸按里皮画出俯视图和主视图（在实际工作中，掌握了展开法就不用放样）。在以 O_1 点为中心以 O_1—$1'$为半径所画的圆弧上截取等于俯视图边长 a，得点 1、2、3、1。通过各点分别连成直线，即得出所求展开图，如图 3-97 所示。

(2) **正四角锥体** 已知尺寸为 a、h、t。正四角锥体的实物投影如图 3-98 所示。

展开图画法。先画俯视图和主视图。在以主视图 A 为中心以 AC 为半径所画的圆弧上顺次截取等于俯视图边长 a，得点为 1、2、3、

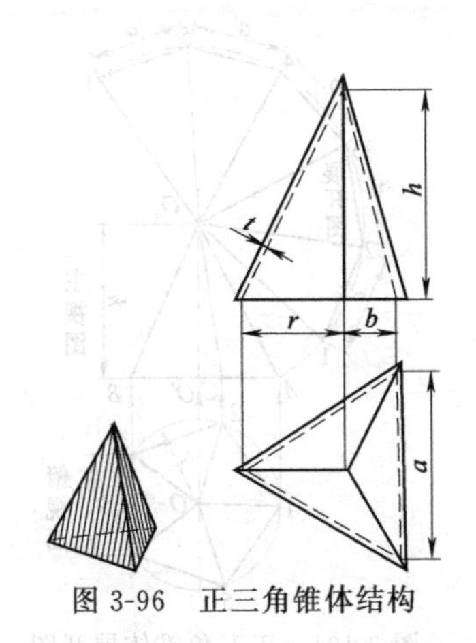

图 3-96 正三角锥体结构

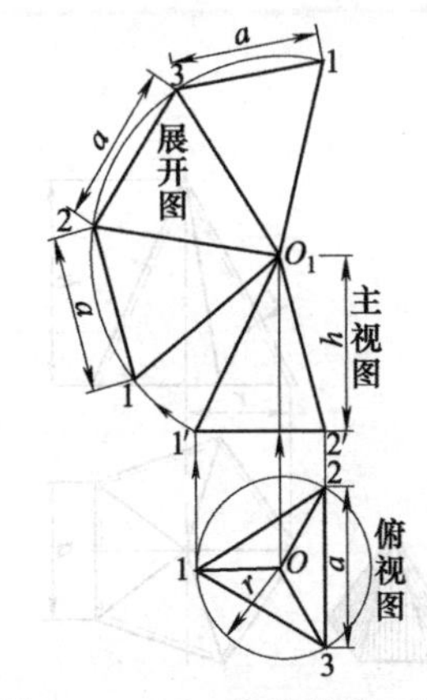

图 3-97 正三角锥体展开图

4、1。通过各点分别连成直线，即得出所求展开图，如图 3-99 所示。

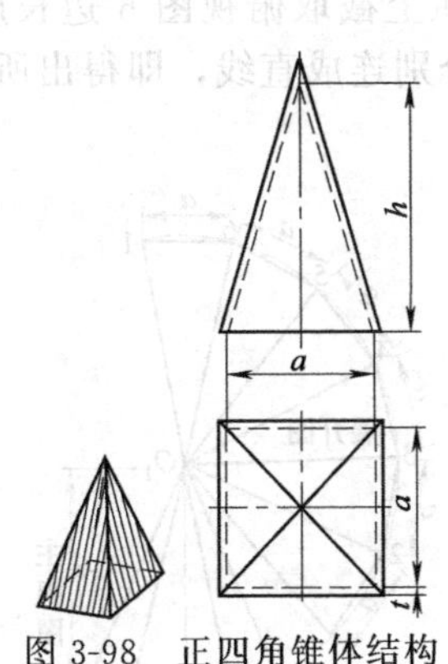

图 3-98 正四角锥体结构

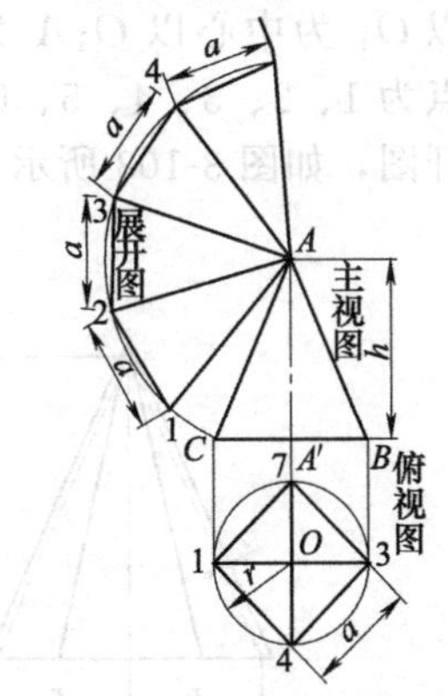

图 3-99 正四角锥体展开图

(3) **正五角锥体** 已知尺寸为 a、r、h、t。正五角锥体的实物投影如图 3-100 所示。

展开图画法。先画俯视图和主视图，主视图棱线 AO_1 为实长。在以 O_1 为中心以 O_1A 为半径所画的圆弧上截取等于俯视图五边长度，得点为 1、2、3、4、5、1。通过各点分别连成直线，即得出所求展开图，如图 3-101 所示。

(4) **正六角锥体** 已知尺寸为 a、r、h、t。正六角锥体的实物投影如图 3-102 所示。

展开图画法。先画俯视图和主视图，主视图 AO_1 为棱线实长，

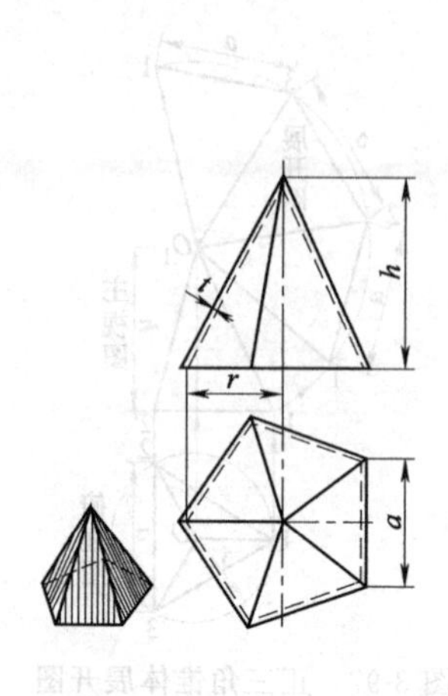

图 3-100　正五角锥体结构

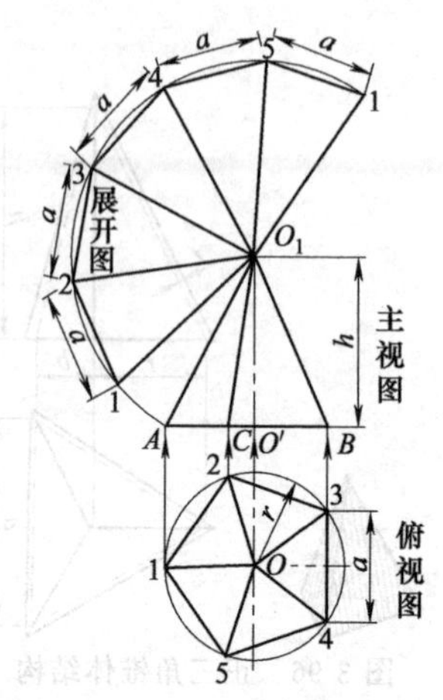

图 3-101　正五角锥体展开图

在以 O_1 为中心以 O_1A 为半径所画的圆弧上截取俯视图 6 边长度，得点为 1、2、3、4、5、6、1。通过各点分别连成直线，即得出所求展开图，如图 3-103 所示。

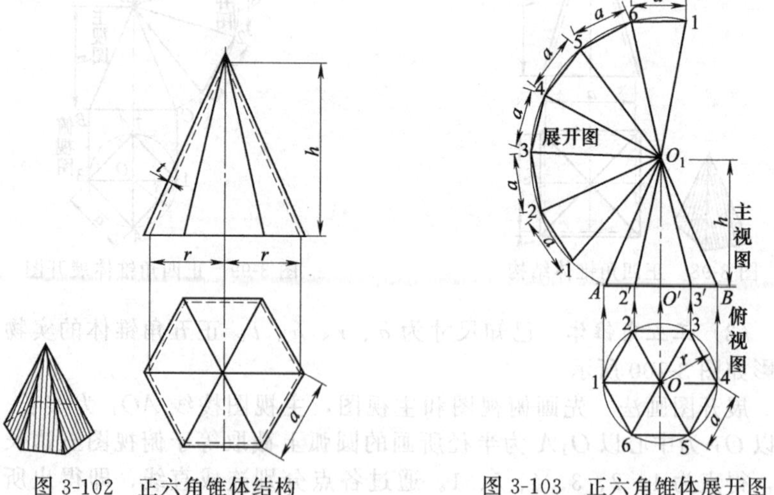

图 3-102　正六角锥体结构

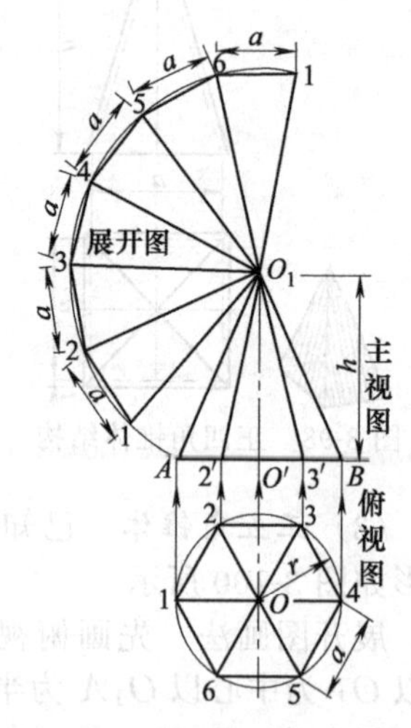

图 3-103　正六角锥体展开图

（5）*方锥体*　已知尺寸为 a、b、h、t。方锥体的实物投影如图 3-104 所示。首先用已知尺寸画出主视图。通过小口外皮接点 I、J 分别引垂直里皮的线段，得点为 E'、F'，则 $EFLK$ 即为放样的主视图。根据主视图向下投影画出俯视图。

① 展开图画法。画 AD 等于俯视图 AD。由 AD 中点 N' 引对 AD 的直角线 $N'M'$ 等于主视图 $F'L$，由 M' 引与 AD 的平行线 EH 等于俯视图 EH。以 D 点为中心以 DE 为半径画圆弧，与以 H 为中心 HE 为半径画的弧交点为 G。以 G 为中心以 HD 为半径画圆弧，与以 D 为中心以 AD 为半径画的圆弧交点为 C。以 C 为中心以 $M'D$ 为半径画圆弧，与以 G 为中心以 $M'H$ 为半径画的圆弧交点为 M。以 M 为中心以 $M'N'$ 为半径画圆弧，与以 C 为中心以 CN' 为半径画的圆弧交点为 N。用同样的方法求出左边的各点，并以直线连接各点即得整体展开图。

② 卡样板角度的画法。将图 3-104 所示的俯视图和主视图重复画出如图 3-105 所示。由 A 引对 AB 的直角线上截取 $A'C$ 等于主视图 h'。由 C 引与 AB 的平行线 CE，与由 B 引与 AC 的平行线对应交点为 E。连接 $A'E$，则 CEA' 即为俯视图 A—B 的实角。

由 C 引对 $A'E$ 垂线，得垂足为 D。以 C 为中心以 CD 为半径画

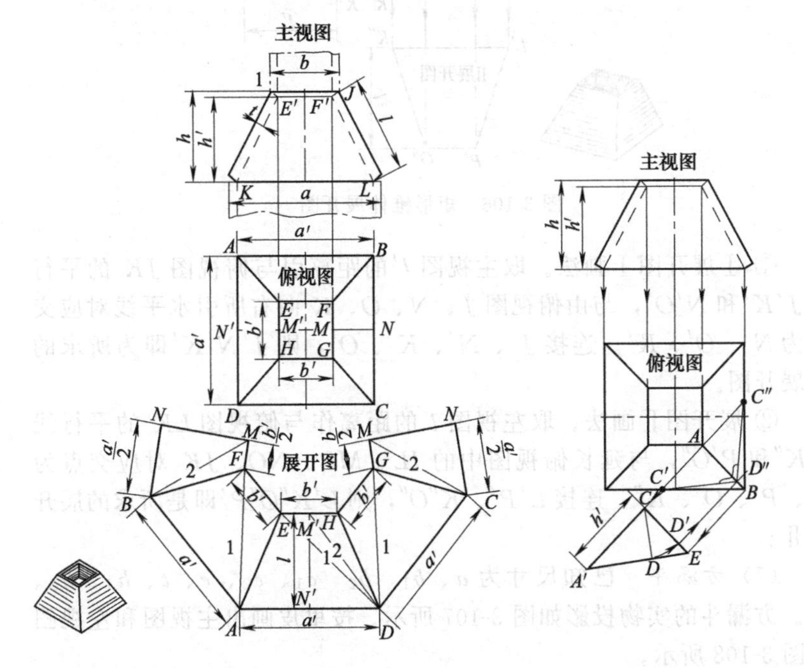

图 3-104　方锥体展开图　　图 3-105　方锥体卡样板制作图

圆弧，得与 CE 交点为 D'。由 D'引与 AC 的平行线，与 AB 交点为 D''。连接 $C'D''$、$D''C''$，则 $C'D''C''$角即为所求卡样板的角度。

(6) **矩形锥体** 已知尺寸为 a、b、c、d、h、t。矩形锥体的实物投影如图 3-106 所示。用主视图和左视图板厚处理后的尺寸 a'、b'、c'、d'画出俯视图。

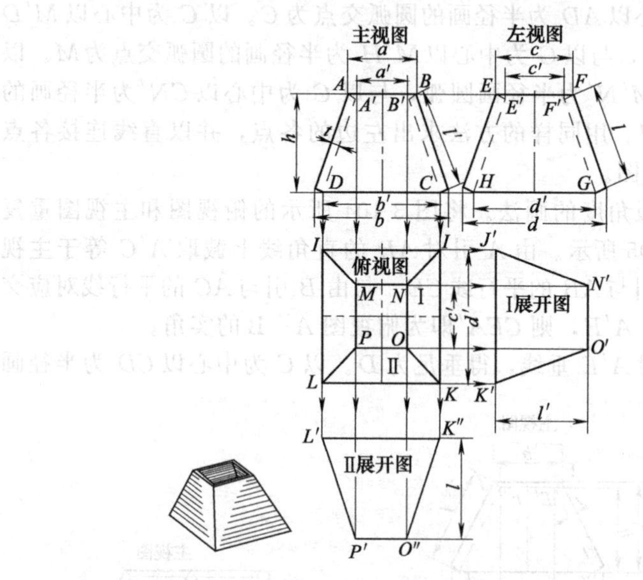

图 3-106 矩形锥体展开图

① Ⅰ展开图Ⅰ画法。取主视图 l'的距离引与俯视图 JK 的平行线 $J'K'$和 $N'O'$，与由俯视图 J、N、O、K 向右所引水平线对应交点为 N'、O'、K'。连接 J'、N'、K'、O'，则 $J'N'K'$即为所求的Ⅰ展开图。

② 展开图Ⅱ画法。取左视图 l 的距离作与俯视图 LK 的平行线 $L'K''$和 $P'O''$，与延长俯视图中的 IL、MP、NO、JK 对应交点为 L'、P'、O''、K''，连接 $L'P'$、$K''O''$，则 $L'K''O''P'$即是所求的展开图Ⅱ。

(7) **方漏斗** 已知尺寸为 a、b_1、b_2、c_1、c_2、e、t、h_1、h_2、h_3。方漏斗的实物投影如图 3-107 所示。按里皮画出主视图和左视图如图 3-108 所示。

① 侧板展开图画法。在左视图向下延长中心线上截取等于主视

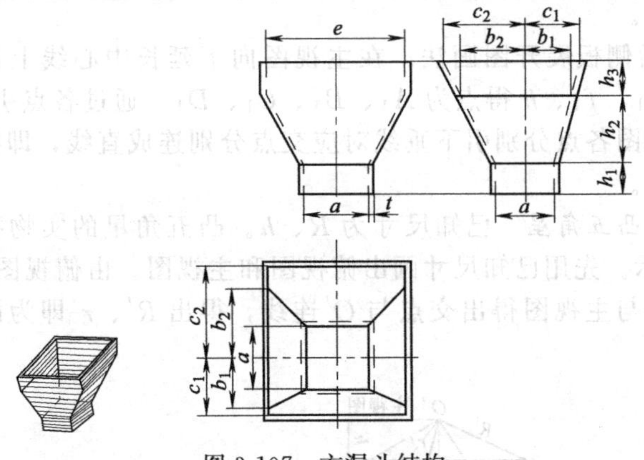

图 3-107　方漏斗结构

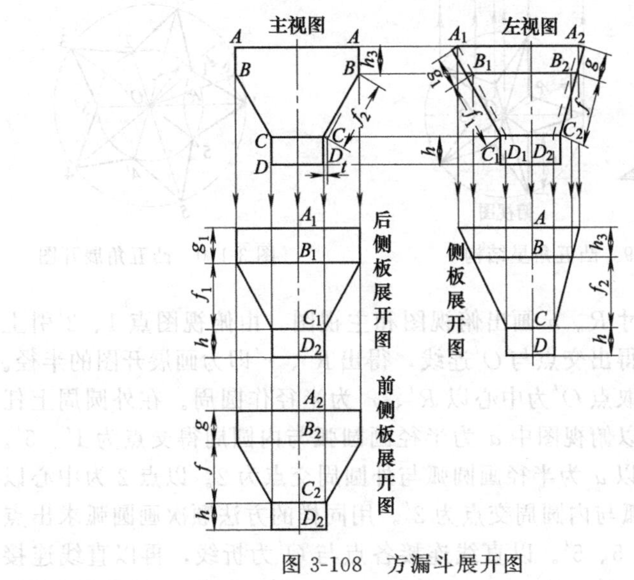

图 3-108　方漏斗展开图

图 h_3、f_2、h 得点为 A、B、C、D。通过各点引水平线，与由左视图里皮各点分别引下垂线对应交点分别连成直线，即得出侧板展开图。

② 前侧板展开图画法。在主视图向下延长中心线上截取等于左视图 g、f、h 得点为 A_2、B_2、C_2、D_2。通过各点引水平线，与由主视图各点分别引下垂线对应交点分别连成直线，即得出前侧

板展开图。

③ 后侧板展开图画法。在主视图向下延长中心线上截取等于左视图 g_1、f_1、h 得点为 A_1、B_1、C_1、D_1。通过各点引水平线，与由主视图各点分别引下垂线对应交点分别连成直线，即得出后侧板展开图。

(8) **凸五角星** 已知尺寸为 R、h。凸五角星的实物投影如图 3-109所示。先用已知尺寸画出俯视图和主视图。由俯视图点 1、3′ 引上垂线与主视图得出交点与 O' 连线，得出 R'、r' 即为画展开图的半径。

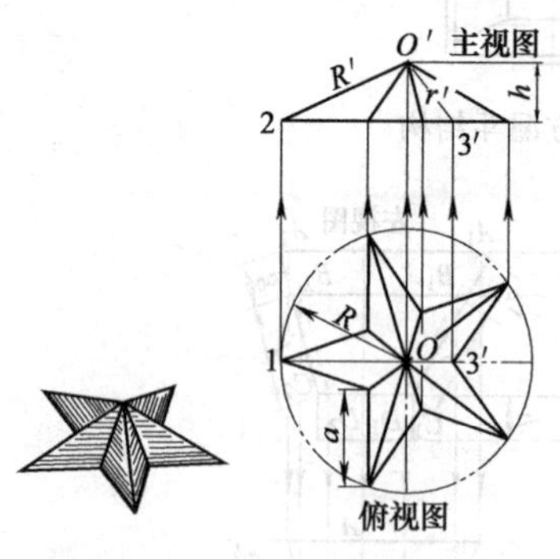

图 3-109 凸五角星结构

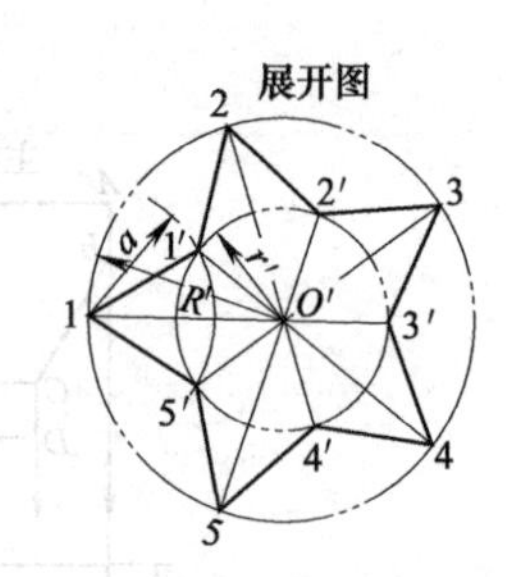

图 3-110 凸五角展开图

用已知尺寸 R、h 画出俯视图和主视图。由俯视图点 1、3′引上垂线与主视图得出交点与 O' 连线，得出 R'、r' 即为画展开图的半径。在水平线上任取点 O' 为中心以 R'、r' 为半径作圆周。在外圆周上任取点 1 为中心以俯视图中 a 为半径画圆弧与内圆周得交点为 1′、5′。以点 1′为中心以 a 为半径画圆弧与外圆周交点为 2。以点 2 为中心以 a 为半径作圆弧与内圆周交点为 2′。用同样的方法顺次画圆弧求出点 3、3′、4、4′、5、5′。以直线连接各点与 O' 为折线，再以直线连接内、外圆周 1—1′、1′—2、2—2′、…、5—5′，即得出所求展开图，如图 3-110 所示。

(9) **圆角方口大小头连接体** 已知尺寸为 r、a、r'、t、h。圆角方口大小头连接体的实物投影如图 3-111 所示。

① 实长线的求法。先用已知尺寸画出俯视图的 1/8，如图 3-112 所示。在由点 O 引对 O—3 直角线上取已知尺寸 h 得点为 A。由点 A 引 O—3 平行线，与由点 3°引对 O—3 直角线得交点为 3′。连接 3—

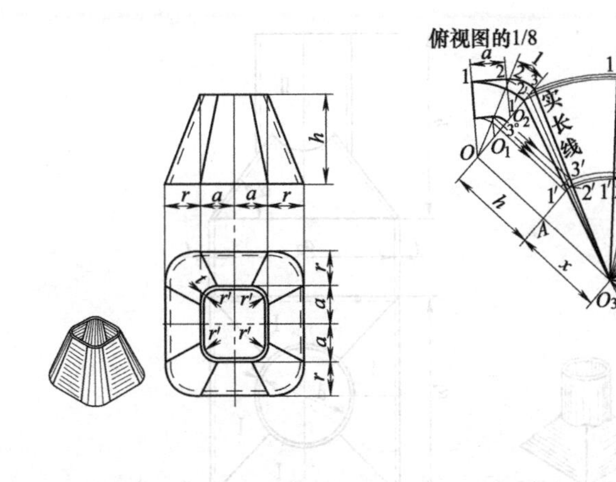

图 3-111 圆角方口大小头连接体结构　　图 3-112 圆角方口大小头连接体展开图

3′并延长，与延长线 OA 得交点为 O_3。以点 O 为中心以 O—1、O—2 分别为半径作同心圆弧与 O—3 得交点为 1′、2′。连接点 1′、2′与 O_3，即得出所求实长线。

② 展开图画法。在以 O_3 为中心实长线 1′—O_3、2′—O_3、3—O_3 分别作半径画同心圆弧上顺次截取等于俯视 1—2、2—3 得出各点连成曲线和直线。再连接各点与 O_3，与以点 O_3 为中心实长线与 A—3′各交点至 O_3 分别作半径画同心圆弧，对应交点连成曲线和直线，即得出所求展开图，如图 3-112 所示。

(10) **圆管直交方锥体**　已知尺寸为 a_1、a_2、t、h、d。圆管直交方锥体的实物投影如图 3-113 所示。

① 展开图Ⅰ画法。先用已知尺寸画出方锥管主视图的 1、2 和俯视图的 1/8，如图 3-114 所示。2 等分圆弧，等分点为 1、2、3。由各等分点分别引上垂线与 O_1A 得交点为 1′、2′、3′。在由点 A 引对 AO_1 直角线上取 B_1B_1 等于俯视图 AB 的 2 倍，并照录各点，引与 AO_1 平行的线，与由点 1′、2′、3′引与 B_1B_1 平行的线对应相交，将交点连成曲线，即得出Ⅰ展开图。

② 展开图Ⅱ画法。在 OA 延长线上截取 CD 等于圆管板厚中心径展开长度，在由点 C、D 分别引上垂线取已知高 h 得点为 C_1、D_1。由主视图点 3′向右引 OA 平行线与 C_1C、D_1D 得交点为 3、3。由 12 等分 3—3 的等分点分别引下垂线，与由主视图点 2′、1′向右引水平线对应交点分别连成曲线，即得出Ⅱ展开图。

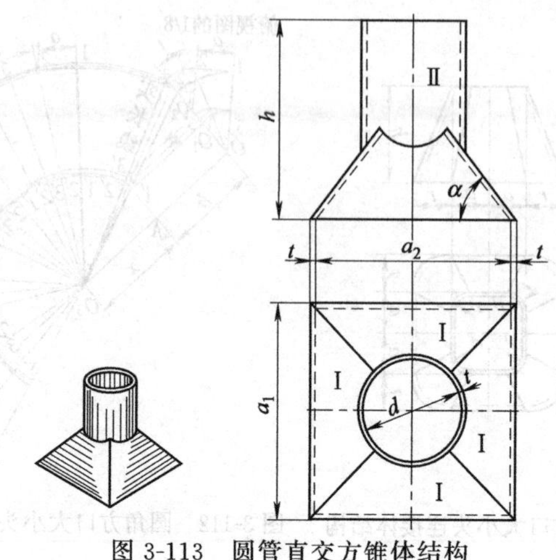

图 3-113 圆管直交方锥体结构

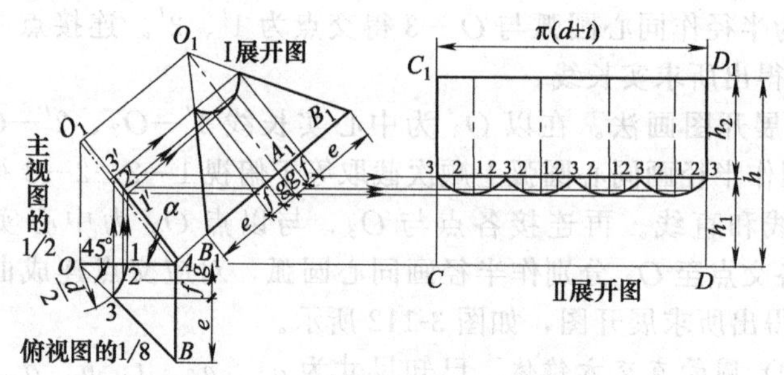

图 3-114 圆管直交方锥体展开图

3.7.2 方圆体

（1）圆顶方底等径连接体　已知尺寸为 h、d、t。圆顶方底等径连接体的实物投影如图 3-115 所示。图 3-116 所示俯视图即为放样图。

① 实长线的求法。在由点 D 引对 DE 直角线取已知 h 得点为 O。以 D 为中心点 2、3 至 D 作半径画圆弧与 DE 得交点为 $2'$—$3'$。分别连接点 $2'$—$3'$与 O，即得出实长线为 a、b、c。

② 展开图画法。按俯视图各线连接形式，用俯视图等分弧长和边长，再用实长线由中间开始向两侧顺次求出各点连成曲线和直线，即得出展开图。

（2）圆顶方底连接体　已知尺寸为 d、e、t、h。圆顶方底连接体

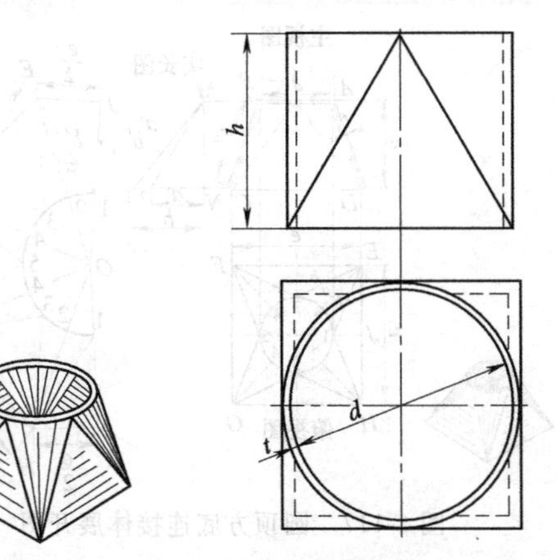

图 3-115　圆顶方底等径连接体结构

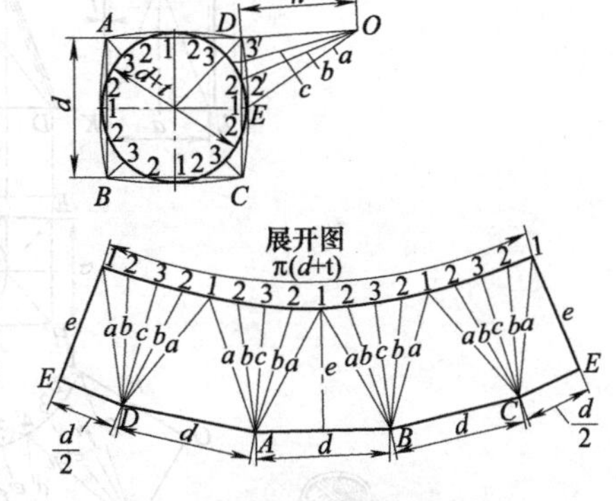

图 3-116　圆顶方底等径连接体展开图

的实物投影如图 3-117 所示。

① 实长线的求法。2 等分俯视图 1/4 圆周，等分点为 1、2、3。连接各点与 E 得出投影线 a、b、c。在 AB、DC 延长线上作垂线 MN。由 N 向右取等于俯视图 a、b 的距离得点 1、2，与 M 连线得出 a'、b' 即为实长线。

② 展开图画法。画直角线 1—J—E，取 1—J 等于主视图 c'、JE 等于俯视图 JE。以 E 为中心、以 1—E 和实长线 a' 分别为半径作圆弧，以点 1 为中心俯视图等分弧长 1—2 为半径顺次画圆弧得交点为 2、3。延长 J—1 和 E—2 得交点为 O。以点 O 为中心 O—1、O—E 分别为半径画圆弧，与以点 E 为中心俯视图 e 作半径顺次画圆弧得交点为 F、G、H。以点 O 为中心以 OJ 为半径画圆弧，与以点 H 为中心俯视图 $e/2$ 作半径画圆弧得交点为 J。连接各点与 O，即得出所求展开图。

(3) 圆顶矩形底连接体　已知尺寸为 a、b、t、h。圆顶矩形底连接体的实物投影如图 3-118 所示。

① 实长线的求法。3 等分俯视图 1/4 圆周，得出等分点与 G 连

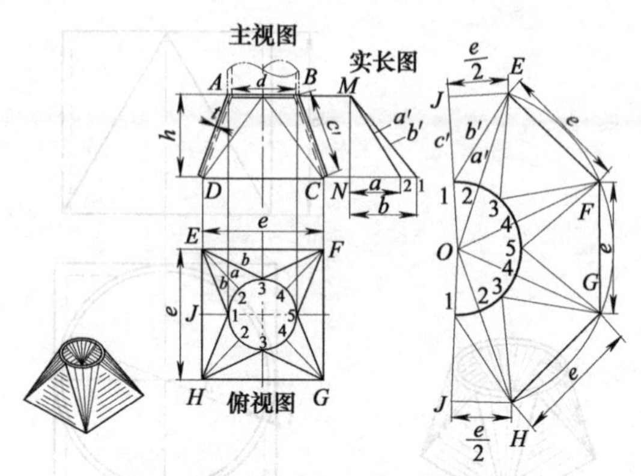

图 3-117　圆顶方底连接体展开图

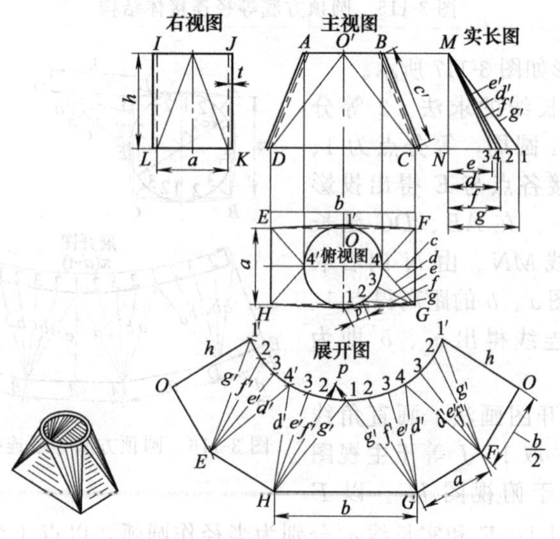

图 3-118　圆顶矩形底连接体展开图

线即得出投影线 c、d、e、f、g。在主视图 AB、DC 向右延长线上作垂线 MN。由点 N 向右取等于俯视图各投影线长度，得出各点与 M 连线，即得出实长线为 e'、d'、f'、g'。

② 展开图画法。画水平线 HG 等于俯视图 HG。以 H、G 分别为中心以实长线 g'为半径作圆弧得点为 1。以点 G 为中心以实长线 f'、e'、d'由分别为半径作圆弧，与以点 1 为中心俯视图等分弧长作半径顺次画圆弧得交点为 2、3、4。同样的方法按俯视图各线结构顺

次求出各点，并以曲线和直线连接，即得出所求展开图。

3.8 钢结构

钢结构的基本展开图详见第 7 章第 7.2.4 节中的“型钢弯曲件的号料”。

3.8.1 角钢

（1）角钢一边内弯 90°另一边倾斜任意角度折角 已知尺寸为 b、c、h。角钢一边内弯 90°，另一边倾斜任意角度折角的实物投影如图 3-119 所示，展开图作法如图 3-120 所示。

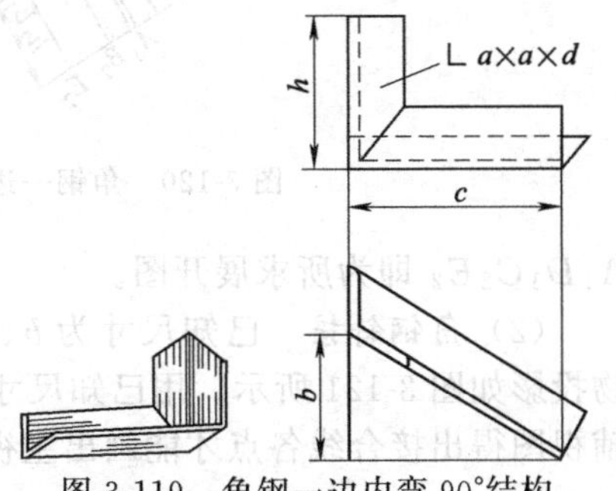

图 3-119 角钢一边内弯 90°结构

① 断面图的画法。先用已知尺寸画出俯视图和主视图。在 BC 延长线上截取 FG 等于角钢面宽 a，以 F 为中心以 a 为半径画圆弧，与 AD 延长线交点为 H。在连接 FH 的同时画出角钢厚度，即得出所求断面图。在俯视图∠ABE 和断面∠HFG 应作出外卡样板。

② 辅视图的画法。在由 A 引对 AD 的直角线上截取 A_1L 等于已知高度 h。取 LH_1 等于断面 a_1 的距离。由 L、H_1、A_1 向右引与 AD 的平行线，与由 B、E、C 引 AD 直角线对应交点为 B_1、B_2、E_2、C_1、D_1。延长 C_1D_1，取 C_1C_2 等于角钢面宽 a，由 C_2 引与 B_1C_1 的平行线，与 EE_2 交点为 E_1（按图所示加画厚度，说明省略），即完成辅视图。

③ 展开图画法。画直角为 $A_1E_2C_2$。取 E_2B_2、B_2A_2 分别等于角钢面宽 a，取 E_2E_2 等于辅视图 h_2，取 E_1T、TE_3 分别等于辅视图 a_2，取 E_2C_2 等于辅视图 f。由 A_1、B_2 向右引与 E_2C_2 的平行线，与由 C_2 引对 E_2C_2 的直角线对应交点为 D_1C_1。再由 T 作上垂线 B_3T 等于 a_3 的长度，B_1B_3 等于角钢厚度 d。直线连接 E_1、E_3 与 B_3，则 $E_1B_3E_3$ 即为切角部分。在 A_1D_1 线上取 A_1H_1 等于辅视图 h_1，取 H_1D_1 等于辅视图 e。连接 H_1B_1 即为折线，则

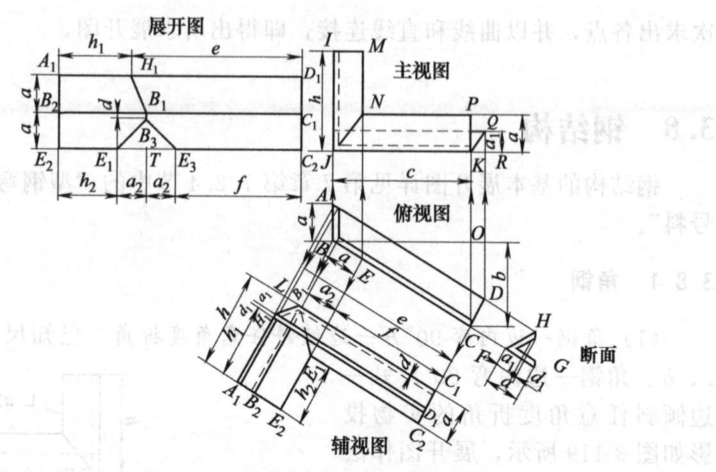

图 3-120 角钢一边内弯 90°展开图

$A_1D_1C_2E_2$ 即为所求展开图。

(2) 角钢斜接 已知尺寸为 b、c、h_1、h_2、h_3。角钢斜接的实物投影如图 3-121 所示。用已知尺寸画出俯视图和辅视图，然后根据辅视图得出接合线各点才能画出主视图和左视图，如图 3-122 所示。

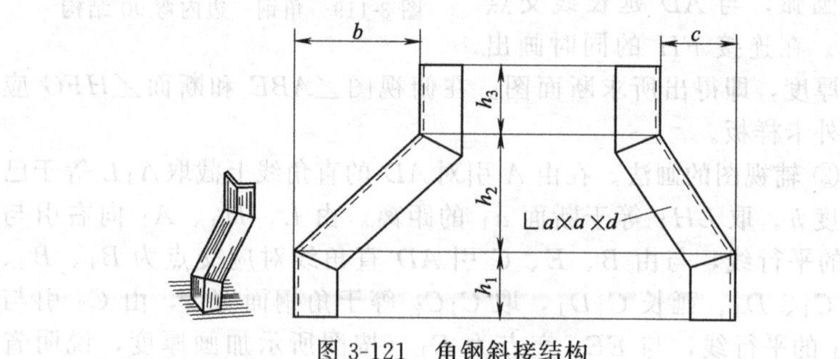
图 3-121 角钢斜接结构

① 辅视图的画法。在由俯视图 B 引对 BE 的直角线上截取 GH、HB_1、B_1B_2 等于已知高度 h_1、h_2、h_3。通过 G、H 引与 BE 的平行线，与由 E 引对 BE 的直角线对应交点为 E_1、E_2。以直线连接 E_2B_1，即为角钢背的棱线实长。由俯视图 F、D 引对 BE 的垂直线，与 E_1G 交点为 F_1、D_1。再由 F_1、D 引与 E_1E_2、E_2B_1 的平行线 F_1F_2、F_2A_1、A_1A_2 和 D_1D_2、D_2C_1、C_1C_2。连接 E_2D_2、B_1C_1 即为接合线。由 B_2 引对 B_1B_2 的直角线 B_2C_2，即完成辅视图。

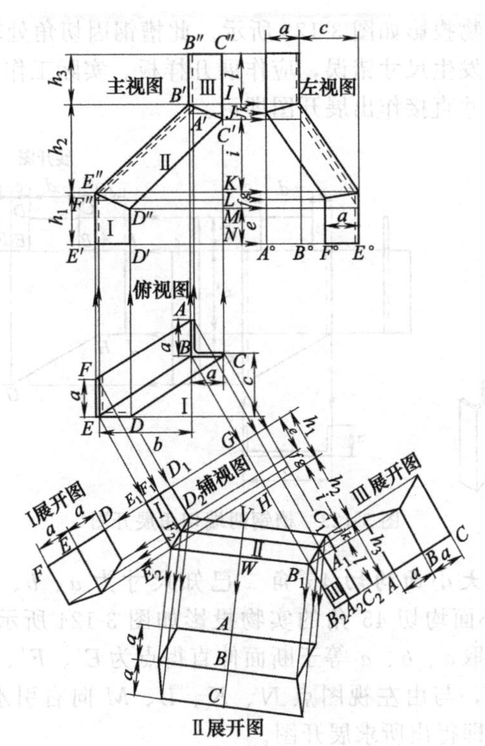

图 3-122 角钢斜接展开图

② 展开图Ⅰ画法。在 D_1E_1 延长线上截取 FE、ED 等于俯视图 FE、ED。由 D、E、F 引对 FD 的直角线，与由辅视图接合线点 D_2、F_2、E_2 引与 E_1D_1 的平行线对应交点分别连成直线，即得出Ⅰ展开图。

③ 展开图Ⅱ画法。由 E_2B_1 中间任意作垂线 VW，在 VW 延长线上截取 AB、BC 分别等于角钢面宽度 a，通过 A、B、C 引与 E_2B_1 平行线，与由接合线各点引与 VW 的平行线对应交点分别连成直线，即得出所求Ⅱ展开图。

④ 展开图Ⅲ画法。在 B_2C_2 延长线上截取 AB、BC 分别等于角钢面宽度 a。由 A、B、C 引对 AC 的直角线，与由接合线各点引与 B_2C_2 的平行线对应交点分别连成直线，即得出Ⅲ展开图。

3.8.2 槽钢

(1) 槽钢两端切角　已知尺寸为 a、b、c、h_1、h_2、h_3。槽钢

两端切角的实物投影如图 3-123 所示。此槽钢因切角处较多，在槽钢上直接号料易发生尺寸错误，应作展开样板。实际工作中各视图可不画，用已知尺寸直接作出展开图即可。

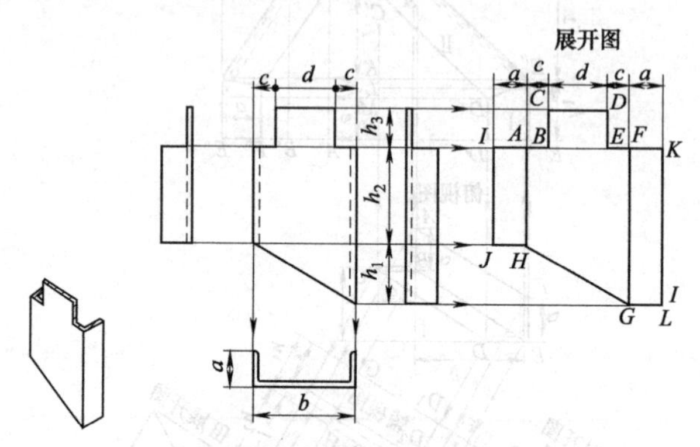

图 3-123　槽钢两端切角展开图

（2）**槽钢大小面均切 45°角**　已知尺寸为 a、b、h_1、h_2 及角 45°。槽钢大小面均切 45°角的实物投影如图 3-124 所示。首先在 IJ 右延长线上截取 a、b、a 等于断面伸直得点为 E'、F'、G'、H'。由各点引下垂线，与由左视图点 N、K、L、M 向右引水平线对应交点连成直线，即得出所求展开图。

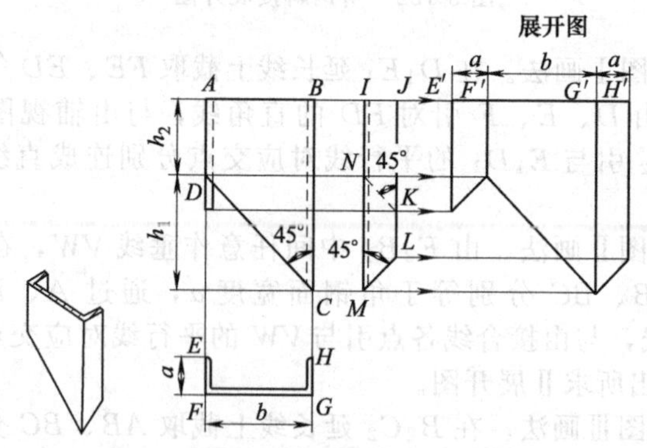

图 3-124　槽钢大小面均切 45°角展开图

（3）**槽钢平弯任意角度折角**　已知尺寸为 a、b、c、d、e、f、h。槽钢平弯任意角度折角的实物投影如图 3-125 所示。首先由主视图点 B 引对 AB 直角线上截取等于断面图 a、b、a 得点为 G、H、

I、J，同时画出板厚点 B_1、B_2。通过各点引与 AB 平行线，并取等于主视图 c'的距离引与 GJ 平行线 D_1D_1。再由主视图 E、F 引对 AB 直角线对应交点连成直线，即得出所求展开图。

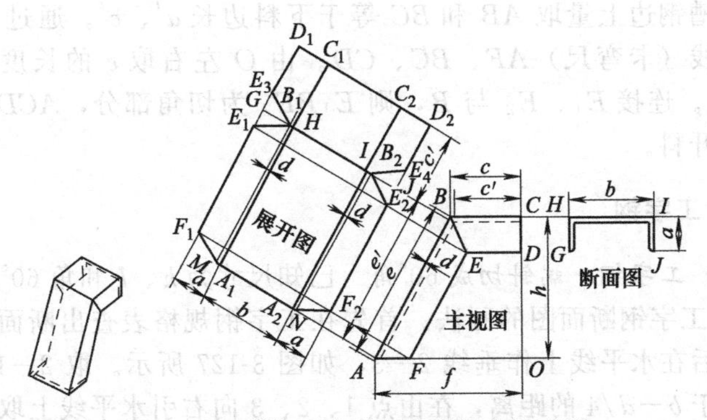

图 3-125 槽钢平弯任意角度折角展开图

(4) 槽钢立弯成任意角度折角 已知尺寸为 a、b、c、d、t（板厚）及角 α。槽钢立弯成任意角度折角的实物投影如图 3-126 所示。展开图各尺寸的求法如下。

a 边下料长度：$$a'=a-d\cot\frac{\alpha}{2}$$

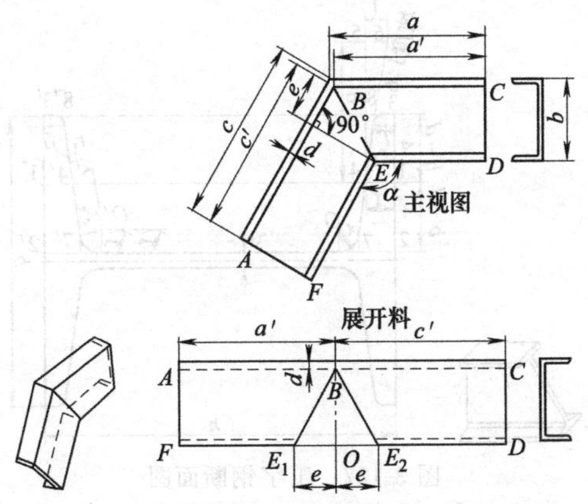

图 3-126 槽钢立弯成任意角度折角展开图

c 边下料长度：$$c'=c-d\cot\frac{\alpha}{2}$$

展开料全长：$l=a'+c'$

切角尺寸：$e=(b-d)\cot\frac{a}{2}$

在槽钢边上量取 AB 和 BC 等于下料边长 a'、c'。通过 A、B、C 作垂线（卡弯尺）AF、BC、CD。由 O 左右取 e 的长度得点为 E_1、E_2。连接 E_1、E_2 与 B，则 E_1BE_2 为切角部分，$ACDF$ 即为所求展开料。

3.8.3 工字钢

(1) 工字钢一端斜切成 60°角 已知尺寸为 h、l 和角 60°。

① 工字钢断面图的画法。首先在工字钢规格表查出断面各部尺寸，然后在水平线上作垂线 2—3，如图 3-127 所示。取 2—1、1—3 分别等于 $b-d/4$ 的距离，在由点 1、2、3 向右引水平线上取 1—1′、2—2′、3—3′分别等于断面尺寸 h。由点 1 取 1—4 等于翼边平均厚度 t。在由点 4 引上垂线上截取 4—5 等于 6（用 60mm），在由点 5 向左引水平线上取 6—5 等于 1（用 10mm），连接点 4、6，并延长得点为 7、8。4—6 即等于坡度 1∶6。用已知半径 R、r 画出上、下圆弧。用同样的方法画出右面和下面的翼边（在实际工作中可同时画出），即完成所求断面图。

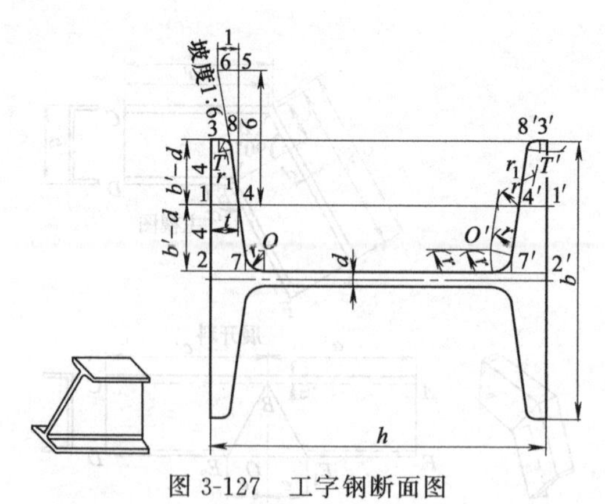

图 3-127 工字钢断面图

② 展开样板画法。首先画出断面图和主视图。然后由断面图各点向左引水平线与 AD 得出交点（未注符号）。在 BC 向上延长线上截取 1—12 等于断面图上翼缘展开长度，并照录各点向左引水平线，

与由主视图 AD 线各点引上垂线对应交点连成曲线和直线，即得出所求展开样板，如图 3-128 所示。

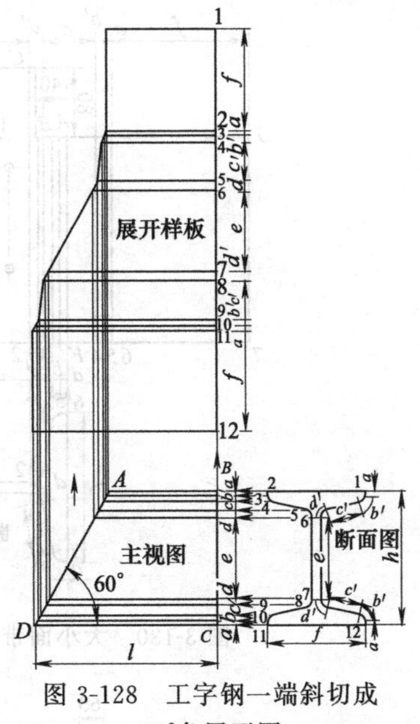

图 3-128 工字钢一端斜切成 60°角展开图

（2）**大小面带钻孔的切角工字钢** 已知尺寸如图 3-129 所示。

展开样板画法。先画出主视图为 $ABCDEF$。然后由点 1 向两侧画出展开长度得点为 1、2、3、…、7 和 1、2′、3′、…、7′（等于断面图 7—7′展开长度）。由各点引上垂线（为样板的折线），与由 AB 向左延长线和 CD 向右延长线得点为 J、K。J—B—C—K—7′—7 即为所求展开图。以小面中心线（6′—7′中点的垂线）为基准，用图 3-129 所示的已知尺寸画出工字钢小面孔中心位置，完成全图，如图 3-130 所示。

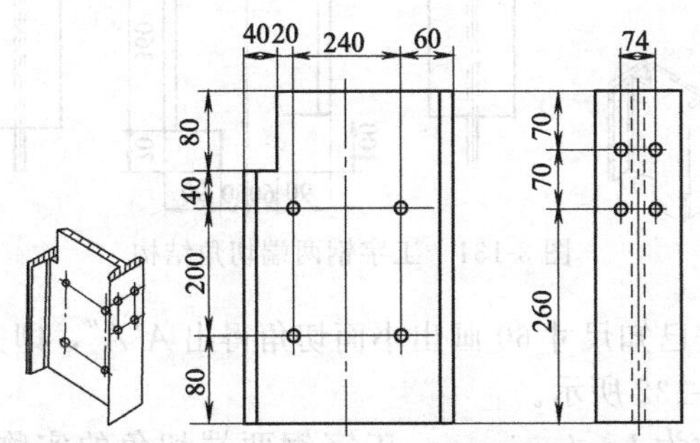

图 3-129 大小面带钻孔的切角工字钢结构

（3）**工字钢两端切角** 已知尺寸如图 3-131 所示。从图可以看出，在棱线切角处都是直线，因此不用放样，可直接作展开图。

展开样板画法。先画 G—7′等于断面展开长度，同时画出各棱点为 7、6、5、…、1、2′、3′、…、7′。通过各点作垂线为样板的折线。然后以垂直中心 OO' 为基准按施工图的尺寸画出切角得点为 B'、E'、F'、C'、G'、D'。通过各点画水平线得出 $AB'E'EFF'C'D'G'$

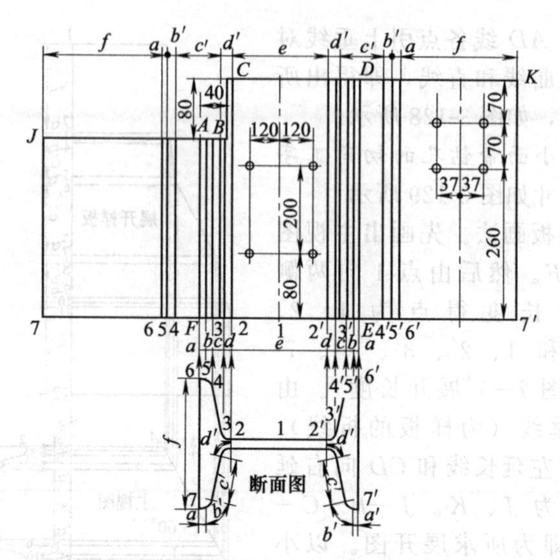

图 3-130　大小面带钻孔的切角工字钢展开图

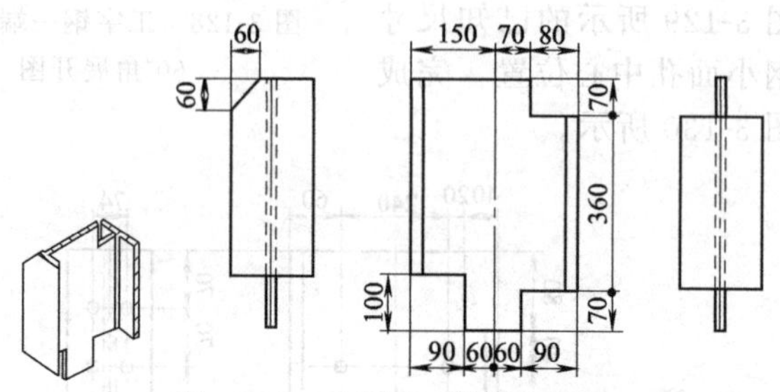

图 3-131　工字钢两端切角结构

G，由点 A 按已知尺寸 60 画出小面切角得出 $A'A''$，即完成所求展开样板，如图 3-132 所示。

已知尺寸为 h、i、j、g。工字钢两端切角的实物投影如图 3-133 所示。先画出主视图的外形，然后再从 GB 706《热轧工字钢》中查得 a、b、c、d、e 尺寸，在主视图上画投影棱线与两端切角线得出交点。

① 展开样板的画法。首先用已知尺寸画出主视图的外形为 $ABCDEF$。引与 AB 的平行线，与 AF、BC、CD、FE 得出交点（未注符号），如图 3-134 所示。

② 画展开图。在 BD 向上延长线上截取等于 a、b'、c'、d'、e'、f

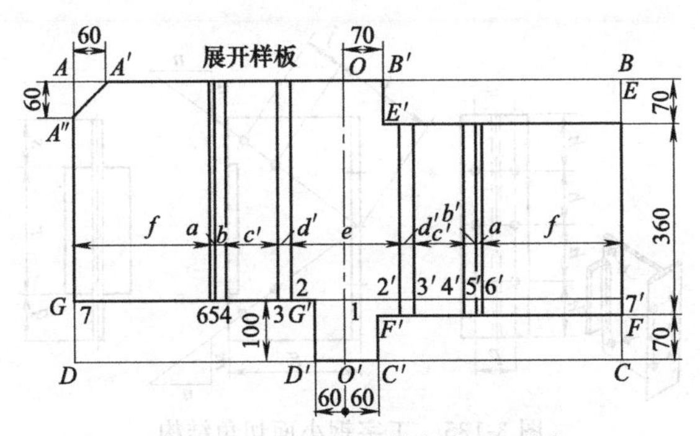

图 3-132 工字钢两端切角展开图

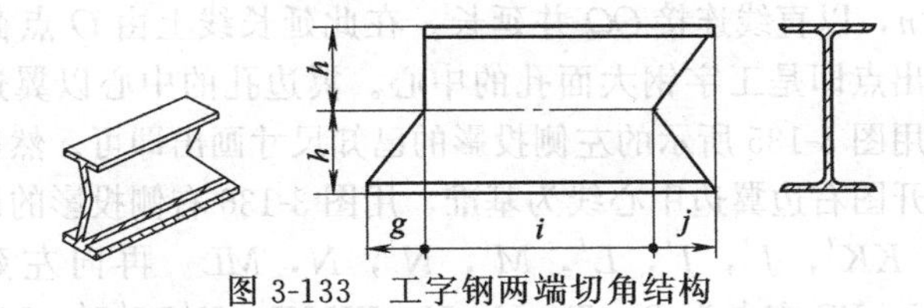

图 3-133 工字钢两端切角结构

的长度得点为 7、6、…、1、…、7′。由各点向左引与 AB 的平行线，与由 AF、FE、BC、CD 各点引上垂线对应交点连成直线和曲线，即得出所求展开样板。

(4) **工字钢小面切角** 已知尺寸如图 3-135 所示。在工字钢大面上有 4 个孔，其中有两个孔在工字钢翼边圆根之处，因此必须两次号料。先切掉翼边的角，然后再号翼边和大面上的孔，但只作一个样板（展开图）即可。

展开样板的画法。首先从 GB 706—2008《热轧工字钢》查得 a、b、c、d、e 尺寸，画出展开图 $ABCD$。以展开图中心线为基准，用图 3-135 主视图的已知尺寸画出主视图的外形为 $EFGH$。由 EE 中点 O 对称取 OP 等于已知尺寸 m，再由 P 向右引与 HG 的平行线 PQ 等于

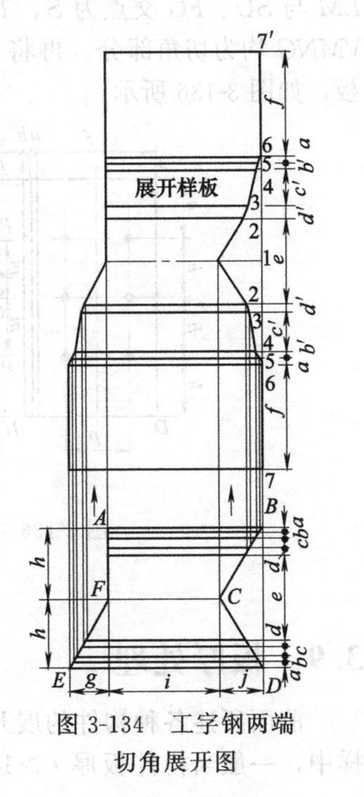

图 3-134 工字钢两端切角展开图

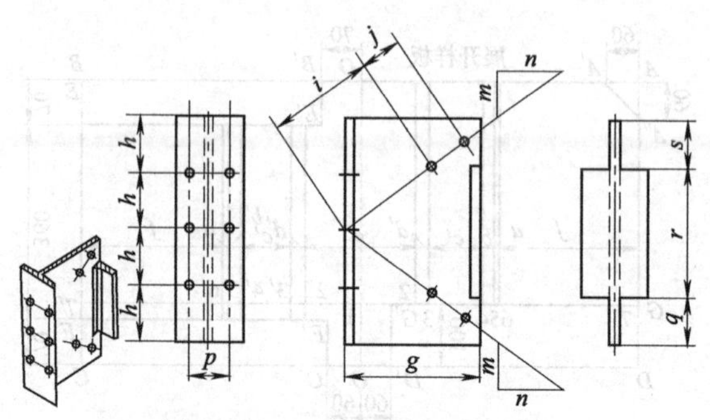

图 3-135　工字钢小面切角结构

已知尺寸 n，以直线连接 OQ 并延长。在此延长线上由 O 点截取 i、j 的长度得出点即是工字钢大面孔的中心。翼边孔的中心以翼边中心线为基准，用图 3-135 所示的左侧投影的已知尺寸画出即可。然后再画切角。以展开图右边翼边中心线为基准，用图 3-136 右侧投影的已知尺寸画出 IJ，KK'，J'，I'，L'，M'，N'，N，ML。再向左延长 IJ、LM 与 SU、FG 交点为 S、T、U、V。$FKJT$、$K'BI'J'$、$M'L'CN'$、$VMNG$ 均为切角部分。再将 ST、UV 剪开即完成所求构件的展开样板，如图 3-136 所示。

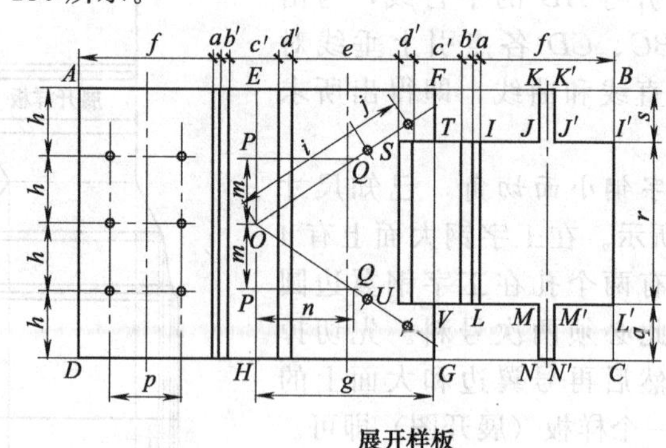

图 3-136　工字钢小面切角展开图

3.9　板厚处理

前面所述各种构件的展开，都没有考虑板厚的影响。但在实际放样中，一般当构件板厚 $t>1.5\text{mm}$ 时，作展开图时必须处理板厚对展开图尺寸的影响，否则会使构件形状、尺寸不准确，以至于造成废品。展开放样中，根据构件制造工艺，按一定规律除去板厚，画出构件的单线图（所谓理论线图），这一过程称为板厚处理。板厚处理的主要内容是：确定构件的展开长度、高度及相贯构件的接口等。

3.9.1　板料弯形时的展开长度

（1）圆弧弯板的展开长度　当板料弯形成曲面时，外层材料受拉而伸长，内层材料受压而缩短，在板厚中间存在着一个长度保持不变的纤维层，称为中性层。如图3-137所示，既然圆弧弯板的中性层长度弯曲变形前后保持不变，就应取其中性层长度作为圆弧弯板的展开长度。

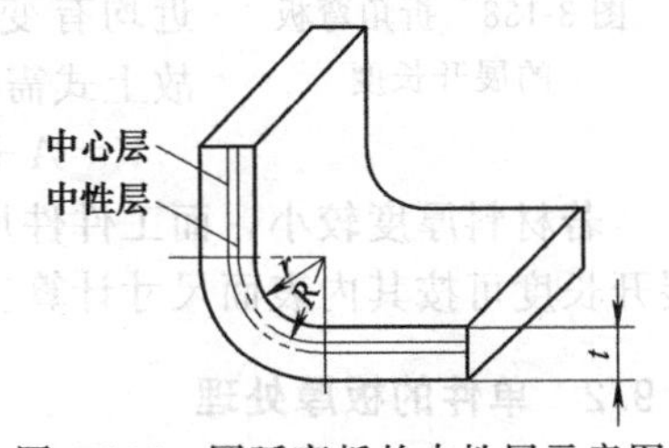

图3-137　圆弧弯板的中性层示意图

板料弯形中性层的位置与其相对弯形半径 r/t 有关。当 $r/t>5.5$ 时，中性层位于板厚的1/2处，即与板料的中心层相重合；当 $r/t\leqslant 5.5$ 时，中性层位置将向弯形中心一侧移动。

中性层的位置可由下式计算：

$$R=r+Kt$$

式中，R 为中性层半径，mm；r 为弯板内弧半径，mm；t 为板料厚度，mm；K 为中性层位置系数，如表3-6所示。

表3-6　中性层位置系数 K、K_1 的值

$\frac{r}{t}$	≤0.1	0.2	0.25	0.3	0.4	0.5	0.8	1.0	1.5	2.0	3.0	4.0	5.0	>5.5
K	0.23	0.28	0.3	0.31	0.32	0.33	0.34	0.35	0.37	0.40	0.43	0.45	0.48	0.5
K_1	0.3	0.33	0.35			0.36	0.38	0.40	0.42	0.44	0.47	0.475	0.48	0.5

注：K—适于有压料情况的V形或U形压弯。
K_1—适于无压料情况的V形压弯。

其它弯形情况下，通常取 K 值。

（2）折角弯板的展开长度　没有圆角或圆角很小（$r<0.3t$）的折角弯板，可利用等体积法，确定其展开长度，如图3-138所示。

毛坯的体积：$V=LCt$

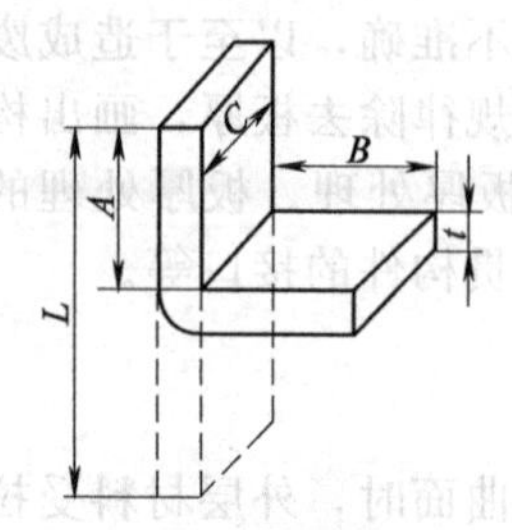

图 3-138　折角弯板的展开长度

弯形后的工件体积：$V_1=(A+B)Ct+\frac{1}{4}\pi t^2C$

若不计加工损耗，则 $V=V_1$ 得：

$$V=A+B+\frac{1}{4}\pi t=A+B+0.785t$$

由于实际加工时，板料在折角处及其附近均有变薄现象，因而材料会多余一部分，故上式需作以下修正：

$$V=A+B+0.5t$$

若材料厚度较小，而工件件尺寸精度要求又不高时，折角弯板的展开长度可按其内表面尺寸计算。

3.9.2　单件的板厚处理

单件的板厚处理，主要考虑如何确定构件单线图的高度和径向（长、宽）尺寸。下面举例说明不同单件的板厚处理。

（1）圆锥管的板厚处理　图 3-139（a）所示为一个正截头圆锥管，其基本尺寸为 D_0、d_3、h 及 t。由图中可以看出，以板厚中性层位置的垂直高度 h_0 作为单线图的高度，才能保证构件成形后的高度 h；而为正确求出其展开长度，单线图大、小口直径均应取中性层直径，即为 D_2、d_2。由此得到圆锥管展开单线图及各尺寸，如图 3-139（b）所示，完成板厚处理。

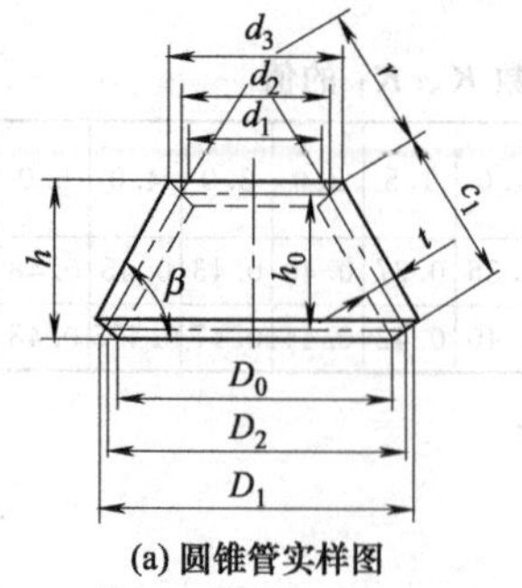

(a) 圆锥管实样图

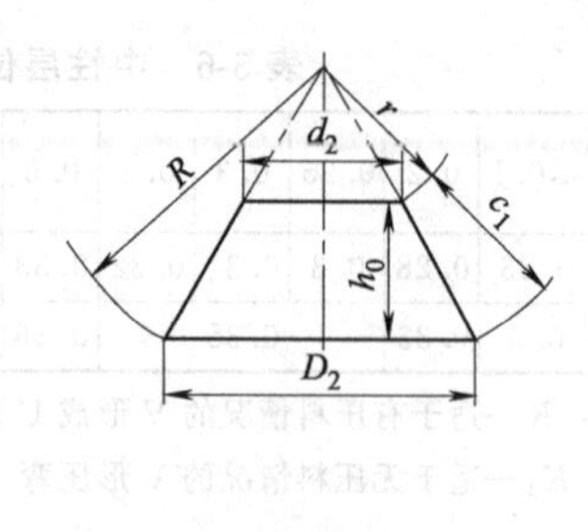

(b) 圆锥管展开单线图

图 3-139　圆锥管的板厚处理

（2）圆方过渡接头的板厚处理　圆方过渡接头由平面和锥面组合而成，如图 3-140（a）所示。其弯形工艺具有圆弧弯板和折角弯板的综合特征。因此板厚处理方法是：圆口取中性层直径；方口取内表面尺寸（精度要求不高时）；高度取上下口中性层间的垂直距离。图3-140（b）所示为圆方过渡接头经上述板厚处理得到的展开单线图。

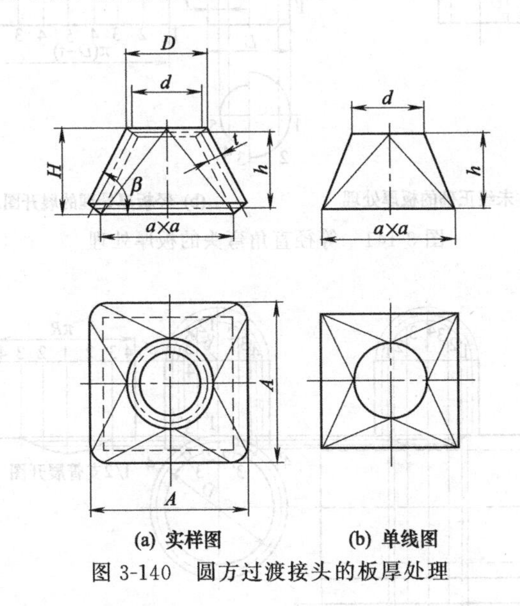

图 3-140 圆方过渡接头的板厚处理

3.9.3 相贯件的板厚处理

相贯件的板厚处理，除解决各形体的展开长度外，还要重点处理形体相贯的接口线，以便确定各形体表面素线的长度。下面举两例说明相贯件的板厚处理方法。

（1）等径直角弯头的板厚处理 厚板制成的两节等径直角弯头，展开时若不经正确的板厚处理，会造成两管接口处不平，中间出现很大的缝隙，而且两管轴线的交角和结构装配尺寸也不能保证，如图3-141（a）所示。

正确的板厚处理方法是：在保证弯头接口处为平面的前提下，确定两管的实际接口线。由图3-141（b）可知，弯头内侧两管外表面接触，弯头外侧两管内表面接触，中间自然过渡。所以，展开单线图中，以轴线位置为界，弯头内侧要画出外表面素线，弯头外侧则画出内表面素线，并以此确定展开图上各素线高度（长度）。此外，圆管展开长度还应取中性层周长，而各素线在展开长度方向的位置，仍取

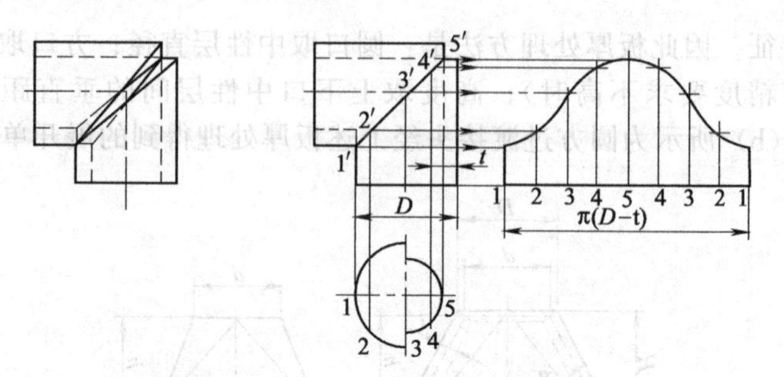

图 3-141　等径直角弯头的板厚处理

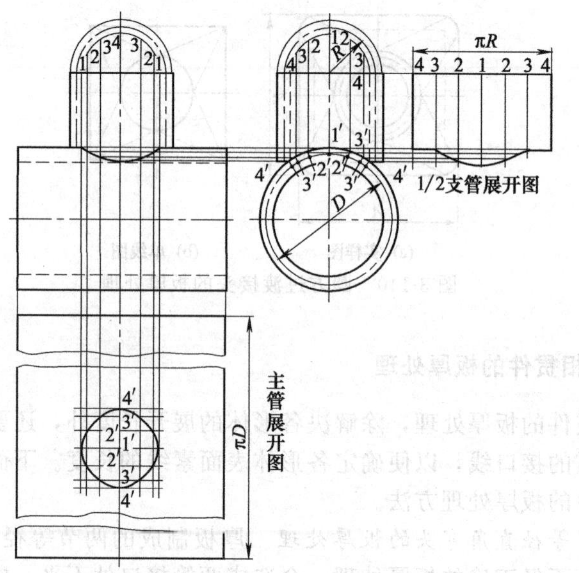

图 3-142　异径直交三通管的板厚处理展开图

其对应的中性层位置。具体作法如下。

① 用已知尺寸画出弯头的主视图和实际接口线。

② 以轴线为界画出内、外圆断面图，并将其 4 等分，得等分点 1、2、3、4、5。由等分点引上垂线，得过各等分点的圆管素线及接口线的交点 1′、2′、3′、4′、5′。

③ 作展开。在主视图底口延长线上，截取 1—1 为 $\pi(D-t)$，并 8 等分。由等分点引上垂线（素线），与由接口线上各点向右所引水

平线相交，对应交点连成光滑曲线，即得弯头单管展开图。

以上两节等径直角弯头的板厚处理方法，也适用于其它类似的构件，如多节圆管弯头等。

(2) 异径直交三通管的板厚处理　图 3-142 所示为一个异径直交三通管，由左视图可知，两管相贯是以支管的内表面和主管的外表面相接触。因此，应以支管内柱面与主管外柱面相贯，求出实际接口线，并以此确定两管展开图上各素线的长度。此外，两管的展开长度及其素线的对应位置，仍以中性层尺寸为准。板厚处理的具体方法及展开作图如图 3-142 所示，此处不再详细说明。

第4章 铆工常用工具与设备

铆工作业时，需根据设计图样的要求，使用量具、工具和机具对金属型材进行展开、放样、号料、矫正、下料、加工、煨制及组装等工序。铆工除专用工具及设备外，其余工具及设备与钳工工具及设备通用。

4.1 常用量具的使用与维护

在金属结构制造过程中，为保证质量和要求就必须使用量具来检查和测量。

4.1.1 游标卡尺

游标卡尺是一种比较精密的量具。它可以直接量出工件的内外径、宽度、长度、深度和孔距等。

游标卡尺的构造如图4-1所示。它是由主尺和副尺（游标）组

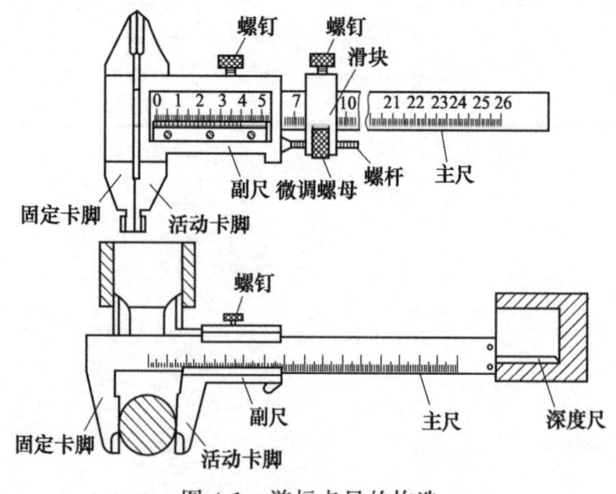

图4-1 游标卡尺的构造

成。主尺和固定卡脚制成一体，副尺和活动卡脚制成一体，并依靠弹簧压力沿主尺滑动。

测量时，将工件放在两卡脚中间，通过副尺刻度与主尺刻度相对位置，便可读出工件尺寸。当需要使副尺作微动调节时，先拧紧螺钉，然后旋转微调螺母，就可推动副尺微动。有的游标卡尺带有测量深度尺的装置，如图 4-1 下图所示。

游标卡尺按测量范围可分为 0～125mm、0～150mm、0～200mm、0～300mm、0～500mm 等几种。按其测量精度可分为 0.1mm、0.05mm、0.02mm 这 3 种。这个数值就是指卡尺所能量得的最小尺寸。

① 精度为 0.1mm 的游标卡尺。主尺每小格 1mm，每大格 10mm。主尺上的 9mm 刚好等于副尺上的 10 个格，如图 4-2 所示。

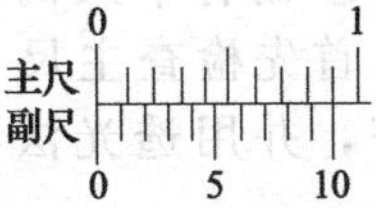

副尺每小格是：9mm ÷ 10 = 0.9mm。主尺与副尺每格的差是 1mm － 0.9mm = 0.1mm。

图 4-2　0.1mm 游标卡尺刻度线原理

游标卡尺的读数方法分为 3 步：

a. 查出副尺零线前主尺上的整数；

b. 在副尺上，查出与主尺刻线对齐的那一条刻线的读数，即为小数；

c. 将主尺上的整数和副尺上的小数相加即得。

即：工件尺寸＝主尺整数＋副尺格数×卡尺精度，如图 4-3 所示。

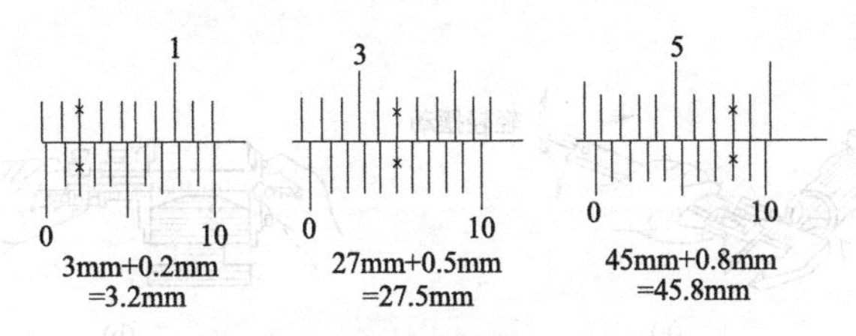

图 4-3　0.1mm 游标卡尺所示尺寸

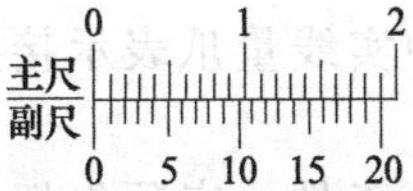

② 精度为 0.05mm 的游标卡尺。主尺每小格 1mm，每大格 10mm。主尺上的 19mm 长度，在副尺上分成 20 格，如图 4-4 所示。

副尺每格长度是：19mm ÷ 20 = 0.95mm。主尺与副尺每格相差 0.05mm（1mm －

图 4-4　0.05mm 游标卡尺的刻线原理

0.95mm）。图 4-5 即为这种卡尺所示尺寸。

图 4-5 0.05mm 游标卡尺所示的尺寸

③ 精度为 0.02mm 的游标卡尺。主尺每小格 1mm，每大格 10mm。主尺上的 49mm 长度，在副尺上分成 50 格，如图 4-6 所示。

副尺每格长度是：49mm÷50＝0.98mm。主尺与副尺每格相差 0.02mm（1mm－0.98mm）。图 4-7 即为这种卡尺所示的尺寸。

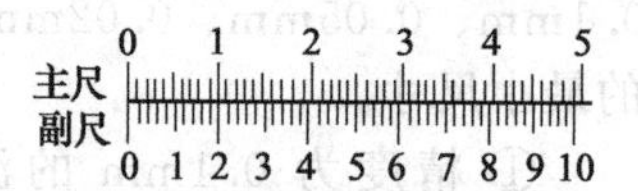

图 4-6 0.02mm 游标卡尺的刻线原理

④ 游标卡尺的使用方法。在使用前，首先检查主尺与副尺的零线是否对齐，并用透光法检查内、外脚量面是否贴合，如有透光不均，说明卡脚量面已有磨损。这样的卡尺不能测量出精确的尺寸。

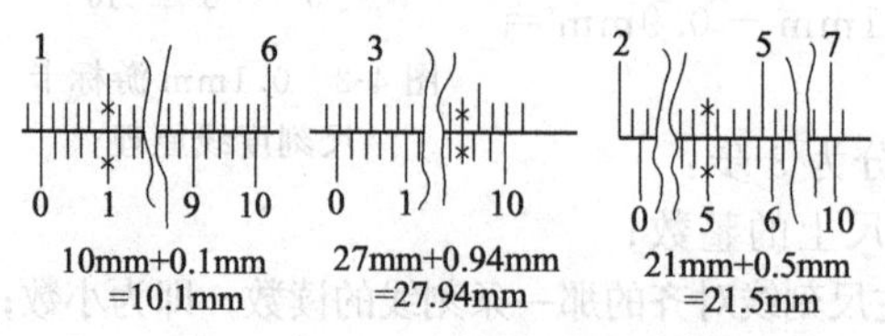

图 4-7 0.02mm 游标卡尺所示的尺寸

a. 正确握尺，如图 4-8 所示。小卡尺一般单手握尺，大卡尺要用双手握尺。

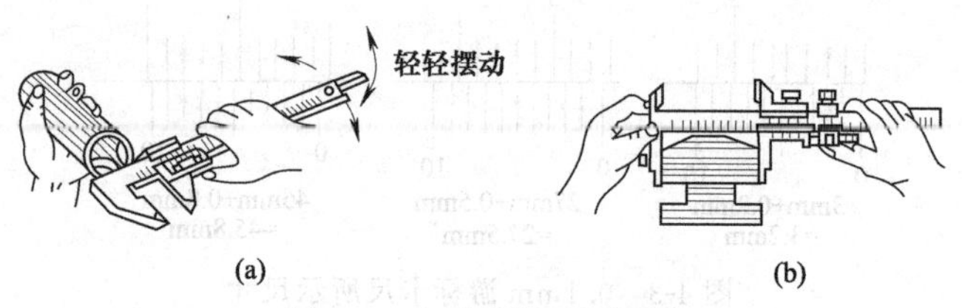

图 4-8 卡尺的握尺与测量

b. 正确接触被测位置，如图 4-9 所示。图中实线量爪表示接触部位正确，双点画线量爪表示接触部位错误。

c. 正确进尺。测量进尺时，不许把量爪挤上工件，应预先把量爪间距调整到稍大于（测量外尺寸时）或小于（测量内尺寸时）被测尺寸。

量爪放入测量部位后，轻轻推动游标，使量爪轻松接触测量面，如图4-10所示。

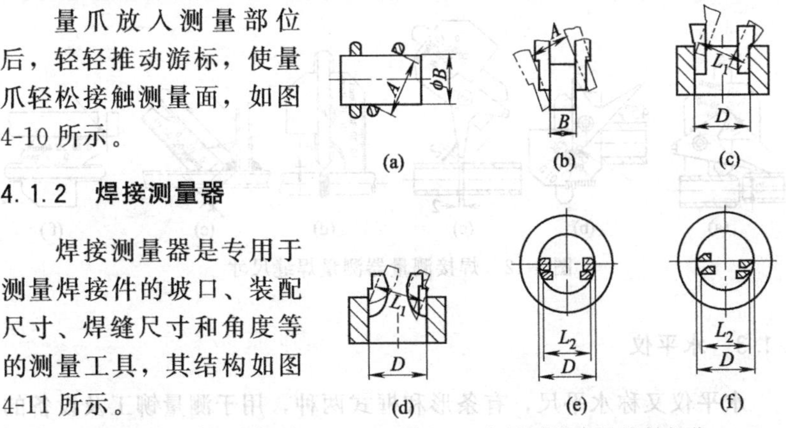

图 4-9 卡尺测量中的接触部位

4.1.2 焊接测量器

焊接测量器是专用于测量焊接件的坡口、装配尺寸、焊缝尺寸和角度等的测量工具，其结构如图4-11所示。

焊接测量器使用方法如图4-12所示。

① 测量管子错边方法，如图4-12（a）所示。

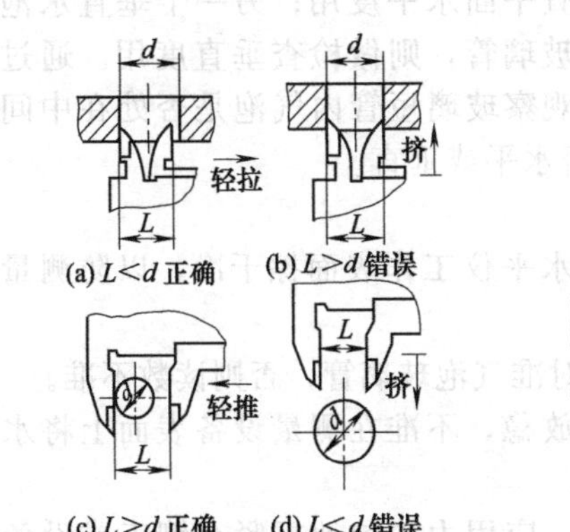

图 4-10 卡尺测量时的进尺方法

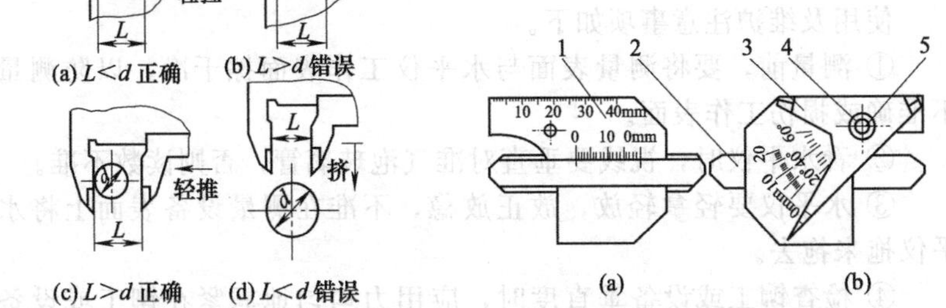

图 4-11 焊接测量器

1—测量块；2—活动尺；3—测量角；4—垫圈；5—铆钉

② 测量坡口角度方法，如图4-12（b）所示。

③ 测量装配间隙方法，如图4-12（c）所示。

④ 测量焊缝余高方法，如图4-12（d）所示。

⑤ 测量角焊缝厚度方法，如图4-12（e）所示。

⑥ 测量对接间隙方法，如图4-12（f）所示。

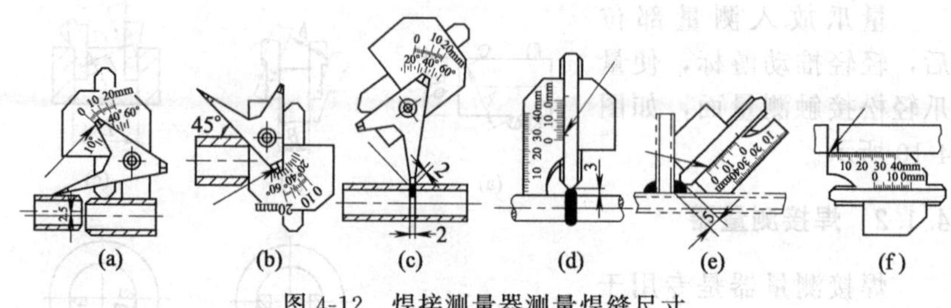

图 4-12 焊接测量器测量焊缝尺寸

4.1.3 水平仪

水平仪又称水平尺，有条形和框式两种，用于测量铆工及设备的水平度，较长的水平仪还可测量垂直度。

铆工常用的是条形的水平尺，如图 4-13 所示。水平尺在平面中央装有一个横向水泡玻璃管，做检查平面水平度用；另一个垂直水泡玻璃管，则做检查垂直度用。通过观察玻璃短管内气泡是否处在中间位置，来判定被测铆工或设备是否水平或垂直。

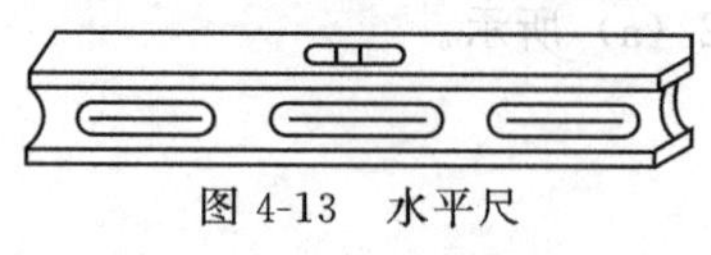
图 4-13 水平尺

使用及维护注意事项如下。

① 测量前，要将测量表面与水平仪工作表面擦干净，以防测量不准确或损伤工作表面。

② 看水平仪时，视线要垂直对准气泡玻璃管，否则读数不准。

③ 水平仪要轻拿轻放，放正放稳，不准在测量设备表面上将水平仪拖来拖去。

④ 检查铆工或设备垂直度时，应用力均匀地靠紧在铆工或设备立面上。

4.1.4 线锤

线锤用于测量立管的垂直度。线锤的规格以质量划分，铆工使用的一般在 0.5kg 以下。

4.2 常用手动工具的使用与维护

常用的手动工具有手锤、錾子、钢锯、锉刀、管子割刀、扳手、管钳、链条钳、台虎钳、管子铰板、螺纹铰板、丝锥等。

4.2.1 錾子

錾子种类很多，铆工常用的是扁錾和尖錾，如图 4-14 所示。

扁錾主要用来錾切平面和分割材料、去除毛刺等。尖錾用于錾各种槽、分割曲线形板料等。

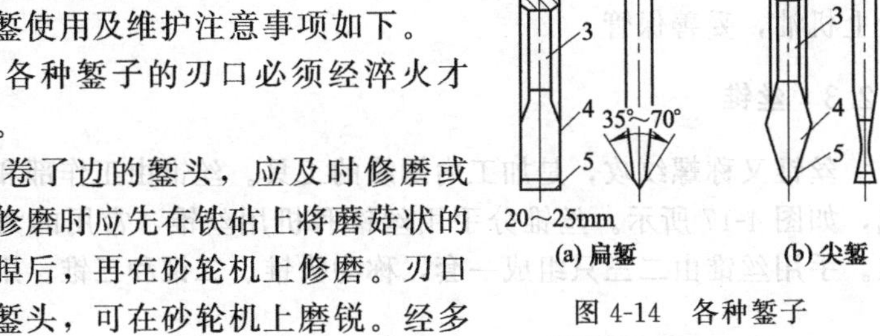

图 4-14　各种錾子

1—头；2—剖面；3—柄；4—斜面；5—锋口

扁錾使用及维护注意事项如下。

① 各种錾子的刃口必须经淬火才能使用。

② 卷了边的錾头，应及时修磨或更换。修磨时应先在铁砧上将蘑菇状的卷边敲掉后，再在砂轮机上修磨。刃口钝了的錾头，可在砂轮机上磨锐。经多次修磨后的錾子，须再次锻打并经淬火后方能使用。

③ 錾子头部不能有油脂，否则锤击时易使锤面滑离錾头。

④ 錾子不可握得太松，以免锤击时錾子松动而击打在手上。

4.2.2 螺纹铰板

螺纹铰板是把圆柱形工件铰出外螺纹的加工工具，有圆板牙和方板牙两种。

圆板牙有固定式和可调式两种，圆板牙及扳手形状如图 4-15 所示。圆板牙需装在板牙架内，才能使用，圆板牙用钝后不能再磨锋利而应报废。方板牙由两片组合而成，如图 4-16 所示，方板牙用钝后可重新磨锋利后再使用。

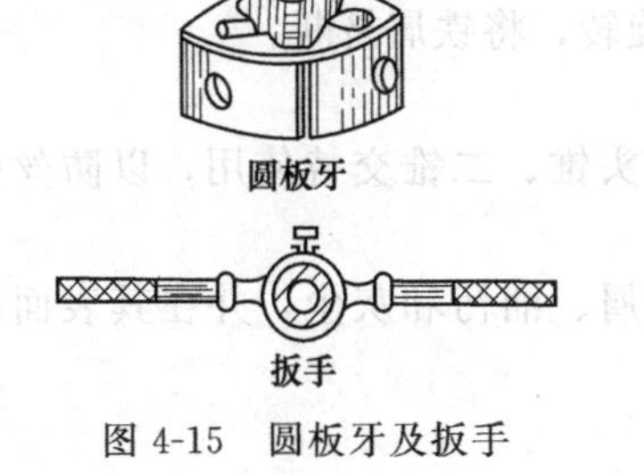

图 4-15　圆板牙及扳手

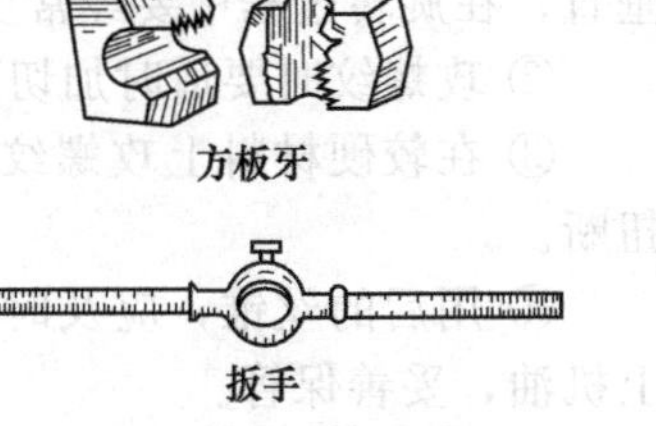

图 4-16　方板牙及扳手

使用及维护注意事项如下。

① 套螺纹的圆杆端部要锉掉棱角，这样既起刃具的导向作用，又能保护刀刃。

② 螺纹铰板与工件要垂直，两手用力要均匀。

③ 转动铰板时，每转动一周应适当后转一些，以便将钝屑挤断。套螺纹时应适时注入切削液。

④ 使用后的螺纹铰板，应清除铁屑、油污和灰尘，并在其表面涂上机油，妥善保管。

4.2.3 丝锥

丝锥又称螺纹攻，是加工内螺纹的工具。丝锥由工作部和柄部组成，如图 4-17 所示。丝锥分手用丝锥和机用丝锥，常用的为手用丝锥。手用丝锥由二三只组成一套，称为头锥、二锥和三锥。用来夹持

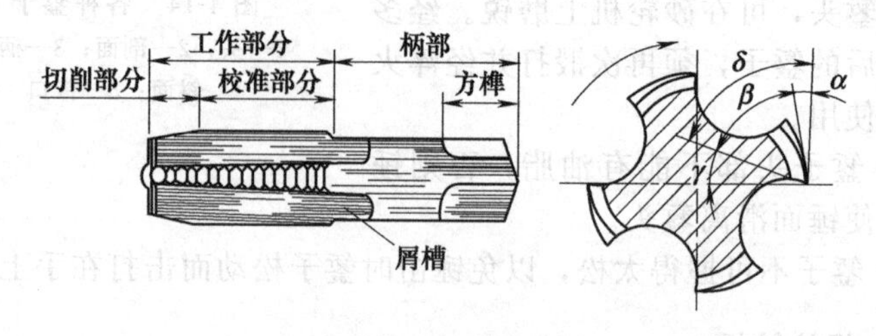

图 4-17 丝锥的构造

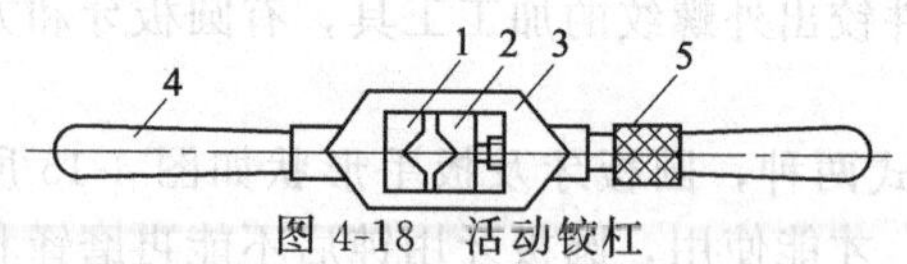

图 4-18 活动铰杠

1—有直角缺口的不动钳牙；2—有直角缺口的可动钳牙；3—方框；4—固定手柄；5—可旋动的手柄

丝锥柄部方头的是铰手，最常用的为活动铰杠，如图 4-18 所示。

使用及维护注意事项如下。

① 丝锥与工件表面要垂直，在旋转过程中要经常反方向旋转，将铁屑挤断。

② 攻螺纹时要适时加切削液。

③ 在较硬材料上攻螺纹时，要头锥、二锥交替使用，以防丝锥扭断。

④ 用后的丝锥，应及时清除铁屑、油污和灰尘，并在其表面涂上机油，妥善保管。

4.3 切管设备

金属加工厂内的机械切管设备有专用切管机和普通车床，能满足切割质量高、管径粗、数量大的要求。在安装现场多使用便携式机具。

切管设备按切割过程的不同可分为两种类型：一种是管子转动，刀具固定在刀架上；另一种是刀具转动或往复移动，而管子固定。便携式切管设备多属于后者。

4.3.1 金刚砂锯片切管机

金刚砂锯片切管机利用磨削原理切割管子，主要用于合金钢管的切割。由于这种切割机质量较轻，便于现场安装使用。

(1) 金刚砂锯片切管机的结构和工作原理　图 4-19 所示是这种切管机的示意图。它由电动机、传动机构、锯片、工作台、摇臂、进刀装置、夹管器组成。工作台 9 与支架 1 固定，为切管机的安装基

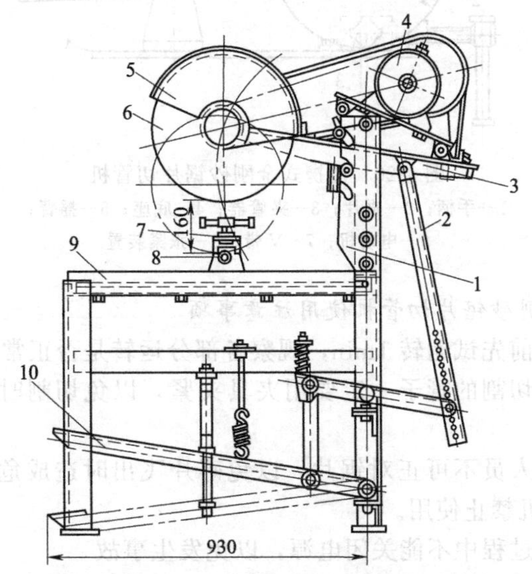

图 4-19　金刚砂锯片切管机

1—支架；2—传力杆；3—摇臂；4—电动机；5—安全罩；6—锯片；7—夹管器；8—管子；9—工作台；10—踏板

础。管子 8 安装在夹管器 7 中固定。摇臂 3 的中部用销子支撑在支架上。电动机 4 装在摇臂一侧，锯片轴支承于摇臂另一侧，电动机通过 V 带传动将动力传给锯片轴使锯片旋转。进给装置由踏板 10 和数个传力杆 2 组成，它们用铰链和弹簧分别与支架和摇臂连接。

接通电源，压下踏板，通过传力杆将摇臂右侧抬起，摇臂左侧下降，便可进行切割。松开踏板，在电动机自重及弹簧力作用下，摇臂和进给装置复回原位。

（2）便携式金刚砂锯片切管机的结构与工作原理　图 4-20 所示是这种切管机的示意图。这种切管机结构较简单，其工作原理与上述切管机基本相似。其主要区别在于进给装置不同。它是直接操纵手柄使摇臂左侧下降，产生进给运动。放松手柄，锯片在电动机自重作用下复位。

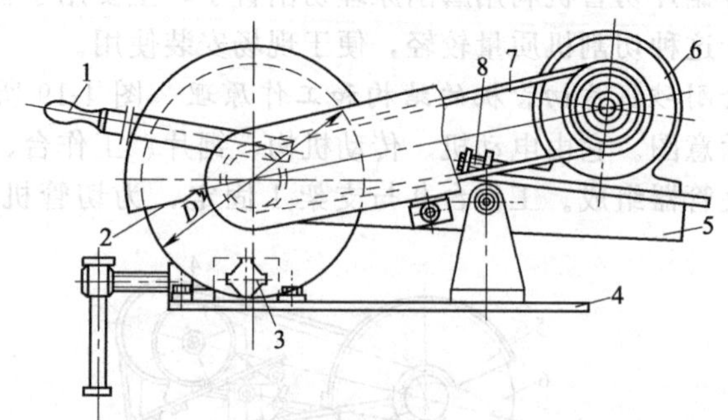

图 4-20　便携式金刚砂锯片切管机

1—手柄；2—锯片；3—夹管器；4—底座；5—摇臂；6—电动机；7—V 带；8—张紧装置

（3）金刚砂锯片切管机使用注意事项

① 使用前先试运转 1min，观察各部分运转是否正常。

② 所要切割的管子一定要用夹具夹紧，以免切割时晃动而损坏锯片。

③ 操作人员不可正对锯片，以免碎片飞出时造成危险，没有防护罩的切管机禁止使用。

④ 切割过程中不能关闭电源，以免发生事故。

⑤ 使用时进给速度要适中，下压力不宜过大。

⑥ 当管子较长时，应注意使管子平直放置。

切割完毕，管口内切割屑等一定要清理干净，以保证管子内径。

4.3.2 简易锯床

这种锯床可以用来切割尺寸较大、数量较多的管子、圆钢及型钢。其切口比较规整、光滑，割口较窄，可以进行与管子中心线成45°角的切割。

(1) 简易锯床的结构和工作原理 这种锯床主要由支架、夹管虎钳、电动机、摇拐机构、锯弓组成。图4-21所示是简易锯床的示意图。

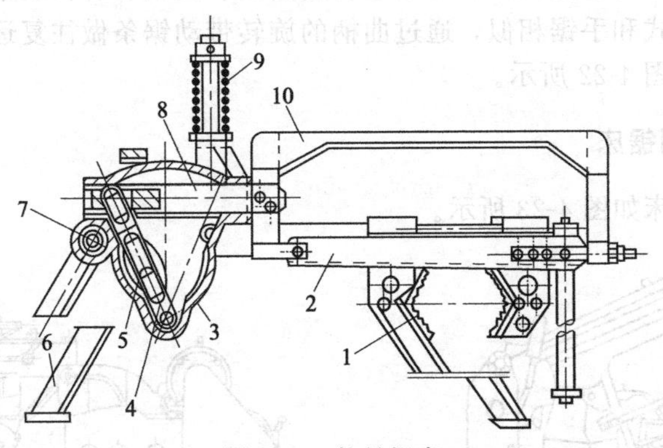

图4-21 简易锯床

1—夹管虎钳；2—锯片；3—外壳；4—摇拐；5—滑块；
6—支架；7—销轴；8—滑履；9—弹簧；10—锯弓

电动机是该锯床的动力装置，锯弓10是工作部分，摇拐机构则是传动部分。摇拐机构是由曲柄连杆机构演变而来，也属于四杆机构。其主动件为固装在电动机轴上的圆盘（图中未画出），圆盘上的偏心固定销与滑块5紧固。滑块5可以在从动件摇拐4的滑槽内移动，摇拐的下部与外壳3铰链连接。

锯弓与滑履8连接。以上三部分由外壳组成一个完整的锯身，支承在支架6的销轴7上，并可绕销轴7摆动。

切割管子时，将管子卡在固定于支架上的夹管虎钳内。接通电源，摇拐机构将电动机的转动转变为摇拐的往复摆动，再转变为滑履及锯弓的往复直线运动。同时依靠锯身的自重和弹簧张力进给，进行切割。

(2) 简易锯床的使用要点

① 使用前检查锯弓是否安装牢固，切割交角是否正确，锯片松

紧是否适当。

② 管子要夹紧，以免损坏锯片。

③ 使用中注意观察运转情况，出现异常情况时应立即关闭电源并检查原因。

④ 应经常保持销轴及摇拐机构的良好润滑。

4.3.3 弓锯床

弓锯床的应用很广，可用它切割扁钢、圆钢和各种型钢。弓锯床的运动方式和手锯相似，通过曲柄的旋转带动锯条做往复运动。弓锯床结构如图 4-22 所示。

4.3.4 圆锯床

圆锯床如图 4-23 所示。

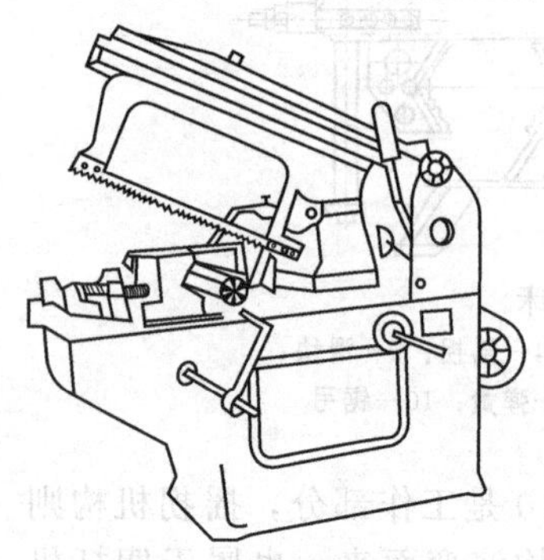

图 4-22 弓锯床结构

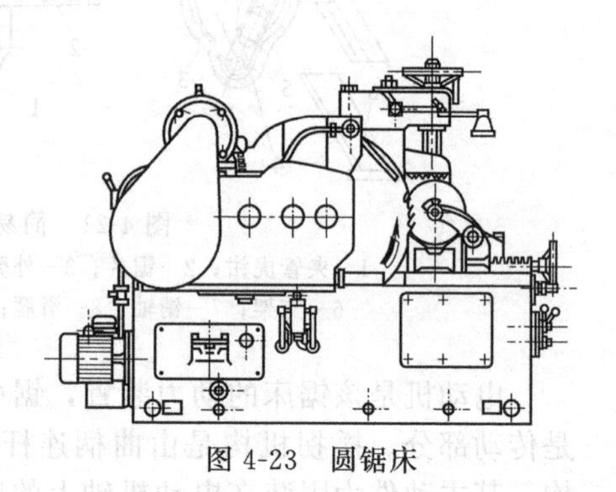

图 4-23 圆锯床

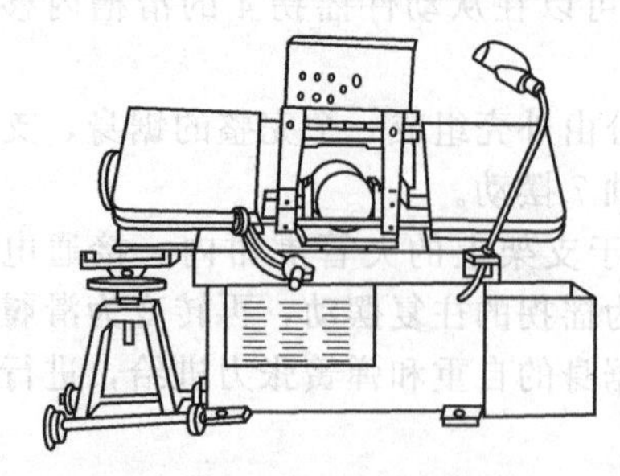

图 4-24 半自动卧式带锯床

4.3.5 带锯床

卧式带锯床是弓锯床的更新换代产品。锯带具有耐磨、抗疲劳等优点。在锯削中，锯带不断齿、不断带，使用寿命长。带锯床主要用于锯切各种棒材和型材，锯缝小，锯切精度高，是一种高效节能的落料设备。半自动卧式带锯床结构如图 4-24 所示。

4.3.6 刨边机

刨边机用于板料边缘的加工，如加工焊接坡口、刨掉钢板边缘毛刺和硬化层等。刨边机如图 4-25 所示。

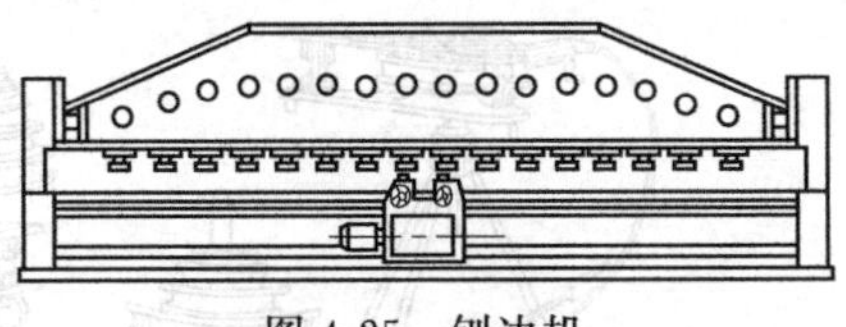

图 4-25 刨边机

4.4 弯管设备

弯头是铆工安装中需要量最大的部件，铆工安装中除了采用冲压弯头外，相当一部分要用弯管法将管子弯制成弯头。

弯管设备的种类很多。按弯制时是否加热可分为冷弯式和热弯式，按动力来源可分为手动式和电动式，按传动方式可分为机械式和液压式，按管子的受力特点可分为顶弯式和煨弯式。

顶弯式弯管机的基本原理如图 4-26 所示。管子靠在两个固定支点上，在管子的中点 A 用一作用力顶压，当中点移到 B 位置时，管子则已弯成了一定的角度。

煨弯式弯管机的基本原理如图 4-27 所示。管子的一端夹在 A、B 两轮之间，在管子另一端施加推力或其它力产生的力矩，使 C 点转到 C'点，完成弯管过程。

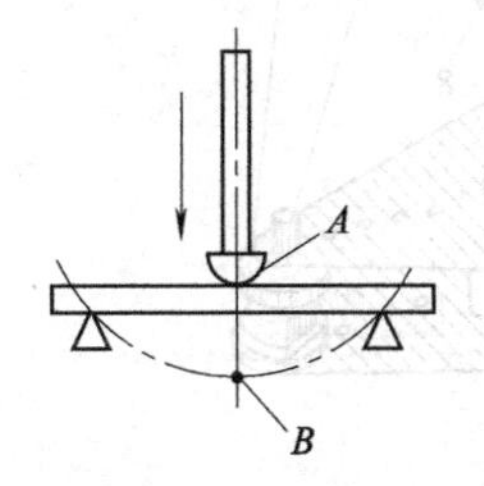

图 4-26 顶弯原理

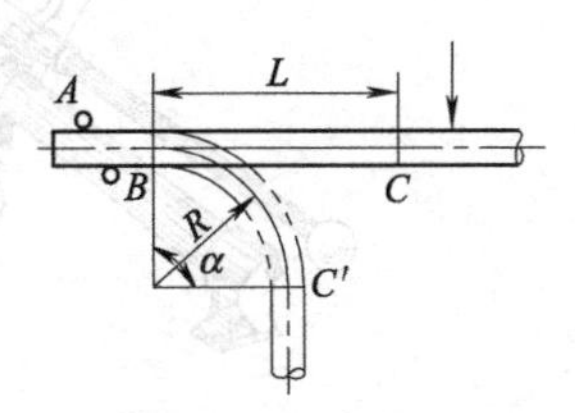

图 4-27 煨弯原理

4.4.1 手动液压弯管机

手动液压弯管机属顶弯式弯管机，它体积小，操作省力，携带方便，不受场地的限制。适用于管径小于 50mm 的水、蒸汽、煤气、油等管路的安装和修理工作。图 4-28 所示是两种手动液压弯管机的外观。图 4-28 (a) 所示是三脚架式，图 4-28 (b) 所示是小车式。

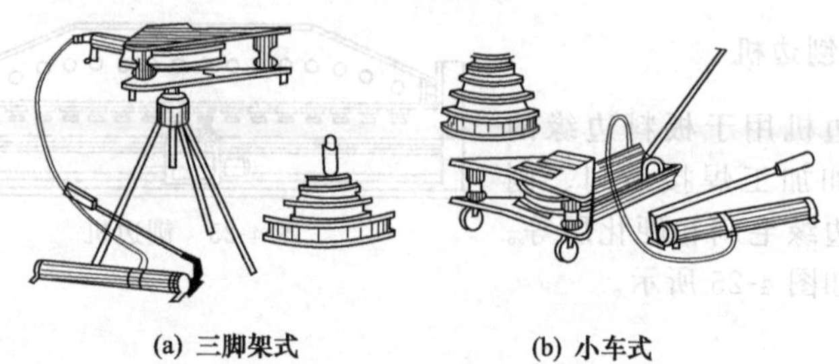

图 4-28 手动液压弯管机外形

各种类型手动液压弯管机的结构基本相近，主要由弯管架3、液压泵1、液压缸5、弯管胎模4组成，如图4-29所示。使用时，先根据所弯制的钢管或圆钢的直径选取弯管胎模，将胎模安放在液压缸的顶头（活塞）上，两边滚轮的凹槽、直径与设置间距，也应与所弯制的管子相适应。把要弯曲的管子插在胎模与两个滚轮之间。用手摇动液压泵手柄，不断地将油液压入液压缸，当液压缸中油压升高到一定数值时，便推动液压缸中的活塞向外移动，从而通过胎模将管子顶弯。管子弯曲成形后，打开液压泵上的回油阀，液压缸中油压下降，活塞在其回位弹簧的作用下复位，即可卸下管子。

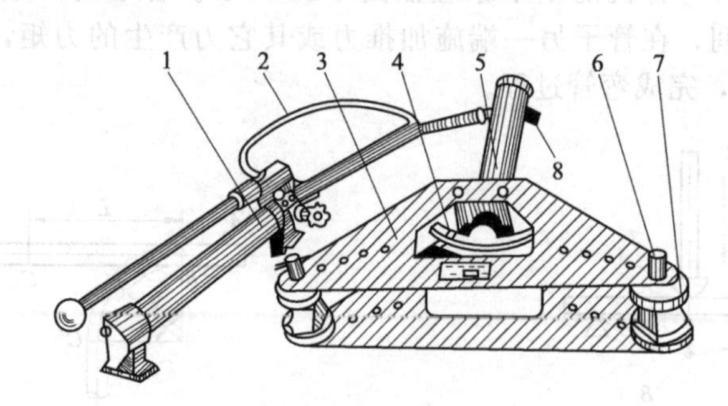

图 4-29 手动液压弯管机

1—液压泵；2—高压胶管；3—弯管架；4—弯管胎模；5—液压缸；6—销轴；7—滚轮；8—支架

由于手动液压弯管机弯曲半径较大，操作不当时，椭圆度较大，故操作时应注意选择合适的配套组件，并掌握好摇动手柄的速度。

手动弯管机的性能参数：工作压力为63MPa；最大载荷为10t；最大行程为200mm。

4.4.2　弯管机

弯管机是在常温下对金属管材进行有心或无心弯曲的缠绕式弯管设备，广泛用于现代航空、航天、汽车、造船、锅炉、石化、水电、金属结构及机械制造等行业。弯管机的结构如图 4-30 所示。

4.4.3　蜗杆涡轮弯管机

许多电动弯管机都采用蜗杆涡轮传动，这是因为蜗杆涡轮传动既可以获得较大传动比，使结构紧凑，还可以改变运动方向，满足弯管机工作和操作的要求。

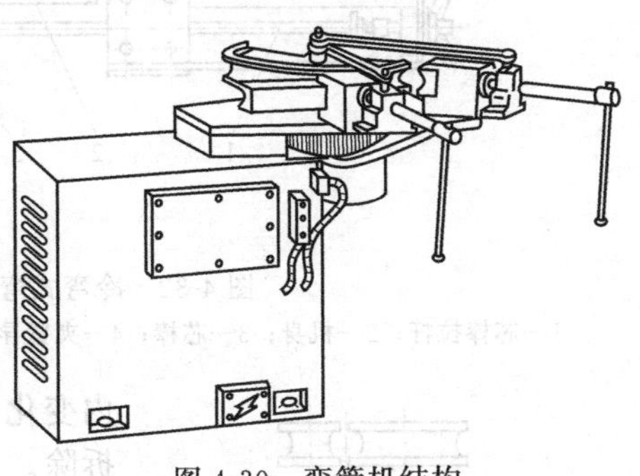

图 4-30　弯管机结构

蜗杆涡轮弯管机通常由动力传动部分、施力导向部分和操纵控制部分组成。如果是热弯式弯管机，还有加热及冷却部分。在传动部分中采用了蜗杆涡轮机构的弯管机称为蜗杆蜗轮弯管机。

(1) *蜗杆涡轮弯管机的动力传动原理*　蜗杆涡轮弯管机既有冷弯式，也有热弯式。虽然它们的工作原理各有不同，但动力传动部分却大同小异，常见的动力传动方式如图 4-31 所示。

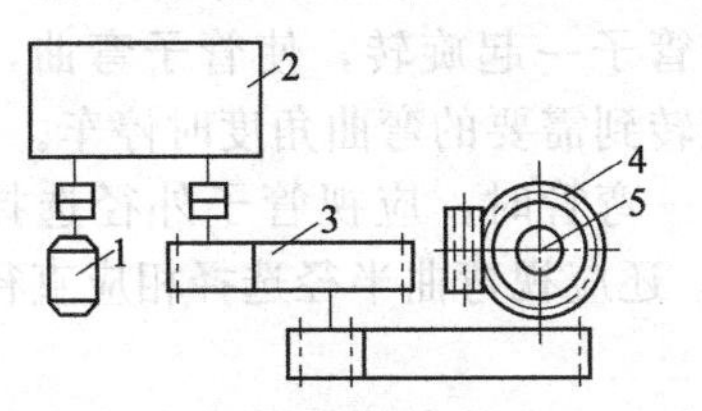

图 4-31　蜗杆涡轮弯管机传动示意图
1—电动机；2—V 带传动或齿轮减速箱；3—调速齿轮；4—蜗轮及蜗杆；5—主轴

从图中可以看出，动力传动部分由电动机和 V 带传动、齿轮传动、蜗杆涡轮传动等多级传动系统组成。电动机的动力和运动通过含有蜗杆涡轮传动的多级传动系统传递给主轴等工作装置以完成弯管工作。

弯曲速度（主轴转速）可通过成对更换调速齿轮来调整。

(2) *冷弯式蜗杆涡轮弯管机的工作原理*　图 4-32 所示是这种弯管机的示意图。它能够弯制外径为 38～108mm 的碳素钢、不锈钢和有色金属管子，最大弯曲角度为 190°，弯曲半径可在 150～500mm

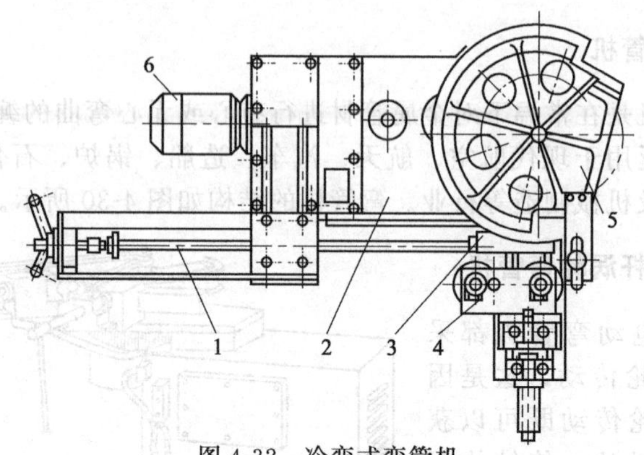

图 4-32 冷弯式弯管机

1—芯棒拉杆；2—机身；3—芯棒；4—夹紧导向机构；5—胎模；6—电动机

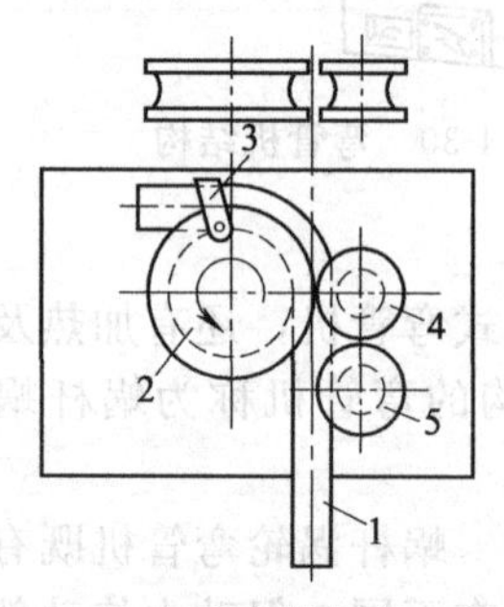

图 4-33 冷弯式弯管机的工作原理

1—管子；2—弯管胎模；3—管卡；4—导向轮；5—压紧轮

内变化。芯棒装置可视需要采用或拆除。

图 4-33 所示是这种弯管机的工作原理图。工作时，先把要弯曲的管子 1 放在弯管胎模 2 和导向轮 4 之间并压紧，再用管卡 3 固定在弯管胎模上。启动电动机，电动机通过传动系统带动主轴及固定在主轴上的弯管胎模旋转，弯管胎模则带着管子一起旋转，使管子弯曲，当旋转到需要的弯曲角度时停车。

弯管时，应视管子外径选择相应的胎膜、管夹、导向轮和压紧轮，还应视弯曲半径选择相应直径的胎模。

(3) *火焰热弯式弯管机的工作原理* 这种弯管机是在上述弯管机的基础上发展而来的。它能够弯制外径 76～425mm，壁厚 4.2～20mm 的管子，弯曲半径为公称直径的 2.5～5 倍。与人工热弯相比，质量好，管内不用充砂，减轻了劳动强度，提高工效约 5 倍。

图 4-34 所示是火焰热弯式弯管机的工作原理图。它与上述弯管机的主要区别在于增加了加热及冷却装置。管子在弯曲变形前首先要被火焰圈 3 加热到一定温度（碳钢管一般为 850～950℃），再由主轴 6 通过拐臂 4、管夹 5 带动管子一起旋转，使加热部分产生弯曲变形，

随后火焰圈中水室的冷却水沿圆周小孔呈45°角喷出，冷却弯曲后的管子，同时也冷却火焰圈本身，如图4-35所示。连续的后段管子同样也被加热—弯曲—冷却，直至弯曲成要求的角度。

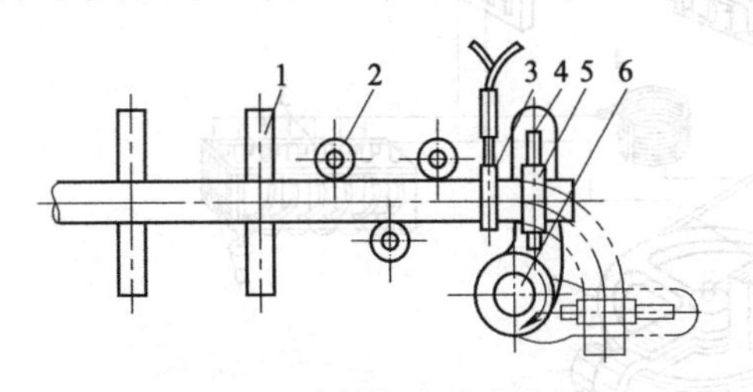

图4-34 火焰热弯式弯管机

1—托滚；2—压紧轮；3—火焰圈；4—拐臂；5—管夹；6—主轴

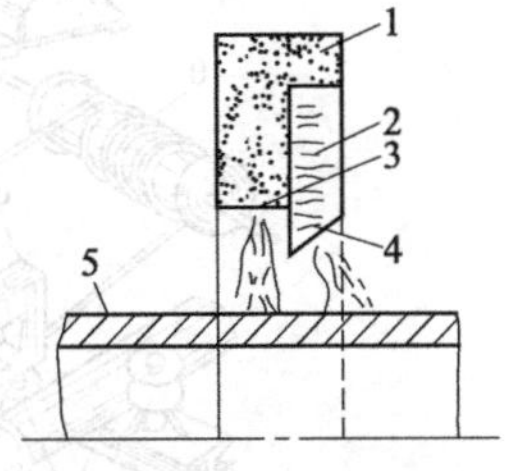

图4-35 火焰圈断面

1—气室；2—水室；3—火孔；4—水孔；5—管壁

火焰圈是用黄铜板焊制成气室和水室的环形圈，氧-乙炔气由气室喷出，点燃后形成环形火焰。

弯曲时，应根据管子的外径更换相应的管夹，弯曲半径是通过调整管夹到主轴的水平距离来控制的。

4.4.4 中频电热弯管机

这种弯管机是在火焰弯管机的基础上进一步发展而来的。它用紫铜制成的感应圈代替火焰圈，在感应圈中通入中频电流（频率为1000～2500Hz），则在管壁上产生感应电流，该电流的热效应可把管子加热到900～1200℃，随后将管子强行弯曲，再在加热区的后面用冷却水冷却到适当温度，使管子弯曲段的两端有足够的刚度，以减少管子弯曲时产生的椭圆度。由于在管壁的径向和圆周方向的加热温度比较均匀，所以中频弯管机适宜弯制厚壁管子。

图4-36是中频电热弯管机的示意图。由电气部分、传动部分、施力导向部分、冷却部分和操纵控制部分组成。电气部分包括电动机和中频供电装置，传动部分由卷扬机及钢丝绳组成，施力导向部分包括弯管圆盘、管卡、导向轮等。

弯管时，把将要弯曲的管子6放在两个导向轮8之间，前端用管卡固定在弯管圆盘5上。卷扬机钢丝绳的两端分别固定在弯管圆盘上。接通中频电源，感应圈7中便通过中频电流，使圈中的管子加热，启动电动机，电动机带动卷扬机卷筒转动，使一端钢丝绳卷入，另一端钢丝

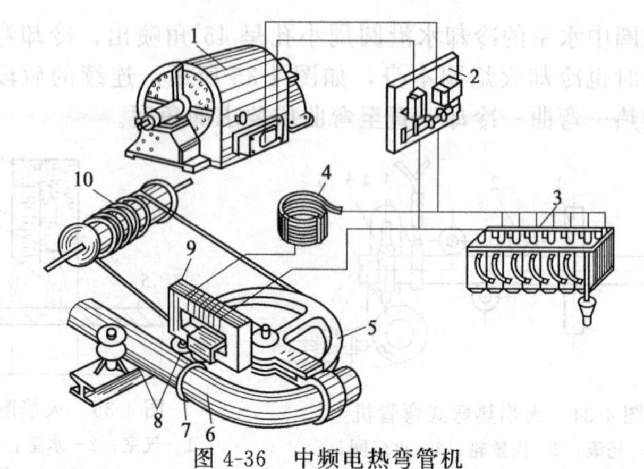

图 4-36 中频电热弯管机

1—中频发电机；2—开关盘；3—蓄电池组；4—电抗器；5—弯管圆盘；6—管子；7—感应圈；8—导向轮；9—变压器；10—电动卷扬机

绳放出，卷入端的钢丝绳便牵引弯管圆盘、管卡、管子一起绕弯管圆盘的固定轴转动，管子被弯曲变形，当弯曲到规定角度时，关闭中频电源、停车，并喷水冷却。取下弯管，使电动机反转，卷筒转入另一端钢丝绳，弯管圆盘转回到原来位置，停机。再准备弯制另一管子。

这种弯管机主要用于加工管壁厚度小于 30mm 的弯头，通常弯曲角度不能超过 90°，弯曲半径不能任意改变。

中频电热弯管机与火焰弯管机相比，具有以下优点：由于没有高温的火焰，弯管表面没有氧化皮，减少了金属的损耗；加热速度快，且加热温度可以在较宽范围内选择；操作方便，噪声低，特别是在弯制大直径的厚壁管子时尤为突出。但由于中频电热弯管机结构复杂，体积大，维护要求较高，价格较贵，因此，这种弯管机仍然只限于管件加工厂，安装现场还很少采用。

4.5 矫直设备

4.5.1 板材校平机

板材校平机是金属板材、带材的冷态校平设备，结构如图 4-37 所示。当板料经多对呈交叉布置的轴辊时，板料会发生多次反复弯曲，使短的纤维在弯曲过程中伸长，从而达到校平的目的。一般轴辊数目越多，校平质量越好。通常 5～11 辊用于校平中、厚板；11～29

辊用于校平薄板。

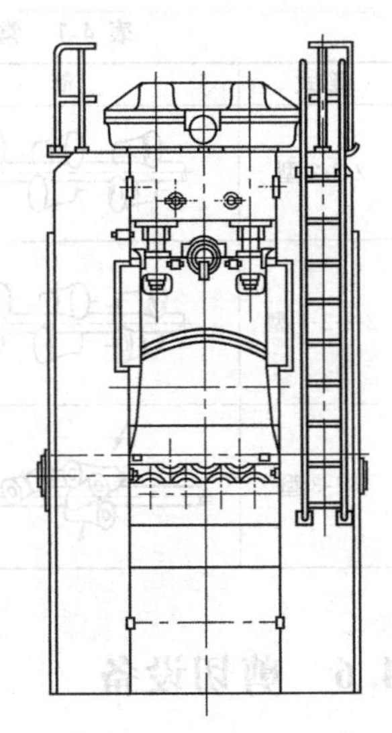

图 4-37　板材校平机

4.5.2　型材矫直机

型材矫直机用于矫直角钢、圆钢、方钢和扁钢等型材。型材可用带成形辊的多辊型材矫直机或弯曲压力矫正机矫正。图 4-38 所示为 W51-63 型多辊型材矫直机，其主要技术参数如下。

可校杆（棒）料（最大直径/最小直径）：63/20mm。

可校方钢（最大边长/最小边长）：63/20mm。

可校六角钢（最大内切圆直径/最小内切圆直径）：63mm/25mm。

可校扁钢（最大厚度×宽度/最小厚度×宽度）：20mm×63mm/16mm×120mm。

矫直速度：38（mm/min）。

电动机功率：30kW。

4.5.3　管材矫正机

管材及棒材可用斜辊机、正辊机或压力机矫正，其中斜辊机的矫正效率和精度为最高，应用最广泛。常用斜辊机结构形式如表 4-1 所示。

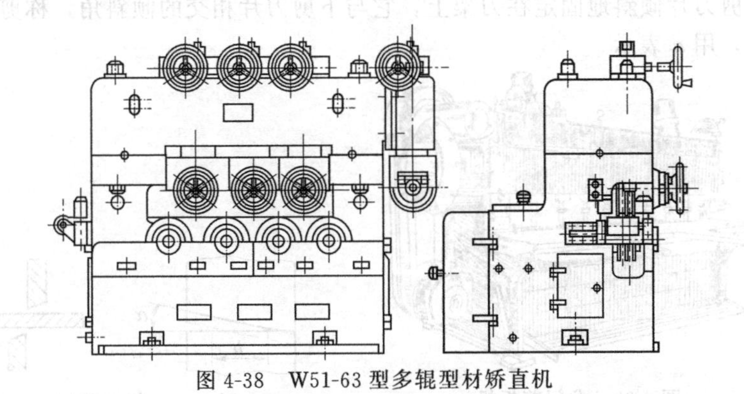

图 4-38　W51-63 型多辊型材矫直机

表 4-1 常用多辊式斜辊矫正机结构形式

形式	简图	说明
2-2-2 型		①主动辊成对布置以保证对称地施加圆周力，使工件保持稳定 ②具有一个矫正循环
2-2-2-1 型		①主动辊成对布置以保证对称地施加圆周力，使工件保持稳定 ②具有两个矫正循环，矫正质量较高
3-1-3 型		①由 3 个辊子构成夹持孔型，比两个辊子的夹持力大，矫正力大，矫正圆度效果好 ②具有一个矫正循环

4.6 剪切设备

4.6.1 剪板机

剪板机用于对板料的直线剪切。按其传动方式有机械传动和液压传动两种。

龙门剪床又称剪板机，是板材剪切中应用较广的剪床。它使用方便，进料容易，剪切速度快，剪切的零件精度高。在龙门剪床上可以沿直线轮廓剪切各种形状的毛料。剪板机结构如图 4-39 所示。常用的龙门剪床是斜刃剪切。其剪刃与被剪钢板的一小部分接触，是逐渐进行剪切的。因而它比平刃剪切的剪切力要小得多，如图 4-40 所示。上剪刀片倾斜地固定在刀架上，它与下剪刀片相交的倾斜角，称剪切角，用 α 表示。

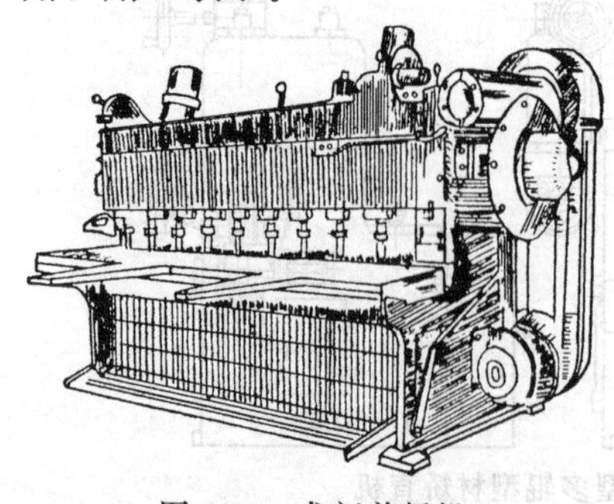

图 4-39 龙门剪板机

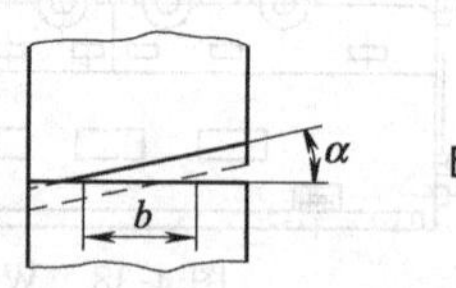

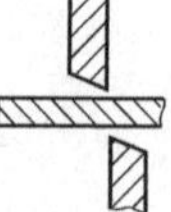

图 4-40 斜刃剪切

4.6.2　数控液压剪板机

数控液压剪板机是传统的机械式剪板机的更新换代产品。其机架、刀架采用整体焊接结构，经振动消除应力，确保机架的刚性和加工精度。该剪板机采用先进的集成式液压控制系统，提高了整体的稳定性与可靠性。同时采用先进数控系统，剪切角和刀片间隙能无级调节，能使工件的切口平整、均匀且无毛刺，能取得最佳的剪切效果。其结构如图4-41所示。

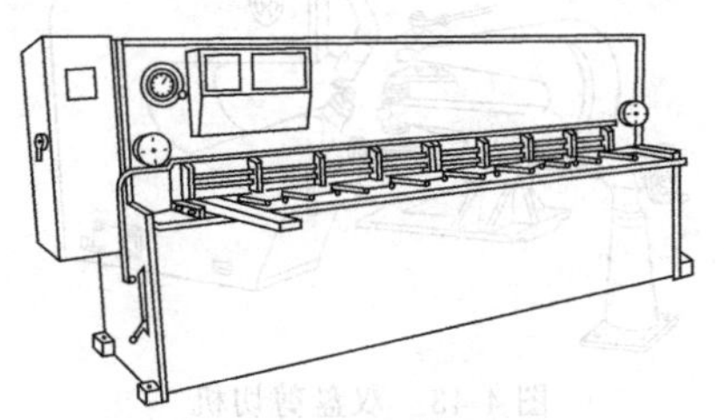

图4-41　数控液压剪板机

4.6.3　冲型剪切机

冲型剪切机简称冲型剪，又名振动剪，它利用高速往复运动的冲头（每分钟行程次数最高可达数千次）对被加工的板料进行逐步冲切，以获得所需要轮廓形状的零件。冲型剪切机除用于直线、曲线或圆的剪切外，还可以用来冲孔、冲型、冲槽、切口、翻边、成形等工序，用途相当广泛，是一种万能型的板材加工机械。

冲型剪切机结构如图4-42所示。

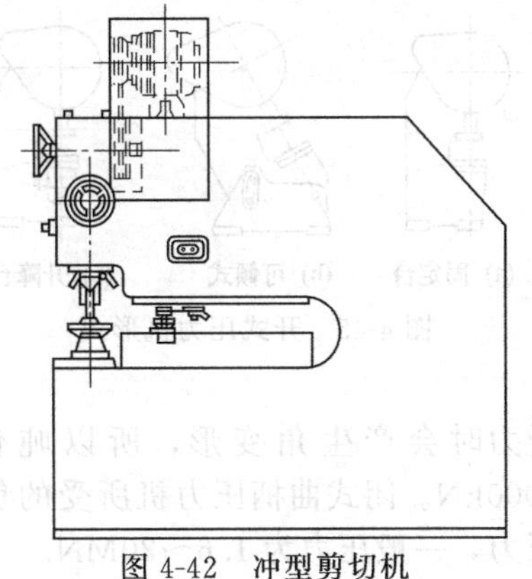

图4-42　冲型剪切机

4.6.4　双盘剪切机

双盘剪切机用于剪切直线、圆、圆弧或曲线，其结构如图4-43所示。

4.6.5　联合冲剪机

联合冲剪机用于板材或型材的剪切和冲孔。其型号有Q34-10、Q34-16和Q34-25等几种。图4-44所示为一种联合冲剪机。

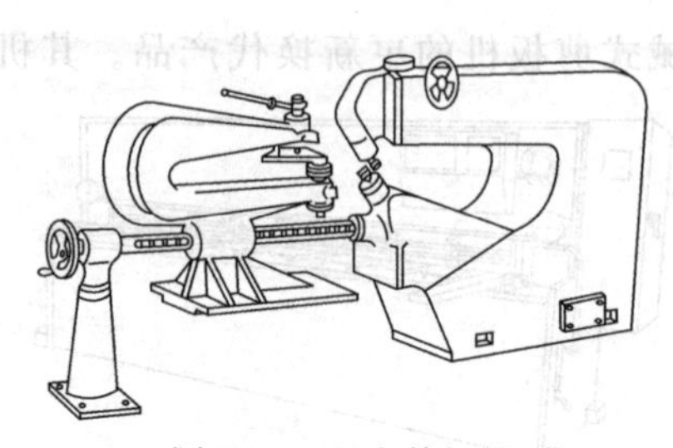
图 4-43　双盘剪切机

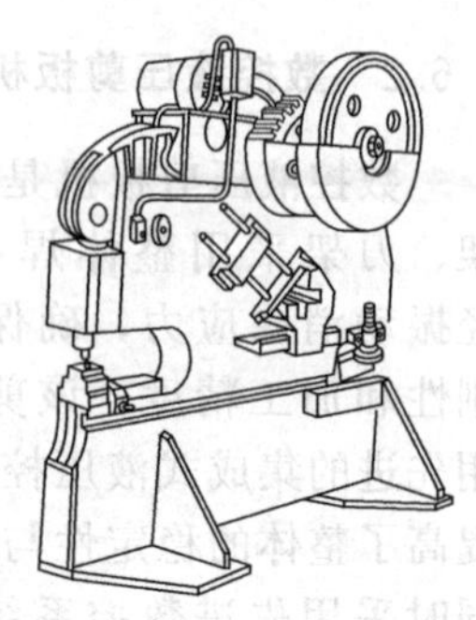
图 4-44　联合冲剪机

4.7　成形设备

4.7.1　机械压力机

机械压力机中最常用的是曲柄压力机，按其机架形式可分为开式和闭式两种。开式压力机的工作台结构有固定台、可倾式和升降台 3 种，如图 4-45 所示。开式固定台压力机的刚性和抗振稳定性好，适用于较大吨位；可倾式压力机的工作台可倾斜 20°～30°，工件或废料可自动滑下；升降台压力机适用于模具高度变化的冲压工作。

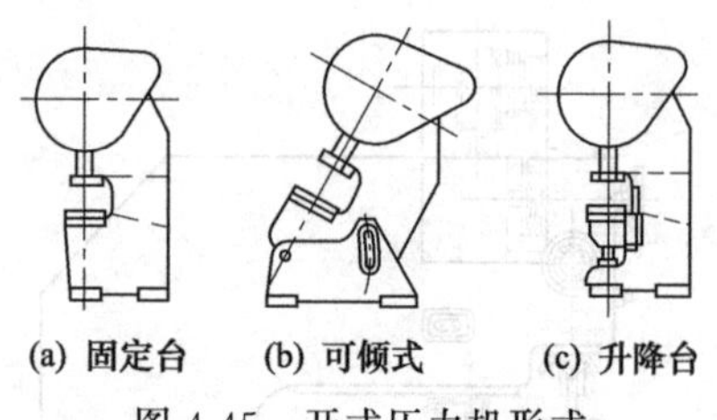

图 4-45　开式压力机形式

开式曲柄压力机的机架在受力时会产生角变形，所以吨位不能太大，一般压力为 40～4000kN。闭式曲柄压力机所受的负荷较均匀，所以能承受较大的冲压力，一般压力为 1.6～20MN。

4.7.2　摩擦压力机

摩擦压力机是利用惯性力通过丝杠传动压力的一种压力机械。摩擦压力机的结构如图 4-46 所示。在床身 1 的上方有两个支架 8，支架支持着水平轴 9 和摩擦轮 10、11 等。螺母座 4 安装在横梁 3 内与丝杠 5 的多头螺纹相配合。丝杠 5 的上端与传动轮 7 相连，下端与压力头 6（也称滑块）相连，其作用是将传动轮带有惯性的旋转变成压力头的上、下运动，在压力头两侧的床身上嵌有导轨，起保证压力头上下运动的平稳作用。传动轮位于左、右摩擦轮间，与摩擦轮分别保持着 10mm 左右的间隙。传动轮的外缘包有牛皮或摩擦带，用来增加摩擦力。连丝杠的下端有一个抱闸 12 和闸轮，当压力头上升到上极限位置时，抱闸抱住闸轮，使压力头及相连的丝杠及传动轮停止运动。压力头的下方有一个方头顶丝，以便紧固上模之用。在床身的下部工作台 2 台面上有 T 形槽，供紧固下模之用。

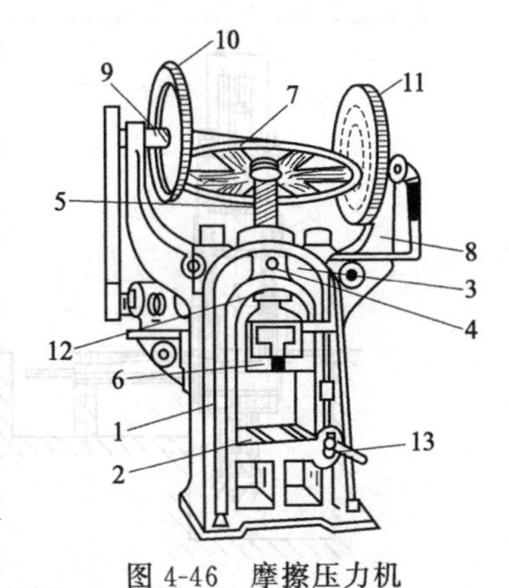

图 4-46　摩擦压力机

1—床身；2—工作台；3—横梁；4—螺母座；5—丝杠；6—压力头；7—传动轮；8—支架；9—水平轴；10,11—摩擦轮；12—抱闸；13—手柄

摩擦压力机的吨位在 30～1000t，由于它动作灵活，能满足中小型零件的冲压工作，所以应用比较广泛，但常常因为跨距不足，而缩小了它的使用范围。

4.7.3　液压压力机

液压压力机主要用于中（厚）钢板的冷（热）弯曲、成形、压制封头、折边、拉延和板材与结构件矫正等工作。液压压力机分油压机和水压机两大类。

常用的单臂冲压液压机如图 4-47 所示。双动厚板冲压液压机如图 4-48 所示。

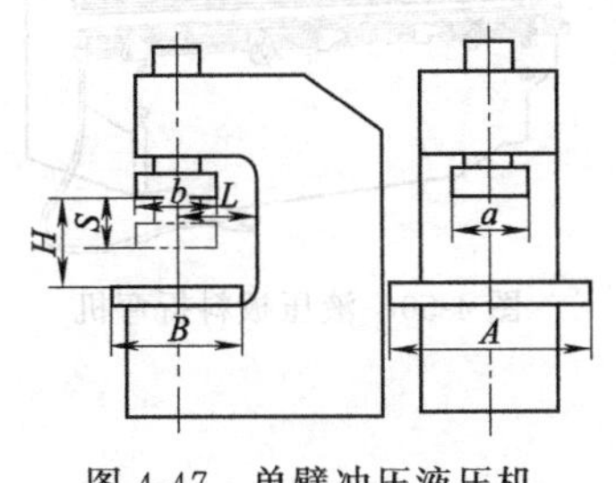

图 4-47　单臂冲压液压机

4.7.4　数控转塔冲床

数控转塔冲床是一种由计算机控制的高效、高精度、高自动化的板材加工设备。板材自动送进，只要输入简单的工件加工程序，即可在计算机的控制下自动加工，也可采用步冲的方式，用小冲模冲出大的圆孔、方孔

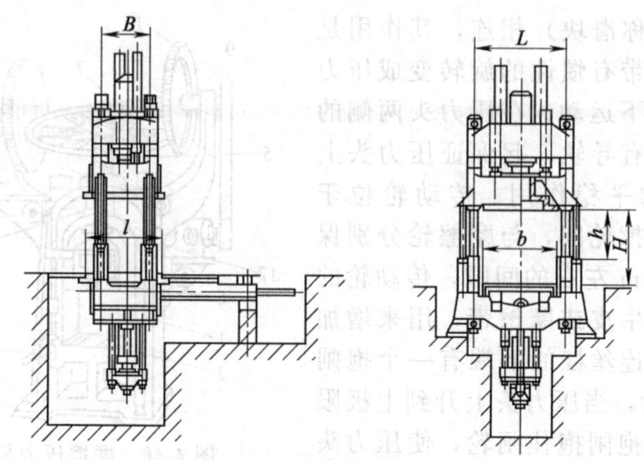

图 4-48 双动厚板冲压液压机

及任意形状的曲线孔。该设备广泛用于电器开关、电子电工仪表、家用电器、纺织机械、粮食机械及计算机等行业，特别适用于多品种、中小批量、复杂多孔板件的冲裁加工。数控转塔冲床结构如图 4-49 所示。

4.7.5 板料折弯机

板料折弯机用于将板料弯曲成各种形状，还可用于剪切和冲孔。

板料折弯机有机械传动和液压传动两种。图 4-50 所示为液压板料折弯机。

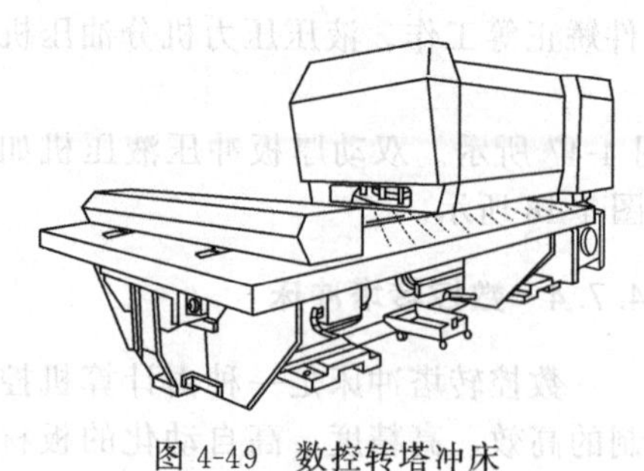
图 4-49 数控转塔冲床

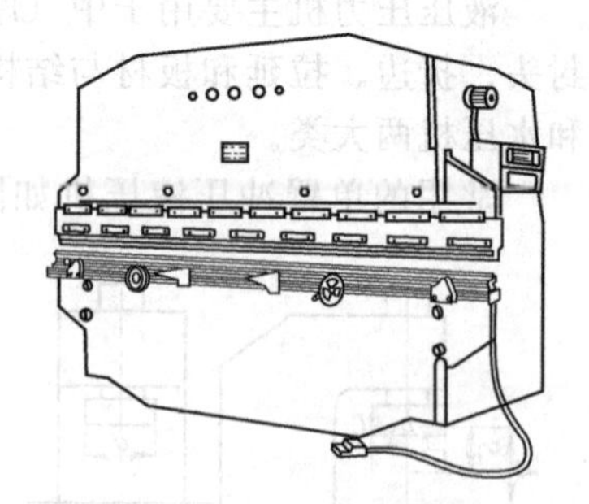
图 4-50 液压板料折弯机

4.7.6 折边机

板料的弯形也可在折边机上进行，常用折边机的型号和技术参数如表 4-2 所示。

表 4-2 常用折边机的型号和主要技术参数

型 号	折板尺寸(厚×宽)/mm	最大厚度时最小折曲长度/mm	最大厚度时最小折曲半径/mm	上梁升程/mm	电动机功率/kW
W62-2.5×1250	2.5×1250	20	2.5～4.5	150	3
W62-2.5×1500	2.5×1500	20	2.5～4.5	150	3
W62-2.5×2000	2.5×2000	6	1～1.5	200	1.5/4
W62-4×2000	4×2000	20	6	200	5.5
W62-4×2500	4×2500	20	6	200	5.5
W62-6.3×2500	6.3×2500	45	9	315	15

4.7.7 卷板机

卷板机用于将板料卷弯成圆柱面、圆锥面或任意形状的柱面。卷板机按辊筒的数目及布置形式不同可分为三辊卷板机和四辊卷板机两类。三辊卷板机又分为对称式与不对称式两种。

图 4-51 所示为 19mm×2000mm 机械调节对称三辊卷板机。

4.7.8 型材弯曲机

型材弯曲机是一种专用于卷弯角钢、槽钢、工字钢、扁钢、方钢和圆钢等各种异型钢材的高效加工设备，可一次上料完成卷圆、校圆工序加工，广泛用于石化、水电、造船及机械制造等行业。型材弯曲机结构如图 4-52 所示。弯曲机的工作原理与卷板机相同，工作部分采用 3 或 4 只辊轮。图 4-52(b) 所示为三辊型材弯曲机。弯曲时只需调节中间辊轮的位置，即可将型材弯曲成不同的曲率半径。

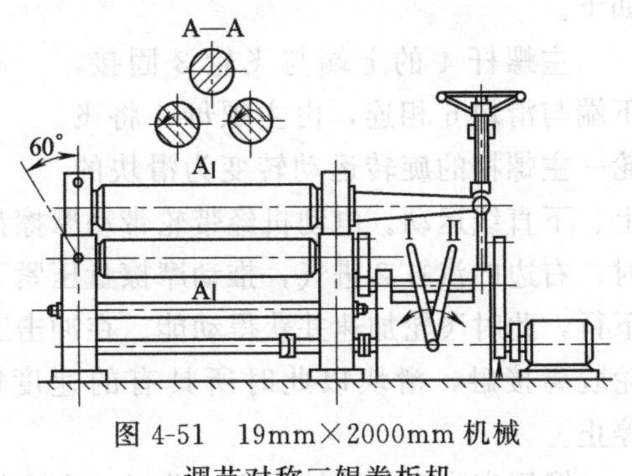

图 4-51 19mm×2000mm 机械调节对称三辊卷板机

4.7.9 空气锤

空气锤主要用于自由锻和胎模锻，在钣金工中作为一些小型锻件

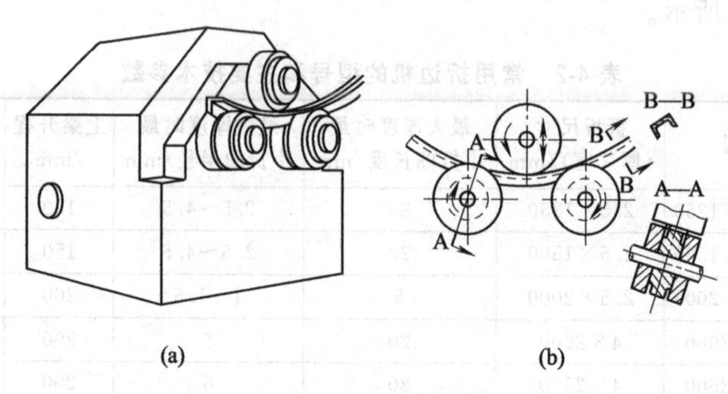

图 4-52 型材弯曲机

的冷锻或热锻成形。空气锤的外形如图 4-53所示。

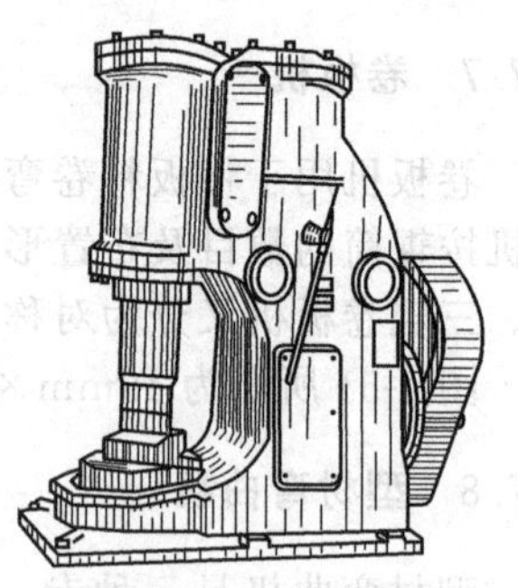
图 4-53 空气锤外形

4.7.10 螺旋压力机

JB53-400 型摩擦压力机的外形和结构如图 4-54 所示，其工作原理如下。

主螺杆 4 的上端与飞轮 3 固接，下端与滑块 6 相连，由主螺母 5 将飞轮—主螺杆的旋转运动转变为滑块的上、下直线运动。电动机经带轮带动摩擦盘 1 转动。当向下行程开始时，右边的汽缸 2 进气，推动摩擦盘压紧飞轮，搓动飞轮旋转，滑块下行，此时飞轮加速并获得动能。在冲击工件前的瞬间，摩擦盘与飞轮脱离接触，滑块以此时所具有的速度锻压工件，释放能量直至停止。

锻压完成后，开始回程，此时，左边的汽缸进气，推动左边的摩擦盘压紧飞轮，搓动飞轮反向旋转，滑块迅速提升；至某一位置后，摩擦盘与飞轮脱离接触；滑块继续自由向上滑动，至制动行程处，制动器（图中未标出）动作，滑块减速，直至停止。这样上、下运动一次，即完成了一次工作循环。

在钣金工中，摩擦压力机主要用于多品种中小批量冷锻件与热锻件的生产。

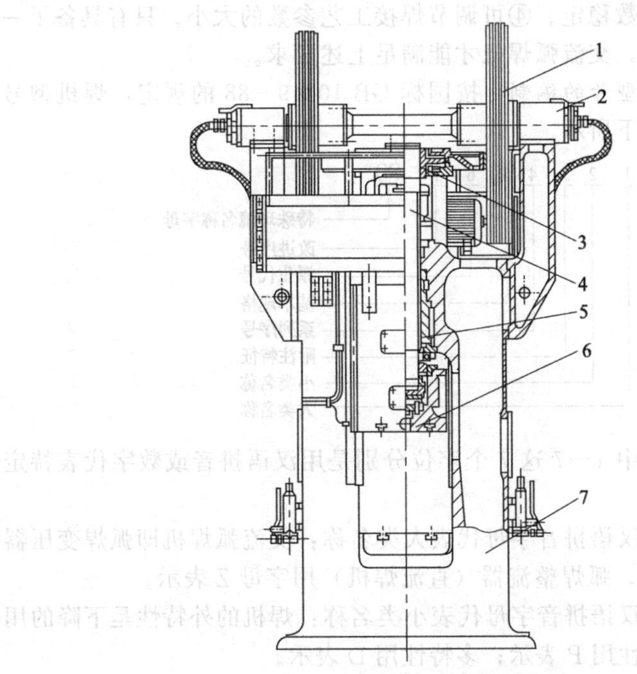

图 4-54　JB53-400 型摩擦压力机

1—摩擦盘；2—操纵汽缸；3—飞轮；4—主螺杆；
5—主螺母；6—滑块；7—机身

4.8　焊割设备

4.8.1　交流弧焊机

铆工安装与施工现场广泛采用各种类型的电弧焊。其中手工电弧焊因操作灵活，接头装配要求低，可焊金属面广，设备简单等特点而应用最广泛。手工电弧焊机按电源种类可分为交流弧焊机和直流弧焊机。其中，直流弧焊机又有弧焊发电机和弧焊整流器两种。本节仅介绍应用于手工电弧焊的交流弧焊机。

交流弧焊机也称弧焊变压器，它主要的构造是一个具有一定特性的变压器。一般要求交流弧焊机应满足以下要求。

①引弧容易。②保证电弧稳定燃烧。③保证焊接电压和焊接电流

等焊接工艺参数稳定。④可调节焊接工艺参数的大小。只有具备了一定的电气性能，交流弧焊机才能满足上述要求。

（1）焊机型号的编制　按国标 GB 10249—88 的规定，焊机型号的代表符号如下所示。

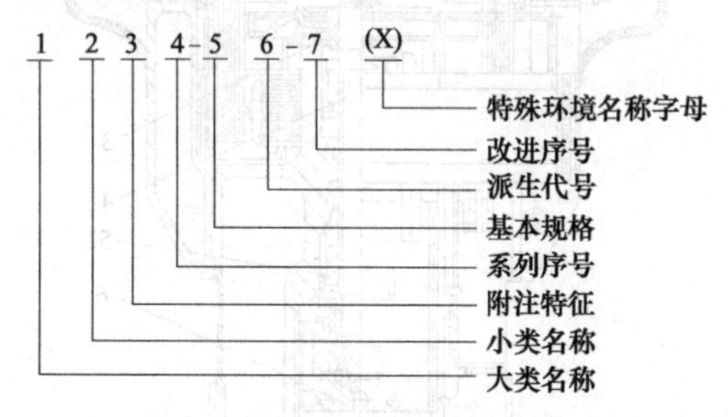

上述型号中 1～7 这 7 个字位分别是用汉语拼音或数字代表特定的含义。

第一位用汉语拼音字母代表大类名称：交流弧焊机即弧焊变压器用字母 B 表示，弧焊整流器（直流焊机）用字母 Z 表示。

第二位用汉语拼音字母代表小类名称：焊机的外特性是下降的用 X 表示；平特性用 P 表示；多特性用 D 表示。

第三位用汉语拼音字母表示附注特征：交流弧焊机用 L 表示高空载电压。省略时表示焊机不具备任何附注特征。

第四位用数字序号表示产品系列序号，对于交流弧焊机来说：1 表示动铁心式；2 表示串联电抗式；3 表示动圈式。

第五位表示基本规格：各种焊机一般都是以具体的值表示额定焊接电流的大小，单位是 A。

第六位派生代号：以汉语拼音字母顺序编排。

第七位改进序号即改进次数：用阿拉伯数字连续编号。

第八位特殊环境名称：字母 T 表示热带；G 代表高原；S 表示水下。

例如，BX3-300 即为具有下降特性的动圈式弧焊变压器（交流弧焊机），其额定焊接电流为 300A。

除了型号外，弧焊机外壳均标有铭牌，主要记载额定工作情况下的一些技术数据，供操作人员正确使用而不致损坏设备。

（2）交流弧焊机的结构与原理　交流弧焊机是以交流电的形式向焊接电弧输送电能的设备，又名弧焊变压器。实际上就是一台具有一定特性的变压器，主要特点是在次级回路（焊接回路）中增加阻抗，阻抗上的电压降随电流的增加而增加，以此来获得陡降的外特性。交流弧焊机的分类如下：

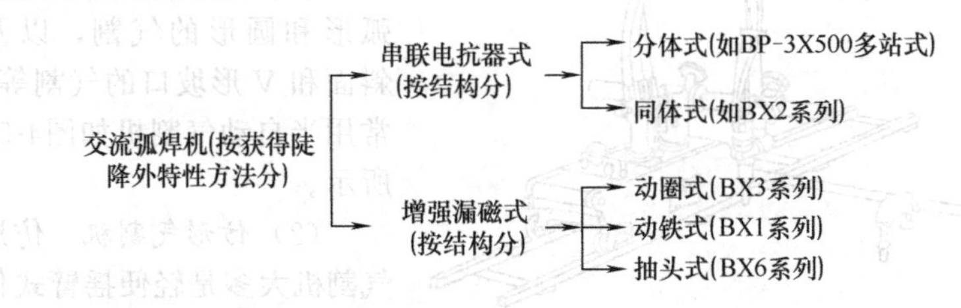

4.8.2　弧焊发电机

弧焊发电机是由三相感应电动机（或内燃机）与直流焊接发电机组成的电动-发电机组，通常称为旋转式直流电焊机。直流弧焊发电机结构如图4-55所示。

4.8.3　弧焊整流器

弧焊整流器没有旋转部件，是一种将交流电通过变压、整流变为直流电的弧焊电源，按整流元件和控制方式的不同分为硅整流电源、晶闸管整流电源和晶体管电源3种类型。图4-56所示为ZX-300型弧焊整流焊机。

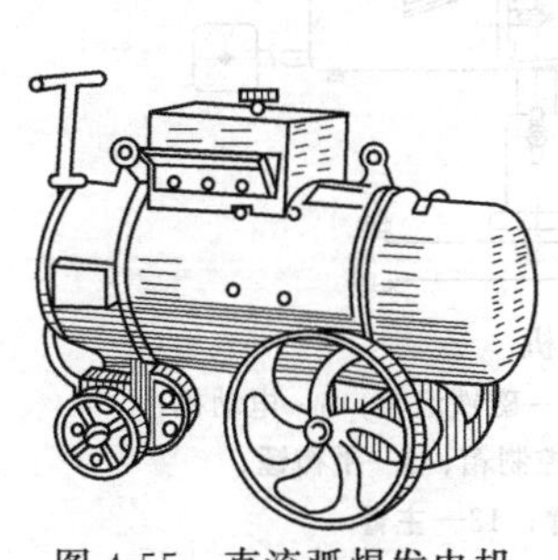
图4-55　直流弧焊发电机

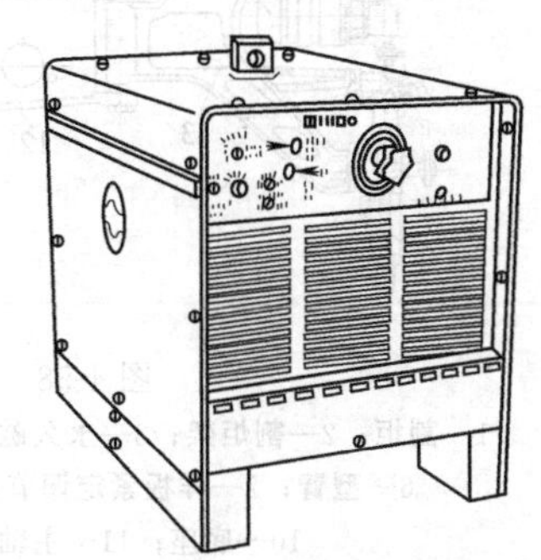
图4-56　ZX-300型弧焊整流焊机

4.8.4　气割设备

(1) 半自动气割机　由切割小车、导轨、割炬、气体分配器及割圆附件等组成。切割小车采用直流电动机驱动，晶闸管控制进行无级调速。

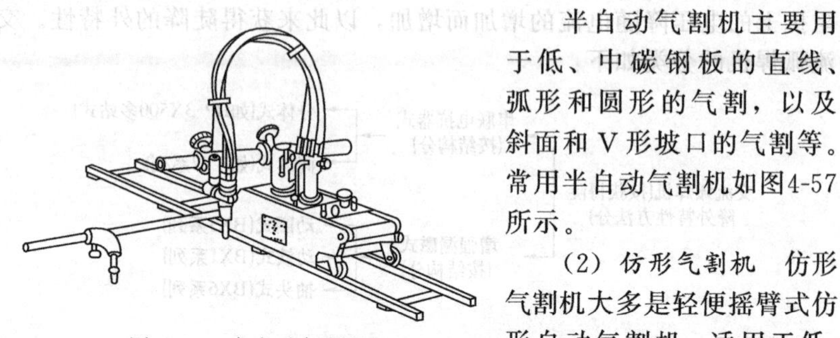

图 4-57　半自动气割机

半自动气割机主要用于低、中碳钢板的直线、弧形和圆形的气割，以及斜面和 V 形坡口的气割等。常用半自动气割机如图4-57所示。

（2）仿形气割机　仿形气割机大多是轻便摇臂式仿形自动气割机，适用于低、中碳钢板的切割，也可作为大批生产中同一零件气割工作的专用设备。

仿形气割机主要由机身、仿形机构、型臂、主臂及底座等机构组成。传动部分采用直流电动机，以晶闸管控制作无级调速。

常用仿形气割机如图 4-58 所示。

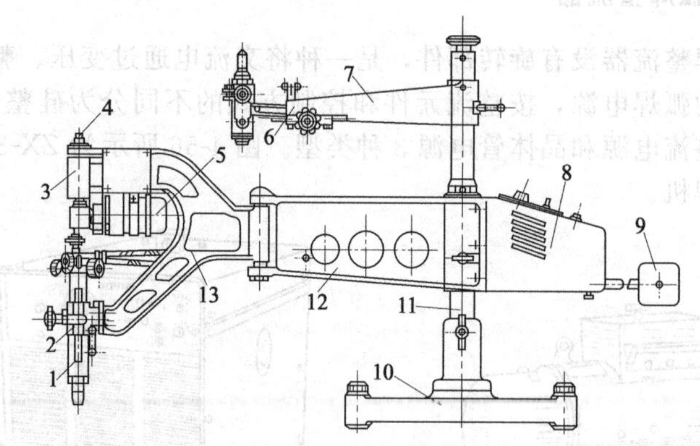

图 4-58　仿形气割机

1—割炬；2—割炬架；3—永久磁铁装置；4—磁铁滚轮；5—电动机；6—型臂；7—样板紧定调节；8—速度控制箱；9—平衡锤；10—底座；11—主轴；12—基臂；13—主臂

4.9　刨边机

刨边机用于板料边缘的加工，如加工焊接坡口、刨掉钢板边缘毛刺和硬化层等。刨边机如图 4-59 所示。

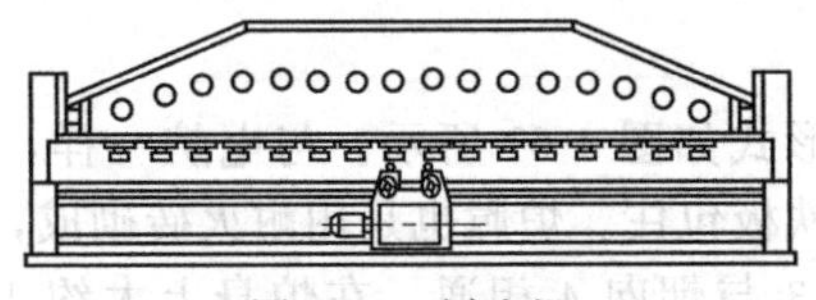

图 4-59 刨边机

4.10 加热炉子

火曲的工件，一般是在加热炉中进行加热的。铆工经常使用的加热炉有电阻炉、油炉和焦炭炉等。

4.10.1 箱式电阻加热炉

电阻加热炉的种类很多，它是用电阻丝或炭精棒为加热元件，把电能转变为热能的装置。箱式电阻加热炉是常见的电炉之一，其外形结构如图 4-60 所示。

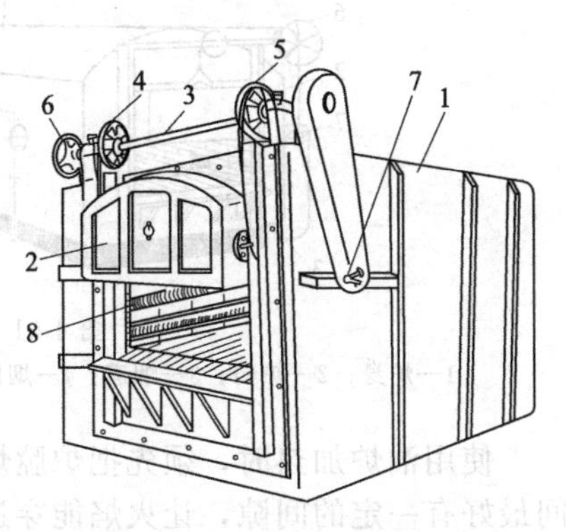

图 4-60 箱式电阻加热炉

1—箱体；2—炉门；3—传动轴；4,5—链轮；6—绳轮；7—摇把；8—电阻丝

这种电阻炉是用耐火砖砌成，外部用铁板包住箱体 1，2 是铸造的炉门，炉门的空心部分用轻型耐火砖砌满。箱体上方有传动轴 3、轴上链轮 4、5 并有链条与炉门相连，摇动摇把 7 可提升或关闭炉门。传动轴上还有绳轮 6，通过钢丝绳与炉门的配重块相连。

炉膛的耐火砖中布满了电阻丝 8。在箱体的上端有一孔插有热电偶，热电偶的下端与炉膛相通，热电偶的接头接在控制箱的温度表上，可以直接从温度表上读出电阻炉中的温度。

这种电阻炉的额定功率在 15～75kW 之间，炉温可达 850～1200℃，并可自动控制。

使用电阻炉加热工件，热量均匀，不会出现过烧和熔化的现象。但是电阻炉耗电大，适于加热较小的或加热温度要求较严的工件。

4.10.2 油炉

油炉的常见形式如图 4-61 所示。与电炉一样，炉身 1 也是用耐火砖砌成后用薄铁板包住。炉膛也是用耐火砖砌成，上面呈拱形。炉膛中有数条烟道 3 与烟囱 4 相通。在炉身上大约 1.5m 左右有一个孔，孔中有喷头 5 与压缩空气和压力油源相连，当打开旋塞后，压缩空气就和压力油混合在一起从喷头中以雾状喷出，点燃后，即可形成连续不断的火焰。炉门 2 通过绳索与配重块 7 相连，转动手轮 6 可开启和关闭炉门。

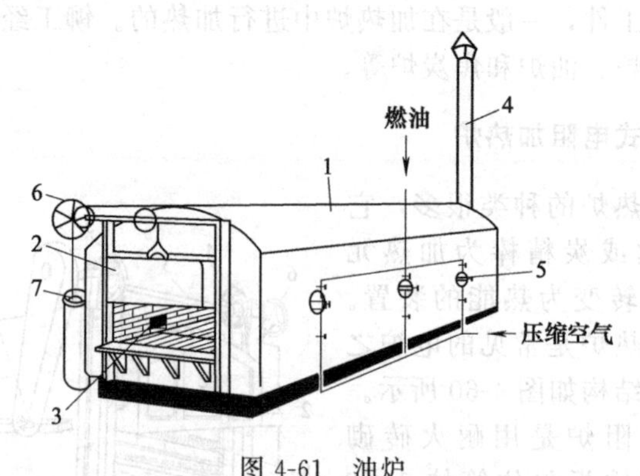

图 4-61 油炉

1—炉身；2—炉门；3—烟道；4—烟囱；5—喷头；6—手轮；7—配重块

使用油炉加热时，须先把炉膛烧红，后把毛料放进炉中，毛料之间最好有一定的间隙，让火焰能穿过，这样可以缩短毛料加热时间。

油炉所用的燃料，一般为重柴油，经油泵加压后送至喷头。天气冷时，油的黏度要增大甚至可能凝冻，因此在储油罐中要有加热设备，以保证油路畅通。

4.10.3 焦炭炉

焦炭炉的构造如图 4-62 所示。焦炭炉的炉壁是用耐火砖砌成，炉条 2 置在过梁 3 上。炉条间的间隙为 20～30mm。压缩空气从风机 4 经过管道 6 送到炉中，帮助焦炭燃烧。焦炭层 7 的厚度在 150mm 左右。烟尘由炉罩 8 经过烟囱送至大气。炉渣掉在炉底下，要经常清理。

① 点炉前，要清理炉条上的积灰渣，放上适当的引火物料（如

废棉纱和木块）。火点着后开启风机，向着火处逐渐添撒焦炭，直至炉膛上撒满焦炭为止。焦炭块的大小要均匀，大块焦炭适合加热较大的毛料，小块焦炭适合加热较小的毛料。

② 放料前，要看一下炉面的焦炭是否全部燃着，炉面是否平整，火焰是否均匀。发现有燃不着的地方，可关闭风机，用耙子把已着的焦炭和未燃着地方的焦炭混合一下，再开启风机，即可使炉面的焦炭全部燃烧。

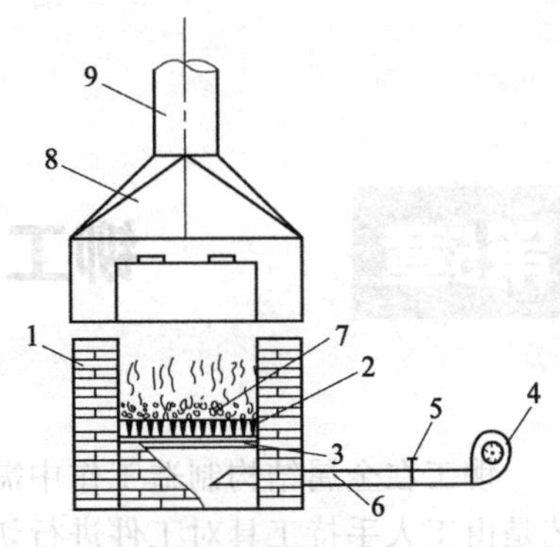

图 4-62 焦炭炉

1—炉壁；2—炉条；3—过梁；4—风机；5—风门插板；6—管道；7—焦炭层；8—炉罩；9—烟囱

③ 使用焦炭炉加热毛料，要求炉子四周和管道不得有漏风。注意插板开启的大小和工件加热的程度。工件加热好了便将风门插板 5 关小甚至关闭风机。炉坑中的炉灰渣不可埋没炉条，以防炉条烧化。与油炉相比，焦炭炉上火快，但是烟尘多，需要经常清炉，劳动强度大，工作环境比较差。

第5章 铆工基本操作技能

铆工在金属结构制造工作中需要掌握钳工基本操作技术。钳工工艺是由工人手持工具对工件进行切削加工，主要用于不便于机械加工和难以进行的操作工序。

5.1 工件画线

根据图样的要求，用画线工具在毛坯或半成品上画出加工界线的操作，称为画线。画线的作用如下。

① 使加工时有明确的尺寸界线、加工余量和加工位置。

② 及时发现和处理不合格的毛坯，避免后续加工而造成更大的损失。

③ 在毛坯误差不大时，可依靠画线借料的方法来补救，免其报废。

④ 便于复杂工件在机床上安装，可以按画线找正定位，以便进行机械加工。

5.1.1 画线前的准备工作

为使工件表面画出的线条清晰、正确，毛坯上的氧化皮、残留型砂、毛边及半成品上的毛刺、油污等都必须清除干净，以增强涂料的附着力，保证画线的质量。有孔的部位还要用木块或铅块塞孔，以便于定心画圆。然后，在画线表面涂上一层薄而均匀的涂料。涂料根据工件的情况来选择，一般情况下，铸锻件涂石灰水（由熟石灰和水胶加水混合成），小件可用粉笔涂抹。半成品已加工表面涂品紫或硫酸铜溶液。品紫用2%～4%紫颜料（如青莲、蓝油）、3%～5%漆片和91%～95%的酒精混合而成。

5.1.2　画线工具

① 画线平板（又称画线平台）。它是一块经过精加工（精刨和刮研）的铸铁平板，是画线工作的基准工具，如图 5-1 所示。平板水平放置，平稳牢靠，平板表面的平整性直接影响画线的质量，各部位要均匀使用，不得在平板上锤击工件。

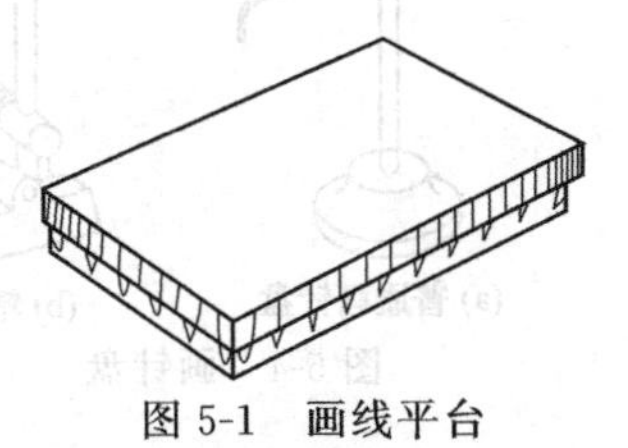

图 5-1　画线平台

② 画针和画针盘。画针结构如图 5-2 所示，用它来画线。画针用直径 3～5mm 的弹簧钢丝或碳素工具钢刃磨后经淬火制成，也可用碳钢丝端部焊上硬质合金磨成，尖端磨成 15°～20°，画针长为150～200mm。

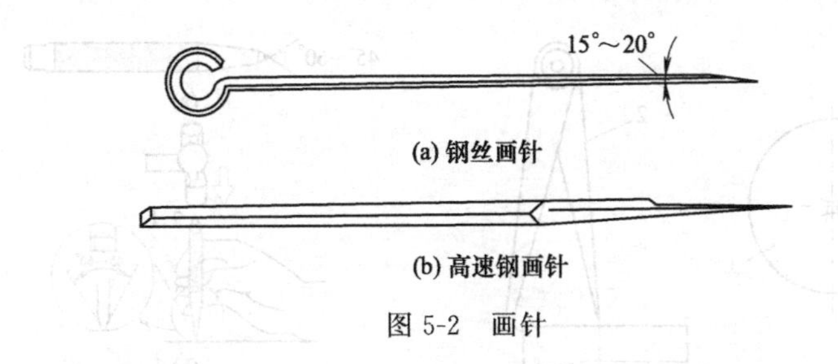

图 5-2　画针

画针的用法如图 5-3 所示。画线要尽量做到一次画成，若重复地画同一条线，会影响画线质量。

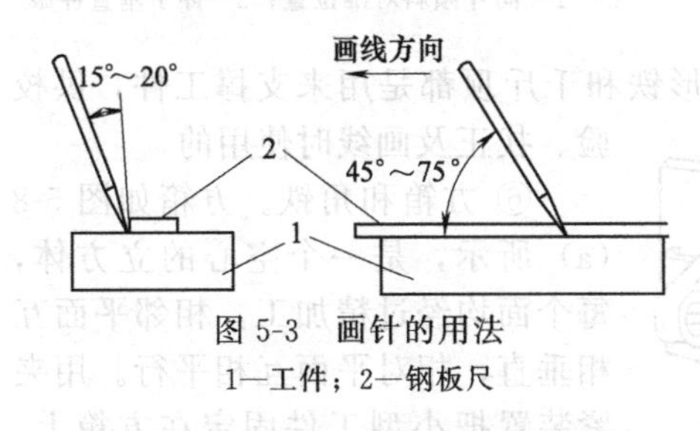

图 5-3　画针的用法

1—工件；2—钢板尺

画针盘是用来进行立体画线和找正工件位置的，其结构如图 5-4 所示。

使用画针盘时，画针的直头端用来画线，弯头端用来找正工件的位置。画针伸出部分应尽量短，在移动画针盘画线时，底座应与平板密贴，画针与画线移动方向倾斜 45°～75°。

③ 圆规和单脚规（画卡）。圆规如图 5-5 所示，用来完成画圆、画圆弧、画角度、量取尺寸、等分线段等工作。

单脚规如图 5-6 所示，用来确定轴及孔的中心位置。

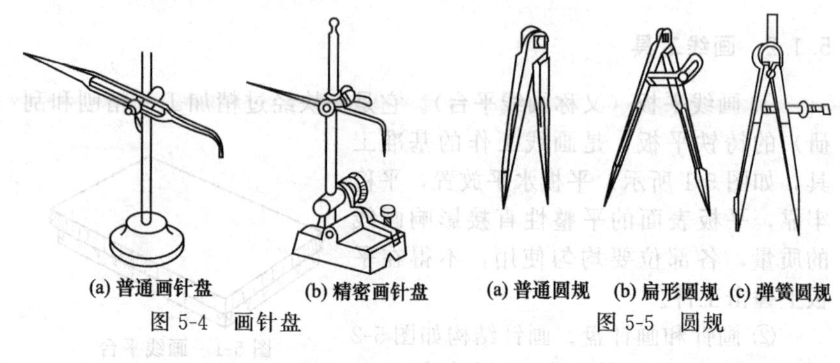

图 5-4　画针盘

图 5-5　圆规

④ 样冲。用于在工件表面画好的线条上，冲出小而均匀的孔眼，以免画出的线条被擦掉。样冲用工具钢或弹簧钢制成，尖端磨成45°～60°，经淬火硬化。样冲的形式及其应用如图 5-7 所示。

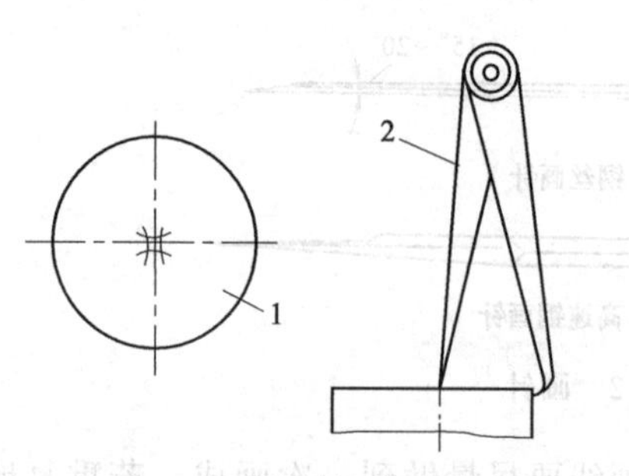

图 5-6　单脚规及其应用

1—工件；2—单脚规

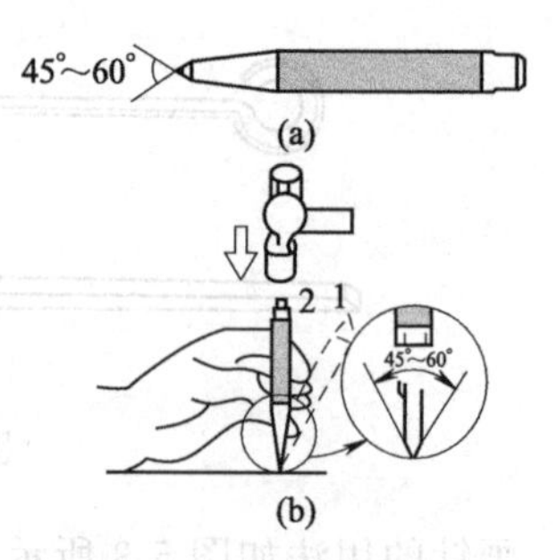

图 5-7　样冲及其应用

1—向外倾斜对准位置；2—冲子垂直冲眼

⑤ V 形铁和千斤顶。V 形铁和千斤顶都是用来支撑工件，供校验、找正及画线时使用的。

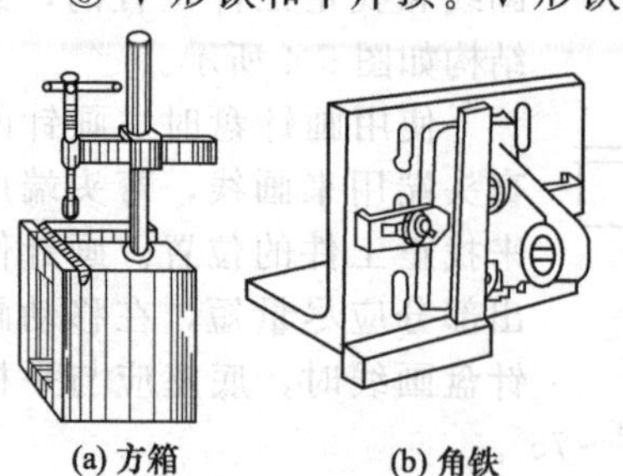

图 5-8　方箱与角铁

⑥ 方箱和角铁。方箱如图 5-8（a）所示，是一个空心的立方体，每个面均经过精加工，相邻平面互相垂直，相对平面互相平行。用夹紧装置把小型工件固定在方箱上，画线时只要把方箱翻 90°，就可把工件上互相垂直的线在一次安装中画出。

角铁如图 5-8（b）所示，它的两个互相垂直的平面经刨削和研磨加工而成。角铁通常与压板配合使用，将工件紧压在角铁的垂直面上画线，可使所画线条与原来找正的直线或平面保持垂直。

5.1.3 画线的方法

（1）画线基准的选择　画线时，首先要选择工件上某个点、线或面作为依据，用来确定工件上其它各部位尺寸、几何形状的相对位置。所选的点、线或面称为画线基准。画线基准一般与设计基准一致。

画线有平面画线和立体画线两种。平面画线一般要画两个方向的线条，而立体画线要画 3 个方向的线条。每画一个方向的线条就必须有一个画线基准，故平面画线要选两个基准，立体画线要选 3 个基准。因此画线前要认真细致地分析图纸，正确选择基准，才能保证画线的正确、迅速。

选择画线基准的原则如下。

① 根据零件图样上标注尺寸的基准（设计基准）作为画线基准。

② 如果毛坯上有孔或凸起部分，则以孔或凸起部分中心为画线基准。

③ 如果零件上只有一个已加工表面，则以此面作为画线基准，如果都是未加工表面，应以较平的大平面作画线基准。

（2）画线方法　平面画线与画机械投影图样相似，所不同的是，它是用画线工具在金属材料的平面上作图。为了提高效率，还可用样板来画线。

另外，还有直接按照原件实物而进行的模仿画线和在装配时采用配合画线等。

5.2 锯割

用手锯或机械锯把金属材料分割开，或在工件上锯出沟槽的操作叫锯割。主要用手锯进行锯割。

手锯是由锯弓和锯条两部分组成。

5.2.1 锯弓

锯弓是用来张紧锯条的工具，有固定式和可调式两种，如图 5-9 和图 5-10 所示。

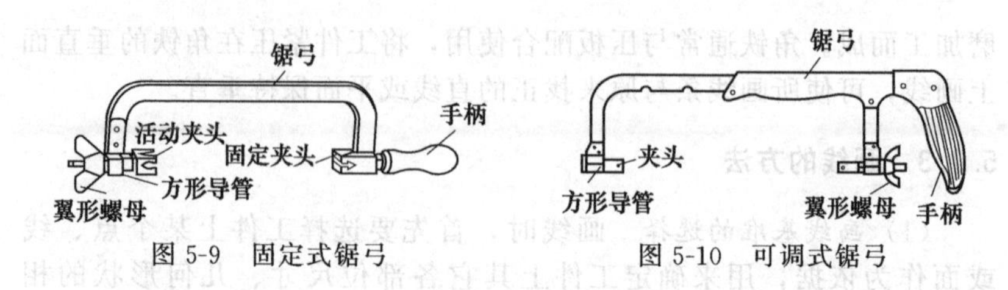

图 5-9 固定式锯弓　　图 5-10 可调式锯弓

固定式锯弓只使用一种规格的锯条；可调式锯弓，因弓架是由两段组成，可使用几种不同规格的锯条。因此，可调式锯弓使用较为方便。

可调式锯弓有手柄、方形导管、夹头等。夹头上安有挂锯条的销钉。活动夹头上装有拉紧螺栓，并配有翼形螺母，以便拉紧锯条。

5.2.2 锯条

手用锯条，一般是 300mm 长的单面齿锯条。锯割时，锯入工件越深，锯缝的两边对锯条的摩擦阻力就越大，严重时将把锯条夹住。为了避免锯条在锯缝中夹住，锯齿均有规律地向左右扳斜，使锯齿形成波浪形或交错形的排列，一般称为锯路，如图 5-11 所示。各个齿的作用相当于一排同样形状的錾子，每个齿都起到切削的作用，如图 5-12 所示。一般前角 γ 是 0°，后角 α 是 40°，楔角 β 是 50°。

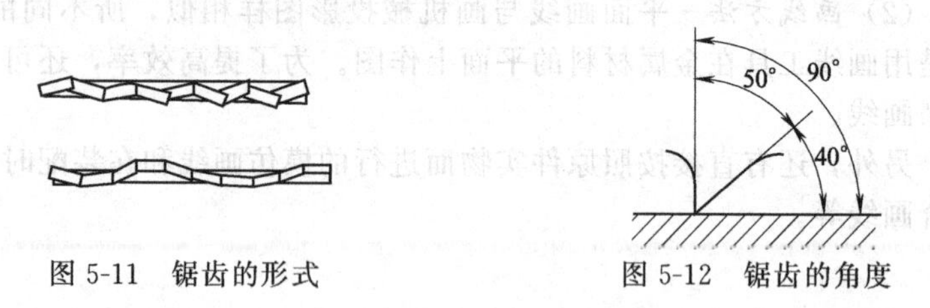

图 5-11 锯齿的形式　　图 5-12 锯齿的角度

为了适应材料性质和锯割面的宽窄，锯齿分为粗、中、细 3 种。粗齿锯条齿距大，容屑空隙大，适用于锯软材料或锯割面较大的工件。锯硬材料时，则选用细齿锯条。锯齿的粗细，通常是以每 25mm 长度内有多少齿来表示。

5.2.3 锯条的安装

锯割前选用合适的锯条，使锯条齿尖朝前，如图 5-13 所示，装入夹头的销钉上。锯条的松紧程度，用翼形螺母调整。调整时，不可过紧或过松。太紧，失去了应有的弹性，锯条容易崩断；太松，会使锯条扭曲，锯锋歪斜，锯条也容易折断。

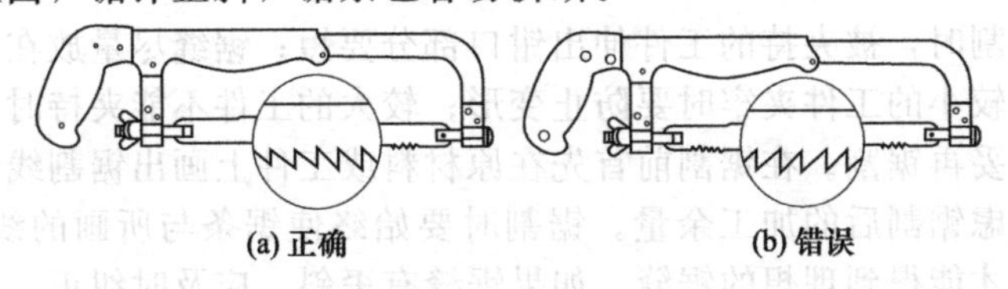

图 5-13　锯条的安装

5.2.4　锯割方法

锯割操作时，站立姿势与位置同錾削相似，右手握住锯柄，左手握住锯弓的前端，如图 5-14 所示。推锯时，身体稍向前倾斜，利用身体的前后摆动，带动手锯前后运动。推锯时，锯齿起切削作用，要给以适当压力。向回拉时，不切削，应将锯稍微提起，减少对锯齿的磨损。锯割时，应尽量利用锯条的有效长度。如行程过短，则局部磨损过快，降低锯条的使用寿命，甚至因局部磨损，锯缝变窄，锯条可能被卡住或造成折断。

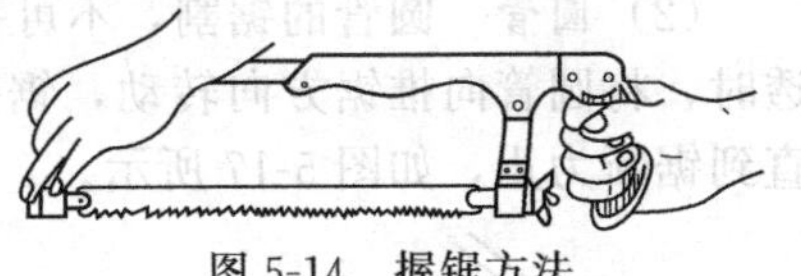
图 5-14　握锯方法

起锯时，锯条与工件表面倾斜角 α 约为 15°，最少要有 3 个齿同时接触工件，如图 5-15 所示。

起锯时利用锯条的前端（远起锯）或后端（近起锯），靠在一个面的棱边上起锯。来回推拉距离要短，压力要轻，这样才能尺寸准确，锯齿容易吃进。

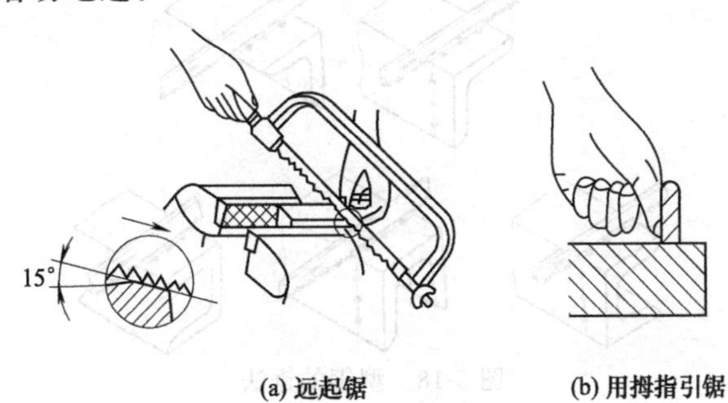

图 5-15　起锯方法

5.2.5 锯割方法实例

锯割时，被夹持的工件伸出钳口部分要短；锯缝尽量放在钳口的左侧；较小的工件夹牢时要防止变形；较大的工件不能夹持时，必须放置稳妥再锯割。在锯割前首先在原材料或工件上画出锯割线。画线时应考虑锯割后的加工余量。锯割时要始终使锯条与所画的线重合，这样，才能得到理想的锯缝。如果锯缝有歪斜，应及时纠正，若已歪斜很多，应该从工件锯缝的对面重新起锯；否则，很难改直，而且很可能折断锯条。锯割实例如下。

（1）扁钢（薄板） 为了得到整齐的缝口，应从扁钢较宽的面下锯，这样，锯缝的深度较浅，锯条不致卡住，如图 5-16 所示。

（2）圆管 圆管的锯割，不可一次从上到下锯断，应在管壁被锯透时，将圆管向推锯方向转动，锯条仍然从原锯缝锯下，锯锯转转，直到锯断为止，如图 5-17 所示。

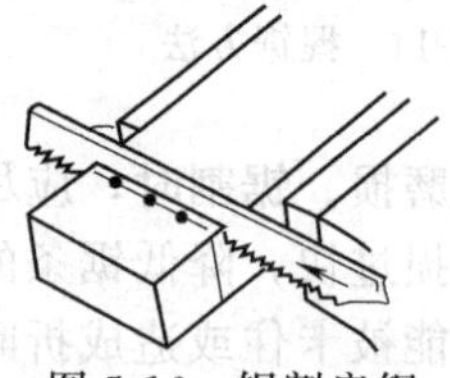
图 5-16 锯割扁钢

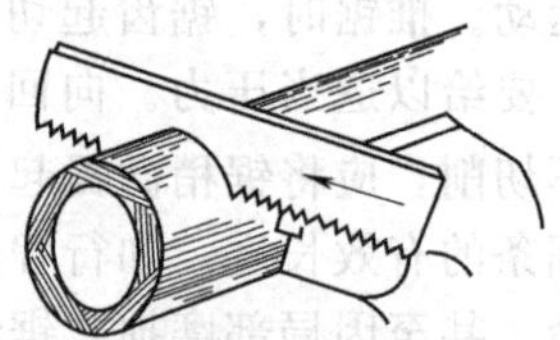
图 5-17 锯割圆管

（3）型钢 槽钢和角钢的锯法与扁钢基本相同。因此，工件必须不断改变夹持位置，槽钢的锯法从 3 面来锯，角钢的锯法从两面来锯，如图 5-18 所示。这样，可以得到光洁、正直的锯缝。

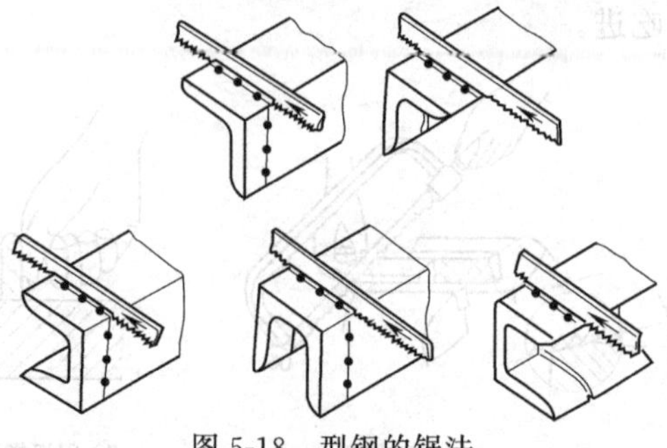
图 5-18 型钢的锯法

（4）薄板 薄板在锯前，两侧用木板夹住，夹在虎钳上锯割，如

图 5-19 所示。不然，锯齿将被薄板卡住，损坏锯条。

(5) 深缝 锯割深缝时，应将锯条在锯弓上转动 90°角，操作时使锯弓放平，平握锯柄，进行推锯，如图 5-20 所示。

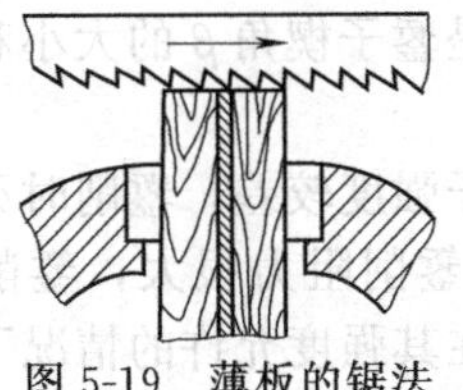

图 5-19 薄板的锯法

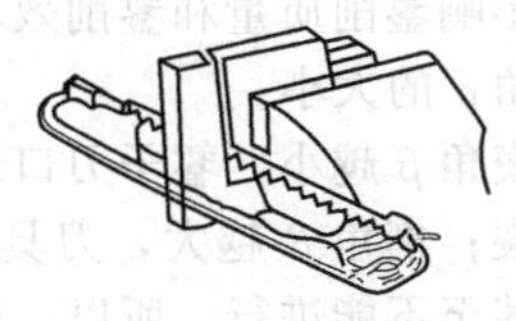

图 5-20 深缝锯法

5.2.6 锯条崩齿的修理

锯条崩齿后，即使是崩一个齿，也不可继续使用。不然，相邻锯齿也会相继脱落。

为了使崩齿锯条能继续使用，必须用砂轮将崩齿的地方磨成弧形，将相邻几齿磨斜，如图 5-21 所示，以便锯割时锯条顺利通过，不致卡住。

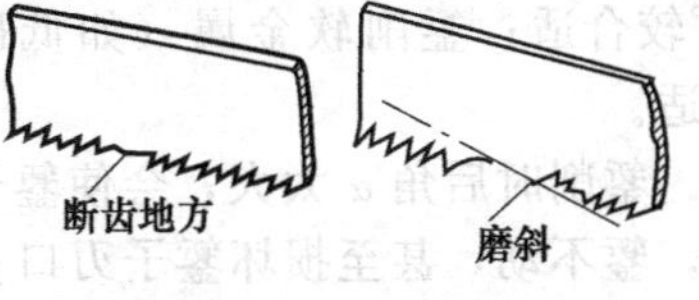

(a)断齿的锯条 (b)把相邻几齿磨斜

图 5-21 崩齿的修理

5.2.7 锯割安全技术

① 安装锯条时，不可装得过松或过紧。

② 锯割时，压力不可过大，以防锯条折断，崩出伤人。

③ 工件快要锯断时，必须用手扶住被锯下的部分，以防工件落下伤人。工件过大时，可用物支住。

5.3 錾削

5.3.1 錾削的概念

用手锤打击錾子对金属进行切削加工，这项操作叫做錾削。

目前錾削一般用来錾掉锻件的飞边、铸件的毛刺和浇冒口，錾掉配合件凸出的错位、边缘及多余的一层金属，分割板料，錾切油槽等。

錾削用的工具，主要是手锤和錾子。

錾子是最简单的一种刀具。一切刀具所以能切下金属是以下列两个因素为基础的：

① 刀具的材料比工件的材料要硬；

② 刀具的切削部分成楔形，如图 5-22 所示。

影响錾削质量和錾削效率的主要因素是錾子楔角 β 的大小和錾削时后角 α 的大小。

楔角 β 越小，錾子刃口越锋利，但錾子强度较差，錾削时刃口容易崩裂；楔角 β 越大，刀具强度虽好，但錾削阻力很大，錾削很困难，甚至不能进行。所以，錾子的楔角应在其强度允许的情况下选择尽量小的数值。錾削不同软硬的材料，对錾子强度的要求不同。因此，錾子楔角主要应该根据工件材料软硬来选择。

根据经验，錾削硬材料（如碳素工具钢）时，楔角 β 磨成 60°～70°较合适；錾削一般碳素结构钢和合金结构钢时，楔角 β 磨成 50°～60°较合适；錾削软金属（如低碳钢）时，楔角 β 磨成 30°～50°较合适。

錾削时后角 α 太大，会使錾子切入材料太深，如图 5-23（a）所示，錾不动，甚至损坏錾子刃口；若后角 α 太小，如图 5-23（b）所示，由于錾削方向太平，錾子容易从材料表面滑出，同样不能錾削，即使能錾削，由于切入很浅，效率也不高。一般錾削时后角 α 以 5°～8°为宜。在錾削过程中应握稳錾子使后角 α 不变，否则，表面将錾得高低不平。

除此之外，作用在錾子上的锤击力，不可忽大忽小，而且力的作用线要与錾子中心线一致；否则，錾削表面也将高低不平。

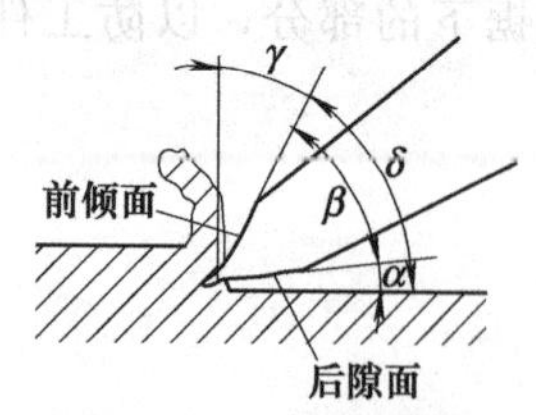

图 5-22 錾削示意图

γ—前角；β—楔角；α—后角；δ—切削角

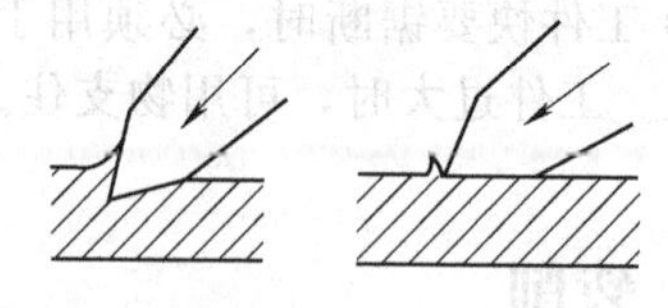

(a)后角大的情况 (b)后角小的情况

图 5-23 后角大小对錾削工作的影响

5.3.2 錾削工具

（1）錾子 錾削工作中的主要工具，一般用碳素工具钢锻成，并经淬硬和回火处理。

① 錾子的种类及应用　錾子的种类很多。錾子的形状是根据錾削工作的需要而设计制成的。常用的錾子主要有扁錾、尖錾、油槽錾等。

a. 扁錾。如图 5-24（a）所示，它有较宽的刀刃，刃宽一般在 20mm 左右。扁錾一般应用于錾开较薄的板料、直径较小的棒料；錾削平面、焊接边缘及錾掉锻件、铸件上的毛刺、飞边等。应用扁錾时，被錾的平面应该比錾口窄些，这样才比较省力。

b. 尖錾（窄錾）。如图 5-24（b）所示，它的刀刃较窄，一般为 2～10mm。尖錾应用于錾槽或配合扁錾錾削较宽的平面。工作时，根据图纸的要求，确定尖錾刀刃的宽度。錾槽时，尖錾的宽度比要求尺寸应稍窄一些。尖錾因为刃口窄，加工时容易切入。这种錾子自刃口起向柄部逐渐窄小，所以在錾深的沟槽时不会被工件夹住。

c. 油槽錾。如图 5-24（c）所示，用于錾削滑动轴承面和滑行平面上的润滑油槽。

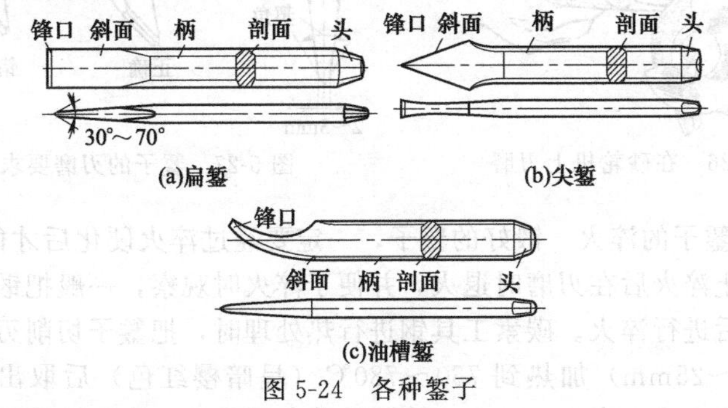

图 5-24　各种錾子

② 錾子的构造　錾子是由锋口（刃面）、斜面、柄、头等组成。錾子的大小是指錾子的长短。錾子的长度一般为 150～200mm。錾子常用已轧成八棱形的碳素工具钢锻成。錾子的头部在使用时很重要，它的正确形状如图 5-25（a）所示。头部有一定的锥度，顶部略带球形突起。这种形状的优点是，面小凸起，受力集中，錾子不易偏斜，刃口不易损坏。为防止錾子在手中转动，錾身应稍成扁形。图 5-25（b）所示是不正确的头部。这样的头部不能保证锤击力

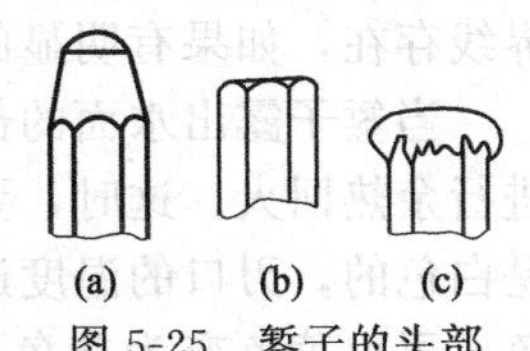

图 5-25　錾子的头部

落在錾刃的中心点上，容易击偏。錾子的头部是没有淬过火的，因此，锤击多次以后，会打出卷回的毛刺来，如图 5-25（c）所示。出现毛刺后，应在砂轮上磨去，以免发生危险。

③ 錾子的刃磨　新锻制的或用钝了的錾刃，要用砂轮磨锐。磨錾子的方法是，将錾子搁在旋转着的砂轮的轮缘上，但必须高于砂轮中心，两手拿住錾身，一手在上，一手在下，在砂轮的全宽上做左右移动，如图 5-26 所示。要控制握錾子的方向、位置，保证磨出所需要的楔角。锋口的两面要交替着磨，保证一样宽，刃面宽为 2～3mm，如图 5-27 所示。两刃面要对称，刃口要平直。刃磨錾子，应在砂轮运转平稳后才能进行。人的身体不准正面对着砂轮，以免发生事故。按在錾子上的压力不能太大，不能使刃磨部分因温度太高而退火。为此，必须在磨錾子时经常将錾子浸入水中冷却。

图 5-26　在砂轮机上刃磨

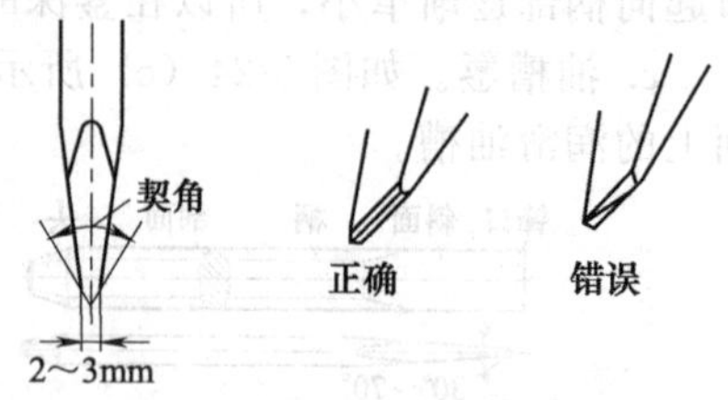

图 5-27　錾子的刃磨要求

④ 錾子的淬火　锻好的錾子，一定要经过淬火硬化后才能使用。为了防止淬火后在刃磨时退火，并便于淬火时观察，一般把锻好的錾子粗磨后进行淬火。碳素工具钢进行热处理时，把錾子切削刃部（长度为 20～25mm）加热到 750～780℃（呈暗樱红色）后取出，迅速垂直地放入冷水中 2～3mm，并微微做水平移动。移动的目的是为了加速冷却，提高淬火硬度，并使淬硬部分与不淬硬部分不致有明显的界线存在，如果有明显的界线存在，则錾子易在此线上断裂。

当錾子露出水面的部分呈黑红色时，由水中取出，利用上部热量进行余热回火。这时，要注意观察錾子的颜色，一般刚出水时的颜色是白色的，刃口的温度逐渐上升后，颜色也随着改变，由白色变为黄色，再由黄色变为蓝色。当呈现黄色时，把錾子全部放入冷水中冷却，这种回火温度称为“黄火”。而当錾子呈现蓝色时，把錾子全部放入冷水中冷却，这种回火温度称为“蓝火”。有经验的师傅们一般采用黄、蓝火之间的錾子硬度。

錾子出水后，由白色变为黄色，再由黄色变为蓝色的时间很短。只有几秒钟，必须很好地掌握。因为把錾子全部放入冷水中时间的早晚，对刃口硬度关系极大。太早，刃口太脆；太晚，刃口又太软。只有经过不断地实践，才能熟练地得到理想的錾子硬度。冬天淬火要用温水；否则，刃口易断裂。

(2) 手锤　在錾削时是借手锤的锤击力而使錾子切入金属的，手锤是錾削工作中不可缺少的工具，而且还是装、拆零件时的重要工具。

手锤一般分为硬手锤和软手锤两种。软手锤有铜锤、铝锤、木锤、硬橡皮锤等。软锤一般用在装配、拆卸过程中。硬手锤由碳钢淬硬制成。所用的硬手锤有圆头和方头两种，如图 5-28 所示。圆头手锤一般在錾削、装拆零件时使用。方头手锤一般在打样冲眼时使用。

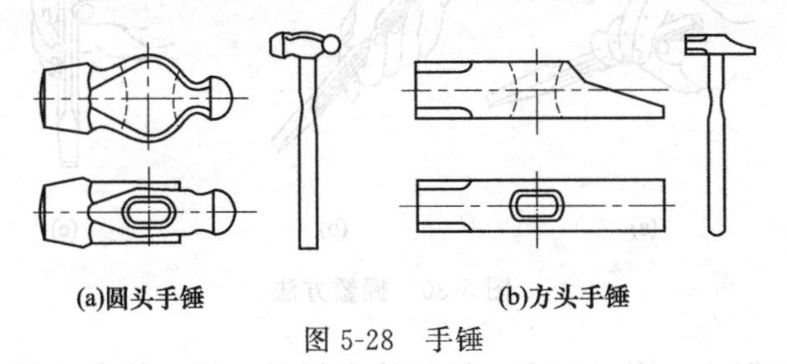

图 5-28　手锤

各种手锤均由锤头和锤柄两部分组成。手锤的规格是根据锤头的质量来确定的。常用的硬手锤有 0.25kg、0.5kg、0.75kg、1kg 等[在英制中有 0.5lb、1lb、1.5lb、2lb（1lb＝0.45359237kg）等几种]。锤柄的材料选用坚硬的木材，如胡桃木、檀木等。其长度应根据不同规格的锤头选用，如 0.5kg 的手锤，柄长一般为 350mm。

无论哪一种形式的手锤，锤头上装锤柄的孔都要做成椭圆形的，而且孔的两端比中间大，成凹鼓形，这样便于装紧。

当手柄装入锤头时柄中心线与锤头中心线要垂直，且柄的最大椭圆直径方向要与锤头中心线一致。为了紧固不松动，避免锤头脱落，必须用金属楔子（上面刻有反向棱槽），如图 5-29 所示，或用木楔打入锤柄内加以紧固。金属楔子上的

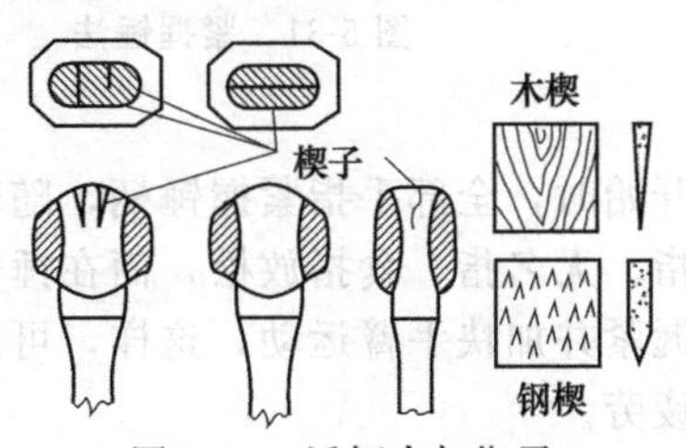

图 5-29　锤柄内加楔子

反向棱槽能防止楔子脱落。

5.3.3 錾削方法

(1) 握錾法

① 正握法 手心向下，用虎口夹住錾身，拇指与食指自然伸开，其余3指自然弯曲靠拢握住錾身，如图5-30（a）所示。露出虎口上面的錾子顶部不宜过长，一般在10～15mm。露出越长，錾子抖动越大，锤击准确度也就越差。这种握錾方法适于在平面上进行錾削。

② 反握法 手心向上，手指自然捏住錾身，手心悬空，如图5-30（b）所示。这种握法适用于小量的平面或侧面錾削。

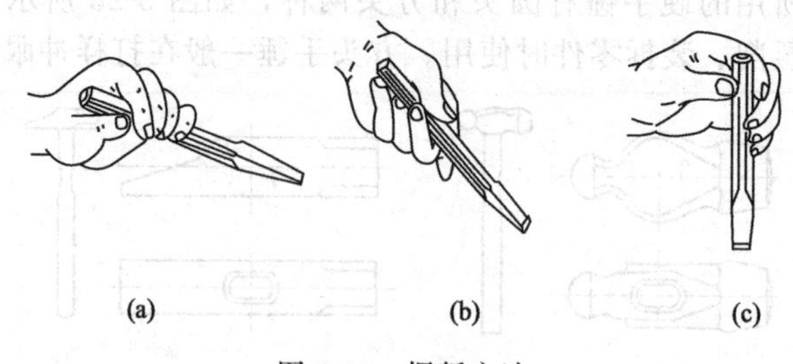

图5-30 握錾方法

③ 立握法 虎口向上，拇指放在錾子一侧，其余4指放在另一侧捏住錾子，如图5-30（c）所示。这种握法用于垂直錾切工件，如在铁砧上錾断材料。

(2) 握锤与挥锤

① 握锤方法 有紧握锤和松握锤两种，如图5-31和图5-32所示。紧握锤是从挥锤到击锤的全过程中，全部手指一直紧握锤柄。松握锤是在锤击开始时，全部手指紧握锤柄，随着向上举手的过程，逐渐依次地将小指、无名指、食指放松，而在锤击的瞬间迅速地将放松了的手指全部握紧并加快手臂运动，这样，可以加强锤击的力量，而且操作时不易疲劳。

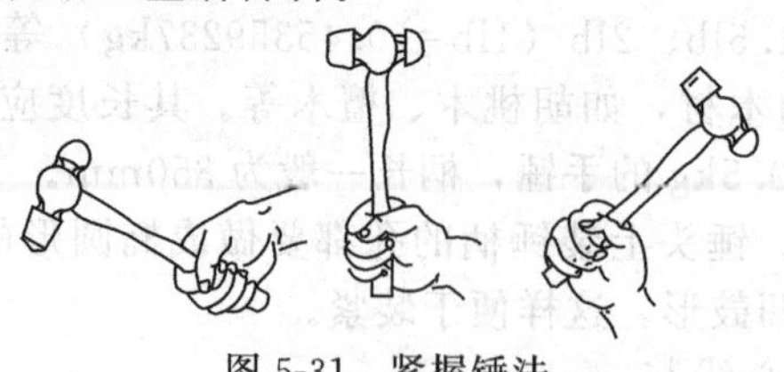

图5-31 紧握锤法

② 挥锤方法

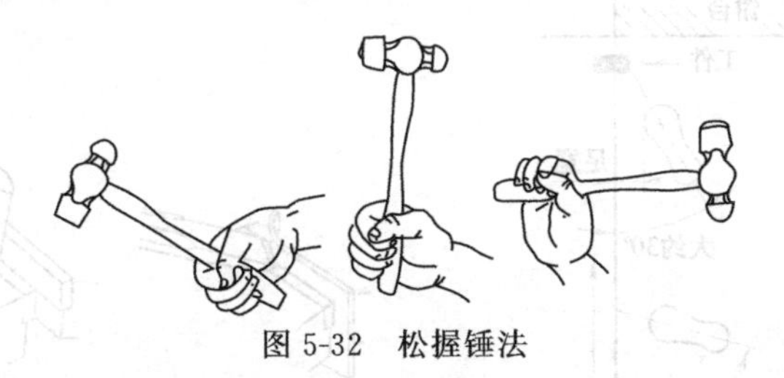

图 5-32　松握锤法

a. 腕挥。腕部的动作挥锤敲击，如图 5-33 所示。腕挥的锤击力小，适用于錾削的开始与收尾以及需要轻微锤击的錾削工作。

b. 肘挥。如图 5-34 所示，靠手腕和肘的活动，也就是小臂挥动。肘挥的锤击力较大，应用广泛。

c. 臂挥。是腕、肘和臂的联合动作。挥锤时，手腕和肘向后上方伸，并将臂伸开，如图 5-35 所示。臂挥的锤击力大，适用于大锤击力的錾削工作。

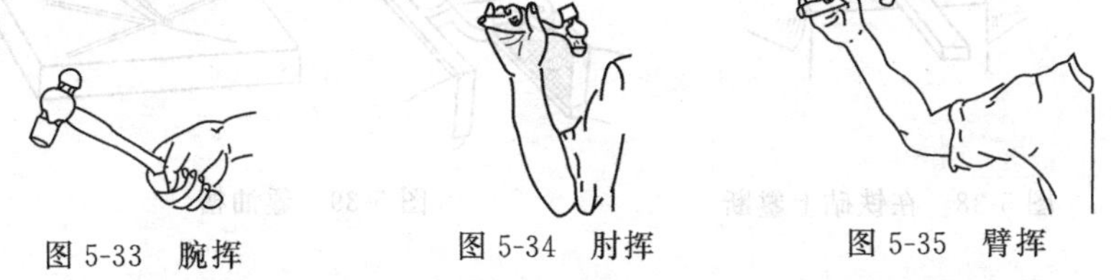

图 5-33　腕挥　　图 5-34　肘挥　　图 5-35　臂挥

(3) 站立位置　錾削时的站立位置很重要。如站立位置不适当，操作时既别扭，又容易疲劳。正确的站立位置如图 5-36 所示。锤击时眼睛要看在錾子刃口和工件接触处，才能顺利地操作和保证錾削质量，并且手锤不易打在手上。

(4) 錾削方法实例

① 錾断　工件錾断方法有两种：一是在虎钳上錾断，如图 5-37 所示；二是在铁砧上錾断，如图 5-38 所示。要錾断的材料其厚度与直径不能过大，板料厚度在 4mm 以下，圆料直径在 13mm 以下。

② 錾槽　錾削油槽的方法是：先在轴瓦上画出油槽线。较小的轴瓦可夹在虎钳上进行，但夹力不能过大，以防轴瓦变形。錾削时，錾子应随轴瓦曲面不停地移动，使錾出的油槽光滑和深浅均匀，如图 5-39 所示。键槽的錾削方法是：先画出加工线，再在一端或两端钻孔，将尖錾磨成适合的尺寸，进行加工，如图 5-40 所示。

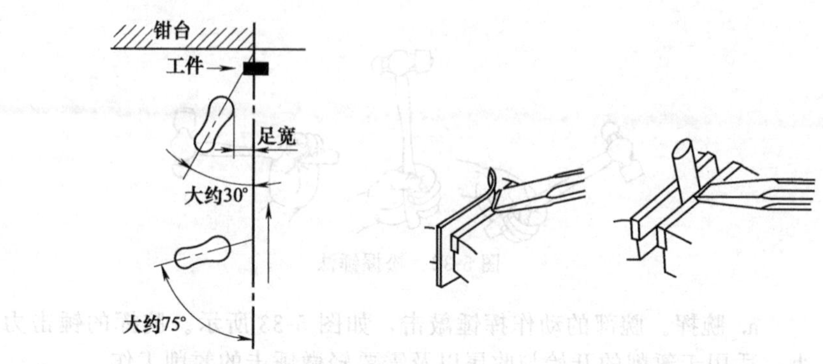

图 5-36 在钳台前錾削时的站立位置　　图 5-37 在虎钳上錾断板料和圆料

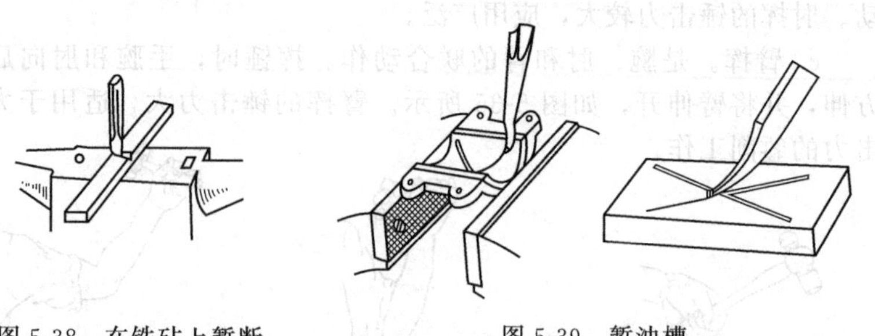

图 5-38 在铁砧上錾断　　图 5-39 錾油槽

③ 錾平面　要先画出尺寸界限，被錾工件的宽度应窄于錾刃的宽度。夹持工件时，界线应露在钳口的上面，但不宜太高，如图 5-41 所示。每次錾削厚度为 0.5～1.5mm，一次錾得不能过厚或太薄。过厚，则消耗体力大，也易损坏工件；太薄，则錾子将会从工件表面滑脱。当工件快要錾到尽头时，为避免将工件棱角錾掉，须调转方向从另一端錾去多余部分，如图 5-42 所示。

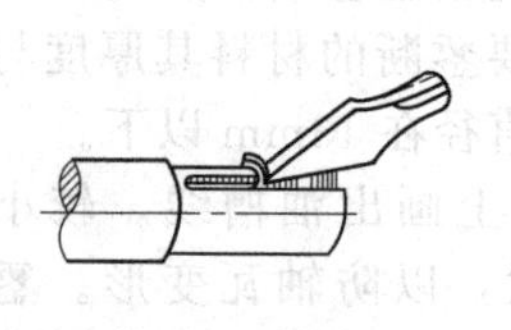

图 5-40 錾键槽

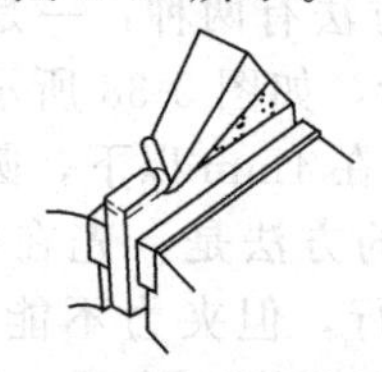

图 5-41 錾平面

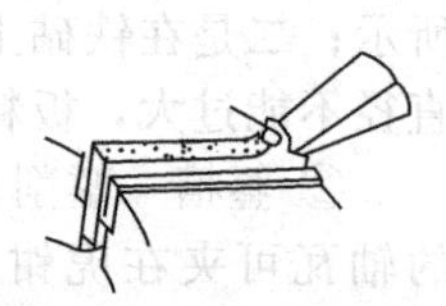

图 5-42 从另一端錾削

平面宽度大于錾子时，先用尖錾在平面錾出若干沟槽，将宽面分成若干窄面，然后用扁錾将窄面錾去，如图 5-43 所示。

（5）**錾削中避免产生废品和安全技术**　为避免产生废品和保证安全，除了思想上不能疏忽大意外，还要注意下列几点。

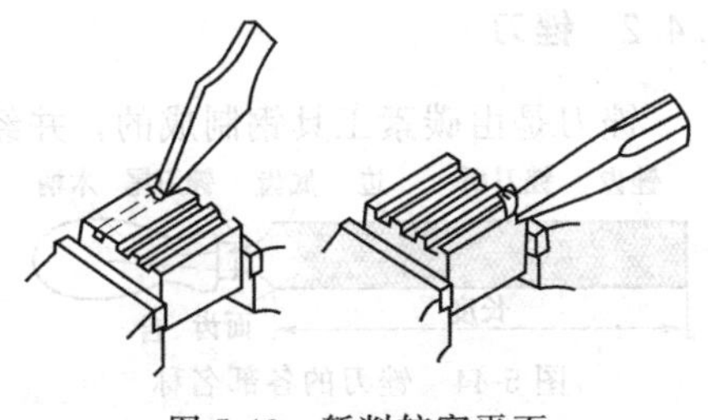

图 5-43　錾削较宽平面

① 錾削脆性金属时，要从两边向中间錾削，防止边缘棱角錾裂崩缺。

② 錾子应经常刃磨锋利。刃口钝了，则效率不高，而且錾出的表面也较粗糙，刀刃也易崩裂。

③ 錾子头部的毛刺要经常磨掉，以免伤手。

④ 发现锤柄松动或损坏，要立即装牢或更换，以免锤头飞出发生事故。

⑤ 錾削时，最好周围有安全网，以免錾下来的金属碎片飞出伤人。錾削时操作者最好戴上防护眼镜。

⑥ 保证正确的錾削角度。如果后角太小，即錾子放得太平，用手锤锤击时，錾子容易飞出伤人。

⑦ 錾削时錾子和手锤不准对着旁人，操作中握锤的手不准戴手套，以免手锤滑出伤人。

⑧ 锤柄不能沾有油污，防止手锤滑脱飞出伤人。

⑨ 每錾削两三次后，可将錾子退回一些。刃口不要老是顶住工件，这样，随时可观察錾削的平整度，又可使手臂肌肉放松一下，下次錾削时刃口再顶住錾处。这样有节奏地工作，效果较好。

5.4　锉削

5.4.1　锉削的概念

用锉刀从工件表面锉掉多余的金属，使工件具有图纸上所要求的尺寸、形状和表面粗糙度，这种操作叫锉削。它可以锉削工件外表面、曲面、内外角、沟槽、孔和各种形状相配合的表面。锉削分为粗锉削和细锉削，是以各种不同的锉刀进行的。

选用锉刀时，要根据所要求的加工精度和锉削时应留的余量来选用各种不同的锉刀。

5.4.2 锉刀

锉刀是由碳素工具钢制成的，并经淬硬的一种切削刃具。锉刀由下列几个主要部分组成，如图5-44所示。

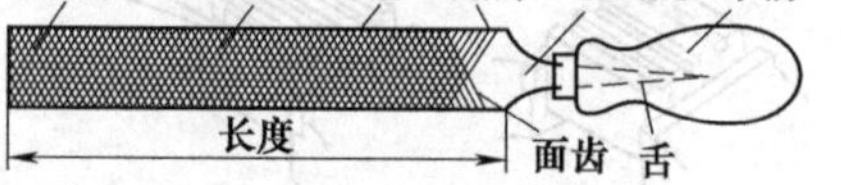

图 5-44 锉刀的各部名称

（1）锉刀各部名称

① 锉刀面。指锉刀主要工作面。它的长度就是锉刀的规格（圆锉的规格由直径的大小而定，方锉的规格由方头尺寸而定）。锉刀面在纵长方向上呈凸弧形，前端较薄，中间较厚。

② 锉刀边。指锉刀上的窄边，有的边有齿，有的边没齿，没齿的边就叫安全边或光边。

③ 锉刀尾。指锉刀上没齿的一端，它跟舌部连着。

④ 锉刀舌。指锉刀尾部，像一把锥子一样插入木柄中。

⑤ 木柄装在锉刀舌上，便于用力，它的一头装有铁箍，以防木柄劈裂。

（2）锉刀的齿纹

① 锉齿的形成和构造　锉刀的齿通常是由剁锉机剁成，有的用铣齿法制成。图5-45（a）所示是经剁齿的锉刀，它的切削角 δ 大于 90°，即前角都是负的，工作时锉齿在刮削；图 5-45（b）所示是经铣制的锉刀，它的切削角小于 90°，工作时锉齿在切削。铣制锉齿虽然理想，但成本太高，所以不能广泛采用。目前，铣齿只在制造单齿纹的锉刀时采用，主要用来锉软的材料，如铝、镁、锡和铅等。

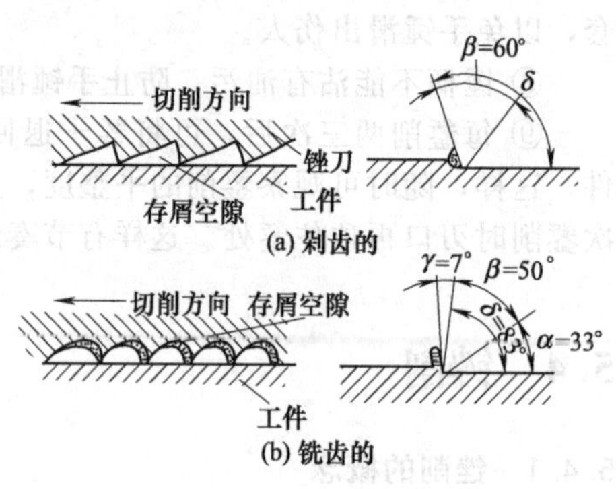

图 5-45 锉齿的形成

② 锉纹的种类　锉刀的齿纹有单齿纹和双齿纹两种。

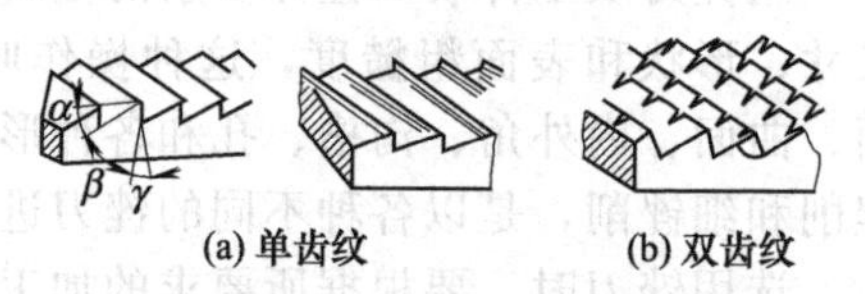

图 5-46 齿纹的种类

a. 单齿纹。锉刀上只有

一个方向的齿纹叫做单齿纹。单齿纹锉刀全齿宽参加锉削，锉削时较费力，并且容易被切屑塞满。目前单齿纹锉刀齿纹是铣出来的，主要用来锉软金属，如图 5-46（a）所示。

b. 双齿纹。锉刀上有两个方向排列的齿纹叫做双齿纹，如图 5-46（b）所示。浅的齿纹是底齿纹，它是先剁的。深的齿纹叫面齿纹或盖齿纹。面齿后剁，因剁齿时阻力较小，所以剁得比较深。

面齿纹与锉刀中心线组成的夹角叫面齿角，底齿纹与锉刀中心线组成的夹角叫底齿角，如图 5-47 所示。目前面齿角制成 70°，底齿角制成 55°。

由于面齿角和底齿角不相同，所以，锉削时锉痕不重叠，锉成的表面也就比较光滑。此外，国外有一种锉刀，其锉齿排列成波纹形的，如图 5-47（b）所示。这种波纹形的排列是由不等齿距的两层齿纹形成的。做成这种齿形，也是为了得到光滑的锉削表面。假如面齿角和底齿角相等，如图 5-48 所示，所构成的无数小齿是按前后顺序排列的。锉削时有的地方始终锉到，有的地方始终锉不到，这样，锉出来的工件表面就会出现一条条的沟痕。

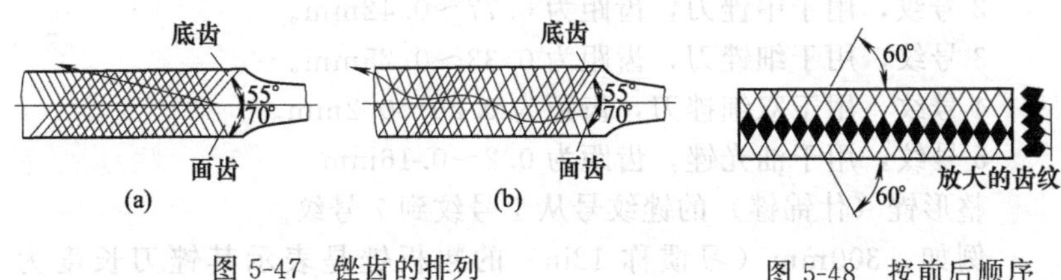

图 5-47 锉齿的排列

图 5-48 按前后顺序排列的锉齿

双齿纹的齿刃是间断的，也就是在全宽齿刃上有许多分屑槽。这样，就能够使锉屑碎断，锉刀不易被锉屑堵塞，虽然锉削量大，但锉削时还比较省力。

（3）**锉刀的种类** 分普通锉、特种锉和整形锉（什锦锉）3 类。

目前我国普通锉分为平锉（齐头平锉和尖头平锉）、方锉、圆锉、半圆锉和三角锉等 5 种，如图 5-49 所示。

特种锉用来加工各种零件的特殊表面。特种锉分为刀口锉、菱形锉、扁三角锉、椭圆锉和圆肚锉 5 种，如图 5-50 所示。

整形锉（什锦锉）也叫组锉。用于小型工件的加工，是把普通的

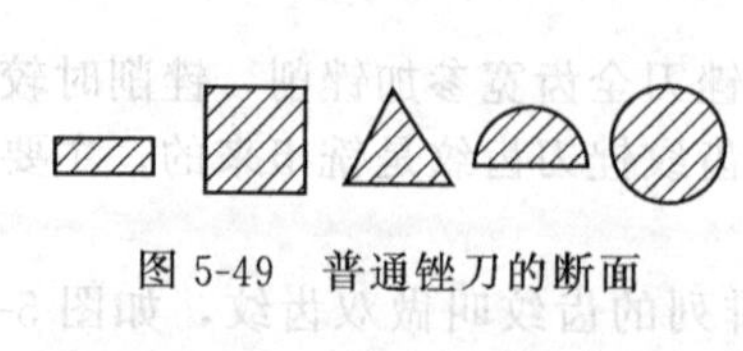
图 5-49 普通锉刀的断面

图 5-50 特种锉刀的断面

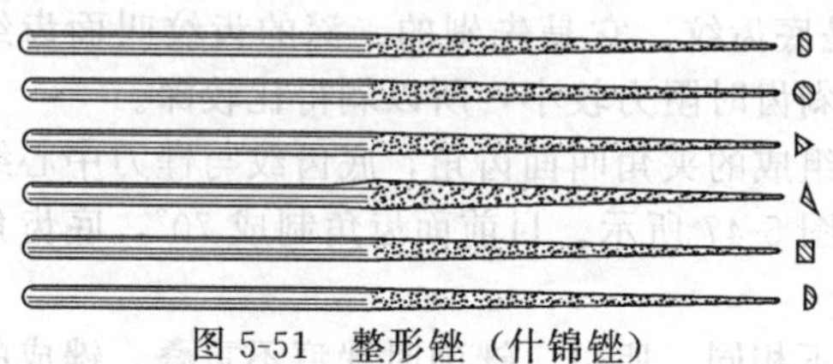
图 5-51 整形锉（什锦锉）

锉做成小型的，也有各种断面形状。每 5 根、8 根、10 根或 12 根作为一组，如图 5-51 所示。

(4) 锉刀的规格

普通锉的规格是以锉刀的长度、锉齿粗细及断面形状来表示的。

长度规格有 100mm（4in）、125mm、150mm（6in）、200mm（8in）、250mm（10in）、300mm（12in）、400mm、450mm 等几种。

锉刀的粗细，也即是锉刀齿纹齿距的大小。锉刀的齿纹粗细等级分为下列几种。

1 号纹，用于粗锉刀，齿距为 2.3～0.83mm。

2 号纹，用于中锉刀，齿距为 0.77～0.42mm。

3 号纹，用于细锉刀，齿距为 0.33～0.25mm。

4 号纹，用于双细锉刀，齿距为 0.25～0.2mm。

5 号纹，用于油光锉，齿距为 0.2～0.16mm。

整形锉（什锦锉）的锉纹号从 1 号纹到 7 号纹。

例如，300mm（习惯称 12in）的粗板锉是表示其锉刀长度为 300mm，断面形状为长方形的粗齿锉刀。

(5) 锉刀的选择及保养

① 锉刀的选择 锉削前，锉刀的选择很重要。要锉削加工的零件是多种多样的，如果选择不当，会浪费工时或锉坏工件，也会过早使锉刀失去切削能力。因此，必须正确选用锉刀。选用锉刀要遵循下列原则。

a. 锉刀的断面形状和长短，是根据加工工件表面的形状和工件大小来选用。

b. 锉刀的粗细，是根据加工工件材料的性质、加工余量、尺寸精度和表面粗糙度等情况综合考虑来选用。

粗锉刀，用于锉软金属、加工余量大、精度等级低和表面粗糙度大的工件。

细锉刀，用于加工余量小、精度等级高和表面粗糙度要求小的工件。

此外，新锉刀的齿比较锐利，适合锉软金属。新锉刀用一段时间后再锉硬金属较好。

对不同形状的工件选用不同形状锉刀的实例，如图 5-52 所示。

② 锉刀的保养　为了延长锉刀的使用寿命，必须遵守下列规则：

a. 不准用新锉刀锉硬金属；

b. 不准用锉刀锉淬火材料；

c. 对有硬皮或黏砂的锻件和铸件，须将其去掉后，才可用半锋利的锉刀锉削；

d. 新锉刀先使用一面，当该面磨钝后，再用另一面；

e. 锉削时，要经常用钢丝刷清除锉齿上的切屑；

f. 使用锉刀时不宜速度过快；否则，容易过早磨损；

g. 细锉刀不允许锉软金属；

h. 使用整形锉，用力不宜过大，以免折断；

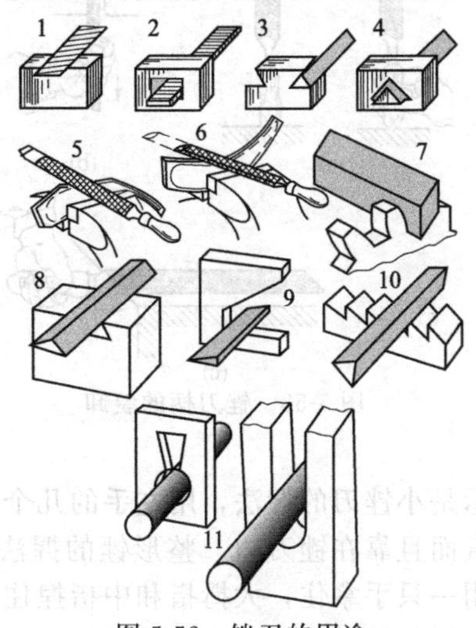

图 5-52　锉刀的用途

1,2—锉平面；3,4—锉燕尾和三角孔；5,6—锉曲面；7—锉楔角；8—锉内角；9—锉菱形；10—锉三角形；11—锉圆孔

i. 锉刀要避免沾水、油和其它脏物；锉刀也不可重叠或者和其它工具堆放在一起。

5.4.3　锉削的操作方法

(1) 锉刀柄的装卸　锉刀应装好柄后才能使用（整形锉除外）；柄的木料要坚韧，并用铁箍套在柄上。柄的安装孔深约等于锉刀尾的长度，孔径相当于锉刀尾的 1/2 能自由插入的大小。安装的方法如图 5-53 (a) 所示。先用左手扶柄，用右手将锉刀尾插入锉柄内，放开左手，用右手把锉刀柄的下端垂直地蹾紧，蹾入长度约等于锉刀尾的 3/4。

卸锉刀柄可在虎钳上或钳台上进行，如图 5-53 (b)、(c) 所示。

在虎钳上卸锉刀柄时，将锉刀柄搁在虎钳钳口中间，用力向下蹾拉出来；在钳台上卸锉刀柄时，把锉刀柄向台边略用力撞击，利用惯性作用使它脱开。

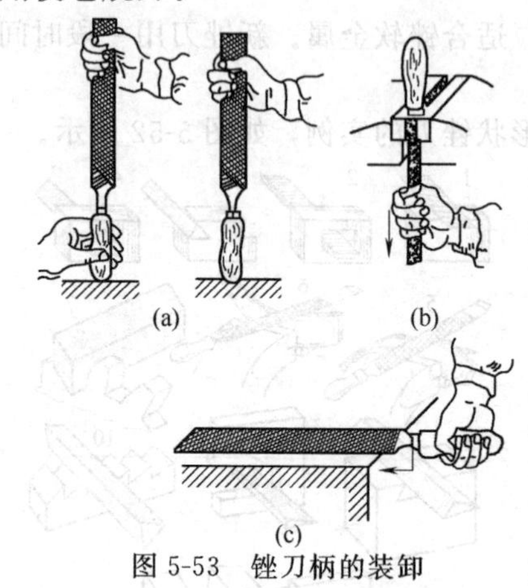
图 5-53 锉刀柄的装卸

（2）锉刀的握法 大锉刀的握法如图 5-54（a）和图 5-54（b）所示，右手心抵着锉刀柄的端头，大拇指放在锉刀柄上面，其余 4 指放在下面配合大拇指捏住锉刀柄。左手掌部鱼际肌压在锉刀尖上面，拇指自然伸直，其余 4 指弯向手心，用食指、中指抵住锉刀尖。

图 5-54（c）所示是中型锉刀的握法，右手握法与大锉刀相同，左手只需要大拇指和食指捏住锉刀尖。图 5-54（d）所示是小锉刀的握法，用左手的几个手指压住锉刀的中部，右手食指伸直而且靠在锉刀边。整形锉的握法如图 5-54（e）所示，锉刀小，可用一只手拿住，大拇指和中指捏住两侧，食指放在上面伸直，其余两指握住锉柄。也可用两手操作。

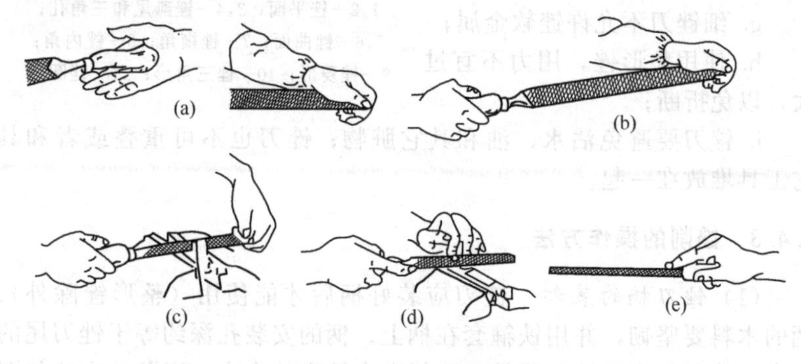
图 5-54 锉刀的握法

（3）锉削时的姿势 锉削姿势与使用的锉刀大小有关，用大锉锉平面时，正确姿势如下。

① 站立姿势 两脚立正，面向虎钳，站在虎钳中心线左侧，与

虎钳的距离按大小臂垂直、端平锉刀、锉刀尖部能搭放在工件上来掌握。然后，迈出左脚，迈出距离从右脚尖到左脚跟约等于刀长，左脚与虎钳中线约成30°角，右脚与虎钳中线约成75°角，如图5-55所示。

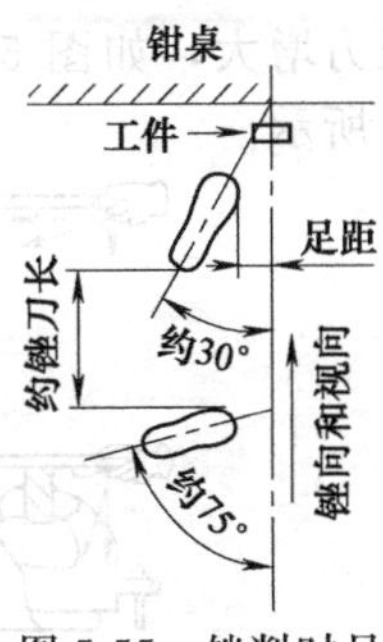

图5-55 锉削时足的位置

② 锉削姿势 锉削时如图5-56所示。开始前，左腿弯曲，右腿伸直，身体重心落在左脚上，两脚始终站稳不动。锉削时，靠左腿的屈伸做往复运动。手臂和身体的运动要互相配合。锉削时要使锉刀的全长充分利用。

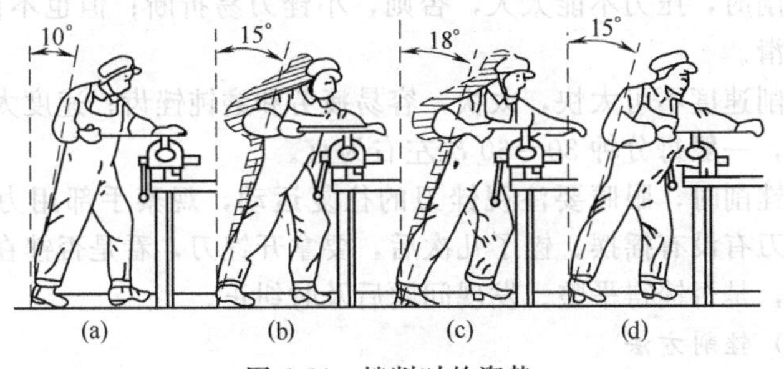

图5-56 锉削时的姿势

开始锉时身体要向前倾斜10°左右，左肘弯曲，右肘向后，但不可太大，如图5-56（a）所示。锉刀推到1/3时，身体向前倾斜15°左右，使左腿稍弯曲，左肘稍直，右臂前推，如图5-56（b）所示。锉刀继续推到2/3时，身体逐渐倾斜到18°左右，使左腿继续弯曲，左肘渐直，右臂向前推进，如图5-56（c）所示。锉刀继续向前推，把锉刀全长推尽，身体随着锉刀的反作用退回到原位置，如图5-56（d）所示。推锉终止时，两手按住锉刀，身体恢复原来位置，略提起锉刀把它拉回。

（4）锉削力的运用 锉削时，要锉出平整的平面，必须保持锉刀的平直运动。平直运动是在锉削过程中通过随时调整两手的压力来实现的。

锉削开始时，左手压力大，右手压力小，如图5-57（a）所示。随锉刀前推，左手压力逐渐减小，右手压力逐渐增大，到中间时，两手压力相等，如图5-57（b）所示。到最后阶段，左手压力减小，右手压力增大，如图 5-57（c）所示。退回时，不加压力，如图 5-57（d）所示。

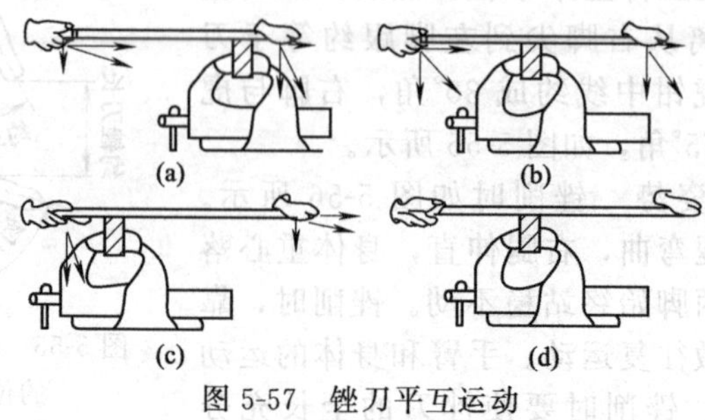

图 5-57 锉刀平互运动

锉削时，压力不能太大，否则，小锉刀易折断；但也不能太小，以免打滑。

锉削速度不可太快，太快，容易疲劳和磨钝锉齿；速度太慢，效率不高，一般每分钟 30～60 次左右为宜。

在锉削时，眼睛要注视锉刀的往复运动，观察手部用力是否适当，锉刀有没有摇摆。锉了几次后，要拿开锉刀，看是否锉在需要锉的地方，是否锉得平整。发现问题后及时纠正。

（5）锉削方法

① 工件的夹持　要正确地夹持工件，如图 5-58 所示；否则影响锉削质量。

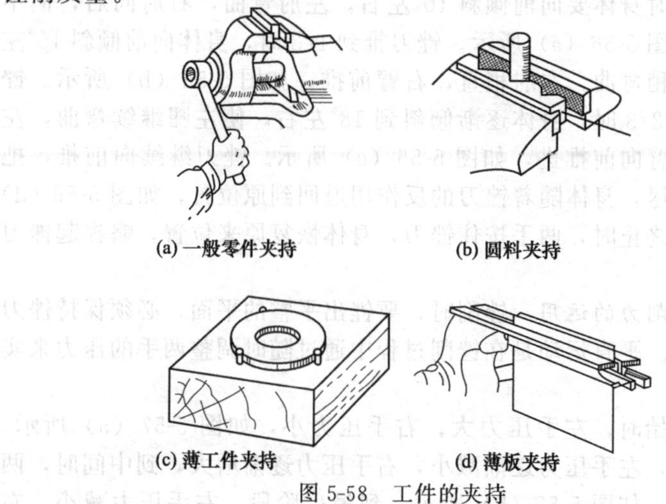

图 5-58 工件的夹持

a. 工件最好夹持在钳口中间，使虎钳受力均匀。

b. 工件夹持要紧，但不能把工件夹变形。

c. 工件伸出钳口不宜过高，以防锉削时产生振动。

d. 夹持不规则的工件应加衬垫；薄工件可以钉在木板上，再将木板夹在虎钳上进行锉削；锉大而薄的工件边缘时，可用两块三角块或夹板夹紧，再将其夹在虎钳上进行锉削。

e. 夹持已加工面和精密工件时，应用软钳口（铝和紫铜制成），以免夹伤表面。

② 平面的锉削　锉削平面是锉削中最基本的操作。为了使平面易于锉平，常用下面几种方法。

a. 直锉法（普通锉削方法）。锉刀的运动方向是单方向，并沿工件表面横向移动，这是常用的一种锉削方法。为了能够均匀地锉削工件表面，每次退回锉刀时，向旁边移动 5～10mm，如图 5-59 所示。

b. 交叉锉法。锉刀的运动方向是交叉的，因此，工件的锉面上能显出高低不平的痕迹，如图 5-60 所示。这样容易锉出准确的平面。交叉锉法很重要，一般在平面没有锉平时，多用交叉锉法来找平。

图 5-59　直锉法

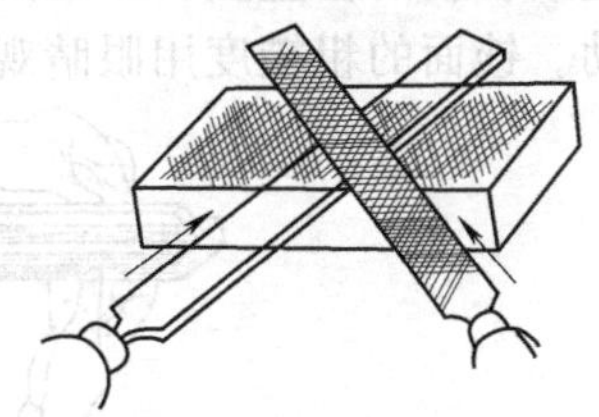

图 5-60　交叉锉法

c. 顺向锉法。一般在交叉锉后采用，主要用来把锉纹锉顺，起锉光、锉平作用，如图 5-61 所示。

d. 推锉法。用来顺直锉纹，改善表面粗糙度，修平平面。

一般加工量很小，并采用锉面比较平直的细锉刀。握锉方法如图 5-62 所示。两手横握锉刀身，拇指靠近工件，用力一致，平稳地沿工件表面推拉锉刀，否则，容易把工件中间锉凹。为使工件表面不致擦伤和不减少吃刀深度，应及时清除锉齿中的切屑，如图 5-63 所示。

用顺锉或推锉法锉光平面时，可以在锉刀上涂些粉笔灰，以减少吃刀深度。

③ 平直度的检查方法　平面锉好了，将工件擦净，用刀口直尺（或钢板尺）以透光法来检查平直度，如图 5-64 所示。

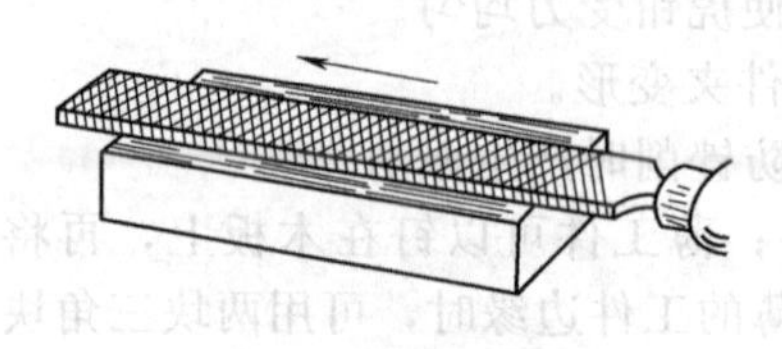

图 5-61　顺向锉法

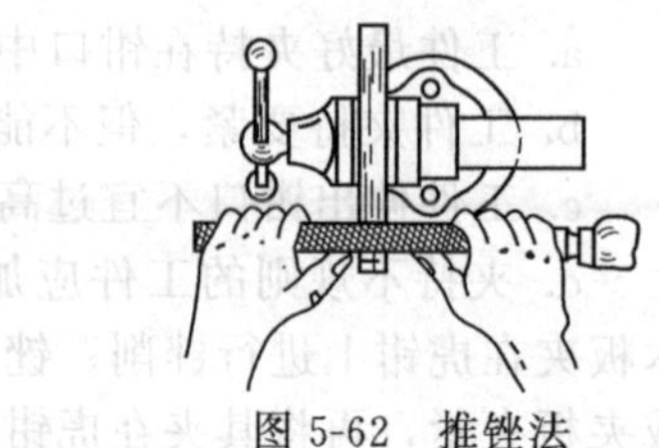

图 5-62　推锉法

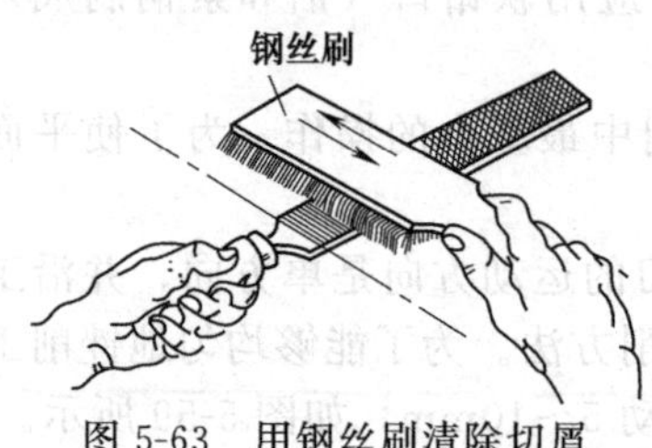

图 5-63　用钢丝刷清除切屑

检查时，刀口直尺（或钢板尺）只用 3 个手指（大拇指、食指和中指）拿住尺边。如果刀口直尺与工件平面间透光微弱而均匀，说明该平面是平直的；假如透光强弱不一，说明该面高低不平，如图 5-64（c）所示。检查时，应在工件的横向、纵向和对角线方向多处进行，如图 5-64（b）所示。移动刀口直尺（或钢板尺）时，应把它提起，并轻轻地放在新的位置上，不准刀口直尺（或钢板尺）在工件表面上来回拉动。锉面的粗糙度用眼睛观察，表面不应留下深的擦痕或锉痕。

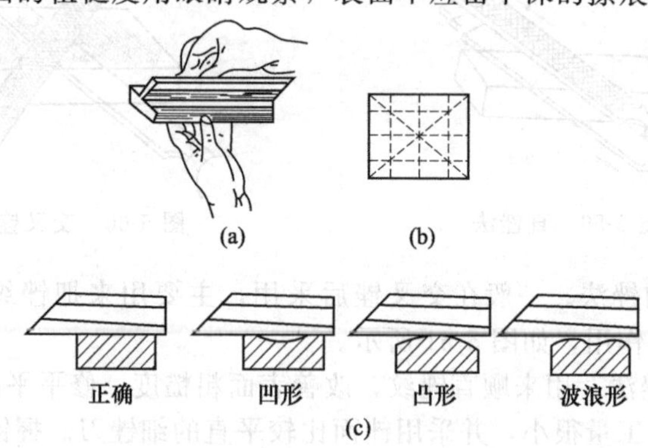

图 5-64　用刀口直尺检查平直度

研磨法检查平直度。在平板上涂铅丹，然后，把锉削的平面放到平板上，均匀地用轻微的力将工件研磨几下后，如果锉削平面着色均匀就是平直了。表面高的地方呈灰亮色，凹的地方着不上色，高低适当的地方铅丹就聚在一起呈黑色。

④ 检查垂直度　检查垂直度使用直角尺。检查时，也采用透光

法，选择基准面，并对其它各面有次序地检查，如图 5-65（a）所示。阴影为基准面。

⑤ 检查平行度和尺寸 用卡钳或游标卡尺检查。检查时，在全长不同的位置上，要多检查几次，如图 5-65（b）所示。

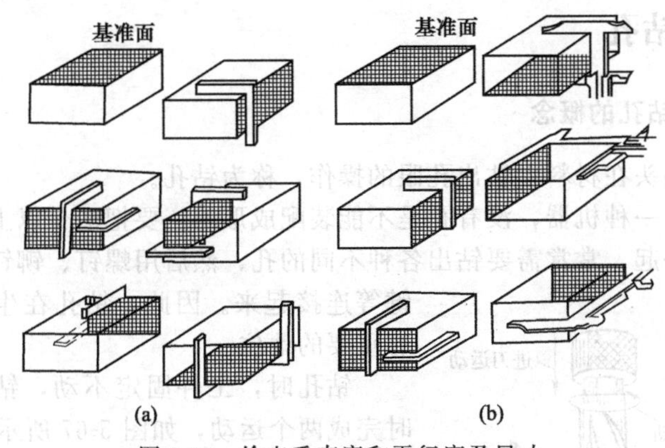

图 5-65 检查垂直度和平行度及尺寸

⑥ 圆弧面的锉削 一般采用滚锉法。对凸圆弧面锉削，开始时，锉刀头向下，右手抬高，左手压低，锉刀头紧靠工件，然后推锉，使锉刀头逐渐由下向前上方做弧形运动。两手要协调，压力要均匀，速度要适当，如图 5-66（a）所示。

凹圆弧面的锉削法如图 5-66（b）所示。此时，锉刀要做前进运动，锉刀本身又做旋转运动，并在旋转的同时向左或右移动。此 3 种

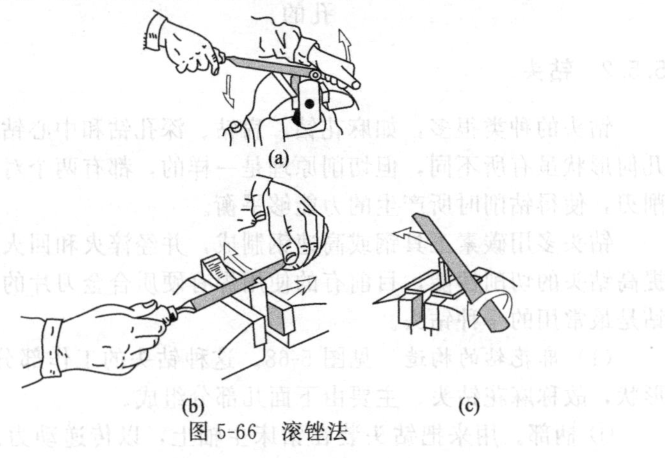

图 5-66 滚锉法

运动要在锉削过程中同时进行。

球面锉削法如图 5-66（c）所示。推锉时，锉刀对球面中心线摆动，同时又做弧形运动。

5.5 钻孔

5.5.1 钻孔的概念

用钻头在材料上钻出孔眼的操作，称为钻孔。

任何一种机器，没有孔是不能装配成形的。要把两个以上的零件连接在一起，常常需要钻出各种不同的孔，然后用螺钉、铆钉、销和键等连接起来。因此，钻孔在生产中占有重要的地位。

图 5-67 钻孔时钻头的运动

钻孔时，工件固定不动，钻头要同时完成两个运动，如图 5-67 所示。

① 切削运动（主运动）：钻头绕轴心所做的旋转运动，也就是切下切屑的运动。

② 进刀运动（辅助运动）：钻头对着工件所做的直线前进运动。

由于两种运动是同时连续进行的，所以钻头是按照螺旋运动的规律来钻孔的。

5.5.2 钻头

钻头的种类很多，如麻花钻、扁钻、深孔钻和中心钻等。它们的几何形状虽有所不同，但切削原理是一样的，都有两个对称排列的切削刃，使得钻削时所产生的力能够平衡。

钻头多用碳素工具钢或高速钢制成，并经淬火和回火处理，为了提高钻头的切削性能，目前有的使用焊有硬质合金刀片的钻头。麻花钻是最常用的一种钻头。

（1）*麻花钻的构造* 见图 5-68。这种钻头的工作部分像“麻花”形状，故称麻花钻头。主要由下面几部分组成。

① 柄部。用来把钻头装在钻床主轴上，以传递动力。钻头直径

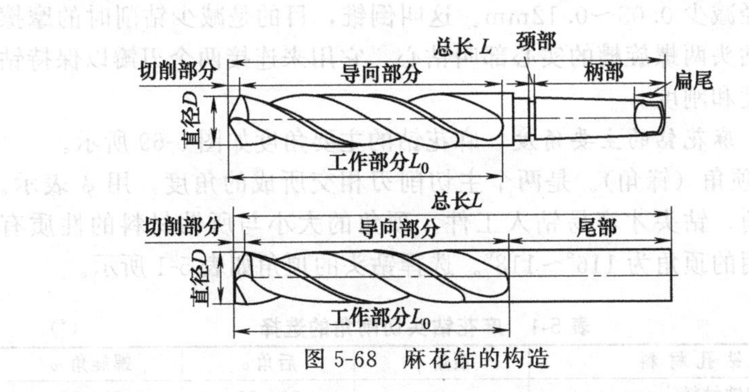

图 5-68　麻花钻的构造

小于 12mm 时，柄部多采用圆柱形，用钻夹具把它夹紧在钻床主轴上。当钻头直径大于 12mm 时，柄部多是圆锥形的，能直接插入钻床主轴锥孔内，对准中心，并借圆锥面间产生的摩擦力带动钻头旋转。在柄部的端头还有一个扁尾（或称钻舌），目的是增加传递力量，避免钻头在主轴孔或钻套中转动，并作为使钻头从主轴锥孔中退出时用。

② 颈部。是为了磨削尾部而设的，多在此处刻印出钻头规格和商标。

③ 工作部分。包括切削部分和导向部分。切削部分，包括横刃和两个主切削刃，起着主要的切削作用。导向部分，在切削时起着引导钻头方向的作用，还可作钻头的备磨部分。导向部分由螺旋槽、刃带、齿背和钻心组成。

螺旋槽在麻花钻上有两条，并成对称位置，其功用是正确地形成切削刃和前角，并起着排屑和输送冷却液的作用。刃带（图 5-69）是沿螺旋槽高出 0.5～1mm 的窄带，在切削时，它跟孔壁相接触，起着修光孔壁和导引钻头的作用。一在钻头表面上低于刃带的部分叫齿背，其作用是减少摩擦。直径小于 0.5mm 的钻头，不制出刃带。钻头的直径看起来好像整个引导部分都是一样的，实际是做成带一点倒锥度的，即靠近前端的直径大，靠近柄部的直径小。每 100mm 长

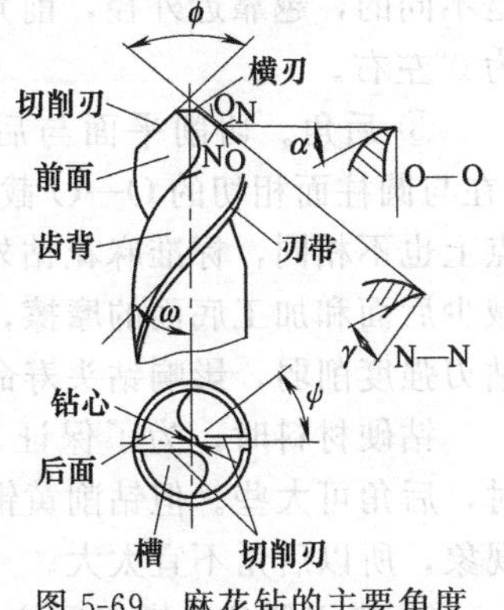

图 5-69　麻花钻的主要角度

度内直径减少 0.03～0.12mm。这叫倒锥，目的是减少钻削时的摩擦发热。钻头两螺旋槽的实心部叫钻心，它用来连接两个刃瓣以保持钻头的强度和刚度。

（2）*麻花钻的主要角度* 麻花钻的主要角度如图 5-69 所示。

① 顶角（锋角）。是两个主切削刃相交所成的角度，用 ϕ 表示。有了顶角，钻头才容易钻入工件。顶角的大小与所钻材料的性质有关，常用的顶角为 116°～118°。选择钻头的顶角如表 5-1 所示。

表 5-1 麻花钻头切削角的选择 （°）

钻孔材料	顶角 ϕ	后角 α	螺旋角 ω
一般钢铁材料	116～118	12～15	20～32
一般韧性钢铁材料	116～118	6～9	20～32
铝合金(深孔)	118～130	12	32～45
铝合金(通孔)	90～120	12	17～20
软黄铜和青铜	118～118	12～15	10～30
硬青铜	110～130	5～7	10～30
铜和铜合金	90～118	10～15	30～40
软铸铁	118～135	12～15	20～32
冷(硬)铸铁	118～125	5～7	20～32
淬火钢	118	12～15	20～32
铸钢	150	12～15	20～32
锰钢(7%～13%锰)	135	10	20～32
高速钢	135～150	5～7	20～32
镍钢(HB 250～400)	70	5～7	20～32
木材	60～90	12	30～40
硬橡胶		12～15	10～20

② 前角。前面的切线与垂直切削平面的垂线所夹的角叫做前角，用 γ 表示（在主截面 N—N 中测量）。前角的大小在主切削刃的各点是不同的，越靠近外径，前角就越大（约为 18°～30°），靠近中心约为 0°左右。

③ 后角。切削平面与后面切线所夹的角叫做后角，用 α 表示（在与圆柱面相切的 O—O 截面内测量）。后角的数值在主切削刃的各点上也不相同，标准麻花钻外缘处的后角为 8°～14°。后角的作用是减少后面和加工底面的摩擦，保证钻刃锋利；但如果后角太大，则使钻刃强度削弱，影响钻头寿命。

钻硬材料时，为了保证刀具强度，后角可适当小些，钻软材料时，后角可大些。但钻削黄铜这类材料时，后角太大会产生自动扎刀现象，所以后角不宜太大。

④ 横刃斜角。横刃和主切削刃之间的夹角，称为横刃斜角，以

ψ 表示。它的大小与后角大小有关，当刃磨的后角大时，横刃斜角就要减小，相应的横刃长度就变长一些。一般 $\psi=50°\sim55°$。

⑤ 螺旋角。钻头的轴线和切削刃的切线间所构成的角，称为螺旋角，用 ω 表示。$\omega=18°\sim30°$，小直径钻头取小的角度，以提高强度。

(3) *麻花钻的刃磨*　钻头刃磨的目的是要把钝了或损坏的切削部分刃磨成正确的几何形状，或当工件材料变化时，钻头的切削部分和角度也需要重新刃磨，使钻头保持良好的切削性能。

钻头的切削部分，对于钻孔质量和效率有直接影响。因此，钻头的刃磨是一项重要的工作，必须很好地掌握。钻头的刃磨大都在砂轮机上进行。

① 磨主切削刃。右手握钻头的前端（也可按个人习惯用左手），靠在砂轮机的搁架上，左手捏住柄部，将主切削刃摆平，磨削应在砂轮机的中心面上进行，钻头的中心和砂轮面的夹角等于1/2顶角，如图 5-70 所示。刃磨时右手使刃口接触砂轮，左手使钻头柄部向下摆动，所摆动的角度即是钻头的后角，当钻头柄部向下摆动时，右手捻动钻头绕自身的中心线旋转。这样，磨出的钻头，钻心处的后角会大些，有利于钻削。按上述步骤刃磨好一条主切削刃后，再磨另一条主切削刃。

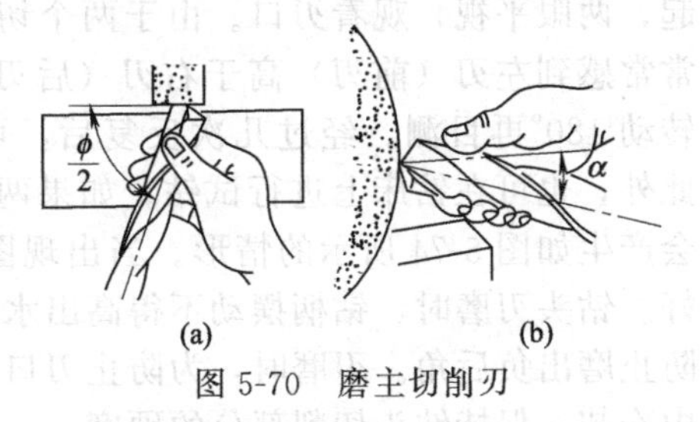

图 5-70　磨主切削刃

② 修磨横刃。钻头在钻削过程中，其横刃部分将导致很大的轴向抗力，从而消耗大量的能量和引起钻头晃动。横刃太长，还会影响钻头的正确定心。因此，要适当地将横刃修磨小一些，以改善钻削条件。如果材料软，横刃可多磨去些；材料硬，横刃可少磨去些。但小直径钻头（5mm 以内钻头）一般不修磨横刃。

修磨横刃后的钻头如图 5-71 所示。把横刃磨短到原来的 1/3～1/5，靠近钻心处的切削刃磨成内刃，内刃斜角为 20°～30°，内刃前角为 0°～15°。这样，可以减小轴向抗力和便于钻头定位。修磨横刃时，磨削点大致在砂轮水平中心面以上，钻头与砂轮的相对位置如图 5-72 所示，钻头与砂轮侧面构成 15°角（向左偏），与砂轮中心面约构成 55°角。刃磨开始时，钻头刃背与砂轮圆角接触，磨削点逐渐向钻心处移动，直至磨出内刃前面。修磨中，钻头略有转动；磨削量由大到小；当磨至钻心处时，应保证内刃前角、内刃斜角、横刃长度准确。磨削动作要轻，防止刃口退火或钻心过薄。

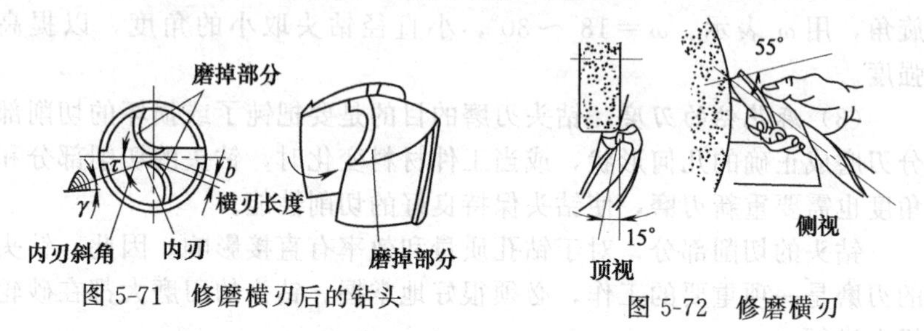

图 5-71 修磨横刃后的钻头

图 5-72 修磨横刃

刃磨时，钻头切削部分的角度应符合要求：两条主切削刃要等长；顶角应被钻头的中心线平分。钻头顶角可用样板检查，如图5-73所示。但在实际工作中，大都用目测来检查，将钻头切削部分朝上竖起，两眼平视，观看刃口。由于两个切削刃一前一后，会产生视差，常常感到左刃（前刃）高于右刃（后刃）。所以，必须将钻头绕轴线转动 180°再目测。经过几次反复后，可鉴定出两刃高低是否一致。此外，也可在钻床上进行试钻。如果两刃没磨好（不对称），钻孔时会产生如图 5-74 所示的情形。当出现图中存在的问题时应继续修磨好。钻头刃磨时，钻柄摆动不得高出水平面，应由刃口磨向刃背，以防止磨出负后角。刃磨时，为防止刃口退火，必须经常将钻头浸入水中冷却，保持钻头切削部分的硬度。

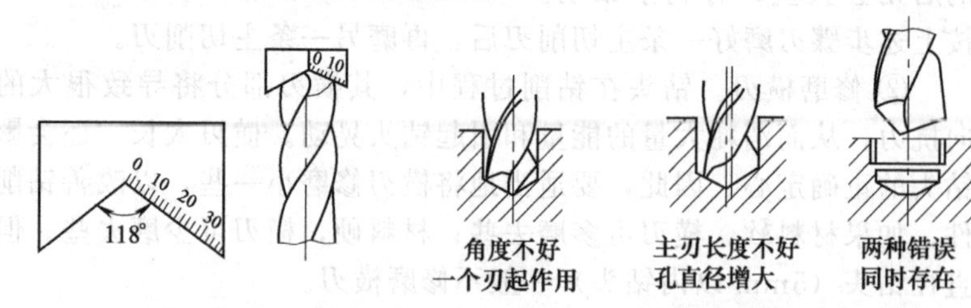

图 5-73 麻花钻头顶角的检查方法

图 5-74 切削刃修磨不正确

③ 钻薄板的钻头。在装配与修理工作中，常遇到在薄钢板、铝板、黄铜皮、紫铜皮和马口铁等金属薄板上钻孔。如果用普通钻头钻孔，会出现孔不圆、孔口飞边、孔被撕破、毛刺大，甚至使板料扭曲变形和发生事故。因此，必须把钻头磨成如图 5-75 所示的几何形状。

钻削时，钻心先切入工件，定住中心，起钳制工件作用；然后，两个锋利的外尖（刃口）迅速切入工件，使其切离。

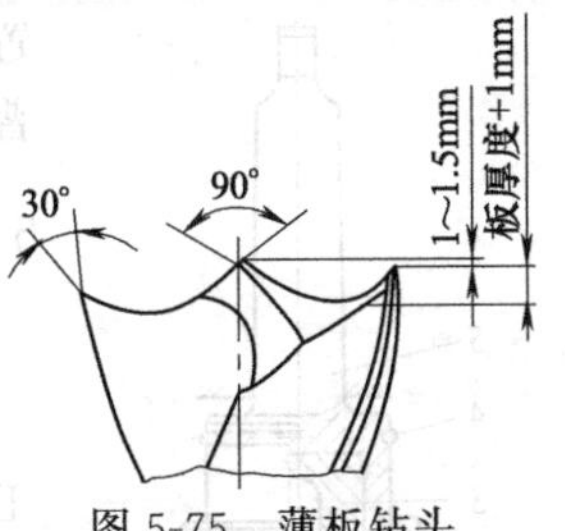

图 5-75 薄板钻头

5.5.3 钻头的装夹工具

（1）**钻夹头** 用来夹持尾部为圆柱体钻头的夹具，如图 5-76 所示。在夹头的 3 个斜孔内装有带螺纹的夹爪，夹爪螺纹和装在夹头套筒的螺纹相啮合，当钥匙上的小锥齿轮带动夹头套上的锥齿轮时，夹头套的螺纹旋转，因而使 3 爪推出或缩入，用来夹紧或放松钻头。

（2）**钻套（锥库）和楔铁** 钻套是用来装夹圆锥柄钻头的夹具。由于钻头或钻夹头尾锥尺寸大小不同，为了适应钻床主轴锥孔，常常用锥体钻套作过渡连接。钻套是以莫氏锥度为标准，由不同尺寸组成。楔铁是用来从钻套中卸下钻头的工具。钻套和楔铁如图 5-77 所示。

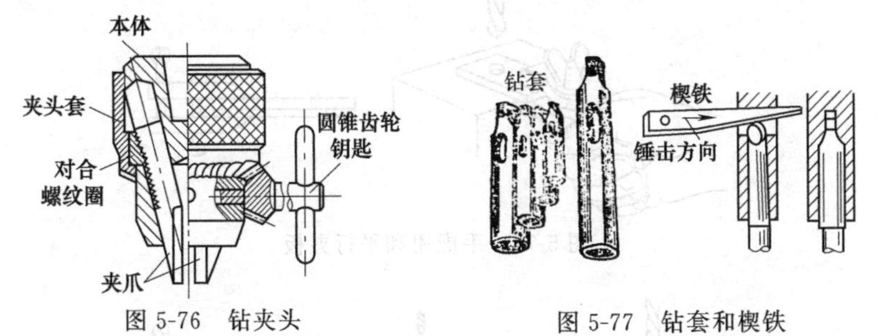

图 5-76 钻夹头　　图 5-77 钻套和楔铁

（3）**快换夹头** 在钻床上加工孔时，往往须用不同的刀具经过几次更换和装夹才能完成（如使用钻头、扩孔钻、锪钻和铰刀等）。在这种情况下，采用快换夹头，能在主轴旋转时，更换刀具，装卸迅速，减少更换刀具的时间，如图 5-78 所示。更换刀具时，只要将外环 1 向上提起，钢珠 2 受离心力的作用就跑到外环下部槽中，可换套筒 3 不再受到钢珠的卡阻，而和刀具一起自动落下。这时，立即用手接住。然后，再把另一个装有刀具的可换套筒装上，放下外环，钢球又落入可换套筒的凹入部分。于是，更换过的刀具便跟着插入主轴内的锥柄 5 一起转动，继续进行加工。钢丝 4 用来限制外环的上、下位

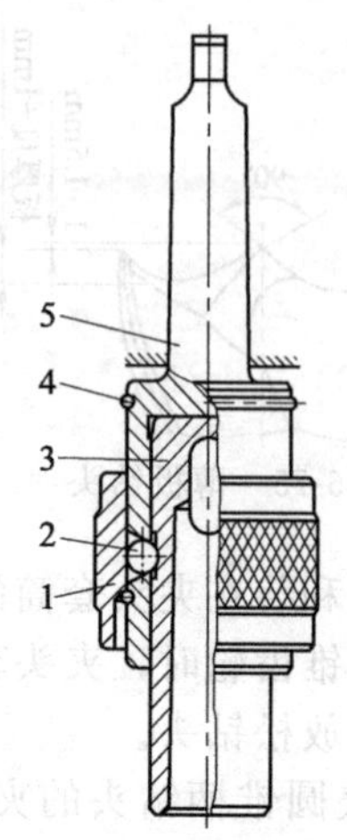

图 5-78 快换夹头

1—外环；2—钢珠；3—可换套筒；4—钢丝；5—锥柄

置。这种钻夹头使用方便，在各工厂用得较普遍。

5.5.4 钻孔方法

(1) 工件的夹持

① 手虎钳和平行夹板。用来夹持小型工件和薄板件，如图 5-79 所示。

② 长工件钻孔。用手握住并在钻床台面上用螺钉靠住，这样比较安全，如图 5-80 (a) 所示。

③ 平整工件钻孔。一般夹在平口钳上进行，如图 5-80 (b) 所示。

④ 圆轴或套筒上钻孔。一般把工件放在V形铁上进行。如图 5-81 所示，这里列出 3 种常见的夹持方法。

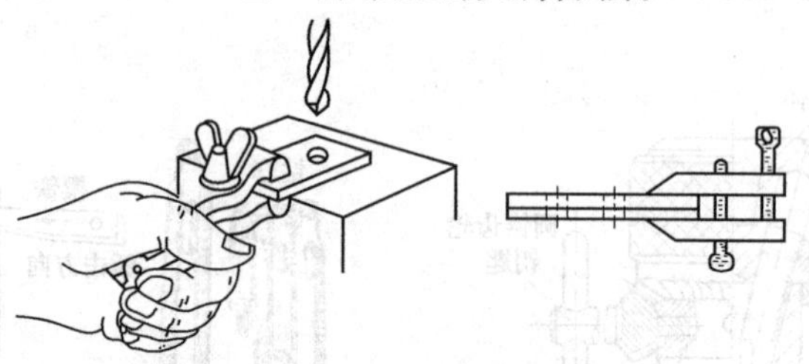

图 5-79 手虎钳和平行夹板

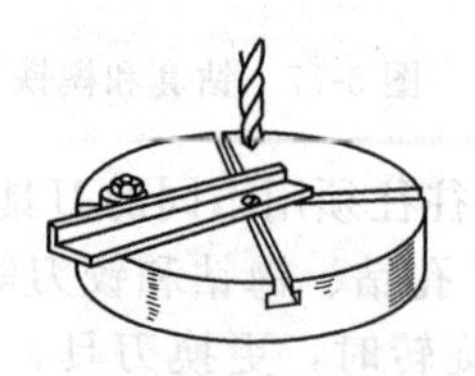

(a) 长工件用螺钉靠住钻孔

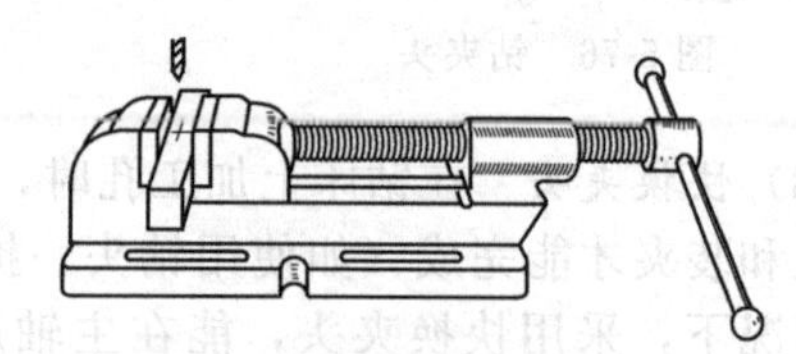

(b) 平整工件用平口钳夹紧钻孔

图 5-80 长工件和平整工件钻孔

⑤ 压板螺钉夹紧工件钻大孔。一般可将工件直接用压板、螺钉固定在钻床工作台上钻孔，如图 5-82 所示。搭板时要注意以下几点。

a. 螺钉尽量靠近工件，使压紧力较大。

b. 垫铁应比所压工件部分略高或等高；用阶梯垫铁，工件高度

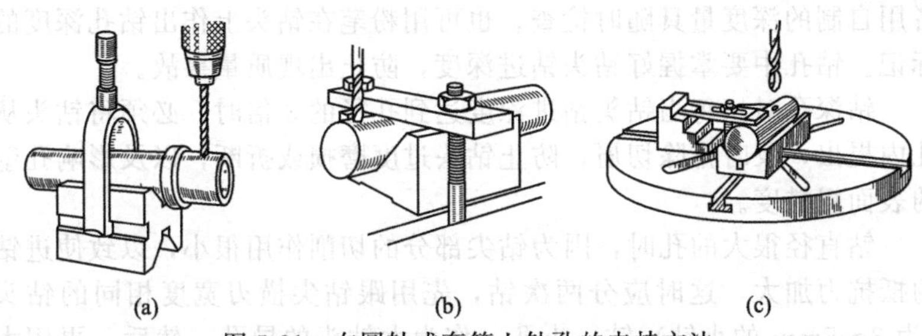

图 5-81 在圆轴或套筒上钻孔的夹持方法

在两阶梯之间时，则应采用较高的一挡。垫铁比工件略高有几个好处：可使夹紧点不在工件边缘上而在偏里面处，工件不会翘起来；用已变形而微下弯的压板能把工件压得较紧。

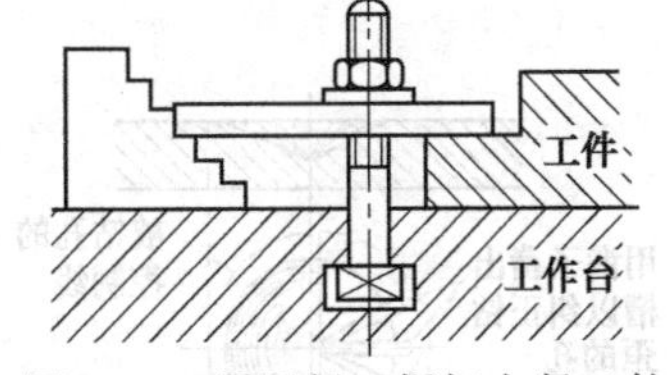

图 5-82 用压板、螺钉夹紧工件

把螺母扳紧，压板变形后还有较大的压紧面积。

c. 如工件表面已经过精加工，在压板下应垫一块铜皮或铝皮，以免在工件上压出印痕来。

d. 为了防止擦伤精加工过的表面，在工件底面应垫纸。

(2) 按照画线钻孔 在工件上确定孔眼的正确位置，进行画线。画线时，要根据工作图的要求，正确地画出孔中心的交叉线，然后，用样冲在交叉线的交点上打个冲眼，作为钻头尖的导路。钻孔时，首先开动钻床，稳稳地把钻头引向工件，不要碰击，使钻头的尖端对准样冲眼。按照画线钻孔分两项操作：先试钻浅坑眼，然后正式钻孔。在试钻浅坑眼时，用手进刀，钻出尺寸占孔径 1/4 左右的浅坑眼来，然后，提起钻头，清除钻屑，检查钻出的坑眼是否处于画线的圆周中心。处于中心时，可继续钻孔，直到钻完为止。如果钻出的浅坑眼中心偏离，必须改正。一般只需将工件借过一些就行了。如果钻头较大或偏得较多，就在钻歪的孔坑的相对方向那一边用样冲或尖錾錾低些(可錾几条槽)，如图 5-83 所示，逐渐将偏斜部分借过来。

钻通孔时，孔的下面必须留出钻头的空隙。否则，当钻头伸出工件底面时，会钻伤工作台面垫工件的平铁或座钳，当孔将要钻透前，应注意减小走刀量，以防止钻头摆动，保证钻孔质量及安全。

钻不通孔时，应根据钻孔深度，调整好钻床上深度标尺挡块，或者用自制的深度量具随时检查。也可用粉笔在钻头上作出钻孔深度的标记。钻孔中要掌握好钻头钻进深度，防止出现质量事故。

钻深孔时，每当钻头钻进深度达到孔径的3倍时，必须将钻头从孔内提出，及时排除切屑，防止钻头过度磨损或折断，以及影响孔壁的表面粗糙度。

钻直径很大的孔时，因为钻尖部分的切削作用很小，以致使进钻的抵抗力加大，这时应分两次钻，先用跟钻尖横刃宽度相同的钻头（为3～5mm的小钻）钻一小孔，作为大钻头的导孔，然后，再用大钻头钻。这样，就可以省力，而孔的正确度仍然可以保持，如图5-84所示。一般直径超过30mm的孔，可分两次钻削。

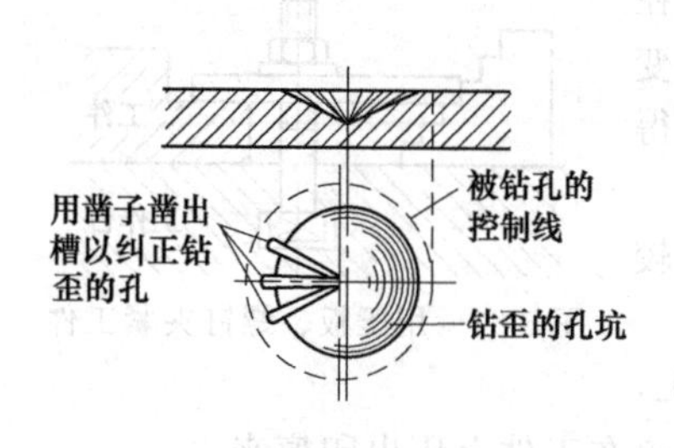

图 5-83 用錾槽来纠正钻歪的孔

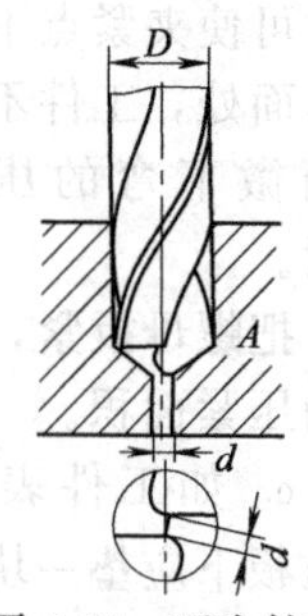

图 5-84 两次钻孔

（3）钻孔距有精度要求的平行孔的方法 有时需要在钻床上钻出孔距有精度要求的平行孔，如图5-85所示。如要钻 d_1 和 d_2 两孔，其中心距为 L。这时，可按画线先钻出一孔（可先钻 d_1 孔），若孔精度要求较高，还可用铰刀铰一下，然后找一销子与孔紧配（也可车一销与孔紧配），另外任意找一只销子（直径为 d_3）夹在钻夹头中，用百分尺（分厘卡）控制距离 $L_1=\left(L+\frac{1}{2}d_1+\frac{1}{2}d_3\right)$，就能保证 L 的尺寸。孔距矫正好以后把工件压紧，钻夹头中装上直径为 d_2 的钻头就可钻第二孔。再有其它孔也可用同样方法钻出，用这种方法钻出的孔中心距精度能在±0.1mm之内。

（4）在轴或套上钻与轴线垂直并通过中心的孔的方法 在轴或套上钻与轴线垂直并通过中心的孔是经常碰到的事。如精度要求较高时，要做一个定心工具，如图5-86所示。其圆杆与下端90°圆锥体是在一次装夹中车出或磨出的。

钻孔前，先找正钻轴中心与安装工件的V形铁的位置，方法是：

把定心工具的圆杆夹在钻夹头内，用百分表在圆锥体上校调，使其振摆在 0.01～0.02mm 之内，用下部 90°顶角的圆锥来找正 V 形铁的位置，如图 5-86（a）所示，当两边光隙大小相同时，用压板把 V 形铁位置先固定。在要钻孔的轴或套的端面上画一条中心线。把轴或套搁在 V 形铁上，将钻头装上，用钻尖对准要钻孔的样冲眼，用直角尺校准端面的中心线使其垂直，如图 5-86（b）所示，再把工件压紧。然后，试钻一个浅坑，看浅坑是否与轴的中心线对称，如工件有走动，则再借正，再试钻。如果矫正得仔细，孔中心与工件轴线的不对称度可在 0.1mm 之内。如不用定心工具，用直角尺校端面中心线，将钻尖对准样冲眼，根据试钻坑的对称性来借正也可以，不过要有较丰富的经验。

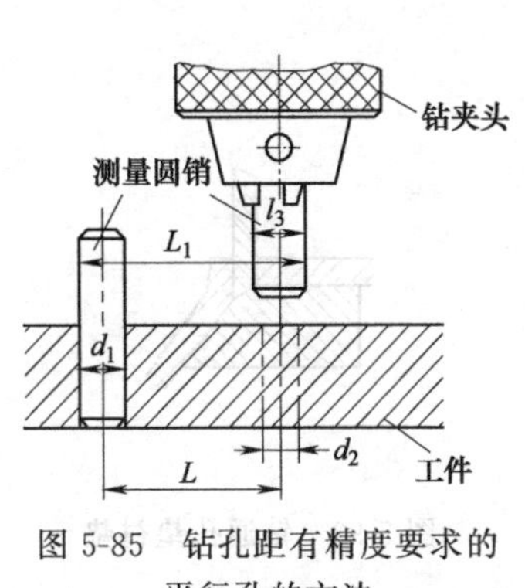

图 5-85　钻孔距有精度要求的平行孔的方法

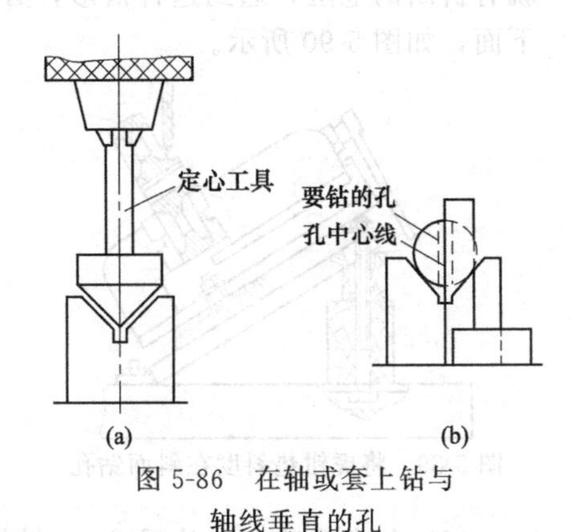

图 5-86　在轴或套上钻与轴线垂直的孔

（5）在斜面上钻孔　钻孔时，必须使钻头的两个切削刃同时切削；否则，由于切削刃负荷不均，会出现钻头偏斜，造成孔歪斜，甚至使钻头折断。为此，采用下面方法钻孔。

① 钻孔前，用铣刀在斜面上铣出一个平台或用錾削方法錾出平台，如图 5-87 所示，按钻孔要求定出中心，一般先用小直径钻头钻孔，再用所要求的钻头将孔钻出。

② 在斜面上钻孔，可用改变钻头切削部分的几何形状的方法，将钻头修磨成圆弧刃多能钻，如图 5-88 所示，可直接在斜面上钻孔。这种钻头实际上相当于立铣刀，它用普通麻花钻靠手工磨出，圆弧刃各点均有相同的后角 α（$\alpha=6°\sim10°$），钻头横刃经过修磨。这种钻头应很短，否则开始在斜面上钻孔时要震动。

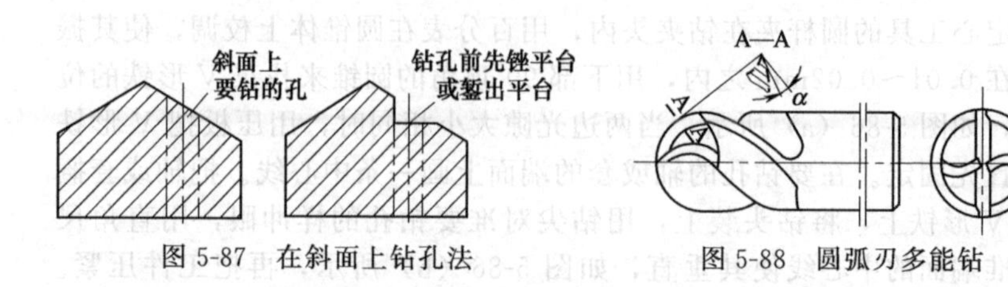

图 5-87 在斜面上钻孔法　　图 5-88 圆弧刃多能钻

③ 在装配与修理工作中，常遇到在带轮上钻斜孔，可用垫块垫斜度的方法，如图 5-89 所示；或者用钻床上有可调斜度的工作台，在斜面上钻孔。

④ 当钻头钻穿工件到达下面的斜面出口时，因为钻头单面受力，就有折断的危险，遇到这种情形，必须用同一强度的材料，衬在工件下面，如图 5-90 所示。

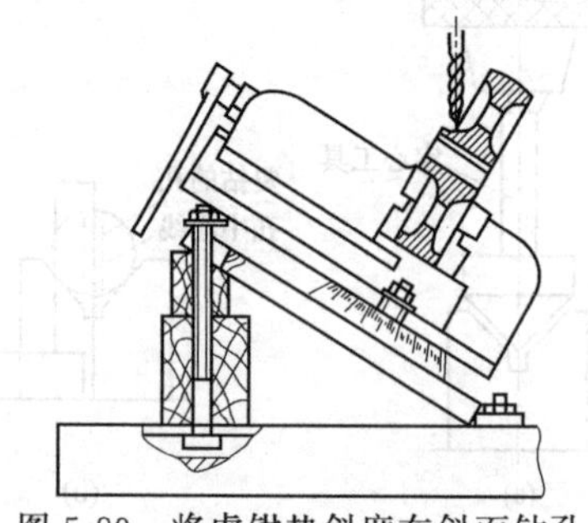
图 5-89 将虎钳垫斜度在斜面钻孔

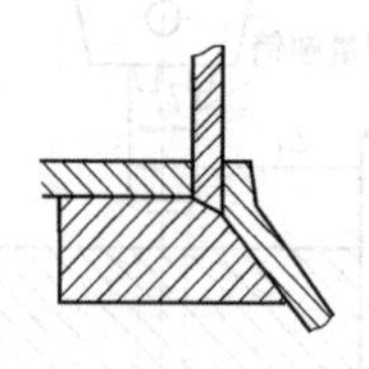
图 5-90 钻通孔垫衬垫

(6) *钻半圆孔（或缺圆孔）* 钻缺圆孔，用同样材料嵌入工件内与工件合钻一个孔，如图 5-91 (a) 所示，钻孔后，将嵌入材料去掉，即在工件上留下要钻的缺圆孔。

如图 5-91 (b) 所示，在工件上钻半圆孔，可用同样材料与工件合起来，在两工件的接合处找出孔的中心，然后钻孔。分开后，即是要钻的半圆孔。

在连接件上钻“骑缝”孔，在套与轴和轮毂与轮圈之间，装“骑缝”螺钉或“骑缝”销钉，如图 5-92 所示。其钻孔方法是：如果两个工件材料性质不同，“骑缝”孔的中心样冲眼应打在硬质材料一边，以防止钻头向软质材料一边偏斜，造成孔的位移。

(7) *在薄板上开大孔* 一般没有这样大直径的钻头，因此大都采用刀杆切割方法加工大孔，如图 5-93 所示。按刀杆端部的导杆直径

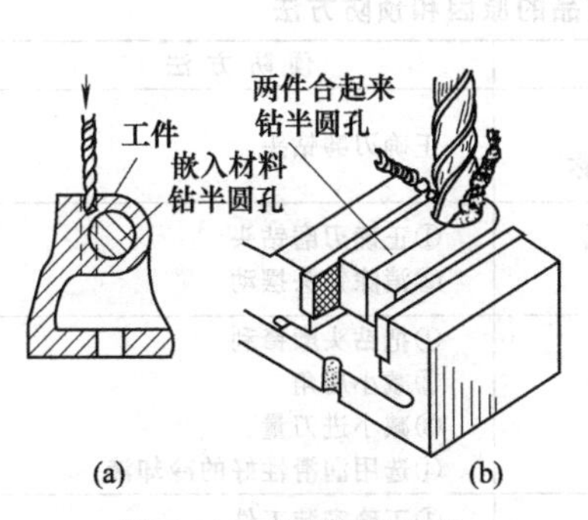

图 5-91 钻半圆孔方法

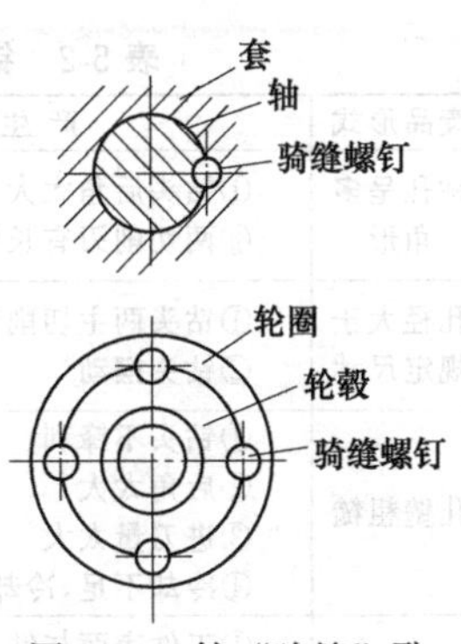

图 5-92 钻“骑缝”孔

尺寸，在工件的中心上先钻出孔，将导杆插入孔内，把刀架上的切刀调到大孔的尺寸，切刀固定位置后进行开孔。开孔前，应将工件板料压紧，主轴转速要慢些，走刀量要小些。当工件即将切割透时，应及时停止进刀，防止打坏切刀头，未切透的部分可用手锤敲打下来。

除上述孔的加工方法外，在大批量孔加工时，可根据需要与可能，制作专用钻孔模具。图 5-94 所示是钻孔模具中的一种。这样，既能提高效率，又能保证产品质量。

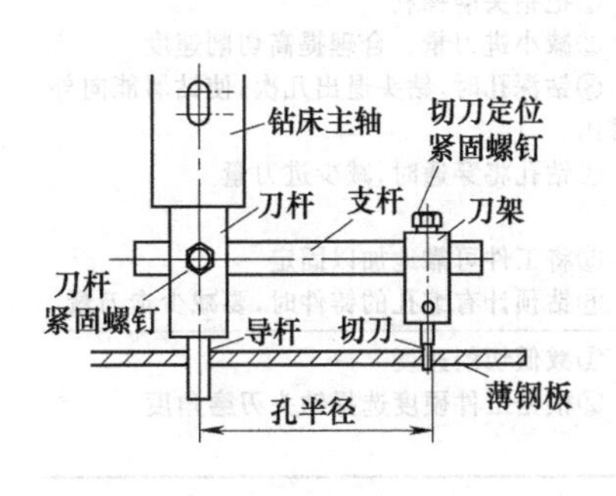

图 5-93 用刀杆在薄板上开大孔

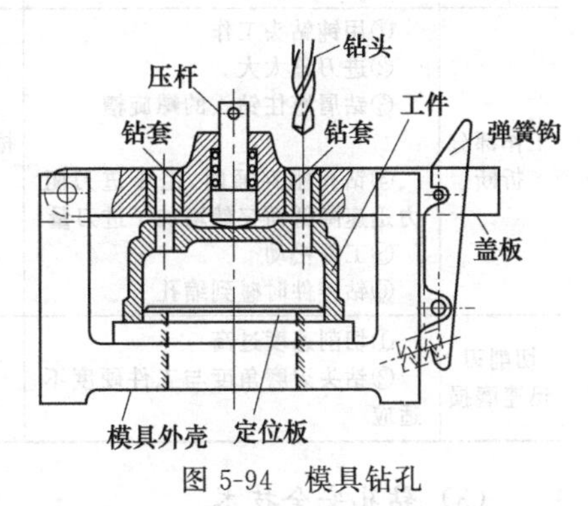

图 5-94 模具钻孔

5.5.5 钻孔产生废品、钻头损坏的预防及安全技术

(1) 钻孔时产生废品的原因和预防 由于钻头刃磨得不好、钻削用量选择不当、工件装歪、钻头装夹不好等原因，钻孔时，会产生各种形式的废品。废品产生的原因及防止方法参看表 5-2 所示。

表 5-2 钻孔时产生废品的原因和预防方法

废品形式	产生原因	预防方法
钻孔呈多角形	①钻头后角太大 ②两切削刃有长短。角度不对称	正确刃磨钻头
孔径大于规定尺寸	①钻头两主切削刃有长短、高低 ②钻头摆动	①正确刃磨钻头 ②消除钻头摆动
孔壁粗糙	①钻头不锋利 ②后角太大 ③进刀量太大 ④冷却不足,冷却液润滑性差	①把钻头磨锋利 ②减小后角 ③减小进刀量 ④选用润滑性好的冷却液
钻孔位置偏移或歪斜	①工件表面与钻头不垂直 ②钻头横刃太长 ③钻床主轴与工作台不垂直 ④进刀过于急躁 ⑤工件固定不紧	①正确安装工件 ②磨短横刃 ③检查钻床主轴的垂直度 ④进刀不要太快 ⑤工件要夹得牢固

(2) 钻孔时钻头损坏原因和预防　由于钻头用钝,切削用量太大,切屑排不出,工件没夹牢及工件内部有缩孔、硬块等原因,钻头可能损坏。损坏原因及预防方法参看表 5-3 所示。

表 5-3 钻孔时钻头损坏的原因和预防方法

损坏形式	损坏原因	预防方法
工作部分折断	①用钝钻头工作 ②进刀量太大 ③钻屑塞住钻头的螺旋槽 ④钻孔刚穿通时,由于进刀阻力迅速降低而突然增加了进刀量 ⑤工件松动 ⑥钻铸件时碰到缩孔	①把钻头磨锋利 ②减小进刀量。合理提高切削速度 ③钻深孔时,钻头退出几次,使钻屑能向外排出 ④钻孔将穿通时,减少进刀量 ⑤将工件可靠地加以固定 ⑥钻预计有缩孔的铸件时,要减少走刀量
切削刃迅速磨损	①切削速度过高 ②钻头刃磨角度与工件硬度不适应	①减低切削速度 ②根据工件硬度选择钻头刃磨角度

(3) 钻孔安全技术

① 做好钻孔前的准备工作,认真检查钻孔机具,工作现场要保持整洁,安全防护装置要妥当。

② 操作者衣袖要扎紧,严禁戴手套,头部不要靠钻头太近,女工必须戴工作帽,防止发生事故。

③ 工件夹持要牢固,一般不可用手直接拿工件钻孔,防止发生

事故。

④ 钻孔过程中，严禁用棉纱擦拭切屑或用嘴吹切屑，更不能用手直接清除切屑，应该用刷子或铁钩子清理。高速钻削要及时断屑，以防止发生人身和设备事故。

⑤ 严禁在开车状况下装卸钻头和工件。检验工件和变换转速，必须在停车状况下进行。

⑥ 钻削脆性金属材料时，应佩戴防护眼镜，以防切屑飞出伤人。

⑦ 钻通孔时工件底面应放垫块，防止钻坏工作台或虎钳的底平面。

⑧ 在钻床上钻孔时，不能同时二人操作，以免因配合不当造成事故。

⑨ 对钻具、夹具等要加以爱护，经常清理切屑和污水，及时涂油防锈。

5.6 螺纹基础

在金属构件中的连接部位及各种加工机器上都有各式各样的螺纹。这些螺纹，有的是车床上车出的，有的是滚压出的。精密的螺纹可以在铣床上铣出，甚至在螺纹磨床上磨出来。螺纹除用机械加工外，铆工在施工中及日常维修中，常用手工加工螺纹。

5.6.1 螺旋线的概念

如果在任何一圆柱体上绕以纸制的直角三角形，如图 5-95 所示。纸制直角三角形跟圆柱体基圆圆周长度相等的一个正边（AB 边）跟这一圆周一致，那么斜边（AC 边）便在圆柱体表面上形成曲线，这一曲线叫做螺旋线。螺旋线旋转一周的距离（即直角边 BC 长度），叫做螺旋线导程，螺旋线的升高角度（在 AB 正边和 AC 斜边之间的 α 角），叫做螺旋线的导程角。沿着螺旋线加工成一定形状的凹槽，即在圆柱表面上形成了一定形状的螺纹。

按螺纹在圆柱面上绕行方向可分为右旋（正扣）和左旋（反扣）两种。螺纹从左向右升高称为右旋螺纹，按顺时针方向旋进；与此相反，称为左旋螺纹，如图 5-96 所示。根据用处不同，在圆柱面上的螺纹头数，有单头、双头和多头几种，螺纹头数越多传递速度越快。

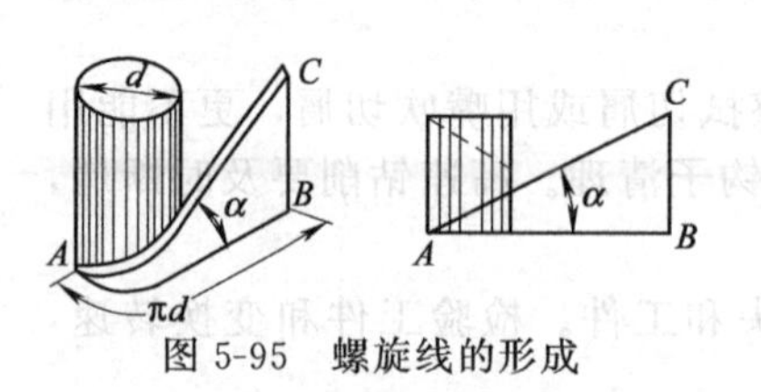

图 5-95 螺旋线的形成

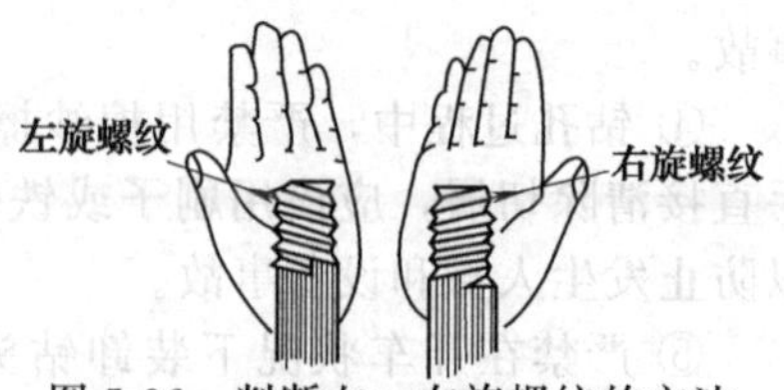

图 5-96 判断左、右旋螺纹的方法

5.6.2 螺纹要素及螺纹主要尺寸

（1）*螺纹要素* 螺纹要素有牙形、外径、螺距（导程）、头数、精度和旋转方向。根据这些要素，来加工螺纹。

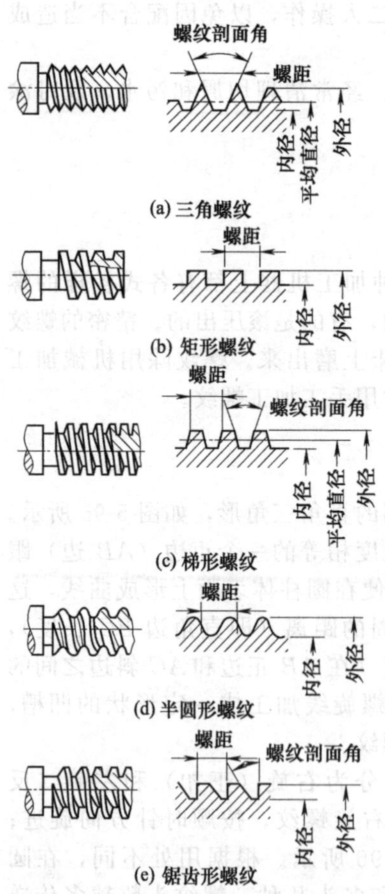

图 5-97 各种螺纹的径向剖面形状

（2）*牙形* 指螺纹径向剖面的形状，如图 5-97 所示。

（3）*螺纹的主要尺寸* 以三角螺纹为例，如图 5-98 和图 5-99 所示。

① 大径（d）。大径是螺纹最大直径（外螺纹的牙顶直径、内螺纹的牙底直径），即螺纹的公称直径。

② 小径（d_1）。小径是螺纹的最小直径（外螺纹的牙底直径，内螺纹的牙顶直径）。

③ 中径（d_2）。螺纹的有效直径称为中径。在这个直径上牙宽与牙间相等，即牙宽等于螺距的一半（英制的中径等于内、外径的平均直径，即 $d_2=\dfrac{d+d_1}{2}$）。

④ 螺纹的工作高度（h）。螺纹顶点到根部的垂直距离，或称牙形高度。

⑤ 螺纹剖面角（β）。在螺纹

剖面上两侧面所夹的角，也称牙形角。

⑥ 螺距（t）。相邻两牙对应点间的轴向距离。

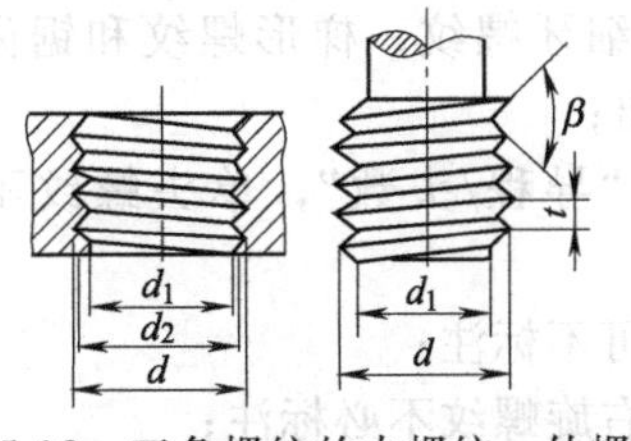

图 5-98 三角螺纹的内螺纹、外螺纹

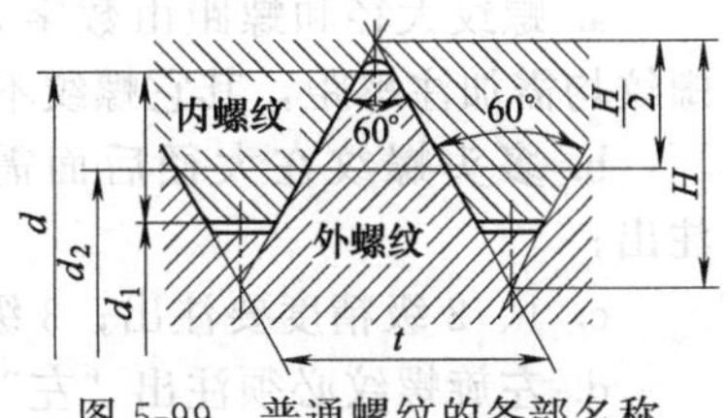

图 5-99 普通螺纹的各部名称

⑦ 导程（S）。螺纹上一点沿螺旋线转一周时，该点沿轴线方向所移动的距离称为导程。单头螺纹的导程等于螺距。导程与螺距的关系可用下式表达：

$$多头螺纹导程（S）=头数（z）\times螺距（t）$$

5.6.3 螺纹的应用及代号

(1) 螺纹的应用范围

① 三角形螺纹。应用很广泛，如设备的连接件螺栓、螺母等。

② 梯形螺纹和方形螺纹。主要用在传动和受力大的机械上，如虎钳、机床上的丝杠，千斤顶的螺杆等。

③ 半圆形螺纹。主要应用在管子连接上，如水管及螺丝口灯泡等。

④ 锯齿形螺纹。用于承受单面压力的机械上，如压床、冲床上的螺杆等。

(2) 螺纹代号 各种螺纹都有规定的标准代号。在三角螺纹标准中，有普通螺纹和英制螺纹。在我国机器制造业中，采用普通螺纹，而英制螺纹只用在某些修配件上。

① 普通螺纹（即公制螺纹）。剖面角是60°，尺寸单位是mm。它分粗牙、细牙两种，两者不同之处是当外径相同时，细牙普通螺纹的螺距较小。粗牙普通螺纹有3个精度等级。细牙普通螺纹有4个精度等级。

② 英制螺纹。剖面角为55°，螺纹的尺寸单位为英寸。它是以螺纹大径和每英寸内的牙数来表示的。

③ 管子螺纹。用在管子连接上，有圆柱和圆锥形两种，连接时要求密封比较好。

④ 标准螺纹的代号。按国家标准规定的顺序如下：牙形、外径×螺距（或导程/头数）、精度等级、旋向。同时又规定：

a. 螺纹大径和螺距由数字表示。细牙螺纹、梯形螺纹和锯齿形螺纹均需加注螺距，其它螺纹不必注出；

b. 多头螺纹在大径后面需要注“导程/头数”，单头螺纹不必注出；

c. 1、2 级精度要注出；3 级精度可不标注；

d. 左旋螺纹必须注出“左”字；右旋螺纹不必标注；

e. 管螺纹的名义尺寸指管子的内孔径，不是指管螺纹的大径。

标准螺纹的代号及标注示例见表 5-4。

非标准螺纹和特殊螺纹（如方牙螺纹）没有规定的代号，螺纹各要素一般都标注在工件图纸（牙形放大图）上。

攻螺纹、套螺纹常碰到的有公制粗牙螺纹、细牙螺纹及英制螺纹。现将其标准分别列于表 5-5 和表 5-6 中。

表 5-4 标准螺纹的代号

螺纹类型	牙型代号	代号示例	示例说明
粗牙普通螺纹	M	M10	粗牙普通螺纹，外径 10mm，精度 3 级
细牙普通螺纹	M	M10×1	细牙普通螺纹，外径 10mm，螺距 1mm，精度 3 级
梯形螺纹	T	T30×10/2～3 左	梯形螺纹，外径 30mm，导程 10mm，（螺距 5mm）头数 2，3 级精度，左旋
锯齿形螺纹	S	S70×10	锯齿形螺纹，外径 70mm，螺距 10mm
圆柱管螺纹	G	G3/4″	圆柱管螺纹，管子内孔径为 3/4in，精度 3 级
圆锥管螺纹	ZG	ZG5/8″	圆锥管螺纹，管子内孔径为 5/8in
锥(管)螺纹	Z	Z1″	60°锥(管)螺纹，管子内孔径为 1in

表 5-5 普通螺纹的直径与螺距 mm

公称直径 d	螺距 t		公称直径 d	螺距 t	
	细牙	粗牙		细牙	粗牙
3	0.5	0.35	20	2.5	2,1.5,1
4	0.7	0.5	24	3	2,1.5,1
5	0.8	0.5	30	3.5	2,1.5,1
6	1	0.75	36	4	3,2,1.5
8	1.25	1,0.75	42	4.5	3,2,1.5
10	1.5	1.25,1,0.75	48	5	3,2,1.5
12	1.75	1.5,1.25,1	56	5.5	4,3,2,1.5
16	2	1.5,1	64	6	4,3,2,1.5

表 5-6 英制螺纹

d/in	D /mm	每英寸牙数	t /mm	d/in	D /mm	每英寸牙数	t /mm
3/16	4.762	24	1.058	3/4	19.05	10	2.540
1/4	6.350	20	1.270	7/8	22.23	9	2.822
5/16	7.938	18	1.411	1	25.40	8	3.175
3/8	9.525	16	1.588	11/8	28.58	7	3.629
1/2	12.7	12	2.117	11/4	31.75	7	3.629
5/8	15.875	11	2.309	11/2	38.10	6	4.233

5.6.4 螺纹的测量

为了弄清螺纹的尺寸规格，必须对螺纹的大径、螺距和牙形进行测量，以利于加工及质量检查，测量方法一般有以下几种。

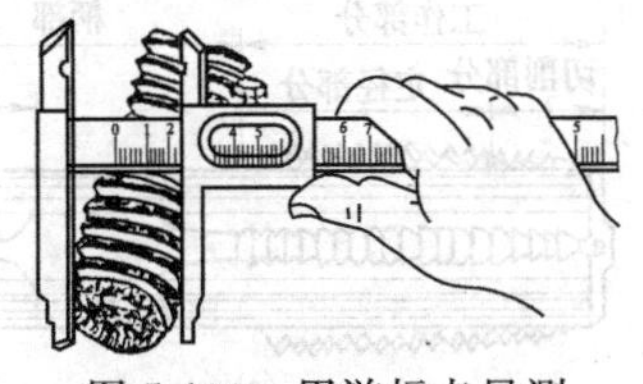

图 5-100 用游标卡尺测量螺纹大径

① 用游标卡尺测量螺纹大径，如图 5-100 所示。

② 用螺纹样板量出螺距及牙形，如图 5-101 所示。

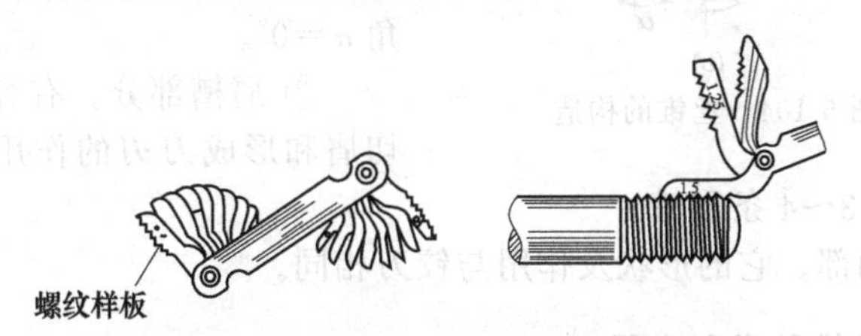

图 5-101 用螺纹样板测量牙形及螺距

③ 用英制钢板尺量出英制螺纹每英寸的牙数，如图 5-102 所示。

④ 用已知螺杆或丝锥放在被测量的螺纹上，测出是公制还是英制螺纹，如图 5-103 所示。

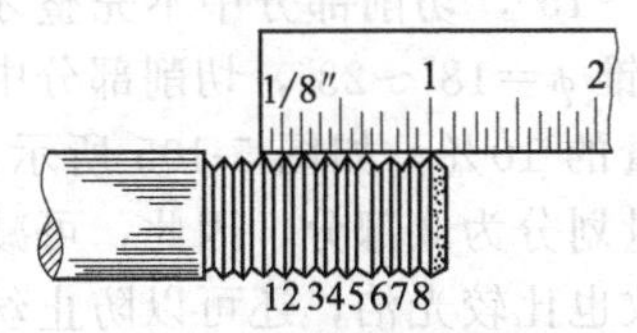

图 5-102 用英制钢板尺测量英制螺纹牙数

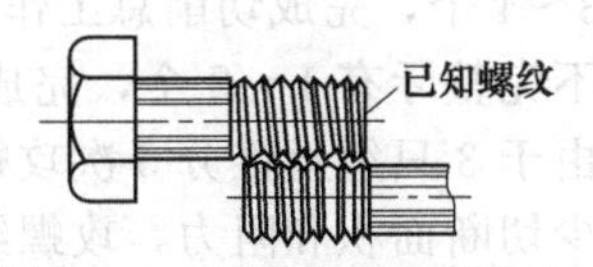

图 5-103 用已知螺纹测定公、英制螺纹方法

5.7 攻螺纹

用丝锥在孔壁上切削螺纹叫攻螺纹。

5.7.1 丝锥的构造

丝锥由切削部分、定径（修光）部分和柄部组成，如图 5-104（a）所示。丝锥用高碳钢或合金钢制成，并经淬火处理。

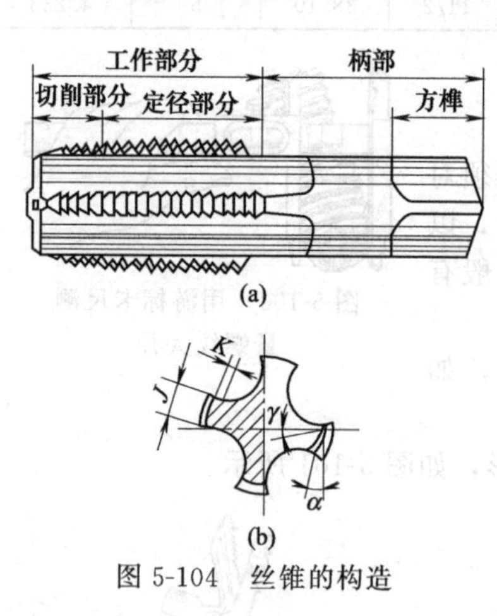

图 5-104 丝锥的构造

① 切削部分。是丝锥前部的圆锥部分，有锋利的切削刃，起主要切削作用。刀刃的前角为 8°～10°，后角（γ）为 4°～6°，如图5-104（b）所示。

② 定径部分。确定螺纹孔直径、修光螺纹、引导丝锥轴向运动和作为丝锥的备磨部分，其后角 $\alpha=0°$。

③ 屑槽部分。有容纳、排除切屑和形成刀刃的作用，常用的丝锥上有 3～4 条屑槽。

④ 柄部。它的形状及作用与铰刀相同。

5.7.2 丝锥种类和应用

手用丝锥一般由两只和 3 只组成一组，分头锥、二锥和三锥，其圆锥斜角 ϕ 各不相等，修光部分大径也不相同。

3 只组丝锥：头锥 $\phi=4°\sim5°$，切削部分中不完整牙有 5～7 个，完成切削总工作量的 60%，二锥 $\phi=10°\sim15°$，切削部分中不完整牙 3～4 个，完成切削总工作量的 30%；三锥 $\phi=18°\sim23°$，切削部分中不完整牙有 1～2 个，完成切削总工作量的 10%，如图 5-105 所示。由于 3 只组丝锥分 3 次攻螺纹，总切削量划分为 3 部分，因此，可减少切断面积和阻力，攻螺纹时省力，螺纹也比较光洁，还可以防止丝锥折断与损坏切削刃。

两只组丝锥：头锥 $\phi=7°$，不完整牙约为 6 个；二锥 $\phi=20°$，不完整牙约为 2 个，如图 5-106 所示。

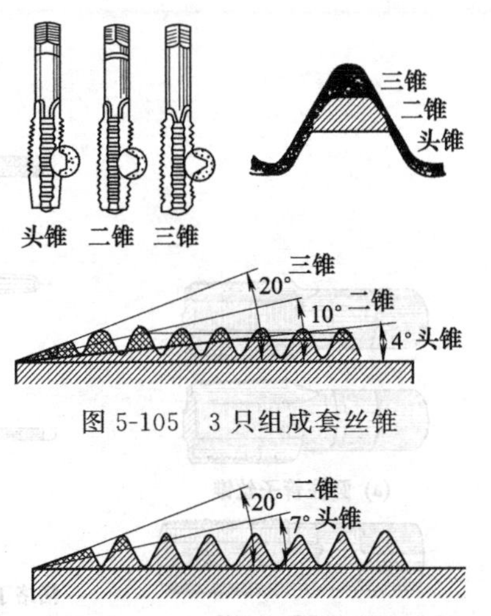

图 5-105　3 只组成套丝锥

图 5-106　两只组成套丝锥

通常 M6～M24 的螺纹攻一套有两只，M6 以下及 M24 以上一套螺纹攻有 3 只。这是因为小螺纹攻强度不高，容易折断，所以备 3 只；而大螺纹攻切削负荷大，需要分几次逐步切削，所以，也做成 3 只一套。细牙螺纹丝锥不论大小规格均为 2 只一套。

普通丝锥还包括管子丝锥，它又分为圆柱形管子丝锥和圆锥形管子丝锥两种。圆柱形管子丝锥的工作部分比较短，是两只组；圆锥形管子丝锥是单只，但较大尺寸时也有两只组的，如图 5-107 所示。管子丝锥用于管子接头等处的切削螺纹。

除手用丝锥外，还有机用普通丝锥，用于机械攻螺纹。为了装夹方便，丝锥柄部较长。一般机用丝锥是一只，攻螺纹一次完成。其切削部分的倾斜角大，也比较长；适用于攻通孔螺纹，不便于浅孔攻螺纹。机用丝锥也可用于手工攻螺纹。

5.7.3　攻螺纹扳手（铰手、铰杠）

手用丝锥攻螺纹孔时一定要用扳手夹持丝锥。扳手分普通式和丁字式两类，如图 5-108 所示。各类扳手又分固定式和活络式两种。

① 固定式扳手。扳手的两端是手柄，中部方孔适合于一种尺寸的丝锥方尾。

由于方孔的尺寸是固定的，不能适合于多种尺寸的丝锥方尾。使用时要根据丝锥尺寸的大小，来选择不同规格的攻螺纹扳手。这种扳手的优点是制造方便，可随便找一段铁条钻上个孔，用锉刀锉成所需尺寸的方形孔就可使用。当经常攻一定大小的螺纹时，用它很适宜。

② 活络式扳手（调节式扳手）。这种扳手的方孔尺寸经调节后，可适合不同尺寸的丝锥方尾，使用很方便。

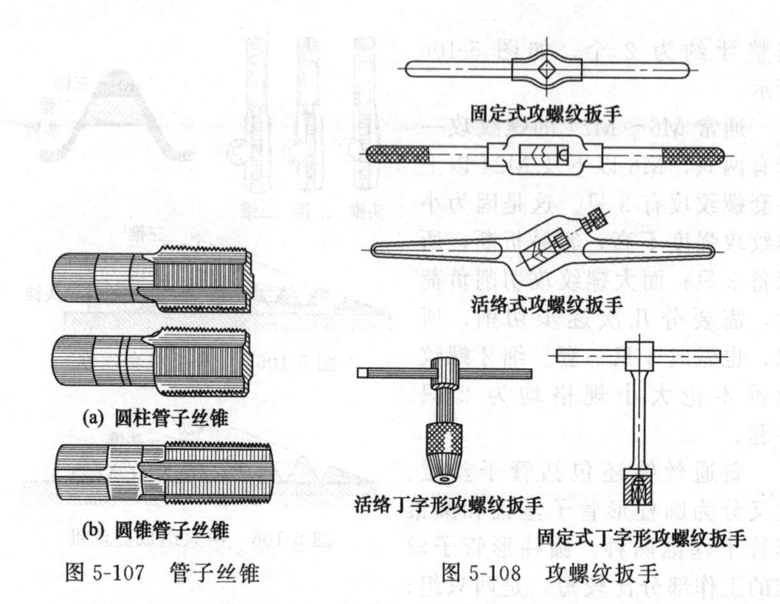

图 5-107　管子丝锥　　图 5-108　攻螺纹扳手

③ 丁字形攻螺纹扳手。这种扳手常用在比较小的丝锥上。当需要攻工件高台阶旁边的螺纹孔或攻箱体内部的螺纹孔时，用普通扳手要碰工件，此时则要用丁字扳手。小的丁字扳手有做成活络式的，它是一个 4 爪的弹簧夹头。一般用于装 M6 以下的丝锥。大尺寸的丝锥一般都用固定的丁字扳手。固定丁字扳手往往是专用的，视工件的需要确定其高度。

5.7.4　攻螺纹前螺纹底孔直径的确定

攻螺纹时丝锥对金属有切削和挤压作用，如果螺纹底孔与螺纹内径一致，会产生金属咬住丝锥的现象，造成丝锥损坏与折断。因此，钻螺纹底孔的钻头直径应比螺纹的小径稍大些。

如果大得太多，会使攻出的螺纹（丝扣）不足而成废品。底孔直径的确定跟材料性质有很大关系，可通过查表 5-7 或用公式计算法来确定底孔直径。

简单计算法常用以下经验公式。

① 常用公制螺纹底孔直径的确定。

钢料及韧性金属 $D \approx d - t$（mm）

铸铁及脆性金属 $D \approx d - 1.1t$（mm）

式中，D 为底孔直径（钻孔直径）；d 为螺纹大径（公称直径）；

t 为螺距。

② 英制螺纹底孔直径的确定。

表 5-7　攻常用公制基本螺纹前钻底孔所用的钻头直径　mm

螺纹直径 d	螺距 t	钻头直径 D		螺纹直径 d	螺距 t	钻头直径 D	
		铸铁、青铜、黄铜	钢、可锻铸铁、紫铜、层压板			铸铁、青铜、黄铜	钢、可锻铸铁、紫铜、层压板
2	0.4	1.6	1.6	14	2	11.8	12
	0.25	1.75	1.75		1.5	12.4	12.5
2.5	0.45	2.05	2.05		1	12.9	13
	0.35	2.15	2.15	16	2	13.8	14
3	0.5	2.5	2.5		1.5	14.4	14.5
	0.35	2.65	2.65		1	14.9	15
4	0.7	3.3	3.3	18	2.5	15.3	15.5
	0.5	3.5	3.5		2	15.8	16
5	0.8	4.1	4.2		1.5	16.4	16.5
	0.5	4.5	4.5		1	16.9	17
6	1	4.9	5	20	2.5	17.3	17.5
	0.75	5.2	5.2		2	17.8	18
8	1.25	6.6	6.7		1.5	18.4	18.5
	1	6.9	7		1	18.9	19
	0.75	7.1	7.2	22	2.5	19.3	19.5
10	1.5	8.4	8.5		2	19.8	20
	1.25	8.6	8.7		1.5	20.4	20.5
	1	8.9	9		1	20.9	21
	0.75	9.1	9.2	24	3	20.7	21
12	1.75	10.1	10.2		2	21.8	22
	1.5	10.4	10.5		1.5	22.4	22.5
	1.25	10.6	10.7		1	22.9	23
	1	10.9	11	—	—	—	—

钢料及韧性金属 $D\approx 25.4\times\left(d_0-1.1\times\frac{1}{n}\right)$　(mm)

铸铁及脆性金属 $D\approx 25.4\times\left(d_0-1.2\times\frac{1}{n}\right)$　(mm)

式中，D 为钻孔直径；d_0 为螺纹大径，in；n 为螺纹每英寸牙数。

③ 不通孔钻孔深度的确定。不通孔攻螺纹时，由于丝锥切削刃

部分攻不出完整的螺纹，所以，钻孔深度应超过所需要的螺纹孔深度。钻孔深度是螺纹孔深度加上丝锥起切削刃的长度，起切削刃长度大约等于螺纹外径 d 的 0.7 倍。因此，钻孔深度可按下式计算：

$$钻孔深度=需要的螺纹孔深度+0.7d$$

5.7.5 攻螺纹方法及注意事项

（1）用丝锥攻螺纹的方法和步骤　用丝锥攻螺纹的方法和步骤如图 5-109 所示。

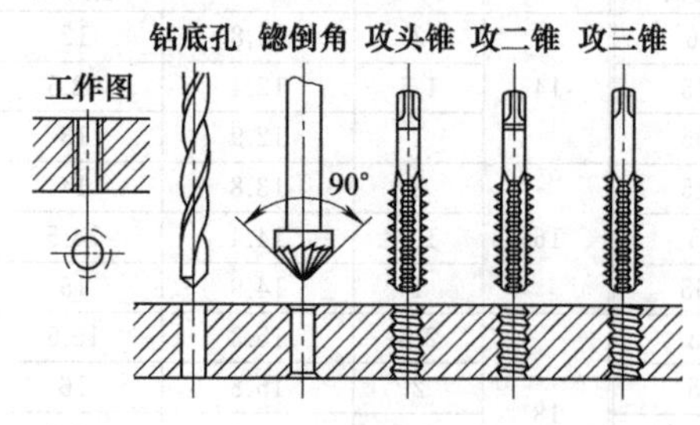

图 5-109　攻螺纹的基本步骤

① 钻底孔。攻螺纹前在工件上钻出适宜的底孔，可查相关手册，也可用公式计算确定底孔直径，选用钻头。

② 锪倒角。钻孔的两面孔口用 90°的锪钻倒角，使倒角的最大直径和螺纹的公称直径相等。这样，丝锥容易起削，最后一道螺纹也不至于在丝锥穿出来时候崩裂。

③ 将工件夹入虎钳。一般的工件夹持在虎钳上攻螺纹，但较小的工件可以放平，左手握紧工件，右手使用扳手攻螺纹。

④ 选用合适的扳手。按照丝锥柄上的方头尺寸来选用扳手。

⑤ 头攻攻螺纹。将丝锥切削部分放入工件孔内，必须使丝锥与工件表面垂直，并要认真检查矫正，如图 5-110 所示。攻螺纹开始起削时，两手要加适当压力，并按顺时针方向（右旋螺纹）将丝锥旋入孔内。当起削刃切进后，两手不要再加压力，只用平稳的旋转力将螺纹攻出，见图 5-111。在攻螺纹中，两手用力要均衡，旋转要平稳。每当旋转 1/2～1 周时，将丝锥反转 1/4 周，以割断和排除切屑，防

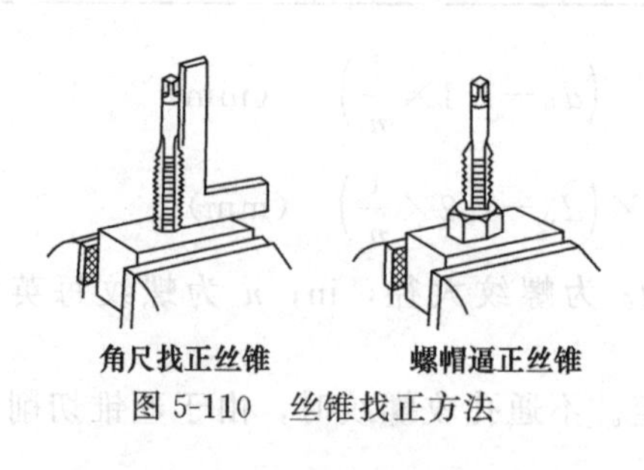

图 5-110　丝锥找正方法

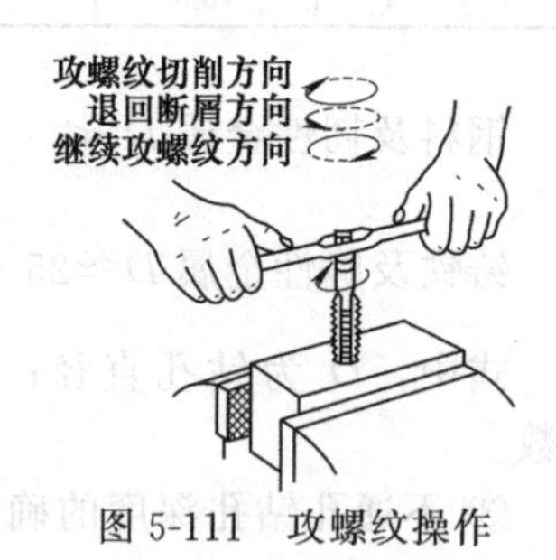

图 5-111　攻螺纹操作

止切屑堵塞屑槽，造成丝锥的损坏和折断。

⑥ 二攻、三攻攻螺纹。头攻攻过后，再用二攻、三攻扩大及修光螺纹。二攻、三攻必须先用手旋进头攻已攻过的螺纹中，使其得到良好的引导后，再用扳手，按照上述方法，前后旋转直到攻螺纹完成为止。

(2) 及时清除丝锥和底孔内的切屑　深孔、不通孔和韧性金属材料攻螺纹时，必须随时旋出丝锥，清除丝锥和底孔内的切屑，这样，可以避免丝锥在孔内咬住或折断。

(3) 正确选用冷却润滑液　为了改善螺纹的粗糙度，保持丝锥良好的切削性能，根据材料性质的不同及需要，选用冷却润滑液。

5.7.6　丝锥手工刃磨方法

当丝锥切削部分磨损时，常靠手工修磨其后隙面。如丝锥切削部分崩了几牙或断掉一段时，先把损坏部分磨掉，然后，再刃磨切削部分的后隙面。磨时要使各刃的半锥角和刀刃的长短一致。若采用磨钻头的方法磨丝锥时，要特别注意磨到刃背最后部位时，避免把后一齿的刀刃倒角。为了避免这一点，丝锥可立起来刃磨，如图 5-112 所示。这时，摆动丝锥磨切削部分后角，就看得清后面一齿的位置，不会把后面一齿磨坏。有时，为了避免碰坏后一齿，磨切削部分后隙面时，也可不摆动丝锥而磨成一个斜为 α 角的平面。

当丝锥校准部分磨损（刃口出现圆角）时，常靠手工在锯片砂轮上修丝锥的前倾面，把刃口圆角磨去，使丝锥锋利。这时，要控制前

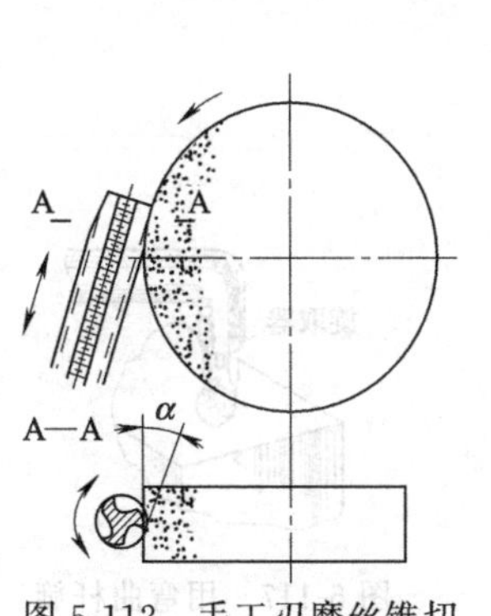

图 5-112　手工刃磨丝锥切削部后隙面的示意图

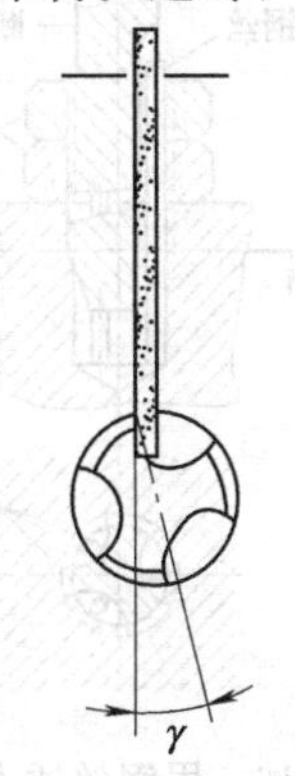

图 5-113　手工修磨丝锥的前倾面示意图

角γ，如图 5-113 所示。丝锥要轴向移动，使整个前倾面均磨到。磨时要常用水冷却，避免丝锥刃口退火。

5.7.7 丝锥折断在孔中的取出方法

丝锥折断在孔中，根据不同情况，采用不同方法，将断丝锥从孔中取出。

① 丝锥折断部分露出孔外，可用钳子拧出，或用尖錾及样冲轻轻地将断丝锥剔出，见图 5-114。如果断丝锥与孔咬得太死，用如上述方法取不出时，可将弯杆或螺母气焊在断丝锥上部，然后，旋转弯杆或用扳手扭动螺母，即可将断丝锥取出，如图 5-115 所示。

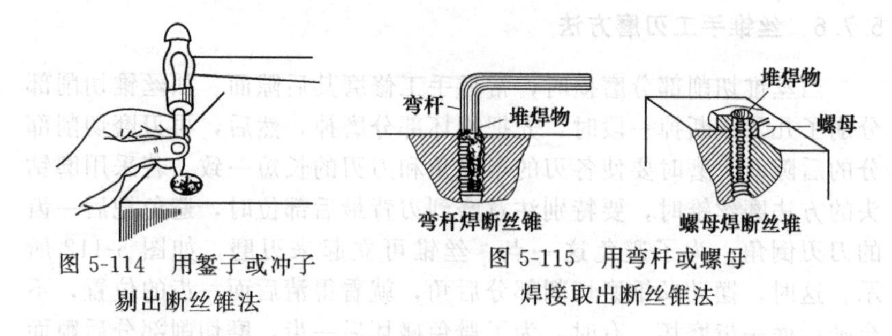

图 5-114 用錾子或冲子剔出断丝锥法

图 5-115 用弯杆或螺母焊接取出断丝锥法

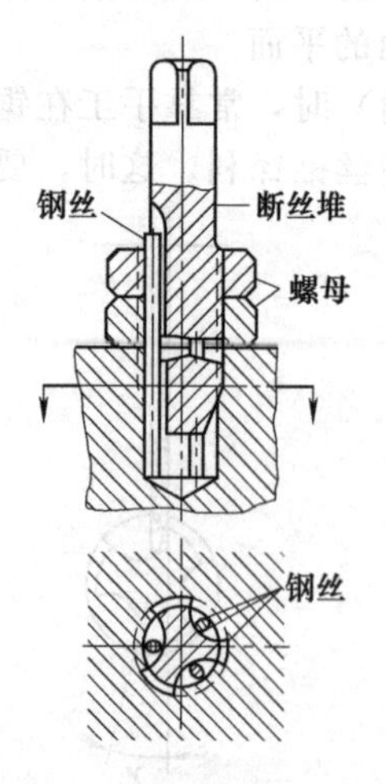

图 5-116 用钢丝插入丝锥屑槽内旋出断丝锥法

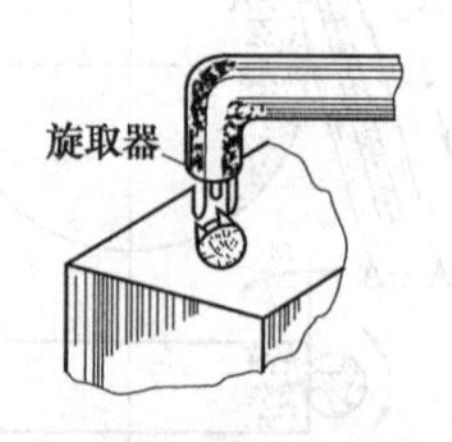

图 5-117 用弯曲杆旋取器取断丝锥法

② 丝锥折断部分在孔内，可用钢丝插入到丝锥屑槽中，在带方头的断丝锥上旋上两个螺母，钢丝插入断丝锥和螺母间的空槽（丝锥上有几条屑槽应插入几根钢丝），然后，用攻螺纹扳手反时针方向旋转，将断丝锥取出，如图 5-116 所示。还可以用旋取器将断丝锥取出，如图 5-117 所示。在弯杆的端头上钻 3 个均匀分布的孔，插入 3 根短钢丝，钢丝直径由屑槽大小而定，形成三爪形，插入到屑槽内，按照丝锥退出方向旋动，将丝锥取出。

在用上述方法取出断丝锥时，应适当加入润滑剂，如机油等。

③ 在用以上几种方法都不能取出断丝锥时，如有条件，可用电火花打孔方法，取出断丝锥，但往往受设备及工件太大所限制。其次，还可以将断丝锥退火，然后，用钻头钻削取出，此种方法只适用于可改大螺孔的情况。

断丝锥也会遇到难以取出的情况，从而造成螺孔或工件的报废。因此，在攻螺纹时，要严格按照操作方法及要求进行，工作要认真细致，防止丝锥折断。

5.7.8 攻螺纹时产生废品及丝锥折断的原因和防止方法

① 攻螺纹时产生废品的原因及防止方法如表 5-8 所示。

表 5-8 攻螺纹时产生废品的原因及防止方法

废品形式	产 生 原 因	防 止 方 法
螺纹乱扣、断裂、撕破	①底孔直径太小，丝锥攻不进，使孔口乱扣	①认真检查底孔，选择合适的底孔钻头，将孔扩大再攻
	②头锥攻过后，攻二锥时放置不正，头、二锥中心不重合	②先用手将二锥旋入螺孔内，使头、二锥中心重合
	③螺孔攻歪斜很多，而用丝锥强行“借”仍借不过来	③保持丝锥与底孔中心一致，操作中两手用力均衡，偏斜太多不要强行借正
	④低碳钢及塑性好的材料，攻螺纹时没用冷却润滑液	④应选用冷却润滑液
	⑤丝锥切削部分磨钝	⑤将丝锥后角修磨锋利
螺孔偏斜	①丝锥与工件端平面不垂直	①起削时要使丝锥与工件端平面成垂直，要注意检查与矫正
	②铸件内有较大砂眼	②攻螺纹前注意检查底孔，如砂眼太大，不宜攻螺纹
	③攻螺纹时两手用力不均衡，倾向于一侧	③要始终保持两手用力均衡，不要摆动
螺纹高度不够	攻螺纹底孔直径太大	正确计算与选择攻螺纹底孔直径与钻头直径

② 攻螺纹时丝锥折断的原因及防止方法如表 5-9 所示。

表5-9 丝锥折断原因及防止方法

折断原因	防止方法	折断原因	防止方法
①攻螺纹底孔太小 ②丝锥太钝，工件材料太硬 ③丝锥扳手过大，扭转力矩大，操作者手部感觉不灵敏，往往丝锥卡住仍感觉不到，继续扳动，使丝锥折断 ④没及时清除丝锥屑槽内的切屑，特别是韧性大的材料，切屑在孔中堵住	①正确计算与选择底孔直径 ②磨锋利丝锥后角 ③选择适当规格的扳手，要随时注意出现的问题并及时处理 ④按要求反转割断切屑，及时排除。或把丝锥退出清理切屑	⑤韧性大的材料(不锈钢等)攻螺纹时没有用冷却润滑液，工件与丝锥咬住 ⑥丝锥歪斜单面受力太大 ⑦不通孔攻螺纹时，丝锥尖端与孔底相顶，仍旋转丝锥，使丝锥折断	⑤应选用冷却润滑液 ⑥攻螺纹前要用角尺矫正，使丝锥与工件孔保持同轴度 ⑦应事先做出标记，攻螺纹中注意观察丝锥旋进深度，防止相顶，并要及时清除切屑

5.8 套螺纹

用板牙在圆柱体上切削螺纹，叫做套螺纹。

5.8.1 套螺纹工具

(1) 板牙的构造　板牙是加工外螺纹的工具。主要由切削部分、修光（定径）部分、排屑孔（一般3～8个孔，螺纹直径越大孔越多）组成，见图5-118。切削部分是螺纹孔两端的锥形孔口部分，它的锥度角一般为30°～60°。锥度角越小，切削齿越多；锥度角越大，切削齿就越少，但容易损坏板牙。切削部分不是圆锥面（如果是圆锥面则后角$\alpha=0°$）。它是经过铲磨而成的阿基米德螺旋面，形成后角$\alpha=7°\sim9°$，前角γ一般为15°～25°；切削部分长度为$(1.5\sim2.5)t$。当中部分是修光部分（也为校准部分），它的前角较切削部分的前角小4°～6°，后角为0°，它的长度为$(4\sim4.5)t$，t为螺纹的螺距。板牙圆周上有一条深槽或几个锥坑，用于定位和紧固板牙。

(2) 板牙的种类　板牙的种类如图5-119所示。圆板牙，它又分为可调式和固定式两种。方板牙，它是由两块组成的活板牙，每块有两排刃，其余与圆板牙相同。活络管子板牙，它是4块为一组，镶嵌在可调管子板牙架内。

(3) 板牙架种类及应用　板牙架是装夹板牙的工具，它分为圆板牙架、可调式板牙架和管子板牙架3种，如图5-120。

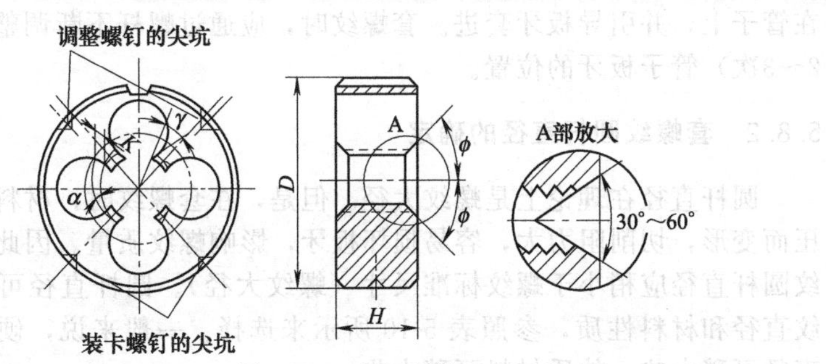

图 5-118　板牙的构造

使用板牙架（圆板牙架）时，将板牙装入架内，板牙上的锥坑与架上的紧固螺钉要对准，然后紧固。可调式活动板牙装入架内后，旋转调整螺钉，使刀刃接近坯料。管子板牙架可装3副不同规格的活络管子板牙，扳动手柄能使每副的4块板牙同时合拢或张开，以适应切削不同直径的螺纹。在板牙架内还有3块导丝板，以保证板牙稳定

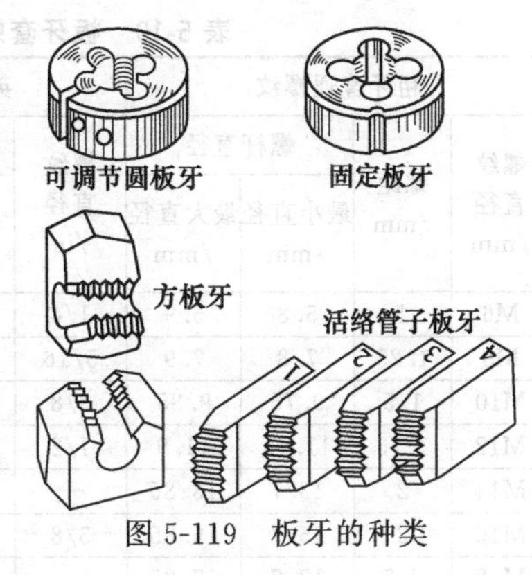

图 5-119　板牙的种类

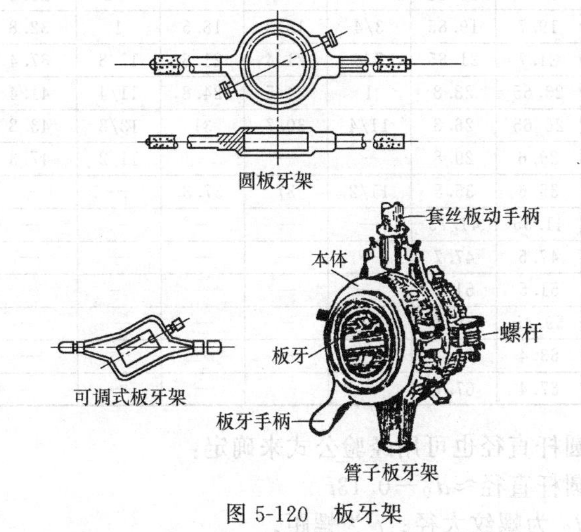

图 5-120　板牙架

在管子上，并引导板牙套进。套螺纹时，应通过螺杆不断调整（一般2～3次）管子板牙的位置。

5.8.2 套螺纹圆杆直径的确定

圆杆直径在理论上是螺纹大径。但是，在套螺纹时，材料受到挤压而变形，切削阻力大，容易损坏板牙，影响螺纹质量。因此，套螺纹圆杆直径应稍小于螺纹标准尺寸（螺纹大径）。圆杆直径可根据螺纹直径和材料性质，参照表5-10所示来选择。一般来说，硬质材料直径可稍大些，软质材料可稍小些。

表5-10 板牙套螺纹时圆杆的直径

粗牙普通螺纹				英制螺纹			圆柱管螺纹		
螺纹直径/mm	螺距/mm	螺杆直径		螺纹直径/in	螺杆直径		螺纹直径/in	管子外径	
		最小直径/mm	最大直径/mm		最小直径/mm	最大直径/mm		最小直径/mm	最大直径/mm
M6	1	5.8	5.9	1/4	5.9	6	1/8	9.4	9.5
M8	1.25	7.8	7.9	5/16	7.4	7.6	1/4	12.7	13
M10	1.5	9.75	9.85	3/8	9	9.2	3/8	16.2	16.5
M12	1.75	11.75	11.9	1/2	12	12.2	1/2	20.5	20.8
M14	2	13.7	13.85	—	—	—	5/8	22.5	22.8
M16	2	15.7	15.85	5/8	15.2	15.4	3/4	26	26.3
M18	2.5	17.7	17.85	—	—	—	7/8	29.8	30.1
M20	2.5	19.7	19.85	3/4	18.3	18.5	1	32.8	33.1
M22	2.5	21.7	21.85	7/8	21.4	21.6	11/8	37.4	37.7
M24	3	23.65	23.8	1	24.5	24.8	11/4	41.4	41.7
M27	3	26.65	26.8	11/4	30.7	31	13/8	43.8	44.1
M30	3.5	29.6	29.8	—	—	—	11/2	47.3	47.6
M36	4	35.6	35.8	11/2	37	37.3	—	—	—
M42	4.5	41.55	41.75	—	—	—	—	—	—
M48	5	47.5	47.7	—	—	—	—	—	—
M52	5	51.5	51.7	—	—	—	—	—	—
M60	5.5	59.45	59.7	—	—	—	—	—	—
M64	6	63.4	63.7	—	—	—	—	—	—
M68	6	67.4	67.7	—	—	—	—	—	—

套螺纹圆杆直径也可用经验公式来确定：

套螺纹圆杆直径$\approx d_0-0.13t$

式中，d_0为螺纹大径；t为螺距。

5.8.3 套螺纹方法及注意事项

① 在确定套螺纹圆杆直径后，将套螺纹圆杆端部倒成30°角，以便于板牙套螺纹起削与找正。倒角的方法如图5-121所示，倒角锥体的小头应比螺纹内径小些。

② 套螺纹前将圆杆夹持在软虎钳口内，夹正、夹牢。为了防止套螺纹时由于扭力过大使圆杆变形，工件不要露出过长。

③ 板牙起削时，要注意检查和矫正，使板牙与圆杆保持垂直，如图5-122所示，两手握持板牙架手柄，并加上适当压力，然后，按顺时针方向（右旋螺纹）扳动板牙架旋转起削。当板牙切入到修光部分的1～2牙时，两手只用旋转力，即可将螺杆套出。套螺纹中两手用的旋转力要始终保持平衡，以避免螺纹偏斜。如发现稍有偏斜，要及时调整两手力量，将偏斜部分借过来。但偏斜过多不要强借，以防损坏板牙。

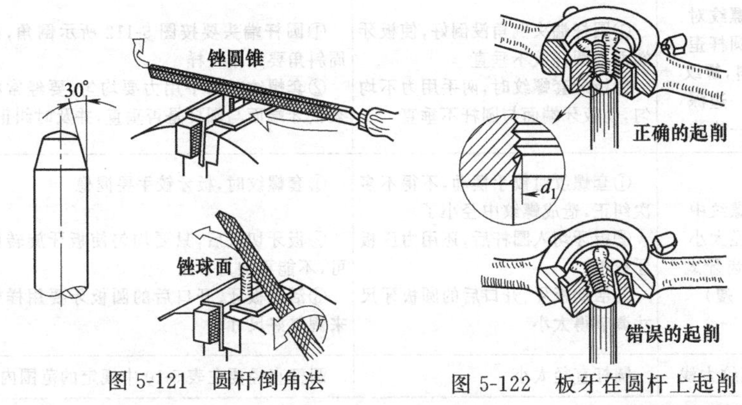

图5-121 圆杆倒角法　　图5-122 板牙在圆杆上起削

④ 套螺纹过程和攻螺纹一样，每旋转1/2～1周时要倒转1/4周，如图5-123所示。

⑤ 在套12mm以上螺纹时，一般应采用可调节板牙分2～3次套成，避免扭裂和损坏板牙，又能保证螺纹质量，减小切削阻力。

⑥ 为了保持板牙的良好切削性能，保证螺纹的表面粗糙度，在套螺纹时，应根据工件材料性质的不同，适当选择

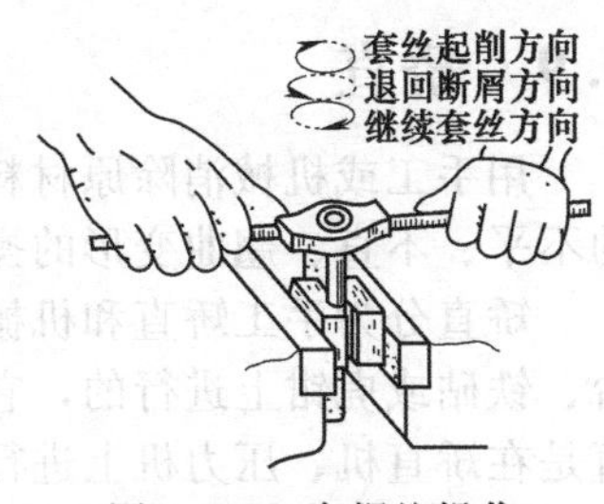

图5-123 套螺纹操作

冷却润滑液，其选择方法同攻螺纹一样。

5.8.4 套螺纹时产生废品的原因及防止方法

套螺纹时产生废品的原因与丝锥攻螺纹时候有类似之处，具体情况如表 5-11 所示。

表 5-11 套螺纹时产生废品的原因及防止方法

废品形式	报废原因	防止方法
烂牙	①对低碳钢等塑性好的材料套螺纹时，未加润滑冷却液，板牙把工件上螺纹黏去一部分 ②套螺纹时板牙一直不回转，切屑堵塞，把螺纹啃坏 ③被加工的圆杆直径太大 ④板牙歪斜太多，在借正时造成烂牙	①对塑性材料攻螺纹时一定要加适合的润滑冷却液 ②板牙正转 1～1.5 圈后，就要反转 0.25～0.5 圈，使切屑断裂 ③把圆杆加工到合适的尺寸 ④套螺纹时板牙端面要与圆杆轴线垂直，并经常检查。发现略有歪斜，就要及时借正
螺纹对圆杆歪斜，螺纹一边深一边浅	①圆杆端头倒角没倒好，使板牙端面与圆杆放不垂直 ②板牙套螺纹时，两手用力不均匀，使板牙端面与圆杆不垂直	①圆杆端头要按图 5-112 所示倒角，四周斜角要大小一样 ②套螺纹时两手用力要均匀，要经常检查板牙端面与圆杆是否垂直，并及时纠正
螺纹中径太小（齿牙太瘦）	①套螺纹时铰手摆动，不得不多次纠正，造成螺纹中径小了 ②板牙切入圆杆后，还用力压板牙铰手 ③活动板牙、开口后的圆板牙尺寸调节得太小	①套螺纹时，板牙铰手要握稳 ②板牙切入后，只要均匀使板牙旋转即可，不能再加力下压 ③活动板牙、开口后的圆板牙要用样柱来调整好尺寸
螺纹太浅	圆杆直径太小	圆杆直径要在表 5-10 中规定的范围内

5.9 矫直

用手工或机械消除原材料或零件因受热或在外力的作用下而造成的不平、不直、翘曲变形的操作叫做矫直。

矫直分为手工矫直和机械矫直两种。手工矫直是用手工工具在平台、铁砧或虎钳上进行的，它包括扭转、延展、伸张等操作。机械矫直是在矫直机、压力机上进行的。这里主要讲述手工矫直。

金属变形有两种。

① 弹性变形在外力作用下，材料发生变形，去掉外力后又复原，这种变形称为弹性变形。弹性变形量一般较小。

② 塑性变形当外力超过一定数值后，去掉外力，材料不能复原，这种永久变形称为塑性变形。

矫直主要取决于材料的力学性能，对塑性好的材料，如钢、铜、铝等适于矫直；而对塑性差而脆性大、硬度高的材料，如铸铁、淬火钢等不能矫直。

经过多次矫直不仅改变了工件的形状，而且使硬度增加，塑性降低，这种现象叫做冷作硬化。这种变化给矫直和其它冷加工带来一定的困难。工件出现冷作硬化后，可用退火处理的方法，使其恢复原来的力学性能。

5.9.1　矫直工具

① 矫直平台。用来做矫直的基准工具。

② 软、硬手锤，V 形铁，压力机和矫直机。对于已加工面、薄板件和有色金属制件，均采用软手锤，如铜锤、铅锤、木锤和硬质胶锤等进行矫直。压力机和矫直机常用于矫直轴类机械零件等。

③ 检验工具。包括平板、平尺、钢板尺、直角尺、画线盘和百分表等。检验工具有时是配合使用的。

5.9.2　矫直方法

对于小型条料或型钢，由于某些原因而产生扭曲、弯曲等变形时，可用下列方法矫直。

① 扭转法　条料发生扭曲变形后，须用扭转法矫直，如图 5-124

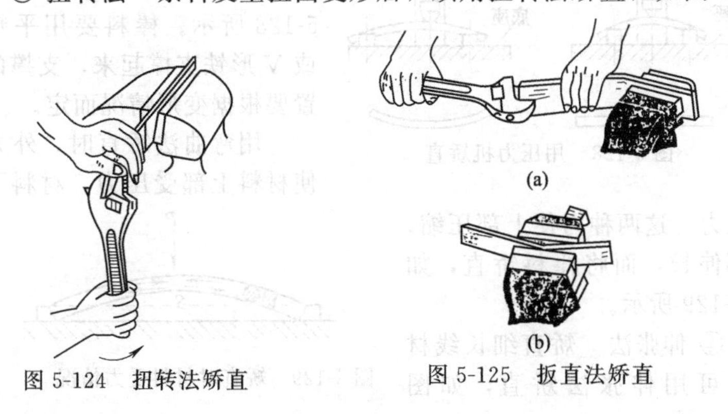

图 5-124　扭转法矫直　　图 5-125　扳直法矫直

所示。将条料夹持在虎钳上，用专用工具或活扳手，把条料扭转到原来的形状。条料在厚度方向弯曲时，用扳直方法矫直，如图 5-125 所示。

② 延展法　条料在宽度方向弯曲时，须用延展法矫直，如图 5-126所示。矫直时，必须锤击弯曲里侧（图中的锤击部位在短的细实直线上），使里侧逐渐伸长而变直。图 5-127 所示是中部凸起的板料，如果锤击凸起部分，由于材料的延展，会使凸起更为严重。因此，必须锤击凸起部分的四周，使周围延展后，板料才能自然变平。

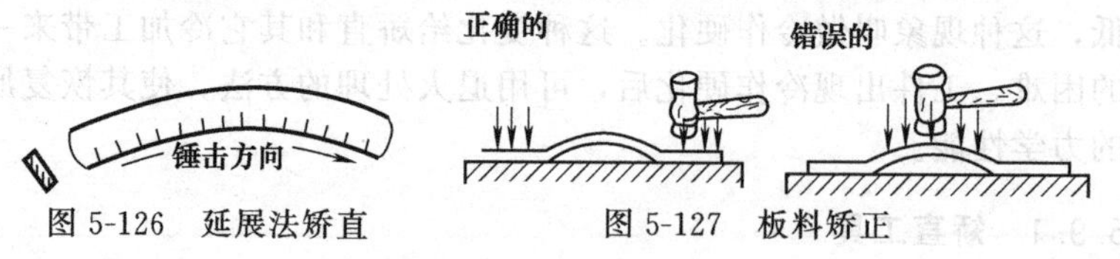

图 5-126　延展法矫直　　图 5-127　板料矫正

锤击时锤要端平，用锤顶弧面锤击材料，以保证工件表面的完好。

如果板料出现一个对角上翘，另一对角向下塌的现象，也可用上述方法校平；如果板料有几个凸起，要把几个凸起锤击成一个大凸起，然后，再用上述方法校平；如果板料四周成波浪形，中部平整，这时，须锤击中部，使材料展开而变平。

③ 弯曲法　矫直棒料、轴类、角铁等，要用弯曲法矫直。

直径较小的棒料和厚度较薄的条料，可以把料夹在虎钳上，用手把弯曲部分扳直；也可用手锤在铁砧上矫直。对直径较大的棒料，要用压力机矫直，如图 5-128 所示。棒料要用平垫铁或 V 形铁支撑起来，支撑的位置要根据变形情况而定。

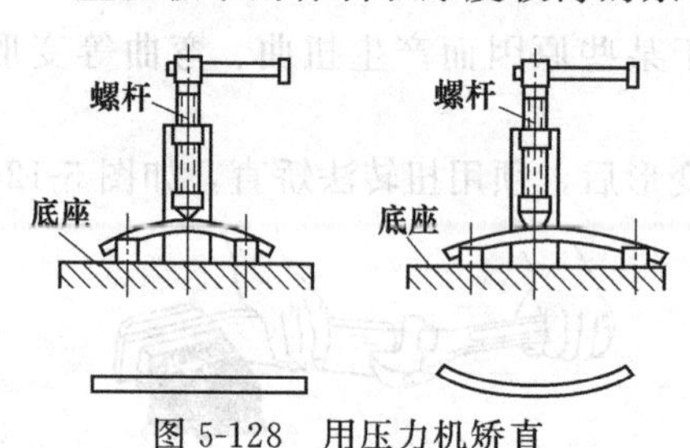

图 5-128　用压力机矫直

用弯曲法矫直时，外力 P 使材料上部受压力，材料下部受拉力。这两种力使上部压缩，下部伸长，而将棒料矫直，如图 5-129 所示。

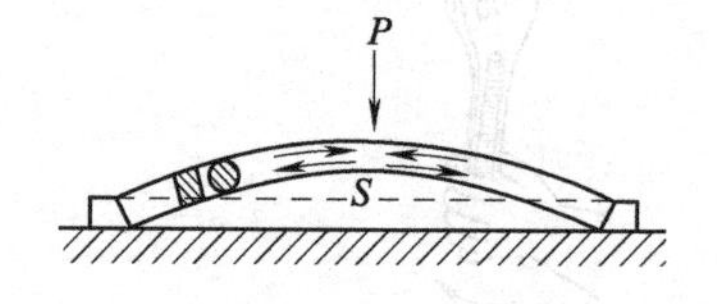

图 5-129　矫直时材料受力情况

④ 伸张法　矫直细长线材时，可用伸张法矫直，如图

5-130所示。将弯曲线材绕在圆木上（只需绕一圈），并将其一头夹在虎钳上；然后，用左手握紧圆木，并使线在食指和中指之间穿过；随后，用左手把圆木向后拉，右手展开线材，并适当拉紧，线材在拉力的作用下，即可伸张而变直。操作时，要注意安全，防止线材割伤手指。

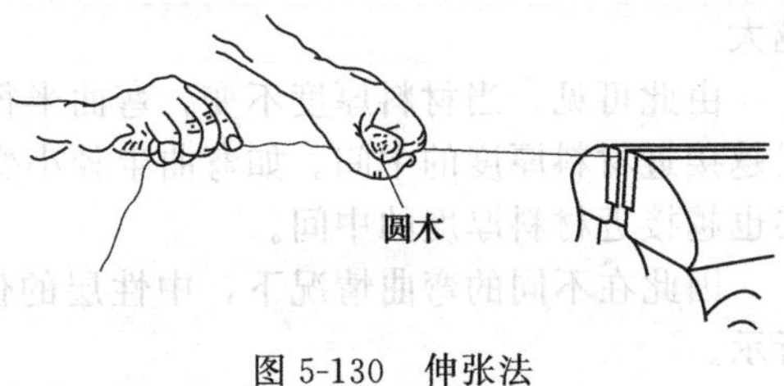

图 5-130 伸张法

5.10 弯形

将原来平直的板料或型材弯成所需形状的加工方法称为弯形。

弯形是使材料产生塑性变形，因此只有塑性好的材料才能进行弯形。图 5-131（a）所示为弯形前的钢板，图 5-131（b）所示为钢板弯形后的情况。它的外层材料伸长（图中 $e—e$ 和 $d—d$），内层材料缩短（图中 $a—a$ 和 $b—b$）而中间一层材料（图中 $c—c$）在弯形后的长度不变，这一层叫中性层。材料弯曲部分的断面，虽然由于发生拉伸和压缩，使它产生变形，但其断面面积保持不变。

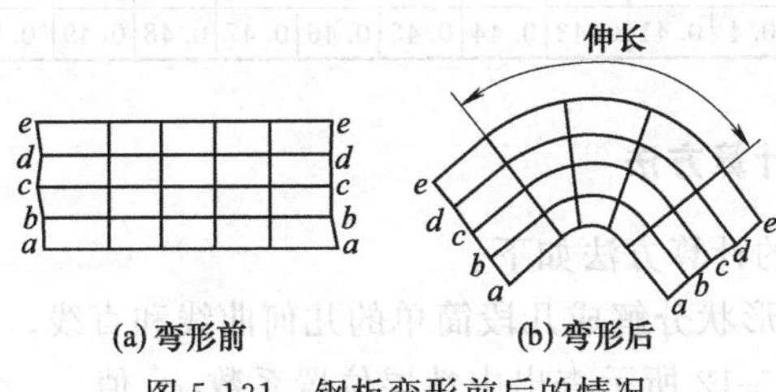

图 5-131 钢板弯形前后的情况

由于工件在弯形后，中性层的长度不变，因此，在计算弯曲工件的毛坯长度时，可按中性层的长度计算。在一般情况下，工件弯形后，中性层不在材料的正中，而是偏向内层材料的一边。经实验证明，中性层的位置，与材料的弯曲半径 r 和材料厚度 t 有关。

在材料弯曲过程中，其变形大小与下列因素有关，如图 5-132 所示。

① r/t 比值越小，变形越大；反之，r/t 比值越大，则变形越小。

② 弯曲角 α 越小，变形越小；反之，弯曲角 α 越大，则变形

越大。

由此可见，当材料厚度不变，弯曲半径越大，变形越小，而中性层越接近材料厚度的中间。如弯曲半径小变，材料厚度越小，而中性层也越接近材料厚度的中间。

因此在不同的弯曲情况下，中性层的位置是不同的，如图 5-133 所示。

表 5-12 所示为中性层位置的系数 x_0 的数值。从表中 r/t 比值可知，当弯曲半径 $r \geqslant 16$ 倍材料厚度 t 时，中性层在材料厚度的中间。在一般情况下，为了简化计算，当 $r/t \geqslant 5$ 时，即按 $x_0=0.5$ 进行计算。

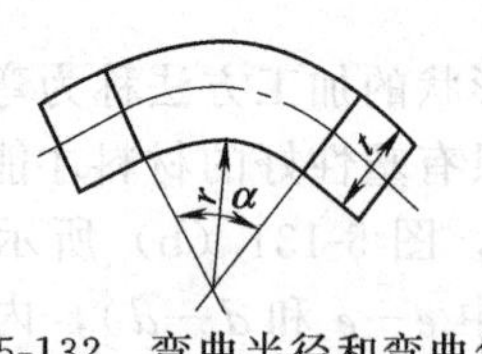

图 5-132 弯曲半径和弯曲角

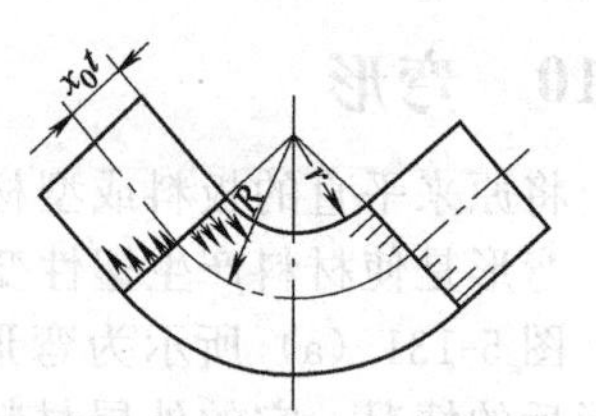

图 5-133 弯曲时中性层的位置

表 5-12 弯曲中性层位置系数 x_0

r/t	0.25	0.5	0.8	1	2	3	4	5	6	7	8	10	12	14	>16
x_0	0.2	0.25	0.3	0.35	0.37	0.4	0.41	0.43	0.44	0.45	0.46	0.47	0.48	0.49	0.5

5.10.1 弯形件展开长度计算方法

工件弯形前毛坯长度的计算方法如下。

① 将工件复杂的弯形形状分解成几段简单的几何曲线和直线。

② 计算 r/t 值，按表 5-12 所示查出中性层位置系数 x_0 值。

③ 按中性层分别计算各段几何曲线的展开长度：

$$A=\pi(r+x_0t)\frac{\alpha}{180^\circ}$$

式中，A 为圆弧部分的长度，mm；r 为内弯曲半径，mm；x_0 为中性层位置系数；t 为材料厚度，mm；α 为弯形角（整圆弯曲时 $\alpha=360^\circ$，直角弯曲时 $\alpha=90^\circ$）。

对于内边弯成直角不带圆弧的制件，按 $r=0$ 计算。

④ 将各段几何曲线的展开长度和直线部分相加，即工件毛坯的

总长度。

5.10.2　弯形方法

弯形分为冷弯和热弯两种。冷弯是指材料在常温下进行的弯形，它适合于材料厚度小于 5mm 的钢材。

热弯是指材料在预热后进行的弯形。

按加工方法，弯形分为手工弯形和机械弯形两种。

(1) 板料弯形

① 手工弯形举例。卷边在板料的一端画出两条卷边线，$L=2.5d$ 和 $L_1=(1/4\sim1/3)L$，然后按图 5-134 所示的步骤进行弯形。

按图 5-134（a）所示把板料放到平台上，露出 L_1 长并弯成 90°。

按图 5-134（b）、(c) 所示边向外伸料边弯曲，直到 L 长为止。

按图 5-134（d）所示翻转板料，敲打卷边向里扣。

按图 5-134（e）所示将合适的铁丝放入卷边内，边放边锤扣。

按图 5-134（f）所示翻转板料，接口靠紧平台缘角，轻敲接口咬紧。

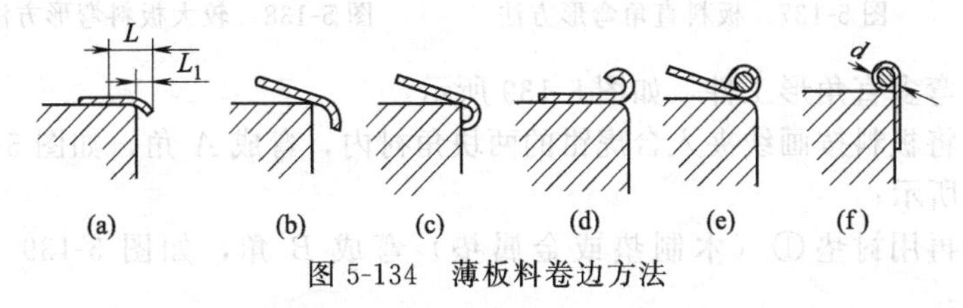

图 5-134　薄板料卷边方法

咬缝基本类型有 5 种，如图 5-135 所示，与弯形操作方法基本差不多，下料留出咬缝量：缝宽×扣数。操作时应根据咬缝种类留余量，绝不可以搞平均。一弯一翻作好扣，二板扣合再压紧，边部敲凹防松脱，如图 5-136 所示。

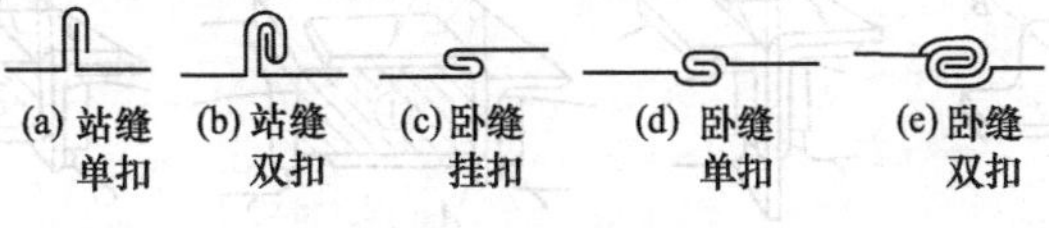

(a) 站缝单扣　(b) 站缝双扣　(c) 卧缝挂扣　(d) 卧缝单扣　(e) 卧缝双扣

图 5-135　咬缝的种类

弯直角工件：

尺寸较小、形状简单的工件，可在台虎钳上夹持弯制直角，如图 5-137 所示；

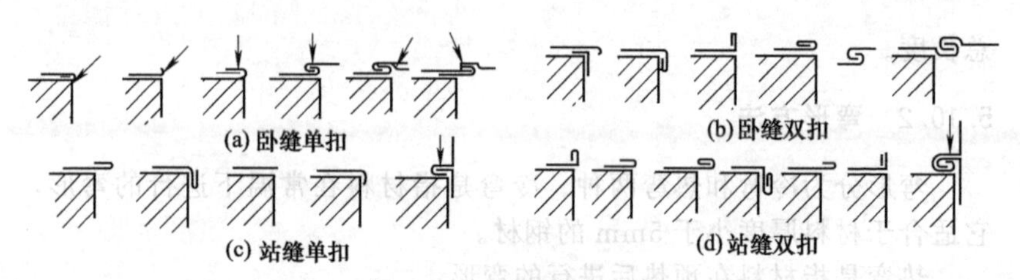

图 5-136　咬缝操作过程

工件弯曲部位的长度大于钳口长度时，可在带 T 形槽平板上弯制直角，如图 5-138 所示。

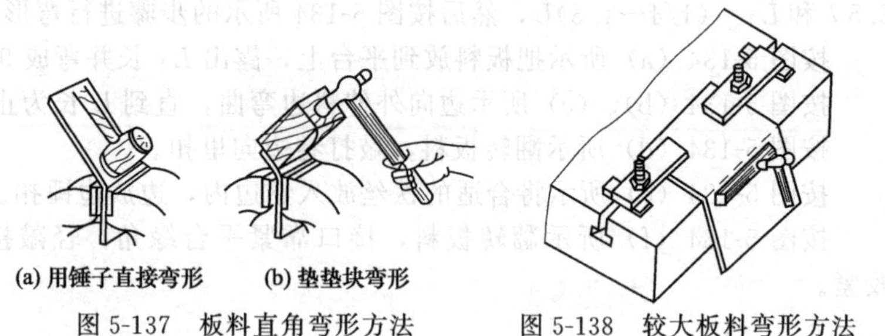

图 5-137　板料直角弯形方法　　图 5-138　较大板料弯形方法

弯多直角形工件，如图 5-139 所示：

将板料按画线夹入台虎钳的两块角衬内，弯成 A 角，如图 5-139 (a) 所示；

再用衬垫①（木制垫或金属垫）弯成 B 角，如图 5-139 (b) 所示；

最后用衬垫②弯成 C 角，如图 5-139 (c) 所示。

弯制如图 5-140 所示的圆弧形工件方法：

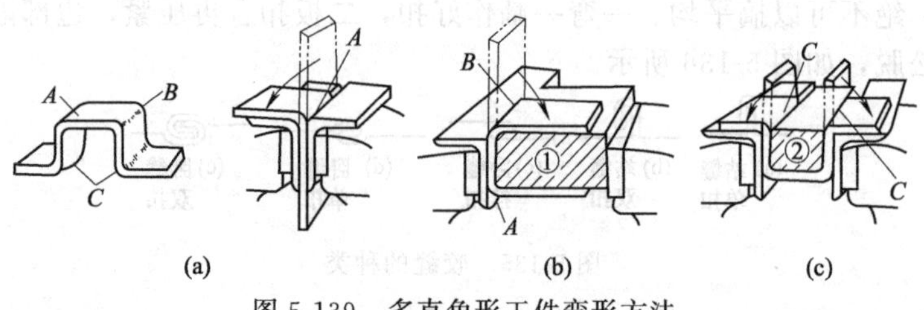

图 5-139　多直角形工件弯形方法

先在材料上画好弯曲处位置线，按线夹在台虎钳的两块角铁衬垫里，如图 5-140 (a) 所示；

用方头锤子的窄头锤击，按图 5-140（a）、（b）、（c）三步所示基本弯曲成形；

最后在半圆模上修整圆弧至合格，如图 5-140（d）所示。

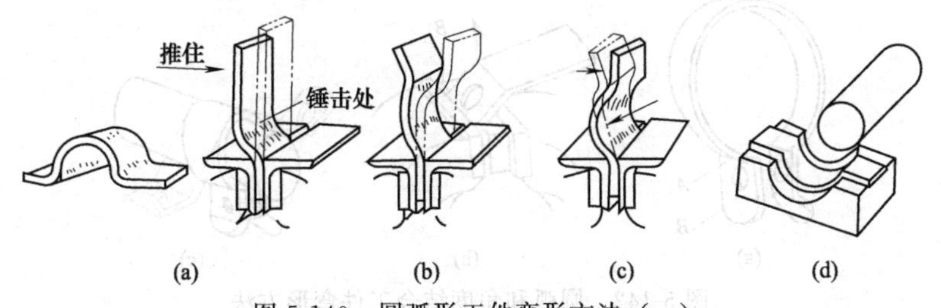

图 5-140　圆弧形工件弯形方法（一）

弯制如图 5-141 所示的圆弧形工件方法：

先画出圆弧中心线和两端转角弯曲线 Q，如图 5-141（a）所示；

沿圆弧中心线 R 将板料夹紧在钳口上弯形，如图 5-141（b）所示；

将心轴的轴线方向与板料弯形线 Q 对正，并夹紧在钳口上，应使钳口作用点 P 与心轴圆心 O 在一直线上，并使心轴的上表面略高于钳口平面，把 a 脚沿心轴弯形，使其紧贴在心轴表面上，如图 5-141（c)所示；

翻转板料，重复上述操作过程，把 b 脚沿心轴弯形，最后使 a、b 脚平行，如图 5-141（d）所示。

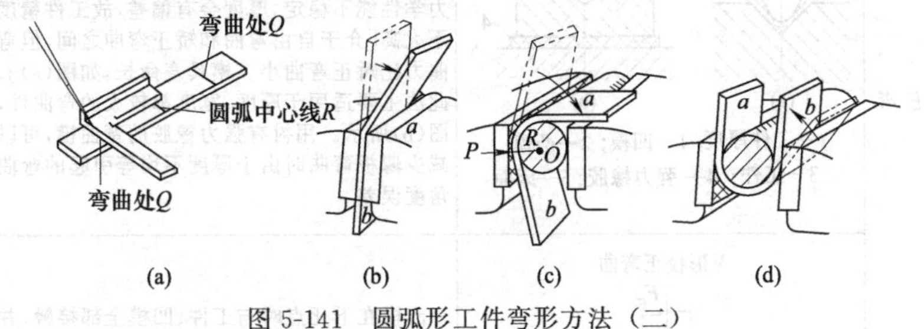

图 5-141　圆弧形工件弯形方法（二）

圆弧和角度结合的工件弯形，如图 5-142 所示：

先在板料上画弯形线，如图 5-142（a）所示，并加工好两端的圆弧和孔；

按画线将工件夹在台虎钳的衬垫内，如图 5-142（b）所示，先弯好两端 A、B 两处；

最后在圆钢上弯工件的圆弧，如图 5-142（c）所示。

② 机械弯形。常用机械弯形方法及适用范围如表 5-13 所示。

③ 常用板材最小弯曲半径如表 5-14 所示。

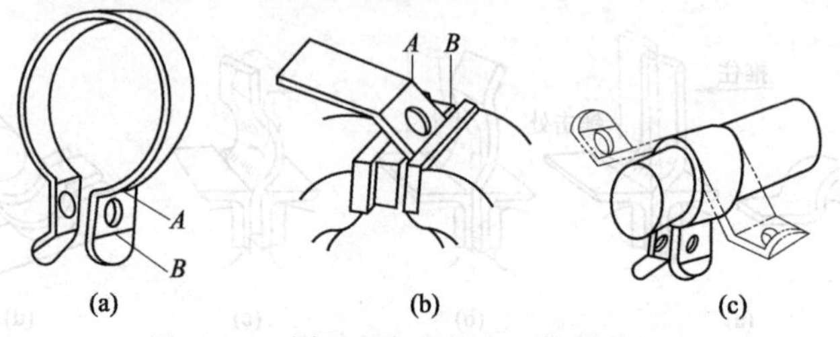

图 5-142　圆弧和角度结合工件弯形方法

表 5-13　常用弯形方法及适用范围

类型	工序简图	适用范围
压弯	V形自由弯曲 $F_自$　R_w	凸模圆角半径(R_w)很小，工件圆角半径在弯曲时自然形成，调节凸模下死点位置，可以得到不同的弯曲角度及曲率半径。模具通用性强。这种弯曲变形程度较小，弹性回跳量大，故质量不易控制，适用于精度要求不高的大、中型工件的小批量生产
	V形接触弯曲 $F_接$　α　1　2　3　4　5 (a)　(b) t—工件厚度；1—凹模；2—凸模；3—工件；4—强力橡胶；5—床面	凸模角度等于或稍小于(2°～3°)凹模角度，弯曲时凸模到下死点位置时应使弯曲件的弯曲角度 α 刚好与凹模的角度吻合，此时工件圆角半径等于自由弯曲半径。由于材料力学性能不稳定，厚度会有偏差，故工件精度不太高[介于自由弯曲和矫正弯曲之间，但弯曲力比矫正弯曲小。模具寿命长，如图(a)]。此法主要适用于厚度、宽度都较大的弯曲件，图(b)所示。用衬有强力橡胶的弯曲模，可以减少薄板弯曲时由于厚度不均等引起的弯曲角度误差
	V形校正弯曲 $F_校$　l $F_校=p_校A$　$A=lB$ B—料宽；A—工件受压部分投影面积	凸模在下死点时与工件、凹模全部接触，并施加很大压力使材料内部应力增加，提高塑性变形程度，因而提高了弯曲精度。由于矫正压力很大，故适用于厚度及宽度较小的工件。为了避免压力机下死点位置不准引起机床超载而损坏，不宜使用曲柄压力机。$p_校$ = 80～120MPa(详细数据参见有关资料)

续表

类型	工序简图	适用范围
压弯	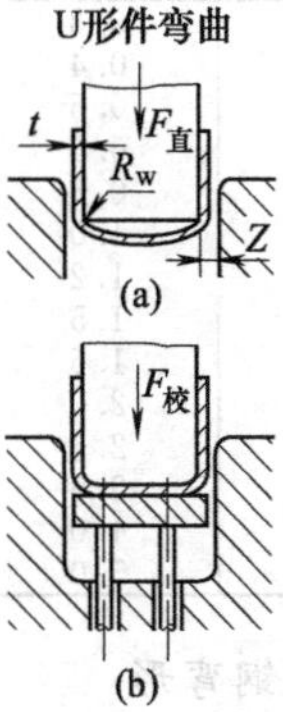 U形件弯曲 (a) (b)	图(a)所示U形件弯曲模，属于自由弯曲。底部呈弓形，弯曲结束，弓形部分回弹。U形件两侧便张开。弯曲件精度低，这种模具结构简单，冲压力小，如图(b)所示，U形件弯曲模，属于矫正弯曲。顶板在开始弯曲时对材料底部有一压力，避免弓形产生，保证了冲压后的质量，U形件弯曲模凸凹模之间的间隙Z太大会引起过大的回弹量，过小则会使材料表面擦伤，并增加弯曲力。$Z\approx(1.05\sim1.2)t$
滚弯	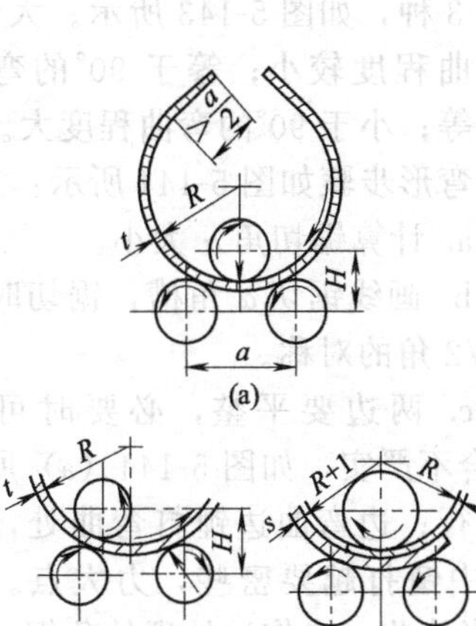 (a) (b) (c)	板材置在一组(一般为3支)旋转着的辊轴之间，由于滚轴对板材的压力和摩擦力，使板材在辊轴间通过，在通过同时又产生了弯曲变形，滚弯属于自由弯曲，因此回弹较大，一次辊压难以达到精度，但可多次滚压，并调节R使工件弯曲半径达到一定精度。特点是不需要特殊的工具和模具，通用性大。对称型三辊轴滚圆机使用时，工件两端有$a/2$长的一段未受到弯曲，如图(a)所示，因此必须在滚弯前先用压弯法将二端压出圆弧形，不对称三辊卷板机可以使直线部分减至最小，但弯曲力要大得多，且不能在一次滚压中将二端都滚弯，如图(b)所示。厚度较薄及圆筒直径较大时，可将板料端部垫上已有一定曲率半径圆弧的厚垫板一起滚压，使其二端先滚出圆弧，如图(c)所示
折弯	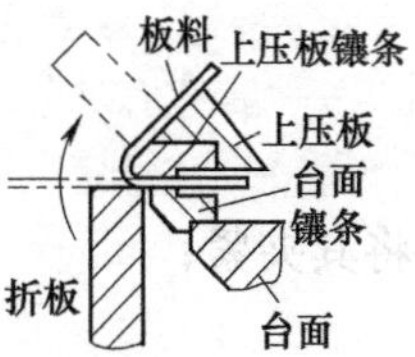 板料 上压板镶条 上压板 台面 镶条 折板 台面	折弯是在折板机上进行的，主要用于长度较长、弯曲角较小的薄板件，控制折板的旋转角度及调换上压板的头部镶块，可以弯曲不同角度及不同弯曲半径的零件

表 5-14 常用板材最小弯曲半径 mm

材料厚度	材料				
	低碳钢	硬铝 2A12	铝	纯铜	黄铜
0.3	0.5	1.0	0.5	0.3	0.4
0.4	0.5	1.5	0.5	0.4	0.5
0.5	0.6	1.5	0.5	0.5	0.5
0.6	0.8	1.8	0.6	0.6	0.6
0.8	1.0	2.4	1.0	0.8	0.8
1.0	1.2	3.0	1.0	1.0	1.0
1.2	1.5	3.6	1.2	1.2	1.2
1.5	1.8	4.5	1.5	1.5	1.5
2.0	2.5	6.5	2.0	1.5	2.0
2.5	3.5	9.0	2.5	2.0	2.5
3.0	5.5	11.0	3.0	2.5	3.5
4.0	9.0	16.0	4.0	3.5	4.5
5.0	13.0	19.5	5.5	4.0	5.5
6.0	15.5	22.0	6.5	5.0	6.5

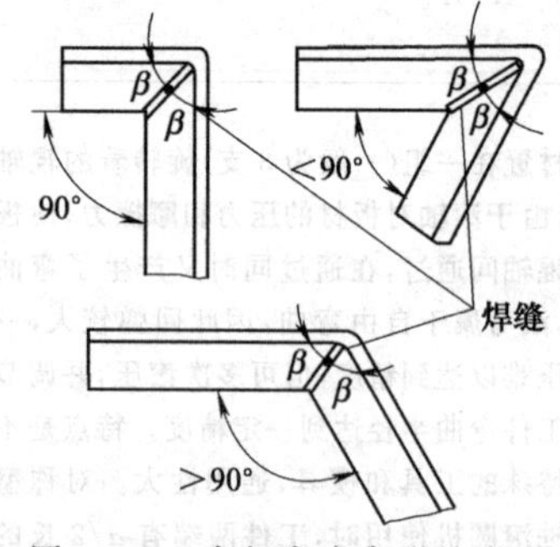

图 5-143 角钢角度弯形的形式

(2) 角钢弯形

① 角钢作角度弯形。角钢角度弯形有 3 种，如图 5-143 所示。大于 90°的弯曲程度较小；等于 90°的弯曲程度中等；小于 90°的弯曲程度大。

弯形步骤如图 5-144 所示：

a. 计算锯切角 α 大小。

b. 画线锯切 α 角槽，锯切时应保证 $\alpha/2$ 角的对称。

c. 两边要平整，必要时可以锉平。V 尖角处要清根，以免弯完了合不严实，如图 5-144（a）所示。

d. 弯形一般可夹在台虎钳上进行；边弯曲边锤打弯曲处，如图 5-144（b）所示，口角越小，弯作中锤打越要密些，力大点。对退火、正火处理的角钢弯作过程可适当快些，未作过处理的角钢，弯曲中要密打弯曲处，以防裂纹。

② 角钢作弯圆。角钢的弯圆分为角钢边向里弯圆和向外弯圆两种。一般需要一个与弯圆圆弧一致的弯形工具配合弯作，必要时也可采用局部加热弯作。

角钢边向里弯圆如图 5-145 所示：

a. 将角钢 a 处与型胎工具夹紧；

b. 敲打 b 处使之贴靠型胎工具，并将其夹紧；

c. 均匀敲打 c 处，使 c 处平整；

d. 角钢边向外弯圆如图 5-146 所示；

e. 将角钢 a' 处与型胎工具夹紧；

f. 敲打 b' 处使之贴靠型胎工具，并将其夹紧；

g. 均匀敲打 c' 处，防止 c' 翘起，使 c' 处平整。

(3) 管子弯形 分冷弯与热弯两种。直径在 12mm 以下的管子可采用冷弯方法，而直径在 12mm 以上的管子则采用热弯。但弯管的最小弯曲半径，必须大于管子直径的 4 倍。

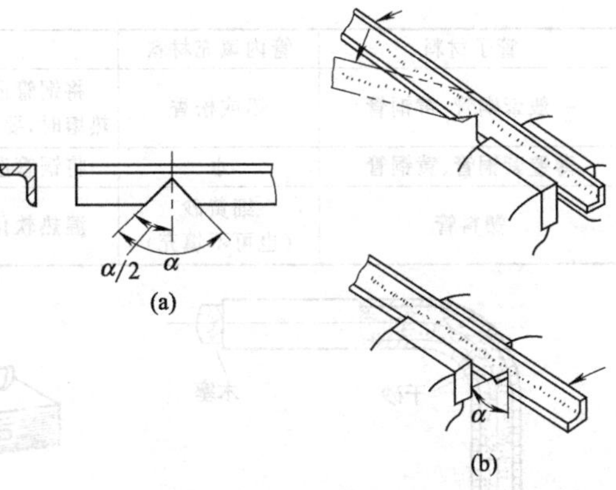

图 5-144 角钢作角度弯形方法

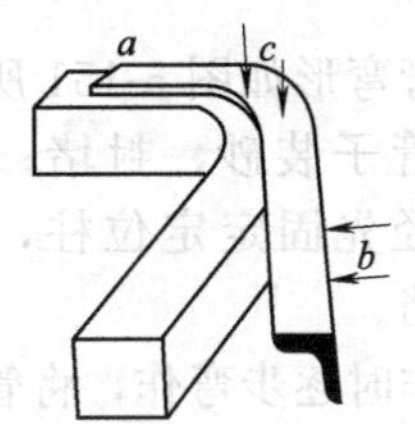

图 5-145 角钢边向里弯圆方法

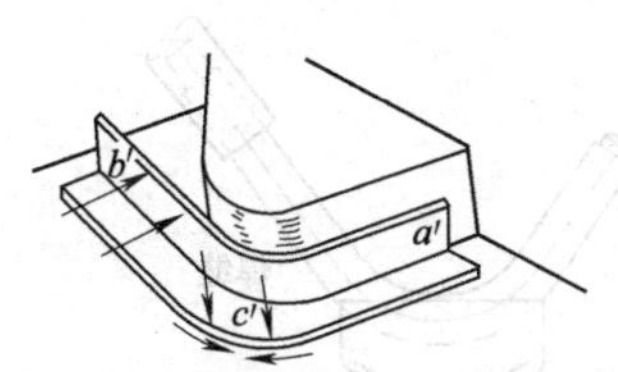

图 5-146 角钢边向外弯圆方法

管子直径大于 10mm 时，在弯形前，必须在管内灌填充材料，如表 5-15 所示，两端用木塞塞紧，木塞中间钻一小孔，如图 5-147 所示。弯曲时，可在弯管台（花平台）上或弯管机械上进行，如图 5-148 所示。对于有焊缝的管子，弯形时必须将焊缝放在中性层位置上如图 5-149 所示。以免弯形时焊缝裂开。

① 用手工冷弯管子。对直径较小的铜管手工弯形时，应将铜管退火后，用手边弯作边整形，修整弯作产生的扁圆形状，使弯作圆弧光滑圆整，如图 5-150 所示。切记不可一次弯作过大的弯曲度，这样反而不易修整产生的变形。

表 5-15 弯曲管子时管内填充材料的选择

管子材料	管内填充材料	弯曲管子条件
钢管	普通黄砂	将黄砂充分烘炒干燥后，填入管内，热弯或冷弯

续表

管子材料	管内填充材料	弯曲管子条件
一般紫铜管、黄铜管	铅或松香	将铜管退火后，再填充冷弯。应注意：铅在热熔时，要严防滴水，以免溅伤
薄壁紫铜管、黄铜管	水	将铜管退火后灌水冰冻冷弯
塑料管	细黄砂（也可不填充）	温热软化后迅速弯曲

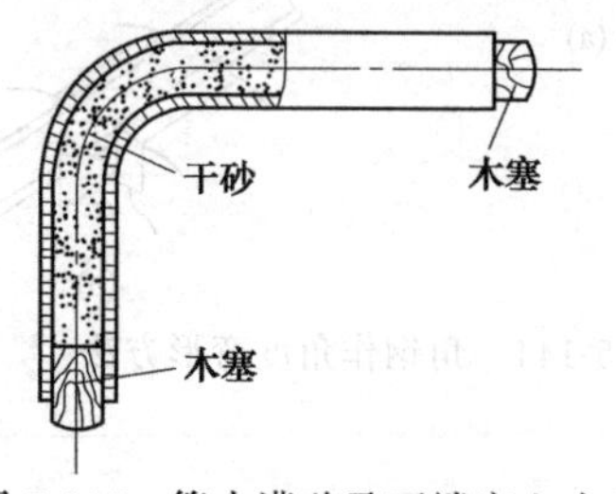

图 5-147　管内灌砂及两端塞上木塞

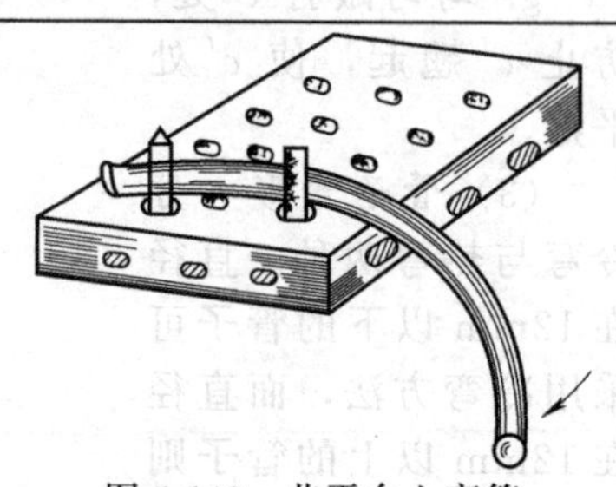
图 5-148　花平台上弯管

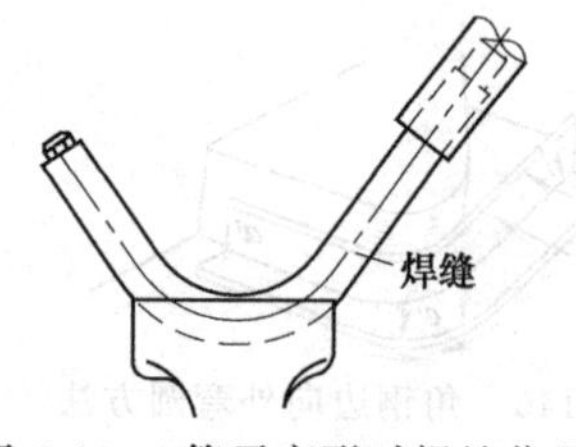

图 5-149　管子弯形时焊缝位置

钢管弯形如图 5-151 所示。首先应将管子装砂、封堵；并根据弯曲半径先固定定位柱，然后再固定别挡。

弯作时逐步弯作，将管子一个别挡一个别挡别进来，用铜锤锤打弯曲高处，也要锤打弯曲的侧面，以纠正弯作时产生的扁圆形状。

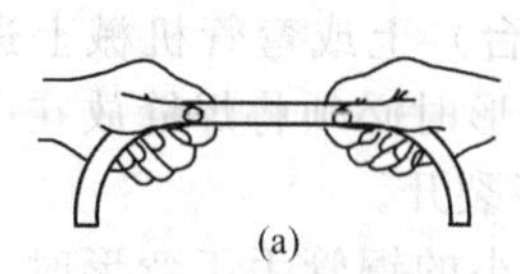
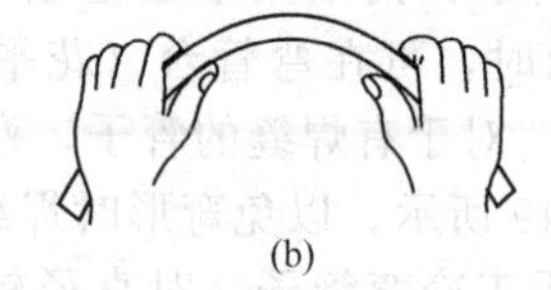
(a)　(b)

图 5-150　手工冷弯小直径铜管

热弯直径较大管子时，可在管子弯曲处加热后，采用这种方法弯形。

② 用弯管工具冷弯管子。冷弯小直径管一般在弯管工具上进行，如图 5-152 所示。弯管工具由底板、转盘、靠铁、钩子和手柄等组成。转盘圆周上和靠铁侧面上有圆弧槽，圆弧槽按所弯的管子直径而定（最大直径可达 12mm）。当转盘和靠铁位置固定后（两者均可转动，靠铁不可移动）即可使用。使用时，将管子插入转盘和靠铁的圆

弧槽中，钩子钩住管子，按所需的弯曲位置，扳动手柄，使管子跟随手柄弯到所需角度。

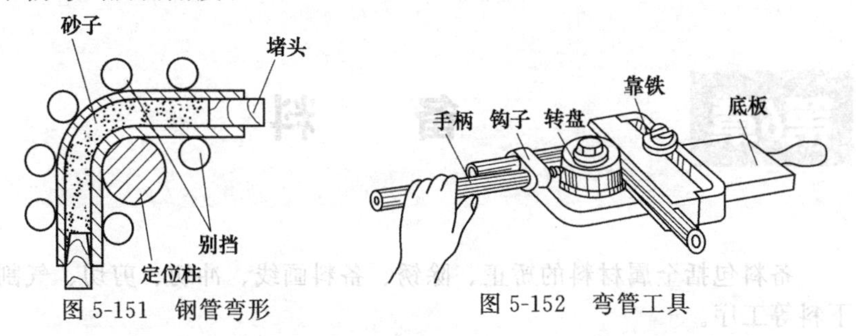

图 5-151　钢管弯形　　　　图 5-152　弯管工具

③ 常用型材、管材最小弯形半径的计算公式如表 5-16 所示。

表 5-16　常用型材、管材最小弯形半径的计算公式

型材	简图	方式	计算公式
碳钢板弯曲		热	$R_{min}=S$
		冷	$R_{min}=2.5S$
扁钢弯曲		热	$R_{min}=3a$
		冷	$R_{min}=12a$
圆钢弯曲		热	$R_{min}=a$
		冷	$R_{min}=2.5a$
方钢弯曲		热	$R_{min}=a$
		冷	$R_{min}=2.5a$
无缝钢管弯曲		热	$D>20$　$R\approx 2D$
		冷	$D>20$　$R\approx 3D$
不锈钢钢板弯曲		热	$R_{min}=S$
		冷	$R_{min}=(2\sim 2.5)S$
不锈钢圆钢弯曲		热	$R_{min}=D$
		冷	$R_{min}=(2\sim 2.5)D$
不锈耐酸钢钢管弯曲		充砂加热	$R_{min}=3.5D$
		气焊嘴加热	弯曲一侧有折纹 $R_{min}=2.5D$
		不充砂冷弯	专门弯管机上弯 $R_{min}=4D$

第6章 备料

备料包括金属材料的矫正、除锈、备料画线、冲切、剪切、气割下料等工序。

6.1 矫正

钢材因受到外力、加热等因素的影响，会使表面产生不平、弯曲、扭曲、波浪等变形缺陷，这些变形将直接影响零件和产品的制造质量。因此，必须对变形的钢材进行矫正。矫正就是对钢材或金属结构制件在制造过程中因发生变形而不符合技术要求或超出制造公差要求的部位进行一定的加工，使其发生一定程度的反变形，从而达到技术要求所规定的正确几何形状的工艺过程。

矫正是铆工的一项重要工作内容，是铆工必须掌握的基本技能之一。

6.1.1 矫正原理

（1）*产生变形的原因*　钢材和工件的变形，主要来自以下 3 个方面。

① 在轧制过程中产生的变形　钢材在轧制过程中可能因产生残余应力而引起变形。例如，轧制钢板时，由于轧辊沿长度方向受热不均匀、轧辊弯曲、调整设备失常等原因，而造成轧辊的间隙不一致，使板材在宽度方向的压缩力不一致，进而导致板材沿长度方向的延伸不相等而产生变形。

热轧厚板时，由于金属所具有的良好塑性和较大的横向刚度，使延伸较多的部分克服了相邻延伸较少部分的牵制作用，而产生钢板的不均匀伸长。

热轧薄板时，由于薄板的冷却速度较快，轧制结束时温度较低

（约在600～650℃），此时，金属塑性已下降。延伸程度不同的部分相互作用，延伸较多的部分产生压缩应力，延伸较少部分产生拉伸应力。结果，延伸较多的部分在压缩应力作用下容易失去稳定，使钢板产生波浪变形。

② 在加工过程中产生的变形　当整张钢板被切割成零件时，由于轧制时造成的内应力得到部分释放而引起零件变形。平直的钢材在压力剪或龙门式剪床上被剪切成零件时，在剪刀挤压力的作用下会产生弯曲或扭曲变形。采用氧-乙炔气割时，由于局部不均匀加热，也会造成零件各种形式的变形。

③ 装配焊接过程中产生的变形　在采用焊接方式连接时，随着产品结构形式、尺寸、板厚和焊接方法的不同，焊接的部件或成品由于焊缝的纵向和横向收缩的影响，不同程度地产生凹凸不平、弯曲、扭曲和波浪变形。

此外，大型结构在装焊过程中，需进行吊运或翻转，若结构的刚性不足或吊运方法不当，在自重和吊索张力的作用下也可能导致变形。

由此可见，矫正实际上包括：

a. 钢材矫正，即在备料阶段对板材、型材和管材进行的矫正；

b. 零件矫正，即在钢板剪切或气割成零件后，对加工变形进行的矫正；

c. 部件及产品矫正，即构件在装配焊接过程中及产品完工后，对焊接变形进行的矫正。

（2）变形造成的影响　钢材的变形会影响零件的号料、切割和其它加工工序的正常进行，并降低加工精度。在零件加工过程中所产生的变形如不加以矫正，则会影响整个结构的正确装配。由焊接而产生的变形会降低装配质量，并使结构内部产生附加应力，以至影响到结构的强度。此外，某些金属结构的变形还会影响到产品的外观质量。

所以，钢材和工件无论何种原因造成的变形，都必须进行矫正，以消除其变形或将其限制在规定的范围以内。

各种厚度的钢板，在校平机或手工矫正后，应用1m的钢直尺检查，其表面翘曲度不得超过表6-1所示的规定。

表6-1　钢板表面的允许翘曲度

钢板厚度/mm	3～5	6～8	9～11	>12
允许翘曲度/(mm/m)	3.0	2.5	2.0	1.5

型钢的直线度，角钢两边的垂直度，槽钢、工字钢翼板的垂直度，允许偏差如图 6-1 所示，图中，f 为型钢挠度，Δ 为偏差值。

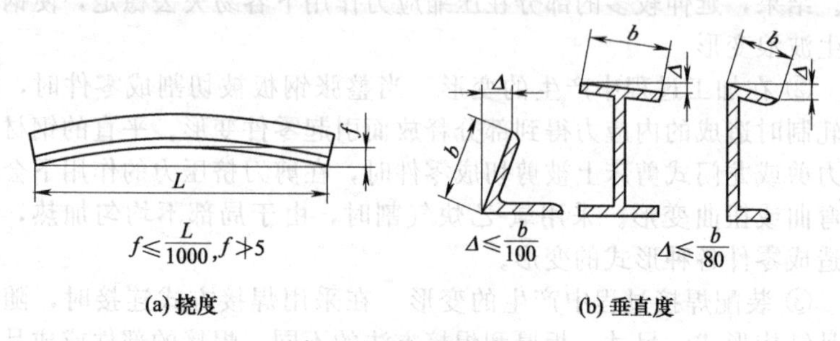

图 6-1 型钢的允许偏差

装配焊接后的形状和尺寸允许偏差，随结构的类型、用途和性能要求不同而不同，通常在产品图样或技术文件中规定。

(3) 变形的实质和矫正方法 钢材和构件由于各种原因，其内部存在不同的残余应力，使结构组织中一部分纤维较长而受到周围的压缩，另一部分纤维较短而受到周围的拉伸，造成了钢材的变形。矫正的目的，就是通过施加外力、锤击或局部加热，使较长的纤维缩短，较短的纤维伸长，最后使各层纤维长度趋于一致，从而消除变形或使变形减小到规定的范围之内。任何矫正方法都是形成新的、方向相反的变形，以抵消钢材或构件原有的变形，使其达到规定的形状和尺寸要求。

矫正的方法有多种。按矫正时工件的温度分为冷矫正和热矫正。冷矫正是工件在常温下进行的矫正，通过锤击延展等手段进行的冷矫正将引起材料的冷作硬化，并消耗材料的塑性储备，所以只适用于塑性较好的钢材。变形较大或脆性材料一般不能用冷矫正（普通钢材在严寒低温下也要避免使用）。矫正的过程就是钢材由弹性变形转变到塑性变形的过程。因此，材料在塑性变形中必然会存在着一定的弹性变形。由于这个缘故，当迫使材料产生塑性变形的外力去掉之后，工件会有一定程度的回弹。在矫正工作中可运用“矫枉必须过正”的道理处理好工件的回弹问题。热矫正是将钢材加热至 700～1000℃ 高温时进行矫正，在钢材变形大、塑性差或缺少足够动力设备时应用。工件大面积加热可利用地炉，小面积加热则使用氧-乙炔烤炬。

按矫正时力的来源和性质分为机械矫正、手工矫正、火焰矫正和高频热点矫正。机械矫正的机床有多辊钢板校平机、型钢矫直机、板缝碾压机、圆管矫直机（普通液压机和三辊弯板机也可用于矫正）。手工矫正是使用大锤、锤子、扳手、台虎钳等简单工具，通过锤击、拍打、扳扭等手工操作，矫正小尺寸钢材或工件的变形。火焰矫正和高频热点矫正的矫正力来自金属局部加热时的热塑压缩变形。

各种矫正变形方法有时也结合使用。例如，在火焰加热矫正的同时对工件施加外力，进行锤击。在机械矫正时对工件局部加热，或机械矫正之后辅以手工矫正，都可以取得较好的矫正效果。

目前，大量钢材的矫正，一般都在钢材预处理阶段由专用设备进行。成批制作的小型焊接结构和各种焊接梁，常在大型液压机或撑床上进行矫正；大型焊接结构则主要采用火焰矫正。

钢材和工件的矫正要耗费大量工时。例如，船舶类大型复杂金属结构，从材料准备到总体装配焊接结束，在各个工艺阶段有时要进行多达 5 次以上的矫正作业。所以，在金属结构制造过程中，从钢材的吊运堆放、零件加工到结构装焊，都应采取各种措施，尽量避免或减小变形的发生。

6.1.2　机械矫正

（1）*板材的矫正*　采用机械矫正法矫正板材的变形一般在多辊校平机上进行，但有时也可利用液压机或其它设备进行矫正。

① 多辊校平机矫正　校平机的工作部分由上、下两列轴辊组成，如图 6-2 所示，通常有 5～11 个工作轴辊。下列为主动辊，通过轴承和机体连接，由电动机带动旋转，但位置不能调节。上列为从动辊，可通过手动螺杆或电动升降装置作垂直调节，来改变上、下辊列间的距离，以适应不同厚度钢板的矫正。工作时钢板随着轴辊的转动而啮入，在上、下轴辊间方向相反力的作用下，钢板产生小曲率半径的交变弯曲。当应力超过材料的屈服点时产生塑性变形，使板材内原长度不相等的纤维在反复拉伸与压缩中趋于一致，从而达到矫正的目的。

根据轴辊的排列形式和调节轴位置的不同，常用的校平机有以下两种。

a. 辊列平行校平机。当上、下辊列的间隙略小于被矫正钢板的厚度时，钢板通过后便产生反复弯曲。上列两端的两个轴辊为导向辊，不起弯曲作用，只是引导钢板进入矫正辊中，或把钢板导出矫正辊，如图 6-2（a）所示。由于导向辊受力不大，故直径较小。导向辊

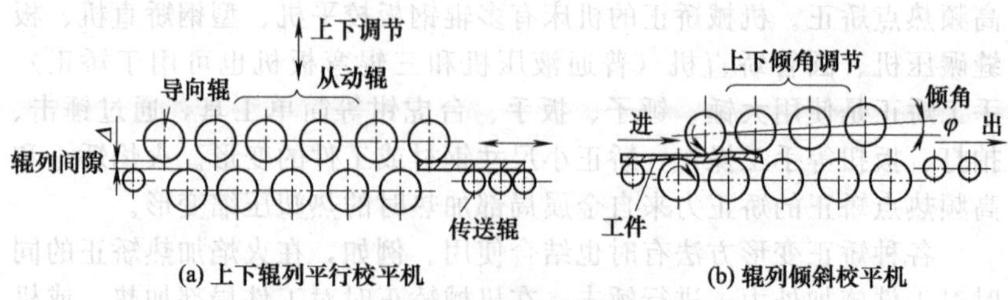

图 6-2 多辊校平机

可单独上下调节，导向辊的高低位置应能保证钢板的最后弯曲得以调平。有些导向辊还做成能单独驱动的形式。通常钢板在校平机上要反复来回滚动多次，才能获得较高的矫正质量。

b. 上辊列倾斜校平机。上、下两辊列的轴心线形成很小的夹角φ，上辊除能做升降调节外，还可借助转角机构改变倾角，使上、下辊列的间隙向出口端逐渐增大，如图 6-2（b）所示。当钢板在辊列间通过时，弯曲曲率逐渐减小，到最后一个轴辊前，钢板的变形已接近于弹性弯曲，因此不必装置可单独调节的导向辊。矫正时，头几对轴辊进行的是钢板的基本弯曲，继续进入时其余各对轴辊对钢板产生拉力。这附加的拉力能有效地提高钢板的矫正效果。此类校平机多用于薄钢板的矫正。

一般来说，钢板越厚，矫正越容易。薄板容易变形，矫正起来比较困难。厚度在3mm以上的钢板，通常在5辊或7辊校平机上校平；厚度在3mm以下的薄板，必须在9辊、11辊或更多辊校平机上校平。

凹凸变形严重的钢板，可以根据其变形情况，选择大小和厚度合适的低碳钢板条（厚度为0.5～1.0mm），垫在需加大拉伸的部位，以提高校平效果。

钢板零件，由于剪切时挤压或气割边缘时局部受热而产生变形，需进行二次矫正。这时，只要把零件放在被用作垫板的平整厚钢板上，通过多辊校平机，然后将零件翻转180°再通过轴辊碾压一次即可校平。此时上、下辊的间隙应等于垫板和零件厚度之和。

② 液压机矫正　在缺少专用钢板校平机时，厚板的弯曲变形也可以在液压机上进行矫正。矫正时，应使钢板的凸起面向上，并用两条相同厚度的扁钢在凹面两侧支撑工件。工件在外力作用下发生塑性变形，达到矫正的目的，如图 6-3 所示。施加外力时，钢板应超过平

直状态（略呈反向变形），使外力去除后钢板回弹而校平。当工件受力点下面空间间隙较大时，应放置垫铁，其厚度应略小于两侧垫板的厚度。若钢板的变形比较复杂时，应先矫正扭曲变形，后矫正弯曲变形，这时要适当改变垫铁和施加压力的位置，直至校平为止。

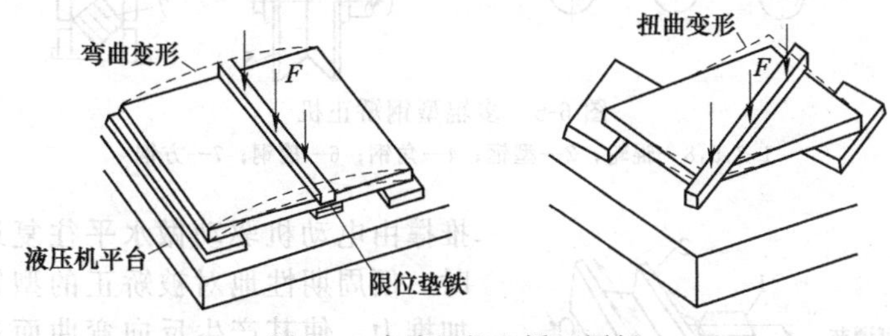

图 6-3 在液压机上矫正厚板

③ 碾压滚轮矫正 在实际生产中，有时会遇到薄板拼接的工作。由于薄板的刚性较差，易失稳，因此薄板拼接后容易产生波浪变形。对于薄板的波浪变形可用专门的碾压滚轮矫正，如图 6-4 所示。由于这种变形是由焊缝的纵向收缩引起的，用滚轮施加一定的压力在焊缝上来回反复地碾压，可以使焊缝及其附近的金属延展伸长，从而消除拼接薄板的波浪变形。

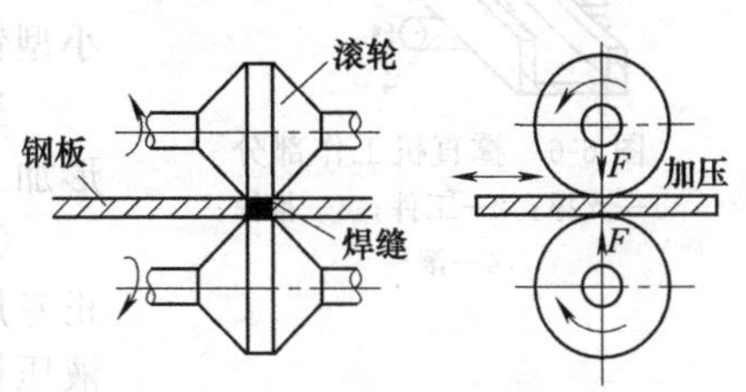

图 6-4 滚碾法矫正拼接板变形

（2）型钢和焊接梁的矫正

① 多辊型钢矫正机矫正 可矫正角钢、槽钢、扁钢和方钢等各种型钢。上辊列可上、下调节，辊轮可以调换，以适应矫正不同断面形状的型钢。其原理和多辊钢板校平机相同，依靠型钢通过上、下两列辊轮时的交变反复弯曲使变形得到矫正，如图 6-5 所示。

② 型钢撑直机矫正 是采用反向弯曲的方法，矫正型钢和各种焊接梁的弯曲变形。撑直机运动件成水平布置，有单头和双头两种。双头矫直机两面对称，可两面同时工作，工作效率高。撑直机的工作部分如图 6-6 所示，型钢置于支撑和推撑之间，并可沿长度方向移动，支撑的间距可由操纵手轮调节，以适应型钢不同情况的弯形。当

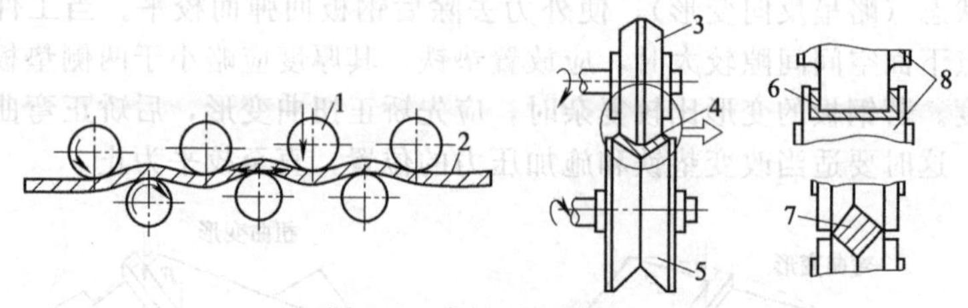

图 6-5 多辊型钢矫正机

1,3,5,8—辊轮；2—型钢；4—角钢；6—槽钢；7—方钢

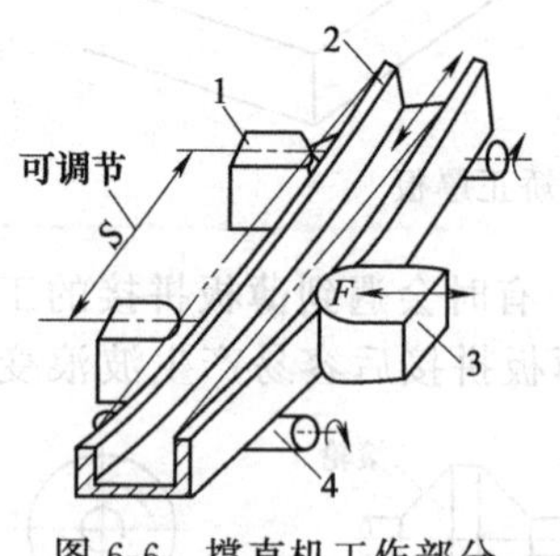

图 6-6 撑直机工作部分

1—支撑；2—工件；3—推撑；4—滚柱

推撑由电动机驱动做水平往复运动时，便周期性地对被矫正的型钢施加推力，使其产生反向弯曲而达到矫正的目的。推撑的初始位置可以调节，以控制变形量。撑直机工作台面设有滚柱用以支撑型钢，并减小型钢来回移动时的摩擦力。

型钢撑直机也可用于型钢的弯形加工，故为弯形、矫正两用机床。

③ 液压机矫正　在没有型钢矫正专用设备的情况下，也可在普通液压机（油压机、水压机等）上矫正型钢和焊接梁的弯曲和扭曲变形。操作时，根据工件尺寸和变形应考虑：工件放置的位置、垫板的厚度和垫起的部位。合理的操作可以提高矫正的质量和速度，如图 6-7 所示。

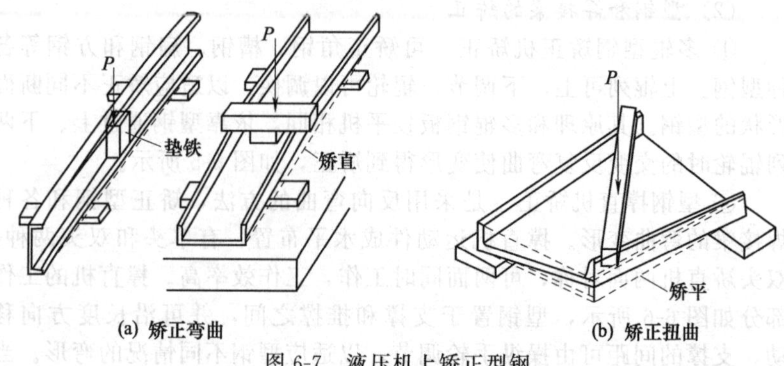

图 6-7 液压机上矫正型钢

(3) 钢材预处理流水线 目前，许多工厂已经将钢板矫正、表面清除和防护作业合并在一起，组成了钢材预处理流水线。它包括钢板的吊运、矫正、表面除锈清理、喷涂防护底漆和烘干等工艺过程，如图 6-8 所示。

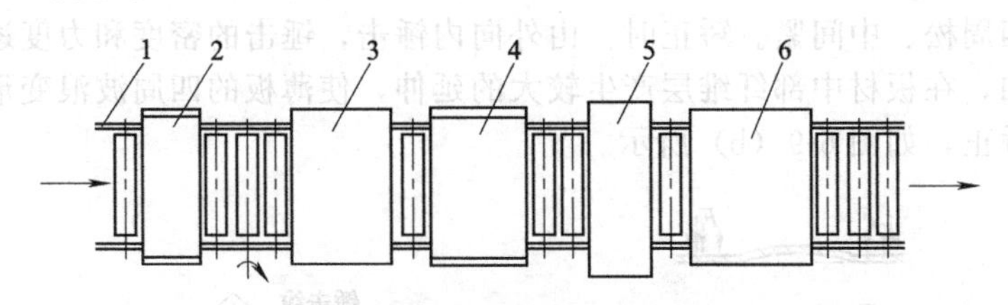

图 6-8 钢材预处理流水线示意图

1—传送辊道；2—钢板校平机；3—预热装置；4—抛丸除锈机；5—喷漆装置；6—烘干装置

钢板由传送辊道呈平置状态被送入多辊校平机校平，再进入预热室使钢板温度达到 40～60℃，以利于除去钢板表面的水分、油污，并使氧化皮和锈斑疏松。然后进入抛丸室，由卧式抛丸机对钢板进行双面抛丸除锈，再由辊道送入喷漆室。通常用高压无气喷涂机双面喷涂防护底漆，随后进入烘干室烘干。处理完毕的钢板最后由辊道直接送到下道工序，进行号料、切割等作业。采用钢材预处理流水线，不仅可以大幅度提高生产率，降低成本，而且能够保证钢板的矫正、防锈和涂漆的质量。

6.1.3 手工矫正

无专用矫正设备时，对小尺寸的板材、型材、切割后的零件及焊接结构的局部变形，可采用手工矫正。

手工矫正常见的是使用大锤或锤子锤击工件的特定部位，以使该部位较紧的金属得到延伸扩展，最终使各层纤维长度趋于一致，达到矫正的目的。

(1) 板材变形的矫正

① 薄板变形的手工矫正

a. 薄板的凸起变形矫正。薄板中部凸起是由于板材四周紧、中间松造成的。矫正时，由凸起处的边缘开始向周边呈放射形锤击，越向外锤击密度越大，锤击力也加大，以使由里向外各部分金属纤维层得到不同程度的延伸，凸起变形在锤击过程中逐渐消失，如图 6-9

(a) 所示。若在薄钢板的中部有几处相邻的凸起，则应在凸起的交界处轻轻锤击，使数处凸起合并成一个凸起，然后再依照上述方法锤击四周使之展平。

b. 薄板的波浪变形矫正。如果薄板四周呈波浪变形，则表示板材四周松、中间紧。矫正时，由外向内锤击，锤击的密度和力度逐渐增加，在板材中部纤维层产生较大的延伸，使薄板的四周波浪变形得到矫正，如图 6-9 (b) 所示。

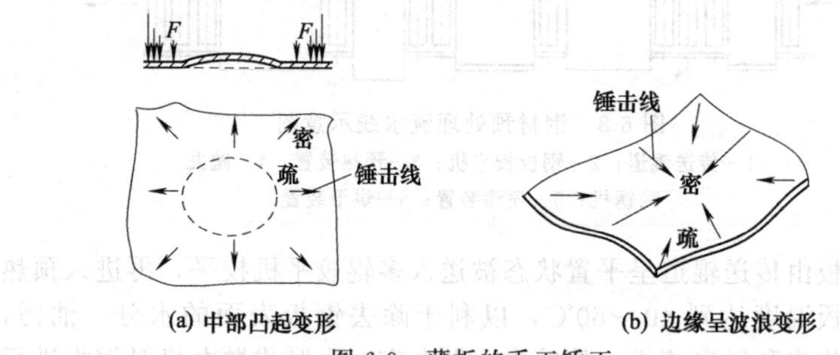

图 6-9 薄板的手工矫正

② 厚板变形的手工矫正　厚板变形主要是弯曲变形。厚板弯曲变形的手工矫正，通常采用以下两种方法。

a. 直接锤击凸起处锤击力要大于材料的屈服点，使凸起处受到强制压缩产生塑性变形而校平。

b. 锤击凸起区域的凹面锤击，凹面可用较小的力量，使材料仅在凹面扩展，迫使凸面受到相对压缩，从而使厚板得到校平。

(2) 型材与管材变形的矫正　扁钢、角钢、圆钢、圆管的弯曲变形，也可用锤击延展的方法加以矫正，如图 6-10 (a) 所示。锤击点在工件凹入一侧（图中箭头表示锤击方向和材料伸展方向）。

此外，型钢的弯曲和扭曲变形也可在平台、圆墩和台虎钳上，用锤子、扳手等工具进行矫正，如图 6-10 (b) 所示，靠矫正外力所形成的弯矩达到矫正的目的。

6.1.4 火焰矫正

(1) 火焰矫正的原理与特点

① 火焰矫正的原理　火焰矫正是利用金属局部加热后所产生的塑性变形抵消原有的变形，而达到矫正的目的。火焰矫正时，应对变形钢材或构件纤维较长处的金属，进行有规律的火焰集中加热，并达

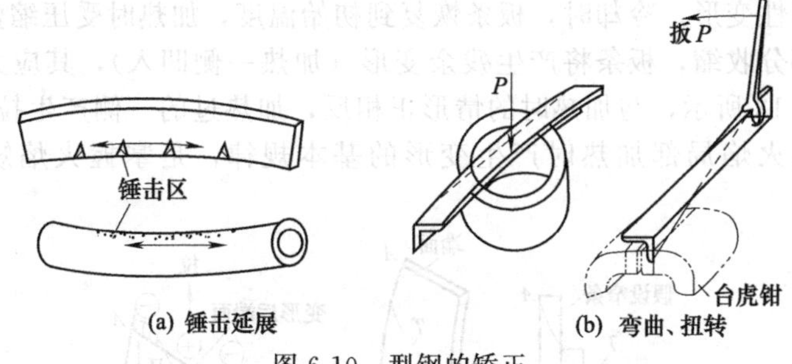

图 6-10 型钢的矫正

到一定的温度，使该部分金属获得不可逆的压缩塑性变形。冷却后，对周围的材料产生拉应力，使变形得到矫正。

金属具有热胀冷缩的特性，在外力作用下既能产生弹性变形，也能产生塑性变形。局部加热时，被加热部分的金属膨胀，由于周围金属温度相对较低，膨胀受到阻碍，使加热部分金属受到压缩。当加热温度达到600～700℃时，应力超过屈服点，即产生塑性变形，此时，该处材料的厚度略有增加，长度则比可自由膨胀时短。一般低碳钢当温度达到600～650℃时，屈服点接近于零，金属材料的变形主要是塑性变形。现在以长板条一侧非对称加热为例加以说明。如果用电阻丝作热源对狭长板条的AB一侧快速加热，由于加热速度较快，此时在板条中产生对横截面呈不对称分布的非均匀热场，如图6-11所示（图中T为其温度分布曲线）。在整张钢板上气割窄长板条，或沿板条的一侧进行焊接，情况即与此类似。

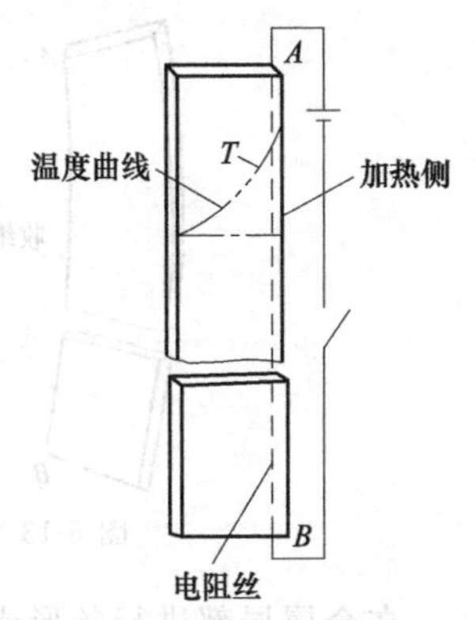

图 6-11 长板条一侧加热

为了便于理解，假设板条是由若干互不相连，而又紧密相贴的小窄条组成，每一小窄条都可以按各自不同的温度自由膨胀，结果是各窄板条端面出现和温度曲线对应的阶梯状变形如图6-12（a）所示。实际上，由于板条是一个整体，各部分材料互相牵制约束，板条沿长度方向将出现如图6-12（b）所示的弯曲变形，板条向加热侧凸出。根据应力平衡的条件，加热时板条的内应力分布如图6-12（c）所示（两侧金属受压，中部金属受拉）。由于加热侧温度高，应力超过屈服点，而产生压缩塑性变形。冷却时，板条恢复到初始温度，加热时受压缩塑性变形的部分收缩，板条将产生残余变形（加热一侧凹入），其应力分布如图 6-13 所示，与加热时的情形正相反，加热过的一侧产生拉应力。这就是火焰局部加热时产生变形的基本规律，是掌握火焰矫正的关键。

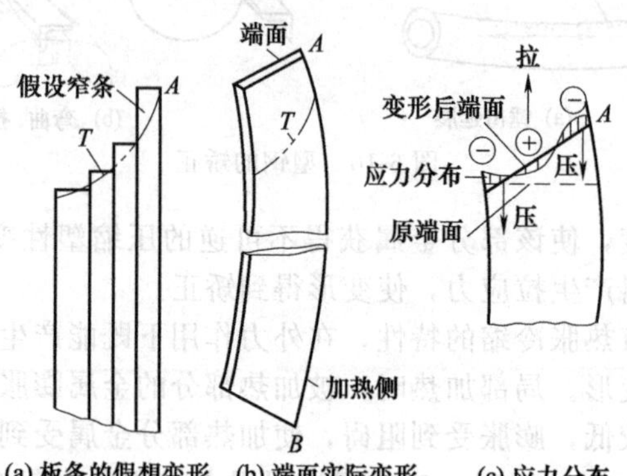

(a) 板条的假想变形 (b) 端面实际变形 (c) 应力分布

图 6-12 板条一侧加热时的应力与变形

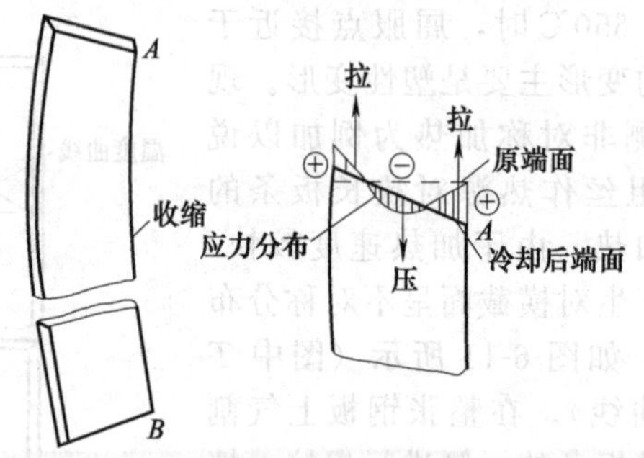

图 6-13 板条冷却后的应力与变形

在金属局部进行条形或圆形加热时，其应力和变形的规律也可按此进行相似的分析。

② 火焰矫正的特点

a. 火焰矫正能获得相当大的矫正力，矫正效果明显。对于低碳钢，只要有 $1mm^2$ 面积加热到塑性状态，冷却后能产生约 24kN 的矫正力。工件上若有 $0.01m^2$ 的材料加热面积在矫正时达到塑性状态，冷却后就会产生 2400kN 的矫正力。所以，火焰矫正不仅应用于钢材，而且更多地用来矫正不同尺寸和不同形式各种钢结构的变形。

b. 火焰矫正设备简单、方法灵活、操作方便，所以，不仅在材料准备工序中用于钢板和型钢的矫正，而且广泛地应用于金属结构在制造过程中各种变形的矫正，如用于船舶、车辆、重型机架、大型容器和箱、梁的矫正等。

c. 火焰矫正与机械矫正一样，也要消耗金属材料部分塑性储备，对于特别重要的结构、脆性或塑性很差的材料要慎重使用。加热温度要适当控制。若温度超过 850℃，则金属晶粒长大，力学性能下降；但温度过低又会降低矫正效果。对于有淬火倾向的材料，采用火焰加热时，喷水冷却要特别慎重。

(2) 影响矫正效果的因素　经火焰局部加热而产生塑性变形的部分金属，冷却后都趋于收缩，引起结构新的变形，这是火焰矫正的基本规律，以此可以确定变形的方向。但变形的大小，受以下几个因素的影响。

① 工件的刚性　当加热方式、位置和火焰热量都相同时，所获得矫正变形的大小和工件本身的刚性有关：工件刚性越大，变形越小；反之，刚性越小，变形越大。

② 加热位置　火焰在工件上加热的位置对矫正效果有很大影响。由于加热金属冷却以后都是收缩的，所以一般总是把加热位置选在金属纤维较长、需要收缩的部位。错误的加热位置，不仅收不到矫正效果，还会加剧原有的变形或使变形更趋复杂。此外，加热位置相对于结构中性轴的距离也十分重要，距离越远，变形越大，效果越好。

③ 火焰热量　用不同的火焰热量加热，可获得不同的矫正变形能力。若火焰热量不足，势必延长加热时间，降低工件上的温度梯度，使加热处和周围金属温差减小，降低矫正效果。

④ 加热面积　火焰矫正所获得的矫正力和加热面积成正比。达到热塑状态的金属面积越大，得到的矫正力也越大。所以，工件刚性和变形越大，加热的总面积也应越大。必要时可以多次加热，但加热的位置应错开。

⑤ 冷却方式　火焰加热时，若浇水急冷能提高矫正效率，这种方法称为水火矫正，可以应用于低碳钢和部分低合金钢，但对于比较重要的结构和淬硬倾向较大的钢材不宜采用。水火之间的距离也应注意，矫正 4～6mm 钢板，一般应为 25～30mm。有淬硬倾向的材料距离还应小些。水冷的主要作用是建立较大的温度梯度，以造成较大的温差效应。同时，水冷还可以缩短重复加热的时间间隔。一般来说，

金属冷却的速度对矫正效果并无明显影响。

(3) 火焰矫正的加热方式 按加热区的形状，可分为点状加热、线（条）状加热和三角形加热3种方式。

① 点状加热 用火焰在工件上做圆环状移动，均匀地加热成圆点状（俗称火圈），根据需要可以加热一点或多点。多点加热时在板材上多呈梅花状分布，如图6-14所示，型材或管材则多呈直线排列。加热点直径d随板厚变化（厚板略大些，薄板略小些），但一般不应小于15mm。点间距离随变形增大而减小，一般在50～100mm。

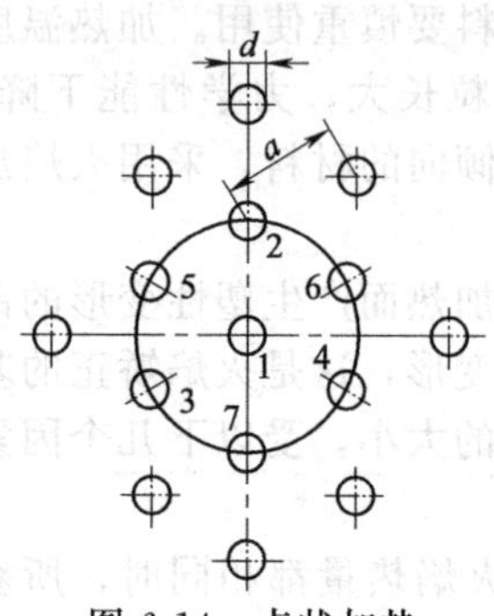

图6-14 点状加热

② 线（条）状加热 火焰沿一定方向直线移动并同时做横向摆动，以形成具有一定宽度的条状加热区，如图6-15所示。线状加热时，横向收缩大于纵向收缩，其收缩量随加热区宽度的增加而增加，加热区宽度通常取板厚的0.5～2.0倍，一般为15～20mm。加热线的长度和间距视工件尺寸和变形情况而定。线状加热多用于矫正刚性和变形较大的结构。

③ 三角形加热 将火焰摆动，使加热区呈三角形，三角形底边在被矫正钢板或型钢的边缘，角顶向内，如图6-16所示。因为三角形加热面积大，故收缩量也大，而且沿三角形高度方向的加热宽度不相等，越靠近板边，收缩越大。三角形加热法常用于矫正厚度和刚性较大构件的变形。如矫正型钢和焊接梁的弯曲变形，或用于矫正板架结构中钢板自由边缘的波浪变形。此时，三角形的顶角约为30°。矫正型材或焊接梁时，三角形的高度应为腹板高度的1/3～1/2。

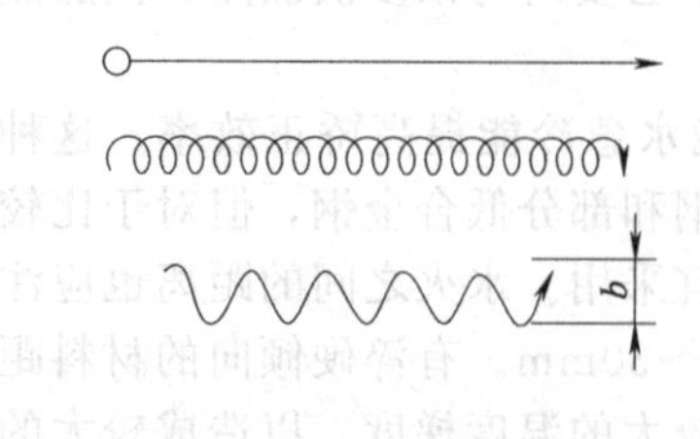

图6-15 线（条）状加热

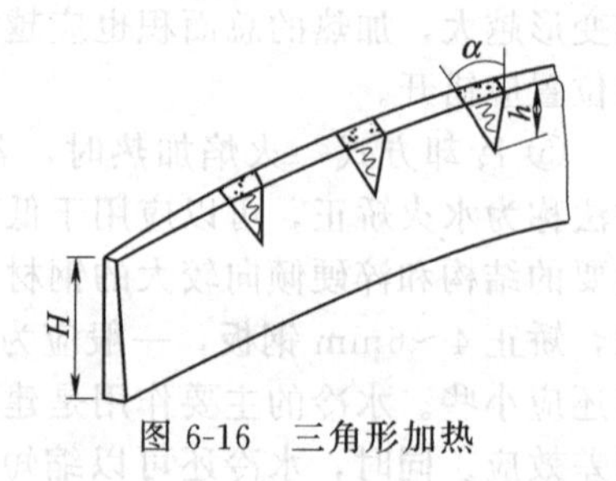

图6-16 三角形加热

(4) 火焰矫正工艺要领　火焰加热矫正变形在金属结构制造中经常应用，为提高矫正效率和工件矫正质量，操作时应注意以下几点。

① 预先了解结构的材料及其特点，以确定能否使用火焰矫正，并根据不同材质来正确掌握矫正过程中的加热温度，避免因火焰矫正而导致材料力学性能的严重下降。

② 分析结构变形的特点，考虑加热方式、加热位置和加热顺序，选择最佳的加热方案。

③ 加热火焰采用中性焰。如果要求加热深度浅，避免造成较大的角变形，为提高加热速度也可采用氧化焰。

④ 矫正尺寸较大的复杂板材和型钢结构时，既可能出现局部变形，又可能出现整体变形，既有板材的变形，又有型钢的变形。在矫正过程中这些因素会互相影响，应掌握其变形规律，灵活运用，尽量减少矫正工作量，提高效率，保证矫正质量。

⑤ 进行火焰矫正时，也可同时对结构施加外力。例如，利用大型结构的自重和加压重物造成附加弯矩，或利用机具进行牵拉和顶压，都可增大结构的变形。

总之，火焰矫正操作灵活多变，并无固定的模式，操作者应通过实践来掌握其变形规律，积累经验，这样才能取得较好的矫正效果。

6.1.5 高频热点矫正

高频热点矫正是感应加热法在生产中的应用，是变形矫正的新工艺。它不仅可以矫正钢材的各种变形，而且对大型复杂结构装配焊接后的变形矫正也十分方便。

对于矫正工件来说，高频热点矫正的原理和火焰矫正的原理是相同的，都是利用对金属局部加热产生的压缩塑性变形，抵消原有的变形，达到矫正的目的。区别在于两者的热源不同。火焰矫正使用的是氧-乙炔火焰提供的外热源，加热区的形状由操作者控制。而高频热点矫正，则是采用交变磁场在金属内部产生的内热源。当交流电通入高频感应圈时，产生了交变磁场，当感应圈靠近金属时，在交变磁场的作用下，钢材的内部形成感应电流。由于钢材的电阻很小，因此，感应电流可以达到很大值，在钢材内部小区域内放出大量热量，而使钢材被加热部位的温度迅速升高，体积膨胀。由于加热时间很短，加热部位以外的周围金属受热传导的影响很小，温度升高也很小，限制了加热区的膨胀。当加热区的应力超过材料屈服点时，金属就产生了压缩塑性变形，金属冷却后即可达到矫正的目的。用高频热点矫正时，加热位置的选择与火焰矫正相同。

高频加热区的大小决定于感应圈的形状和尺寸。感应圈的尺寸应尽可能做得小一些，否则，将会因加热面积过大、加热速度过慢而影响矫正的效果。感应圈通常采用 ϕ6mm×0.6mm 紫铜管制成宽 15～20mm、长 20～40mm 的矩形，并在感应圈内通以冷水进行冷却。高频加热时间一般只需 4～5s，即可使加热区的温度达到 800℃左右。

6.1.6 扁钢的矫正实例

扁钢变形有平面弯曲、立面弯曲（旁弯）和扭曲变形 3 种。

(1) 扁钢平面弯曲的调直

① 手工调直　手工调直扁钢平面弯曲的情况有两种：一种是锤击力量大于材料抵抗变形能力；另一种是用较小的锤击力量矫正较厚工件的变形。具体的矫正方法如下。

a. 扁钢平面弯曲调直时，应将工件放在平台上，用木锤（或用大锤垫上平锤）沿扁钢凸面纵向中心线进行锤击，即可将工件调直。锤击时落锤点不要偏在扁钢边缘，以免发生旁弯，如图 6-17 所示。

b. 用较小的锤击力量来矫正较大扁钢的变形。在材料强度大、锤击力量小的情况下，对扁钢平面弯曲的调直，可采用扩展凹面的方法进行冷作矫正，如图 6-18 所示。此方法也适用于方钢的矫止。

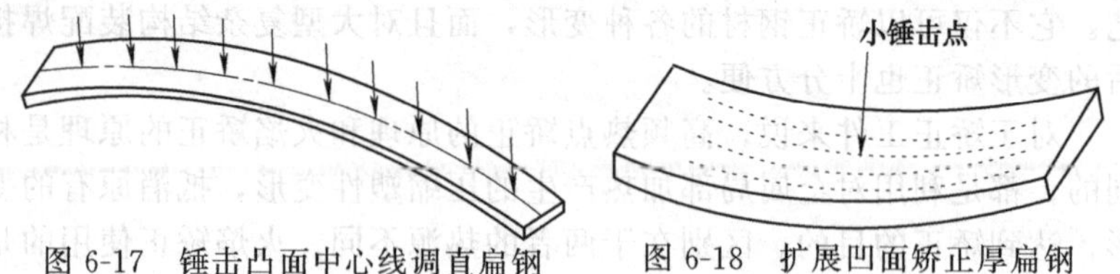

图 6-17　锤击凸面中心线调直扁钢　　图 6-18　扩展凹面矫正厚扁钢

c. 对于材料规格较大或硬脆的扁钢，不适于手工冷作矫正时，可对工件全加热后进行手工或机械矫正。如工件的局部有急弯，也可对急弯处加热后进行矫正。

② 机械调直　用机械矫正扁钢平面弯曲是又快又好的办法，可采用滚压设备。其方法与钢板的机械矫正相同。

(2) 扁钢立面弯曲的调直　扁钢的立面弯曲又叫旁弯。由于工件尺寸和变形状况不同，矫正的方法也不同。

① 厚度较大的扁钢有立弯时，可用大锤或顶床、压力机等直接加压力于凸起处进行矫正。由于扁钢立面的面积较小，所以在对立面凸起处施加压力之前，要把工件摆正（以防歪倒而产生事故）再施加压力进行矫正，如图6-19所示。

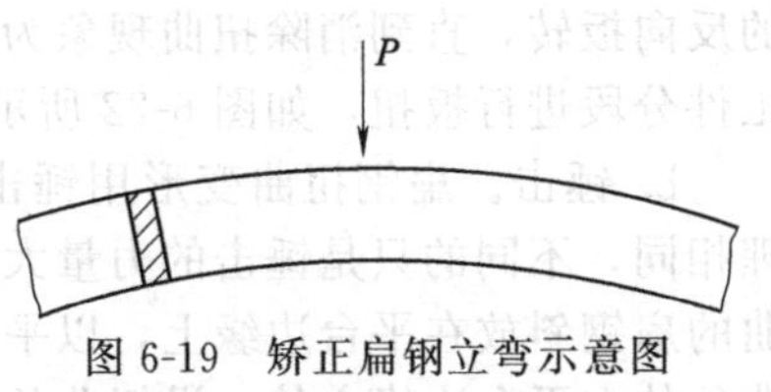

图 6-19 矫正扁钢立弯示意图

② 厚度较小或者宽度较大而不适于直接打击凸起处矫正时，可采用扩展凹面平面的方法进行矫正，如图6-20所示。锤击时，靠凹边的锤击点要密，逐渐稀少，凸边不要锤击。打击一面后，应翻转工件，依此方法直至矫直为止。

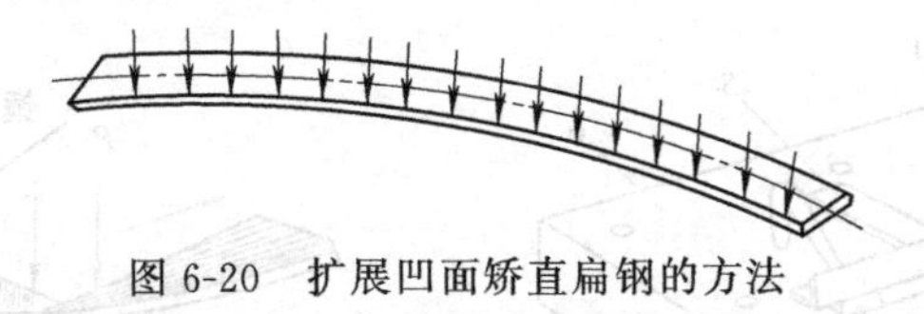
图 6-20 扩展凹面矫直扁钢的方法

③ 扁钢立弯可采用局部加热进行矫正，即加热凸起处使之收缩。首先用氧炔焰对工件的凸起处进行三角形加热，冷却后凸起处收缩。这样适当的加热几处后，即可使工件矫正。在对凸起边进行局部加热矫正时，也可在凹边进行必要的锤击，使其扩展，以便加速矫正，如图6-21所示。

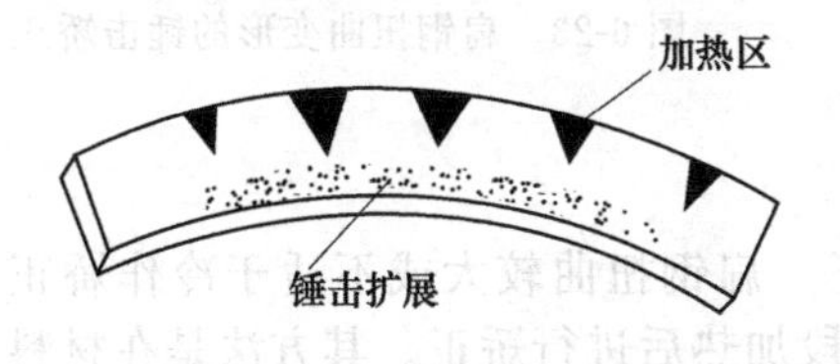

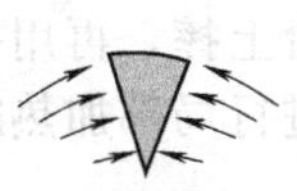

图 6-21 加热凸边、扩展凹边矫正扁钢立弯

④ 较大的扁钢立弯，不适于冷作矫正时，可全加热后采用手工或机械煨扁钢圈的方法进行矫正。

(3) 扁钢扭曲变形的矫正

扁钢扭曲变形时，常伴有平面弯曲和立弯。如先矫正平面弯曲或立弯，则不能解决扭曲的问题，因此，在一般情况下，先要对扭曲进行矫正，再矫正平弯曲和立弯。

① 扁钢扭曲变形的冷作矫正方法

a. 扳扭。扳扭的方法就是对扁钢的扭曲处两端点施加反向扭力，使扭曲与反扭曲的力量抵消而使其矫正。扳扭时先将扁钢扭曲处的一端压卡在工作台上，在另一端套上叉子（扳子）并用人力沿扁钢扭曲的反向扳转，直到消除扭曲现象为止。遇有工件扭曲较大时，可移动工件分段进行扳扭，如图 6-22 所示。

b. 锤击。扁钢扭曲变形用锤击的矫正方法与上述扳扭方法的道理相同，不同的只是锤击的力量大于扳扭力量。锤击的方法是，将扭曲的扁钢斜放在平台边缘上，以平台边缘与工件接触点为支点，将扭曲处伸在平台边缘之外，沿扭曲的反向进行锤击。锤击扁钢时，要使落锤点在平台边缘外面的 20～40mm 处。落锤点与平台边缘过近容易损伤工件，过远则效果差。在支点的另一端，常为人工掌握。如扁钢的总长度全扭曲，就应从中间开始，矫正一段后，再调转工件矫正另一段。扁钢扭曲变形的锤击矫正如图 6-23 所示。

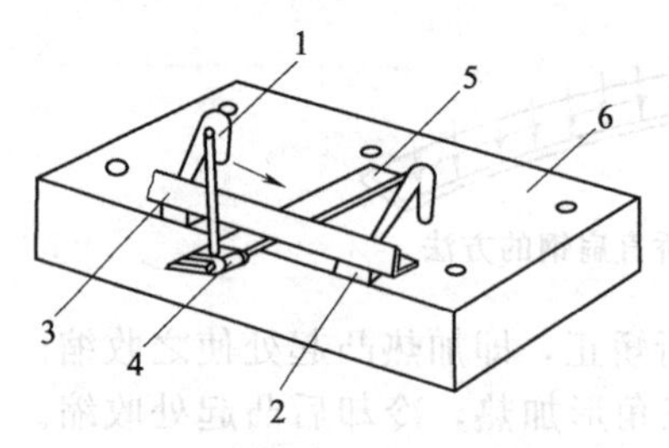

图 6-22 扳扭矫正扁钢扭曲

1—羊角卡；2—垫铁；3—压铁；4—叉子；5—工件；6—平台

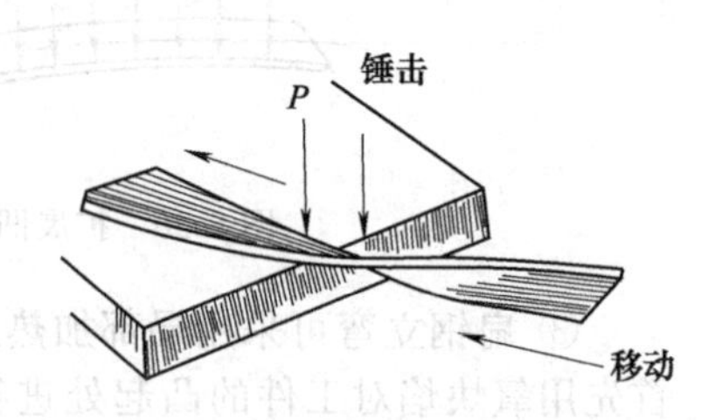

图 6-23 扁钢扭曲变形的锤击矫正

② 扁钢扭曲变形的加热矫正　扁钢扭曲较大或不适于冷作矫正时，可将扁钢扭曲处全加热或分段加热后进行矫正。其方法是在材料加热变软后，用钳子夹住，往平台上摔，再用平锤修平。对于扁钢局部扭曲严重的，也可以对变形区进行局部加热矫正。

6.1.7 角钢的矫正实例

角钢变形有扭曲、弯曲和两面不垂直等现象。

(1) 机械矫正

① 用型钢矫正机矫正角钢　型钢矫正机的工作原理与矫正钢板用的滚板机相同，在结构上不同的是辊轮设在支架外面呈悬臂形式，这样便于更换辊轮。角钢通过矫正机的滚压，就可以被矫正。图 6-24 所示为型钢矫正机的外形，图 6-25 所示为其矫正角钢的辊轮工作示意图。

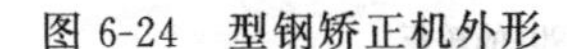
图 6-24 型钢矫正机外形

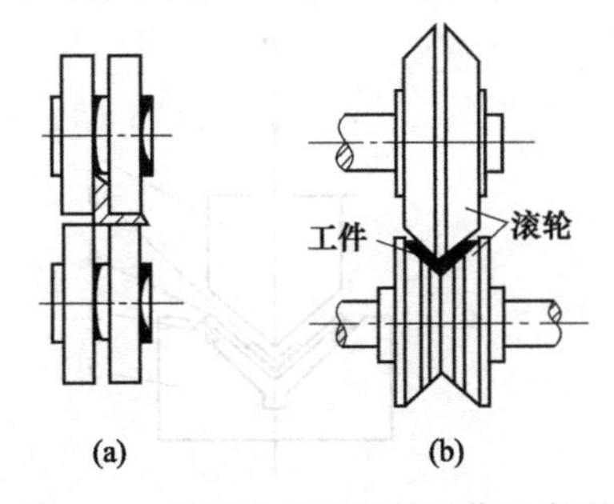

图 6-25 矫正角钢的辊轮工作示意图

② 用压力机矫正角钢　压力机配合规铁等工具，也常用来矫正角钢。其操作方法和应注意的事项如下。

a. 预制的垫板和规铁，应符合角钢断面内部形状和尺寸要求，以防止工件在受压时歪倒和撤除压力后的回弹，如图 6-26 所示。操作时，要根据工件变形的情况调整垫板的距离和规铁的位置。

用机械矫正角钢的两面垂直度时，常采用如图 6-27（a）、（b）所示的方法。

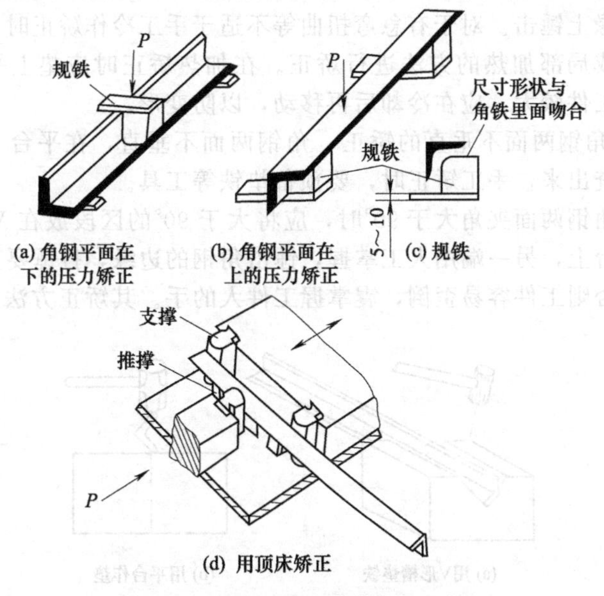

图 6-26 在压力机上矫直角钢示意图

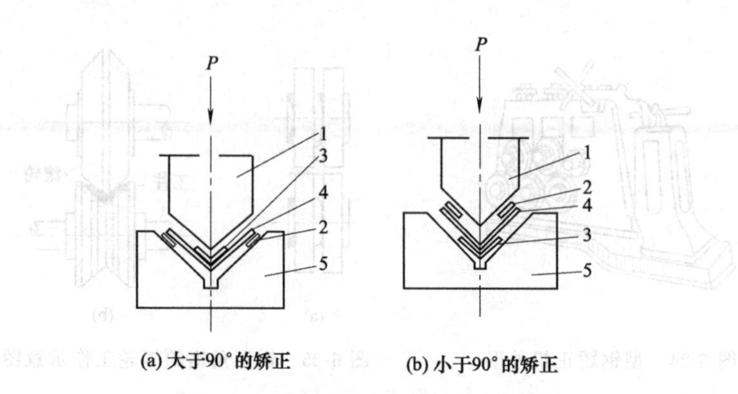

(a) 大于90°的矫正　　(b) 小于90°的矫正

图 6-27　角钢两面不垂直的压力矫正
1—上胎；2,3—垫铁；4—工件；5—V形下胎

b. 对工件变形情况的矫正要经过试验，以观察施加压力的大小、弹回情况等，然后再进行生产。

（2）**手工矫正**　在手工矫正角钢时，一般应先矫正扭曲，然后矫正弯曲和两面垂直度。

① 角钢扭曲的矫正　即对小角钢可用叉子扳扭；对较大的可在平台边缘上锤击。对于有急弯扭曲等不适于手工冷作矫正时，可采用全加热或局部加热的方法进行矫正。在加热矫正时应垫上平锤后锤击，如工件较大，应在冷却后再移动，以防变形。

② 角钢两面不垂直的矫正　角钢两面不垂直，在平台上用弯尺可以检查出来，手工矫正时，要预备垫铁等工具。

在角钢两面夹角大于90°时，应将大于90°的区段放在V形槽垫铁或平台上，另一端用人工掌握，锤击角钢的边缘，打锤要正，落锤要稳，否则工件容易歪倒，震掌握工件人的手。其矫正方法如图6-28所示。

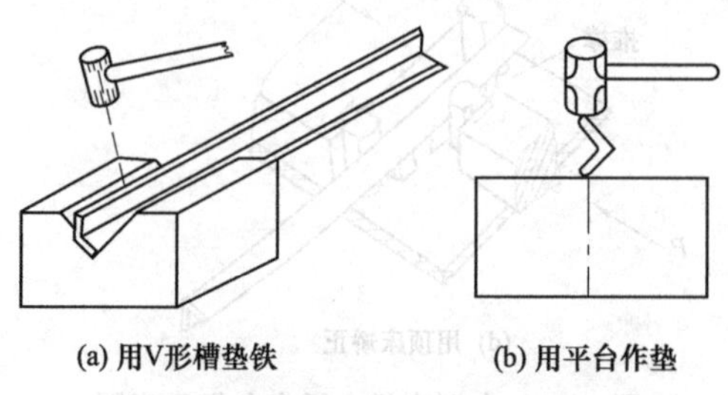

(a) 用V形槽垫铁　　(b) 用平台作垫

图 6-28　角钢大于90°的手工矫正

角钢两面夹角小于 90°时，可将角钢仰放，使其脊线贴在平台上，另一端用人力掌握住，将平锤垫在角钢的小于90°段里面，再用大锤打击平锤，使角度劈开为直角。其操作方法如图 6-29 所示。

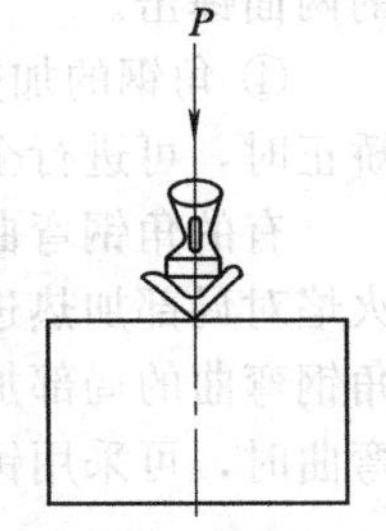

图 6-29 角钢小于 90°的手工矫正

在角钢大于或小于90°被矫正后，其两面靠近脊线处出现凸起或凹下现象时，应垫上平锤用大锤修平。在角钢大于或小于 90°，又不便于冷作矫正时，可进行加热矫正。

③ 角钢弯曲的手工矫正　手工矫正角钢弯曲有锤击凸处、扩展凹面等方法。

a. 锤击角钢弯曲的凸处。应把角钢的弯曲位置放在平台或钢圈上，使凸面在上，凹面在下。为预防回弹和便于操作，还应在角钢下面垫有适当的两个支点。在支点外掌握住工件，摆好锤击点的位置，再由打锤者直接锤击角钢凸起处。打锤时，应使锤击的力量方向略微向里，如图 6-30 所示，以避免角钢歪倒。手工矫正角钢弯曲的方法如图 6-31 所示。如角钢两面弯曲，应翻转工件对两面进行锤击。

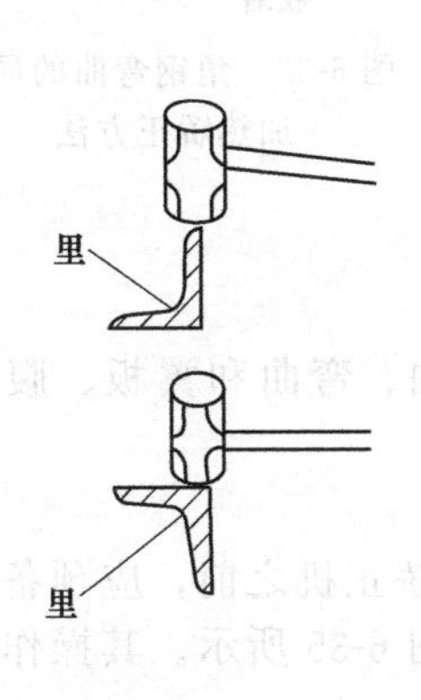

图 6-30 矫直角钢时锤力向里示意图

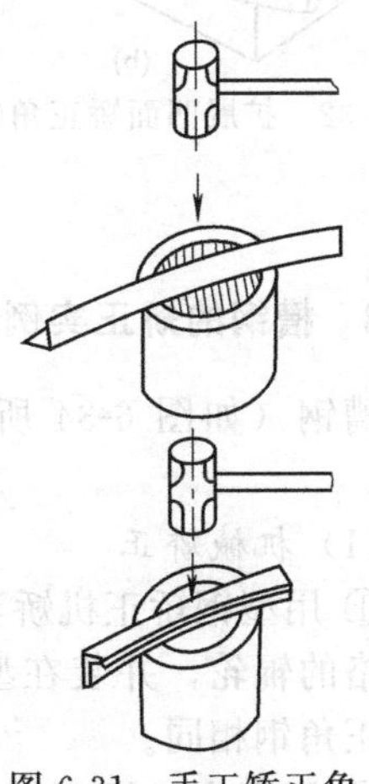
图 6-31 手工矫正角钢弯曲的方法

b. 扩展凹面。角钢向里弯曲时，可将角钢放在平台上，如同矫正扁钢的方法，锤击四面，如图 6-32 (a) 所示，凹面扩展后，角钢即可被调直。锤击时，应将角钢翻动，如图 6-32（b）所示，在凹处的两面锤击。

④ 角钢的加热矫正　如在角钢有急弯等复杂变形，又难以冷作矫正时，可进行全加热矫正。矫正时，应垫上平锤。

有的角钢弯曲既不适于冷作矫正，又不便于全加热矫正，则可用火焰对局部加热进行矫正。它与扁钢立弯的局部加热矫正方法相同。角钢弯曲的局部加热矫正如图 6-33 所示。如局部加热后工件略呈反弯曲时，可采用锤击，扩展凹面的方法来矫正。

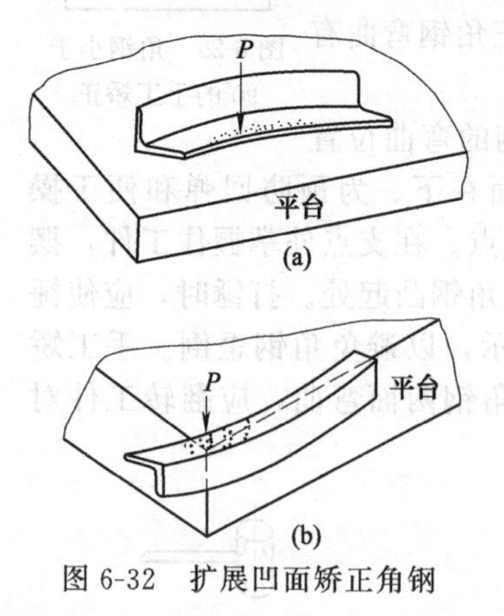

图 6-32　扩展凹面矫正角钢

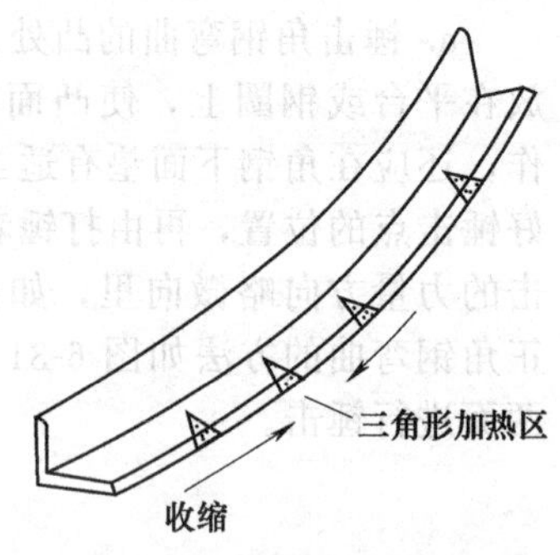

图 6-33　角钢弯曲的局部加热矫正方法

6.1.8　槽钢的矫正实例

槽钢（如图 6-34 所示）的变形有扭曲、弯曲和翼板、腹板变形等。

（1）机械矫正

① 用型钢矫正机矫正槽钢　使用型钢矫正机之前，应预备好相应规格的辊轮，并装在型钢矫正机上，如图 6-35 所示。其操作方法与矫正角钢相同。

② 用压力机矫正槽钢　矫正槽钢要预备垫板、规铁等工具。由于槽钢腹板的厚度较薄，并且它偏置于槽钢小面的一侧，受力时会产生变形，因此在机械矫正时，要在槽内的受力处加上相应规格的规铁。

a. 槽钢对角上翘的机械矫正。槽钢对角上翘（或叫对角下落），

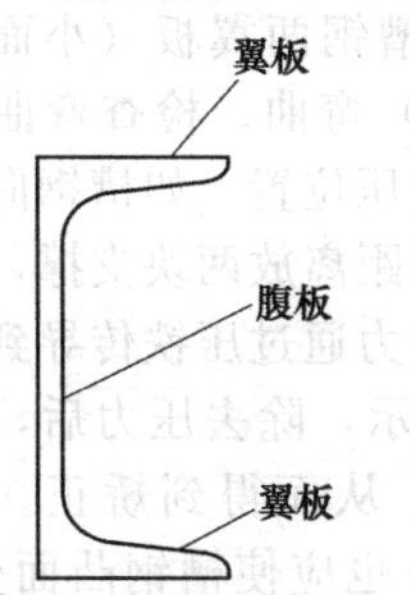

图 6-34 槽钢各部的名称

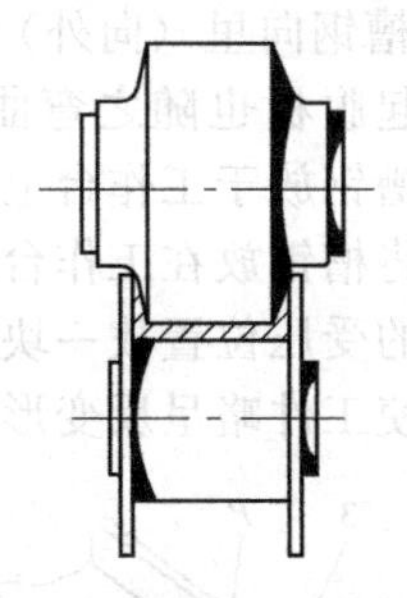

图 6-35 用型钢矫正机矫正槽钢

就是把槽钢大面贴在工作台上检查时，有一对角接触工作台，而另一对角翘起。矫正时，应将接触工作台的对角垫起；然后，在向上翘的对角上置一个有足够刚度的压铁；再将机械压力施加在压铁中心的位置，使工件略呈反向翘曲，如图 6-36 所示。除去压力后，工件会有回弹，弹回量与反翘量相抵消，就可使槽钢获得矫正。这种弹回量的大小，要根据具体情况和实践经验来确定。如除去压力后仍有翘曲，或呈反向翘曲，就要以同样的方法再矫正。

对于一个角翘起的槽钢，也可采用上述方法进行矫正。

b. 槽钢立面弯曲的机械矫正。槽钢以立面弯曲为主，并使两个翼板平面也随之弯曲的叫做立面弯曲。先检查弯曲的位置，然后使立面垂直于工作台，凸起处置于施压位置中间，在工作台与工件之间的凹处两侧放置垫铁（或支撑），在工件槽内的受压位置放上规铁，摆放稳妥后，在工件的凸起处施加压力，并使之略呈反变形，如图6-37所示，除去压力后反变形被弹回，从而得到矫正。

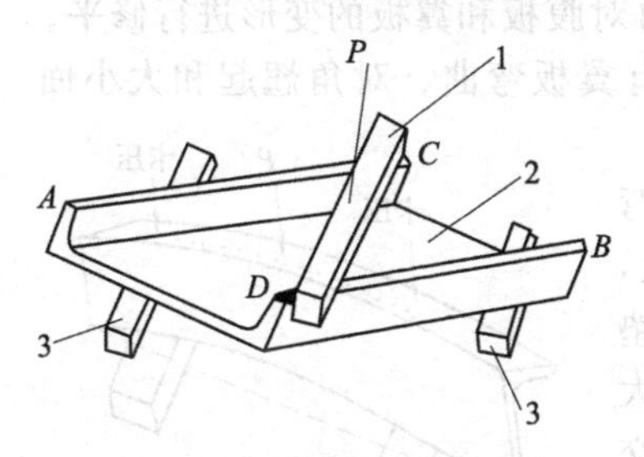

图 6-36 槽钢对角翘起的压力矫正示意图

1—上压铁；2—工件；3—垫铁

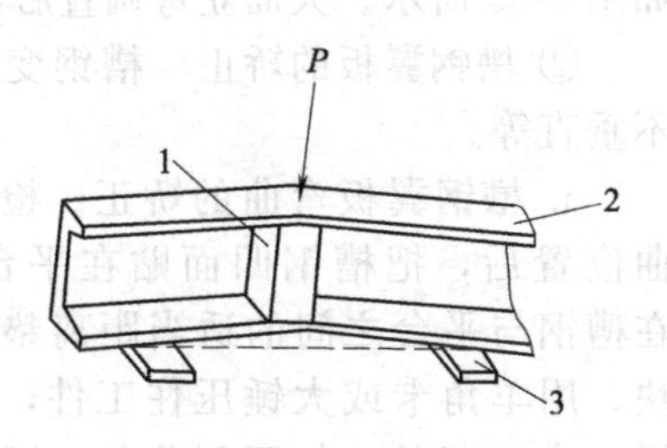

图 6-37 机械压力矫正槽钢立面弯曲

1—规铁；2—工件；3—支撑

c. 槽钢向里（向外）弯曲的机械矫正。槽钢两翼板（小面）旁弯而引起腹板也随之弯曲的叫向里（或向外）弯曲。检查弯曲位置后，将槽钢放于工作台上，并使凸起处作为受压位置。如槽钢向里弯曲，则将槽钢放在工作台上，在其背面的适当距离放两块支撑，在槽钢凸面的受压位置放一块压铁，而后使机械压力通过压铁传导到工件上，并使工件略呈反变形，如图 6-38（b）所示，除去压力后，反变形量被弹回，从而得到矫正。如槽钢向外弯曲，也应使槽钢凸面受压，在凸起处的腹板上，放置规铁，使压铁能够同时接触翼板和规铁；在槽钢与工作台之间的适当距离放两块垫铁（或支撑），其余步骤同上，如图 6-38（a）所示。

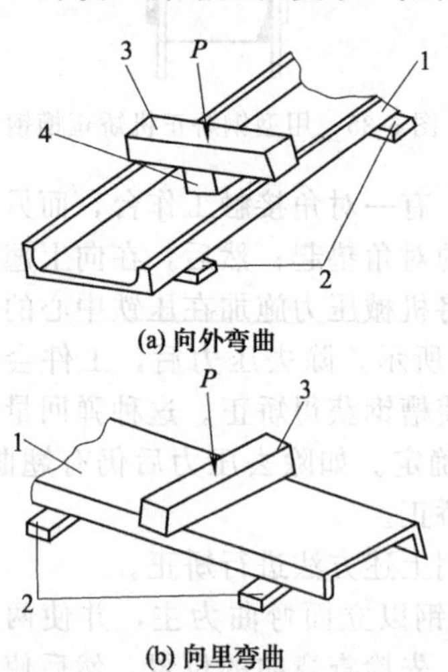

图 6-38　槽钢弯曲的机械压力矫正
1—工件；2—垫铁；3—压铁；4—规铁

（2）手工冷作矫正　大规格的槽钢手工冷作矫正是费力气的，矫正方法与用压力机矫正或手工矫正角钢的方法相似。

① 槽钢大面立弯冷作矫正　检查确定大面立弯位置后，将槽钢大面垂直立于平台上，使凸起处在上，在槽钢与平台之间的适当距离垫上垫铁，然后用羊角卡或大锤将工件压住，再用大锤打击腹板上边的凸起处，依此方法锤击，即可矫正，如图 6-39 所示。大面立弯调直后，再对腹板和翼板的变形进行修平。

② 槽钢翼板的矫正　槽钢变形有翼板弯曲、对角翘起和大小面不垂直等。

a. 槽钢翼板弯曲的矫正。检查弯曲位置后，把槽钢凹面贴在平台上，在槽钢与平台之间的适当距离垫上垫块，用羊角卡或大锤压住工件，用大锤打击凸起处，如两侧凸起，即应交错地锤击两侧，如图 6-40 所示。调直后，再修平翼板、腹板的变形。矫正这类弯曲也可利用调直器。

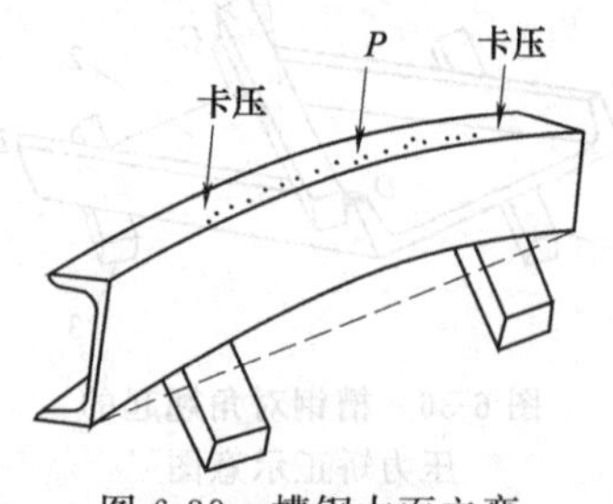

图 6-39　槽钢大面立弯的手工冷作矫正

b. 槽钢对角翘起的矫正。对角翘起可以看作是扭曲，因此，其矫正方法与角钢扭曲的矫正方法相似。将槽钢斜放在平台边缘上，并使扭曲位置略伸出平台之外，在平台上的一段用羊角卡或大锤压住，再用大锤打击伸出平台外悬空上翘的翼板，矫正一段后，再调头矫正另一段。其矫正方法如图 6-41 所示。

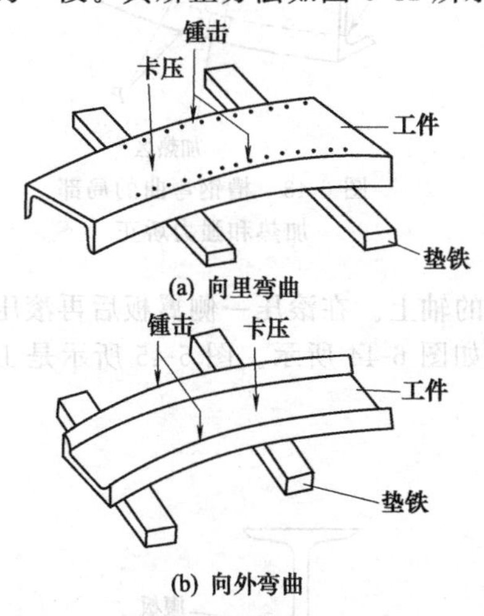

图 6-40 槽钢翼板弯曲的手工冷作矫正

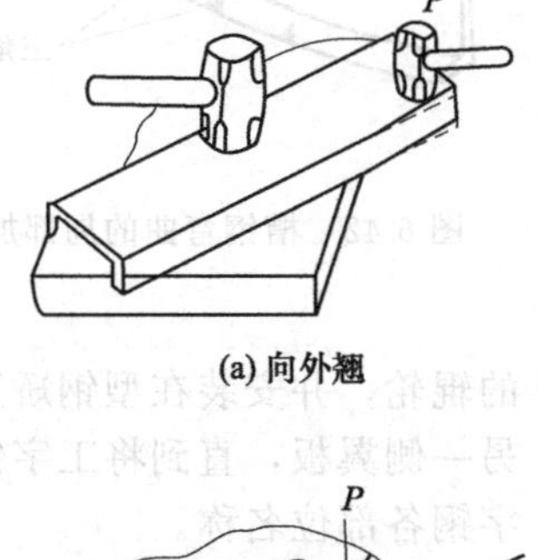

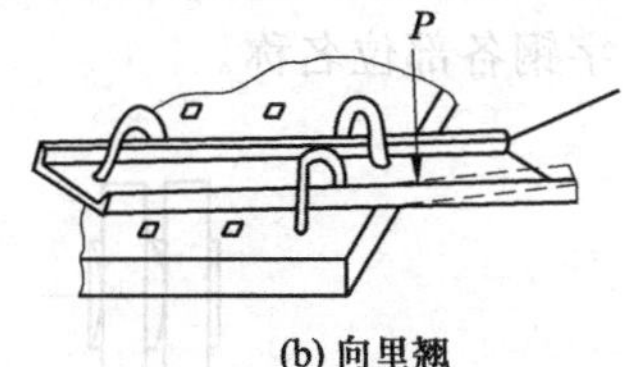

图 6-41 槽钢对角翘起的手工冷作矫正

c. 槽钢局部凸起或大小面不垂直的矫正。槽钢的翼板或腹板局部凸起时，可直接锤击凸起处。如能在变形处的凹面用锤等托住工件，尽量避免弹回，则锤击的效果要好些。

槽钢的大面和小面不垂直，可采用角钢两面不垂直的矫正方法。

③ 槽钢变形的加热矫正　由于槽钢规格较大，如有急弯、变形严重等不适于冷作矫正时，可进行加热矫正。全加热矫正时，应以平锤找平。

槽钢规格较大时，可采用局部加热矫正。即对凸起处用氧炔焰进行三角形加热，其加热方法与角钢变形的局部加热矫正方法相似，区别仅在于两翼板要同时加热，如图 6-42 所示。加热后可施加外力矫正，以提高矫正效率，如图 6-43 所示。

6.1.9 工字钢的矫正实例

(1) 机械矫正

① 用型钢矫正机矫正　使用型钢矫正机之前，应预备相应规格

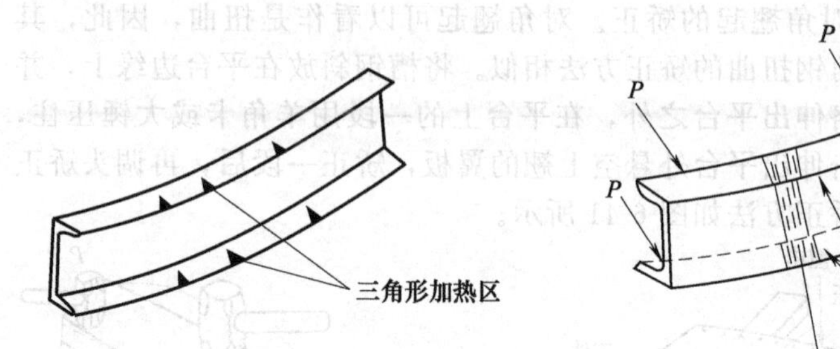

图 6-42 槽钢弯曲的局部加热矫正

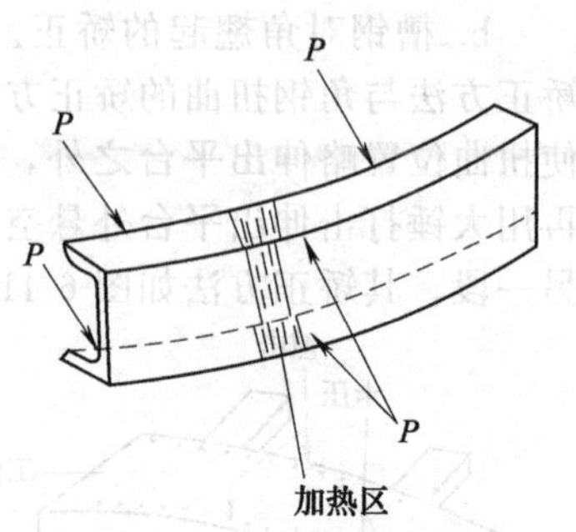

图 6-43 槽钢弯曲的局部加热和强力矫正

的辊轮，并安装在型钢矫正机伸出的轴上。在滚压一侧翼板后再滚压另一侧翼板，直到将工字钢矫正，如图 6-44 所示。图 6-45 所示是工字钢各部位名称。

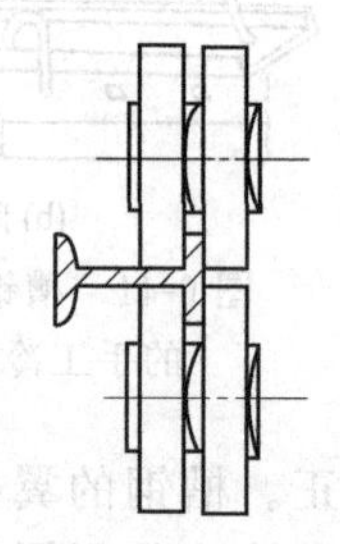

图 6-44 型钢矫正机矫正工字钢示意图

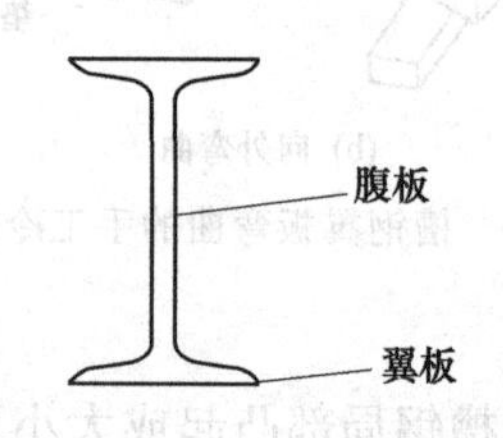

图 6-45 工字钢各部位名称

② 用压力机矫正工字钢 矫正前，要对变形情况进行检查，确定其变形位置。

a. 工字钢大面（或小面）弯曲的压力机矫正。其矫正方法与槽钢的矫正方法相似，如图 6-46 所示。

b. 工字钢腹板的矫正。工字钢由于腹板慢弯常引起两翼板不平行，其矫正方法如图 6-47 所示。

矫正前，须预制两块垫铁。上垫铁的高度要大于翼板宽度的一半，宽度应为腹板高度的 2/3 左右。

矫正时，将工字钢放在压力机工作台上，调整工件和垫铁的位置，而后施加压力。移动工字钢时，应使垫铁的位置保持在压力中心：移动工件和施加压力，腹板的慢弯即可消除，两翼板也会平行，

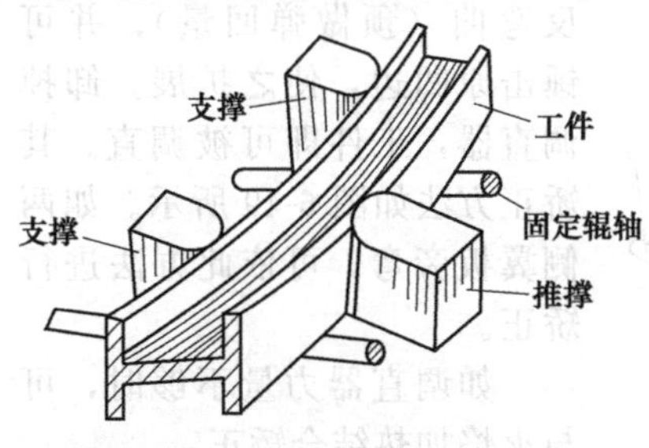

图 6-46 工字钢立弯的压力矫正

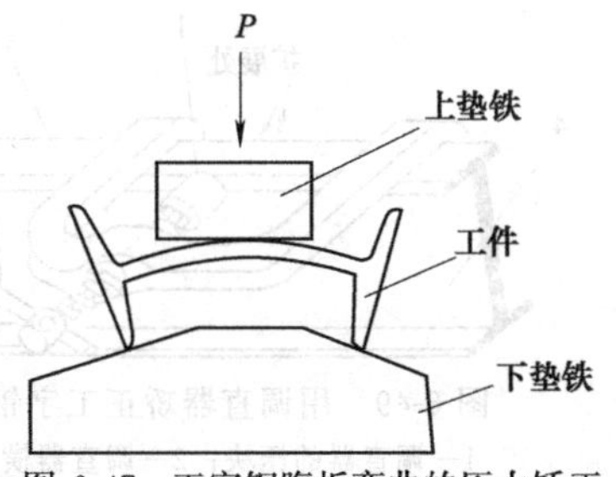

图 6-47 工字钢腹板弯曲的压力矫正

并且垂直于腹板。

c. 工字钢翼板的矫正。工字钢的翼板倾斜，有向内倾斜和向外倾斜两种。向内倾斜时可采用如图 6-48 所示的方法进行矫正。即预制一个有足够强度的接杆，其长度要大于工字钢大面的高度。矫正时，将工件的倾斜处放在工作台上，摆好支撑、工件、接杆与压力头的位置，使机械压力通过接杆作用在内倾的翼板上。如果变形严重，不适于冷作矫正，可在变形处，即翼板与腹板连接处用火焰加热，再施加压力进行矫正。操作时应注意接杆两端面要平，并且在承受压力时不要歪斜，以免发生事故。翼板向外倾斜时，可用压力直接顶住倾斜处，必要时，可对变形处进行火焰加热，再用机械压力矫正。

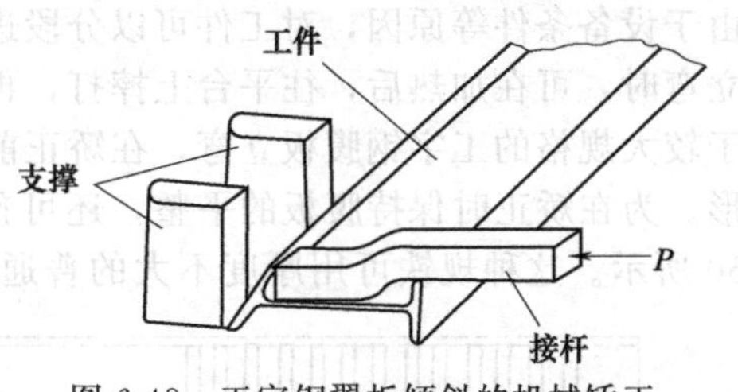

图 6-48 工字钢翼板倾斜的机械矫正

(2) 手工矫正 工字钢的截面较大，具有相当高的强度，故在手工矫正变形时，要结合使用相应器械和加热等方法。

①工字钢翼板旁弯的矫正 旁弯较小时，可以冷作矫正，即将工字钢放在平台上，用锤击两侧翼板的四边，使之扩展。对小规格的工字钢，在锤击力量大于材料抗力的情况下，也可直接锤击翼板的凸边。锤击前要在平台和工件之间的适当距离垫上支撑，以便更好地发挥锤击力量和预防锤击后工件的回弹。

用调直器调直工字钢翼板旁弯。把调直器的丝杠压块与挂钩的距离调到大于工字钢翼板宽度。将调直器压块对准工件翼板的凸边上，并把两个挂钩挂在翼板的凹边，摆正位置后，转动扳把，使工件略呈

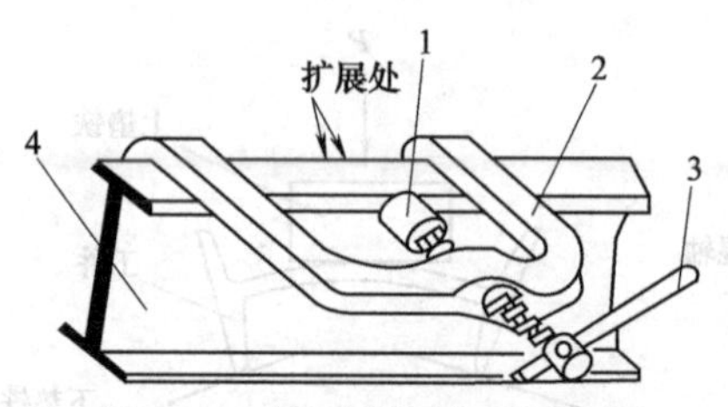

图 6-49　用调直器矫正工字钢

1—调直器的压块；2—调直器横梁挂钩；3—扳把；4—工件

反弯曲（预做弹回量）；并可锤击原凹边，使之扩展。卸掉调直器，工件即可被调直。其矫正方法如图 6-49 所示。如两侧翼板旁弯，可依此方法进行矫正。

如调直器力量不够时，可与火焰加热结合矫正。

② 工字钢的加热矫正　工字钢变形严重，不适于冷作矫正时，可采用全加热矫正。工件的加热长度要大于变形区域的长度。由于设备条件等原因，对工件可以分段进行加热。小规格工字钢腹板立弯时，可在加热后，往平台上摔打，再用平锤修理，使之调直。对于较大规格的工字钢腹板立弯，在矫正前，应预制规铁，以防腹板变形。为在矫正时保持腹板的平整，还可预制“串联式规铁”，如图 6-50 所示。这种规铁可用厚度不大的普通钢板，制成与工字钢槽内形

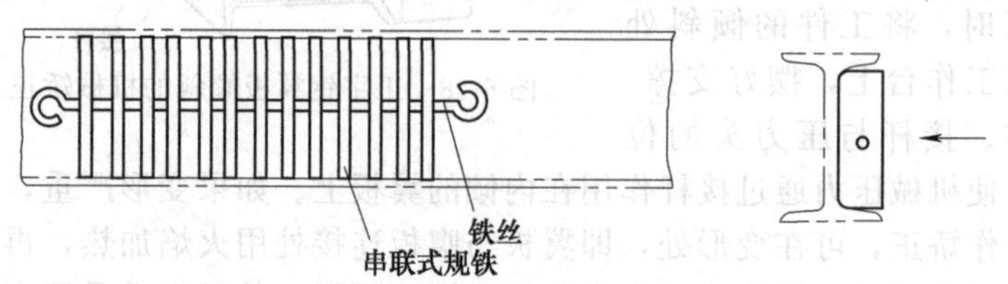

图 6-50　用串联式规铁矫正工字钢腹板立弯

状和尺寸相应的“卡板”，并在中间钻孔。将多个垫块用铁丝串起，使每个垫块之间有串动空隙，再把串联的铁丝两端拧牢。使用时，先将工字钢腹板立弯处加热，把串联式规铁预放在工作台上，再把工字钢腹板凸起处的一面（槽）扣住串联式规铁，卡压住工件一端后，即可对弯曲处施加矫正力。此时，串联式规铁就随着腹板弯曲度的改变在平面上移动。两翼板中间距离由于串联式规铁的支撑可以得到保持。如腹板上凸和翼板等变形，由于下面垫铁支撑则可用平锤进行修平。

6.1.10　圆钢和钢管的矫正

(1) 冷调法　一般用于 DN50 以下弯曲程度不大的圆钢和钢管。

① 杠杆（扳别）调直法　将管子弯曲部位作支点，用手加力于施力点，如图 6-51 所示。调直时要不断变动支点部位，使弯曲圆钢和钢管均匀调直而不变形损坏。

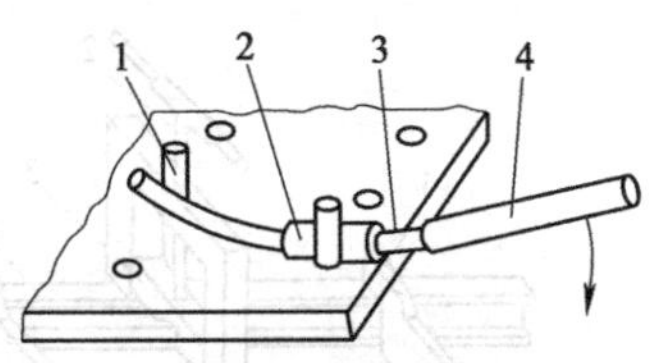

图 6-51　扳别调直
1—铁桩；2—弧形垫板；3—钢管；4—套管

② 锤击调直法　该法用于小直径的长管，调直时将圆钢和钢管放在两根相距一定距离的平行粗管或方木上。一个人站在圆钢和钢管的一端，一边转动圆钢和钢管，一边找出弯曲部位，另一个人按观察者的指点，用手锤顶在圆钢和钢管的凹面，再用另一把手锤稳稳地敲打凸面，两把手锤之间应有 50～150mm 的距离，使两力产生一个弯矩，经过反复敲打，圆钢和钢管就能调直。直径较大的圆钢和钢管，较长或有连接件的圆钢和钢管，可隔 2～3m 垫上方木或粗管，一人在圆钢和钢管端观察指挥（较长或直径较大的圆钢和钢管，则需要在另一端也有人观察指挥），另一人用锤子锤击圆钢和钢管弯凸起部位。直径较大的圆钢和钢管用大锤从上往下打，必须垫上胎具，不得直接打在圆钢和钢管表面。这样边锤击边观察、检查，直到调直圆钢和钢管为止。

③ 调直台法　当圆钢和钢管直径较大，在 DN100 以内时，可采用如图 6-52 所示的调直台进行调直。将圆钢和钢管的弯曲部位搁置在调直器两支块中间，凸部向上，支块间的距离可根据圆钢和钢管弯曲部位的长短进行调整，再旋转丝杠，使压块下压，把凸出的部位逐渐压下去。经过反复转动调整，即可将圆钢和钢管调直。其优点是调直的质量较好，并可减轻劳动强度。

④ 大弯卡调直器调直法　采用大弯卡调直器，如图 6-53 所示，可以就地随意移动来调直圆钢和钢管弯曲处。用大弯卡调直器调直的圆钢和钢管质量是较好的，在施工现场还可以利用同样原理因地制宜制作其它适用的调直器。

圆钢和钢管调直一般还使用油压机、手动压床，或是使用千斤顶。大直径圆钢和钢管的调直则需要采用气压或油压机。

图 6-54 所示为 30t 立式油压机，可用于：调直直径为 108mm、壁厚在 6mm 以内的钢管；调直直径为 219mm、壁厚为 8mm 的管子。制作压制弯头可以使用 100t 油压机，更大直径的管子则需使用 200t 立式油压机。

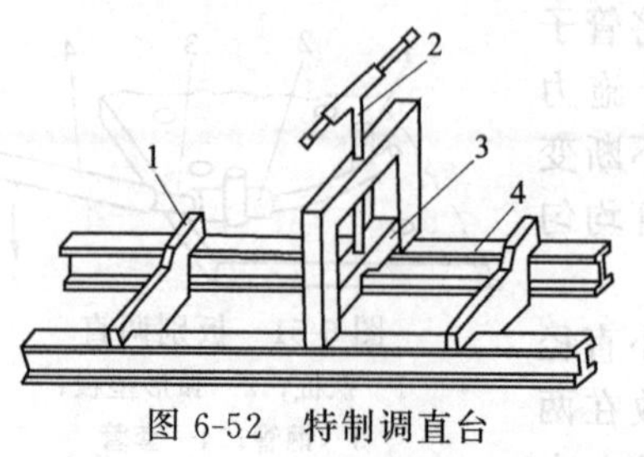

图 6-52　特制调直台

1—支块；2—丝杠；3—压块；4—工作台架

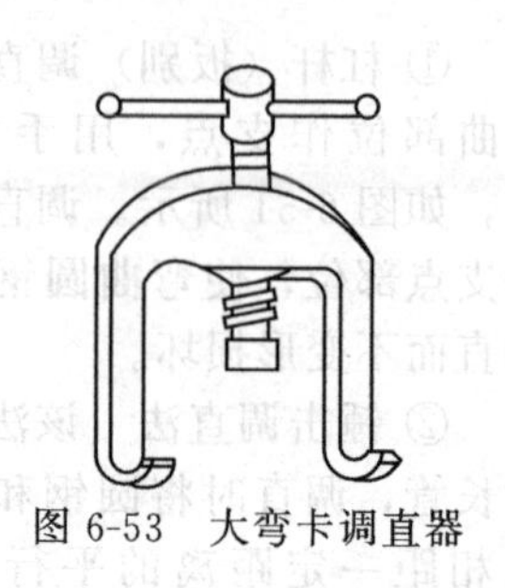

图 6-53　大弯卡调直器

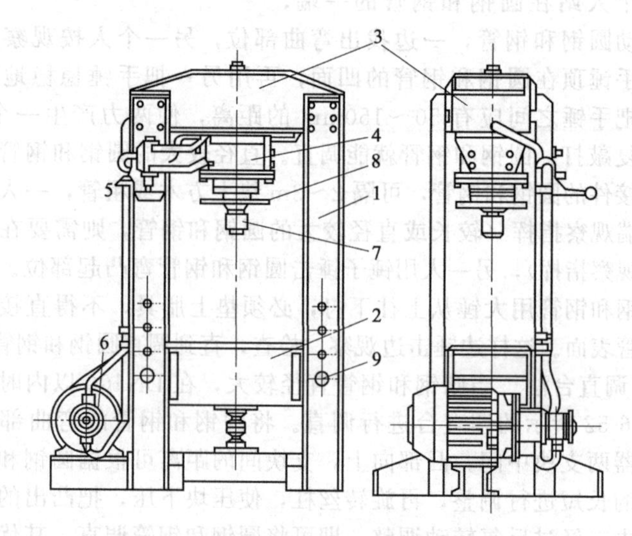

图 6-54　30t 立式油压机

1—机架；2—附油压千斤顶的升降工作台；3—油箱；4—液缸；
5—油分配器；6—电泵；7—活塞冲头；8—冲头手轮；
9—固定工作台的销孔

（2）热调法　当管径大于 100mm 时，冷调则不易调查，可用热调法调直。热调时，先将管子弯曲部分（不装砂子）放在烘炉上加热到 600～800℃（呈樱桃红色），然后，抬至平行设置的钢管上进行滚动，加热部分在中央，使管子尽量分别支撑在加热部分两端的管子上，以免产生重力弯曲。由于管排组成的滚动支撑是在同一水平面的，所以热状态的管子在其上面滚动，使管子靠其自身重量在来回滚动的过程中调直。如图 6-55 所示。管子弯曲较大的地方可以将弯背向上放置，然后轻轻向下压直再滚。在弯管和直管部分的接合部，滚动前应浇水冷却，以免直管部分在滚动过程中产生变形。为加速冷却及防锈，可用废机油均匀地涂在加热部位上。另外，还可以采用氧-乙炔加热调直法：采用大型号焊炬加热弯曲部位，当加热到樱桃红色时停止加热，将加热好的管子放在平面上有两支撑点的中间，使弯曲部位向上，靠其自重恢复弯曲部位，必要时管子两端亦可同时抬起同时落下，使其弯曲部位拉平。

(3) 校圆

① 钢管的校圆　钢管的不圆变形，多数发生在管口处，中间部分除硬性变形外，一般不易变形。管口校圆的方法如下。

a. 锤击校圆。锤击校圆如图 6-56 所示，校圆用锤均匀敲击椭圆的长轴两端附近范围，并用圆弧样板检验校圆结果。

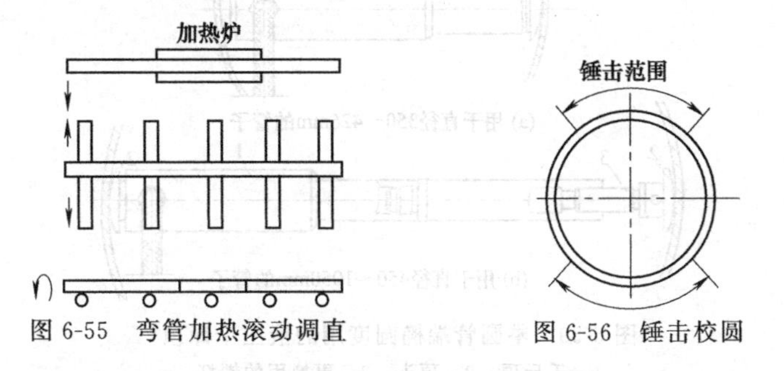

图 6-55　弯管加热滚动调直　　图 6-56　锤击校圆

b. 特制外圆对口器。外圆对口器适用于 $\phi426$mm 以上大口径并且椭圆较轻的管口，在对口的同时进行校圆。

管口外圆对口器的结构如图 6-57 所示。把圆箍(内径与管外径相同，制成两个半圆，以易于拆装）套在圆口管的端部，并使管口探出约 30mm，使之与椭圆的管口相对。在圆箍的缺口内打入锲铁，通过锲铁的挤压把管口挤圆，然后点焊。

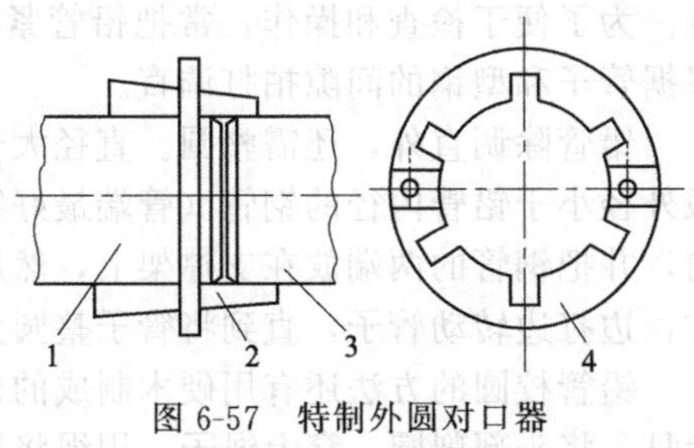

图 6-57　特制外圆对口器

1—圆管口；2—楔铁；3—椭圆管口；4—圆箍

c. 内校圆器。如果管子的变形较大，或有瘪口现象，可采用如图 6-58 所示的内校圆器校圆。

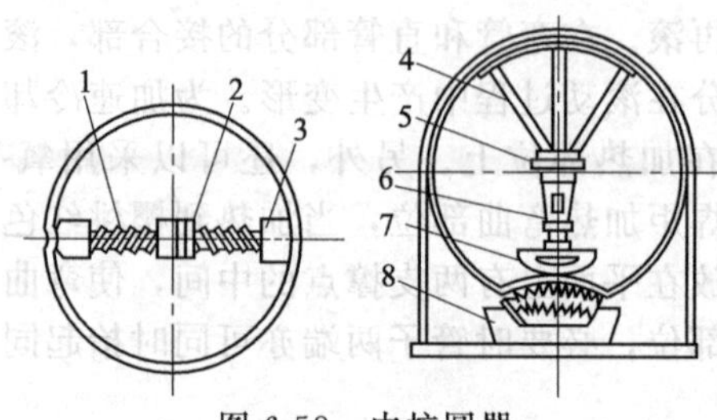

图 6-58 内校圆器

1—加减丝；2—扳把轴；3—螺母；4—支柱；5—垫板；6—千斤顶；7—压块；8—火盆

校圆大直径管端（350～1050mm）的椭圆度，可以使用起重量为10t的液压千斤顶。整圆直径为450mm及以上管端时，可以使用加长装置，如图6-59所示。

② 铅管的调直和校圆 铅管因质软且重，故经过搬运、装卸之后一般均产生变形，所以铅管在施工前均应调直和校圆。

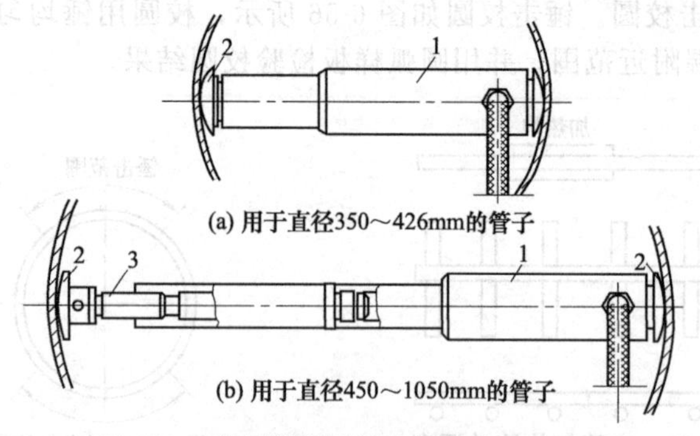

图 6-59 整圆管端椭圆度用的液压千斤顶

1—千斤顶；2—顶头；3—更换用的螺杆

铅管调直时，铅管应放在铺有木板的平台上用木榔头轻轻敲打调直。为了便于检查和操作，常把铅管紧贴在角钢或槽钢内侧的翼上，根据管子和型钢的间隙拍打调直。

铅管除调直外，还需整圆。直径大于DN50的铅管整圆，可用一根外径小于铅管内径的钢管（管端最好制成一半球形封头）穿在铅管内，并把钢管的两端放在支撑架上，然后用木锤敲打铅管被压扁的地方，边打边转动管子，直到将管子整圆为止。

铅管校圆的方法还有用硬木制成的外径与铅管内径相同的圆柱形胎具，将头部削圆，穿上绳子，用绳将胎具拉进管内，使变形部位随胎具而撑圆。

铅管直径不大于DN50的铅管整圆，可将铅管两端堵塞，在管内通入压力为0.3～0.4MPa的压缩空气，然后用焊炬对压扁的地方加热，使管内的压缩空气把管子胀圆。加热时，要注意使加热部分受热均匀，升温不要太快，当管子被胀圆时，应立即停止加热。

③ 自制液压快速调圆器　图 6-60 所示为一种自制液压快速调圆器。此种调圆器工作时，先启动液压油泵，使液压系统升压，然后使高压油进入左油缸油腔；进入油缸的高压油推动活塞向右运动，带着圆球形顶头，把管道或容器的不圆接头调圆。

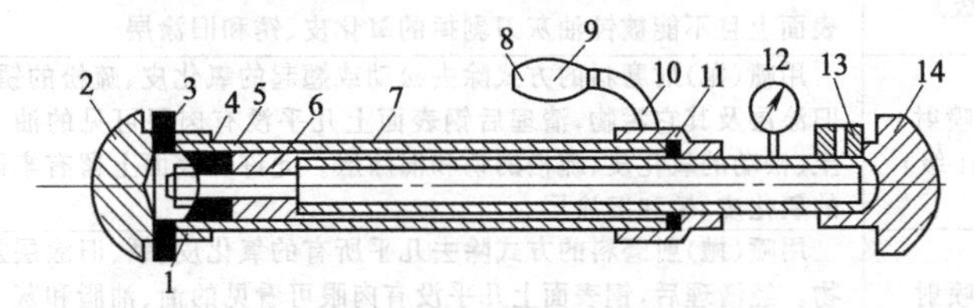

图 6-60　液压快速调圆器的结构

1—螺母；2—顶头Ⅰ；3—进油管；4—皮碗；5—垫圈；6—柱塞；7—油缸；8—开关；9—手柄；10—电源线；11—油缸端盖；12—压力表；13—紧固螺钉；14—顶头Ⅱ

液压快速调圆器具有省工、省力和迅速调圆功能良好的优点。其技术特性为：柱塞直径 ϕ68mm；最高工作油压 30MPa；柱塞最大推力 106893N；调圆器最大长度 1500mm；调圆最短长度 940mm。

6.2　除锈

金属型材在进行制造前应先进行清洗，以清除金属型材内、外表面的油污、灰土、氧化皮、锈和旧涂层等。金属型材清洗程度根据管道的不同用途而有不同的要求。在钢材表面除锈等级标准上，国内、外都趋向采用 SISO 55900。我国 GB/T 8923.1—2011《涂覆涂料前钢材表面处理　表面清洁度的目视评定　第 1 部分：未涂覆过的钢材表面和全面清除原有涂层后的钢材表面的锈蚀等级和处理等级》及石油工业标准 SY/T 0407—2012《涂装前钢材表面处理规范》均有详细的技术要求。如表 6-2 所示。

6.2.1　喷（抛）射除锈法

喷（抛）射除锈法既能除去金属型材表面的锈层、氧化皮、旧涂层和其它污物，又能使金属型材表面形成均匀的小麻点，这样可以增加涂料和金属间的附着力，提高涂料的防腐效果和钢管的使用寿命。

表 6-2 钢材表面除锈质量等级

质量等级	质量标准
手动工具除锈（St2 级）	用手工工具（铲刀、钢丝刷等）除掉钢表面上松动或翘起的氧化皮、疏松的锈、旧涂层及其它污物。可保留黏附在钢表面且不能被钝油灰刀剥掉的氧化皮、锈和旧涂层
动力工具除锈（St3 级）	用动力工具（如动力旋转钢丝刷等）彻底地除掉钢表面上所有松动或翘起的氧化皮、疏松的锈、疏松的旧涂层和其它污物。可保留黏附在钢表面上且不能被钝油灰刀剥掉的氧化皮、锈和旧涂层
清扫级喷射除锈（Sa1 级）	用喷（抛）射磨料的方式除去松动或翘起的氧化皮、疏松的锈、疏松的旧涂层及其它污物，清理后钢表面上几乎没有肉眼可见的油、油脂、灰土、松动的氧化皮、疏松的锈和旧涂层。允许在表面上留有牢固黏附着的氧化皮、锈和旧涂层
工业级喷射除锈（Sa2 级）	用喷（抛）射磨料的方式除去几乎所有的氧化皮、锈、旧涂层及其它污物。经清理后，钢表面上几乎没有肉眼可看见的油、油脂和灰土。允许在表面上留有均匀分布的、牢固黏附着的氧化皮、锈和旧涂层，其总面积不得超过总除锈面积的 1/3
近白级喷射除锈（Sa1/2 级）	用喷（抛）射磨料的方式除去几乎所有的氧化皮、锈、旧涂层及其它污物。经清理后，钢表面上几乎没有肉眼可看见的油、油脂、灰土、氧化皮、锈和旧涂层。允许在表面上留有均匀分布的氧化皮、斑点和锈迹，其总面积不得超过总除锈面积的 5%
白级喷射除锈（Sa3 级）	用喷（抛）射磨料的方法彻底地清除氧化皮、锈、旧涂层及其它污物。经清理后，钢表面上没有肉眼可见的油、油脂、灰土、氧化皮、锈和旧涂层，仅留有均匀分布的锈斑、氧化皮斑点或旧涂层斑点造成的轻微痕迹

注：1. 上述各喷（抛）射除锈质量等级所达到的表面粗糙度应适合规定的涂装要求。

2. 喷射除锈后的钢表面，在颜色的均匀性上允许受钢材的牌号、原始锈蚀程度、轧制或加工纹路以及喷射除锈余痕所产生的变色作用的影响。

喷（抛）射除锈法分为干喷（抛）射法和湿喷（抛）射法两种。

（1）干喷（抛）射除锈法　干喷（抛）射法通常采用粒径为 1～2mm 的石英砂或干净的河砂，喷（抛）射在除锈物体上，靠砂子的冲击力撞击金属物体表面达到除锈的目的。当钢管厚度为 4mm 以上时，砂的粒径约为 1.5mm，压缩空气为 0.5MPa，喷（抛）射角度为 45°～60°，压缩空气从喷枪喷出时形成吸力，通过吸砂管的小孔吸入空气并把砂斗内的砂子带走，由喷枪喷出。操作过程中喷砂方向尽量与现场风向一致。喷嘴与工作面的距离为 100～200mm。当钢管厚度为 4mm 以下时，应采用已使用过 4～5 次，粒径为 0.15～0.5mm 的细河砂。

（2）湿喷（抛）射除锈法　湿喷（抛）射除锈是将干砂与装有防锈剂的水溶液分装在两个罐里，通过压缩空气使其混合喷出，水砂混合比可根据需要调节。砂罐的工作压力为 0.5MPa，采用粒径为 0.1～1.5mm 的建筑用黄砂；水罐的工作压力为 0.1～0.35MPa，水中加入碳酸钠（质量为水的1%）和少许肥皂粉，以防除锈后再次生锈。湿喷（抛）射除锈虽然避免了干喷（抛）射除锈的砂尘飞扬、危害工人健康的缺点，但因其效率及质量较低，水、砂不易回收，成本高，气温较低的情况下不能施工，因此在施工现场很少采用。

6.2.2 酸洗除锈

酸洗是一种化学除锈法。酸洗除锈主要是指除掉金属型材表面的金属氧化物。对黑金属来说，主要指 Fe_3O_4、Fe_2O_3 及 FeO，就是使这些金属氧化物与酸液发生化学反应，并溶解在酸液中，从而达到除锈的目的。酸洗除锈前，应先将金属型材上的油脂除掉，因为油脂的存在使酸洗液接触不到金属型材表面，影响除锈效果。对忌油金属型材，必须先进行脱脂。

酸洗工序可分为酸洗、清水冲洗、中和，再清水冲洗、干燥，最后进行刷涂或钝化处理。钝化处理是把酸洗过的管子经中性、干燥处理后浸入钝化液，使之生成一种致密的氧化膜，提高了金属型材的耐腐蚀性能。

碳素钢及低合金钢金属型材酸洗、中和、钝化液的配方请参考有关国家标准。

6.2.3 钢管除锈

（1）*人工除锈法* 当钢管浮锈较厚，首先用手锤等敲击式手动工具除掉表面上的厚锈，使锈蚀层脱落。然后使用钢丝刷、钢砂布、粗砂布或铲刀等手工工具刮或磨，除掉表面上所有锈蚀层，待露出金属本色后再用棉纱拉、刷干净。

（2）*动力工具除锈法* 动力工具为由动力驱动的旋转式或冲击式除锈工具，如可以使用圆盘状的钢丝刷，钢丝刷的直径可根据不同的清洗管径而更换，清洗管段可长达12m。钢丝刷通过软轴由电动机驱动。还可以用离心式钢管除锈机，同时清除管子内、外壁的氧化皮或疏松的锈。

6.3 备料画线与合理用料

6.3.1 画线

矫正后的型材可在其上进行画线，又称为画料。

目前成批生产配件的画线工作逐步减少，由于科学技术进步，在气割方面采用靠模切割、光电跟踪切割、电子数控切割和冲模落料以及剪床靠模剪料等，都不需要画料，但在化工设备修理方面，画料工作范围较广，在多种场合下仍需手工进行画料工作。

(1) 画线前的注意事项

① 确定工艺余量　画线前要分析图纸，把工件的形状和尺寸准确地弄清楚，并考虑是否留出加工工艺余量，统筹考虑，定出实际下料所需尺寸。

确定工艺余量时应考虑以下因素：

a. 应考虑在展开过程和制作样板时产生的误差；

b. 考虑切割、刨边、滚压、热加工时产生的误差，如滚压、热加工后对板料的减薄误差，对板件厚度应留放余量；

c. 考虑装配边缘的修正和装配间隙，部件组装和总组装的装配公差与变形值；

d. 考虑焊接收缩量，如拼接板的焊缝收缩量、构架间焊缝收缩量，以及焊后所引起的各种变形值；

e. 考虑用火烤水渍收缩法矫正变形后的收缩量。

② 画线规则　为了保证画线质量，画线时必须严格遵守以下规则：

a. 垂直线必须用作图法画，不能用量角器或直角尺，更不能用目测方式画线；

b. 用画规在钢板上画圆、圆弧或分量尺寸时，应先冲出样冲眼，再进行画规操作，以防画规脚尖滑动。

③ 画线注意事项　画线时除遵守上述规则外，还必须注意以下事项。

a. 检查钢材的牌号、厚度是否符合图纸要求，是否满足工艺的需要。对于重要产品，如锅炉、压力容器用材，必须有合格检验证书，钢材的化学成分和力学性能应符合图纸上的技术要求，方能画线。

b. 钢材的表面应清洁，若发现有夹灰、麻点、裂纹、分层等缺陷，应向有关部门提出，经批准同意后方可使用。

c. 钢材表面应平整，如钢材表面凹凸不平，型钢弯曲不直，这些波浪形、凹凸不平度或不直度超过允许值时，应矫正后再画线。

d. 为保证画线所用量具的准确程度，如盘尺、卷尺、角尺、卡尺、三角板等，要定期检验矫正。

(2) *用样板、样杆画料的方法* 用样板画料关键在于样板与钢材要贴严，笔和针所磨的角度与画线时的倾角有关，原则上要保持样板轮廓线能垂直落在钢板上，这样画出来的料才能准确。

当工件图形完全对称，只作一半的样板画料时，应首先把样板上作为基准的线，在钢板上画准或延长，当半边画完后，再将钢板翻转180°，并对准基准线之后才画另一半料，这样才能保证整个工件形状的误差极小。

型钢下料时，经常使用样杆画线。样杆一端应有固定卡子，防止样杆移动。型钢件的头端画割线时，应备有各种直头或斜头的简易板，这样，既可使画料方便，又保证准确。例如，画管材切断线，可以用硬纸壳围管子一圈后，画出切断线。

6.3.2 合理用料

(1) *合理用料方法*

① 集中套排。为了合理使用原材料，在零件数量较多时，将相同牌号、相同厚度的零件集中在一起，统筹安排，长短搭配，凸凹相就，尽量减少空白，便可充分利用原材料，提高材料的利用率。

② 形状类似排料。将钢板工件在厚度相同的前提下，把外形基本类似的形状集中在一起，按工作的大小逐次归纳排料。

③ 余料统一利用。将一些形状和长短不一的余料，按牌号、规格集中在一起，用于小型零件的下料。

④ 统计计算下料。对型钢画料时，先把较长的工件画下来，再找出与余料相同或相近的工件进行画料，直到整根原材料被充分利用为止。这就是预先进行统计和安排，再进行下料的方法。

⑤ 套裁下料。将工件的图形精心安排在一张板材上，如同裁衣用的套裁法。

⑥ 二次下料。对于某些加工前无法准确下料的零件，往往一次号料时留有充分的余量，待加工后或装配时再进行二次下料。

二次下料前，对构件的形状、位置必须矫正准确，消除结构上存在的变形。图 6-61 所示大型构件在平台上，找正定位后进行二次画线的情况。

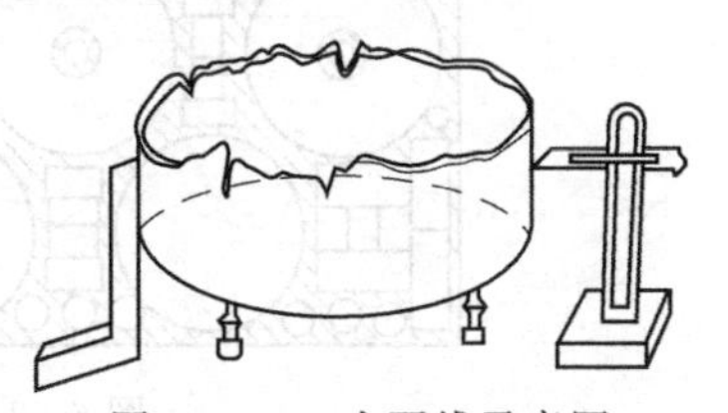

图 6-61 二次画线示意图

某些装配定位线或结构上的某

些孔，需要在零件加工后，在装配过程中画出，也属二次下料。

（2）材料利用率　材料利用率的计算公式为

$$\eta=\frac{nA_1}{A}\times 100\%$$

式中，η 为材料利用率，%；n 为板料上的零件数，件；A_1 为单个零件的面积，mm^2；A 为所用板料的面积，mm^2。

计算材料利用率也可用体积比，还可用重量比，但用面积比最为简略。上式中的“nA_1”可解释为板料上所布零件面积之总和。

（3）合理用料的方法举例　材料经合理编套，可减少消耗，提高其利用率。如图 6-62 所示，若按图 6-62（b）所示的方案，可排出 6 个零件；但按图 6-62（c）所示的方案，则可排出 9 个零件。前者的材料利用率为 60%，后者则可达到 90%的材料利用率。

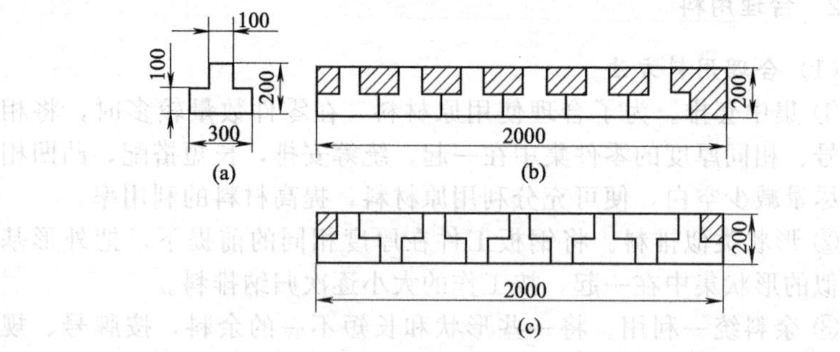

图 6-62　合理用料举例

① 钢板的套料

a. 集中下料法。集中下料法如图 6-63 所示，采用这样的套料方式是将同一材质和同一厚度的零件集中在一起，统筹安排，大小搭配，充分利用边角料，从而提高了材料的利用率。

实际工作中常会遇到不论如何优化套料，总会有一些边角空余的

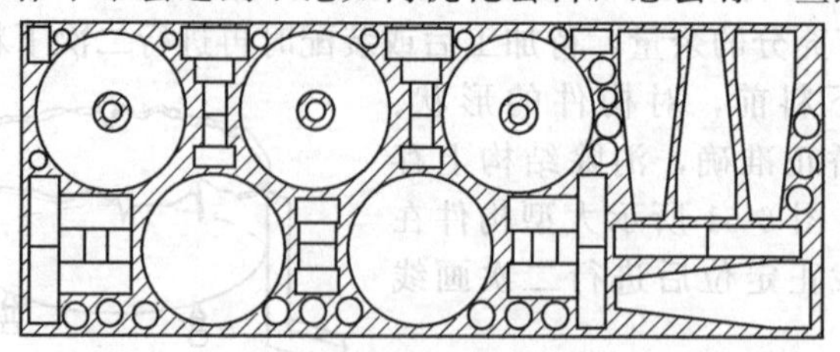

图 6-63　集中下料法

情况。如果这时的材料质量性能较高，可以将并非同一材质，但材质性能要求较低的零件编套在内，但切记“以高代低”，也有助于提高材料的利用率。

b. 排料套料法。按零件的形状可采用直排、对排、单排、斜排、多排等方式，以提高材料的利用率。如图 6-64 所示，这个 90°角弯头是由 4 节焊管组成的，每节焊管都可以展开。排料时，如果仅按零件图给定的展开形式，就会出现如图 6-64（b）中的方案。但只要领会了设计意图，每节管的焊缝位置错开，则会得到如图 6-64（c）中的套料方式，情况也就会好多了。

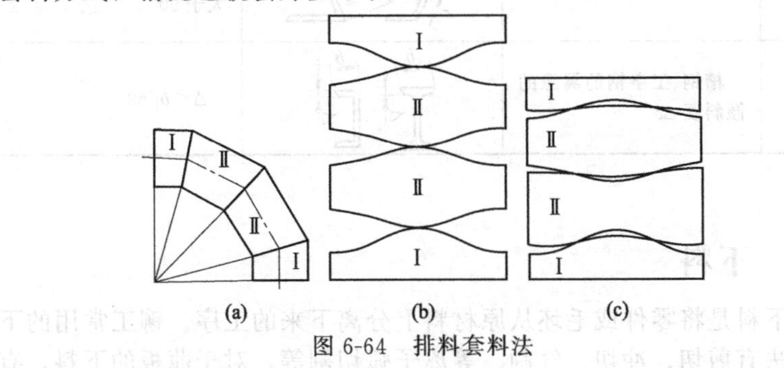

图 6-64 排料套料法

c. 零料拼整法。在实际生产中，为了提高材料的利用率，在工艺许可的条件下，可采用以小拼整的结构，如图 6-65 所示。这样也可较大地提高材料的利用率。

② 型材的套料方法

型材的套料相对简单得多，采用的是长短搭配法，通常是先下尺寸较长的料，然后下较短的料，经严格计算，使余料最短。

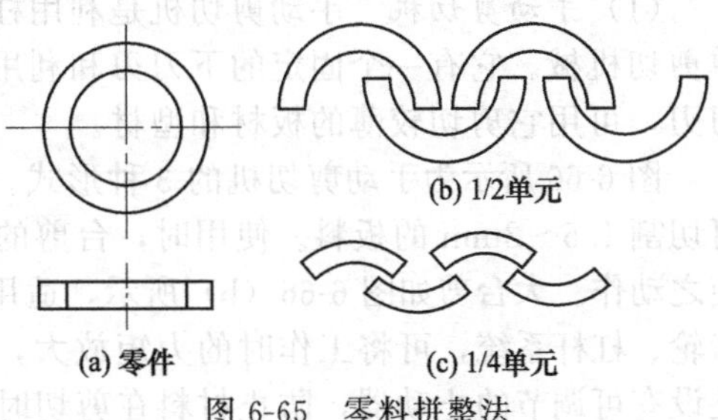

图 6-65 零料拼整法

③ 套料的注意事项

套料应选择最经济、合理的排样方式，但必须注意，编排时要考虑加工方式，如剪切的排样要满足工艺性要求。只有综合考虑周全，才能达到合理用料。

（4）下料允许误差 常用的下料允许偏差如表 6-3 所示。

表6-3 钢材下料前的允许偏差

项次	偏差名称	示意图	允许偏差值/mm
1	钢板、扁钢的局部挠曲矢高 f	1000 尺子	在1m范围内 $\delta \geqslant 14$，$f \leqslant 1.0$；$\delta \leqslant 14$，$f \leqslant 1.5$
2	角钢、槽钢、工字钢的挠曲矢高 f		长度的1/1000但不大于5
3	角钢肢的不垂直度 Δ		$\Delta \leqslant b/1000$ 但双肢铆栓连接角钢的角度不得大于90°
4	槽钢、工字钢的翼缘的倾斜度 $\Delta\delta$		$\Delta < b/80$

6.4 下料

下料是将零件或毛坯从原材料上分离下来的工序。铆工常用的下料方法有剪切、冲切、气割、等离子弧切割等，对于薄板的下料，有时也可采用手工剪切的方法。

6.4.1 手动剪切

（1）*手动剪切机* 手动剪切机是利用杠杆原理进行剪切的一种简单剪切机械。它有一个固定的下刀刃和利用杠杆或杠杆系统的手动上刀刃，可用它剪切较薄的板材和型材。

图6-66所示为手动剪切机的3种形式。台剪如图6-66（a）所示，可切割1.5～2mm的板料。使用时，台剪的下刃不动，上刃则由长杆使之动作。大台剪如图6-66（b）所示，适用于剪切较大的板料，设有齿轮、杠杆系统，可将工作时的力矩放大，以提高工作效率。大台剪还设有可调节的止动器，防止材料在剪切时的移动。闭式机架的手剪机如图6-66（c）所示，是将可动刀片装在两个固定机架的中间。这种剪切机的特点是既能切割圆钢、方钢、扁钢，又能切割角钢及T形钢。

（2）*克切* 是手工剪切方法的一种，它与剪板机的原理相同。克切也是利用上、下两个刀刃进行剪切。上刀刃是“克子”，下刀刃是剪刃。克子有带柄和不带柄的两种。

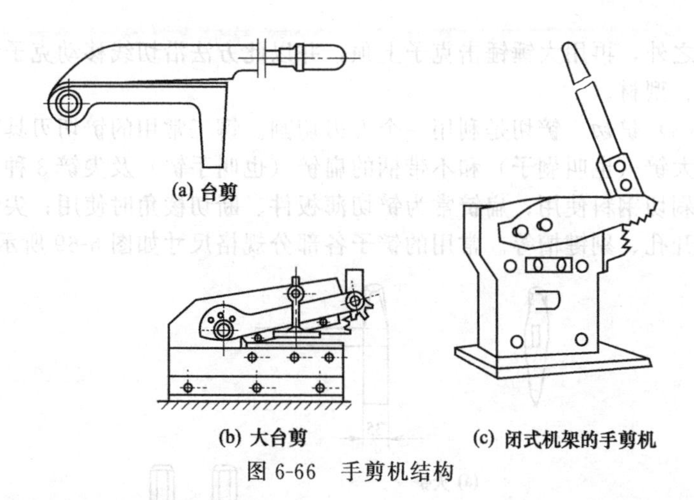

图 6-66 手剪机结构

带柄的克子可用于板材、型材以及铆钉的分离；不带柄的克子用于铆钉的分割。克子刃部的规格尺寸如图 6-67 所示。

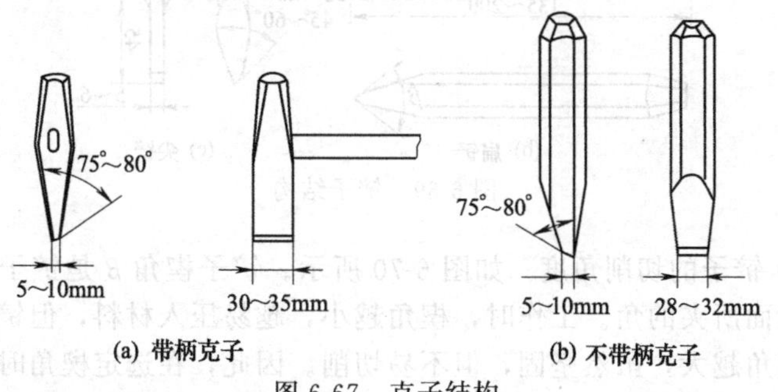

图 6-67 克子结构

克切用的下剪刃可根据需要采取不同形式，可以安置在砧子或平台上，在克切钢板时，也可利用槽钢、铁道钢轨等的棱角做剪刃。

克切板料或型材时，应将工件放在剪刃上，切线需对准剪刃，如图 6-68 所示。

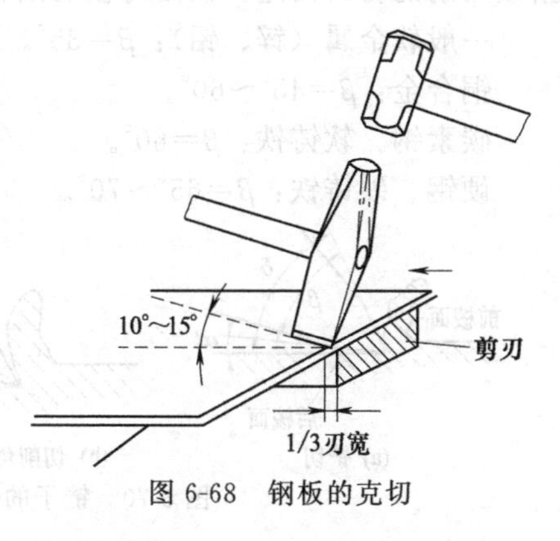

图 6-68 钢板的克切

克子刃应倾斜 10°～15°，克子刃长度的 1/4～1/3 应伸出板边之外，再用大锤锤击克子上顶，并以此方法沿切线移动克子切开板料、型材。

（3）铲切　铲切是利用一个刀刃切割。铆工常用的铲切刃具有带柄的大铲（也叫剁子）和不带柄的扁铲（也叫手铲）及尖铲 3 种。大铲为剁切钢料使用；扁铲常为铲切薄板件、断切棱角时使用；尖铲常用于开孔、剔键槽等。常用的铲子各部分规格尺寸如图 6-69 所示。

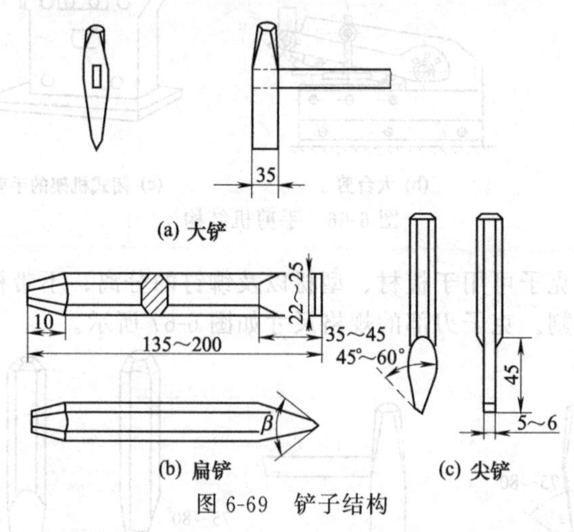

图 6-69　铲子结构

① 铲子的切削角度　如图 6-70 所示。铲子楔角 β 是铲子前棱面与后棱面所夹的角。工作时，楔角越小，越易压入材料，但铲刃强度小。楔角越大，虽然坚固，但不易切削。因此，在选定楔角时，要根据被切削的材料而定。楔角与被切削材料的一般关系如下。

一般软金属（锌、铅）：$\beta=35°$。

铜合金：$\beta=45°\sim60°$。

碳素钢、软铸铁：$\beta=60°$。

硬钢、硬铸铁：$\beta=65°\sim70°$。

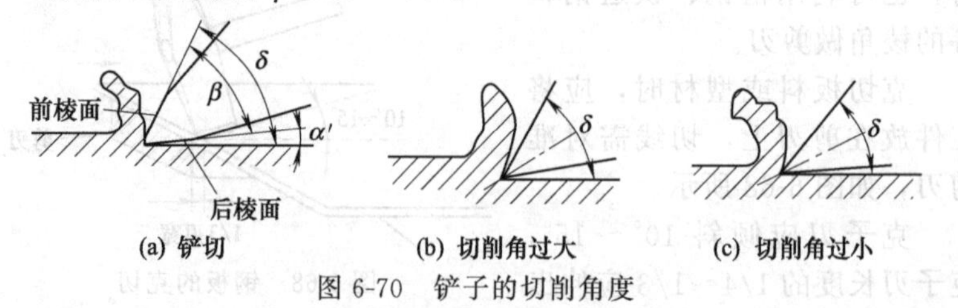

图 6-70　铲子的切削角度

切削角 δ 是铲子前面和工件平面间的夹角。切削角小，易使铲子翘起；切削角大，则不易起屑而陷入材料。

后角口是铲子后棱面和切削平面的夹角。它的作用主要是减小铲子与切削面间的摩擦，使工件获得平整的表面。后角 α 常为 3°～8°。

② 铲子的修磨　铲子在使用过程中，刃部变钝、破损或顶部产生卷边、毛刺时，都要用砂轮修磨，使其刃部、顶部符合使用要求。磨削铲子时，要两手握紧铲柄，刃口放在砂轮的圆面上，轻压并均匀地左右摆动，可使刃口平直。对于淬火后的铲刃，刃磨时要轻压并不断浸入水中进行冷却，以避免摩擦生热导致刃口退火而变软。刃磨后楔角中心应与铲身中心一致，刃口与刃面要端正，否则，都会影响操作和铲切质量。

铲顶是不经热处理的，使用后常出现卷边及毛刺，应及时磨掉，使其保持正常状态。

③ 铲刃的淬火方法　铲刃淬火时，要先将切削刃部长为 20～30mm 加热到 770～800℃（樱红色），用钳子取出后迅速垂直地插入水中 3～4mm，缓缓地做水平移动，以利迅速冷却，提高淬火硬度，并使淬火部分与未淬火部分不致有明显界线，以避免从界线处断裂。

当铲子露出水面部分呈黑色时，应立即将铲子从水中取出以利用上部热量进行余热回火。此时，要注意观察其刃部的颜色，工件刚出水时的颜色一般是白的，刃口的温度逐渐上升后，颜色也随之由白色呈黄色，再由黄色变蓝色。当呈现黄色时，即应把铲子全部投入水中，这种回火温度叫做“黄火”。当刃口呈现蓝色时，全部放入水中冷却的回火温度叫做“蓝火”。实践证明，铆工使用的铲子刃口，一般采用黄、蓝火之间的硬度为宜，这种火色通常也叫“小黄火”。火色的变色很快，只有几秒钟，所以在淬火时应注意掌握。如果在北方冬季气温低，淬火用水应预热至 15℃以上，以避免淬裂。

6.4.2 割和砂轮切割

（1）机械锯割

① 弓锯床　弓锯床上锯条往复运动由曲柄盘的旋转而产生，锯条行程的长短可以调节曲柄。锯条的压力靠锯弓本身和锯弓上可移动的重锤产生。回程时为避免锯齿与工件摩擦，锯条能自动抬高。

② 摩擦锯　利用锯片与工件摩擦发热使工件熔化切断，这种锯的锯片通常是没有齿的。工作时锯片以很高的圆周速度（100～

150m/s）旋转，使工件被高速摩擦热熔化，并通过摩擦的离心力把溶液剥离甩掉。锯片由于旋转速度很高，能很快地在空气中得到冷却而不致过热。摩擦锯可以切割各种型钢，也可切割管子、铸铁和钢板。它的优点是切割速度快；缺点是切口不够光洁，噪声大。

机械锯常用于棒材和型材的切断。

（2）*砂轮切割* 砂轮切割是利用锯片砂轮高速旋转时，与工件摩擦产生热量，使之熔化而形成割缝。为了获得较高的切割效率和较窄的割缝，切割用的锯片砂轮必须具有很高的圆周速度和较少的厚度。

砂轮切割不但能切割圆钢、异型钢管、角钢和扁钢等各种型钢，还特别适宜于切割不锈钢、轴承钢、各种合金钢和淬火钢等材料。

目前，应用最广的砂轮切割机是可移式砂轮切割机，如图 6-71所示。它是由切割动力头、可转夹钳、中心调整机构及底座等组成。

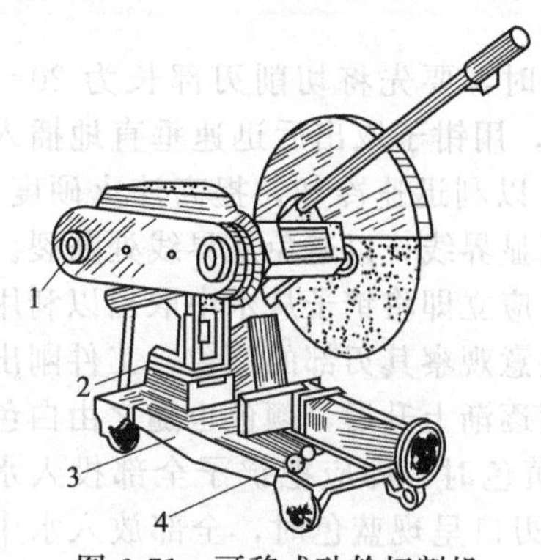

图 6-71 可移式砂轮切割机
1—切割动力头；2—中心调整机构；3—底座；4—可转夹钳

动力头是由电动机、带传动和锯片砂轮组成。通常使用的锯片砂轮直径为 300～400mm，厚度为3mm，转速为 2900r/min，切割线速度 60m/s。为了防止碎裂，采用有纤维的增强锯片砂轮，并装有防护罩，以防止砂轮碎裂，或火花、粉尘可能对人身健康造成伤害。

可转动夹钳是根据切割需要，可分别将夹钳调整为与砂轮主轴成0°、15°、30°、45°的夹角。调整时，只要松开内六角螺钉，拔出定位销、钳口，就能以支点螺钉为圆心旋转到所需要的角度。

切割时，将型材装在可转夹钳上，电动机通过带驱动砂轮进行切割，用手柄控制切割进给速度。操作时要均匀平稳，不能用力过猛，以免过载使砂轮崩裂。

6.4.3 剪切

剪切加工实质都是通过上、下剪刃对材料施加剪切力，使材料发生剪切变形，最后断裂分离。因此，为掌握剪切加工技术，就必须了解剪切加工中材料的变形和受力状况、剪切加工对剪刃几何形状的要求及剪切力的计算等基础知识。

(1) **剪切加工原理**　铆工在生产中使用较多是如图6-72所示的斜口剪。

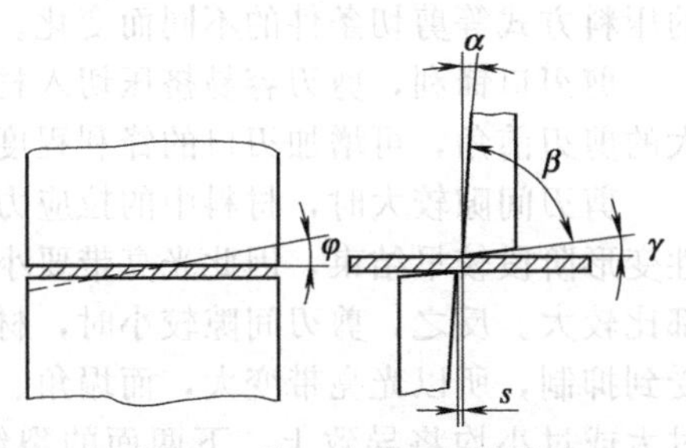

图6-72　斜口剪剪刃几何形状
γ—前角；α—后角；β—楔角；
s—剪刃间隙；φ—剪刃斜角

① 剪切过程及剪断面状况的分析　剪切时，材料置于上、下剪刃之间，在剪切力的作用下，材料的变形和剪断过程如图6-73所示。

在剪刃口开始与材料接触时，材料处于弹性变形阶段。当上剪刃继续下降时，剪刀对材料的压力增大，使材料发生局部的塑性弯曲和拉伸变形（特别是当剪刃间隙偏大时）。同时，剪刀的刃口也开始压入材料，形成塌角区和光亮的塑剪区，这时在剪刃口附近金属的应力状态和变形是极不均匀的。随着剪刃压入深度的增加，在刃口处形成很大的应力和变形集中。当此变形达到材料极限变形程度时，材料出现微裂纹。随着剪裂现象的扩展，上、下刃口产生的剪裂缝重合，使材料最终分离。

图6-74所示为材料剪断面，它具有明显的区域性特征，可以明显地分为塌角、光亮带、剪裂带和毛刺4个部分。塌角1的形成原因是当剪刃压入材料时，刃口附近的材料被牵连拉伸变形的结果；光亮带2由剪刃挤压切入材料时形成，表面光滑平整；剪裂带3则是在材料剪裂分离时形成，表面粗糙，略有斜度，不与板面垂直；而毛刺4是在出现微裂纹时产生的。

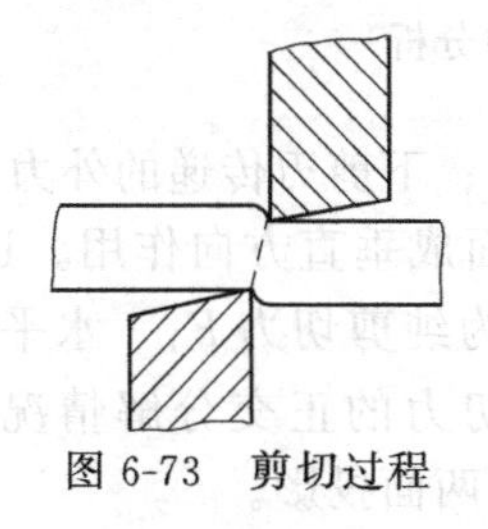
图6-73　剪切过程

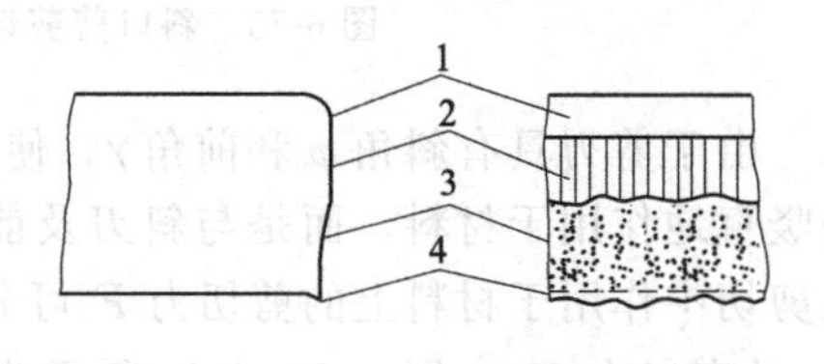

图6-74　剪断面状况
1—塌角；2—光亮带；3—剪裂带；4—毛刺

剪断面上的塌角、光亮带、剪裂带和毛刺4个部分在整个剪断面上的分布比例，随材料的性能、厚度、剪刃形状、剪刃间隙和剪切时的压料方式等剪切条件的不同而变化。

剪刃口锋利，剪刃容易挤压切入材料，有利于增大光亮带，而较大的剪刃前角，可增加刃口的锋利程度。

剪刃间隙较大时，材料中的拉应力将增大，易于产生剪裂纹，塑性变形阶段较早结束，因此光亮带要小一些，而剪裂带、塌角和毛刺都比较大。反之，剪刃间隙较小时，材料中拉应力减小，裂纹的产生受到抑制，所以光亮带变大，而塌角、剪裂带等均减小。然而，间隙过大或过小均将导致上、下两面的裂纹不能重合于一线。间隙过小时，剪断面出现潜裂纹和较大毛刺；间隙过大时，剪裂带、塌角、毛刺和斜度均增大，表面极粗糙。

若将材料压紧在下剪刃上，则可减小拉应力，从而增大光亮带。此外，材料的塑性好、厚度小，也可以使光亮带变大。

综合上面分析可以得出，增大光亮带，减小塌角、毛刺，进而提高剪断面质量的主要措施是：增加剪刀刃口锋利程度，剪刃间隙取合理间隙的最小值，并将材料压紧在下剪刃上等。

② 斜口剪剪切受力分析　根据图 6-72 所示的斜口剪剪刃的几何形状和相对位置，材料在剪切过程中的受力状况如图 6-75 所示。

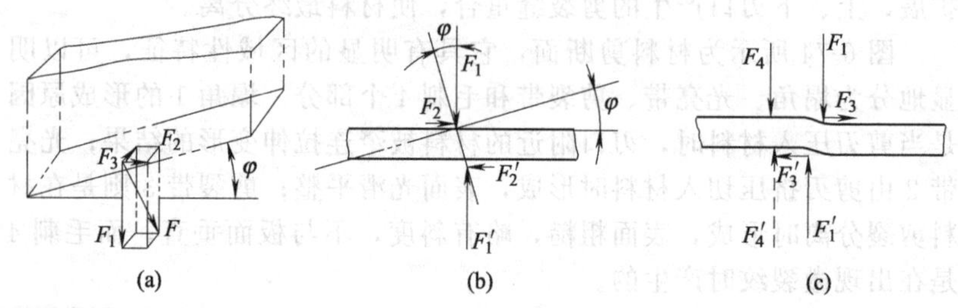

图 6-75　斜口剪剪切受力分析

由于剪刃具有斜角 φ 和前角 γ，使得上、下剪刃传递的外力 F 不是竖直地作用于材料，而是与斜刃及前刀面成垂直方向作用。这样，在剪切中作用于材料上的剪切力 F 可分解为纯剪切力 F_1、水平推力 F_2 及离口力 F_3。图 6-75（a）所示为剪切力的正交分解情况，图 6-75（b）、(c）所示为剪切力正交分解后的两面投影。

③ 斜口剪剪刃的几何参数　根据图 6-75 所示的分析，并考虑实际情况与理想状态的差距，确定斜口剪剪刃几何参数如下。

a. 剪刃斜角 φ。剪刃斜角 φ 一般在 2°～14°之间。对于横入式斜口剪床，φ 一般为 7°～12°；对于龙门式斜口剪床，φ 一般为2°～6°。

b. 前角 γ。前角 γ 是剪刃的一个重要几何参数，其大小不仅影响剪切力和剪切质量，而且直接影响剪刃强度。前角 γ 值一般可在0°～20°之间，依据被剪材料性质不同而选取。

铆工剪切钢材时，斜口剪 γ 值通常为 5°～7°。

c. 后角 α。后角 α 的作用主要是减小材料与剪刀的摩擦，通常取 α=1.5°～3°。γ 角与 α 角确定后，楔角 β 也就随之而定。

d. 剪刃间隙 s。剪刃间隙 s 是为避免上、下剪刀碰撞、减小剪切力和改善剪断面质量的一个几何参数。合理的间隙值是两个尺寸范围，其上限值称为最大间隙，下限值称为最小间隙。剪刃合理间隙的确定，主要取决于被剪材料的性质和厚度，如表 6-4 所示。各种剪切设备，均附有很具体的间隙调整数据铭牌，可作为调整剪刃间隙的依据。

表 6-4 剪刃合理间隙的范围

材料	间隙(以板厚的百分数表示)/%	材料	间隙(以板厚的百分数表示)/%
纯铁	6～9	不锈钢	7～11
软钢(低碳钢)	6～9	铜(硬态、软态)	6～10
硬钢(中碳钢)	8～12	铝(硬态)	6～10
硅钢	7～11	铝(软态)	5～8

(2) 剪切设备

① 常用的剪切机械　剪切机械的种类很多，铆工较常用的有龙门式斜口剪床、横入式斜口剪床、圆盘剪床、振动剪床和联合剪冲机床。

a. 龙门式斜口剪床。龙门式斜口剪床如图 6-76 所示，主要用于剪切直线切口。它操作简单，进料方便，剪切速度快，剪切材料变形小，剪断面精度高，所以在板料剪切中应用最为广泛。

b. 横入式斜口剪床。横入式斜口剪床如图 6-77 所示，主要用于剪切直线。剪切时，被剪材料可以由剪口横入，并能沿剪切方向移动，剪切可分段进行，剪切长度不受限制。与龙门式斜口剪床比较，它的剪刃斜角 φ 较大，故剪切变形大，而且操作较麻烦。一般情况下，用它剪切薄而宽的板料较好。

c. 圆盘剪床。圆盘剪床的剪切部分由上、下两个滚刀组成。剪切时，上、下滚刀做同速反向转动，材料在两滚刀间边剪切、边输

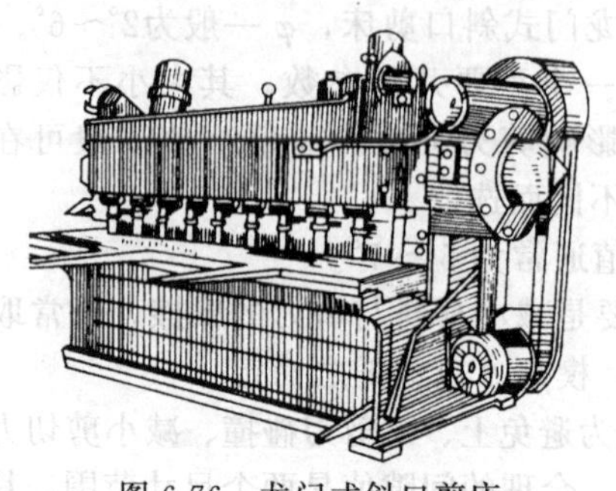

图 6-76 龙门式斜口剪床

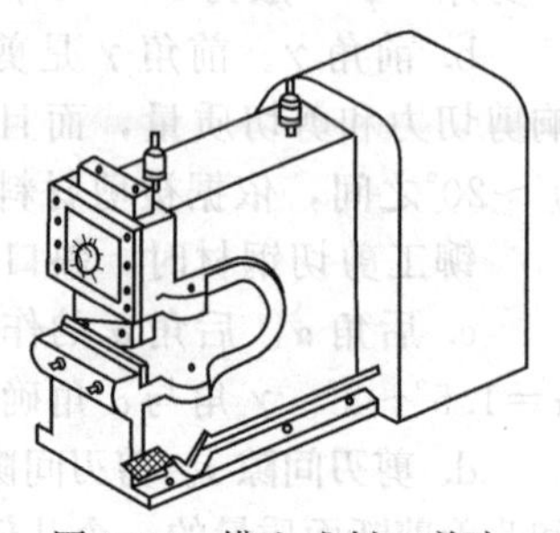

图 6-77 横入式斜口剪床

送，如图 6-78（a）所示。铆工常用的是滚刀斜置式圆盘剪床，如图 6-78（b）所示。

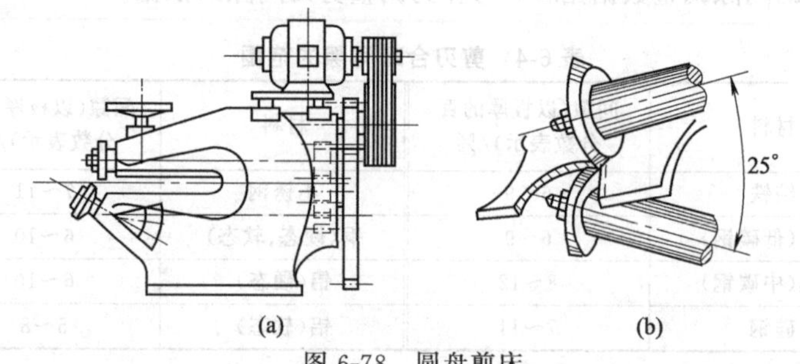

图 6-78 圆盘剪床

圆盘剪床由于上、下剪刃重叠甚少，瞬时剪切长度极短，且板料转动基本不受限制，适用于剪切曲线，并能连续剪切。但被剪材料弯曲较大，边缘有毛刺，一般圆盘剪床只能剪切较薄的板料。

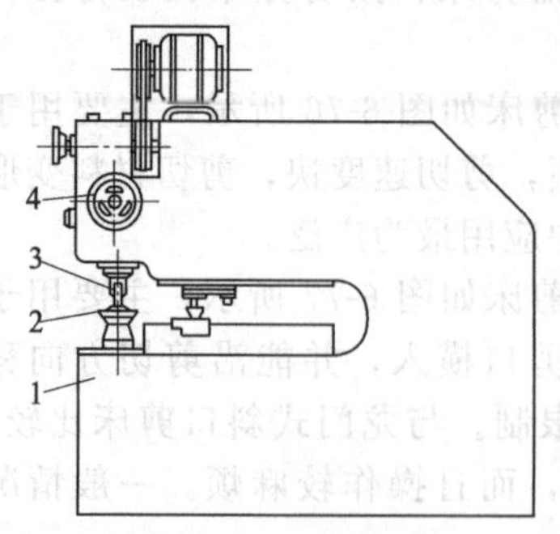

图 6-79 振动剪床

1—床身；2—下剪刃；3—上剪刃；4—升降柄

d. 振动剪床。振动剪床如图6-79所示，它的上、下刃板都是倾斜的，交角较大，剪切部分极短。工作时上刃板每分钟的往复运动可达数千次，呈振动状。

振动剪床可在板料上剪切各种曲线和内孔。但其刃口容易磨损，剪断面有毛刺，生产率低，而且只能剪切较薄的板料。

e. 联合剪冲机床。联合剪冲机床通常由斜口剪、型钢剪和小冲头组成，可以剪切钢板和各种型钢，并能进行小零件冲压和冲孔。

② 剪切机械的简单分析　作为剪切机械的操作者，应该具有对所用的剪切机械进行简单分析的能力，这有助于掌握、改进剪切工艺方法，正确维护、保养和使用剪切机械。

a. 剪切机械的类型和技术性能。可根据其结构形式初步判断剪切机械属于何种类型，再对其型号所表示的意义作详细了解。

剪床的型号，表示剪床的类型、特性及基本工作参数等。例如，Q11-13×2500 型龙门式剪板机，其型号所表示的含义为：

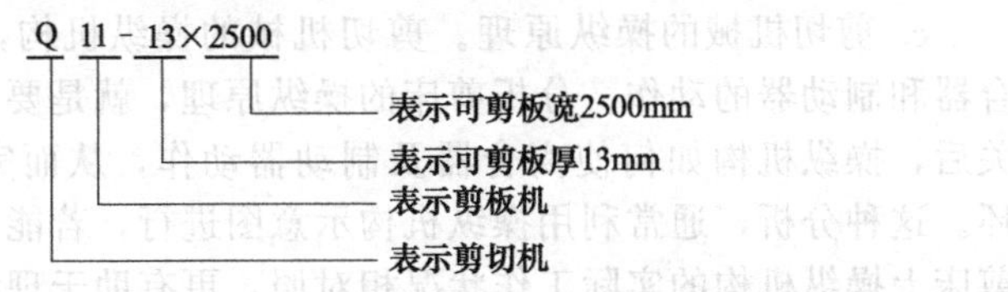

机床编号的国家标准，已作了数次改动，因此对于不同剪床型号所表示的含义，应根据剪床的出厂年代，查阅有关的国家标准。

各种类型的剪切设备，其技术性能参数通常制成铭牌钉在机身上，作为剪切加工的依据。在设备使用说明书上，也详细记载设备的技术性能。因此，只要参阅剪床铭牌或使用说明书，即可了解其技术性能。

b. 剪切机械的传动关系。分析剪切机械的传动关系，通常要利用其传动关系示意图。首先要在图中找出原动件和工作件的位置，然后按照原动件—传动件—工作件的顺序，顺次找出各部件间的联系，从而弄清楚整个系统的传动关系。

图 6-80 所示为 Q11-20×2000 型龙门式斜口剪床的传动系统示意图。在这个系统中，电动机是原动件，曲轴连带滑块是工作件，其它均为传动件。

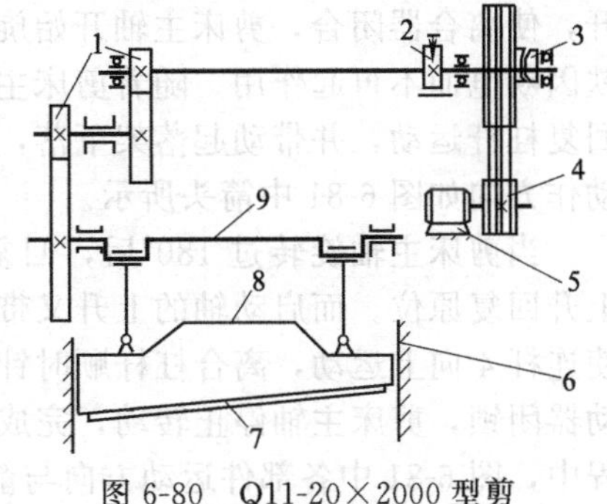

图 6-80　Q11-20×2000 型剪床传动系统示意图

1—齿轮；2—制动器；3—离合器；4—带轮；5—电动机；6—导轨；7—上剪刃；8—滑块；9—曲轴

工作时，首先是电动机带动带轮空转，这时由于离合器处于松开位置，制动器处于闭锁位置，故其余部分均不运动。踏下脚踏开关后，在操纵机构（图中未画出）的作用下，离合器闭合，同时制动器松开，带轮通过传动轴上的齿轮，带动工作曲轴旋转，曲轴又带动装有上剪刃的滑块沿导轨上下运动，与装在工作台上的下剪刃配合，进行剪切。完成一次剪切后，操纵机构又使离合器松开，同时使制动器锁闭，从而使曲轴停转。

在传动系统中，离合器和制动器要经常检查调整；否则，易造成剪切故障。例如，引起上剪刀自发地连续动作或曲轴停转后上剪刃不能回原位等，甚至会造成人身和设备事故。

c. 剪切机械的操纵原理。剪切机械的操纵机构，主要是控制离合器和制动器的动作。分析剪床的操纵原理，就是要分析踏下脚踏开关后，操纵机构如何使离合器及制动器动作，从而完成一个工作循环。这种分析，通常利用操纵机构示意图进行，若能在分析过程中与剪床上操纵机构的实际工作状况相对照，更有助于理解。

图 6-81 所示为 Q11-20×2000 型剪床的操纵机构示意图。已知离合器与离合杠杆相连，当杠杆逆时针转动时，离合器闭合，反之则打开；制动器与连杆相连，连杆向下运动时，制动器松开，反之则闭锁。

剪切时，踏下脚踏开关后，电磁铁将起落架和启动轴分离，重力锤通过连杆 7 使主控制轴作逆时针方向旋转。主控制轴的旋转又带动连杆 4 向下运动，离合杠杆绕支点逆时针转动，从而迫使制动器松开，使离合器闭合，剪床主轴开始旋转。这时抬起脚踏开关，则电磁铁因断电而不再起作用。随着剪床主轴的旋转，剪床主轴上的凸轮使回复杠杆运动，并带动起落架下落，重新与启动轴咬合。各部件上述动作方向如图 6-81 中箭头所示。

当剪床主轴旋转过 180°后，回复杠杆开始带动起落架及启动轴上升回复原位。而启动轴的上升又带动主控制轴顺时针方向旋转，并使连杆 4 向上运动，离合杠杆顺时针旋动，从而迫使离合器松开，制动器闭锁，剪床主轴停止转动，完成一个剪切工作循环。上述回复过程中，图 6-81 中各部件运动方向与箭头所指方向相反。

d. 剪切机械的工艺装备。为满足剪切工艺的需要，剪切机械通常设置一些简单的工艺装备。图 6-82 所示为一般龙门式斜口剪床的工艺装备情况。

压料板可防止剪切时板料的翻转和移动，以保证剪切质量。压料

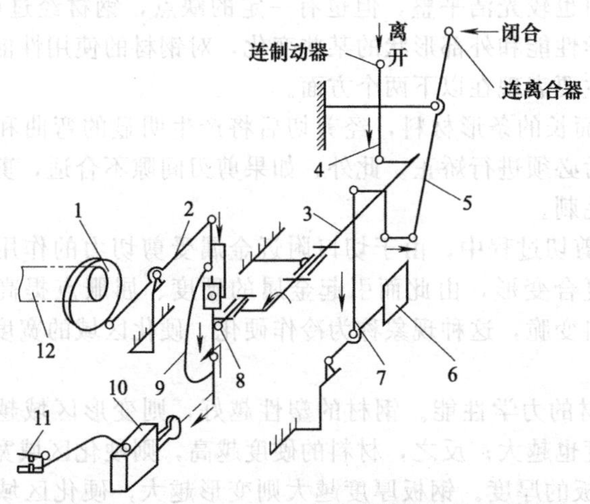

图 6-81　Q11-20×2000 型剪床操纵机构示意图

1—凸轮；2—回复杠杆；3—主控制轴；4,7—连杆；5—离合杠杆；6—重力锤；8—启动轴；9—起落架；10—电磁铁；11—脚踏开关；12—剪床主轴

板由工作曲轴带动，在上剪刃与板料接触前压住板料，完成自动压料，也可利用手动偏心轮等达到压紧目的，而成为手动压料式。栅板是安全装置，用来防止手或其它物品进入剪口而发生事故。前挡板和后挡板在剪切时起定位作用。在剪切数量较多、尺寸相同的零件时，利用挡板定位剪切，可提高生产效率并能保证产品质量。在床面上，也可以安装定位挡板。

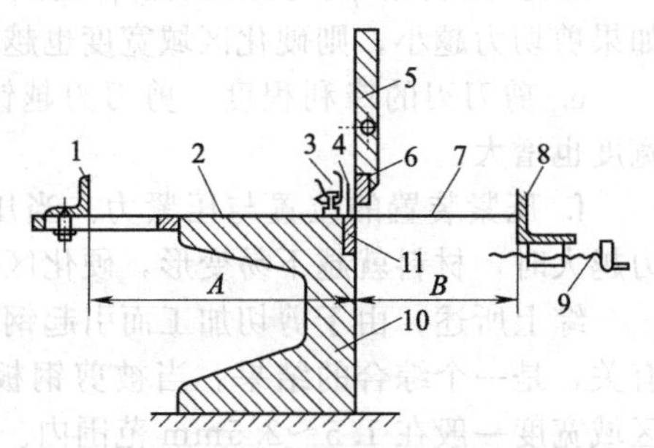

图 6-82　龙门式斜口剪床的工艺装备

1—前挡板；2—床面；3—压料板；4—栅板；5—剪床滑块；6—上刀片；7—板料；8—后挡板；9—螺杆；10—床身；11—下刀片

有些工厂结合本厂的具体情况，对自用剪床进行了设备改造，以提高自动化程度，如自动上、下料，自动送进、定位（对剪切线）、压紧等。

（3）**剪切加工对钢材质量的影响**　剪切是一种高效率切割金属的

方法，切口也较光洁平整，但也有一定的缺点，钢材经过剪切加工，将引起力学性能和外部形状的某些变化，对钢材的使用性能造成一定的影响。主要表现在以下两个方面。

① 窄而长的条形材料，经剪切后将产生明显的弯曲和扭曲复合变形，剪后必须进行矫正。此外，如果剪刃间隙不合适，剪切断面粗糙并带有毛刺。

② 在剪切过程中，由于切口附近金属受剪切力的作用而发生挤压、弯曲复合变形，由此而引起金属的硬度、屈服点提高，塑性下降，使材料变脆，这种现象称为冷作硬化。硬化区域的宽度与下列因素有关。

a. 钢材的力学性能。钢材的塑性越好，则变形区域越大，硬化区域的宽度也越大；反之，材料的硬度越高，则硬化区域宽度越小。

b. 钢板的厚度。钢板厚度越大则变形越大，硬化区域宽度也越大；反之，则越小。

c. 剪刃间隙 s。间隙越大，则材料受弯情况越严重，故硬化区域宽度越大。

d. 剪刃斜角 φ。剪刃斜角 φ 越大，当剪切同样厚度的钢板时，如果剪切力越小，则硬化区域宽度也越小。

e. 剪刀刃的锋利程度。剪刀刃越钝，则剪切力越大，硬化区域宽度也增大。

f. 压紧装置的位置与压紧力。当压紧装置越靠近刀刃，且压紧力越大时，材料就越不易变形，硬化区域宽度也就减少。

综上所述，由于剪切加工而引起钢材冷作硬化的宽度与多种因素有关，是一个综合的结果。当被剪钢板厚度小于 25mm 时，其硬化区域宽度一般在 1.5～2.5mm 范围内。

对于板边的冷加工硬化现象，在制造重要结构或剪切后尚需冷冲压加工时，须经铣削、刨削或热处理，以消除硬化现象。

6.4.4 冲切

(1) *冲切原理* 利用冲模在压力机上把板料的一部分与另一部分分离的加工方法，称为冲切。冲切也是钢材切割的一种方法，对成批生产的零件或定型产品，应用冲切下料，可提高生产效率和产品质量。

冲切时，材料置于凸、凹模之间，在外力作用下，凸、凹模产生一对剪切力（剪切线通常是封闭的），材料在剪切力作用下被分离，如图 6-83 所示。冲切的基本原理与剪切相同，只不过是将剪切时的直线刀刃，改变成封闭的圆形或其它形式的刀刃而已。冲裁过程中材料的变形情况及断面状态，与剪切时大致相同。

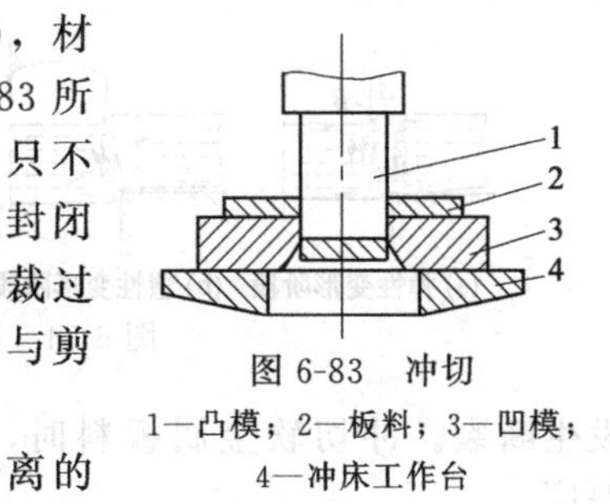

图 6-83　冲切

1—凸模；2—板料；3—凹模；4—冲床工作台

从凸模接触板料到板料相互分离的过程是在瞬间完成的。当凸、凹模间隙正常时，冲切变形过程大致可分为以下 3 个阶段。

① 弹性变形阶段　此时材料发生弹性压缩和弯曲，如图 6-84（a）所示。当凸模开始接触板料并下压时，在凸、凹模压力作用下，板料开始产生弹性压缩、弯曲、拉伸（$AB'>AB$）等复杂变形。这时凸模略微挤入板料，板料下部也略微挤入凹模洞口，并在与凸、凹模刃口接触处形成很小的圆角。同时，板料稍有穹弯，材料越硬，凸、凹模间隙越大，穹弯越严重。随着凸模的下压，刃口附近板料所受的应力逐渐增大，直至达到弹性极限，弹性变形阶段结束。

② 塑性变形阶段　凸模继续压入材料，使板料变形区的应力超过其屈服点，达到塑性条件时，便进入塑性变形阶段，如图 6-84（b）所示。这时，凸模挤入板料和板料挤入凹模的深度逐渐加大，产生塑性剪切变形，形成光亮的剪切断面。随着凸模的下降，塑性变形程度增加，变形区材料硬化加剧，变形抗力不断上升，冲切力也相应增大，直到刃口附近的应力达到抗拉强度时，塑性变形阶段终止。由于凸、凹模之间间隙的存在，此阶段中冲切变形区还伴随着弯曲和拉伸变形，且间隙越大，弯曲和拉伸变形也越大。

③ 断裂分离阶段　当板料内的应力达到抗拉强度后，凸模再向下压入时，则在板料上与凸、凹模刃口接触的部位先后产生微裂纹，如图 6-84（c）所示。裂纹的起点一般在距刃口很近的侧面，且一般首先在凹模刃口附近的侧面产生，继而才在凸模刃口附近的侧面产生。随着凸模的继续下压，已产生的上、下微裂纹将沿最大剪应力方向不断地向板料内部扩展，当上、下裂纹重合时，板料便被剪断分离，如图 6-84（d）所示。随后，凸模将分离的材料推入凹模洞口，冲切变形过程结束。

冲切较硬金属板料时，剪切带很窄，而在凸模压入板料很浅时就

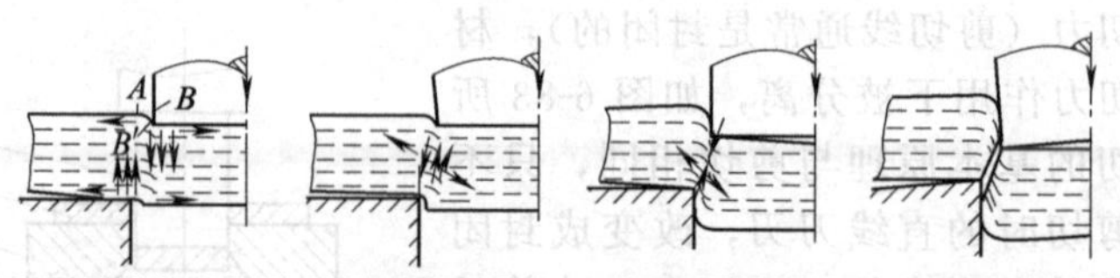

(a) 弹性变形阶段 (b) 塑性变形阶段 (c) 断裂分离阶段1 (d) 断裂分离阶段2

图 6-84 冲切变形过程

发生断裂。冲切软金属板料时，凸模和凹模差不多全部切入板料厚度。

对于同一材料，如厚度增加时，则单位抗剪力稍有减小，可以减小剪切变形。薄料由于受模具冲刃影响，冷作硬化现象较显著。

冲模的间隙对冲切的影响：当凸、凹模的间隙正常时，断裂纹汇合得好，断裂面平整而且垂直于板面；当凸、凹模的间隙过小时，剪裂纹不能连接，隔着一定距离彼此平衡，冲切零件上部有毛刺和齿状边缘；当凸、凹模的间隙过大时，零件断面有拉断的毛刺。

材料的性质、厚度与模具的间隙等 3 项是决定冲切零件质量的主要因素。

冲切零件由于部位的不同，冲切可分为落料、冲孔、豁边、切口和切边等，如表 6-5 所示。

表 6-5 零件冲切的名称

名称	图例	说明
落料		切掉零件的周边，中间落下的是零件
冲孔		冲切过程与落料相似，但中间落下的是余料
豁边	(a) (b)	切去工件周围的某一部分使工件边缘呈现豁口或为一定形状
切口		把工件边缘某一处切开，但不使其分离（如百叶窗）
切边		把压延件周边的多余部分切掉

冲切可以制出金属材料的成品零件，也可为弯曲、压延成形等制出坯料。

(2) 冲切模具

① 夹板冲模　夹板冲模是用薄钢板制成的凸、凹模。它不用模座，便于制造，适用于冲切任意形状的薄板零件，如图 6-85 所示。

夹板模由凸模 3 和凹模 1 组成。凸模固定在凸模夹板 2 上。夹板和凹模的一端用铆接或焊接，另一端分开。

工作时，可将模具平放在冲床的特制垫板上，一手把持模具的连接端，另一只手送料，启动冲床开关，即可冲出零件。

在夹板模上，一般可冲厚度为 1mm 以下的钢板，或 2.5mm 以下的有色金属板。由于模具间隙较大，故精度不高，模具的使用寿命较短。

② 简单冲切模　简单冲切模的特点是：凸模与凹模的搭配关系没有直接的导向装置。这种模具结构简单，制造容易，成本低，一般在冲床每一个行程内，它只能完成落料或冲孔一道工序。它主要用于尺寸精度要求不高，轮廓形状简单的零件冲切。这种模具安装调整不方便，安装时，凸模直接固定在冲床滑块上，凹模则固定在冲床工作台上，零件或板料由冲床上的卸料板来退料。一般板料、角钢和槽钢等的冲孔或切口多用这种冲模，如图 6-86 所示。

③ 导柱冲切模　如图 6-87 所示。它依靠模具上导柱和导套来导向，以保持凸、凹模周边有均匀的间隙。导柱 2 紧固在下模板 1 上，

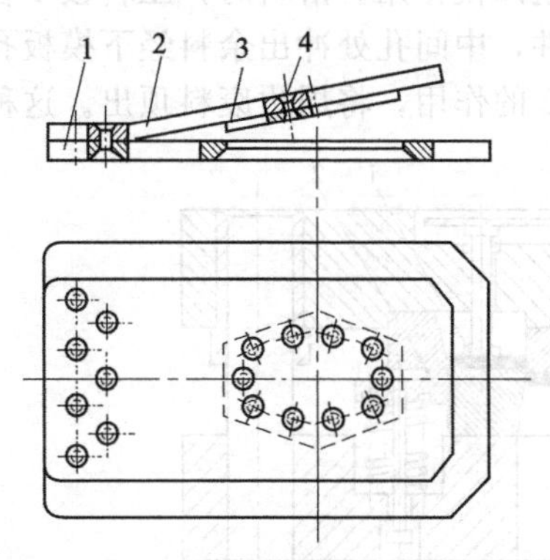

图 6-85　夹板冲模示意图

1—凹模；2—凸模夹板；3—凸模；4—铆钉

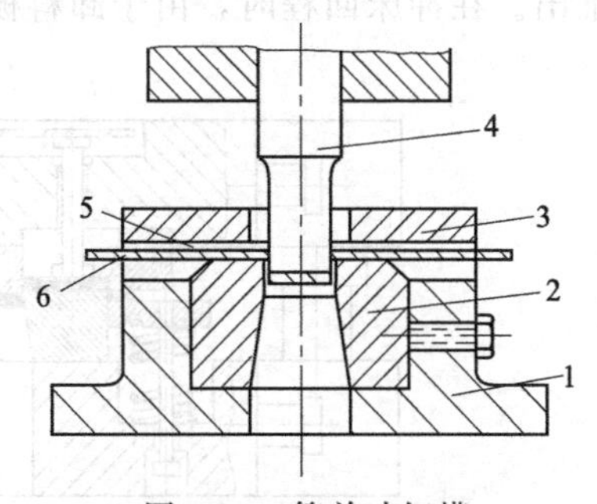

图 6-86　简单冲切模

1—凹模固定座；2—凹模；3—刚性卸料板；4—凸模；5—模具间隙；6—板料

导套5紧固在上模板7上。冲切时，冲下的零件进入凹模孔内，从下模板的出料槽取出。周边的余料则卡在凸模6上，借刚性卸料板4的作用将其脱下。这种模具导向作用好、耐用、安装和使用方便，适于大量生产。

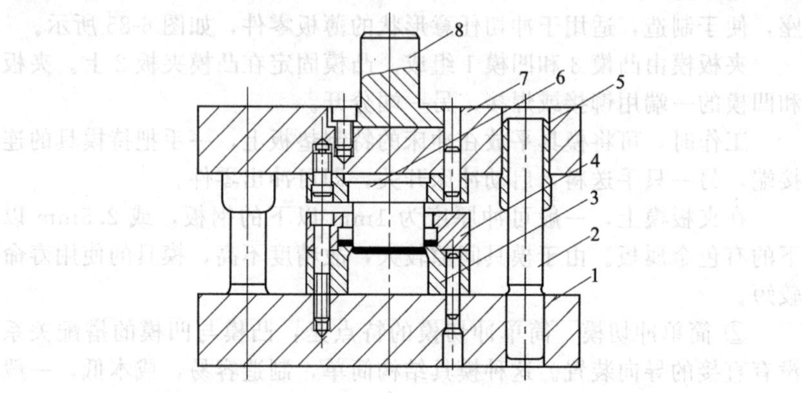

图 6-87 导柱冲切模

1—下模板；2—导柱；3—凹模；4—刚性卸料板；5—导套；6—凸模；7—上模板；8—尾柄

④ 复合冲切模 复合冲切模可将两道冲切工序，如落料与冲孔、落料与压延成形、成形与修边等在冲床的一次行程中完成。

图6-88所示为落料与冲孔的复合冲模。这种模具对板料冲切过程中，凸、凹模既起凸模作用，又起凹模作用。落料时，压料板1首先接触板料，冲切成所需形状的零件，中间孔处冲出余料经下模板孔推出。在冲床回程时，由于卸料板2的作用，将周边废料顶出。这种

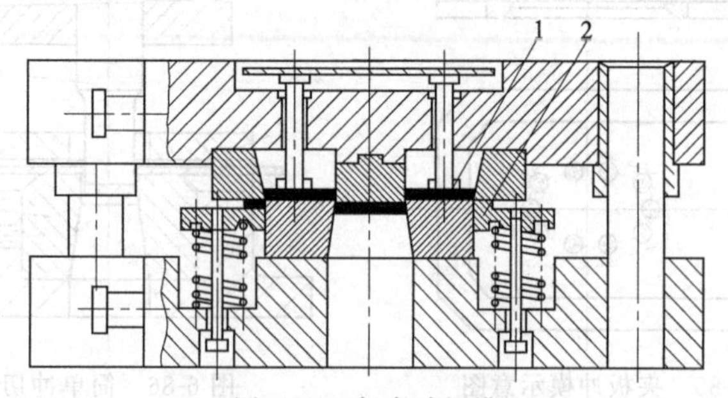

图 6-88 复合冲切模

1—压料板；2—卸料板

模具冲切的零件质量好、工效高，适用于大量成批生产。其缺点是模具制造复杂。

冲切模具通常由工作部分和辅助部分所组成：工作部分就是带有冲刃的凸模和凹模；辅助部分则根据模具的形式而不同，其中有导向零件、卸料零件、连接零件、定位零件等。这些零件都应具有一定的硬度和强度，同时还要求耐用。因此，制造简单凸凹模的材料常用T8A、T10A等碳素工具钢。制造形状复杂的凸凹模材料常用Cr12、5CrMnMo、Cr12MoV等合金工具钢。此外，对于形状复杂的凸凹模，应考虑采用镶块式，即刃口部分选用较好的材料，其它部分采用一般材料，用螺栓等把它们连接起来。这样的结构可节省贵重钢材，又便于加工制造和修理，还可提高模具使用寿命。

(3) 机械冲切　冲切零件的机床，常用的是偏心冲床和曲轴冲床。这两种冲床的结构和工作原理大致相同。各种结构的偏心冲床和曲轴冲床的主要差异在于：曲轴冲床的滑块运动是由曲轴带动，如图6-89 (a) 所示。偏心冲床的滑块运动则由偏心轮带动，如图6-89 (b) 所示。

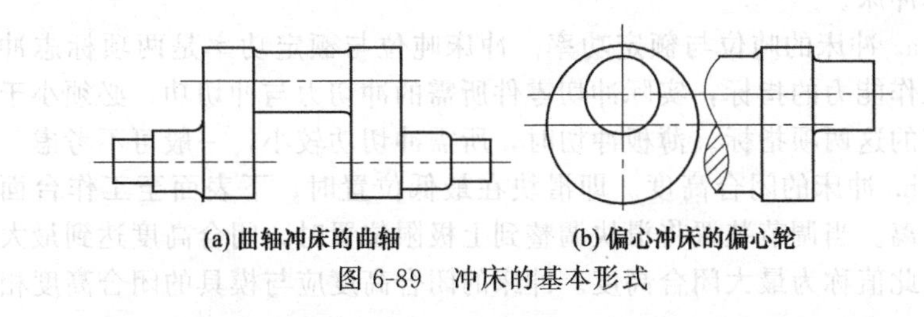

图6-89　冲床的基本形式

① 冲床的结构　冲切一般在冲床上进行。常用的冲床有曲轴冲床和偏心冲床两种，两者的工作原理相同，差异主要是工作的主轴不同。

曲轴冲床的基本结构如图6-90 (a) 所示，工作原理如图6-90 (b) 所示。冲床的床身与工作台是一体的，床身上有与工作台面垂直的导轨，滑块可沿导轨做上、下运动。上、下冲切模分别安装在滑块和工作台面上。

冲床工作时，先是电动机通过传动带带动大带轮空转。踏下脚踏板后，离合器闭合，并带动曲轴旋转，再经过连杆带动滑块沿导轨做上、下往复运动，进行冲切。如果将脚踏板踏下后立即抬起，滑块冲切一次后，便在制动器的作用下，停止在最高位置上；如果一直踩住

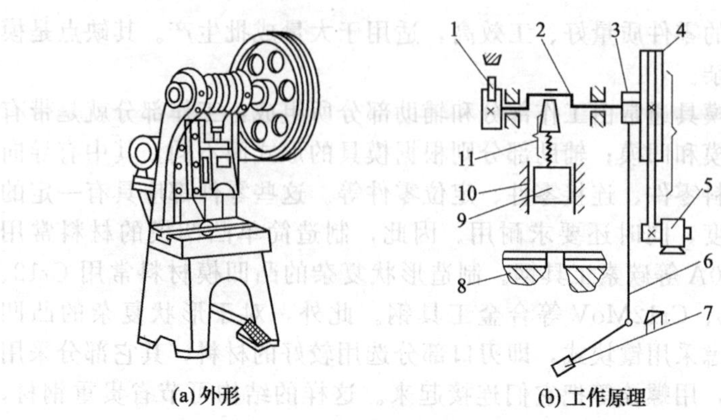

图 6-90 曲轴冲床

1—制动器；2—曲轴；3—离合器；4—大带轮；5—电动机；6—拉杆；7—脚踏板；8—工作台；9—滑块；10—导轨；11—连杆

脚踏板，滑块就不停地做上、下往复运动，以进行连续冲切。

② 冲床的技术性能参数 进行冲切加工，要根据技术性能参数选择冲床。

a. 冲床的吨位与额定功率。冲床吨位与额定功率是两项标志冲床工作能力的指标，实际冲切零件所需的冲切力与冲切功，必须小于冲床的这两项指标。薄板冲切时，所需冲切功较小，一般可不考虑。

b. 冲床的闭合高度。即滑块在最低位置时，下表面至工作台面的距离。当调节装置将滑块调整到上极限位置时，闭合高度达到最大值，此值称为最大闭合高度。冲床的闭合高度应与模具的闭合高度相适应。

c. 滑块的行程。即滑块从最高位置至最低位置所滑行的距离，也称为冲程。滑块行程的大小，决定了所用冲床的闭合高度和开启高度，它应能保证冲床冲切时顺利地进、退料。

d. 冲床台面尺寸。冲切时模具尺寸应与冲床工作台面尺寸相适应，保证模具能牢固地安装在台面上。

其它技术性能参数对冲切工艺影响较小，可根据具体情况适当选定。

③ 冲切力 冲切力大小是选择冲压设备能力和确定冲切模强度的一个重要依据。

冲切力是冲切时凸模冲穿板料所需的压力。在冲切过程中，冲切力是随凸模进入板料的深度（凸模行程）而变化的。图 6-91 所示为冲切 Q235 钢时的冲切力变化曲线，图中 OA 段是冲切的弹性变形阶段，AB 段是塑性变形阶段；B 点为冲切力的最大值，在此点材料开始被剪裂；BC 段为断裂分离阶段；CD 段是凸模克服与材料间的摩擦和将材料从凹模内推出所需的压力。通常，冲切力是指冲切过程中的最大值。

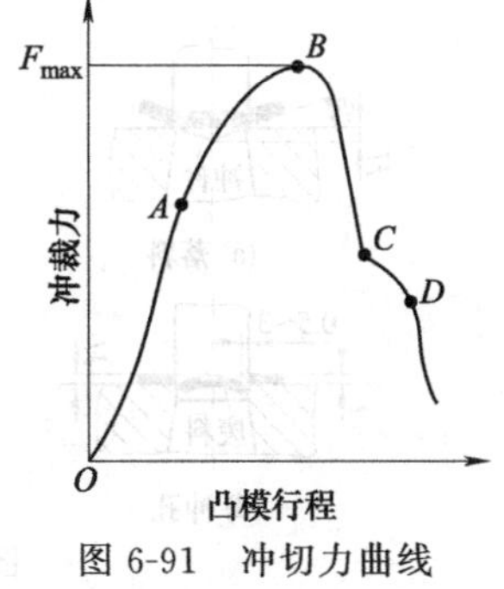

图 6-91　冲切力曲线

影响冲切力的主要因素是材料的力学性能、厚度、冲件轮廓周长及冲切间隙、刃口锋利程度与表面粗糙度等。

在冲切高强度材料或厚料和大尺寸冲件时，需要的冲切力很大。当生产现场没有足够吨位的冲床时，为了不影响生产，可采取一些有效措施来降低冲切力，以充分利用现有设备。

同时，降低冲切力还可以减小冲击、振动和噪声，对改善冲压环境也有积极意义。目前，降低冲切力的方法主要有以下几种。

a. 采用斜刃口冲模。一般在使用平刃口模具进行冲切时，因整个刃口面都同时切入材料，切断是沿冲件周边同时发生的，故所需的冲切力较大。采用斜刃口冲模冲切，就是将冲模的凸模或凹模制成与轴线倾斜一定角度的斜刃口，这样，冲切时整个刃口不是全部同时切入，而是逐步将材料切断，因而能显著降低冲切力。

斜刃口的配置形式如图 6-92 所示。因采用斜刃口冲切时，会使板料产生弯曲，因此斜刃口配置的原则是：必须保证冲件平整，只允许废料产生弯曲变形。为此，落料（周边为废料）时凸模应为平刃口，将凹模做成斜刃口，如图 6-92（a）、（b）所示；冲孔（孔中间为废料）时则凹模应为平刃口，而将凸模做成斜刃口，如图 6-92（c）、（d）、（e）所示。斜刃口还应对称布置，以免冲切时模具承受单向侧压力而发生偏移，啃伤刃口。向一边倾斜的单边斜刃口冲模，只能用于切口或切断，如图 6-92（f）所示。

斜刃口的主要参数是斜刃角 φ 和斜刃高度 H。斜刃角 φ 越大越省力，但过大的斜刃角会降低刃口强度，并使刃口易于磨损，从而降低使用寿命。斜刃角也不能过小，过小的斜刃角起不到减力的作用。斜刃高度 H 也不宜过大或过小，过大的斜刃高度会使凸模进

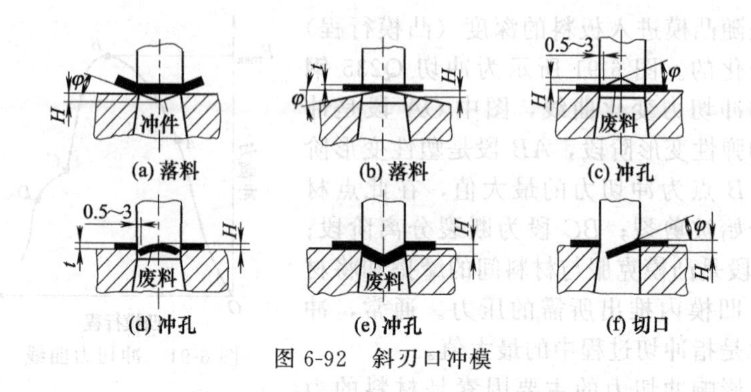

图 6-92　斜刃口冲模

入凹模太深，加快刃口的磨损，而过小的斜刃高度也起不到减力的作用。

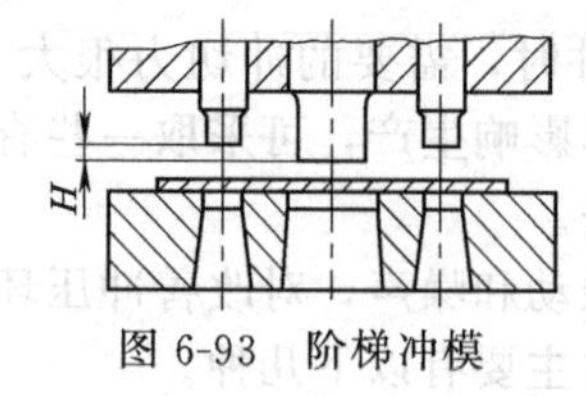

图 6-93　阶梯冲模

b. 采用阶梯冲模。在多凸模的冲模中，将凸模设计成不同长度，使工作端面呈阶梯形布置，如图 6-93 所示。这样，各凸模冲切力的最大值不同时出现，从而达到降低冲切力的目的。

阶梯冲模不仅能降低冲切力，在直径相差悬殊、彼此距离又较小的多孔冲切中，还可以避免小直径凸模因受材料流动挤压的作用而产生倾斜或折断现象。这时，一般将小直径凸模做短一些。此外，各层凸模的布置要尽量对称，使模具受力平衡。

c. 采用加热冲切。金属材料在加热状态下的抗剪强度会显著降低，因此采用加热冲切能降低冲切力。例如，一般碳素结构钢加热至900℃时，其抗剪强度只有常温下的10%左右，对冲切最为有利。所以在厚板冲切、冲床能力不足时，常采用加热冲切。加热温度一般取700～900℃。

采用加热冲切时，条料不能过长，搭边应适当放大，同时模具间隙应适当减小，凸、凹模应选用耐热材料，刃口尺寸计算时要考虑冲件的冷却收缩，模具受热部分不能设置橡皮等。由于加热冲切工艺复杂，冲件精度也不高，所以只用于厚度或表面质量与精度要求都不高的冲件。

上述 3 种降低冲切力的措施均有缺点，如斜刃模和阶梯模制造困难、加热冲切使零件质量降低和工作条件变差等。

④ 使用冲床应注意的事项

a. 使用前，对冲床各部分要进行检查，并对各润滑部位注满润滑油。

b. 检查轴瓦间隙和制动器松紧程度是否合适。

c. 检查运转部位是否有杂物夹入。

d. 经常检查冲床的滑块与导轨磨损情况及间隙。间隙过大会影响导向精度，因此，必须定期调节导轨之间间隙。如磨损太大，必须重新维修。

e. 安装模具时，要使模具压力中心与冲床压力中心相吻合，且要保证凸、凹模间隙均匀。

f. 启动开关后，空车试转 3～5 次，以检查操纵装置及运转状态是否正常。

g. 冲切时，要精力集中，不能随意踩踏板，严禁手伸向模具间或头部接触滑块，以免发生事故。

h. 不能冲切过硬或经淬火的材料。冲床绝不允许超载工作。

i. 长时间冲切，要注意检查模具有无松动，间隙是否均匀。

j. 停止冲切后，须切断电源或锁上保险开关。冲切出的零件及边角余料应及时运走，保持冲床周围整法。

(4) 电磁冲孔　电磁冲孔是利用电磁铁的吸引力作为冲压力进行冲孔的。比较简单的方法是，用电磁铁连接杠杆，在杠杆的端部镶上凸凹冲模就可以通过触点开关进行冲孔。这种方法不需要任何机器设备，用它对厚度为 1mm 以下钢板冲孔很方便，并且只有冲模是专用工具，电磁铁则可随时借用。

长桁架电磁冲孔机，在冲厚度为 3mm 以下板料的小孔时，效率很高，它已被某些生产厂所采用。

(5) 手工冲孔　手工冲孔的精度很低，主要是因为冲孔时，用手掌握凸模，没有严格的导向装置。凸、凹模的配合间隙不易均匀。因此，除了锻造孔之外，人工冷冲孔已极少应用。

(6) 冲切加工的一般工艺要求

① 冲切件的工艺性　冲切件的工艺性是指冲切件对冲切工艺的适用性，即冲击加工的难易程度。良好的冲切工艺性，是指在满足冲切件使用要求的前提下，能以最简单、最经济的冲切方式加工出来。工艺性良好的冲切性，所需要的工序数目少、容易加工，同时节省材料，所需的模具结构也简单，使用寿命也长。另外，工艺性良好的冲

切件，产品质量稳定，出现的废品少。

冲切件的工艺性主要包括冲切件的结构与尺寸、精度与断面粗糙度、材料等三个方面。

② 排样与搭边排样　是指冲切零件在板料上布置的方法。排样时，零件与零件之间，零件与板边之间，往往要留有搭边。搭边要尽量减小，以节省原材料。但冲切的材料搭边，一般却不能太小，以免送料发生偏差时冲切出废品，或因材料刚性不足随凸模挤出凹模，而损伤模具刃口，同时搭边太小也不便于卸料。排料方法有多种，常用的如图 6-94 所示。

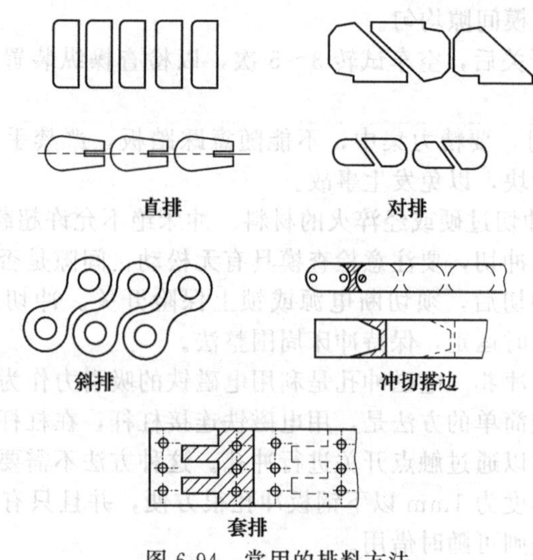

图 6-94　常用的排料方法

排料的搭边值与板料刚度、零件规格大小等有关。冲切低碳钢板时，其经验搭边值如下。

a. 工件长度小于 100mm 的搭边形式和数值，如图 6-95 和表 6-6 所示。

b. 工件长度较大的搭边形式和数值，如图 6-96 和表 6-7 所示。

6.4.5　气割

氧-乙炔焰气割是铆工常用的一种下料方法。气割与机械切割相比具有设备简单、成本低、操作灵活方便、机动性高、生产效率高等优点。气割可切割较大厚度范围的钢材，并可实现空间任意位置的切

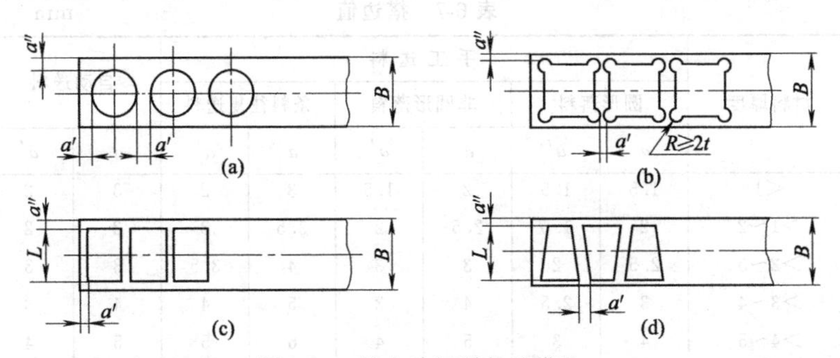

图 6-95 较小冲切零件的搭边

表 6-6 搭边值 mm

板料厚度	图(a)、图(b)中 $R\geqslant 2t$		图(c)中 $L\leqslant 50$		图(d)中 $L\geqslant 50\sim 100$
	a'	a''	a'	a''	a'及a''
<0.5	0.5	0.8	0.8	1	1.2～1.5
0.5～1	0.8	1	1	1.2	1.2～1.5
1～1.5	1	1.2	1.2	1.5	1.5～1.8
1.5～2	1.2	1.5	1.5	2	1.8～2.2
2～2.5	1.5	1.8	1.8	2.2	2.2～2.5
2.5～3	1.8	2	2	2.5	2.5～3
3～5	2	2.5	2.5	3	3～4
5～12	$0.6t$	$0.7t$	$0.7t$	$0.8t$	$0.8t\sim t$

注：表中字母含义见图 6-95。

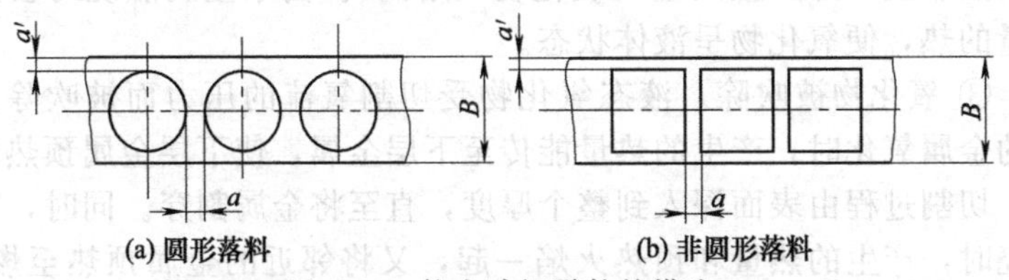

图 6-96 较大冲切零件的搭边

割，所以，在金属结构制造及维修中，气割得到广泛的应用。尤其对于本身不便移动的大型金属结构，应用气割就更能显示其优越性。

气割的主要缺点是劳动强度大，薄板气割时易引起工件变形，切口冷却后硬度极高，不利于切削加工等，而且对切割材料有选择性。

表 6-7 搭边值 mm

材料厚度	手工送料						自动送料	
	圆形落料		非圆形落料		条料往复送料			
	a	a'	a	a'	a	a'	a	a'
<1	1.5	1.5	2	1.5	3	2	3	2
>1～2	2	1.5	2.5	2	3.5	3	3	2
>2～3	2.5	2	3	3	4	3.5	3	3
>3～4	3	2.5	4	3	5	4	4	3
>4～5	4	3	5	4	6	5	5	4
>5～6	5	4	6	5	7	6	6	5
>6～8	6	5	7	6	—	—	—	—
>8～10	7	6	8	7	—	—	—	—

注：表中字母含义见图 6-96。

(1) 气割的过程及条件　气割是利用气体火焰的热能将工件待切割处加热到一定温度后，喷出高速切割氧气流，使待切割处金属燃烧实现切割的方法。氧-乙炔焰气割就是根据某些金属加热到燃点时，在氧气流中能够剧烈氧化（燃烧）的原理实现的。金属在氧气中剧烈燃烧的过程就是金属切割的过程。

氧-乙炔焰气割的过程，由以下 3 个阶段组成。

① 金属预热。开始气割时，必须用预热火焰将欲切割处的金属预热至燃烧温度（燃点）。一般碳钢在纯氧中的燃点为 1100～1150℃。

② 金属燃烧。把切割氧喷射到达到燃点的金属上时，金属便开始剧烈燃烧，并产生大量的氧化物（熔渣）。由于金属燃烧时会放出大量的热，便氧化物呈液体状态。

③ 氧化物被吹除。液态氧化物受切割氧流的压力而被吹除，上层的金属氧化时，产生的热量能传至下层金属，使下层金属预热到燃点，切割过程由表面深入到整个厚度，直至将金属割穿。同时，金属燃烧时，产生的热量和预热火焰一起，又将邻近的金属预热至燃点，沿切割线以一定的速度移动割炬，即可形成割缝，使金属分离。

金属材料只有满足下列条件，才能进行气割。

① 金属材料的燃点必须低于其熔点。这是保证切割在燃烧过程中进行的基本条件；否则，切割时金属将在燃烧前先行熔化，使之变为熔割过程，不仅割口宽，极不整齐，而且易于粘连，达不到切割质量要求。

② 燃烧生成的金属氧化物的熔点，应低于金属本身的熔点，同时流动性要好；否则，就会在割口表面形成固态氧化物，阻碍氧流与下层金属的接触，使切割过程不能正常进行。

③ 金属燃烧时能放出大量的热，而且金属本身的导热性要差。这是为了保证下层金属有足够的预热温度，使切割过程能连续进行。

满足上述条件的金属材料有纯铁、低碳钢、中碳钢和普通低合金钢。而铸铁、高碳钢、高合金钢及铜、铝等有色金属及其合金，均难以进行氧-乙炔焰气割。

例如，铸铁不能用普通方法气割，是因为其燃点高于熔点，并产生高熔点的二氧化硅，且氧化物的黏度大、流动性差，高速氧流不易把它吹除。此外，由于铸铁的含碳量高，碳燃烧时产生一氧化碳及二氧化碳气体，降低了切割氧的纯度，也造成气割困难。

(2) 气割设备及工具

① 氧气瓶 氧气瓶是储存和运送高压氧气的容器。常用的氧气瓶容积为 40L，工作压力为 15MPa，可以储存 6m^3 氧气。氧气瓶瓶体上部装有瓶阀，通过旋转手轮可开关瓶阀并能控制氧气的进、出流量。瓶帽旋在瓶头上，以保护瓶阀，如图 6-97 所示。

按规定，氧气瓶外表应漆成天蓝色，并用黑漆标明“氧气”字样以区别于其它气体。

应正确地使用和保管好氧气瓶，否则会有爆炸的危险。在使用氧气瓶时应遵守下列使用要求。

a. 氧气瓶在使用时应直立放置，安装必须平稳可靠，防止倾倒。只有在特殊情况下才允许卧放，但瓶头一端必须垫高，并防止滚动。

b. 氧气瓶开启时，操作者应站在出气口的侧面，先拧开瓶阀吹掉出气口内杂质，再与氧气减压器连接。开启和关闭氧气瓶阀时用力不要过猛。

c. 氧气瓶内的氧气不能全部用完，至少要保持 0.1～0.3MPa 的压力，以便充氧时便于鉴别气体性质及吹除瓶阀内的杂质，还可以防止使用中可燃气体倒流或空气进入瓶内。

d. 氧气瓶不应与其它气瓶混放在一起；气割工作场地和其它火源都要距氧气瓶 5m 以外。

e. 禁止撞击氧气瓶；严禁瓶嘴沾染油脂。

f. 夏季露天操作时，氧气瓶应放在阴凉处，要避免阳光的强烈照射；冬季阀门冻结时，严禁用火烤，应用热水或水蒸气解冻。

g. 定期对氧气瓶进行检查。

② 乙炔瓶 乙炔瓶是一种储存和运输乙炔用的压力容器，外形与氧气瓶相似，但构造较复杂。乙炔瓶的构造如图 6-98 所示，其主体是用优质碳素结构钢或低合金结构钢经轧制而成的圆柱形无缝瓶体，瓶体外表漆成白色，并用红漆标注“乙炔”字样。在瓶内装有浸满丙酮的多孔性填料，使乙炔气能稳定、安全地储存在瓶内。使用时，溶解在丙酮内的乙炔分解出来，通过乙炔瓶阀流出，而丙酮仍留在瓶内，以便溶解再次压入的乙炔。乙炔瓶阀下面的填料中心部分长孔内放有石棉，其作用是帮助乙炔从多孔填料中分解出来。

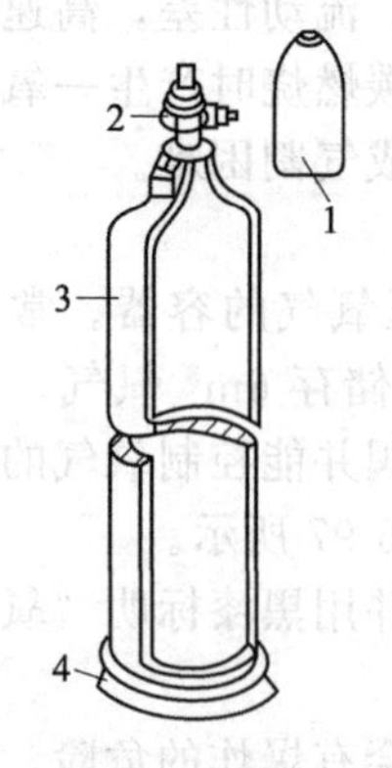

图 6-97 氧气瓶

1—瓶帽；2—瓶阀；3—瓶体；4—瓶座

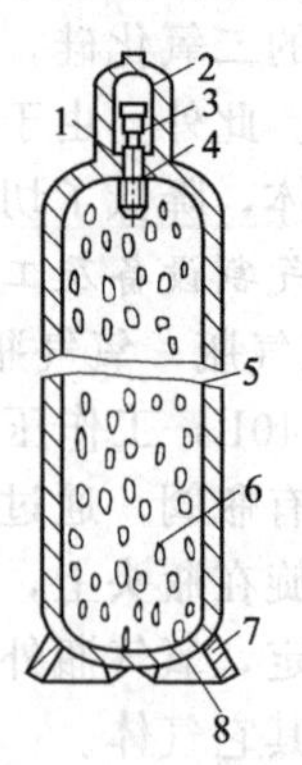

图 6-98 乙炔瓶

1—瓶口；2—瓶帽；3—瓶阀；4—石棉；5—瓶体；6—多孔性填料；7—瓶座；8—瓶底

乙炔瓶内的多孔性填料，通常采用质轻而多孔的活性炭、木屑、浮石及硅藻土等合制而成。

由于乙炔是易燃、易爆的危险气体，所以在使用时必须谨慎，除必须遵守氧气瓶的各项使用要求外，还应遵守下列要求。

a. 乙炔瓶不能遭受剧烈振动或撞击，以免瓶内的多孔性填料下沉而形成空洞，影响乙炔的储存，甚至造成乙炔瓶爆炸。

b. 乙炔瓶在使用时只能直立放置，不能卧放。卧放会使丙酮流出，甚至会通过减压器而流入乙炔胶管和割炬内，引起燃烧或爆炸，这是非常危险的。

c. 乙炔瓶体的温度不应超过 30℃～40℃，因为乙炔瓶温度过高会降低丙酮对乙炔的溶解度，导致大量乙炔逸出，使瓶内的乙炔压力急剧增高，不利于安全生产。因此，乙炔瓶应放在远离热源的地方。

d. 乙炔减压器与乙炔瓶阀的连接必须可靠，严禁漏气，否则会形成乙炔与空气的混合气体，一旦触及明火就可能造成爆炸事故。

e. 工作时，使用乙炔的压力不能超过 0.15MPa，输出流量不能超过 1.5～2.5m^3/h。

f. 乙炔瓶内的乙炔不能全部用完，当高压表的读数为零、低压表的读数为 0.01～0.03MPa 时，应立即关闭瓶阀。

g. 开启瓶阀时应缓慢，一般只需开启 3/4 圈即可。乙炔瓶阀冻结时，不能用明火烤，只能用 40℃以下的温水解冻。

由于乙炔瓶阀的阀体旁侧没有连接减压器的侧接头，因此必须使用带有夹环的乙炔减压器，如图 6-99所示。

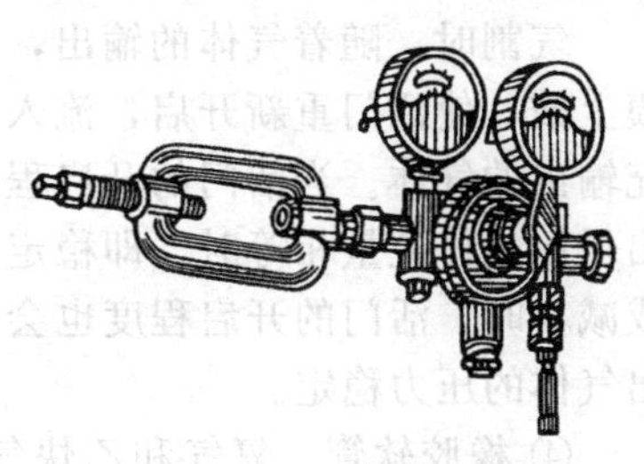

图 6-99 乙炔减压器

③ 氧气减压器 用来调节氧气工作压力的装置。在气割工作中，所需氧气压力有一定的规范，要使氧气瓶中的高压氧气转变为工作需要的稳定的低压氧气，就要由减压器来调节。

减压器的工作原理如图 6-100 所示。从氧气瓶出来的高压氧气进入高压室 10 后，由高压表 1 指示压力。

减压器不工作时，应当放松调压弹簧 7，使活门 4 被活门弹簧 3

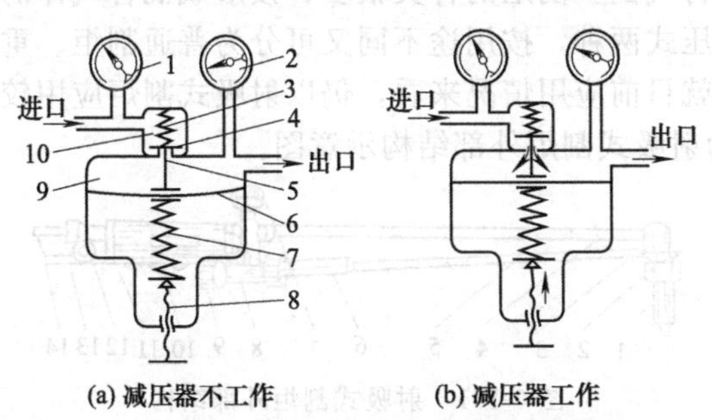

(a) 减压器不工作 (b) 减压器工作

图 6-100 氧气减压器工作原理示意图

1—高压表；2—低压表；3—活门弹簧；4—活门；5—通道；6—薄膜；7—调压弹簧；8—调压螺杆；9—低压室；10—高压室

压下，关闭通道5。通道关闭后，高压气体就不能进入低压室9，如图6-100（a）所示。

减压器工作时，应按顺时针方向将调压螺杆8旋入，使调压弹簧7受压，活门4被顶开，高压气体经通道5进入低压室9。随着低压室内气体压力的增加，压迫薄膜6及调压弹簧7使活门的开启量逐渐减小。当低压室内气体压力达到一定数值时，会将活门关闭。低压表2指出减压后气体的压力。控制调压螺杆8的旋入程度，可改变低压室的压力，从而获得所需的工作压力，如图6-100（b）所示。

气割时，随着气体的输出，低压室中的气体压力降低，此时，薄膜上鼓，使活门重新开启，流入低压室的高压气体流量增多，可以补充输出的气体。当活门的开启程度恰好使流入低压室的气体流量与输出低压气体流量相等时，即稳定地进行工作。当输出的气体流量增大或减小时，活门的开启程度也会相应地增大或减小，以自动地保持输出气体的压力稳定。

④ 橡胶软管　氧气和乙炔气通过橡胶软管输送到割炬中去，橡胶软管是用优质橡胶掺入麻织物或棉织纤维制成的。氧气胶管允许工作压力为1.5MPa，孔径为8mm；乙炔胶管允许工作压力为0.5MPa，孔径为10mm。为便于识别，按GB 9448—1999《焊接与切割安全》的规定，氧气胶管采用黑色，乙炔胶管采用红色。氧气胶管与乙炔胶管的强度不同，不能混用或互相代替。

⑤ 割炬　割炬的作用是使乙炔气与氧气以一定的比例和方式混合，形成具有一定热量和形状的预热火焰，并在预热火焰的中心喷射切割氧气进行气割。割炬的种类很多，按形成混合气体的方式可分为射吸式和等压式两种，按用途不同又可分为普通割炬、重型割炬及焊割两用炬。就目前应用情况来看，仍以射吸式割炬应用较为普遍。图6-101所示为射吸式割炬外部结构示意图。

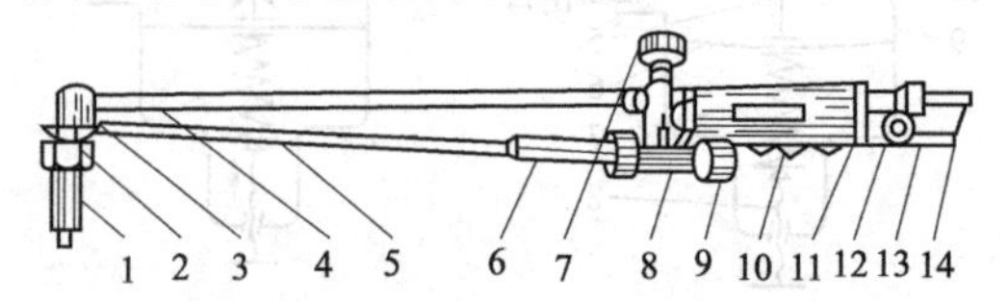

图6-101　射吸式割炬外部结构

1—割嘴；2—割嘴螺母；3—割嘴接头；4—切割氧气管；5—混合气管；6—射吸管；7—切割氧开关；8—中部整体；9—预热氧开关；10—手柄；11—后部接体；12—乙炔开关；13—乙炔接头；14—高压室

射吸式割炬的工作原理为：打开氧气调节阀，氧气由通道进入喷射管，再从直径细小的喷射孔喷出，使喷嘴外围形成真空，造成负压，产生吸力。乙炔气在喷嘴的外围被氧流吸出，并以一定比例混合，经过射吸管和混合气管从割嘴喷出，如图6-102所示。

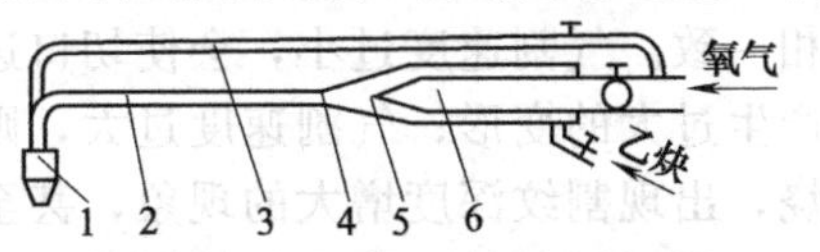

图 6-102 射吸式割炬工作原理
1—割嘴；2—混合气管；3—切割氧气管；4—射吸管；5—喷嘴；6—喷射管

气割时，应根据有关规范，选择割炬型号和割嘴规格。

(3) 手工气割工艺 气割前的准备如下所述。

① 气割前的准备

a. 场地准备。首先检查工作场地是否符合安全生产的要求，然后将工件垫平。工件下面应留有一定的空隙，以利于氧化铁渣的吹出。工件下面的空间不能封闭，否则会在气割时引起爆炸。工件表面的油污和铁锈要加以清除。

b. 检查切割氧流线（风线）。其方法是点燃割炬，并将预热火焰调整好；然后打开切割氧阀门，观察切割氧流线的形状。切割氧流线应为笔直而清晰的圆柱体，并有适当的长度，这样才能使工件切口表面光滑干净，宽度一致。如果切割氧流线形状不规则，应关闭所有的阀门，熄火后用透针或其它工具修整割嘴的内表面，使之光滑无阻。

② 气割工艺规范 影响气割质量和效率的主要气割工艺规范如下。

a. 预热火焰能率。预热火焰能率用可燃气体每小时消耗量（L/h）表示，它由割炬型号及割嘴号码的大小来决定。割嘴孔径越大，火焰能率也就越大。

火焰能率的大小，应根据工件厚度恰当地选择。火焰能率过大，使割缝边缘产生连珠状钢粒，甚至边缘熔化成圆角，同时背面有黏附的熔渣，影响气割质量；火焰能率过小，割件得不到足够的热量，气割过程易中断，而且切口表面不整齐。

b. 氧气压力。氧气压力应根据工件厚度、割嘴孔径和氧气纯度选定。氧气压力过低时，金属燃烧不完全，切割速度降低，同时氧化物吹除不干净，甚至割不透；氧气压力过高时，过剩的氧气会对切割金属起冷却作用，使气割速度和表面质量降低。一般情况下，割嘴和氧气纯度都已选定，则割件越厚，切割时所使用的氧气压力越高。

c. 气割速度。气割速度必须与切口整个厚度上金属的氧化速度相一致。气割速度过小，会使切口边缘熔化，切口过宽，割薄板时易产生过大的变形；气割速度过大，则会造成切口下部金属不能充分燃烧，出现割纹深度增大的现象，甚至割不透。

手工气割时，合理的气割速度可通过试割来决定。一般以不产生或只有少量后拖量的情况为宜。

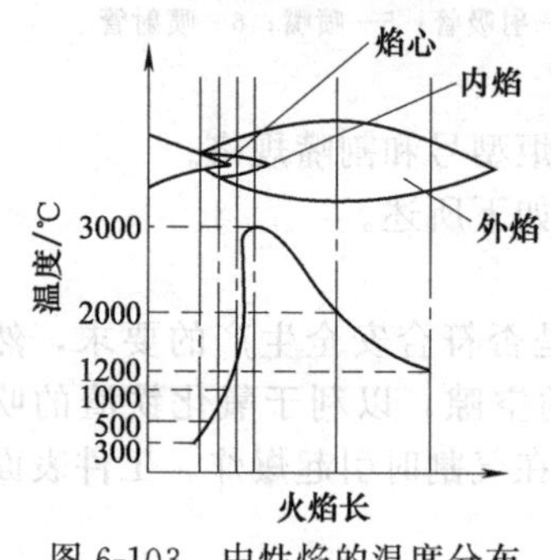

图 6-103 中性焰的温度分布

d. 预热火焰。氧-乙炔气割焰时的预热火焰，根据氧气和乙炔气的混合比不同，分为碳化焰、氧化焰、中性焰 3 种。气割采用的是氧气和乙炔气比例适中、火焰中两种气体均无过剩的中性焰或轻微氧化焰，在切割过程中要随时观察和调整火焰，以防止发生碳化焰。中性焰的温度沿轴线分布的情况如图 6-103 所示，其最高温度可达 3000℃左右，且对高温金属氧化或碳化作用极小。

手工气割有关工艺规范的确定如表 6-8 所示。

表 6-8 手工气割工艺规范

板材厚度 /mm	割炬气体压力 /kPa			
	型号	割嘴代号	氧气	乙炔
3.0 以下	G01-30	1～2	300～400	
3.0～12	G01-30	1～2	400～500	
12～30	G01-30	2～4	500～700	
30～50		3～5	500～700	1～120
50～100		5～6	600～800	
100～150	G01-100	7	800～1200	
150～200	G01-300	8	1000～1400	
200～250		9	1000～1400	

③ 气割操作　气割操作时，首先点燃割炬，随即调整好预热火焰，然后进行切割。

开始气割时，先预热钢板的边缘至略呈红色，将火焰局部移出边缘线以外，同时慢慢打开切割氧阀门。待预热的红点在氧流中被吹掉时，应迅速开大切割氧阀门。当有氧化铁渣随氧流一起飞出时，证明已割透，即可按预定速度进行切割。

在切割过程中，有时因嘴头过热或氧化铁渣的飞溅，使割嘴堵住或乙炔气供应不及时，嘴头处产生鸣爆并发生回火现象。这时应迅速关闭预热氧和切割氧阀门，阻止氧气倒流入乙炔管内，使回火熄灭。若此时割炬内仍然发出“嘶嘶”的响声，说明割炬内回火尚未熄灭，应迅速将乙炔阀门关闭或拔下割炬上的乙炔软管，使回火的火焰气体排出。处理完毕，应先检查割炬的射吸能力，然后方可重新点燃割炬继续切割。

切割临近终点时，嘴头应略向切割前进的反方向倾斜，使钢板的下部提前割透，以求收尾时割缝整齐。当到达终点时，应迅速关闭切割氧阀门，并将割炬抬起，再关闭乙炔阀门，最后关闭预热氧阀门。

(4) 手工气割实际操作

① 准备工作

a. 根据被割钢板或型钢厚度，选择相应规格的割炬和割嘴，连接好氧气、乙炔胶管，将氧气、乙炔减压器调至所需要的工作压力。

b. 气割的工作场地要符合安全要求，乙炔发生器或乙炔气瓶、氧气瓶均应距工作场地有一定的安全距离，一般应在10m以外。

c. 工作场地内的被割钢板或型钢应摆放整齐、垫放平稳。切割部位的背面应有一定的空间并保持畅通，以利切口熔渣的排出和防止聚积乙炔气而发生爆炸。

d. 回火防止器、氧气和乙炔胶管的分布走向要合理，防止被割下的熔渣引燃，或被割下的部件轧伤。

e. 工作场地应无易燃、易爆物品，并有良好的通风条件和必要的消防设施。

f. 应使工作场地保持一定的湿度。严禁切割气流和熔渣直接接触水泥地面。

② 操作方法

a. 点火按前面割炬一节中介绍的方法进行。

b. 预热火焰的调整氧气和乙炔的混合比，决定了预热火焰的性质，一般气割所采用的是氧气与乙炔混合比为1.0～1.2时燃烧形成的中性焰。这种火焰燃烧充分，对高温金属的增碳和氧化作用都小，温度可达3050～3150℃，是比较理想的预热和切割火焰。

氧气与乙炔的混合比小于1时，燃烧形成的为碳化焰。氧气与乙炔的混合比大于1.2时，燃烧形成的为氧化焰。这两种火焰都不适用

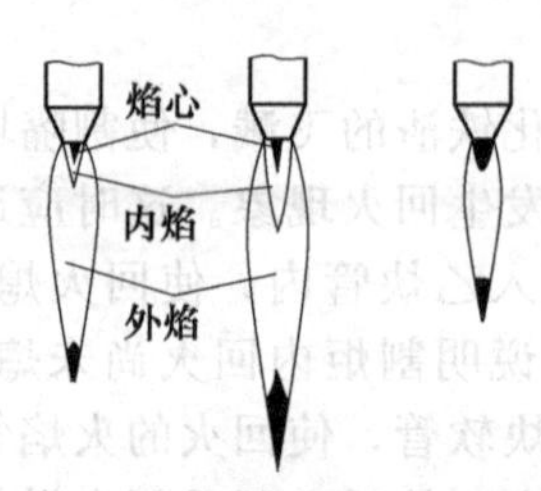

(a) 中性焰 (b) 碳化焰 (c) 氧化焰

图 6-104 乙炔焰示意图

于预热和气割。

判断乙炔焰性质最简便实用的方法，就是观察乙炔焰燃烧的形状，如图 6-104 所示。

中性焰的长度适中，明显可见焰芯、内焰和外焰三部分，如图 6-104（a）所示。

碳化焰较长，而且明亮，内焰比较突出，如图 6-104（b）所示。

氧化焰的长度较短，内、外焰无明显界限，亮度较暗，如图 6-104（c）所示。

在预热火焰调至中性焰后，可反复试放切割氧，同时调节混合气调节阀，以保证乙炔焰在切割过程中也能保持为中性焰。同时，从不同侧面观察切割气流（俗称风线）的形状，要求其呈现为均匀、清晰的圆柱形；否则，应关闭乙炔和氧气，用通针清透割嘴，直至获得规范的切割气流为止。

c. 气割。气割时持矩姿势为：右手握住割炬的手柄，左手拇指、食指和中指扶持切割氧调节阀。无论是站姿还是蹲姿，都要重心平稳，手臂肌肉放松，呼吸自然，端平割炬，双臂依切割速度的要求缓慢移动或随身体移动。割炬的主体应与被割物体的上平面平行。

若从钢板的边缘开始切割，可先对板边进行预热，当预热点略呈红色时，可将预热火焰中心移出边缘外，慢慢打开切割氧气阀，使切割气流贴在板边上，可观察到切口处氧化熔渣随氧气流一起飞出。当割透时，即可慢慢移动割炬进行切割，如图 6-105 所示。

切割速度是根据被割钢板的厚度和切割面的质量要求而确定的。在实际工作中，可以通过以下两种方法来判断切割速度是否合适：观察切割面的割纹，如果割纹均匀，后拖量很小，说明切割速度合适；也可以在切割过程中，顺着切割气流方向从切口上部观察，如果切割速度合适，应看到切割处气流通畅，没有明显弯曲。

为了充分利用火焰预热和提高效率，切割时可根据被割钢板厚度，将割嘴逆前进方向向后倾斜 0°～30°，钢板越薄应角度越大，如图 6-106 所示。

如果需要在钢板中部某个位置开孔，则应注意在开放切割氧气，控制割嘴距钢板的距离、角度，以免溅起的熔渣堵塞割嘴，如图

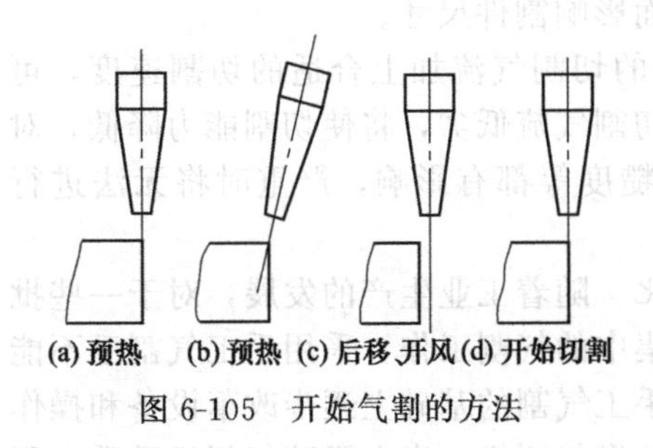

图 6-105 开始气割的方法

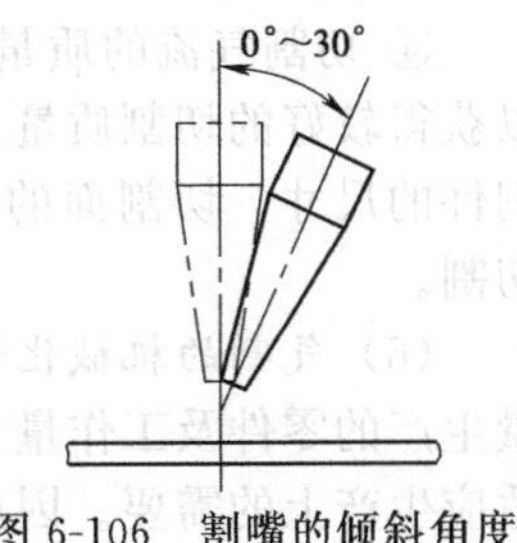

图 6-106 割嘴的倾斜角度

6-107所示。

d. 回火处理。切割过程中，由于氧-乙炔气体供应不足、熔渣堵塞割嘴、嘴头过热等原因，常会发生回火现象，此时应紧急关闭气源。正确的顺序是，顺手关闭高压氧，再关闭乙炔阀，切断易燃气源，最后关闭混合气阀。查清原因，处理完毕后再点火继续工作。

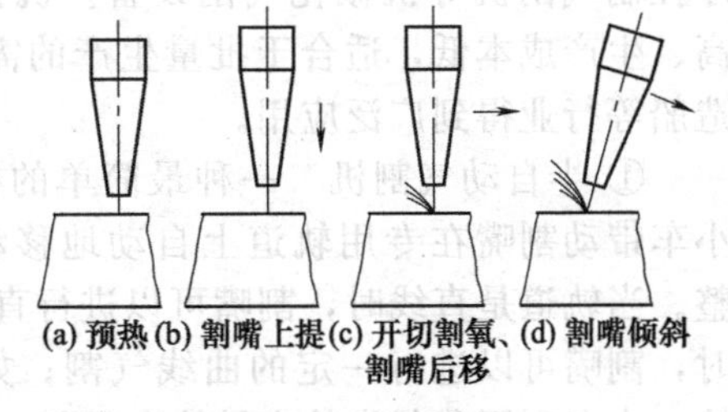

图 6-107 气割开孔方法

e. 气割结束割至终点后，关闭切割氧气阀，同时抬起割炬。若不需继续使用时，再关闭乙炔阀，最后关闭混合气调节阀。放松减压器的调压螺杆，关闭乙炔和氧气瓶阀。工作结束后，卸下割炬、减压器，并妥善保管。盘起乙炔、氧气胶管，清理好工作场地。

(5) 手工气割质量分析　气割的切割面质量根据切割面平面度、割纹深度、缺口的最小间距 3 项参数进行评定。此外，气割的尺寸偏差也是常见质量问题。影响气割质量的因素有以下几点。

① 持矩姿势和运矩平稳性。这一点对初学者尤为重要，如果持矩姿势不正确，就很难在切割操作时做到运矩平稳，这将直接影响到切割面的平面度和切割线精度，严重时会无法使切割顺利进行。

② 预热火焰的调整。氧化焰温度过高，易使割件的切口棱边出现塌角。碳化焰温度过低，易产生割不透的缺陷。氧化焰和碳化焰都不同程度地影响切割速度，进而影响切割质量。

③ 切割速度。切割速度过快，切割气流在切口处弯曲，很难得到平整的切割面，又极容易产生割不透等缺陷。切割速度过慢，则容

易烧坏割件棱边，使切口加宽而影响割件尺寸。

④ 切割气流的质量。良好的切割气流加上合适的切割速度，可以获得较好的切割质量。如果切割气流低劣，将使切割能力降低，对割件的尺寸、切割面的表面粗糙度等都有影响，严重时将无法进行切割。

（6）气割的机械化和自动化　随着工业生产的发展，对于一些批量生产的零件及工作量大而又集中的气割工作，采用手工气割已不能适应生产上的需要。因此，在手工气割的基础上逐步改革设备和操作方法，出现了半自动气割机、仿形气割机、光电跟踪气割机及数字程序控制气割机等机械化气割设备。机械化气割的质量好、生产效率高、生产成本低，适合于批量生产的需要，因而在机械制造、锅炉、造船等行业得到广泛应用。

① 半自动气割机　一种最简单的机械化气割设备，一般由一台小车带动割嘴在专用轨道上自动地移动，但轨道的轨迹需要人工调整。当轨道是直线时，割嘴可以进行直线切割；当轨道呈一定的曲率时，割嘴可以进行一定的曲线气割；如果轨道是一根带有磁铁的导轨，小车利用爬行齿轮在导轨上爬行，割嘴可以在倾斜面或垂直面上气割。半自动气割机，除可以以一定速度自动沿切割线移动外，其它切割操作均由手工完成。

半自动气割机最大的特点是轻便、灵活、移动方便。目前应用最普遍的是 CG1-30 型小车式切割机，该切割机外形如图 6-108 所示。切割机主要技术参数如表 6-9 所示。

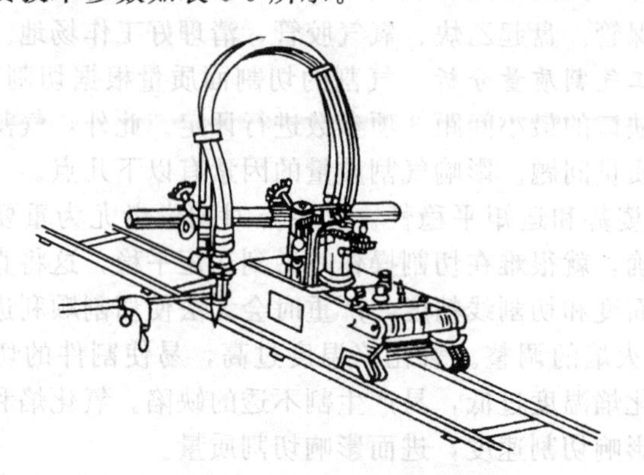

图 6-108　CG1-30 型半自动气割机

表 6-9 CG1-30 型半自动气割机主要技术参数

机身外形尺寸(长×宽×高)/mm	470×230×240
切割钢板厚度/mm	8～100
切割速度/(mm/min)	50～750
切割圆周直径/mm	ϕ200～2000

② 仿形气割机 一种高效率的半自动气割机，可以方便而又精确地气割出各种形状的零件。仿形气割机的结构形式有两种：一种是门架式；另一种是摇臂式。其工作原理主要是靠轮沿样板仿形带动割嘴运动，而靠轮分为磁性和非磁性靠轮两种。

仿形气割机由运动机构、仿形机构和切割器 3 大部分组成。运动机构常见的为活动肘臂和小车带伸缩杆两种形式。气割时，将制好的样板置于仿形台上，仿形头按样板轮廓移动，切割器则在钢板上切割出所需的轮廓形状。

CG2-150 型摇臂仿形气割机是目前应用比较普遍的一种小型仿形气割机。它是采用磁轮跟踪靠模板的方法进行各种形状零件及不同厚度钢板的切割，行走机构采用四轮自动调平，可在钢板和轨道上行走，移动方便，固定可靠，适合批量切割钢板件。该气割机外形如图 6-109 所示，主要技术参数如表 6-10所示。

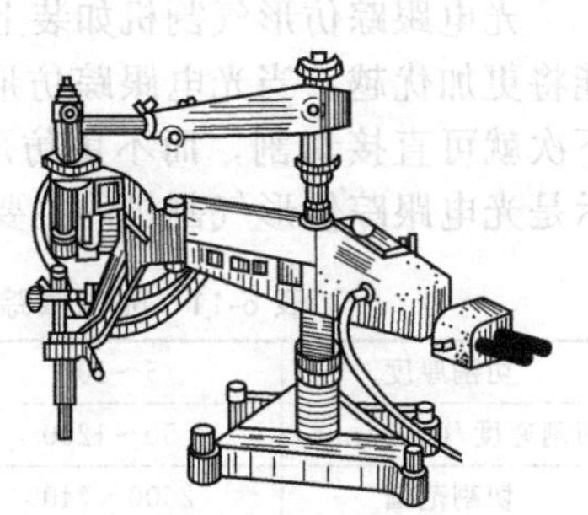

图 6-109 CG2-150 型摇臂仿形气割机

表 6-10 CG2-150 型摇臂仿形气割机主要技术参数 mm

切割钢板厚度	5～100	切割最大正方形尺寸	500×500
切割速度/(mm/min)	50～750	切割长方形尺寸	400×900、450×750
切割圆周最大直径	ϕ600	机身外形尺寸(长×宽×高)	1190×350×800
切割直线最大长度	1200		

使用 CG2-150 型摇臂仿形气割机切割零件时，应根据被切割零件的形状设计样板。样板可用 2～5mm 的低碳钢板制成，其形状和被切割零件相同，但尺寸不能完全一样，必须根据割件的形状和尺寸进行设计计算。

③ 光电跟踪仿形气割机　一种高效率自动化气割机床，它可省掉在钢板上画线的工序，而直接进行自动气割。它是将被切割零件的图样，以一定比例画成缩小的仿形图，制成光电跟踪模板，光电跟踪仿形气割机通过光电跟踪头的光电系统自动跟踪模板上的图样线条，控制割炬的动作轨迹与光电跟踪头的轨迹一致，以完成自动气割。由于跟踪的稳定性好、传动可靠，因此大大提高了气割质量和生产效率，减轻了工人的劳动强度，故光电跟踪仿形气割机的应用日趋扩大。

光电跟踪仿形气割机是由光学部分、电气部分和机械部分组成的自动控制系统。在构造上可分为指令机构（跟踪台和执行机构）、气割机两部分。气割机放置在车间内进行气割，为避免外界振动和噪声等干扰，跟踪台应放置在离气割机 100m 范围内的专门工作室内。气割机由跟踪台通过电气线路进行控制。

光电跟踪仿形气割机如装上数控系统，使数控和光电结合，其性能将更加优越。当光电跟踪仿形切割时，所切割图形即存入计算机，下次就可直接切割，而不用仿形和编程，操作十分方便。表 6-11 所示是光电跟踪仿形气割机的主要技术参数。

表 6-11　光电跟踪仿形气割机主要技术参数　mm

切割厚度	5～100	轨道长度	9000(根据需要可加长)
切割速度/(mm/min)	50～1200	跟踪精度	0.3
切割范围	2500×7400	割缝补偿范围	±2

目前，仿形图样画成和零件同样大小（1∶1 比例）的光电跟踪仿形切割机，用于切割形状复杂的零件，效果很好。

光电跟踪仿形气割机的切割精度和表面粗糙度与数控切割相比相差无几，所不同的是光电跟踪仿形气割机切割不仅要受到光电跟踪台尺寸、面积的限制，还要受到图形绘制精度的影响。因此，光电跟踪仿形气割适合用于切割尺寸小于 1m 的零件。

6.4.6　数控切割

随着电子计算机技术的迅速发展，工业自动化技术得到不断提高和完善。金属结构件的设计已开始突破“焊接件是毛坯”的概念。在国内、外最新设计的产品中，根据对切割面尺寸和表面质量的要求，许多切割面已直接作为不需加工的成品表面，这应归功于较先进的数控切割技术的应用。数控切割下料，是计算机技术在冷作各工序中开发应用较早、技术成熟、获得广泛应用的一种工艺方法。

数控切割机是自动化的高效火焰切割设备。由于采用计算机控制，使切割机具备割炬自动点火、自动升降、自动穿孔、自动切割、自动喷粉画线、割缝自动补偿、割炬任意程序段自动返回、动态图形跟踪显示等功能。计算机具有钢板自动套料、切割零件的自动编辑功能，整张钢板所有切割零件的切割全部自动完成。表 6-12 所示为数控切割机的主要技术参数。

表 6-12 数控切割机的主要技术参数

驱动形式	轨距/m	轨长/m	切割厚度/mm	切割速度/(mm/min)	画线速度/(mm/min)
单边	3 4 5	12,可视需要加	5～200	50～6000	6
双边	5 6 7.5				

(1) 数控切割工作原理　所谓数控（NC），其全称是数字程序控制。数控切割就是根据被切割零件的图样和工艺要求，编制成以数码表示的程序，输入到设备的数控装置或控制计算机中，以控制气割器具按照给定的程序自动地进行气割，使之切割出合格零件的工艺方法。数控切割机的工作流程如图 6-110 所示。

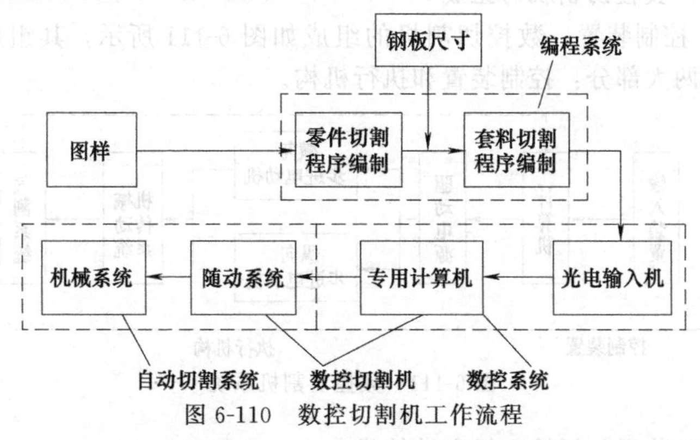

图 6-110 数控切割机工作流程

① 编制数控切割程序　要使数控切割机按预定的要求自动完成切割加工，首先要把被加工零件的切割顺序、切割方向及有关参数等

信息，按一定格式记录在切割机所需要的输入介质（如磁盘）上，然后再输入切割机数控装置，经数控装置运算变换以后控制切割机的运动，从而实现零件的自动加工。从被加工的零件图样到获得切割机所需控制介质的全过程称为切割程序编制。

如上所述，为了得到所需尺寸、形状的零件，数控切割机在切割前，需完成一定的准备工作，把图样上的几何形状和数据编制成计算机所能接受的工作指令，即所谓编制零件的切割程序。然后，再刚专门的套料程序，按钢板的尺寸将多个零什的切割程序连接起来，按合理的切割位置和顺序，形成钢板的切割程序。

数控切割程序的编制方法有手工编程和计算机自动编程两种。程序的格式有 3B、4B、和 ISO 代码三种。就目前应用情况看，应用较多的是采用 AutoCAD 或 CAXA 自动编程软件进行编程。

以北航海尔 CAXA 自动编程软件进行编程的全过程如下：根据切割零件图样利用计算机作图—生成加工轨迹—生成代码—传输代码。

② 数控切割　气割时，编制好的数控切割程序通过光电输入机被读入专用计算机中，专用计算机根据输入的切割程序计算出气割头的走向和应走的距离，并以一个个脉冲向自动切割机构发出工作指令，控制自动切割机构进行点火、钢板预热、钢板穿孔、切割和空行程等动作，从而完成整张钢板上所有零件的切割工作。

（2） 数控切割机的组成

① 控制装置　数控切割机的组成如图 6-111 所示，其组成可以概括为两大部分：控制装置和执行机构。

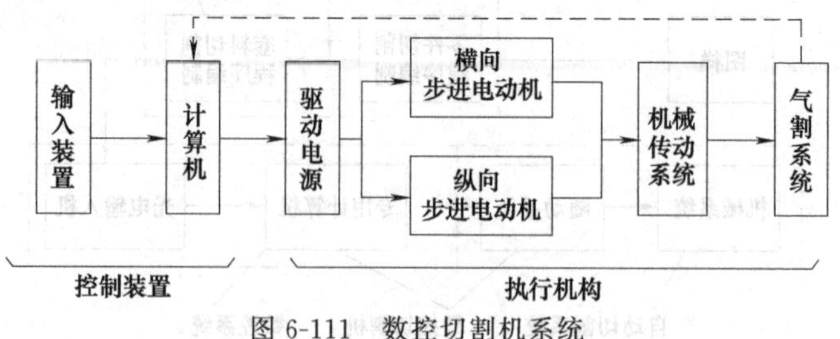

图 6-111　数控切割机系统

控制装置包括输入机和计算机。

a. 输入机。输入机的作用是将编制好的用数码表示的指令，读入到计算机中，将人的命令语言翻译成计算机能识别的语言。

b. 计算机。计算机的作用是对读入的指令和切割过程中反馈回来的切割器具所处的位置信号进行计算，将计算结果不断地提供给执行机构，以控制执行机构按照预定的速度和方向进行切割。

由于气割多用于两坐标平面的切割下料，所以，数控切割机的计算机比较简单。但是，随着科技的不断进步，人们对数控切割机的要求也越来越高。例如，在切割焊接坡口时，割具相对钢板的位置角度，要求能始终保持一致；在切割圆弧工件的焊接坡口时，要求割具能随圆弧自动转动角度等。所以，对用于数控切割机的计算机功能要求也越来越高，三坐标数控切割机和自动旋转割具的数控切割机，也已研制成功并获得实际应用。

② 执行机构　执行机构包括驱动系统、机械系统和气割系统。

a. 驱动系统。由于计算机输出的是一些微弱的脉冲信号，不能直接驱动数控切割机使用的步进电动机。所以，还需将这些微弱的脉冲信号真实地加以放大，以驱动步进电动机转动。驱动系统正是这样一套特殊的供电系统：一方面，它能保持计算机输出的脉冲信号不变；另一方面，依据脉冲信号提供给步进电动机转动所需要的电能。

b. 机械系统。机械系统的作用是通过丝杠、齿轮或齿条传动，将步进电动机的转动转变为直线运动。纵向步进电动机驱动机体做纵向运动，横向步进电动机驱动横梁上的气割系统做横向运动，控制和改变纵、横向步进电动机运动的速度和方向，便可在二维平面上画出各种各样的直线或曲线来。

c. 气割系统。气割系统包括割炬、驱动割炬升降的电动机和传动系统，以及点火装置、燃气和氧气管道的开关控制系统等。在大型数控切割机上，往往装有多套割炬，可实现同时切割，从而有效地提高工作效率。

(3) 数控切割运动轨迹的插补原理　数控机床若按运动方式分类，可分为点位控制系统、直线控制系统和轮廓控制系统3类。数控切割机床的运动规律为运动轨迹（轮廓）控制，属于轮廓控制系统类。

要形成几何轨迹或轮廓控制（通常是任意直线和圆弧），必须对二坐标或二坐标以上的行程信息的指令进给脉冲用适当方法进行分配，从而合成出所需的运动轨迹。这种方法就是所谓“插补”算法。在众多的插补方法中，较为成熟并得到广泛应用的是逐点比较法。

逐点比较法最初称为区域判别法。它的原理是：计算机在控制加工轨迹过程中，逐点计算和判别加工偏差以控制坐标进给方向，从而按规定的图形加工出合格零件。这种插补方法的特点在于每控制机床坐标（割炬）走一步时都要完成4个工作节拍，即：

第一，偏差判断。判断加工点对规定几何轨迹的偏离位置，然后决定割炬的走向；

第二，割炬进给。控制某坐标工作台进给一步，向规定的轨迹靠拢，缩小偏差；

第三，偏差计算。计算新的加工点对规定轨迹的偏差，作为下一步判断走向的依据；

第四，终点判断。判断是否到达程序规定的加工终点，若到达终点，则停止插补，否则再回到第一节拍。如此不断地重复上述循环过程，就能加工出所要求的轮廓形状。

从上述控制方法中可看出，割炬的进给取决于实际加工点与规定几何轨迹偏差的判断，而偏差判断的依据是偏差计算。此外，数控切割机的执行机构，主要是带动割炬沿纵向或横向移动的步进电动机，每一个脉冲当量都能使步进电动机移动一步（一般取0.02～0.1mm）。所以割炬实际运动的轨迹，是一条逼近零件图形的折线，但由于步距很小，因此可以得到光滑的曲线或直线，如图6-112所示。

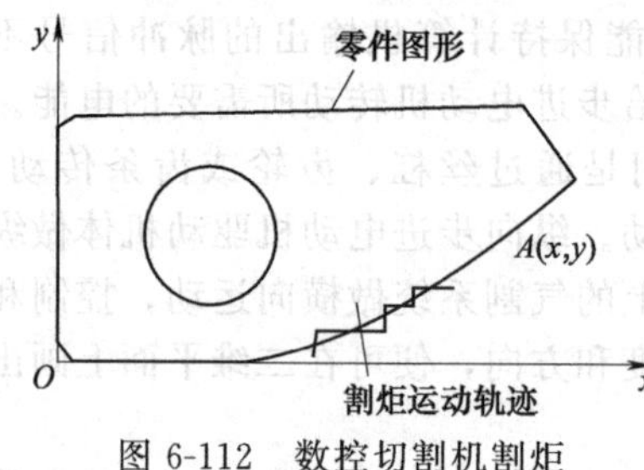

图 6-112 数控切割机割炬的运动轨迹

（4）数控切割的优点 数控切割与手工切割相比有许多优点。

① 实现了切割下料的自动化 铆焊生产的下料过程，多年来一直按放样、号料、切割或剪切等工序进行，并以手工操作为主，工序多，效率低。数控切割完全代替了手工下料的几个工序，实现了切割下料的自动化，提高了下料的生产效率，减轻了工人的劳动强度。

② 切割精度高 数控切割件的切割表面粗糙度可达到$Ra\,12.5$～$25\mu m$，尺寸误差可以小于1mm。精确的切割下料，保证了同类零件尺寸形状的一致，在装配时无需对零件进行修理切割。良好的切割质量，使以前手工切割后为保证零件尺寸和切割面质量而进行的机械加工工序被免去，减少了机械加工工作量，提高了生产效率，降低了生

产成本。

③ 提高了铆焊生产效率　数控切割除了使下料过程自动化，提高了下料工作效率外，还给装配、焊接工序带来了好处。精确的切割，使装配后得到的坡口间隙均匀、准确，又减小了焊接变形，使焊后矫正变形的工作量减少。数控切割为整个铆焊生产过程效率的提高打下了良好的基础。

④ 提供了新的工艺手段　数控切割机除了具有自动切割零件的功能外，还可以配置多种辅助功能。

a. 喷粉画线器。在一次定位条件下，可以在零件上用喷粉画线器画出零件的压弯线和装配线等线条。由于喷粉画线是由程序控制的，其画线的精度高，可以代替人工画线。

b. 标记冲窝器。在一次定位条件下，可在零件的孔中心点打出钻孔标记冲窝或压弯线、中心线等冲窝标记，可代替手工画线。

c. 全（半）自动旋转三割炬。可以在切割零件的同时开 K 形或 V 形坡口，代替机械加工坡口或刨边机刨边。

（5）数控切割的应用　数控切割是从 20 世纪 70 年代开始推广应用的，现在已成为铆焊结构件生产过程中切割下料的主要工艺手段，切割钢板厚度 1.5～300mm。从发展趋势看，数控切割必将代替传统的手工切割下料。

目前，数控切割在重型机器制造、造船等行业普遍应用，已充分显示出其优越性。我国一些重型机器制造厂具备数控切割手段后，生产制造的铆焊结构件的质量已达到国际先进水平。

采用数控切割需要具备一些条件，如需要购置数控切割机及编程机等设备，费用较高；需要有一批掌握先进技术的编程人员和数控切割机操作工人，对他们应进行专门培训；需要有稳定的氧气、乙炔供应，气体的纯度要求较高。此外，从生产管理上要根据数控切割的特点改进生产组织形式和工艺流程。

数控切割与手工切割相比尽管有许多优点，但因数控切割程序的编制尚存在一定缺陷，使数控切割的钢材利用率要比手工切割低 10％～15％。此外，由于数控切割过程也是一个对钢板不均匀的加热过程，特别是在切割窄、长的零件时，由于热胀冷缩的影响，零件的变形和钢板的移动是不可避免的，有时也会影响到切割零件的几何尺寸。这就需要在实践中不断总结经验，合理排样，合理安排切割顺序，扬长避短，充分发挥数控切割机的效能。

6.4.7 等离子弧切割概述

(1) 等离子和等离子弧的产生及特点

① 等离子和等离子弧的产生　原子运动速度加快，使带负电荷的电子脱离带正电荷的原子核，成为自由电子，而原子本身就成了带正电的离子，这种现象就叫电离。若使气体完全电离，得到全是由带正电的正离子和带负电的电子所组成的电离气体，称为等离子体或等离子。

等离子体是物质固态、液态和气态以外的第四态。由于等离子体全部由离子和电子组成，所以等离子体具有极好的导电能力，可以承受很大的电流密度，并能受电场和磁场的作用。等离子体还具有极高的温度和极好的导热性，能量又高度集中，这有利于熔化一些难熔的金属或非金属。普通的焊接电弧，由于能量不够集中，气体电离得不够充分，因此它实际上只能称为不完全的等离子体。

通过对电弧进行强迫压缩，使弧柱截面收缩，弧柱中的气体几乎达到全部离子体状态的电弧，称为等离子弧。

等离子弧实际上就是一种高度压缩了的电弧。由于电弧经过压缩，能量密度大，温度高（10000～30000℃或更高），弧柱中心部分附近的气体都电离成离子及电子。而普通的电弧没有经过压缩，这就是二者质的区别。

等离子弧既可用来进行焊接，也可用来进行切割。

② 等离子弧的特点

a. 由于等离子弧有很高的导电性，能承受很大的电流密度，因而可以通过极大的电流，故具有极高的温度。又因其截面很小，则能量高度集中。用于切割的等离子弧，在喷嘴附近温度最高可达30000℃。

b. 等离子弧的截面很小，从温度最高的弧柱中心到温度最低的弧柱边缘，温差非常大。

c. 由于各种强迫压缩作用，以及电离程度极高和放电过程稳定，所以，圆柱形的等离子弧挺度好。

d. 喷嘴中通入的压缩气体在高温作用下膨胀，又在喷嘴的阻碍作用下压缩力增加，从喷嘴中喷出时速度很高（可超过声速）。所以等离子弧有很强的机械冲刷力。这一点特别有利于切割，可使切口窄而且平齐。

e. 由于等离子弧中正离子和电子所带的正、负电荷数量相等，故等离子弧呈中性。

(2) 等离子弧切割的原理和特点

① 等离子弧的切割原理　等离子弧切割是利用高温、高冲力的等离子弧为热源，将被切割的材料局部迅速熔化，同时，利用压缩产生的高速气流的机械冲刷力，将已熔化的材料吹走，从而形成狭窄切口的切割方法。它是属于热切割性质，这与氧-乙炔焰切割在本质上是不同的。它是随着割炬向前移动而完成工件切割，其切割过程不是依靠氧化反应，而是靠熔化来切割材料。

②等离子弧切割的特点

a. 应用面很广。由于等离子弧的温度高、能量集中，所以能切割各种高熔点金属及其他切割方法不能切割的金属，如不锈钢、耐热钢、钛、钨、铸铁、铜、铝及其合金等。在使用非移动等离子弧时，由于割件不接电，所以在这种情况下还能切割各种非导电材料，如耐火砖、混凝土、花岗石、碳化硅等。

b. 切割速度快。生产效率高，它是目前采用的切割方法中切割速度最快的。

c. 切口质量好。等离子弧切割时，能得到比较狭窄、光洁、整齐、无熔渣、接近于垂直的切口。由于温度高，加热、切割的过程快，所以此法产生的热影响区和变形都比较小。特别是切割不锈钢时能很快通过敏化温度区间，故不会降低切口处金属的耐蚀性能；切割淬火倾向较大的钢材时，虽然切口处金属的硬度也会升高，甚至会出现裂纹，但由于淬硬层的深度非常小，通过焊接过程可以消除，所以切割边可直接用于装配焊接。

d. 成本较低。特别是采用氮气等廉价气体时，成本更为低廉。

(3) 等离子弧的发生装置

图 6-113 所示为产生等离子弧的装置。

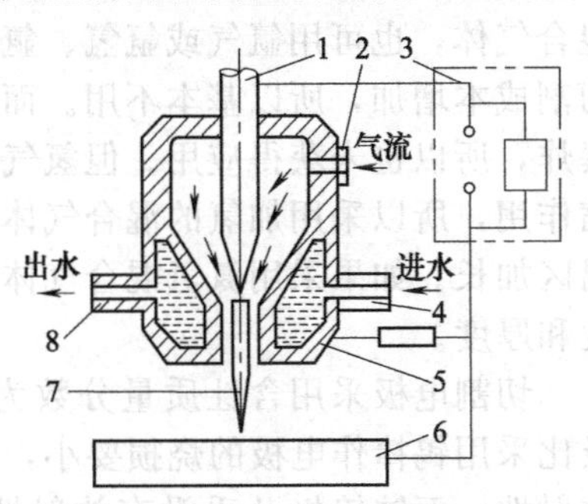

图 6-113　产生等离子弧的装置

1—钨极；2—进气管；3—高频振荡器、电源；4—进水管；5—喷嘴；6—工件；7—等离子弧；8—出水管

电极接直流电源的负极，工件接正极。在电极和工件间加上

一较高的电压，经过高频振荡器的激发，使气体电离形成电弧，然后将氩气或氮气在很高的压力与速度下，围绕电弧吹过电弧放电区域，由于电弧受热压缩、机械压缩和磁压缩的作用，弧柱直径缩小，能量集中，弧柱温度很高，气体电离度很高，这种高度电离的离子流则以极高的速度喷出，形成明亮的等离子焰流。

所谓热压缩作用是指气体流量及不同性质气体对电弧的压缩作用，气体通过弧柱时，气体要吸收很多热能而后电离成离子弧，当离子弧在通过用水冷却的枪体喷嘴时，贴近喷嘴壁面的气体电离度急速下降，导电能力很差，形成一个圆柱形绝缘绝热层，保护喷嘴内壁。气体流量加大时，已离子化的等离子流被压缩到弧柱的中心部位，弧柱直径显著缩小，电流密度明显增高。

通入不同的气体对电弧的压缩性有不同的影响，氢的压缩作用最大，氮其次，氩更次。由于氮气价格低廉，且切割速度及质量比较稳定，故获得广泛应用。

机械压缩作用是指喷嘴的尺寸和形状对弧柱的压缩影响。如喷嘴直径缩小时，弧柱直径相应被压缩而减小。

当离子流在加速电场中运动时，可以看成是无数根导体。而两根平行同向电流的导体，在电磁力作用下会使两根导线互相靠近，导体直径越小，在电流量不变的情况下，电流密度越大，电磁力也越大。而在热压缩和机械压缩作用下，弧柱直径缩小，同时又相应产生很大的磁压缩，使电弧变得更细，这种压缩作用通常称为磁压缩作用。

(4) 等离子弧切割工艺　等离子弧切割的气体一般用氮气或氮氢混合气体，也可用氩气或氩氢、氩氮混合气。氩气由于价格昂贵，使切割成本增加，所以基本不用。而氢气作为单独的切割气体易燃烧和爆炸，所以也未获得应用。但氢气的导热性较好，对电弧有强烈的压缩作用，所以采用加氢的混合气体时，等离子弧的功率增大，电弧高温区加长。如果采用氮氢混合气体，便具有比使用氮气更高的切割速度和厚度。

切割电极采用含钍质量分数为1.5%～2.5%的钍钨棒，这种电极比采用钨棒作电极的烧损要小，并且电弧稳定。因钍钨棒有一定的放射性，而铈钨极几乎没有放射性，等离子弧的切割性能比钍钨棒好，因此也有采用的。

为了利于热发射，使等离子弧稳定燃烧，以及减少电极烧损，等离子弧切割时一般都把钨极接负，工件接正，即所谓正接法。

等离子弧切割内圆或内部轮廓时，应在板材上预先钻出直径约ϕ12～16mm的孔，切割时由孔开始。

等离子弧切割时，为了保证安全，应注意下列几个方面。

① 等离子弧切割时的弧光及紫外线，对人的皮肤及眼睛均有伤害作用，所以必须采取保护措施（穿工作服、戴面罩等）。

② 等离子弧切割时，产生大量的金属蒸气和气体，吸入人体内常产生不良的反应，所以工作场地必须安装强制抽风设备。

③ 电源要接地，割枪的手把绝缘要好。

④ 钍钨极是钨与氧化钍经粉末冶金制成。钍具有一定的放射性，但一根钍钨棒的放射剂量很小，对人体影响不大。大量钍钨棒存放或运输时，因剂量增大，应放在铅盒里。在磨削钍钨棒时，产生的尘末若进入人体则是不利的，所以在砂轮机上磨削钍钨棒时，必须装有抽风装置。

6.5 铲边、刨边

铲边、刨边是消除钢材在切、割过程中留下的不规整的边缘和产生的硬化层的过程，以保证金属加工件的质量。

6.5.1 铲边

(1) *手工铲边* 手工铲边的工具有手锤和手铲等。在进行手工铲边时，要做好劳动保护工作，操作者应戴眼镜和手套，防止铁屑弹出发生事故。但拿手锤的手不许戴手套，以防脱锤。

手工铲边的过程是将铲件固定在虎钳上或用其它卡具固定，由工作物的厚薄来选用合适的铲头。铲边铲到工作边缘时，应轻击凿子，以防凿子突然滑脱而擦伤手指。

一般机械和手工铲边零件，其铲线尺寸与施工图的尺寸要求不得相差1mm。铲边后的棱角垂直角误差不得大于弦长的1/3000，且不得大于2mm。

(2) *机械铲边* 机械铲边工具有风动铲锤和铲头等。

风动铲头的切削角度以45°～50°为宜，角度小，强度低；角度大，切削阻力大。

风动铲锤是用0.4～0.6MPa的压缩空气作动力的一种风动工具。图6-114所示为铲边风锤及铲头示意图。使用时，将输送压缩空

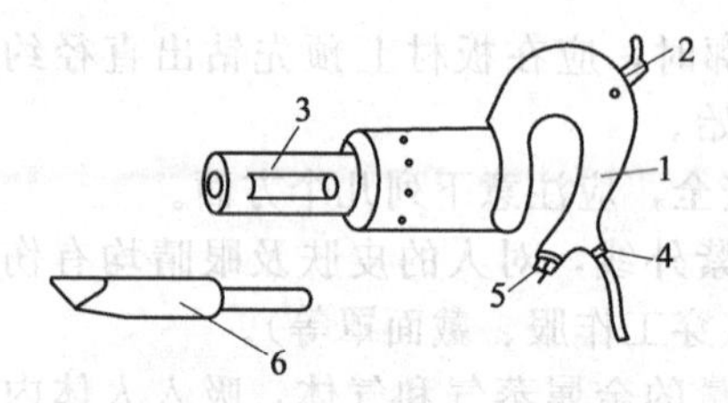

图 6-114　铲边风锤及铲头示意图
1—手把；2—扳机（开关）；3—推杆；
4—风带接头；5—排污孔；6—铲头

气的橡皮管接在风带接头 4 上，接前将风管向空中吹下，以防砂粒等杂物进入风锤内研损机件，然后按动扳机 2，即可进行铲削。

风铲铲边的一般操作方法是用左手大拇指压紧铲身，其余四指逼着铲件的下侧面，并掌握铲头移动，向前推进，调整上下左右的角度和位置，右手握紧风铲握把，大拇指控制开关，调节风量；为了工作的需要，左右手应有互换适应工作的基本功。在铲边的过程中，初铲时应小开风门，并使铲锤和板边的角度要大，待铲尖切入钢板内时，再逐渐减少到适宜的角度，开足风门铲削。将要铲到末端时应逐渐减小风门，缓慢地铲掉尽头。

铲边时，应将铲件用木质材料垫好，防止滑动，并减小噪声。垫的高度距下平面为 80～100mm，并用卡具卡牢，以防铲件因震动而滑移，发生压伤手脚事故。

铲边操作形式有蹲铲和站铲两种。蹲铲借助于腿力帮助推铲。站铲可用臂力推铲，但铲力不宜过猛，以适应正常铲削即可。

（3）铲边注意事项

① 空气压缩机开动前，应放出储风罐内的油、水等混合物。

② 铲前应检查空气压缩机设备上的螺栓、阀门完整情况，风管是否破裂、漏风等。

③ 铲边的对面不许有人和障碍物。高空铲边时，操作者应戴好安全带，身体应靠物体助力，注意身体重心不要全部倾向铲力，铲头要注机油或冷却液。

④ 铲边结束应卸掉铲锤，妥善保管。冬季铲边风带应盘好放于室内，以防带内存水冻结。

6.5.2　刨边

（1）刨边机　刨边工作主要是通过刨边机来进行的。

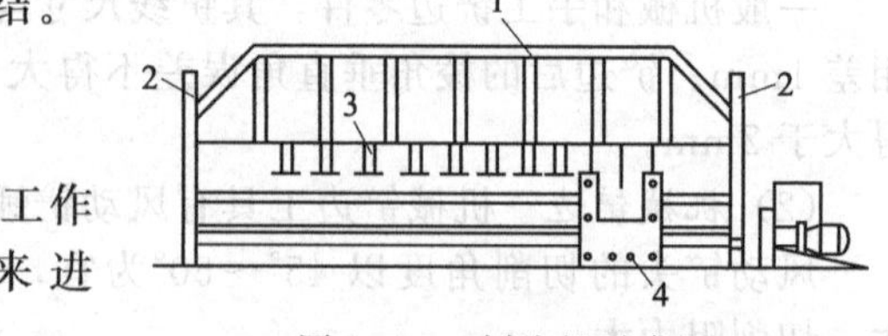

图 6-115　刨边机示意图
1—主柱；2—横梁；3—压紧器；4—操作台

刨边机的构造如图 6-115所示。需刨边的构件在下料时应留出 2～4mm 的刨边量，经矫正平直后，按规定刨成直边和斜边。

刨边时，刨件放在刨边机上，其刨边线可用刀架上的画线针测定和调整，然后用卡具或千斤顶压牢。刨刀的中线应略高于被刨钢板的中心线，这样在刨削时，才能使刀力压紧钢板，不使钢板颤动，也可防止刨刀和刨边机的损坏。对于厚度为 2～3mm 的薄板需刨边时，可将数张重叠，用卡具卡牢进行刨边。这样可节省工时，提高工效。

(2) *刨边的加工裕量（刨边量）* 见表 6-13。

表 6-13　刨边加工裕量　　mm

钢板材料	边缘加工形式	钢板厚度	最小裕量
低碳钢	剪切机剪切	≤16	2
低碳钢	剪切机剪切	>16	3
各种型钢	气割	各种厚度	4
优质合金钢	剪切机剪切	各种厚度	>3

(3) *刨削的进刀量和走刀速度*　一般刨削的进刀量和走刀速度如表 6-14 所示。

表 6-14　刨削进刀量和走刀速度　　mm

钢板厚度	进刀量	切削速度	钢板厚度	进刀量	切削速度 /(m/s)
1～2	2.5	15～25	3～18	1.5	10～15
3～12	2.0	15～25	19～30	1.5	10～15

(4) *刨边质量要求*　钢结构上刨边的零件，其刨边线与号料线的允许偏差为±1mm；刨边线的弯曲矢高不应超过弦长的 1/3000，且不应大于 2mm；特殊钢结构的铣、刨平面的粗糙度不得大于 0.03mm。

6.5.3　铲、刨坡口形式

由于焊接工艺的需要，铲边、刨边时对其角度和钝边有一定的要求，其坡口的加工形状及规格如表 6-15 所示。

表 6-15　板边缘坡口的加工要求

焊接形式	简　图	适用厚度	附　注
平坡口焊缝	0.5～2　2～10	10mm 以下	5mm 以下可单面焊，6～10mm 的须双面焊

续表

焊接形式	简图	适用厚度	附注
V形坡口焊缝	60° 2～3 2～3 10～20	10～20mm	须补焊根部
X形坡口焊缝	50°～60° 3～4 2～3 >20	>20mm	
V形坡口焊缝	10° R5 2 2 >20	>20mm	用于不能双面焊，但须补焊根部
自动焊V形坡口焊缝	60° 1～3 0.5～2 >16	>16mm	16mm以下的可不开坡口

6.6 钢材的拼接

钢材的长短、宽窄都有一定的规格，如不符合工件的尺寸要求就必须进行拼接。有时为了有效地利用钢材进行套裁，也须将毛料进行拼接。拼接要保证若干块拼接件拼接后平直，以便为以后的焊接、校平、矫直打下良好的基础。

6.6.1 型材的拼接

型材的种类很多，但拼接方法大致相同。

（1）管材的拼接　可以选较长的管子作为基准，在平台上固定住，然后把较短一根的接头与长管接头对正，可用刀口直尺沿管子的圆周在两个约成 90°的位置上进行纵向检查。对正后将短管也固定住，这时可在接头处的上端点焊牢，如图 6-116 所示。再将管子旋转 90°左右，用刀口尺沿管子的圆周两个约成 90°的位置上再进行纵向检查一下是否平直。对正后，可在上端接头处再点焊牢。点焊此两处之后，再翻转管子综合地检查接头处的各个方位，如有不平直的位置，可用手锤轻轻敲击，待矫直后，沿接头圆周多点焊几处，方可交付焊接。

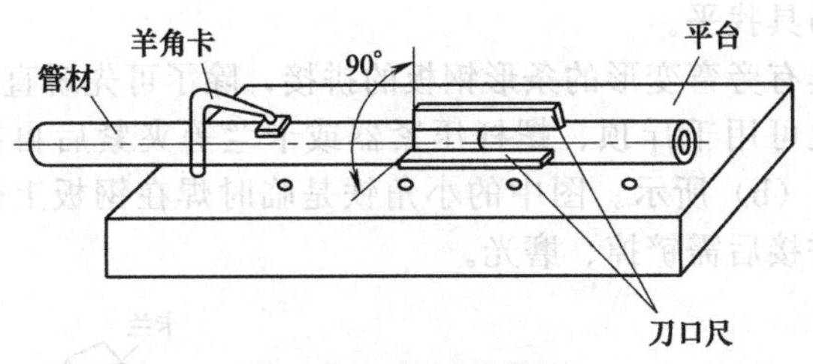

图 6-116 管材的拼接

（2）角钢的拼接 在要拼接的角钢中选一根较长的放在平台上卡住，将另一根的接头与前者对正，用刀口尺检查接头外根部是否平直。合乎要求后可在两根角铁接头的内根部点焊，再检查角铁的两个面对接的是否平直，不平时，可用羊角卡或撬杠撬齐后再点焊牢，如图 6-117 所示。

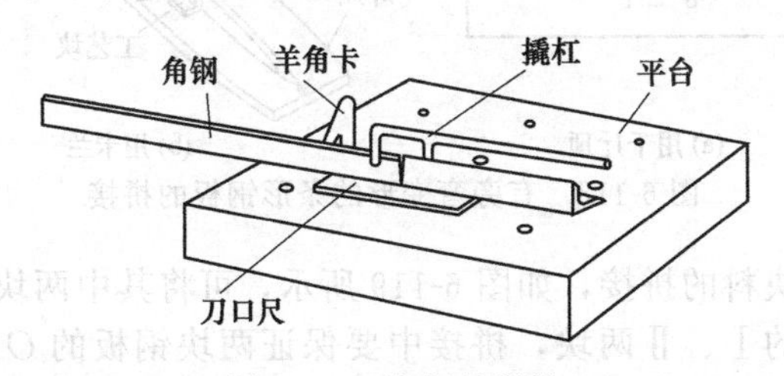

图 6-117 角钢的拼接

（3）工字钢的拼接 使用工字钢时，立筋在承受外力方面起着重要作用。因此拼接时，首先要保证立筋的平齐，其次是保证上下两翼面的平齐，然后点焊牢即可。因为同一种工字钢的截面形状几乎完全相同，所以，也可以用保证容易测量部位的平齐来实现整个接头的平齐。具体的操作方法与角钢的拼接相同。

6.6.2 板材的拼接

对于较平的钢板，拼接时可以把对缝接头的两端先用刀口尺校平对正，点焊牢后再在接头的中间段点焊若干块。校平用的刀口尺不可太长和太短，一般在 300mm 左右为宜。

对于不太平的钢板的拼接，可先从对缝接头的一端开始，用刀口尺校平一点，点焊牢，再向前 100～200mm，再校平一点，点焊牢。这样逐点向前推，直至全部拼接完。校平的过程借助于撬杠、压马、电磁马或吊具找平。

对于具有旁弯变形的条形钢板的拼接，除了可先矫直、矫平后再拼接外，也可用千斤顶、螺杆压紧器或卡兰等夹紧后再拼接，如图 6-118（a）、（b）所示。图中的小角铁是临时焊在钢板上供夹紧用的工艺块，拼接后需铲掉、磨光。

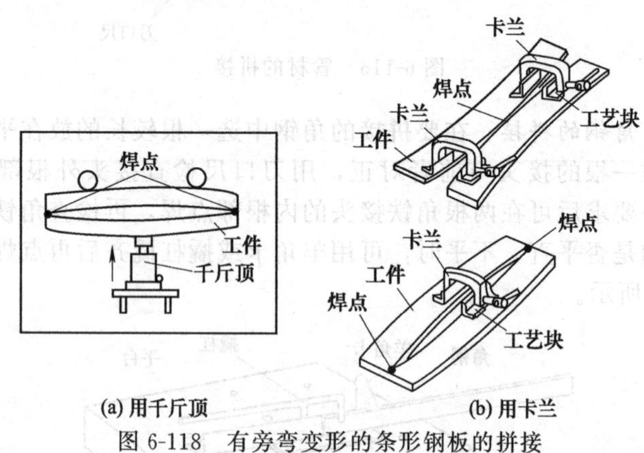

图 6-118　有旁弯变形的条形钢板的拼接

对于多块料的拼接，如图 6-119 所示，可将其中两块大的先拼接好，如图中的Ⅰ、Ⅱ两块，拼接中要保证两块钢板的 O 点重合，再拼第Ⅲ块。在拼第Ⅲ块前，应先检查一下第Ⅲ块板的$\angle BOC$ 与前两块板拼接后形成的$\angle BOC$ 是否相等，有差别时，须修好第Ⅲ块板后再拼接。拼接时，可先选一条缝，如选图中的 OC，对准 O 点，点焊牢，再向另一端过渡，边找平，边点焊牢，拼接完 OC 缝后，再拼 OB 缝。

对于图 6-120 所示的一般厚板的拼接时，除了像前几例所述的调平方法外，接头的板缝一般在相隔 250～300mm 用 35mm 左右长的焊肉施点固焊。

如果是采用自动焊的板缝，要事先在点固焊处铲除低于焊缝其他位置的沟槽，以免点固焊肉突出而影响自动焊接质量。

在两接缝相交处应留出 30～50mm 或更大一些的尺寸，以免由于十字焊缝应力集中引起焊缝裂纹。为了使焊接两端熔透，通常都在

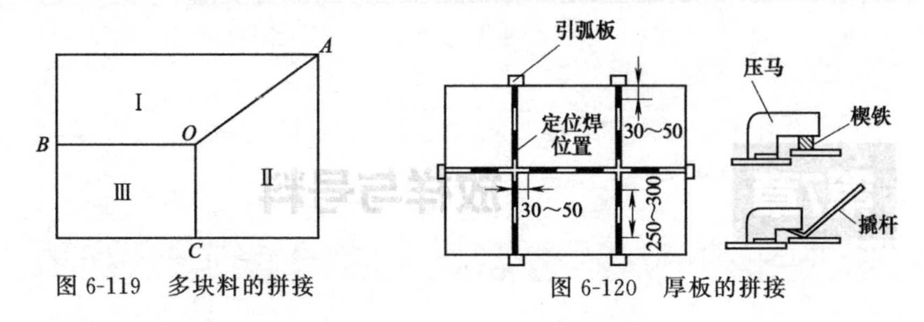

图 6-119 多块料的拼接

图 6-120 厚板的拼接

两端安设引弧板，引弧板上的坡口应与主板一致。

如果由于焊接的要求，在被焊接的两个接头间要保留一定的间隙，可用相应的焊条头或铁板头夹在接头间，以便控制间隙，待拼接完成后再取出。

为了防止拼接变形和以后的吊运安全，板材的拼接有必要双面点焊，但点焊点的大小、距离要均匀，焊缝不宜过高，以焊牢为好。

第7章 放样与号料

放样是制造金属结构的第一道工序。由于放样和号料直接反映了构件的平面图形和真实尺寸，从而减少了一些繁琐的计算工作，它对保证产品质量、缩短生产周期、节约原材料等都有着重要的作用。

7.1 放样

放样又叫落样或放大样。它是依据工作图的要求，用1∶1的比例，按正投影原理，把构件画在样台或平板上，画出图样，此图叫做实样图，又叫放样图。画放样图的过程叫做放样。

根据放样图制出的样板，作为下料、加工、装配等工序的依据。因此，放样图与工作图有着密切的联系，但二者又有以下主要区别。

① 工作图的比例不是固定的，可以按1∶2、2∶1或其它比例缩小或放大；而实样图则限于1∶1。

② 工作图是按照国家制图标准绘制的；而放样图可以不必标注尺寸并只用细线条来表示。

③ 工作图上必须具有构件尺寸、形状、光洁度、标题栏和有关技术说明等内容；而放样图只考虑有关技术要求。

④ 工作图上不能随意添加或去掉线条；而放样图上可以添加各种必要的辅助线，也可以去掉与放样无关的线条。

⑤ 工作图要反映出工件几何尺寸和加工要求；放样图则是确切地反映工件实际尺寸。

7.1.1 常用工具

（1）画规　画规结构如图7-1所示，它是作为截取线段、画弧和画圆用的。其两尖端须经淬火方能经久耐用。

（2）地规　地规结构如图7-2所示，它的用途与画规相同，只是用于较大型结构的放样。

(3) 样冲　样冲多用高碳钢锻制，如图 7-3 (a) 所示。在放样和号料时用样冲来打记号。打出样冲窝，钻孔时容易找正，弯曲工件时便于检查。打冲姿势如图 7-3 (b) 所示。

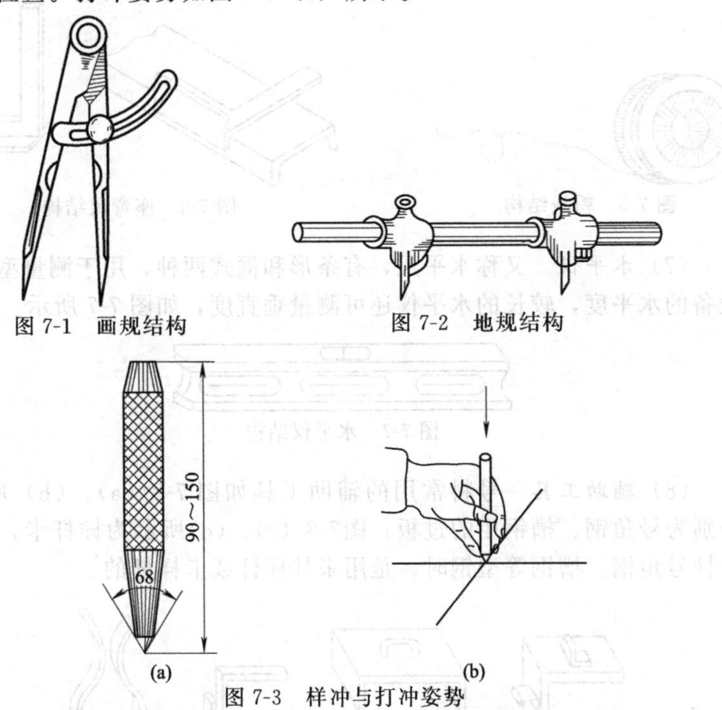

图 7-1　画规结构

图 7-2　地规结构

图 7-3　样冲与打冲姿势

(4) 画针　画针一般用中碳钢锻制而成，如图 7-4 (a) 所示。号料放样时用画针代替石笔使用，精度较高。画点时一般画人字形，“人”字尖端为尺寸的基准点，如图 7-4 (b) 所示。画点、线的姿势如图 7-4 (c) 所示。

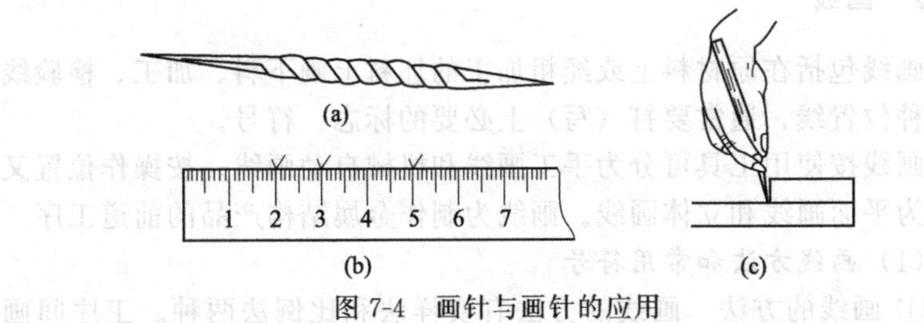

图 7-4　画针与画针的应用

（5）粉线　粉线多用棉质细线，缠在粉线轴上，作为大型结构放样时弹直线用，如图 7-5 所示。

（6）座弯尺　它主要用于型钢（如角钢、槽钢）的号料，如图 7-6 所示。

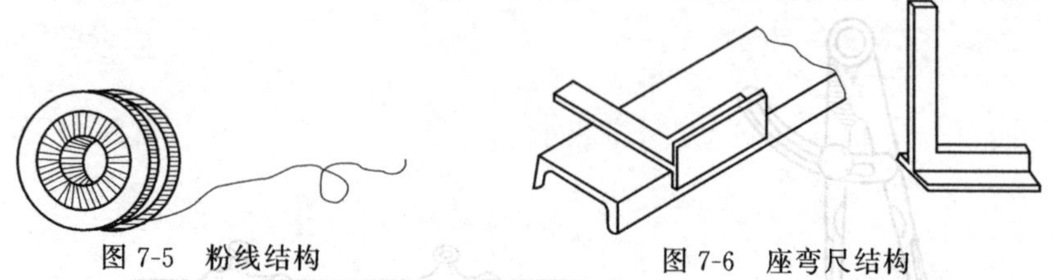

图 7-5　粉线结构　　图 7-6　座弯尺结构

（7）水平仪　又称水平尺，有条形和框式两种，用于测量型材及设备的水平度，较长的水平仪还可测量垂直度，如图 7-7 所示。

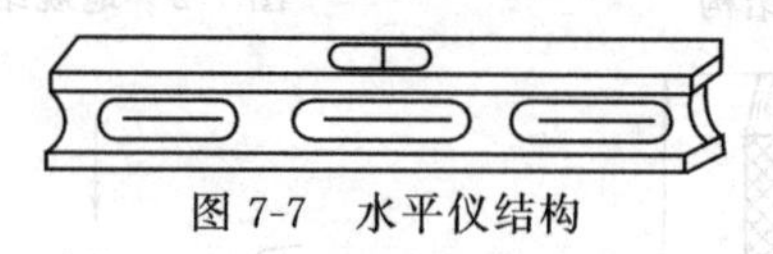

图 7-7　水平仪结构

（8）辅助工具　号料常用的辅助工具如图 7-8（a）、（b）所示，分别为号角钢、槽钢用的过板；图7-8（c）、（d）所示为样杆卡，当用样杆号角钢、槽钢等型钢时，是用来挂样杆或卡样杆的。

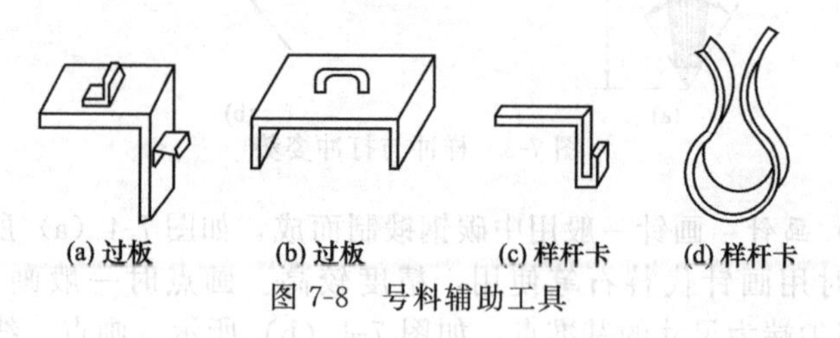

(a) 过板　(b) 过板　(c) 样杆卡　(d) 样杆卡

图 7-8　号料辅助工具

7.1.2　画线

画线包括在原材料上或经粗加工的坯料上画下料、加工、检验线及各种位置线，通常要打（写）上必要的标志、符号。

画线按使用工具可分为手工画线和机械自动画线；按操作位置又可分为平面画线和立体画线。画线为制作金属结构产品的前道工序。

（1）画线方法和常用符号

① 画线的方法　画线的方法有实样法和比例法两种。工序间画

线主要采用实样法。

a. 实样法。指直接在原材料或半成品上按样板或1∶1放样办法画线。

b. 比例法。由人工或自动绘图仪在一些特定的诸如纸上按比例画出图样，经光学等放大投影成1∶1图像投影在原材料上，再用人工或电印技术加以描绘。比例法便于纸面排料，效率高，可减轻劳动强度，适用于成批生产。但必须有相应的专业设备。

电印画线是一种电子摄影过程，其原理如图7-9所示。

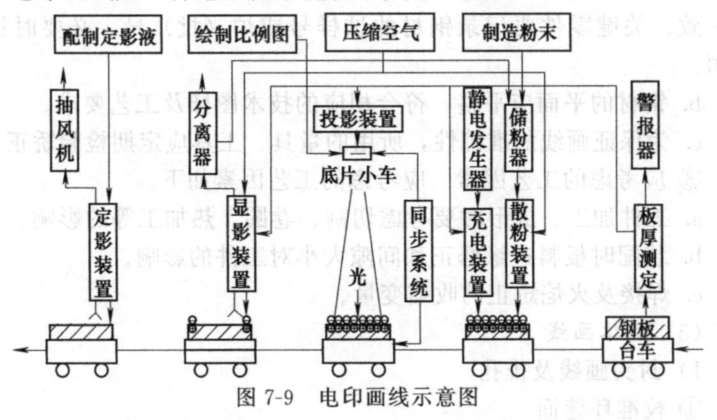

图7-9 电印画线示意图

② 画线的常用符号 画线的常用符号如表7-1所示。

表7-1 画线的常用符号

名称	符号	符号说明
中心线		在线的两端打上3个样冲点,并注上标记符号
切断线		在线上打样冲并注上“S”符号表示剪切线 在双线上打样冲,并注上“S”符号表示切割线 在断线的一侧注上斜线符号,表示切断后为余料
对称线		在线的两端打上3个样冲点,并注上符号,表示零件图形与此线完全对称
压角线	正压75° 反压50°	在线的两端打上3个样冲点,并注上符号,表示钢材(或其它材料)需弯曲成一个角度
轧圆线	反轧圆　正轧圆	在钢板上注上如左图所示的反轧圆符号,表示弯成圆筒形后,标记在外侧。如标注如左图所示的正轧圆符号,表示弯成圆筒形后,标记在内侧
刨边线		在线的两端均打上3个样冲点,并注上符号,表示加工以此线为准

（2）平面画线

① 基本规则　基本规则如下。

a. 垂直线须用作图法求出，而不可用量角器或90°角尺画出。

b. 用画针或石笔画线时应紧靠在尺子或样板的边沿进行。

c. 用圆规在钢板上画线时，为防止圆规脚尖的滑动，应先在确定处打上样冲眼。

② 注意事项　注意事项如下。

a. 画线前要检查钢材的牌号、厚度，是否与图样及技术条件要求一致。关键零件要记录钢材的试样号或炉（批）号，必要时进行移植。

b. 钢材的平面应平整，符合相应的技术图样及工艺要求。

c. 为保证画线的准确性，所用的量具、工具应定期检验矫正。

③ 应考虑的工艺因素　应考虑的工艺因素如下。

a. 工件加工、成形时要考虑切割、卷圆、热加工等的影响。

b. 装配时板料边缘修正和间隙大小对工件的影响。

c. 焊接及火焰矫正的收缩变量。

（3）立体画线

1）封头画线及排孔

① 校准环缝面

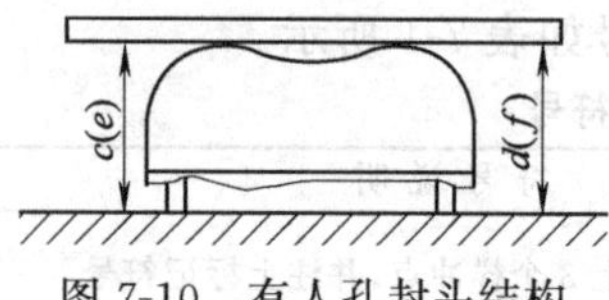

图 7-10　有人孔封头结构

a. 有人孔封头结构如图 7-10 所示。将直尺放在椭圆人孔的长轴和短轴位置上，用垫块衬托在封头的直边上，最终使直尺到平台的距离相等。

b. 无人孔封头结构如图 7-11 所示。将90°角尺放在封头的4个对应方向，用不同厚度的垫块衬托，使封头的直边部位与90°角尺重合。然后将直尺放在封头顶部的最高处，量取两边 a 和 b 的高度，再以 $(a+b)/2$ 作为直尺到平台的距离。

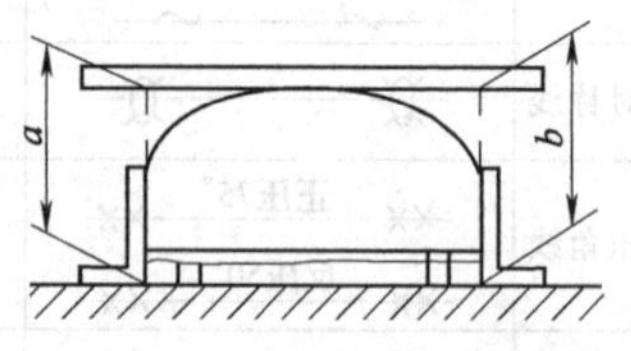

图 7-11　无人孔封头结构

② 画直线段余量线　画直线段余量线画法如图 7-12 所示。校准环缝面之后，以平台为基准，用画针盘画出余量及有孔封头的人孔直段余量线。

③ 画中心线 画中心线画法如图 7-13 所示。对于有人孔的封头画中心线如图 7-13（a）所示。先将直尺放在人孔的短轴位置上，使轴线与直尺重合（目测），然后用 90°角尺在封头的直段上画得Ⅰ、Ⅲ两点，再用钢卷尺量取Ⅰ、Ⅲ点的左、右两面半圆弧 a 和 b。以 $(a-b)/2$ 的差值作同方向的平移，使 $a=b$，再以等弧长画出另两条中心线Ⅱ和Ⅳ。

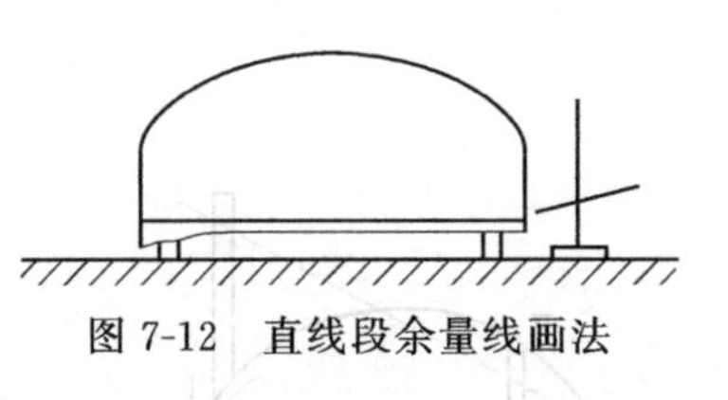
图 7-12 直线段余量线画法

画无人孔的中心线如图 7-13（b）所示，用 90°角尺先确定在有钢印位置下部的Ⅲ中心线。依照画有人孔封头中心线的“等弧长”法，顺次画出Ⅰ、Ⅱ和Ⅳ中心线即可。

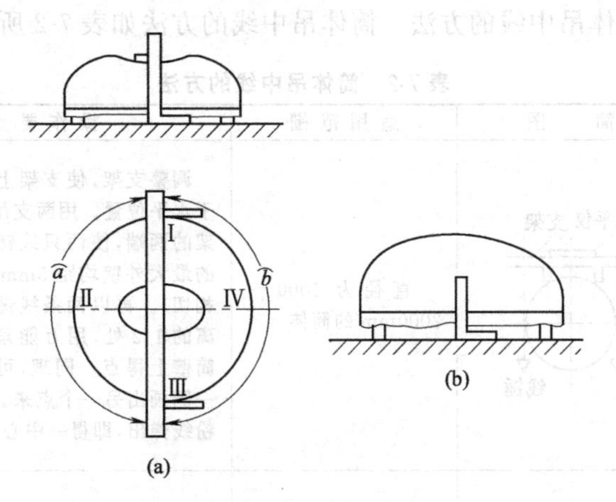

图 7-13 中心线画法

④ 画十字基准线 画十字基准线画法如图 7-14 所示，在平台上用两把 90°角尺分别放准于Ⅰ、Ⅲ的中心线上，然后用沾满画粉的线靠在 90°角尺上，从一端而后又一端慢慢向下移动，此时在封头的曲面上会印出一条线。同理可画出另一条线。

⑤ 排孔 排孔画法如图 7-15 所示，在平台上以上、下中线画出 m 与 n 的距离，再用两把 90°角尺放准在画出的 m、n 处，采用“画十字基准线”的办法画出十字线，交点即为孔的中心位置。

⑥ 封头画线操作注意事项 封头画线都是以平台为基准，当线

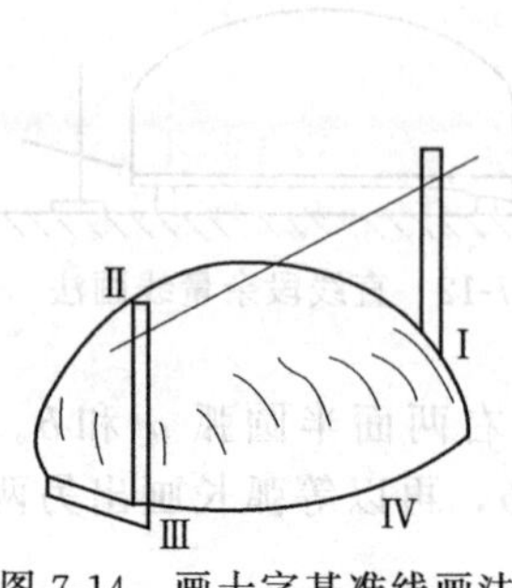

图 7-14 画十字基准线画法

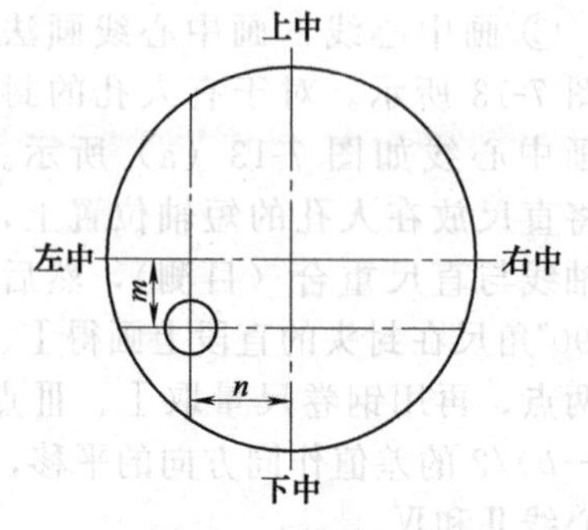

图 7-15 排孔画法

条未全部画完时，不可在封头上任意打样冲等，谨防封头移位而影响画线的精确度。

2）筒体吊中线的方法 筒体吊中线的方法如表 7-2 所示。

表 7-2 筒体吊中线的方法

名称	简 图	适用范围	操作要点
双垂线法	水平仪 支架 线锤	直径为 1000～2000mm 的筒体	调整支架，使支架上的水平仪处于水平位置。用两支吊线锤挂在支架的两端，使两只线锤的线与筒体的最大外壁均距 5mm（或线与筒壁相切）。再以两条线锤在支架的距离的 1/2 处，用万能角尺引垂线于筒壁上得点。同理，可在筒体的另一侧画出另一个点来。然后两点用粉线弹出，即得一中心线
单垂线法	*a* *b* *d* *c*	未装封头，有一定刚性的各种直径的筒体	用一只线锤挂在筒体的端口，使得 $adc=abc$，得点。另一端部同理操作，用粉线将两点连接、弹出，即得到一条中心线
水平角尺法		小直径筒体及大直径钢管	用一把附有水平仪的 90°角尺放在筒体外壁，气泡在水平时得一点。然后按同理得另一点，两点用粉线弹出一条中心线

续表

名称	简 图	适用范围	操作要点
水位法		大直径筒体及各种大型的安装定位	用一根两端装玻璃管且通水的塑料软管，将 b 点一端的玻璃管固定在左侧，另一端玻璃管移到右侧得 d 点，并使 $bad=bcd$ 作筒体另外一端上的点时，可不必挪动 b 点的玻璃管，将 d 点的玻璃管移动两处，得出 b' 和 d' 点，也使 $b'a'd'=bcd$

3) 筒体的画线排孔 筒体的画线排孔方法如表 7-3 所示。

表 7-3 筒体画线排孔方法

名 称	简 图	操作要点
吊中线		用表 7-2 中的双垂线法先确定筒体纵向基准中心线的位置，画出基准点，在两端基准点间弹出一条中心线Ⅰ 若弹出的中心线与图样要求的纵向基准中心线有偏差，可采用同方向平移的方法调整
画纵向中心线		以吊出的Ⅰ中心线为基准，以等弧长依次画出Ⅲ中线。再以Ⅰ、Ⅲ中心线为基准，同样以等弧长的办法，依次画出Ⅱ、Ⅳ中心线
画环向基准线		先在Ⅰ中心线上确定环向基准的位置于点 A，用画规以 A 为中心，作出 B、C 两点；再分别以 B、C 为中心，不同的半径 R 画弧，得若干交点 D、E、F、G。连接 A、D、E、F、G 各点得曲面上的垂直线。同理可得出 D'、E'、F'、G'(位于图后)点。再分别以Ⅳ和Ⅱ两个中心线的 G 点和 G' 点，用同法作出垂直线，即完成环向基准线
排孔		排孔时，图样上管座孔所注的尺寸，一种是标出 α 角度，另一种是注出 h 的距离。排孔操作时，环向尺寸是按筒体实际直径，换算对应角的弧长，纵向尺寸则只要从环向基准上量出即可。所以在排孔时按下列公式求出弧长 $l=0.01745R\alpha$

4）梁柱的画线排孔过程　梁柱的画线排孔过程如表7-4所示。

表7-4　梁柱的画线排孔过程

序号	名　称	简　　图	操作要点
1	画中线（纵向中线）	a b	在梁柱端面用90°角尺，以上（下）盖板为基准，将90°角尺一边紧靠胶板内壁来画线，一直到用这种方法画出其余各线。然后取两线距离的一半得 a、b 点，同样还可求出 a'、b'，在 aa' 和 bb' 点间用粉线弹出直线，即为上（下）中线
2	画横向中线	B′ A B C D	先在上中线上确定横向基准点 A，过 A 点作垂线，画出 B 及 B' 点，然后分别过这两点用90°角尺画出 C、D 及 D' 点，连接 BD（$B'D'$ 和下盖板 DE），即完成
3	排孔		排孔主要是如何保证孔距公差，对纵向孔距尺寸，应以横向中线为基准向两边来量取。而横向的孔距，应以纵向中线为基准向两边量取

7.1.3 放样的任务

通过放样，一般要完成以下任务。

① 详细复核产品图样所表现的构件各部分投影关系、尺寸及外部轮廓形状（曲线或曲面）是否正确并符合设计要求。

产品图样一般都是采用缩小比例的方法来绘制的，各部分投影关系的一致性及尺寸准确程度受到一定限制，外部轮廓形状（尤其是一般曲面）能否完全符合设计要求较难肯定。而放样图因采用1∶1的实际尺寸绘制，故设计中不易发现的问题将充分显露，并将在放样中得到解决。这类问题在大型产品放样和新产品试制中比较突出。

② 在不违背原设计基本要求的前提下，依据工艺要求进行结构处理。这是每一产品放样都必须解决的问题。

结构处理主要是考虑原设计结构从工艺性角度看是否合理、优越，并处理因受所用材料、设备能力和加工条件等因素影响而出现的结构问题。结构处理涉及面较广，有时还很复杂，需要放样者具有较丰富的专业知识和生产实践经验，并对相关专业（如焊接、起重等）

知识有所了解。下面就通过两个例子来对放样过程中的结构处理问题予以说明。

a. 图 7-16 所示为一离心式通风机机壳中的零件——进风口结构。它是由锥形筒翻边而成。从工艺性角度看，按此方案制作加工难度大，尤其是质量不易保证。某厂在制造该产品时，决定在不降低原设计强度要求的前提下，改为图 7-16（b）所示的 3 件组合形式（以图中双点画线为界）。其中 A 件为一个法兰圈，可由钢板切割而成；B 件为一个圆锥筒，可由滚板机滚制而成；C 件为一个弧形外弯板筒，可以分为两块压制而成。改进后的产品加工难度降低了，质量也容易得到保证，生产效率也将有所提高。

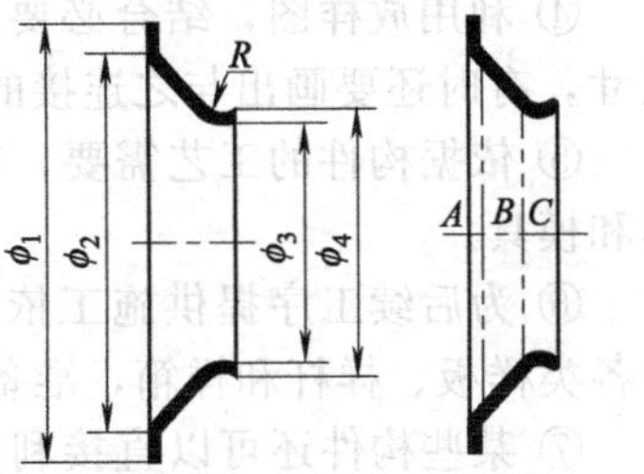

(a) 设计结构　　(b) 三件组合结构

图 7-16　钣金进风口结构

b. 图 7-17 所示为某产品的一个部件——大圆筒，原设计中只给出了各部尺寸要求，但由于此大圆筒直径较大，其展开料长较长，需要由几块钢板拼制而成。所以，放样时就应考虑拼接焊缝的位置和接头坡口的形式。从保证大圆筒的强度、避免应力集中、防止或减小焊接变形的角度来考虑，采用如图 7-18 所示的拼接方式应该是一个较好的方案。

以上两例说明，结构处理中要考虑的问题是多种多样的，放样者要根据产品的具体情况和工厂的加工条件加以妥善解决。

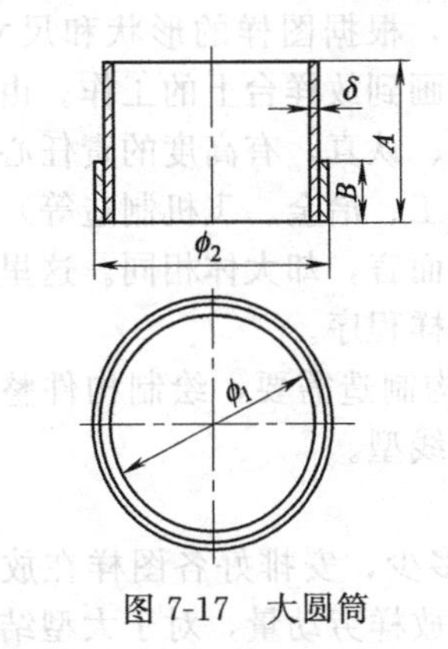

图 7-17　大圆筒

(a) 拼接位置

(b) 坡口形式

图 7-18　拼接位置及坡口形式

③ 利用放样图，确定复杂构件在缩小比例的图样中无法表达，而在实际制造中又必须明确的尺寸。

例如，锅炉、造船及飞机制造中，由于其形状和结构比较复杂，尺寸又大，设计图样一般是按1：5、1：10或更小的比例绘制的，所以在图样上除了主要尺寸外，有些尺寸不能全部表达出来，而在实际制造中必须确定每一个构件的尺寸，这就需要通过放样才能解决。

④ 利用放样图，结合必要的计算，求出构件用料的真实形状和尺寸，有时还要画出与之连接的构件的位置线（即算料与展开）。

⑤ 依据构件的工艺需要，利用放样图设计加工或装配所需的胎具和模具。

⑥ 为后续工序提供施工依据，即绘制供号料画线用的草图，制作各类样板、样杆和样箱，准备数据资料等。

⑦ 某些构件还可以直接利用放样图进行装配时的定位，即所谓“地样装配”。桁架类构件和某些组合框架的装配，经常采用这种方法。这时，放样图就画在钢质装配平台上。

7.1.4 放样程序与放样过程分析

放样的方法有多种。但在长期的生产实践中，形成了以实尺放样为主的放样方法。随着科学技术的发展，又出现了比例放样、电子计算机放样等新工艺，并在逐步推广应用。但目前多数企业广泛应用的仍然是实尺放样。即使采用其它新方法放样，一般也要首先熟悉实尺放样过程。

（1）实尺放样程序

实尺放样就是采用1：1的比例放样，根据图样的形状和尺寸，用基本的作图方法，以产品的实际大小，画到放样台上的工作。由于实尺放样是手工操作，所以要求工作细致、认真，有高度的责任心。

不同行业（如机械、船舶、车辆、化工、冶金、飞机制造等）的实尺放样程序各具特色，但就其基本程序而言，却大体相同。这里以常见的普通金属结构为主，来介绍实尺放样程序。

① 线型放样 线型放样就是根据结构制造需要，绘制构件整体或局部轮廓（或若干组剖面）的投影基本线型。

进行线型放样时要注意以下几点。

a. 根据所要绘制图样的大小和数量多少，安排好各图样在放样台上的位置。为了节省放样台面积和减轻放样劳动量，对于大型结构的放样，允许采用部分视图重叠或单向缩小比例的方法。

b. 选定放样画线基准。放样画线基准，就是放样画线时用以确定其它点、线、面空间位置的依据。以线作为基准的称为基准线，以面作为基准的称为基准面。在零件图上用来确定其它点、线、面位置的基准，称为设计基准。放样画线基准的选择，通常与设计基准是一致的。

在平面上确定几何要素的位置，需要两个独立坐标，所以放样画线时每个图要选取两个基准。放样画线基准一般可按以下 3 种方式选择：

ⅰ. 以两条互相垂直的线（或两个互相垂直的面）作为基准，如图 7-19（a）所示；

ⅱ. 以两条中心线为基准，如图 7-19（b）所示；

ⅲ. 以一个面和一条中心线为基准，如图 7-19（c）所示。

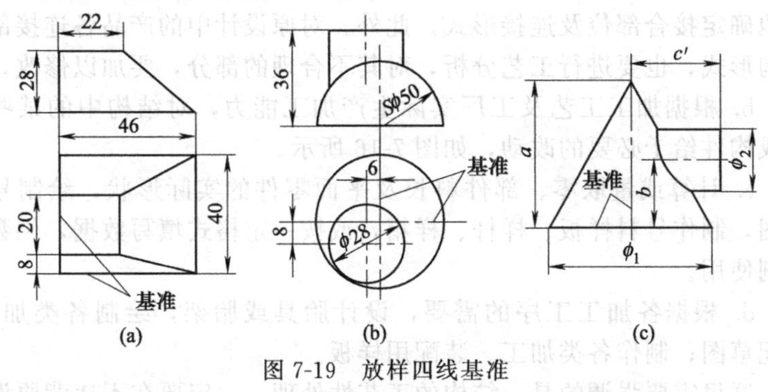

图 7-19　放样四线基准

应当指出，较短的基准线可以直接用钢尺或弹粉线画出，而对于外形尺寸长达几十米甚至超过百米的大型金属结构，则需用拉钢丝配合角尺或悬挂线锤的方法画出基准线。目前，某些工厂已采用激光经纬仪作出大型结构的放样基准线，可以获得较高的精确度。作好基准线后，还要经过必要的检验，并标注规定的符号。

c. 线型放样时首先画基准线，其次才能画其它的线。对于图形对称的零件，一般先画中心线和垂直线，以此作为基准，然后再画圆周或圆弧，最后画出各段直线。对于非对称图形的零件，先要根据图样上所标注的尺寸，找出零件的两个基准，当基准线画出后，再逐步画出其它的圆弧和直线段，最后完成整个放样工作。

d. 线型放样以画出设计要求必须保证的轮廓线型为主，而那些因工艺需要而可能变动的线型则可暂时不画。

e. 进行线型放样，必须严格遵循正投影规律。放样时，究竟画出构件的整体还是局部，可依工艺需要而定。但无论整体还是局部，所画出的线型所包含的几何投影，必须符合正投影关系，即必须保证投影的一致性。

f. 对于具有复杂曲线的金属结构，如船舶、飞行器、车辆等，则往往采用平行于投影面的剖面剖切，画出一组或几组线型，来表示结构的完整形状和尺寸。

② 结构放样　在线型放样的基础上，依制造工艺要求进行工艺性处理的过程。它一般包含以下内容。

a. 确定各部接合位置及连接形式。在实际生产中，由于受到材料规格及加工条件等限制，往往需要将原设计中的产品整体分为几部分加工、组合。这时，就需要放样者根据构件的实际情况，正确、合理地确定接合部位及连接形式。此外，对原设计中的产品各连接部位结构形式，也要进行工艺分析，对其不合理的部分，要加以修改。

b. 根据加工工艺及工厂实际生产加工能力，对结构中的某些部位或构件给予必要的改动，如图 7-16 所示。

c. 计算或量取零、部件料长及平面零件的实际形状，绘制号料草图，制作号料样板、样杆、样箱，或按一定格式填写数据，供数控切割使用。

d. 根据各加工工序的需要，设计胎具或胎架，绘制各类加工、装配草图；制作各类加工、装配用样板。

这里需要强调的是：结构的工艺性处理，一定要在不违背原设计要求的前提下进行。对设计上有特殊要求的结构或结构上的某些部位，即便加工有困难，也要尽量满足设计要求。凡是对结构作较大的改动，须经设计部门或产品使用单位有关技术部门同意，并由本单位技术负责人批准，方可进行。

③ 展开放样　在结构放样的基础上，对不反映实形或需要展开的部件进行展开，以求取实形的过程。其具体过程如下。

a. 板厚处理根据加工过程中的各种因素，合理考虑板厚对构件形状、尺寸的影响，画出欲展开构件的单线图（即理论线），以便据此展开。

b. 展开作图，即利用画出的构件单线图，运用正投影理论和钣金展开的基本方法，作出构件的展开图。

c. 根据作出的展开图，制作号料样板或绘制号料草图。

(2) 放样过程分析举例

在明确了放样的任务和程序之后，下面举一实例进行综合分析，以便对放样过程有一个具体而深入的了解。

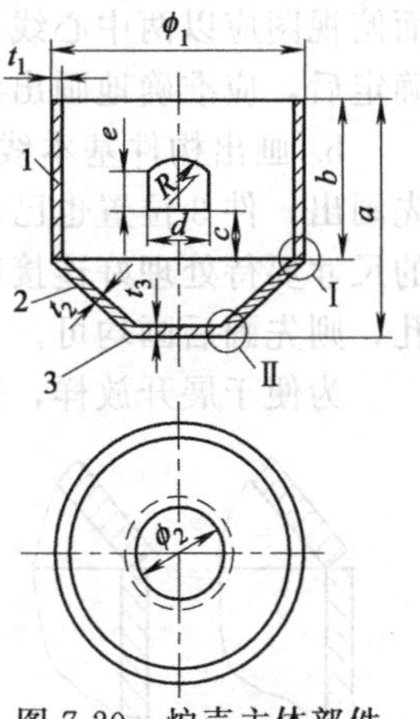

图 7-20 炉壳主体部件

1,2,3—工件

图 7-20 所示为一个冶金炉炉壳主体部件图样，该部件的放样过程如下。

① 识读、分析构件图样 在识读、分析构件图样的过程中，主要解决以下几个问题。

a. 弄清构件的用途及一般技术要求。该构件为冶金炉炉壳主体，主要应保证其有足够的强度，尺寸精度要求并不高。因炉壳内还要砌筑耐火砖，所以连接部位允许按工艺要求作必要的变动。

b. 了解构件的外部尺寸、质量、材质、加工数量等概况，并与本厂加工能力相比较，确定产品制造工艺。通过分析可知该产品外形尺寸较大，质量较大，需要较大的工作场地和起重能力。加工过程中，尤其装配、焊接时，不宜多翻转。又知该产品加工数量少，故装配、焊接都不宜制作专门胎具。

c. 弄清各部投影关系和尺寸要求，确定可变动与不可变动的部位及尺寸。

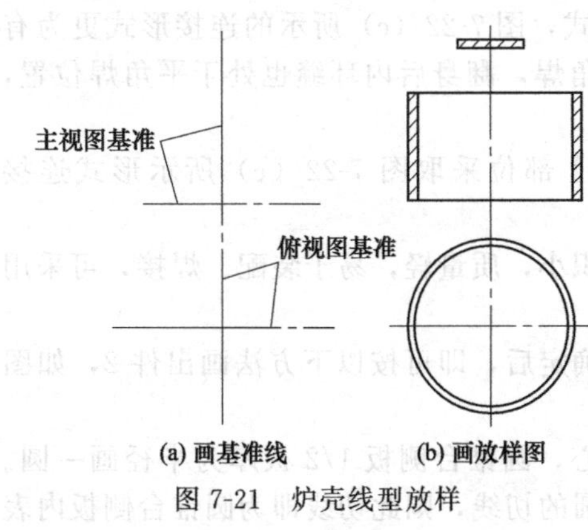

(a) 画基准线 (b) 画放样图

图 7-21 炉壳线型放样

还应指出，对于某些大型、复杂的金属结构，在放样前，常常需要熟悉大量图样，全面了解所要制作的产品。

② 线型放样 如图 7-21 所示。

a. 确定放样画线基准。从该件图样看出：主视图应以中心线和炉上口轮廓线为放样画线基准，而俯视图应以两中心线为放样画线基准。主、俯视图的放样画线基准确定后，应准确地画出各个视图中的基准线。

b. 画出构件基本线型。这里件 1 的尺寸必须符合设计要求，可先画出。件 3 位置也已由设计给定，不得改动，亦应先画出。而件 2 的尺寸要待处理好连接部位后才能确定，不宜先画出。至于件 1 上的孔，则先画后画均可。

为便于展开放样，这里将构件按其使用位置倒置画出。

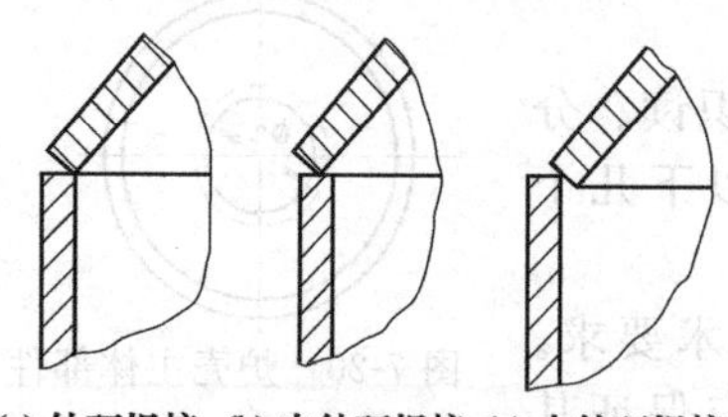

(a) 外环焊接 (b) 内外环焊接 (c) 内外环焊接

图 7-22 Ⅰ部位连接形式比较

③ 结构放样。

a. 连接部位Ⅰ、Ⅱ的处理。首先看Ⅰ部位，它可以有 3 种连接形式，如图 7-22 所示。究竟选取哪种连接形式，工艺上主要从装配和焊接两个方面考虑。

从构件装配方面看，因圆筒体（件 1）大而重，形状也易于放稳，故装配时可将圆筒体置于装配平台上，再将圆锥台（包括件 2、件 3）落于其上。这样，3 种连接形式除定位外，一般装配环节基本相同。从定位方面考虑，显然图 7-22（b）所示的连接形式最不利，而图 7-22（c）所示的连接形式则较好。

从焊接工艺性方面看，显然图 7-22（b）所示的连接形式不佳，因为内、外两环缝的焊接均处于不利位置，装配后须依装配时位置焊接外环缝，处于横焊和仰焊之间；而翻过再焊内环缝时，不但需要作仰焊，且受构件尺寸限制，操作甚为不便。再比较图 7-22（a）和图 7-22（c）所示的两种连接形式，图 7-22（c）所示的连接形式更为有利，它外环缝焊接时接近平角焊，翻身后内环缝也处于平角焊位置，均有利于焊接操作。

综合以上两方面因素，Ⅰ部位采取图 7-22（c）所示形式连接为好。

至于Ⅱ部位，因件 3 体积小，质量轻，易于装配、焊接，可采用图样所给的连接形式。

Ⅰ、Ⅱ两部位连接形式确定后，即可按以下方法画出件 2，如图 7-23 所示。

以圆筒内表面 1 点为圆心，圆锥台侧板 1/2 板厚为半径画一圆。过炉底板下沿 2 点引已画出圆的切线，则此切线即为圆锥台侧板内表面线。分别过 1、2 两点引内表面线的垂线，使之长度等于板厚，得 3、4、5 点。连接 4、5 点，得圆锥台侧板外表面线。同时画出板厚中心线 1—6，供展开放样用。

b. 因构件尺寸（a、b、ϕ_1、ϕ_2）较大，且件 2 锥度太大，不能采取滚弯成形，需分几块压制成形或手工煨制，然后组对。组对接缝的部位，应按不削弱构件强度和尽量减少变形的原则确定，焊缝应交错排列，且不能选在孔眼位置，如图 7-24 所示。

c. 计算料长、绘制草图和量取必要的数据。因为圆筒展开后为一个矩形，所以计算圆筒的料长时可不必制作号料样板，只需记录长、宽尺寸即可；做出炉底板的号料样板（或绘制出号料草图），这是一个直径为 $\phi 2$ 的整圆，如图 7-25 所示。

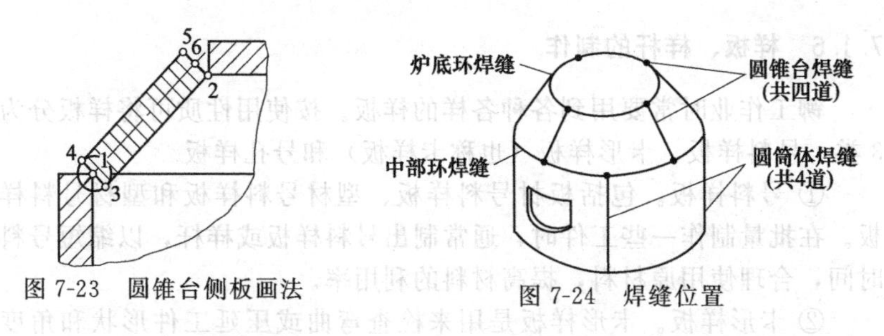

图 7-23　圆锥台侧板画法

图 7-24　焊缝位置

由于圆锥台的结构尺寸发生变动，需要根据放样图上改动后的圆锥台尺寸，绘制出圆锥台结构草图，以备展开放样和装配时使用。如图 7-26 所示，在结构草图上应标注出必要的尺寸，如大端最外轮廓圆直径 ϕ'、总高度 h_1 等。

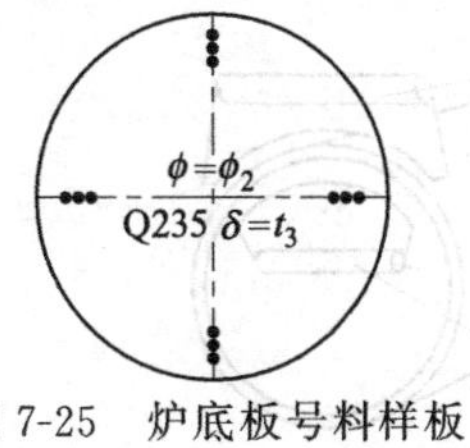

图 7-25　炉底板号料样板

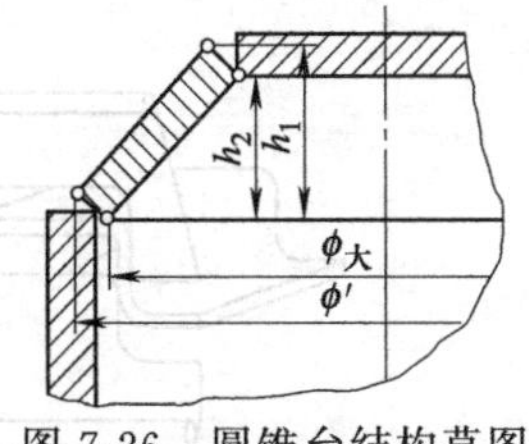

图 7-26　圆锥台结构草图

7.1.5　放样台

放样台是进行实尺放样的工作场地，有钢质和木质两种。

（1）钢质放样台　用铸铁或由 12mm 以上的低碳钢板制成。钢板连接处的焊缝应铲平磨光，板面要平整。必要时，在板面涂上带胶白粉，板下需用枕木或型钢垫高。

(2) 木质放样台　为木地板，一般设在室内（放样间）。要求地板光滑平整、表面无裂缝，木材纹理要细，疤节少，还要有较好的弹性。为保证地板具有足够的刚度，防止产生较大的挠度而影响放样精度，对放样台地板厚度的要求为70～100mm。各板料之间必须紧密地连接，接缝应该交错地排列。

地板局部的平面度误差为：在$5m^2$面积内为±3mm。地板表面要涂上二三遍底漆，待干后再涂抹一层暗灰色的无光漆，以免地板反光刺眼，同时，该面漆能将各种色漆鲜明地映衬出。

对放样台要求光线充足，便于看图和画线。

7.1.6　样板、样杆的制作

铆工作业时常要用到各种各样的样板。按使用性质可将样板分为3类：号料样板、卡形样板（也称卡样板）和号孔样板。

① 号料样板。包括板材号料样板、型材号料样板和型材号料样板。在批量制作一些工件时，通常制出号料样板或样杆，以缩短号料时间，合理使用原材料，提高材料的利用率。

② 卡形样板。卡形样板是用来检查弯曲或压延工件形状和角度的样板。卡形样板可用来作工件加工成形的依据，也常用来对成形后的零、部件作形状、角度的检测和度量。

卡形样板按使用方法的不同，分为内卡形样板、外卡形样板，如图7-27所示。

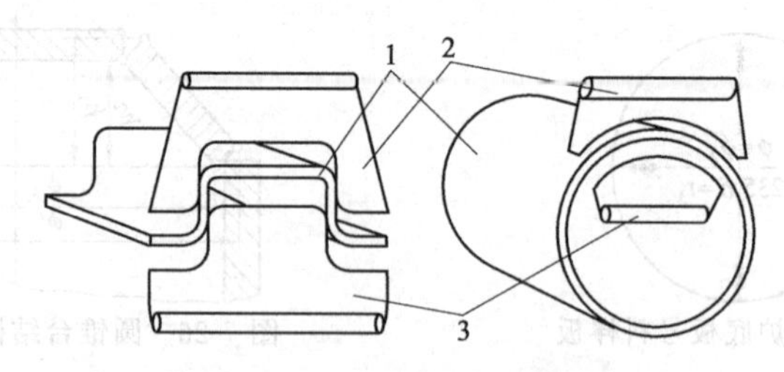

图7-27　卡形样板及其使用

1—工件；2—外卡形样板；3—内卡形样板

③ 号孔样板。在批量制作工件时，有时坯料在经过某些工序的加工后，需要再进行钻孔或开孔，号孔样板就是用来确定这些孔的位

置的。使用号孔样板代替逐件画线，可以提高号孔的工作效率和保证孔的位置精度。

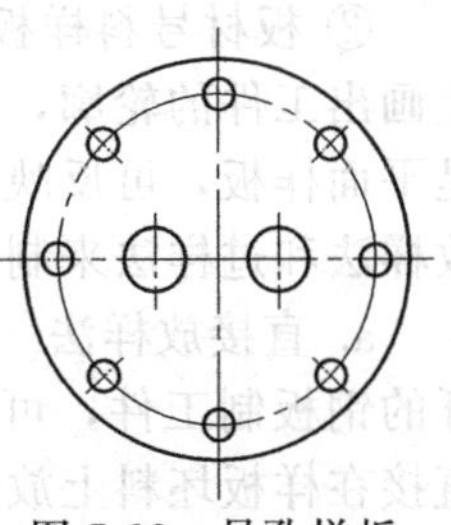

图 7-28 号孔样板

图 7-28 所示为一立式筒形容器上盖板的号孔样板。出于工艺需要，要求该容器在装配、焊接后，再在其盖板上钻孔和开孔。使用该号孔样板时，将其铺平放在盖板上，周边与盖板边缘靠齐。用手锤、样冲在样板上有孔的圆心处锤击，透过样板，在钢板上打上样冲眼，作为钻孔的孔心或画圆的圆心。对于较大的孔也可将号孔样板上的大孔剪挖去，直接将大孔的轮廓画在工件上。

号孔样板有时与号料样板合并在一起制作，既样板制成后，既可作号料样板使用，同时也可作号孔样板使用。

(1) 样板的材料、制作及标注

① 样板的材料　常用来制作样板的材料有薄钢板、硬纸板、油毡纸等。样板材料的选用可参考以下两点。

a. 需长期反复使用的样板，通常选用 0.25～2mm 厚的薄钢板制作。号料样板可稍薄一些，卡形样板应稍厚一些。样板制成后，在两面涂刷防锈漆，便于书写标记和防止锈蚀。

薄钢板的幅面一般为 1m×2m，当样板较大时，可以将几块薄钢板拼接起来使用。

用薄钢板制作的较大样板，往往在使用后卷成筒形保存。但卷筒直径不宜太小，否则容易出现折皱，当再次使用时因铺不平而影响样板的精度。

有些场合制作大型样板时，先用木板钉成框架，再在其边缘钉上薄钢板作出样板的轮廓。但这种方法制出的样板容易变形且不易保管。

b. 为经济起见，短期内反复使用和一次性使用的样板，可选用硬纸板或油毡纸来制作。用硬纸板制作样板，其精度与薄钢板制作的样板一样符合要求，而用油毡纸制作的样板精度则稍差一些。使用这类样板时，要轻拿轻放，以免撕裂。短期保存时，要注意防潮、变形。

硬纸板、油毡纸也可以拼接起来使用，如用钉书器来连接。但这两种材料都不太结实，因此，样板也不可能做得太大。

② 板材号料样板的制作　号料样板也称画线样板，用来在坯料上画出工件的轮廓，以用作分离工序的加工界线。板材的号料样板都是平面样板，可反映出工件坯料的真实形状和大小。样板可通过直接放样法和过样法来制作。

a. 直接放样法　对于一些在图样上标注尺寸齐全而又不需要展开的钢板制工件，可以根据图样展示的形状和尺寸，按1∶1的比例直接在样板坯料上放样画出，通过剪切分离来制取样板，此方法称为直接放样法。如图7-28、图7-29所示的各工件，都可以用直接放样法制作样板。

直接放样法是制作样板的基本方法，在铆焊结构的制造中得到普遍应用。

b. 过样法　有些工件在图样上并没有明确地标注出具体尺寸，而需通过放样由相关工件之间的关系来确定。还有一部分工件需要通过展开才能获得平面形状和尺寸。这些工件都要在得到实形后，用画全等形的方法在样板料上另行画出（即用过样法），再经剪裁分离制作样板。对于一些展开件，也可在样板料上直接画出展开图。过样法有以下3种。

ⅰ. 覆盖过样法。覆盖过样法就是将样板料覆盖在工件实样上，根据预先有目的作出的一些延长线，向样板料上过线来画出工件实形。

图7-29所示为一桁架连接板的实样图及用覆盖过样法制取号料样板的画法，其步骤如下。

• 在实样图中，将连接板轮廓线和各孔的中心线延长，如图7-29（b）所示。

• 取一块稍大于连接板实样的样板料覆盖在实样图上，如图7-29（c）所示。

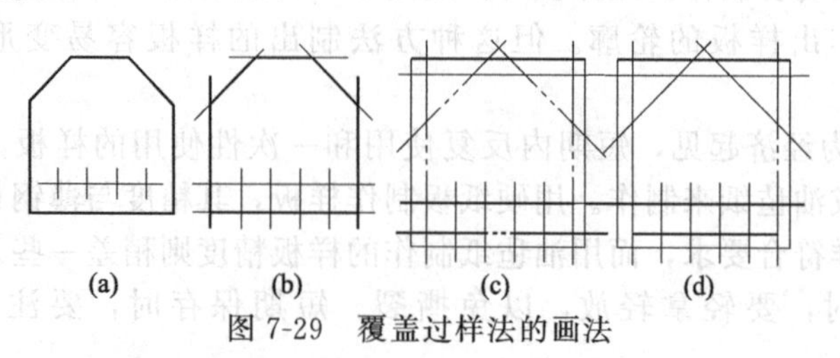

图7-29　覆盖过样法的画法

• 相应连接落在样板料外的延长线，即可把实样图中的连接样板画到样板料上，如图7-29（d）所示。

• 在孔的圆心上打上样冲眼，沿轮廓剪下，即制成连接板的号料样板。

覆盖过样法的特点是：可以清晰、完整地保存实样图，以用于制取其它部位的样板。在实际操作时，覆盖过样的画线用石笔来画，过完样后，将实样中的延长线擦去，便可使保留的实样图完整、清晰。

ⅱ. 移出法。通过将实样图中工件轮廓线延长，在实样的工件轮廓外再画出同样工件轮廓的作法，称为移出法。

图 7-30 所示为支撑板的实样图和用移出法制取号料样板的方法。

• 在工件实样的旁边放一块足够大的样板料（图中样板料放置在实样图工件轮廓的右侧），并将其固定。木制放样台可以用小铁钉固定；铁制放样台则可在不影响画线的地方用重物压住。

• 过工件轮廓画延长线，图中延长了 AB 和 CD，如图 7-30（b）所示。

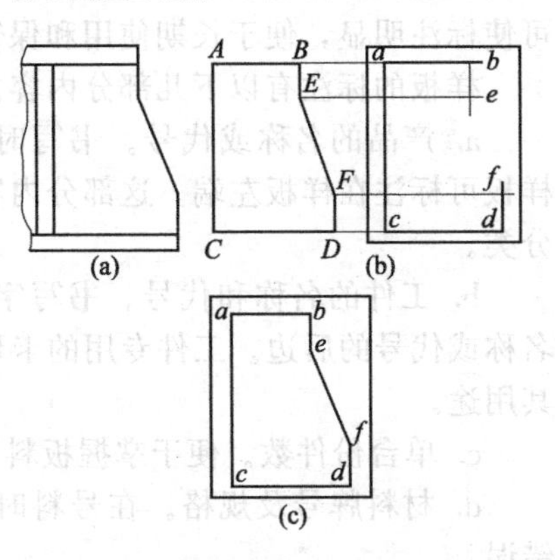

图 7-30 移出法的画法

• 在 AB 延长线上截取 $ab=AB$，过 a 点画垂线交 CD 延长线于 c，再截取 $cd=CD$，如图 7-30（b）所示。

• 分别过 d 点向上、过 b 点向下画 cd、ab 的垂线，与过实样中工件轮廓折点 E、F 所画的与 AB 平行的平行线交于 e、f 点，连接 e、f，即在实样的工件轮廓外又画出同样工件轮廓的实形，如图 7-30（c）所示。

沿轮廓剪下，便制出支撑板的号料样板。

同覆盖过样法一样，移出法也可以保存原实样图的清晰完整。

ⅲ. 剔样法。工件实样如果是画在薄钢板上，又想保留实样图时，还可采用剔样法来制取样板，具体作法如下：

• 掀起画有实样的薄钢板，取一块足够大的样板材料放在其下。

• 用样冲沿实样上工件的轮廓打样冲眼，便可在下面样板材料上获得相同的工件轮廓点。打样冲时，直线可以取在两端点上，弧线可以取在圆心的位置。如取圆心不方便，可在弧线上以适当的密度打若干样冲眼，然后用圆滑曲线连接描画。

• 取出下面的样板材料，连好线后沿工件轮廓剪切分离，将制好的样板铺放在实样上，核对无误后即完成了样板的制作。

以上介绍的几种方法，不仅在号料样板的制作中常用，同样也适用于卡形样板、号孔样板的制作。

③ 样板的标注　样板制成后，为了便于使用和保管，必须在样板上作一些明显的标注。通常都是将制成的样板涂刷上防锈底漆，然后再在上面用白色油漆书写标注内容。这样既可使样板防止锈蚀，又可使标注明显，便于长期使用和保管。

样板的标注有以下几部分内容。

a. 产品的名称或代号。书写时字体稍大，标注在第一行，狭长样板可标注在样板左端。这部分内容的标注是为了便于使用和保管时分类。

b. 工件的名称和代号。书写字体稍小，另起一行或标注在产品名称或代号的后边。工件专用的卡形样板也需标注此项内容，以明确其用途。

c. 单台份件数。便于掌握板料数量。

d. 材料牌号及规格。在号料时，据此来核对原材料，防止出现错误。

e. 加工符号。所有工件在原材料上号完料后，为了方便下道工序的加工和防止出错，通常都在样板上标注出一些加工基准、加工方法和要求等。号完料后，用打标记或书写的方法将其移植到坯料上。常见的标注符号及其含义如表 7-1 所示。

样板上的标注内容要求准确、明了，以免使用时发生错误。也可根据具体情况加以简化，如在弯曲成形工序加工圆弧、圆筒形工件时，要用到相应规格的内卡形样板，而对弯曲半径的内卡形样板，一般只是在内卡形样板上注明其弯曲半径的尺寸。其它标注内容对该工序来说没有什么作用，故可略去。

图 7-31 所示为一个号料样板制成后的标注示例，详细说明如下。

a. DMF-400 是产品代号。混料机是产品名称。

b. ZB501-4 为组部代号，储料仓是组部名称。

c. 〈3〉是工件在组部中的序号。隔板是工件名称。

d. Q235 是所用材料的牌号，其厚度为 20mm，每台份件数是两件。

e. 该件为左右对称工件，其对称中心在装配时将要用到，故画有对称中心线。

f. 检验标记和样板制作的年、月、日。

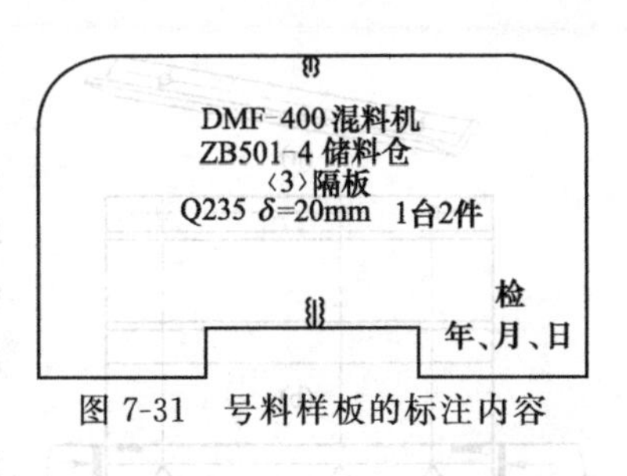

图 7-31 号料样板的标注内容

图 7-32 所示为另一工件号料样板制成后的标注示例，其读法与上例相同。因该件号料后需经进一步的钻孔加工和弯曲加工，所以，在样板上画有钻孔的具体位置和折弯位置线，并标有折弯方向。在号料时将其过样到坯料上，以作进一步加工的依据。

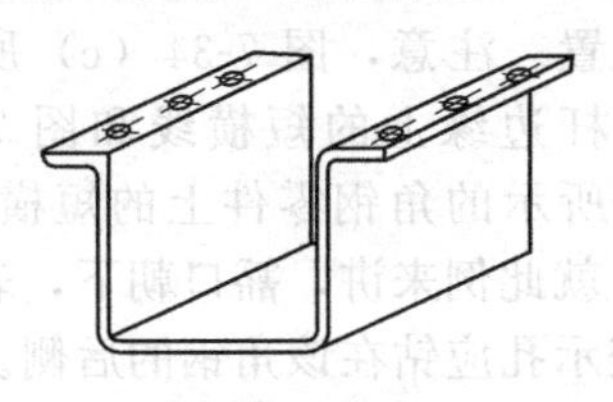

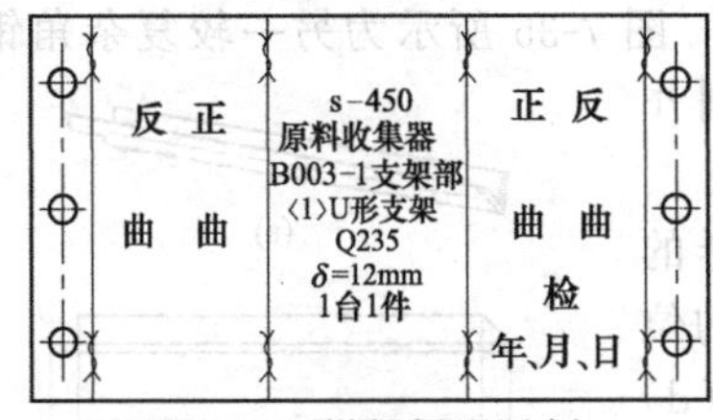

图 7-32 样板标注示例

图 7-33 所示的标注示例表示：该件的下轮廓边需在下料后进一步加工，且对其加工后的表面粗糙度提出了具体的要求。号料时，可通过打样冲、画线将加工余量过到坯料上，作为加工依据。

（2）样杆　对于批量生产的型材件号料、号孔，如果逐件去量、画，容易出错，且工作效率很低。在实际生产中，常预先制作样杆来进行号料、号孔。另外，由于型材的断面形状比较复杂，有时，由于彼此交接的关系，还常会出现各种形状的接头。实际生产中，常用特制的过线样板来配合号料。较短小的型材号料，有时也直接制作出号料样板用于生产。

1）样杆的制作　样杆的制作多采用移出过样法，即在画好的型材实样旁，平行放好一条钢板条，然后将实样中反映的工件长短、孔位置、豁口、割角的位置及其方向等过画到钢板条上。

图 7-34 所示为一角钢工件的实样图及用过样法制作样杆的实例。

① 一般角钢样杆的制作方法

a. 画出角钢实样如图 7-34（b）所示。其中主、俯两个视图

图 7-33 需进一步加工的零件样板

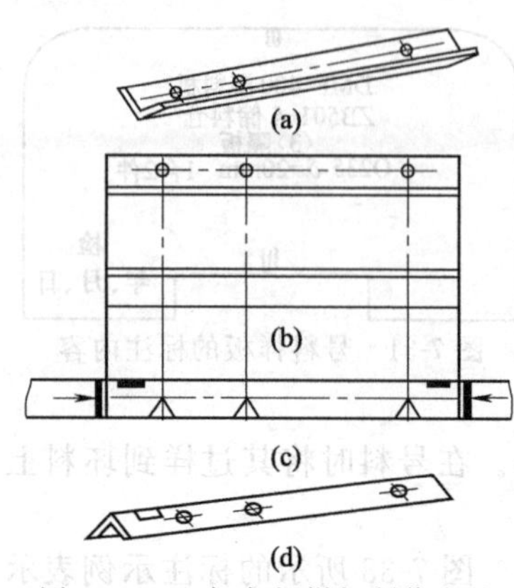

图 7-34 一般角钢样杆制作方法

中的任意一个都可以。

b. 取一条制样杆材料的钢板条，平行放在角钢实样旁边。然后将实样中反映出的角钢实际长度过线至钢板条上，如图 7-34（c）所示。

确定钻孔相对角钢脊的方向。因该件所钻孔处在不对称位置，故存在着一个方向问题。需先确定角钢脊在样杆上的位置，然后确定孔的位置。注意，图 7-34（c）所示的样杆边缘上的短横线和图 7-34（d）所示的角钢零件上的短横线，以及钻孔位置上所画三角豁口的朝向。就此例来讲，豁口朝下，表示孔钻在角钢的前侧；若豁口朝上，则表示孔应钻在该角钢的后侧。

② 较复杂角钢样杆的制作方法 图 7-35 所示为另一较复杂角钢工件的立体图、实样图和样杆的制作过程。

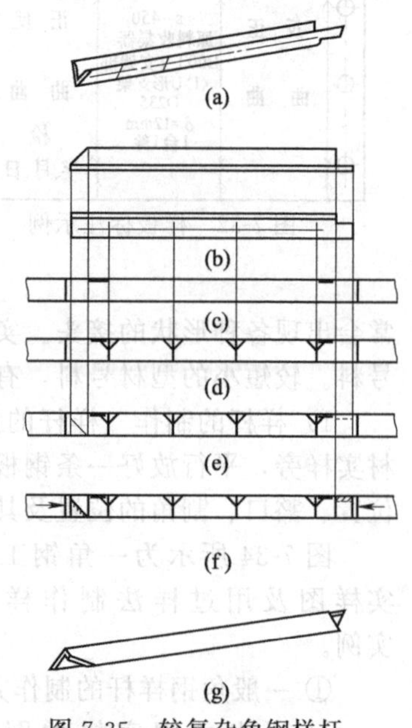

图 7-35 较复杂角钢样杆制作过程

a. 画出孔的位置，结合角钢脊的标注来确定钻孔的方向。本例将孔的位置确定在角钢的后侧，如图 7-35（d）和图 7-35（a）、(g) 所示。

b. 将割角、豁口的位置和长度过线画至样杆上并确定其方向。本例割角、豁口都在角钢的前侧，如图 7-35（e）和图 7-35（a）、(g) 所示。

c. 标注完整后，即完成样杆的制作。

角钢实长和角钢脊的确定画法同前例，如图 7-35（b）、(c) 所示。

在样杆制作时，先将样杆材料刷上防锈漆，画线要用画针来画。标记可先用粉笔或石笔书写，在样杆制作完经核实无误后，再用白油漆或色差大的记号笔书写清楚。

在一些特殊情况下，两件角钢的两面加工内容正好相反，这时可以用一根样杆代替。但要根据情况在样杆上注明正制、反制的数量，供号料时确定零件的数量。

2）样杆的标注内容　由于样杆面积狭小，标注内容应尽量简化，但要清晰、明确。如产品的代号、名称和工件的代号和名称，都可只写明代号而不再写名称。但工件数量和材料规格是必不可少的标注内容，除此之外，样杆还有着一些特有的标注符号，如图7-36所示。

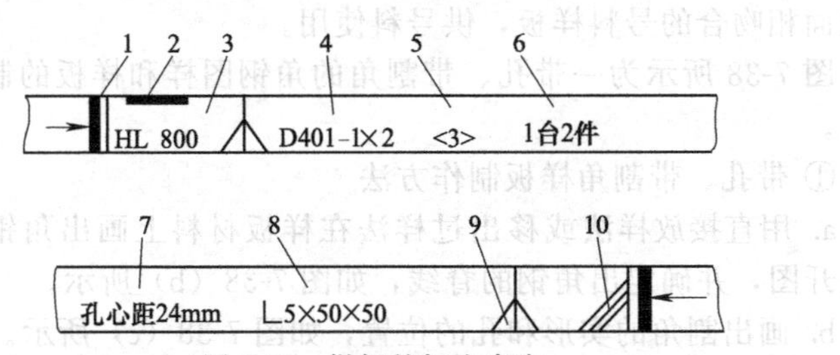

图 7-36　样杆的标注内容

1—角钢长度符号；2—角钢脊符号；3—产品代号；4—组部号；5—件号；6—台份件数；7—孔心距；8—角钢规格；9—钻孔位置符号；10—割角符号

① 角钢的长度符号画在样杆上所反映的角钢长度的两端，外侧再画一箭头，使角钢长度表达更明显。

② 角钢脊符号沿样杆边画的短横线。在角钢不钻孔、不割角、不切豁口的情况下，单独使用角钢脊符号没有意义。因此，角钢脊符号都是和钻孔符号或割角、割豁口符号配合使用的，用以显示角钢钻孔、割角、割豁口的方向。

③ 钻孔符号用白色油漆画的∧、∨符号，要画在角钢钻孔的位置线上，其豁口朝向配合角钢脊符号，显示了角钢钻孔的位置。

④ 割角、割豁口的标注用画针画出，再用白油漆画分离短斜线。

⑤ 孔心距标注。由实样上过至样杆上的孔位置线，只是反映出了孔在角钢长度方向上的位置，在宽度方向上的位置，则要书写孔心距的尺寸。这里，孔心距规定为孔心到角钢脊的距离。

图 7-37 所示为制作并标注完整的样杆和相应的角钢工件立体图，比照样板和工件，结合前面所述的说明，不难看出样杆的标注内容及其含义。

(3) 型材样板制作　当型材工件比较短小时，也可以制作出与型

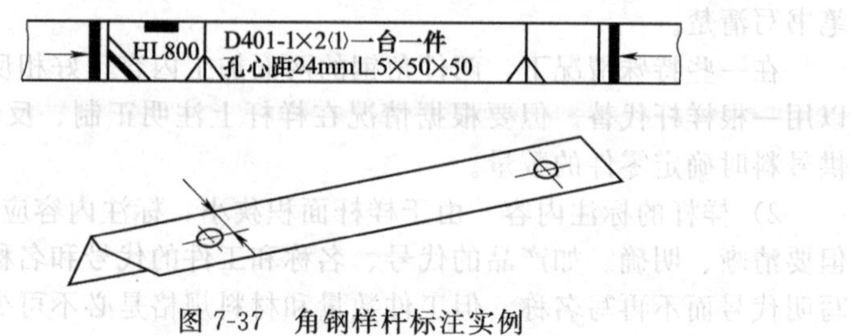

图 7-37　角钢样杆标注实例

材截面相吻合的号料样板，供号料使用。

图 7-38 所示为一带孔、带割角的角钢图样和样板的制作过程示意图。

① 带孔、带割角样板制作方法

a. 用直接放样法或移出过样法在样板材料上画出角钢两外表面的展开图，并确定出角钢的脊线，如图 7-38（b）所示。

b. 画出割角的实形和孔的位置，如图 7-38（c）所示。

c. 沿轮廓剪下后，并沿脊线折弯成 90°，即制成角钢的号料样板。折弯时，为使折弯准确，可在脊线两端沿线剪进 5～10mm 豁口，折弯后并不影响样板的使用，如图 7-38（d）所示。

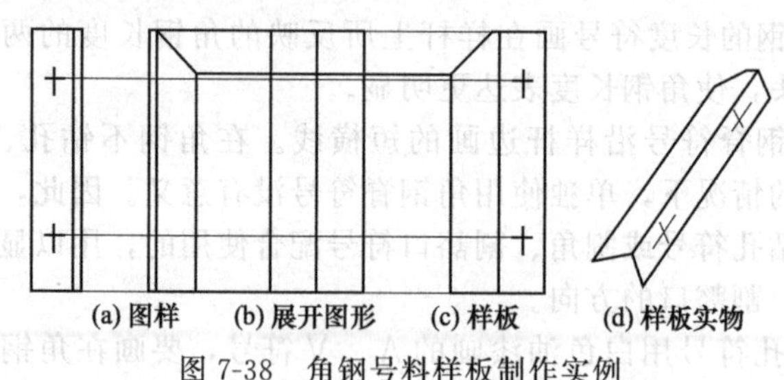

图 7-38　角钢号料样板制作实例

d. 按要求标注齐全。

图 7-39 所示为一短槽钢工件的实样图、样板展开图和折弯成形后的号料样板示意图。

② 槽钢号料样板的制作方法

a. 用直接放样法或移出过样法在样板材料上画出槽钢外表面的展开图，并确定出槽钢的两条棱线，如图 7-39（c）所示。

b. 沿轮廓剪下后，沿棱线折弯成 90°呈槽钢形。

c. 按要求标注齐全，即制成槽钢的号料样板。

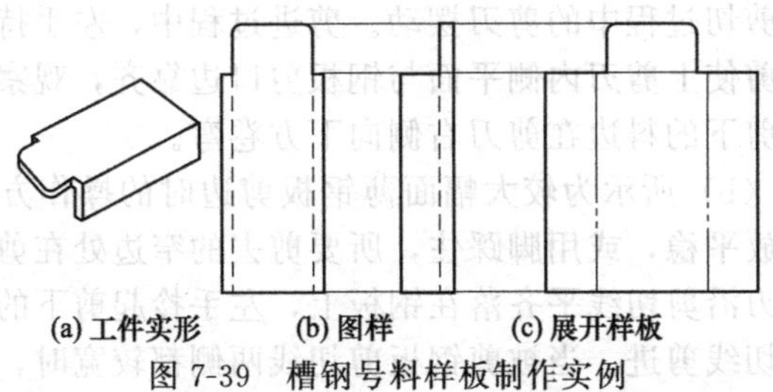

(a) 工件实形　(b) 图样　(c) 展开样板

图 7-39　槽钢号料样板制作实例

（4）铁剪刀的使用　制作样板时，通过放样与展开将零件的形状画在样板材料上，还需要将其分离，才能完成样板的制作。常用的分离手段就是剪切，所使用的分离工具是各种剪刀。

硬纸板、油毡纸可以用日常生活中使用的普通剪刀来剪切，而薄钢板则要用专门剪薄钢板的铁剪刀来剪切。

图 7-40 所示为几种专门用于剪薄钢板的铁剪刀。图 7-40（a）所示为普通铁剪刀，常用规格为 10″、12″，可剪 1mm 以下的薄钢板，是使用较为普遍的一种。

图 7-40（b）所示为弯头剪刀。常用规格为 10″、12″，是专用于剪切曲线的。在多数情况下，曲线的剪切也可以用普通铁剪刀来进行。

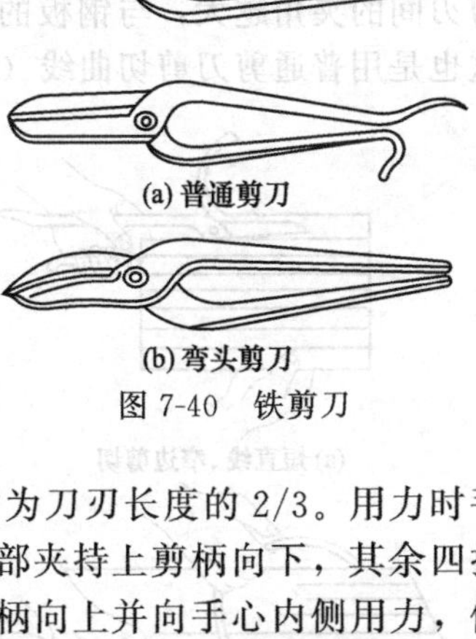

(a) 普通剪刀

(b) 弯头剪刀

图 7-40　铁剪刀

剪刀的握法如图 7-41 所示。右手握住刀柄的中后部，使剪刃口张开约为刀刃长度的 2/3。用力时手掌的虎口部夹持上剪柄向下，其余四指握住下剪柄向上并向手心内侧用力，使两剪刃靠紧，不得有间隙。否则，剪下的材料边缘会产生毛刺，或使材料挤入剪刃之间的间隙，而无法进行剪切。

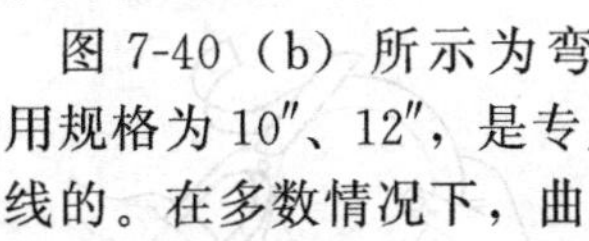

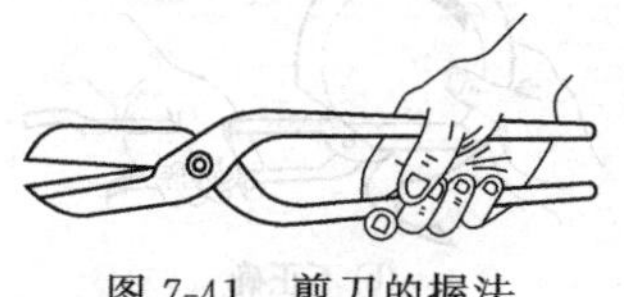

图 7-41　剪刀的握法

在实际剪切作业中，主要有两种线型的剪切：直线剪切和曲线剪切。

① 直线剪切　图 7-42 所示为直线剪切的操作方法示意。

图 7-42（a）所示为短直线、窄边剪切时的操作方法。左手持料、右手持剪，上剪刃在钢板上部剪尖上翘，下剪刃在钢板下部剪尖抵住

钢板，防止剪切过程中的剪刃摆动。剪进过程中，左手持料稍向后用力，右手持剪使上剪刃内侧平面与钢板剪口边靠齐，观察上剪刃沿剪切线剪进，剪下的料边在剪刀右侧向下方卷弯。

图 7-42（b）所示为较大幅面薄钢板剪边时的操作方法。由于钢板较大，可放平稳，或用脚踩住，所要剪去的窄边处在剪刀左侧。操作时，上剪刃沿剪切线平齐落在钢板上，左手拎起剪下的窄板条，观察剪尖沿剪切线剪进。当被剪钢板剪切线两侧都较宽时，也都采用这种操作方法。右脚踩住右侧钢板，左手扶起剪刀左侧被剪开部分，以利剪切的顺利进行。

② 曲线剪切　当被剪曲线的曲率较大时，应以图 7-43（a）所示的逆时针方向剪切，这样可始终能观察到剪切线，而不被剪刀挡住［图 7-43（b）所示操作方法不正确］。操作时，左手持料沿顺时针方向转动，右手握剪沿逆时针方向剪进。剪切过程中，上剪刃要翘起，并尽量加大上、下剪刃间的夹角，用剪刃的根部来剪切。这是因为，剪刃间的夹角越大，与钢板的接触部位越少，剪刀的转动就越灵活，这也是用普通剪刀剪切曲线（尤其是曲率较大曲线）的操作要领。

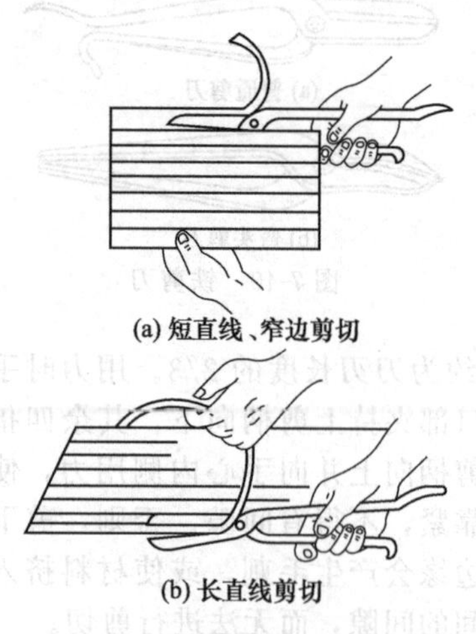
(a) 短直线、窄边剪切

(b) 长直线剪切

图 7-42　直线剪切的操作方法

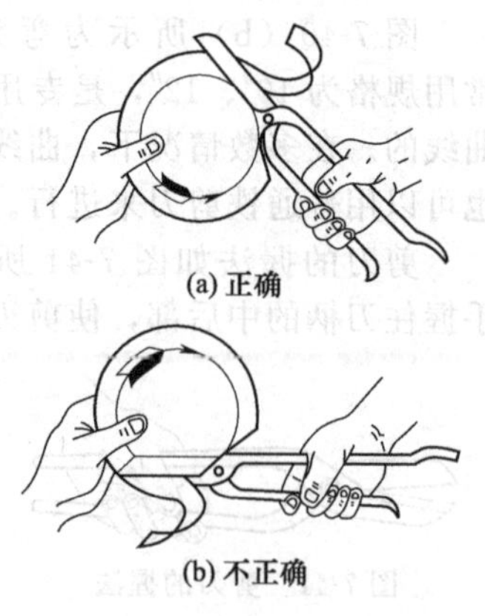
(a) 正确

(b) 不正确

图 7-43　曲线剪切的操作方法

7.1.7　工艺余量与放样允许误差

（1）工艺余量　产品在制造过程中要经过许多道工序。由于产品结构的复杂程度、操作者的技术水平和所采取的工艺措施都不会完全相同，因此在各道工序都会存在一定的加工误差。此外，某些产品在制造过程中还不可避免地产生一定的加工损耗和结构变形。为了消除产品制造过程中加工误差、损耗和结构变形对产品的形状及尺寸精度的影响，要在制造过程中采取加放余量的措施，即所谓工艺余量。

确定工艺余量时，主要考虑下列因素：

① 放样误差的影响包括放样过程和号料过程中的误差；

② 零件加工误差的影响包括切割、边缘加工及各种成形加工过程中的误差；

③ 装配误差的影响包括装配边缘的修整和装配间隙的控制、部件装配和总装的装配误差以及必要的反变形值等；

④ 焊接变形的影响包括进行火焰矫正变形时所产生的收缩量。

放样时，应全面考虑上述因素，并参照经验合理确定余量加放的部位、方向及数值。

(2) *放样允许误差* 在放样过程中，由于受到放样量具和工具精度及操作者水平等因素的影响，实样图会出现一定的尺寸偏差。把这种偏差限制在一定的范围内，就叫做放样允许误差。

在实际生产中，放样允许误差值往往随产品类型、尺寸大小和精度要求的不同而不同。

表 7-5 给出的放样允许误差值可供参考。

表 7-5 常用放样允许误差值 mm

名 称	允许误差	名 称	允许误差
十字线	±0.5	样板和地样	±1
平行线和基准线	±0.5～1	两孔之间	±0.5
轮廓线	±0.5～1	样杆、样条和地样	±1
结构线	±1	加工样板	±1
		装配用样杆、样条	±1

7.1.8 光学放样与计算机放样

(1) 光学放样 大型的冷作结构件若采用实尺放样，就必须具备庞大的放样台，工作量大而繁重，不能适应现代化生产的要求。光学放样是在实尺放样的基础上发展起来的一种新工艺，它是比例放样和光学号料的总称。

所谓比例放样，是将构件按 1∶5 或 1∶10 的比例，采用与实尺放样相同的工艺方法，在一种特制的变形较小的放样台上进行放样，然后再以相同比例将构件展开并绘制成样板图。

光学号料就是将比例放样所绘制的样板图再缩小 5～10 倍进行摄影，然后通过投影机的光学系统，将摄制好的底片放大 25～100 倍成为构件的实际形状和尺寸，在钢板上进行号料画线。另外，由比例放样绘制成的仿形图，可供光电跟踪切割机使用。

（2）计算机放样 随着计算机技术的不断发展，在工业生产中微型计算机越来越显示出其不可替代的作用。计算机辅助设计（即 CAD）是世界上发展最快的一种技术，在我国同样也得到广泛的应用和较快发展。CAD 技术目前应用最多的是利用计算机的图形系统和软件绘制工程图样，用 CAD 绘制图样能提高绘图质量。现在，CAD 技术已在铆焊结构件的放样中得到应用，从而实现了铆焊结构件的计算机放样，并且该项技术正在日趋成熟。过去必须通过人工放样才能获得的一些数据、样板、草图、展开图等，现在都可通过计算机放样来实现。

采用计算机放样在生产实践中显示出许多的优越性，它与实尺放样相比节省了劳动力，省去了放样台；操作者放样时不需要蹲在地板上工作，改善了工作条件，提高了工作效率；更重要的是计算机放样的质量相当高。所以，计算机放样应该是今后冷作工放样的发展趋势。另外，利用计算机进行排样也已成为现实。如果计算机放样技术与计算机排样技术相结合，可以形成一个完整的计算机放样系统。

7.1.9 放样时应注意的事项

① 放样开始以前，必须看懂工作图纸。要考虑先画哪个几何图面，或者先从哪根线着手。

② 画完实样图以后，要从两方面进行检查。一方面检查是否有遗漏的构件及规定的孔；另一方面检查各部尺寸。

③ 如果图纸看不清或对工作图有疑问，应先问清楚。

④ 放样时不得将锋利的工具如画针等立放在场地上，用完的钢卷尺应随时卷起来。

⑤ 需要保存的实样图，应注意维护，不得涂抹和践踏。

⑥ 样板、样杆用完后，应妥善保管，避免锈蚀或丢失。

7.2 号料

利用样板、样杆或根据图纸，在板料及型钢上，划出孔的位置和零件形状的加工界线，这种操作称为号料，如图 7-44 所示。

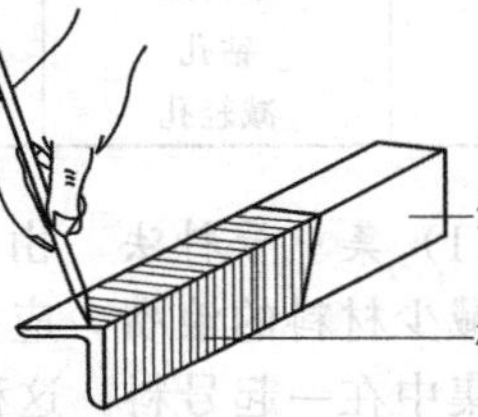

角钢
样板

图 7-44 号料

7.2.1 号料时应注意的事项

① 准备好下料时所使用的各种工具，如手锤、样冲、画规、画针和錾子等。

② 熟悉工作图，检查样板是否符合图纸要求。根据图纸直接在板料和型钢上号料时，应检查号料尺寸是否正确，以防产生错误，造成废品。

③ 如材料上有裂缝、夹层及厚度不足等现象时，应及时研究处理。

④ 钢材如有较大弯曲、凸凹不平，应先进行矫正。

⑤ 号料时，不要把材料放在人行道和运输道上。对于较大型钢画线多的面应平放，以防止发生事故。

⑥ 号料工作完成后，在零件的加工线和接缝线上，以及孔中心位置，应视具体情况打上錾印或样冲窝；同时应根据样板上的加工符号、孔位等，在零件上用白铅油标注清楚，为下道工序提供方便。

⑦ 号料时应注意个别零件对材料轧制纹络的要求。

⑧ 需要剪切的零件，号料时应考虑剪切线是否合理，避免发生不适于剪切操作的情况。

7.2.2 号料允许误差

金属结构中的所有零件，几乎都要经过号料工序，为确保构件质量，号料不得超过允许误差。号料的常用允许误差，如表 7-6 所示。

7.2.3 号料方法

为了做到合理使用和节约原材料，必须最大限度地提高原材料的利用率。常用的号料方法有以下几种。

表 7-6 常用号料允许误差 mm

序号	名 称	允许误差	序号	名 称	允许误差
1	直线	±0.5	6	料宽和长	±1
2	曲线	±(0.5～1)	7	两孔(钻孔)距离	±(0.5～1)
3	结构线	±1	8	铆接孔距	±0.5
4	钻孔	±0.5	9	样冲眼和线间	±0.5
5	减轻孔	±(2～5)	10	扁铲(主印)	±0.5

(1) 集中号料法 由于钢材的规格多种多样，为了提高生产效率，减少材料的浪费，应把同厚度的钢板零件和相同规格的型钢零件，集中在一起号料，这种方法称为集中号料法。

(2) 套料法 为了使每张钢板得到充分的利用，同时又能方便下道工序的剪切，在号料时就要精心安排板料零件的形状位置，把同厚度的各种不同形状的零件和同一形状的零件进行套料，如图 7-45 所示。这种方法称为套料法。

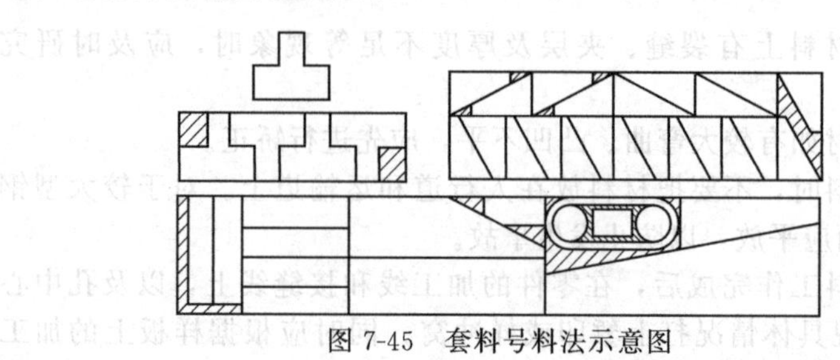

图 7-45 套料号料法示意图

(3) 统计计算法 统计计算法是在型钢下料时采用的一种方法。由于原材料有一定的长度，而零件的长度不一，为了节约用料，应将所有同规格型钢零件的长度归纳在一起，先把较长的排出来，再算出余料的长度，再把和余料长度相同或略短的零件排上，直至整根料被充分利用为止。这种先进行统计安排再号料的方法，称为统计计算法。

(4) 余料统一号料法 由于每一张钢板或每一根型钢号料后，经常会出现一定形状和长度大小不同的余料，将这些余料按厚度、规格与形状基本相同的集中在一起，把较小的零件放在余料上进行号料，这种利用余料的方法称为余料统一号料法。

7.2.4 型钢弯曲件的号料

(1) 型钢弯曲形式 型钢的种类很多，图 7-46 所示为其中常见

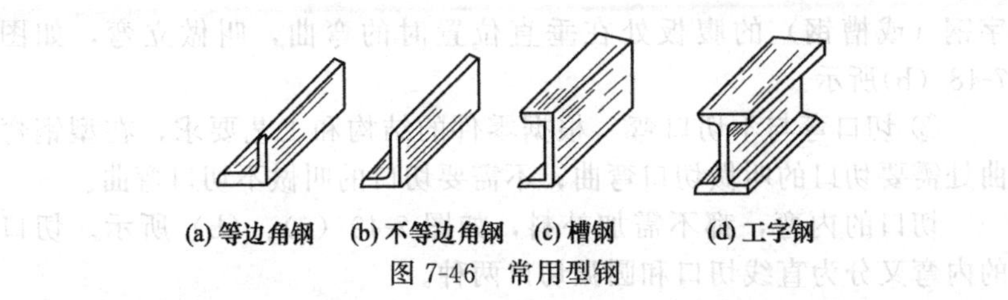

图 7-46 常用型钢

的几种。在金属结构的生产中，经常要把型钢弯曲成各种形状的零件。由于型钢横截面形状和弯曲方向及零件形式等不同，所以有不同的分法，常见的有以下几种形式。

① 内弯与外弯 当曲率半径在角钢（或槽钢）内侧的弯曲，叫做内弯，如图 7-47（a）所示，而槽钢如图 7-47（c）所示。当曲率半径在角钢（或槽钢）的外侧的弯曲，叫做外弯，如图 7-47（b）所示，槽钢如图 7-47（d）所示。

对于不等边角钢还分为以下 4 种：如大面弯后成为平面，就叫大面内弯或大面外弯，如小面弯后为平面就叫小面内弯或小面外弯。

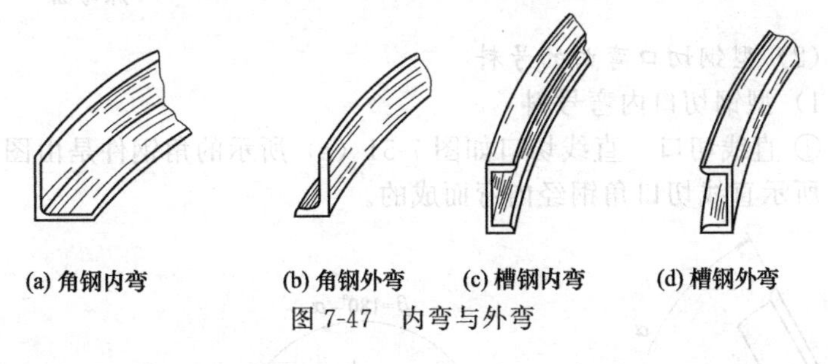

图 7-47 内弯与外弯

② 平弯与立弯 当曲率半径与工字钢（或槽钢）的腹板处在同一平面内的弯曲，叫做平弯，如图 7-48（a）所示。当曲率半径与工

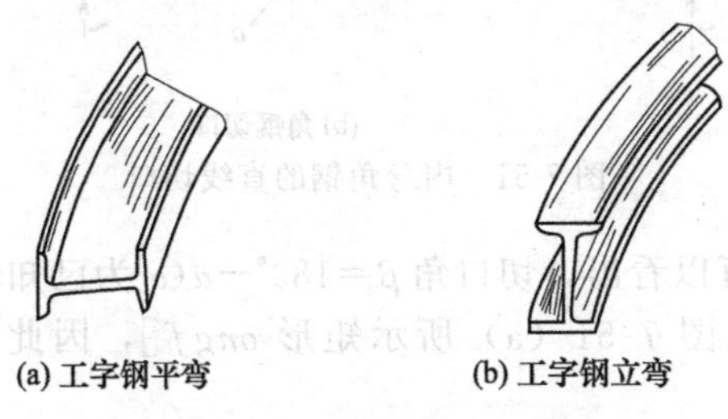

图 7-48 型钢平弯与立弯

字钢（或槽钢）的腹板处在垂直位置时的弯曲，叫做立弯，如图7-48（b)所示。

③ 切口弯与不切口弯　根据零件的结构和工艺要求，在型钢弯曲处需要切口的叫做切口弯曲；不需要切口的叫做不切口弯曲。

切口的内弯，都不需加补料，如图7-49（a)、（b）所示。切口的内弯又分为直线切口和圆弧切口两种。

切口的外弯，都需加补料，这通常称为弯凸后补角，如图7-49（c）所示。

此外，还有特殊的弯曲形式，图7-50所示为角钢的特殊弯曲。

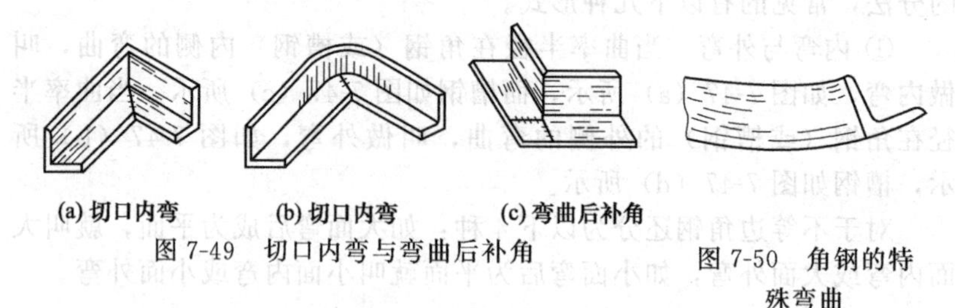

图7-49　切口内弯与弯曲后补角

图7-50　角钢的特殊弯曲

（2）型钢切口弯曲的号料

1）型钢切口内弯号料

① 直线切口　直线切口如图7-51（a）所示的角钢件是由图7-51（b）所示直线切口角钢经内弯而成的。

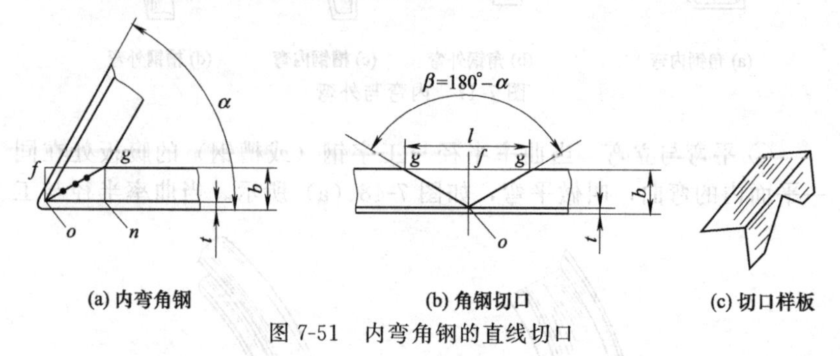

图7-51　内弯角钢的直线切口

从两图中可以看出，切口角$\beta=180°-\alpha$（α为已知弯曲角），切口宽$l=2fg$［见图7-51（a）所示矩形$ongf$］，因此有以下作切口方法。

一种是作图法。作图法是通过作实样图先求出z再画切口，其步骤如下。

a. 作出图 7-51（a）所示的实样图，从中得出 fg 或 on。

b. 在角钢上作垂线 of，与角钢里皮相交于 o，与外缘相交于 f，并在 f 两侧取已得的 fg，连接 og，则得三角形 $\angle gog$ 即为须切去的部位。另外，也可以用作角度 β 的方法画出切口。

成批生产时，一般采用切口样板号切口。切口样板如图 7-51（c）所示。

另一种是计算法是先计算出切口宽，再画切口。其公式为

$$l=2(b-t)\tan\frac{\alpha}{2} \tag{7-1}$$

式中，l 为切口宽，见图 7-51（b）；b 为角钢宽度，mm；t 为角钢厚度，mm；α 为弯曲角，(°)。

画切口的步骤同上。

表 7-7 列出的是几种内弯正多边形角钢框切口宽 l 简化后的计算式。

表 7-7 内弯正多边形角钢框切口宽 l mm

简图	正多边形边数	α	l
（图：α、t、b、l）	3	60°	$3.464(b-t)$
	4(或矩形)	90°	$2(b-t)$
	5	108°	$1.452(b-t)$
	6	120°	$1.154(b-t)$
	7	128°	$0.974(b-t)$
	8	135°	$0.826(b-t)$

如图 7-52 所示的内弯正六边形角钢框，可用式（7-1）计算切口宽 l，也可用表 7-7 中 l 栏内的计算式计算，即切口宽

$$\begin{aligned} l &= 1.154(b-t) \\ &= 1.154(50-5) \\ &\approx 51.93\ (\text{mm}) \end{aligned}$$

② 圆弧切口　如图 7-53 所示。f、n 是角钢件里皮弧的两个切点，g 是 fn 的中点，o 为弧心（角钢边缘的交点）。如果把 fn 和 og 切开并伸直，即成图 7-53（b）所示的弧形切口角钢。

从图 7-53（a）、(b) 可知，此角钢件的圆角里皮半径 $R_1=(b-t)$，中性层半径为 $b-\frac{t}{2}$。为求出切口宽 l，除作实样图外，还可以

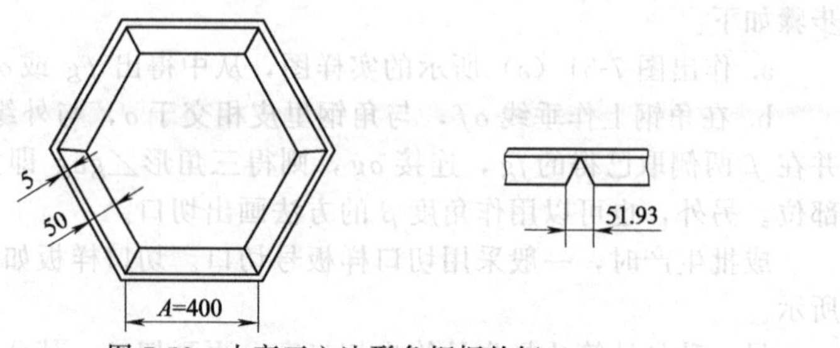

图 7-52 内弯正六边形角钢框的切口

通过计算求得。其计算式为

$$l=0.01745\alpha\left(b-\frac{t}{2}\right) \tag{7-2}$$

式中，l 为圆弧切口宽；b 为角钢宽度，mm；t 为角钢厚度，mm；α 为圆心角，(°)。

当圆心角 $\alpha=90°$时，切口宽 l 为

$$l=\frac{1}{2}\left(b-\frac{t}{2}\right)\pi \tag{7-3}$$

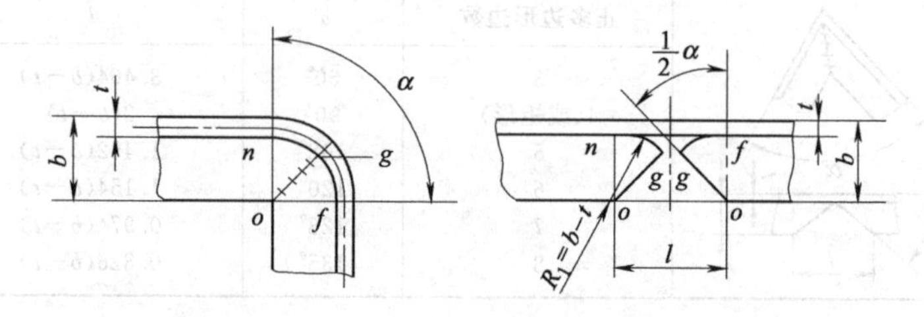

图 7-53 内弯角钢的圆弧切口

求得切口宽 l 后，作切口的步骤如下。

a. 如图 7-53（b）所示，在角钢面的一边取 oo 等于 l，过两点 o 作角钢边的垂线，分别与里皮相交于 n 和 f。

b. 以 o 为圆心，以 on（或 og）为半径画弧，在两弧上各取 g 点，$\angle gon=\angle gof=0.5\alpha$，则 ogn 和 fgo 所围成的形状即为需要切去的部位。

图 7-54（a）、（b）分别为角钢和工字钢（或槽钢）的另一种圆弧切口形式。其作切口的方法基本与上述角钢圆弧切口的作法相同

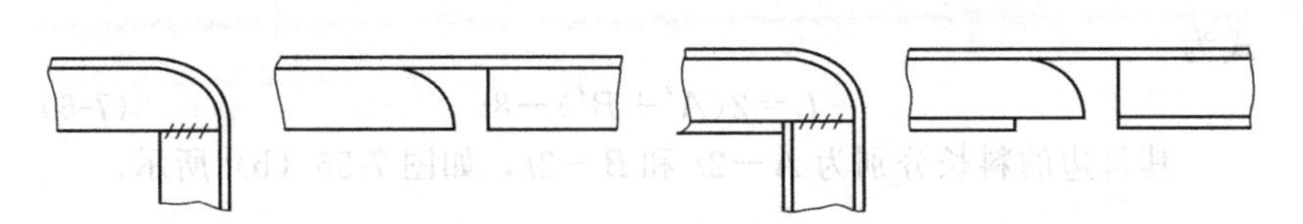

(a) 角钢切口　　(b) 工字钢（或槽钢）切口

图 7-54　型钢弯曲的切口

（作法从略）。

2）型钢切口弯曲的料长计算

① 直线切口。图 7-55 所示为角钢内弯任意角度的零件，按里皮取各边的下料长度，故料长的计算公式为

$$L=A'+B'=A+B-2\cot\frac{\alpha}{2} \tag{7-4}$$

当角钢内弯 90°时，料长的计算公式为

$$L=A'+B'=A+B-2t \tag{7-5}$$

式中，A'，B'为角钢每边的里皮尺寸，mm；A、B 为角钢每边的外皮尺寸，mm；t 为角钢厚度，mm；α 为弯曲角，(°)；L 为角钢内弯任意角度时的料长，mm。

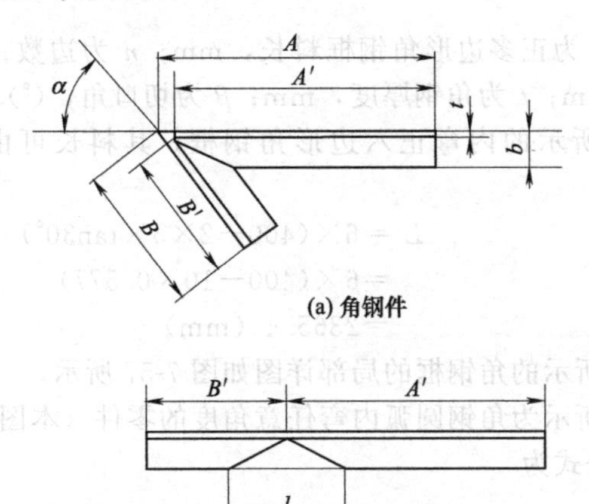

(a) 角钢件

(b) 角钢料长

图 7-55　内弯角钢的料长计算

图 7-55（b）所示的角钢的切口宽 l，可按式（7-1）求得。

当外弯 90°角钢框时，如图 7-56（a）所示，其料长的计算公

式为

$$L=2(A'+B')-8t \tag{7-6}$$

其每边的料长分别为 $A-2t$ 和 $B-2t$，如图 7-56（b）所示。

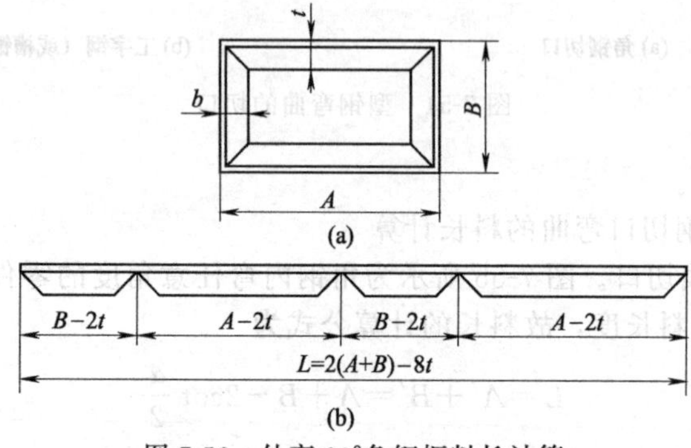

图 7-56 外弯 90°角钢框料长计算

当内弯成正多边形角钢框时，其料长的计算公式为

$$L=n\left(A-2t\tan\frac{\beta}{2}\right) \tag{7-7}$$

式中，L 为正多边形角钢框料长，mm；n 为边数；A 为每边的外皮尺寸，mm；t 为角钢厚度，mm；β 为切口角，(°)。

图 7-52 所示的内弯正六边形角钢框，其料长可由公式（7-7）求得

$$\begin{aligned}L&=6\times(400-2\times5\times\tan30°)\\&=6\times(400-10\times0.577)\\&=2365.4\ (\text{mm})\end{aligned}$$

图 7-52 所示的角钢框的局部详图如图 7-57 所示。

图 7-58 所示为角钢圆弧内弯任意角度的零件（本图为锐角），其料长的计算公式为

$$L=A+B+0.0175\left(b-\frac{t}{2}\right)\alpha \tag{7-8}$$

式中，L 为角钢内弯任意角度时的料长，mm；A，B 为角钢两边直线段长，mm；b 为角钢宽度，mm；t 为角钢厚度，mm；α 为圆心角，(°)。

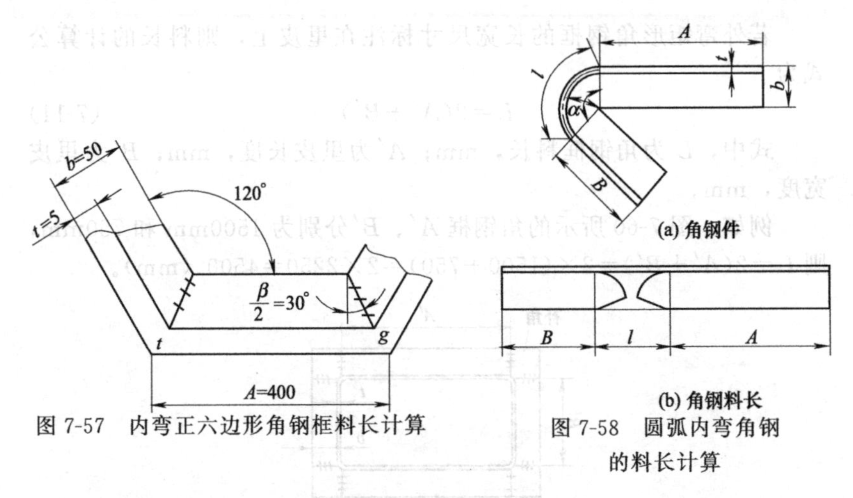

图 7-57 内弯正六边形角钢框料长计算

图 7-58 圆弧内弯角钢的料长计算

当圆心角 $\alpha=90°$时，料长的计算公式为

$$L=A+B+\frac{1}{2}(b-t)\pi \tag{7-9}$$

② 圆弧切口。图 7-59 所示为内弯圆角矩形角钢框，其料长计算公式为

$$L=2(A+B)-8b+(2b-t)\pi \tag{7-10}$$

式中，L 为圆角矩形角钢框的料长，mm；A，B 为角钢框长、宽尺寸，mm；b 为角钢宽度，mm；t 为角钢厚度，mm。

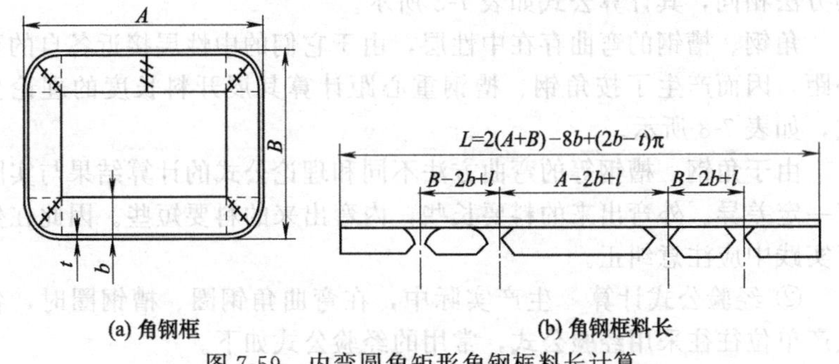

图 7-59 内弯圆角矩形角钢框料长计算

3）角钢补角弯曲后的料长计算 角钢补角弯曲的零件料长的计算公式同式（7-4）；当角钢内弯 90°时，料长的计算公式同式（7-5）；当外弯成 90°角钢框时，料长的计算公式同式（7-6）。

若外弯矩形角钢框的长宽尺寸标注在里皮上，则料长的计算公式为

$$L=2(A'+B') \tag{7-11}$$

式中，L 为角钢框料长，mm；A'为里皮长度，mm；B'为里皮宽度，mm。

例如，图 7-60 所示的角钢框 A'、B'分别为 1500mm 和 750mm，则 $L=2(A'+B')=2\times(1500+750)=2\times2250=4500$ (mm)。

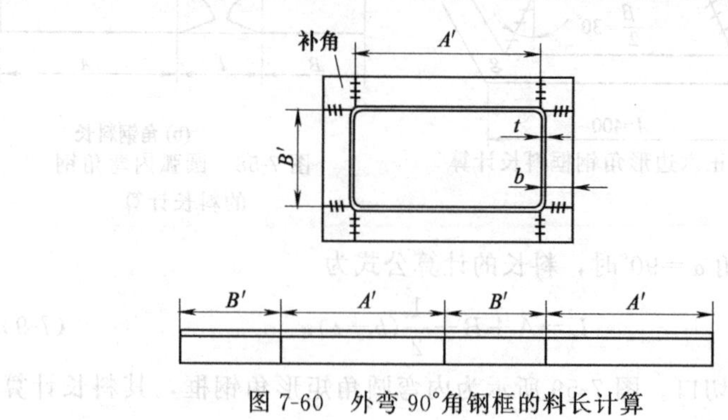

图 7-60　外弯 90°角钢框的料长计算

(3) 型钢不切口弯曲的号料

① 理论公式计算　型钢中的扁钢、方钢、圆钢、钢管、工字钢等的弯曲件的展开料长度计算方法，与板料的弯曲件计算展开料长度的方法相同，其计算公式如表 7-8 所示。

角钢、槽钢的弯曲存在中性层，由于它们的中性层接近各自的重心距，因而产生了按角钢、槽钢重心距计算其展开料长度的理论公式，如表 7-8 所示。

由于角钢、槽钢等的弯曲方法不同和理论公式的计算结果与实际有一定差异。外弯出来的料要长些，内弯出来的料要短些。因此在生产实践中应注意纠正。

② 经验公式计算　生产实际中，在弯曲角钢圈、槽钢圈时，各生产单位往往采用经验公式，常用的经验公式如下。

a. 内弯等边角钢圈。内弯等边角钢圈如表 7-8 第二图所示，其钢圈展开料长 L 的经验公式为

$$L=\pi d-1.5b \tag{7-12}$$

式中，d 为角钢圈外径，mm；b 为角钢宽度，mm。

b. 外弯等边角钢圈。外弯等边角钢圈展开料长 L 的经验公式为

$$L=\pi d+1.5b \tag{7-13}$$

式中，d 为角钢圈内径，mm；b 为角钢宽度，mm。

c. 外弯槽钢圈。外弯槽钢圈展开料长 L 的经验公式同式(7-13)，即

$$L=\pi d+1.5b$$

式中，d 为槽钢圈内径，mm；b 为槽钢翼缘（翼板）宽度，mm。

d. 内弯槽钢圈。内弯槽钢圈展开料长 L 的经验公式同式(7-12)，即

$$L=\pi d-1.5b$$

式中，d 为槽钢圈外径，mm；b 为槽钢翼缘宽度，mm。

表 7-8 型钢不切口弯曲件展开长度计算公式

类别	名称	形状	计算公式	公式说明
钢板、扁钢、圆钢	圆筒及圆环	d	$L=d\pi$	L——计算展开料长 d——圆中径
等边角钢	内弯圆	d b t	$L=(d-2Z_0)\pi$	d——圆外径 Z_0——重心距
	内弯弧形	$R_外$ α	$L=\frac{\pi R_外-Z_0}{180}\alpha$	$R_外$——圆外半径 α——圆心角 Z_0——重心距

续表

类别	名称	形状	计算公式	公式说明
等边角钢	外弯弧形		$L=\frac{\pi R_{内}+Z_0}{180}\alpha$	$R_{内}$——圆内半径
	外弯椭圆		$L=(d_1-2Z_0)PI$	d_1——内长径 d_2——内短径 PI——椭圆圆周率 Z_0——重心距
不等边角钢	大面内弯圆		$L=(d-2Y_0)\pi$	d——外直径 Y_0——重心距
槽钢	外弯圆		$L=(d+2Y_0)\pi$	d——内直径
	平弯圆		$L=(d+h)\pi$	d——内直径 h——槽钢高
工字钢	立弯圆		$L=(d+b)\pi$	d——内直径 b——工字钢平面宽

注：Z_0、Y_0 为重心距符号，其数值可查材料手册。

e. 大面内弯不等边角钢圈。大面内弯不等边角钢圈其展开料长 L 的经验公式为

$$L=\pi d-1.5a \tag{7-14}$$

式中，d 为角钢圈外径，mm；a 为角钢大面宽，mm。

f. 大面外弯不等边角钢圈。大面外弯不等边角钢圈其展开料长 L 的经验公式为

$$L=\pi d+1.5a \tag{7-15}$$

式中，d 为角钢圈内径，mm；a 为角钢大面宽，mm。

g. 小面内弯不等边角钢圈。小面内弯不等边角钢圈展开料长 L 的经验公式同式（7-12），即

$$L=\pi d-1.5b$$

式中，d 为角钢圈外径，mm；b 为角钢小面宽，mm。

h. 小面外弯不等边角钢圈。小面外弯不等边角钢圈其展开料长 L 的经验公式同式（7-13），即

$$L=\pi d+1.5b$$

式中，d 为角钢圈内径，mm；b 为角钢小面宽，mm。

经验公式一般是手工热弯得到的结果。它计算方便，已为铆工广泛应用。由于手工弯曲与压力机械弯曲的不同、冷弯与热弯的不同、方法和操作者的熟练程度等原因，经验公式计算的材料长度有时略长些，特别在冷压弯曲时较明显。对此，应在生产实践中，不断地积累经验和数据，来充实和完善经验公式的准确程度。

第8章 加工成形

成形是指用人工和机械工艺方法，将金属板材或型材制作成所需形状的方法。

8.1 钢板、型钢成形

钢板和型钢的成形主要由煨曲工艺来完成。煨曲工艺由其加热程度来分，可分为冷曲和火曲。冷曲是指在常温下将毛料煨曲成形；火曲是指将毛料加热到一定温度后再进行煨曲成形。

从煨曲成形操作方法来分，可分为压弯、滚弯、拉弯、折弯和手工弯曲等。这些弯曲方法，各有特点，可根据工件的特点和已有的设备能力，选择不同的方法。

8.1.1 压弯

（1）压弯时材料的变形过程　分为自由弯曲、接触弯曲和矫正弯曲3个阶段，见图8-1。

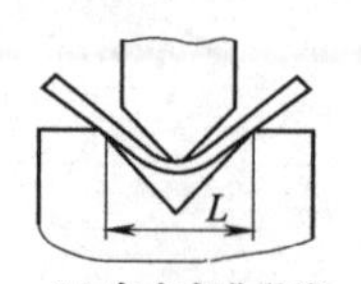

(a) 自由弯曲阶段

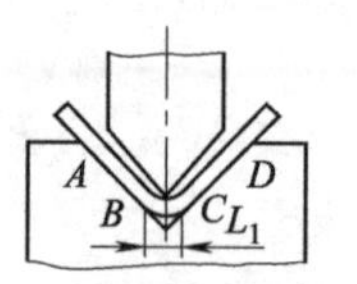

(b) 接触弯曲阶段

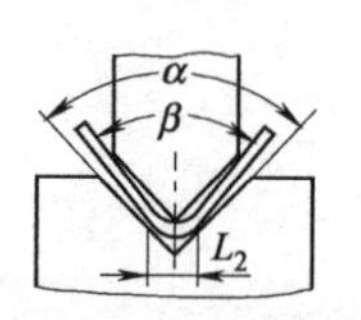

(c) 接触弯曲向矫正弯曲过渡

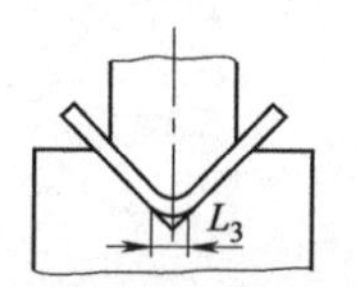

(d) 矫正弯曲

图 8-1　压弯时工件的变形过程

① 自由弯曲　弯曲开始时，凹模的两个圆角处支撑着工件，凸模下端圆角与工件接触，工件在凸模的作用下产生变形，也就是说，凸、凹模上有3条线与工件接触，如图8-1（a）所示，这个阶段叫做自由弯曲阶段。在这个阶段中，工件的圆角半径是在大于压弯模的圆角半径内变化的。

② 接触弯曲　接触弯曲阶段中工件在凸模的作用下，材料的两翼与凹模形成两个接触面，从端面上看就是图8-1（b）中的线段AB和CD。此时工件的压弯角等于凹模的角度，随着凸模下降这个阶段很快就过渡成图8-1（c）所示的状态，这时凸、凹模上分别有5条线与工件接触，工件所形成的角度小于凹模的角度。

③ 矫正弯曲　凸模下降到终极位置时，工件完全与凸、凹模接触，压弯角或工件存在的不平状态都得到了矫正，这个过程叫做矫正弯曲。

从以上分析来看，在压弯过程中，凹模上支撑工件的两支点间的距离是一个变数，凸模越往下，支点距离越近。两支点间的距离与所需的弯曲力成反比，也就是说两支点间的距离大时所需的弯曲力小；两支点间的距离小时，所需要的弯曲力大。由此可得出自由弯曲阶段所需的弯曲力最小，矫正弯曲阶段所需的弯曲力最大，而接触弯曲阶段所需的弯曲力居于两者之间。

（2）弯曲时的回弹　弯曲时，在塑性变形的同时，有弹性变形存在。由于弯曲时板料的外表面受拉，内表面受压，所以当外力去掉后，弯曲件要产生角度和半径的弹性回跳，这叫回弹或回跳。回弹的角度叫回弹角或回跳角。即使在原模具和原位置上将工件重复压弯多次，仍然有回弹。

回弹是被冷弯曲工件的共有属性，它使工件不易达到弯曲的要求，增加矫正的工作量。

影响回弹的因素很多，主要有以下几个方面。

① 材料的力学性能。材料的屈服强度σ_b越高，回弹越大。

② 变形程度。在弯曲中变形程度用相对弯曲半径R和材料厚度δ的比值R/δ来表示。R/δ越大，回弹也越大。

③ 弯曲角度。一般地说，弯曲角度越大，说明变形区域越大，因此回弹也越大。

④ 其它因素的影响。例如，零件的形状、模具的构造、弯曲方式、板料的宽度等对回弹也有一定的影响。

到目前为止，还无法用公式计算出适合于各种具体条件的回弹值来。现在一般所使用的试验方法所求得的回弹值，也只能适用于条件完全相同的情况。

（3）最小弯曲半径　在弯曲过程中，弯曲矫正时所得到的工件的内边弯曲半径的最小值，它等于凸模尖部的半径。在压弯时，工件的外层所受的拉伸应力超过极限时，工件将产生裂纹甚至断裂。最小弯曲半径与下列因素有关。

① 材料的力学性能　塑性好的弯曲半径可以小一些，塑性差的弯曲半径必须大一些。

② 材料的轧制纹路　轧制钢板的纤维组织有纵、横向之分，其力学性能在纵、横向上也不相同。弯曲半径较大时，轧制纹路的影响较小，当弯曲半径 $R \leqslant 0.5\delta$ 时，必须考虑轧制纹路对弯曲的影响。当弯曲线与轧制纹路垂直时，材料不易断裂，可采用较小的半径；当弯曲线与轧制纹路平行时，容易产生裂纹，应增大弯曲半径，如图 8-2 所示。

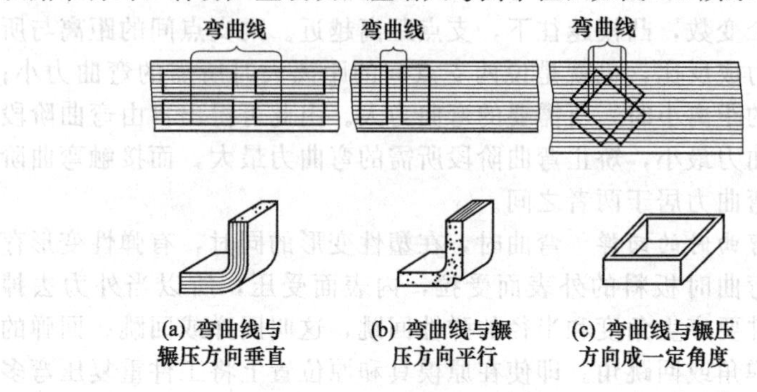

(a) 弯曲线与辗压方向垂直　(b) 弯曲线与辗压方向平行　(c) 弯曲线与辗压方向成一定角度

图 8-2　弯曲线与轧制纹路的关系

③ 弯曲角度　弯曲角度是指弯曲件两翼边的夹角，如图 8-3 中的 α 角所示。在相同的弯曲半径中，α 角越小，工件外表面拉伸的程度越大且易裂；反之，则不易裂。也就是说，在弯曲角度小的情况下，应考虑加大弯曲半径。

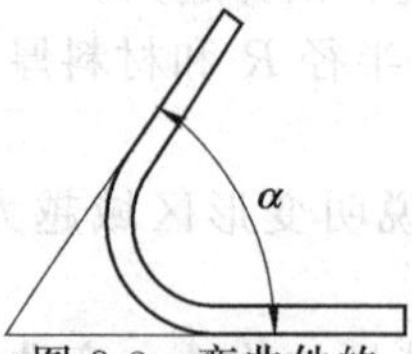

④ 其它影响因素　如材料的厚度和材料边缘的毛刺对弯曲半径也有很大的影响。

薄板材料可取较小的弯曲半径；厚板材料须取较大的弯曲半径。另外，材料的边缘应先去掉毛刺，毛刺往往会导致工件产生裂纹。

图 8-3　弯曲件的弯曲角度

各种材料的最小弯曲半径如表 8-1 所示。

表 8-1 板材最小弯曲半径 mm

材 料	回火或正火		淬 火	
	弯曲半径 r			
	垂直于轧制纹路	平行于轧制纹路	垂直于轧制纹路	平行于轧制纹路
工业纯铁	0	0.2δ	0.2δ	0.5δ
铝			0.3δ	0.8δ
黄铜			0.4δ	0.8δ
铜			1.0δ	2.0δ
10,Q195,Q215	0	0.4δ	0.4δ	0.8δ
15,20,Q235	0.1δ	0.5δ	0.5δ	1.0δ
25,30,Q255	0.2δ	0.6δ	0.6δ	1.2δ
35,40,Q275	0.3δ	0.8δ	0.8δ	1.5δ
45,50	0.5δ	1.0δ	1.0δ	1.7δ
55,60	0.7δ	1.3δ	1.3δ	2.0δ
硬铝	1.0δ	1.5δ	1.5δ	2.5δ
超硬铝	2.0δ	3.0δ	3.0δ	4.0δ

注：δ 为板材的厚度，mm。

(4) *压弯工件的操作方法及注意事项* 根据被压弯工件所需的弯曲力，选择好适当的压力机床。将上、下模放在压力机工作台上，首先要固定好上模，使模具的重心与压力头的中心在一条线上。要使上模的上平面与下模的下平面平行，上、下模间的间隙均匀，并保证上模有足够的行程。开动压力机，用上模压住下模，再用压板螺钉紧固下模，紧固后，抬起压力头，清除模中杂物，轻轻地试压几次，看看是否有异常现象，再作调整。对于压弯成形后，难以从模中取出的工件可加适当的润滑油，减少摩擦，使之容易脱模。

压弯前，应检查来料的件号、尺寸是否符合图纸的要求，料边是否有影响压弯质量的毛刺。对于批量较大的工件，须加能调整的挡块定位，出现偏差可及时纠正挡块的位置。

压弯时，要进行首件检查，合格后，方可连续压制，压制过程中要注意抽检。

多人同时操作时，须听从一人指挥。禁止用手在模具上取放工件，对于较大的工件，可在模具外部进行取放，对于小于模具的工件，可借助于其它器具取放，防止发生人身事故。

模具用完后，要妥善保管，不宜乱扔，要防止锈蚀。

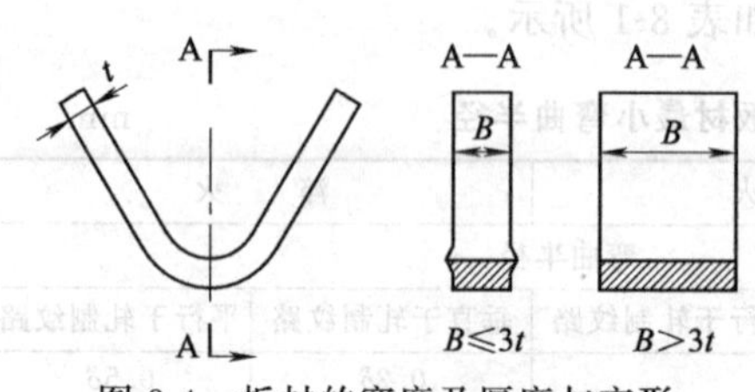

图 8-4 板材的宽度及厚度与变形

弯曲工件的直边长度，一般不得小于板材厚度的两倍，小于两倍时，可将直边适当加长，弯曲后再切除。弯曲工件的宽度一般不得小于板厚度的 3 倍；否则弯曲区内的外层因受拉而宽度缩短，内层因受压而宽度增大。宽度若大于板材厚度的 3 倍时，其横向变形受到材料的阻碍，宽度基本不变，如图 8-4 所示。

局部需要弯曲的零件，为避免弯裂，应钻止裂小孔或将弯曲线向外平移一段距离，如图 8-5（a）、（b）所示。

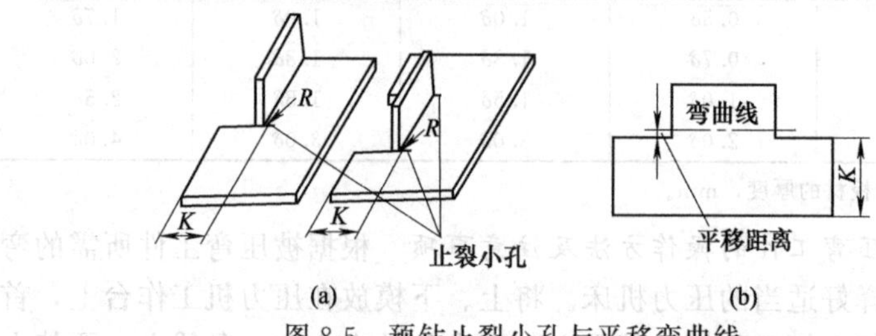

图 8-5 预钻止裂小孔与平移弯曲线

弯曲带孔的工件，孔的位置不宜安排在弯曲变形区内，以免孔变形；不可避免时，可先弯曲后钻孔。

较长的板材或型材弯曲后，容易产生扭曲现象。为了避免扭曲，在压弯过程中，变形部分应始终处在模具的夹持状态下，如图 8-6 所示。

对于由于弯曲半径小而出现裂纹的工件，如果不十分强调弯曲半径时，可修钝凸模尖角，加大弯曲半径，也可以采用多次压弯法。例如，压弯 90°的 V 形工件，不要一次成形，而是分多次压成，每次压 20°～25°，这样可以减少出现裂纹的可能性。在不允许更换材料和改变弯曲半径的情况下，可将工件进行

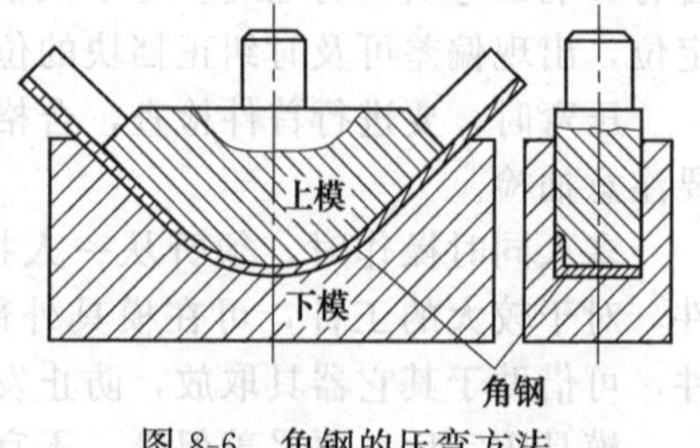

图 8-6 角钢的压弯方法

回火或者正火后再压，如再不行，就用火曲。

在模具较短、工件较长时，可采用分段压弯多次压成的方法。一种方法是划出弯曲线后压制一段，移动工件再压制下一段，前、后两段重叠 20～30mm，每次弯曲角度都不能过大，一般为 20°～25°。这种方法效率低，不易掌握，如图 8-7（a）所示。

另一种方法是先压成一段，移动工件再压制下一段，每段间相隔 20～30mm，再移动工件，使两段间的接头处处于模具中间，再压到底便成，如图 8-7（b）所示。这种方法效率高、质量好、易掌握。

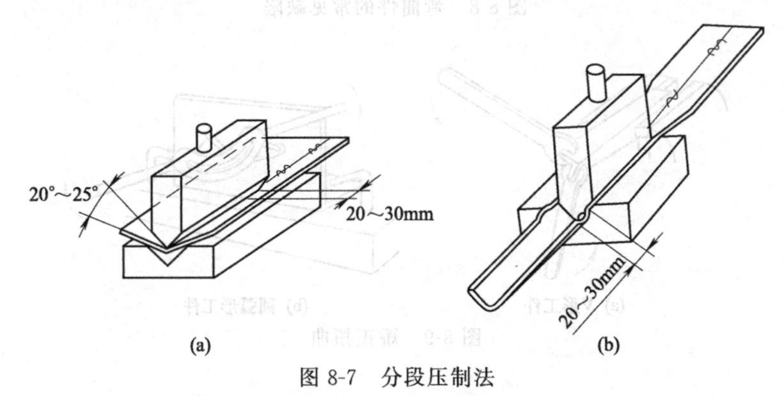

图 8-7　分段压制法

压弯工作中一般都采取冷曲，因为在冷状态下工作起来比较方便、效率较高。也可以采用火曲，由于火曲时，工件需加热，须消耗燃料和增加人力，劳动条件也比较差，因此除特殊情况外，尽量不采用。

（5）压弯件的修形　由于压力的大小、模具的形状和尺寸、材料的弹性及压弯方法等因素的影响，使压弯后工件的形状和尺寸往往与所要求的有些差异。例如，V 形弯曲件和圆弧形工件经常会出现扭曲，如图 8-8（a）所示，弯曲不足如图 8-8（b）所示。弯曲过大时，则需要进行矫正，如图 8-8（c）所示。

对于扭曲必须采用反向扭曲的方法来纠正。也就是固定其一端，用器具夹住另一端，进行反向扭曲。扭曲时应注意保持工件截面不变，如图 8-9 所示。

对于弯曲不足的工件，须在弯曲曲率小的地方重压或锤击，使之合乎要求的曲率。

对于 90°弯曲件可在工件上垫小角铁后重压，如图 8-10（a）所

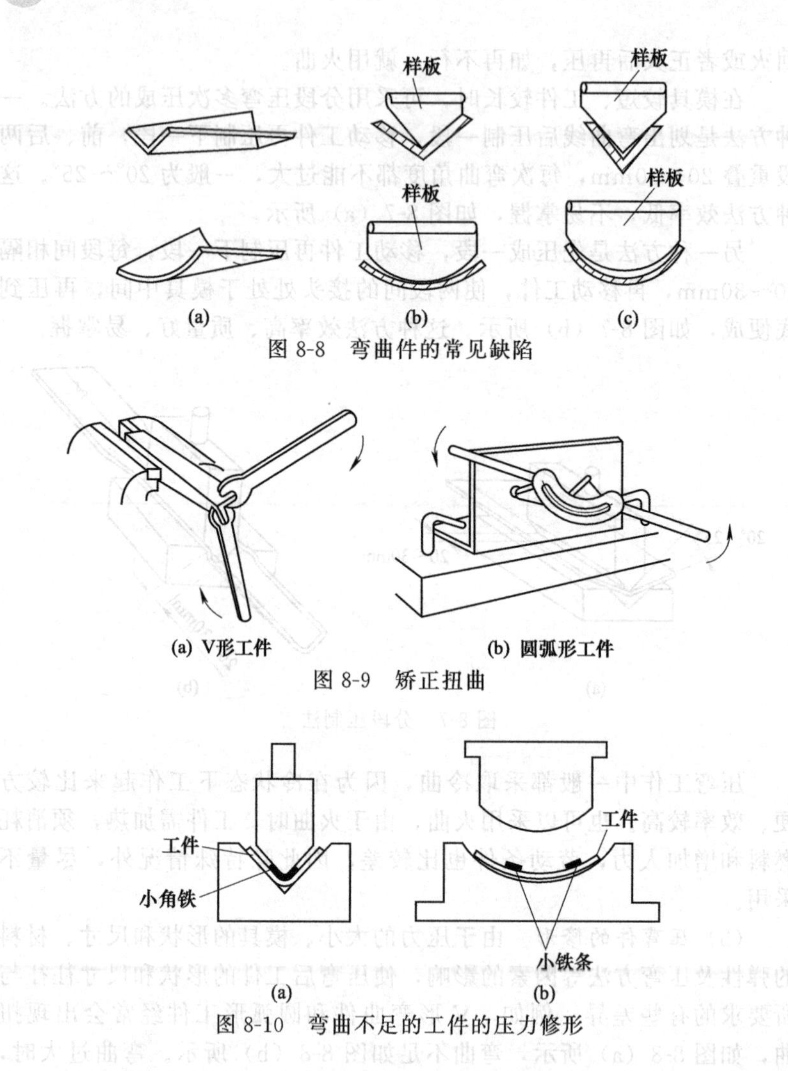

图 8-8　弯曲件的常见缺陷

图 8-9　矫正扭曲

图 8-10　弯曲不足的工件的压力修形

示。对于圆弧形弯曲件，可在曲率小的地方垫2mm厚、20mm宽的小铁条后重压，如图8-10（b）所示。也可以用手工矫正，矫正前，要把工件垫起来，锤击曲率小的地方，如图8-11所示。

对于弯曲过大的工件，可将工件反扣在工作台上，锤击曲率大的地方，如图8-12所示。

整个的矫正过程中，锤击的位置要准确，力量要适当，要勤用样板检查。在压弯时应注意先要把工件弯曲得曲率大些，这样便于

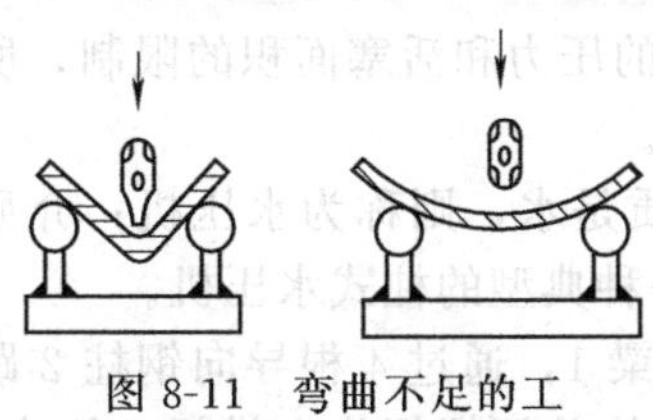
图 8-11 弯曲不足的工件的手工修形

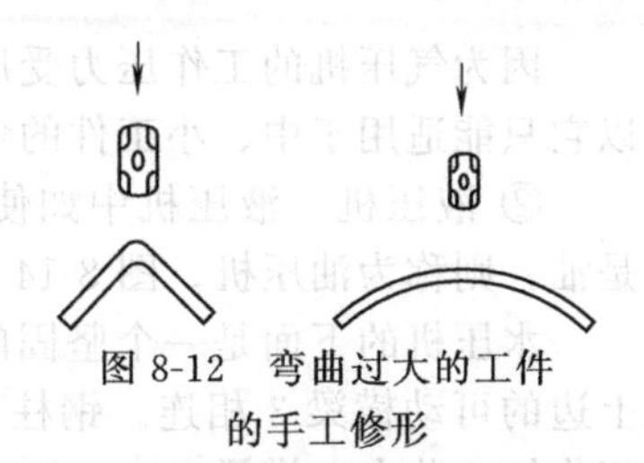
图 8-12 弯曲过大的工件的手工修形

修理。

（6）压力机床 铆工常用的压力机床，大体可分为气压机、液压机和丝杠压力机 3 类。无论是冲裁、压弯、压延等工作，都可以根据所需压力的大小、工件的尺寸来选择合适的压力机，并配合相应的模具来实现。

① 气压机 气压机通常也叫风压力机，它是以压缩空气为动力的一种压力机械，有直压式和杠杆式之分。

图 8-13 所示是应用较广的一种单缸直压式气压力机。它的结构原理简述如下：风缸 2 固定在床身 1 的上方，当搬动三通开关 3 时，压缩空气就沿着风管进入风缸并推动活塞 7 和压缩弹簧 6 并使连在一起的丝杠顶杆 5、压力头 8、上模一起向下移动，完成冲压工作。关闭三通开关，可使风缸里的压缩空气排到大气中，活塞受弹簧压力的作用而复位，上模也随之抬起。丝杠顶杆的外径是多头方螺纹，可调节其伸出的长短，供安装模具用。下模可放在工作台上，用螺钉压板等压紧。

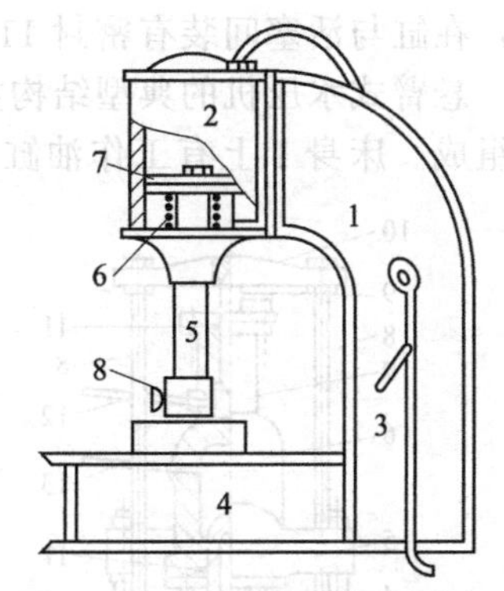

图 8-13 单缸直压式气压力机
1—床身；2—风缸；3—三通开关；4—工作台；5—丝杠顶杆；6—弹簧；7—活塞；8—压力头

杠杆式气压机是利用杠杆的原理增大其压力的。

使用气压机压弯工件时要注意使丝杆顶杆不能转动，因为一旦转动，必然会使连在一起的压力头和上模转动，从而使上、下模错位。要注意保持丝杠顶杆的清洁，并经常润滑。安装与拆卸模具时，不要碰撞丝杠顶杆。

因为气压机的工作压力受压缩空气的压力和活塞面积的限制，所以它只能适用于中、小工件的弯曲工作。

② 液压机　液压机中如使用的介质是水，则称为水压机；介质是油，则称为油压机。图 8-14 所示是一种典型的柱式水压机。

水压机的下面是一个坚固的不动横梁 1，通过 4 根导向钢柱 2 跟上边的可动横梁 3 相连。钢柱末端有螺纹并用螺帽将上横梁 5 固定。工作缸 6 装在上横梁 5 中，缸中活塞 4 固定在可动横梁 3 中，可动横梁通过两个拉杆 8 跟上横板 10 相连。在上横板上装有活塞 9，其外面是提升缸 7。上模装在可动横梁上，而下模装在底座的工作台上。

工作时，电动机带动高压泵运行，泵输出的高压水经管路 13 进入工作缸 6，活塞 4 推可动横梁 3 下降，将放在上、下模之间的工件压制成形。要提起上模时，就将高压水由管路 12 进入提升缸 7 中，靠活塞 9 的上升而将装有上模的可动横梁 3 升起，同时将工作缸中的水沿管路 13 排出。为了防止在工作时高压水由工作缸或提升缸中漏出，在缸与活塞间装有密封 11。

悬臂式水压机的典型结构如图 8-15 所示。它是由床身 1 和底座 2 等组成。床身 1 上有工作油缸 10 和活塞 9。活塞的下部是压力头 4，

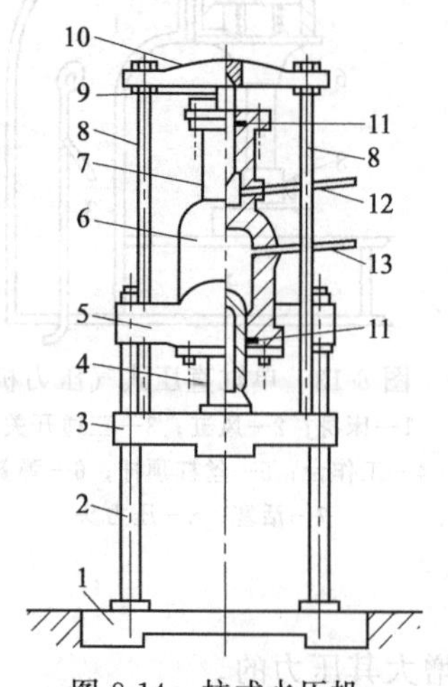

图 8-14　柱式水压机

1—不动横梁；2—导向钢柱；3—可动横梁；4,9—活塞；5—上横梁；6—工作缸；7—提升缸；8—拉杆；10—上横板；11—密封；12,13—管路

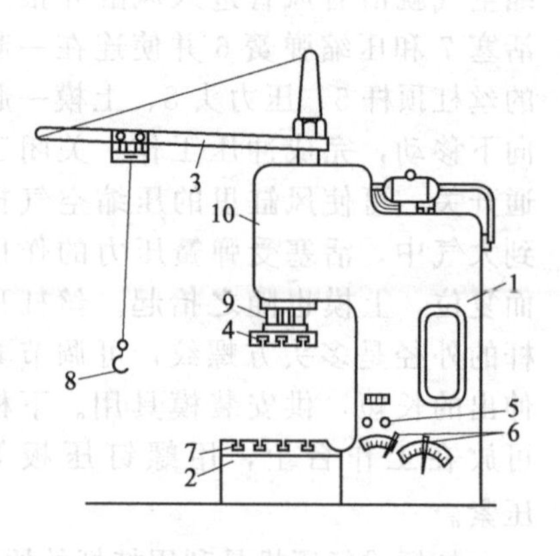

图 8-15　悬臂式水压机

1—床身；2—底座；3—悬臂吊杆装置；4—压力头；5—压力表；6—操纵器；7—工作台；8—起重钩；9—活塞；10—工作油缸

它能装夹和固定上模。床身的侧面装有压力表5和操纵器6。底座上有一个工作台7，用来固定和安装下模和放置零件、工具等。有的水压机上方还备有悬臂吊杆装置3，便于吊运工件。悬臂式水压机的工作原理与柱式水压机相同。

使用液压机时，要注意液体介质的清洁，并需定期更换。工作中有长时间间歇时，须停泵，以免液体介质发热或出气泡，并可节约电能。应保持导向钢柱的清洁，经常注油润滑，不准磕碰划伤。发现有漏油漏水的现象，要及时修理。

液压机的吨位可高达万吨，用以满足各种冲压工作的需要。

③ 丝杠压力机　丝杠压力机是利用惯性力通过丝杠传动压力的一种压力机械，如摩擦压力机。

摩擦压力机的结构如图8-16所示。在床身1的上方有两个支架8，支架支持着水平轴9和摩擦轮10、11等。螺母座4安装在横梁3内与丝杠5的多头螺纹相配合。丝杠5的上端与传动轮7相连，下端与压力头6（也称滑块）相连，其作用是将传动轮带有惯性的旋转变成压力头的上下运动，在压力头两侧的床身上嵌有导轨，起保证压力头上下运动的平稳作用。传动轮位于左右摩擦轮间，与摩擦轮分别保持着10mm左右的间隙。传动轮的外缘包有牛皮或摩擦带，用来增加摩擦力。连丝杠的下端有一个抱闸12和闸轮，当压力头上升到上极限位置时，抱闸抱住闸轮，使压力头及相连的丝杠及传动轮停止运动。压力头的下方有一个方头顶丝，以便紧固上模之用。在床身的下部工作台2，台面上有T形槽，供紧固下模之用。

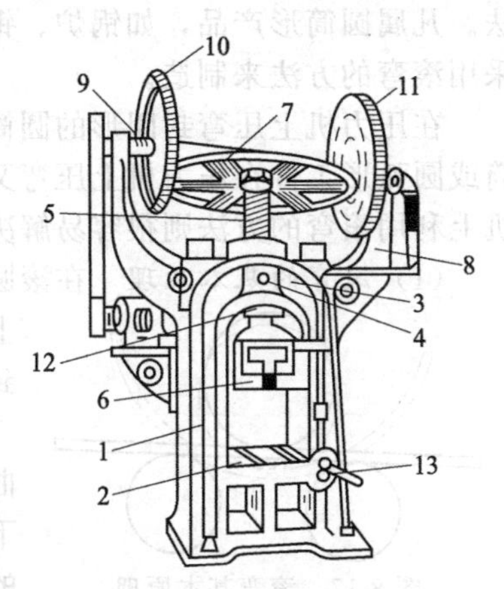

图8-16　摩擦压力机

1—床身；2—工作台；3—横梁；4—螺母座；5—丝杠；6—压力头；7—传动轮；8—支架；9—水平轴；10,11—摩擦轮；12—抱闸；13—手柄

按下手柄13时，经过一系列的杠杆的传动，使水平轴向右移动，这时左摩擦轮和传动轮接触，使之产生旋转并带动丝杆与压力头上的上模一起下降，进行冲压。当提起手柄时，右摩擦轮和传动轮接触，

使传动轮带动丝杠与压力头，以及上模向上升起。

使用丝杠压力机时，要定期清洗丝杠、内螺座和导轨。定期向各油孔、油杯注油。当传动轮上的摩擦带磨损了，但还可以用时，可以适当调整摩擦轮与传动轮间的阀隙；不能使用时，须及时更换新的摩擦带。卸下模具后，必须用一个柱子顶在压力头下，以防压力头意外坠落，损伤了丝杠和螺母座。

丝杠压力机的吨位在30～1000t之间，由于它动作灵活，能满足中、小型零件的冲压工作，所以应用比较广泛，但常常因为跨距不足，而缩小了它的使用范围。

8.1.2 滚弯

滚弯是将板材或型材等，通过旋转的滚轴使之弯曲的一种工艺方法。凡属圆筒形产品，如锅炉、钢水包、油罐等圆弧形工件，一般都采用滚弯的方法来制造。

在压力机上压弯封闭形的圆筒较难成形，而且对于不同直径的圆筒或圆弧形工件在压力机上压弯又需要很多模具，而这些问题在滚圆机上利用滚弯的方法则很容易解决。

(1) 滚弯的基本原理　在滚圆机上滚圆筒，板材的弯曲是借助于上滚轴向下移动时所产生的压力来达到的，如图8-17所示。

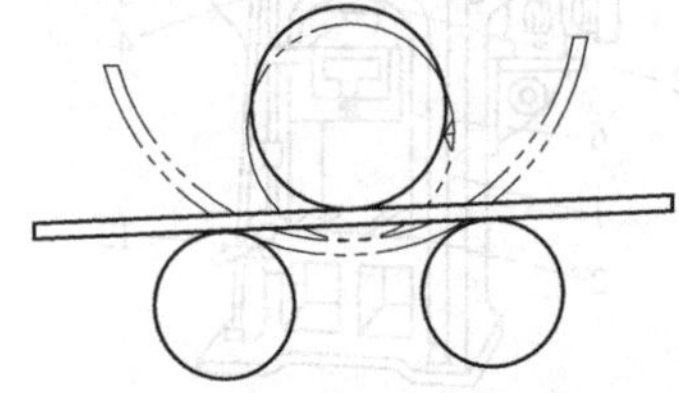

图8-17　滚弯基本原理

当上滚轴下降时，板材产生弯曲，当下滚轴旋转时，板材依靠上、下滚轴间的摩擦力朝着下滚轴旋转的方向向前移动，产生弯曲，并带动上滚轴旋转，使板材在滚到的范围内形成圆弧。所以滚弯的实质就是连续不断地压弯。和压弯一样在滚弯的过程中，板材的外层纤维伸长，内层纤维缩短，而中性层不变。板材的外伸内缩是有限度的，它取决于弯曲半径R和板厚t。钢板在冷态下弯曲，工件的半径R应大于20～25t，当R<20～25t时，则应在热态滚弯。加热滚弯的原理与冷滚弯相同，只在工件弯凸半径太小、滚圆机功率不足的情况下方可采用。热弯时，应将钢板加热到950～1100℃之间，加热要均匀，滚弯时要迅速，终了温度不得低于700℃。

(2) 滚弯设备　滚弯设备主要指不同形式的滚圆机。滚圆机有三轴和四轴的。三轴的又分对称式和不对称式的，这些都是卧式的，另外还有立式滚圆机。这 3 种滚圆机的截面形状如图 8-18（a）、（b）、（c）所示。滚圆机的规格有多种，最大功率的滚圆机可以在冷状态下滚弯 60～100mm 厚的钢板，热滚时，厚度还可增加。大型滚圆机的安装方式，一般都从工作方便出发，把机座埋入地坑里，使下滚轴略高于地面，这样操作便利，而且安全。有的大型滚圆机在滚轴上加工出纵向的槽，槽深可达 100mm，它所起的作用不仅能够有利于工件的找正定位，还能够利用凹槽进行钢板的折边工作。

① 对称式三轴滚圆机　其 3 个滚轴的轴心成等腰三角形。一般两个下滚轴为主动轴，因此，它们的位置是固定的。上滚轴是从动的，能作垂直方向的调整，调整的方法有采用手轮带动的和电动的两种。为了便于取出圆筒形工件，上滚轴的支撑部分有一端是活动的。

对称式三轴滚圆机的工作原理如图 8-19（a）所示。下滚轴Ⅱ和Ⅲ是主动的，由电动机通过减速机构带动，以相同的速度向同一方向旋转（也可同时反转）。由于滚轴和板材之间的摩擦作用，当两个下滚轴开始旋转，即带动板料前进时，上滚轴也旋转起来，这样就可对板料进行滚弯，如图 8-19（b）、（c）所示。

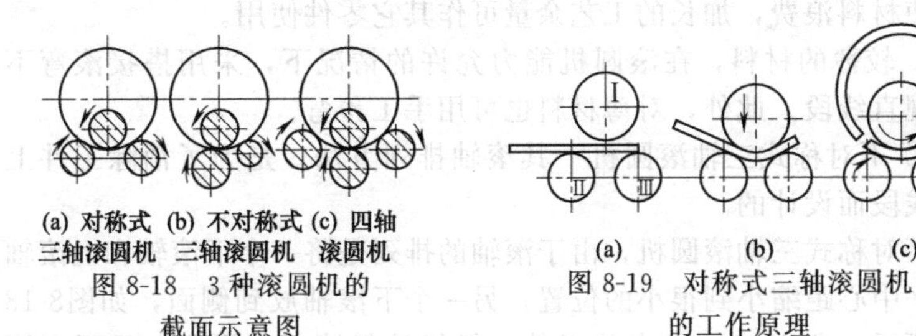

图 8-18　3 种滚圆机的截面示意图

图 8-19　对称式三轴滚圆机的工作原理

如果一次滚压之后，工件不能达到所要求的曲率，可适量地降低上滚轴，再反向滚压一次，这样反复滚压直至滚压成所需要的形状。

从经验知道，凡属制作圆筒形工件，成形的关键在于纵向焊缝的对接部位，也就是说，对接部位应该获得与其它部位相同的曲率，才能圆满地完成弯曲工作。可是，对称式三轴滚圆机的不足之处恰恰在于它不能解决这个矛盾。因为它的 3 根滚轴是呈等腰三角形，所以在滚弯工作中，工件的两端都必然地会留有直线段。这部分直线段是滚轴无法压到的地方，直线段的长度约等于两个下滚轴中心距的一半。

尽管对称式三轴滚圆机具有上述缺点，但由于这种滚圆机结构简单，造价较低，因此，应用得较为广泛。

至于消除直线段的问题，可以结合具体情况，采用下列几种不同的方法。

a. 进行预弯。图 8-20 所示是利用模具在压力机上预弯钢板；图 8-21 所示是利用垫板在三轴滚圆机上预弯钢板，用此方法时，垫板本身应先制成适当的曲率，并且要比被弯曲的板料厚些，最好是厚 1 倍以上。

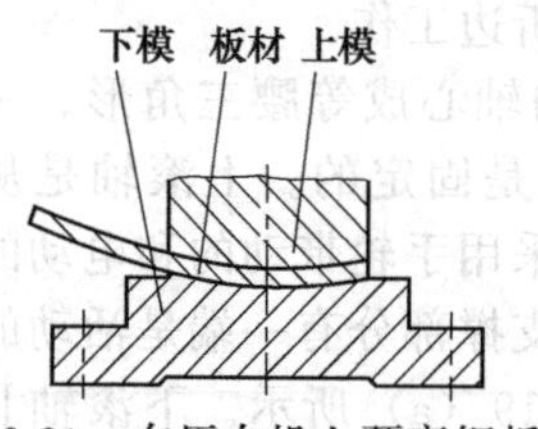

图 8-20 在压力机上预弯钢板

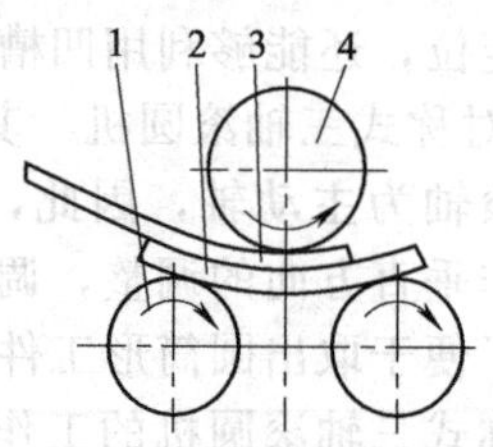

图 8-21 在滚圆机上预弯钢板
1—下滚轴；2—垫板；3—板材；4—上滚轴

b. 下料时两端都留出适当的工艺余量。待两端滚压出一定长度之后，再将余量部分（也就是直线段）割去，而后继续滚弯成形。为了不使材料浪费，加长的工艺余量可作其它零件使用。

c. 较薄的材料，在滚圆机能力允许的情况下，采用搭接滚弯不会出现直线段。此外，对薄材料也可用手工预弯。

② 不对称式三轴滚圆机 其滚轴排列方法，是为了消除工件上的直线段而设计的。

不对称式三轴滚圆机，由于滚轴的排列是将一个下滚轴和上滚轴的水平中心距缩小到很小的位置，另一个下滚轴放到侧面，如图8-18（b）所示。所以滚压出来的工件，仅仅是起端有直线段，只要在第一次滚完之后，将工件倒过头再滚一次，起端变成了末端，两端的直线段都可消除。这就是不对称三轴滚圆机的优点。但由于滚轴是不对称排列，因此两个下滚轴受力不均匀，靠近上滚轴的下滚轴受力很大，工作中容易产生弯曲变形，使工件出现鼓凸。

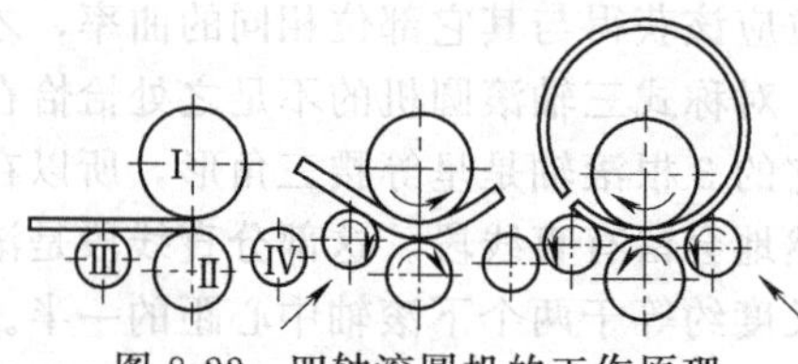

图 8-22 四轴滚圆机的工作原理

③ 四轴滚圆机 如图8-22所示，上滚轴Ⅰ是主动滚轴，它是固定的，下滚轴Ⅱ能垂直升降调整距离，有

的下滚轴也是主动滚轴，侧滚轴Ⅲ、Ⅳ是辅助滚轴，其位置也可以沿着箭头所示方向进行调整，它们都是从动的。

四轴滚圆机工作时，先把钢板放到上下滚轴Ⅰ、Ⅱ之间，升起下滚轴将钢板压紧，然后升起侧滚轴Ⅲ将钢板压到一定程度，便可开动电机进行第一次滚弯。此时，Ⅰ、Ⅱ、Ⅲ滚轴恰好构成不对称三轴滚圆机。由于末端还有一段直线段尚未被滚着，所以还要进行第二次滚弯。此时，再升起侧滚轴Ⅳ，使Ⅰ、Ⅱ、Ⅳ构成另一组不对称式三轴滚圆机。再次开动滚圆机让主轴反转，这样就可以将钢板的两端全部滚压到，而不致留下直线段。

前述不对称式三轴滚圆机，虽然也能消除直线段，但在滚压过程中，必须从机器上取下工件倒过来滚压一次。而四轴滚圆机却不需要这样做就能完成全部滚弯工作，具有简化工艺过程、提高工作效率的特点。

（3）滚弯工艺

① 圆筒形工件的滚弯圆　筒形工件的表面上，除素线是直线外，没有其它任何直线。根据上述几何原理，在滚弯圆筒形工件时，在操作方法上要掌握以下几点。

a. 板料在上、下滚轴之间的位置必须放正，务必使板料上的素线与滚轴中心线严格保持平行，否则滚出来的工件会出现歪扭，如图8-23（a）所示。为了便于对正板料，有的滚圆机在滚轴表面刻有1～3mm深的定位槽。如若没有定位槽，可用目测或90°角弯尺来矫正。尤其在厚板料的滚弯过程中，要勤于检查，发现偏差及时纠正。因为大型工件的修形不但工作量大，而且比较困难。

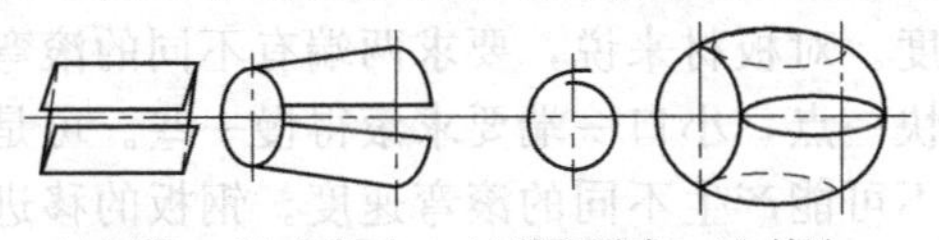

(a) 歪扭　(b) 曲率不一　(c) 滚压过多　(d) 鼓肚

图 8-23　滚弯圆筒时可能出现的缺陷

b. 凡属滚制圆筒形工件，在调整滚轴的距离时，上滚轴的升降应该是左右对称的。如果不对称，被调整的滚轴就不能与其它的滚轴互相平行而产生倾斜，造成一端曲率大，另一端曲率小，使工件产生锥度，如图 8-23（b）所示。

c. 掌握工件的曲率。工件曲率的大小取决于滚轴间的距离。在滚弯过程中随时控制，控制不好便会出现工件曲率过大或过小的现象，如图 8-23（c）所示。为了掌握曲率，必须在滚弯工作刚开始时，就用样板多次检查，随时调整滚轴之间的距离，从中找出规律。

根据组装的要求，只要曲率一致，圆筒稍微滚小一点，在组装时放开并不困难，只需在圆筒外圆均匀锤击就能达到目的。如果滚的曲率不够，需要将圆筒收小则很不容易，因此，一般宜滚小一点。但钢板较厚时，将圆滚小也有困难，通常采取滚好之后对齐，用电焊点焊牢，然后再将圆筒从滚圆机上取出。

d. 防止出现鼓凸现象。造成鼓凸现象可能是由设备引起的，也可能是由操作引起的。例如，较细长的滚轴因受力过大而出现弯曲，因而引起鼓凸现象；操作上因一端压得过紧，使工件产生喇叭形状，为了解决这一问题，又使另一端压得过紧，因此，又产生倒喇叭，而形成了鼓凸。解决鼓凸的办法是，在圆筒初步滚好后，再在圆鼓肚和下滚轴之间放一块垫板一起滚压便可解决问题。垫板的厚度要根据滚弯件的厚度和鼓凸的大小来决定，一般为 2～6mm。

e. 凡属进入滚圆机的毛料，均应具有较好的表面质量。例如，气割边缘留下的残渣或焊缝留下的疤痕都应铲平磨光，以免导致滚轴硌伤或因应力集中而产生弯曲。

f. 较大的工件，滚弯时必须与吊车密切配合，以避免由于钢板的自重，使已弯好的工件回直或折弯变形。

② 锥形工件的滚弯 从表面上看来，使两根下滚轴保持平行，上滚轴保持倾斜状态，即可滚成锥形工件，但是实际上还需要解决毛料的移动速度问题，才能使毛料成形。

锥形工件两端的曲率不同，展开长度也不相同，因此要求两端有不同的滚弯速度。对板材来说，要求两端有不同的滚弯速度，即大口一端要求滚得快一点，小口一端要求滚得慢一些。可是，滚轴本身是圆柱体，根本不可能产生不同的滚弯速度。钢板的移进是靠滚轴与板料的摩擦阻力而带动的，也只能随着滚轴的旋转做等速的移进。为了解决这个矛盾，除了使上滚轴保持适当的倾斜度外，主要措施是分段滚弯，即在板料的内表面划出若干素线，滚完一段后随即转动板料再滚下一段。这实际上是按近似筒形来滚弯，是通过分段转动板料来补偿材料移进速度差的。

由于锥形体的滚弯很容易出现各种偏差，所以更应该注意滚弯的步骤。例如，将扇形板料划为 4 个滚弯区域，先滚两端，最后滚中间，依次进行滚压。尤其要注意板料在滚轴中的定位应以每一区域的中心线为基准。4个区的划分，如图8-24中的Ⅰ、Ⅱ、Ⅲ、Ⅳ所示。

滚弯锥形件的另一方法是在滚圆机底座上焊一根用圆钢做成的顶柱，顶柱的上端与上滚轴相平。或在两个下滚轴的外侧安置两根滚柱，如图8-24中的滚柱5，这两根滚柱的上端与上滚轴的中心线平齐。滚弯时可将圆锥筒小口边缘靠紧顶柱或滚柱，以增加小口边缘在滚弯时的摩擦力，使移进速度降低，而大口边缘由于没有任何阻挡，因此，移进速度较快，从而达到滚弯圆锥的目的。此方法简单实用。

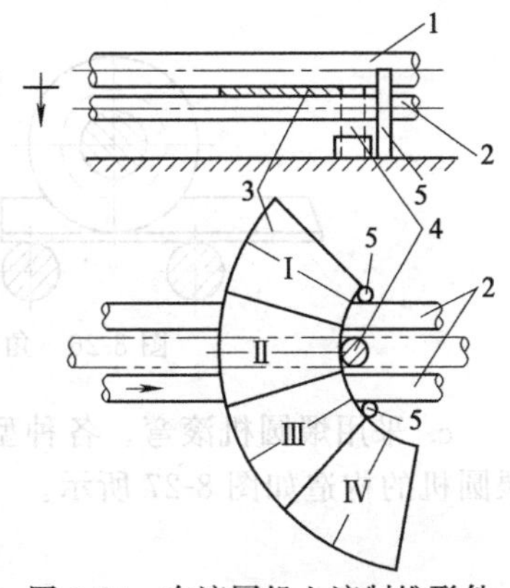

图8-24 在滚圆机上滚制锥形件
1—上滚轴；2—下滚轴；3—工件；4—顶柱；5—滚柱

③ 型钢的滚弯 型钢的滚弯比板料的滚弯复杂，因为它需要一些特制的滚弯模具或专用设备。对于不对称的断面型钢的弯曲，由于弯曲应力的着力点与断面重心线不重合，就会有导致钢材的扭曲或改变型钢断面形状的可能，如角钢在滚弯中可能使两筋展开或折叠。因此，型钢滚弯的工艺措施，除了达到所需要的曲率之外，主要是防止上述变形。

除了用专用的型钢的滚弯机弯曲型钢外，也可以用普通的滚圆机和煨圆机弯曲型钢，不过滚弯时会造成应力集中，同时，弯曲前要考虑设备的能力是否允许。滚弯的方法有以下几种。

a. 采用钢模套的滚弯。如果是角钢外弯，需要两副钢模套分别装在两根下滚轴上，如图8-25所示。角钢内弯时则只要一副钢模套把它装在上滚轴上，就可进行角钢的滚弯，如图8-26所示。在弯曲半径比较小时，可加热后滚弯。

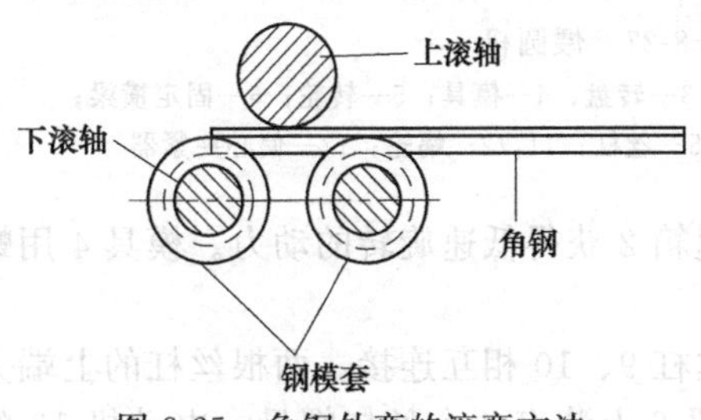

图8-25 角钢外弯的滚弯方法

b. 不采用模具滚弯。这种方法的关键是保证型钢在上、下滚轴之间的稳定性。例如，角钢滚弯应采用正反两根并列，点焊后同时滚弯，但要注意焊点不得高出角钢平面。

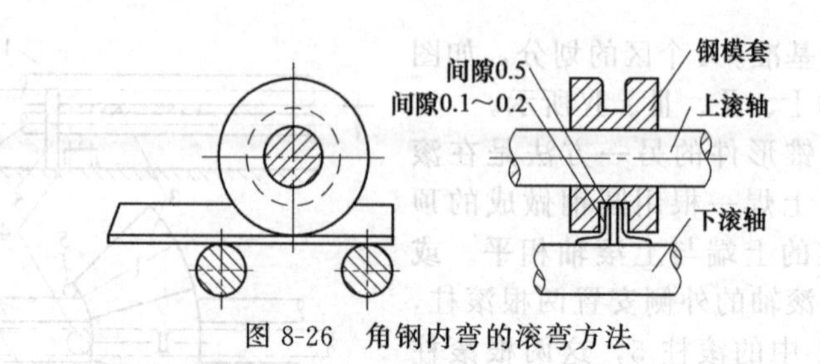

图 8-26　角钢内弯的滚弯方法

c. 采用煨圆机滚弯。各种型钢和扁钢，都可以在煨圆机上滚弯。煨圆机的构造如图 8-27 所示。

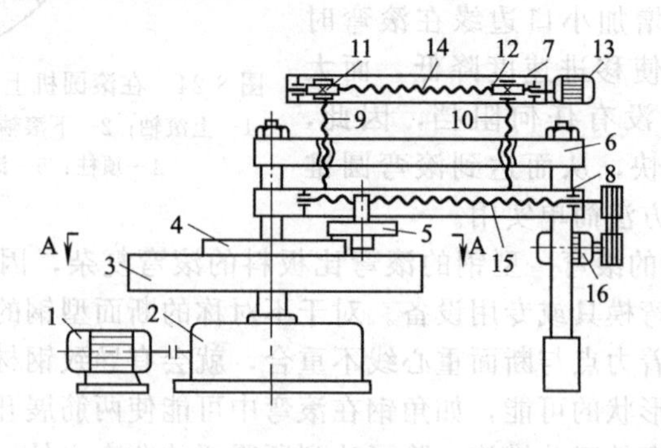

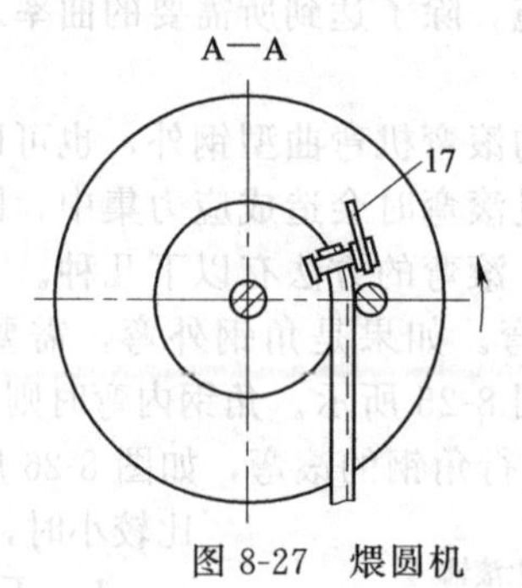

图 8-27　煨圆机

1,13,16—电动机；2—减速箱；3—转盘；4—模具；5—转轮；6—固定横梁；7,8—活动横梁；9,10,14,15—丝杠；11,12—蜗轮；17—偏心夹紧器

转盘 3 从电动机 1 经减速箱 2 获得低速旋转的动力。模具 4 用螺钉固定在转盘 3 上。

活动横梁 7 和 8 经两根丝杠 9、10 相互连接。两根丝杠的上端分别装有蜗轮 11、12。固定横梁 6 上装有两个丝杠螺母。电动机 13 的正反转，可通过丝杠 14、蜗轮 11、12、丝杠 9、10 带动活动横梁 7、8 上下移动。活动横梁 8 上有丝杠 15，开动电动机 16，可通过丝杠 15 的传动使转轮 5 沿丝杠移动。

煨曲时，将烧红的毛料夹到转盘 3 上，将端头与模具靠严，并用偏心夹紧器 17 夹紧，按动按钮，让电动机 13、16 旋转，使滚轮迅速地与毛料的两个面靠紧，启动电动机 1，使转盘 3 转动，毛料在滚轮和转盘的作用下滚弯成形。

扳开偏心夹紧器 17，取下工件，放在平整的地方，整齐堆放。

使用煨圆机滚弯时，可以根据毛料的不同形状和不同的弯曲半径，选择不同的模具和滚轮。煨圆机滚弯工件经常是在加热后进行的。

(4) 滚弯工件的对接　滚弯工件在对接前，应该修形，特别是在对口处，应该符合样板的要求。

滚弯的筒形工件，如果出现歪扭、对口不一致、曲率不均匀等现象，应该在对接过程中进行补救。

在对接中、小型筒形工件时，如果对口不严，可采用螺栓来夹紧，如图 8-28 (a) 所示。当对口偏扭错牙时，可用拉杆和压板进行拉正对齐后，施点固焊，如图 8-28 (b) 所示。

滚弯的筒形工件的对口出现有缝、高低不齐等现象，常采用各种拉、夹具来消除，其方法如图 8-29 (a)、(b)、(c) 所示。

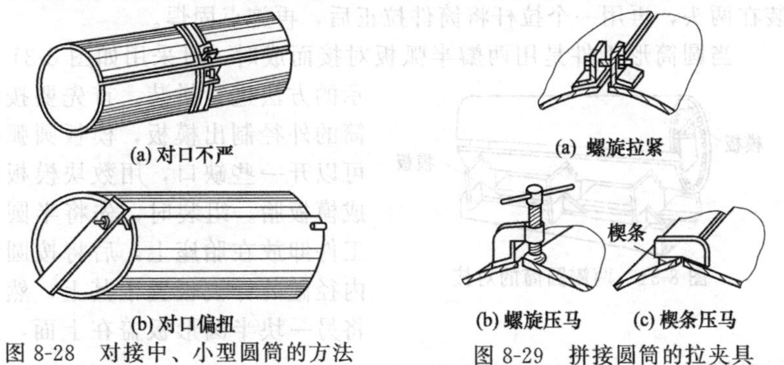

图 8-28　对接中、小型圆筒的方法　　图 8-29　拼接圆筒的拉夹具

对于大批量生产的筒形工件，对接时可采用杠杆拉紧器来协助对接。其结构如图 8-30 所示。其中有焊接的拉杆 1，此拉杆具有夹持筒形工件的弓形卡 2，拉杆 1 通过铰接的螺母 3 和拉紧丝杠 4 与拉杆 5 相连接。拉杆 5 也具有弓形卡 2、丝杆 6 用来夹紧筒件。所装配的圆筒两边缘，借助于拉紧丝杠 7，通过拉杆 1 和 5 上的铰接螺母 3 来拉

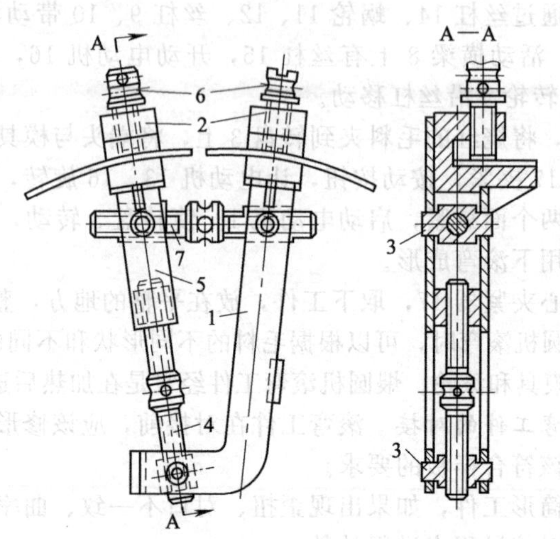

图 8-30 对接圆形工件用的拉紧器

1,5—拉杆；2—弓形卡；3—螺母；4,7—拉紧丝杠；6—丝杆

紧。对齐边缘是由拉紧丝杠 4 来实现的。利用这种拉紧器，可以使筒件纵向接口平滑相接，并且具有推撑作用，以调整焊缝所需要的间隙，以便进行自动焊。如果筒件产生歪扭，可用两个这样的夹具分别装在两头，再用一个拉杆将筒件拉正后，再施点固焊。

当圆筒形工件是用两瓣半弧板对接而成时，可采用如图 8-31 所示的方法进行拼装。首先要按圆筒的外径制出模板，模板圆弧处可以开一些缺口，用数块模板组成模板胎。组装时，先将半圆形工件仰放在胎座上，后将按圆筒内径做的样模板置于其上，然后将另一块半圆形板盖在上面，进行对接。

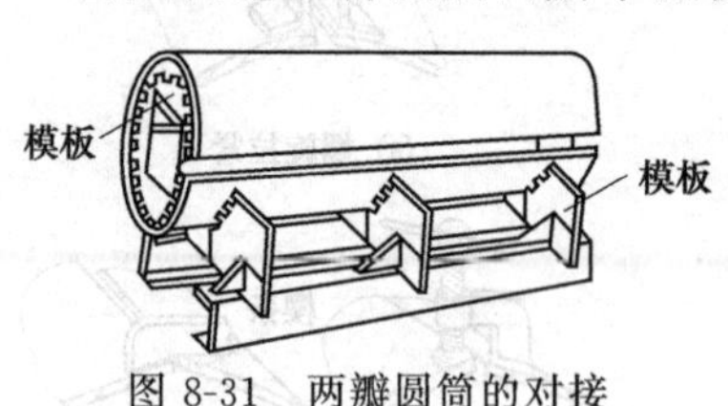

图 8-31 两瓣圆筒的对接

滚弯后的工件，往往都是零件的半成品，还需经过修形、对接、焊接、再修形直至合格，才成为成品零件。

8.1.3 拉弯

对于某些弯曲半径大的条状或型材的工件，用普通的弯曲方法不可能成形，因为在大半径的弯曲中，工件常常处在弹性变形中，工件将回跳为直形。因此，常采用拉弯的方法加工。

图 8-32 所示为转臂式拉弯机的平面示意图。在固定台面 1 的两侧铰接两个转臂 2，每个转臂上分别装有拉伸油缸 3，转臂 2 在弯曲油缸 4 和拉杆 5 的带动下旋转，同时带动毛料 7 旋转。拉伸油缸 3 的活塞前端装有夹头 6，用来夹持毛料。拉弯模 8 对称地装在固定台面 1 的轴线上。工作时，先装好拉弯模，调整拉伸油缸活塞杆的伸出量和拉伸时的收回量，夹好毛料，开动拉伸油缸预拉毛料，左、右两油缸的拉力要相等。保持预拉力不变，开动弯曲油缸，转动转臂使毛料绕拉弯模弯曲，最后加一定的补拉力，使毛料完全贴模，于是所需的工件被成形。

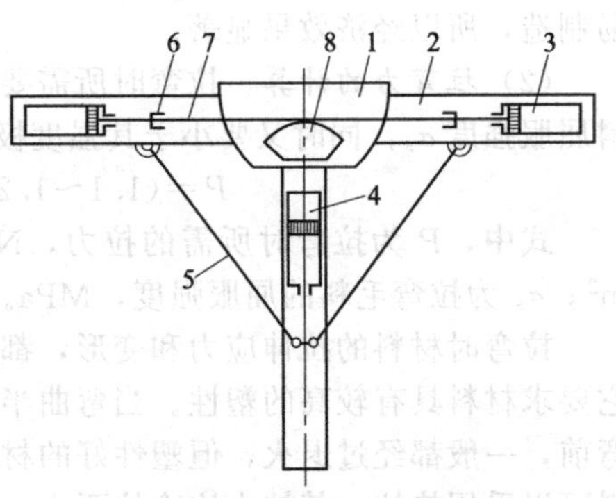

图 8-32　转臂式拉弯机示意图

1—固定台面；2—转臂；3—拉伸油缸；4—弯曲油缸；5—拉杆；6—夹头；7—毛料；8—拉弯模

(1) 拉弯的特点　拉弯与压弯、滚弯相比较，它的特点在于内部的切向应力的分布情况有所不同。压弯和滚弯都属单向弯曲，弯曲时断面上产生内层受压、外层受拉、中性层不变的应力状态，如图 8-33 (a) 所示。在拉弯过程中，沿弯曲方向加拉力，使外层拉应力加大，内层开始也出现压应力，但很快减小，随后也开始受拉，如图 8-33 (b) 所示。当拉力 P 使材料最里边的 A 点的拉应力超过屈服点时的应力，去掉拉力 P 以后，能使工件基本保持拉弯时所获得的形状，其回弹现象也极微小。

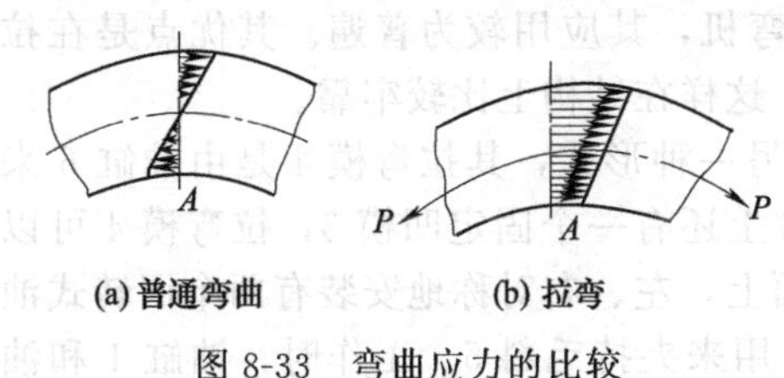

图 8-33　弯曲应力的比较

拉弯的另一个特点是保证工件质量良好。用其它方法弯曲各种型材时，最大关键是难以控制断面的扭曲。而采用拉弯时，由于材料内部的压应力很快减小，型材沿着模具被拉弯，全部成形过程是比较稳定的，上述扭曲的现象可以基本消除。

还有一个特点是，拉弯所需的力较小，而且所用的工具简单，容易制造，所以经济效果显著。

(2) 拉弯力的计算 拉弯时所需要的单位面积上的拉力应大于材料屈服强度 σ_s，同时又要小于其强度极限 σ_b，故一般可取拉力为

$$P=(1.1\sim1.2)F\sigma_s \quad (8\text{-}1)$$

式中，P 为拉弯时所需的拉力，N；F 为拉弯毛料的断面面积，m^2；σ_s 为拉弯毛料的屈服强度，MPa。

拉弯时材料的拉伸应力和变形，都比普通弯曲方法时为大，所以它要求材料具有较高的塑性。当弯曲半径较小时尤其如此。工件在拉弯前，一般都经过退火，但塑性好的材料不必加热。当塑性较差的材料可以采用热拉，其拉力比冷拉要小。在操作时，拉力的大小可用压力表控制。

(3) 毛料长度的确定 确定拉弯工件的长度，一般可按式 (8-2) 计算，即

$$L=L'+2B \quad (8\text{-}2)$$

式中，L 为拉弯工件的毛料长度，mm；L'为拉弯工件的展开长度，mm；B 为每端的夹头余量（B 值与夹头的结构及工件的大小有关，一般为 100mm 左右）。

(4) 拉弯机的形式 根据生产条件和产品的实际需要，拉弯机可设计为不同的形式。

图 8-32 所示的转臂式拉弯机，其应用较为普遍。其优点是在拉弯过程中，拉弯模固定不动，这样在结构上比较牢靠。

图 8-34 所示为拉弯机的另一种形式，其拉弯模 4 是由油缸 6 来驱动的，同时，在工作台面 2 上还有一个固定凹模 3，拉弯模 4 可以说又是一个凸模。在工作台面上，左、右对称地安装有两个回转式油缸 1，其活塞杆头部有夹头，用来夹持毛料 5。工作时，油缸 1 和油缸 6 配合动作，将毛料拉弯成所需要的工件。

图 8-35 所示为转盘式拉弯机，它和一般的弯管机相类似。这种形式适用于较小工件的拉弯。

(5) 有关拉弯机的几点注意事项

① 正确地安装拉弯模。模具的中心线要对准拉弯机的中心线，模具的高度要使毛料截面的重心线与油缸的中心线同一水平，模具要固定牢靠。

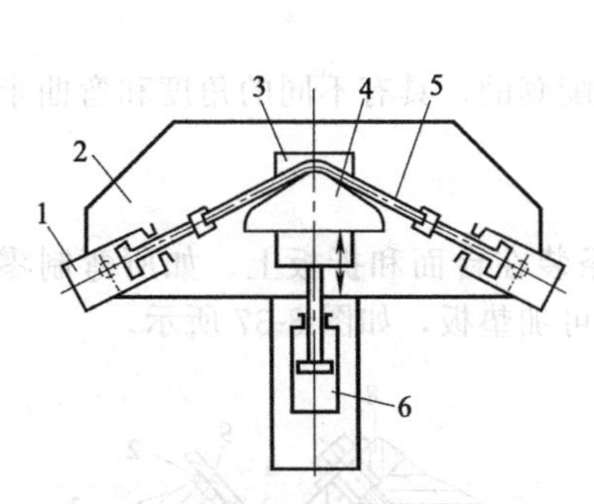

图 8-34 转臂式拉弯机的另一种形式

1,6—油缸；2—工作台面；3—固定凹模；4—拉弯模；5—毛料

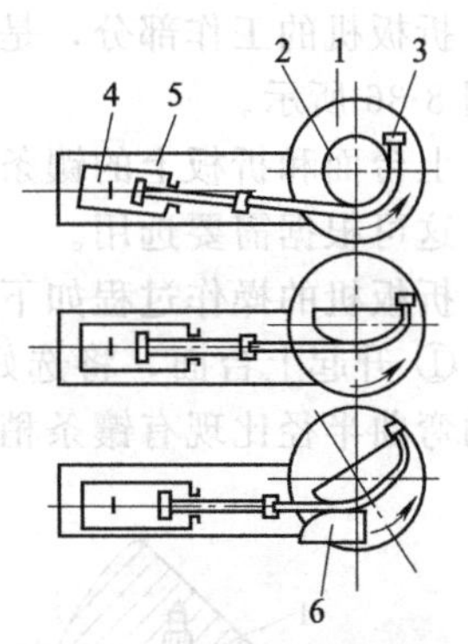

图 8-35 转盘式拉弯机

1—转盘；2—拉弯模；3—固定夹头；4—油缸；5—工作台；6—靠模

② 模具工作部分要与毛料的截面形状相吻合，不要有过大的间隙，以免拉弯后的工件成形不好。模具的工作面要光滑，拉弯之前也可涂以适量的润滑剂。

③ 模具的两端头，一般根据装配的要求和加工的需要应加长10mm左右。安装孔一般制成腰圆形，便于安装时调整位置。拉弯模的两端应制有缺口，以便于拉弯时使夹头能自由地进到模具的后方。另外，模具边缘应倒角。

④ 夹持毛料的夹头一定要牢靠。

⑤ 拉弯前要计算所需的拉弯力或根据经验进行试验性拉弯，而后进行调整拉力，但在任何情况下不得一开始就用很大的拉力，以免破坏钢材内部的组织。

⑥ 夹牢毛料后，当毛料还没有弯曲而处于直线状态时，要进行预拉。预拉使毛料先承受一定的拉伸应力，并在此状态下完成弯曲变形，最后补加适量的拉力，可使工件与模具严密结合。预拉的作用在于减少工件与拉模之间的摩擦。如果先弯后拉，摩擦力必然大大增加，会使拉力很难均匀地传递到毛料的所有断面上去，结果造成应力集中，可能使工件破裂。

8.1.4 折弯

折弯是在折板机上进行的。折板机主要是弯曲简单的直线工件。按传动分，折板机有机动和手动两种。一般常用的是机动折板机。

折板机的工作部分，是固定在台面和折板上的镶条，其安装情况如图 8-36 所示。

上台面和折板上的镶条一般是配套的，具有不同的角度和弯曲半径，这可根据需要选用。

折板机的操作过程如下。

① 升起上台面，将选好的镶条装在台面和折板上。如所弯制零件的弯曲半径比现有镶条稍大时，可加垫板，如图 8-37 所示。

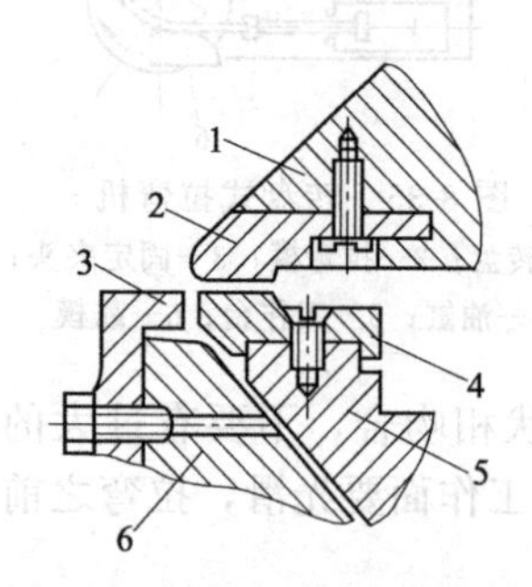

图 8-36 折板机镶条的安装
1—上台面；2—上台面镶条；3—折板镶条；4—下板镶条；5—下台面；6—折板

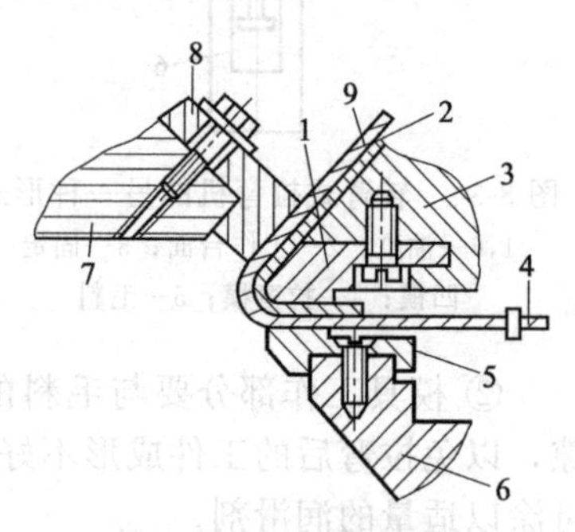

图 8-37 折板机的使用
1—上台面镶条；2—垫板；3—上台面；4—挡板；5—下台面镶条；6—下台面；7—折板；8—折板镶条；9—工件

② 下降上台面，翻起折板至 90°角，调整折板与台面的间隙，以适应材料厚度和弯曲半径。为避免折弯时擦伤毛料，间隙应稍大些。

③ 退回折板，升起台面，放入的毛料靠好后挡板。若弯折较窄的零件，或不用挡板时，毛料的弯折线应对准台面的镶条外缘线。

④ 下降上台面，压住毛料。

⑤ 翻转折板，折弯至要求的角度。为得到尺寸准确的工件，要根据回弹量的大小来控制和调整折弯角度。

⑥ 退回折板，升起上台面，取下零件。

8.2 压延

压延是指在压力机的冲压下，将平板毛料或半成品用压延模制成工件的工艺过程。压延件的形状很多，如圆筒形、圆弧形、锥形、阶梯形、盒形及一些不规则的形状等。在冷作结构件中，典型压延件包括各种封头，如碟形封头、半球形封头、椭圆封头等，其中标准椭圆封头较为常见。

按照压延件的厚度和毛料厚度之间的关系来区分，压延可分为以下两种。

第一种：板厚不变薄压延，是指压延件的厚度和毛料的厚度基本一致，如锅炉的封头、常用的面盆等。

第二种：板厚变薄压延，是指压延件的厚度比毛料的厚度明显减薄，如子弹壳的压延过程。

凡通过一次压延就能制成成品的压延方式叫做“一次压延”，它适用于较浅的压延件。

凡需要经过数道压延工序才能制成成品的压延方式叫做“多次压延”，它适用于较深或较复杂的压延件。

8.2.1 压延的基本理论

(1) 板材及压延件压延过程及特点

① 板材压延过程　图 8-38 (a) 所示为板料压延过程，压延模的工作部分具有一定的圆角，圆板置于凹模上，当凸模向下运动时，迫使圆板从凹模内压下，而形成空心的筒形件。

由于圆板的直径 D 大于凹模的内径，所以圆板外周的材料，在压延过程中沿圆周方向产生压缩，圆板中间直径为 d 的部分变为零

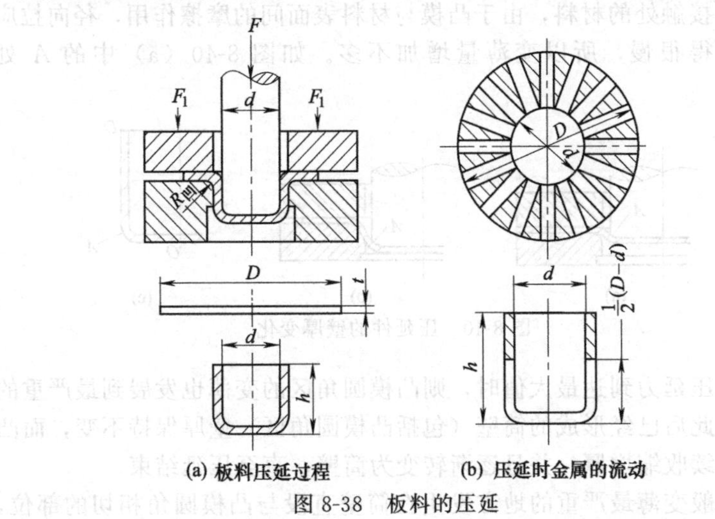

(a) 板料压延过程　(b) 压延时金属的流动

图 8-38 板料的压延

件的底部，如图 8-38（b）所示，圆板上（$D-d$）环形部分变为零件的筒壁 h。

如果把圆板的环形部分划分为若干狭窄小条和扇形，假设把扇形部分切除，把狭窄小条部分沿直径 d 的圆周弯曲后即为圆筒的侧壁，可见扇形部分的金属是多余的，说明压延过程中此处金属沿半径方向产生了流动，从而增加了零件的高度。因此，筒壁高度总是大于1/2（$D-d$），如图 8-38（b）所示。

② 压延件起皱　压延时凸缘部分受切向压应力的作用，由于板料较薄，当切向压应力达到一定值时，凸缘部分材料就失去稳定而产生弯曲，这种在凸缘的整个周围产生波浪形的连续弯曲称为起皱，如图 8-39 所示。

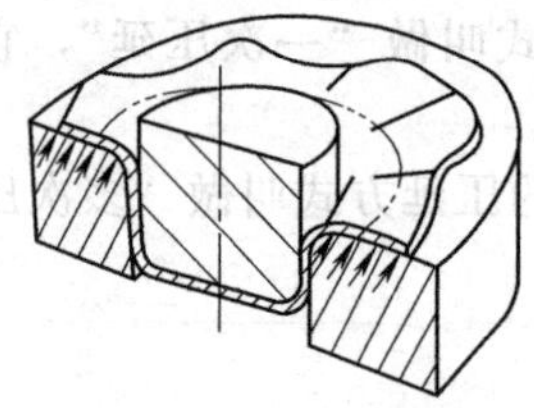
图 8-39　压延件起皱

压延件起皱后，使零件边缘产生波形，影响质量，严重时由于起皱部分的金属不能通过凹模的间隙而使零件拉破。

③ 压延件壁厚变化　在压延过程中，由于板料各处所受的应力不同，使压延件的厚度发生变化，有的部位增厚，有的部位减薄。

现以圆筒的压延过程来分析厚度的变化情况。当凸模下降开始接触板料时，凸缘部分材料向内收缩，发生轻微的增厚，同时凸模底部的材料在径向拉力的作用下轻微变薄，如图 8-40 所示。在凸模与凹模圆角接触处的材料，由于凸模与材料表面间的摩擦作用，径向拉应力增长得很慢，所以变薄量增加不多。如图 8-40（a）中的 A 处所示。

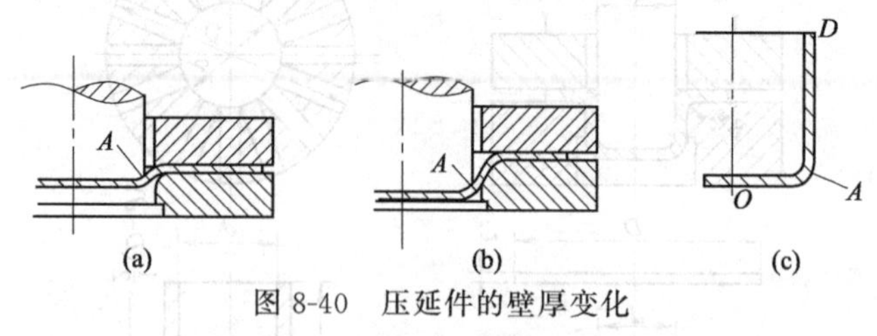

图 8-40　压延件的壁厚变化

当压延力到达最大值时，则凸模圆角区的变薄也发展到最严重的程度，此后已经形成的筒壁（包括凸模圆角区）壁厚保持不变，而凸缘则继续收缩增厚，并且逐渐转变为筒壁，直至压延结束。

一般变薄最严重的地方发生在筒壁直段与凸模圆角相切的部位，

这是由于凸模圆角与材料间产生摩擦有助抵制材料的变薄，如图8-40（b）、（c）中的A处所示。而在凸、凹模间存在间隙，越靠近凸模圆角的上方，材料与凸模之间的贴合越不紧密，在筒壁直段与凸模圆角相切处，材料与凸模脱离接触，所以变薄最严重。此处最容易发生拉断现象。

压制碳钢封头的壁厚变化情况如图 8-41 所示。

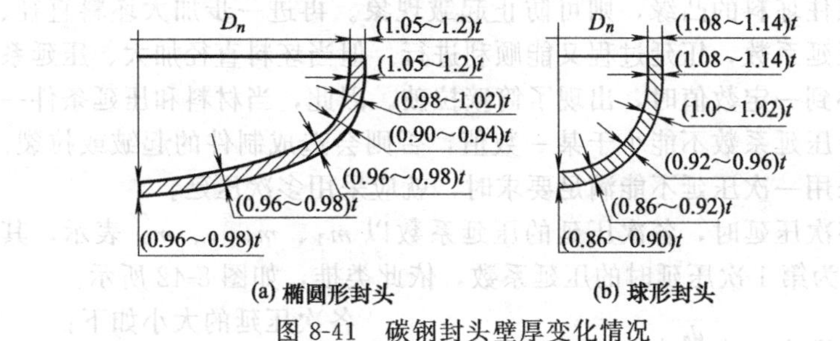

图 8-41　碳钢封头壁厚变化情况

一般椭圆封头在接近大曲率部位处变薄最大，如碳钢封头可达8%～10%，铝封头可达 12%～15%，球形封头在底部变薄最严重，可达 12%～14%。影响封头壁厚变化的因素如下。

a. 材料强度越低，壁厚变薄量越大。

b. 变形程度越大，壁厚变薄量越大。

c. 上、下模间隙及下模圆角越小，壁厚变薄量越大。

d. 压边力过大或过小，都将增大壁厚变薄量。

e. 模具的润滑不好，壁厚变薄增大。

f. 热压延时，温度越高，则壁厚变薄量越大。

④ 压延件的加工硬化　在室温压延时由于材料产生很大的塑性变形，所以板料经压延后会产生加工硬化，使强度和硬度显著提高，塑性降低，使继续压延困难。

板料硬化的程度与变形程度有关，为了控制材料的硬化程度，应根据材料的塑性合理选择变形程度，凡是高度较大的压延件应采用多次压延方法，并采用中间退火的措施，以消除材料变形后的硬化，防止零件破裂。

（2）压延系数　工件在压延后的横截面积与压延前的横截面积之比，称为拉深系数，即$m=A_{后}/A_{前}$。

筒形件在压延前，设坯料直径为D，压延后制件的外径为d，则

d/D 的比值称为压延系数，即 $m=d/D$。压延系数表示了压延变形程度的大小，显然，m 的数值越小，压延时板料的变形程度越大。

如果取同一种牌号的材料，在同一套模具上用逐渐加大坯料直径的办法来改变压延系数。当坯料直径很小、压延系数很大时，坯料的变形程度很小，压延过程能顺利进行；当坯料直径加大，拉深系数减小到一定数值时，坯料的凸缘部分会突然起皱，造成废品。增加压边装置压住坯料的凸缘，则可防止起皱现象。再进一步加大坯料直径、减小压延系数，压延过程又能顺利进行。但当坯料直径加大、压延系数减小到一定数值时，出现了筒壁拉破。因此，当材料和压延条件一定时，压延系数不能小于某一数值，否则会造成制件的起皱或拉裂。如果采用一次压延不能满足要求时，就应采用多次压延。

多次压延时，各次压延的压延系数以 m_1、m_{n-1}、m_n 表示，其中 m_1 为第 1 次压延时的压延系数，依此类推，如图 8-42 所示。

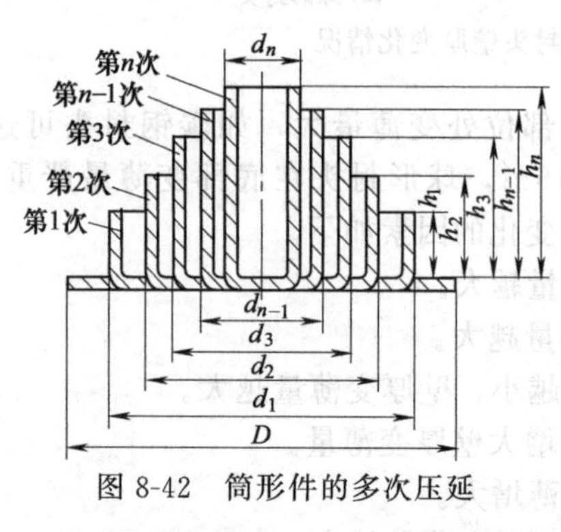

图 8-42 筒形件的多次压延

各次压延的大小如下：

$m_1=d_1/D$，$m_2=d_2/d_1$，…，$m_n=d_n/d_{n-1}$。

由于压延过程中材料会发生加工硬化，所以每次压延系数不等，其值应逐渐增加。

为了正确选择 m 值，必须对影响压延系数的各项因素进行分析，影响压延系数的各项因素如下。

① 材料的塑性。材料的塑性越好，压延系数 m 可取得越小。

② 材料的相对厚度 t/D。当 t/D 较大时，压延过程中不易起皱，所以 m 值可以较小。

③ 压延模工作部分的结构尺寸。增大凸、凹模圆角半径，压延系数 m 就可小些。

④ 模具情况。模具表面光滑，间隙适当，润滑良好，都会使拉深系数减小。

⑤ 压延方式。用压边圈时，压延系数 m 可取小些；不用压边圈时，压延系数应大些。

此外，零件的形状和压延次数对压延系数 m 都有影响。

压延系数的值是根据材料的相对厚度由试验确定，表 8-2 所示为无凸缘筒形件采用压边圈时的压延系数值。表 8-3 所示为不用压边圈时的压延系数。

表 8-2 筒形件压延系数（用压边圈）

压延系数	坯料相对厚度(t/D)/%					
	2.0～1.5	1.5～1.0	1.0～0.6	0.6～0.3	0.3～0.15	0.15～0.08
m_1	0.48～0.50	0.50～0.53	0.53～0.55	0.55～0.58	0.58～0.60	0.60～0.63
m_2	0.73～0.75	0.75～0.76	0.76～0.78	0.78～0.79	0.79～0.80	0.80～0.82
m_3	0.76～0.78	0.78～0.79	0.79～0.80	0.80～0.81	0.81～0.82	0.82～0.84
m_4	0.78～0.80	0.80～0.81	0.81～0.82	0.82～0.83	0.83～0.85	0.85～0.86
m_5	0.80～0.82	0.82～0.84	0.84～0.85	0.85～0.86	0.86～0.87	0.87～0.88

注：1. 表中数值适用于 08、10、15 等钢材及软黄铜（退火黄铜）。对压延性能较差的材料，如 20、25、Q215、Q235 及硬铝等应比表中数值大 1.5%～2.0%。而拉深塑性更好的金属，应比表中数值小 1.5%～2.0%。

2. 若采用中间退火工序时，压延系数可减小 2%～3%。

表 8-3 筒形件压延系数（不用压边圈）

压延系数	坯料相对厚度(t/D)/%				
	1.5	2.0	2.5	3.0	>3
m_1	0.65	0.60	0.55	0.53	0.50
m_2	0.80	0.75	0.75	0.75	0.70
m_3	0.84	0.80	0.80	0.80	0.75
m_4	0.87	0.84	0.84	0.84	0.78
m_5	0.90	0.87	0.87	0.87	0.82
m_6	—	0.90	0.90	0.90	0.85

注：此表适用于 08、10、15Mn 等材料。

表 8-2 中的上限值适用于圆角半径 $r=(4\sim8)t$ 的零件制作，下限值适用于圆角半径 $r=(8\sim15)t$ 的零件制作。

当零件的直径与坯料直径 D 的比值大于表中的 m 时，零件可一次压延成形，如 $m<m_1$ 时，则应多次压延成形。

筒形件的压延次数，可根据零件相对高度 h/d 及和坯料的相对厚度（t/D）查表 8-4 可得。

表 8-4 筒形件相对压延高度

压延次数	坯料相对厚度(t/D)/%					
	2～1.5	1.5～1.0	1.0～0.6	0.6～0.3	0.3～0.15	0.15～0.06
1	0.94～0.07	0.84～0.65	0.70～0.57	0.62～0.5	0.52～0.45	0.46～0.38
2	1.88～1.54	1.60～1.32	1.36～1.1	1.13～0.94	0.96～0.83	0.9～0.7
3	3.5～2.7	2.8～2.2	2.3～1.8	1.9～1.5	1.6～1.3	1.3～1.1
4	5.6～4.3	4.3～3.5	3.6～2.9	2.9～2.4	2.4～2.0	2.0～1.5
5	8.9～6.6	6.6～5.1	5.2～4.1	4.1～3.3	3.3～2.7	2.7～2.0

(3) 压延力计算

① 压延力　计算压延力的目的是为了正确地选择压延设备。压延力的计算与零件的形状尺寸和材料性质有关，一般采用经验公式。

压制封头时压延力 F_1（N）用式（8-3）计算，即

$$F_1 \approx eK\pi(D-d)t\sigma_b \tag{8-3}$$

式中，e 为压边力影响系数，无压边 $e=1$，有压边 $e=1.2$；K 为封头形状影响系数，椭圆形封头 $K=1.1\sim1.2$，球形封头 $K=1.4\sim1.5$；D 为坯料直径，mm；d 为封头平均直径，mm；t 为封头壁厚，mm；σ_b 为材料的高温抗拉强度，MPa。具体数值随材料温度而定，如表 8-5 所示。

表 8-5　常用钢材高温抗拉强度 σ_b 值　　MPa

材　料	t/℃											
	200	600	650	700	750	800	850	900	950	1000	1050	1100
Q235	38	17	13	10	7.5	6.5	7.5	6.5	5.5	4.5	4.0	3.2
10、15	38	21		11	7.5	7.5		7.0		5.0		3.5
20、25	42			15	10			8.5		6.0		
30		24		14	12	9.5		7.6		5.7		3.5
20g	41～43	22		12.2		8.3		7.3	6.0	5.0		3.8
22g	11～43		20	15	12	10	9.8	8.6		6.0		4.4
18MnMoNbg	50～67					9.6		7.7	5.8	4.7		
14MnMoVg 20MnMoVg								8.0	6.5			
1Cr18Ni9	55			32		15		8.5		5.0		2.0

② 压边力　为了防止压延时材料起皱而用压边圈时，压边力的大小必须适中，如压边力太小，起不到防皱作用，如压边力太大，易引起材料拉破，所以压边力的大小应以材料既不起皱又不被拉破为原则。压延封头的压边力 F_2（N）用式（8-4）计算，即

$$F_2 = Aq \approx \frac{\pi}{4}[D^2-(D_{凹}+2R_{凹})^2]q \tag{8-4}$$

式中，A 为压边面积，mm；D 为坯料直径，mm；$D_{凹}$ 为下模内径，mm；$R_{凹}$ 为下模洞口的圆角半径，mm；q 为单位面积压边力，MPa。对于钢 $q=(0.011\sim0.0165)\sigma_b$ 热压时取小值，冷压时取大值。

当采用压边圈压制时，总的压延力应包括压边力，即

$$F_{总}=F_1+F_2 \tag{8-5}$$

式中，$F_{总}$为总压延力，N；F_1为压延力，N；F_2为压边力，N。

8.2.2 压延模

(1) **压延模的结构形式** 压延模的结构形式很多，按模具构造分简单压延模和复合拉深模等。现以封头为例，说明压延模的结构。

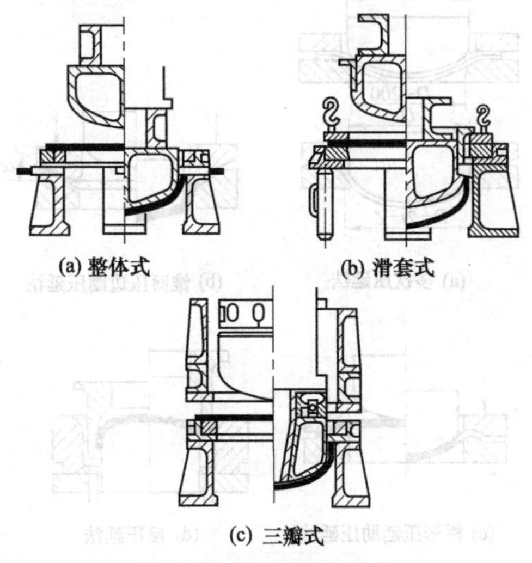

图 8-43 封头压延模结构

图 8-43 所示为 3 种典型封头压延模结构，图 8-43 (a) 所示为整体式压延模，凸模由托架固定在压力机的滑块上，凹模由凹模座架支撑，采用刚性卸料板卸料，当板料压制成形后，凸模向上提起时，把卸料板插入，从而起到阻止工件的作用，使封头从模子上卸下。这样模具结构简单，适用于加工直径在 1800mm 以下的封头，而对于厚度小于 10mm 的大直径封头脱模困难。

图 8-43 (b) 所示为滑套式压延模结构，凸模的直边部分有一圈滑套，封头压制成形后，直边部分的板料将滑模包住，当凸模继续向下时，滑套被压边圈挡住，使滑套与凸模产生相对移动，从而使封头因自重从凸模上脱落。这种模具加工制造较复杂，凸模的行程较长。

图 8-43 (c) 所示为三瓣式压延模结构示意图，凸模有 3 块，沿圆锥形芯子围成，封头压制成形后，靠凸模的自重沿圆锥形芯子下滑而缩小其直径，实现封头自动脱模。这种模具脱模方便、质量好，但

模具加工制造复杂。

（2）压延工艺

① 薄壁封头的压延　当坯料直径 D 与封头内径 d_1 之差值大于 $45t$（t 为板料厚度）时，就是薄壁封头，薄壁封头的压延方法如图 8-44所示。

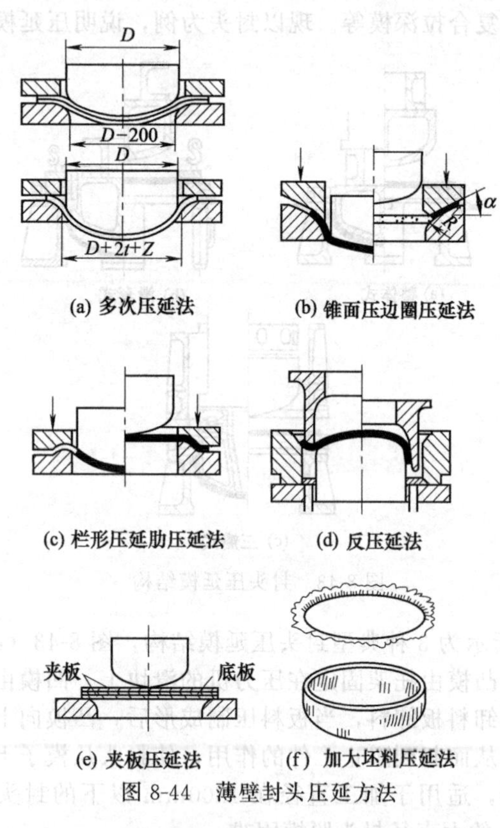

(a) 多次压延法　(b) 锥面压边圈压延法

(c) 栏形压延肋压延法　(d) 反压延法

(e) 夹板压延法　(f) 加大坯料压延法

图 8-44　薄壁封头压延方法

a. 多次压延法。第一次预成形压延，用比凸模直径小 200mm 左右的下模压成碟形，可采用 2～3 块坯料一起叠压。如图 8-44（a）所示。

第二次压延时，用配套的凸、凹模压成所需要的封头尺寸。

这种方法适用于 $d_1 \geqslant 2000$mm，$45t < D - d_1 < 100t$ 的场合（D 为坯料直径，d_1 为封头内径，t 为封头壁厚）。

b. 锥面压边圈压延法。将压边圈及凹模工作面做成圆锥面，这样可改善压延时坯料变形情况，锥面斜角 α 一般为 20°～30°。这种方

法适用于 $45t<D-d_1<60t$ 的场合，如图 8-44（b）所示。

c. 栏形压延肋压延法。凹模口做成突出的栏形，压边圈则做成与凹模相应的形状，利用栏形压延肋来增大毛坯凸缘边的变形阻力和摩擦力，以增加径向的拉应力，防止边缘起皱，提高压边效果，如图 8-44（c）所示。

这种方法适用于 $45t<D-d_1<160t$ 的场合。

d. 反压延法。使凸模在下，凹模在上，坯料在凹模向下运动时压延成形，这种方法能提高工件的压制质量。适用于 $60t<D-d_1<120t$ 的场合，如图 8-44（d）所示。

e. 夹板压延法。将坯料夹在两厚钢板中间，或将坯料贴附在一块厚钢板之上，坯料的周边用点焊连成一体，然后一起加热进行压延，如图 8-44（e）所示。

f. 加大坯料压延法。用较大的坯料压延，其直径比计算值大10%～15%，但不大于300mm，由于坯料较大，所以采用多次压延法，压延后将凸缘及直边部分割去，最后再冷压成形。

这种方法适用于 $60t<D-d<160t$ 的场合，如图 8-44（f）所示。

② 中、厚壁封头的压延　当 $6t\leqslant D-d_1\leqslant 45t$ 时为中壁封头。中壁封头通常在凸、凹模上一次压延，一般不需采用特殊措施。

当 $D-d_1<6t$ 时为厚壁封头。这类封头尤其是直边高度大于 100mm 的球形封头，在压延过程中，边缘壁厚的增加较大，增厚率达 10%以上，所以压制这类封头时，必须加大模具的间隙，以便封头能顺利通过。也可将坯料边缘削薄，如图 8-45 所示。然后采用正常模具间隙进行压制。

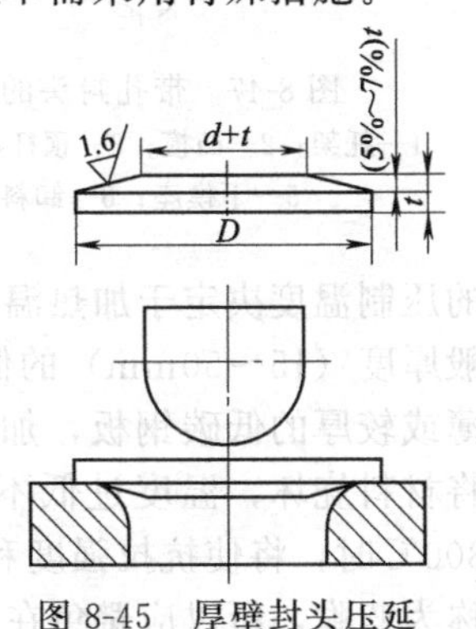

图 8-45　厚壁封头压延

③ 多层封头的压延　多层封头是将几层较薄板料组合成一只封头，可代替厚壁封头。多层封头压延如图 8-46 所示，在压力机吨位足够的情况下，可将几块坯料叠在一起一次压成，如图 8-46（a）所示。当压力机吨位不够时，可采用多次重叠压延，如图 8-46（b）所示。

④ 带孔封头的压延　有些封头的顶部开有带翻边的人孔，以作为装配和检修容器内部时用。这种人孔的翻边和封头的压延同时进

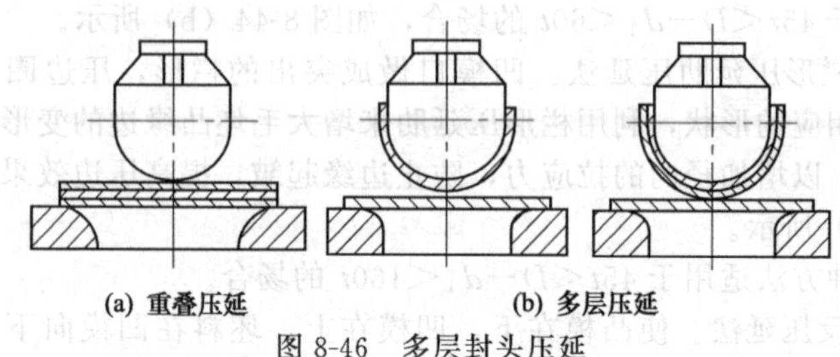

图 8-46 多层封头压延

行。图 8-47 所示为带孔封头压延模结构，它由凸模 2、凹模 4、顶杆 3、卸料板 6 等组成。凸模与托架 1 相连，固定在压力机滑块上。在凸模中部开有翻边用的孔，相当于凹模，顶杆固定于压力机的工作台上，作人孔的翻边用，它相当于凸模。凹模固定在下模座 5 上。当坯料在凸模的压力下先压延成封头形状，随着凸模的下降，人孔受顶杆的作用进行翻边。封头和人孔是在凸模的一次行程内完成。

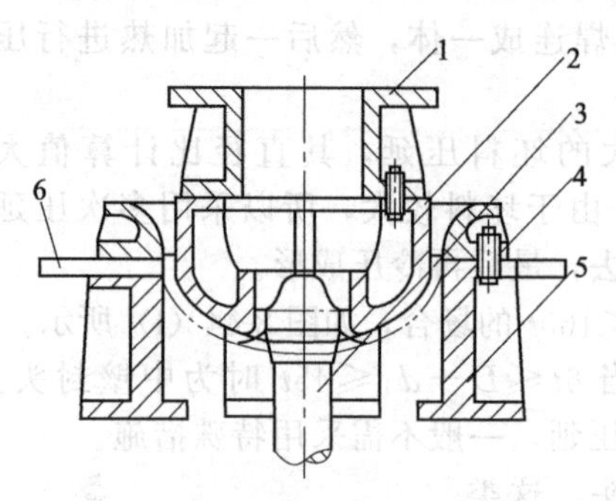

图 8-47 带孔封头的压延
1—托架；2—凸模；3—顶杆；4—凹模；5—下模座；6—卸料板

封头一般采用热压，为保证热压质量，必须控制开始压制温度和结束压制温度。开始的压制温度决定于加热温度，其高低由材料的成分和板厚决定，对一般厚度（15～50mm）的低碳钢板，加热温度为 1000～1050℃；对较薄或较厚的低碳钢板，加热温度为 1100℃左右。加热温度过高容易将材料烧坏，温度过低不能起到加热作用。一般碳钢加热至 200～300℃时，将使抗拉强度和屈服点升高，而塑性显著下降，这种现象称为蓝脆，所以应避免在蓝脆的温度下压制。碳钢结束压制的温度一般为 850～750℃，温度过低会使钢板发生冷作硬化，出现裂纹。为了保证热延件的表面质量，坯料加热后应清除表面的杂质和氧化皮。

⑤ 不锈钢及有色金属的压延 不锈钢尽可能采用冷压，以避免加热时增碳。不锈钢热压时由于冷却速度快，同时模具最好预热至 300～350℃。热压后应进行热处理。

铝及铝合金封头一般采用热压，热压模具最好预热至 250～320℃。

铜及铜合金坯料一般在退火状态下冷压。

复合钢板封头热压时，其温度范围按复层材料确定，加热的时间要短，操作要迅速，以防止钢板分层。

在压制不锈钢或有色金属的模具，尤其是凹模的表面应保持光洁，以免压延时板料表面拉伤。

在压延过程中，坯料与凹模壁及压边圈表面相对滑动而产生摩擦，由于板料与模具相互作用力很大，产生很大的摩擦力，坯料在压制时容易拉破，此外还加速了模具的磨损。所以在压延时一般应使用润滑剂，在使用润滑剂时，应将润滑剂涂在凹模圆角部位和压料面上，以及与此相接触的坯料表面上，使坯料与凹模间存在一层薄膜，因而可大大减小板料与模具之间摩擦力。切勿将润滑剂涂在凸模表面，或与凸模相接触的坯料表面，以防止坯料滑动。润滑剂选择如表8-6所示。

表 8-6 润滑剂选择

零件材料	润 滑 剂
碳钢	石墨粉＋水(或机油),调成糊状
不锈钢	石墨粉＋水(或机油)调成糊状;滑石粉＋机油＋肥皂水
铝	机油或工业凡士林
钛	二硫化铝;石墨＋云母粉＋水;云母

(3) 封头压延常见缺陷

① 起皱和起包　由于加热不均匀，压边力太小或不均匀，模具间隙及下模圆角太大等原因，使封头在压延过程中变形区的纬向压应力大于径向拉应力，从而使封头在压延过程中起皱或起包。如图8-48 (a)、(b) 所示。

② 直边拉痕压坑　由于下模和压边圈工作表面太粗糙或拉毛，润滑不好及坯料气割熔渣等原因造成，如图 8-48 (c)、(d) 所示。

③ 外表面微裂纹　由于坯料加热不均，下模圆角太小，坯料尺寸过大等原因所致，如图 8-48 (e) 所示。

④ 偏斜　由于坯料加热不均匀，坯料定位不准，或压边力不均匀等原因造成，如图 8-48 (f) 所示。

⑤ 椭圆　由于脱模方法不好或封头吊运时温度太高引起变形，如图 8-48 (g) 所示。

⑥ 直径大小不一致　由于成批压制封头脱模温度高低不同，或

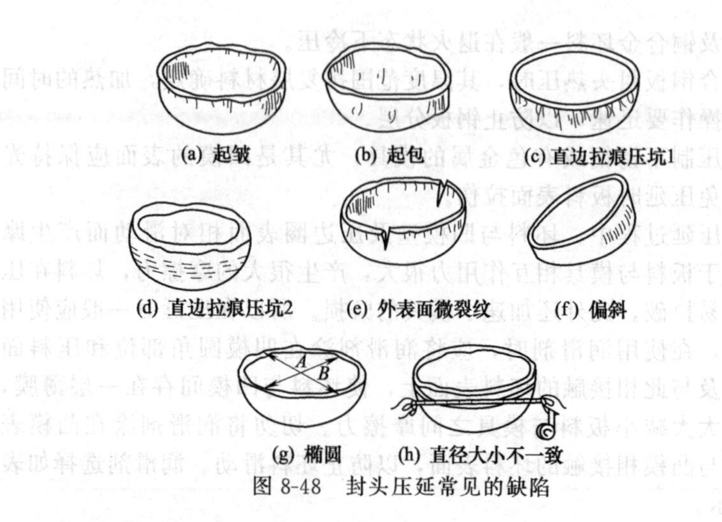

图 8-48　封头压延常见的缺陷

模具受热膨胀的缘故，如图 8-48（h）所示。

为了防止上述缺陷，必须注意以下几点。

a. 坯料加热均匀一致。b. 保持合适的压边力，并均匀地作用在坯料上。c. 选择合适的下模圆角半径。d. 使模具得到较细的表面粗糙度。e. 合理使用润滑剂并在压制时适当冷却模具。

8.2.3　压延件坯料的计算

计算压延件坯料尺寸最常用的方法是等面积法，因为金属拉深后的体积不变，同时金属板料在压制前后厚度变化又很小，虽然零件有局部变薄，但也有局部变厚，可以互相抵消，则可认为板料在拉深前后的面积相等，即坯料面积等于成形零件的面积。

（1）简单旋转体压延件的毛坯尺寸计算　以筒形件为例，见图 8-49。

筒形件为旋转体，它可分成 3 个简单的几何体，分别求其面积，将几个简单几何体面积相加就是筒形件的面积，即

$$A=A_1+A_2+A_3$$

筒体的面积为

$$A_1=\pi d_2 h$$

1/4 球带表面积为

$$A_2=\frac{\pi}{4}(2\pi d_1 R+8R^2)$$

筒底面积为

$$A_3=\frac{\pi d_1^2}{4}$$

坯料面积为

$$A=\frac{\pi}{4}D^2$$

根据面积相等原则，有

$$\frac{\pi}{4}D^2=\pi d_2h+\frac{\pi}{4}(2\pi d_1R+8R^2)+\frac{\pi}{4}d_1^2$$

所以坯料直径为

$$D=\sqrt{d_1^2+2\pi d_1R+8R^2+4d_2h}$$

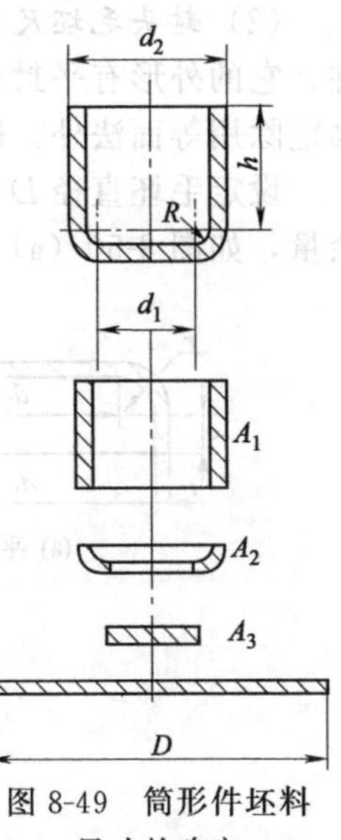

图 8-49 筒形件坯料尺寸的确定

压延后制件的口缘部分往往不是很平整的，常出现高低不平的波齿形，所以对精度高的制件应放修边余量。为此，在计算坯料直径时应把修边余量考虑进去。筒形件修边余量如表 8-7 所示，凸缘压延件的修边余量如表 8-8 所示。

表 8-7 筒形件的修边余量 Δh mm

制件高度	制件相对高度 h/d			
h/mm	0.5～0.8	0.8～1.6	1.6～2.5	2.5～4
≤10	1.0	1.2	1.5	2
10～20	1.2	1.6	2	2.5
20～50	2	2.5	3.3	4
50～100	3	3.8	5	6
100～150	4	5	6.5	8
150～200	5	6.3	8	10
200～250	6	7.5	9	11
＞250	7	8.5	10	12

表 8-8 有凸缘压延件的修边余量 Δh mm

凸缘直径	凸缘的相对直径 $d_凸/d$			
/mm	≤1.5	1.5～2	2～2.5	＞2.5
≤25	1.8	1.6	1.4	1.2
25～50	2.5	2.0	1.8	1.6
50～100	3.5	3.0	2.5	2.2
100～150	4.3	3.6	3.0	2.5
150～200	5.0	4.2	3.5	2.7
200～250	5.5	4.6	3.8	2.8
＞250	6	5	4	3

（2）**封头毛坯尺寸的计算** 封头是铆焊产品中经常遇到的一种零件，它的外形有平封头、椭圆形封头和球形封头等。封头毛坯尺寸的确定除用等面法外，还有周长法和经验计算。

设定毛坯直径 D 等于平封头纵截面的周长，并考虑一定的加工余量，如图 8-50（a）所示。

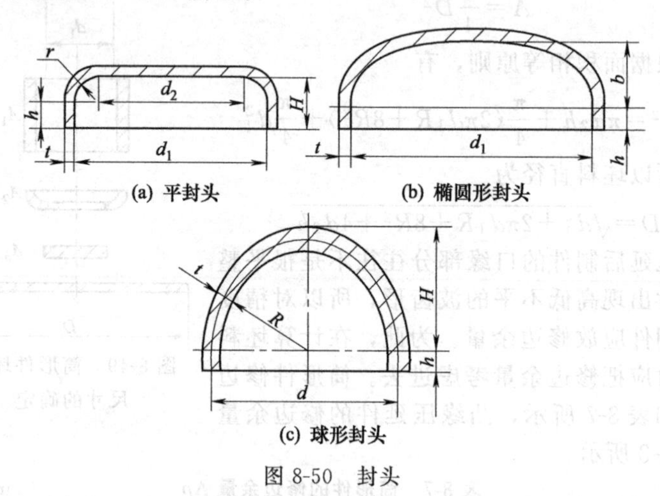

图 8-50 封头

则
$$D=d_2+2\left(r+\frac{t}{2}\right)+2h+2\Delta h$$

式中，Δh 为封头边缘的机械加工余量，mm。

由上式计算的毛坯直径，在实践中总是偏大，所以需适当修正，修正经验公式为

$$D=d_1+r+1.5t+2h$$

当式中 $h>0.05d_1$ 时，式中 $2h$ 值应以（$h+0.05d_1$）代入。

① 各种简单几何体表面积的计算公式如表 8-9 所示。

表 8-9 简单几何体表面积的计算公式

简 图	计算公式
ϕD	$A=\frac{\pi D^2}{4}$
ϕD, ϕd	$A=\frac{\pi}{4}(D^2-d^2)$

续表

简　图	计算公式
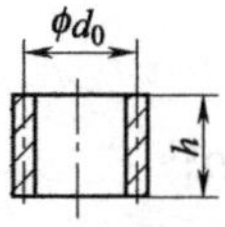 ϕd_0, h	$A=\pi d_0 h$
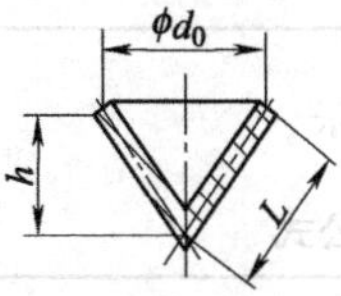 ϕd_0, h, L	$A=\frac{\pi d_0 L}{2}$ 或 $A=\frac{\pi d_0}{2}\sqrt{d_0^2+4h^2}$
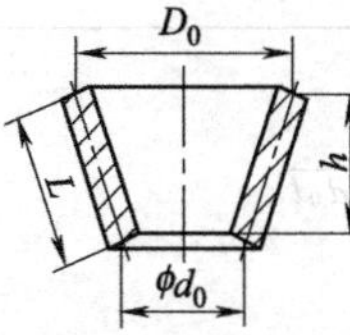 D_0, L, h, ϕd_0	$A=\frac{\pi L}{2}(D_0-d_0)$ 或 $A=\frac{\pi(D_0+d_0)}{4}\sqrt{(D_0+d_0)^2+4h^2}$
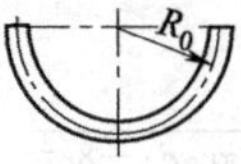 R_0	$A=2\pi R_0^2$
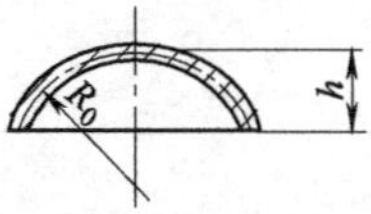 R_0, h	$A=2\pi R_0 h$
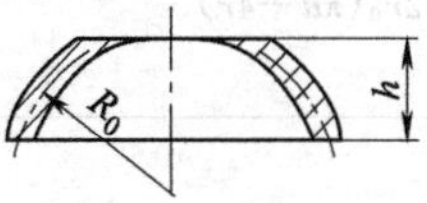 R_0, h	$A=2\pi R_0 h$
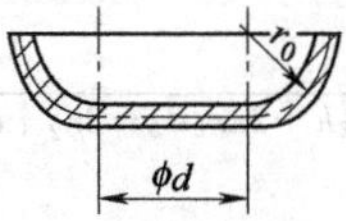 r_0, ϕd	$A=\frac{\pi r_0}{2}(\pi d+4r_0)$
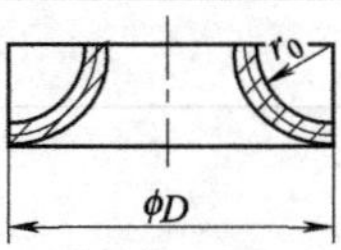 r_0, ϕD	$A=\frac{\pi r_0}{2}(\pi D-4r_0)$
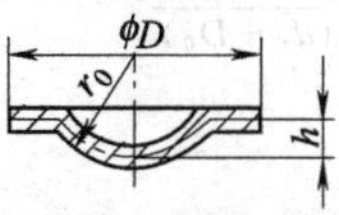 ϕD, r_0, h	$A=\frac{\pi}{4}(D^2+4h^2)$

续表

简　　图	计算公式
ϕD_0, b	$D_0=4b$ $A=0.345\pi D_0^2$

② 常用的压延件坯料计算公式如表8-10所示。

表 8-10　常用压延件坯料直径计算公式

部件简图	计算公式
ϕd_0, h, l	$D=\sqrt{2d_0l}$
ϕd_2, h, r_0, ϕd_1	$D=\sqrt{d_1^2+4d_2h+2\pi r_0d_1+8r_0^2}$
r_0, ϕd	$D=\sqrt{d^2+2r_0(\pi d+4r)}$
ϕd_4, ϕd_3, ϕd_2, h, r_2, r_1, ϕd_1	$D=\sqrt{d_1^2+2\pi r_1d_1+8r_1^2-4d_2h+2\pi r_2d_3-8r_2^2+d_4^2-d_3^2}$
ϕD_0, k, ϕd_0	$D=\sqrt{d_0^2+2l(d_0+D_0)}$

续表

部件简图	计算公式
ϕd_3 ϕd_2 l ϕd_1	$D=\sqrt{d_1^2+2l(d_1+d_2)+d_3^2-d_2^2}$
R_0	$D=2\sqrt{2}R_0$
ϕd_0 h R_0	$D=\sqrt{2(d_0+2d_0h)}$
R_0 h	$D=2\sqrt{2R_0h}$
ϕd_0 h_2 h_1	$D=\sqrt{d_0^2+4(h_1^2+d_0h_2)}$
ϕd_0 b	$d_0=4b$ $D=\sqrt{1.38d_0^2}$
ϕd_0 h b	$d_0=4b$ $D=\sqrt{1.38d_0^2+4d_0h}$

8.2.4 压延模的安装与调整

压延模必须安装在合适的压力机床上，才能完成压延工作。这就要求压力机具有必要的压延力、行程和足够的工作台面积。这3点是选择压力机的必不可少的3个条件。

使用压力机前，要熟悉一下压力机的操作方法，检查电路、电机和有关的泵、阀是否正常，用气动操纵或控制时要看一下压缩空气管道上的压力表是否达到规定值。正式操作前必须经过试运转，并逐一检查润滑情况，确认一切正常后，方可正式进行操作。

压延模的安装与调整应遵从以下几点。

① 把上、下模清扫干净，安装在一起，一块放到清理好的压力机工作台面上。

② 将压力头上的紧固螺钉旋出，使夹持模柄的夹紧孔内无障碍。

③ 启动压力机，待正常运转后，缓缓降下压力头，调整模具，使上模柄进入夹紧孔内。待上模板表面与压力头底面贴合时，让压力头停止运动。旋紧紧固螺钉后，再使压力头稍抬起，轻压几下，再旋紧紧固螺钉。如果压力头只有局部表面与上模板表面贴合，其它处有间隙，可在有间隙的地方加适当厚度的铁皮垫平。

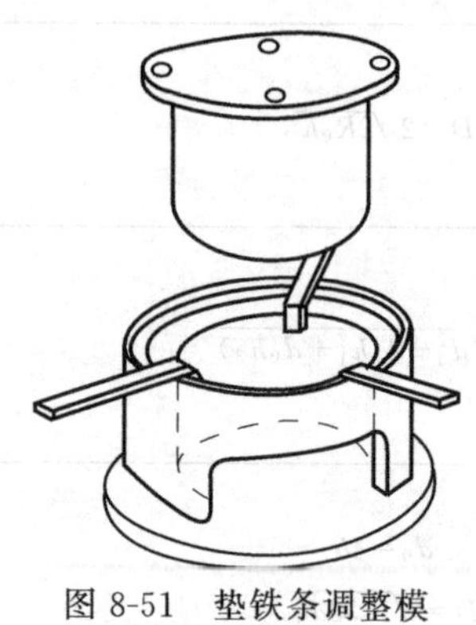

图 8-51 垫铁条调整模具间隙的方法

④ 抬起压力头到适当高度，再以上模为基准调整上、下模间的间隙。可用目测（或尺量）使各处间隙合乎要求。也可以用几根与毛料厚度相等的小铁条，放在已经粗略地调整过间隙的下模上面，让上模压下，自动地调整好与上模间的间隙。对于压延的筒形工件，可将凹模圆周大约分成3等分，每一等分处垫一根小铁条，对于盆形工件，可对称地垫4根，如图8-51所示。

⑤ 降下压力头，使上模轻轻地压住下模，用足够多的螺栓和压板将下模牢牢紧固在工作台上。

⑥ 抬起压力头，清理上、下模表面的污物，并加注适量的润滑剂。

⑦ 试压延首件，合格后投入成批生产。

8.2.5 压筋与滚筋

压筋与滚筋是用局部拉伸的方法，使毛料或半成品成为局部凸起或凹下的形状。压筋与滚筋工作，也称为起伏压延。它大多数是在平板毛料上压制或滚制出各种不同形状的加强筋，其断面形式如图8-52所示。经过压筋与滚筋加工后，不仅提高了板料的刚度，而且可使工件表面光滑美观，对于减少焊接变形也有一定的作用，因此广泛地应用在航空、车辆、化工设备的制造中。

（1）*压筋*　压筋是在压力机上用压模进行加工的。如果压筋模制作得不合理或超出材料塑性的允许范围，往往会出现压筋断面与图纸要求不符，或起皱甚至压裂等缺陷。为了避免产生上述情况，必须合理地选材。确定凸筋的设计尺寸以及压筋模的结构形式和尺寸。以图8-53所示的两端封闭形加强筋为例，将其一次压制的最大尺寸列于表8-11中。

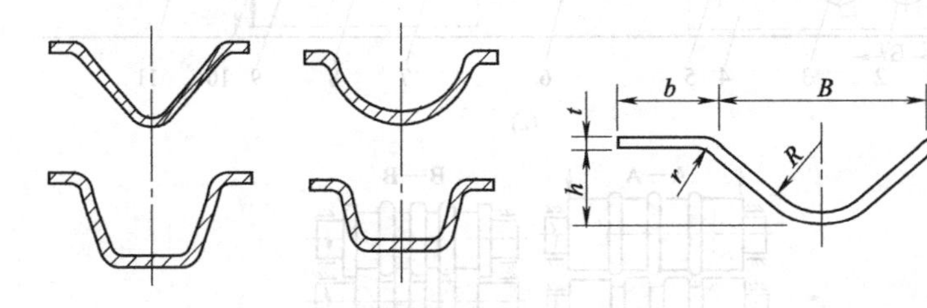

图8-52　压筋与滚筋的断面形式　　　图8-53　封闭形加强筋

表8-11　封闭形加强筋的尺寸　　mm

材　料	R	h	B	r	b
普通低碳钢板	$(5\sim6)t$	$\leqslant 5t$	$\geqslant 3h$	$2t$	$\geqslant 3h$
16Mn、09Mn2	$(4\sim5)t$	$\leqslant(3\sim4)t$	$\geqslant 3h$	$2t$	$\geqslant 3h$

压制加强筋的压延力可由式（8-6）计算，即

$$P=KLt\sigma_b \tag{8-6}$$

式中，K为系数，与筋的宽度及深度有关，一般$K=0.7\sim1$；L为加强筋长度，mm；t为工件厚度，mm；σ_b为材料的抗拉强度，MPa。

压制筋条时，四周往往形成波浪形，因此需要进行校平。

（2）*滚筋*　滚筋对于批量较大的长条筋，具有生产效率高、操作方便、劳动强度低、质量高等优点。图8-54所示为车厢墙板外形，一般用滚筋方法制造。图8-55所示的车厢板滚筋生产线，其基本可分3道工序。

① 下料工序。将毛料按尺寸下料，随后进入多轴式滚板机1上进行校平工作。

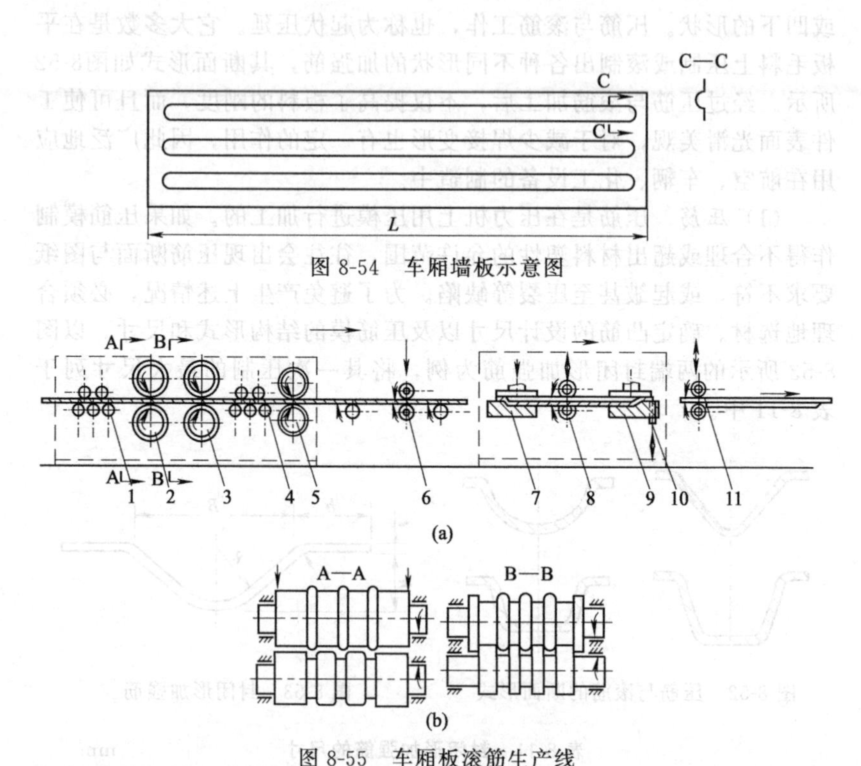

图 8-54　车厢墙板示意图

图 8-55　车厢板滚筋生产线

1—多轴式滚板机；2—初滚机构；3—精滚机构；4—滚板机；5—圆盘剪；6,8,11—传送装置；7,9—封头装置；10—定位装置

② 滚筋工序。毛料经校平后，送入初滚机构 2，再进入精滚机构 3 成形，即可滚制出所需的长条筋。但板料经滚筋后，又出现凸凹不平，须再经滚板机 4 校平，然后将半成品引至两平行轴圆盘剪 5 上进行修边，以获得图纸要求的宽度后传送至下道工序，如图 8-55 (a) 所示。

③ 封头工序。工件滚剪后，经传送装置 6、8，这时定位装置 10 抬起，使工件定位后，传送装置 8 退回。两端封头部分用氧-乙炔火焰加热后由封头装置 7、9 进行封头，完成滚筋工作。

对于滚筋机构的一般要求如下。

a. 滚轮。初滚机构与精滚机构的上、下滚轮的尺寸，可按凸、凹压模的尺寸制作。两滚轮之间的间隙要大于板厚，一般每侧间隙取 (1.4～1.5)t 之间，上滚轮可以调节，以保证合理的间隙。初滚轮的筋高一般为产品图上筋高的 2/3，同时使筋顶圆弧半径、筋间距离均略大于图纸尺寸，如图 8-55（b）左图所示。精滚轮的筋高则为产品图上所要求的尺寸，如图 8-55（b）右图所示。

b. 多轴式滚板机。用于滚筋前将板料上的小波浪及局部弯曲校平。由于需要的校平力比较小，滚轴的直径可小些。滚筋后产生的较大弯曲和凸凹不平也要由多轴式滚板机校平，由于要求的校平力较大，一般滚轴的直径较粗些，以保证有足够的校平力。

c. 封头装置。主要是由封头成形模（分上、下模）及控制系统组成。封头成形多以下模成形。在需要封头的部位，先用氧-乙炔焰加热到 700～800℃，然后用汽缸压力将上模压下，完成封头工作。

8.3 热煨

在弯曲压延和手工成形过程中，以毛料加工时的温度来区分，有冷煨和热煨两种加工方法。

冷煨是指毛料在常温状态下进行弯曲或压延的方法。这种方法操作比较方便，应用最广泛。

热煨是将毛料加热到一定范围（一般在 700～1250℃）再进行弯曲和压延的方法。热煨属于高温作业，劳动条件比较差，并且由于温度高，材料极易氧化，操作不慎会造成材料的过烧甚至熔化的现象。但是，对于一些形状比较复杂、拉伸变形比较大的工件，由于材料受到其塑性的限制很难成形时，仍需要热煨。另外，在单件小批生产时，也常采用热煨代替冷煨，因为热煨时所需的模具比冷煨的简单。

8.3.1 钢材加热温度与钢材的强度关系

钢材加热后，其塑性变形较好，与此同时，其强度极限随之降低。因此所需的压弯力或压延力也随之降低，如表 8-12 所示。

表 8-12 各种钢的强度极限随温度的变化

在常温下的强度极限 σ_b /MPa	在各种高温下的强度极限 σ_b/MPa				
	700℃	800℃	900℃	1000℃	1100℃
400	50	45	45	30	22
600	150	111	75	54	36
800	250	155	111	75	51
1000	320	230	159	109	65

热煨的温度必须控制在一定的范围内，这样才能保证在加工过程中，毛料始终保持较好的塑性，如表 8-13 所示。

表 8-13 各种钢料的热压温度

钢的牌号	热压温度			在各种温度下的强度极限 σ_b /MPa
	开始	结束		
	不高于/℃	不高于/℃	不低于/℃	
15	1250	830	700	在 800℃时为 63
20	1250	830	700	在 800℃时为 63
30	1250	850	730	在 800℃时为 86
35	1250	850	730	在 800℃时为 86
40	1200	850	750	在 800℃时为 86
45	1200	850	750	在 800℃时为 94
50	1180	870	780	在 900℃时为 63

8.3.2 钢材加热火色与温度

钢在加热到 530℃以上时，会发出不同颜色的光线，其颜色与加热温度有关。在热煨时，对钢料的加热温度要求得不那么严格，所以一般很少直接用温度计测定，而是靠观察火色来判断温度的高低。应该说明，观察火色与环境的明暗有关。表中所列是从暗处观察火色所判断的温度，白天观察火色情况又有所不同。例如，从暗处观察，钢加热到 770～800℃时呈樱红色，如果在很明亮的环境下观察火色，当钢料呈樱红色时，其温度早已超过 800℃。

8.3.3 加热炉子

火曲的工件，一般是在加热炉中进行加热的。铆工经常使用的加热炉有电阻炉、油炉和焦炭炉等。

(1) 箱式电阻加热炉　电阻加热炉的种类很多，它是用电阻丝或炭精棒为加热元件，把电能转变为热能的装置。箱式电阻加热炉是常见的电炉之一，其外形结构如图 8-56 所示。

这种电阻炉是用耐火砖砌成，外部用铁板包住的箱体 1，2 是铸造的炉门，炉门的空心部分用轻型耐火砖砌满。箱体上方有传动轴 3，轴上链轮 4、5 并有链条与炉门相连，摇动摇把 7 可提升或关闭炉门。传动轴上还有绳轮 6，通过钢丝绳与炉门的配重块相连。炉膛的耐火砖中布满了电阻丝 8。在箱体的上端有一孔插有热电偶，热电偶

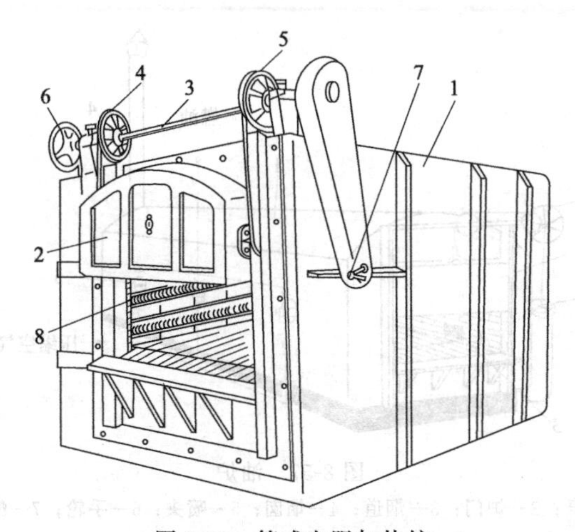

图 8-56 箱式电阻加热炉

1—箱体；2—炉门；3—传动轴；4,5—链轮；6—绳轮；7—摇把；8—电阻丝

的下端与炉膛相通，热电偶的接头接在控制箱的温度表上，可以直接从温度表上读出电阻炉中的温度。这种电阻炉的额定功率在 15～75kW 之间，炉温可达 850～1200℃，并可自动控制。

使用电阻炉加热工件，热量均匀，不会出现过烧和熔化的现象。但是电阻炉耗电大，适于加热较小的或加热温度要求较严格的工件。

(2) 油炉 油炉的常见形式如图 8-57 所示。和电炉一样，炉身 1 也是用耐火砖砌成后用薄铁板包住。炉膛也是用耐火砖砌成，上面呈拱形。炉膛中有数条烟道 3 与烟囱 4 相通。在炉身上大约 1.5m 有一个孔，孔中有喷头 5 与压缩空气和压力油源相连，当打开旋塞后，压缩空气就和压力油混合在一起从喷头中以雾状喷出，点燃后，即可形成连续不断的火焰。炉门 2 通过绳索与配重块 7 相连，转动手轮 6 可开启和关闭炉门。

使用油炉加热时，须先把炉膛烧红，后把毛料放进炉中，毛料之间最好有一定的间隙，让火焰能穿过，这样可以缩短毛料加热时间。

油炉所用的燃料，一般为重柴油，经油泵加压后送至喷头。天气冷时，油的黏度要增大甚至可能凝冻，因此在储油罐中要有加热设备，以保证油路畅通。

(3) 焦炭炉 焦炭炉的构造如图 8-58 所示。

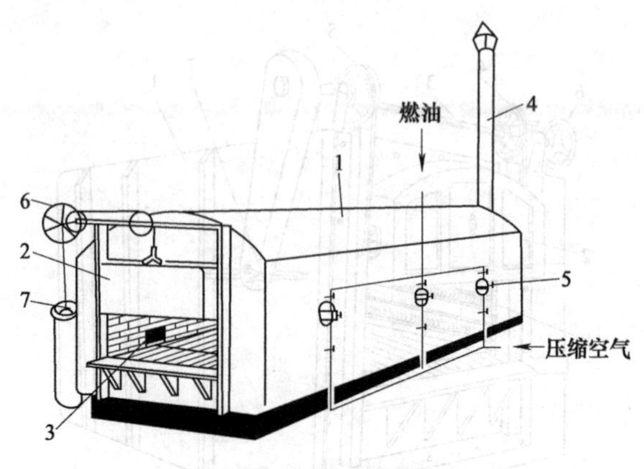

图 8-57 油炉

1—炉身；2—炉门；3—烟道；4—烟囱；5—喷头；6—手轮；7—配重块

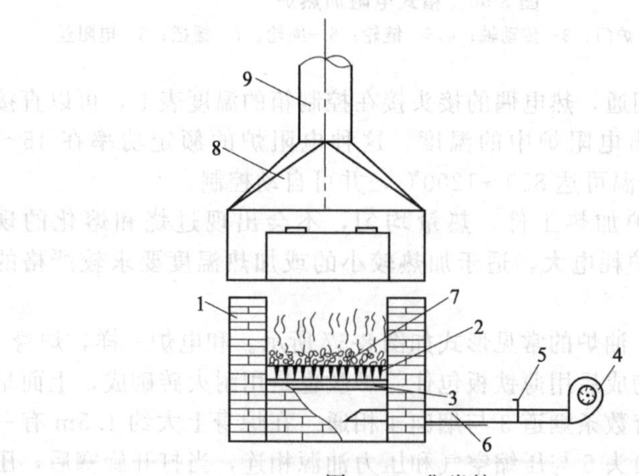

图 8-58 焦炭炉

1—炉壁；2—炉条；3—过梁；4—风机；5—风门插板；
6—管道；7—焦炭层；8—炉罩；9—烟囱

焦炭炉的炉壁是用耐火砖砌成，炉条 2 置在过梁 3 上。炉条间的间隙为 20～30mm。压缩空气从风机 4 经过管道 6 送到炉中，帮助焦炭燃烧。焦炭层 7 的厚度为 150mm 左右。烟尘由炉罩 8 经过烟囱 9 送至大气。炉渣掉在炉底下，要经常清理。

点炉前，要清理炉条上的积灰渣，放上适当的引火物料（如废棉纱和木块）。火点着后开启风机，向着火处逐渐添撒焦炭，直至炉膛上撒满焦炭为止。焦炭块的大小要均匀，大块焦炭适合加热较大的毛料，小块的适合加热较小的毛料。

放料前，要看一下炉面的焦炭是否全部燃着，炉面是否平整，火焰是否均匀。发现有燃不着的地方，可关闭风机，用耙子把已着的焦炭和未燃着地方的焦炭混合一下，再开启风机，即可使炉面的焦炭全部燃烧。

使用焦炭炉加热毛料，要求炉子四周和管道不得有漏风。注意插板开启的大小和工件加热的程度，工件加热好了便将风门插板 5 关小甚至关闭风机。炉坑中的炉灰渣不可埋没炉条，以防炉条烧化。与油炉相比焦炭炉上火快，但是烟尘多，需要经常清炉，劳动强度大，工作环境比较差。

8.4 弯管

弯管是管件制造中的一个主要工序。

弯管时管子的中性轴 MM 不改变其原有长度，如图 8-59（a）所示。因此，位于曲面 $A—A$ 上的管子中性层处不受到应力，而中性层上面的金属层受到拉应力，下面的金属层则受到压应力。由于管子的断面上受到上述的拉应力和压应力，所以在弯曲过程中，如果不采取措施，原有的圆形截面将变成椭圆形，如图 8-59（b）所示。为了避免弯管时产生椭圆，常常采用下列方法。

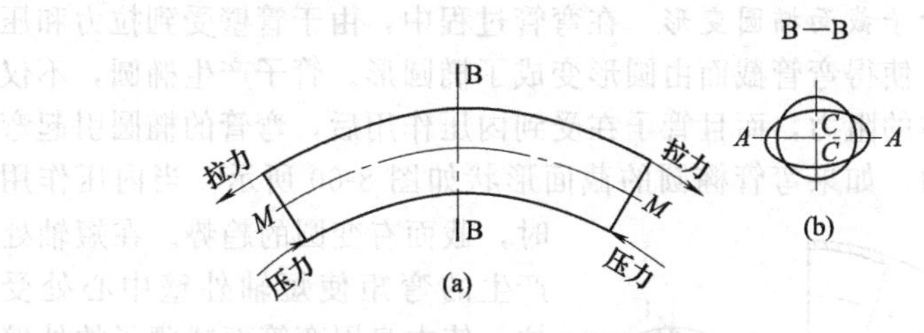

图 8-59 弯管简图

① 在管内加以填充物，如管内装砂、松香（只用于有色金属小型管子）或弹簧（只用于大弯曲半径）等。

② 用有圆形槽的滚轮压在管子外面进行弯曲。

③ 用芯棒穿入管子内部进行弯曲。

8.4.1 弯管变形

管子弯曲（无论采用热弯或冷弯）是管子在外加力矩的作用下产生弯曲变形的结果，在这个弯曲变形的过程中都会产生以下几种变形情况。

（1）外侧管壁减薄　管子弯曲后，管子外侧管壁由于受拉应力的作用，使管子外侧壁厚减薄而降低了承压强度。因此规范中规定：

壁厚减薄率＝(弯管前壁厚－弯管后壁厚)/弯管前壁厚×100％

高压管不超过10％，中、低压管道的壁厚减薄不超过15％，且不小于设计计算壁厚。为了保证弯管的强度，加工时要求尽量减少壁厚减薄率。选用管子时，应选用壁厚没有负偏差或负偏差较小的管子来弯管。

（2）内侧管壁折皱变形　管子弯曲后，内侧管壁受压应力的作用，不仅增加壁厚，由于管子可塑性较差，压应力不仅使管子产生压缩变形，而且在很大程度上产生折皱变形而形成波浪形。这样就增加了流体阻力，金属组织的稳定性也受到了一定程度的破坏，容易产生腐蚀现象，并使弯管外形不美观。因此，中、低压弯管内侧波浪度 H 应符合表 8-14 所示的要求。波距 t 应不小于 $4H$。

表 8-14　管子弯曲部分波浪度 H 的允许值　　mm

外径	<108	133	159	210	273	325	377	>426
钢管	4	5	6		7		8	
有色金属	2	3	4	5	6		—	

（3）管子截面椭圆变形　在弯管过程中，由于管壁受到拉力和压力的作用，使得弯管截面由圆形变成了椭圆形。管子产生椭圆，不仅增加了流体的阻力，而且管子在受到内压作用后，弯管的椭圆引起弯曲附加应力。如果弯管椭圆的截面形状如图 8-60 所示，当内压作用时，截面有变圆的趋势。在短轴处产生的弯矩使短轴外壁中心处受拉，使本身因弯管而减薄了的外壁又增加了附加弯曲应力，加大了破坏的危险性；在长轴处产生的弯矩大于短轴处的弯矩，但长轴内壁中心处受拉，虽然原来长轴中心处的拉应力比弯管短轴外侧的中心处

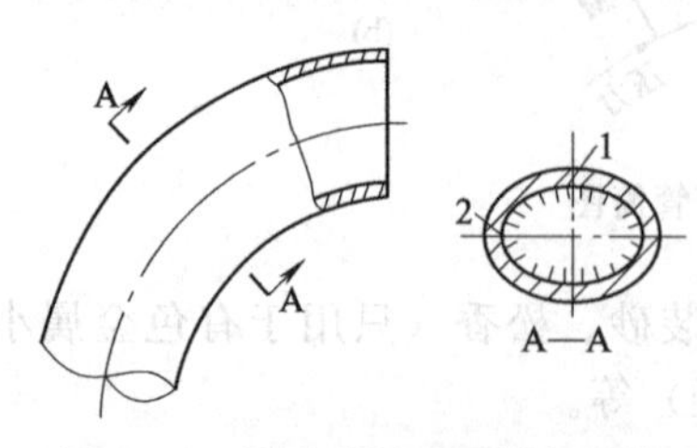

图 8-60　管子椭圆受力的危险点

1—短轴；2—长轴

小，因椭圆而叠加上附加弯曲应力后，总的最大应力可能发生在短轴中心处，也可能发生在长轴中心处。故弯管的破坏有时在短轴外侧外壁处发生，有时在长轴附近的内壁处发生。因此椭圆度过大就会降低弯管的强度。所以规范中规定：

$$椭圆率=\frac{最大外径-最大小外径}{最大外径}\times 100\% \tag{8-7}$$

高压管不超过5%；中、低压管管径不大于150mm，不得大于8%；管径不大于200mm，不得大于6%；铜、铝管9%；铜合金、铝合金管8%；铅管10%。

（4）缩径现象 管子弯曲时，由于弯曲部分的金属材料强度受到影响而产生缩径现象，这样就减小了管子有效截面，增加了流体阻力。缩径度应以式（8-8）计算，即

$$椭圆率=\frac{最大外径+最小外径}{2\times 管外径}\times 100\%\geqslant 95\% \tag{8-8}$$

弯制有缝管时，其纵向焊缝应放在距中心轴线上下45°的位置区域内，如图8-61所示。中、低压管弯曲角度α的偏差值在现场弯制时，手工弯管和机械弯管均不得超过±3mm/m；当直管长度大于3m时，其管端轴线偏差最大不得超过±10mm，如图8-62所示。

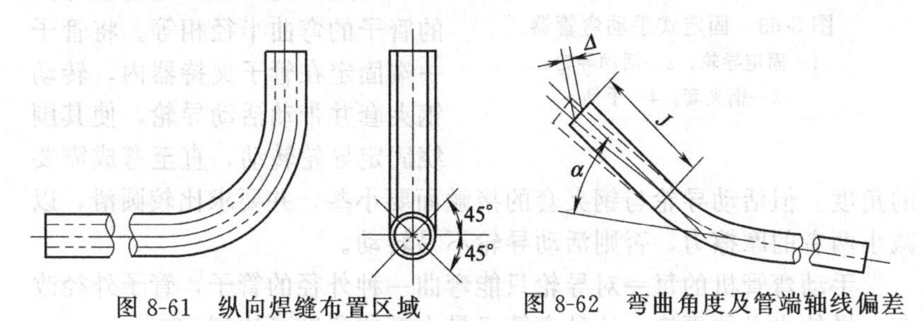

图8-61 纵向焊缝布置区域　　图8-62 弯曲角度及管端轴线偏差

8.4.2 冷弯弯管

冷弯弯管有许多优点，在弯曲进度上、经济效益等方面均比热弯弯头优越得多，弯管时不用加热，管内也不充砂，不需加热设备，无烫伤危险，操作简便，但只适用于弯制管径小、管壁薄、公称直径一般不超过200mm的管子。对弯制合金钢管、不锈钢管、铝管及铜管更为适宜，可以避免奥氏体不锈钢产生析碳现象。因而奥氏体不锈钢在可能条件下尽量采用冷弯方法制作弯管。但铝锰合金管不得冷弯。

由于钢材的弹性作用，钢管冷弯后从弯管机上撤下，因管子弹性变形恢复的结果，弯管会弹回一个角度。弹回角度的大小与管子的材料、壁厚以及弯管的弯曲半径有关。以碳钢弯管为例，当 $R=4D$ 时，根据一般经验，回弹角度为3°～4°，因此在弯制时，应考虑增加这一弹回角度。这样，弯管卸载后由于回弹作用正好达到设计角度。

目前采用的弯管机具有手工、机械和液压等几种形式。

(1) 手动弯管机弯管　手动弯管机一般可以弯制公称直径不超过25mm的管子，是一种自制的小型弯管工具，如图8-63所示。它是由固定导轮、活动导轮和手柄、钢夹套、推架等主要部件构成。固定导轮和活动导轮的边缘都有向里面凹陷的半圆槽，半圆槽直径等于被弯管子的外径。两轮相并，凹槽形成圆孔，孔形应能使被弯曲的管子从中间穿过。弯管时，固定导轮用销子或螺栓固定在工作台上，使固定导轮不能转动，固定导轮的半径应与被弯曲的管子的弯曲半径相等。将管子一端固定在管子夹持器内，转动钢夹套并带动活动导轮，使其围绕固定导轮转动，直至弯成需要的角度。但活动导轮与钢夹套的接触面要小些，并要求比较圆滑，以减小两者的摩擦力，否则活动导轮不易转动。

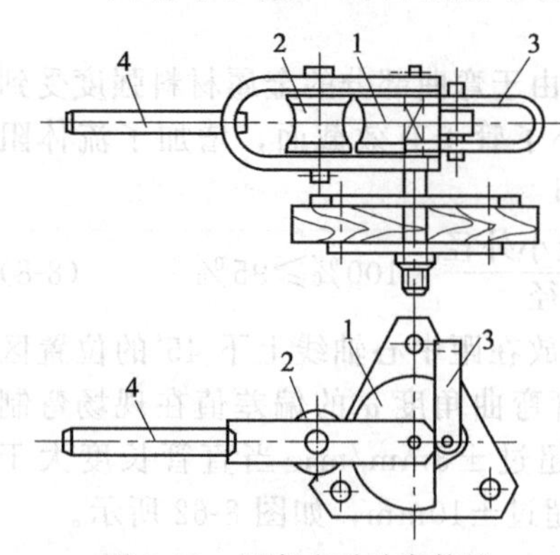

图8-63　固定式手动弯管器

1—固定导轮；2—活动导轮；3—钢夹套；4—手柄

手动弯管机的每一对导轮只能弯曲一种外径的管子，管子外径改变，导轮也必须更换。这种弯管机最大弯曲角度可达到180°。

另外还有一种便携式的手动弯管机，是由带弯管胎的手柄和活动挡块等部件组成，如图8-64所示。操作时，将所弯管子放到弯管胎槽内，一端固定在活动挡块上，扳动手柄便可将管子弯曲到所需要的角度。这种弯管机轻便灵活，可

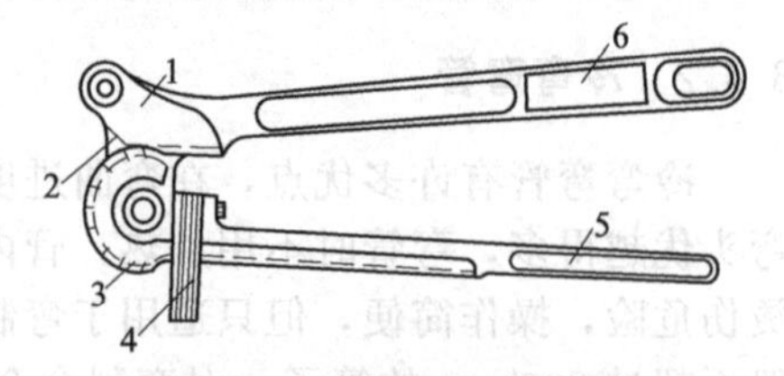

图8-64　携便式手动弯管器

1—偏心弧形槽；2—连板；3—弯管胎；4—活动挡块；5—手柄；6—离心臂

以在高空作业处进行弯管作业，不必将管子拿上拿下，很适合于弯制仪表管、伴热管等 ϕ10mm 左右的小管子。

使用时，打开活动挡块，将管子插入弯管胎与偏心弧形槽之间，使起弯点对准胎轮刻度盘上的“0”，然后关上挡块扳动手柄至所需要角度，再打开活动挡块，取出弯管，即完成弯管工作。此种弯管机可以一次弯成 0°～200°以内的弯管。

（2）**电动弯管机** 电动弯管机是在管子不经加热、也不充砂的情况下对管子进行弯制的专用设备，可弯制的管径通常不超过 DN200。这种机具一般是由安装企业、大型化工企业自制。特点是弯管速度快，节能效果明显，产品质量稳定。目前使用的电动弯管机有蜗轮蜗杆驱动的弯管机，可弯曲 15～32mm 直径的钢管；加芯棒的弯管机，可弯曲壁厚在 5mm 以下，直径为 32～85mm 的管子；还有 WA27-60 型、WB27-108 型及 WY27-159 型电动弯管机。

用电动弯管机弯管时，先把要弯曲的管子沿导板放在弯管模和压紧模之间，如图 8-65（a）所示。压紧管子后启动开关，使弯管模和压紧模带动管子一起绕弯管模旋转，到需要的弯曲角度后停车，如图 8-65（b）所示。

弯管时使用的弯管模、导板和压紧模，必须与被弯管子的外径相等，以免管子产生不允许的变形。当被弯曲的管子外径大于 60mm 时，必须在管内放置弯曲芯棒。芯棒外径比管子内径小 1～1.5mm，放在管子开始弯曲的稍前方，芯棒的圆锥部分转为圆柱部分的交界线要放在管子的开始弯曲位置上，如图 8-66 所示。

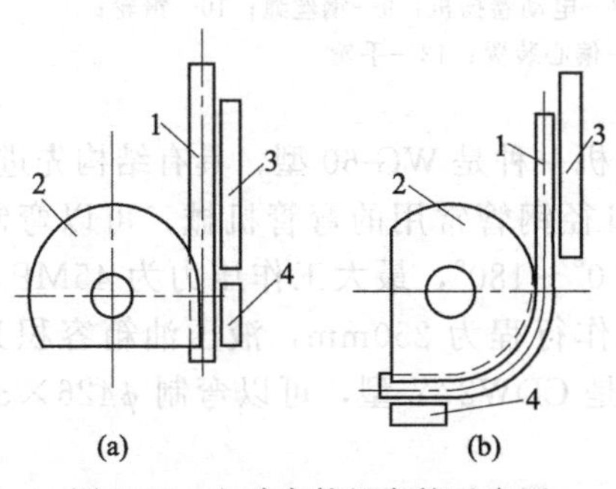

图 8-65 电动弯管机弯管示意图

1—管子；2—弯管模；3—导板；4—压紧模

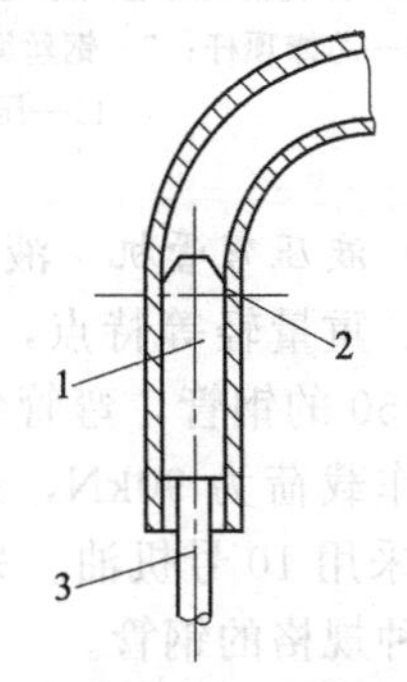

图 8-66 弯管时弯曲芯棒的位置

1—芯棒；2—管子的开始弯曲面；3—拉杆

如果芯棒伸出过前，有可能使芯棒开裂；如果芯棒没有到达位置，又会使管子产生过大的椭圆度。芯棒的正确放置位置可通过试验的方法获得。凡是弯曲时需要使用芯棒的管子，在弯管前均应清扫管腔，并在管内壁涂以少许机油，以减少芯棒与管壁的摩擦。在整个弯管过程中，应尽可能使支持导板的导梁在弯管模外圆的切线上。

另外还有一种不需要更换弯管扇形轮的弯管机。在工作台上同时装有 ϕ89、ϕ108、ϕ133、ϕ159 及 ϕ219 的弯管扇形轮，以及 5 种规格偏心压块，用于夹紧管子，如图 8-67 所示。

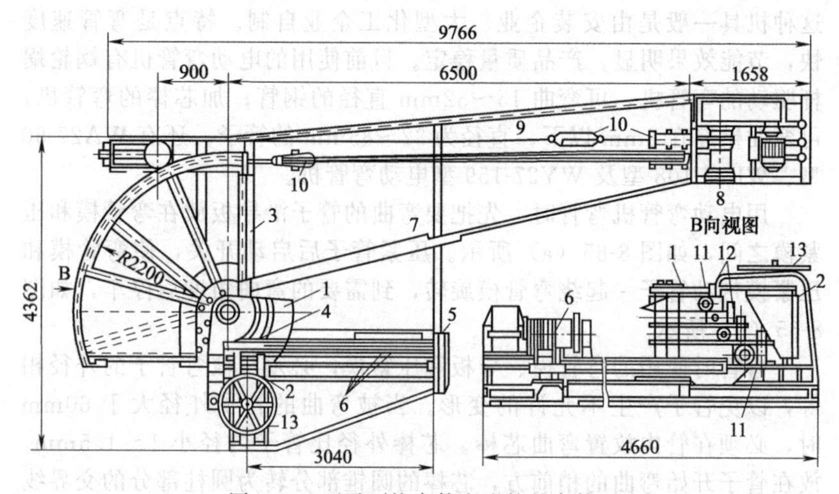

图 8-67 不需更换弯管扇形轮的弯管机

1—5 种规格的弯管扇形轮；2—制动器；3—扇形拉盘；4—棒；5—拉杆架；6—芯棒顶杆；7—钢丝绳导杆；8—电动卷扬机；9—钢丝绳；10—滑轮；11—压块；12—偏心装置；13—手轮

(3) 液压弯管机　液压弯管机一种是 WG-60 型，具有结构先进、体积小、重量轻等特点，是小口径钢管常用的弯管机械，可以弯制 DN15～50 的钢管，弯管角度为 0°～180°，最大工作压力为 45MPa，最大工作载荷为 90kN，最大工作行程为 250mm，液压油箱容积为 1.2L，采用 10 号机油。另一种是 CDW27Y 型，可以弯制 ϕ426×30 以下各种规格的钢管。

液压弯管机是由注塞液压泵、液压油箱、活塞杆、液压缸、弯管胎、夹套、顶轮、进油嘴、放油嘴、针阀、复位弹簧、手柄等组成。顶管时将管子放入弯管胎与顶轮之间，由夹套固定，启动柱塞液压泵，使活塞杆逐渐向前移动，通过弯管胎将管子顶弯。

操作时，两个顶轮的凹槽、直径与设置间距，应与所弯制的管子相适应（可调换顶轮和调整间距）。由于液压弯管弯曲半径较大，操作不当时椭圆度较大，故操作时应倍加小心。现将适于施工现场使用的能弯制 $\phi114\times8$ 以下规格钢管的机型介绍于表 8-15 中。

表 8-15 液压弯机

技术参考 \ 型号	CDW27Y				
	25×3	42×4	60×5	89×6	114×8
弯制最大管材/mm	$\phi25\times3$	$\phi42\times4$	$\phi60\times5$	$\phi89\times6$	$\phi114\times8$
最大弯曲角度	195°	195°	190°	195°	195°
最大规格管材最小弯曲半径/mm	75	126	180	270	350
弯曲半径范围/mm	10～100	15～210	50～250	100～500	250～700
标准芯棒长度/mm	2000	3000	3000	4000	4500
液压工作压力/MPa	14	14	16	14	14
电机功率/kW	1.1	2.2	5.5	7.5	11

8.4.3 热弯弯管

热弯是将管子加热后，对管子进行热弯。管子加热后，增加塑性，能弯制任意角度的弯管。在没有冷弯设备的情况下，对管径较大（DN＞80）、厚管壁的管子大都采用热弯。

热弯弯管按弯制方法不同，可分为手工热弯弯管和弯管机热弯弯管。

（1）*手工热弯弯管* 先将管内充实砂子，用氧-乙炔焰或焦炭地炉加热进行弯制。这种方法制作效率低，劳动强度大，仅适合于安装工地上制作少量的小口径弯管。

（2）*弯管机热弯弯管* 利用氧-乙炔焰加热的大功率火燃弯管机、中频弯管机、可控硅中频加热弯管机等来弯制。

下面介绍在安装现场常用的小口径热弯弯管的弯制方法。选用符合弯制要求的管子后，预先在直管上画好线，当需要弯制定尺寸的弯管时，必须计算弯管的弯曲长度，这个弯曲长度就是加热长度。

加热长度按式（8-9）计算，即

$$l=\frac{\alpha\pi R}{180}=0.01745\alpha R \tag{8-9}$$

式中，l 为加热长度，mm；α 为弯管角度；π 为圆周率；取 3.14；R 为弯曲半径，mm。

当弯管角度为 90°，$R=4D$ 时：

$$l=\frac{90\pi R}{180}=\frac{\pi}{2}R=1.57R=6.28D\approx 6D \qquad (8\text{-}10)$$

如图 8-68 所示。

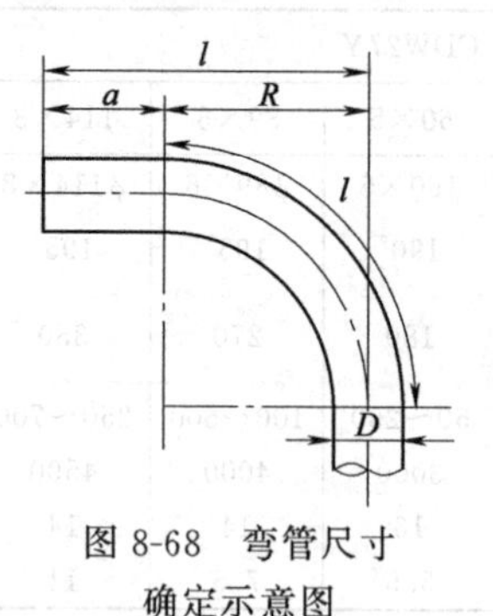

图 8-68 弯管尺寸确定示意图

管子画线应注意：弯管弧长按式（8-10）计算，是管子的理论加热长度，实际弯管时，在弯曲长度 l 的范围内，由于加热，管子会略有伸长。当需要精确计算弯管的实际弯长时，应将这部分伸长量考虑进去。热伸长量 Δl 可按式（8-11）计算，即

$$\Delta l=R\tan\frac{\alpha}{2}-\frac{\pi}{360}\alpha R$$

即

$$\Delta l=R\tan\frac{\alpha}{2}-0.00873\alpha R \qquad (8\text{-}11)$$

管子热弯的弯曲半径一般取管子公称直径的 3.5～4 倍。现将常用管子的理论加热长度列入表 8-16 中。

表 8-16 常用管子热弯的理论加热长度 mm

弯曲角度	管子公称直径/mm									
	50	65	80	100	125	150	200	250	300	400
	R=3.5DN 的加热长度/mm									
30°	92	119	147	183	230	275	367	458	550	733
45°	138	178	220	275	345	418	550	688	825	1100
60°	183	273	293	367	460	550	733	917	1100	1467
90°	275	356	440	550	690	825	1100	1375	1650	2200
	R=4DN 的加热长度/mm									
30°	105	137	168	209	262	314	420	523	630	840
45°	157	205	252	314	393	471	630	785	945	1260
60°	209	273	336	419	524	628	840	1047	1260	1680
90°	314	410	504	628	786	942	1260	1570	1890	2520

对于 $R=4D$、$\alpha=90°$的弯管，其热伸长量 $\Delta l=0.86D$，则弯管每端伸长 $\Delta l/2=0.43D$。90°一端定尺寸弯管的画线有 3 种方法。

① 从图 8-69 中知道：

$$L = a + R \tag{8-12}$$

式中，L 为管端至弯管中心长度；a 为起弯点前直管长度；R 为弯曲半径。

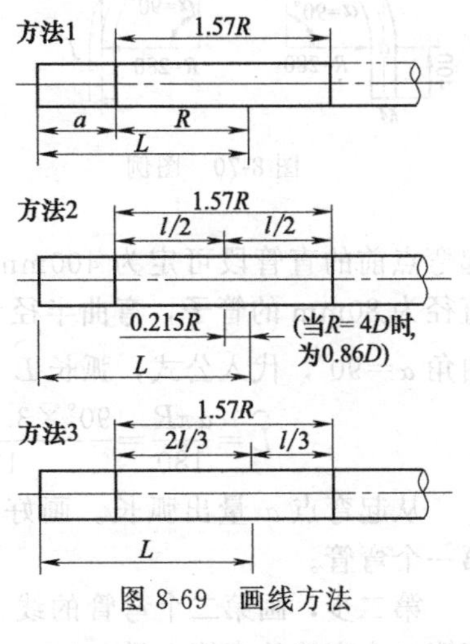

图 8-69 画线方法

由式（8-12）可得，起弯点前直管长度 $a = L - R$。画线时，可在直管上直接量出尺寸 a，此点即为弯管的起弯点，从 a 点向前量 $L = 1.57R$ 即为弯曲长度，这是第一种画线方法。

② 先从管端量取弯管中心长度 L，再退回一个位移值 $\Delta L = 0.215R$，此点即为弯曲长度的中心（从图上可以看到一只弯管在平面上所走的直角距离每一端都是 R，即图上量下来共走的距离是 $2R$，而实际管子弯曲长度为弧长 $1.57R$，整个弯管共伸长了 $2R - 1.57R = 0.43R$，即每端长出 $0.215R$）。

同样情况，在弯制 U 形弯、双向弯或方形补偿器时，对每两只弯管的弯曲长度进行画线时，要在直管上先画出两个弯管的中心长度 L 后，再向里量出一个 $\Delta L = 0.215R$ 位移值，定出弯曲长度的中心，再画出弧长，这样弯好后两个弯管的中心距离才能等于所需要的尺寸。

③ 这个方法是熟练工人的习惯画法。在量出管端至弯管中心的长度 L 后，在管端处取 $(2/3)l$，另一端取 $(1/3)l$，这个方法非常简单好记，是一个近似的画法。

这个方法实际上是把弯曲中心的位移值扣除了 $0.2618R$，与第二种方法比较多扣除了 $0.047R$，当 $R=4D$ 时，多扣了 $0.19D$；当 $R=3.5D$ 时，多扣除了 $0.165D$。所以弯管后管端长度会缩短。使用这个方法时，如果需要定尺寸，则要考虑到这一误差，考虑到管子弯曲时的伸长。弯管后实际的缩短没有那么大，只在 $0.1D$ 左右，而方法①、②则是有所伸长的。

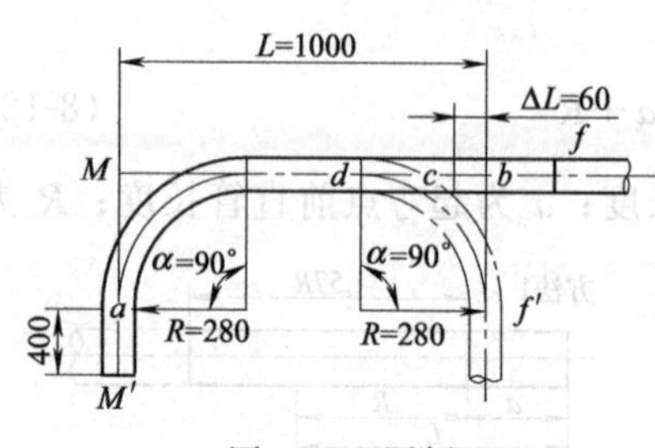

图 8-70　图例

【例】将公称直径为 80mm 的钢管弯制成如图 8-70 所示形状的弯管，两个弯管的弯曲角 α 都为 90°，两个弯管中心距离 $L=1000$mm，第二个弯管的线怎样画？

解：第一步，先画出第一个弯管的线，因为该管公称直径是 80mm，如没有特殊要求。起弯点前的直管段可定为 400mm，画出起弯点 a。查表 8-16，公称直径为 80mm 的管子，弯曲半径 $R=3.5\mathrm{DN}=3.5\times80=280$mm；弯曲角 $\alpha=90°$，代入公式，弧长 $\overset{\frown}{L}$ 为

$$\overset{\frown}{L}=\frac{\alpha\pi R}{180}=\frac{90°\times3.14\times280}{180}=440\ (\mathrm{mm})$$

从起弯点 a 量出弧长。画好第一个弯管中心线，即可加热弯制第一个弯管。

第二步，画第二个弯管的线，垂直第一个弯管中心 MM'，沿未弯第二个弯管的直管上量 $mb=1000$mm 画 b 线；因为两个弯头相同，所以 $R=280$mm，$\alpha=90°$，代入式中得 ΔL：

$$\begin{aligned}\Delta L&=R\tan\frac{\alpha}{2}-0.00873\alpha R\\&=280\times1-0.00873\times280\times90\\&=60\ (\mathrm{mm})\end{aligned}$$

从 b 向左量 60mm 画 c 线，即是第二个弯管的弧长。画好线后即可对第二个弯管进行加热和弯制。

任意角度弯管弯制时，先量出管端至弯管中心距离 L，然后退回位移值 ΔL，即为弯曲中心。任意角的位移值 ΔL 按式（8-11）计算。

8.4.4　手工热弯

手工热弯是一种较原始的弯管制作方法。这种方法灵活性大，但效率低，能源浪费大，因此目前在钢管煨弯中已很少采用，但它确实有着普遍意义。直至目前，在一些有色金属管、塑料管的煨弯中仍有其明显的优越性，故仍将它予以介绍。这种方法主要分为灌砂、加

热、弯制和清砂这4道工序。

(1) 准备工作

① 管材。弯管所用管材除规格符合要求外，应无锈蚀、无外伤、无裂纹。对于高、中压用的煨弯管子应选择壁厚为正偏差的管子。

② 砂。弯管用的砂子应根据管材、管径对砂子的粒度进行选用。碳素钢管用的砂子粒度应按表8-17所示选用，砂粒细小，在管子中的充实性好，但在弯曲管子时容易被挤碎而黏接在管内壁上；砂粒粗大，充实性差，但抗压性强，不易被挤碎。为使充砂密实，充砂时不应只用一种粒径的砂子，而应按表8-17所示进行级配。砂子耐热度要在1000℃以上。不锈钢管、铝管及铜管一律用细砂。砂子耐热度要适当高于管子加热的最高温度。

表8-17 钢管充填砂的粒度 mm

管子公称直径	<80	80～150	>150
砂子粒度	1～2	3～4	5～6

③ 灌砂台。灌砂平台的高度应低于煨制最长管子的长度1m左右，以便于装砂。由地面算起每隔1.8～2m分为一层，该间距主要考虑操作人员能站在平台上方便地操作。顶部设一平台，供装砂用。灌砂台一般用脚手架杆搭成。如果煨制管径大的弯管，在灌砂台上层需装设挂有滑轮组的吊杆，以便用来吊运砂子和管子。弯管量小时，可利用阳台、雨篷、屋面等灌砂。

④ 弯管平台。多由混凝土浇注并预埋管桩。或用钢板铺设，高度大于100mm，上面有足够圆孔或方孔，以供插入活动挡管桩之用，这些挡管桩可作为弯管时的支撑。

⑤ 加热炉。加热炉是用来加热管子的，用砖及耐火砖砌筑。应设有风管、风闸板及鼓风机，以备加热并送风。如有燃气供给，也可以采用燃气加热炉。

⑥ 牵引设备。绳索、绞磨、滑轮等。

(2) 充砂打砂　为防止弯管时管子断面扁化变形，弯管前必须用烘干砂将管腔填实。充砂时将管子的一端用木塞、钢板点焊、丝堵等堵牢，将管子竖立起来，已经堵塞的一端着地，稍微倾斜地靠在灌砂台上，管子上端用绳子固定于灌砂台上部，从上向下灌砂，并用手锤人工打砂（用敲打管壁方法使砂振实）或设打砂机机械打砂。人工打砂时，锤要打平，不得将管壁打出凹痕，打砂听声直至脆实、砂面不再下沉为止。最后封好上管口。

（3）*加热* 弯管加热一般用地炉加热。加热钢管可用焦炭作燃料；加热铜管宜用木炭作燃料；加热铝管应先用焦炭打底，上面铺木炭以调节温度；加热铝管宜用氢气焰或蒸汽加热。管径小于50mm且弯管量少时，也可用氧-乙炔焰加热。

把管子放进地炉前，应将炉内燃料加足，在管子加热过程中一般不加燃料。炉内燃料燃烧正常后，再将管子放进去，燃料应沿管子周围在加热长度内均匀分配，并上盖反射钢板以减少热损失，加速加热过程。

在加热过程中，要经常转动加热中的管子，使其受热均匀。加热温度一般为1000～1050℃，可用观察色泽辨定（俗称看火），燃烧颜色与温度相近对应关系见表8-18。白天日照不易看火时，可用遮阴辨色。加热时注意不得过烧（指达到大于1200℃，管子出现白亮色甚至冒出火星的烧化状态）和渗碳。加热是弯曲的重要环节，应精心操作。

表8-18 管子受热颜色与温度的对应关系

温度/℃	550	650	700	800	900	1000	1100	＞1200
发光颜色	微红	深红	樱桃红	浅红	深橙	橙黄	浅黄	发白

施工现场地炉加热，使用的燃料应是焦炭，而不用烟煤，因烟煤含硫，不但腐蚀管子，而且会改变管子的化学成分，以致降低管子的机械强度。焦炭的粒径应为50～70mm，当煨制管径大时，应用大块。地炉要经常清理，以防结焦而影响管子均匀加热。钢管弯管加热到弯曲温度所需的时间和燃料量可参考表8-19所示。

表8-19 钢管加热的燃料量与时间

公称直径/mm		100	125	150	200	250	300	350
燃料/kg	焦炭	6	9	14	23	36	55	71
	木炭	5	8	12	20	32	48	62
	泥炭	11	17	26	43	68	103	133
加热时间/min		40	55	75	100	130	160	190

管子的加热温度视管子的种类而定：对于碳素钢管为900～1000℃，即加热至深橙或橙黄色，最高不得超过1050℃；对于低合金钢管亦为1050℃；对于不锈钢管为1100～1200℃。为了防止不锈钢在加热过程中产生渗碳现象，可将不锈钢管放在碳素钢管套管中加

热。铜管加热温度为500～600℃，铝管加热温度为100～130℃。加热管子时还应使管内砂子也达到这个温度，所以管子在开始呈淡红色时，不应立即取出，应继续保持一段时间，使砂子也被加热。当砂子加热到要求温度时，管子表面开始有蛇皮状的氧化皮脱落，此时，应立即取出管子运至平台进行弯曲。

弯管的加热长度一般为弯曲长度的1.2倍，弯曲操作的温度区间对于碳素钢管为1050～700℃；对于低合金钢管为1050～750℃；对于不锈钢管为980～710℃。当管子低于这个温度时，不得再进行弯曲，以避免过度的冷作使金属结构变坏。若要再弯，必须再行加热。

(4) 弯曲成形　弯曲成形在平台上进行，把加热好的管子插入管桩间。运管时，对于直径不大于100mm的管子，可用抬管夹钳人工抬运；对于直径大于100mm的较大管子，因砂已充满，抬运时很费力，同时管子也易于变形，尽量采用起重运输设备搬运。如果管子在搬运过程中产生变形，则应调直后再进行煨管。管子插入管桩间后，画线标记露出管桩1～1.5D，用水壶将画线以外的部分浇水冷却后，即可牵动绳索使弯曲成形。成形过程中应由有经验的工人观察成弯状况，并指挥牵引。成弯一般用样板控制弯曲角度，考虑管子冷却后弯管有回弹现象，样板角度一般可大于弯曲角度2°～3°。

弯管角度不足90°的弯管，习惯上称为“撇开弯”，多为不能使用的弯管（废品）；弯曲角度略大于90°的弯管叫“勾头弯”，只要角度相差不大，安装时在弯管背部稍加烘烤，仍可回弹到满足使用的角度。因此，在弯制90°弯管时，应按照“宁勾不撇”的原则控制弯曲角度。

在热弯过程中，如发现起弯不均匀时，可在快弯的部分点水冷却，以使起弯均匀美观；如出现椭圆度过大、有鼓包或明显皱折时，应立即停止成形操作，趁热用手锤修整。但合金钢管在弯曲时严禁用水冷却，因为用水急冷，合金钢会淬硬，并可能使金属内出现微小的纤维裂纹。

弯管成形后，应放在空气中或盖上一层干砂，使其逐渐冷却。在弯曲部分涂上一层废机油以防止氧化。

(5) 除砂及清理　弯曲成形的弯管，冷却后取下堵头，用手锤轻轻振打，将砂倒净，砂倒完后，再用圆形钢丝刷系上铁丝拉扫，用压缩空气将管内吹扫一遍，将管壁内黏结的砂粒除净。重要的管道安装部位，弯管安装时应做通球试验，以确保管道畅通。

8.4.5 机械热弯

机械热弯使用火焰弯管机或中频感应电热弯管机，多用于工厂内的集中制作。机械热弯管子不需装砂，适用于较大直径的弯管加工，且质量好，效率高，节省大量繁重的人力劳动。

(1) 火焰弯管机 火焰弯管机的传动系统由调速电动机、减速箱、齿轮系、蜗杆蜗轮等组成，从而带动主轴旋转。主轴则与弯管机构连接，通过托辊、靠轮和拐臂、夹头等使管子转向弯曲。管子转向弯曲前是通过火焰圈加热，管子处于设计的加热温度下进行的。弯管时，夹头的规格随管子直径大小来更换，弯曲半径则由调整夹头与主轴的水平距离控制。

弯管时，钢管的一面由火焰圈加热（只热钢管的一圈，长度极短），当管子弯曲部分约 30mm 宽的管子截面被加热至 780～850℃，呈樱桃红色时（指碳钢管），又被拐壁拖动做圆弧移动，加热带即被弯曲，当管子离开火焰圈加热区后，紧靠火焰圈后的冷水圈立即将其冷却而定形，如此不断运动，弯管即成。这种弯管机弯曲力均匀，管子加热、冷却面窄（20～30mm），速度快，管壁变形均匀，所以在管内不加填充物的情况下就能保证弯管的椭圆度。火圈内径的大小，会影响钢管表面处的火焰温度，当火孔直径为 0.5mm 时，这个距离保持在 10～13mm 为好。在机上最好装一个角度矫正器（即装一个正反扣的螺栓），如图 8-71 所示，当弯管角度有误差时可用以调整。如管径较大时，可配用焊炬在弯管的背腹处稍加热，可提高其精确度。

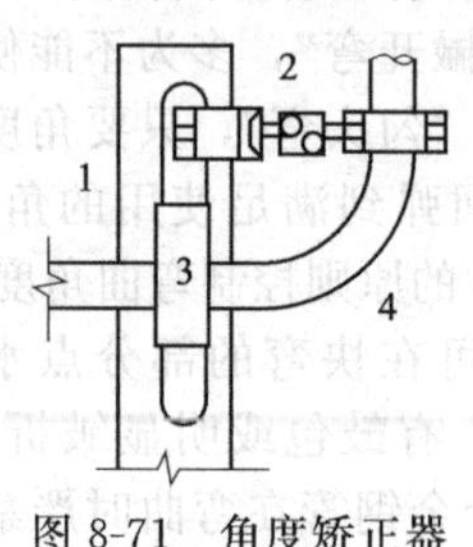

图 8-71 角度矫正器示意图

1—机械臂；2—正反扣螺栓；3—卡头；4—弯管

(2) 中频感应电热弯管机 中频感应电热弯管机是在火焰弯管机的基础上进一步发展起来的，所不同的是火焰圈换成由紫铜制成的感应圈，两端通入中频电流，中间通入冷却水。可以弯制外径 325mm，壁厚 10mm 的弯管。不锈钢管弯管宜用冷弯弯制，如采用热弯，则只能在 1100～1200℃ 的温度下，放在中频感应电热弯管机上弯制。因为不锈钢在 500～850℃ 的温度范围内长期加热时，有产生晶间腐蚀的倾向，所以使用这种弯管机，弯制质量好，效率高，比用焦炭加热制作的弯管高出近10倍。

中频感应电热弯管机的工作原理如图 8-72 所示。就是把要弯曲的管子通过两个转动的导轮，送到从强中频电磁场加热的狭窄区段，对管子进行局部环状加热到 900～1200℃（根据管子的钢号确定）。然后通过顶轮将管子顶弯。在中频电加热的区域后面，以冷水连续冷却，冷却段的温度约为 300℃。使管子弯曲段的两边达到足够的刚度，以减少管子弯曲时产生的椭圆度。

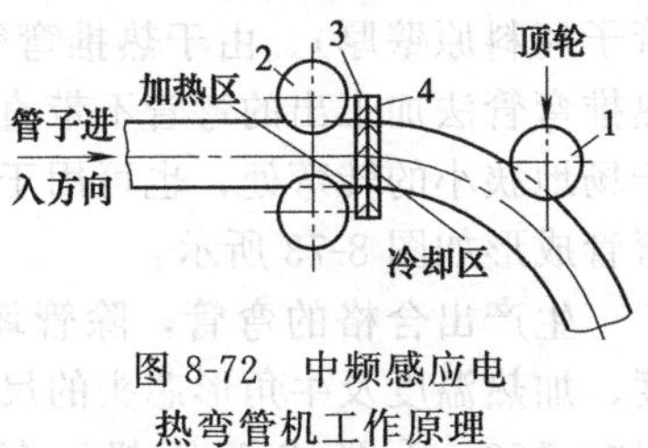

图 8-72　中频感应电热弯管机工作原理

1—顶轮；2—导轮；3—中频感应电热器；4—盘环管冷却器

8.4.6　热推弯管

热推弯管是在加工厂集中生产的急弯弯管。它可用于热力管道的方形胀力，在加工厂集中生产热推弯管较在安装现场可节约材料 75%～80%，耗工减少约 82%，采用热推弯管可以大大缩短管道制作与安装的工期。

热推弯管的生产方法是把下好的管子坯料套入连接牛角形芯头的接长杆内，固定接长杆于液压机的定梁，并将管子坯料卡在液压机的活动前梁上，使其可随前梁移动。上述操作完成后，点燃液化气，并调整其喷嘴的角度，在不均匀加热的同时，在液压机的压力作用下，使坯料通过牛角形芯头。管子坯料经牛角形芯头时，受偏心扩径和弯曲两种力量，而被弯成较大直径的弯管或蛇形管。在管子坯料偏心扩径与弯曲同时进行时，管子坯料内弧的温度高于外弧，所以出现内侧金属向外侧移动，使部分金属重新分布，结果保持壁厚不变（即等于

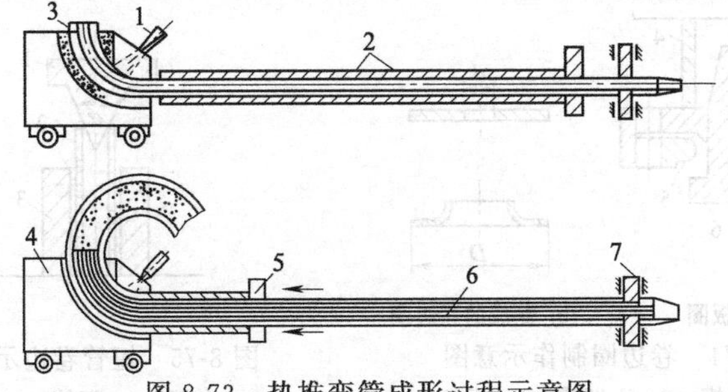

图 8-73　热推弯管成形过程示意图

1—燃气嘴；2—管子；3—牛角形芯头；4—加热炉；5—油压机的前梁；6—活塞杆；7—定梁

管子坯料原壁厚)。由于热推弯管是由管子坯料加工而成，因此这种热推弯管法加工出的弯管不带直管段，其弯曲半径为1～2DN。可用于场地狭小的转弯处，也可用于允许由弯管焊接组成的补偿器。热推弯管成形如图 8-73 所示。

生产出合格的弯管，除管坯的管径外，还与液压机的推力、速度、加热温度及牛角形芯头的尺寸等有关。目前使用的液压机是卧式双缸 160t 活塞式液压机，有效行程为 4m，最高操作压力为 $2000N/cm^2$，泵全量时，活塞全移速度为600m/min。

8.5 翻边制作

8.5.1 卷边圈制作

卷边圈制作方法如图 8-74 所示。将钢板圈置于上、下凹模之间，内凸模在外力的作用下将钢板圈压成卷边圈。施力的机具可采用液压千斤顶。当钢板厚为 3mm 时（材质为 1Cr18Ni9Ti)，100kN（10t）的液压千斤顶可制作公称直径为 25mm 的卷边圈；当板厚 3.5mm 时，500kN（50t）液压千斤顶可制作公称直径为 50mm 的卷边圈；当板厚 4mm 时，1000kN（100t）液压千斤顶可制作公称直径为 80mm 的卷边圈。

在加工钢板圈时，应使其内径 d 与管子外径的比为 1∶(2.1～2.2)。

8.5.2 卷边短管的制作

短管卷边可采用电动卷边机。其制作方法如图 8-75 所示。内模

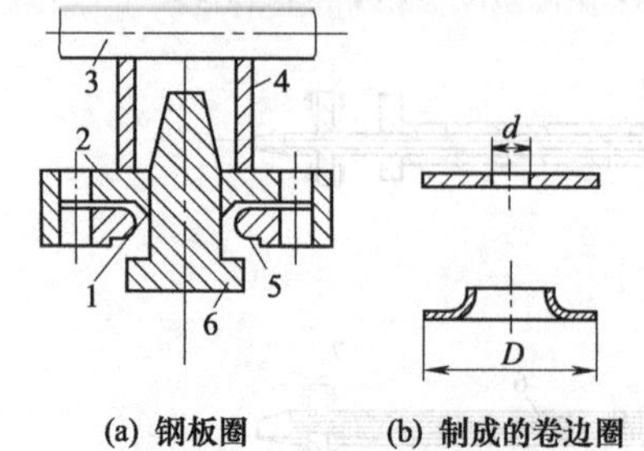

(a) 钢板圈　(b) 制成的卷边圈

图 8-74　卷边圈制作示意图

1—下凹模；2—上凹模；3—框架；4—管；5—卷边圈；6—内凸模

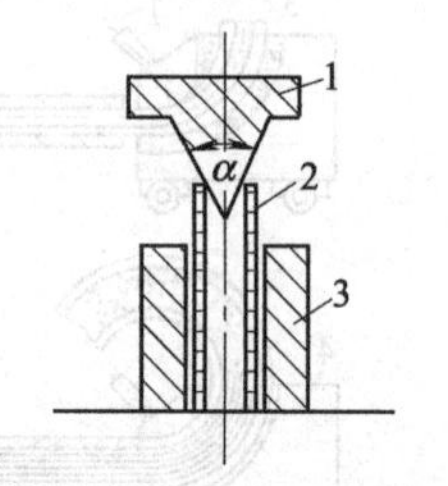

图 8-75　短管卷边示意图

1—内模；2—短管；3—外模

的角度 α 有 45°、90°、125°、180°这 4 种。在管子上卷边时，内模（中碳钢制成）更换 4 次，冲压即成。

短管卷边比钢圈卷边麻烦些，但安装方便。卷边圈与管道焊接时，常因焊缝高度较大，焊后要进行加工，否则会造成卷边圈与钢法兰接触不紧密的缺陷。

8.6　拉制三通的加工

为了减少流体在管内的压力损失，提高焊缝质量，在现场可用拉制（热拉、冷拉）方法制作拉制三通。

8.6.1　工艺过程

拉制三通制作方法各地基本一致，这里以图 8-76 所示的拉制三通龙门架为例说明。先在主管上开一椭圆形孔口，将钢模（有半球形的、圆锥形和梨形的）送入主管孔内至孔口处，孔口上装上龙门架和插入的方牙螺纹拉杆，同时压模紧压着主管中心线位置，以防主管变形。如用热拉法时，则用氧-乙炔焰将孔口周围加热至 850℃左右，然后旋紧手柄，逐渐将拉模拉出，管壁被翻出，则成短径的三通口。

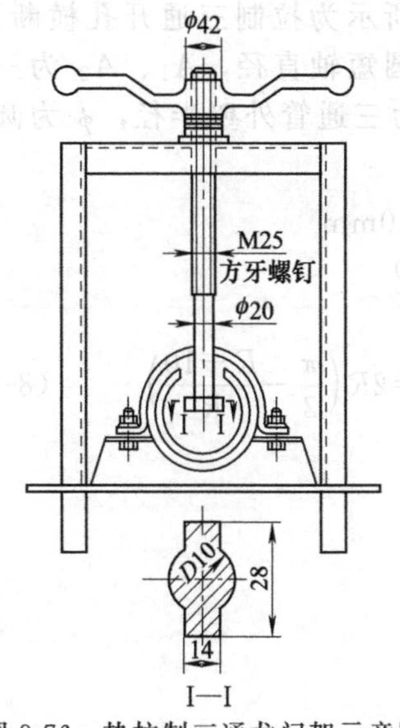

图 8-76　热拉制三通龙门架示意图

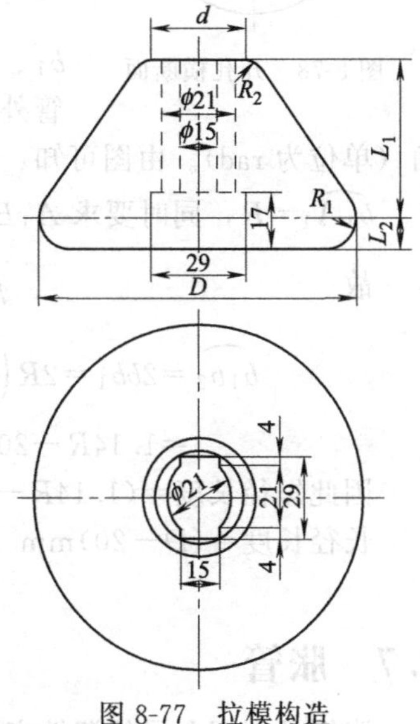

图 8-77　拉模构造

注意：翻出的短径不能过高，否则翻口管壁将减薄过甚。一般翻出的短径不超过 10mm，则管壁减薄不超过 1mm。

8.6.2 拉模结构尺寸

拉制等径正三通的拉模结构尺寸如图 8-77 和表 8-20 所示，供参考。

表 8-20 拉模尺寸选用 mm

管径	尺寸					
	L_1	L_2	R_1	R_2	D	d
76×3.5	32	7	7	3	69	30
89×4	37	8	8	4	81	35
108×4	41	10	10	5	100	35
133×4	59	13	13	6	125	45
159×4.5	71	13	13	6	150	52

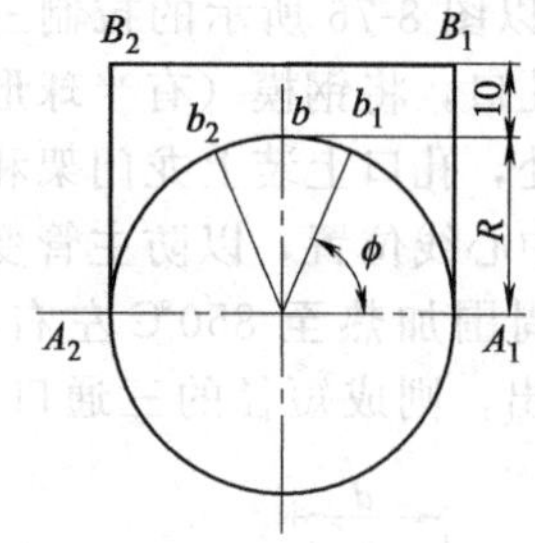

图 8-78 开孔横断面

8.6.3 拉制三通的开孔

为使拉制三通翻出的短颈高度为 10mm，则所开孔口形状应为椭圆形，椭圆的长径平行于主管轴线，短径垂直于轴线，长径和短径的长度可用计算方法确定。

图 8-78 所示为拉制三通开孔横断面，b_1、b_2 为椭圆短轴直径，A_1、A_2 为三通管外径，R 为三通管外壁半径，ϕ 为圆心角（单位为 rad）。由图可知：

$\overset{\frown}{b_1A_1}=R$，同时要求 $A_1B_1=R+10\text{mm}$

故
$$\phi=\frac{R+10}{R}$$

$$\overset{\frown}{b_1b_2}=2bb_1=2R\left(\frac{\pi}{2}-\phi\right)=2R\left(\frac{\pi}{2}-\frac{R+10}{R}\right) \tag{8-13}$$
$$=1.14R-20$$

因此短径长度$=(1.14R-20)\text{mm}$

长径长度$=(D-20)\text{mm}$

8.7 胀管

胀管是利用金属的塑性变形和弹性变形的性质，将管子和管板连接成一体的一种工艺方法。胀接有机械胀接、爆炸胀接和液压胀接 3 种方法。不论采用哪种方法，都是通过扩胀管子的直径，使管子产生塑性变形。并通过管壁作用在管板孔壁上，使其产生弹性变形，利用管板孔壁的回弹对管子施加径向压力，使管子与管板的连接接头产生足够的胀接强度，同时具有较好的致密性。

由于胀接技术仅限于管子和管板之间的连接，应用范围有限，所以只是在一些压力容器，如锅炉、热交换器等产品中应用；并且，为了提高连接强度和致密性，往往辅以开槽或焊接等各种手段。

8.7.1 胀接的结构形式

胀接的结构形式主要有两种，即光孔胀接和管板孔开槽胀接。胀接的结构种类、形式、特点和应用范围如表 8-21 所示。

表 8-21 胀接的种类、形式、特点和应用范围

种类	名称	结构示意图	工作压力/MPa	特点和应用
光孔胀接	光孔胀接		<0.6	基本胀接形式，强度较低。用于要求不高场合
	光孔翻边胀接		<0.6	基本胀接形式，强度稍高，用于一般结构
	光孔胀接加端面焊		<7	强度较高，焊接技术要求较高。用于重要结构
管板孔开槽胀接	开槽胀接		<3.5	强度较高，管板孔加工比较困难。用于较重要结构
	开槽翻边胀接		<3.5	强度较高，管板孔加工比较困难。用于较重要结构
	开槽胀接加端面焊		>7	强度最高，工艺复杂。用于高压容器等重要结构

(1) 光孔胀接

① 光孔胀接 这是胀接的基本形式。因为光孔胀接对管孔加工要求不高，只要满足管孔的尺寸公差要求和管孔的表面粗糙度要求即可。所以光孔胀接工艺简单，加工和操作都比较容易。光孔胀接一般用于工作压力不高、连接强度要求也不高的结构中。

② 光孔翻边胀接 在光孔胀接的基础上，将管端翻成喇叭口或半圆形，能提高一定的连接强度。管端的翻边可利用特殊胀管器在胀管的同时来完成，因此，光孔翻边胀接的工艺比较简单，加工和操作也都比较容易。但是，管端翻边所能提高的连接强度是有限的，所以，光孔翻边胀接一般用于工作压力不高、连接强度要求不高的结构中。

③ 光孔胀接加端面焊 随着工作压力和温度的提高，单靠胀接方法是不能满足要求的，采取胀接后再加端面焊的方法，是提高接头强度和密封性能的有效方法。根据胀接接头工作压力和温度的高低，胀接加端面焊可选择以下两种形式。

a. 自熔式焊接。管端高出管板 1～2mm，依靠管端和管孔棱角熔化形成焊接接头，如图 8-79 (a) 所示。这种形式管孔加工容易，焊接工艺简单，可获得较高的连接强度和较好的密封性，是应用最为广泛的一种。尤其是目前用于管和管板连接的自动旋转焊机的普及和推广使用，使得这种连接方法成为压力容器制造中管与管板连接的主要工艺方法。一般工作压力低于 7MPa、工作温度低于 350℃，普通工作介质的管与管板的连接大多采用这种方式。

b. 填充式焊接。管端高出管板至少一个管壁厚度，通过填充金属形成角焊缝，如图 8-79 (b) 所示。填充式焊接的工艺比较复杂，但这种形式无论是连接强度还是密封性，均较自熔式焊接高一个等级。可在工作压力、温度、介质等方面有特殊要求的情况下考虑采用。

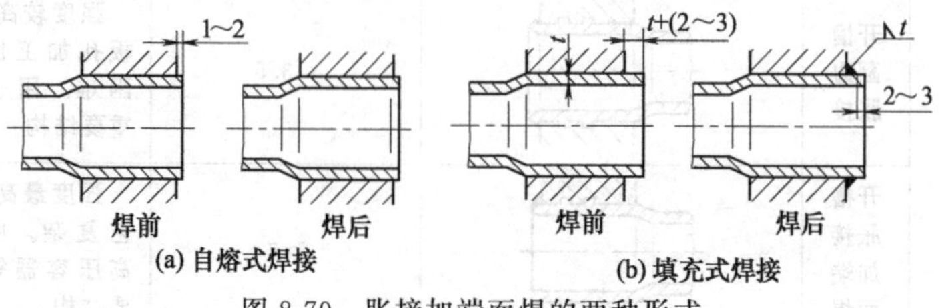

图 8-79 胀接加端面焊的两种形式

(2) 管板孔开槽胀接 开槽是指在管板孔内壁上适当加工出一些沟槽，依靠胀接管子时使少许管壁嵌入沟槽而增加连接强度的一种工艺方法。开槽胀接大多考虑在高温工作状态下采用。因为使用温度较高时，管子产生的金属蠕变会使胀管所造成的径向压力松弛，导致胀接接头失效。但是，开槽只能解决高温状态下的连接强度问题，对改变由于高温引起的密封性能下降成效不大。加之管板壁开槽工艺复杂、加工难度较大，在管端面焊接工艺日趋成熟、焊接设备日趋先进的今天，开槽胀接有被光管胀接加端面焊逐步取代的趋势。

① 开槽胀接 管孔壁开槽的数目、开槽宽度和开槽深度视管板厚度、胀接长度和管壁厚度等因素而定。一般情况下，开槽深度可在小于管壁厚度的 1/4、开槽宽度总和小于胀接长度的 1/2 范围内选取。

② 开槽翻边胀接 开槽翻边胀接是在普通开槽胀接的基础上，为改善连接性能而采取的一种工艺方法。其胀接工艺方法与光管翻边胀接工艺方法相似，管端翻边也可在胀接同时完成。

③ 开槽胀接加端面焊 开槽胀接加端面焊是在普通开槽胀接的基础上，为获得更高的连接强度而采取的一种工艺方法。端面焊的形式也有两种：自熔式端面焊和填充式端面焊。开槽胀接加填充式端面焊是连接强度最高的一种，也是工艺方法最为复杂的一种。在高温、高压或工作介质特殊的场合，可选用这种方法。

在选用胀接加端面焊的工艺时，存在着一个是先焊还是先胀的问题。如先胀后焊，胀管时用的润滑剂必然会进入缝隙内，而且非常难以清除，在焊接的高温下会产生有害气体，焊缝易产生气孔而影响质量；若先焊后胀，不合适的胀接参数如胀接间隙、胀接力等可能会使焊缝开裂。实践证明，在胀、焊同时选用的工艺中，焊接的作用要大于胀接，可优先考虑焊接条件。对于胀接工序，只要胀管参数、胀管过程控制得当，是不会产生焊缝开裂的。因此，采用先焊后胀比较合适。

8.7.2 胀管器

胀管器的种类很多，有螺旋式、前进式、后退式、自动胀管器等，但由于它们的结构不同，因此使用方法与特点也就不同。最基本的是前进式胀管器和后退式胀管器两类。

胀管器的性能对胀接质量有直接影响，因此，必须掌握胀管器的工作原理和结构特点，以保证正确选用胀管器，进而保证胀接质量。

（1）前进式胀管器　一种是只能胀管不带扳边功能的，叫前进式胀管器；另一种既能胀管同时还能进行扳边的，叫前进式扳边胀管器。

①前进式胀管器的结构　前进式胀管器由胀壳、胀杆和3个或3个以上对称排列的胀子所组成，如图8-80所示。

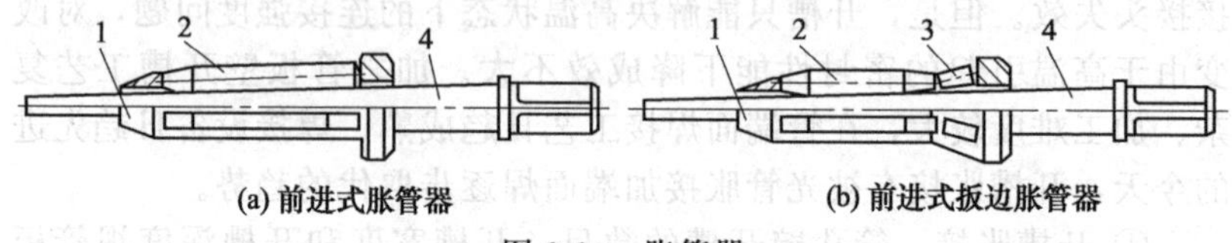

图 8-80　胀管器

1—胀壳；2—胀子；3—扳边辊子；4—胀杆

前进式扳边胀管器是在前进式胀管器中，多一个扳边辊子构成，如图8-80（b）所示。正是这个扳边辊子，在胀接终了前胀管器运行至根部时，由扳边辊子对管端进行翻边。不同形状的扳边辊子可得到不同形状的翻边。

②前进式胀管器的工作原理　胀管操作时，将胀管器插入管内并向前推进，随着胀杆、胀子的旋转和推进，对管子内壁进行不断的碾压、扩张，使管子在直径方向上延展产生塑性变形。同时，扩张力通过管壁作用在管板孔上，使之产生微量的弹性变形。结束胀接时，管板孔的回弹抱紧塑性变形的管子，形成胀接接头。前进式胀管器的工作过程如图8-81所示。

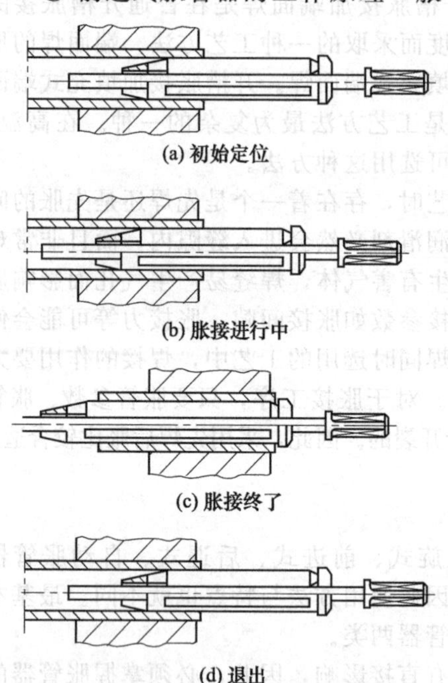

图 8-81　前进式胀管器的工作过程

前进式胀管器使用时有以下弊端：

①当管板厚度较大，管子直径小而胀接长度又相对较长的情况下，细长的胀杆承受的扭力较大，容易折断；②由于前进式胀管器工

作时是由外向管内推进，管子受到胀子碾压后伸长量是向管板里面延伸的，所以会将管板向外顶出，将不可避免地影响到装配质量。

(2) 后退式胀管器 图 8-82 所示为典型的后退式胀管器结构。从其结构和使用方法来看，都比前进式胀管器复杂。

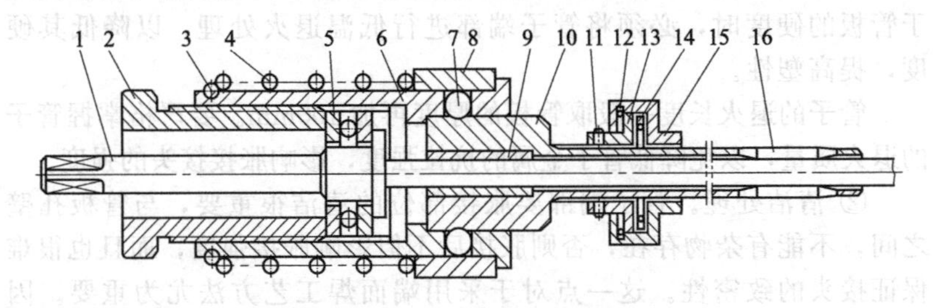

图 8-82 后退式胀管器

1—胀杆；2—定位螺母；3，4，12—弹簧圈；5—推力球轴承；6—套管；7—钢球；8—外套壳；9—定位圈；10—胀壳；11—螺钉；13—定位盖；14—轴承；15—轴承外壳；16—胀子

后退式胀接分以下两步进行。

① 首先将外套壳 8 向左推动，使钢球 7 让开，则接套管 6 和胀壳 10 分开；然后将胀子部分插到管子里端，开始时按顺时针方向转动胀杆，使管子里端先胀紧。

② 转动定位螺母 2，将单向推力球轴承 5 推向胀杆 1，由于胀杆被定位螺母 2 顶住，所以胀子始终保持原来的胀接力。继续开动胀管器，胀管器开始由内向外逐步退出，退出过程中将管子胀紧。在这里，定位螺母除能定位外，还能调节胀接力度。当定位用的螺钉 11 旋松后，定位盖与胀壳配合的螺纹就能旋转，因此就可以按螺纹的螺距为级数来控制胀接长度，旋紧螺钉 11 就能限位。

8.7.3 胀管前的准备工作

(1) 选择胀管器

① 首先根据胀接接头管子的内径和胀接长度，确定胀管方法是采用前进式还是后退式的胀管方法；然后再按管子内径的大小和扳边与否，选定合适规格的胀管器。

② 如果胀接接头数量不多，可采用手动胀接，即用扳手扳动胀杆进行胀接。扳手最好采用带棘轮的倒顺扳手，操作比较方便。当接

头数量较多时，则应考虑使用机械胀接，以减轻劳动强度和提高效率。

（2）管子端部处理

① 硬度处理。在胀接过程中，管子端部产生较大的塑性变形，因此要求管子端部硬度必须低于管孔壁的硬度。当胀接管子的硬度高于管板的硬度时，必须将管子端部进行低温退火处理，以降低其硬度，提高塑性。

管子的退火长度一般取管板的厚度再加100mm。要严格掌握管子的退火质量，以免降低管子金属的抗拉强度，影响胀接接头的强度。

② 清洁处理。管子端部要胀接部位的清洁很重要，与管板孔壁之间，不能有杂物存在，否则胀接后不但影响胀接强度，而且也很难保证接头的致密性。这一点对于采用端面焊工艺方法尤为重要。因此，在胀接前，必须对管板孔及管端分别加以清理。清洁处理主要是将管板孔及管端部位的尘土、水分、油污及铁锈等清理掉。清除时可先用清洗剂冲洗，然后再用干净的棉纱擦净。

③ 表面粗糙度处理。管子表面胀接部位的表面粗糙度也很重要，它是影响胀接质量的主要因素之一。

为保证胀接质量，管子表面胀接部位的表面粗糙度 Ra 至少要达到 12.5μm 以上。通常是用刚玉砂布或专用的抛光砂轮来打磨，直至全部发出金属光泽为止。打磨时应沿管子圆周环向打磨，不允许有纵向贯穿的磨痕以及两端延伸到管板孔壁外的螺旋形磨痕存在。有严重机械损伤的不得再用。同时，管端和管板孔边缘的锐边和毛刺都应处理掉。

经表面清理和粗糙度处理后的工件，应尽快胀、焊，以免产生新的污染。

④ 尺寸公差处理。管板孔的尺寸公差由机械加工来保证。而管子要经过测量、挑选。对于个别尺寸、圆度严重超差的，要坚决淘汰。对于一些尺寸偏大或偏小的管子，可进行标识、分类，以便采取措施进行选配，以保证胀接质量。

8.7.4 胀管操作

（1）选择胀接顺序　对于多管胀接，必然存在一个选择胀接顺序的问题，如果选择不当，将会影响到构件完工后的形位尺寸。

当单端平面管板胀接时，只要在对称位置交替进行胀接即可，如图8-83所示。

对于管子两端均有管板的胀接，应先集中胀接第一块管板，由于管子在胀接过程中能无阻碍地向另一端伸长，故不会引起管板变形。在胀接第二块管板时，再遵循对称位置交替胀接的原则，便可有效地控制变形。

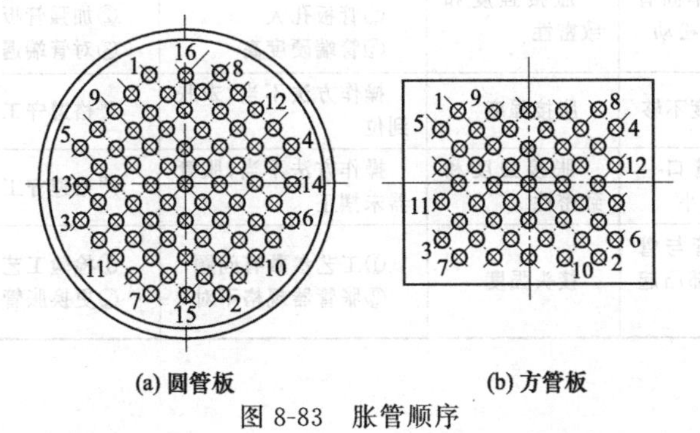

(a) 圆管板　　(b) 方管板

图 8-83　胀管顺序

（2）胀接　为了保证产品胀接后的形位尺寸符合要求，不能对所有管头一次全部胀好，可分两步进行：第一步先初胀定位，胀紧力和胀接长度均未到位，以有效定位为主；第二步复胀完成。

实际操作中，按前面介绍的胀管顺序进行初胀定位，当完成 1/4～1/3 的数目时，可以认为已完成了定位。测量无误后，对余下的管端便可一次胀成，需要扳边的可同时完成。然后，再对初胀定位部分的管端完成复胀。

对于采用初胀定位方法胀接的管端，要做好标记，以免复胀时遗漏。

8.7.5　胀接质量

胀接质量的好坏将直接关系到产品的质量，因此，要了解胀接可能产生的缺陷及产生的原因，预先采取措施，力争避免产生缺陷。

胀管的缺陷主要有：扩张量不够；扩张量过大；出现裂缝，如图 8-84 所示。胀接可能产生的缺陷及预防措施如表 8-22 所示。

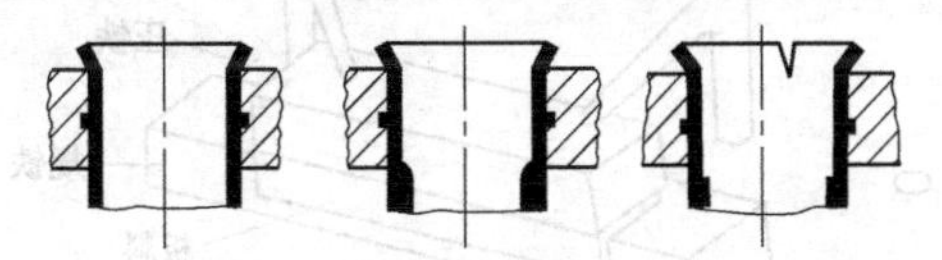

(a) 扩张量不够　(b) 扩张量过大　(c) 出现裂缝

图 8-84　胀管的缺陷

表 8-22 胀接可能产生的缺陷及预防措施

缺陷现象	缺陷影响	原　因	纠正和预防措施
胀接不牢固有间隙、接头松动	胀接强度和致密性	①胀管器规格不对 ②管板孔大 ③管端硬度高	①检查、更换胀管器 ②加强管板加工控制 ③对管端退火处理
胀接长度不够	胀接强度	操作方法不当，未胀到位	严格遵守工艺规程
胀偏，管口一边大、一边小	胀接强度和致密性	操作方法不当，胀管器未摆正	严格遵守工艺规程
过胀，管与管板连接根部凸起过大	接头强度	①工艺参数有问题 ②胀管器规格不对	①检验工艺参数 ②更换胀管器

8.8 手工成形

凡通过用手锤锤击板材及型材来获得一定形状的操作方法叫做手工成形。这种成形方法虽然劳动强度大，但由于使用的工具简单，操作比较灵活，至今仍被广泛采用。手工成形特别适用于设备条件缺乏或机械成形困难的作业。

8.8.1 板材的一般煨弯

手工弯曲是通过手工操作来弯曲毛料，用于单件小批生产或压力机难以成形的工件。下面举例介绍手工弯曲操作过程。

(1) 角形件的弯曲　弯曲角形件是最简单的一种手工操作。首先下好展开料，画出弯曲线，放在规铁上，并压上压铁，要注意板料的弯曲线与规铁、压铁的边棱相重合，并用羊角卡卡紧，如图 8-85 所示。用手锤或木锤先将板料的两端弯成一定角度，以便定位，使板料在锤击中不至于串动。锤击时要轻，一点挨着一点地从一端向另一端

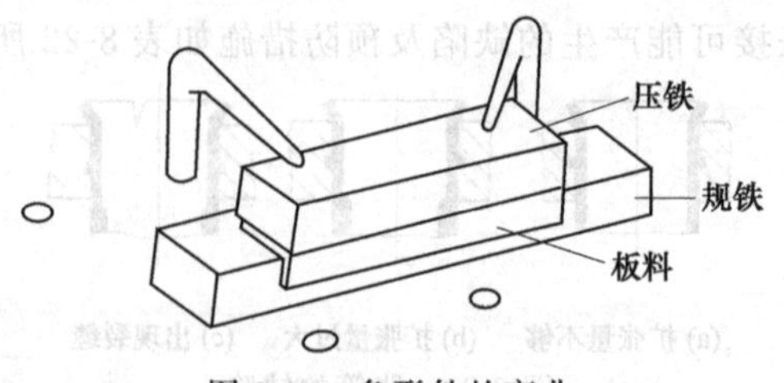

图 8-85　角形件的弯曲

移动。所要求的弯曲角度要分多次锤击而成。锤击过程要注意羊角卡不能松动。如果弯曲表面不平可用平锤和手锤再敲打一遍。

（2）弯制封闭的角形件　弯制如图 8-86 所示的口形工件，由于是封闭的，所以用压力机和模具成形比较困难。弯曲时首先在展开料上画好弯曲线，然后以 *ab* 定位，用规铁夹在虎钳上，应使弯曲线和规铁的棱边相重合，规铁高出垫板 2～3mm。然后用手锤锤击，先弯曲 *ab* 线，如图 8-87（a）、（b）所示。锤击时用力要均匀，并要有向下压的分力，以免把弯曲线拉出而跑线。然后再弯曲 *cd* 线。这时使用的规铁的形状尺寸必须和图线上的口形工件内部尺寸相同。将规铁放在 U 形工件里，底部与工件靠严，规铁上部仍要高出垫板 2～3mm，夹紧后，用手锤弯曲成形，如图 8-87（c）所示。

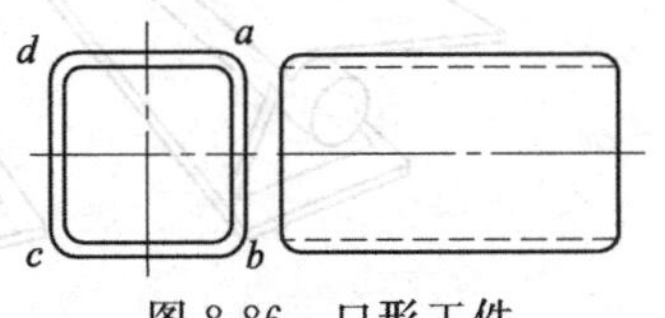

图 8-86　口形工件

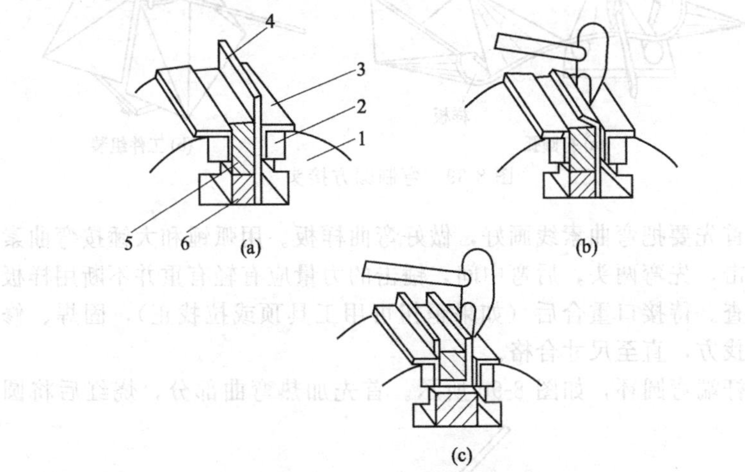

图 8-87　口形工件的弯曲

1—虎钳；2—钳口；3—垫板；4—板料；5—规铁；6—垫块

（3）弯制圆筒　无论是用薄板还是用厚板弯制圆筒，都应先把端头弯制好。在圆钢上打直头时，应使板边与圆钢平行放置，再锤打，如图 8-88（a）所示。然后，对于薄板可用木块或木锤逐步向内锤击，当接口重合，即施点固焊，焊后再修圆，如图 8-88（b）所示。对于厚板可用弧锤和大锤在两根圆钢间从两端头向内锤打，基本成圆后焊接，再修圆，如图 8-88（c）所示。

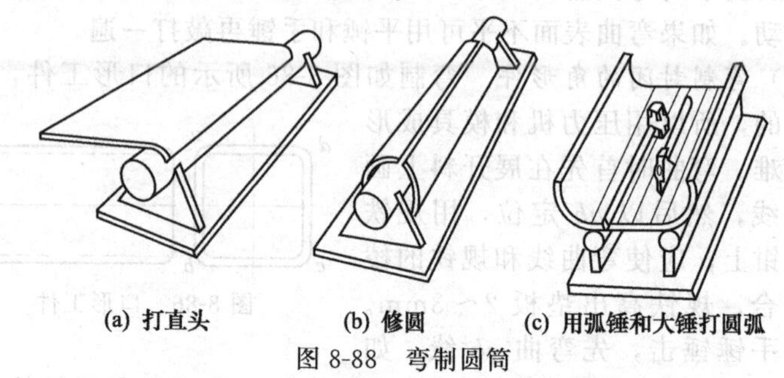

图 8-88 弯制圆筒

（4）弯制锥形工件 如圆方接头（俗称天圆地方）的弯制，如图 8-89 所示。

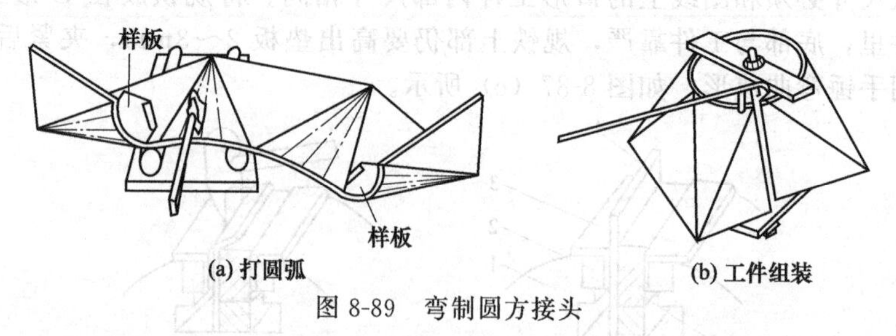

图 8-89 弯制圆方接头

首先要把弯曲素线画好，做好弯曲样板。用弧锤和大锤按弯曲素线锤击，先弯两头，后弯中间，锤击的力量应有轻有重并不断用样板来检查。待接口重合后（如果歪扭可用工具顶或拉找正），固焊、修圆、找方，直至尺寸合格。

杆端弯圆环，如图 8-90 所示。首先加热弯曲部分，烧红后将圆

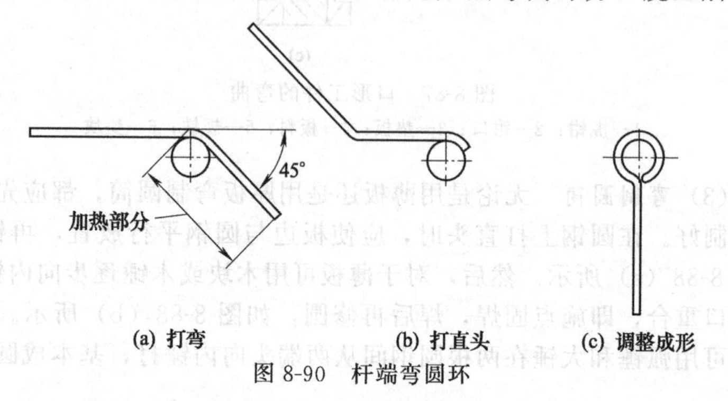

图 8-90 杆端弯圆环

杆弯成角形，前端打制成弯头，然后将圆杆移至圆面处，边打、边弯、边向前伸，直至全部弯成圆环，再将杆柄调至中心。

(5) 扁钢煨弯 扁钢立面煨弯时，一般都采用火曲。由于强度大，弯曲较为困难，一般采用如图 8-91 所示的扳弯器 4（俗称老绕子）煨弯。这种扳弯器实际上是一种特殊形状的杠杆，力臂长，雨臂短，产生的弯曲力大。煨弯时要处理好扁钢直头，要将扁钢头与胎模靠严，用活动靠紧销 5 将扁钢头与胎模挤紧，用羊角卡 1 把扁钢头与平台 6 卡紧。用扳弯器从头至尾分段煨弯，煨好的部分可适当加羊角卡和活动靠紧销卡紧靠严。煨弯后扁钢圈靠近里圆部分会出现波纹而不平，必须趁热用平锤和大锤校平，方可松动羊角卡和活动靠紧销。这种煨弯方法也适用于方钢、角钢。

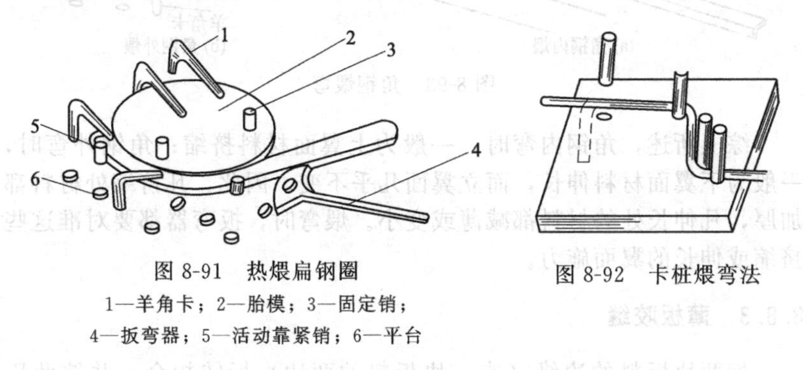

图 8-91 热煨扁钢圈

1—羊角卡；2—胎模；3—固定销；4—扳弯器；5—活动靠紧销；6—平台

图 8-92 卡桩煨弯法

8.8.2 各种型钢的煨弯

(1) 圆钢煨弯 煨制各种圆钢弯曲件，一般采用卡桩煨弯法，如图 8-92 所示。卡桩煨弯法的工艺过程是在一块较厚的板料或其它型钢上，按产品的要求，在弯曲的转折点钻孔，孔的大小以销子的外径为准。一般在不影响弯曲的地方，尽量采用固定销；影响弯曲的地方才采用活动销。热煨可用焊炬烤红，也可以在加热炉中烧红，一般细的圆钢可直接冷煨。

(2) 角钢煨弯

① 角钢内弯 角钢内弯如图 8-93 (a) 所示。在平台上固定一个胎模，用靠紧销将加热好的角钢端头和胎模靠严，并用羊角卡卡住。迅速地用扳弯器煨弯角钢，使角钢贴模成形。在煨弯角钢时，角钢平面会起皱，操作时扳弯的力量不能过猛，并边扳、边锤打起皱处，使

材料压缩到角钢内部。根据角钢的长短，用羊角卡多卡几点，全部煨弯后再用平锤和大锤校平，方能达到煨弯要求。

② 角钢外弯　角钢外弯如图 8-93（b）所示。把胎模固定在平台上，用靠紧销将加热好的角钢端头和胎模靠严卡紧，再用扳弯器煨弯。在弯曲时靠近平台的平面会向上翘，因此需要边煨弯、边锤击，使材料伸长，达到弯曲的目的。

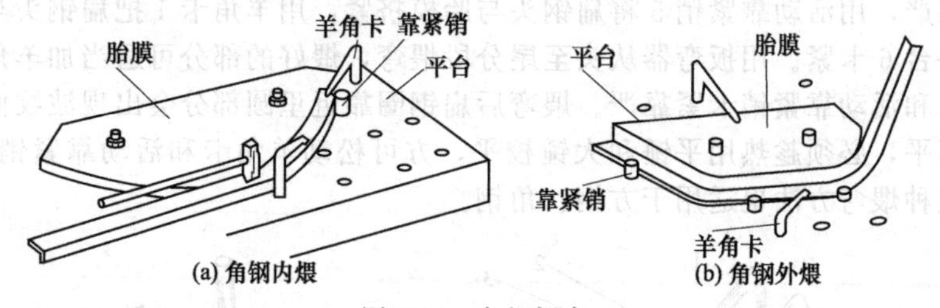

图 8-93　角钢煨弯

综上所述，角钢内弯时，一般为上翼面材料挤缩；角钢外弯时，一般为下翼面材料伸长，而立翼面几乎不变。因此，凡挤缩处材料都加厚，凡伸长处的材料都减薄或变小。煨弯时，扳弯器都要对准这些挤缩或伸长的翼面施力。

8.8.3　薄板咬缝

把两块板料的边缘（或一块板料的两边）折转扣合，并彼此压紧，这种连接方式叫咬缝（俗称咬口）。咬缝的金属薄板通常在 1mm 以下。

薄板咬缝是板料弯曲的一种特殊形式。大批量生产一般在专用机械上进行，这里只介绍手工咬缝方法。

手工咬缝的主要工具是木锤（或硬木方），其式样可根据需要决定，有圆形的和方形的，此外还有弯嘴钳子、拍板、角钢和规铁等辅助工具。

咬缝的结构形式有挂扣、单扣、双扣等几种，如图 8-94 所示。咬缝工件的板料，必须留出咬缝余量，否则制成的工件会因为尺寸小而成为废品。如卧缝单扣，在一块板料上留出等于咬缝宽度的余量，而在另一块板料上须留出咬缝宽度 2 倍的余量，因此制单扣缝的余量应是缝宽的 3 倍。

弯制卧缝单扣的过程如图 8-95（a）、（b）、（c）所示。在板料上

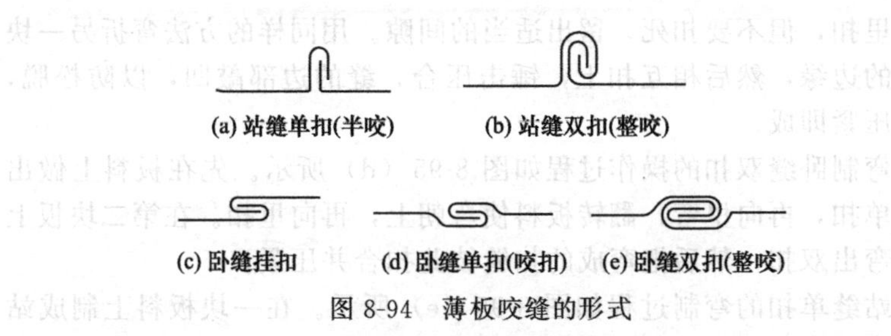

图 8-94　薄板咬缝的形式

画出扣缝的弯折线；把板料放在角钢或规铁上，使弯折线对准角钢的边缘，用木锤将伸出部分弯成 90°角；然后朝上翻转板料，再把弯折

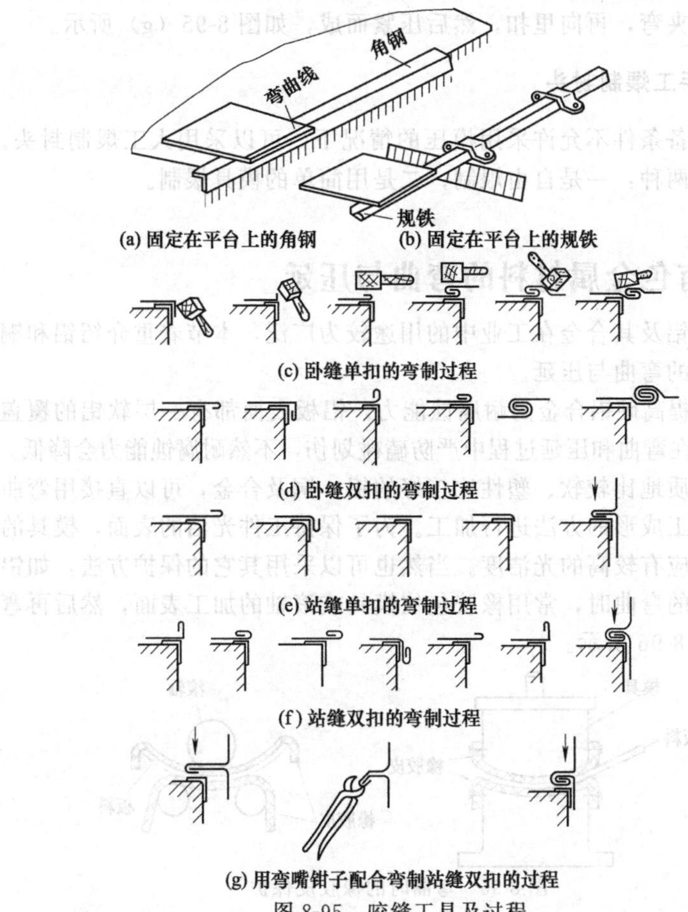

图 8-95　咬缝工具及过程

边向里扣，但不要扣死，留出适当的间隙。用同样的方法弯折另一块板料的边缘，然后相互扣上，锤击压合，缝的边部敲凹，以防松脱，最后压紧即成。

弯制卧缝双扣的操作过程如图 8-95（d）所示。先在板料上做出卧缝单扣，再向里弯，翻转板料使弯朝上，再向里扣。在第二块板上同样弯出双扣，然后把弯成的扣缝彼此扣合并压紧。

站缝单扣的弯制过程如图 8-95（e）所示。在一块板料上制成站缝单扣，而把另一块板料的边缘弯成 90°角，然后相互压紧。

站缝双扣是在一块板料上做双扣缝，如图 8-95（f）所示，另一板料做单扣缝，然后互相扣合压紧。也可以先弯制站缝单扣，借助于弯嘴钳子夹弯，再向里扣，然后压紧而成，如图 8-95（g）所示。

8.8.4 手工煨制封头

在设备条件不允许采用模压的情况下，可以采用人工煨制封头。其方法有两种：一是自由煨制；二是用简单的模具煨制。

8.9 有色金属材料的弯曲与压延

铜和铝及其合金在工业中的用途较为广泛，本节着重介绍铝和铜及其合金的弯曲与压延。

为了提高硬铝合金的耐腐蚀能力，铝板表面都有一层软铝的覆盖层，因此在弯曲和压延过程中严防磕碰划伤，不然耐腐蚀能力会降低。

对于质地比较软、塑性比较好的铝、铜及合金，可以直接用弯曲机械或手工成形的方法进行加工。为了保持工件光洁的表面，模具的加工表面应有较高的光洁度。当然也可以采用其它的保护方法，如铝及其合金的弯曲时，常用橡胶包住模具或滚轴的加工表面，然后再弯曲，如图 8-96 所示。

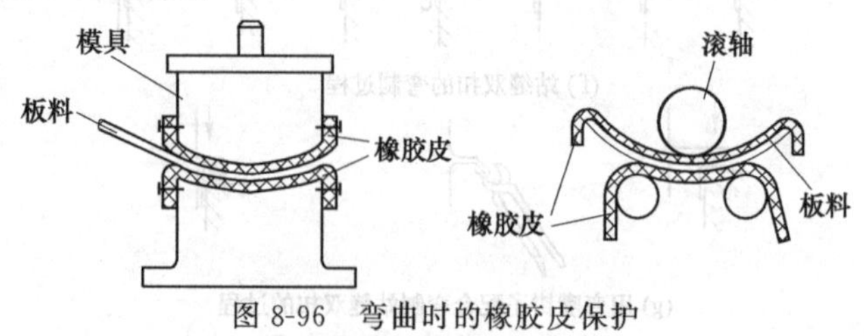

图 8-96 弯曲时的橡胶皮保护

同样形状铝或铜的工件，所需的矫正弯曲力较钢材要小。因此，在压弯时，压力要小，以刚好达到矫正弯曲力为好，既可避免工件表面出现压痕，又可以提高压力机和模具的使用寿命。

在弯曲和压延合金硬铝时，为了提高其塑性，降低变形抗力，必须采取加热措施。其加热方法可采用电阻炉或在硝酸钾溶液中加热。加热要均匀，温度要容易控制，这就要求：用电阻炉时应有自动控制的仪表；用硝酸钾溶液时槽中应配有温度计。

铝合金可以直接在高温的电阻或硝酸钾溶液中加热，装炉时，应避免和钢料一起加热，因为铝屑和氧化铁屑在一起容易发生爆炸。

毛料的加热速度可以按直径或厚度上每 1.5min/mm 左右的时间进行。实际上加热时间可略长一些，其加热温度极限为 490℃。

用电炉加热的合金硬铝，弯曲或压延后，可在空气中堆放冷却。在硝酸钾溶液中加热的合金硬铝，弯曲或压延后，可放在冷水中，洗掉冷凝在工件表面的硝酸钾，使表面光亮。

在铝合金弯曲和压延中，由于铝合金的黏附力大，流动性差，因此除了要求工件的圆角半径较大外，还要求对模具表面进行抛光，其磨痕的方向最好要顺着金属的流动方向。模具表面的光洁度最好要达到 V7 以上。模具在工作前应预热，预热温度为 250℃。

一般供应状态的铜及铜合金，往往是通过加工硬化来提高其强度和硬度的，但是这样塑性会降低。为了提高塑性，便于弯曲和压延成形，对这种供应状态的紫铜和黄铜要进行再结晶退火处理。紫铜的退火温度在 600～700℃，黄铜的退火温度须在 500～700℃。

在电阻炉中加热铜合金时，用热电偶控制炉温是比较准确的。而在火焰炉中加热时，炉温的测量误差较大。为了防止火舌引起局部过烧，应将薄钢板垫在毛料下再加热。为了使铜及铜合金毛料在退火后很快地冷却下来，可以用水冷却后，再进行弯曲和压延。

在弯曲和压延铝、铜及其合金工件时，应加适当的润滑剂，如鱼鳞片状石墨、38 号（或 24 号）汽缸油、2 号（或 3 号）锭子油等。润滑剂的配比，可根据生产情况自行控制。

除上述几点外，铝、铜及其合金工件的弯曲与压延和钢材基本相同。

对于铝制弯曲件修形时，应使用橡胶锤和木锤；铜制弯曲件可以用手锤进行修理，但是锤击的力量要轻，尽量少出锤痕。其修形方法与钢件相同。

8.10 爆炸成形与冷缩成形

8.10.1 爆炸成形

爆炸成形的基本原理如图8-97所示。在刚性凹模上放置毛料，而在毛料上空的适当位置悬放炸药包，并用雷管引爆，使炸药爆炸，产生强大的压力波，迫使毛料进入凹模而形成零件。

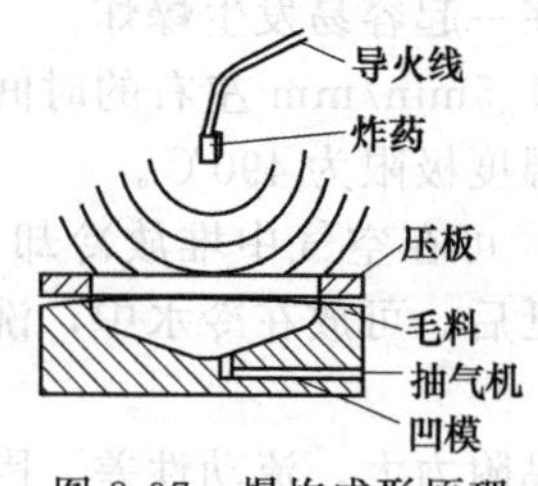

图8-97 爆炸成形原理

在爆炸之前应用真空泵抽掉凹模内的空气，以免影响零件贴模。

爆炸成形可以完成的工序有弯曲、压延、胀形、压印、收口、扩口、矫正及冲裁等。其中以胀形和矫正的效果较好。爆炸成形后的零件，回弹量极小，贴模好，可以不用手工矫正就交送检验。

爆炸成形适用于工件试制或单件小批生产。它使用的模具简单（但模具要加厚，以提高其刚性），并不用大型设备和专用厂房，生产准备周期短。

（1）爆炸成形特点

① 大尺寸或大厚度的零件在缺少大设备时，最为适用。

② 用传统的冲压方法成形，不易达到准确度的要求，且手工矫正量很大的零件宜用爆炸成形。

③ 对某些新材料成形性较差的，最好采用爆炸成形。

④ 用传统的冲压方法加工、制造复杂形状零件有困难时，可以采用爆炸成形。

⑤ 可综合使用，如先经过一般方法预制成形，再用爆炸矫形。

（2）适用于爆炸成形的金属零件

① 直壁深度大的球底形压延件。

② 各种旋转体和带有各种鼓肚的胀形件。

③ 各种波纹板零件。

④ 手工矫正量很大的零件。

⑤ 平板压印件，如脚踏板。

⑥ 各种断面的管子零件。

⑦ 连接接头收口件。

⑧ 单曲度且平面尺寸中等以下的整体壁板等。

(3) 不宜采用爆炸成形的零件

① 有较深直壁的筒形零件。

② 不能压边的双曲面零件等。

综合上述可以看出，爆炸成形只能作为传统冲压方法的一个重要补充。

8.10.2 冷缩成形

冷缩成形是通过氧炔焰把钢板局部加热以后，在适当距离跟踪浇洒冷水，使钢板局部纤维发生收缩而成形的。

因为钢材的加热温度过高或加热时间过长都会使钢材内部的组织变化，而改变原材料的力学性能。另外，钢材局部加热后的收缩是有限度的，所以冷缩成形的方法，只适用于曲率较小的零件成形，如曲率较小的同向单曲板、同向双曲板、异向双曲板、同向双曲的扭曲板或型材。

冷缩成形法所用的加热方法有带形（条形）、半圆形、圆点形和三角形等几种方法。带形加热主要用于厚度在 5mm 以上的钢板的正、反弯曲；半圆形加热主要用于 5mm 以下的薄钢板的正弯曲，而圆点形加热主要用于薄钢板的反弯曲；三角形加热法适用于型钢的弯曲成形。各种加热形状如图 8-98 所示。

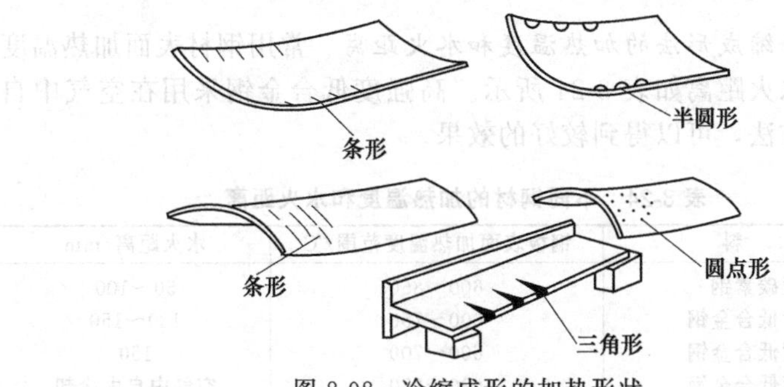

图 8-98 冷缩成形的加热形状

(1) 同向双曲板的加热法 对于同向双曲板的变形用带形加热法的加热深度，一定要严格地控制在板厚的 2/3 范围内，才能收到良好的变形效果。

带形加热冷却后使钢板产生角变形，如图 8-99 所示。虽然每次带形加热所产生的角变形数值都不大，为1°～3°，但是多条加热线所产生的角变形作用在一张钢板上，便可以得到所需要的曲率。

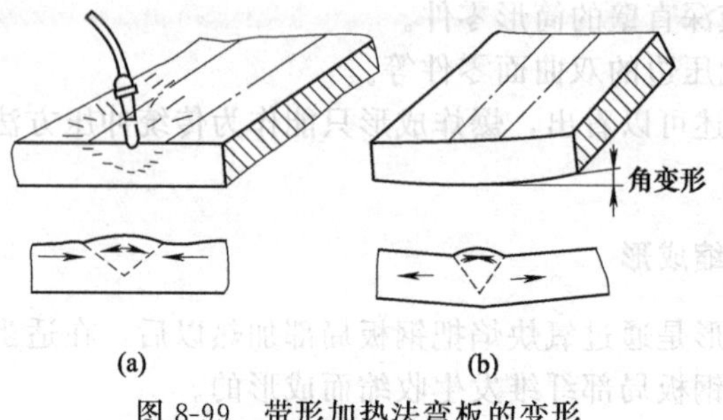

图 8-99 带形加热法弯板的变形

(2) 采用带形加热法时烤嘴的选用 用带形加热法加热时，首先要根据钢板的厚度选择烤嘴。一般较薄或曲率较小的钢板，应选用小号烤嘴或者使氧炔焰蓝色焰芯的尖端距钢板表面近一些。加工弯度较大或厚钢板，应选用大的烤嘴或者使氧炔焰的尖端距钢板表面远一些，具体运用参考表 8-23 所示。

表 8-23 钢板厚度、烤嘴及焰尖离钢板的距离 mm

钢板厚度	5～10	10～15	15～20	20～30
烤嘴型号	4	5	6	7
焰尖离钢板距离	1～3	2～5	3～7	5～10

(3) 冷缩成形法的加热温度和水火距离 常用钢材表面加热温度的范围及水火距离如表 8-24 所示。高强度低合金钢采用在空气中自由冷却的方法，可以得到较好的效果。

表 8-24 不同钢材的加热温度和水火距离

材 料	钢板表面加热温度范围/℃	水火距离/mm
普通碳素钢	600～850	50～100
低强度低合金钢	600～750	120～150
中强度低合金钢	600～700	150
高强度低合金钢	600～650	空气中自由冷却

(4) 同向双曲板的冷缩成形 同向双曲板的板边纤维比中间短，因此同向双曲板的热弯过程，就是缩短板边纤维的过程。把预先滚出横向弯曲的钢板两端用方铁垫起来，在板边采用带形法加热，如图 8-100 所示。加热时，加热线的长度应根据具体弯度而定，但是最长

不得超过板宽的 1/3。加热线之间的距离，也应该根据不同弯度决定。横向和纵向曲率要求较大的弯板，两条加热线间的距离就应小一些，每条加热线应长一些；反之则疏而短。

(5) 同向双曲的扭曲板的冷缩成形 同向双曲的扭曲板，在采用带形加热冷缩成形法时，对扭曲程度小的弯板，可用方铁垫起两个需要向上扭起的角。这两个角的条形加热区的面积和加热温度，应适当大于另外两个向下扭的角。扭曲程度大的弯板，可以将向下扭的角加压羊角卡，增加扭曲的力量，如图 8-101 所示。

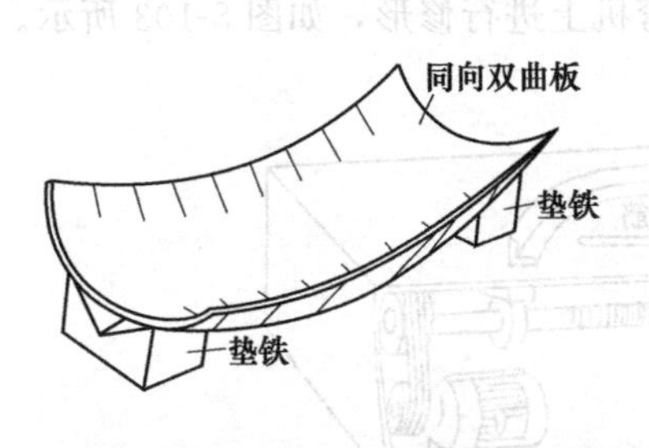

图 8-100 带形加热法弯制同向双曲板

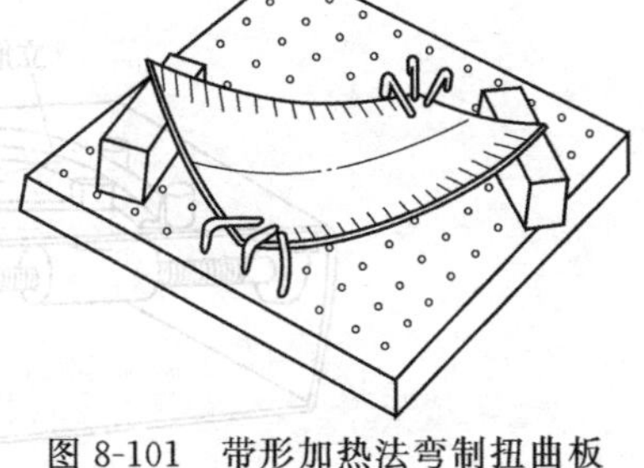

图 8-101 带形加热法弯制扭曲板

对薄板应采用半圆形的加热方法，因为半圆形加热在冷却过程中，只会在板边缘产生轻微的皱折，很容易用铁锤矫正。而带形加热法则会使钢板表面出现较大的波浪痕迹，不易修平。

冷缩成形只能加工一些线型光顺的弯板。对于曲率很大或者弯度变化很大的弯板，则应采用别的方法成形。

8.11 弯曲、压延成形后的修形

经过弯曲或压延后的工件，还需进行修形，有的还需进行第二次号料、切料、拼接、焊接、矫正等工序才能合格。下面以内煨角钢圈和封头的加工过程为例来讲述一下弯曲和压延成形后的修形。

8.11.1 内煨角钢圈修复

内煨角钢圈在弯曲后经常出现扭曲、直头、局部曲率过大或过小等缺陷，对这些缺陷必须进行矫正。首先要矫正扭曲：把半角钢圈放在平台上，用一把锤或羊角卡卡住翘起的一端，使两端头都落在平台上，用另一把锤子锤击角钢与平台有较大间隙的地方，直至修平为止，如图 8-102 所示。修形时，锤击点应在立筋上，其效果显著。

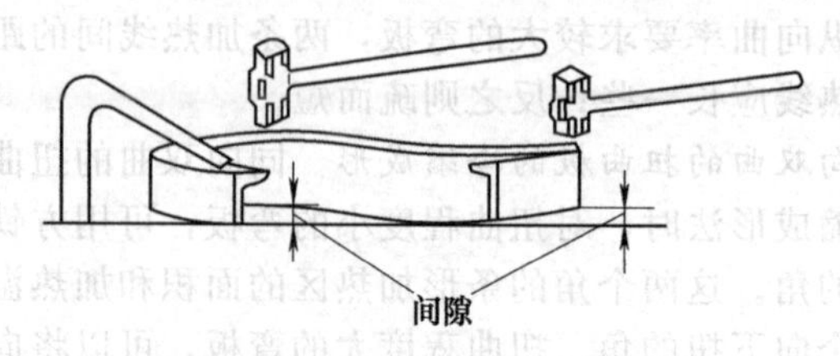

图 8-102 扭曲的角钢圈的修形方法

在出现直头时，可在丝杠顶弯机上进行修形，如图 8-103 所示。

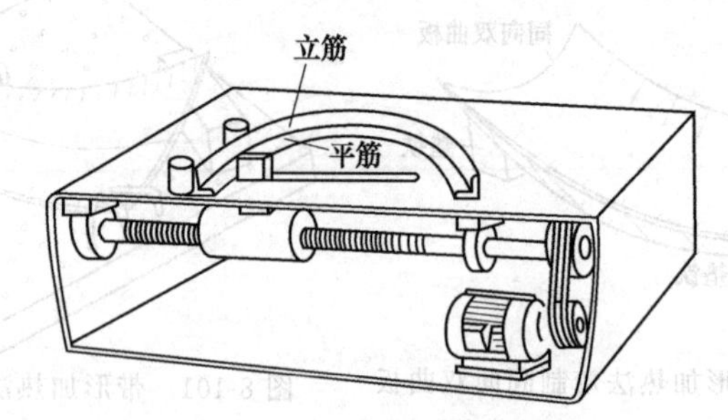

图 8-103 用丝杠顶弯机修角钢圈直头

也可以用大锤修形，这时要把直头段垫起来，然后用大锤锤击平筋立面上的曲率不足之处，大锤的落点要准，力量要视曲率缺陷的大小而定，如图 8-104 所示。

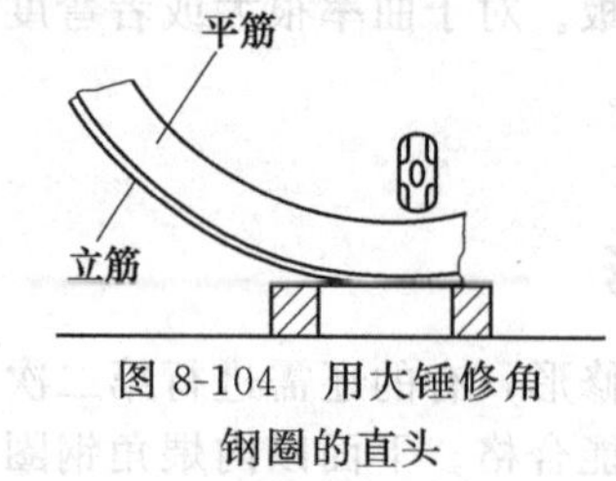

图 8-104 用大锤修角钢圈的直头

修好直头后，用圆弧样板依次检验其它部分，曲率不合适的地方，都可用丝杠顶弯机和大锤进行修形。圆弧修好后，再把角钢圈平放在平台上，检验一下是否平整，如果不平可依照前述方法，再次调平。

正常情况下，拼接前的半角钢圈的周长，都略大于半圆，还需要进行二次号料和切割，才能拼接。号料的方法有很多种，下面介绍比较常用的两种。一种是平台画线法：首先用地规和画针在涂有粉线的平台上把图纸上所要求的外圆弧线和中心线画好，如图 8-105 (a) 所示；然后把半角钢圈平放在平台上，使角钢圈的外缘与平台上所画的圆弧线重合，再用弯尺把平台上的中心线过到半角钢圈上，画出端线，如图 8-105（b）所示；再把半角钢圈翻过来，用直线把两端线连接起来，画出角钢圈中心线的位置，如图 8-105（c）所示。第二种方法是用样杆画线法：样杆要做成丁字形，一头带短直角钩，把样杆放在半角钢圈上，使钩子勾紧工件，样杆两端刻线与半角钢圈的外缘重合或基本重合，即可画出中心线，如图 8-106（a）所示；然后仍在平台上用弯尺画出两端线，如图 8-106（b）所示。

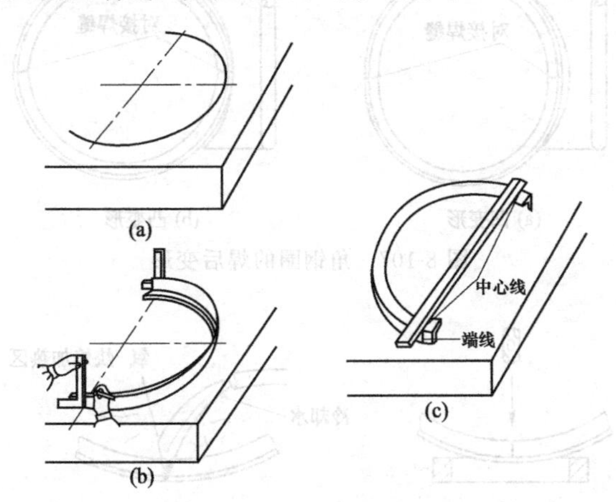

图 8-105　平台画线法

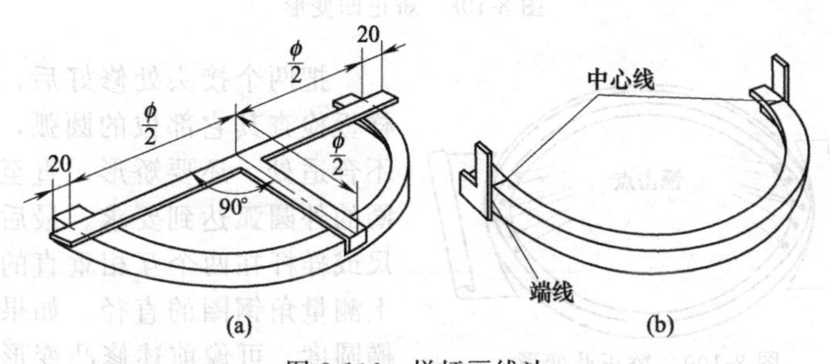

图 8-106　样杆画线法

按照中心线和端线的位置，用割炬进行切割，割后清除毛刺，在平台上进行拼接。拼接时，要使两接头平滑过渡，不许出现交错不齐等现象，后施点固焊，交付焊接。

焊后的角钢圈，还可能出现不平或在接头处的圆弧与样板不符等缺陷，如图 8-107 所示。对于不平的角钢圈，可放在平台上，用大锤锤击与平台间有较大间隙处的立筋即可修平。对于凹变形，可用丝杆顶弯机或大锤矫正，如图 8-108（a）所示。较小的凹变形可采用焊炬将接头处烤红后，水冷收缩矫正，如图 8-108（b）所示。对于凸变形，可用大锤锤击变形处平筋的平面。利用金属材料的局部膨胀来实现矫形的目的，如图 8-109 所示。

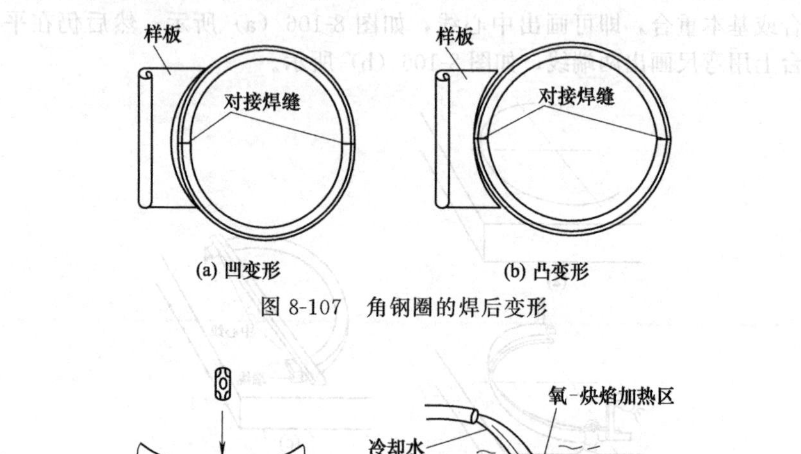

图 8-107　角钢圈的焊后变形

图 8-108　矫正凹变形

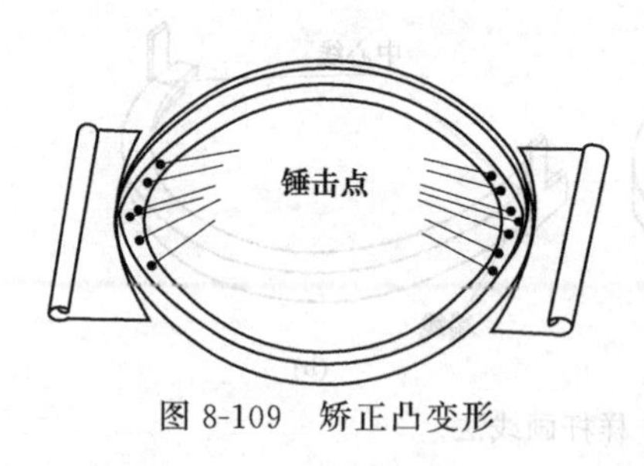

图 8-109　矫正凸变形

把两个接头处修好后，再用样板检查其它部位的圆弧，如有不合适处，还要矫形，直至角钢圈的外圆弧达到要求。最后用卷尺或样杆在两个互相垂直的方向上测量角钢圈的直径。如果出现椭圆度，可像前述修凸变形的方法，在短半轴处，用大锤锤击平筋平面，进行矫形，直至角钢圈椭圆度误差在允差范围之内。

当在两个互相垂直的方向上所测得的直径都小时，只好将一个焊缝割开后添加适当宽度的钢条，重新焊接和修形。如在两个互相垂直的方向上所测得的直径都大时，只好把角钢圈割去一小段，重新焊接、修形。

至此为止，此内煨角钢圈才算一个合格的零件。

8.11.2　封头修复

压延后的封头，常有偏斜、多肉和出皱纹等缺陷，如图 8-110 所示。

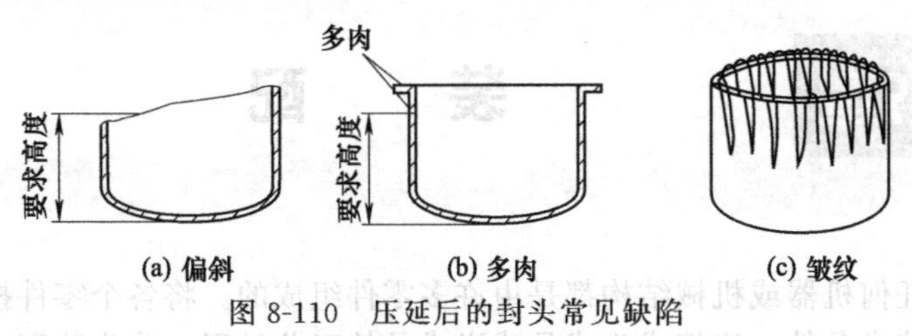

图 8-110　压延后的封头常见缺陷

号料时，在平台上可用 3 个千斤顶将压延后的封头顶起，调整千斤顶的高度，使直线段垂直于平台平面。用画针盘测量出封头底部的高度，再加上封头所要求的高度，沿封头圆周画出。为了使画线清晰，画前可在封头直线段涂抹白土粉，画线后隔一定距离打一个样冲眼，以防切割或车削时界线不清，如图 8-111 所示。

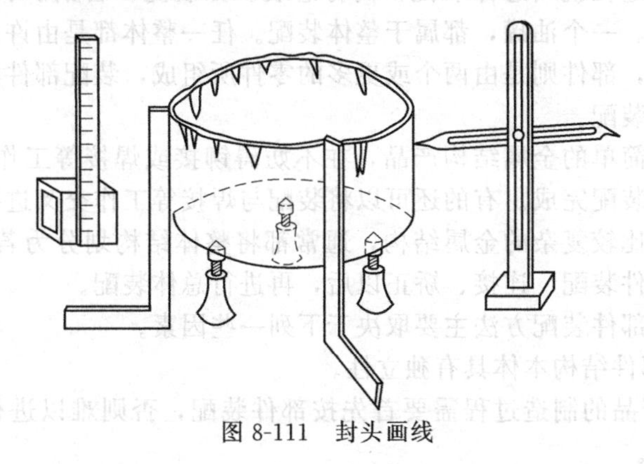

图 8-111　封头画线

然后，用割炬按线切割去掉多余部分，并可切出 V 形坡口。也可以在车床上用卡盘爪卡住封头直线段，按画线找正后车削，同时可车出 V 形或 U 形坡口。

如果切割或车削后的封头仍有皱纹，可用焊炬将折皱烤红，一边垫上大锤，一边用手锤锤击。如果封头的外径大，手锤可从外向里锤击；反之，可用手锤从里面往外锤击；也可以将封头全部烧红，套在原来的凸模上用手锤或木锤进行修形。修形后要用样板和刻度尺找圆，再交付组装。

第9章 装配

任何机器或机械结构都是由许多零件组成的。将各个零件按照一定的技术条件，连接成为成品或半成品的工艺过程，称为装配。装配是决定产品质量的重要环节。

零件的连接有固定的和活动的两种，前者连接的零件间保持不变的相互位置，而后者零件间有一定的相对位移。装配有总体装配与部件装配之分。凡完全独立或完整的金属结构叫做整体，或叫总体。装配整体的过程就叫总体装配，简称总装。如装配一台锅炉、一艘船、一座桥梁、一个油罐，都属于整体装配。任一整体都是由许多零、部件构成的，部件则是由两个或更多的零件所组成，装配部件的过程就叫做部件装配。

对于简单的金属结构产品，在不妨碍铆接或焊接等工作条件下，可以一次装配完成。有的还可以将装配与焊接等工作交叉进行。

对于比较复杂的金属结构，通常都将整体结构划分为若干部件，待各个部件装配、连接、矫正以后，再进行总体装配。

采取部件装配方法主要取决于下列一些因素。

① 部件结构本体具有独立性。

② 产品的制造过程需要首先按部件装配，否则难以进行总体焊接或铆接。

③ 以部件为单元进行装配，可以减少总装配的工序，特别是能减少或避免总体装配时焊接变形及变形矫正的困难。

④ 有利于总体安装时的吊装和运输。

⑤ 有利于提高生产效率，实行流水作业，提高机械化水平，并减少高空作业量。

金属结构的装配是铆接和焊接的上道工序，它对产品质量的影响很大，即使产品设计正确，零件制造合格，如果装配工艺不正确，也会使产品达不到技术要求。因此，从事装配的铆工必须熟悉装配图和装配零件的材料，了解装配前各个零件的加工工艺，同时还必须与气割、电焊等工种密切协作，防止焊后变形等。

9.1 装配的技术基础

9.1.1 装配三要素

无论是采用什么方法进行金属结构的装配，对单个零件或部件来讲，都要首先满足以下条件：平稳地放置在规定的位置上，并以适当的方法加以固定，即装配的三要素——支撑、定位、夹紧。

（1）*支撑* 选用某一基准面来支持所装配的金属结构零、部件的安装表面，称为支撑。例如，表面具有平面的产品，一般放在平台上或放在某一构架上进行装配。表面形状复杂的产品，可放在某种特制的模具上进行装配。这里所用的平台、构架、模具都是用来支持所装配产品的零件表面，起装配时的支撑作用。

支撑是装配的第一要素，是解决零件在何处装配这一首要问题。此外，当支撑同时又起定位作用时，又称定位支撑。

（2）*定位* 确定零、部件在正确位置上的过程，称为定位。定位是装配的第二要素。

装配要求每一个零、部件都要按图样要求处于正确的位置。只有经过定位并经固定或连接后，产品的几何形状和各部的尺寸才能符合图样所规定的技术要求。

（3）*夹紧* 零件定位后将其固定，使其在装配过程中保持定位位置不变的操作，称为夹紧。冷作装配中的夹紧多采用夹、卡、压等工具，在外力的作用下迫使零件不能移动或转动。夹紧是装配的第三要素。

夹紧所需要的夹紧力，通常是用刚性夹具来实现的。使用夹具帮助完成装配的工艺过程，是获得合格产品的必要技术措施。

装配的三要素是相辅相成的，研究装配技术实质上就是围绕这 3 个要素来进行的。

9.1.2 定位原理

物体在三维空间有 6 个基本运动形式，即沿 3 个互相垂直的轴向移动和绕这 3 个轴的转动，也称 6 个自由度，如图 9-1 所示。其它形

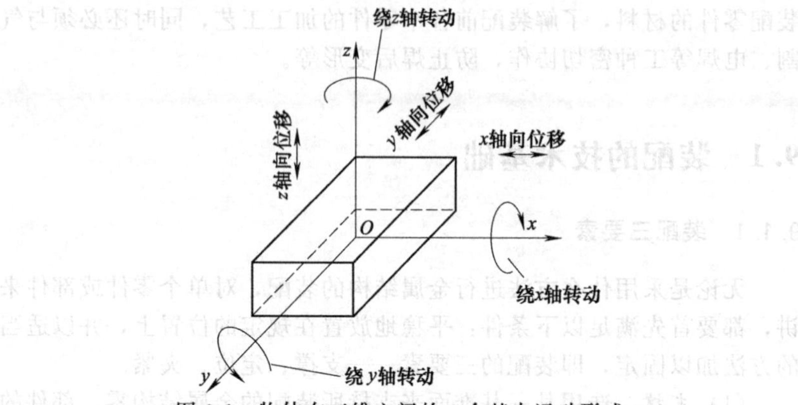

图 9-1 物体在三维空间的 6 个基本运动形式

式的移动或转动，都可以看作是两个或两个以上基本运动的合成运动。

显然，要使一个物体在空间具有固定不变的位置，必须要限制其 6 个自由度。

图 9-2 所示为处于三维空间的六面体。在其平行 yoz 坐标平面的一个面上，分别有 1、2、3 个定位点时，限制物体自由度的情况。有

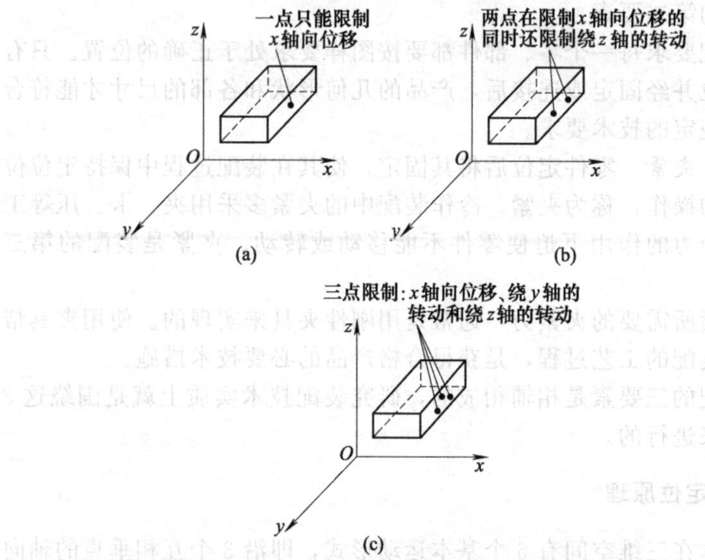

图 9-2 在一个平面上定位点限制自由度的情况

一个定位点时，可限制物体沿 x 轴的轴向位移，如图 9-2（a）所示。如果平行 xOy 坐标平面分布两点，则在限制物体沿 x 轴的轴向位移的同时，还可限制物体绕 z 轴的转动，如图 9-2（b）所示。当有 3 个呈“品”字形排列的定位点时，则可同时限制物体沿 x 轴的轴向位移、绕 y 轴的转动和绕 z 轴的转动。由此可见，在一个平面上呈“品”字形排列的 3 个定位点的定位能力为最好：能同时限制一个轴向位移和两个绕轴的转动，如图 9-2（c）所示。

同样，在物体与坐标平面 xOy 和 xOz 平行的平面上，也分别可以以“品”字形排列的定位点来各自限制 3 个自由度。

不难看出，在图示物体的 3 个与坐标平面平行的物体表面，各选择 3 个“品”字形排列的定位点，便可完全控制物体的空间位置。去掉功能重复的点，有 6 个定位点就可完全限制物体在三维空间的运动，如图 9-3 所示。

这种以 6 个定位点限制工件 6 个自由度的方法，称为“六点定位规则”。

如果把坐标平面看作是夹具平面，将定位点看作是支撑点，配合夹紧力 F_1、F_2 及 F_3，则得到一个平面箱体形工件在夹具中定位的方法。图中，夹紧力 F_1、F_2 及 F_3 保证了工件与夹具上支撑点间的相互接触。

由图 9-3 所示还可以看出，矩形工件在夹具中定位时，其位置完全决定于下列 3 个表面。

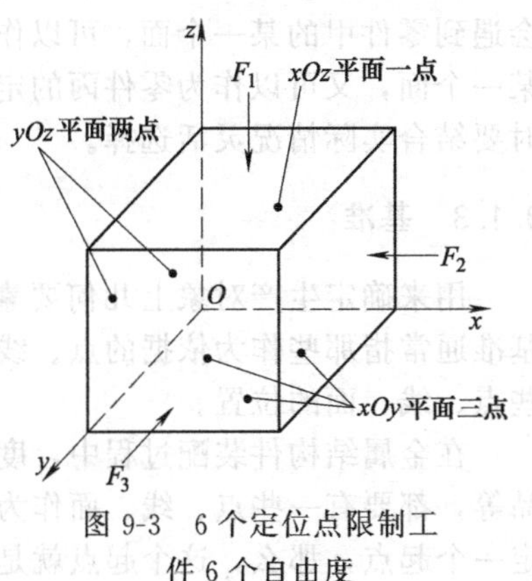

图 9-3 6 个定位点限制工件 6 个自由度

① 与坐标平面平行、有 3 个支撑点的表面，限制了物体的 3 个自由度，这个表面叫做主要定位基准。

如果把这个定位表面上的 3 个支撑点连接起来，就得到一个三角形。这个三角形越大，工件放得越稳定，也越能保持其表面间的位置精度。因此，常选工件上最大表面作为主要定位基准。

② 与坐标平面平行、有两个支撑点的表面，限制了物体的两个自由度，这个表面叫做导向定位基准。

这个表面越长，这两个支撑点间距离越大，则工件对侧坐标平面的位置也就更精确、更可靠。所以常选工件上最长的表面作为导向定位基准。

③ 与坐标平面平行的表面、有一个支撑点，限制工件最后一个自由度，这个表面叫做止推定位基准。

常选零件上最狭短的表面作为止推表面。

在实际工作中，物体的形状有各种各样，根据需要的不同，加之选择不同的夹具，定位的方法也不完全一样。

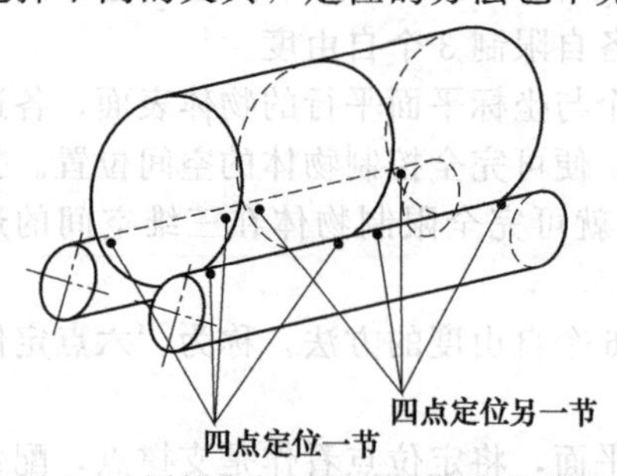

图 9-4 圆筒工件拼装胎具的定位作用

例如，铆工在装配筒形构件时，以限制圆筒工件的径向位移为主，需要工件能沿轴向位移。铆工在实际中应用的圆筒拼装胎具，便起到了这样的作用，如图 9-4 所示。有一定长度的支撑胎具相当于在每一节圆筒表面选择了 4 个定位点，有效地控制了圆筒工件的径向位移。

由于金属结构件形式不一，零件又多，在实际装配过程中，有时会遇到零件甲的某一个面，可以作为零件乙的定位基准面；零件乙的某一个面，又可以作为零件丙的定位基准面的情况。所以设置定位点时要结合实际情况灵活选择。

9.1.3 基准

用来确定生产对象上几何要素间的几何关系的依据，称为基准。基准通常指那些作为依据的点、线、面，可以根据它们来确定另外一些点、线、面的位置。

在金属结构件装配过程中，度量尺寸、画线、零件定位、检验产品等，都要有一些点、线、面作为基准。比如度量尺寸，首先就要确定一个起点，那么，这个起点就是基准。

根据基准作用的不同，一般把基准分为设计基准和工艺基准。

(1) 设计基准　设计图样上采用的基准，称为设计基准。

设计基准通常都是根据产品的类型、特点及使用中的具体要求选定的，并以此确定零件图上其它表面、线和点的位置。通常，图样上标明的主要尺寸，一般都是从设计基准出发的。

常被选为设计基准的有图样上零、部件和构件的圆心、轴线、中心线、安装表面及端面等。

(2) **工艺基准** 在加工过程中所采用的基准，都称为工艺基准，也称生产基准。

工艺基准仅在制造零件和装配等过程中才起作用。它和设计基准有重合的，也有不重合的。

根据所起作用的不同，工艺基准又有工序基准、定位基准、测量基准、装配基准、辅助基准等。

① 工序基准。用来确定本工序所加工表面加工后的表面尺寸、形状、位置的基准。

例如，在矫正工序中，矫正各类钢板的平面，都是以钢板应有的平面作为本工序的基准。

② 定位基准。用来确定和控制零件在夹具中位置的点、线、面，均称为定位基准。

例如，在图 9-4 所示的圆筒拼装胎具中，可滚动的两个轴辊表面，显然是装配圆筒类构件的定位基准。

③ 测量基准。测量时所采用的基准。

例如，在平台上装配一个小型的立式储油罐，平台表面既是该件的装配基准，也是测量该立式储油罐总体、各位置接管、支座等高度的基准。

④ 装配基准。装配时用来确定零件或部件在产品中的相对位置所采用的基准。

例如，在平台上进行各类构件的装配时，通常都是以平台作为装配基准的。

⑤ 辅助基准。为满足工艺需要，在工件上专门设计的定位面。

例如，一个体积较大、截面差别较大的大小口类箱形构件，无论在图样上，还是在实际实用中，都是大口在上。但其设计基准却是小口，箱体上的所有开孔、接管位置也都是以小口为基准的。在实际装配时，出于工艺需要和安全生产等原因，往往是将大口扣放在平台上进行装配的。在这里大口就起到了辅助基准的作用。

9.1.4 装配中的测量

装配中的测量技术包括正确、合理地选择测量基准，准确而迅速地完成零件定位所需要的测量项目的测量。较常用的测量项目有线性尺寸、平行度（包括水平度）、垂直度（包括铅垂度）、同轴度及角度等。

（1）*测量基准* 测量中，为衡量被测点、线、面的尺寸和位置精度而选作依据的点、线、面，称为测量基准。一般情况下，多以定位基准作为测量基准。

当以定位基准作测量基准不利于保证测量的精确度或不便于测量操作时，应本着能使测量准确、操作方便的原则，重新选择合适的点、线、面作为测量基准。

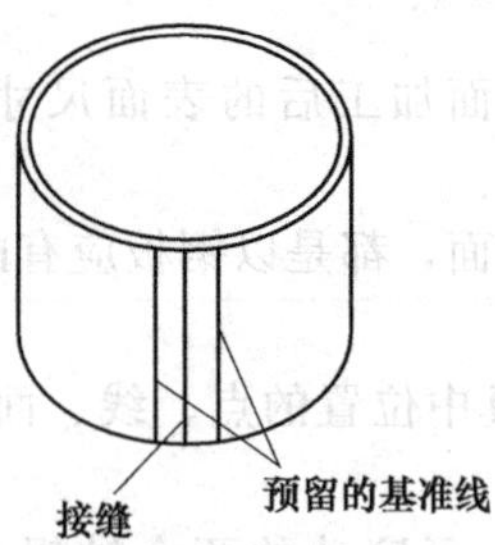

在号料时，预先在零件上留出装配测量基准线，以备装配时使用。如图 9-5 所示，即为利用预留的测量基准线进行圆筒纵缝对接的情形。装配时，只需测量两基准线之间的距离，即可保证圆筒纵缝的正确对接。

图 9-5 圆筒装配预留测量基准线

（2）*线性尺寸的测量* 线性尺寸是指零件上被测的点、线、面与测量基准间的距离。由于组成构件的各个零件间都有尺寸要求，因此，线性尺寸测量在装配中应用最多，而且在进行其它项目的测量时，往往也须辅之以线性尺寸的测量。

线性尺寸测量主要是利用各种刻度尺（卷尺、盘尺、直尺、木折尺等）来完成。有时，也用画有标志的样棒进行线性尺寸的测量。图 9-6 所示的在槽钢上装配立板，为确定立板与槽钢接合线的位置，需要测量其中一块立板距槽钢端面的尺寸 a 及两立板间距离尺寸 b。这两个尺寸即属于线性尺寸。图 9-7 所示的角钢桁架上各杆件的连接位置，也要通过盘尺（或卷尺）进行线性尺寸测量来确定。

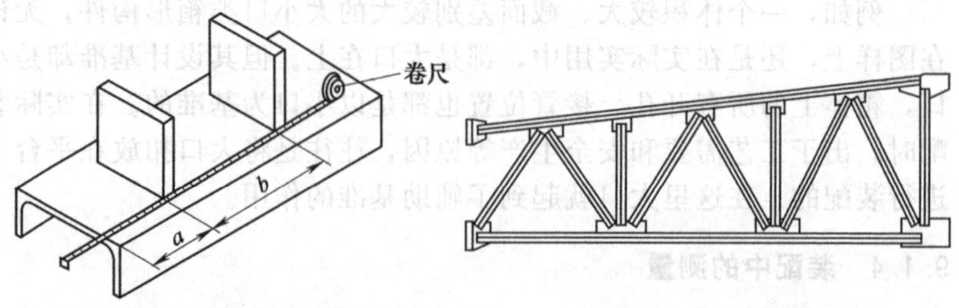

图 9-6 槽钢上装配立板的尺寸测量

图 9-7 角钢桁架

构件的某些线性尺寸，有时因受构件形状等因素的影响，而不能直接用尺测量，需要借助一些其它量具测量。图 9-8 所示的圆锥台与圆筒，按图示的位置装配，在测量整体高度时，由于圆锥台小口端面（封闭的）较圆筒外壁缩进一段，无法用尺直接测量，这时可借助于用轻型工字钢制成的大平尺，来延伸圆锥台小口端平面，再用直尺或卷尺间接测量。

采用间接测量法时应注意：所采用的测量方法和辅助量具，应能保证测量结果的精确度，且简便易行。如上例中为保证测量结果的精度，所用大平尺的工作面（代替零件被测面的尺面）应十分平直，而且尺身应不易变形。此外，为使用方便，大平尺不宜过重，常用小型铝质工字型材制作。

图 9-8 间接测量工件高度

1—平台；2—卷尺；3—大平尺；4—工件

(3) 平行度和水平度的测量

① 平行度的测量 平行度是指工件上被测的线（或面），相对于测量基准线（或面）的平行程度。测量平行度，通常是在被测的线（或面）上选择较多的测量点，与测量基准线（或面）上的对应点，进行线性尺寸的测量，当由各对应测量点所测得的线性尺寸都相等时，被测的线（或面）即与测量基准线（或面）相互平行，否则就不平行。

图 9-9 所示为在一个平板上装配两根与板边平行的角钢和在一圆

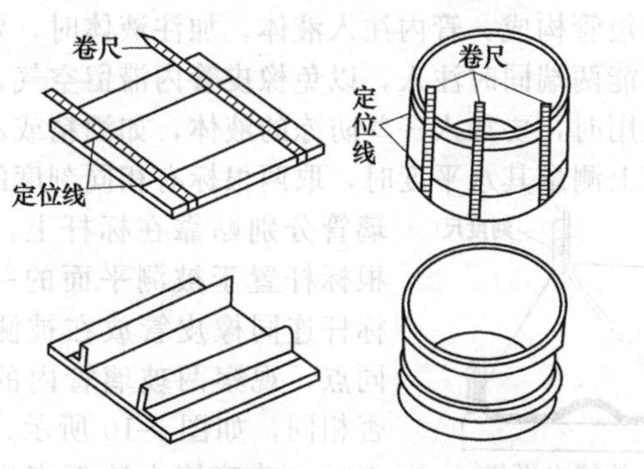

(a) 角钢间平行度的测量　(b) 钢带圈间平行度的测量

图 9-9 平行度的测量

筒上装配两条相互平行的加强带圈的定位测量，它们都是通过直接进行多点线性尺寸测量，来达到测量平行度的目的。

测量两零件间的平行度，有时也需要通过间接测量来完成。在图9-8所示圆锥台与圆筒的装配中，若要测量圆锥台小口端面与圆筒下端面的平行度，则仍要借助大平尺来间接完成。测量时要转换大平尺的方位，以获得多点测量，而每一对应点的测量方法，则与图9-8所示的方法相同。

② 水平度的测量　容器里的水或其它液体在静止状态下，其表面总是处于与重力作用方向相垂直的位置，这种位置称之为水平。水平度就是衡量零件上被测的线（或面）是否处于水平位置。许多钢结构制品，在使用中要求有良好的水平度。

例如，桥式起重机（天车）的运行轨道需要有良好的水平度，否则将不利于起重机在运行中的控制，甚至引起事故。

铆工装配中常用水平尺、软管水平仪、水准仪、经纬仪等量具或仪器来测量零件的水平度。

a. 用水平尺测量。水平尺是测量水平度常用的量具。测量时，将水平尺放在构件的被测平面上，查看水平尺上玻璃管内气泡的位置。如气泡在中间，即达到水平；如果气泡偏向一侧，则说明没有达到水平（气泡所在的一侧偏高）。这时应调整零件的位置，直至气泡处在管内正中位置为止。使用水平尺应轻拿轻放，不可敲击和震动。为避免结构表面的局部凸凹不平影响测量结果，有时可在水平尺下面垫一平直的厚木板。

b. 用软管水平仪测量。软管水平仪是由一根较长的橡皮管，两端各接一玻璃短管构成，管内注入液体。加注液体时，要从其中一端管口注入，不能两端同时注入，以免橡皮管内滞留空气，而造成测量误差。冬季使用时，要加入一些防冻的液体，如酒精或乙醚。

当在平面上测量其水平度时，取两根标有相同刻度的标杆，将玻璃管分别贴靠在标杆上，把其中的一根标杆置于被测平面的一角，另一根标杆连同橡皮管放在被测平面上的不同点，观察两玻璃管内的液面高度是否相同，如图9-10所示。如在测量各点时，玻璃管内液面高度都相同，即液面和两标杆上的刻度线都重合，说

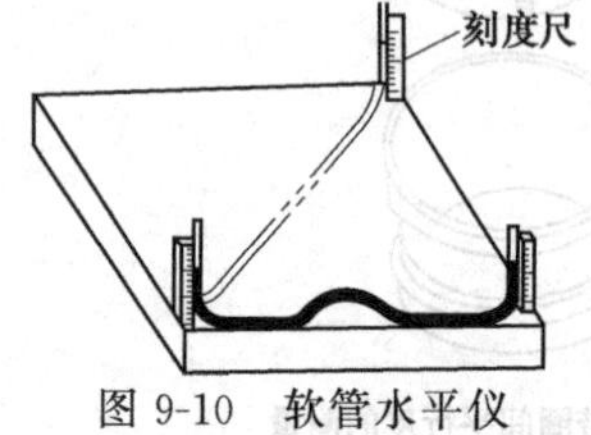

图9-10　软管水平仪测量水平度

明被测平面为水平。软管水平仪常用来测量较大钢结构的水平度。此外，软管水平仪还可用来在高度方向进行线性尺寸的测量。

c. 用水准仪测量。水准仪由望远镜、水准器和基座等组成，如图 9-11（a）所示。利用它测量水平度，不仅能衡量各测点是否处于同一水平，而且能给出准确的误差值，便于调整。

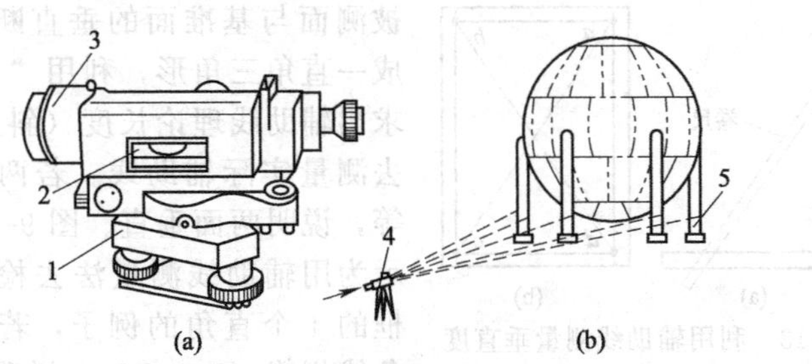

图 9-11 水准仪测量水平度

1—基座；2—水准器；3—望远镜；4—水准仪；5—基准点

图 9-11（b）所示是球罐柱脚水平度的测量。球罐柱脚上预先标出基准点，把水准仪安置在球罐柱脚附近进行观测。如果水准仪测出各基准点的读数相同，说明各柱脚处于同一水平面。若不同，则可根据由水准仪读出的误差值调整柱脚。

（4）垂直度和铅垂度的测量

① 垂直度的测量　垂直度是指零件上被测的直线（或面），相对于测量基准线（或面）的垂直程度。垂直度是装配中常见的测量项目，很多产品都对其有严格的要求。例如，高压电架线铁塔呈棱锥形的结构往往由多节组成，装配时，技术要求的重点是每节两端面与中心线垂直，只有每节的垂直度符合技术要求之后，才可能保证总体安装的垂直度。

测量垂直度通常是利用90°角尺直接测量，如图 9-12 所示。当基准面和被测面分别与90°角尺的两个工作尺面贴合时，说明两面垂直，否则不垂直。使用90°角尺测量相对垂直度，简单易行。在使用时不可磕碰，以免损坏90°角尺，或因90°角尺角度变

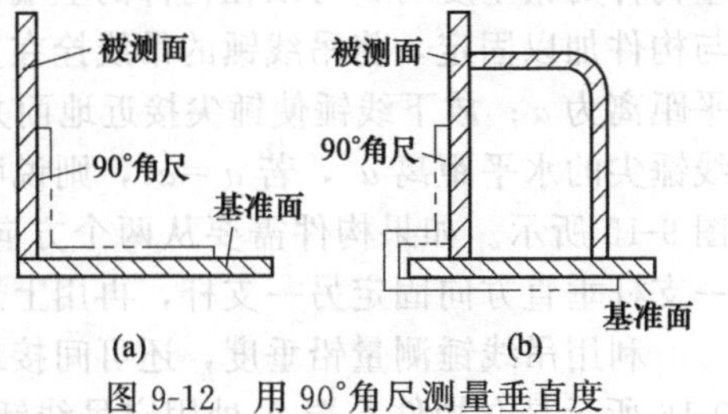

图 9-12 用90°角尺测量垂直度

化而造成测量误差。

使用90°角尺测量垂直度，还要注意90°角尺的规格与被测面尺寸相适应。当零件的被测面长度远远大于90°角尺的长度时，用90°角尺测量往往会产生较大的误差，这时可采用辅助线测量法。图9-13（a）所示为辅助线测量法测量直角，它是用刻度尺作辅助线，在被测面与基准面的垂直断面上，构成一直角三角形，利用“勾股定理”求出辅助线理论长度（斜边长），再去测量实际辅助线。若两者长度相等，说明两面垂直。图9-13（b）所示为用辅助线测量法去检验一矩形框的4个直角的例子，若两辅助对角线相等（$ac=bd$），说明矩形框的4个内角均为直角，即各相邻面互相垂直。

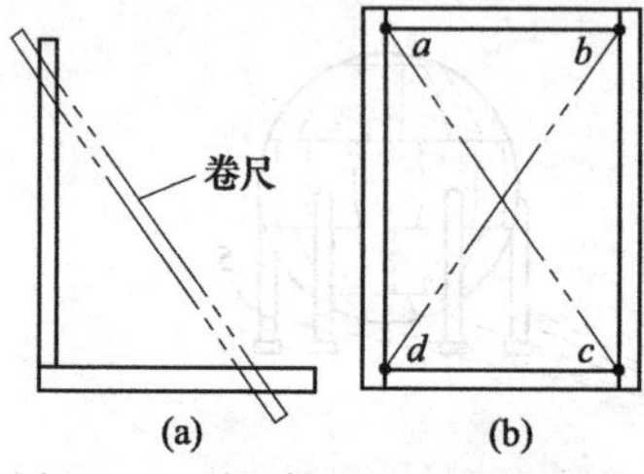

图9-13 利用辅助线测量垂直度

一些桁架类构件某些部位的垂直度难以直接测量时，可采用间接测量法测量。图9-14所示为对塔类桁架的一节两端面与中心线垂直度进行间接测量的例子。首先过桁架两端面的中心拉一钢丝，再将其平置于测量基准面上，并使钢丝与基准面平行。然后用90°角尺（或其它方法）测量桁架两端面与基准面的垂直度，若桁架两端面垂直于基准面，必同时垂直于桁架中心线，这样就间接测量了桁架两端面与中心线的垂直度。

② 铅垂度的测量　铅垂度是衡量零件上被测的线（或面）是否与水平面垂直的一个测量项目，常作为构件安装的技术条件。常用的测量铅垂度的工具和仪器有吊线锤和经纬仪。

a. 吊线锤测量铅垂度。吊线锤多用铜质金属材料制成，把吊线连接在锤的尾端，使用时锤尖向下，如图9-15所示。当用吊线锤测量构件的铅垂度时，可以在构件的上端沿水平方向伸出一个支杆，并与构件加以固定，将吊线锤的吊线拴在支杆上，并量得其与构件的水平距离为a；放下线锤使锤尖接近地面并稳定后，再度量构件底部到线锤尖的水平距离a'，若$a=a'$，则说明构件该侧与水平线垂直，如图9-15所示。如果构件需要从两个方向测铅垂度时，应在上端与前一支杆垂直方向固定另一支杆，再用上述方法测量。

利用吊线锤测量铅垂度，还可间接地测量较大构件的垂直度。图9-16所示是在构件上端A处固定吊线锤，量得构件底部到A点的垂

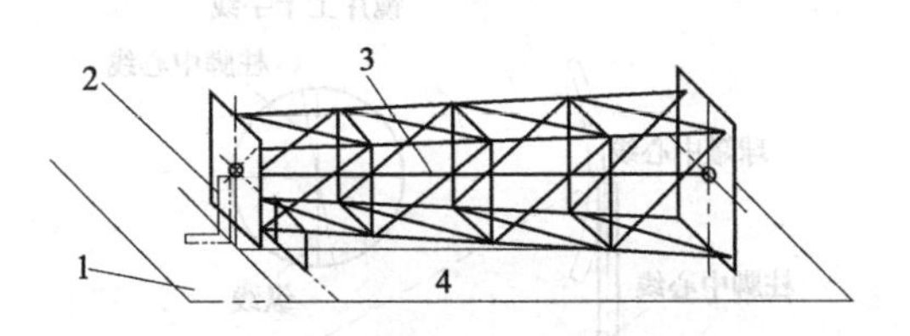

图 9-14 用间接测量法测量相对垂直度

1—平台；2—90°角尺；3—细钢丝；4—垫板

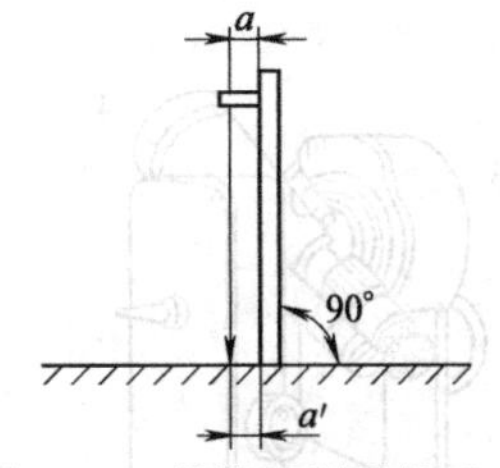

图 9-15 吊线锤测量铅垂度

直距离 AB。利用已知斜面的斜度 $M\left(\text{即}\dfrac{DF}{EF}\right)$，计算出锤尖接地点 C 沿斜面方向到 B 点的准确值，计算公式为

$$\frac{CB}{AB}=\frac{DF}{EF}=M$$

则
$$CB=\frac{AB\times DF}{EF}=AB\times M$$

上式中 AB、M 均为已知（或可直接量得），故 CB 长度可以算出。若实测的 CB 值与其计算值相同，则构件 AB 垂直于斜面 ED。

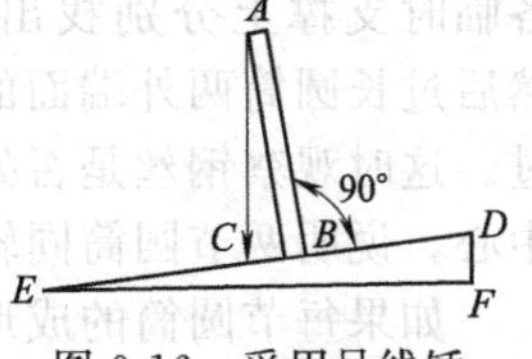

图 9-16 采用吊线锤

b. 经纬仪测量铅垂度。经纬仪主要由望远镜、竖直度盘、水平度盘和基座等部分组成，如图 9-17（a）所示。可以测角、测距、测高、测定直线、测水平度、测铅垂度等。图 9-17（b）所示是用经纬仪测量球罐柱脚的铅垂度。先把经纬仪安置在柱脚的横轴方向上，对中、调平，再将目镜上十字线的纵线对准柱脚中心线的下部，将望远镜上下微动观测。若纵线重合于柱脚中心线，说明柱脚在此方向上垂直；如果发生偏离，就需要调整柱脚。然后再用同样的方法，把经纬仪安装在柱脚的纵轴方向上观测，如果柱脚在纵、横两轴方向都与水平线垂直，则柱脚处于铅垂线位置。如用激光经纬仪测量，则更为方便和直观。

（5）同轴度的测量　同轴度是指构件上具有同一轴线的几个零件，装配时其轴线的重合程度。测量同轴度的方法很多，这里举例介绍几种常用的测量方法。

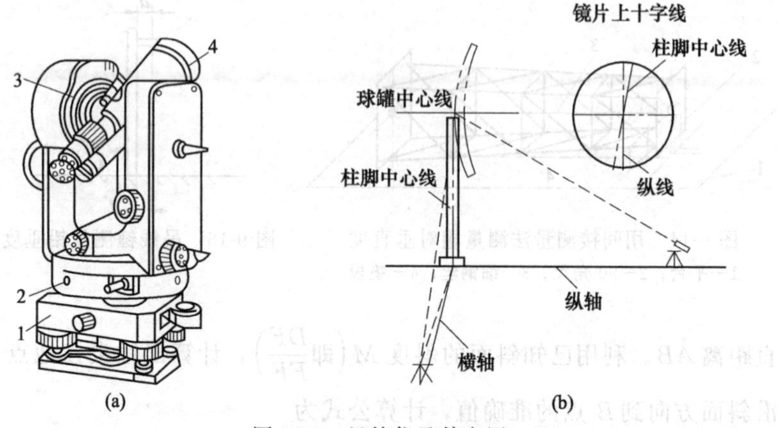

图 9-17 经纬仪及其应用

1—基座；2—水平度盘；3—竖直度盘；4—望远镜

图 9-18 所示为由两节圆筒连接而成的长圆筒，测量它的同轴度，可先在各节圆筒的端面装上临时支撑（注意不得使圆筒变形），再在各临时支撑上分别找出圆心位置，并钻出 ϕ20mm、ϕ30mm 的孔，然后过长圆筒两外端面的中心拉一钢丝，使其从各端面支撑的孔中通过。这时观察钢丝是否处于各端面上孔的中心位置，若钢丝过各端面中心，说明两节圆筒同轴，否则不同轴，需要调整。

如果每节圆筒的成形误差和尺寸误差都很小，也可采取在圆筒外侧拉钢丝，通过测筒外壁与钢丝的距离或贴合程度，来测量几节圆筒的同轴度，如图 9-19 所示。应用这种方法，至少应在整圆周上选择 3 处拉钢丝测量，以保证测量结果的准确。

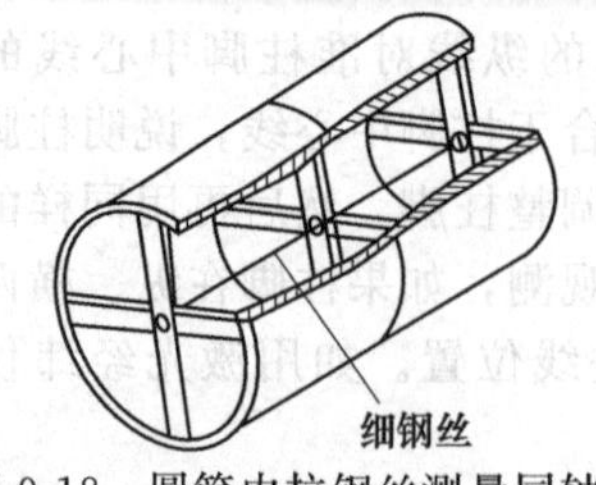

图 9-18 圆筒内拉钢丝测量同轴度

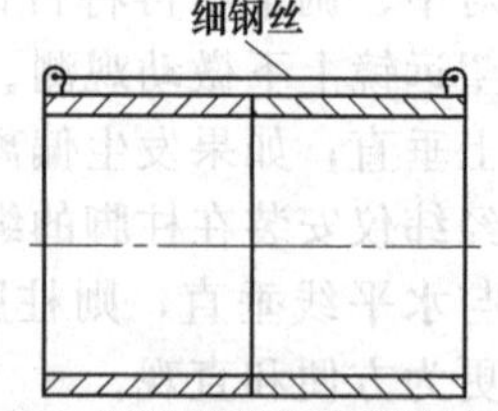

图 9-19 圆筒外拉钢丝测量同轴度

若两节不很长的圆筒相接，也可将大平尺放在接合部位，沿圆筒素线立于圆筒外壁上，根据大平尺与筒外壁的贴合程度来测量其同轴度，如图 9-20 所示。

多节塔类桁架同轴度的测量，可参照上述方法进行。

图 9-21 所示为一双层套筒，测量其同轴度时，先在内筒两端面加上临时支撑，并在其上找出圆心位置，然后用尺测量外筒圆周上各点至圆心的距离。如果各测点的圆心距相等，说明内、外两圆筒同心。当在套筒两端面测得内、外筒皆同心时，则说明内、外筒同轴。

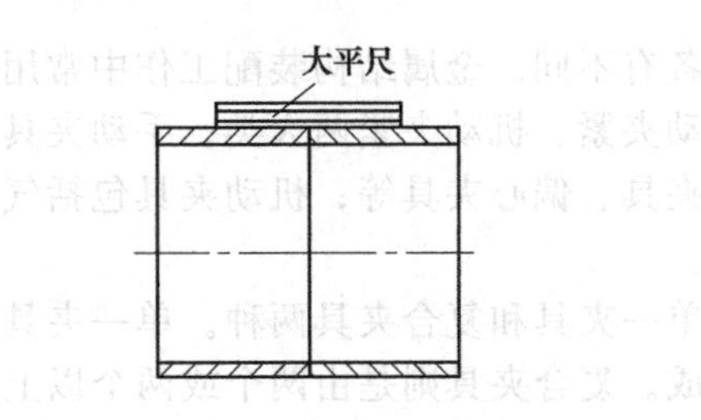

图 9-20 用大平尺测量同轴度

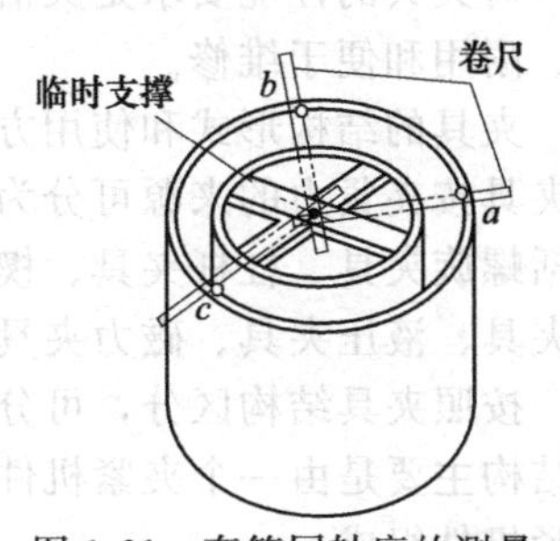

图 9-21 套筒同轴度的测量

如果套筒的装配精度要求不高，也可以通过测量其两端面上内、外筒的间距，来控制套筒的同轴度。

（6）角度的测量 装配中，通常是利用各种角度样板测量零件间角度。测量时，将角度样板卡在或塞入形成夹角的两零件之间，并使样板与两零件表面同时垂直，再观察样板两边是否与两表面都贴合，若都已贴合，则说明零件角度正确。图 9-22 所示为两个利用角度样板测量零件角度的例子。

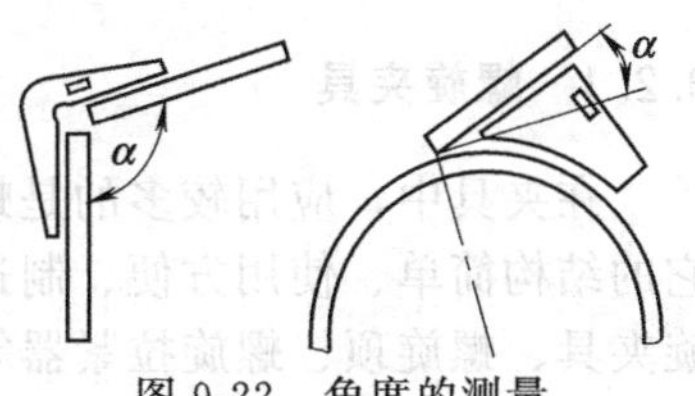

图 9-22 角度的测量

装配测量除上述项目外，还有斜度、挠度、平面度等一些测量项目，都需要装配工采用不同的测量方法，测得准确的结果，以保证装配质量。

还应强调的是，除测量方法外，测量量具精确、可靠，也是保证测量结果准确的重要因素。因此，在装配测量中，还应注意保护量具不受损坏，并经常检验其精度是否符合要求。重要的结构，有时要求装配中始终用同一量具或仪器进行测量。对尺寸较大的钢结构，在制造过程中进行测量时，为保证测量精度，尚需考虑测量点的选择、结构自重和日照等影响。

9.2 装配用夹具

这里所讲的夹具，包括夹紧、卡紧、拉紧、压紧、顶紧等工具。选择夹紧方法时，一般常与选择定位方法同时考虑。

对夹具的性能要求是灵活适用、体积小、重量轻、操作方便、安全、耐用和便于维修。

夹具的结构形式和使用方法各有不同。金属结构装配工作中常用的夹具按夹紧力的来源可分为手动夹紧、机动夹紧两大类。手动夹具包括螺旋夹具、杠杆夹具、楔条夹具、偏心夹具等；机动夹具包括气动夹具、液压夹具、磁力夹具等。

按照夹具结构区分，可分为单一夹具和复合夹具两种。单一夹具的结构主要是由一个夹紧机件组成。复合夹具则是由两个或两个以上夹紧机件组成。

夹具又分为自锁和非自锁的两种。弹簧夹紧和杠杆夹紧都是非自锁的，而螺旋、楔条、偏心等夹具利用自锁特性夹紧工件都是自锁的。

9.2.1 螺旋夹具

在夹具中，应用较多的是螺旋夹具。虽然这种夹具调节较慢，但它的结构简单、使用方便、制造容易。现场常用的螺旋夹具有弓形螺旋夹具、螺旋顶、螺旋拉紧器等。

(1) *弓形螺旋夹具* 弓形螺旋夹具的结构简单，一般的只有三四个零件，这种夹具重量较轻，使用广泛，都用手工操作。在现场作业时，可根据实际情况，选用或制造相应尺寸和强度的这种夹具，如图9-23所示。

如在尺寸较小的工件上使用时，即可选用小规格的弓形螺旋夹具。如果工件尺寸较大，需要夹紧力亦大，则可根据实际情况确定夹具中 H 和 B 的尺寸。为了使用轻便，并具有一定的强度和刚性，可对夹具的弓形体结构采用不同的断面形式，如图9-23 (a)、(b)、(c) 所示。在生产中，为了避免螺杆旋转时在工件上移动，所以应在螺杆的下端连接一个“垫块”。

(2) *螺旋顶* 螺旋顶也叫螺旋千斤顶，它是顶起重物的最简单的工具。螺旋顶有单向［图 9-24（a）、（b）、（c）］和双向［图 9-24（d）］的两种形式。

图 9-24（c）所示是单向螺旋顶，其两端有活动连接的垫块，工作时垫块端面与工件接触，因此工件只受到静压力而不会伤及表面。

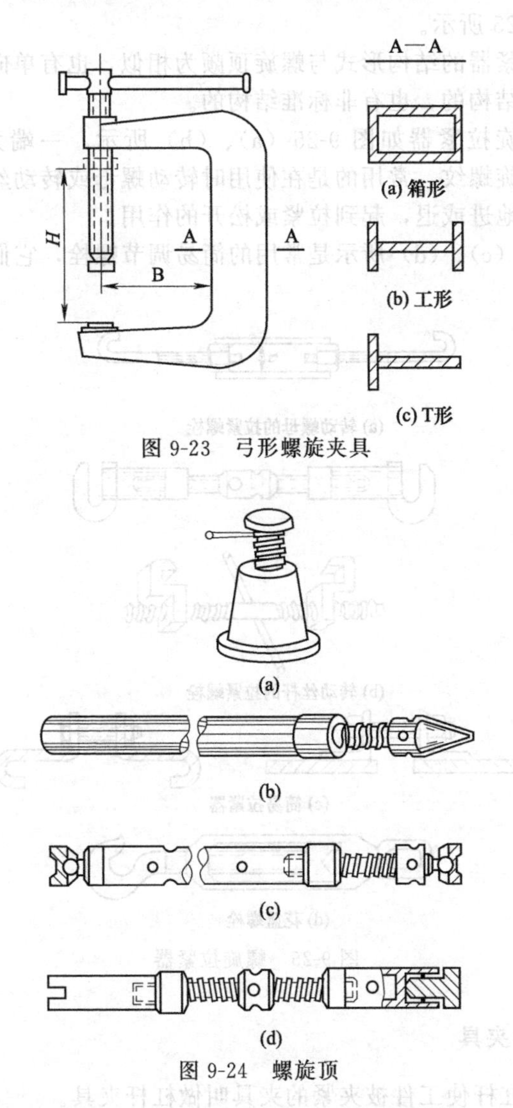

图 9-23 弓形螺旋夹具

图 9-24 螺旋顶

图 9-24（d）所示是双向螺旋顶，螺杆两端的螺纹旋转方向相

反，一端为右旋螺纹，另一端是左旋螺纹。使用时，每转一圈，就等于单向螺旋顶旋转两圈，工作效率较高。

使用螺旋顶时如果长度不够，一般都加垫使用。

(3) 螺旋拉紧器　螺旋拉紧器又叫调整器，它是起拉紧作用的工具，如图 9-25 所示。

螺旋拉紧器的结构形式与螺旋顶颇为相似，也有单向和双向的两种，有标准结构的，也有非标准结构的。

双向螺旋拉紧器如图 9-25 (a)、(b) 所示，一端为右旋螺纹，另一端为左旋螺纹。常用的是在使用时转动螺母或转动丝杆，使两端的螺杆相对地进或退，起到拉紧或松开的作用。

图 9-25 (c)、(d) 所示是常用的简易调节螺栓，它们是单向螺旋拉紧器。

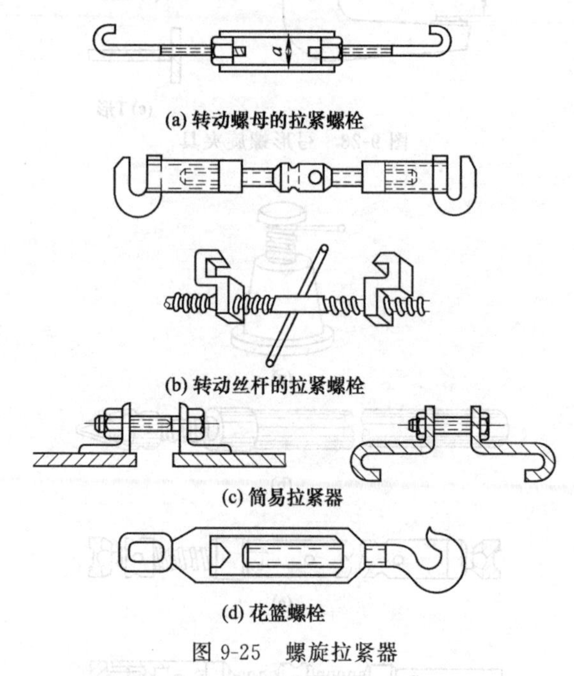

(a) 转动螺母的拉紧螺栓

(b) 转动丝杆的拉紧螺栓

(c) 简易拉紧器

(d) 花篮螺栓

图 9-25　螺旋拉紧器

9.2.2　杠杆夹具

凡利用杠杆使工件被夹紧的夹具叫做杠杆夹具。

杠杆上的三点是支点、重点和力点。支持杠杆转动的固定点叫做支点；承受重物或抵抗阻力的中心点叫做重点；对杠杆施加力量的中心点叫做力点。杠杆的两臂是重臂和力臂。从支点到重点作用线的垂直距离叫做重臂，从支点到力点作用线的垂直距离叫做力臂。

杠杆力的计算公式是：力×力臂＝物重×重臂。当使用杠杆时，如杠杆的力臂大于重臂就省力；杠杆的力臂小于重臂时则费力；杠杆的力臂等于重臂时，则与不用杠杆所费的力相等。

由于杠杆的作用有3种情况：另一种情况是支点在中间，如图9-26（a）所示；第二种情况是重点在中间，如图9-26（b）所示；第三种情况是力点在中间，如图9-26（c）所示。

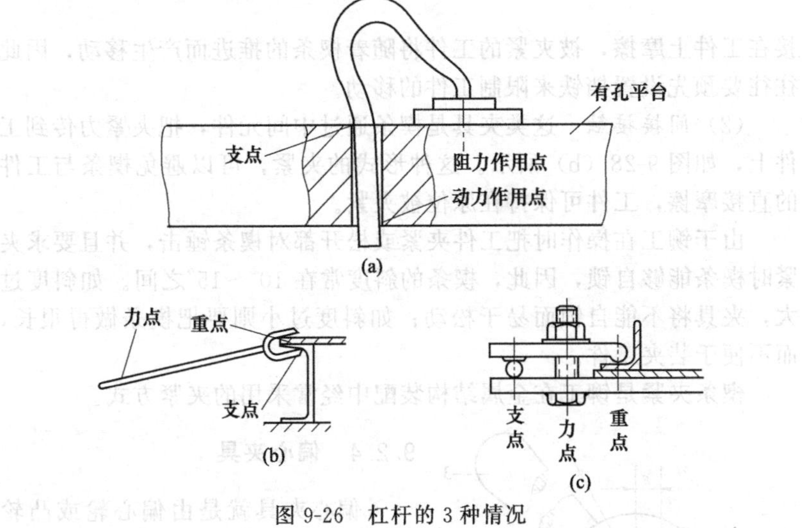

图9-26 杠杆的3种情况

铆工在生产中，简易的杠杆夹具叫“叉子”，常用的形式如图9-27（a）、（b）、（c）所示。

9.2.3 楔条夹具

常用的楔条夹具有两种基本形式，如图9-28所示。

（1）直接接触 这类夹具是楔条与工件直接接触来实现夹紧，如图9-28（a）所示。这种形式的夹紧，由于楔条直

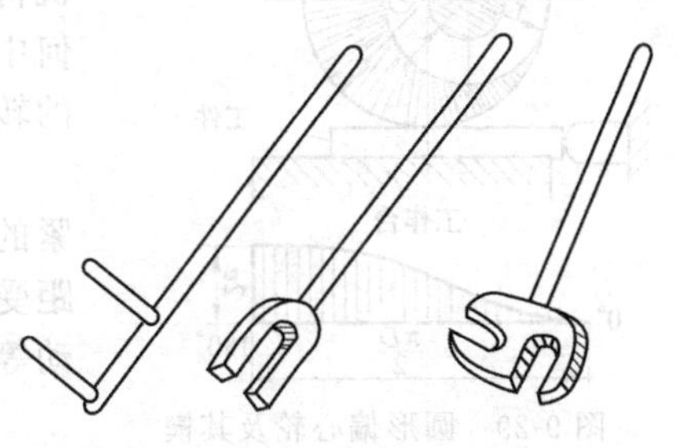

图9-27 简易的杠杆夹具

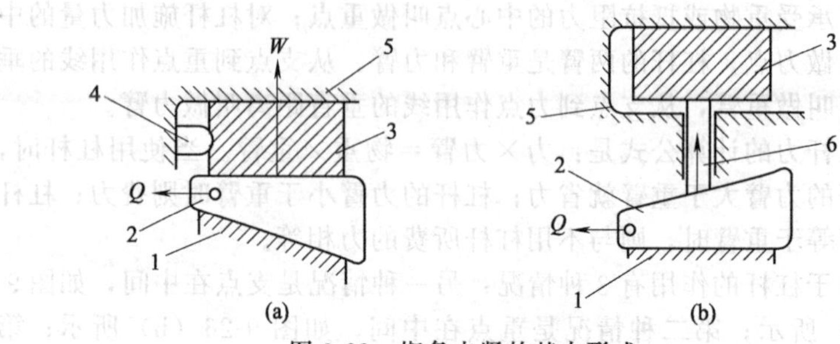

图 9-28 楔条夹紧的基本形式
1—限位铁；2—楔条；3—工件；4—挡铁；5—夹具；6—导杆

接在工件上摩擦，被夹紧的工件将随着楔条的推进而产生移动，因此往往要预先设置挡铁来限制工件的移动。

(2) 间接接触　这类夹具是楔条通过中间元件，把夹紧力传到工件上，如图 9-28（b）所示。这种形式的夹紧，可以避免楔条与工件的直接摩擦，工件可保持在原位被夹紧。

由于铆工在操作时把工件夹紧或松开都对楔条锤击，并且要求夹紧时楔条能够自锁，因此，楔条的斜度常在 10°～15°之间。如斜度过大，夹具将不能自锁而易于松动；如斜度过小则要把楔条做得很长，而不便于装夹工件。

楔条夹紧是铆工在金属结构装配中经常采用的夹紧方式。

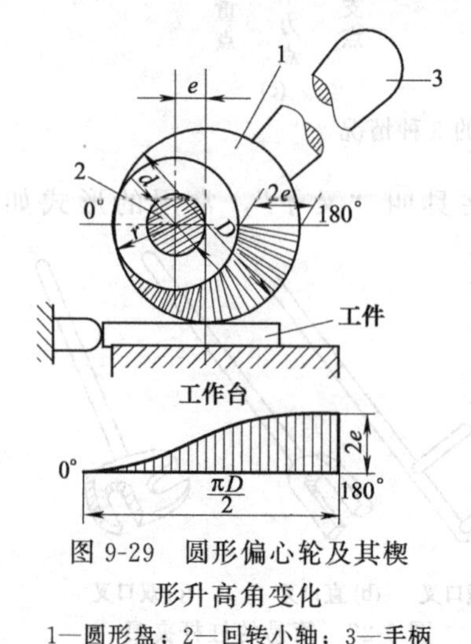

图 9-29 圆形偏心轮及其楔形升高角变化
1—圆形盘；2—回转小轴；3—手柄

9.2.4 偏心夹具

偏心夹具就是由偏心轮或凸轮的自锁性能来实现夹紧作用的夹紧机构。偏心轮是一种回转中心与几何中心不重合的零件，利用偏心轮的转动来夹紧工件。

这种夹紧装置的动作比螺旋夹紧的速度快，但由于偏心轮的偏心距受到限制，它的传递夹紧力和移动等均不如螺旋夹具优越。

偏心夹具多用于振动很小、夹紧力不大的工件夹紧上，常用的偏心夹具虽有圆形或非圆形的结构形式，但其作用原理却相同。

图 9-29 所示为圆形偏心轮，图中 1 是圆形盘，圆形盘上有偏心孔。偏心孔安装在另一零件回转小轴 2 上，圆形盘即可绕小轴旋转，手柄 3 固定在偏心轮上，扳动手柄使偏心轮回转。当转动手柄使偏心轮的工作表面与工件接触时，即可依靠自锁性能将工件夹紧。

图中，D 为偏心轮直径，d 为回转轴半径，e 为偏心距。

从图 9-29 中可以看出，在偏心机构上实际起夹紧作用的是画有细实线的部分，它被展开则近似楔的形状，由此可见，偏心夹具的原理与楔条夹紧相似，不同的是其升高角是变化的。当偏心轮绕回转轴旋转 180°时，升高高度是偏心距（e）的 2 倍，但实际应用中，多取 1/6～1/4 圆周值。常用的偏心形式有凸轮式、手柄轮式的及转轴式 3 种，如图 9-30 所示。

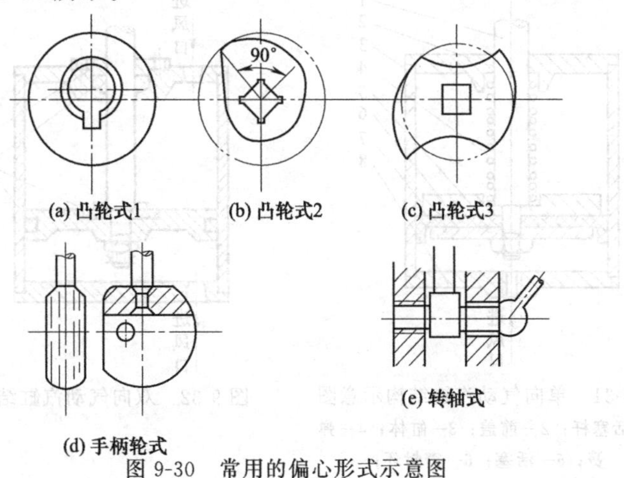

图 9-30　常用的偏心形式示意图

9.2.5　气动夹具

气动夹具就是利用压缩空气的压力通过机械运动施加夹紧力的夹紧装置。它的结构主要由汽缸和夹具两部分组成，主体是汽缸。

夹具的夹紧力，一般可进行简单的计算。如有一个汽缸的内径是 400mm，进入汽缸的压缩空气压力为 0.5MPa，那么作用在活塞面积上的压力为 $0.4\times0.4\times0.25\pi\times0.5\approx61573.4$（N）。夹紧力的大小，取决于压缩空气的压力和汽缸的活塞面积。气动夹具的汽缸结构和气压力机相同，只是规格有所不同。

汽缸的构造虽有多种形式，但常用的却是单向气动和双向气动两种。

单向气动汽缸，如图 9-31 所示。单向气动汽缸主要由缸体 3、前盖 2、活塞 5、活塞杆 1、密封环 6、压垫 7、弹簧 4 和后盖 8 等所组成。单向气动汽缸的特点是只有一个方向进气来推动活塞工作。为使活塞能够退回原位，所以加装了弹簧。由于弹簧做的不可能太长，致使单向气动汽缸的有效行程较小。

双向气动汽缸如图 9-32 所示。双向汽缸的特点是，可在活塞的两侧分别进气，活塞的进退都用压缩空气推动。双向汽缸不用回程弹簧，故可做得较长，适用范围较广。汽缸的安装形式有固定的或非固定的，并可根据使用需要安装成卧式、立式或倾斜式。

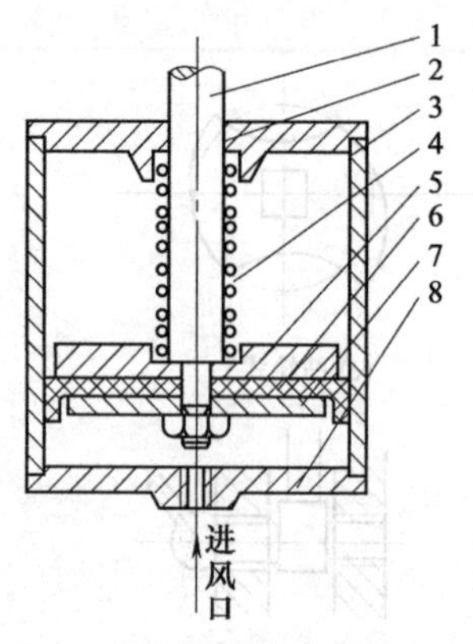

图 9-31　单向气动汽缸结构示意图
1—活塞杆；2—前盖；3—缸体；4—弹簧；5—活塞；6—密封环；7—压垫；8—后盖

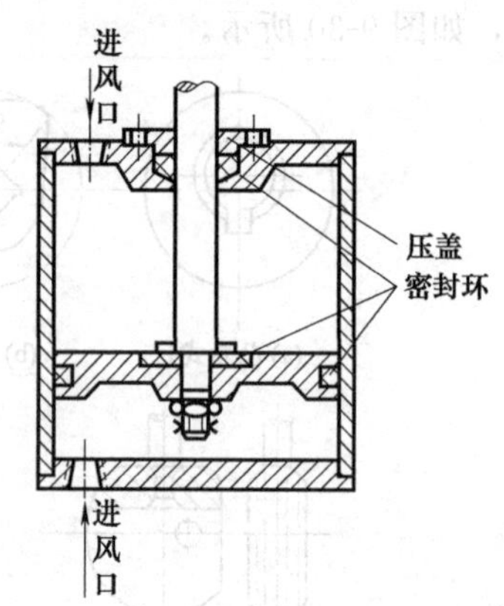

图 9-32　双向气动汽缸结构示意图

气动夹具的结构有两种基本形式：一种是将气的压力通过垫块和挡板作用在工件上，如图 9-33 所示；另一种是属于复合夹具，主要是气动与杠杆的复合形式，如图 9-34 所示。

9.2.6　液压夹具

液压夹具和气动夹具的工作原理相似，其夹具结构亦基本相同，不同的是液压夹具的缸内介质是水或油。这种介质可认为是不可压缩的，所以施加压力时缓而稳，其介质是重复使用的。

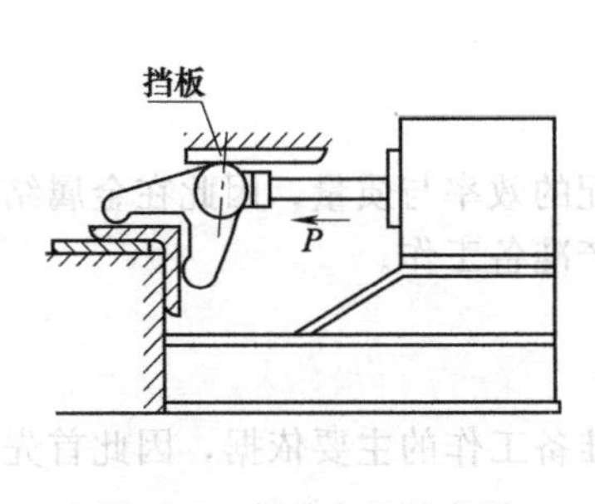

图 9-33 气动夹具示意图

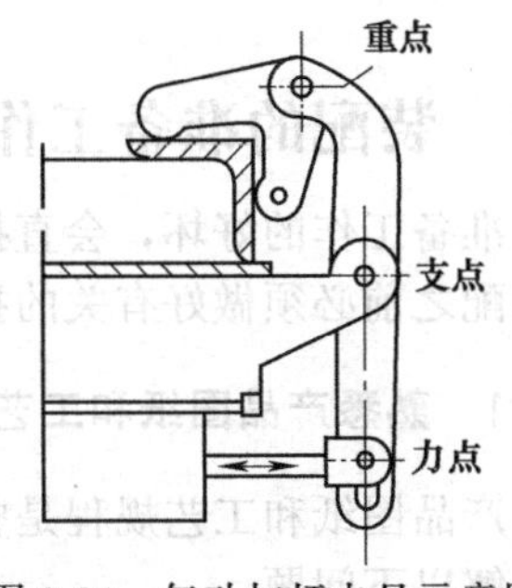

图 9-34 气动杠杆夹具示意图

9.2.7 磁力夹具

磁力夹具就是用磁力来吸住工件的工具。常用的是电磁铁，其结构较简单，除了导线和开关之外主要是机壳的铁芯。

在金属结构装配工作中，利用电磁铁夹压工件时，只要把它摆好位置，再按电路开关，通电就行了。用后拨动开关断电即可，这不仅操作简便，又不损伤工件表面。

金属结构装配时，使用电磁铁的方法较多：如利用电磁铁做支点，通过杠杆把两个零件压紧的，如图 9-35 口所示；利用两个电磁铁吸住螺旋顶压器，并通过丝杆把丁字梁和钢板压严，如图 9-35（b）所示；利用一个电磁铁把对接的两块钢板拉平的，如图 9-35（c）所示；利用电磁铁做支点通过杠杆把角钢压贴在钢板上的，如图 9-35（d）所示。

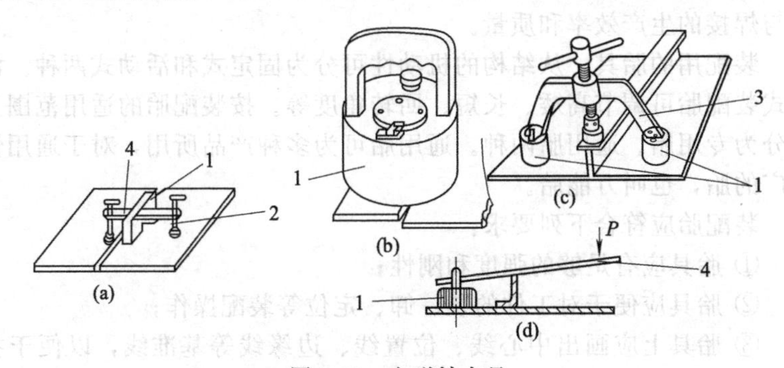

图 9-35 电磁铁夹具

1—电磁铁；2—丝杆；3—螺旋顶压器；4—杠杆

9.3 装配的准备工作

准备工作的好坏，会直接影响装配的效率与质量，因此在金属结构装配之前必须做好有关的技术和生产准备工作。

9.3.1 熟悉产品图纸和工艺规程

产品图纸和工艺规程是整个装配准备工作的主要依据，因此首先要了解以下问题：

① 了解产品的用途、结构、特点，以便提出装配的支撑与夹紧等措施；

② 了解各零件的相互配合关系，使用材料及其特性，以便确定装配方法；

③ 了解装配工艺规程、技术要求。

9.3.2 工、夹、胎具的准备

装配前对所需要的工、夹、胎具要做周密的准备。除了常用的弯尺、画规、样冲、锤、铲、钻和各种卡、压、拉等夹具都要进行清理和检查外，对于专用的工、夹、胎具则应进行试用，特别要准备好装配胎。

装配胎又叫胎架，它主要用于表面形状比较复杂，又不便于定位和夹紧或大批量生产的焊接结构的装配与焊接。它可以简化零件的定位工作，并可将焊接操作的仰焊、立焊等改为平焊，从而可以提高装配与焊接的生产效率和质量。

装配用的胎具，从结构的机动性可分为固定式和活动式两种。活动式装配胎可调节高矮、长短、回转角度等。按装配胎的适用范围又可分为专用胎、通用胎两种。通用胎可为多种产品所用，对于通用性很广的胎，也叫万能胎。

装配胎应符合下列要求：

① 胎具应有足够的强度和刚性；

② 胎具应便于对工件的装、卸、定位等装配操作；

③ 胎具上应画出中心线、位置线、边缘线等基准线，以便于找正和检验；

④ 较大尺寸的装配胎应安置在相当坚固的基础上，以避免基础

下沉导致胎具变形。

9.3.3 装配的工作台

装配的工作台因用途不同，而具有多种形式。

（1）平台 铆工常用工作台是平台，它的上表面要求必须达到一定的平直度和水平度。铆工常用的平台结构和形式较多，通常有以下几种。

① 铸铁平台 铸铁平台是由一块或多块经表面加工的铸铁制成的。它坚固耐用，上平面精度较高。装配用的平台上有许多圆孔和沟槽，是为了便于夹压工件而设置的。

② 钢结构平台 这种平台是由厚钢板和型钢制成的。它的上面一般不经切削加工，所以平直度和水平度比铸铁平台差，常用于拼接钢板、桁架等零、部件。

③ 导轨平台 这种平台是由很多条导轨安装在水泥基础上制成的。它是装配大型构件用的工作台。每条导轨的上表面都经过切削加工，并有紧固工件用的螺栓沟槽。

④ 水泥平台 水泥平台是用钢筋混凝土制成。制作时，在适当位置预埋上拉环、桩橛和交叉设置的扁钢，作为装配作业的固定工件使用。这种平台适用于拼接钢板、框架等的大型构件的装配作业。

⑤ 电磁平台 电磁平台的台身，一般是用钢板和型钢等制成，在平台内安置许多电磁铁，通电后，电磁铁将工件吸住在平台上。钢板被吸在平台上之后，焊接钢板可减少焊后变形。在电磁平台上，对接钢板可采用一次成形的自动焊。在电磁平台上拼接钢板，如图9-36所示。

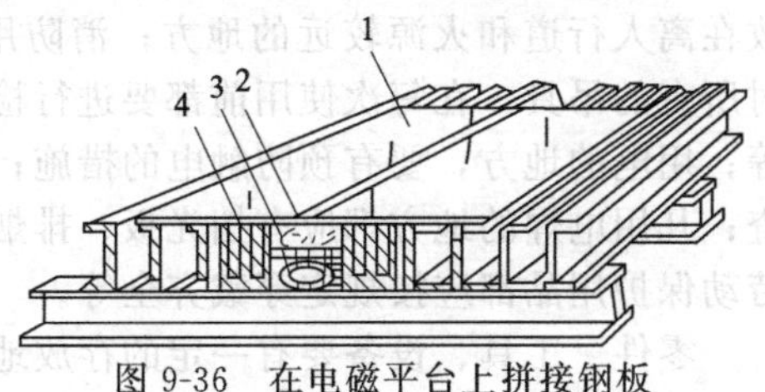

图 9-36 在电磁平台上拼接钢板
1—工件；2—焊药；3—充气软管；4—电磁铁

为降低铆工作业的噪声，在安装铸铁平台和钢结构平台时，可在平台与平台底架（基础）之间垫上具有减振作用的橡皮，使平台与基础不直接接触。

（2）铁凳 装配长大的工件时，可用一定数量的铁凳把工件架起来进行操作。铁凳应坚固、稳定、不宜过高，它常用工字钢、槽钢等制成。铁凳可以移动，便于使用和保管。

9.3.4 零、部件预检和防锈

产品装配前，对于从上道工序转来和零件库中领取的零、部件及装配当中所用的辅助材料都要进行核对和预检，以便于装配工作的顺利进行。预检零、部件的主要内容包括：

① 按图纸和工艺文件检查零、部件的加工精度；

② 查对零、部件的数量；

③ 准备与工件材质相适应的电焊条，使定位焊的电焊条与焊接的电焊条相同；

④ 按工艺规定，备齐螺栓、螺母等辅助材料。

焊接结构装配前，要对零、部件的连接处的表面进行打毛刺、除污垢、除锈等清理工作，并要在清理后，按技术条件施加防锈层，以保持防腐耐用。

9.3.5 安全措施

安全生产对于装配尤为重要。在装配工作中，大部分属于多工种联合作业，涉及不安全的因素较多，因此，必须在装配的准备工作中对安全要全面研究，加以注意和预防。例如，氧气瓶和乙炔发生器要放在离人行道和火源较远的地方；消防用具要放在取用方便的地方；对所有的吊具，在每次使用前都要进行检查；机器设备要有防护装置等；用电的地方，要有预防触电的措施；高空作业的安全带要严格检查；凡用电焊的地方都应有挡光板、排烟装置等劳动保护措施；各项劳动保护用品都应按规定穿戴齐全等。

零件、工具、设备要有一定的存放地点，不要在通道上作业和摆放物件。

装配的位置和焊接的位置都要放在便于吊运的地方，作业地面应修理平整。

装配时尽可能采用先进工艺，推行流水作业，避免零件往返运送。

9.4 焊接结构的装配

9.4.1 装配基准面的选择

金属结构装配时，以装配工作台平面为准的工作表面叫做装配基准面，它相当于六点定位规则里的“装置面”。

装配基准面与该产品安装使用的基准面可以相同，也可以不同。它可以按照实际情况，选择有利于本工序的基准面。

装配时选择的基准面正确与否直接影响装配质量好坏和生产效率的高低。

选择构件装配基准面时，常以零件的定位和操作方便为前提。例如，工件表面有平的地方，也有不平的部位，一般情况下，应以平面作为装配基准面。

装配基准面可能位于工件的上面或下面，也可能在某一侧面。在一个工件上如果两个面都可用，则可选定较大的一面。

对外形很不整齐，甚至在装配时不便于确定基准面的工件，应以设计基准为基础，采用地样、支撑或胎具等辅助基准进行装配。

9.4.2 预防焊后变形的常用方法

焊接结构装配之前，常用的预防焊后变形的方法如下。

（1）顺序法　由较多零件组成的部件，为减少变形和装配方便，在装配前，应确定装配顺序。一般情况下，安排装配顺序应考虑：使部件焊后不变形或少变形，要便于焊工操作和焊后矫正。对于零件较多的大部件，一般是编排好顺序，并分为零件更少的小部件进行装配，同时进行焊接和矫正，而后再装配大部件。

（2）反变形法　反变形法是在工件焊接前，对它进行与焊后变形方向相反的加工处理，使其反变形量抵消变形量。这种方法的效果比较好。改变焊缝角度的一般方法，如图 9-37 所示。采用反变形法时，常与焊接顺序的合理安排结合起来。反变形量的大小与焊件形状、尺寸、材质、焊接方法等因素有关。因此，采用这种方法必须在生产实践中积累经验数据，找出它的规律和参数，才能获得较好的效果。

（3）刚性固定法　这种方法就是采用强力把焊接件加以固定，限制它焊后变形。实践证明，对于刚性较小的工件，在焊前加强其刚性，它的焊后变形就会减少。但是，用刚性固定法控制变形的工件，却存在较大的焊接应力，并且这种内应力不易消失，同时当焊完冷却后，撤出固定装置时，工件仍会产生一定的变形。若将刚性固定法与反变形法或锤击焊缝法等结合使用，则效果就会更好些。常用的刚性固定法有夹固法、支撑法、重压法和定位焊法等。

① 夹固法　利用夹具对焊接件可能产生焊后变形和部位给予刚

性固定的机械方法。常用的有 3 种方法。

a. 用螺旋、气压、液压等夹具将工件固定在工作台上，防止焊后变形如图 9-38 所示，待工件焊后冷却时卸掉夹具。

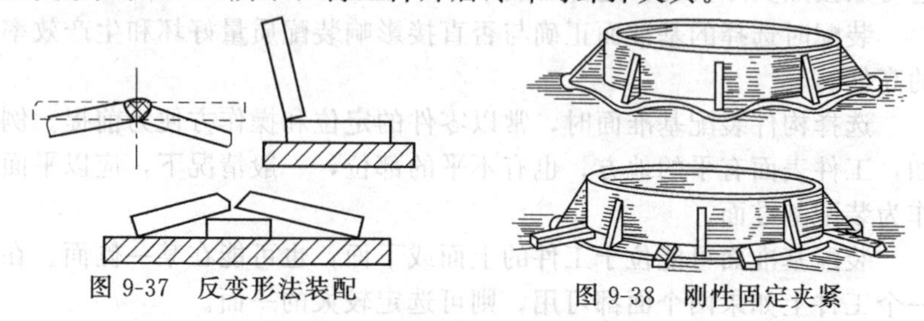

图 9-37 反变形法装配

图 9-38 刚性固定夹紧

b. 用夹具或焊封闭板来直接固定工件，如图 9-39 所示。采用夹固法控制工件变形的工具比较简单，如与反变形法结合使用，效果更好。

c. 用胎具和夹具来固定工件。采用这种方法装配时，往往与焊接工序结合进行。胎夹具可控制工件的焊后变形，尤其是能转动的胎，工作中可以改变焊接的位置，对电焊工操作较为方便。

② 支撑法 是在工件焊后易变形的部位，临时焊上支撑物，以控制其焊后变形。图 9-40 所示的工件，左面与上面敞口，焊后变形的可能性大，如装配时在敞口处焊上临时支撑，固定工件易于变形的部位，就能控制其变形程度。

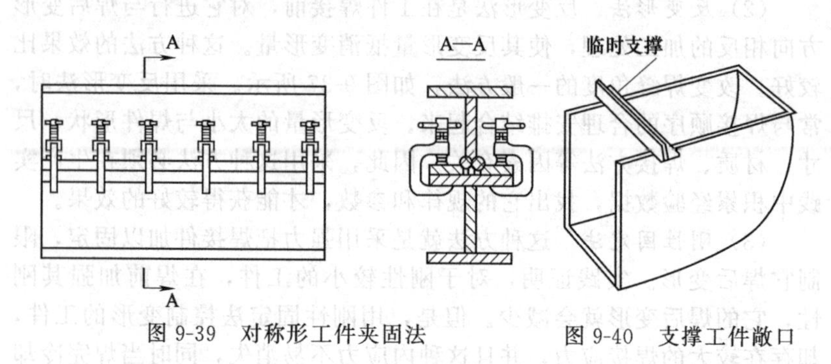

图 9-39 对称形工件夹固法

图 9-40 支撑工件敞口

9.4.3 简单部件的装配

（1）T 形梁的装配 T 形梁虽然是一种零件很少的部件，但对它的装配也有多种方法。

① 画线定位 如图 9-41 所示，在平板上画出立板的定位线，并打上样冲窝，将立板立于平板上，对准平面的定位线，用弯尺找正立板与平板的垂直度。在两端施加定位焊，再用弯尺矫正垂直度，而后再在两面的适当距离施加定位焊。定位焊的参考尺寸如表 9-1 所示。

表 9-1 定位焊的参考尺寸 mm

工件厚度	焊点长度	焊点间距	焊点高度
2～5	20～25	100～150	一般焊接应为工件厚度的一半
5～10	25～30	150～250	
≥10	30～35	250～350	

② 用胎具装配 在工作台上用胎具装配 T 形梁的方法如图 9-42 所示。

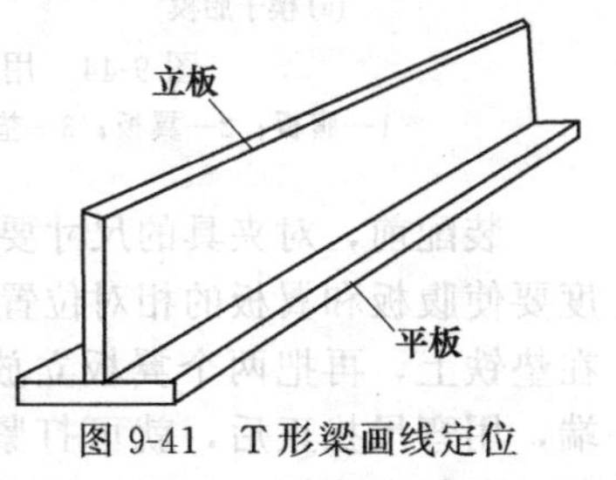

图 9-41 T 形梁画线定位

先对胎具进行检查与调整，装配时把平板和立板靠实胎具，从端部对齐后，即可用螺旋压马将立板夹紧，施加定位焊。这种方法可以省去找正工序，操作很方便。

③ 用反变形法装配 为便于平板反变形，可以制造专用工作台，在平板中间垫上小板条，用弓形螺旋夹具夹紧平板，使平面产生角变形，如图 9-43 所示。也可把两根 T

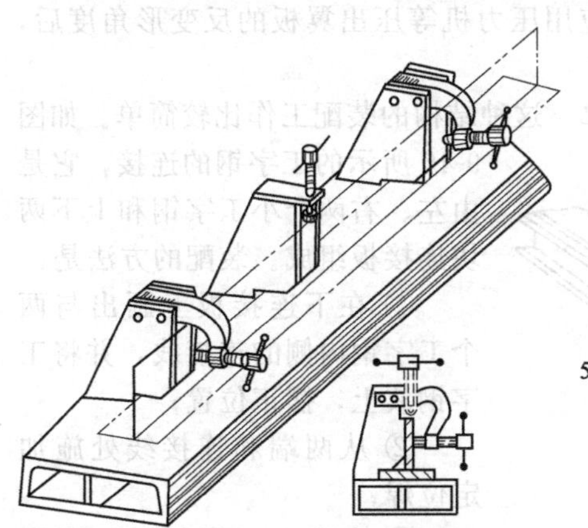
图 9-42 T 形梁的胎具装配

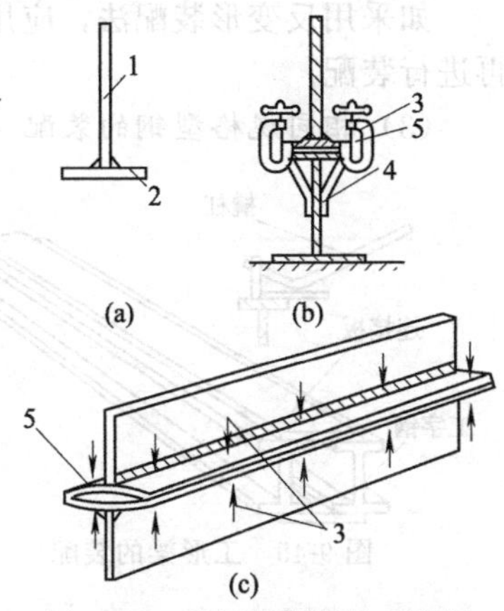

图 9-43 反变形法装配 T 形梁

1—立板；2—平板；3—弓形螺旋夹；4—专用工作台；5—垫条和夹紧位置

形梁同时装配，将它们的平面背靠背地夹固，如图 9-43（c）所示。这种方法可以不用专用工作台，一次可以装配和焊接两个工件，如果大量生产，平板的反变形也可用压力机加工。

（2）工形梁的装配 装配工形梁的一般方法是采用胎具平装。操作时常用楔形、螺旋、气压或液压夹具进行夹紧，如图 9-44 所示。

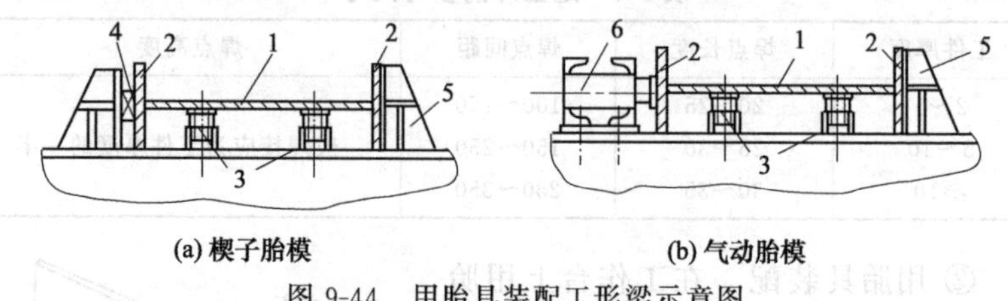

图 9-44 用胎具装配工形梁示意图

1—腹板；2—翼板；3—垫铁；4—铁楔；5—挡铁；6—气动夹具

装配前，对夹具的尺寸要进行检查调整，垫在腹板下面的垫铁高度要使腹板和翼板的相对位置符合图纸要求。装配时，先把腹板平放在垫铁上，再把两个翼板立放在腹板的两侧，对齐这 3 个零件的一端，用弯尺找正后，就可打紧铁楔或用气动等夹具把翼板和腹板压紧，进行定位焊。如果工形梁端头有连接板等零件时，为了保证其外形（轮廓）尺寸，便于工形梁与其它部件的连接，应在腹板和翼板焊接并矫正后再进行装配。

如采用反变形装配法，应用压力机等压出翼板的反变形角度后，再进行装配。

（3）相同规格型钢的装配 这种结构的装配工作比较简单。如图 9-45 所示的工字钢的连接，它是由左、右两个小工字钢和上下两块连接板组成。装配的方法是：

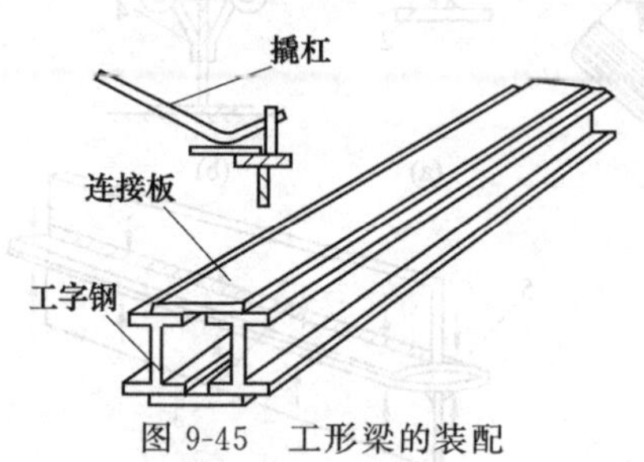

图 9-45 工形梁的装配

① 在下连接板上画出与两个工字钢内侧的连接线，并将工字钢放上，摆正位置；

② 从两端和连接线处施加定位焊；

③ 在两个工字钢上面画出上连接板的位置线，并盖上连接板，对正位置，施加定位焊。如连接板与工字梁接触不严，可用压马和撬杠压严并施定位焊。

(4) **钢板的拼接** 实际上也是几个零件的装配与焊接。图 9-46 所示为多块钢板的平面直线连接。

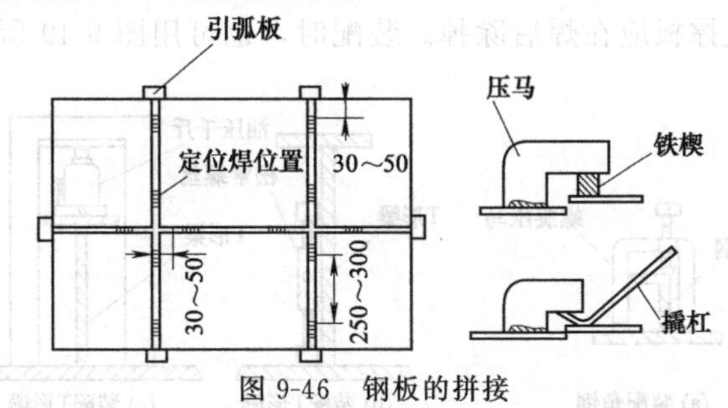

图 9-46 钢板的拼接

拼接时，将钢板摆列在平台上，用撬杠或松紧螺栓等，将钢板的平面对接缝调整好。钢板的连接处如有高低不平，可将压马临时焊在较低的钢板上，再用撬杠或铁楔加在压马和较高钢板中间，来调平两块钢板（如使用电磁平台则可不用压马等工具）。对接钢板定位焊的焊点长度和定位焊间距可参照表 9-1。如果对接缝采用自动焊接，在拼接时要做好以下两件事。

在定位焊处铲出凹槽，以免定位焊肉凸出而影响自动焊接的质量；在对接焊缝的两端设引弧板，引弧板上的坡口应与工件一致。有了引弧板可保证焊缝两端与中间的焊接质量一致。

定位焊的起点应离钢板边缘 30～50mm，这个距离也适用于 4 块钢板的十字接头的焊缝处。

(5) **型钢件和钢板件的装配** 钢板件和型钢件连接结构形式较多。图 9-47 所示为 T 形梁与角钢、钢板的结合形式。对这种结构的装配方法是将钢板放在工作台上，并在钢板上画出角钢、T 形梁的位置线。由于角钢位于钢板和 T 形梁中间，所以要在钢板上先装配角

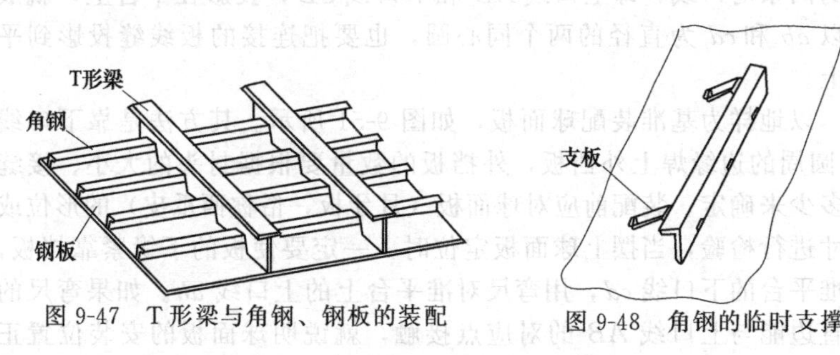

图 9-47 T 形梁与角钢、钢板的装配

图 9-48 角钢的临时支撑

钢，后装T形梁。为了保证角钢的垂直位置，可用临时支撑件加以固定，并用弯尺矫正，施加定位焊，如图9-48所示。

临时支撑板应在焊后除掉。装配时，也可用图9-49所示的方法进行。

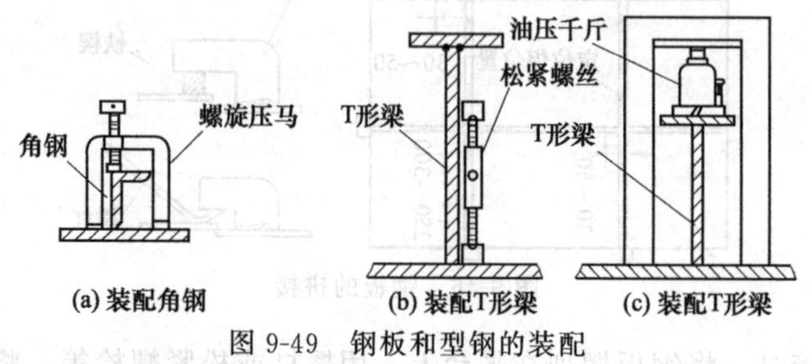

图9-49 钢板和型钢的装配

9.4.4 常用的装配方法

对焊接结构的装配，常用的方法有划线装配法、仿形装配法、胎具装配法、平放装配法、立装法和倒装法等。这些方法往往是结合运用的。任一结构的装配工作中，均应结合实际情况，同时采用多种方法，使焊接结构的装配质量好、生产效率高。

(1) 画线装配法　画线装配法基本上有两种：一种是在工作台上按工件实际尺寸画线，俗名打地样，因此也叫地样装配法；另一种是在零件上画出与有关连接件的接合线的接合线装配法。

① 地样装配法　用地样作为桁架等结构的装配基准是一种常用的方法，如房架、桥梁、构架及一些板材制造的容器等较为常用。

图9-50所示为罐封头（俗称罐头），两个截面接合线在平台上的画线。平台上的线条就是封头的地样。这个地样的画法是将封头主视图的两条对口线，即上口线AB和下口线CD，投影在平台上，就成为以ab和cd为直径的两个同心圆，也要把连接的板线缝投影到平台上。

以地样为基准装配球面板，如图9-51所示。其方法是靠下口线cd圆周的边缘焊上外挡板，外挡板的数量要根据封头的大小、接缝的多少来确定。装配前应对球面板（月牙板，俗称西瓜皮）的形位或尺寸进行检验，当摆上球面板定位时，一定要使板的下缘紧靠挡板，对准平台的下口线cd，用弯尺对准平台上的上口线ab。如果弯尺的垂直边能与上口线AB的对应点接触，就说明球面板的安装位置正

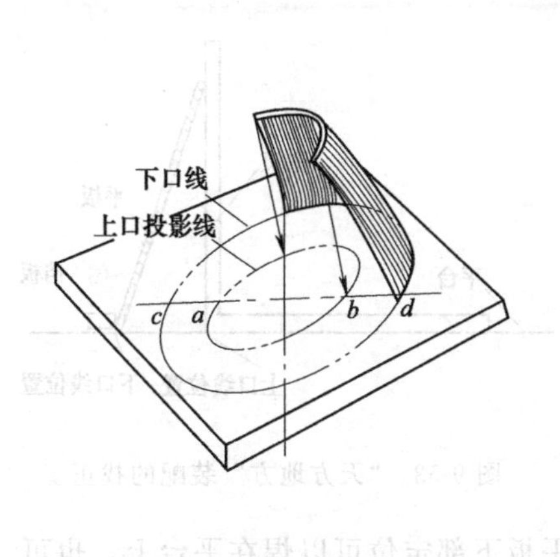

图 9-50 球面板的找正

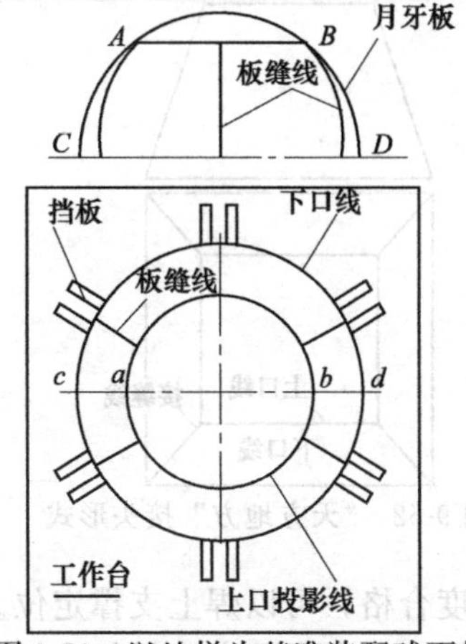

图 9-51 以地样为基准装配球面板

确，可以用支撑杆支撑住上口，并把支撑杆上下定位点焊牢，下口边缘在工作台上施定位焊。如果工件尺寸很大，不能使用弯尺时，可用线锤找正，如用线锤找正，就必须找好工作台表面水平。找正时，把线锤从球面板的上口边缘吊到平台上画的上口线 ab。如果线锤的锤尖与平台上的上口投影线 ab 的相应点重合，就证明球面的安装位置正确，可以用支撑杆支撑住上口，并把支撑杆上、下定位点焊牢。将球面板下口边缘在平台上施定位焊。依此方法再依次装配其它球面板。在打地样和对球面板找正时要注意板料的厚度和里皮或外皮的关系。将球面板装配后，要对上口的圆度、齐平情况进行检验和矫正，然后扣上顶盖，把位置调整正确后施加定位焊，完成罐封头的装配工作。

图 9-52 所示是工件“天方地方”的形式。这个结构是由 4 块平的梯形板拼接而成，可以采用地样装配法进行装配。

装配前，一定要对 4 块板料的展开尺寸精度进行检查，使毛料符合技术要求再进行装配。如果用线锤找正，也要事前把工作台找好水平。

装配方法是在平台上按实际尺寸画出“天方地方”在平面上的投影线和下口外皮线以及上口和下口的连线，沿下口线外边焊或卡住挡板于平台上，将板料下边靠住挡板并对准位置。对板料上口位置可采用弯尺或线锤测量，如图 9-53 所示。当弯尺上部轻轻地贴靠板料的上口，其垂线与平台上所画的上口里皮线重合时，即是说板料的安装

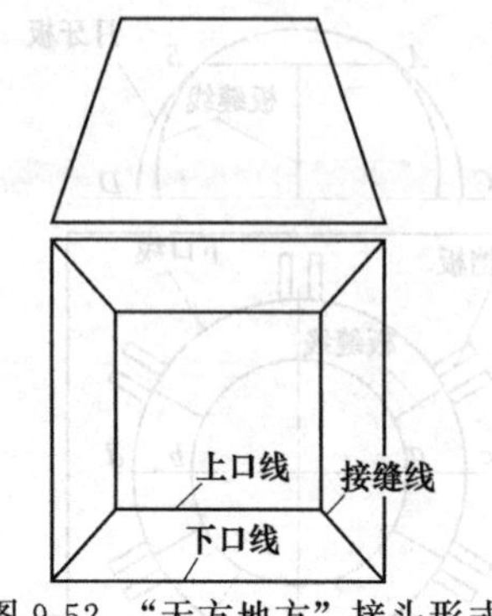

图 9-52 “天方地方”接头形式

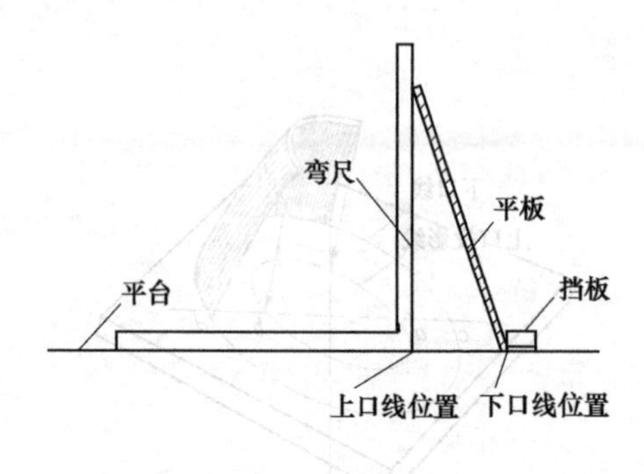

图 9-53 “天方地方”装配的找正

角度合格，可以焊上支撑定位。平板下部定位可以焊在平台上，也可采用三角定形的方法另加支杆和支撑焊接在一起，同样再装配对应面的板料，而后再将两侧板料拼接在已定位的两块板上，并在对接板缝上加以定位焊。装配后要对上口的对角线进行矫正再焊接，焊接后除掉支撑。

② 接合线装配法　零件与零件之间装配时，采用接合线装配法较多。图 9-54 所示就是以接合线定位进行装配的。

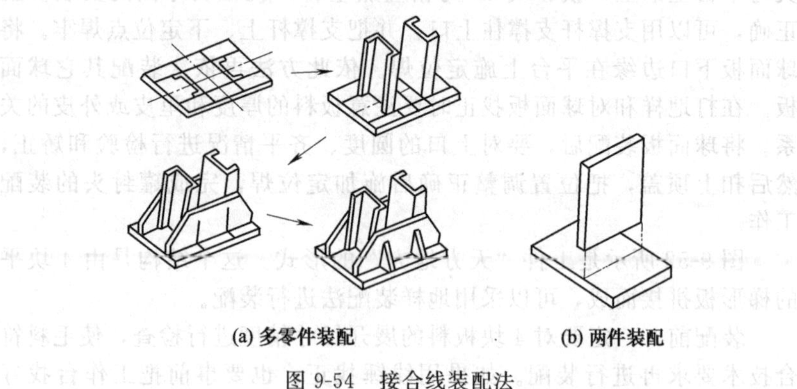

图 9-54　接合线装配法

(2) *仿形装配法*　仿形装配法主要用于截面及两侧对称的焊接结构。如房架等桁架结构就是用这种方法，如图 9-55 所示。采用这种方法是先画出地样，如图 9-56 所示。再根据地样装配出第一个单面的桁架并施加定位焊。再用它做底样（即模式）在它的上面进行复制，如图 9-57（a）所示。装配第二个单面的桁架并施加定位焊，如

图 9-57（b）所示。然后保持第一个桁架在原处不动，从它上面卸下第二个单面桁架，并将第二个桁架翻面，即将原在下面的连板翻在上面，如图 9-57（c）所示。再把第二个桁架上面的待装角钢摆在连接板上，以下面角钢为准，定位夹牢施加定位焊，如图 9-57（d）所示，即完成一个桁架。以第一个单面桁架为底样，依此方法装配其余桁架。应当指出，不要改用其它桁架做底样，以免产生积累误差。因此，做底样的第一个桁架也是该项任务中最后装配完成的桁架。

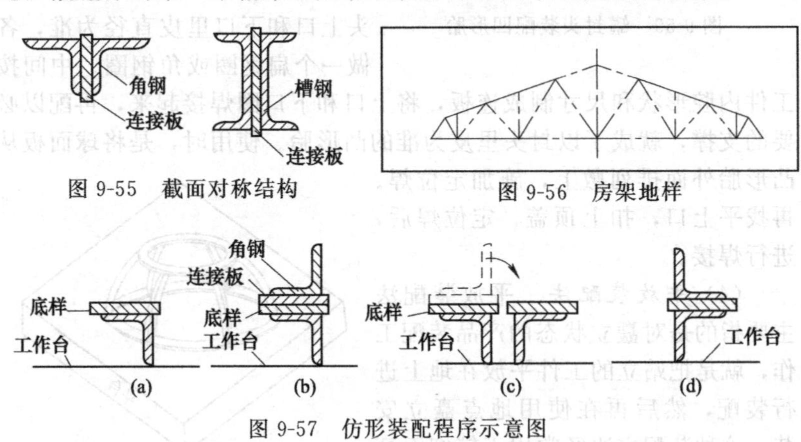

图 9-55 截面对称结构

图 9-56 房架地样

图 9-57 仿形装配程序示意图

（3）胎具装配法 胎具就是指符合工件几何形状或轮廓的模型（内模或外模）。用胎具装配焊接结构具有产品质量好、生产效率高等许多优点。对于板材结构或型材结构的装配，在产品结构和生产批量等条件适合的情况下，应当考虑采用胎具装配。

桁架结构的装配胎往往是以两点连直线的方法制成的，其结构简单，使用效果好。图 9-58 所示为房架装配胎示意图。

罐封头的装配如图 9-59 所示。它是以封头的外皮尺寸为准的装

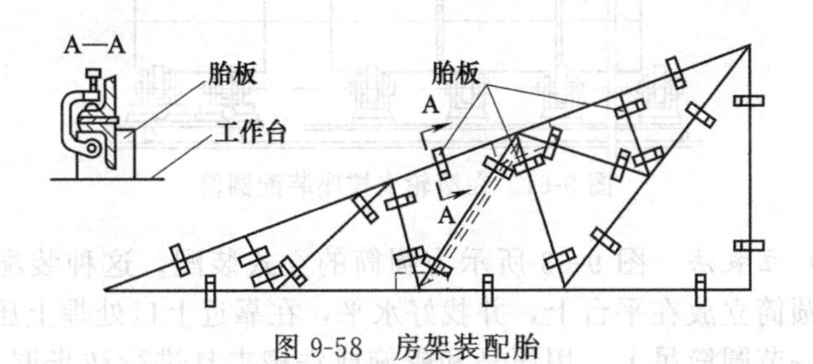

图 9-58 房架装配胎

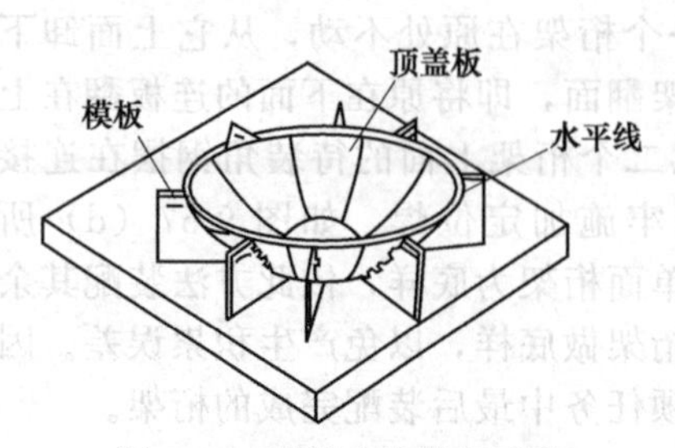

图 9-59　罐封头装配凹形胎

配凹形胎。实际上是把球面分解成圆弧线，并且在球面上只用几条必要的圆弧线，显然用它装配的产品质量和生产效率都比地样装配的要高。

罐封头的装配也可以用凸形胎，如图 9-60 所示。它是以封头上口和下口里皮直径为准，各做一个扁钢圈或角钢圈。中间按工件内腔形状和尺寸制成连板，将上口和下口圈焊接起来，再配以必要的支撑，就成了以封头里皮为准的凸形胎。使用时，是将球面板从凸形胎外面排列敷上，施加定位焊。再找平上口，扣上顶盖，定位焊后，进行焊接。

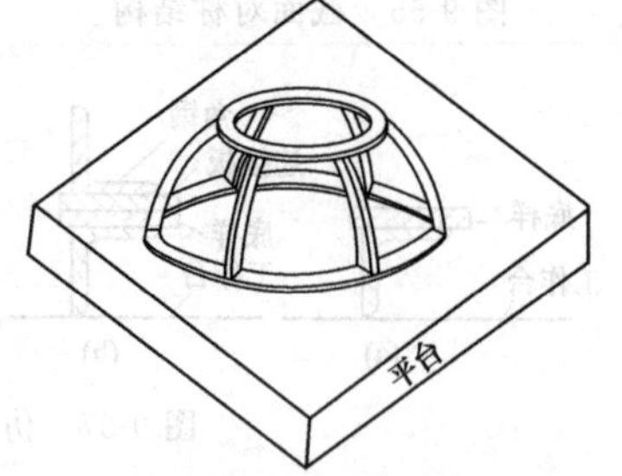

图 9-60　装配罐封头凸形胎示意图

（4）平放装配法　平放装配法主要指的是对矗立状态的产品装配工作，就是把站立的工件平放在地上进行装配，然后再在使用地点矗立安装。这种装配方法经常用于较细而高的产品，如高压电架线塔、石油化工设备等。长筒形罐体等的装配，也常用这种平放装配的方法。它的优点是减少高空作业，操作安全，加大作业面，生产效率高。圆筒体结构还可以放在转胎上装配和焊接。

图 9-61 所示为用平放装配法在滚轮上对接圆筒。图 9-62 所示为装配圆筒的简单夹具。

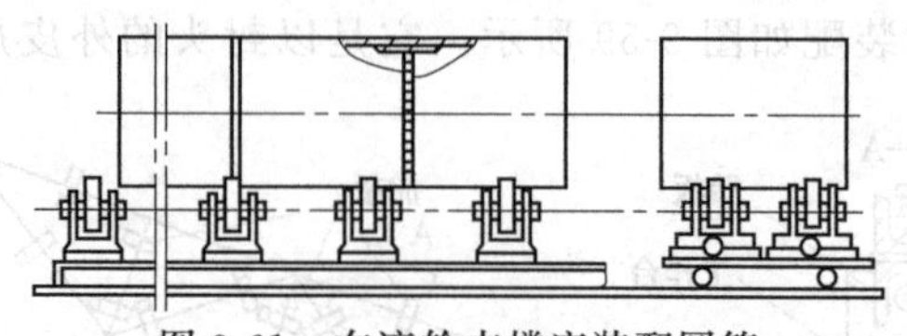

图 9-61　在滚轮支撑座装配圆筒

（5）立装法　图 9-63 所示为圆筒的立式装配。这种装配方法是将一节圆筒立放在平台上，并找好水平，在靠近上口处焊上压马。然后将上一节圆筒吊上，用压马和螺旋或铁楔夹具进行初步调节位置。

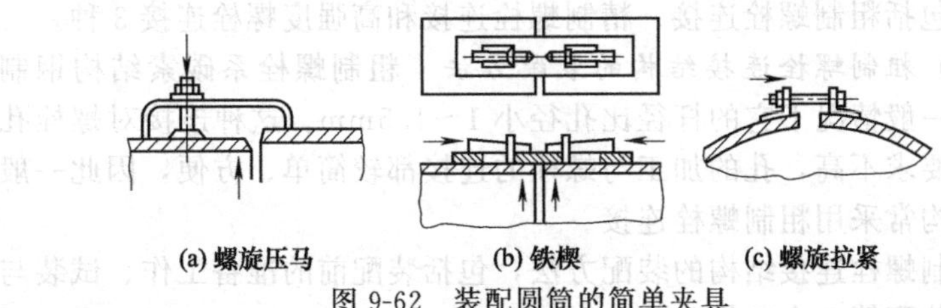

图 9-62 装配圆筒的简单夹具

再用一根角钢焊在筒体上端中心，并架设一条下端有重锤的垂线，检测两节圆筒的中心是否在一条直线上。找正后，再用松紧螺钉将接口拉紧，定位焊后，进行焊接。

（6）倒装法 倒装法是先装配结构的上部，后装下部，或者将结构翻转180°后进行装配。采用倒装法有多种原因：为选择装配基准面；制造胎具和操作方便；产品结构不适于正装；减少高空作业等。

图 9-64 所示为翻斗车角钢框的倒装装配方法。它以上口为倒装的基准面，既稳定、操作方便，又便于焊工进行焊接作业。

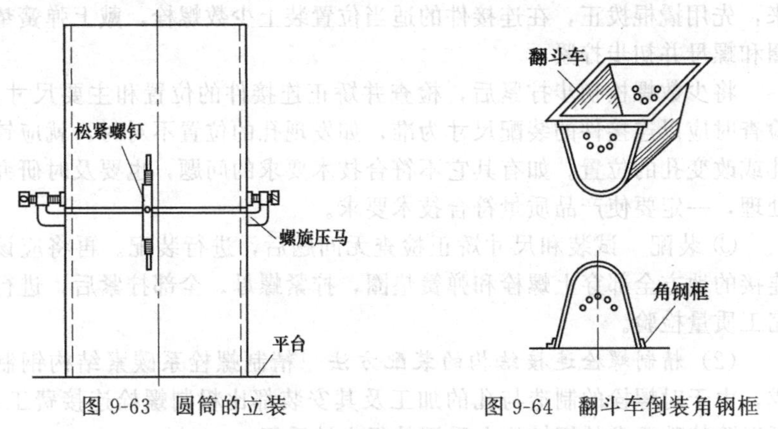

图 9-63 圆筒的立装　　图 9-64 翻斗车倒装角钢框

图 9-59 所示的封头装配凹形胎，也是一种倒装方法。

9.5 螺栓连接、铆接结构的装配方法

9.5.1 螺栓连接结构的装配方法

用螺栓将零件与零件连接成整体结构的方法，叫做螺栓连接。螺

栓连接包括粗制螺栓连接、精制螺栓连接和高强度螺栓连接3种。

（1）*粗制螺栓连接结构的装配方法* 粗制螺栓系碳素结构钢制成，在一般情况下它的杆径比孔径小1～1.5mm。这种连接对螺栓孔的精度要求不高，孔的加工与螺栓的连接都较简单、方便，因此一般钢铁结构常采用粗制螺栓连接。

粗制螺栓连接结构的装配方法，包括装配前的准备工作、试装与矫正、装配等3个工作步骤。

① 准备工作 装配前，要做好下列准备工作：熟悉图纸，了解技术要求；对上道工序交来的产品零件尺寸和外观进行检查；对连接件接触面要进行去毛刺、除锈、除污垢等清理工作，并涂上防锈油；对所需的螺栓、螺母、垫圈的规格和数量进行检查；准备扳子、撬棍、风（电）钻、铰刀等一些工具。

② 试装与矫正 粗制螺栓连接时，一般都用弹簧垫圈作为防松装置，因此，在每个螺栓安装螺母之前必须穿上一个弹簧垫圈。

全部准备工作就绪以后，按图纸摆正各连接件的位置，并穿连起来，先用撬棍拨正，在连接件的适当位置装上少数螺栓，戴上弹簧垫圈和螺母并初步拧紧。

将少数螺栓初步拧紧后，检查并矫正连接件的位置和主要尺寸。检查时应以连接件的装配尺寸为准，如发现孔的位置不对时，就应铰孔或改变孔的位置。如有其它不符合技术要求的问题，也要及时研究处理，一定要使产品质量符合技术要求。

③ 装配 试装和尺寸矫正检查无问题后，进行装配。再将应该连接的地方全部穿上螺栓和弹簧垫圈，拧紧螺母。全部拧紧后，进行完工质量检验。

（2）*精制螺栓连接结构的装配方法* 精制螺栓系碳素结构钢制成，由于对螺栓的制造与孔的加工及其安装都比粗制螺栓连接费工，所以除特殊要求的钢结构上采用外很少被采用。

精制螺栓连接结构的特点，就是螺栓与孔配合得较严紧。

精制螺栓连接的装配准备工作与粗制螺栓连接的准备工作相同。它的试装和矫正工作与粗制螺栓装配也基本相同。即在试装时可用比孔直径小的少数粗制螺栓先把连接件拧上，矫正部位和尺寸后，再拧紧螺母，必要时，可用电焊施以定位焊固定位后，再用精制螺栓装配。

装配时，先用风钻铰孔（如条件允许用摇臂钻床较精确），铰刀锥度应与螺栓锥度相同，并要孔内光滑、干净，螺栓杆应不能直接全部插入孔内，而要用大锤打击才能严实。螺杆插入孔内后留在外面的长度过长或过短都不符合紧配合的要求，所以要特别注意。

待部分精制螺栓装配合格后，才可以将试装的粗制螺栓全部卸掉，并进行铰孔，装配上精制螺栓。

精制螺栓的防松装置，应根据技术要求进行安装。全部装配后，应进行完工质量检验。

（3）高强度螺栓连接结构的装配方法　高强度螺栓又叫预应力螺栓，即对螺栓施加一定的并受控制的预应力。由于它能承受较大的拉力，所以在大跨度桥梁、起重机及高层建筑等钢结构的连接上被大量应用。

高强度螺栓系粗牙螺纹，制成后必须进行热处理，它的抗拉极限强度高，热处理回火后的硬度为 HRC39～41。高强度螺母热处理后的硬度应为 HB250±20。垫圈经热处理的表面硬度为 HRC37～45。为了识别高强度螺栓，常在其头部压出凸形字母，如 40 钢用 B 字、45 钢用C字等。

高强度螺栓连接结构的技术要求及其安装方法都与一般螺栓连接不同，所以在装配作业过程中，应注意下列各项。

① 高强度螺栓连接的承载能力是靠连接件之间的摩擦传递的，因此，连接件的接触面必须喷砂清除氧化铁皮，使其表面粗糙并干净。如因某些情况工件接触面喷砂后不能及时安装，可在其表面涂一层无机富锌漆以防生锈（构件其余部分涂其它防锈漆）。对其连接件孔径的要求可与粗制螺栓的相同。

② 为了使连接件结合得严密，以达到设计所要求的摩擦力，在连接件的搭接范围内表面上，不允许有电焊或气割的溅点，并要除掉毛刺、尘土及油漆等不洁的东西。如果有油污，不得用火焰清除，以免在其表面遗留有害残渣，应用四氯化碳或三氯乙烯洗干净。经处理后的表面，如需钻孔或锉光时，不得用油或水润滑和冷却，以免沾污表面。

③ 连接件与螺栓头部的接触面，如有斜坡，应用斜垫圈垫平，以免螺栓受力时产生偏心应力。

④ 安装螺栓之前，应将螺栓、螺母进行配套，先用手将螺母拧到螺栓的螺纹根部，要求拧动时拧一转走一转，丝扣配合得不能松，然后卸下螺母，在螺母螺纹里涂抹少量矿物油，以减少摩擦力。但要注意，勿使螺栓头、垫圈及构件接触面沾有油污。

⑤ 为使连接件紧密接合，达到设计要求的摩擦力，装配时，应

给高强度螺栓一定的预拉应力。高强度螺栓的预拉应力及螺母扭矩应达到表 9-2 中的规定。

表 9-2 高强度螺栓预拉应力及螺母扭矩

螺栓直径	预拉应力/t	需要扭矩/(N/m)
M20	18	670
M22	20	920
M24	23	1160

拧紧螺母的扭矩是用特制的杠杆式手动示力扳手或风动扳手进行操作。使用前，要对扳手进行检查和矫正，对于手动示力扳手可用油压检查器进行检验。扳手扭矩误差不应超过10%。

在装配过程中，应先调好构件的几何尺寸，再用特制的扳手拧紧螺母，以达到规定的扭矩。

⑥ 拧螺母前，应在螺栓头及螺母下面各放置一个平垫圈，以防拧螺母时损伤母材。有时亦可在螺母下放置两个垫圈。由于螺栓头的根部有凸出圆弧，故与其接触的垫圈孔壁必须倒角，以便螺栓头与垫圈的接触面贴紧压实。

垫圈应平整，不得有毛刺、裂纹和棱角等缺陷。

装配后螺栓尾部应伸出螺母 4～6mm。

对于螺栓连接结构的装配，除了上述几种常规装配方法外，均应按有关技术要求进行装配和质量检验。

9.5.2 铆接结构的装配方法

由于目前在铆接结构装配时，基本上全部使用粗制螺栓连接与固定，所以它在准备工作、试装与矫正工作中，除了将弹簧垫圈改用普通垫圈外，其余的与粗制螺栓连接结构的装配方法完全相同。

铆接结构试装与矫正合格后，再按技术要求用粗制螺栓、垫圈、螺母每隔 2～5 个铆钉孔拧紧一个螺栓，这就完成了铆钉连接的装配工作。

有的结构，既有铆接又兼有螺栓连接和焊接的混合式连接方式。遇有这种情况，就应按部分分别进行装配，而后进行总装配。在一般情况下，也有它的规律，即应将焊接的部件首先进行装配，焊接并矫正其变形后再与其它部件连接。由于铆接比螺栓连接的工艺复杂，故也应先铆铆钉，再用螺栓连接。在特殊情况下应根据装配工艺规程进行装配工作。

9.6 典型金属结构的装配

9.6.1 屋架的装配

屋架是典型的桁架结构，一般用角钢装配焊接而成，常见屋架的结构形式如图 9-65 所示。屋架装配一般采用地样装配和仿形装配相结合的方法。装配前，应对各杆件、板件的规格、尺寸、平直度及表面质量，作必要的检验和矫正。

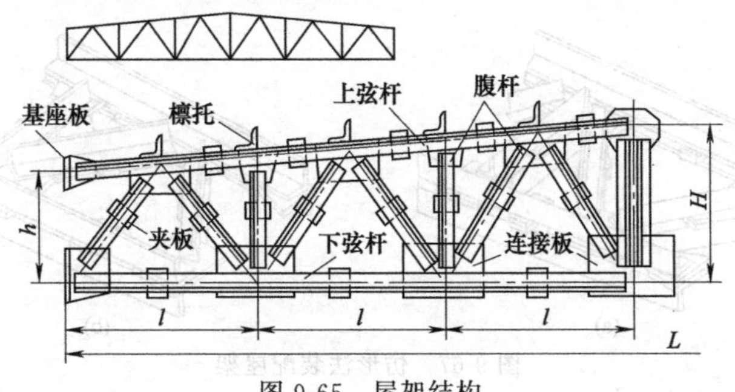

图 9-65 屋架结构

装配时，首先在平台上画出屋架的样图，如图 9-66（a）所示。样图是屋架装配定位的基本依据，因此画样图时，一定要保证各部尺寸的准确。在连接处，弦杆和腹杆的轴线要交于一点，且图样上所画的杆件轴线应是角钢的重心线（重心位置可由型钢材料表中查得），而不是角钢平面的中心线。样图画好后，可沿样图外轮廓线焊上若干定位挡板，用以辅助样图作装配定位用。然后，按照样图位置放好连接板、夹板，再放置上、下弦杆及腹杆，并点焊固定。装配时应保证弦杆、腹杆重心线，对图样上轴线的偏移不大于 2mm，如图 9-66

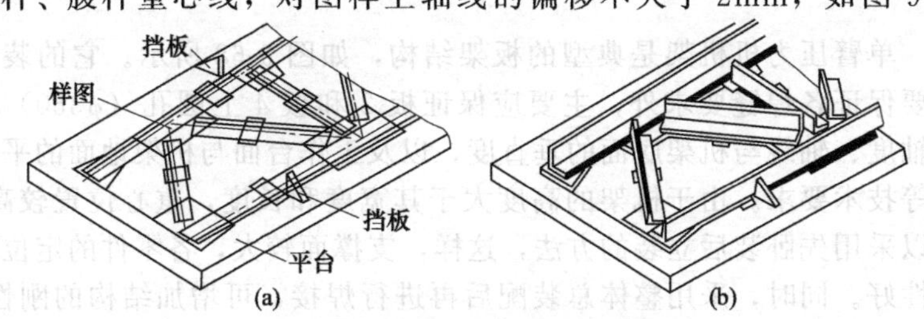

图 9-66 屋架半扇的地样装配

（b）所示。

屋架装好半扇后，将其翻转 180°，经检查合格后，即可以此半扇屋架为样模，用仿形法装配另半扇。其顺序是：先放连接板、夹板；然后放置上、下弦杆及腹杆；最后进行定位焊。为防止杆件在定位焊时移动，可用一些弹性夹将其夹紧，再定位焊固定，如图 9-67（a）所示。

将用仿形法装配后的半扇屋架转 180°移到另一工作台上，进行涂油（只涂节点间非焊接部位）。涂完油后，对称地装配屋架另一面的各杆件，组成整个屋架，如图 9-67（b）所示。

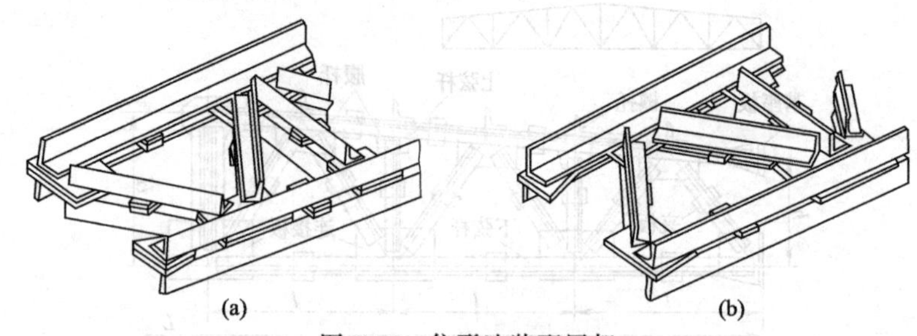

图 9-67　仿形法装配屋架

最后，装配屋架端部的基座板和上弦杆的檩托。由于端部基座板与屋架连接板成 T 字形接头，容易发生角变形，因此应对基座板预先进行反变形后再装配，或者在装配时对其进行刚性固定，以防止焊接变形。

屋架装配完成后，还要对其跨度、端部高度、上下弦弯曲挠度、檩托角钢间距离等进行检验，待确认各部位都符合图样要求后，才能交付焊接。

9.6.2　单臂压力机架的装配

单臂压力机机架是典型的板架结构，如图 9-68 所示。它的装配除要保证各焊缝要求外，主要应保证板 2 和板 4 上圆孔（ϕ360）的同轴度、轴线与机架底面的垂直度，以及工作台面与机架地面的平行度等技术要求。由于机架的高度大于其宽度和长度，重心位置较高，所以采用先卧装后立装的方法，这样，支撑面较大，各零件的定位稳定性好。同时，采用整体总装配后再进行焊接，可增加结构的刚性，减少焊接变形。

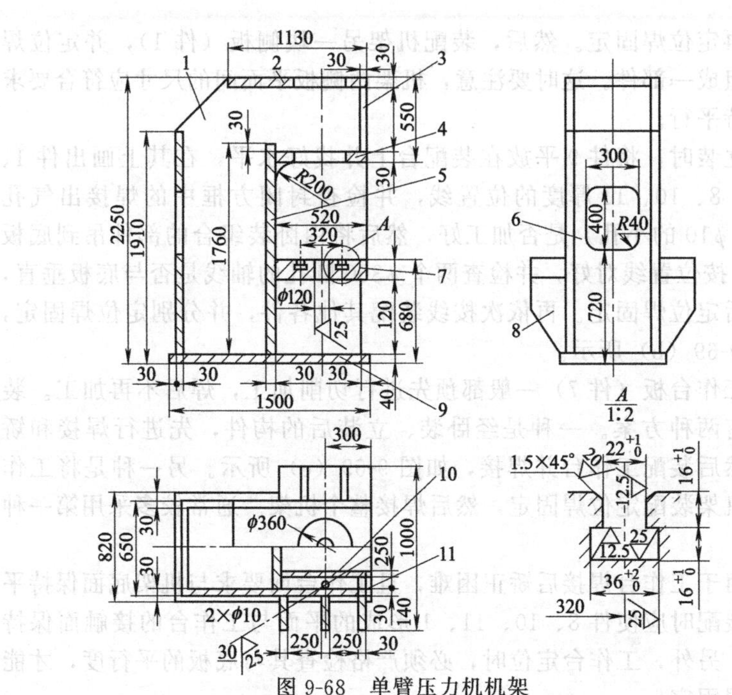

图 9-68 单臂压力机机架

1—侧板；2—上板；3—上立板；4—下板；5—右立板；6—左立板；
7—工作台板；8—筋板；9—底板；10—焊接出气孔；11—立板

装配前，要逐一复核零件的尺寸，厚板应按要求开好焊接坡口。

卧装时，以机架的一块侧板（件 1）为基准，将其平放在装配平台上，画出件 2、3、4、5、6 厚度的位置线，按线进行各件的装配，如图 9-69（a）所示，矫正好零件间垂直度及两个 $\phi 360$ 圆孔同轴度

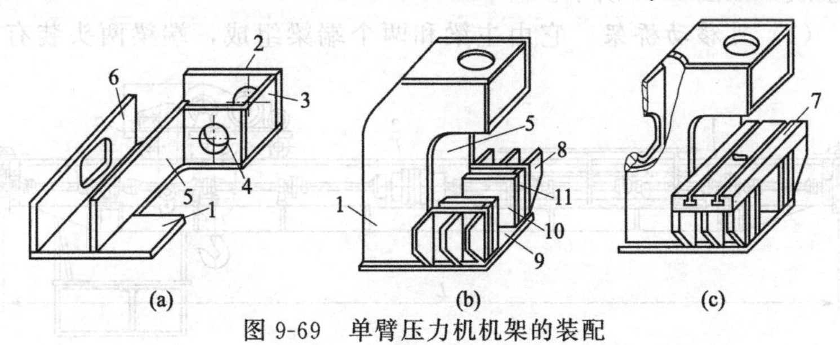

图 9-69 单臂压力机机架的装配

1—侧板；2—上板；3—上立板；4—下板；5—右立板；6—左立板；
7—工作台板；8—筋板；9—底板；10—焊接出气孔；11—立板

后，再定位焊固定。然后，装配机架另一块侧板（件 1），并定位焊固定组成一部件。这时要注意，机架两侧板平面间的尺寸应符合要求并保持平行。

立装时，将件 9 平放在装配台上并找好水平，在其上画出件 1、5、6、8、10、11 厚度的位置线，并检查封闭方框中的焊接出气孔（两个 ϕ10 的小孔）是否加工好，然后将由卧装组合的部件吊到底板 9 上，按位置线对好，并检查两个 ϕ360 圆孔的轴线是否与底板垂直，矫正后定位焊固定。再依次按线装配其他各件，并分别定位焊固定，如图 9-69（b）所示。

工作台板（件 7）一般都预先进行切削加工，焊后不再加工。装配时有两种方案。一种是经卧装、立装后的构件，先进行焊接和矫正，然后装配工作台并焊接，如图 9-69（c）所示。另一种是将工作台与机架装配定位焊固定，然后焊接整个机架。通常较多采用第一种方案。

由于工作台焊接后矫正困难，且工作台面要求与机架底面保持平行，装配时应使件 8、10、11、1 形成的平面与工作台的接触面保持水平。另外，工作台定位时，必须严格检查其与底板的平行度，才能定位焊固定。

9.6.3 桥式起重机的装配制造工艺

起重机是用于升降和运移重物的机械装备。起重机的结构形式很多，在车间和仓库中，应用最广的是桥式起重机。

桥式起重机由可移动桥架 1、运移机构 2 和载重小车 3 这 3 个部分组成，如图 9-70 所示。

（1）可移动桥架　它由主梁和两个端梁组成，端梁两头装有车

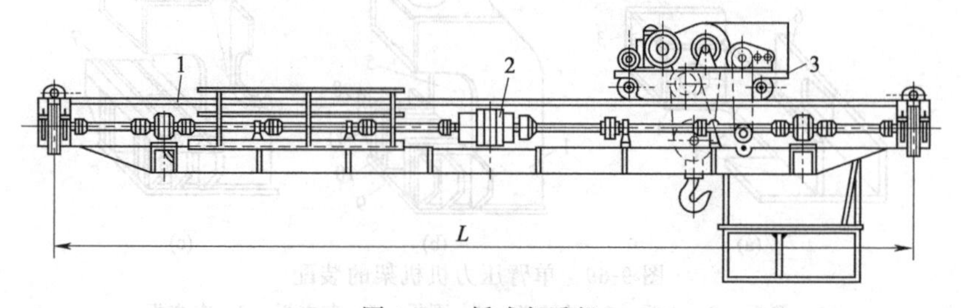

图 9-70　桥式起重机

1—可移动桥架；2—运移机构；3—载重小车

轮，由车间两旁立柱悬臂上铺设的轨道支撑。

(2) 桥架的运移机构　桥架的运移机构是用来驱动端梁上的车轮，使其沿着车间厂房长度方向的轨道移动。

(3) 桥架上的载重小车　小车上装有起升机构和小车的运移机构，能沿着铺设在主梁上的轨道移动。

桥式起重机能使重物做3个方向的直线运动：

① 沿车间厂房的长度方向，由起重机桥架的运移实现；

② 沿车间厂房的宽度方向，由载重小车的运移实现；

③ 高度方向，由起升机构使吊钩升降实现。

因此，桥式起重机的工作范围，能涉及车间工作面积内的任何位置。

桥式起重机的主要元件是起重机桥架，桥架有单梁和双梁两种。

(4) 单梁桥架　在单梁桥架中，承载结构是一根轧制的工字梁，梁的大小可以按起重量和小车沿梁的下翼缘运行的可能性来选定。

梁在垂直平面内必须有一定的上拱度，其形状是抛物线，以抵消起重时梁的下挠度。按规定上拱度一般为 $L/1000$ （L 为梁的跨度），但不宜过大，否则在空载时小车易于向两边下滑。

梁的跨度在7m以下时，为保证在水平面内的刚度，可以在桥架的一侧添加斜撑，如图9-71（a）中的实线所示。当跨度较大时，则应在桥架的两侧都加斜撑，如图9-71（a）中虚线所示。跨度大于10m时，可采用桁架式斜撑，如图9-71（b）所示，以提高其刚度，还可以在水平桁架上安置桥架的运行机构。

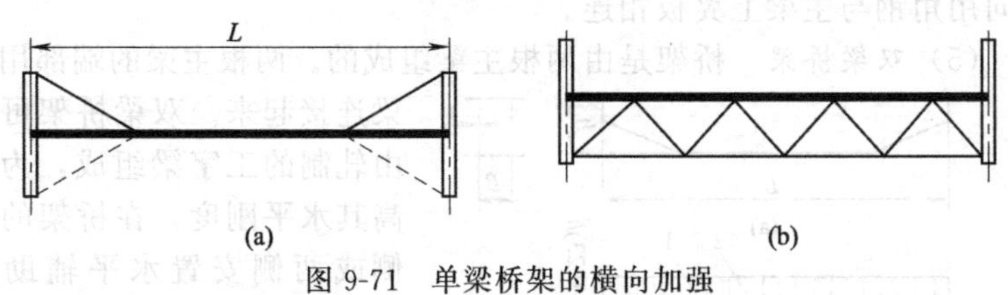

图9-71　单梁桥架的横向加强

随着载荷和跨度的增大，梁的剖面就应逐渐增大，此时可采用组合剖面，或增加副梁。

图9-72所示为起重量为5t、跨度为15m的单梁桥架结构。它是由主梁1、副梁2、端梁3和栏杆4这4大部分组成的。主梁为轧制的工字钢，具有一定的上拱度。副梁用于加强主梁在垂直平面内的刚

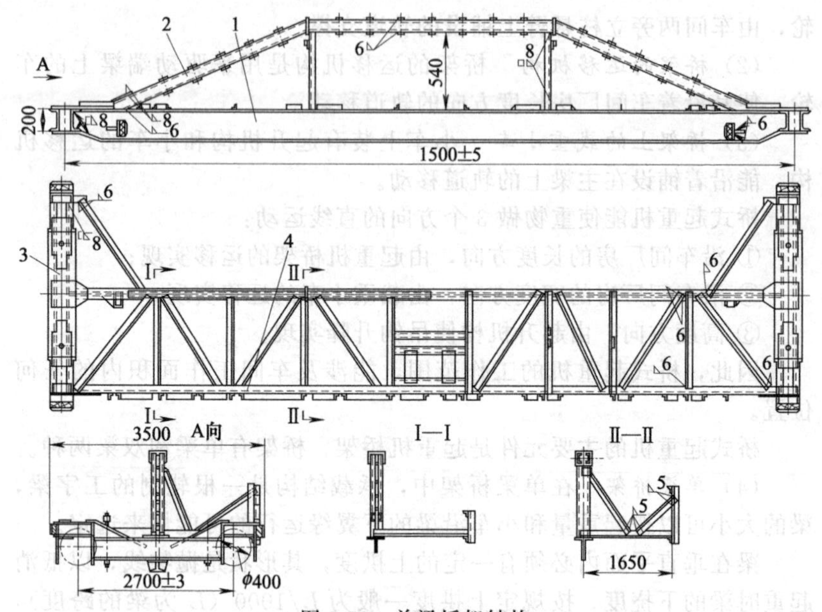

图 9-72 单梁桥架结构

1—主梁；2—副梁；3—端梁；4—栏杆

度，位于主梁的上部，由两根槽钢拼合而成，另用槽钢作支撑与主梁相连。端梁由槽钢组合而成，它与主梁垂直相连。端梁的两端装有车轮。栏杆用于加强主梁在水平面内的刚度，它全由角钢组合而成，垂直安置于端梁的一边。栏杆的下边也有与主梁相同的上拱度，在水平方向用角钢与主梁上翼板相连。

(5) 双梁桥架　桥架是由两根主梁组成的。两根主梁的端部用端梁连接起来。双梁桥架可以由轧制的工字梁组成，为提高其水平刚度，在桥架的一侧或两侧安置水平辅助桁架。另一种是没有辅助桁架的箱形梁，这种结构应用最广，外形一般取为变高度的，如图 9-73 (a) 所示。

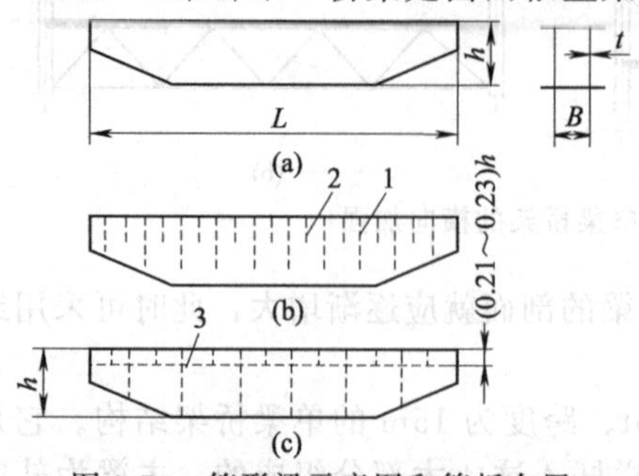

图 9-73 箱形梁示意图和筋板布置

1—长筋板；2—短筋板；3—水平角钢

梁下弦的中间部分平行于上弦，而下弦两端部分则制成倾斜的，梁的高度取为跨度的1/14～1/8。梁的宽度应具有足够保持结构在水平面所必需的刚度，一般取 $L/B \leqslant 60$（L 为梁的跨度，B 为梁的宽度）和 $h/B \leqslant 3.5$（h 为梁的高度，B 为梁的宽度）。箱形梁的腹板（垂直壁）应尽可能薄些。梁的高度 h 与腹板壁厚 t 的比值一般为200～240，但壁厚不得小于5mm，两腹板厚度应相等。箱形梁的上下盖板厚度一般相等，当起重量和跨度较大时，上盖板的厚度比下盖板可稍大些，因为上盖板上附有别的焊接件。

箱形梁的内部有长筋板1和短筋板2，以提高薄壁的稳定性，如图9-73（b）所示。当腹板 $h/t > 160 \sim 180$ 时（t 为腹板壁厚），必须在离上盖板 $(0.21 \sim 0.23)h$ 的地方加置水平角钢3，如图9-73（c）所示，长筋板与腹板和上盖板用断续焊缝连接。在长筋板间安置一些较短的筋板2，作为起重机小车行走轨道的支撑。

此外，为了提高腹板的稳定性，减小腹板的波浪变形，另用短的工艺角钢或扁钢加强，工艺角钢或扁钢的布置位置和数量随腹板的高度而定，如图9-74所示，可选用单行、双行和三行的。

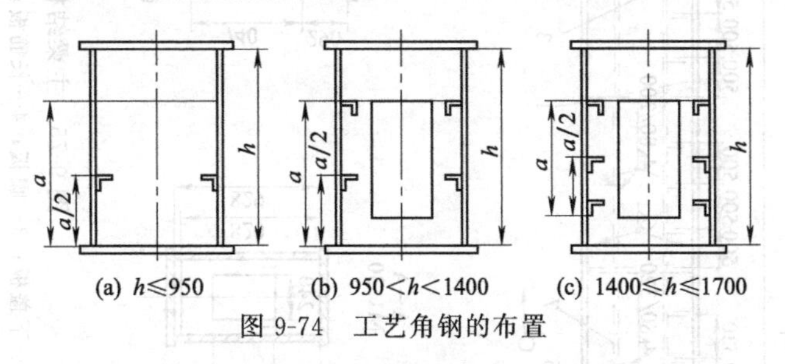

图9-74 工艺角钢的布置

双梁桥架一般做成可拆的，为此端梁的中部常用盖板和螺栓连接的结构。

箱形梁桥架同样要有一定的上拱度，其中部的上拱度近似等于梁的允许挠度。

主梁的断面尺寸由起重量和跨度而定。表9-3所示为通用桥式起重机的主梁断面尺寸。

图9-75所示为起重量为15t，跨度22.5m的主梁结构。它由上、下盖板1和2，腹板3、长短筋板4与5和两行水平角钢6、7组成。长筋板4的上面和左右侧面分别与上盖板1和腹板3焊接，筋板的下端与下盖板2之间留有一定的间隙（5mm），以使主梁工作时能自由地向下弯曲，上边一行水平角钢除与短筋板焊接外，还与腹板焊接，

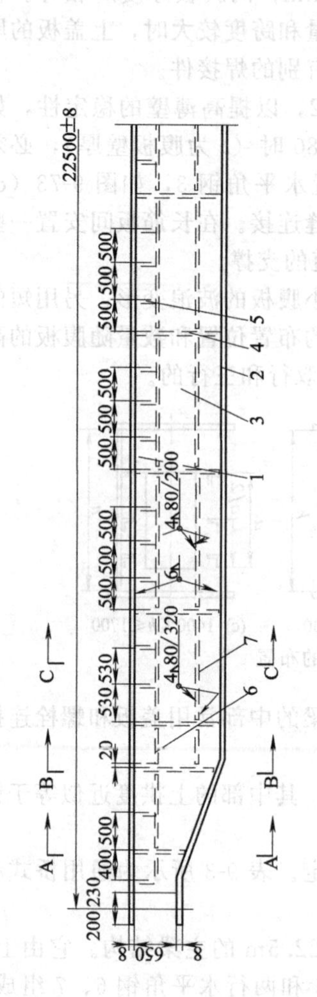

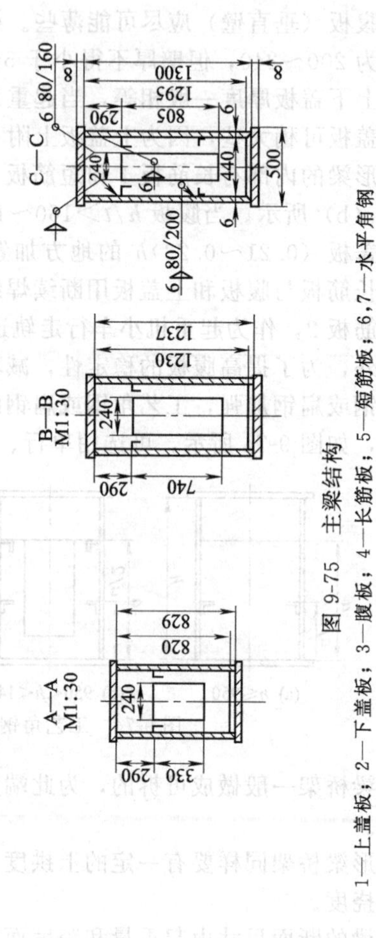

图 9-75　主梁结构

1—上盖板；2—下盖板；3—腹板；4—长筋板；5—短筋板；6,7—水平角钢

表 9-3 通用桥式起重机的主梁断面尺寸 mm

截面尺寸/mm	跨度/m	起重量/t 5	10	15/3	20/5	30/5
表中数字为 $B\times t_1\times t_2$ $h_0\times t_0$	10.5	300×6×6 650×6	350×6×6 650×6	400×8×6 750×6	400×10×10 750×6	450×10×8 870×6
	13.5	300×6×6 800×6	350×6×6 800×6	450×8×8 870×6	450×10×10 870×6	500×10×8 1000×6
	16.5	400×6×6 870×6	450×6×6 870×6	500×8×8 1000×6	500×10×10 1000×6	500×10×8 1250×6
	19.5	450×6×6 950×6	500×8×6 950×6	500×8×8 1150×6	550×10×10 1150×6	550×10×8 1400×6
	22.5	500×8×6 1100×6	500×8×8 1300×6	500×8×8 1300×6	550×10×10 1300×6	550×10×8 1600×6
	25.5	550×8×6 1300×6	500×8×8 1450×6	500×8×8 1450×6	550×10×10 1450×6	600×12×10 1700×6

下边一行水平角钢仅与腹板相焊，上、下两行水平角钢的装配方向不同。主梁上、下盖板的厚度均为 8mm。

9.6.4 筒形旋风除尘器的装配

筒形旋风除尘器是一个比较复杂的板壳结构，它的装配技术要求

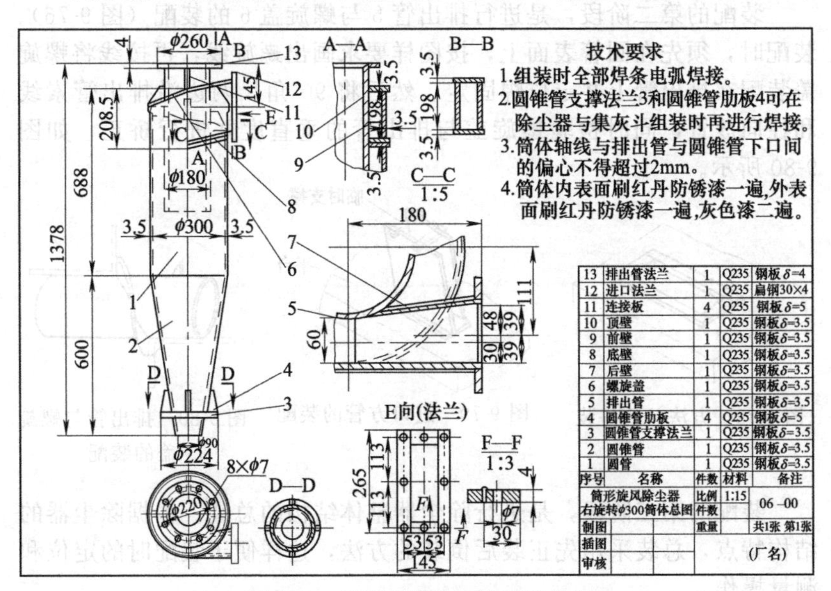

图 9-76 筒形旋风除尘器筒体总图

见装配总图如图 9-76 所示。由于此结构的各部件多为曲面形状，且圆管、圆锥管的纵缝又需事先对接，所以装配时应采用先部件装配，再进行总装的方法。

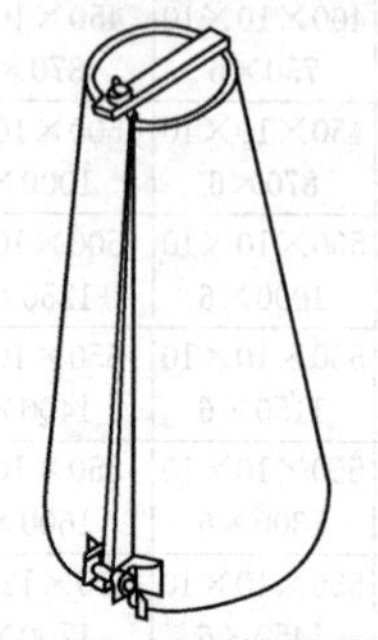

图 9-77 圆锥管的装配

装配的第一阶段，应进行圆管 1、5 和圆锥管 2 的纵缝装配，同时将进口方法兰、进口方管分别装配好。

圆管、圆锥管的纵缝装配，可参照图 9-77所示方法进行。由于这 3 个管件板厚度小，矫正容易，所以也可以先不考虑其曲率是否完全符合样板，而强制进行纵缝对接，待焊接后再准确矫正其曲率。

方法兰的拼装，可采用画线定位法，在平台上进行，如图 9-78 所示。

在图 9-76 中，装配进口方管时，考虑到总装时进口方管底壁 8 与螺旋盖 6 的连接焊缝，需从方管内焊接，所以只能将方管后壁 7、底壁 8 和前壁 9 组合起来定位焊固定，并焊上临时支撑，如图 9-79 所示。而方管顶壁，则要待总装时再装配。

装配的第二阶段，是进行排出管 5 与螺旋盖 6 的装配（图 9-76）。装配时，须先在圆管表面上，按图样要求画出螺旋线，再按线将螺旋盖装配在排出管上并定位焊固定。然后将 90°角尺两边沿排出管素线和径向放置，同时检验螺旋盖与排出管的垂直度并进行矫正，如图 9-80 所示。

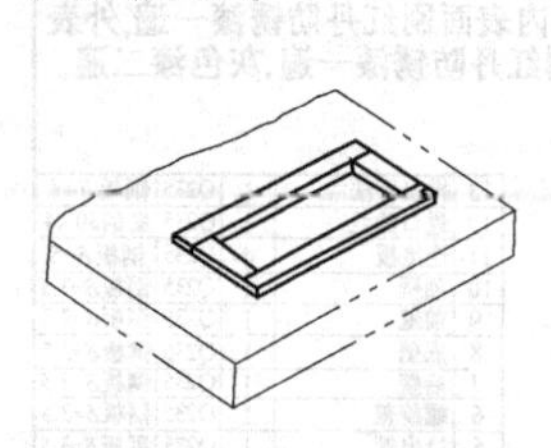

图 9-78 方法兰的拼装

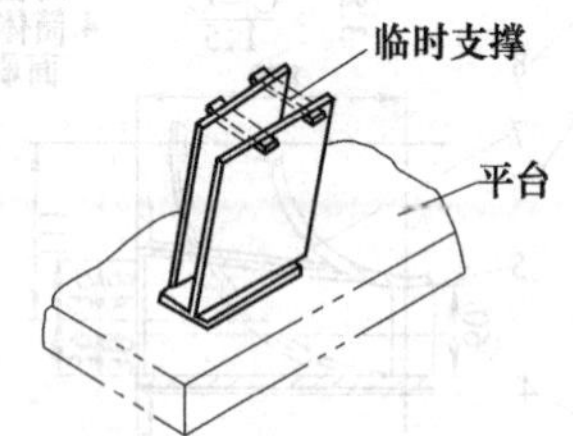

图 9-79 进口方管的装配

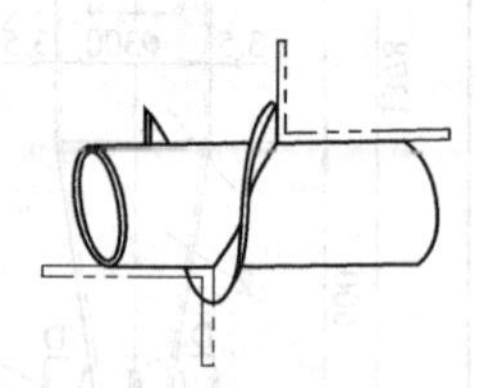

图 9-80 排出管与螺旋盖的装配

装配的第三阶段，是进行除尘器整体结构的总装。根据除尘器的结构特点，总装采用先正装后倒装的方法，这样便于装配时的定位和测量操作。

正装过程如图 9-81 所示，先将图 9-76 中圆管 1 正放在平台上，使其侧壁与平台表面垂直。再将排出管与螺旋盖组合件按装配位置放在外圆管上，并以平台表面与外圆管的侧壁为基准，分别矫正排出管的装配高度及其与外圆管的同轴度，定位焊固定。然后以外圆管底口端面为基准，装配排出管法兰 13，这时应测量好排出管法兰13 的高度位置及其与外圆管底口端面的平行度，再施加定位焊。

排出管法兰装配好后，进行进口方管和进口方法兰的装配。装配进口方管时，应注意先将从外部无法施焊的连接焊缝焊好，再装配其顶壁板。装配进口方法兰时，要保证方法兰中心位置的准确，并矫正进口法兰与排出管法兰、前壁板间的垂直度。

最后，将螺旋盖上的 4 块连接板 11 按其装配位置放好，并定位焊固定，结束正装过程。

倒装时，将经过正装的工件倒置于平台上，使排出管法兰端面与平台贴合，再把圆锥管大口向下放在外圆管上，如图 9-82 所示，并以平台表面和外圆管的侧壁面为基准，对圆锥管小口端面距平台的高度及圆锥管与外圆管的同轴度进行矫正，然后定位焊固定。

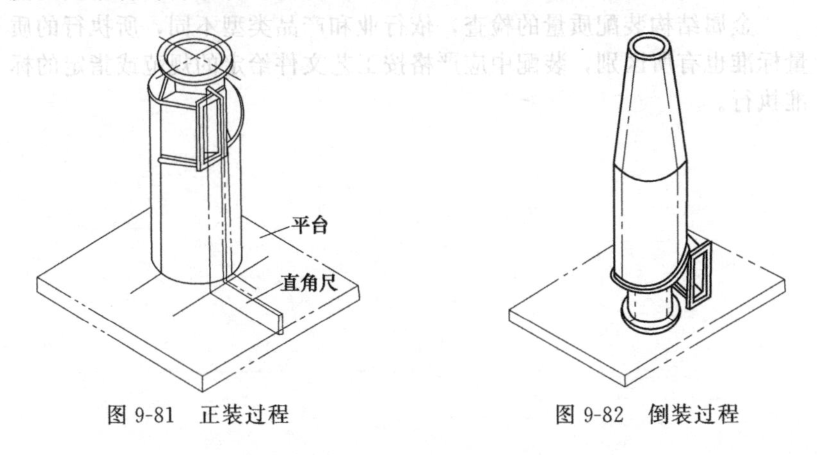

图 9-81　正装过程　　　　图 9-82　倒装过程

根据图样（图 9-76）上的技术要求，圆锥管支撑法兰 3 和圆锥管肋板 4，需在除尘器安装时现场装配和焊接，以便于调整。

9.7　装配的质量检验

装配工作的好坏直接影响着产品的质量。产品总装后，应进行质量检验，以鉴定是否符合规定的技术要求。

装配的质量检验包括装配过程中的检验和完工产品的检验，主要有以下内容。

① 按图样检验产品各零、部件间的装配位置和主要尺寸是否正确，是否达到规定的技术要求。

② 检查产品各连接部位的连接形式是否正确，并根据技术条件、有关规范和图样，检查焊缝间隙的允差、边棱坡口的允差和接口处平板的允差。

③ 检查产品结构上为连接、加固各零、部件所作定位焊的布置是否正确，需使这种布置保证结构在焊接后不产生过大的内应力。

④ 检查产品结构连接部位焊缝处的金属表面，不允许其上有污垢、锈蚀和潮湿，以防止造成焊接缺陷。

⑤ 检查产品的表面质量，找出零件加工和产品装配中造成的裂纹、砂眼、凹陷及焊疤痕等缺陷，并根据技术要求，酌情处理。

装配质量的检验主要是运用测量技术及使用各种量具、仪器进行，有些检查项目（如表面质量）也常采用外观检查的方法。

金属结构装配质量的检查，依行业和产品类型不同，所执行的质量标准也有所区别，装配中应严格按工艺文件给定的规范或指定的标准执行。

第10章 压力容器制造与安装

10.1 压力容器概述

10.1.1 压力容器的基本概念

容器按所承受的压力大小分为常压容器和压力容器两大类。压力容器和常压容器相比，不仅在结构上有较大的差别，而且在设计原理方面也不相同，应该指出的是，所谓压力容器和常压容器的划分是人为规定的。一般是指盛装气体或者液体，承载一定压力的密闭设备，其范围规定为最高工作压力大于或者等于0.1MPa（表压）的气体、液化气体和最高工作温度高于或者等于标准沸点的液体、容积大于或者等于30L且内直径（非圆形截面指截面内边界最大几何尺寸）大于或者等于150mm的固定式容器，用于完成反应、换热、吸收、萃取、分离和储存等生产工艺过程，并能承受一定压力的密闭容器称为压力容器。另外，受外压（或负压）的容器和真空容器也属于压力容器。

由于压力容器是一种在各种介质和环境（有时十分苛刻）条件下工作的承压设备，一旦发生事故其后果是非常严重的。为保证安全生产，《中会人民共和国特种设备安全法》由中华人民共和国第十二届全国人民代表大会常务委员会第3次会议于2013年6月29日通过，2013年6月29日中华人民共和国主席令第4号公布。《中华人民共和国特种设备安全法》分总则，生产、经营、使用，检验、检测，监督管理，事故应急救援与调查处理，法律责任，附则，共7章101条，自2014年1月1日起施行；我国2016年还颁发了TSG-21-2016《固定式压力容器安全技术监察规程》技术法规；2011年重新修订出版了GB 150—2011《压力容器》国家标准。

10.1.2 压力容器的分类

压力容器的分类方法有多种。归结起来，常用的分类方法有以下几种。

（1）按制造方法分类　根据制造方法的不同，压力容器可分为焊接容器、铆接容器、铸造容器、锻造容器、热套容器、多层包扎容器和绕带容器等。

（2）按承压方式分类　压力容器可分为内压容器和外压容器。

（3）按设计压力（p）分类

① 低压容器（代号 L）：$0.1\text{MPa} \leqslant p < 1.6\text{MPa}$。

② 中压容器（代号 M）：$1.6\text{MPa} \leqslant p < 10\text{MPa}$。

③ 高压容器（代号 H）：$10\text{MPa} \leqslant p < 100\text{MPa}$。

④ 超高压容器（代号 U）：$p \geqslant 100\text{MPa}$。

这里要说明的是，原三部标准“设计规定”和 JB 741—80 以及新的国标 GB 150 都取消了按压力对容器分等的规定，只对设计压力 $p \leqslant 35\text{MPa}$ 的容器给出了统一的设计、制造准则。之所以这样做，主要是因为以下原因。

a. 容器破坏时所造成的危害大小，并不只取决于压力的高低，还和容积的大小、内部的介质状态及性质、操作条件等因素有关。认为凡高压容器就一定比中、低压容器危险的观点是不全面的。

b. 应力是导致容器破坏的基本因素之一。高压容器和中、低压容器壳壁中的设计应力值是近似或相当的，因应力大引起的容器破坏的危险性对不同操作压力的容器是相同的。

c. 压力容器制造的难易程度也并非完全取决于压力的高低，还和材料的焊接性、加工工艺性能的优劣以及结构的复杂程度等因素有关。只重视高压容器的制造质量而忽视中、低压容器的产品质量是错误的。

d. 目前国外各主要压力容器技术规范，也都没有按压力高低对容器划分等级。

（4）按容器的设计温度（$T_{设}$：壁温）分类

① 低温容器：$T_{设} \leqslant -20℃$。

② 常温容器：$-20℃ < T_{设} < 150℃$。

③ 中温容器：$150℃ \leqslant T_{设} < 400℃$。

④ 高温容器：$T_{设} \geqslant 400℃$。

一般说来，高温容器的温度界限应和所用钢材产生蠕变的温度范围有关，故除低温容器在 GB 150 标准中有明确规定外，其它类容器的划分仅供参考。

（5）按容器的制造材料分类　压力容器可分为钢制容器、铸铁容器、有色金属容器和非金属容器等。

（6）按容器外形分类　压力容器可分为圆筒形（或称圆柱形）容器、球形容器、矩（方）形容器和组合式容器等。

（7）按容器在生产工艺过程中的作用原理分类　压力容器可分为反应容器（代号为R）、换热容器（代号为E）、分离容器（代号为S）、储存容器（代号为C，其中球罐代号为B）。

（8）按容器的使用方式分类　压力容器可分为固定式容器和移动式容器。

（9）根据容器的压力高低、容积大小、使用特点、材质、介质的危害程度及其在生产过程中的重要性分类　为便于安全技术监察和管理，“容规”将容器分为一、二、三类。

10.1.3　压力容器的操作条件特点

安全可靠性是压力容器在设计、制造中首先要考虑的问题。要想从制造角度出发确保压力容器的质量，使之在使用中安全可靠，了解压力容器在使用中的操作条件特点是十分必要的。

压力容器操作条件主要包括压力、温度和介质。

（1）压力　是压力容器在工作时所承受的主要外力。

① 表压力。压力容器中的压力是用压力表测量的，压力表上所表示的压力为表压力，它实际上是容器内介质压力超过环境大气压力的压力差值。

② 最高工作压力。它指在正常操作情况下，容器顶部可能产生的最高工作压力（指表压）。它不包括液体静压力。

③ 设计压力。它是指在相应设计温度下，用以计算容器壳体壁厚及其元件尺寸的压力。设计压力和设计温度的配合是设计容器的基本依据。其值不得小于最高工作压力。一般应略高于它。

（2）温度　容器的设计温度是指在正常操作情况时，在相应的设计压力条件下，壳壁或受压元件可能达到的最高或最低（≤－20℃时）温度。压力容器的设计温度并不一定是其内部介质可能达到的温度。由于容器材料的选用与设计温度有关，从上面得知，容器设计温度是指壳体的设计温度，所以设计温度是压力容器材料选用的主要依据之一。

（3）介质　压力容器在生产工艺过程中所涉及的工艺介质品种繁多复杂。其使用安全性与内部盛装的介质密切相关。人们关心的主要是它们的易燃、易爆、毒性程度和对材料的腐蚀等性质，比如说光气，只要发生一点点泄漏，就有可能致死人命。所以在压力容器制造中，从使用安全性角度出发，应将容器内部介质状况作为重点考虑因素之一。

10.1.4 压力容器的基本结构及其制造特点

压力容器虽然种类繁多，形式多样，但其基本结构不外乎都是一个密闭的壳体，壳体内部大多数情况下都有内件，有的内件与壳体一样也承受一定压力，此时这些内件与壳体就都属于受压元件，在制造过程中都要按要求认真对待。常见的压力容器多为圆筒形壳体，其基本结构主要由以下几大部件组成。

(1) 筒体 一台容器的筒体通常由用钢板卷焊而成的一个或多个筒节组焊而成，这时的筒体有纵环焊缝。也有些小直径容器筒体用无缝钢管制成。对于厚壁高压容器的筒体还经常采用数个锻造筒节通过环缝焊接连接而成，这种容器则称为锻焊结构的压力容器。锻焊结构筒体虽省去了筒节纵缝焊接及钢板卷制、校圆的工序，但由于锻件成本要远比钢板高得多，所以，一般只有当筒体壁厚大于一定厚度时，才采用锻焊结构。当然，根据制造方法不同和各厂的制造条件限制，容器筒体还有热套式、多层包扎式和绕带式等多种形式，它们都是厚壁筒体的一些特殊制造方式，没有卷制大厚度钢板能力或生产大厚度锻造筒节的厂家，对于某些厚壁压力容器产品，可以采用这些方式来制造筒体，此时只要增添一些必要的工艺装备即可。对于中、薄厚度的筒体，基本上还是用钢板卷制焊接而成。

(2) 封头 按几何形状不同，封头有椭圆形封头、球形封头、碟形封头、锥形封头和平盖等各种形式。

封头和筒体组合在一起构成一台容器壳体的主要组成部分，也是最主要的受压元件之一。

从制造方法分，封头有整体成形和分片成形后组焊成一体的两种形式。一般来讲，当封头直径较大，已超出制造厂生产能力时，多采用分片成型方法制造。分片成形封头是由数块封头瓣片和一块极盖板组成，对于这种封头制造的主要关键是控制封头瓣片间焊缝的角变形和因多条焊缝横向收缩造成的封头直径尺寸的偏差，如控制不好，很可能导致产品尺寸超差而不合格。对于整体成形的封头尺寸、形状虽较易控制，但一般需要有大型成形冲压模具及压机或大型旋压设备，工艺装备制造费用的增加，使封头制造成本大幅度上升。

从封头成形方式讲，有冷压成形、热压成形和旋压成形等几种。对于壁厚较薄的封头，一般采用冷压成形。采用调质钢板制造的封头或封头瓣片，为不破坏其钢板调质态的力学性能，节省模具制造费用，往往采用多点冷压成形法制造；当封头厚度较大时，均采用热压成形法，即将封头坯料加热至900～1000℃，使钢板在高温下冲压产生塑性变形而成形，此时对于有些材料（如正火态钢板）由于改变了原始状态的力学性能，为恢复和改善其力学性能，封头冲压成形后还要做正火、正火＋回火或淬火＋回火等相应的热处理。对于直径大且厚度薄的封头，采用旋压成形法制造是最经济、最合理的选择。

（3）接管和法兰　为使容器壳体与外部管线连接或供人进入容器内部，在一台容器上总是有一些大大小小的接管和法兰，这也是容器壳体的主要组成部分。

在《压力容器安全监察规程》中规定，人孔接管、人孔法兰及人孔盖、设备法兰、为壳体开孔补强而设的补强圈及公称直径DN≥250mm的接管和法兰都是容器的主要受压元件。接管与壳体间的焊接接头一般为角接接头或T形接头，但对于连接二者之间的焊缝，如果是壳体上开坡口时，则称为对接焊缝；壳体上不开坡口时则为角焊缝，如图10-1所示。

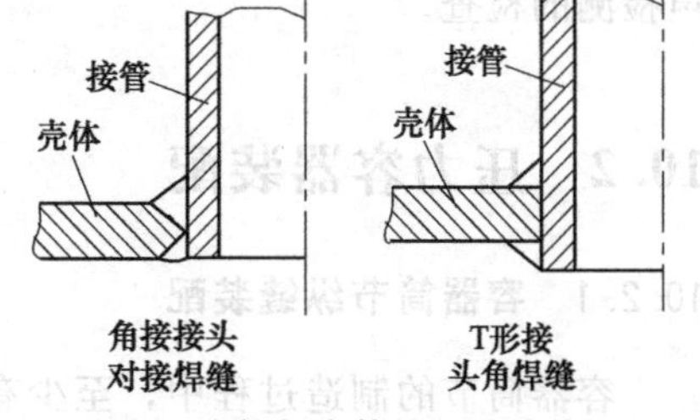

图10-1　接管与壳体间焊接接头形式

对于接管与壳体间的焊缝，由于其结构形式一般为角接接头或T形接头，有时还有补强圈，故除极个别情况外，一般均无法进行焊缝内部的无损检测。正由于此，往往制造厂对于该处焊缝的焊接质量控制不如筒体上要求做内部无损检测的对接焊缝那样重视，于是这里的焊缝内部经常会存在有如气孔、夹渣、未焊透、裂纹等各种各样的焊接缺陷。在容器运行承受压力时，此处又是应力集中区，所以往往一台容器就从这里开始遭到破坏，这一点是值得引起注意的。

（4）密封元件　密封元件是两法兰之间保证容器内部介质不发生泄漏的关键元件。对于不同的工作条件要求有不同的密封结构形式和不同材质及形式的密封垫片，在制造时对于密封垫材料和形式不得随意更改。

（5）容器内件　在容器壳体内部的所有构件统称为内件。有的内件如换热器中的换热管也是一种受压元件，在“容规”中还列为主要受压元件；有的容器内件尺寸要求十分严格，如重整反应器内的约翰逊网，其装配间隙不得超过0.8mm。对于塔内的塔盘和塔板，其不平度都有一定要求。所以笼统地认为内件不是承压件，制造质量无关大局，不会影响设备的安全使用，这种观点是极其错误的。

（6）容器支座　压力容器是通过支座支撑设备本身自重加上介质的重量，还要承受风载、地震载荷给容器造成的弯曲力矩载荷，它是容器的主要受力元件之一。支座的形式有多种，对于立式容器常见的有圆筒形支座、裙式支座、悬挂式支座等；卧式容器主要采用鞍式支座和悬挂式支座；球形容器大多采用柱式支座等。为了保证其受力安全性，往往对支座中的对接焊缝要进行局部甚至全部的射线检测或超声检测的检查。

10.2 压力容器装配

10.2.1 容器筒节纵缝装配

容器筒节的制造过程中，至少有一条纵缝是在卷成形后组焊的，由于纵缝的组装没有积累误差，组装质量较易控制，但对于壁厚为20～45mm、直径为1000～6000mm的筒节，若弯卷过程控制不好，就会产生如图10-2所示的偏差，从而给组装带来麻烦。手工装配时，可以采用如表10-1所列的专用工具来纠正这些偏差。

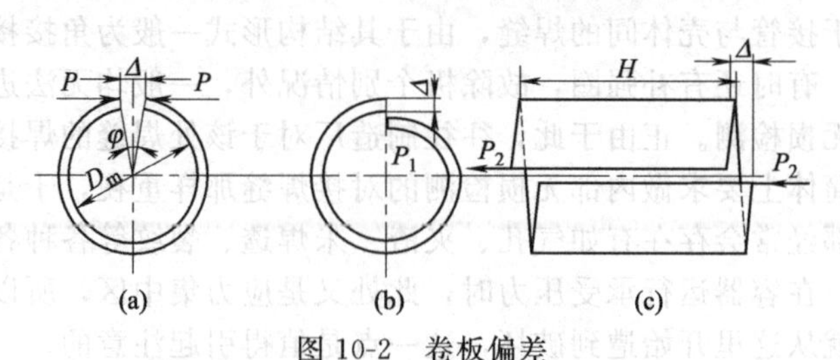

图10-2　卷板偏差

表10-1　常用组装工具

校正内容	简图	说明
错边	Γ形铁 斜楔　斜楔门形铁	坡口一边外壁上焊Γ形铁，或内壁装门形铁，打入斜楔，强迫坡口对齐

续表

校正内容	简图	说明
间隙		间隙过大，可焊拉紧板，再用螺栓收小，间隙过小，可打入斜楔扩张
端面平齐		一边焊上Γ形铁，打入斜楔强迫对齐
错边及间隙		利用钳形夹具横向及纵向丝杠的调节，可分别纠正间隙和错边

容器筒节的板料预弯质量不佳还会造成纵缝棱角度超差，如图10-3所示，这时靠组装过程来控制是无能为力的，而只能在筒节纵缝焊后校圆工序中予以修正。

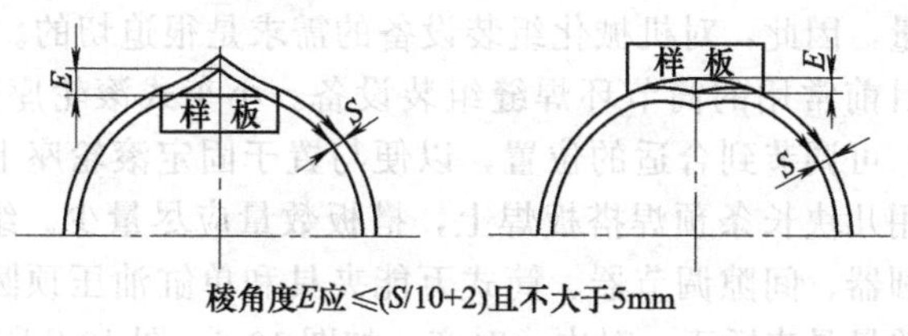

图10-3　棱角度

由于电渣焊工艺的特点，而要求筒节卷制时板头两端需留直边各不小于100～150mm。

纵缝的错边也应控制在3mm以内。电渣焊纵缝的组装程序是：

① 测筒节外周长，以确定焊口间隙处是否需撑大；

② 二次号线，画出纵缝焊口切割线；

③ 装焊纵缝引弧板，引出板及Π形铁；

④ 按焊口间隙线切割，如图10-4所示。

近年来，国外设计制造了一些机械化纵缝组装装置。英国一家公司设计的组装设备是利用液压原理进行工作的。组装时，将筒节纵缝向

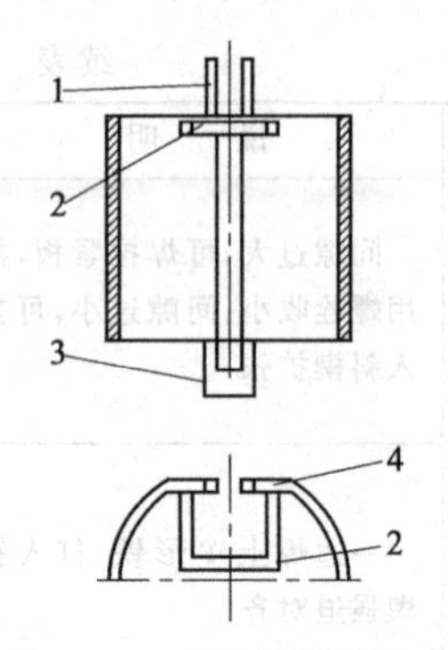

图 10-4　电渣焊纵缝装配
1—引出板；2—Π 形铁；
3—引弧板；4—工件

下放在装置上，利用液压驱动，使装置在 3 个方向上运动，以纠正卷板产生的偏差。筒节纵缝组装好后，可直接在该装置上进行纵缝焊接，也可在纵缝定位焊后把筒节取下来。前苏联全苏化工机械制造设计工艺研究院设计的筒节纵缝组装设备，也是利用液压原理并借助液压夹钳、液缸和链条等机械传动装置来消除各种卷板偏差的。

国外还有一种悬挂在梁上的筒节纵缝组装设备，梁上左右挂着两个夹钳，夹钳插入筒节的两端，利用夹钳内各液压缸消除筒节的圆度误差、径向错边和端面错口。

10.2.2　容器壳体环缝的组装

环焊缝的组装比纵焊缝困难。一方面，由于制造误差，每个筒节和封头的圆周长度往往不同，即直径大小有偏差；另一方面，筒节和封头往往有一定的圆度误差。此外，组装时还必须控制环缝的间隙，以满足容器最终的总体尺寸要求。由于环缝组装的这种复杂性和需要大的工作量，因此，对机械化组装设备的需求是很迫切的。图 10-5 所示是国内目前常用的筒节环焊缝组装设备。小车式滚轮座可以上下、前后活动，可调节到合适的位置，以便与置于固定滚轮座上的筒节组对。然后用几块长条预焊搭板焊上，搭板数量应尽量少。组对中，可用螺栓撑圆器、间隙调节器、筒式万能夹具和单缸油压顶圆器等辅助工具和有关量具来矫正、对中、对齐，如图 10-6、图 10-7 所示。

国内曾制造一台液压外撑式筒体环焊缝组装装置。

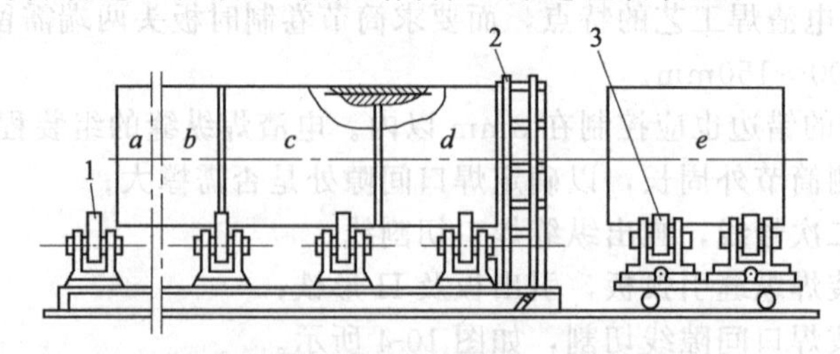

图 10-5　筒节环焊缝的组对
1—滚轮座；2—辅助组对工具；3—小车式滚轮座

此装置适用于直径为1000～3200mm、壁厚为60mm以下的容器组装。该装置采用外撑式多油路（10个油缸）结构。每缸承受压力为21tf（$1tf = 9.80665 \times 10^{-3}N$），行程为470mm。液压系统由21.0MPa油泵供给，电动机为30kW，无级变速。设备结构简单，操作方便，使组装容器的劳动条件大大改善。

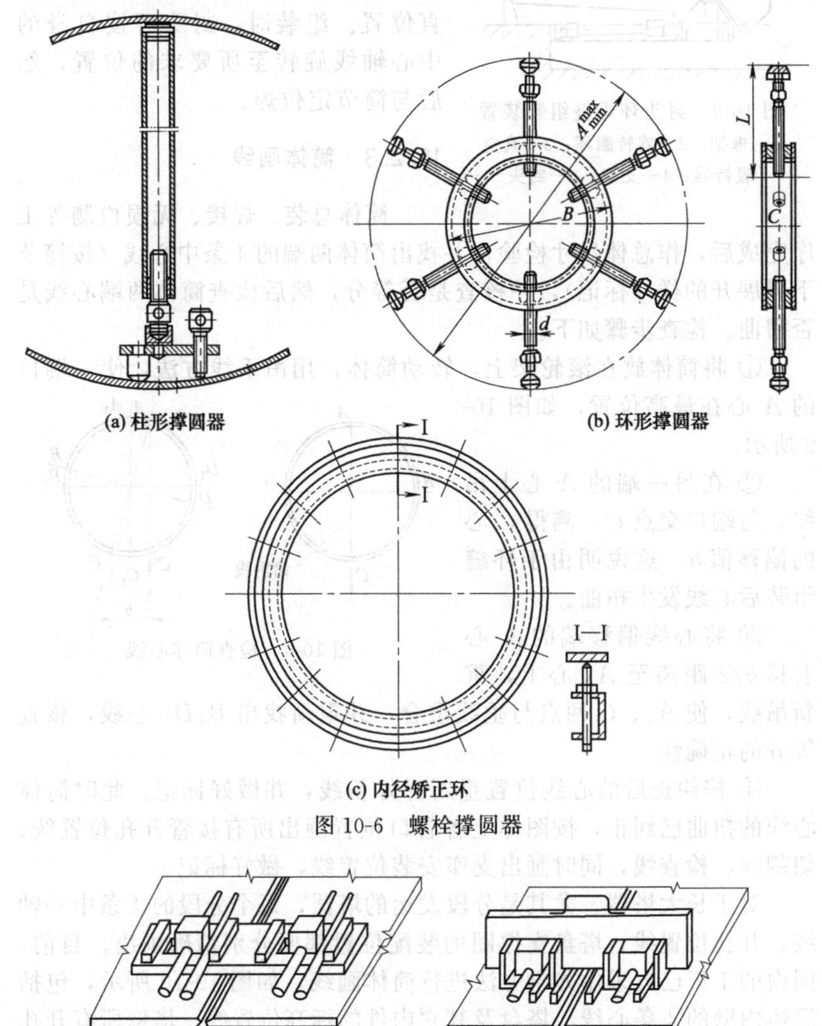

图 10-6　螺栓撑圆器

图 10-7　间隙调节器

图 10-8 所示是一种典型的封头环焊缝组装装置。用真空吸持器 3 将封头 5 背面吸在旋转圆环 2 上，该环可在可摆动框架上移动。当封头调整至预定位置后，即依靠支架 4 用液压装置将框架旋转至垂直位置。组装时，封头可按自身的中心轴线旋转至所要求的位置，然后与筒节定位焊。

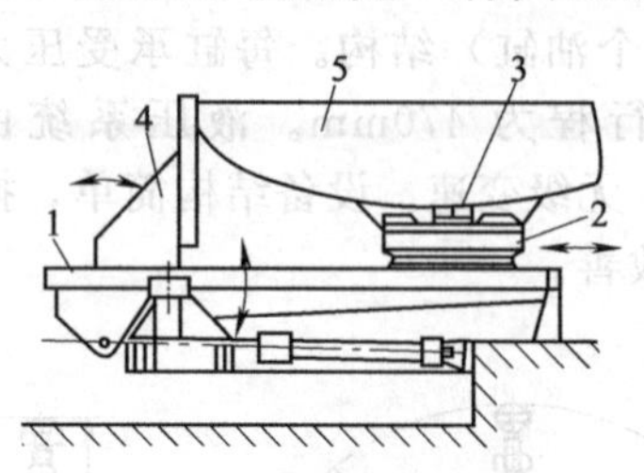

图 10-8 封头环焊缝组装装置
1—框架；2—旋转圆环；3—真空吸持器；4—支架；5—封头

10.2.3 筒体画线

筒体总装、焊接、无损检测等工序完成后，作总体尺寸检验，并找出筒体两端的 4 条中心线（按筒节下料展开的样冲标记），并核查是否等分，然后检查筒体两端心线是否扭曲。检查步骤如下。

① 将筒体放在滚轮架上，转动筒体，用吊垂线方法，使一端口的 A 心在最高位置，如图 10-9 所示。

② 在另一端的 A 心上吊线，与端口交点 C，测得 C 心的偏移值 b。这说明由于环缝组装后心线发生扭曲。

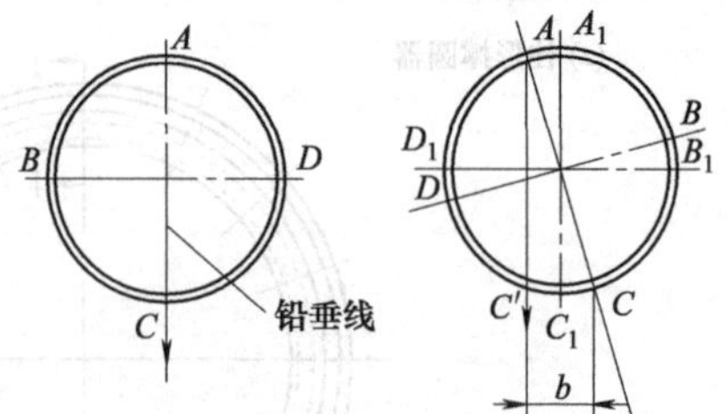

图 10-9 检查筒体心线

③ 将心线偏移端的 A 心右移 $b/2$ 距离至 A_1 心上，重新吊线，使 A_1、C 两点与垂线重合，并重新找出 B_1D_1 心线，核查等分的正确性。

④ 按纠正后的心线位置重新弹好粉线，并做好标记。此时筒体心线的扭曲已纠正，按图样上各管口位置画出所有接管开孔位置线、切割线、检查线，同时画出支座安装位置线，做好标记。

对于长大塔器，尤其是分段发运的塔器，每个分段的 4 条中心轴线、开孔位置线、塔盘支撑圈的装配位置都要分别精确画出。目前，国内的工厂已有采用光学方法进行筒体画线，如图 10-10 所示，包括筒体内壁的 4 条心线、塔盘及其它内件的标高位置线、塔壁所有开孔的位置线、支座安装位置线等，均可采用激光准直仪配上光学画线器迅速而准确地进行画线。对于分段发运的塔器，如能在厂内对筒体进行大段预装后整体画线，其画线效率更高，效果更佳。这类画线工艺最好在可调心的辊轮架上进行。但是，此类画线的装备投资较大，辅助时间较长。另一种比较简易可行的方法是，将第一层塔盘的所在筒节立于平台上，用角尺找好垂直度，再用画针盘画出第一层塔盘支撑圈的平面位置线。此后，筒体上所有焊接零、部件的标高位置均可按此平面为基准。所有各层塔盘支撑圈的位置线，可采用经计量的盘尺一次量出。拉盘尺需用弹簧测力器，以减少测量误差。

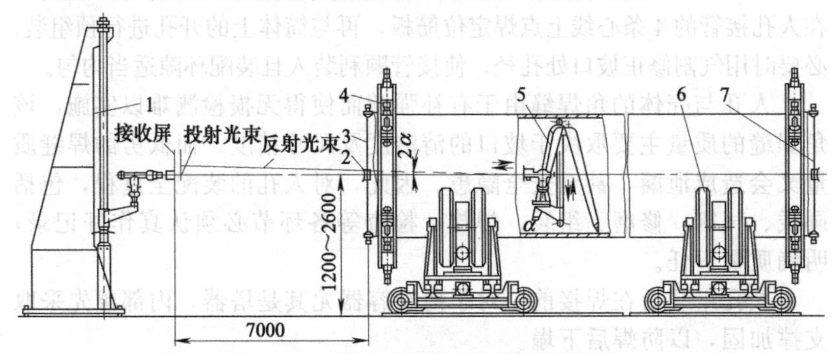

图 10-10 塔设备筒体的光学画线装置

1—立架；2—前测标；3—钢丝；4—校圆环；5—光学画线器；6—托辊；7—后测标

人孔等大管口及壳壁上的斜插管口，还应按相贯线展开后制作开孔切割样板。人孔等开孔如采用半自动开孔切割装置进行切割，则可不必制作开孔样板。

⑤ 按开孔切割位置线进行切割。坡口经打磨清理后用焊口检测器检测所有管孔坡口尺寸的正确性，如有不符则必须进行认真修正。

10.2.4 人孔的装配

（1）人孔接管与法兰的装配 人孔法兰有两种类型。一种为平焊法兰，此时只需控制接管与法兰的垂直度偏差不大于1/100且不大于3mm即可。另一种为锻制对焊法兰，则应控制对接环缝间隙均匀。需要特别强调的是，严禁将法兰密封面直接与地面或装配平台接触，以避免弄伤密封面。国外通常的做法是法兰与接管的装配、焊接都在小型变位器上进行。法兰不会被电弧击伤，焊接过程是在最佳位置下完成的，质量容易保证。

（2）人孔盲板、轴耳的组装 人孔盲板、轴与轴耳必须在人孔法兰上先行预组装。组装过程如下。

① 先按人孔盲板外圆放样，画出轴耳切割位置线，也可以按放样制作切割样板，按样板进行画线。

② 切割轴耳，同时割出焊接坡口。

③ 在人孔法兰上放好垫片，再盖上盲板，然后再组装轴耳、销轴、手把等零件。销轴的轴线应尽量与长圆孔轴耳中心重合。焊好轴耳后再卸下盲板，以便进行人孔与壳体的装配。

（3）*在壳体上组装人孔*　首先要按人孔接管伸出高度及补强圈厚度在人孔接管的4条心线上点焊定位筋板，再与筒体上的开孔进行预组装。必要时用气割修正坡口处孔径，使接管顺利装入且装配环隙适当均匀。

人孔与壳体的角焊缝由于有补强圈而使得无损检测难以实施，该角焊缝的质量主要取决于坡口的清洁度及尺寸精度。而低劣的焊缝质量又会造成泄漏，甚至安全隐患。因此，对人孔的装配全过程，包括画线、气割、修磨、组装、焊接、检查等各环节必须认真作好记录，明确质量责任。

人孔组装后在焊接前，对于薄壁容器尤其是塔器，内部预先采取支撑加固，以防焊后下塌。

人孔接管的内伸余量可按图样要求待内角缝焊好后割去。也可用样板画线，预先将接管内伸余量割去。分段发运的长大容器，当人孔靠近分段处500mm范围以内时，可只将人孔装配点焊，不必焊好，以利现场环缝的组装。

10.2.5 接管的装配

接管法兰与壳体组装前应做好以下工作。

① 接管与法兰的装配焊接，应控制法兰平面相对接管轴线垂直度偏差不大于1%且不大于3mm。装配点焊时应防止法兰密封面碰伤，最好在焊接变位器上进行。

② 按法兰螺栓孔中要求，画出接管中心线及伸出高度位置线，并点焊定位板。接管伸出高度误差不大于±5mm。

③ 预装接管，并对壳体所开管孔坡口进行气割修正并打磨，使坡口完全符合技术要求，环隙均匀。国内有些工厂采用专用工装，可快速、简便、准确地安装各种规格的接管法兰。

10.2.6 支座的装配

压力容器的安放或安装都要通过各种支座再与基础平面接触。支座作为部件，其本身的制造质量，及其与容器壳壁的装配、焊接质量的好坏，将直接影响到压力容器运行的平稳与操作的安全性。此外，支座与容器壳壁的装配通常都处在该容器的总装阶段，因而将直接影响到容器的管口方位、标高、轴线倾斜度等质量要素。因此，对支座的制作与装配全过程必须予以足够重视。

按现行的行业标准，规定有 4 种类型的支座：鞍式支座、腿式支座、支撑式支座及耳式支座，如图 10-11 至图 10-14 所示。

各类支座有其不同的适用场合、制造与装配质量要求。安装过程及方法也各不相同。但有些要求却是共同的，即：支座底板应保持在同一平面内；底板螺栓孔距离的误差应予以严格控制；支座底平面不允许翘曲、倾斜。

现就部分支座的制造与装配过程要点作一简述。

(1) 鞍式支座　在零、部件装配焊接时可将两件成对称状点焊在一起，以减少焊接变形。拆开后检查底板的平面度及立板的气割口弧形，如有问题应进行火焰矫正。鞍式支座的安装过程如下：

① 在筒体底部的心线上找出支座安装位置线，并以筒体两端环缝检查线为基准画出弧形垫板装配位置线；

② 配垫板，用螺旋或楔铁压紧，使垫板与筒壁贴紧，其间隙不大于 2mm，进行点焊；

③ 在垫板上画出支座立板位置线；

④ 试装固定鞍座，当装配间隙过大或不均时用气割进行修正，使之间隙不大于 2mm，进行点焊；

⑤ 旋转筒体，用水平仪检测固定鞍座底板，使其保持水平位置；

⑥ 按相同步骤装焊滑动鞍座，在气割修正时使两个鞍座等高，当装配间隙合适，底板已找水平，螺栓孔间距满足要求后即可点焊固定；

⑦ 再对两个鞍座的安装尺寸作一总体检测，合格后再进行焊接。

(2) 腿式支座　有角钢支腿、管子支腿 2 种，还有 3 腿、4 腿之分。先将支腿上部割出缺口，并修正底部平面，使其与支腿垂直。

角钢支腿安装过程如下。

① 将容器两封头环缝检查线按支腿位置等分，并弹出粉线，做出标记。在一钢质平板上画出 2 个同心圆，直径分别为 D_i 及筒体外径，并将圆周进行 3（4）等分，如图 10-12 所示。

② 在平板上按底板螺栓孔位置点焊底板，再按相对位置点焊支腿。支腿应与平板保持垂直，其内径应与筒体外径一致。然后在支腿底端及中部点焊拉筋以固定各支腿相对位置尺寸。

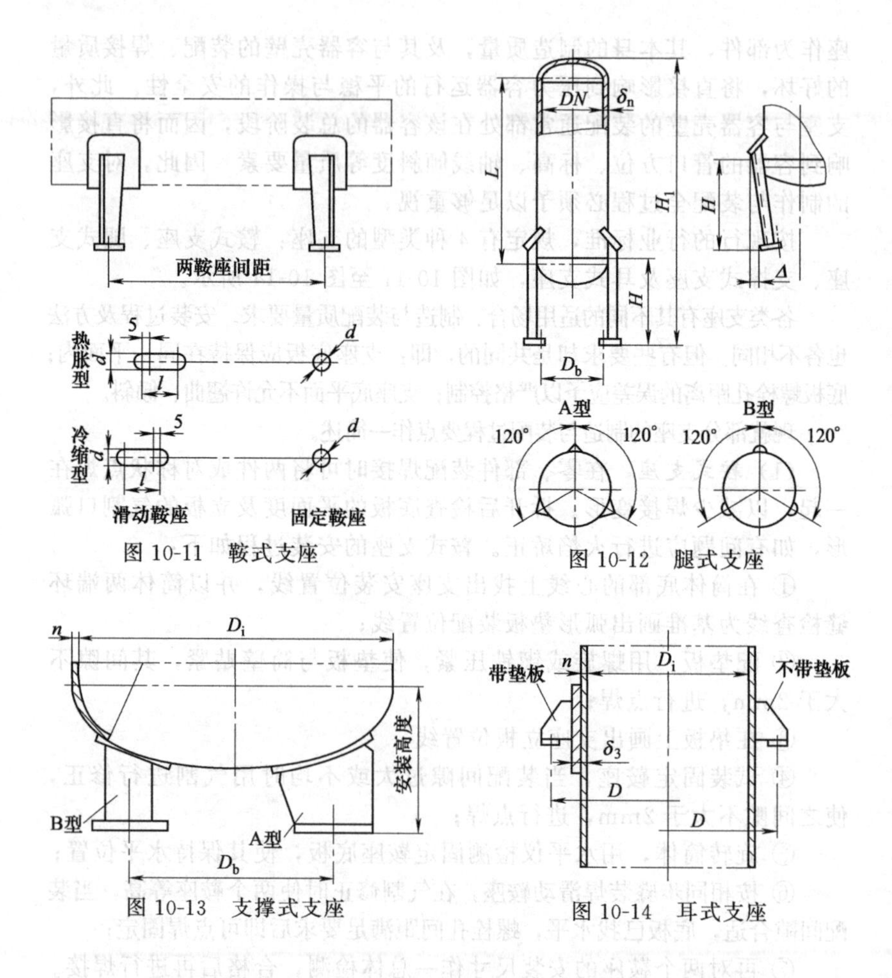

图 10-11　鞍式支座

图 10-12　腿式支座

图 10-13　支撑式支座

图 10-14　耳式支座

③ 组装支腿，如下封头外径偏大时，对支腿及封头作少许修磨，使支腿顺利装在筒体上，支腿缺口应对准环缝，再以筒体下端口检查线为基准控制 3 支腿的 H 尺寸一致后点焊牢固。

④ 在筒壁的各等分心线上分别弹粉线，以检测支腿与筒体轴线的平行度，使其偏差不大于 $H/500$ 并不大于 2mm。同时再复核底板螺孔相对位置尺寸，当合格后再进行焊接。底部拉筋可不予卸除，设备发运时权当加固支撑。

（3）支撑式支座　由于封头、垫板的成形误差及筋板或钢管与垫板连接的相贯线展开、下料的误差，使得支撑式支座的安装质量难以把握。尤其是当支座数量大于3个时，其安装难度更大。当工厂的装备条件许可时，建议采取以下措施。

① 支座筋板应进行光电切割、数控切割或靠模切割制备。此时，支座部件的装配尺寸精度应从严控制。

② 支座按螺栓孔中心线要求，预先点焊于一环形底板上，再上立式车床找正，按样板所画出的相贯线进行加工，此法可比较准确地控制装配间隙，从而使支座安装质量也易保证。

大多数工厂对筋板进行放样后手工切割，此时，在相贯线部位应留出余量，以便组装时再进行切割修正。其安装步骤如下：

a. 下封头环缝坡口制备后置于平台上，用角尺从封头直边处对称找出封头中心部位的4～8点，再从中定出封头中心点；

b. 参照下封头开孔及拼缝的相应位置画出4条心线，并核对直边部位环向等分值，对照此心线，按支座分布位置画出支座安装心线及垫板位置线；

c. 装配点焊垫板，使其与封头表面贴紧，其间隙不得大于1mm，必要时予以火焰修矫；

d. 按照支座底板的螺栓孔直径 D_b，将支座组装点焊于一环形平板上，核对各相关尺寸；也可直接在平台上按画线位置组装，再用角钢拉筋点焊固定各支座的相对位置；

e. 将支座安放于倒扣在平台上的底封头上，使各支座安装高度保持一致，如图10-13所示。根据筋板相关间隙进行切割修正。切割修正量的大小取决于前面提到的各支座零、部件制造的积累误差大小。支座施焊前，应再次核对各安装尺寸。为防止焊接变形，应点焊拉筋固定，待设备发运前予以割除。

10.2.7　定位焊要求

在压力容器制造过程中，为控制所组装的零、部件的几何形状与相关尺寸，通常采用手工（或半自动）定位焊来固定。定位焊可以在焊道外的母材上进行，如需对组装焊缝的错边进行调正定位或防变形而点焊的拉筋板、定位板等。也可以直接在焊缝坡口内定位焊。由于定位焊经常伴随着多种焊接缺陷，所以当需要在承压焊缝的坡口内实施定位焊固定，应考虑在焊缝清根时可否将此定位焊彻底清除干净，否则对此类的定位焊应严加控制。对于高强钢材质，应避免在焊道内实施定位焊。

10.2.8 压力容器垫片安装技术要求

(1) 垫片安装前的检查工作

① 法兰密封面检查。检查法兰的形式是否符合要求，密封面是否光洁，有无机械损伤、径向刻痕、严重锈蚀、焊疤、油焦残迹等缺陷，如不能修整时，应研究处理办法。

② 对螺栓及螺母进行下列检查：

a. 螺栓及螺母的材质、形式、尺寸是否符合要求；

b. 螺母在螺栓上转动应灵活，但不应晃动；

c. 螺栓及螺母不允许有斑疤、毛刺；

d. 螺纹不允许有断缺现象；

e. 螺栓不应有弯曲现象。

③ 对垫片应进行下列检查：

a. 垫片的材质、形式、尺寸是否符合要求；

b. 垫片表面不允许有机械损伤、径向刻痕、严重锈蚀、内外边缘破损等缺陷。

④ 选用的垫片应与法兰密封面形式相适应。不允许在椭圆或梯形槽密封面的法兰上安装平形、波形垫片。

⑤ 安装椭圆形（八角形）截面金属垫圈前，应检查法兰的梯形槽（椭圆槽）尺寸是否一致，槽内是否光洁。并在垫圈接触面上涂红铅油，将垫圈试装，检查接触是否良好。如接触不良，应进行研磨。

⑥ 安装垫片前，应检查管道及法兰安装质量是否有下列缺陷。

a. 偏口。管道不垂直、不同心、法兰不平行。

两法兰间允许的偏斜值如下：使用非金属垫片时，应小于2mm；使用半金属垫片、金属垫圈及与设备连接的法兰，应小于1mm。

b. 错口。管道和法兰垂直，但两法兰不同心。

在螺栓孔直径及螺栓直径符合标准的情况下，以不用其它工具将螺栓自由地穿入螺栓孔为合格。

c. 张口法兰间隙过大。两法兰间允许的张口值（除去管子预拉伸值及垫片或盲板的厚度）为：管法兰的张口应小于3mm，与设备连接的法兰应小于2mm。

d. 错孔管道和法兰同心，但与两个法兰相对应的螺栓孔之间的弦距（或螺栓孔中心圆直径等）偏差较大。

螺栓孔中心圆半径允许偏差为：

螺栓孔直径≤30mm 时，螺栓孔中心圆半径允许偏差±0.5mm；

螺栓孔直径>30mm 时，螺栓孔中心圆半径允许偏差±1.0mm。

相邻两螺栓孔间弦之距离的允许偏差为±0.5mm。任何几个孔之间弦距的总误差为：

公称直径 DN≤500mm 的法兰，允许偏差为±1.0mm；DN=600～1200mm 的法兰，允许偏差为±1.5mm；DN≤1800mm 的法兰，允许偏差为±2.0mm。

(2) 垫片制造要求

① 制作垫片均应按照有关垫片标准进行。

② 在现场制作非金属垫片时，应符合下列要求。

a. 非金属垫片应用专门的切制工具（如转动的画规、小冲压机、圆盘剪切机等），在表面无缺陷的工作台上切制，不允许用扁铲、钢锯或锤子来制作。不允许在法兰面或地面上切制。垫片应用大套小的办法来制作，以节省材料。

b. 椭圆形及其它异型垫片，应预先用铁皮或其它材料做出样板，然后再按样板切制。

c. 不允许用焊接或者拼接的办法来制作垫片。

d. 垫片的内径应大于法兰的内径，以免介质冲蚀、泡涨或裂口。

e. 不允许垫片上带把。

(3) 垫片安装要求

① 垫片应装在工具袋内，随用随取，不允许随地放置。石墨涂料应装在有盖的盒内，防止混入泥砂。

② 两法兰必须在同一中心线上，并且平行。不允许用螺栓或尖头钢钎插在螺孔内矫正法兰，以免螺栓承受过大的应力。两法兰间只准加一个垫片，不允许用多加垫片的办法来消除两法兰间隙过大的缺陷。

③ 安装前应仔细清理法兰密封面及密封线（水线）。

④ 垫片必须安装正，不要偏斜，以保证受压均匀，也避免垫片伸入管内受介质冲蚀及引起涡流。

⑤ 为了防止橡胶石棉垫片黏着在法兰密封面上和便于拆卸，应在垫片的表面均匀地涂上一层薄薄的鳞状石墨涂料。石墨可用少量甘油或机油调和。金属包石棉垫片、缠绕式垫片及已涂有石墨粉的橡胶石棉板表面不需再涂石墨粉。安装椭圆形（八角形）截面金属垫圈时，也应在其表面均匀地涂一层鳞状石墨涂料。

⑥ 安装螺栓及螺母时，螺栓打有钢印的一端，应露在便于检查

的一侧，并在螺栓两端涂石墨粉。凡法兰背面较粗糙的，在螺母下应加一光垫圈，以免螺栓发生弯曲。为保证垫片受压均匀，螺母要对称均匀地分两三次把紧。当螺母在M22以下时，可采用力矩扳手把紧，螺母在M27以上时，可采用风扳机或液压扳手。

不允许漏装垫片或混用螺栓。

⑦ 凡介质温度在300℃以上的螺栓，除在安装时紧固外，当介质温度上升时，需进行热紧。检修时，为了防止拆不下螺栓，对于热裂化、延迟焦化、催化裂化及常减压等退油后压力就下降的装置，凡是介质温度大于300℃，PN≤4.0MPa的需拆卸检修的法兰，当介质温度降至200～250℃时，在螺栓螺母连接处先滴数滴机油，然后将螺母预旋松30°～60°。

10.3 立式油罐制造与安装

金属油罐按其形状可分为立式油罐及卧式油罐。立式油罐在炼油厂应用较多，按其结构特点又可分为桁架油罐、无力矩油罐、拱顶油罐、浮顶油罐等。

目前拱顶油罐应用最广泛，用以储存除液化气以外的各种原料油、成品油、芳烃产品等。浮顶油罐可以大大减少油品呼吸损耗，可用作储存不严格要求防水、防尘的轻质易挥发的各类油品，尤其是用于储存大容量原油。

10.3.1 立式油罐结构

立式油罐罐体主要由罐底、罐身及罐顶组成。

(1) 罐底　罐底由许多钢板装配而成，如图10-15所示。罐底中间部分钢板称为中幅板，周围的钢板称为边缘钢板（边板）。边板比中幅板尺寸小，厚度比中幅板厚，一般为6～8mm，大型油罐可达12mm。油罐的罐身支撑在边缘钢板上，因此罐底边板外缘在200～250mm范围内，应如图10-16所示，罐底由原来的搭接改为对接形式，罐底边缘形成一整体的平滑表面，以使罐身第一圈钢板下沿严密地连接在罐底上。在边板对接接头下面还有垫板。

(2) 罐身　罐身由多圈钢板组成，根据罐身钢板连接形式的不同，可分为套筒式及直线式两种，如图10-17所示。套筒式罐身板环向焊缝采用搭接，其优点是便于各圈罐身板的对口，施工方便。直线

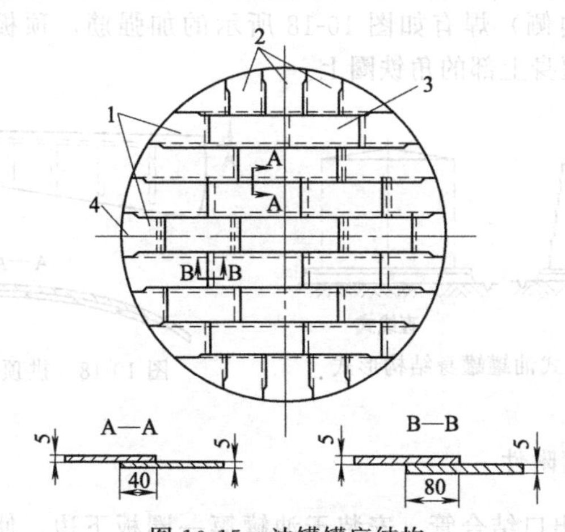

图 10-15　油罐罐底结构

1—纵向边板；2—横向边板；3—边排钢板；4—罐底纵向中心线

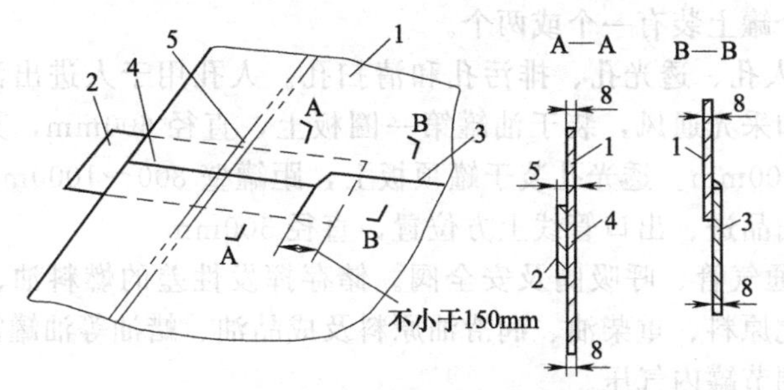

图 10-16　罐底边缘钢板的对接接头

1—边缘钢板；2—垫板；3—搭接接头；4—对接接头；5—罐身位置

式罐身板环向焊缝为对接，优点是整个罐身自下至上直径均相同，但安装时对口困难。一般桁架罐、拱顶罐采用搭接焊缝。罐身搭接环焊缝外侧采用连续焊，内侧采用断续焊。搭接宽度取钢板厚度的 5～10 倍。相邻对接纵焊缝间距离不能小于 500mm。罐身与罐底边缘钢板连接的丁字焊缝内外侧均为连续焊。

罐身钢板的厚度沿油罐的高度自下而上逐渐减小，最小厚度为 4～6mm。顶部角钢圈靠两条环焊缝与最上层圈板相连，外侧为连续焊缝，内侧为断续焊缝。

(3) **罐顶**　罐顶结构分框式桁架结构及球面形拱顶结构。拱顶罐的罐顶是由多块有一定曲率的扇形板组成。为了增加顶板的刚度，在其背面（罐内侧）焊有如图 10-18 所示的加强筋，顶板采用搭接焊缝，并焊于罐身上部的角铁圈上。

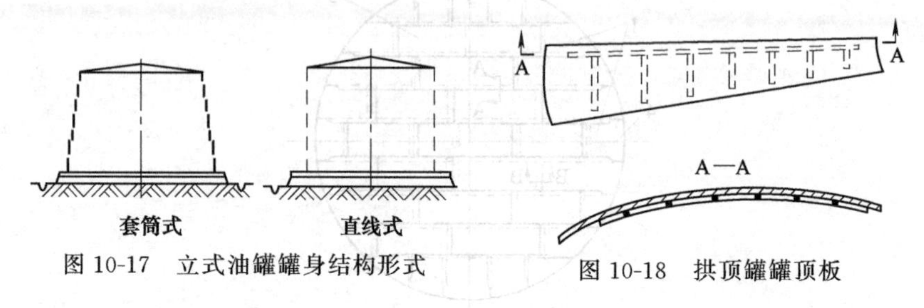

图 10-17 立式油罐罐身结构形式

图 10-18 拱顶罐罐顶板

10.3.2 油罐附件

① 进、出口结合管。安装于油罐第一圈板下边，使输油管道通过罐内回转接头与升降管相连接。根据油罐容量大小和设计要求不同，每个罐上装有一个或两个。

② 人孔、透光孔、排污孔和清扫孔。人孔用于人进出油罐，清除油脚和采光通风，装于油罐第一圈板上，直径 600mm，其中心距罐底高 700mm。透光孔装于罐顶板上，距罐壁 800～1000mm，一般可设在油品进、出口管线上方位置，直径 500mm。

③ 通气管、呼吸阀及安全阀。储存挥发性差的燃料油、催化原料、焦化原料、重柴油、润滑油原料及成品油、蜡油等油罐需安装通气管，调节罐内气压。

储存汽油、煤油、轻柴油、轻污油、原油、芳烃等油罐，需在油罐顶部安装带防火器的呼吸阀（亦称机械透气阀），以控制罐内气压。拱顶油罐呼吸阀或通气管，一般安装在罐顶中部位置，需注意避开拱顶板的加强筋。

④ 量油孔为脚踏式，垂直焊于油罐顶板上的平台附近，用以测量罐内油品高度和温度及采样。

⑤ 油罐附设管线包括旁通管、膨胀管、升降管及喷淋降温管线等。

旁通管，下端装于进出油接合短管上，上端装于罐壁上，与罐内相通。出油时先打开旁通管阀门，使油料进入短管，达到内外压力平衡。否则自动关闭阀会因油料压力和进出油接合管内真空的作用而无法开启。

⑥ 加热器。分局部加热器和全面加热器两种。局部加热器安装在进出油接合管附近，全面加热器安装在整个罐底上。

⑦ 防火器及空气泡沫发生器。防火器由防火器箱、铜丝网和铝隔板组成，安装于机械透气阀下面，防止火焰进入罐内。

空气泡沫发生器一般安装在油罐上部圈板壁上，也可安装在油罐顶板边缘处。泡沫室内装一块玻璃板，平时防止油气与大气相通，以减少损耗和发生危险。

⑧ 静电接地线及避雷针。电接地线：一端焊在油罐底板边缘处，一端埋入土中一定深度。其作用为使油罐在输转油料时产生和聚集的静电，通过接地线导入地下，防止因静电作用引起油罐着火。

避雷针：焊在油罐顶部或圈板边缘处，起防雷击作用。

⑨ 梯子、平台、栏杆。

⑩ 仪表元件。

10.3.3 立式拱顶油罐的倒装法组装

（1）*准备工作* 油罐施工前的准备工作是直接影响到油罐安装速度及质量好坏的重要工序。

① 审阅设计图纸 首先应将设计图纸中所有结构及尺寸搞清楚，总图和部件图的尺寸是否相符，其技术要求是否有不符合实际的情况，以免造成返工及原材料的浪费。

② 油罐基础的验收 油罐基础是砂垫层基础，其施工质量对油罐安装施工及油罐正常使用均有很大影响，施工前需认真进行检查，检查项目如下。

a. 基础的中心位置。用经纬仪测量基础中心坐标，并与基本标桩对照是否符合设计位置；对罐区成行的基础中心通过拉钢丝检查，确定罐基础中心线偏斜的方向及尺寸。油罐中心位置偏差以不大于15mm为合格。

b. 基础直径及椭圆度。以基础中心桩为中心点，以基础半径为半径，用地规或盘尺检查基础直径及椭圆度。直径允许偏差为+30mm。

c. 基础中心凸起锥度及表面不平度。通过基础中心拉水平线，测量水平线与基础边缘的高差，即为基础中心凸起高度，其中心凸起高度应为基础直径的1.5%；基础垫层应平整、光滑、无裂纹，用2mm长直尺检查，局部间隙不得大于10mm。

③ 钢板及预制件的验收 油罐原材料主要是钢板，当采用碳素钢板或低合金钢板时，施工前应对其化学成分、力学性能、规格尺

寸、允许偏差、各种缺陷进行检查验收，都应符合有关国家标准及冶金工业部标准。

验收合格的钢板需进行校平、防锈及找方。

已预制的半成品及配件应符合下列要求。

a. 预制件的数量、规格应符合排版图和图纸要求。其尺寸偏差不超过表 10-2 所示的规定。

表 10-2 预制件允许尺寸偏差 mm

边长偏差	对接	±1	两对角线差	对接	≤2
	搭接	±2		搭接	≤3

b. 壁板用弦长等于 1.5m 的样板检查，间隙不大于 3mm。

c. 拱形罐顶用弦长等于 1.5m 的样板检查，间隙不大于 5mm。

d. 包边角钢的弧度要求与壁板相同，在平台上检查，与平台间隙不超过长度的 1.5/1000，最大不大于 10mm。

(2) 罐底的安装　罐底是油罐最重要的部位。罐底是铺设在砂基础上，采用单面施焊的搭接焊缝，其严密性试验及探伤检查等都比较困难，因此必须严格保证罐底的安装和焊接质量。罐底安装施工步骤如下。

① 绘制排版施工图

a. 根据设计图纸按比例作图，其中幅板的尺寸由现场钢板的长度和宽度决定，尽量做到钢板长度不剪裁，以减少料头损耗，其各行之间短焊缝要对称布置，并相互错开 200mm 以上，如图 10-19 所示。

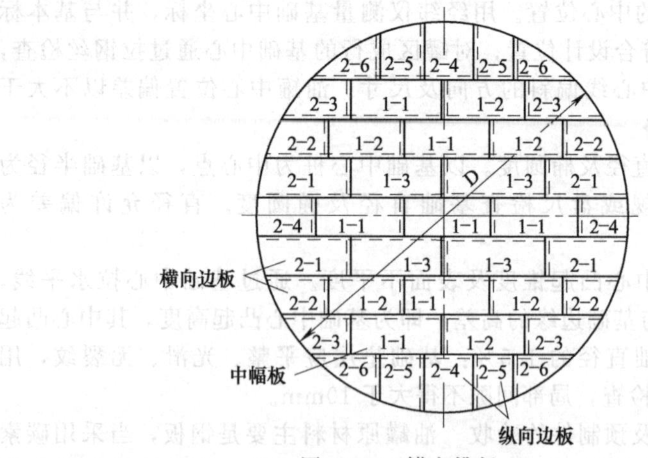

图 10-19 罐底排版

b. 纵向边板及横向边板的配料。图10-20所示为横向边板尺寸的计算法。此法首先要根据排版图计算边板的两个边长 a_1 和 a_2。横向边板的一个边长 a_1 计算式为

$$a_1=L-\frac{A}{2}$$

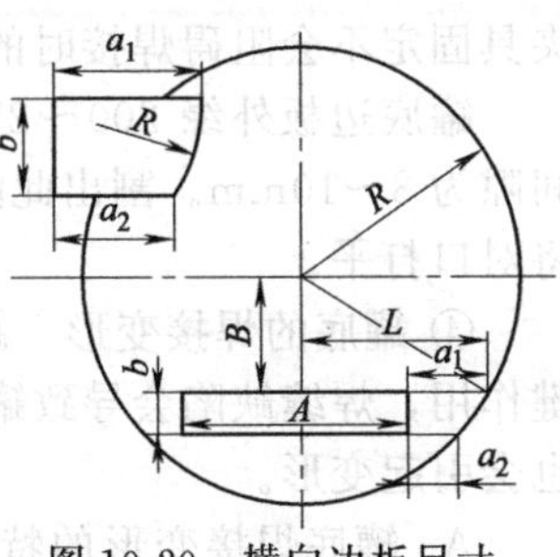

图 10-20　横向边板尺寸的计算

式中，L 为该行底板总长度的一半，$L=\sqrt{R^2-B^2}$，mm；B 为该行底板至罐底中心的宽度，mm；R 为底板直径，mm；A 为每行中幅板的总长度，mm。

同理，可计算另一边长 a_2。

往往同行的两端边板尺寸的大小是对称的，因此可在一块钢板上对称下料，以减少大量的钢板下脚料头。

另外也可采用简单的直接铺板配料，不需复杂的计算和配料过程，但所切割余下的料头太多会造成浪费。

② 钢板的画线与下料　根据排版图设计的尺寸和编号，进行对号下料。钢板需用“对角线法”校核找方使之成为矩形，并画出搭边线，搭接宽度为40～50mm。中间一排的中幅板要画中心线。画线后经过校核，方可用气割切割下料，并按照排版图的编号进行编号。

③ 罐底板的铺设　先在基础上画出十字中心线，罐底中心板也画出十字中心线，铺在基础上，使两者中心线重合，然后向两端铺设中间一行的底板，再依次铺设相邻两侧的底板。各搭接缝的形式及宽度，均按排版图及已画好的搭边线进行铺设。铺设过程中严防损坏沥青绝缘层。罐底铺好后，用盘尺或地规检查罐底板直径，应符合图纸尺寸。

为了补偿焊接后的收缩，罐底板直径应稍加放大，其放大值如表10-3所示的规定。最后画出罐壁组装线，组装线直径也应按此表数值放大。

铺设底板时，可用点焊或夹具固定底板，最好使用夹具固定，因

表 10-3　罐底铺设直径放大值

油罐容积/m³	底板直径放大值/mm	油罐容积/m³	底板直径放大值 /mm
5000	35～45	1000	10～20
3000	30～35	400 以下	10～15
2000	20～30		

夹具固定不会阻碍焊接时的收缩，减少内应力及变形。

罐底边板外缘 200～250mm 范围内，应由搭接改为对接。对口间隙为 8～10mm。割出此间隙后，下面垫垫板，用火焰将钢板烤红，将对口打平。

④ 罐底的焊接变形　罐底的焊接对整个油罐的施工质量起着关键作用，焊缝缺陷会导致罐底漏油，焊接与安装顺序及施工组织不当也会引起变形。

A. 罐底焊接变形的特点：由于罐底是由多块薄钢板拼焊而成，焊缝纵横交错，焊接应力复杂，极易产生变形。

a. 沿罐底横焊缝（长缝）及纵焊缝（短缝）长度方向产生纵向收缩，焊缝长度越长收缩也越大。同时也会产生横向收缩，从而引起钢板波浪变形。

b. 底板采用单面焊的搭接焊缝，也会产生角变形。

c. 纵焊缝和横焊缝相交处更易产生变形。

B. 减少罐底焊接变形的措施如下。

a. 焊缝的先后顺序，对焊接变形有很大影响。确定焊接顺序的原则应是使其容易自由收缩。罐底的焊接次序如图 10-21 所示。先焊完罐底中幅板的焊接，再焊罐底边缘板。焊完罐底边缘的对接短焊缝后，再焊第一圈罐壁板与罐底连接的丁字环焊缝。焊接时要几名焊工同时、同向、分段对称施焊。

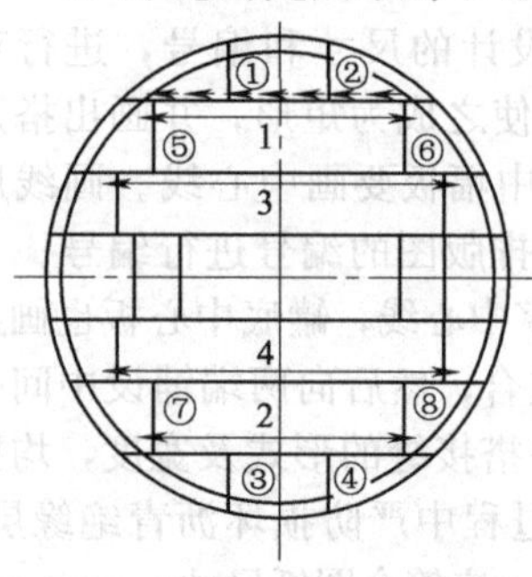

图 10-21　罐底的焊接次序
①～⑧ 短缝次序；1～4 长缝次序
→ 焊接方向；→→→ 分段逆向

罐底与罐壁板的丁字焊缝应先焊外圈角焊缝，后焊内圈角焊缝，焊时还要用斜撑杆压住底板。

b. 罐底其余焊缝焊接顺序是先短后长，先点焊固定，然后对称焊短缝，纵向长缝应从外向里分段逆向对称施焊。

c. 焊接时电流不宜过大。

(3) 罐顶的预制和安装　主要介绍球面形罐顶的预制和安装。

① 罐顶包边角钢和罐顶肋板的预制。包边角钢为采用热弯或冷弯的内弯等边角钢圈，其作用是加固罐身及罐顶。罐顶肋板是用扁钢弯制而成，其弯曲半径应符合图纸要求。现场大多采用在平台上用靠

模进行弯曲，弯曲时应考虑作用力取消后有回弹现象，靠模的曲率半径应稍小于所要求的尺寸。

② 球面形顶板的下料。球面形顶板是由许多片球瓣组成，其片数由球顶径向肋板的根数及现有钢板的宽度决定，其长度由球顶直径及现有钢板长度决定。

球面形顶板下料可按球体展开图的作法画出其中一球瓣的展开图。现场施工时，当球顶直径很大、球瓣片数很多时，为了画线方便，常采用以直径代替弧长，利用几何计算法求出球瓣下料尺寸，如图 10-22 所示。图中，$\overset{\frown}{AB}=\frac{2\pi r_{大}}{n}$；$\overset{\frown}{DC}=\frac{2\pi r_{小}}{n}$；$\overset{\frown}{L}=\frac{2RQ}{180}$。$AD$ 及 BC 可近似为直线。

③ 罐顶的安装。目前多采用倒装法安装。罐底铺好后即安装罐顶，其工序如下。

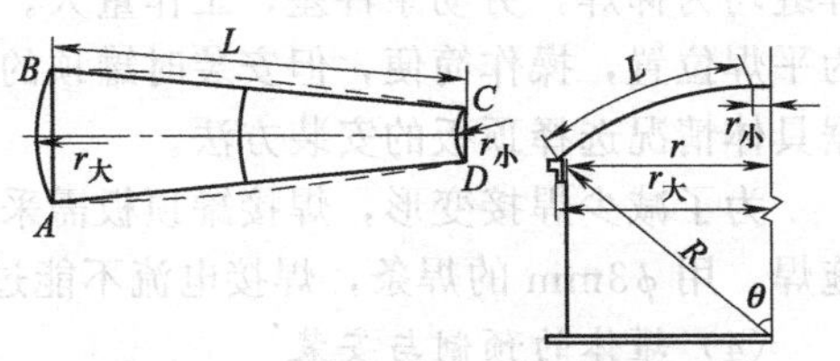

图 10-22　几何计算法求球瓣下料尺寸

a. 装末圈圈板。先在罐底上以罐底中心为圆心，画出第一圈及末圈圈板圆周线，将中心柱垂直立于底板中心，然后按圆周线组装末圈圈板。组装后用水平尺或吊线检查各壁板的垂直度，其偏差应小于该块壁板高度的 2/1000，圈板上口椭圆度应小于罐体直径的 2/1000，用弧长为 1～1.2m 的样板检查圈板弧度，其间隙应小于 5mm。

b. 安装包边角钢圈在末圈圈板上画好包边角钢安装位置线，点焊好角钢托架，如图 10-23 所示。再安装包边角钢圈，其接口应与壁板之焊缝相互错开 200mm 以上。安装后检查角钢圈与壁板间隙不大于 3mm，然后点焊固定，拆除角钢托架，焊好罐顶板肋板托架后，再焊接包边角钢圈的环焊缝。

c. 肋板的安装根据罐顶高度，做一个中心柱托架，再安装肋板，如图 10-24 所示。

先装径向肋板，经检查后再装环向肋板，全部点焊后再进行焊接。

d. 顶板的安装将下好料的罐顶板球瓣依次铺在罐顶肋板上，并随铺随与肋板点焊固定。点焊应从罐边缘向罐顶中心进行，顶板之间采用搭接焊缝，搭接宽度为 30～40mm，罐顶内部顶板与肋板连接采用断续焊。

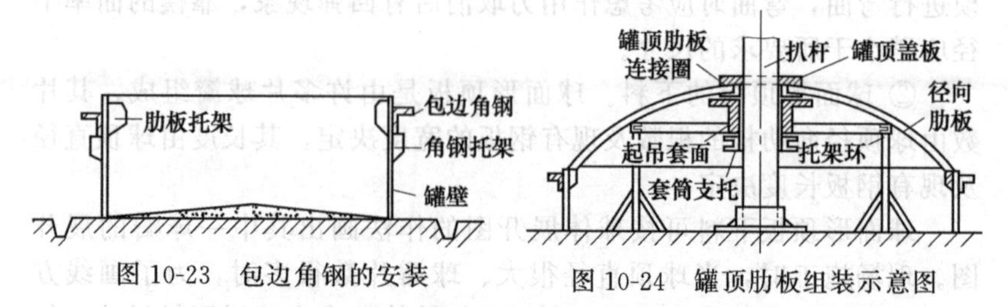

图 10-23 包边角钢的安装　　图 10-24 罐顶肋板组装示意图

此外，还可采用预制球瓣为方法进行安装，即先将球瓣和肋板预制成一定弧度并先焊好，再将预制件进行整块安装。

顶板和肋板分别安装，其弧度及形状等容易保证，但罐内的断续焊缝均为仰焊，劳动条件差，工作量大。后一种安装方法，其焊缝均为平焊位置，操作简便，但安装时罐顶的弧度及形状不易保证。应根据具体情况选择顶板的安装方法。

为了减少焊接变形，焊接罐顶板需采用分段逆向，对称位置同时施焊，用 ϕ3mm 的焊条，焊接电流不能过大。

(4) 罐体的预制与安装

① 罐体壁板的下料和预制　首先设计排版图，设计排版图时应符合下列规定。

a. 第一圈壁板立缝应与底边板的对接焊缝相互错开 200mm 以上。

b. 壁板最小高度不应小于 500mm，最小长度不应小于 1000mm。

c. 罐壁板上开孔应与壁板立缝错开 300mm，环缝错开 200mm 以上。

d. 相邻两层壁板立缝应相互错开 500mm 以上。

壁板根据排版图进行下料，下料后即可在卷板机上进行滚圆。

② 壁板的组装　组装前在罐底板上画出组装线，并焊接限位板。组装最上层壁板时，由于其安装质量好坏直接影响整个罐体质量，所以壁板围好后，需严格检查其垂直度和椭圆度，合格后再进行焊接。其它各圈壁板的安装如图 10-25 所示。

围好壁板，立缝点焊固定后，装好槽钢涨圈，并涨紧在前一层壁板圈的下口，其直径的大小应符合规定的尺寸。根据壁板上的起吊位置线，在罐壁周围焊上高度定位拉杆，如图 10-26 所示。然后起吊罐体，升至预定位置后，对壁板圈找圆，利用收紧装置，如图 10-27 所

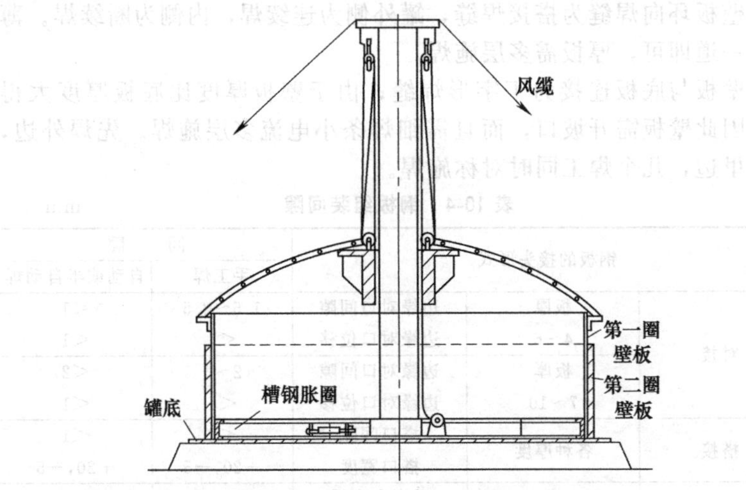

图 10-25 罐体壁板安装示意图

示，将壁板圈拉紧，使两层壁板相互靠紧，检查壁板环焊缝间隙应达到焊接要求，并测量壁板圈圆周长应符合排版图的尺寸，并防止出现“鼓肚”或“缩腰”现象。经检查合格后，将环焊缝点焊固定，松开卷扬机，用气切割去安装封口立缝的多余钢板，并用点焊固定。

组装油罐时，壁板间隙应符合表 10-4 所示的规定。

③ 壁板的焊接　罐体壁板有 3 种焊缝，即立焊缝、环向焊缝（腰焊）和丁字焊缝。焊接顺序是先焊立焊缝，后焊环向焊缝，都需几个焊工对称同时施焊。

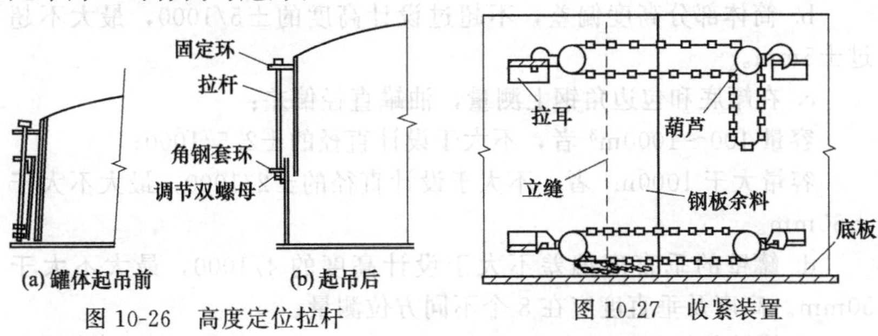

图 10-26 高度定位拉杆　　图 10-27 收紧装置

上层壁板厚度为 4～6mm，对接立焊缝可不开坡口。当下层壁板厚度增加至大于 10mm 时，需开坡口。焊接时采用细焊条小电流多层施焊。

壁板环向焊缝为搭接焊缝，罐外侧为连续焊，内侧为断续焊。薄板焊一道即可，厚板需多层施焊。

壁板与底板连接为丁字形焊缝；由于壁板厚度比底板厚度大得多，因此壁板需开坡口，而且需细焊条小电流多层施焊。先焊外边，后焊里边，几个焊工同时对称施焊。

表 10-4　钢板组装间隙　　mm

钢板的接头形式			间隙	
			手工焊	自动或半自动焊
对接	板厚 4～6	边缘对口间隙	1.5～2.5	＜1
		边缘对口位移	＜1	＜1
	板厚 7～10	边缘对口间隙	2～3	＜2
		边缘对口位移	＜1	＜1
搭接	各种厚度	搭口间隙	＜2	＜1
		搭口宽度	+20，-5	+20，-5
丁字形焊缝	各种厚度	垂直和水平钢板的间隙	＜2	＜1
顶板焊缝	各种厚度	搭口间隙	＜1	＜1

（5）**油罐的质量检查**　油罐的质量检查，除焊缝质量检查外，还包括装配尺寸检查、试漏及充水试验。

1）装配尺寸检查

① 拱顶油罐的几何尺寸要求如下。

a. 罐底局部凹凸变形，不大于变形长度的 2/100，且最大不超过 50mm。

b. 筒体部分高度偏差，不超过设计高度的±5/1000，最大不超过±5mm。

c. 在罐底和包边角钢上测量，油罐直径偏差：

容量 100～1000m^3 者，不大于设计直径的±2.5/1000；

容量大于 1000m^3 者，不大于设计直径的±2/1000，最大不大于±60mm。

d. 罐壁的垂直度偏差不大于设计高度的 4/1000，最大不大于 50mm。高度及垂直度应在 8 个不同方位测量。

e. 罐壁的局部凹凸度。用弦长为 1.2m 样板检查，其间隙应：

钢板厚度≤5mm，不超过 15mm；

钢板厚度≥6mm，不超过 10mm。

f. 拱形罐顶局部凹凸变形，用弦长为 1.2m 的样板检查，间隙不大于15mm。

② 浮顶油罐的几何尺寸要求如下。

a. 罐壁高度偏差不大于设计高度的±2.5/1000。

b. 第一节壁板下口直径偏差不大于±20mm。第一节壁板的椭圆度不大于设计直径的1/1000，最大不超过40mm。

c. 罐壁的垂直度偏差不超过设计高度的2.5/1000。

d. 罐壁的局部凹凸度，用弦长为1.2m的样板检查，间隙不大于3mm，焊缝处不大于6mm；垂直方向用1m的直尺检查，间隙不大于6mm。

e. 浮顶罐的单盘焊接后，局部凹凸度不大于50mm。

f. 罐壁周长偏差不大于设计周长的0.3/1000。

2）油罐的严密性试验

① 罐底板的严密性试验检验方法有以下3种。

a. 用真空法试验罐底的严密性。先洗刷干净焊缝上的铁锈泥污等脏物，再在焊缝涂抹肥皂水，用真空试验箱如图10-28所示，罩住焊缝。用真空泵抽出试验箱内的空气，使其真空度达到200～400mmHg（1mmHg＝133.322Pa），检查箱内焊缝，以无肥皂泡为合格。再依次移动试验箱逐段检查。焊缝不严密的地方做出记号，统一进行修补。修补后再做试验，直到全部合格为止。

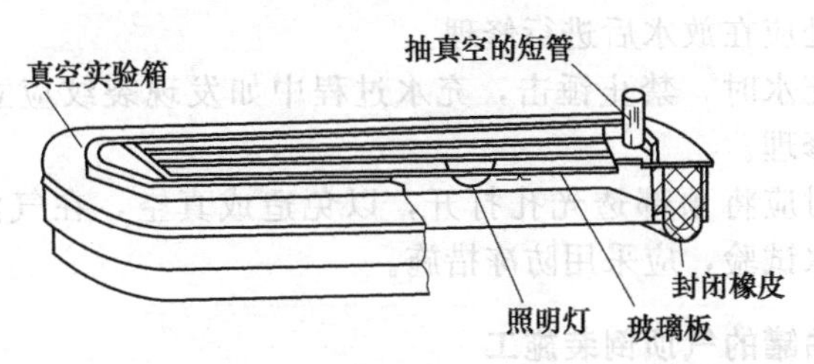

图10-28 真空试验箱

b. 用空气法试验罐底的严密性。先将罐底周围用黄泥堵塞，并拍打严密，在罐底分别从四处通入压缩空气，风压达到并保持为200mmH_2O（1mmH_2O＝9.80665Pa）时，在罐底焊缝上涂抹肥皂水，如有肥皂泡，做出记号，降压后进行修补，修补后再做试验，直到全部合格为止。

c. 用化学反应法试验罐底的严密性。先将罐底周围用黄泥堵塞并拍打严密，罐底上表面彻底清扫干净，并用水（最好为热水）冲洗焊缝；在罐底分别从四处通入氨气，压力保持0.0008～0.0015MPa，在焊缝上涂以酚酞酒精溶液，以溶液不变色为合格。若溶液出现红色或紫红色斑点，即需修补，直至合格为止。

② 罐顶板的严密性试验罐内注水，高度不小于1m，往罐内通入压缩空气，压力保持为0.02MPa，沿罐顶焊缝涂肥皂水，以无肥皂泡为合格。轻油油罐的罐顶，须以大于设计压力10%的压力打入压缩空气，做顶板强度试验。

③ 罐壁板的严密性试验在罐内沿壁板对接焊缝涂抹煤油，搭接焊缝油罐内以0.1～0.2MPa压力喷射煤油，并在罐壁外侧沿焊缝涂糊状白垩粉，经12h（气温低于0℃需经24h）后，检查白垩粉无煤油斑迹出现为合格。

3）油罐的注水试验　注水试验应在各部件安装完毕经检查合格后进行。先在油罐基础周围附近，按等距离埋设4～6根标桩，作为罐体下沉时测量的基准。

向罐内注水应采用分期注水，即水位每达到一定高度停留一段时间，再继续注水。将罐内注满水后，容积为700m³以下的油罐保持48h，容积为1000m³以上的油罐应保持72h，如基础有继续下沉的现象，应适当延长时间。检查油罐以无渗水和显著变形，基础不均匀下沉不超过40mm为合格。如发现渗漏，应在修补后重新注水试验。局部下沉处应在放水后进行修理。

罐内充水时，禁止锤击，充水过程中如发现裂纹应立即停止充水，进行修理。

放水时应将顶部透光孔打开，以免造成真空，在气温低于0℃时，做注水试验，应采用防冻措施。

10.3.4　油罐的气顶倒装施工

安装立式油罐时，无论是倒装还是顺装，都需采用笨重的起重设备。这样投资多、劳动力消耗也多。采用充气顶升安装油罐是节省人力物力、安全可靠的新的施工工艺。

(1) 充气顶升的原理及工艺过程　充气顶升安装油罐，就是利用罐体本身的结构条件和密封性能，按照通常倒装法的顺序，逐圈密封（密封腰缝及底角缝），利用鼓风机通入空气，当罐内空气浮升力超过所需浮升的罐体重量时，罐体即徐徐上升，压力越大，上升速度越快。当罐体浮升到预定高度时，逐渐关闭风门，控制进风量，使之与漏风量相等，罐体即悬空平衡。即利用空气浮力将上层罐体顶升就位，而后逐圈组装焊接。

安装工艺过程如下。

① 铺设底板，安装首圈壁板（最上圈钢板），组焊立缝，修正找圆，上角钢圈。

② 立临时中心架，安装拱形顶板及顶部结构。

③ 围第二圈壁板，焊接外侧立缝，留两个活口，用收紧装置（倒链）临时固定。

④ 与此同时准备气顶机具，安装鼓风机、风管，安装稳升、限位、收紧、密封等装置及照明通信等设施。

⑤ 顶升前，做完所有构件的防腐工作。

⑥ 封闭人孔，开动鼓风机从罐底鼓风，顶升第一圈壁板，开至预定位置，收紧第二圈板接口，进行第一、二圈壁板组对点焊，点焊固定后停止送风，第一次顶升工作完成。

⑦ 焊接第二圈壁板内立缝及组焊留下的活口，焊接一、二圈板间环缝。

⑧ 调整稳升、限位、收紧、密封等装置，准备下圈壁板的顶升。依次完成全部壁板的顶升。

(2) 充气顶升罐体时风压、风量的计算

① 风压计算　最高计算风压 $p_{\max}$ 可按下式计算，即

$$p_{\max}=\frac{M}{F}+p_{\mathrm{m}}$$

式中，M 为升起部分最大质量，kg；F 为升起部分横截面积，m^2；p_{m} 为升起部分与不动部分摩擦损耗，一般 $p_{\mathrm{m}}=0.0005\sim0.001$MPa。

② 风量计算　假设油罐完全密封，当上层罐体顶升 H 高度时，所需送入的风量 Q 包括两部分，即罐体顶升 H 高度所增加的体积 V_1（$V_1=FH$，式中 F 为油罐横截面积）及使罐内气体增加到顶升压力时，所需的体积 V_2（$V_2=pV$，式中 V 是包括 V_1 在内的油罐总体积）。

故顶升罐体所需送入的风量 Q 为

$$Q=V_1+V_2=FH+pV$$

按以上两式计算的风压和风量，为假设罐体完全密封和无摩擦力时的理论值。实际上由于摩擦力的存在，实测风压比计算值大，其值

约为：外圈预围钢板重量/油罐水平截面积。因施工很难完全密封，故风量的实测值与计算值相差很大。

根据实践经验，罐体顶升实际所需的风压和风量，可按计算值分别乘以修正系数 K_1，K_2：

风压修正系数 $K_1=1.1\sim1.2$。

风量修正系数 $K_2=3\sim4$。

（3）辅助装置　充气顶升法安装油罐，除鼓风机外，还须设置各种辅助装置，以保证安装的顺利进行。

1）密封装置　油罐未安装好以前，漏气部位有环缝、丁字缝及底缝。为了减少漏气量，必须对这些缝隙采取密封措施。

① 环缝密封。环缝是主要的漏气部位。安装时应尽量减小罐体的椭圆度和不平度，以减小缝隙宽度。环缝密封有两种基本形式。

a. 悬帘式。用200mm宽的牛皮纸带粘贴在上圈壁板的下沿内侧，顶升时，借罐内压力紧贴在环缝上，并随环缝同时上升。此种密封结构材料易找，粘贴简单，但当缝隙较宽或内压较大时，易被吹入缝隙内，或因罐内压力不足，不能紧贴环缝，不起密封作用。

b. 强制式。用平橡胶板或异型橡胶条固定在罐内的槽钢涨圈上，靠其弹性封闭环缝。此结构密封可靠，但结构复杂，拆装不便。

② 丁字缝密封。在上圈壁板开始顶升，环缝密封橡胶板（或牛皮纸）离开丁字缝后，由罐内操作人员用牛皮纸或橡胶板铺盖。因丁字缝可作为罐体顶升就位后，自动放气调节气压的“安全阀”，所以不宜完全堵死。只宜铺盖较大的缝，允许漏气，当罐体稳步上升，即停止铺盖。

③ 底缝密封。顶升时罐底板尚未满焊，缝隙很多，空气通过板缝从基础面泄漏。可沿罐底板周边浇灌热沥青即可密封。

2）稳升装置（稳定装置）油罐在顶升过程中呈悬浮状态，容易歪斜或偏转。为了保证罐体垂直上升，需用稳升装置加以控制。利用平行尺原理做成的稳升装置如图10-29所示，在罐内互相垂直的直径方向上各装一组稳升器，每组由两根立柱、两个滑轮及两根钢丝绳组成。滑轮固定在罐体的槽钢涨圈上，立柱立于底板上，这样由于罐体倾斜偏转等所产生的力，经滑轮、钢丝绳传递至立柱底板，相互作用达到平衡，使对应两边的涨圈必须同时上下。

其它如限位装置、收紧装置、槽钢涨圈等，均与倒装法施工设备

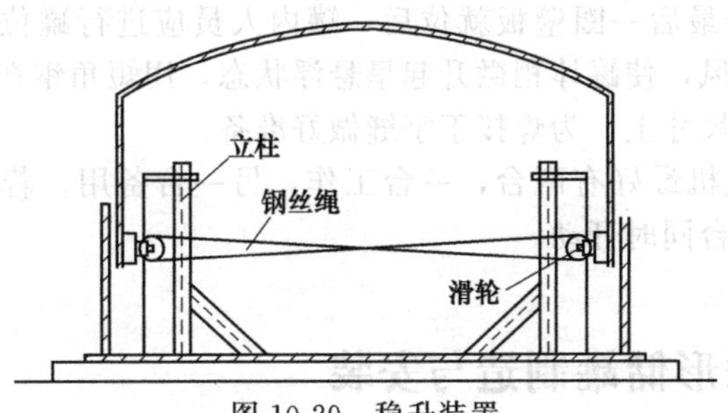

图 10-29　稳升装置

相同。

(4) 充气顶升施工的注意事项

① 充气顶升应有严密的统一组织，做到统一指挥、统一信号、统一行动，分工明确，不能忙乱。

② 按常规组装好第一圈壁板、罐顶和附件后，严格检查其质量，试漏刷漆，以保证安装质量，避免返工和高空作业。

③ 壁板如有变形，应先整形再安装，否则会由于壁板圆度不同，形成过大的摩擦力，使顶升困难。

④ 外圈壁板立缝点焊后，上、下两端各焊满 100mm 左右，将圈板收紧至设计尺寸，再焊满中央一段立缝，以减少立缝的收缩变形。

⑤ 两组稳定装置要通过圆心并互相垂直，钢丝绳要适当拉紧，而且松紧要一致，钢丝绳上下接头至滑轮一定要垂直底板，否则顶升后罐体会发生倾斜偏转。

⑥ 充气顶升前，有专人负责全面检查，各种装置是否正确、良好，清除罐体及周围的障碍物。

⑦ 顶升过程中，罐内人员密切注意罐内情况，发现意外，及时与罐外联系处理。开始充气时，可能因摩擦力过大，气压虽达到上升压力而罐体仍不能升起。此时可用手锤轻敲罐壁，使罐体升起。如仍不升起，应仔细检查原因予以处理。

⑧ 罐体上升时，偏斜如不超过 200mm，可视为正常现象，就位后靠限位拉杆自行纠正。相差太大，应查明原因，排除后再予顶升。

⑨ 顶升就位后，控制风量使罐体呈稳定状态，立即收紧圈板，收紧速度要均匀一致，立缝不得歪斜。

⑩ 点焊环缝要在收紧壁板后迅速进行。要求各点同时起焊，对称沿同一方向前进。

⑪ 顶升最后一圈壁板就位后，罐内人员应进行罐位矫正。矫正时可适当进风，使罐体稍微升起呈悬浮状态，用短角钢在罐内将壁板固定在设计尺寸上，为焊接丁字缝做好准备。

⑫ 鼓风机最好有两台，一台工作，另一台备用。若要加快上升速度，可两台同时开动。

10.4 球形储罐制造与安装

球形储罐是储存压力气体及液体的大型储罐。与立式储罐比较它具有许多优点，在相同的容积下，球形储罐表面积最小；在相同的压力和直径下，罐壁内应力最小，而且均匀，从而壁厚仅为立式储罐的一半，故制造球形储罐，钢材消耗量一般可减少 30%～45%以上。此外，球形储罐还具有占地面积小、基础工程量小等特点，因而，国内外应用越来越广泛。

球形储罐也存在一定缺点，限制了其使用范围。如一般均需现场安装和焊接，对钢板材质及焊接质量要求较高，钢板厚度也受到限制。而且还需考虑由于钢材轧制方向的力学性能的差异。特别对大型球罐，需用高强度钢板，为获得缺陷少而小、内应力低、韧性高的焊缝，防止脆性断裂，就必须严格控制焊接工艺参数和规范。因此施工比较复杂，焊接工作量很大。现场整体退火处理比较困难。

10.4.1 球形储罐的构造及系列

球形储罐由球罐本体、支座及附属设备组成，如图 10-30 所示。

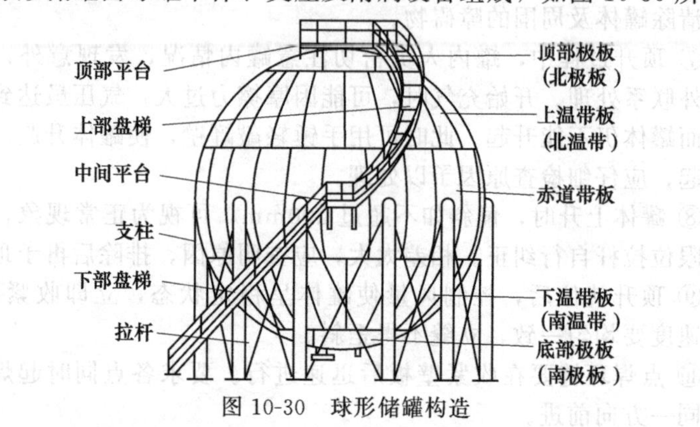

图 10-30 球形储罐构造

(1) **球罐本体**　由球壳板（分赤道板、温带板及极板等）拼焊而成，还包括直接与球壳焊接的接管及人孔等。

球壳体因其直径很大，故需多块预制成一定形状的钢板拼焊而成。球罐的排版主要有环带式（瓜瓣式）及足球式两种形式。国内均采用瓜瓣式，如图 10-31（a）所示，即把球体分成赤道带板、上/下温带板（北、南温带板）及顶部/底部极板（北、南极板），且均由多块瓜瓣组成。分带多少、分瓣的大小及数量需视球罐直径、使用钢板宽度和压延性能以及压制设备生产能力而定。足球式即将球体表面按足球分瓣的方法分成若干块形状及尺寸完全相同的球壳板拼焊而成，如图 10-31（b）所示。其优点是只有一种尺寸和形状的球壳板，从而大大简化了球壳板的预制工序。

(2) **球罐支座**　目前国内、外球罐支座有下列 4 种形式。

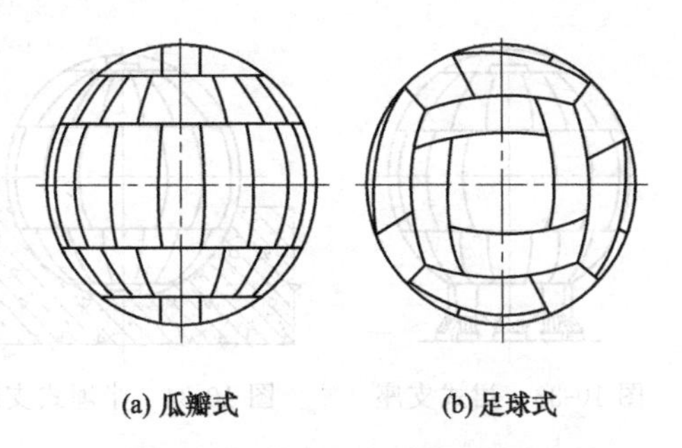
(a) 瓜瓣式　(b) 足球式

图 10-31　球壳体的排版方式

① 柱式支座。即由若干支柱组成的支座，支柱数目通常为赤道带分瓣数目的一半。支柱的排列形式有 3 种。

a. 赤道正切柱式支柱。各支柱正切于球罐的赤道带，如图10-32（a）所示。支柱数目一般为赤道带分瓣数目的一半，支柱间有拉杆。由于支撑力在赤道圈与球相切，受力情况较好，也考虑了热膨胀及承载变形的可能性，同时便于现场组装、操作和检修。

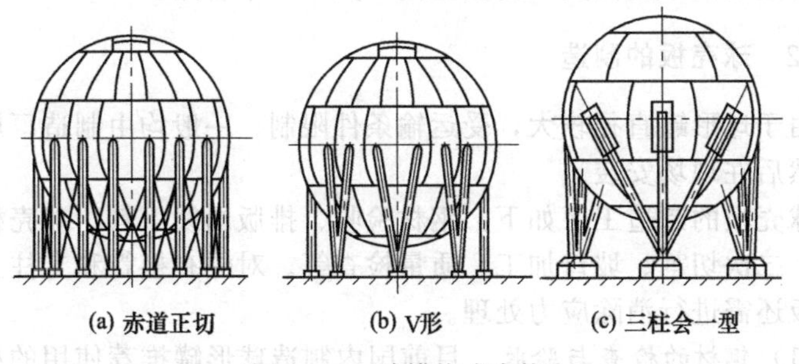
(a) 赤道正切　(b) V形　(c) 三柱会一型

图 10-32　球罐柱式支柱

b. V形柱式支座。支柱呈V形，等距离地和球体赤道圈相切，支撑载荷在赤道区域上分布均匀，受力也较好。支柱间无拉杆，安装检修也较方便，如图10-32（b）所示。

c. 三柱会一型支座。3根支柱在地基处会于一处，如图10-32（c）所示。由于支柱与球体接触不均匀，故此形式只用于小直径球罐。

② 裙式支座。裙式支座较低，故球体重心也低，较稳定。支座钢材消耗量也少，但其操作、检修不便，如图10-33所示。

③ 半埋式支座。球体支撑于钢筋混凝土制成的基础上，受力均匀，节省钢材，但相应增加了土建工程量，如图10-34所示。

④ 高架式支座。支座本身也是容器，合理地利用了钢材，但施工困难，如图10-35所示。

图10-33 裙式支座

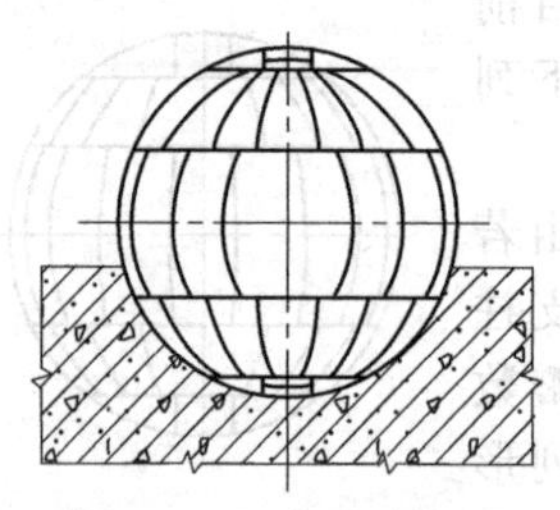

图10-34 半埋式支座

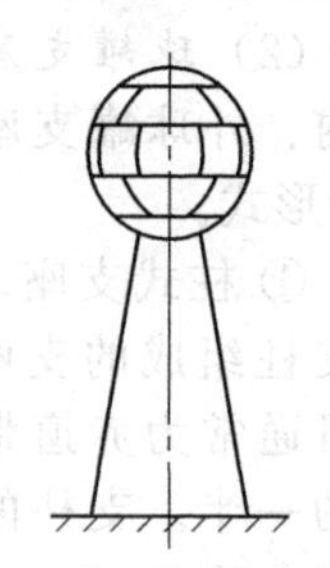

图10-35 高架式支座

（3）其它附属设备 它包括顶部操作平台、外部扶梯（下部直梯、上部盘梯、中间平台）、内部盘梯、保温或保冷层以及阀门、仪表等。

扶梯种类很多，有螺旋式、斜式及直立式等。螺旋式及直立式用于单个球罐，斜式多用于组合球罐（即两个以上球罐组合在一起）。

对受压或真空的球形罐需设置安全阀或真空阀，一般大容量的球形罐都安装两个相同类型的安全阀，其中一个备用。

10.4.2 球壳板的制造

由于球形罐直径较大，受运输条件限制，一般均由制造厂压片成形，然后在现场安装。

球壳板的制造工序如下：钢材验收、排版画线下料、球壳板压片成形、二次切割、坡口加工、质量检查等。对焊有接管和支柱上段的球壳板还需进行消除应力处理。

（1）钢材的检查与验收 目前国内制造球形罐推荐使用的材料为

16MnR、16MnGuR 和 15MnVR 等。为了确保球形罐的质量，制造球壳板及附件的钢材，应符合 GB 713—2008《锅炉和压力容器用钢板》的要求。

(2) 球罐的排版 球罐的分瓣形式有环带式（瓜瓣式）及足球式两种。国内球罐大多采用环带式分瓣。

环带式（瓜瓣式）一般均采用如图 10-36 所示的形式分带。每带的瓣数根据球罐直径及钢板宽度决定。

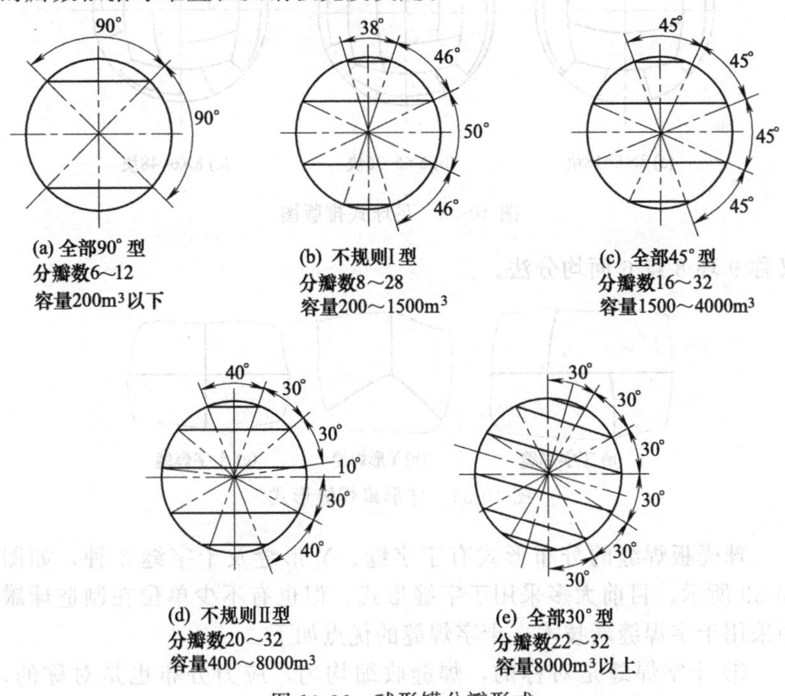

图 10-36 球形罐分瓣形式

足球式即采用球面均分法，将球面分成若干形状及尺寸的球瓣。画线方法如图 10-37 所示。在球面与空间直角坐标 X、Y、Z 轴相交的 a、b、c 上各画 4 个以该点为交点的，且通过球心成“米”字形的环形截面，便可得到 8 个 Y 形节点。每 4 个 Y 节点各围成一块球面，即得到 6 块完全等同的球面。在此 6 大块中，根据球罐直径的大小和钢板的宽度，

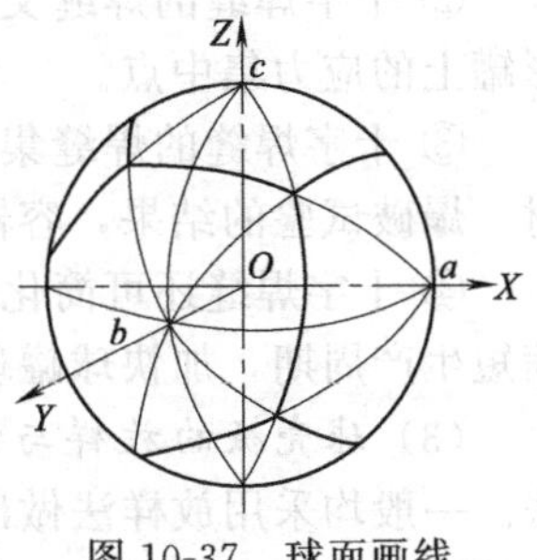

图 10-37 球面画线

将每大块再等分成3块、6块或8块，如图10-38所示，这样就可以得到18、36或48块球瓣。由于实际上只画了9个环形截面，故此法

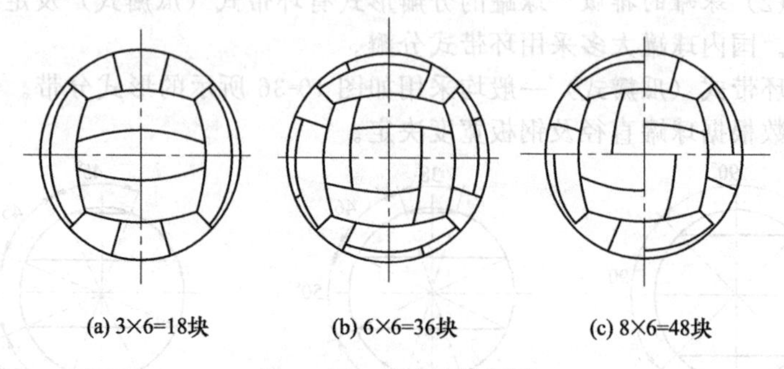

图10-38　足球式排版图

又称9环8点6面均分法。

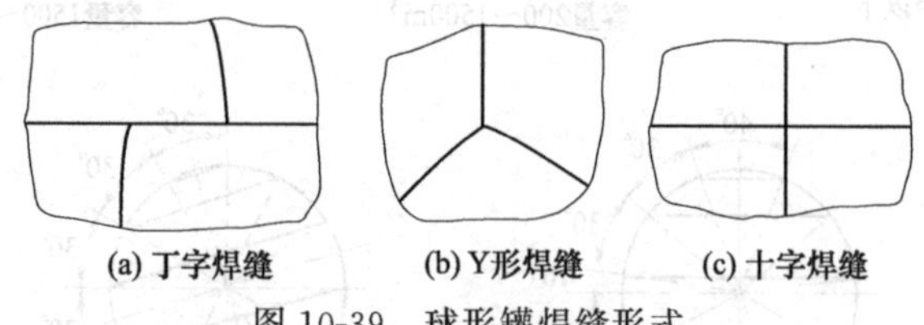

图10-39　球形罐焊缝形式

球壳板焊缝的分布形式有丁字缝、Y形缝及十字缝3种，如图10-39所示。目前大多采用丁字缝形式。但也有不少单位在制造球罐中采用十字焊缝新技术。十字焊缝的优点如下。

① 十字焊缝是对称的，焊缝收缩均匀，应力分布也是对称的，而丁字焊缝则不对称。十字焊缝的焊接应力值也比丁字焊缝小。

② 十字焊缝的焊缝交叉点比丁字焊缝少1倍，从而大大减少球形罐上的应力集中点。

③ 十字焊缝的焊缝集中区的机械强度比丁字焊缝高，且高于母材。爆破试验的结果，容器的破裂处不在十字焊缝区。

④ 十字焊缝还可简化球壳板的排版和放样工作，便于地面排版，缩短生产周期，加快球罐现场施工速度。

(3) 球壳板的放样与计算　球壳板的下料方法有放样法及计算法。一般均采用放样法做出样板，根据样板进行画线号料。计算法是比较准确，但比较复杂，多用于校核放样的准确性。

放样方法有两种，即弧线分割法（即等弧长法）及直线分割法。

① 弧线分割法 以上温带板的放样为例，如图 10-40 所示。

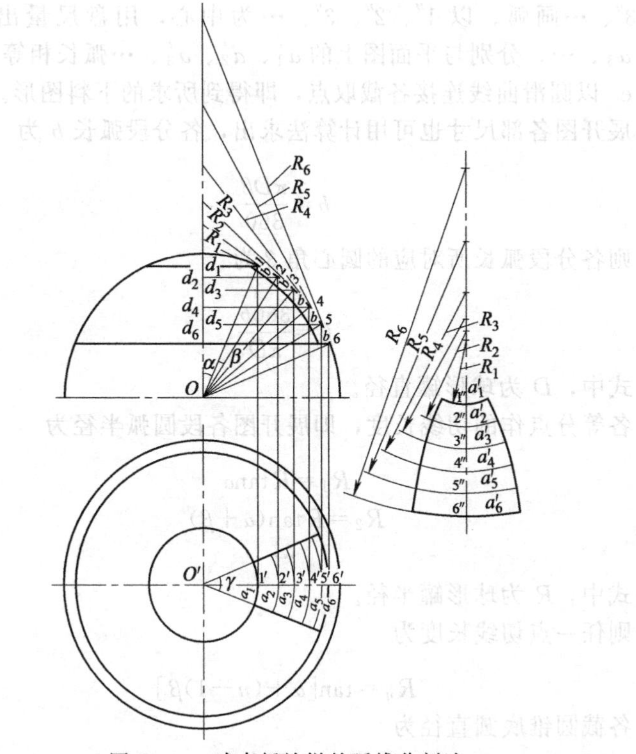

图 10-40 球壳板放样的弧线分割法

a. 在平面图、立面图上画出上温带板并分瓣。将上温带弧长根据球形罐直径大小分成若干等分，图中为 5 等分。每等分的弧长大致可为：如球形罐直径 ϕ6100mm，取 250mm 一段；球形罐直径 ϕ9200mm，取 400mm，即取大约 5°中心角对应的弧长。弧长的分段还要便于量取和计算。

b. 通过各等分点分别作球面的切线，与球中心线相交，分别得 R_1、R_2、R_3、…；过各等分点作水平截面，并与相应的各切线形成一个正圆锥，圆锥底圆直径分别为 d_1，d_2，…，d_6，可按锥体展开法展开。

c. 把立面图上各点投影到平面图上，得 1′、2′、3′、…各点，并按分瓣得到平面弧长 a_1、a_2、a_3、…。

d. 作放样中心线，分成5等分，分别与立面图上各等分弧长相等。在中心线上分别以 R_1、R_2、R_3、…为半径，过各等分点 1″、2″、3″、…画弧。以 1″、2″、3″、…为中心，用盘尺量出弧长 a_1、a_2、a_3、…，分别与平面图上的 a'_1、a'_2、a'_3、…弧长相等。

e. 以圆滑曲线连接各截取点，即得到所求的下料图形。

展开图各部尺寸也可用计算法求出，各分段弧长 b 为

$$b=\frac{\pi D\beta}{360}$$

则各分段弧长所对应的圆心角 β 为

$$\beta=\frac{360b}{\pi D}$$

式中，D 为球形罐直径。

各等分点作的切线长度，即展开图各段圆弧半径为

$$R_1=R\tan\alpha$$

$$R_2=R\tan(\alpha+\beta)$$

$$\cdots$$

式中，R 为球形罐半径。

则任一点切线长度为

$$R_n=\tan[\alpha+(n-1)\beta]$$

各截圆锥底圆直径为

$$d_1=D\sin\alpha$$

$$d_2=D\sin(\alpha+\beta)$$

$$\cdots$$

则

$$d_n=D\sin[\alpha+(n-1)\beta]$$

各平面弧长为

$$a_1=\frac{\pi D\gamma}{360}\sin\alpha$$

$$a_2=\frac{\pi D\gamma}{360}\sin(\alpha+\beta)$$

$$\cdots$$

$$a_n=\frac{\pi D\gamma}{360}\sin[\alpha+(n-1)\beta]$$

式中，γ 为各瓜瓣对应的圆心角。

这种方法由于用钢盘尺量取弧长，测量方法本身即存在较大误差，并且接近赤道线作弧的半径非常大，很难画出正确曲线，因此下料不可能很精确。一般均将下料尺寸放大，下成毛料，待压制成形后，再二次切割成形，最后在组装过程中还需对缝修整。由于球壳板下料尺寸的不精确，也给组装焊接带来不少困难。而采用直线分割法放样比较精确。

② 直线分割法　作法如图 10-41 所示。

a. 如上法在平面图上画出上温带板及分瓣，分$\overset{\frown}{AB}$弧长为若干等分（图 10-41 中为 5 等分）。过 A、B 两点作球面的切线，得 R_A、R_B。

b. 过各等分点作过球心的截面切割球壳板，得各弧长为 a_1、a_2、a_3、…，其长度可由下述的计算法求出。

c. 作放样中心线，在线上截取各等分点，过 1′、6′两点分别以 R_A、R_B 为半径画弧。过各等分点作中心线的垂线，在垂线上量取 a_1'、a_2'、a_3'、…，分别等于各段弧长 a_1、a_2、a_3、…。

d. 以圆滑曲线连接各点，即得所求的下料图形。

（4）球壳板的画线下料　由于球面是不可展开的曲面，因此无论

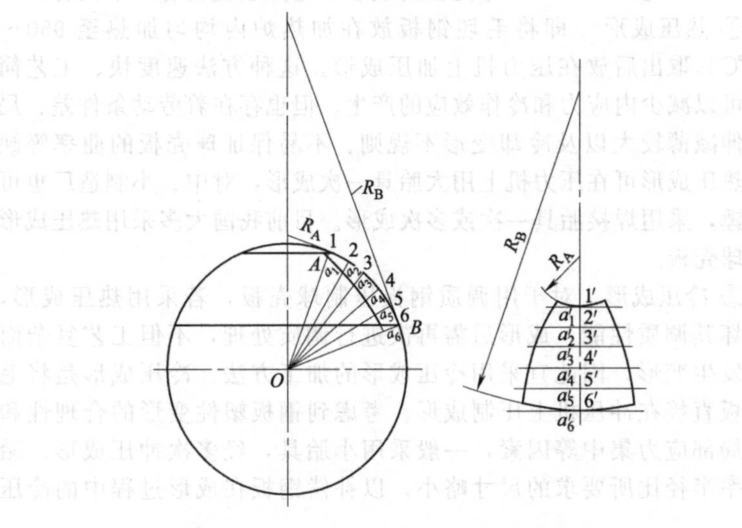

图 10-41　球壳板放样的直线分割法

采用何种放样方法都是近似的，而且板料在成形过程中，还会发生一定的延伸变形，中心部分受拉伸，四角受压缩。例如，直径为9200mm的球壳板，在成形时，中央经线处伸长约30mm，周边弧长收缩约30mm。因此下料时一定要考虑材质、板厚、毛坯尺寸、成形方法、加热温度及加热次数等因素。为了保证施工质量，常采用两次切割下料，即毛坯下料和成形后的二次下料。

① 毛坯下料　即根据放样尺寸，考虑上述诸因素，留7～20mm的加工余量，做出毛坯下料样板进行画线下料。

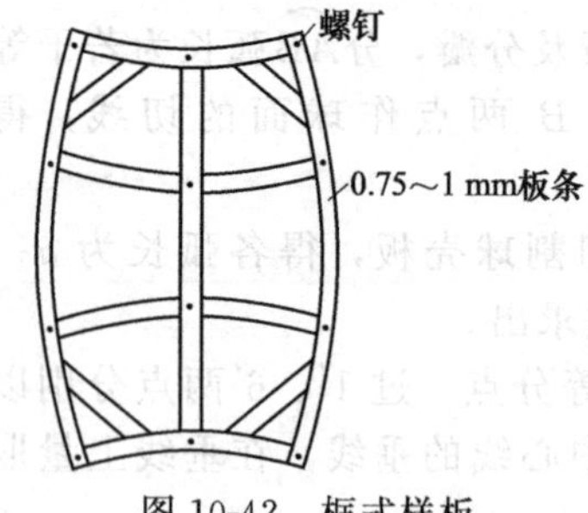

图10-42　框式样板

② 二次下料　毛坯经成形曲率合乎要求后，需进行二次下料，以得到尺寸准确的球壳板，并按焊接规范要求开出坡口，这是保证组装和焊接质量和加快施工速度的重要工序。

为了保证球壳板尺寸的准确性，一般采用样板进行画线。样板有立体框架式样板（盒子样板）和由1～0.75mm厚的板条组成的框式样板，如图10-42所示。对样板的要求是尺寸准确、轻便耐用。

（5）球壳板的成形　球壳板的成形常用方法主要有以下两种。

① 热压成形　即将毛坯钢板放在加热炉内均匀加热至950～1000℃，取出后放在压力机上加压成形。这种方法速度快、工艺简单，可以减少内应力和冷作效应的产生。但也存在着劳动条件差、局部拉伸减薄较大以及冷却变形不规则、不易保证球壳板的曲率等缺点。热压成形可在压力机上用大胎具一次成形，对中、小制造厂也可用吊锤，采用焊接胎具一次或多次成形。目前我国大多采用热压成形加工球壳板。

② 冷压成形　对于用调质钢板压制球壳板，若采用热压成形，会破坏其调质性能，成形后需再次进行调质处理，不但工艺复杂而且易发生变形，因此宜采用冷压成形的加工方法。冷压成形是将毛坯钢板直接在冲压机上压制成形。考虑到钢板塑性变形的合理性和避免局部应力集中等因素，一般采用小胎具，经多次冲压成形。胎具曲率半径比所要求的尺寸略小，以补偿钢板在成形过程中的冷压回弹。

（6）切边和坡口加工　成形后并经检验合格的球壳板，需经二次画线，进行切边和坡口加工。一般均采用氧气切割，用风动或电动半自动切割机进行。切边和坡口加工可合并为一道工序进行。切割机导轨弧度必须与切割线一致，否则会影响球壳板的形状及坡口的质量。

(7) 消除应力处理　对于焊接人孔和管口的上、下极板，以及带支柱的赤道板，焊接应力很大。据实验测定，这些地方的焊接应力非常集中，有的甚至会接近或超过屈服极限，因此必须进行消除应力处理，以改善其力学性能。消除应力处理一般是将需处理的球壳板放在大型热处理炉中进行。炉中必须设有防止变形的专门托架，把球壳板放在曲率合适的托架上进行热处理。根据钢材的性质，必须严格按照工艺要求进行热处理。处理后需对球壳板进行曲率检查，如有变形，需在压力机上进行矫正。

(8) 球壳板的质量检查　球壳板加工后和组装前，必须对其外观、数量和几何尺寸进行检查，必要时还要进行化学成分及力学性能检查。

① 球壳板的质量要求

a. 球壳板表面应光滑，局部凹凸不得大于 2mm，周边不得有皱折现象。

b. 坡口和钝边的加工质量应符合设计技术要求，局部不得有大于 2mm 深的表面缺陷，对于易产生裂纹的钢材，必要时对坡口表面应进行着色检查。

c. 应抽查 10%，且不小于 1 块的球壳板进行测厚检查。实测厚度不得小于设计壁厚，但允许在钢板负公差之内。如发现有超出负公差的球壳板，应酌情增加抽查量，直至全部检查。

d. 每块球壳板的中心线和各部几何尺寸，均应符合设计图纸或排版图尺寸要求，各部几何尺寸弧长允许偏差如图 10-43 所示。

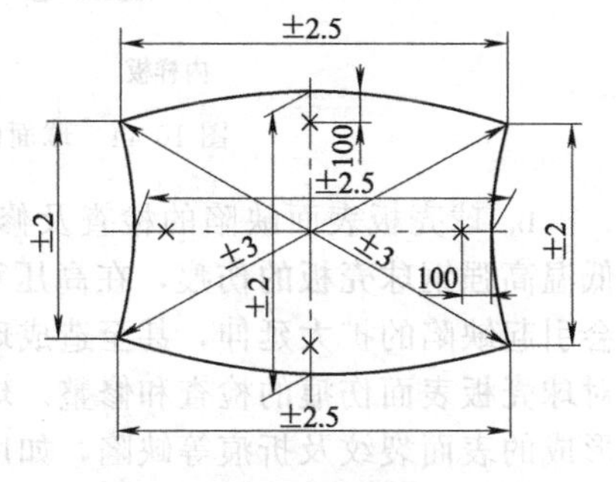

图 10-43　球壳板的测厚部位及几何尺寸允许公差
×—测厚部位

e. 用长度 $E \geqslant 2/3$ 球壳板弦长，且不宜大于 2m，而不得小于 300mm 的样板测量曲率，其最大

间隙 $E \leqslant \frac{2L}{1000}$，且 $E \leqslant 6\text{mm}$。

f. 球壳板 4 个角应在同一水平面上，翘曲度不得大于对角线弦长的 0.3%，且应小于 10mm。

g. 球壳板四周一次下料线 50mm 以内，不得有裂纹、夹层和重皮等缺陷，发现上述缺陷时，经修理合格后才能使用。

h. 施工前，应对球壳板进行超声波探伤检查，抽查率为总数的 10%，且每带不少于 1 块。如发现不合格的球壳板应酌情增加抽查量，直至全部检查。

② 球壳板缺陷的检查及修整

a. 球壳板几何尺寸及形状的检查及整形：由于运输、存放和自然时效等原因，可能使球壳板的尺寸和球面曲率略有改变。为了保证组装的进度和质量，需对每块球壳板都进行检查。球面曲率的检查可用如图 10-44 所示的样板在球壳板的内表面或外表面进行检查，应符合球壳板加工技术要求。

对不符合要求的球壳板应进行整形。因球壳板的变形一般比较小或只是局部变形，因此只进行冷作整形。可用放在平台上的龙门架，用 50t 的油压千斤顶进行。

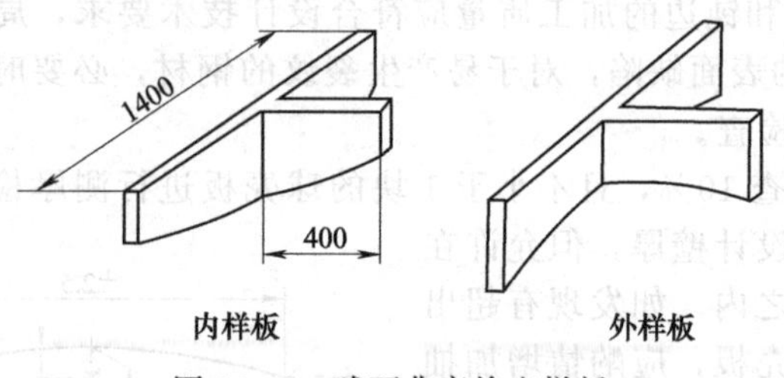

图 10-44 球面曲率检查样板

b. 球壳板表面缺陷的检查及修整：球壳板的表面伤痕，特别是低温高强钢球壳板的伤痕，在高压和带有腐蚀性介质的操作条件下，会引起缺陷的扩大延伸，甚至造成球罐的破坏。因此，必须十分重视对球壳板表面伤痕的检查和修整。球壳板由于加工中的弯曲、收缩而形成的表面裂纹及折痕等缺陷，如用肉眼检查困难时，可用着色检查和磁粉探伤进行检查。

对不超过 1mm 的表面缺陷；可用砂轮磨掉。对 10mm 以下的伤痕可用砂轮磨光，经着色检查或磁粉探伤检查无缺陷后，用电焊堆焊修补，再用砂轮磨光。修补的地方经X光照像检查、磁粉探伤或着色检查确认无缺陷为合格。单个修补面积应在500mm以内，且修补位置间隔应在50mm以上，修补面积之总和占钢板表面的5%以内。存在超过10mm深或占钢板5%以上的缺陷的钢板应报废。

c. 钢板内部缺陷的检查和修补：钢板内部存在的夹层、夹渣和气孔等缺陷，必须用超声波探伤进行检查。夹层等内部缺陷应切除，经砂轮磨光，由磁粉探伤检查确认无缺陷后，用电焊堆焊并磨平。修补后再由X光照像检查或超声波检查证明无缺陷为合格。如一处修补面积超过100cm²，或修补总面积超过300cm²。或占总面积的2%时，此钢板应报废。

10.4.3 球形罐的组装

(1) *组装球形罐的方法* 球体的组装方法随着设备和技术条件的不同，可以采用多种多样的组装方法。目前主要有两类方法，小型球形罐多采用分带组装法，大型球形罐多采用逐块或组合件组装法。

① 分带组装法 即按球体几个环带，分别在地面或平台上对装成环，再把整个环带逐个起吊进行总组装，或将同一环带预制成若干组合件，然后逐环组装成整体。

对装前，先按要对装的环带的上、下口直径在平台上画出同心圆。第一块球壳板安装的准确性，直接影响其它各块球壳板的对装质量。为了保证准确地对装，一般采用垂线法，如图10-45所示。每相邻两球壳板间隙要均匀（一般留2～3mm），错边控制在公差范围内，接缝处的弧度要与球体弧度一致，下口边缘要平齐。以后各块球壳板的对装要求与第二块板相同。组装最后一块板时，要测量周长。每环带周长按每道焊缝增加2mm左右，作为预留焊缝收缩量。组装后进行加固焊，并在距上、下口边缘约100mm处安装上内十字支撑，以防吊装时变形。在外表面90°方位角上焊上吊装环，以备吊装用。

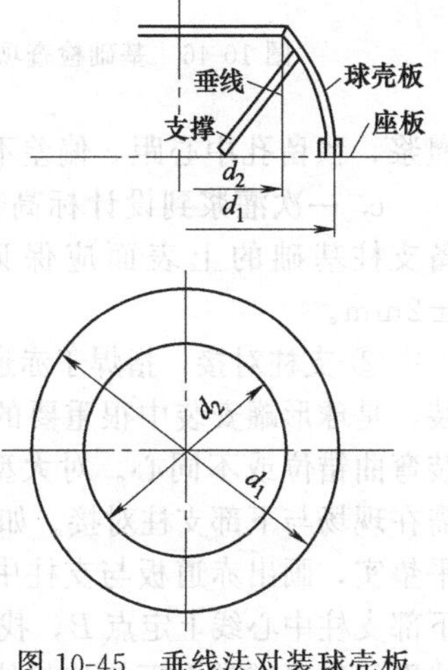

图10-45 垂线法对装球壳板

球体的总组装是自下而上一个环带一个环带地对装，对装时应将误差平均分配在整个圆周上，否则会因积累误差造成错口过大甚至对不上口。如果采用丁字焊缝，所有纵缝至少错开200mm以上。总组装时，经向焊缝应进行点固焊，环向焊缝可不点固或少点固，而用与环向焊缝垂直的螺钉式加固板形成半刚性连接。这样焊接纵缝时，横向还有收缩的可能性，以减少横向应力。

② 逐块或组合件组装法　先安装支柱及赤道带板，再利用中心立柱，自赤道带至上、下极板，靠连接在中间立柱上的放射式支撑（伞形支架）逐块装配每块球壳板或组合件。球体装配后进行加固焊，特别是十字接头处。

（2）逐块组装法的主要工序

① 基础验收找平，地脚螺栓二次灌浆固定　安装前应按设计图纸和土建施工记录，对基础进行全面检查验收。基础检查项目如图10-46所示。

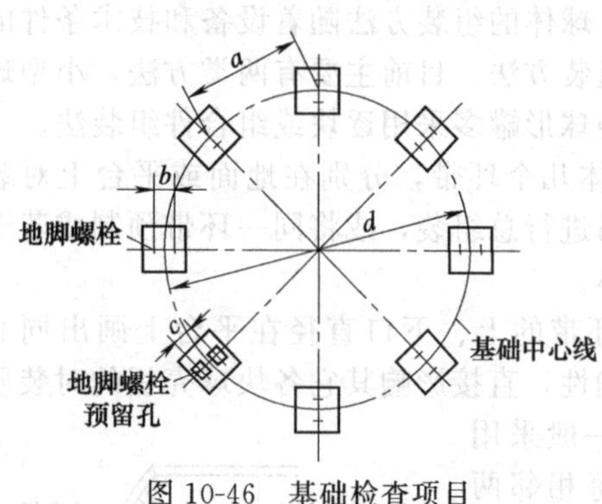

图10-46　基础检查项目

a. 基础中心圆直径 d 偏差不大于±5mm，相邻支柱基础中心距口偏差不得大于±2mm。

b. 每个支柱基础上的地脚螺栓中心距 b 偏差不大于±2mm，如采用二次灌浆，预留孔中心距 c 偏差不得大于±15mm。

c. 一次灌浆到设计标高，或采用垫铁找平的支柱基础，找平后备支柱基础的上表面应保证在同一个标高之上，其偏差不大于±2mm。

② 支柱对接　指焊于赤道板上的上部支柱及下部支柱的对接和安装，是球形罐安装中很重要的一道工序，必须保证安装质量，防止安装弯曲错位或不同心。对大型球形罐上部支柱已预先焊在赤道板上，需在现场与下部支柱对接。如图10-47所示，把带上部支柱的赤道板放平垫实，画出赤道板与支柱中心线，在赤道线上取 $OA=OA'=a$，在下部支柱中心线上定点 B，找正支柱，使 $AB=A'B=b$ 为使支柱中心线平行于赤道带上下口连接线（即球罐垂直中心线），通过赤道板上、

下口中心拉粉线，使下部支柱与粉线平行，即$c=c'$。

支柱对焊后，对焊缝进行着色检查，测量从赤道线到支柱底板的长度，并在支柱下端一定距离处画出标准线（图 10-47 中为 9000mm），作为组装赤道带时找水平以及水压试验前后观测基础沉降的标准线。

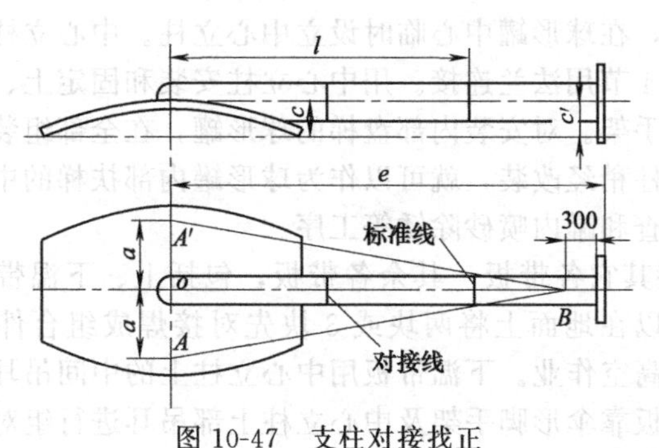

图 10-47　支柱对接找正

③ 安装赤道板　赤道板安装偏差大小会直接影响球体成形质量，必须严格保证安装质量。

首先安装带支柱的赤道板，将带支柱的赤道板吊装在基础上，用钢丝绳临时固定，初步调整其垂直度，再安装第二块带支柱赤道板，并按照支柱上的标准点用连通管或水平仪测量两赤道板的水平度，其高度偏差用基础上的垫铁调整。当相邻两支柱临时固定后，即安装两支柱间的赤道板，找平上、下口，调整好对口间隙，用夹具固定。用同样方法将赤道板组装完毕，并检查及矫正其水平度、球面曲率及上、下口直径的几何尺寸及椭圆度，然后进行点固焊。

赤道板安装的技术要求如下。

a. 支柱安装找正后，对支柱的垂直度逐根检查，允许偏差为 $E\leqslant\frac{1.5H}{1000}$（$H$ 为支柱总高度），且不得大于 15mm。

b. 用垫铁找平的支柱基座板，垫铁每叠不得多于 3 块，且找平后，垫铁与垫铁、垫铁与支柱基座板之间应点焊牢固，最后浇灌细石混凝土。

c. 球壳板组对用内壁找平，对口间隙一般为 2～3mm，局部间隙不得大于 5mm，组对错口不得大于 $0.1S$（S 为球壳板厚度），且应小于 3mm。

d. 组对中，随时用规定长度的样板检查，最大间隙不得大于6mm。

e. 检查上、下口及赤道线直径椭圆度，其偏差不得大于设计直径的0.3%，且应小于50mm。

④ 安装中心立柱　由于球形罐的直径较大，需在赤道带最后一块板组对前，在球形罐中心临时设立中心立柱。中心立柱多用无缝钢管制成，分4节用法兰连接。用中心立柱安装和固定上、下温带板和支撑伞形脚手架。对安装内部盘梯的球形罐，在全部组装、焊接完毕后，中心立柱稍经改装，就可以作为球形罐内部扶梯的中心轴，以便于焊缝的检查和罐内喷砂除锈等工序。

⑤ 安装其它各带板　其余各带板，包括上、下温带板及上、下极板等，可以在地面上将两块或3块先对接焊成组合件，然后再组装，以减少高空作业。下温带板用中心立柱上的中间吊耳起吊组对固定，上温带板靠伞形脚手架及中心立柱上部吊耳进行组对固定。最后安装上、下极板。

上、下温带板和上、下极板安装技术要求与赤道板相同。

(3) 球罐焊接　球形罐焊接的特点是工作量大、工艺新、要求严、焊接难度高，包括平、立、仰、横各种位置的焊接。球形罐焊接是球形罐施工的主要矛盾，球形罐的施工质量关键在于焊接质量。球形罐焊接一般均为X形坡口，双面对接自动焊或手工焊，其技术要求如下。

① 焊接应由经过与球壳板同材质、同批号试验，并经同工艺条件考试合格的焊工，按照焊接工艺条件制定的合理的施工方案及管理制度进行焊接。

② 施工现场必须建立气象管理制度，并随时作好记录。遇有雨、雪和风速8m/s以上，环境温度在−10℃以下，相对湿度在90%以上时，必须采取有效的防护措施，才能施焊。

③ 施工现场必须建立焊条的烘干、恒温和保温的管理制度，确保焊条质量。焊条一般在250℃的烘干箱内烘干两小时，随烘随用。未经烘干或药皮不全的焊条严禁使用。

④ 球壳板双面对焊时，应进行背面清根。如用碳弧气刨清根，清根后应将渗碳层磨去，必要时需经着色检查合格，然后再进行该面焊接。

⑤ 焊接应控制一定的线能量，即单位长度焊缝的焊接热输入量。

线能量的大小应根据材质、板厚、焊条及焊接位置等经试验选定。一般线能量控制在12~45kJ/cm^{2}范围内。

⑥ 组对时的点固焊，工、夹具和起重吊耳的焊接工艺条件及焊条，必须和主焊缝相同。点固焊长度不小于50mm，其焊肉高度不低于8mm，点固焊距离不得大于300mm。工夹具、吊耳等非正式附件，装配后均应用碳弧气刨去掉，并用砂轮磨光。

⑦ 焊接需要预热及后热时，应建立管理制度，并严格按施工方案进行。

⑧ 凡要求焊前预热的焊缝，则吊耳、工夹具焊接时均应预热，预热温度比主焊缝高15%～20%，预热范围应达到焊接部位周边100mm以外。

⑨ 要求预热的焊缝，环境温度低于0℃时，焊后应后热缓冷，后热温度应比预热温度高20%～25%，保温时间不少于30min。

(4) 焊缝质量检查及缺陷的修理

1) 球形罐焊接质量检查

① 球形罐焊接成形后，其焊缝内、外表面应符合下列要求。

a. 焊缝表面成形良好，表面几何形状应符合设计图纸和有关标准规范的要求。

b. 焊缝表面和热影响区均不得有裂纹、气孔、夹渣等缺陷。

c. 焊缝局部咬边深度不得大于0.5mm，咬边长度不得大于100mm，每条焊缝两侧咬边长度之和不得大于该焊缝总长度的10%。

② 焊缝质量检查要求：焊缝无损探伤量为100%，可选用射线检查或超声波检查的任意一种，并应在至少焊完24h以后进行。焊缝如采用超声波检查时，则球罐全部用丁字接头、十字接头及超声波检查有疑义的地方，均应以X光射线复查，并符合国家现行标准有关规定。

2) 焊缝缺陷的修理

① 球形罐焊缝经检查发现不合格的缺陷时，首先应将缺陷清除，经着色检查合格后进行补焊，补焊长度不得小于50mm。焊缝同一部位返修不得超过两次，超过两次返修的焊缝应经主管部门批准，并应在交工资料中注明。

② 对焊缝经外观或仪器检查所发现的表面缺陷，凡深度在0.5mm或焊缝允许的最低加强高度时，以及深度在0.5mm之内或小于板厚允许的负偏差时，用砂轮磨去即可，超出此限度的表面缺

陷，应进行修补。

③ 球体主焊缝缺陷部位和球壳板表面缺陷部位的修补工艺条件、使用焊条均应与主焊缝施焊工艺条件及使用焊条相同。

（5）球形罐的焊后热处理　所有焊接的容器设备，焊接完毕后，都会存在一定的焊接残余应力，特别是对于含碳量较高或具有较大淬火倾向的低合金钢，以及壁厚较大的焊接容器，其焊接残余应力是比较大的，当其超过允许限度时，即需进行热处理，以消除内应力。球形容器多用厚度较大的高强度碳钢或低合金钢板焊接而成，焊缝很多而且复杂，焊后均存在较大的残余应力，因此对一定壁厚以上的球形罐需要进行焊后消除应力热处理。

对于碳钢焊制的球形罐，板厚大于 34mm（如焊前预热至 100℃以上，板厚大于 38mm）及对于 16MnR、15MnVR 焊制的球形罐，应作焊后消除应力热处理。

球形罐消除应力处理的方法有整体高温退火处理、低温消除应力处理、局部处理及超压试验等。目前多采用高温整体热处理，即在球形罐内部布置若干燃烧喷嘴，燃烧气体或液体燃料，罐外用保温材料进行保温，在罐壁上安装若干热电偶控制及测量温度。将球形罐整体加热至 500～650℃，按照一定的退火温度曲线进行整体退火热处理。

10.4.4 球形罐盘梯的制造安装

球形罐外部扶梯的结构形式有螺旋盘梯、斜梯和直梯等。螺旋盘梯及直梯用于单个球形罐，斜梯多用于组合球形罐。大型球形罐的外部扶梯由两部分组成。赤道线以下为45°斜梯，赤道线以上为沿着球形罐外壁盘旋上升的弧形盘梯（简称盘梯）。盘梯下端与中间平台连接，上部与顶部平台连接。这里讨论上部弧形盘梯的计算、下料、制造及安装。

（1）球形罐盘梯的特点　连接中间平台与顶部平台的盘梯，多采用近似球面螺旋线型盘梯。盘梯由内/外侧板、踏步板及支架组成。球面盘梯具有以下特点。

① 由赤道线处的中间平台直接与球形罐顶部的圆形平台相连，中间不再需要增加平台，行程较短，安全美观，行走舒适，没有陡升、陡降的感觉。

② 盘梯内侧板下边线与球形罐外壁的距离始终保持不变，梯子与球面曲率协调一致；外侧板下边线与球面的距离，从赤道线处的中间平台开始逐渐变小，在盘梯与顶部平台相连接处，内、外侧板下边

线与球面的距离相等。

③ 踏步板应水平，且指向盘梯的旋转中心。一般均采用右旋盘梯。踏步板可分 2～3 种不同的尺寸规格。

④ 盘梯与顶部平台正交，且侧板上边线与顶部平台上平面平齐。

⑤ 结构简单，消耗钢材较少，便于制造和安装。

(2) 球形罐盘梯的下料 球形罐盘梯的下料，主要包括内/外侧板、踏步板及盘梯支架的下料。下料方法有放样法及计算法两种，一般多采用放样法下料，计算法可作为校核，以保证下料和施工准确无误。盘梯侧板放样展开方法是将盘梯分成上、下两段，其放样下料如图 10-48 所示。

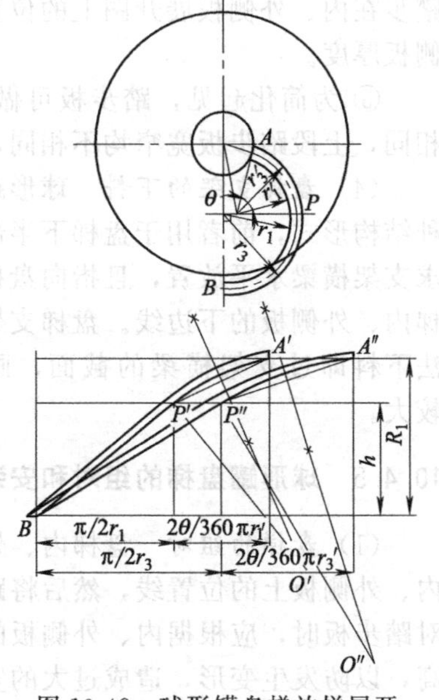

图 10-48 球形罐盘梯放样展开

① 画出盘梯平面图。根据盘梯下段水平投影长（可计算）及切点 P 的高 h，做出盘梯下段的实长，并定出切点 P 的位置，以直线连接 BP 即为盘梯下段展开线。以盘梯上段水平投影长（可计算）及盘梯高，定出 A 点位置。过 A、P 两点做出盘梯上段侧板弧线，并与盘梯下段相切。

② 盘梯上段侧板弧线作法：过 P 点作一直线垂直于下段盘梯展开线，作 PA 的垂直平分线，两线交于 O' 点；以 O' 为圆心，$O'P$ 为半径画弧，即为盘梯上段侧板展开线。

由此可见，盘梯侧板展开线，下段（水平回转角为 90°）为一直线，上段为与下段展开直线相切的圆弧。故用此法展开放样简单方便，但误差稍大。

(3) 踏步板的放样下料

① 踏步板数量由设计规定，如设计未规定，可根据盘梯标高自行决定。盘梯下半部相邻二踏步板高差可稍大，上半部踏步高差可稍小，一般为 150～250mm 之间。相邻两块踏步板的相对位置应配合适当，从垂直方向看，要求上一块踏步板的前边线覆盖住下一块踏步

板的后边线。

② 踏步板的形状是两端为圆弧的梯形，其中部宽度应根据每一踏步在内、外侧板展开图上的位置确定。踏步板的长度为梯宽减两边侧板厚度。

③ 为简化起见，踏步板可做成两种。下段踏步板尺寸和形状均相同，上段踏步板宽窄均不相同，故需对号安装。

（4）盘梯支架的下料　球形罐盘梯支架分三角支架及龙门支架两种结构形式，前者用于盘梯下半部，后者用于盘梯上半部。安装时要求支架横梁水平放置，且指向盘梯回转轴线，横梁的一侧边线紧靠盘梯内、外侧板的下边线。盘梯支架一般用放样法及计算法下料。放样法下料即过支架横梁的截面，画出支架的实形。放样法一般误差较大。

10.4.5　球形罐盘梯的组对和安装

（1）盘梯的组对　盘梯内、外侧板放出实样后，先画出踏步板在内、外侧板上的位置线，然后将踏步板对号安装，逐块点焊牢固。组对踏步板时，应根据内、外侧板的曲率半径大小，将盘梯中部适当垫高，以防发生变形，造成过大的安装尺寸的误差。

（2）盘梯的安装　盘梯安装一般采用两种方法。一种是先把支架焊在球形罐上再整体吊装盘梯。此法要求支架在球面上的安装位置必须准确，以使盘梯正确就位安装。另一种是先把支架焊在盘梯上，再连同支架一起将盘梯起吊，在球罐上找正就位。由于盘梯吊装易发生变形，找正就位比较困难，也会造成支架位置不准。

（3）支架安装的经纬仪测量法　支架先行在球罐上安装，主要困难就是支架在球面上如何定点及横梁安装后的指向必须准确。目前主要使用的是经纬仪测量法。

（4）球形罐盘梯组对时应注意的问题

① 应考虑球形罐组装焊接后的实际尺寸，特别是椭圆度的大小和方向对盘梯尺寸的影响。

② 计算和放样必须细心准确。

③ 组装踏步板时应防止盘梯发生过大永久变形。

④ 支架在球面上的位置必须反复核算校对是否准确无误。

⑤ 由于影响盘梯准确安装就位的因素很多，所以安装前应考虑到有调整余地。

10.4.6 球形罐的交工验收

(1) 球形罐验收项目的一般要求

① 为了保证球形罐交付使用后能安全运行，使设备管理人员和操作人员全面掌握设备的运行情况，要求球形罐在设计、制造过程中，从原材料进厂、施工及交付使用等各个环节必须做好原始记录，确保施工和验收资料的准确性和完整性。

② 在设计、制造和验收过程中，一律要采用国家现行标准。如没有国家标准，可采用行业标准。但是，如果选用代用标准，则必须和有关部门协商。

③ 提供的检验记录应与实际相吻合，履行必要的签字手续。

④ 完工资料要求项目齐全、内部充分、记录完整，应有有关检验人员、技术人员和技术负责人签字。文字清晰、简明。报告格式必须统一。

⑤ 交工验收时，有关部门必须参加，其中包括建设单位所在地的劳动部门、设计部门及施工单位的有关技术人员。验收时，会议记录应打印成册并存档。所有参加人员的单位、职别、职称都应有记录。竣工资料均应由建设单位保存。

(2) 验收的基本内容

1) 球形罐零、部件的验收　球形罐的零、部件一般包括球壳板、人孔法兰、接管、补强圈、支柱及拉杆等。组装前应查清数量，检查零、部件的几何尺寸是否与图纸相符合。

① 球壳板的外形尺寸应符合下列要求。用样板检查球壳板的曲率时，其允许偏差应符合表10-5所示的规定。

表 10-5 球壳板曲率允许偏差

球壳板弦长 L /m	应采用的样板弦长 /m	任何部位允许间隙 E /mm
$L \geqslant 2$	2	$\leqslant 3$
$1.5 \leqslant L < 2$	1.5	
$L < 1.5$	1	

② 由制造厂加工的球壳板焊缝坡口应符合下列要求。

a. 气割坡口表面。平面度为 B。当板厚 $\delta \leqslant 20$mm 时，$B \leqslant 0.04\delta$；$\delta > 20$mm 时，$B \leqslant 0.025\delta$。

表面粗糙度为 G。应不大于 25μm。

缺陷间的极限间距为 Q。应不小于 0.5m。

熔渣与氧化皮应清除干净，坡口表面不应有裂纹和分层等缺陷存在。高强钢球壳板坡口表面经渗透探伤，不应存在裂纹、分层和夹渣等痕迹。

b. 坡口尺寸。坡口尺寸要求如图 10-49 所示。

坡口角度（α）的允许偏差应为±2°30′。

坡口钝边（L_3）及坡口深度（L_4）的允许偏差应为±1.5mm。

c. 支柱。球罐支柱全长的直线度应不大于全长的 1/1000 且不大于 10mm。支柱与支柱底板焊接后应保持垂直。其垂直度允许偏差不应超过 2mm，如图 10-50 所示。

③ 球形罐零、部件的验收资料如下：

a. 球形罐零、部件出厂合格证；b. 材料代用审批手续；c. 各种材料质量证明书及球壳板材料的复验报告；d. 钢板超声波探伤报告；e. 毛坯及零件探伤记录；f. 球壳板周边超声波探伤报告；g. 坡口和焊缝无损探伤报告（包括探伤部位图）；h. 成形试板检验报告；i. 焊接试板试验报告。

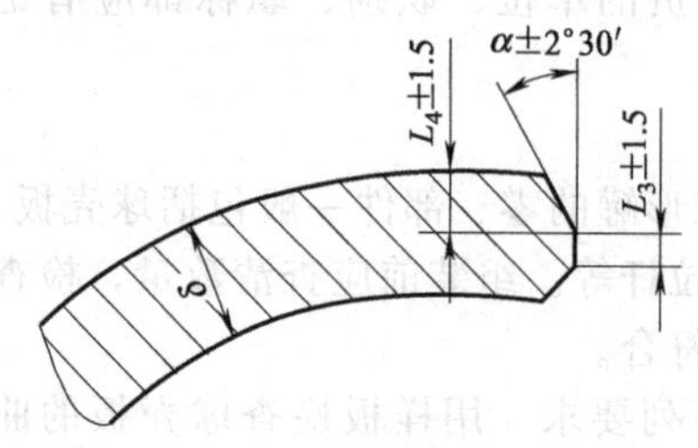

图 10-49 球壳板坡口尺寸要求

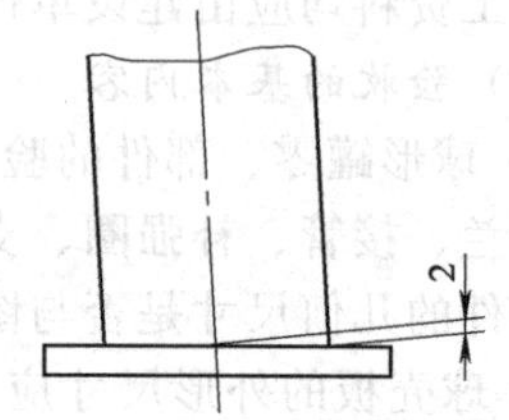

图 10-50 支柱与支柱底板的垂直度

2）现场组装验收

① 基础验收 球形罐组装前必须按设计要求及施工规范对基础进行验收。其偏差应符合表 10-6 所示的规定。

表 10-6 基础各部尺寸允许偏差

序号	项目		允许偏差
1	基础中心圆直径(D_1)	球罐容积＜1000m³	±5mm
		球罐容积≥1000m³	±D/2000mm
2	基础方位		1°
3	相邻支柱基础中心距(S)		±2mm
4	支柱基础上的地脚螺栓中心与基础中心圆的间距(D_1)		±2mm

续表

<table>
<tr><th>序号</th><th colspan="2">项目</th><th>允许偏差</th></tr>
<tr><td>5</td><td colspan="2">支柱基础地脚螺栓预留孔中心与基础中心圆的间距(D_2)</td><td>±8mm</td></tr>
<tr><td rowspan="2">6</td><td rowspan="2">基础标高</td><td>各支柱基础上表面的标高</td><td>$-D_1/1000$且不低于-15mm</td></tr>
<tr><td>相邻支柱的基础标高差</td><td>≤4mm</td></tr>
<tr><td rowspan="2">7</td><td rowspan="2">单个支柱基础上表面的表面平面度</td><td>采用地脚螺栓固定的基础</td><td>5mm</td></tr>
<tr><td>采用预埋地脚板固定的预埋钢板</td><td>2mm</td></tr>
</table>

注：D为球罐设计内径。

② 相邻焊缝边缘之间距离　组装时，下列相邻焊缝的边缘距离不应少于3倍球壳板厚度，且不得小于100mm。

a. 相邻两带的纵焊缝。

b. 支柱与球壳的角焊缝至球壳板的对接焊缝。

c. 球罐入孔、接管、补强圈和连接板等与球壳板的连接焊缝至球壳板的对接焊缝其相互之间的焊缝。

③ 组装部分的验收资料　基础各部位尺寸检验报告。

球罐零、部件复查报告。

球罐组装后各种几何尺寸检验报告，如对口间隙、对口错边量、角变形、焊缝相邻间距、零部件安装、支柱安装、拉杆安装、整体球罐尺寸等。

3）焊接质量验收

① 焊接质量验收的内容　焊接工艺评定是保证焊接质量的重要环节。焊接工艺评定必须在施焊前进行。如评定不合格时应调整焊接工艺参数，重复试验直到合格为止，但在同条件下的球罐焊接，以前做过工艺评定且合格的也可以不重新做工艺评定。焊接工艺评定的验收内容包括试件的制造、试件的材质、焊接工艺、力学性能、裂纹试验。施焊的焊工必须持有劳动部门颁发的《焊工考试合格证》。焊接材料应有质量证明书。待上述各方面条件具备以后，方可进行焊接。在焊接过程中，应做好一切焊接工艺参数的记录。同时，对焊接的外观质量应进行检验。

② 焊接质量验收资料如下。

a. 焊接工艺评定报告。

b. 焊接材料质量证明书。

c. 裂纹试验报告。

d. 焊工资格合格证书。

e. 焊接材料的出厂证明书及复查报告。

f. 球罐焊接时预热记录。

g. 施焊过程中的焊接记录。

h. 不合格部位的修补措施报告。

i. 球罐的各种有害缺陷修补后的无损检验报告。

4）焊缝检验验收

① 焊缝检验的内容　焊缝的无损检测验收包括射线检验、超声波检验、渗透检验和磁粉检验。每项检验必须有2名以上具有劳动部门所发的Ⅱ级以上考试合格证的无损检测人员参加。所出报告必须有两名Ⅱ级检测人员签字才有效。

球罐的对接焊缝应有100%的射线检验报告和所有的照相底片、100%的超声波检验报告、渗透检验报告、水压试验前内外表面磁粉检验报告和水压试验后的20%磁粉抽检报告。

验收标准应按国家颁发的最新标准进行。

② 焊缝检验的验收资料如下。

a. 焊缝的外观质量检查报告，其中包括焊工号移植检查记录。

b. 无损检验人员资格证书。

c. 射线探伤检验报告（附射线探伤布片位置示意图）。

d. 超声波探伤检验报告（附超声波探伤位置示意图）。

e. 磁粉探伤检验报告（附磁粉探伤位置示意图）。

f. 渗透探伤检验报告（附渗透探伤位置示意图）。

g. 缺陷修补后的无损检测复验报告。

5）现场焊后整体热处理验收

① 现场焊后整体热处理的内容　球罐热处理过程大致分为热处理工艺、保温条件、测温系统及柱脚处理等几部分。要求对热处理的全过程进行详细记录，写出热处理工艺报告。

② 焊后整体热处理的验收资料如下。

a. 热处理过程中的工艺记录。

b. 测温点的布置位置示意图及各测温点的温度记录表格。

c. 柱脚处理过程中柱脚移动量记录。

d. 热处理结果评定报告。

(3) 产品焊接试板的检验

1）产品焊接试板验收的基本内容　焊接试板应按设计要求焊接

而成，并且试板的材质及焊接过程中的工艺参数均应和球罐主体焊接过程相同。写出成形试板的检验报告：射线检验报告、拉伸试验报告、弯曲试验报告、常温冲击试验报告。结果必须符合设计要求。

2）产品焊接试板检验

① 产品焊接试板的制备要求 试板的钢号、厚度及热处理工艺均应与球壳板相同。试板应由施焊球罐的焊工在与球壳板焊接相同的条件和相同的焊接工艺的情况下进行焊接。每台球罐应作横焊和立焊位置的产品焊接试板各一块。试板尺寸为300mm×600mm。并且试板焊缝应经外观检查、100%射线探伤和100%超声波探伤。其合格标准应与所代表的球罐焊缝的标准要求相同。焊后热处理的球罐其产品试板应与球罐一起进行热处理。

② 试样的试验要求如下。

a. 产品焊接试板在外观检查和无损探伤合格后，应按图10-51所示的要求截取拉伸、弯曲和冲击试样。

b. 具体的试验方法和要求如下。

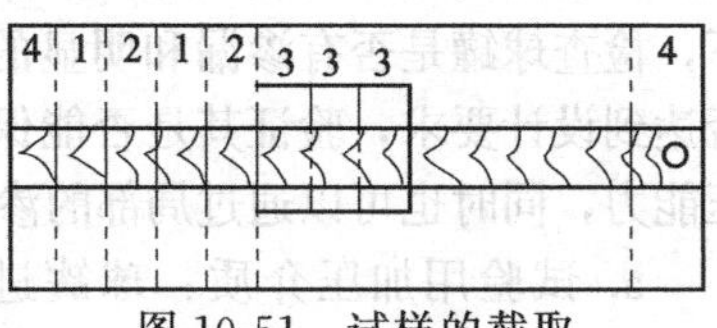

图10-51 试样的截取

拉伸试验：拉伸试验应按现行国家标准《焊接接头拉伸试验法》中规定的带肩板形试样的要求加工和试验。当板厚不大于30mm时，试样抗拉强度不应低于母材标准的下限。

弯曲试验：弯曲试样应为横弯试样，数量应为2个（面弯和背弯各一个），当板厚不大于20mm时，试样厚度应等于20mm，试样宽度应等于30mm，试样的长度应等于弯轴直径加上2.5倍试样厚度再加上100mm。

试样上的焊缝余高应用机械方法除去，试样拉伸面应保留母材的原始表面。其余的加工要求应按现行国家标准GB/T 2653—2008《焊接接头弯曲及压扁试验法》的规定。

常温冲击试验：常温冲击试样数量为3个，试样缺口位置应开在焊缝上，缺口轴线应垂直焊缝表面，缺口形式应为U形。

常温冲击试样的加工要求和试验方法应按现行国家标准GB/T 2650—2008《焊接接头冲击试验法》的规定进行。

3个试样冲击韧性的算术平均值不应低于母材标准值的下限。

3）试样不合格时的处理 试样试验不合格时，允许在原试板上或在与球罐同时焊接的另一块试板上重新取样试验。但对不合格项目应加倍取样复试。再不合格，则应经各有关部门及技术负责人研究确定具体的修补措施。

4）产品焊接试板检验的验收资料　产品焊接试板制备过程记录；产品焊接试板的试验报告；不合格时重新取样复验报告。

(4) 耐压试验和气密性试验

① 耐压试验和气密性试验的基本内容　球罐的耐压试验和气密性试验是在热处理之后进行。耐压试验的主要目的是检查球罐的强度。除设计有特殊规定外，不应用气体代替液体进行耐压试验。而气密性试验主要是检查球罐的所有焊缝和连接部位是否有渗漏之处。气密性试验的试验压力除设计有规定外，不应小于球罐的设计压力。在气密性试验时，应随时注意环境温度的变化，防止发生超压现象。

② 耐压试验　球罐的耐压试验是用水或其它适宜的液体作为加压介质。在容器内施加比它的最高工作压力还要高的试验压力。在试验压力下，检查球罐是否有渗漏和明显的塑性变形。目的是检验球罐的强度是否达到设计要求，验证其是否能保证在设计压力下安全运行所必需的承压能力，同时也可以通过局部的渗透现象发现其潜在的局部缺陷。

a. 试验用加压介质：球罐进行耐压试验一般用液体作为加压介质，而不用气体。这是因为耐压试验的目的是检验球罐罐体的强度。而耐压试验的压力要高于球罐的设计压力。气体的爆炸能量要比液体大数百倍乃至上万倍，且压力越低，比值越大。球罐在耐压试验中破裂已有前例，所以耐压试验时，应慎重选用加压介质。一般情况下采用水作为加压介质。

ⅰ. 介质温度：压力容器耐压试验的温度问题过去并没有引起人们的重视。一般情况下，做耐压试验都是用常温的水，只是在温度较低的情况下从预防试验管道冻结的角度考虑对水温的要求。近年来，由于容器在耐压试验过程中产生脆性破裂的事例逐渐增多，而且认为脆性破裂与试压温度有关，于是耐压试验的介质温度引起了人们的重视。因此，GB 50094—2010《球形储罐施工规范》中规定碳素钢和16MnR钢制球罐，水温不得低于5℃；对其它低合金钢制球罐，水温不得低于15℃；对新钢种的试验水温应按设计规定。为保证试验水温达到标准要求，故应考虑环境温度对其影响。

ⅱ. 试验压力：球罐的耐压试验是验证其是否达到设计强度的一种手段。球罐在使用过程中，有时可能因受环境温度的急剧升高、仪器设备出现故障等因素的影响，造成使用压力超过设计压力。为了保证球罐在使用过程中的安全性和可靠性，同时对球罐的承压能力进行实际考验，要求进行水压试验时的试验压力不应小于设计压力的1.25倍。

b. 试验程序与方法如下。

ⅰ. 试验前的准备工作。球罐的水压试验必须在罐体及接管所有焊缝焊接合格、整体热处理进行完了之后、基础二次灌浆达到强度要求、支柱找正固定的基础上进行。

试压前应先将罐体内的所有残留物清除干净。应选择清洁的工业用水做加压介质。

将球罐人孔、安全阀座孔及其它接管孔用盖板封严。在罐体顶部留一个安装截止阀的接管以便充水加压时空气由此排出。在底部选一管孔作为进水孔，且应安装截止阀以便保压时防止试压泵渗漏引起降压。

应合理选择试压泵。一般选用电动试压泵最为合适，但不能使用一般的给水泵。

为了确保试验压力的准确性，一般安装两块压力表。一块安装在罐体上部，另一块安装在进水口的截止阀后面。压力表的最大量程应为试验压力的1.5～2倍，压力表的等级应不低于1.5级，并且经计量部门校验合格。水压试验所用设备的连接方法如图10-52所示。

ⅱ. 试压过程与检验方法。试压装置安装妥善以后，即可向球罐内充水。此时球罐顶部的排气管上的截止阀应打开，使球罐内的空气不断排出，直至球罐内全部充满水并从排气管中排出水后，将此阀关闭，同时关闭与进水源相连的进水阀，试验泵开始工作，压力缓慢上升。

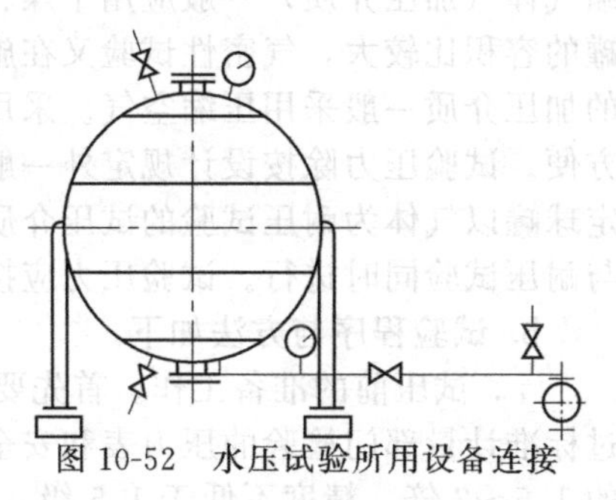
图10-52　水压试验所用设备连接

ⅲ. 耐压试验应按下列步骤进行：

压力升至试验压力的50%时，保持15min；然后对球罐的所有焊缝和连接部位做初次渗漏检查，确认无渗漏后继续升压；

压力升至试验压力的90%时，保持15min，然后再次做渗漏检查；

压力升至试验压力时，保持30min，然后将压力降至设计压力进行检查，应以无渗漏为合格。

当球罐试压完毕后，即可打开下部的排水管把水全部排放干净。打开人孔盖自然通风干燥。不应把装满水的球罐长时间密闭放置，以避免气温突变对球罐产生较大的压力。

c. 基础沉降观测。球罐在进行水压试验充水的同时，对基础进行观测。在各支柱上焊有永久性的水平测定板。以便测定每根支柱的沉降量。沉降量应按下列步骤进行测定：

ⅰ. 充水前；

ⅱ. 充水到 1/3 球罐本体高度；

ⅲ. 充水到 1/2 球罐本体高度；

ⅳ. 充满水 24h 后；

ⅴ. 放水后。

支柱基础沉降应均匀，放水后不均匀沉降量不应大于 $D_1/1000$（D_1 为基础中心圆直径），相邻支柱基础沉降差不应大于 2mm。如果大于此要求时，应采取有效的补救措施进行处理。

③ 气密性试验　球罐的气密性试验是检验球罐的焊缝及接管部位是否有泄漏现象的一种手段。要求做气密性试验的球罐一般应在水压试验合格后进行。

a. 试验介质与试验压力。除设计规定外，气密性试验使用的压缩气体（加压介质）一般应用干燥、清洁的压缩空气或氮气。由于球罐的容积比较大，气密性试验又在施工现场进行，故球罐气密性试验的加压介质一般采用压缩空气。采用压缩空气作为加压介质既经济又方便。试验压力除按设计规定外一般应不小于设计压力。如果设计规定球罐以气体为耐压试验的试压介质进行耐压试验，则气密性试验可与耐压试验同时进行。试验压力应按耐压试验的压力进行。

b. 试验程序与方法如下。

ⅰ. 试压前的准备工作。首先要封好球罐各接管的阀门，接好经过标准计量部门检验的压力表和安全阀。压力表的量程应为试验压力的 1.5～2 倍，精度不低于 1.5 级，安全阀的开启压力应调到设计压力的 1.15 倍。为保证试验压力的准确性，应安装两块压力表：一块安装在球罐上面；另一块安装在分汽缸与球罐连接的进气管上。按图 10-53 所示将设备安装好。开动空气压缩机对罐体进行充气。

ⅱ. 试压步骤与检验方法如下。

压力升至试验压力的 50% 后，保持 10min，对球罐所有焊缝和连接部位进行检查，确认无渗漏后，继续升压。

压力升至试验压力后，保持 10min，对所有焊缝和连接部位涂刷肥皂水进行检查。以无渗漏为合格。如有渗漏，应在进行处理后重新进行气密性试验。

试验完毕后，应立即卸压。卸压时应缓慢进行，直到常压为止。

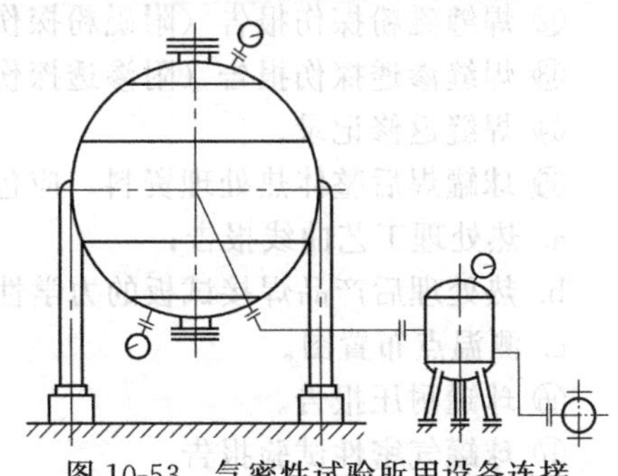

图 10-53 气密性试验所用设备连接

ⅲ. 在耐压试验和气密性试验的过程中应注意的问题。耐压试验后排水时严禁就地排放；耐压试验时严禁碰撞和敲击球罐；气密性试验时，应随时注意环境温度的变化，监视压力表读数，防止发生超压现象；对整个球罐的开孔补强圈焊于球壳板后，应对其焊缝进行气密性试验。试验压力应为0.4～0.5MPa。

ⅳ. 耐压试验和气密性试验的验收资料。耐压试验和气密性试验过程记录；介质与加压过程记录；加压各阶段对球罐质量检查记录；介质温度与环境温度记录；耐压试验报告；气密性试验报告。

(5) 总交工验收 球罐安装竣工后，施工单位将竣工图纸及其它技术资料交给建设单位，建设单位应会同劳动部门等有关单位按 GB 50094—2010《球形储罐施工规范》中规定进行验收。球罐工程验收时，施工单位应提交下列技术资料。

① 球罐工程交工验收证明书。

② 竣工图（或施工图附设计变更通知单）。

③ 球罐的球壳板、人孔法兰、接管、补强圈、支柱及拉杆等零、部件的产品质量合格证明书。

④ 球罐基础复验记录。

⑤ 产品焊接试板试验报告。

⑥ 球罐焊接工艺资料（附焊缝布置图）。

⑦ 焊接材料质量证明书。

⑧ 球罐几何尺寸检查报告。

⑨ 球罐支柱安装记录。

⑩ 焊缝射线探伤报告、记录（附射线探伤位置图）。

⑪ 焊缝超声探伤报告（附超声波探伤位置图）。

⑫ 焊缝磁粉探伤报告（附磁粉探伤位置图）。

⑬ 焊缝渗透探伤报告（附渗透探伤位置图）。

⑭ 焊缝返修记录。

⑮ 球罐焊后整体热处理资料，应包括下列内容。

a. 热处理工艺曲线报告；

b. 热处理后产品焊接试板的力学性能报告；

c. 测温点布置图。

⑯ 球罐耐压报告。

⑰ 球罐气密性试验报告。

⑱ 基础沉降观测记录。

10.5 换热器制造与安装

换热器是广泛应用于石油、化工、石油化工、电力、医药、冶金、制冷、轻工等行业的一种通用设备。换热器的种类繁多，若按其传热面的形状分类可分为管式和板式换热器；而管式换热器又可分为蛇管式换热器、套管式换热器、管壳式换热器、空冷式换热器，板式换热器可分为螺旋板式换热器、板式换热器、板翅式换热器、板壳式换热器。另外，还有热能回收的换热器，如回转式换热器、热管换热器等。换热器按工艺用途可分类为冷凝器、加热器、空冷式换热器、重沸器等。

10.5.1 常用换热设备工作原理

（1）管壳式换热器　管壳式换热器优点是结构简单、造价低廉、选材范围广、清洗方便、适应性强。加之处理能力强、耐高温、高压，因而是应用最为广泛的一种换热器。炼油、化工中的加热器、冷却器，电厂中的冷凝器、油冷器以及压缩机的中间冷却器等都是管壳式换热器的实例。

图 10-54 所示是一种最简单的管壳式换热器的示意图。传热面由管束构成，管子的两端固定在管板上，管束装在外壳内，外壳两端有封头。一种流体从封头进口流进管子里，再经封头流出，这条路径称为管程；另一种流体从外壳上的连接管进入换热器，在壳体与管子之间流动，这条路径称为壳程。有 A、B、C、E 这 4 个或加折流路（F 流路为管程分程隔板形）管程流体与壳程流体通过管壁传递热量。

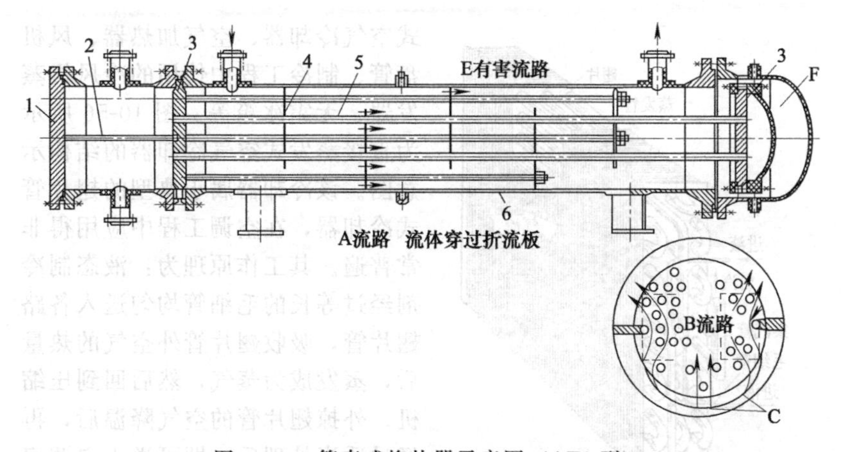

图 10-54 管壳式换热器示意图（AES型）

1—封头；2—隔板；3—管板；4—挡板；5—管子；6—外壳

（2）板式换热器 板式换热器结构比较简单，它是由板片、密封垫片、固定压紧板、活动压紧板、压紧螺柱和螺母、上下导杆、前支柱等零、部件所组成，如图 10-55 所示。其零、部件之少，通用性之高，是任何换热器所不能比拟的。

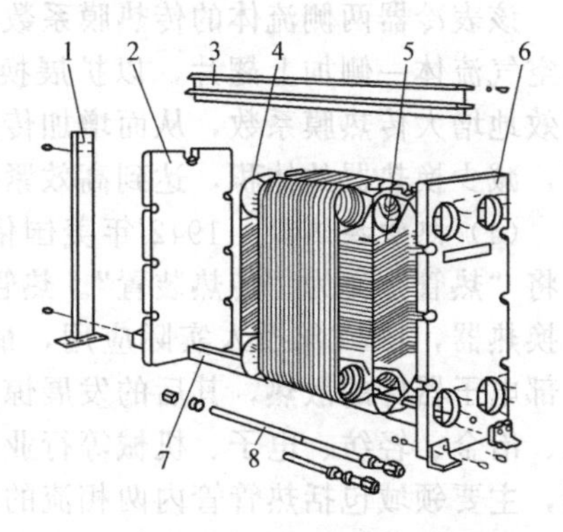

图 10-55 板（片）式换热器的构造

1—前支柱；2—活动压紧板；3—上导杆；4—垫片；5—板片；6—固定压紧板；7—下导杆；8—压紧螺柱、螺母

板片为换热器传热元件，垫片为密封元件，垫片粘贴在板片的垫片槽内。粘贴好垫片的板片，按一定顺序置于固定压紧板和活动压紧板之间，用压紧螺柱将固定压紧板、板片和活动压紧板夹紧。压紧板、导杆、压紧装置、前支柱统称为板式换热器的框架；按一定的规律排列的所有板片，称为板束。在压紧之后，板片间的波纹保持一定的间隙，形成流体的通道。冷、热介质从固定压紧板上的接管中出入板片之间的流体通道，进行换热。

（3）空气冷却器（表冷器） 翅片管式换热器在动力、化工、石油化工、空调和制冷工程中应用非常广泛，如空调工程中使用的表面

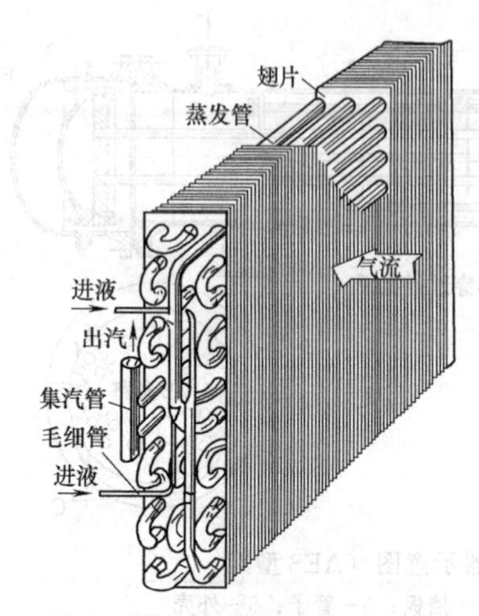

图 10-56 空气冷却器（表冷器）

式空气冷却器、空气加热器、风机盘管、制冷工程中使用的冷风机蒸发器、无霜冰箱等。图 10-56 所示为直接蒸发式空气冷却器的结构示意图。该冷却器属于典型的翅片管式冷却器，在空调工程中应用得非常普遍。其工作原理为：液态制冷剂经过等长的毛细管均匀送入各路翅片管，吸收翅片管外空气的热量后，蒸发成为蒸气，然后回到压缩机。外掠翅片管的空气降温后，再经过适当处理后，即可送入空调房间，使空调房间维持合适的温度，达到空调的目的。

该表冷器两侧流体的传热膜系数相差较大，故在换热系数小的管外空气流体一侧加上翅片，以扩展换热面表面积，并减小传热热阻，有效地增大传热膜系数，从而增加传热量。或者在传热量不变的情况下，减少换热器的体积，达到高效紧凑的目的。

（4）热管换热器　1942 年美国俄亥俄州通用发动机公司首次提出将“热管”作为“传热装置”。热管换热器是用热管作为传热元件的换热器，1970 年投入实际应用，最初的研究主要用于航天飞行器内部电子器件的散热，其后的发展惊人，目前已广泛应用于石油、化工、冶金、轻纺、电子、机械等行业。热管技术正处于方兴未艾的时期，主要领域包括热管管内两相流的机理，热管在微小空间、未来新能源和热管化学反应器等方面的理论研究及应用研究。典型的热管结构如图 10-57 所示，由管壳、吸液芯和端盖组成，将管内抽成 $1.3\times10\sim1.3\times10^{14}$ Pa 的负压并加以密封。在管内充以适量的工作液体，使紧贴管内壁的吸液芯毛细多孔材料中充满液体。管的一端为加热段（蒸发段），而另一端为冷却段（冷凝段），根据应用的需要，中间可布置绝热段。当一端受热时液体蒸发，蒸汽流向另一端，蒸汽在另一段放热凝结成液体，液体再沿多孔材料靠毛细力的作用流向加热段。如此循环，热量由管的一端传至另一端。

热管换热器属于热流体与冷流体互不接触的表面式换热器。热管换热器的最大特点是：结构简单、换热效率高，在传递相同热量的条件下，热管换热器的金属耗量也小。由于冷、热流体是通过热管换热器不同部位换热的，而热管元件相互又是独立的，因此，即使有某根热管失效、穿孔等均不会对冷、热流体间的隔离密封与换热产生影响。此外，热管换热器可以方便地调整冷热侧换热面积比，可有效地避免酸露点腐蚀。热管换热器的特点正越来越受到人们的重视，用途亦日趋广泛。

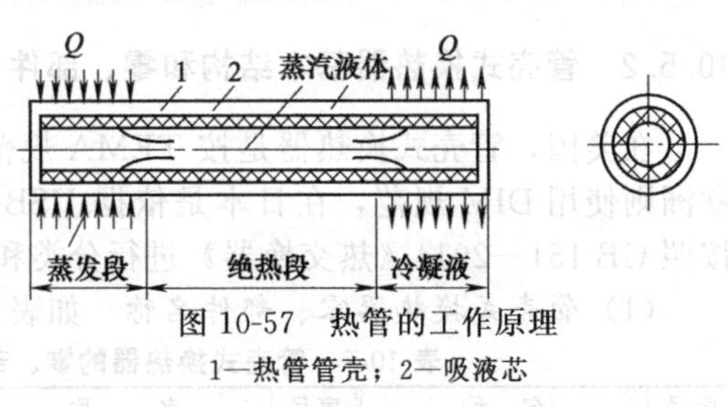

图 10-57　热管的工作原理

1—热管管壳；2—吸液芯

按照热流体和冷流体的状态，热管换热器可分为气-气式、气-液式、液-液式、液-气式。按热管换热器结构形式，又可分为整体式、分离式、回转式和组合式等。

(5) **整体式热管换热器**　换热器是由许多单根热管组成的。热管数量取决于换热量的大小。图 10-58 所示为气-气整体式热管换热器的总装图。经过换热器的两种流体都是气体。为提高气体的换热系数，往往采取在管外加翅片的方法，这样可使所需的热管数目大大减少。

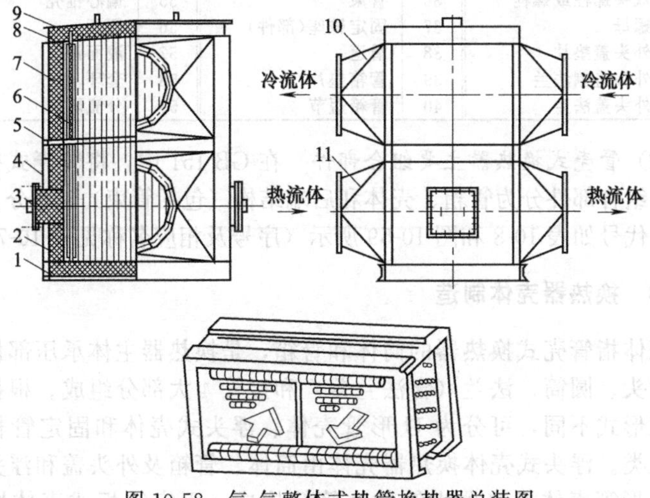

图 10-58　气-气整体式热管换热器总装图

1—下框架；2—下限位板；3—观察门；4—壳体；5—管板（隔板）与密封件；6—热管；7—保温层；8—上下限位板；9—上框架；10—冷流体进出口接口；11—热流体进出口接口

10.5.2 管壳式换热器基本结构和零、部件

在美国，管壳式换热器是按 TEMA 规范进行分类和设计的。在欧洲则使用 DIM 规范，在日本是依据 JISB 8249 规范，在我国则是按照 GB 151—2014《热交换器》进行分类和设计。

（1）管壳式换热器零、部件名称　如表 10-7 所示。

表 10-7　管壳式换热器的零、部件名称

序号	名　称	序号	名　称	序号	名　称
1	平盖	21	吊耳	41	封头管箱(部件)
2	平盖管箱(部件)	22	排气口	42	分程隔板
3	接管法兰	23	封头	43	悬挂式支座(部件)
4	管箱法兰	24	浮头法兰	44	膨胀节
5	固定管板	25	浮头垫片	45	中间挡板
6	壳体法兰	26	无折过球面封头	46	U 形换热器
7	防冲板	27	浮头管板	47	内导流筒
8	仪表接口	28	浮头盖(部件)	48	纵向隔板
9	补强圈	29	外头盖(部件)	49	填料
10	圆筒(壳体)	30	排液口	50	填料函
11	折流板	31	钩圈	51	填料函盖
12	旁路挡板	32	接管	52	浮动管板裙筒
13	拉杆	33	活动鞍座(部件)	53	部分剪切环(钩圈)、[图 10-59(a)件号 24]
14	定距管	34	换热管		
15	支持板	35	假管	54	活套法兰
16	双头螺柱或螺栓	36	管束	55	偏心锥壳
17	螺母	37	固定鞍座(部件)	56	堰板
18	外头盖垫片	38	滑道	57	液面计
19	外头盖侧法兰	39	管箱垫片	58	套环
20	外头盖法兰	40	管箱短节	59	分流隔板

（2）管壳式换热器主要组合部件　在 GB 151 中，将管壳式换热器的主要组合部件分为管箱、壳体和后端结构（包括管束）3 部分。详细分类及代号如表 10-8 和图 10-59 所示（序号及相应名称见表 10-7）。

10.5.3 换热器壳体制造

壳体指管壳式换热器的筒体和管箱，是换热器主体承压部件，主要由封头、圆筒、法兰（含法兰盖）和接管 4 大部分组成。根据换热器管束形式不同，可分为 U 形管壳体、浮头式壳体和固定管板式壳体 3 大类。浮头式壳体换热器壳体由筒体、管箱及外头盖和浮头盖构成；U 形管壳体换热器由筒体、管箱构成；固定管板式壳体换热器由筒体和管箱构成，但其圆筒与管板直接焊接，筒体与管束成为不可分割的整体。以下筒体圆筒和管箱短节通称圆筒。

表 10-8 管壳式换热器主要部件的分类和代号

前端管箱形式		壳体形式		后端结构形式	
A	平盖管箱	E	单程壳体	L	与A相似的固定管板结构
		Q	单进单出冷凝器壳体	M	与B相似的固定管板结构
B	封头管箱	F	具有纵向隔板的双程壳体	N	与C相似的固定管板结构
		G	分流		
C	用于可拆管束与管板制成一体的管箱	H	双分流	P	填料函式浮头
		I	U形管式换热器	S	钩圈式浮头
N	与管板制成一体的固定管板管箱	J	无隔板分流（或冷凝器壳体）	T	可抽式浮头
		K	釜式重沸器	U	U形管束
D	特殊高压管箱	O	外导流	W	带套环填料函式浮头

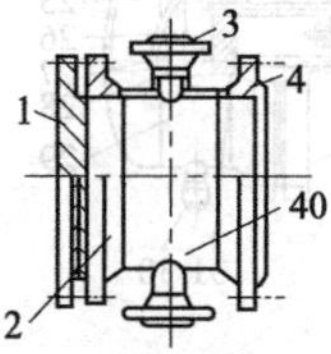

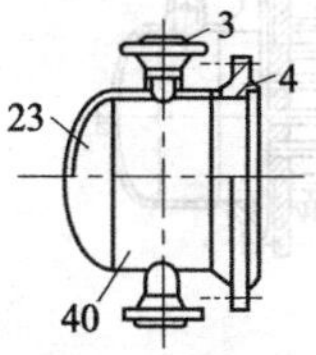

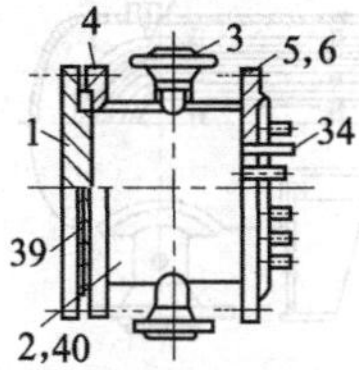

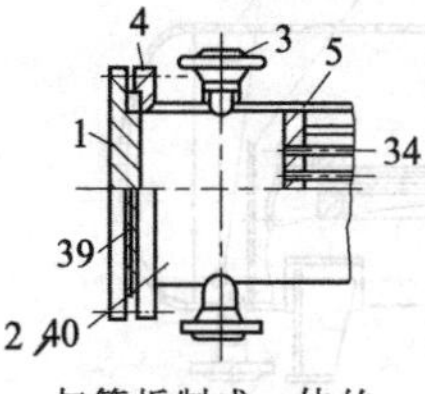

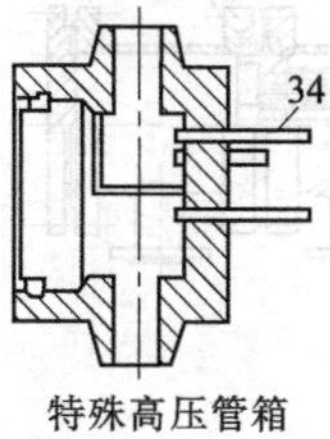

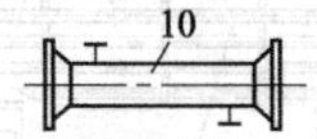

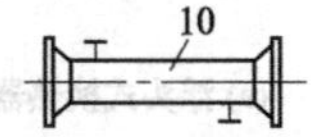

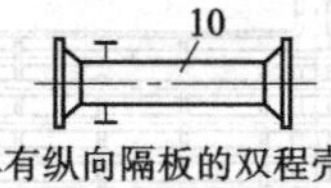

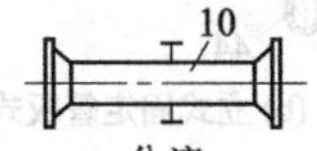

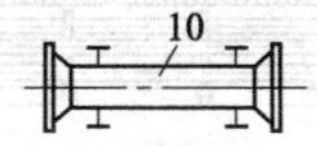

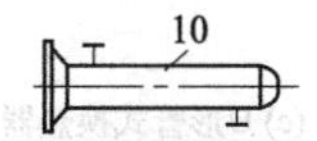

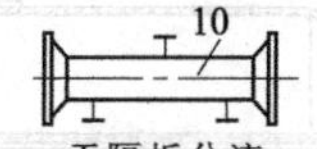

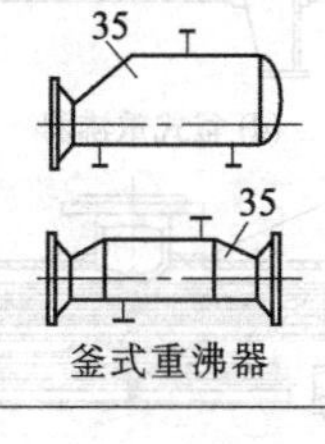

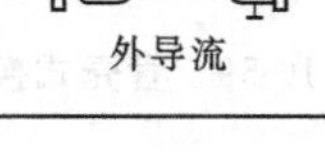

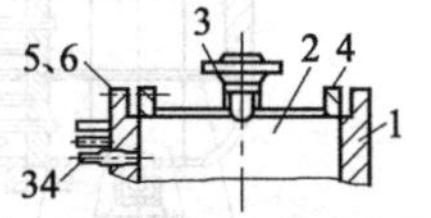

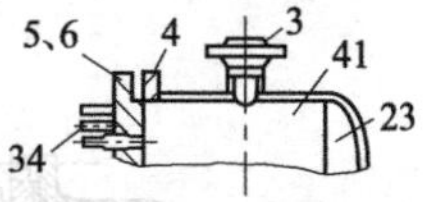

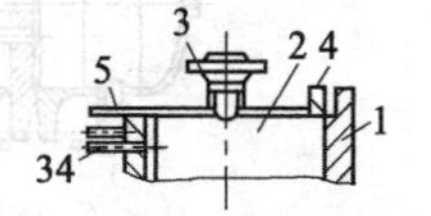

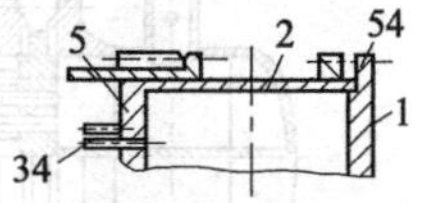

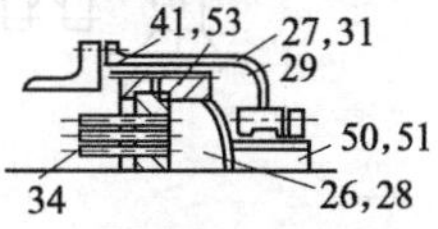

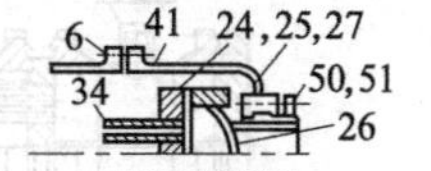

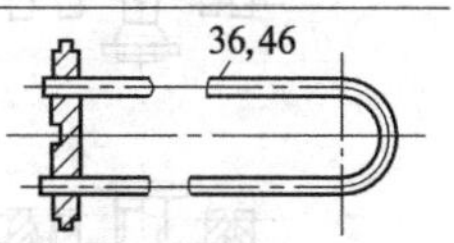

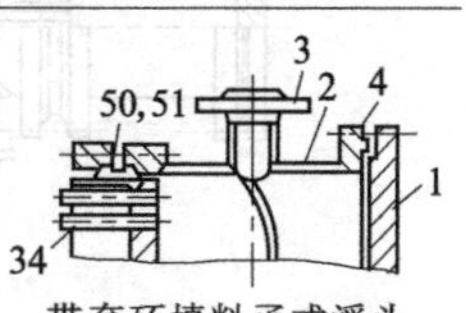

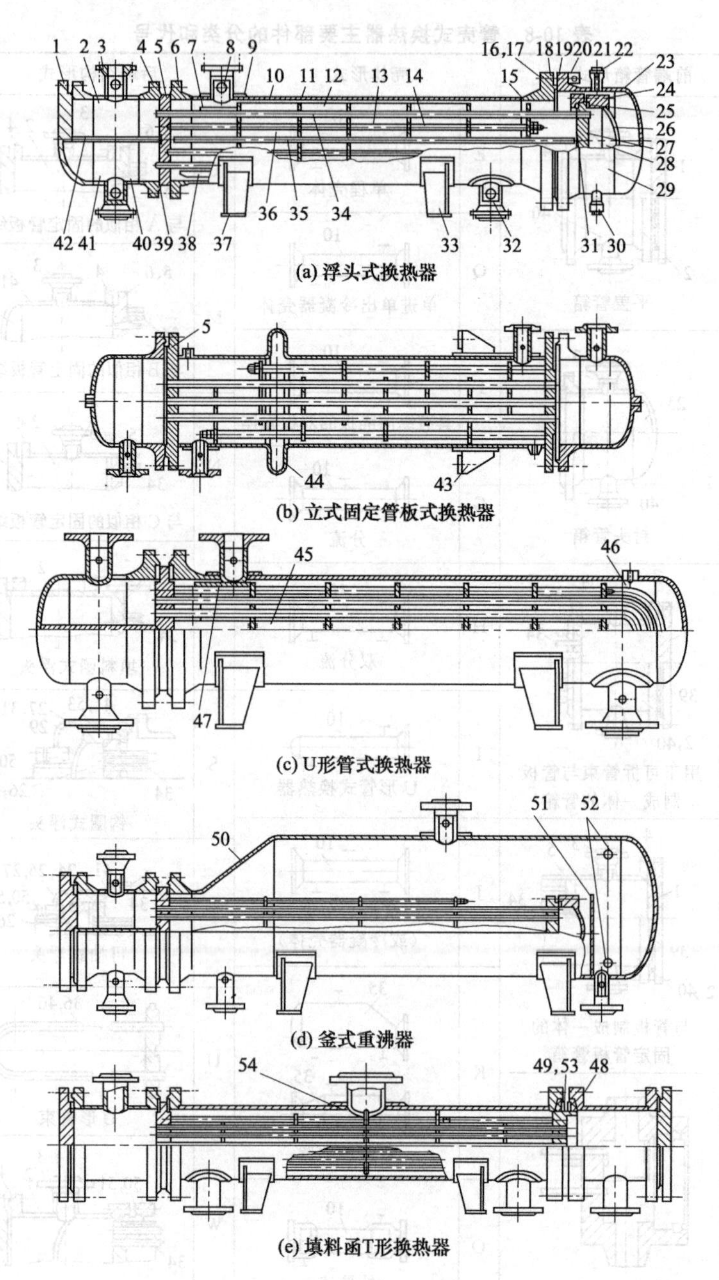

图 10-59　管壳式换热器

(1) 圆筒

a. 卷制圆筒的公称直径以 400mm 为基数，以 100mm 为进级挡；必要时，也可采用 50mm 为进级挡。

b. 公称直径 DN≤400mm 的圆筒，可用钢管制作。详见第 1 章 1.2.1 节。

换热器筒体制造须满足 GB 151—2014《热交换器》、GB 150—2011《压力容器》及 TSG-21—2016《固定式压力容器安全技术监察规程》的要求。由于筒体内要装入管束，制造标准高于一般压力容器，表 10-9 列出 GB 150—2011 和 GB 151—2014 对换热器筒体制造标准的一般要求。

表 10-9　换热器圆筒制造标准一般要求　mm

序号	项目内容	允许偏差	备　注
1	圆筒内直径允许偏差	0≤外圆周长≤10	—
2	圆筒同一断面上最大直径与最小直径之差 e	e≤0.5%DN	DN≤1200mm 时，其值不大于 5mm DN>1200mm 时，其值不大于 7mm
3	圆筒直线度允许偏差 l	$l \leq L/1000$(L 为圆筒长度)	L≤6000mm 时，l≤4.5mm L>6000mm 时，l≤7mm
4	焊接接头轴向、环向形成的棱角 E	$E \leq \delta_s/10+2$，且不大于 5mm	—
5	A、B 类焊接接头对口错边量 b		
	对口处钢材厚度 δ_s	A 类焊缝	B 类焊缝
	≤12 >12～20 >20～40 >40～50	$\leq 1/4\delta_s$ ≤3 ≤3 $\leq 1/16\delta_s$，且≤10	$\leq 1/4\delta_s$ $\leq 1/4\delta_s$ ≤5 $\leq 1/8\delta_s$

注：管箱、大头盖圆筒（短接）节，按 GB 150—2011 和《压力容器安全技术监察规程》要求不能小于 100mm。

(2) 筒体法兰　筒体法兰直接选用 JB 4700—2000～JB 4703—2000《压力容器法兰》。

(3) 封头　管壳式换热器（冷却器）使用最多的是椭圆形封头。标准椭圆形封头的长短轴比值为 2，形式及尺寸按 JB/T 4746—2002《钢制压力容器用封头》的规定。

标准椭圆封头壁厚（不包括壁厚附加量）应不小于封头内径的 0.25%，其它椭圆形封头应不小于封头内径的 0.3%。

GB 150—2011 规定，在冲制封头时，封头曲率变化引起的钢板减薄，由制造厂控制，即封头压制后的厚度应不小于的设计厚度，一般制造厂选一个厚尺寸级别的钢板冲压封头。

一般情况下，是在选定封头规格和厚度后，对封头强度进行校核。

(4) 材料

① 用于圆筒或封头的钢板、封头的钢板必须符合 GB 150—2011 的规定。

② 用于制造管板、平盖、法兰的钢锻件，其级别不得低于 JB/T 4726 和 JB/T 4728 规定的Ⅱ级。

JB/T 4726 和 JB/T 4728 规定Ⅱ级锻件检验项目为拉伸和冲击(σ_b、σ_s、δ_5、A_{kv})，检验数量：同炉热处理的锻件抽检一件。

③ 螺柱、螺栓、螺母。螺柱、螺栓用钢的标准、使用状态及许用应力按 GB 150 的规定，螺栓、螺柱的硬度宜比螺母稍高。

(5) 焊接接头

① 接头分类和要求　换热器壳体焊缝的分类与一般压力容器一样，按 GB 150—2011《压力容器》标准分为 A、B、C、D 四类，如图 10-60 所示。

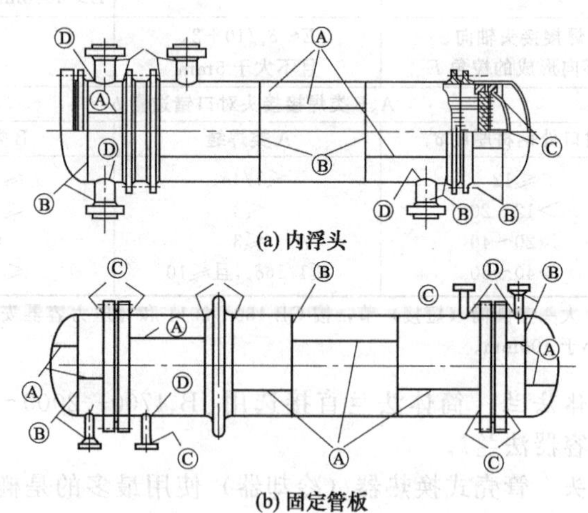

图 10-60　换热器壳体焊缝分类

② 壳体焊接接头的特殊要求　与普通压力容器不同，在壳体内表面焊缝上，要求 A、B、D 类焊缝在筒体内表面余高，必须打磨得与筒体内表面平齐，以便于管束装入和抽出。

③ 焊接接头的无损检测　对接焊接接头（A、B类）的无损检测比例，一般分为全部（100%）和局部（不小于单条焊缝的20%）两种。符合下列情况之一时，对接接头必须进行全部射线或超声检测。

a. GB 150 及 GB 151 等标准中规定进行全部射线或超声检测的换热器筒体。

b. Ⅲ类压力容器（管壳式换热器）筒体。

c. Ⅱ类压力容器（管壳式换热器）中易燃介质的管壳式换热器筒体。此类反应类换热器在化工行业常见，如化肥尿素装置的甲胺冷凝器、换热式加氢反应器等。

d. 设计压力大于 5.0MPa 换热器筒体。

e. 疲劳分析设计的换热器筒体。

f. 符合下列之一的铝、铜、镍、钛及其合金制换热器筒体：

介质为易燃或毒性程度为极度、高度、中度危害的；

必须采用气压试验的；

设计压力大于 1.6MPa 的。

其它焊接接头检测的详细要求见 GB 150—2011《压力容器》无损检测部分和 TSG-21—2016《固定式压力容器安全技术监察规程》无损检测部分内容。

（6）壳体热处理　对壳体热处理要求同同类压力容器。分不进行热处理、局部热处理和整体热处理 3 种情况，依据是筒体材质和压力容器等级，但对管箱有特别要求，即碳钢、低合金钢制的带有分程隔板的管箱和浮头盖，以及管箱的侧向开孔超过 1/3 圆筒内径的管箱，无论压力、温度、壁厚设计如何，都必须进行消除应力热处理。

换热器壳体热处理具体要求见 TSG-21—2016《固定式压力容器安全技术监察规程》的热处理部分内容。

10.5.4 管束制造

（1）换热管检查和加工　GB 151—2014《热交换器》对换热管加工有详细要求，整理在表 10-10 中。

（2）管板及折流板加工

① 管板加工　GB 151—2014《热交换器》对管板的锻件和加工精度要求如表 10-11 所示。浮头式换热器的固定管板和浮动管板孔应分别画线钻孔。管板较厚，钻孔要注意管孔出现上小下大孔径超标的

表 10-10 GB 151—2014 对换热管的加工检查规定汇总

序号	项目	标准或检验内容
1	换热管材料	GB/T 8163、GB 9948、GB/T 13296、GB/T 14976
2	换热管拼接要求	①有焊接工艺评定 ②一根换热管对接焊缝，直管不得超过一条；U形管不得超过两条；最短管长不应小于 300mm；U形弯管段加 50mm 直管范围内不得有拼接焊缝 ③对口错边≤15%壁厚且≤0.5mm ④对接后，应进行通球试验，以钢球通过为合格 当管外径 $d\leqslant25$，钢球直径$=0.75d$ 当管外径 $25<d\leqslant40$。钢球外径$=0.8d$ ⑤对接接头X射线抽检量为接头数的10%，且不少于一条；JB 4730Ⅲ级为合格。如有一条不合格，应加倍抽查，再有不合格时，100%检查
3	U形管弯制	①U形管弯管段的弯曲半径最小应不小于两倍的换热管外径 ②U形管弯管段的圆度偏差应≤10%换热管名义外径。弯管半径≤2.5倍换热管名义外径时，圆度偏差应≤15%换热管名义外径 ③U形管不宜热弯 ④有应力腐蚀要求时，碳钢、低合金钢冷弯的U形管段包括至少150mm的直管段应进行热处理。不锈钢按供需双方商定的方法进行热处理

问题，这种现象除钻头本身刚度、直度因素外，还与钻孔的钻孔力度和进刀速度有关，为避免这种缺陷出现，钻孔前应制定钻孔工艺，规定钻孔速度和钻孔力度最佳值，确保钻孔质量。

表 10-11 GB 151—2014 对管板加工的基本要求

序号	项目	标准要求
1	管板材料	①用于制造管板的钢锻件，其级别不得低于 JB 4726 和 JB 4728 规定的Ⅱ级 ②用于制造管板的钢板应符合 GB 150 的规定
2	管板拼接	①接管板的对接接头应有焊接工艺评定 ②对接接头应进行100%射线和超声检测，JB 4730 标准射线Ⅱ级合格，超声Ⅰ级合格 ③碳钢拼接管板焊后应作消除应力热处理
3	管板堆焊	①堆焊前应作堆焊工艺评定 ②基层材料的待堆焊面和复层材料加工后（钻孔前）的表面，应按 JB 4730 进行表面检测，不得有裂纹、成排气孔，并符合Ⅱ级缺陷显示

续表

序号	项 目	标 准 要 求
4	管板孔尺寸和允许偏差	①Ⅰ级管束:换热管≤25时,管孔直径 $d=d_0+0.25$,允许偏差0～+0.15 ②Ⅱ级管束,换热管外径 $d_0=19,25$ 时,管孔直径 $d=d_0+0.40$,允许偏差0～0.20 ③其它直径换热管的管板钻孔尺寸
5	管桥宽度偏差	①管桥宽度允许偏差详见GB 151—1999表51,允许的最小宽度 B_{min},$d_0=25$ 管:$B_{min}=3.48$;$d_0=19$ 管:$B_{min}=2.98$ ②钻孔后应抽查不小于60°管板中心角区域内的孔桥宽度,B 值的合格率应不小于96%,B_{min} 值的数量应控制在4%之内,达不到上述合格率时,则应全管板检查
6	管孔表面粗糙度	①当换热管与管板焊接连接时,管孔表面粗糙度 $Ra≤25μm$ ②当换热管与管板强度胀接连接时,管孔表面粗糙度 $Ra≤12.5μm$ ③强度胀接连接时管孔表面不应有影响胀接紧密性的缺陷,如贯通的纵向和螺旋状刻痕等
7	管板密封面	管板与法兰连接的结构尺寸及制造、检验要求等,按JB 4700～4703的规定
8	分程隔板槽	①槽深宜不小于4mm ②分程隔板槽的宽度为:碳钢12mm,不锈钢11mm ③分程隔板槽拐角处的倒角一般为45°

② 折流板和支持板加工　折流板加工的流程一般是画线—切割—打磨氧化铁—叠合—板间点焊—与管板叠合—上机床、固定—钻孔—分开—折流板切割—打磨氧化铁。

当折流板层数多、叠层太厚时，由于钻头刚度和直度误差，宜造成底层折流板孔径超标。在这种情况下，必须以管板为模板，分叠钻孔，确保折流板孔径不超标。

(3) 管子在管板上的固定　管子与管板的固定是管束制造中的最主要的问题之一，它不但耗费大量工时，更重要的是如果连接不严，在管子和管板连接处就会产生泄漏，给操作带来严重事故。管子与管板的连接方法有胀接和焊接及胀焊结合等方法。本书仅介绍胀接。

1) 胀接

① 胀管原理　胀管是利用胀管工具，使伸到管板孔中的管子端部直径扩大产生塑性变形，而管板只达到弹性变形，因而胀管后管板与管子间就产生一定的挤压力，紧紧地贴在一起，达到密封紧固连接的目的。

管板上的孔，有孔壁开槽与不开槽（光孔）两种。孔壁开槽可以增加连接强度和紧密性，因为当胀管后管子产生塑性变形，管壁被嵌入小槽中，所以在较高压力时，强度胀接必须在管孔壁开槽。GB 151—1999 推荐，当操作压力≤0.6MPa 时，管孔可不开槽。

强度胀适用范围：设计压力≤4.0MPa 和设计温度≤300℃，且操作中无剧烈的振动，无过大的温度变化及无明显的应力腐蚀。高温时不宜采用，因为高温使管子与管板产生蠕变，导致胀接应力松弛而引起连接处泄漏。

② 胀管率　为了保证胀管质量，必须选择适当胀管率。通常用胀紧程度与管孔原有直径的百分比来表示胀管率。整个胀接过程可以分为两步。第一步是利用胀管器将装入管孔中的管端胀大，使管子外壁与管孔壁紧密贴合（仅使管子外壁与管孔的间隙 e 消除，管孔没有被胀大）。第二步是将管子和管孔胀到需要的数值。从第一步到第二步，管子的内径胀大到一个数值，称“胀紧程度”。

用公式表示如下：

$$H=d_1-d_0-e$$

式中，H 为管子的胀紧程度，mm；d_1 为管子胀紧后的内径，mm；d_0 为胀紧前管子的内径，mm；e 为胀紧前管子与管孔的间隙，mm。

胀管率公式表示如下：

$$h_\mathrm{d}=\frac{d_1-(d_0+e)}{D}$$

式中，h_d 为胀管率；D 为管板孔未胀前内径，mm。

如果胀管率太小，管子的管径扩展不充分，弹性变形小，与管子孔壁贴合不好，使胀管强度和严密性降低，称为“欠胀”。如胀管率太大，使管孔直径增大超过弹性变形范围，管子产生塑性变形，胀管强度和严密性也会降低，称为“过胀”。

胀管最常用的方式是机械滚胀法，但近几年新式胀管法发展很快，又出现爆炸胀接、液压胀接、液袋胀管、橡胶胀管等方法。

③ 影响胀接质量的因素

a. 管子与管板材料的硬度。一般要求管板比管子材料的硬度高，这样在胀接过程中管板基本不产生塑性变形，依靠弹性变形的收缩得到强度高、严密性好的胀口。两者的硬度差选取在 30～50HB 的范围。当达不到这个要求时，可将管端进行退火处理，降低硬度后再行胀接。

b. 管子与管板孔接合面情况。管头表面和管孔内壁的加工情况，对胀管质量的影响很大。强度胀接连接时，管孔表面粗糙度 $Ra \leqslant 12.5\mu m$。

④ 机械滚胀法

a. 工作原理。利用胀管器滚柱的压力，使管子端部管壁金属受到挤压，管子被胀开，等到管子外壁与管板孔壁接触后，滚柱的压力就通过管子传到管孔壁上，使管孔壁的金属也产生了变形。由于管子的材料较管板软以及管子的变形量大，从而超过弹性变形而产生永久变形（塑性变形），而管孔只产生弹性变形，如图 10-61 所示。

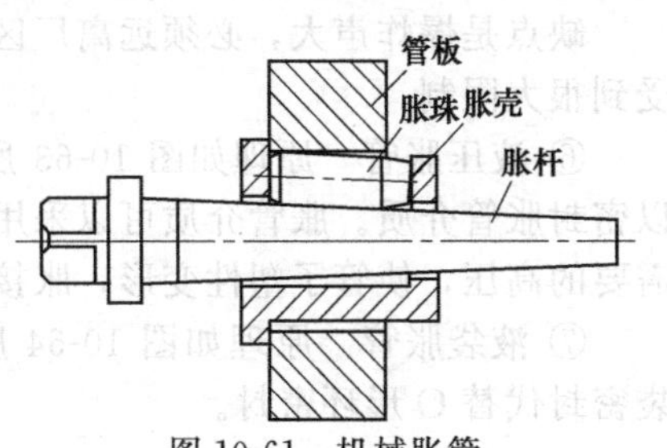

图 10-61　机械胀管

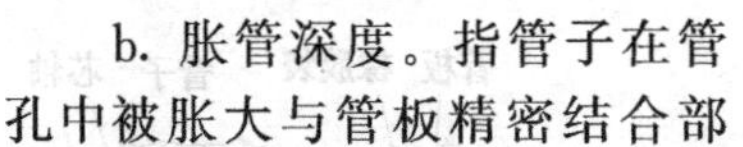

b. 胀管深度。指管子在管孔中被胀大与管板精密结合部分的长度。胀管的深度大小直接关系到胀管质量。在纯胀接时，它一般不低于下述 3 值中的最小值：50mm；管板厚度减去 3mm；管子外径。

c. 胀管速度。胀管速度是单位时间胀杆在管内的进给量，决定于胀杆的转速、胀杆与滚柱的锥度以及胀杆中心线与滚柱中心线在空间组成的夹角（推进角）的大小。胀管器一定，胀接速度仅决定于胀杆的转速。胀接速度快，相对胀接速度慢的胀接质量要差，原因是管子的塑性变形小，管口变形不充分。一般硬度大的管子，应选用较小的胀接速度；相反，硬度较低的管，可选用较大的胀接速度。

d. 胀管操作程序　试胀——通过试胀，掌握胀接所用的胀接速度，胀杆进给量，从而得出合适的胀管率；紧固——将所有管子用胀管器定位固定，即将管子胀大到与管孔贴合，保证管子不转动；胀紧——按试胀确定的胀接工艺，胀紧管子，达到合适的胀管率。胀管顺序——胀接时由于管子伸长，对管板产生一个反力，如胀接顺序不合理，则管板会产生变形影响胀接质量。一般做法是分区放射、对称顺序，如图 10-62 所示。

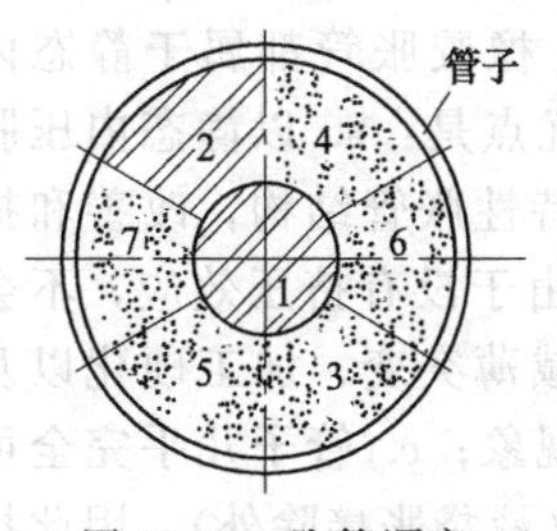

图 10-62　胀管顺序

⑤ 爆炸胀接　爆炸胀接是利用高能量的炸药，在爆炸的瞬间所产生的冲击波的巨大压力，使管子产生高速塑性变形，从而把管子与管板胀接在一起。爆炸胀管的优点是胀口的抗拉脱力及密封性能好，适用于各种金属，包括管子和管板是异种金属，如管板为钢、管子为铝。管子轴向延伸率与管板变形小。对小管径、厚管板、不锈钢管、合金钢管、有色金属管的胀接比机械滚胀法有利。

缺点是爆炸声大，必须远离厂区，在专用场地制造。故爆炸胀管受到很大限制。

⑥ 液压胀管　原理如图 10-63 所示。在芯棒的两端设置 O 形环以密封胀管介质。胀管介质可以采用油或水。在管内表面施加胀管所需要的高压，使管子塑性变形，胀接于管孔内。

⑦ 液袋胀管　原理如图 10-64 所示。与液压胀管不同的是用液袋密封代替 O 形环密封。

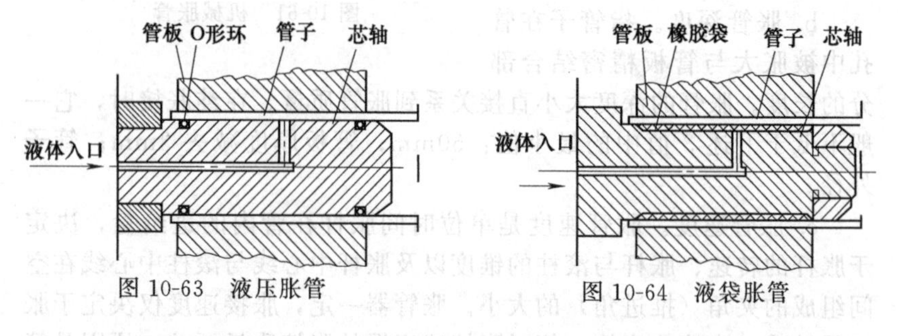

图 10-63　液压胀管　　　图 10-64　液袋胀管

⑧ 橡胶胀管　橡胶胀管头和加载系统原理如图 10-65 所示。当加载拉杆上施加压力 W 时，软橡胶胀管介质被轴向压缩，并向径向扩胀，形成 100～400MPa 的超高胀管压力，使管子塑性变形，胀接于管孔内壁。

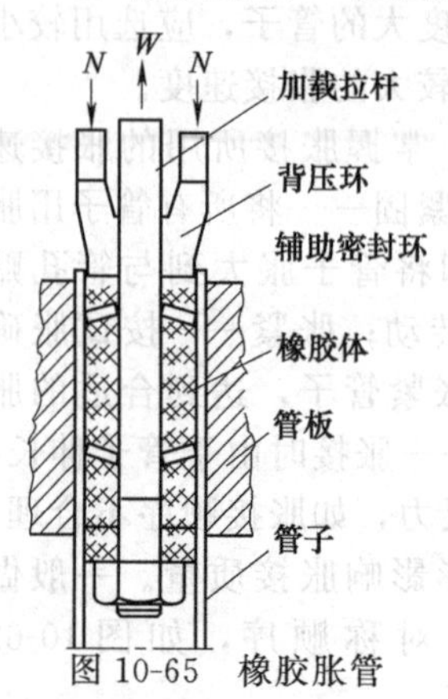

图 10-65　橡胶胀管

液压、液袋、橡胶胀管都属于静态内压胀管系列，其优点是：a. 以静态内压胀管，可以获得软特性胀管结构，改善和提高疲劳寿命；b. 由于没有挤压效应，不会出现明显的壁厚减薄突变、加工硬化以及表面粗糙等不良现象；c. 管子几乎完全可嵌入管孔沟槽内（液袋胀接除外），因此抗拉脱力大，偏差范围小，耐水压性能好；d. 胀管时不存在被润滑油污染现象；胀管时，管子轴向伸长小；e. 特别适用于高压厚管板胀管，可以进行全管板厚度胀管和大口径、特厚管和 1mm 以下薄壁管胀接。缺点是：a. 胀管成本高，胀管器只能用于同一厚度管板，一般是专台管束专门设计，故一般仅用于高压厚管板管束制造；b. 液压胀管的密封问题未能很好解决；c. 一般换热器制造厂不能自已解决胀管器配件问题，也是造成胀管成本高的主要因素。

2）焊接法　管子在管板上的固定采用焊接法，是目前使用最为普遍的方法，纯胀接法已退居其次，使用较少。焊接取代胀接最主要的原因是焊接技术进步，钨极氩弧焊得到广泛使用的结果。除此之外，焊接比胀接所具有的优越性，也是焊接连接占据主要地位的原因之一。

焊接比胀接优越性，主要表现为焊接比胀接更能耐高温、高压，管孔加工精度要求低，操作简单，效率高等。焊接接头存在的主要问题是焊接造成接口较大内应力，管板孔与管子间存有间隙，易形成间隙腐蚀等缺陷，但这些问题可以通过焊后消除应力热处理、贴胀等方法消除。

a. 焊接接头结构。焊接接头的结构很重要，它应根据管子直径与厚度、管板厚度和材料及操作条件等因素来决定，焊接接头的几种形式如图 10-66 所示。

在图 10-66（a）中，由于管板孔端没有开坡口，所以连接质量差，可适用在压力不高和管壁较薄处。图 10-66（c）中，管子头部不突出管板，因此用在立式设备中，使停工后管板上不会积留液体，但焊接质量不易保证。图 10-66（d）所示结构，在孔的四周开沟槽，可有效减少焊接应力，适用薄管壁和管板在焊接后不允许产生较大变形的情况。

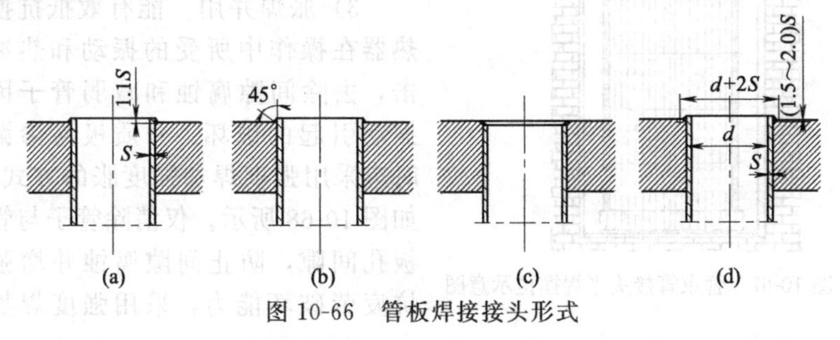

图 10-66　管板焊接接头形式

图 10-66（b）所示的结构，由于管板孔端开了坡口，连接质量较好，使用最多，是 GB 151—2014《热交换器》的推荐结构。图 10-66（b）所示的结构，管子突出管板的长度和坡口深度如表 10-12 所示。

表 10-12　管接头伸出管板长度和坡口深度　mm

换热管规格 外径×壁厚		10×1.0	12×1.0	14×1.5	16×1.5	19×2	25×2	32×2.5	38×3	45×3	57×3
换热管最小伸出长度	l_1	0.5		1.0		1.5		2.0	2.5		3.0
	l_2	1.5		2.0		2.5		3.0	3.5		4.0
最小坡口深度 l_3		1.0			2.0			2.5			

b. 焊前准备。为保证焊接质量，管板端面、管板孔、管头必须清理干净。在管板没有生锈的情况下，一般用脱脂剂（常用丙酮）脱除管板孔和板面上由机加工沾染的润滑油。管头清理采用抛光机除锈，长度为两个管板厚度，需露出金属光泽。

c. 焊接工艺。

ⅰ. 在编制焊接工艺前，应按 GB 151—2014《热交换器》附录 B 的要求进行焊接工艺评定。

ⅱ. 按焊接工艺评定所确定的工艺参数，编制焊接工艺。

d. 焊接。

ⅰ. 实践证明，焊口实施双层施焊工艺，能有效保证接头焊接质量，即第一层不加焊丝，仅熔管板孔坡口底部金属，称封口焊；第二层熔丝焊，用焊丝填满坡口，堆起加强高。

ⅱ. 在条件许可的情况下，推荐用平焊代替全位置焊，可有效提高焊接质量，提高焊接效率，如图 10-67 所示。

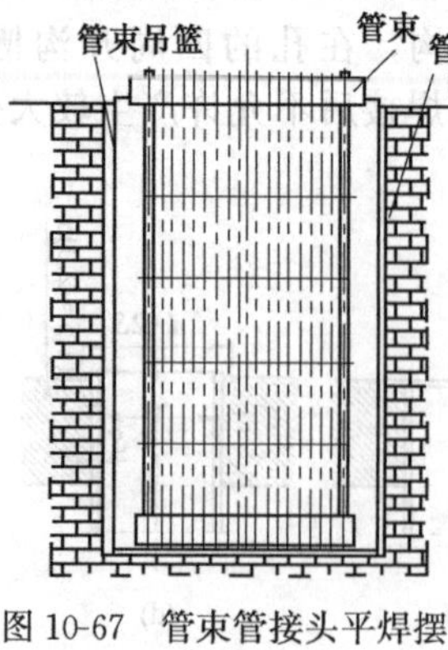

图 10-67　管束管接头平焊摆位示意图

ⅲ. 施焊焊工必须具备相应的焊接资格证。

3）胀焊并用　能有效抵抗换热器在操作中所受的振动和热冲击，去除间隙腐蚀和减弱管子因振动引起的破坏。介质极易渗漏时应采用强度焊加强度胀的方式，如图 10-68 所示。仅消除管子与管板孔间隙，防止间隙腐蚀并增强抗疲劳破坏能力，采用强度焊加

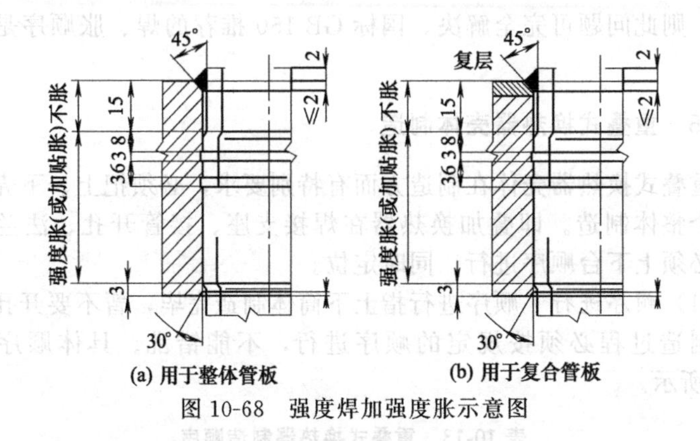

(a) 用于整体管板　(b) 用于复合管板

图 10-68　强度焊加强度胀示意图

贴胀，如图 10-69 所示。由于强度焊加贴胀在生产上使用方面的诸多优点，且制造时与单独强度焊比较，增加工作量不多，施工难度不大，因此，强度焊加贴胀已在石油化工领域得到广泛的使用。

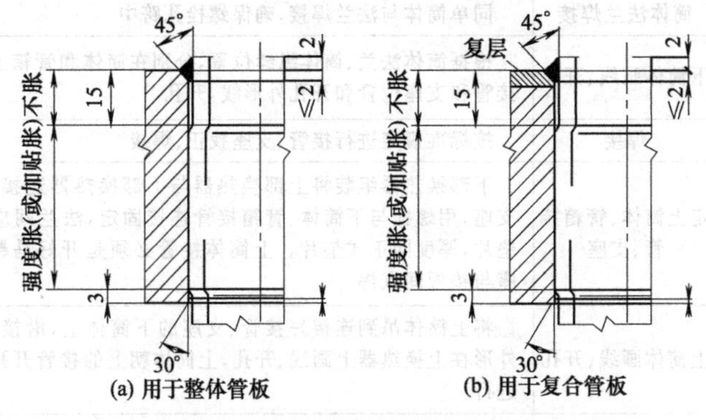

(a) 用于整体管板　(b) 用于复合管板

图 10-69　强度焊加贴胀示意图

焊接与胀接的前后顺序，即先焊后胀还是先胀后焊的问题，在制造业意见不一。焊前先胀虽然使管板内整段管子，包括管头部分都可紧贴管板孔，在焊接时能少填焊丝，从而降低焊接应力。但机械滚胀一般都要使用润滑油，先胀时润滑油不可避免会进入接头间隙，而下步焊接时，润滑油会高温汽化，易造成接头焊缝气孔；管接头焊后焊缝和热影响区收缩，有可能使部分胀接段松胀。而先焊后胀，虽然焊接应力比先胀后焊大些，但在胀接过程中，胀管器对管子的碾压，可有效降低焊口的应力。在有防应力腐蚀要求时，胀后进行消除应力热处理，则此问题可完全解决。国标 GB 150 推荐的焊、胀顺序是先焊后胀。

10.5.5 重叠式换热器壳体制造

重叠式换热器壳体在制造方面有特别要求，必须把上、下壳体作为一个整体制造。即叠加换热器在焊接支座、接管开孔、法兰焊接时，必须上下台顺序进行，同时定位。

（1）顺序进行　顺序进行指上下筒体制造完毕，暂不要开孔，以后的制造过程必须按规定的顺序进行，不能错乱。具体顺序如表10-13所示。

表 10-13　重叠式换热器制造顺序

序号	制造步骤名称	说　明
1	筒体制造	同一般筒体制造，但在编制焊缝排版图时必须上下筒体同时考虑
2	筒体法兰焊接	同单筒体与法兰焊接，确保螺栓孔跨中
3	下筒体画线、开孔	根据筒体法兰、筒体纵缝位置，分别在筒体和管箱上画出下接管和支座位置和开孔外形线，开孔
4	焊接	按标准规定进行接管、支座找正、焊接
5	定上筒体、管箱接管、支座	下部换热器组装将上部换热器与下部换热器连接的接管、支座，用螺栓与下筒体、管箱接管连接固定，法兰间应加临时垫片，厚度同正式垫片。上筒体接管必须是开好马鞍的。支座与垫板间点焊
6	上筒体画线、开孔	将上筒体吊到连接好接管、支座的下筒体上，沿接管、支座外形在上换热器上画线、开孔，上筒体朝上的接管开孔应同时进行
7	点焊、定位	将开好孔的上筒体插进在下筒体的接管支座上，找正，点焊后，装朝上接管，固定。点焊固定必须牢固，保证上筒体拆下焊接，接管不变位

（2）同时定位　同时定位，指在焊接前，上、下筒体接管、法兰、支座必须同时定位、固定。

10.5.6 管壳式换热器的组装与安装

（1）管束与壳体组装

1）管束与壳体组装的顺序　管束与壳体组装的前提条件是壳体制造的各项内容已达图纸和标准的要求。例如，焊缝经无损探伤合格或返修合格；筒体内所有的焊缝已打磨平滑；管束制造的各项工作完成，折流板缺口符合图纸要求，机加工毛刺清理干净；密封面必须彻底清理干净。

① U形管换热器组装顺序如下。

a. 在壳侧法兰密封面放密封垫圈，即O形和八角形钢垫圈，可用润滑脂黏住；缠绕式或复合波齿垫片一般采用聚四氟塑料带缚在法兰的螺栓孔上定位。

b. 插入管束，应防止管束变形和刮伤换热管。

c. 装试验压环，拧紧螺栓为壳程试压做准备。

d. 壳程试压。

e. 装管箱。

f. 管程试压。

② 浮头式换热器组装顺序如下。

a. 在壳侧法兰密封面放密封垫圈，具体作法同U形壳侧垫圈放法。

b. 穿管束。

c. 装浮头专用试压工具，固定管板侧放试验压环，为壳程试压做准备。

d. 壳程试压。

e. 拆浮头专用试压工具，装浮头盖、管箱。

f. 管程试压。

g. 安装凸形封头（大头盖）。

h. 壳程试压。

2）管束装入筒体方法　一是使用专用抽芯机，二是在天车的配合下，用手动葫芦、钢丝绳以管束支耳为力点，将管束拉入。虽然用手动葫芦装入费工费时，易损伤管束，但由于它简单易行、方便，不需专用设备，常在小型换热器中采用。使用专用抽芯机速度快，平稳，对管束保护好。

3）螺栓紧固　至少应分3遍进行，每遍的起点应相互错开120°，紧固顺序可按图10-70所示。

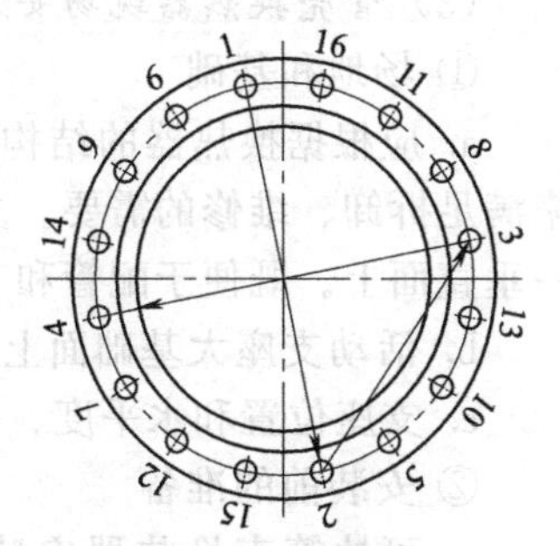

图10-70　换热器筒体法兰螺栓上紧顺序

（2）管壳换热器试压和气密　换热器试压和气密的试验压力和要求、顺序分别按GB 150—2011《压力容器》和

GB 151—2014《热交换器》。一般情况下，水压试验压力取设计压力的1.25倍，稳压30min，降到设计压力进行检查。气密压力为设计压力的1.1倍，稳压10min，降到设计压力，进行检查。

① 固定管板换热器压力试压顺序和目的　壳程试压，检查换热管与管板连接接头、壳体强度；管程试压，检查管箱强度和管箱密封面。

② U形管式换热器、釜式重沸器（U形管束）及填料函式换热器压力试验顺序　加试验压环进行壳程试验，检查管板连接接头，壳体强度；管程试压，检查管箱强度和管箱密封面。

③ 浮头式换热器、釜式重沸器（浮头式管束）压力试压顺序和目的

a. 用试验压环和浮头专用试压工具进行管头试压。对釜式重沸器尚应配合管头试压专用壳体。检验管头和壳体强度。

b. 管程试压。检验管箱强度、管箱密封面和浮头密封面。

c. 壳程试压。检验凸形封头密封面。

④ 气密性试验　换热器需经液压试验合格后方可进行气密性试验，试验压力按图样的规定进行，一般为设计压力的1.1倍。试验时压力应缓慢上升，达到规定试验压力后保压10min，然后降至设计压力，对所有的焊接接头和连接部位进行泄漏检查。如有泄漏，修补后重新进行液压试验和气密性试验。

当换热器介质要求做气密性试验时，仅在相关管程或壳程进行，不必每程都进行气密性试验。

气压试验介质一般用压缩空气或氮气，刷肥皂水检验。

(3) 管壳换热器现场安装

① 场地和基础

a. 应根据换热器的结构形式，在换热器的两端留有足够的空间来满足拆卸、维修的需要。多台换热器排列时，应使管箱管口处于同一垂直面上。既便于配管和节约检修用地，也保持整齐美观。

b. 活动支座大基础面上应预埋滑板。

c. 支座位置和水平度、垂直度等允许误差如表10-14所示。

② 安装前的准备

a. 可抽管束换热器安装前一般应抽芯检查、清扫。抽管束时，应注意保护密封面和折流板。建设单位参与制造厂试压验收，运输距

离较短且短期内安装的换热器，可免抽芯检查。这种情况下，必须保证换热器所用的垫片是符合规定的。

表 10-14　换热器支座位置、水平度、垂直度等允许误差

<table>
<tr><th>项次</th><th>项　目</th><th colspan="2">现浇混凝土支座
允许偏差/mm</th><th>钢结构支座
允许偏差/mm</th></tr>
<tr><td>1</td><td>坐标位移(纵、横轴线)</td><td colspan="2">±20</td><td>±5</td></tr>
<tr><td>2</td><td>平面标高</td><td colspan="2">±20</td><td>±2</td></tr>
<tr><td>3</td><td>平面外形尺寸</td><td colspan="2">±20</td><td>±2</td></tr>
<tr><td>4</td><td>平面水平度</td><td colspan="2">5</td><td>3</td></tr>
<tr><td>5</td><td>垂直度</td><td colspan="2">5mm/m,全长 10mm</td><td>3mm/m,全长 5mm</td></tr>
<tr><td rowspan="2">6</td><td rowspan="2">预埋地脚螺栓</td><td>标高(顶部)</td><td>0～20</td><td rowspan="2">—</td></tr>
<tr><td>位置</td><td>±2</td></tr>
</table>

b. 安装前应进行压力试验。当图样有要求时，应进行气密性试验。

③ 地脚螺栓和垫铁

a. 活动支座大地脚螺栓应装有两个锁紧的螺母，螺母与底板间应留 1～3mm 间隙。

b. 地脚螺栓两侧均应有垫铁。设备找平后，斜垫铁可与设备支座底板焊牢，但不得与下面的平垫铁或基础滑板焊死。

c. 垫铁不应妨碍换热器热膨胀。

④ 其它要求

a. 应在不受外力的状态下连接管线，避免强力装配。

b. 拧紧换热器螺栓时，一般应按图 10-70 所示的顺序进行，并应涂抹适当的螺纹润滑剂。

10.6　压力容器制造质量检验

10.6.1　制造检验

(1) 设计图样的审查

① 压力容器的设计总图（蓝图）上，必须盖有压力容器设计资格印章。设计资格印章中应注明设计单位名称、技术负责人姓名、《压力容器设计单位批准书》编号及批准日期。

设计总图上应有设计、校核、审核人员的签字。第三类压力容器的总图，应由设计单位总工程师或压力容器设计技术负责人批准。

② 压力容器的设计总图上，应注明下列内容：

压力容器的名称、类别（其确定的类别应符合 TSG-21—2016《固定式压力容器安全技术监察规程》规定）；

主要受压元件的材料牌号（总图上的部件材料牌号见部件图），必要时注明材料热处理状态；

设计温度；

设计压力；

最高工作压力；

最大允许工作压力（必要时）；

介质名称（必要时注明其特性）；

容积；

压力容器净重；

焊缝系数；

腐蚀裕度；

热处理要求（必要时）；

压力试验要求（包括试验压力、介质、种类等）；

检验要求（包括探伤方法、比例、合格级别等）；

铸造压力容器的缺陷允许限度和修补要求；

对包装、运输、安装的要求（必要时）。

特殊要求：

a. 换热器应注明换热面积和程数；

b. 夹套压力容器应分别注明壳体和夹套的试验压力、允许的内外压差值，以及试验步骤和试验的要求；

c. 装有催化剂的反应容器和装有充填物的大型压力容器，应注明使用过程中定期检验的要求；

d. 由于结构原因不能进行内部检验的，应注明设计厚度和耐压试验的要求。

③ 如果制造单位自行设计（有设计资格），则应检查设计任务委托书，所委托的条件是否与设计图纸吻合。

④ 图纸资料是否齐全，自行设计的容器应有计算书，主要受压件的零件图和标准件图应齐全无误。

⑤ 引用的制造标准是否正确和完备，不仅有一般标准还应有特殊标准（如热交换器标准、储槽、气瓶标准等）。既要有整体标准也应有零、部件标准（如锻件标准、法兰标准等）。而一切标准不应该是过时的。

⑥ 材料选用是否与有关技术条件规定相符，如某些材料的压力等级限制。容器类别与材料选用的吻合等。对主要受压件的材料必须详加审查。

⑦ 无损探伤方法、探伤比例和合格等级以及强度试验和致密性试验是否符合有关标准、规范的规定。

⑧ 其它特殊要求，如热处理等是否符合规定。

⑨ 对图形进行审查，至少包括宏观尺寸、管口尺寸、数量、方位、焊接接点图等。

(2) 原材料的检验　用以制造压力容器主要受压元件的材料必须有生产厂提供的材质证明书或其复印件。在材质证明书中，除有材料的名称、品种、型号规格外，还应有炉批号或出厂编号、材料的供货状态。按《压力容器安全技术监察规程》等要求复验的，应有复验报告，各项指标应符合相应的材料标准。

入库的钢板在钢板的一端应有材质钢印，至少包括材料名称、规格、编号和检验员确认号，编号可以是原始编号或本厂自编号，后者必须能和原始材料证明相对应。

对于不允许打钢印的薄板、不锈钢板和低温容器用板则可以用其它方法做标记，如油漆等。

原材料的检验要在整个制造过程中贯彻，如卷制筒节将钢印卷入内壁则应把它转移到外表来，经过金属加工车光的零、部件，如法兰、管板、高压管件、高压零、部件等，应在端面或外周面再打上钢印，送到热处理炉中的零、部件要事先挂牌标记以免混淆等。

产品总装完成后应交付材质追踪图，在图上要标明壳体上每块钢板的材质和编号以及每个主要零、部件（如大法兰、管板）的编号，使检验者即使找不到钢印也能对容器的用材一目了然。

对焊材应确认主要受压元件材料与焊接材料是否符合设计图样和工艺要求。

要设置专人保管外协、外购件，特别是像管板、法兰、封头等部件，施工程序转手多、周期长，往往入库后很长时期才取用，保管人必须同时保管材质证明，作标记或补充标记，保证账、证、实物相符，领用时将标记、证明同时交代清楚。

(3) 施工中的检验

① 下料　首先是材质检验，在下料岗位上特别要注意材质标记和标记转移，所有标记应在材料分割前移植，确保材质标记的可追踪性。

其次是下料尺寸的检查，应使筒体焊缝间距等符合有关标准、规范的要求。应该有排版图，针对每张不同尺寸的钢板确定各筒节的尺寸，尽量避免接管开孔避不开焊缝的情况。经过放样画线的钢板开割以前，要确定筒节编号并标在钢板上。

注意：产品焊接试板和筒节同时下料，并严格作好标记和办理移交手续。

② 封头　在下料前作展开画线尺寸的检查。对已压制成形的封头应检查以下几个方面：

a. 壁厚减薄量——最小壁厚应不小于名义厚度以减去钢板厚度负偏差 C_1；

b. 拼接焊缝位置及探伤按国标 GB 150—2011《压力容器》；

c. 球壳或球形封头分瓣冲压的瓣片尺寸允许差要求按 GB 50094—2010《球形储罐施工规范》的规定；

d. 封头成形尺寸的检查用弦长≥3/4 设计内直径的内样板检查，其最大间隙不大于封头内径 D_i 的 1.25%，且存在偏差部位不应是突变的。偏差的检查应使样板垂直于表面进行测量，且允许避开焊缝，如图 10-71 所示。对于碟形及折边锥形封头，其过渡区转角内半径不得小于图样的规定值。

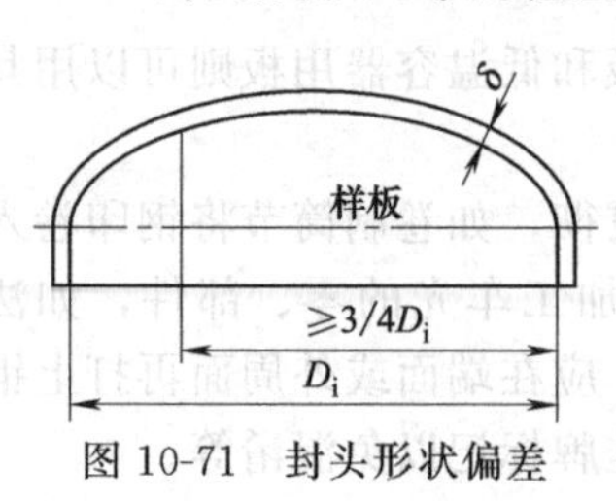

图 10-71　封头形状偏差

③ 筒节和球壳　圆筒节和球壳成形后作材质标记和编号检查后，再检查以下几个方面。

a. 厚度检查：热卷圆筒的成品厚度不得小于名义厚度 δ_n 减去钢板厚度负偏差 C_1。

b. 对口错边量 b 的检查如下。

ⅰ. 单层容器对口错边量 b 如图 10-72 及表 10-15 所示。

表 10-15 单层容器对口错边量 b mm

对口处的名义厚度 δ_n	按焊缝类别划分的对口错边量 b	
	纵 缝	环 缝
≤12	$\leqslant 1/4\delta_n$	$\leqslant 1/4\delta_n$
$12<\delta_n\leqslant 20$	≤3	$\leqslant 1/4\delta_n$
$20<\delta_n\leqslant 40$	≤3	≤5
$40<\delta_n\leqslant 50$	≤3	$\leqslant 1/8\delta_n$
>50	$\leqslant 1/16\delta_{n1}$且≤10	$\leqslant 1/8\delta_{n1}$且≤20

ⅱ. 复合钢板对口错边量 b 不大于钢板复层厚度的 50%且不大于 2，如图 10-73 所示。

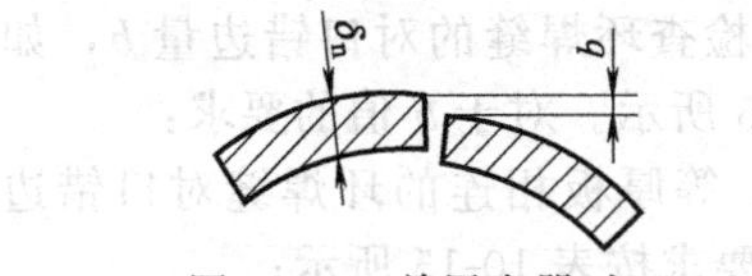

图 10-72 单层容器对口错边量示意图

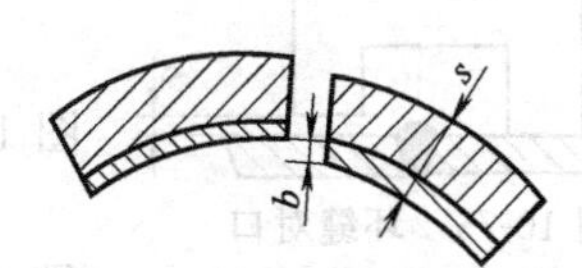

图 10-73 复合钢板对口错边量示意图

ⅲ. 多层包扎压力容器内筒对口错边量 $b\leqslant 1.5$mm。

c. 纵缝处形成的棱角 E。

ⅰ. 单层和复合板制压力容器：对接纵焊缝处形成的棱角 $E\leqslant 0.1\delta_n+2$mm，且不大于 5mm，用弦长 $W=1/6$DN，且不小于 300mm 的内样板或外样板检查，如图 10-74 所示。

ⅱ. 多层包扎压力容器内筒纵焊缝处形成的棱角 E 用弦长等于

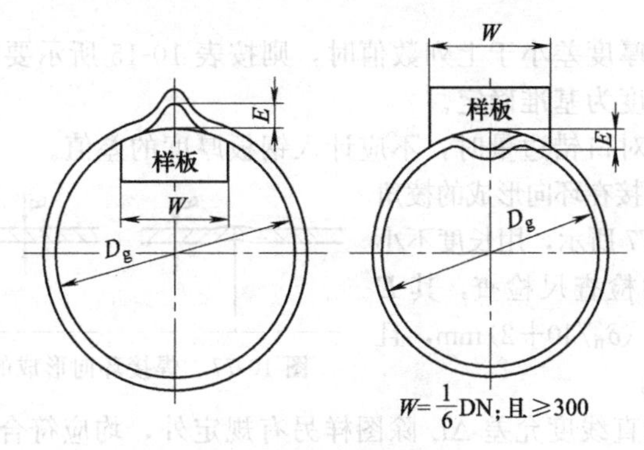

图 10-74 筒节棱角测量

1/6 设计内直径 D_i 且不小于 300mm 的内样板或外样板检查，其 E 值不得大于 2mm。

d. 筒节的圆周长。筒节的圆周长应按照封头的圆周长度而定，制作误差以满足环缝的错边量不超过规定值为限度。同理，筒节之间的圆周长误差也遵循这一原则。

在一般情况下，封头比筒节钢板厚一些，这不仅是由于制造时考虑工艺减薄量，而且由于压制封头时往往使边缘增厚。因此，筒节的下料尺寸既可采用筒节和封头外边对齐，也可采用内边对齐，但应在画线时就确定下来，当然内外都错一点也可以，也就是说，圆周长的尺寸有较大的活动余地，但这只适用于筒节对封头。

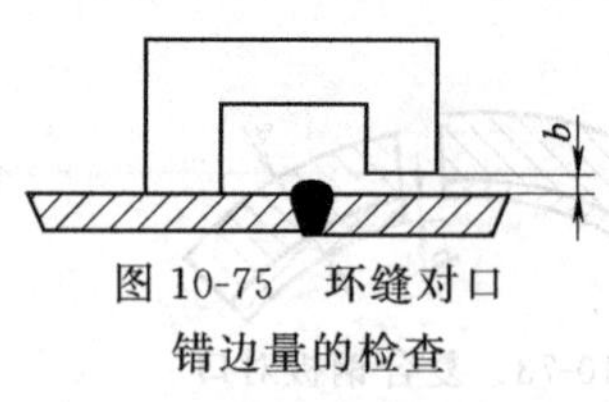

图 10-75 环缝对口错边量的检查

④ 壳体组装的检验

a. 检查环焊缝的对口错边量 b，如图 10-75 所示。对于 b 值的要求：

ⅰ. 等厚板相连的环焊缝对口错边量 b 的要求按表 10-15 所示；

ⅱ. 对接焊接不等厚钢板，当薄板厚度不大于 10mm，两板厚度差超过 3mm；或当薄板厚度大于 10mm，两板厚度差大于薄板厚度的 30%，或超过 5mm 时，均应按图 10-76 所示的要求削薄厚板边缘。

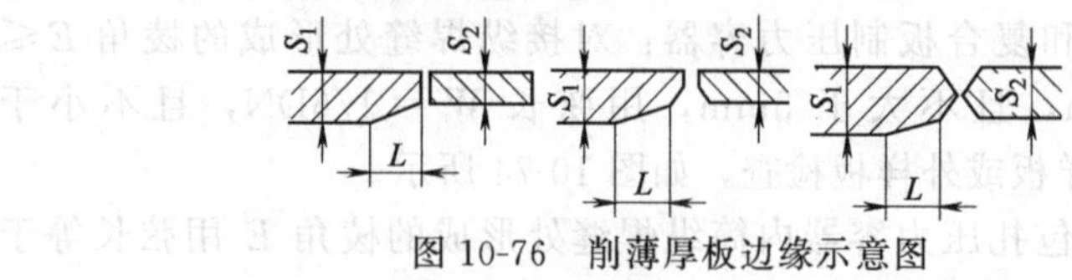

图 10-76 削薄厚板边缘示意图

当两板厚度差小于上列数值时，则按表 10-15 所示要求，且 b 值以较薄板厚度为基准确定。

当测量对口错边量时，不应计入钢板厚度的差值。

b. 因焊接在环向形成的棱角 E，如图 10-77 所示，用长度不小于 300mm 的检查尺检查，其 E 值不得大于 $(\delta_n/10+2)$mm，且不大于 5mm。

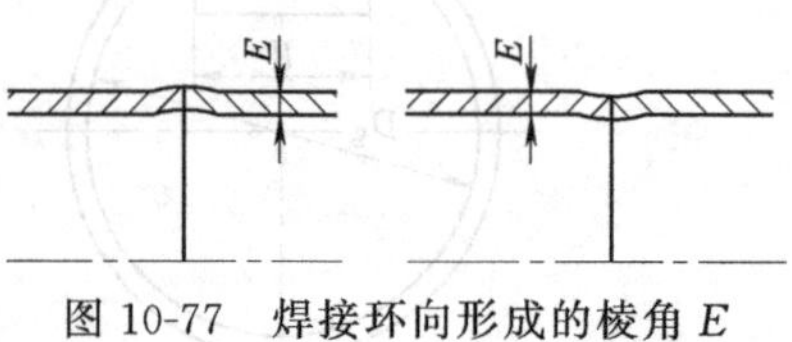

图 10-77 焊接环向形成的棱角 E

c. 壳体直线度允差 ΔL 除图样另有规定外，均应符合以下规定。

壳体长度：$H \leqslant 20$m 时，$\Delta L \leqslant 2H/1000$，且 ΔL 不大于 20mm。

$20<H\leqslant 30$m 时，$\Delta L\leqslant H/1000$。

$30<H\leqslant 50$m 时，$\Delta L\leqslant 35$mm。

$50<H\leqslant 70$m 时，$\Delta L\leqslant 45$mm。

$70<H\leqslant 90$m 时，$\Delta L\leqslant 55$mm。

$H>90$m 时，$\Delta L\leqslant 65$mm。

壳体直度检查是在通过中心线的水平和垂直面即沿圆周 0°、90°、180°、27°这 4 个部位拉 ϕ0.5mm 细钢丝测量，测量的位置离纵焊缝的距离不小于 100mm。当筒体厚度不同时，计算直度应减去厚度差。

d. 壳体的不圆度。承受内压的容器组装完成后，按以下要求检查壳体的圆度。

壳体同一断面上最大内径与最小内径之差 e_1，应不大于该断面设计内直径 D_g 的 1%，且不大于25mm，如图 10-74 所示。

当被检断面位于开孔处或离开孔中心 1 倍开孔内径范围内时，则该断面最大内径与最小内径之差 e_1，应不大于该断面设计内直径 D_g 的 1%与开孔内径的 2%之和，且不大于 25mm。

承受外压及真空容器，组装完成后，按以下要求检查壳体的圆度。

检查偏差采用内弓形或外弓形样板测量。样板圆弧半径等于壳体的设计内半径或外半径（依测量部位而定）。测量点应避开焊缝或其它凸起部位。

当壳体任一断面上是由不同厚度的板材制成时，则允许取最薄板的有效厚度。

e. 壳体焊缝的布置。

ⅰ. 不应采用十字焊缝。相邻的两筒节间的纵缝和封头拼接焊缝与相邻筒节的纵缝应错开，其焊缝中心间距应大于筒体厚度的 3 倍，且不小于 100mm。

ⅱ. 尽量不要在焊缝上开孔，如必须在焊缝上开孔则开孔两侧的焊缝须经 100%无损探伤，其探伤长度不小于 1.5 倍开孔直径（从开孔中心算起）。封头如果有拼缝，拼缝离中心宜靠近，但应避开中心孔。卧式储槽类容器的纵焊缝不应位于下部 120°范围内。

⑤ 壳体与零、部件的组焊

a. 法兰面应垂直于接管或圆筒的主轴中心线。安装接管法兰应保证法兰面的水平或垂直（有特殊要求的应按图样规定），其偏差均不得超过法兰外径的 1%（法兰外径小于 100mm 时，按 100mm 计算），且不大于 3mm。

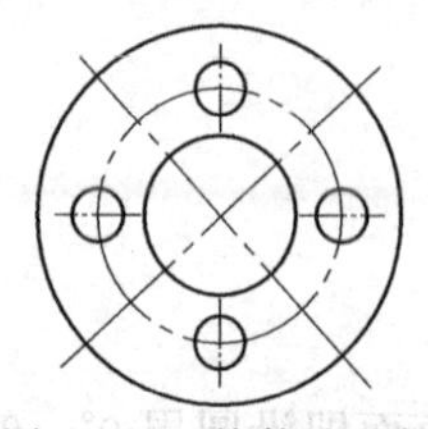

图 10-78 接管法兰螺栓通孔位置示意图

b. 接管法兰螺栓通孔不应和壳体主轴中心线相重合，应对称地分布在它的两侧，如图10-78所示。有特殊要求时，应在图样上注明。

c. 塔体的底座圈、底板上地脚螺栓通孔应跨中均布，中心圆直径允差、相邻两孔弦长允差和任意两孔弦长允差均不大于2mm。

d. 容器内件和壳体焊接的焊缝边缘尽量避开圆筒间相焊及圆筒与封头相焊的焊缝。

⑥ 容器的表面质量检查　表面检查是指对容器内、外表面的检查，如对焊缝外观、对在制造中钢板表面机械损伤等的检查，一般要求如下。

a. 制造中应避免钢板表面的机械损伤，对严重的尖锐伤痕应进行修磨，并使修磨范围内的斜度至少为3：1，冷卷圆筒体修磨处的深度不得超过钢板名义厚度δ_n的5%，且不大于2mm。热卷圆筒修磨处的壁厚应不小于计算厚度δ与腐蚀裕量c_2之和，超出以上要求时允许采用焊补。

不锈钢、高强钢和低温容器钢板更应特别注意表面的局部伤痕、刻槽、微裂纹等，对这些缺陷必须修磨，修磨深度不应超过钢板厚度（复合钢板指复层厚度）的负偏差值c_1。

b. 在压力容器上焊接临时吊耳和拉筋的垫板割除后留下的焊疤必须打磨平滑。打磨后的厚度不应小于设计厚度。

(4) 施工中停止点的设立　压力容器制造过程中，每个环节都应有检验，但不可能全部工序都由专职检验人员负责，还要依靠自检。而对于一些重要环节，则应该交付检验人员或责任人员专职检查，否则会引起一些重大经济损失或重大质量事故，造成局部或整体报废等后果，通常将重要环节的交检称之为停止点。

一般情况下，最低限度应设立以下一些停止点。

① 下料阶段　在画线后开割前要交检，主要应检查：

a. 材质标记、品种、钢号、规格是否与设计要求相符；

b. 钢板、钢管的表面有无检查结果，如有些重要容器要求对钢板进行局部或全部超探、对钢管表面进行磁探的则应有探伤报告，钢板的外表面质量检查也同样是重要的，起皮、严重锈蚀、边缘有夹层等等必须注意；

c. 画线尺寸的检查，对于封头和筒节的拼制尺寸是否符合要求，按排版图逐张检查；

d. 用厚钢板切割法兰毛坯特别容易用错材料，尤其对于拼制的大法兰毛坯不允许不同钢号材料拼焊；

e. 试板是否同时下料，试板材料应严格要求它的代表性，试板的标记、钢印应齐全；

f. 所有下料的主要零、部件一开始就要编号建卡，并在分割前按规定打上钢印。

② 送交无损探伤前　筒节或封头焊接工作全部结束后，经过校圆或平整，检验内容主要包括：

a. 焊缝的外观尺寸、外观质量是否合格；

b. 错边量、棱角；

c. 几何尺寸；

d. 材质标记是否在外表面，有无焊工印记。

对带有试板的筒节必须经检验人员确认并对试板作出标记后方能割下。

未经检验人员在探伤送检单上签字的筒节或封头坯料，探伤人员不得接受探伤任务。

不合格的焊缝经修补后再次送检，要重复上述过程，同样须经检验人员签字，对于第二次以上的焊缝返修，检验人员必须见到批准文件方能放行。

③ 产品焊接试板的停止点　试板经探伤合格后送交解剖加工，并作力学性能试验或其它试验，整个过程都应有交接签字并严格在试件试样上作印记。

对不进行焊后热处理的容器，只有在提供试板的试验合格记录报告后，才允许拼装筒体并开始对环缝施焊。

④ 无人孔的封闭容器，最后一条环缝装配前　主要是检查内部焊接施工情况和无损探伤进度，特别对那些合拢后无法施焊和无法作射线和表面探伤的区段要十分留意。

⑤ 接管开孔前　要将所有接管开孔位置都用样板画出切割线，对照图样检查所有管口尺寸位置和方位。开孔应考虑焊缝布置，力求避开焊缝。

如果安排恰当，④、⑤两个环节可以合并为一个停止点。

⑥ 焊后热处理前

a. 全部焊接工作结束，包括返修工作全部合格。

b. 全部焊后热处理前的无损探伤工作结束，并交出探伤合格报告。

c. 产品检验人员收到了整台容器受压件的材质证书和材质追踪图表，对于3类容器既要有原始材质证书（或复印件）也要有本单位复验的证明。

d. 容器所有材料标记钢印、焊工钢印、射线探伤位置钢印齐全，对于不允许打钢印的材料应有其它能与实际相符且能够追踪的钢印分布图证明。

e. 全部表面质量和尺寸检验合格；应补焊的均已补焊，应打磨的均已打磨且打磨深度没有超差；应装焊于主体的全部内外附件，包括预焊件均已装焊合格。

f. 接管补强圈信号孔已经过0.4～0.5MPa的气密性试验，焊缝无渗漏。

⑦ 耐压试验前

a. 焊后热处理的温度-时间自动记录和热处理时的检查记录和报告符合热处理工艺要求。

b. 热处理后，水压试验前应进行的无损探伤已合格并有合格报告。

c. 热处理随炉的产品试板，包括母材试板和焊接试板已合格并有报告，经有关人员确认。

d. 热处理后再次检查尺寸，主要是壳体不圆度和不直度合格；表面无过烧和局部变形。

对于不要求进行焊后热处理的容器，则⑥项要求应视作耐压试验前检查的内容。

⑧ 耐压试验时　须有人见证，检验人员应始终在场，检查介质要求、介质温度、试验压力、保压时间、压力表校验与量程及有无泄漏等。

(5) 制造单位对产品的最终检验　最终检验的内容，首先是上述耐压试验前应完成的检验必须全部合格，然后是耐压试验本身是否合格并提交试压记录，对于要求作气密性试验和残余应变试验的容器还应在试验合格后提交试验记录。

耐压试验时如果有渗漏、且渗漏是在密封垫处，允许卸压上紧螺栓后再试，如果是焊缝渗漏（往往发生在接管角焊缝处或接头断续处）应停止试压，检查焊缝无损探伤记录，确定缺陷性质后再卸压补焊，补焊后再次探伤和重复热处理。并应再次试压直到合格。

最终检验的过程也就是集中整理产品的各种原始记录、检测记录的过程。在所有表卡中，除材质方面已如前所述外，最重要的是焊接检验和热处理检验。对于射线探伤还应有片位图（必要时还可以根据片位，对探伤质量作复拍检查），并需检查探伤的比例，特别是扩大拍片的范围是否满足规程要求。

出厂产品的配套检查往往被忽视，内件和附件的齐全程度，螺栓、螺母、密封件和其它装箱件的数量，都应有人负责清点并最终到成品库。

竣工图的绘制可在原蓝图上修改，修改处必须有修改人、技术审核人确认标记，竣工图至少1式2份，1份存档、一份出厂。

质量证明书由检验人员填写，也同样1式2份。

在检验质控负责人认为出厂资料齐全，并确认该产品已具备出厂条件后方能批准装订铭牌、油漆包装，并最终下达入库通知单。

(6) *检验流转卡（工艺流转卡、工艺过程卡）* 全部主要受压件如封头、筒节、设备法兰、管板、换热管、膨胀节、开孔补强板、球壳板、端盖、M36以上主螺栓、直径大于250mm的人孔法兰和人孔盖都应有流转表卡。

表卡最好是1件1卡，当出现废品后，重新下料的制件要重新建卡，废品卡也不能丢失，比较简单的零、部件如法兰、接管、补强图也可以数件1卡，非主要受压元件允许不建卡。

重要的工艺过程应有记录卡，如焊接记录卡、热处理记录卡、总装记录卡、试压记录卡等。

至少应提供3种追踪报告：材质、无损探伤片位、每条焊缝的焊工编号。

产品焊接试板应有专用的检验流转卡或在筒节流转卡上予以说明。

各种检验表卡由各制造压力容器的单位根据本身施工经验自行设计。

(7) *资料及铭牌* 压力容器出厂时，制造单位必须向用户提供以下技术文件和资料：

① 竣工图样（如在原蓝图上修改，则必须有修改人、技术审核

人确认标记)；

② 产品质量证明书；

③ 压力容器产品安全质量监督检验证书。

压力容器受压元件的制造单位，应参照产品质量证明书的有关内容，向用户提供质量证明书。

现场组焊的压力容器竣工并经验收后，施工单位除按本条规定提供上述技术文件和资料外，还应按有关规定，将组焊和质量检验的技术资料提供给用户。

(8) 一份比较完整的产品质量检验档案 应包括以下内容。

1) 产品合同

2) 产品合格证

3) 产品质量证明书（正、副本，向用户提供正本）

① 主要受压件材料化学成分、力学性能。

② 产品焊接试板力学性能检验报告。

③ 容器外观及几何尺寸检验记录。

④ 焊接检验记录。

a. 自动焊记录。

b. 手工焊记录。

c. 换热器管板与管子焊接检验记录。

⑤ 无损检测报告。

a. X射线报告及布片图。

b. X射线底片（含试板及返修片）。

c. 超声波探伤检测报告。

d. 磁粉、渗透（着色或荧光）检测报告。

⑥ 热处理报告。热处理自动（时间温度）记录及热处理报告。

⑦ 耐压试验报告。

a. 补强圈气密性试验记录。

b. 耐压试验记录。

c. 气密性试验记录。

⑧ 产品竣工图及其它。

a. 产品铭牌拓片。

b. 产品竣工图（如在原蓝图上修改，则必须有修改人、技术审核人确认标记)。

c. 产品包装发货清单。

d. 征求用户意见书。

⑨ 设计、工艺变更及工艺文件。

a. 设计变更通知单。

b. 工艺变更通知单。

c. 材料代用通知单。

d. 焊缝返修审批单。

e. 不一致品回用审批单。

f. 制造工艺文件、工艺流转卡、焊接工艺卡。

g. 钢印（材料标记钢印、焊工钢印等）分布图。

⑩ 压力容器产品安全质量监督检验证书。

⑪ 其它说明。

(9) 压力容器的铭牌　制造单位必须在压力容器明显的部位装设产品铭牌，并留出装设《压力容器注册铭牌》的位置（其尺寸为100mm×150mm）。未装产品铭牌的压力容器不能出厂。

产品铭牌上至少应载明：制造单位名称、制造许可证编号、压力容器类别、制造年月、压力容器名称、产品编号、设计压力、设计温度、最高工作压力、压力容器净重、监检标记。

10.6.2 焊接检验

焊接检验是对焊接接头的表面和内部质量进行合理评价，确保整个压力容器质量的技术监督工作。

(1) 焊接接头常见的缺陷　焊接接头的缺陷可分为以下两大类。

外部缺陷：存在于焊缝表面，用肉眼或借助于低倍放大镜可直接观察，如焊缝尺寸超标、咬边、焊瘤、表面气孔、表面裂纹、弧坑等。

内部缺陷：存在于焊缝内部，如气孔、夹渣、未熔合、未焊透、裂纹、层状撕裂等。

① 外部缺陷

a. 焊缝尺寸。按设计图样和选用的技术标准要求，焊缝的外形尺寸超出允许范围，都认为是超标缺陷，如焊缝余高过大或高低不平、宽窄不均、凹坑等。这些缺陷对焊接接头的强度和应力水平都有不利的影响，况且尺寸过大也是一种浪费。因此国标GB 150—2011《压力容器》及TSG-21—2016《固定式压力容器安全技术监察规程》均对焊缝尺寸提出了要求。

焊缝余高应符合表10-16及图10-79所示的规定。

表 10-16 焊缝余高要求 mm

焊缝深度 $S(S_1)$	焊缝加强高度 $e(e_1)$		焊缝深度 $S(S_1)$	焊缝加强高度 $e(e_1)$	
	手工焊	自动焊		手工焊	自动焊
≤12	0～1.5	0～4	25<S≤50	0～3	0～4
12<S<25	0～2.5	0～4	>50	0～4	0～4

注：焊缝深度，对单面焊为母材厚度；对双面焊为坡口直边部分中点至母材表面的深度，两侧分别计算。

角焊缝的焊脚高度。在图样无规定时，取等于施焊件中较薄者的厚度。对补强圈的焊脚高度，当补强圈的厚度 $S\geqslant 8$mm 时，其焊脚高度等于 $0.7S$，且不小于 8mm（S 取补强圈厚度和壳体钢板厚度中的较小者）。角焊缝应有圆滑过渡至母材的几何形状。

对于立式容器裙座与下封头相焊的角焊缝应保证按设计焊脚高度所要求的喉部高度尺寸，焊缝应具有与封头外表面圆滑过渡的外廓形状，如图 10-80 所示。

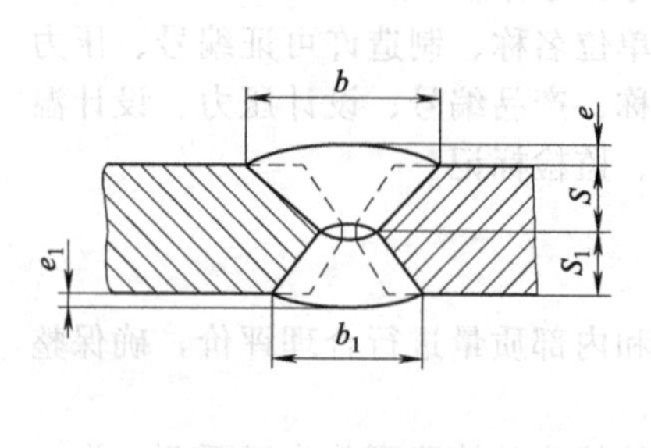

图 10-79 焊缝余高

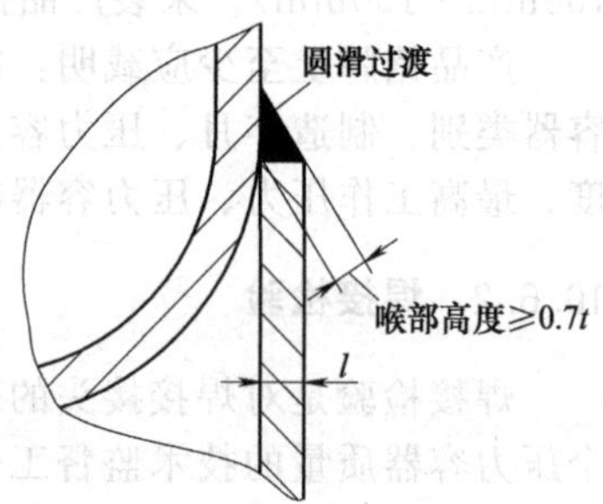

图 10-80 焊缝圆滑过渡示意图

焊缝宽度。容器上同一条对接焊缝的宽度允差 Δb 应符合表10-17 所示的规定。

表 10-17 焊缝宽度允差 mm

焊缝深度 $S(S_1)$	焊缝宽度允差 Δb
≤12	≤4
13～25	≤5
>25	≤12/1000$S(S_1)$+2，且不大于 10

对于焊缝外形尺寸的检查如壳体的纵、环焊缝和封头的拼接焊缝以及重要的角焊缝应以专用检具测量焊缝外形尺寸并做出记录存档。

b. 咬边。咬边如图 10-81 所示。是由于选择的焊接参数不当、操作工艺不正确造成的。

咬边处几何形状不连续，且减少了接头的断面，易产生应力集中，应力集中严重部位，即可能产生裂纹。另外，咬边部位多处于热影响区，此处的硬度高，具有产生裂纹的条件。同时咬边部位使用过程中容易堆积腐蚀物质，加速腐蚀进程。它是一种常见且较危险的缺陷。所以国标 GB 150 及《压力容器安全技术监察规程》，对咬边均作了具体的规定：

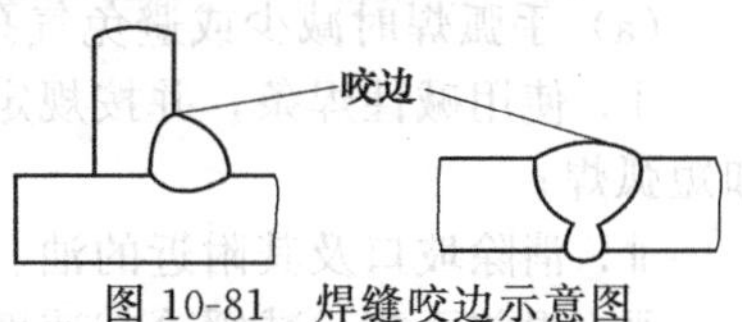

图 10-81　焊缝咬边示意图

ⅰ. 用标准抗拉强度大于 540MPa 的钢材及 Cr-Mo 低合金钢材制造的压力容器、奥氏体不锈钢材制造的压力容器、低温压力容器、球形压力容器以及焊缝系数取 1.0 的压力容器，其焊缝表面不得有咬边；

ⅱ. 对上述ⅰ以外的压力容器的焊缝表面的咬边深度不得大于 0.5mm，咬边连续长度不大于 100mm，焊缝两侧咬边的总长不得超过该焊缝长度的 10%；

ⅲ. 有色金属压力容器焊缝表面咬边，应符合有关标准的规定。

c. 表面裂纹。是暴露在焊缝外部的裂纹，有纵向裂纹、横向裂纹等，这是接头中不允许存在的缺陷。往往是造成压力容器破坏的主要因素。

d. 表面气孔。是气体从焊缝金属中逸出时留在表面上的孔洞，气孔使焊缝断面减少，影响接头的强度和致密性。

e. 焊缝上的熔渣和两侧飞溅物。对于它们的清除，有的压力容器制造（安装）单位很不重视，它的存在不仅影响了产品外观，而且影响对焊缝的无损探伤检查，因此在检查焊缝外观时，对此缺陷的清除要给予足够的重视。

外部缺陷的清除，可用打磨的方法，但打磨后的厚度应注意不得小于母材的厚度。

② 内部缺陷

a. 气孔。气孔可分为密集气孔、单个气孔、条虫状气孔和针状气孔等。气孔影响接头的强度和致密性。气孔是由于焊接熔池在高温时吸收了过多的气体，以及其内部冶金反应产生了大量气体，这些气体在焊接快速冷却时，来不及逸出而残留在焊缝金属内，形成气孔。

在熔化焊中，氢气和一氧化碳是形成气孔的两种主要气体。

（a）手弧焊时减少或避免气孔的措施有：

ⅰ. 使用碱性焊条，并按规定温度和时间烘干。使用直流反接法和短弧焊；

ⅱ. 消除坡口及其附近的油、锈、水分和杂物；

ⅲ. 焊前预热，减缓冷却速度；

ⅳ. 不宜采用偏心的焊条；

ⅴ. 正确地选择焊接工艺参数，如电流不能过大或过小，焊速不能过快，电弧电压不能过高。

（b）自动焊时减小或避免气孔的措施有：

ⅰ. 彻底清除焊缝坡口及其附近的油、锈、水分和污垢；

ⅱ. 焊丝要除锈并清理干净；

ⅲ. 焊剂按规定的温度和时间烘干；

ⅳ. 焊前预热；

ⅴ. 正确选择焊接参数。

b. 裂纹。在焊接应力及其它致脆因素共同作用下，焊接接头中局部地区的金属原子结合力遭到破坏而形成的新界面所产生的缝隙。它具有尖锐的缺口和大的长宽比的特征。

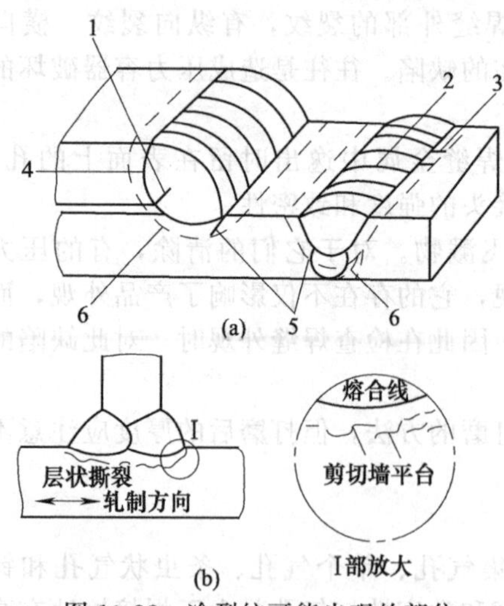

图 10-82 冷裂纹可能出现的部位和分类示意图

1—焊缝纵裂纹；2—焊缝横裂纹；3—热影响区横裂纹；4—焊道下裂纹；5—焊趾裂纹；6—焊根裂纹；4、5、6—热影响区纵裂纹

裂纹可分为热裂纹、冷裂纹、再热裂纹多种形式，多发生在焊缝上和热影响区，被认为是最危险的缺陷，是不允许存在的缺陷。

（a）冷裂纹：焊接接头在焊后冷却过程中，冷却到较低温度下（对钢而言，在 M_s 温度以下）产生的焊接裂纹。对低合金钢则产生在150℃以下的低温条件下，在50～70℃的范围内最敏感。

冷裂纹与氢有直接关系，主要分布在焊缝

金属和热影响区，如图 10-82 所示。

冷裂纹产生的主要原因是扩散氢的作用，氢使金属脆化。氢主要来源于焊条药皮中的水分，因此焊接时采用低氢型焊条（特别是合金钢焊条）对防止冷裂纹是有好处的。其次是用材金属的淬硬倾向和接头的拘束度。当用材的淬硬倾向较大时，产生裂纹的可能性也大。

延迟裂纹是冷裂纹的一种常见形式。它不在焊后立即产生，而是在焊后延迟至几小时、几天或更长的时间才出现，故称延迟裂纹。具有延迟性质的冷裂纹，若在检验以后发生，带来的危害性就更大。

冷裂纹一般在焊接低合金高强度钢、中碳钢、合金钢等易淬火钢时容易发生，而焊接低碳钢、奥氏体不锈钢时遇到较少。防止措施如下。

ⅰ. 焊前预热，焊后缓慢冷却。焊接时要保持焊缝金属有足够的温度，以使扩散氢逸出，可采用焊前预热和焊后消氢处理（焊后立即对焊缝均匀加热到 250～300℃）。

ⅱ. 降低焊接应力和应力集中。焊接时采用合理的焊接顺序，尽量减小焊接应力。

ⅲ. 焊条按要求烘干。低合金钢焊接时要采用低氢型焊条，并充分烘干，去掉药皮中的水分。

ⅳ. 清除焊缝坡口表面上的油垢、锈迹及水分。

（b）热裂纹：在焊接过程中，焊缝和热影响区金属冷却到固相线附近的高温区［从凝固温度范围附近至 A_1（即平衡状态下的温度 727℃）以上温度］产生的焊接裂纹，叫热裂纹，又称高温裂纹，如图 10-83 所示。

其产生的原因是焊接时，熔池的冷却速度很快，焊缝结晶时造成严重的晶内和晶间偏析，且偏析物多为低熔点共晶物和杂质，它们的

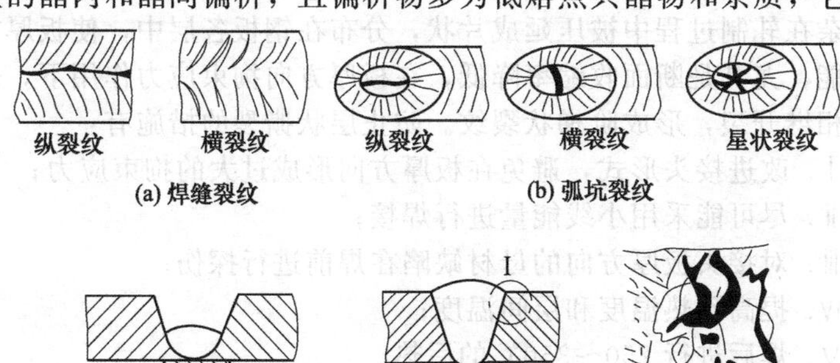

图 10-83 常见热裂纹发生的部位和形态示意图

熔点比焊缝金属低。在结晶过程中，以液态间层的形式存在，焊缝在结晶冷却过程中受到拉伸应力的作用，当应力达到一定值时，液态层间处被拉开又没被液态金属及时充满其间而形成热裂纹。防止热裂纹的措施如下。

ⅰ. 限制钢材和焊接材料中硫、磷等低熔点有害元素的含量。

ⅱ. 细化焊缝晶粒，提高焊缝塑性和韧性，减少偏析。

ⅲ. 适当降低焊缝形状系数，采用多层多道焊，避免中心线偏析。

ⅳ. 尽量降低焊接应力。

（c）再热裂纹：再热裂纹是焊接结构在焊后再次加热到500～700℃之间，如消除应力热处理或长期处于高温运行中发生在靠近熔合线粗晶区的裂纹。防止再热裂纹的措施有：

ⅰ. 选用再热裂纹不敏感的钢材，或严格控制母材和焊材的化学成分；

ⅱ. 尽可能采用小线能量，小焊条进行焊接；

ⅲ. 适当提高预热和层间温度；

ⅳ. 焊后进行250～350℃后热消氢处理；

ⅴ. 尽量减少焊缝区应力集中，消除外部缺陷，将焊缝打磨使之与母材圆滑过渡。

c. 层状撕裂。焊后在焊件中沿钢材轧层形成的呈阶梯状的一种裂纹。它容易产生于安放式大接管与壳体间焊缝下的壳体上、插入式大接管焊缝下的接管侧母材中和整周式加强环焊缝处的壳体上。层状撕裂通常发生在靠近熔合线的热影响区，与熔合线平行，且不露出表面。

冶炼质量是造成层状撕裂的直接原因，钢材中存在的硫等非金属类夹杂在轧制过程中被压延成片状，分布在钢板各层中，使板厚方向的性能，尤其是断面收缩率降低，在板厚方向拘束应力作用下，使其各层相继开裂，形成阶梯状裂纹。防止层状撕裂的措施有：

ⅰ. 改进接头形式，避免在板厚方向形成过大的拘束应力；

ⅱ. 尽可能采用小线能量进行焊接；

ⅲ. 对接头板厚方向的母材缺陷在焊前进行探伤；

ⅳ. 提高预热温度和层间温度；

ⅴ. 焊后进行250～350℃的后热。

d. 未焊透和未熔合。未焊透是指焊缝根部或双面焊坡口中间接合面未被焊缝金属填满，留有可见空间，称为未焊透，如图10-84所示。

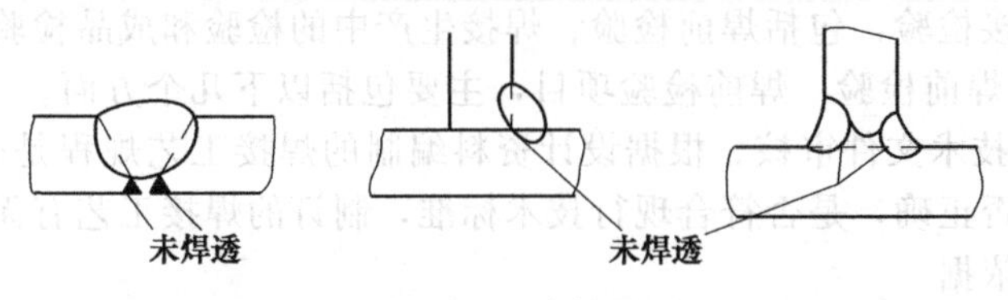

图 10-84 未焊透

未熔合是指母材与焊缝金属之间或多道焊焊道间未被充分熔合，称为未熔合。产生的原因有：

ⅰ. 焊接电流太小；

ⅱ. 焊接速度太快；

ⅲ. 焊条或焊丝位置角度不当或电弧发生偏吹；

ⅳ. 坡口角度或间隙太小，钝边太大；

ⅴ. 焊件散热太快；

ⅵ. 氧化物和熔渣等阻碍了金属间充分地熔合；

ⅶ. 清根不足。

e. 夹渣。在焊缝中的非金属夹杂物称为夹渣。产生夹渣的原因有：

ⅰ. 从外界带入的夹渣，如母材中的夹渣混入到焊缝中，未清理干净的渣壳、坡口氧化皮、药皮中的难熔物等，在焊接时滞留在焊缝金属中；

ⅱ. 焊接过程中冶金反应的产物，如氧化物、硫化物、氮化物等在熔化金属凝固较快的情况下，来不及浮出，残留在焊缝中而形成夹渣；

ⅲ. 焊接规范不当；

ⅳ. 焊接操作不正确。

防止夹渣产生的措施有：

ⅰ. 彻底清除渣壳和坡口边缘的氧化皮。对多层多道焊时，每道焊缝的熔渣应清干净；

ⅱ. 正确运条，有规则地摆动焊条，搅动熔池，促使熔渣与铁水分离；

ⅲ. 改善熔渣浮出条件，采取减慢焊接速度，增加焊接电流；

ⅳ. 选择适宜的坡口角度。

(2) *焊接质量检验* 焊接检验是压力容器制造质量控制的一个重要环节，是确保压力容器安全使用的关键。

焊接检验，包括焊前检验、焊接生产中的检验和成品检验。

① 焊前检验　焊前检验项目，主要包括以下几个方面。

a. 技术文件审核。根据设计资料编制的焊接工艺规程是否齐全，内容是否正确，是否符合现行技术标准，制订的焊接工艺有无焊接工艺评定依据。

b. 焊接工艺评定的审查。审查产品焊接工艺所依据的评定是否能适用于该产品的主要焊缝，评定本身是否按 JB 4708—92《钢制压力容器焊接工艺评定》的规定进行，其焊接工艺评定是否经批准。

c. 焊工资格的审查。持证焊工证件上所列的焊接方法（手弧焊、自动埋弧焊或手工钨极氩弧焊等），母材钢号类别、试件类别、焊接位置、焊接材料等几项因素构成的合格项目是否能与所承担的焊接工作相适应，如果不符合，则应认为不具备焊接资格。

d. 母材和焊材的质量证明书和复验资料（复验一般是指三类容器）的审查。

e. 焊接设备、电流表、电压表的完好情况。

f. 坡口形式、尺寸是否符合设计图样或有关技术条件。

g. 组装质量是否符合规定。

h. 焊接材料的烘干情况和干燥设备是否符合技术文件的要求。

i. 对焊前需预热的焊缝，预热设备和预热温度记录是否符合有关规定。

② 焊接过程中的检验

a. 检查焊接工艺参数是否与焊接工艺规程一致。

b. 检查产品焊接试板的加工、焊接位置、施焊工艺参数和试板数量，是否符合《压力容器安全技术监察规程》、焊接工艺规程的规定。

c. 对要求控制层间温度的焊缝，应检查层间温度。

d. 重要焊缝的多层焊层间及双面焊清根后，可采用表面探伤方法进行检查。

③ 成品检验　压力容器焊完之后，应清理全部焊缝的熔渣，用肉眼或借助于低倍放大镜检查焊缝外形尺寸和表面缺陷。外观检查后要及时填写《焊缝表面质量检查报告》。

(3) 无损探伤　焊缝无损探伤必须符合 TSG-21—2016《固定式压力容器安全技术监察规程》和 GB 150—2011《压力容器》的有关规定，同时还应满足有关标准和设计文件的要求。

无损探伤人员应按照《锅炉压力容器无损检测人员资格鉴定考核规则》进行考核，取得资格证书后方能承担与考试合格的种类和技术等级相应的无损探伤工作。

压力容器的焊接接头，必须先进行规定的形状尺寸和外观质量检查，合格后，才能进行规定的无损探伤检验。有裂纹倾向的材料应在焊接完成24h后，才能进行无损探伤检验，不允许冷至室温的，可在热处理后再探伤。

压力容器的无损探伤包括射线、超声波、磁粉和渗透探伤等。

压力容器的对接焊接接头射线探伤或超声波探伤的比例，按合计分为全部（100%）和局部（≥20%）两种。

钢制压力容器射线探伤，应按GB 3323—2005《金属熔化焊焊接接头射线照相》的规定执行。射线照相的质量要求不应低于AB级。全部射线探伤的压力容器对接焊缝Ⅱ级合格；局部射线探伤的压力容器对接焊缝Ⅲ级合格，但不得有未焊透、裂纹和未熔合缺陷。

有色金属制压力容器和采用铸造方法制造的压力容器的射线探伤和合格标准，应符合专门技术条件的规定。

钢制压力容器对接焊缝超声波探伤，应按JB/T 4730—2005.1《承压设备无损检测》的规定执行。全部探伤的压力容器对接焊缝Ⅰ级合格，局部探伤的压力容器对接焊缝Ⅱ级合格。

① 压力容器的探伤　符合下列情况之一的压力容器对接焊缝，必须进行全部射线或超声波探伤：

a. GB 150中规定进行全部射线或超声波探伤的；

b. 第三类压力容器；

c. 设计压力不小于5MPa的；

d. 第二类压力容器中易燃介质的反应容器和储存容器；

e. 设计压力不小于0.6MPa的管壳式余热锅炉；

f. 钛制压力容器；

g. 设计选用焊缝系数为1.0的；

h. 不开设检查孔的；

i. 公称直径不小于250mm的接管对接焊缝；

j. 选用电渣焊的；

k. 用户要求全部探伤的；

l. 介质为易燃或毒性程度为极度、高度、中度危害的铝、铜制压力容器；

m. 采用气压试验的铝、铜制压力容器；

n. 设计压力不小于 1.6MPa 的铝、铜制压力容器。

② 压力容器焊接接头探伤方法的选择要求

a. 压力容器壁厚不大于 38mm 时，其对接焊缝应选用射线探伤；由于结构等原因，确实不能采用射线探伤时，可选用超声波探伤。对标准抗拉强度不小于 540MPa 的材料，且壳体厚度大于 20mm 的钢制压力容器，每条对接焊缝除射线探伤外，应增加局部超声波探伤。

b. 压力容器壁厚大于 38mm，其对接焊缝，如选用射线探伤，则每条焊缝还应进行局部超声波探伤；如选用超声波探伤，则每条焊缝还应进行局部射线探伤，其中应包括所有的 T 形连接部位。

c. 对要求探伤的角接接头、T 形接头不能进行射线或超声波探伤时，应作表面探伤。

d. 有色金属制压力容器的对接焊缝，应选用射线探伤。

除以上要求全部探伤的压力容器外，其它压力容器的对接焊缝，应作局部探伤检查，其合格标准不变。探伤部位由制造单位检验部门根据实际情况选定。但对所有的 T 形连接部位以及拼接封头（管板）的对接接头，必须进行射线探伤。

经过局部射线探伤或超声波探伤的焊缝，若在探伤部位发现超标缺陷时，则应进行不少于该条焊缝长度 10% 的补充探伤；如仍不合格，则应对该条焊缝全部探伤。

全部或局部探伤，采用射线和超声波两种探伤方法进行时，其质量要求按各自标准均合格的，方可认为探伤合格。

进行局部探伤的压力容器，制造单位对未探伤部分的质量仍应负责。如经进一步检验发现仅属于气孔之类的超标缺陷，则由制造单位与用户协商解决。

③ 压力容器表面探伤要求

a. 钢制压力容器对接、角接和 T 形接头，应按 GB 150 有关规定进行磁粉或渗透探伤。

磁粉探伤按 JB 4730.4—2005《磁粉检测》进行。检查结果不得有任何裂纹、成排气孔，并应符合Ⅱ级的线性和圆形缺陷显示。

渗透探伤按 GB 150 有关规定进行，不得有任何裂纹和分层。

b. 有色金属压力容器应按相应的标准进行。

现场组焊的压力容器，耐压试验前，应按标准规定对现场焊接的焊缝进行表面探伤；耐压试验后，应做局部表面探伤复查，若发现裂纹等超标缺陷，则应作全部表面探伤。

制造单位必须认真做好无损探伤的原始记录，正确填发报告，妥善保管底片（包括原返修片）和资料，保存期限不应少于7年。

10.6.3 压力容器的焊缝返修

① 焊缝的返修应由合格的焊工担任。返修工艺措施应经焊接技术负责人同意。

② 焊缝同一部位的返修次数不应超过2次。如超过2次，返修前均应经制造单位技术负责人批准。返修次数、部位和无损探伤结果等应记入容器的质量证明书中。

③ 要求焊后热处理的容器，应在热处理前进行返修。如在热处理后返修，返修后应再做热处理。

④ 有抗晶间腐蚀要求的奥氏体不锈钢制容器，返修部位仍需保证原有要求。

⑤ 应在焊缝附近50mm处的指定部位打上焊工代号钢印。对不能打钢印的，可用简图记载，并列入产品质量证明书，提供给用户。

10.6.4 压力容器的焊后热处理检验

① 容器及受压元件符合下列条件之一者应进行热处理。

a. A、B类焊缝处的母材名义厚度（δ_n）符合以下条件者：

碳素钢厚度$\delta_n>34$mm（如焊前预热100℃以上时，厚度$\delta_n>38$mm）；

16MnR厚度$\delta_n>30$mm（如焊前预热100℃以上时，厚度$\delta_n>34$mm）；

15MnVR厚度$\delta_n>28$mm（如焊前预热100℃以上时，厚度$\delta_n>32$mm）；

任意厚度的其它低合金钢。

对于不同厚度的A、B类焊缝，上述所指厚度按薄者考虑；对于异种钢材相焊的A、B类焊缝，按热处理严者确定。

b. 冷成形和中温成形圆筒厚度δ_n符合以下条件者：

碳素钢、16MnR的名义厚度δ_n不小于设计内直径D_i的3%；

其它低合金钢的名义厚度δ_n不小于设计内直径D_i的2.5%。

c. 冷成形封头应进行热处理。当制造单位确保冷成形后的材料性能符合设计、使用要求时，不受此限。

除图样另有规定外，冷成形的奥氏体不锈钢封头可不进行热处理。

d. 图样注明有应力腐蚀的容器。

e. 图样注明盛装毒性为极度危害或高度危害介质的容器。

② 焊后热处理允许在炉内分段进行。分段热处理时，其重复热处理长度应不小于1500mm。炉外部分应有保温措施，使温度梯度不致影响材料的组织和性能。

③ B类焊缝、球形封头与圆筒相连的A类焊缝以及缺陷修补焊缝，允许采用局部热处理方法。焊缝每侧加热宽度不得小于壳体名义厚度 δ_n 的两倍。靠近加热区域的壳体应采取保温措施，使温度梯度不致影响材料的组织和性能。

④ 有防腐要求的奥氏体不锈钢及复合钢板制造的容器表面，应进行酸洗、钝化处理。

有防腐要求的奥氏体不锈钢制零、部件按图样要求进行热处理后，需作酸洗、钝化处理。

⑤ 根据所制订的工艺规程，需要焊后进行消氢处理的容器，如焊后随即进行消除残余应力的热处理时，则可免做消氢处理。

⑥ 改善材料力学性能的热处理，应根据图样要求所制订的热处理工艺规程进行。母材的热处理试板与容器（或圆筒）同炉进行热处理。

⑦ 热处理的其它条件，如进炉温度、升温速度、保温温度、保温时间及温差、冷却速度、出炉温度、冷却方式等按热处理工艺规定进行检查。

⑧ 制造部门应保存所有热处理的时间-温度关系曲线记录，保存期限不得少于7年。

10.6.5 压力容器安装质量检验

安装质量检验的目的就在于确保压力容器安装质量符合设计要求，为此要求每个安装单位必须建立安装质量保证体系，建立健全各项规章制度和设置专业人员进行质量管理。在安装过程中应及时发现问题、解决问题，确保压力容器在使用期间能安全运行。对安装质量的检查结果将作为安装单位交工验收的依据。

(1) 压力容器安装检验基本程序　设备验收→基础检查→就位检

验→内件安装检验→清洗、封闭检验→耐压试验→气密性试验→交工验收。

(2) **设备验收** 压力容器出厂后由于包装运输和存放，到现场后，安装施工单位还应进行验收检验。

① 技术文件检查必须具备的技术文件

a. 产品合格证。

b. 使用说明书（必要时）。

上述文件至少应包括设备特性、安装说明、设备热处理状态、特殊要求等。

c. 质量证明书。包括：受压元件材质和复验数据；无损探伤报告；外观和几何尺寸检查报告；耐压试验和气密性试验报告；焊后热处理报告。

d. 设备竣工图。

② 设备验收 设备验收的目的是对设备的质量情况进行检验。检查的依据是设备竣工图样和有关制造技术文件。检查情况应有记录。

(3) **基础检查** 设备安装之前要对设备基础（如果设备安装在钢结构框架上，要对安装部位的支撑结构）进行检查，特别是较高大的塔类设备，基础的质量是非常重要的。曾经有过由于基础质量太差，引起设备倾覆的事故。

基础施工单位应提供基础施工质量证明书、测量记录。安装单位应按设备安装图样进行验收，应检查基础的外观质量和位置（坐标）标高尺寸等，并符合现行国家标准的有关规定。

(4) **安装前准备工作检查** 压力容器安装之前，还应对安装的准备工作进行检查，首先要检查施工方案（包括吊装方案）的合理性和可行性，尤其应检查保证工人和设备安全的措施。

在安装前应检查设备内部杂物、油污的清除情况和清洁程度。对不允许在基础上试压的大型设备，应在安装之前进行试压，并填写记录。

对量具和检测仪器进行检查，要求量具和检测仪器配备符合计量部门的规定，经检定合格，并在周检期内，其精度符合技术文件要求。若使用未经检定或超过周检期、或精度不够的量、器具。检测的数据是无效的。

(5) **安装过程中检查** 压力容器安装包括下面几项工作：设备吊

装就位、找正、找平、地脚螺栓的埋设和紧固及二次灌浆工作等。对安装过程中每道工序都要认真检查，及时发现并处理超标缺陷。

① 设备的吊装就位检查 首先应认真审查吊装方法与经批准的方案。在确认这项工作无误之后，便可检查设备就位工作。

a. 核对管口方位：按设备平面布置图和设备平面图，对与管道连接的管口位置、人孔的位置逐个查对，发现问题及时纠正。

b. 检查地脚螺栓与螺栓孔的尺寸和位置，要符合设备图样规定。

c. 设备找平、找正。

设备吊装就位后，要按设备上的基准测点和设备基础上的安装基准线进行调整。调整时利用垫铁来找平，并借助于测量仪器对立式设备及卧式设备找正。设备安装允差如表10-18所示。

表 10-18 设备安装偏差范围 mm

检查项目	偏差范围	
	立式	卧式
中心线位置	±5	±5
标高	±5	±5
水平度	—	轴向 $L/1000$ 径向 $2D/1000$
铅垂度	$h/1000$ 但不超过 25	—
方位	沿底座环圆周测量但不超过 15	—

注：h—立式设备两端测点距离；L—卧式设备两端测点距离；D—卧式设备的壳体外径。

设备找平、找正注意事项：

a. 在高度超过20m的立式设备找正时，测量垂直度要在不受阳光照射和风力（要求小于4级）影响下进行。

b. 找正、找平时只能依靠调整垫铁，不能用地脚螺栓调整。

c. 卧式设备找平时要注意坡度要求。

② 地脚螺栓灌浆 设备地脚螺栓的埋设方法有两种。一种是用模板将地脚螺栓固定，与基础施工时一次埋设好，不需要再灌浆。这种方法要求埋设精度较高，无调整余地。国内某些球罐的地脚螺栓埋设就采用这种方法。另一种方法是预留地脚螺栓孔，这种方法目前使用比较普遍，如图10-85所示。

a. 对预留孔地脚螺栓埋设的要求。

ⅰ. 地脚螺栓的铅垂度偏差不得超过螺栓长的5/1000。

ⅱ. 地脚螺栓与孔壁距离口不得小于20mm。

ⅲ. 地脚螺栓与孔底距离 C 不小于80mm。

ⅳ. 地脚螺栓外露螺纹部分要求涂以二硫化钼保护，并露出2个螺距。

ⅴ. 地脚螺栓紧固时要受力均匀。

ⅵ. 在工作温度下产生膨胀或收缩的设备，其滑动侧地脚螺栓应先紧固，当与管线连接完毕后，再松开留下0.5～1mm间隙后拧紧。以保留有伸缩的余地。

b. 对垫铁的要求。

ⅰ. 直接承受负荷的垫铁组应靠近地脚螺栓，且至少每个地脚螺栓有一组垫铁。

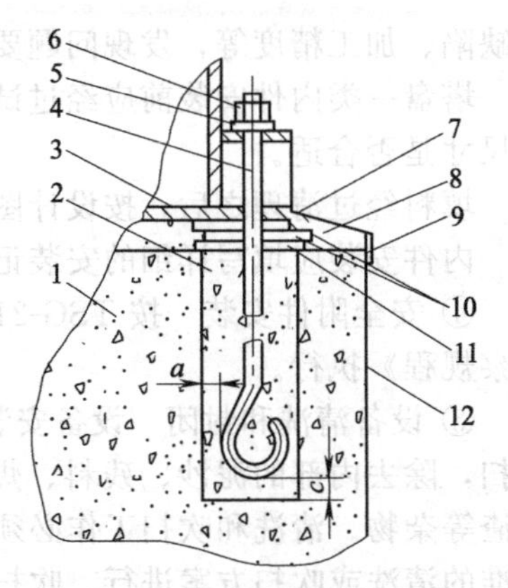

图10-85 地脚螺栓、垫铁和灌浆部分示意图

1—基础；2—螺栓灌浆层；3—设备底座底面；4—地脚螺栓；5—螺栓垫圈；6—螺母；7—灌浆层斜面；8—二次灌浆层；9—外模板；10—成对斜垫铁；11—平垫铁；12—基础外缘

ⅱ. 相邻两垫铁组间距，可根据设备底座的刚度决定，一般应为500mm左右为宜。

ⅲ. 垫铁组应使用成对斜垫铁，搭接长度不小于全长的3/4。斜垫铁下面应放置平垫铁，垫铁总高度为50～100mm。块数以不超过4块为宜。

c. 灌浆。地脚螺栓在安装过程有两次灌浆，一次是在找平、找正后，用碎石混凝土灌注，待混凝土强度达到设计强度的75%以上时，进行设备的精确找平、找正。然后进行第二次灌浆。

灌浆前要对基础表面清理，充分湿润，混凝土标号要高于基础的混凝土标号。

二次灌浆要求表面光洁美观。

③ 设备内件安装 设备内件种类繁多，根据工艺要求不同，内部往往带有各类塔盘、筛板、填料、催化剂筒、蒸汽盘管、喷淋装置和搅拌装置等内件，对安装的要求也不相同。

安装之前要对零、部件（指内件）进行检查，如塔板的尺寸、表面缺陷、加工精度等，发现问题要及时修理。

塔盘一类内件安装前应经过试装，以便检查零、部件的结合情况和尺寸是否合适。

填料经过清理之后，按设计图和技术文件要求填充。

内件安装应填写详细的安装记录。

④ 安全附件安装　按 TSG-21—2016《固定式压力容器安全技术监察规程》执行。

⑤ 设备清洗和封闭　设备安装后，在封闭之前应进行清除清洗、吹扫，除去内部的泥沙、残料、焊条头、木块以及铁锈和焊条药皮、熔渣等杂物。清洗和吹扫工作必须在清除内部杂物后进行，且应按经核准的清洗或吹扫方案进行。吹扫方案要规定所使用的吹扫介质、压力、注意事项和检查方法。

设备表面要按设计图样和技术文件的要求，进行表面处理。处理时采用的方法，不得对设备和内件等造成损伤，特别是使用的化学清洗剂，一定要按照使用说明书指导的方法进行。

要求表面进行脱脂的设备，按技术文件规定，选择脱脂方法、脱脂剂、检查方法。

设备经过清洗、吹扫和表面处理之后要经质量监督部门检查，并填写记录，然后才能封闭，准备进行压力试验。

(6) 压力试验　压力容器安装完毕后，应根据设计图样和设备安装说明书等技术文件的规定，进行压力试验。压力试验包括耐压试验和气密性试验。其具体要求除按有关章节外，还应注意现场安装的特点和要求。

① 耐压试验前要对设备进行全面检查，包括检查设备制造质量证明书和安装检查记录、设备的焊接质量、安装质量以及制造和安装中的质量问题处理意见等技术文件。

② 试压前要做好准备工作，对水源和排水要按方案进行，不得随意排放，以免浸泡基础。

③ 充水时要随时对基础进行观测。

④ 试验时，要求在最高点和最低点各设置 1 块压力表。压力表必须经过计量部门检定。其量程取试验压力 1.5～3 倍，最好取 2 倍。压力表精度不低于 1.5 级。

⑤ 压力容器在全部检验工作结束后，应按规定填写交工验收文件，经验收后即可投入生产使用。

第11章 铆接与敛缝

金属结构零件相互连接的方法有铆、焊、螺栓连接等多种，凡用铆钉连接金属构件的过程就叫做铆接。为了保证铆接件连接处的紧密性，对连接处缝隙所进行的收敛工作叫做敛缝。

11.1 铆接的原理与特点

11.1.1 铆接的原理

铆接是指采用铆接工具、设备，利用铆钉的形变将两个或两个以上加工有铆钉孔的零件或构件（通常是金属的板材或型材及其半成品）连接成为整体的方法。

在铆接生产过程中，常使用以下工作流程。

① 应在被连接件（铆接件）上采用切削加工方法（钻孔、扩孔、铰孔等手段）加工制备铆钉孔。

② 按照铆接结构图样尺寸要求，选择装配基准，进行铆接件的装配、固定。

③ 选择符合技术要求的铆钉。

④ 确定铆接设备、工具等。

⑤ 实施铆接时的烧钉、接钉、穿钉、顶钉及铆接操作。

⑥ 进行铆接质量检查。

11.1.2 铆接的特点

① 铆接的优点有工艺设备简单，受力均匀可靠。

② 装配后不产生变形，强度较高，铆钉材料的塑性、韧性良好。

③ 铆接质量容易控制，检查方便；铆接产品在大多数情况下属于永久性连接，接头不易松动，使用寿命长，便于维修等，所以对于承受冲击和振动载荷构件的连接、某些异种金属材料的连接以及焊接性较差的金属连接，往往需采用铆接方法。

随着现代工业技术的发展，虽然铆接在一些应用场所已被焊接、粘接等方法所替代，但铆接仍在汽车、航空、仪表、桥梁、建筑等行业中得到广泛的应用。不过仍应注意到铆接存在工序多、钢材消耗多、劳动强度大、噪声大的缺点。

11.2 铆钉的种类与用途

11.2.1 铆钉的种类

铆钉是铆接结构的重要组成部分，能否正确选择、使用铆钉将直接影响铆接的质量。常用的铆钉有铆钉头和圆柱形钉杆两部分，如图11-1所示。

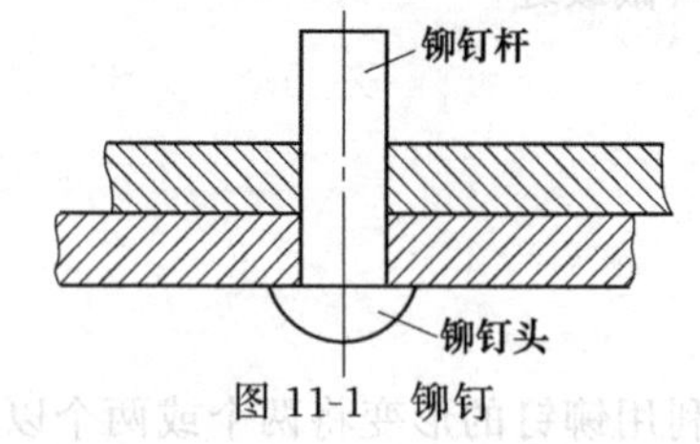

图 11-1 铆钉

铆钉的种类很多，主要分为普通铆接用铆钉和特种铆接用铆钉。铆工作业中常用的铆钉有实心铆钉和部分空心铆钉。常见铆钉的种类用途如表11-1所示。

表 11-1 常用铆钉种类及其一般用途

国家标准	铆钉形式		钉杆直径 d /mm		一般用途
	名称	形状			
GB/T 863—1986 GB/T 867—1986	半圆头铆钉		粗制	2～36	常用锅炉、房架、桥梁、车辆等的连接
			精制	0.6～16	
GB/T 864—1986 GB/T 868—1986	平锥头铆钉		粗制	2～36	由于钉头肥大，能耐腐蚀，常用于船舶、锅炉等严重腐蚀部位的铆
			精制	2～16	
GB/T 865—1986 GB/T 869—1986	沉头铆钉		粗制	2～36	常用于承受强大力量的结构并要求铆钉不凸出或不全部凸出工件表面的连接
			精制	1～16	
GB/T 866—1986 GB/T 870—1986	半沉头铆钉		粗制	2～36	
			精制	1～36	

续表

国家标准	铆钉形式		钉杆直径 d /mm	一般用途
	名称	形状		
GB/T 109—1986	平头铆钉		2～6	用于薄板的连接，适用于冷铆和有色金属的铆接
GB/T 871—1986	扁圆头铆钉		1.2～10	
GB/T 872—1986	扁平头铆钉		1.2～10	
GB/T 873—1986	扁圆头半空心铆钉		1.4～10	铆接方便，钉头较弱，适用于受载不大的铆接
GB/T 876—1986	空心铆钉		1.4～6	铆钉重量轻、钉头承载能力差，适用于轻载和异种材料的铆接

铆钉可用钢、铜、铝等金属锻模镦制而成。为了保证铆钉具有较高的塑性，在铆接时容易形成镦头，因此，用冷镦法制成的铆钉须经退火处理，以降低其硬度，提高塑性，从而使铆钉在铆接过程中顺利形成镦头。

11.2.2 铆钉的规格

铆钉的规格通常主要指铆钉的公称直径、公称长度。但在铆钉的规格中不仅包括其公称直径、公称长度，还包括铆钉用材料、表面处理等情况。如公称直径 d=8mm、公称长度 l=50mm、材料为BL2、不经表面处理的半圆头铆钉的规格记为：铆钉 8×50 GB/T 867—1986。

（1）粗制半圆头铆钉规格　粗制半圆头铆钉规格如表11-2所示。

表 11-2 粗制半圆头铆钉规格 mm

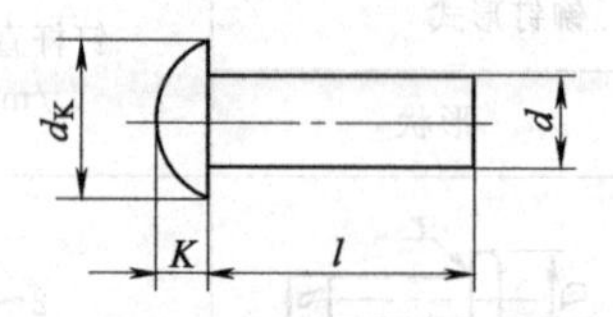

公称直径 d	铆钉头直径 $d_{K\max}$	铆钉头高度 $K_{\max}$	铆钉杆长度 l	公称直径 d	铆钉头直径 $d_{K\max}$	铆钉头高度 $K_{\max}$	铆钉杆长度 l
12	22	8.5	20～90	(22)	40.4	16.3	38～180
(14)	25	9.5	22～100	24	44.4	17.8	52～180
16	30	10.5	26～110	(27)	49.4	20.2	55～180
(18)	33.4	13.3	32～150	30	54.8	22.2	55～180
20	36.4	14.8	32～150	36	63.8	26.2	58～200

注：本表符合国标 GB/T 863.1—1986。

(2) 半圆头铆钉规格 半圆头铆钉规格如表 11-3 所示。

(3) 粗制沉头铆钉规格 粗制沉头铆钉规格如表 11-4 所示。

表 11-3 半圆头铆钉规格 mm

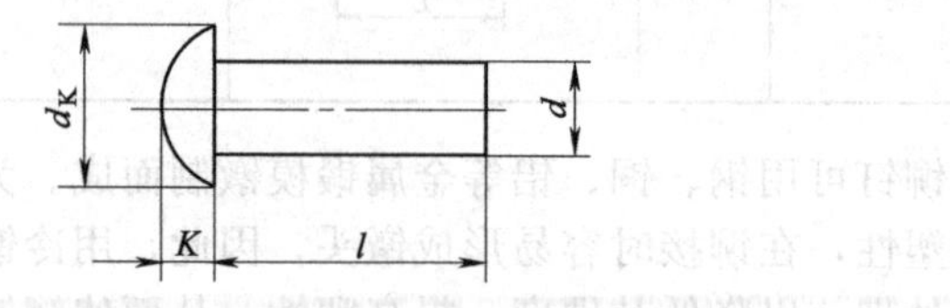

公称直径 d	铆钉头直径 $d_{K\max}$	铆钉头高度 $K_{\max}$	铆钉杆长度 l	公称直径 d	铆钉头直径 $d_{K\max}$	铆钉头高度 $K_{\max}$	铆钉杆长度 l
2	3.74	1.4	3～16	6	11.35	3.84	8～60
2.5	4.84	1.8	5～20	8	14.35	5.04	16～65
3	5.54	2	5～26	10	17.35	6.24	16～85
(3.5)	6.59	2.3	7～26	12	21.42	8.29	20～90
4	7.39	2.6	7～50	(14)	24.42	9.29	22～100
5	9.09	3.2	7～55	16	29.42	10.29	26～110

注：本表符合国标 GB/T 867—1986。

表 11-4 粗制沉头铆钉规格 mm

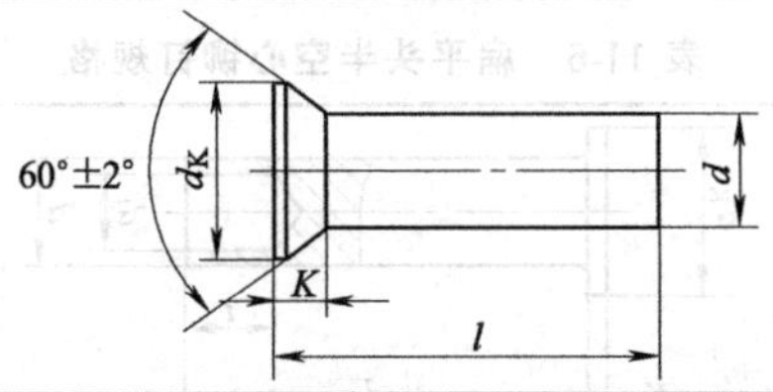

公称直径 d	铆钉头直径 $d_{K\max}$	铆钉头高度 K	铆钉杆长度 l	公称直径 d	铆钉头直径 $d_{K\max}$	铆钉头高度 K	铆钉杆长度 l
12	19.6	6	20～75	(22)	37.4	12	38～180
(14)	22.5	7	20～100	24	40.4	13	50～180
16	25.7	8	24～100	(27)	44.4	14	55～180
(18)	29.0	9	28～150	30	51.4	17	60～200
20	33.4	11	30～150	36	59.8	19	65～200

注：本表符合国标 GB/T 865—1986。

(4) **沉头铆钉规格** 沉头铆钉规格如表 11-5 所示。

表 11-5 沉头铆钉规格 mm

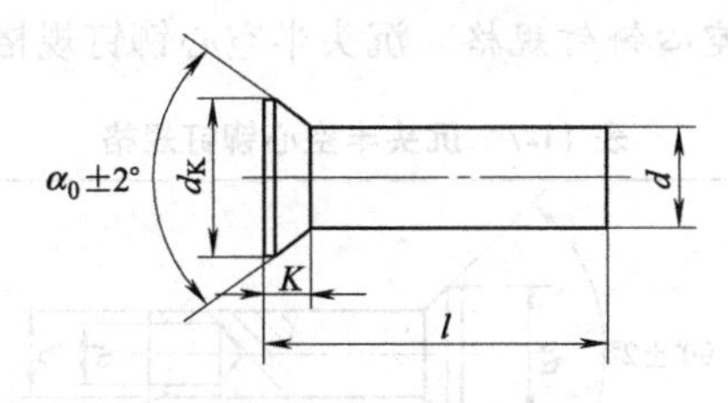

公称直径 d	铆钉头直径 $d_{K\max}$	角度 α_0	铆钉头高度 K	铆钉杆长度 l	公称直径 d	铆钉头直径 $d_{K\max}$	角度 α_0	铆钉头高度 K	铆钉杆长度 l
2	4.5	90°	1	3.5～16	6	10.62	90°	2.4	6～50
2.5	4.75		1.1	5～18	8	14.22		3.2	12～60
3	5.35		1.2	5～22	10	17.82		4	16～62
(3.5)	6.28		1.4	6～24	12	18.86	60°	6	18～75
4	7.18		1.6	6～30	(14)	21.76		7	20～100
5	8.98		2	6～50	16	24.96		8	24～100

注：本表符合国标 GB/T 869—1986。

（5）扁平头半空心铆钉规格　扁平头半空心铆钉规格如表 11-6 所示。

表 11-6　扁平头半空心铆钉规格　　mm

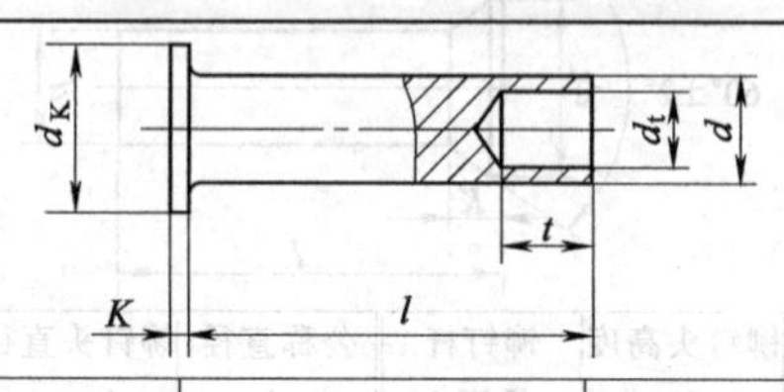

公称直径 d	铆钉头直径 $d_{K\,max}$	铆钉头高度 K_{max}	内孔直径 $d_{t\,max}$		内孔长度 t_{max}		铆钉杆长度
			黑色	有色	黑色	有色	l
2	3.74	0.68	1.12	1.12	2.24	1.76	2～13
2.5	4.74	0.68	1.62	1.62	2.74	2.26	3～15
3	5.74	0.88	2.12	2.12	3.24	2.76	3.5～30
(3.5)	6.79	0.88	2.32	2.32	3.79	3.21	5～36
4	7.79	1.13	2.62	2.52	4.29	3.71	5～40
5	9.79	1.13	3.66	3.46	5.29	4.71	6～50
6	11.85	1.33	4.66	4.16	6.29	5.71	7～50
8	15.85	1.33	6.16	4.66	8.35	7.65	9～50
10	19.42	1.63	7.7	7.7	10.35	9.65	10～50

注：本表符合国标 GB/T 875—1986。

（6）沉头半空心铆钉规格　沉头半空心铆钉规格如表 11-7 所示。

表 11-7　沉头半空心铆钉规格　　mm

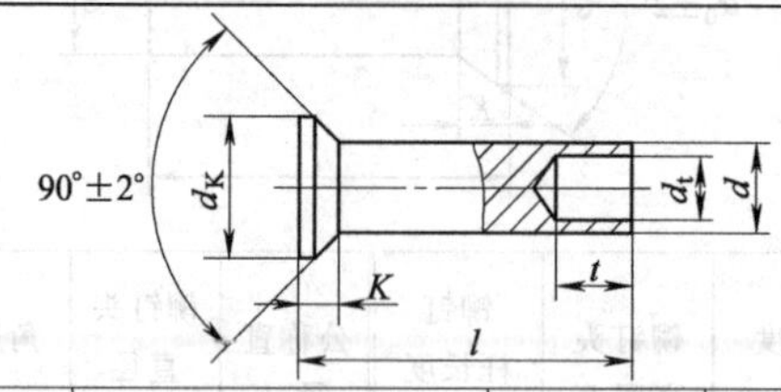

公称直径 d	铆钉头直径 $d_{K\,max}$	内孔直径 $d_{t\,max}$		内孔长度 t_{max}	铆钉头高度 K	铆钉杆长度 l
		黑色	有色			
2	4.05	1.12	1.12	2.24	1	4～14
2.5	4.75	1.62	1.62	2.74	1.1	5～16
3	5.35	2.12	2.12	3.24	1.2	6～18
3.5	6.28	2.32	2.32	3.79	1.4	8～20
4	7.18	2.62	2.52	4.29	1.6	8～24
5	8.98	3.66	3.46	5.29	2	10～40
6	10.62	4.66	4.16	6.29	2.4	12～40
8	14.22	6.16	4.66	8.35	3.2	14～50
10	17.82	7.7	7.7	10.35	4	18～50

注：本表符合国标 GB/T 1015—1986。

(7) 标牌铆钉规格 标牌铆钉规格如表 11-8 所示。

表 11-8 标牌铆钉规格 mm

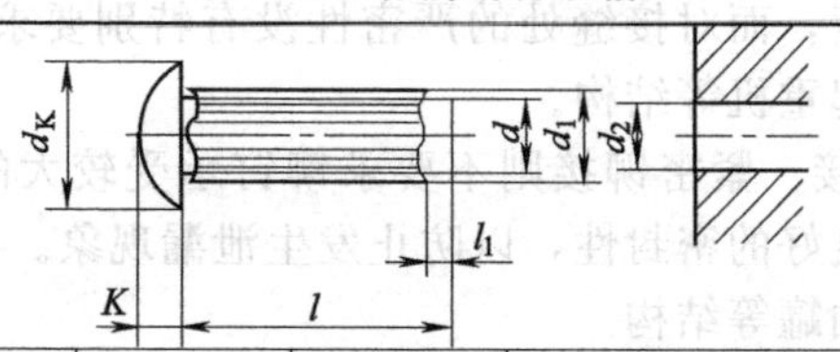

公称直径 d	铆钉头直径 $d_{K\max}$	铆钉头高度 $K_{\max}$	铆钉杆直径 $d_{1\min}$	铆钉孔直径 $d_{2\max}$	铆钉孔直径 $d_{2\min}$	铆钉杆长度 l
(1.6)	3.2	1.2	1.75	1.56	1.5	3～6
2	3.74	1.4	2.15	1.96	1.9	3～8
2.5	4.84	1.8	2.65	2.46	2.4	3～10
3	5.54	2.0	3.15	2.96	2.9	4～12
4	7.39	2.6	4.15	3.96	3.9	6～18
5	9.09	3.2	5.15	4.96	4.9	8～20

注：本表符合国标 GB/T 827—1986。

(8) 常用铆钉材料及表面处理 常用铆钉材料及表面处理情况如表 11-9 所示。

表 11-9 常用铆钉材料及表面处理情况

材料	钢	铜	铝
材料	Q215、Q235、BL3、BL2、10、15、ML10、ML20	T2、T3、H62	2A10、5B05
表面处理	不经处理或做镀锌钝化	不经处理或钝化	不经处理或阳极氧化

铆钉的钉杆一般为圆柱形。铆钉头的成形采用加热锻造、冷镦或切削加工等方法。用冷镦法制成的铆钉须经退火处理。根据使用要求，对铆钉应进行可锻性试验及剪切强度试验。铆钉的表面不允许有小凸起、平顶和影响使用的圆钝、飞边、碰伤、锈蚀等缺陷。

11.3 铆接的种类与形式

11.3.1 铆接的种类

目前，铆接有以下 4 种分类方法。

(1) 根据制造结构的工作要求和应用目的分类 铆接可分为坚固

铆接、紧密铆接、固密铆接。

① 坚固铆接　坚固铆接要求铆钉能承受很大的作用力，保证构件有足够的强度，而对接缝处的严密性没有特别要求。常用于房架、桥梁、车辆、起重机等结构。

② 紧密铆接　紧密铆接则不要求铆钉承受较大的作用力，但要求接缝处具有良好的密封性，以防止发生泄漏现象。紧密铆接常见于水箱、气箱、油罐等结构。

③ 固密铆接　固密铆接既要求铆钉能承受较大的作用力，又要求接缝处非常紧密。固密铆接常用于蒸汽锅炉、压缩空气罐及其他压力容器结构。

紧密铆接和固密铆接与坚固铆接的不同之处，是沿铆缝在夹层内、外敷设密封材料，并利用铆钉的自身膨胀堵塞沿铆缝及钉孔的泄漏渠道，从而达到结构的密封性。

(2) 根据铆接时铆钉的加热温度分类

① 冷铆　冷铆是指铆钉在常温状态下的铆接。不同的铆接产品对铆钉的选择有不同的要求。通常采用冷铆时，铆钉具有良好的塑性，而且在铆接过程中，铆钉变形阻力较小，铆接设备冲击力较大。当铆钉为低碳钢材料时，手工冷铆的铆钉直径通常不超过 ϕ8mm；用铆钉枪铆接的铆钉直径不超过 ϕ13mm；用铆接机铆接的铆钉直径可达 ϕ25mm。

② 热铆　热铆是指把铆钉加热至一定温度后进行的铆接。金属材料处在高温时，屈服强度降低，伸长率增加，此时铆钉变形阻力较常温时大大减小，适合于采用大直径铆钉的铆接。热铆的加热温度因施工方法不同而有所差别，手工铆接或用铆钉枪铆接低碳钢铆钉时，加热温度在 1000～1100℃之间；用铆接机铆接时，加热温度在 650～750℃之间。热铆有以下特点，即随着铆钉直径方向的冷却收缩，铆钉杆与铆钉孔之间会形成间隙，但随着铆钉在长度方向的冷却收缩，对被连接件形成压力，使得铆钉与被铆接件之间保持着十分紧密的结合。

③ 混合铆　混合铆是将铆钉头局部加热，主要是使较大的铆钉在铆接加工时铆钉杆不改变其形态，并保持稳定。

(3) 根据铆接时铆钉受力性质和铆钉类型分类

① 冲击铆接　冲击铆接是指在铆接过程中，铆钉枪前部的罩模(又称窝头)以相当大的动能锤击铆钉端部，利用其获得的短时加速度，以较快速度形成较大的冲击力，从而使铆钉杆镦粗并在头部形成

镦头，完成铆接。根据铆钉枪冲击力作用在铆钉上的不同部位，冲击铆接又可分为正铆法和反铆法。

② 压铆 压铆是利用铆接机（又称压铆机）产生的均匀静压力镦粗铆钉杆、填满铆钉孔，并形成镦头，完成铆接的。压铆需要采用铆接机、压铆模具、压铆辅助机械等一系列配套设备。

③ 特种铆接 特种铆接是不同于冲击铆接和压铆的其它铆接方法的统称。其包括有单面铆接、高抗剪铆钉的铆接、环槽铆钉的铆接和干涉铆接等。每种铆接方法各有特点，应用于不同的场所，故统称为特种铆接。

(4) 根据铆接后的活动特征分类

① 活动铆接 活动铆接用于要求铆接件在完成铆接后能保持相互转动的场合，多用于钳子、剪子、卡钳、圆规等产品。

② 紧固铆接 紧固铆接用于要求铆接件在完成铆接后不能相互转动的场合，多用于建筑房梁、桥梁、容器等产品。

11.3.2 铆接的基本形式

金属结构用铆钉连接时，各零件的叠合形式基本有搭接、对接、角接和板型结合 4 种。

(1) 搭接 搭接是铆接结构中最简单的叠合方式，它是将板件边缘对搭在一起用铆钉加以固定连接的结构形式。在铆接的板件上，如铆钉受一个剪力时，叫做单剪切铆接法，如图 11-2 (a) 所示。

铆钉受两个剪力时，叫做双剪切铆接法，如图 11-2 (b) 所示；铆钉受 3 个以上剪力时，叫做多剪切铆接法。

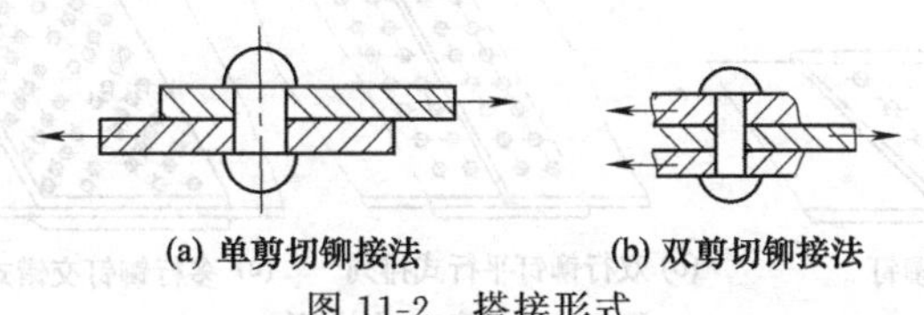

(a) 单剪切铆接法 (b) 双剪切铆接法

图 11-2 搭接形式

(2) 对接 对接就是将连接的板件置于同一平面，上面覆有盖板，用盖板把板件铆接在一起。这种连接可分为单盖板式和双盖板式两种对接形式，如图 11-3 所示。

(3) 角接 角接就是互相垂直或组成一定角度的板件的连接。用铆钉固定这种连接时，要在角接处覆以搭叠零件——角钢。角接时，板

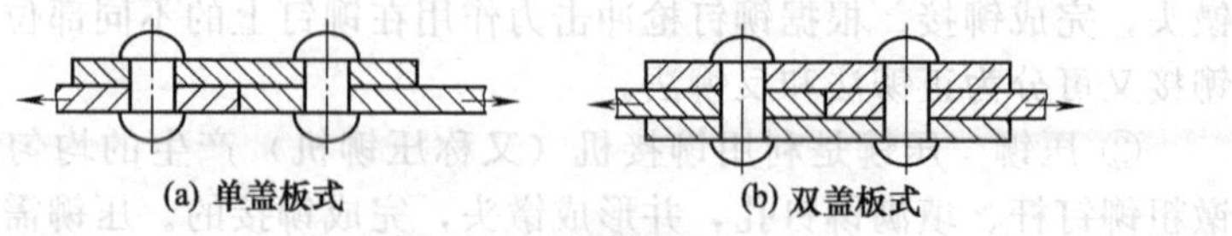

图 11-3 对接形式

件上的角钢接头有一侧或两侧的两种形式，如图 11-4（a）、(b) 所示。

（4）板型结合　板型结合是将型钢或成形制件与板料用铆钉连接在一起的钢结构形式，如图 11-5 所示。

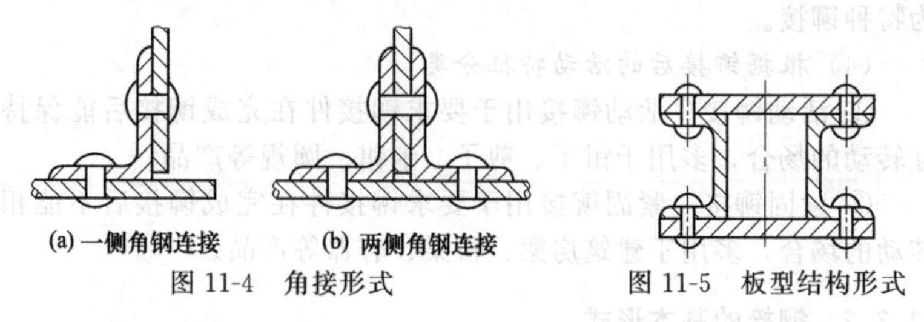

图 11-4 角接形式　　图 11-5 板型结构形式

11.3.3 铆钉的排列

（1）铆钉的排列形式　铆钉在构件连接处的排列形式，是以连接件的强度为基础确定的。其排列形式有单排（行）、双排（行）和多排（行）铆钉连接等 3 种。每一个板件上铆钉排列的位置，在双行或多行铆钉连接时，又可分为平行式排列或交错式排列两种形式，如图 11-6（a）、(b)、(c) 所示。

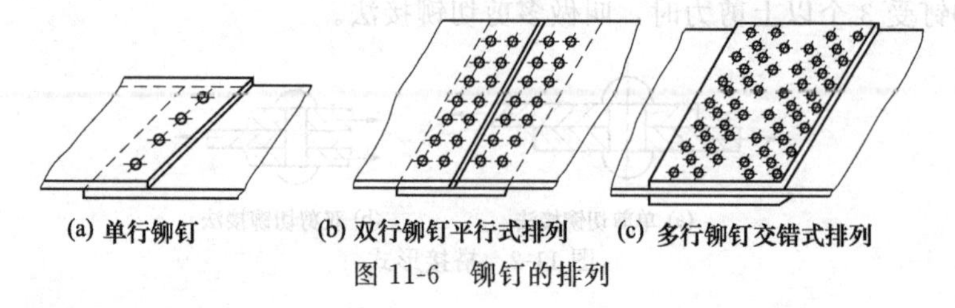

图 11-6 铆钉的排列

（2）铆钉排列的基本参数

① 钉距　钉距系指一排（行）铆钉中，相邻两个铆钉的中心距离。铆钉单行或双行的平行排列时，其钉距 $s \geqslant 3d$（d 为铆钉杆直径，mm）；铆钉交错式排列时，其对角距离 $c \geqslant 3.5d$，如图 11-7 (b) 所示。为了板件互相连接得严紧，应使相邻两个铆钉孔中心的

最大距离 $s \leqslant 8d$ 或 $s \leqslant 12t$（t 为板件单件厚度）。

② 排距　排距是指相邻两排铆钉孔中心的距离，用 a 表示。一般应使 $a \geqslant 3d$。

③ 边距　边距系指外排铆钉中心至工件边缘的距离，用 l 表示。在沿受力方向上，应使铆钉中心到板边的距离 $l \geqslant 2d$；在垂直受力方向上铆钉中心到板边的距离 $l_1 \geqslant 1.5d$，如图 11-7（a）所示。为使板边在铆接后不翘起来（两板件贴实），应使由铆钉中心到板边的最大距离 $l(l_1) \leqslant 4d$，或 $l(l_1) \leqslant 8t$。

各种型钢铆接：凡型钢面宽 $b < 100$mm 的，可用一排铆钉；面宽 $b \geqslant 100$mm 的，应用两排（行）铆钉连接，如图 11-7（b）所示。图中，应使 $a_1 \geqslant 1.5d + t_1$，$a_2 = b - 1.5d$。

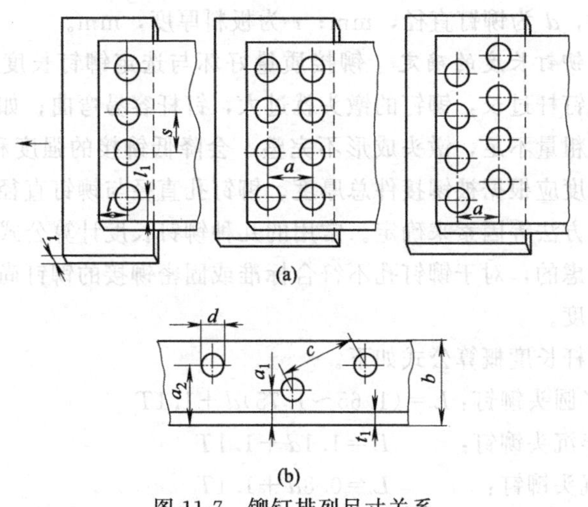

图 11-7　铆钉排列尺寸关系

11.3.4　铆钉直径和长度确定

（1）铆钉直径的确定　金属结构上铆钉直径的大小和铆钉中心间距都是根据结构所需要的强度确定的。

一般情况下，板件厚度与铆钉直径的关系如表 11-10 所示。

表 11-10　铆钉直径与板料厚度的一般关系　mm

板料厚度	5～6	7～9	9.5～12.5	13～18	19～24	25 以上
铆钉直径	10～12	14～25	20～22	24～27	27～30	30～36

表内的数据，应以板件的厚度为准，而板件厚度的确定应按下列3条原则：

① 板料与板料搭接铆接时，如厚度接近，可按较厚钢板的厚度计算；

② 厚度相差较大的板料铆接时，以较薄板料的厚度为准；

③ 板料与型材铆接时，以两者的平均厚度确定。

板料的总厚度，不应超过铆钉直径的5倍。

铆钉直径可按公式（11-1）计算（如板件较厚的等强度铆接，应考虑采用双排或多排铆钉），即

$$d=\sqrt{50t}-4 \tag{11-1}$$

式中，d 为铆钉直径，mm；t 为板料厚度，mm。

（2）铆钉长度的确定　铆接质量好坏与选定铆钉长度有很大关系。若铆钉杆过长，铆钉的镦头就过大，钉杆容易弯曲；如铆钉杆过短，则镦粗量不足，镦头成形不完整，会降低铆接的强度和紧密性。铆钉杆长度应根据被铆接件总厚度、铆钉孔直径与铆钉直径的间隙和铆接工艺方法等因素来确定。常用的几种铆钉长度计算公式都是按标准孔径考虑的，对于铆钉孔不符合标准或固密铆接的铆钉尚须适当增加钉杆长度。

铆钉杆长度概算公式如下。

① 半圆头铆钉：$L=(1.65\sim1.75)d+1.1T$　　(11-2)

② 半沉头铆钉：　$L=1.1d+1.1T$　　(11-3)

③ 沉头铆钉：　$L=0.8d+1.1T$　　(11-4)

以上式（11-2）～式（11-4）中，L 为铆钉杆长度，mm；d 为铆钉直径，mm；T 为被连接件总厚度，mm。

铆钉杆长度计算后，可通过试验最后确定。试验办法是按图纸做出试验块，在试验块上要多钻出几个铆钉孔，以概算数确定的铆钉长度试铆，直至合适为止。

11.3.5 铆钉孔

（1）铆钉孔径的确定　如表11-11所示。

（2）铆钉孔的技术要求

表 11-11 紧固件通孔及沉头座尺寸（GB/T 152.1—1988） mm

铆钉直径 d		约 2.5	3.35	4	5～8	10	12	14、16	18	20～27	30、36
通孔	精装配	$d+0.1$			$d+0.2$	$d+0.3$	$d+0.4$	$d+0.5$			
直径	粗装配	$d+0.2$	$d+0.4$	$d+0.5$	$d+0.6$	$d+1$			$d+1$	$d+1.5$	$d+2$

注：1. 对于多层板料固密铆接时，钻孔直径应按标准孔径减少 1～2mm，以备装配后铆铆钉前铰孔用。

2. 凡冷铆的铆钉孔直径应尽量接近铆钉杆直径。

3. 如板料与角钢等非容器结构铆接时，铆钉孔直径可加大 2%。

① 铆钉孔的精度　指铆钉孔直径及其长度方向的尺寸精度，以及铆钉孔孔径的形状精度（圆度、圆柱度及轴线直线度等），而且还包括采用沉头铆钉时，铆钉孔上窝孔的精度。

② 铆钉孔的位置精度　主要反映铆接件上铆钉孔之间的同轴度以及铆钉孔之间或与其它表面之间的尺寸精度。铆钉孔的边距、间距、排距精度要求如表 11-12 所示。

表 11-12 铆钉孔的位置精度要求 mm

边距偏差	间距偏差		排距偏差
	间距不大于 30	间距大于 30	
±1.0	±1.0	±1.5	±1.0

③ 铆钉孔的表面质量　铆钉孔的表面质量主要是指铆钉孔内表面的表面粗糙度要求。一般常用铆钉孔表面粗糙度 $Ra\leqslant 6.3\mu m$。铆钉孔表面不允许有棱角、破损和裂纹。表面粗糙度与表面光洁度数值换算如表 11-13 所示。

表 11-13 表面粗糙度与表面光洁度数值换算 μm

表面光洁度等级		▽1	▽2	▽3	▽4	▽5	▽6	▽7	▽8	▽9	▽10	▽11	▽12	▽13	▽14
表面粗糙度	Ra	50	25	12.5	6.3	3.2	1.6	0.80	0.40	0.20	0.10	0.050	0.025	0.012	0.008
	Rz	200	100	50	25	12.5	6.3	6.3	3.2	1.6	0.8	0.4	0.2	0.10	0.05

（3）常用铆接材料的切削加工性　切削加工性是指工程材料被切削加工的难易程度。当加工某种材料时，如果刀具耐用度高、加工质量易于保证、切屑问题易于解决，则可认为这种材料的切削加工性好；反之，切削加工性就差。在评价材料切削加工性时；如果以 $\sigma_b=735MPa$ 的 45 钢为基准，而用其它材料与其比较，这个比值 K_r

称为相对加工性。常用材料的相对加工性可分为8级，如表11-14所示。其中铆接常用材料的切削加工性多属于2～4级，切削加工性较好。

表11-14 常用材料的切削加工性等级

等级	种类	K_r	代表性材料
1	一般有色金属	＞3.0	如9.4铝青铜合金
2	易切削钢	2.5～3.0	如15Cr退火状态(σ_b=380～450MPa)、低碳钢(σ_b=400～500MPa)
3	较易切削钢	1.6～2.5	如30钢正火状态(σ_b=450～560MPa)
4	一般钢及铸铁	1.0～1.6	如45钢、灰铸铁
5	稍难切削材料	0.65～1.0	如1Cr13Mo调质状态(σ_b=850MPa)、85钢(σ_b=900MPa)
6	较难切削材料	0.50～0.65	如40Cr调质状态(σ_b=1050MPa)、60Mn调质状态(σ_b=950～1000MPa)
7	难切削材料	0.15～0.50	如50CrV调质状态、1Cr18Ni9Ti
8	很难切削材料	＜0.15	如某些钛合金、铸造镍基高温合金

注：表中K_r为相对加工性。

(4) 铆钉孔的加工方法　铆钉孔的加工方法主要有钻孔、扩孔、铰孔、冲孔、锪孔等，其中最常用的方法是钻孔。

钻孔就是用钻头在实体材料上加工孔的操作。钻孔时，铆接件固定不动，钻头旋转（主运动）并做轴向运动（进给运动）。对于一般铆接产品采用钻孔的方法加工铆钉孔，就能满足产品的质量要求，而且生产成本低。但对于质量要求很高的铆接结构，由于钻头刚性差，就需要在钻孔的基础上再配合扩孔、铰孔等加工方法制备铆钉孔。

扩孔是使用扩孔钻对铆接件上已经钻出的孔进行扩大加工。因为扩孔的切削厚度比钻孔小得多，所以它可以矫正铆钉孔的轴线偏差，并使其获得较准确的几何形状和较理想的表面粗糙度。实践证明，对于直径大于30mm的铆钉孔，采用钻孔、扩孔的工艺方法，比用大钻头一次钻孔生产效率更高。扩孔可作为铆钉孔加工的最后程序，也可作为铰孔前的准备工序。通常扩孔的加工余量为0.5～4.0mm。

铰孔是使用铰刀精加工铆钉孔的方法。其加工精度和表面粗糙度的控制均很严格。铰孔时加工余量很小，粗铰时为0.15～0.5mm，精铰时为0.05～0.25mm。直径小于25mm的孔，钻孔后可直接用铰刀铰孔；直径大于25mm的孔，需在钻孔、扩孔后，再铰孔。

冲孔多用薄板铆接件加工。而锪孔仅用于沉头铆钉孔中窝孔的加工。

选择铆钉孔的加工方法时，应综合考虑孔径大小、深浅、精度、表面粗糙度，铆接件形状、尺寸、重量、材料、批量及生产设备能力等因素。

(5) **铆钉孔的加工设备及刀具** 铆钉孔的加工设备主要是各种手动工具和钻床。

常用的手动工具有电钻和风钻。常用的钻床有台式钻床、立式钻床、摇臂钻床。

台式钻床简称台钻，它是一种放在台桌上的小型钻床，其钻孔直径一般在12mm以下，最小可以加工小于1mm的孔。台钻小巧灵活，使用方便，主要用于加工小型铆接件。

立式钻床简称立钻，这类钻床最大钻孔直径有25mm、35mm、40mm和50mm等几种，其规格用最大钻孔直径表示。立钻主要由主轴、主轴变速箱、进给箱、立柱、工作台和机座等部分组成。立式钻床适于加工中、小型铆接件。

摇臂钻床可以绕立柱旋转，摇臂带着主轴箱可以沿着立柱垂直移动，同时主轴箱还能在摇臂上做横向移动。摇臂钻床可以不用移动铆接件，而较方便地调整刀具，并对准铆钉孔中心。其适用于一些大型工件以及多孔铆接件的加工，广泛应用于单件或大批量生产中。

铆钉孔的加工刀具如下。

① 钻头 铆钉孔加工采用的主要刀具是麻花钻头。麻花钻头由3部分组成，其示意图如图11-8所示，其前端为切削部分，有两个对称的主切削刃，两刃之间的夹角通常为$2\varphi=116°\sim118°$，称为顶角。

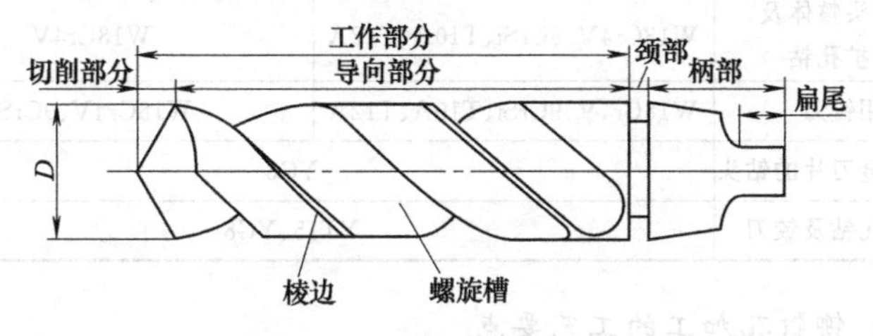

图11-8 麻花钻头示意图

钻头顶部有横刃，可以使钻削的轴向力增加。麻花钻头中部为导向部分，有两条刃带和螺旋槽。刃带的作用是引导钻头，螺旋槽的作用是向孔外排出铁屑。

② 铰刀　铰孔用的刀具称为铰刀。铰刀分为手铰刀和机铰刀两种。手铰刀尾部为圆柱形，机铰刀尾部为圆锥形。铰刀由 3 部分组成，其示意图如图 11-9 所示，包括工作部分（切削部分和修光部分)、颈部、柄部。切削部分的刀刃为锥形，承担主要的切削工作。手铰刀和机铰刀的锥角 2φ 并不相同，手铰刀的锥角较小，$\varphi=30'\sim1°30'$。机铰刀的锥角在加工钢时 $\varphi=15°$，加工铸铁时 $\varphi=3°\sim5°$。修光部分用来引导铰刀方向，修整孔的尺寸。铰刀通常有 6～12 个刀刃，刀刃数量为偶数，并成对地位于通过直径的平面内。铰刀刚性好，因而导向性好，加工精度高，表面光滑。

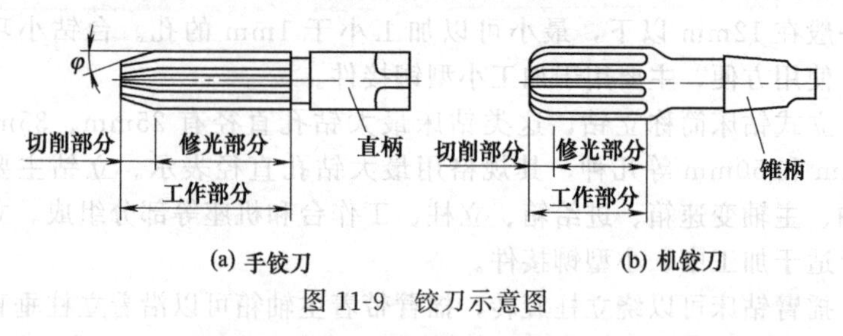

图 11-9　铰刀示意图

③ 刀具　刀具切削部分材料牌号的选择如表 11-15 所示。

表 11-15　刀具切削部分材料牌号的选择

刀具名称	加工材料	
	钢(≤230HBS;σ_b≤850MPa) 铸铁(≤220HBS)	钢(>230HBS;σ_b>850MPa) 铸铁(>220HBS)
	刀具材料牌号	
麻花钻头整体及套式扩孔钻	W18Cr4V、9CrSi、T10A、T12A	W18Cr4V
机用铰刀	W18Cr4V、9CrSi、T10A、T12A	W18Cr4V、9CrSi
镶硬质合金刀片的钻头	YG8	
镶片扩孔钻及铰刀	YT15、YG8	

(6) 铆钉孔加工的工艺要点

① 在钻孔前应根据图样选择确定加工基准。然后进行画线，即

在铆接件上画出加工界线、检查圆等标记，并在画好的加工线上打样冲眼，以此作为加工、检验的依据。铆钉孔画线和标记如图11-10所示。大批量铆接件生产中的铆钉孔多采用辅助钻模，代替画线、打样冲眼等工作。

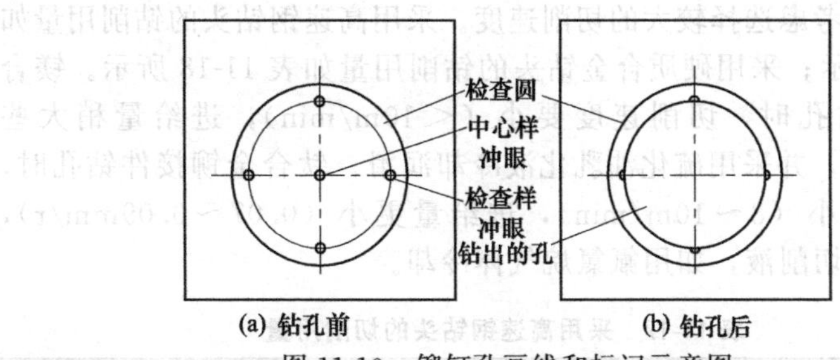

图11-10　铆钉孔画线和标记示意图

② 普通铆接结构的铆钉孔用钻孔方法加工。当采用高强度铆钉或受疲劳载荷的铆接结构时，其铆钉孔对加工精度、表面状况要求较高，可以采用先钻孔、再扩孔或铰孔的加工方法，加工中要使用冷却润滑液，以降低切削温度，提高刀具耐用度和铆钉孔的质量。

③ 钻孔加工注意事项如下。

a. 相同材料的铆接件叠合在一起钻孔时，先从较厚的一侧钻孔。不同材料的铆接件叠合在一起钻孔时，先从硬度值高的材料一侧钻孔。

b. 在厚度大于5mm的铆接件上钻孔时，应使用钻孔辅助装置，如采用钻孔导套或钻模等。

c. 采用钻孔、扩孔两种方法时，钻孔直径约为（0.2～0.4)d，扩孔直径为铆钉孔直径。

d. 在刚性较差的薄板铆接件上钻孔时，铆接件后面一定要有支撑物。

④ 几种铆钉孔加工方法所能达到的加工精度和表面粗糙度如表11-16所示。

表11-16　几种铆钉孔加工方法的精度和表面粗糙度

加工方法	孔径精度	表面粗糙度/μm	加工方法	孔径精度	表面粗糙度/μm
钻孔	H11～H13	*Ra*12.5	铰孔	H7～H8	*Ra*1.6
扩孔	H9～H10	*Ra*6.3	钻孔＋铰孔	H8～H9	*Ra*3.2
锪孔	H9～H10	*Ra*6.3	钻孔＋扩孔＋铰孔	H7～H8	*Ra*1.6

⑤ 要选择合理的切削用量。切削用量的确定与被加工金属材料、刀具几何参数、铆钉孔表面要求、钻头直径大小和钻床条件等因素有关。为使切削过程在最佳经济效益下达到最高生产效率，应在允许的范围内尽量选用较大的进给量，当进给量受到表面粗糙度和钻头刚度限制时，再考虑选择较大的切削速度。采用高速钢钻头的钻削用量如表 11-17 所示；采用硬质合金钻头的钻削用量如表 11-18 所示。镁合金铆接件钻孔时，切削速度要小（<10m/min），进给量稍大些（0.4mm/r），并采用硫化油乳化液冷却润滑；钛合金铆接件钻孔时，切削速度要小（8～10m/min），进给量更小（0.07～0.09mm/r），并采用氯类切削液，如用氟氯烷气体冷却。

表 11-17 采用高速钢钻头的切削用量

铆钉孔直径/mm	加工金属材料类别					
	铸铁		钢(铸钢)		铜、铝及其合金	
	切削速度/(m/min)	进给量/(mm/r)	切削速度/(m/min)	进给量/(mm/r)	切削速度/(m/min)	进给量/(mm/r)
3～6	26～38	0.1～0.2	28～40	0.06～0.1	30～50	0.1～0.2
6～10	24～36	0.15～0.3	26～38	0.1～0.3	28～45	0.15～0.3
10～20	22～34	0.2～0.4	24～36	0.12～0.4	26～42	0.2～0.4
20～30	20～32	0.25～0.6	22～34	0.15～0.6	24～40	0.25～0.6
30～40	18～30	0.3～0.8	20～32	0.2～0.8	22～38	0.3～0.8
40～50	16～28	0.4～1.0	18～30	0.25～1.0	20～36	0.4～1.0
50～60	14～26	0.5～1.2	16～28	0.3～1.0	18～34	0.5～1.2
>60	12～24	0.6～1.5	14～26	0.3～1.0	16～32	0.6～1.5

表 11-18 采用硬质合金钻头的切削用量

铆钉孔直径/mm	加工金属材料类别			
	铸铁		铜、铝及其合金	
	切削速度/(m/min)	进给量/(mm/r)	切削速度/(m/min)	进给量/(mm/r)
10～20	50～80	0.2～0.4	60～90	0.2～0.5
20～30	45～75	0.3～0.6	55～85	0.3～0.8
30～40	40～70	0.4～0.8	50～80	0.4～1.0
40～50	35～65	0.5～1.0	45～75	0.5～1.2
>50	30～60	0.6～1.2	40～70	0.6～1.5

⑥ 要选择合理的扩孔切削用量。

a. 扩孔的加工余量如表 11-19 所示。

表 11-19 扩孔的加工余量 mm

孔径	8～16	16～30	30～50	50～80
直径的加工余量	0.2～0.4	0.5～1.0	1.1～1.7	1.7～3.0

b. 扩孔钻的进给量如表 11-20 所示。

表 11-20 扩孔钻的进给量 mm

扩孔钻直径	加工金属材料类别			扩孔钻直径	加工金属材料类别		
	钢	铸铁≤200HBS，铜及铝合金	铸铁＞200HBS		钢	铸铁≤200HBS，铜及铝合金	铸铁＞200HBS
15	0.5～0.6	0.7～0.9	0.5～0.6	40	0.9～1.2	1.4～1.7	1.0～1.2
20	0.6～0.7	0.9～1.1	0.6～0.75	50	1.0～1.3	1.6～2.0	1.1～1.3
25	0.7～0.9	1.0～1.2	0.7～0.8	60	1.1～1.3	1.8～2.2	1.3～1.5
30	0.8～1.0	1.1～1.3	0.8～0.9	80	1.2～1.5	2.0～2.4	1.4～1.7
35	0.9～1.1	1.2～1.5	0.9～1.0				

⑦ 要选择合理的铰削用量。铰削用量包括铰削加工余量、切削速度和进给量。常用的铰削用量如表 11-21 所示。

表 11-21 常用的铰削用量

铰刀类型	铰削加工余量(单边)/mm	切削速度/(m/min)	进给量/(mm/r)
高速钢铰刀	0.10～0.30	4～6	0.2～1.5
硬质合金铰刀	0.10～0.40	8～12	0.3～1.0

(7) 铆钉孔（通孔）的规格 铆钉孔（通孔）的规格如表 11-22 所示。

表 11-22 铆钉孔的规格 mm

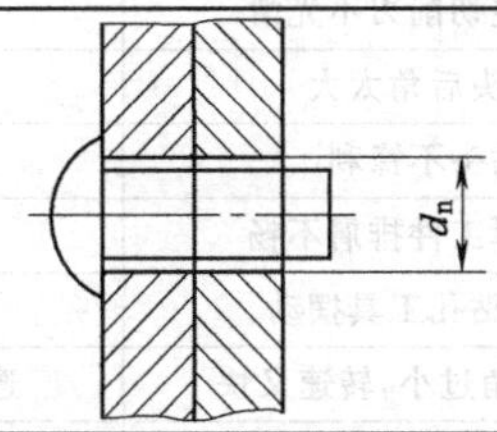

铆钉公称直径 d	0.6	0.7	0.8	1	1.2	1.4	1.6	2	2.5	3	3.5	4	5	6	8
精装配 d_n	0.7	0.8	0.9	1.1	1.3	1.5	1.7	2.1	2.6	3.1	3.6	4.1	5.2	6.2	8.2

续表

铆钉公称直径 d		10	12	14	16	18	20	22	24	27	30	36
装配 d_n	精装配	10.3	12.4	14.5	16.5							
	粗装配	11	13	15	17	19	21.5	23.5	25.5	28.5	32	38

（8）**钻孔故障分析及防止措施** 钻孔故障分析及防止措施如表11-23所示。

表11-23 钻孔故障分析及防止措施

故　障	产生原因	防止措施
孔歪斜	钻头轴线与工件表面不垂直	检查垂直度后再钻孔
	工件表面倾斜	正确安装定位
孔壁粗糙	钻头主刀刃不锋利	磨锋主刀刃
	进给量太大	减小进给量
	冷却不足，切削液性能差	选择性能优良的切削液
钻头突然折断	钻头主刀刃磨钝，钻孔时用力过大	磨锋主刀刃，适当用力推钻
	孔钻穿时，进给量增大	孔将要钻通时，控制进给量
	钻孔时，钻头被卡住	及时清理排屑，紧固钻柄
	工件松动	可靠固定工件
孔径大于规定尺寸	钻头直径选错，钻头弯曲	正确选择钻头直径
	钻头两主切削刃不等长	修正主切削刃
	钻头摆动，钻轴偏摆	钻孔前空转检查，消除摆动
孔位钻偏或跑钻	钻头横刃太长，定心不准 启动钻速太快	先打样冲眼，待钻头定位后 再慢速启动
孔形不圆或呈多角形	钻头两主切削刃不等长，角度不对称	正确磨刃
	钻头主切削刃不光滑	重磨钻头主切削刃
	钻头后角太大	减小后角
孔径外面大里面小	钻头不锋利	正确磨刃
	钻较厚工件排屑不畅	增加排屑次数
	手控钻孔工具摆动	采用导套或钻模钻孔
钻头不切屑	钻头顶角过小，转速又快	选择合适顶角，转速要适当
	钻头高温软化	注意冷却，换用其它钻头
孔径小于规定尺寸	钻头直径磨损 钻头顶角过小	更换钻头 正确刃磨钻头顶角

11.4 铆铆钉的方法

11.4.1 铆铆钉用的工具与设备

(1) 修孔用工具

① 矫正冲　矫正冲又叫过眼冲，它是把不够同心的复合孔，以挤压的办法使之同心。它仅用于偏心距较小的孔的修正。

② 铰刀　铰刀一般在风钻或电钻上使用。

(2) 加热铆钉用设备和工具

① 铆钉加热炉　简称铆钉炉，常用的有焦炭炉、煤气炉、油炉和电炉等数种。其中使用最为广泛的是焦炭炉。焦炭炉一般是利用压缩空气，或用鼓风机送风助燃的。其主要优点是燃料价格便宜，能任意调节炉内火力的强弱和保温，可使铆钉烧透。其缺点是，加热的铆钉不清洁，灰尘较大，清炉时比较麻烦。焦炭炉形状如图 11-11 所示。

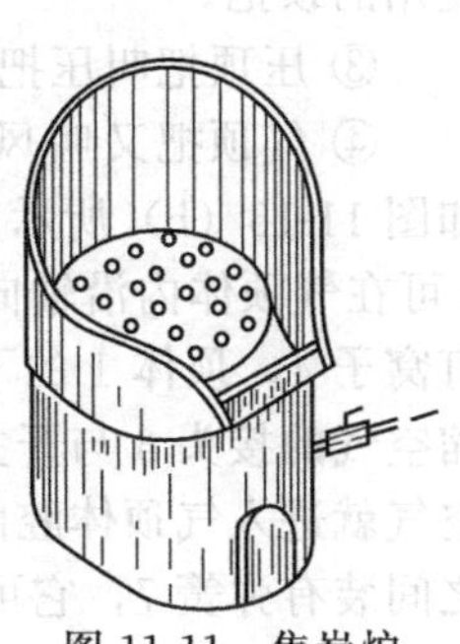
图 11-11　焦炭炉

② 烧钉钳　它是加热铆钉时在炉内摆料和取料用的。钳嘴一般为 100～150mm，钳杆（也叫钳股、钳把）长为 700～800mm，如图 11-12 所示。

③ 穿钉钳　又称引钉钳，是夹持烧红的铆钉穿入铆钉孔时的专用钳子。为了穿钉准确、方便和迅速，钳嘴常做成弧形，同时钳嘴和钳杆都短，如图 11-13 所示。

图 11-12　烧钉钳

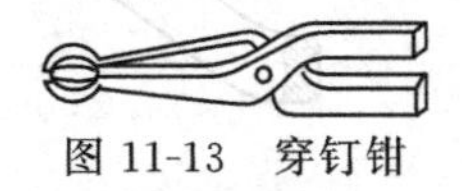
图 11-13　穿钉钳

④ 接钉桶　接钉桶（俗称钉管箩）是用铁制成的接铆钉的专用工具。要求它轻便、耐用。在热铆时，当烧钉者将铆钉加热后，须将铆钉从铆钉炉中取出并扔给接钉者，接钉者靠接钉桶接取。接钉桶形状如图 11-14 所示。

(3) 顶把　常用的顶把有抱顶把、压顶把、坐顶把和气顶把等。

① 抱顶把简称抱把，用它顶钉时操作者用手抱着顶钉的顶把，

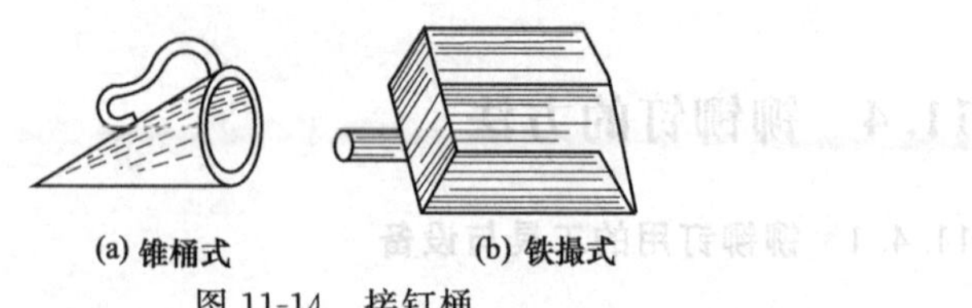

图 11-14 接钉桶

如图 11-15（a）所示。

② 坐顶把又叫坐把，顶钉时坐在工作台上，铆接件放在顶把上使用的顶把。

③ 压顶把叫压把，是利用杠杆原理顶钉的一种顶把。

④ 气顶把又叫风顶把，是一种利用压缩空气顶钉的专用工具，如图 11-15（b）所示。气顶把由顶体 1、活塞 2 和开关 3 组成。活塞 2 可在气顶体内沿轴向往复移动。活塞中心孔内装有顶铆钉头用的铆钉窝子 4，顶体 1 的下部中心有一个顶住固定物体的顶尖 5，输送压缩空气的接头 6 与开关 3 用软管连接。使用时，用手转动开关，压缩空气就进入气顶体腔内推动活塞，使窝子顶住铆钉头。活塞和气顶体之间装有弹簧 7，它可在气顶不顶钉时把活塞弹回原位。

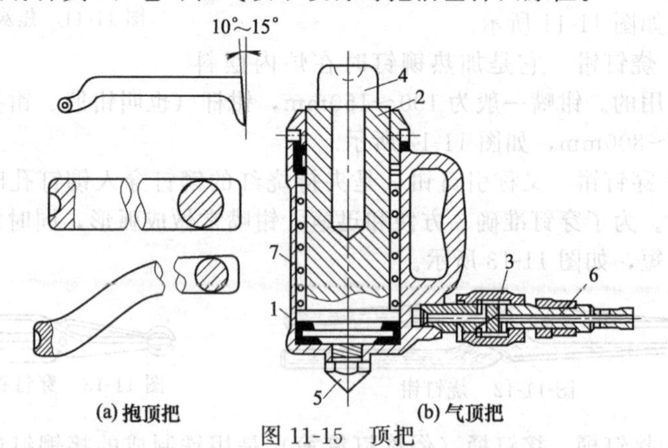

图 11-15 顶把

1—顶体；2—活塞；3—开关；4—铆钉窝子；5—顶尖；6—接头；7—弹簧

（4）铆铆钉的工具　有铆钉锤（也叫刨锤）和“窝子”［图 11-16（a）、（b）］及抱钳、铆钉枪［图 11-17］。

铆钉枪（又叫风枪）的优点是体积较小，操作方便，不受场地限制，上下左右都可使用，尤其在高空作业时，更为方便。缺点是操作

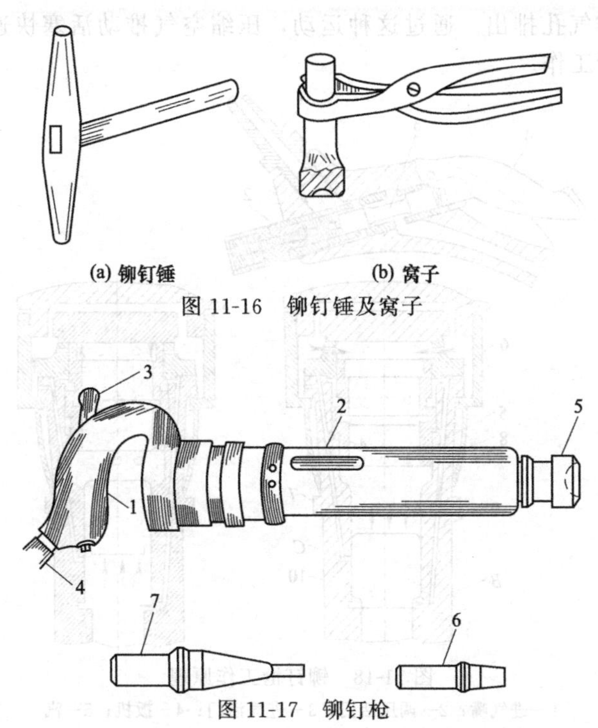

(a) 铆钉锤　　(b) 窝子

图 11-16　铆钉锤及窝子

图 11-17　铆钉枪

1—手把；2—外壳；3—开关；4—接头；5—窝子；6—铆平头（铆平钉用）；7—冲头

时需要较大的体力，噪声大，影响身体健康。

铆钉枪体前端孔内可安装各种窝子及冲头，用作铆铆钉和冲出钉杆。

铆钉枪的工作原理如图 11-18 所示，它是由压缩空气驱动的。当压缩空气进入气缸后，配气活门上、下就产生了压力差，使配气活门上、下运动，从而改变气路，并为活塞（又叫风胆）的往复运动做功提供了条件。它的具体运动情况如下：首先将储存的压缩空气用软管与铆钉枪连接。当压下扳机 4，进气活门 3 被推开，压缩空气经进气嘴 1，一部分经进气环 6 进入汽缸；另一部分压缩空气进入副进气道 7，从 A 孔进配气活门 8 向上，关闭进气环进气孔和上排气孔，打开下排气孔 B，同时沟通主进气道 9；此时压缩空气推动活塞 10 上行，到达一定位置，将进气道 C 孔打开，进入配气活门，因此，活塞上部气体又受到压缩，造成配气活门上下压力差，使配气活门向下，打开进气环上的进气孔；此时压缩空气进入汽缸，推动活塞下行，同时打开上排气孔，关闭下排气孔和切断主气道通路，活塞下部气体经 B

孔从上排气孔排出。通过这种运动，压缩空气推动活塞快速撞击窝子，进行工作。

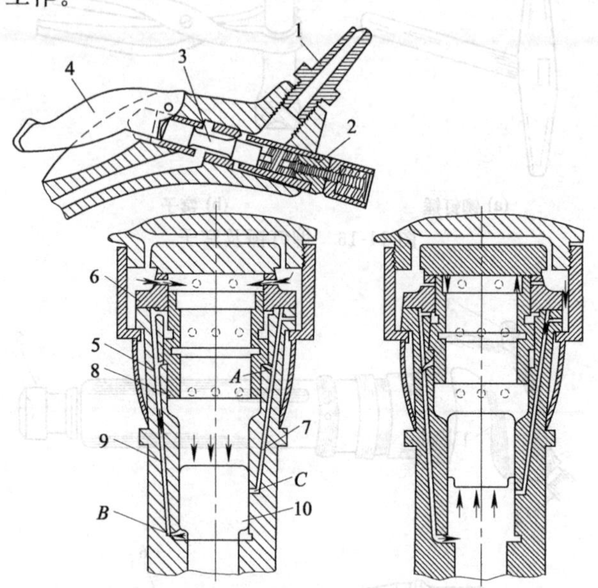

图 11-18 铆钉枪工作原理

1—进气嘴；2—调压活门；3—进气活门；4—扳机；5—汽缸外壳；6—进气环；7—副进气道；8—配气活门；9—主进气道；10—活塞

用铆钉枪铆铆钉使用的窝子与手工铆铆钉使用的窝子，除了“窝”相同外，窝子柄端是不同的。图 11-19（a）、（b）所示为铆钉枪的半圆头铆钉窝子。

（5）铆钉机 又叫铆接机，与其它铆铆钉工具的区别主要有三点：

① 铆钉机是压力机器，而不是锤击式工具；

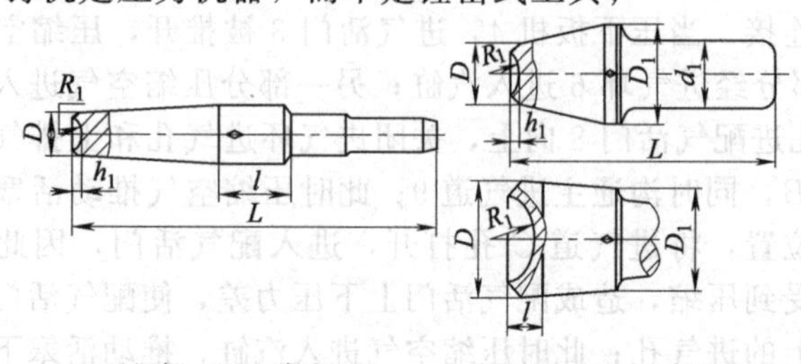

(a) $\phi2\sim10$mm 铆钉用　(b) $\phi10\sim37$mm 铆钉用

图 11-19 半圆头铆钉窝子

② 它本身有铆和顶钉的两种机构；

③ 铆铆钉时的镦头和顶钉的力量均来自于机械。

常用的铆钉机有直压式和碾压式两种。直压式铆钉机又有液压铆钉机（图 11-20 所示）、气动铆钉机（图 11-21）和电动铆钉机（图 11-22）等几种。

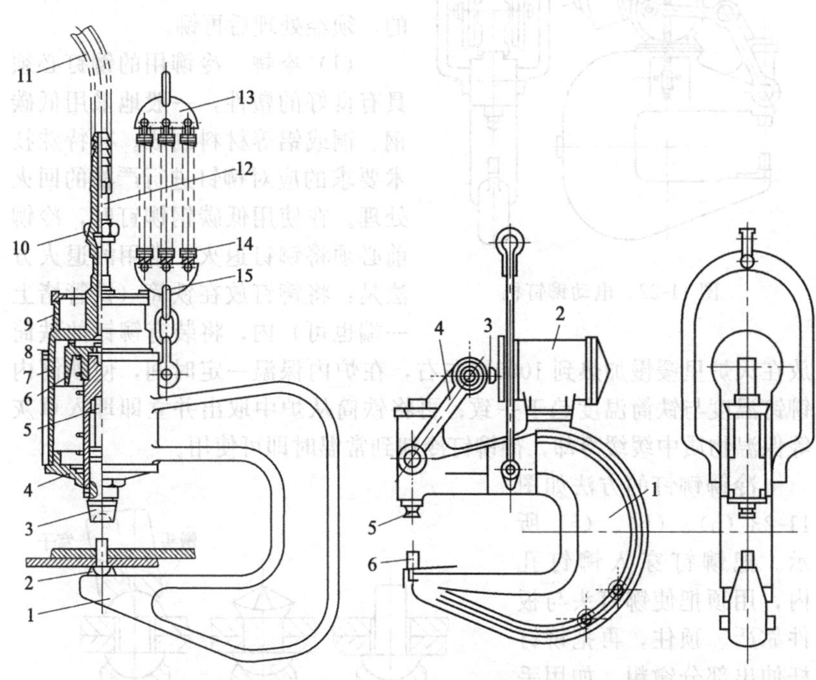

图 11-20 液压铆钉机

1—虎钳架；2—顶把；3—窝子；4—油缸压盖；5—支柱；6—密封衬环；7—压环；8—螺栓；9—油缸；10—密封垫；11—高压软管；12—软管接头；13—吊板；14—弹簧；15—链环

图 11-21 气动铆钉机

1—弓形臂；2—汽缸；3—活塞；4—联杆机构；5—撞杆；6—顶把

11.4.2 冷铆与热铆

冷铆是指铆钉在常温状态下进行铆接的操作方法。热铆是指铆钉加热变软并在高温状态下进行铆接的操作方法。热铆时，又有全部加热和局部加热的两种。无论是冷铆还是热铆，在铆接前，对板件的连

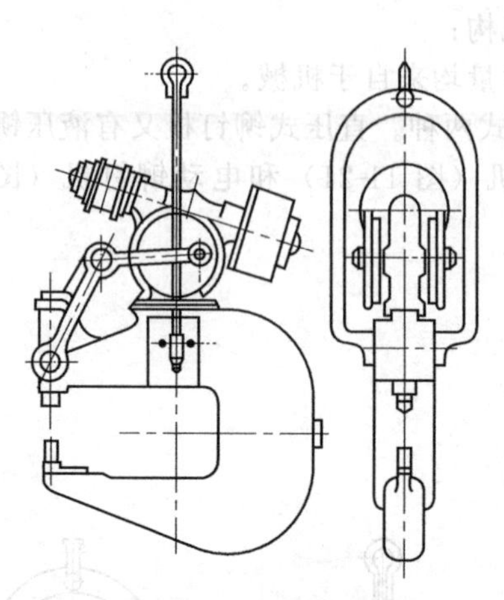

图 11-22 电动铆钉机

接严密情况都应进行检查。装配螺栓不应少于全部铆钉孔数的 25%。螺栓（包括销钉）应均匀分布在板件上。铆接处不应有锈蚀、夹渣、毛刺等缺陷，如有不符合技术要求的，须经处理后再铆。

（1）冷铆　冷铆用的铆钉必须具有良好的塑性，一般地采用低碳钢、铜或铝等材料制成。有特殊技术要求的应对铆钉进行严格的回火处理。在使用低碳钢铆钉时，冷铆前必须将铆钉退火。常用的退火方法是：将铆钉放在铁筒（铁管堵上一端也可）内，将装有铆钉的铁筒放在火炉里缓慢加热到 1000℃左右，在炉内保温一定时间，使铁筒内铆钉温度与铁筒温度趋于一致；再将铁筒从炉中取出并立即埋入草灰等保温物质中缓缓冷却，待铆钉冷却到常温时即可使用。

冷铆铆钉的方法如图 11-23（a）、（b）、（c）所示。把铆钉穿入铆钉孔内，用顶把使铆钉头与板件靠严、顶住，再把铆钉杆伸出部分镦粗。如用手锤铆半圆头铆钉，则要在镦粗处呈伞状后，用半圆头窝子扣住镦头，锤击窝子柄端，并沿镦头各方向倾斜旋转，边旋转边用锤击，使锤击力量通过窝子作用在铆钉的镦头上，以获得正确的半圆形铆钉头。如铆沉头铆钉（平钉），用锤打平即可。

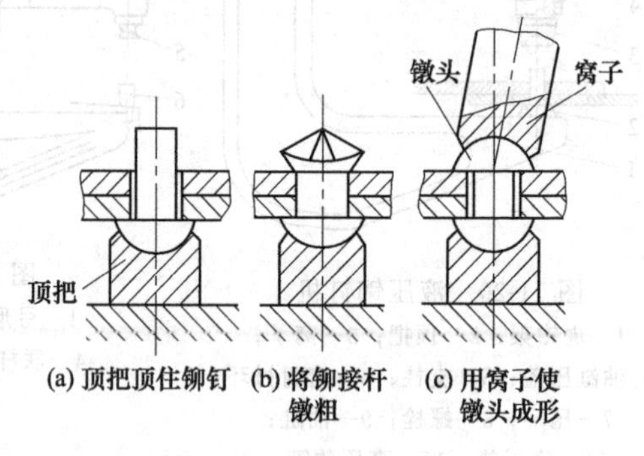

图 11-23 手工冷铆铆钉

冷铆时，如用手工锤击，为了避免锤击次数过多，引起材质冷作硬化，产生裂纹，所以铆钉直径一般不应超过 8mm。如用铆钉枪铆接，铆钉直径一般不应超过 13mm。如用铆钉机冷铆，在铆钉机压力足够的情况下，铆钉直径可为 20mm 左右。

冷铆与热铆相比的优点是：省人工、省燃料、操作方便、生产效率高；同时，铆合紧密，质量好。缺点是：铆钉杆和铆钉孔相接触的表面光洁度要求较高，铆钉本身要求高，钉杆与铆钉头过渡圆弧不能大，铆钉杆不应有锥度；因钉杆与铆钉孔之间隙要尽量小，所以铆钉和钉孔的加工工时较多。

(2) 热铆 热铆铆钉因受热变软，增加了塑性，因而减少铆接时所需的外力。它常在铆钉材质塑性较差，易于产生冷作硬化，铆钉直径较大等不适合于冷铆时采用。热铆铆钉在高温状态被铆接后，冷却时就要收缩，并且沿铆钉轴线方向收缩量较大，因此，铆钉杆就产生相应的应力。这种应力越大，被铆接板间的摩擦力也越大，连接强度也越高。铆钉加热的温度越高，板件的受热程度就越大，则铆钉杆的应力就越小。因此，对铆钉的加热温度应当低而不宜高。一般情况下，用手工铆接或用铆钉枪铆接时，铆钉加热温度应为1000～1100℃之间。铆钉机铆接时，铆钉温度可在650～750℃之间。铆钉的终铆温度应在450～600℃之间。终铆温度过高，会降低钉杆的初应力；终铆温度过低，铆钉会发生蓝脆现象。因此，铆铆钉的过程应在尽可能短的时间内完成。

热铆铆钉时的操作人员多少，应以铆接方法和作业条件为依据。在一般情况下，采用手工热铆铆钉的操作当中，一组（俗称一盘架）成员由5人组成，其中，烧铆钉、掌钳、顶钉、打大锤各一人，另一人则负责接钉、穿钉、卸螺栓等项工作。使用铆钉枪或铆钉机铆铆钉时，一般需要4个人操作。热铆铆钉的基本操作有下列内容。

① 拧螺栓 将铆接件用螺栓拧紧，螺栓数量应不小于铆钉孔数的1/4。螺栓拧紧后检查接合面的严密程度。

② 铰孔 铆钉孔应呈规则的圆柱形，孔壁光滑无毛刺。但预加工的孔，如冲切则常常有毛刺；铆接件装配中对应孔则由于加工误差而不同心。因此，铆接前应以过眼冲或用铰刀来修正铆钉孔。在质量要求较高的铆接件中，预加工的孔径较工作图要小1～2mm，这就要求在铆接前必须采用扩孔的加工方法来修正。

铰孔的方法是根据需要选定铰刀，将铰刀卡在风钻（或电钻）上，先开动风钻，再将铰刀垂直插入铆钉孔内铰孔。铰孔时要防止铰刀因卡住或风钻歪扭而造成事故。由于复合结构上板件的铆钉孔不同心，在铆铆钉之前应一次将孔铰完。铰孔时，应先铰没有拧螺栓的铆钉孔，铰完后拧入螺栓，再将原螺栓卸下进行铰孔，以确保连接件不会松动。

③ 加热铆钉　用焦炭炉加热铆钉（通常又叫烧铆钉），焦炭粒度要均匀，以10～12mm的小块焦炭（俗称焦豆）为宜。在铆钉装炉之前，应按铆接顺序，把各种直径、长度的铆钉依次准备好，以便按次序加热。

加热时，要把铆钉单层、多排插入焦炭中，铆钉头端稍高，倾斜角可为20°左右，并覆盖15～20mm厚度的焦炭；把炉子的风门打开，待炉火烧旺，铆钉呈现橙黄色时（用铆钉枪或手工铆接的温度），即应将风门小开，用焖火的方法再继续加热铆钉，使其表里温度均匀；待铆钉在炉内由橙黄色转变为深黄色时，即说明铆钉加热适当，温度不宜再升高。如铆钉被加热到淡黄色，则温度偏高；如呈现炽白色并闪光冒火花时，则温度太高，即俗说“过火”，对过火的铆钉不宜使用，否则，将产生铆钉掉头等后果；如果铆钉加热时呈现红色（用铆钉机铆接可用），即温度尚低，则应继续加热到适当温度后再铆，否则，将导致终铆温度过低，铆钉会产生蓝脆的质量问题。铆钉烧好后，应按照铆接顺序的需要陆续出炉，并继续向炉内填摆需要加热的铆钉。

加热炉应尽可能接近铆铆钉作业场所，以便于传递铆钉。在两者距离不远的情况下，烧钉者扔钉（俗称甩钉）时，要把烧好的铆钉向接钉者的身侧扔去；当两者距离较远时，烧钉者应对准接钉者甩钉。甩接铆钉要有联络信号，做到稳、准，以防发生事故。

烧钉者在加热铆钉过程中，要经常把夹钉钳浸入水中冷却，以避免烧坏钳子。铆钉加热中，如氧化铁皮较多时，应及时清炉。

④ 接钉与穿钉　操作者应准备好接钉桶、穿钉钳、手锤、扳手等工具。

接钉者应一手持接钉桶，一手拿穿钉钳。向烧钉者索取铆钉时，可在接钉桶上敲击两三下，与烧钉者联络。当铆钉扔来时，应趁铆钉之来势，用接钉桶边撤边接，免得铆钉撞出桶外。

穿钉的动作要迅速，即在接到铆钉时，立即用穿钉钳把铆钉夹住，尽快地把铆钉杆对准并穿入铆钉孔内，在确认铆钉不能从孔内退出时，即可撤开钳子。如发现接到的铆钉温度过烧，或温度不够时，不得向孔内穿钉，以保证铆接质量。如铆钉有氧化铁皮等，应除掉后再穿钉。

在装配螺栓邻近的铆钉孔铆上铆钉后，接钉者应先将螺栓卸掉，以便铆铆钉。

高空作业时，接钉者两脚要站稳。如下面有人作业时，不得向烧钉者索取铆钉。当接钉者将不用的铆钉退还给烧钉者时，应事前与烧钉者打招呼。

⑤ 顶钉　顶钉是在穿钉者将铆钉穿入铆钉孔后，用顶把将铆钉头顶住的工作。顶把与铆钉头接触的“窝”都要适用于铆钉头的形式。窝宜浅些，以利于顶钉时铆钉头与板件表面贴靠紧密。

顶钉的动作要快，应使顶把与钉头的中心成一条直线，使顶钉的力量落在实处。顶把的窝与铆钉头不应偏斜。顶钉时，顶钉者不可站在铆钉枪的对面，以防窝子和“窝胆”飞出伤人。顶把较热时，应浸入水中冷却。

使用手抱顶把顶钉，开始要用力顶住，直到铆钉杆不能后退时，再减小顶钉的力量，并利用铆铆钉震动引起的顶把回弹来撞击铆钉头，使铆接更加严紧。

使用气顶顶钉，应随时掌握好开关，以防铆接时震动，导致顶把失去顶钉作用。

⑥ 铆铆钉　铆铆钉的方法有手工铆接、用铆钉枪铆接和用铆钉机铆接等多种。

a. 手工铆铆钉。手工铆就是在铆铆钉时靠人力将钉杆制成镦头的方法。其操作程序是把铆钉穿入铆钉孔，用顶把顶住确认板件与铆钉靠实之后，掌钳者与打锤者即用铆钉锤迅速地对准铆钉杆伸出之端部，一锤一锤地交替进行锤击镦粗。如铆半圆头铆钉，就要把镦粗处打成伞盖形，掌钳者换用抱钳夹住窝子，将窝子的“窝”扣在铆钉的镦头上，此时打锤者应改用大锤快速打击窝子上顶三四下，而后再继续以慢速用力打击窝子上顶三四锤，至铆妥为止。在用大锤打击的同时，掌钳者必须同时调整窝子在镦头上的方向和位置，在打慢速的几锤时，应稍稍提起窝口，使其与镦头产生小间隙，以便在锤击时撞击镦头，使镦头的成形好，铆接坚固。

热铆铆钉时的操作过程，实际就是“趁热打铁”的过程。动作要迅速，以防铆钉因体积小、降温快而影响铆接质量。

b. 用铆钉枪铆铆钉。使用铆钉枪铆铆钉的力量是压缩空气，而掌握铆钉枪的工作须依靠人力。

使用铆钉枪铆铆钉时需要的压缩空气压力，不应小于表 11-24 中所列的数据。

表 11-24 压缩空气压力与铆钉直径的关系

铆钉直径/mm	13	16	19	22 以上
压缩空气压力/MPa	0.3	0.4	0.5	0.6

铆钉枪在接风管之前，应加入少量机油润滑，先把风管向空中吹一下，然后再把风管接上铆钉枪，以防止脏物及水分进入铆钉枪体内。使用前，在枪体上安置窝子时，要先用铁丝捆上窝子并与铆钉枪连接在一起，以防窝子掉下。使用时，不得随便碰撞开关。每天结束铆接工作时，应及时将窝子及铆钉枪内的活塞取出，妥善保管。

铆钉枪铆铆钉的基本操作方法是：在用顶把顶严铆钉头之后，用手握住铆钉枪，使铆钉枪、窝子和铆钉的中心线相一致；当窝子的"窝"接触铆钉杆端部时，应先小开风门，待把铆钉杆略有镦粗并不弯时，再大开风门，如出现钉杆弯曲和镦头偏歪等现象，可将铆钉枪适当倾斜进行矫正；然后，把铆钉枪略呈倾斜并绕镦头的圆心旋转一周，以迫使铆钉周边与板件压紧，铆接严实。其整个操作过程如图 11-24（a）、（b）、（c）、（d）所示。

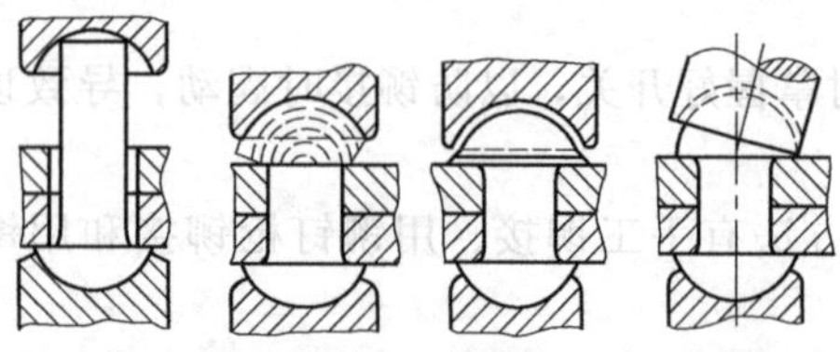

(a) 窝子的窝口接触铆钉杆 (b) 铆出镦头粗型 (c) 镦成钉头形状 (d) 旋转窝子使铆钉周边与板件严紧

图 11-24 铆钉过程示意图

c. 用直压式铆钉机铆铆钉。铆钉机的作用原理与铆钉枪不同，它是压力机器以压力迫使铆钉杆变形。因此，它在工作时没有噪声，铆接的质量较好，生产效率较高。铆钉机有固定式和移动式两种。移动式铆钉机使用灵活，应用较广泛。

采用铆钉机铆铆钉，不论铆钉机是液压的、气动的还是电动的，其操作方法均相似。

使用铆钉机铆铆钉的基本操作方法是将铆钉穿入铆钉孔，顶严实后，即可开动铆钉机，窝子便自上而下将铆钉机的压力作用于铆钉杆上，使铆钉的镦头一次成形。

使用铆钉机前，除了要加注润滑油和试用外，还应找正上、下窝子中心和距离等，这与使用压力机调整成形模具的方法相同。

d. 用碾压式铆钉机铆铆钉。这种铆钉机工作时比直压式铆钉机工作的响声更小，它适用于冷铆直径 10mm 左右及较小的铆钉。它在工作时，是以压力触头压迫铆钉杆端，并在铆钉杆上旋转碾压，来造成铆钉的镦头。它的旋转和进给是靠铆钉机本身的偏心结构和轴向推进机构的作用。当停止工作时，压力触头通常是借弹簧恢复原位的。由于碾压时，压力触头始终与铆钉杆接触，所以没有撞击的响声。

（3）*局部加热铆接* 该方法是将铆钉穿入铆钉孔内，并把铆钉头顶严，再将伸出的铆钉杆端进行加热；加热时，常采用电阻法或采用氧炔焰加热，使铆钉杆达到铆接温度后铆出镦头。它的优点是在加热铆钉时，操作方便，导热甚微，铆接质量较好。缺点是加热效率较低，温度不易控制，稍有不慎，铆钉温度容易过火。

11.5 敛缝

由于铆接技术条件，铆钉的加工制造，板件的平直度等影响，铆接结构的连接处，必然会产生一定的缝隙。因此，受压容器中的液体或气体，就会从这种缝隙中泄漏出去，如图 11-25 所示。把密固连接的构件在铆接过程中产生的缝隙采取锤击、碾压达到收敛的方法，叫做敛缝。

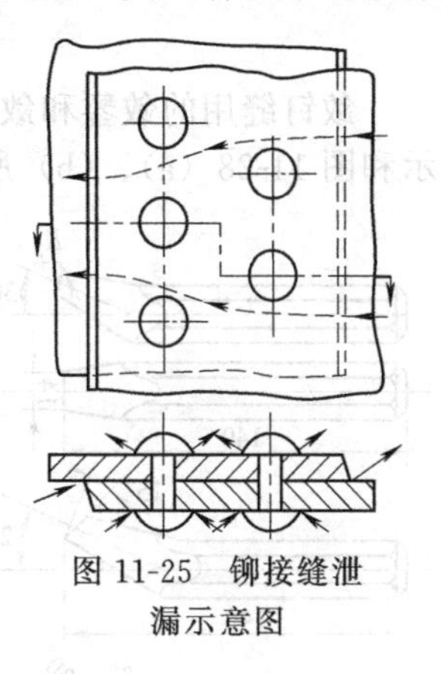

图 11-25 铆接缝泄漏示意图

敛缝工作有两种：敛钉缝即铆钉头（包括镦头）与板件之间的敛缝；敛板缝即板件与板件连接处之间的敛缝。

当铆接结构的钢板厚度小于 4mm 或承受压力很小的紧密铆接的容器，均不宜使用敛缝的方法，而应另加密封垫。加密封垫的一般办法是：先将连接件叠合的接触面校平、除锈；再将浸过铅油的亚麻布带垫在连接件的接触面之间；然后在连接件上每隔 2～3 个铆钉孔拧上一个螺栓加以固定，再用铆钉铆接；最后将固定螺栓卸掉，再铆上铆钉。

应该指出，随着焊接技术的发展和应用，现在制造的各种容器，特别是承受高压的容器，基本上都采用焊接，因而，铆接的敛缝工作也就相应地很少采用。尽管如此，敛缝仍是铆接工作中不可缺少的一种补充工序。

11.5.1 敛缝工具

敛錾也叫敛凿，有敛钉缝的和敛板缝的两类。

用于敛铆钉缝的敛錾又分为圆敛錾与光敛錾两种，并各有手工锤击用和风铲用錾柄之分。风铲用錾柄的尺寸较精确，光洁度也高。风铲及敛錾的外形如图 11-26（a）、（b）所示。

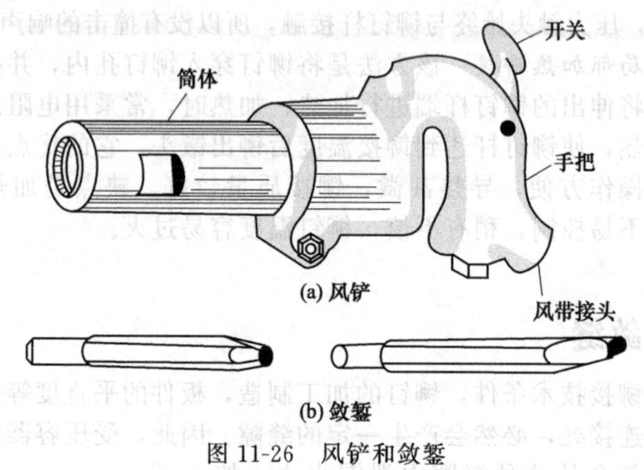

图 11-26　风铲和敛錾

敛钉缝用的敛錾和敛板缝用的敛錾分别如图 11-27（a）、（b）所示和图 11-28（a）、（b）所示。

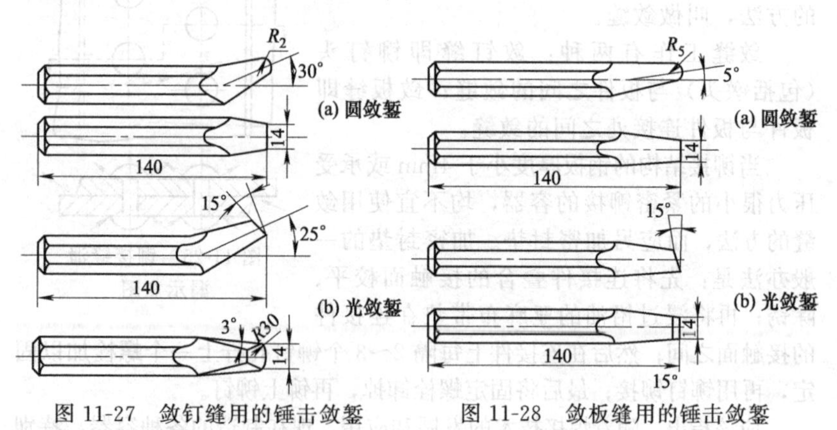

图 11-27　敛钉缝用的锤击敛錾　　图 11-28　敛板缝用的锤击敛錾

11.5.2　敛缝的方法

（1）敛钉缝　敛铆钉缝前，应用扁铲将铆钉边缘的毛刺除掉。铲毛刺时要避免铲伤板件和铆钉。然后用圆敛錾的錾头沿铆钉头周围移动，边移动边用锤击錾柄，使铆钉头周围与板件靠紧，而后换用光敛錾进行同样操作，逐渐收敛。收敛铆钉头周围的钉缝后，铆钉头的形状要正确，保持表面无毛刺。图 11-29 所示为敛钉缝操作方法示意图。

有时，为了使铆钉头具有较美观的花纹，可使用带花纹的敛錾敛缝，如图 11-30 所示。应当注意：带花纹的敛錾只适用于手工锤击，不适用于风动工具的锤击。因为风动工具速度太快，带有花纹的敛錾会把铆钉头周围的花纹打乱，并造成很多毛刺。

图 11-29 敛钉缝示意图

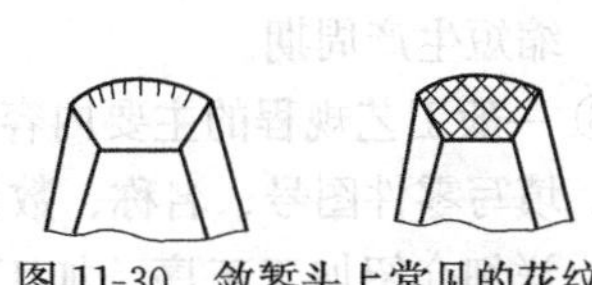

图 11-30 敛錾头上常见的花纹

(2) 敛板缝 敛板缝之前，板边应加工成 70°～75°的斜度，如图 11-31 所示。敛缝时，要先在接缝边缘用圆敛錾开槽，并沿缝打一遍，然后在槽的下部用光敛錾将板缝敛紧，如图 11-32 所示。

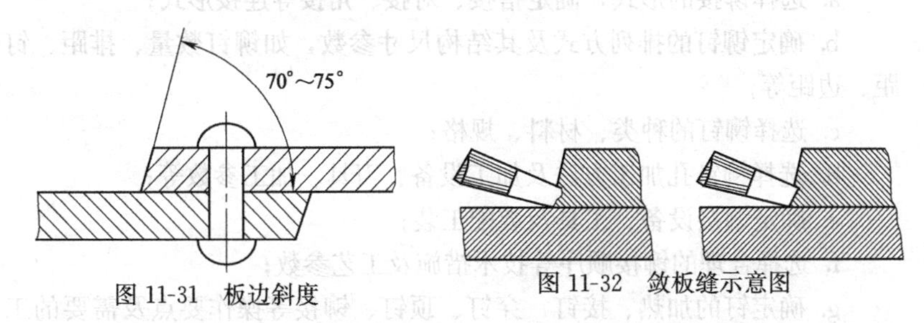

图 11-31 板边斜度

图 11-32 敛板缝示意图

在同一个结构上敛钉缝和敛板缝，必须先敛钉缝，后敛板缝。若先敛板缝，正板边被挤将引起板边内部间隙增大，这种间隙依靠敛钉缝是难以消除的。反之，如先敛铆钉缝，由于板件在铆钉处已被夹紧，敛板缝时所施加的力量就难以使板边拱出内部间隙，而只能是更加严紧。

必须注意，在容器承受液体或气体压力时，不允许进行敛缝工作；否则，会引起别处发生泄漏等严重后果。

11.6 铆接工艺要点及实例

11.6.1 铆接工艺要点

① 工艺规程是指导加工零件的具体文件，是生产准备的基础，也是

检验的重要依据。

② 工艺规程的编制原则如下：

a. 保证产品质量；

b. 提高生产效率；

c. 降低生产成本；

d. 改善劳动条件；

e. 缩短生产周期。

③ 一般工艺规程的主要内容如下：

a. 填写零件图号、名称、数量、材料牌号、规格等；

b. 详细介绍加工工序、加工基准、工艺参数及每道工序所用设备、工装、技术要求、检验等事项；

c. 提供简图及辅助说明，如加工留量、工艺孔位置等。

④ 铆接工艺的主要内容如下：

a. 选择铆接的形式，确定搭接、对接、角接等连接形式；

b. 确定铆钉的排列方式及其结构尺寸参数，如铆钉数量、排距、钉距、边距等；

c. 选择铆钉的种类、材料、规格；

d. 选择铆钉孔加工方法及加工设备、刀具、加工参数等；

e. 确定铆接设备、工具及装配工装；

f. 选择合理的铆接顺序等技术措施及工艺参数；

g. 确定钉的加热、接钉、穿钉、顶钉、铆接等操作要点及需要的工人技术等级；

h. 铆接质量检验及返修方法。

11.6.2 铆接工艺中的技术问题

铆接工艺在经过广泛应用后，其技术也在不断发展、创新。在铆接工艺中应主要考虑以下工艺问题。

(1) 铆接件的合理装配　通常大型铆接结构由许多部件、零件组成。在分离铆接结构时，产生许多设计分离面和工艺分离面。设计分离面一般采用可卸连接，工艺分离面一般都采用不可卸连接。

铆接结构的尺寸偏差通常取决于大、小零件或部件的加工精度、装配精度及铆接变形大小。合理选择工艺分离面组合顺序和选择正确的装配基准，对保证铆接结构尺寸精度尤为重要。因此作为装配基准的工艺分离面大多有较高的加工要求。在铆接件装配过程中，铆接件的定位、固定至关重要。常用的定位方法有画线定位、工艺孔定位、胎夹具工装定位等方法。已定位零件多采用固定铆钉、固定工艺螺栓、定位销、穿心夹等加以固定，以便进行铆接，并保证在铆接过程中铆接件之间保持正确位置尺寸关系。

(2) 有效控制铆接变形　在铆接过程中，由于铆钉杆在镦粗时挤压铆钉孔壁，同时钉头、镦头挤压铆接件表面而产生内应力，在此应力作用下，铆钉附近的材料将延伸。当铆钉镦粗时，挤压力并不是沿铆钉杆全长均匀分布的，越靠近镦头处挤压力越大。另外，当不同材料或不同厚度的铆接件生产时，延伸量也不一样。当产品结构比较复杂，同时铆接方法和铆接顺序也不相同，就极易产生变形，致使铆接件产生弯曲、扭曲等不同形式的变形。

预防控制铆接变形常用的措施如下：

① 在进行工装设计时，应正确地选择定位基准；

② 铆接件应具有一定的刚度；

③ 铆接件应具有足够加工精度，特别是装配基准面应有较高的加工精度；

④ 采用合理的铆接顺序，遵循中心法和边缘法；

⑤ 选择合适的铆钉枪及顶把等铆接工具。

11.6.3 铆接生产的安全操作技术

① 保持环境清洁，有足够操作空间，工件、工具定置管理，摆放整齐。

② 热铆时采用的加热炉要有良好的防火、防尘、排烟设施。每次使用后，要熄灭加热炉内余火，并清理干净。

③ 加热后的铆钉在进行扔、接时，操作工具应齐全，配合协调，扔、接技术要正确。

④ 使用铆钉枪时，严禁平端对人，停止使用时，一定要将枪头罩模取下，随用随上，保持实用、规范的安全操作习惯。

⑤ 手工铆接时，要掌握正确的手锤操作方法。

⑥ 个人防护用品要齐全。

11.6.4 铆接实例

矩形通风管端部是由薄板与矩形法兰铆接而成的。薄板经折边后加工成矩形断面，矩形法兰则由 4 根角钢组焊成矩形框架。矩形通风管端部如图 11-33 所示。采用手工电钻钻铆钉孔，选取相应的铆钉。矩形通风管法兰尺寸如表 11-25 所示。铆接前，先对称固定几点，复查尺寸后，再铆接剩余铆钉。通风管铆接时，既可以手工铆接，也可以采用铆接机铆接。为了实现密封，铆接后铆钉四周与法兰接缝处应涂上密封胶。

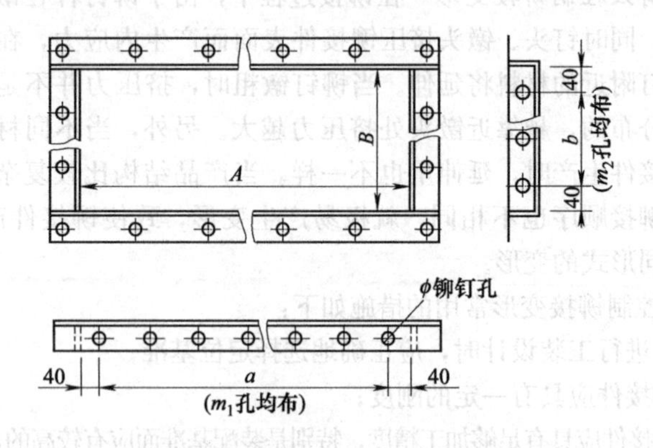

图 11-33　矩形通风管端部示意图

表 11-25　矩形通风管法兰尺寸　mm

序号	风管规格		角钢规格	铆钉孔直径 ϕ	a	b	孔数/个	铆钉规格
	A	B						
1	502	202	∟25×4	4.5	422	122	14	ϕ4×8
2		252				172	16	
3		322				242	16	
4		402				322	18	
5		502				422	20	
6	632	252			552	172	18	
7		322				242	18	
8		402				322	20	
9		502				422	22	
10		632				552	24	
11	802	322	∟30×4	5.5	722	242	20	ϕ5×10
12		402				322	22	
13		502				422	24	
14		632				552	26	
15		802				722	28	

续表

序号	风管规格		角钢规格	铆钉孔直径 ϕ	a	b	孔数/个	铆钉规格
	A	B						
16	1002	322	∟30×4	5.5	922	242	22	ϕ5×10
17		402				322	24	
18		502				422	26	
19		632				552	28	
20		800				722	26	
21		1002				922	28	
22	1252	402			1172	322	28	
23		502				422	30	
24		632				552	32	
25		802				722	34	
26		1002				922	36	
27	1602	502	∟40×4		1522	422	34	
28		632				552	36	
29		802				722	38	
30		1002				922	40	

11.7 铆接质量检查及铆接缺陷与处理方法

11.7.1 铆接质量检查

① 铆接后用目测方法直接检查镦头，不准有伤痕、压坑、裂纹等缺陷。镦头与铆接件的表面应贴合，允许在不超过半圆周的范围内间隙≤0.05mm，但数量不超过铆钉总数的10%，而且不允许连续出现。

② 铆接后的结构件中在铆钉间距内允许存在局部间隙，如表11-26所示。

表 11-26 铆接件允许存在的局部间隙 mm

铆接件厚度	铆钉间距	允许间隙	铆接件厚度	铆钉间距	允许间隙
<1.5	>40	<0.5	1.6～2.0	10～40	<0.3
<1.5	<40	<0.3	>2.0	20～40	<0.2

③ 对于一般结构，铆钉周围的钢板允许凹陷量小于0.2mm。难以铆接的部位铆钉周围的钢板允许凹陷量小于0.3mm。

④ 用样板检验镦头，判断镦头质量、镦头尺寸和偏差，如表11-27所示。

表 11-27 镦头尺寸和偏差 mm

铆钉直径	2.0	2.5	3.0	3.5	4.0	5.0	6.0	8.0
镦头直径	3.0	3.8	4.5	5.2	6.0	7.5	8.7	11.6
镦头直径允许偏差	±0.2	±0.25	±0.30		±0.4	±0.5	±0.6	±0.8
镦头最小高度	0.8	1.0	1.2	1.4	1.6	2.0	2.4	3.2
镦头对铆钉轴线偏移	0.2		0.3			0.4	0.5	0.6

11.7.2 铆接质量缺陷及处理方法

铆接质量缺陷的原因及一般的处理方法如表 11-28 所示。

对铆钉的质量缺陷可以分别采取下列方法进行检查：

① 用目测方法直接检查铆钉表面的裂纹、铆钉镦头的过大或过小、歪头和板面凹陷等缺陷；

② 用样板检查铆钉头，以判断镦粗的情况；

③ 用小锤敲打铆钉镦头，从锤击响声判别铆接的松紧；

④ 用水压试验，检查板缝和铆钉缝的渗漏情况。

表 11-28 铆接质量缺陷的原因及处理方法

铆钉情况工简图	缺陷名称	缺陷产生原因	处理方法
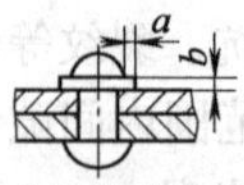 $a \geqslant 3; b \geqslant 1.5 \sim 3$	铆钉头周围帽缘过大	钉杆太长 罩模直径太小 铆接时间过长	正确选择钉杆长度 更换罩模 减少打击次数
	铆钉头过小，高度不够	钉杆较短或孔径过大 罩模直径过大	加长钉杆 更换罩模
	铆钉形成突头及克伤板料	铆钉枪位置偏斜 钉杆长度不足 罩模直径过大	铆接时铆钉枪与板件垂直 计算钉杆长度 更换罩模
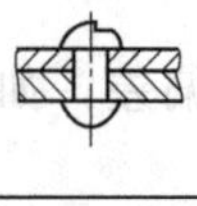	铆钉头上有伤痕	罩模击在铆钉头上	铆接时紧握铆钉枪，防止跳动过高

续表

铆钉情况工简图	缺陷名称	缺陷产生原因	处理方法
	铆钉头偏移或钉杆歪斜	铆接时铆钉枪与板面不垂直 风压过大，使钉杆弯曲、钉孔歪斜	铆钉枪与钉杆应在同一轴线上 开始铆接时，风门应由小逐渐增大 钻或铰孔时刀具应与板面垂直
	铆钉杆在钉孔内弯曲	铆钉杆与钉孔的间隙过大	选用适当直径的铆钉 开始铆接时，风门应小
	铆钉头四周未与板件表面贴合	孔径过小或钉杆有毛刺，顶钉力不够或未顶严 压缩空气压力不足	铆接前先检查孔径 穿钉前先消除钉杆毛刺和氧化皮 压缩空气压力不足时应停止铆接
	铆钉头有部分未与板料表面贴合	罩模偏斜 钉杆长度不够	铆钉枪应保持垂直 正确确定铆钉杆长度
	板料接合面间有缝隙	装配时螺栓未紧固或过早地被拆卸 孔径过小 板件间相互贴合不严	拧紧螺母，待铆接后再拆除螺栓 铆接前检查板件是否贴合和检查孔径大小
	铆钉头有裂纹	铆钉材料塑性差 加热温度不适当	检查铆钉材质，试验铆钉的塑性 控制好加热温度

发现缺陷后，应根据不同情况，采取适当方法进行解决。

如板缝和铆钉缝有轻微渗水，可以进行敛缝；对于质量要求严格的铆钉缝，如发现渗水，应将铆钉拆掉再铆新钉，并敛缝。

更换铆钉时，不要损伤板件。除掉半圆头铆钉的常用方法是：先把铆钉头的圆顶锤平，打出样冲窝，找正中心；再用钻头在铆钉头上钻孔，钻到铆钉头的平面为止；然后，用适当尺寸的铁芯插入孔内拔拆铆钉头，再用冲头将铆钉剩下的余部分冲掉。其除掉方法如图11-34（a）、（b）、（c）、（d）所示。

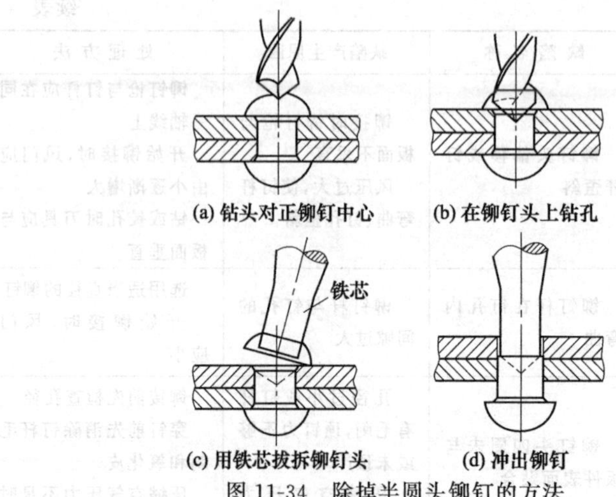

图 11-34 除掉半圆头铆钉的方法

拆除半圆头铆钉时，也可用氧炔焰或用克子切掉铆钉头，再用冲子把钉杆从孔中冲出。

拆除沉头铆钉的一般方法也是先钻盲孔，再冲出铆钉的剩余部分。即先找准铆钉中心，打出样冲窝；选取直径小于铆钉杆直径为1mm左右的钻头，对准铆钉中心后钻孔，钻到埋头孔窝下部为止；再用较小的冲头插入孔中，锤击冲柄，将铆钉顶出孔外。其操作方法如图 11-35 (a)、(b)所示。

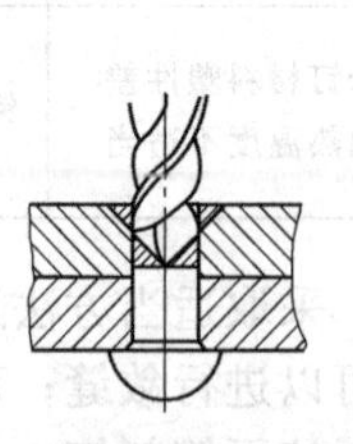
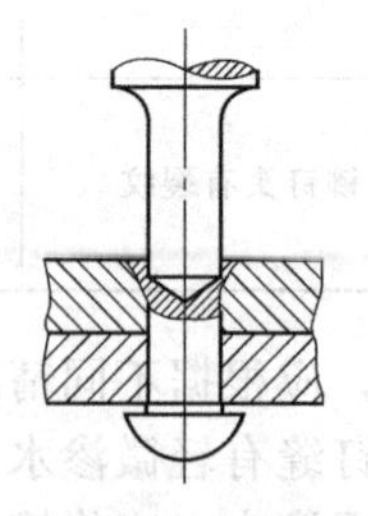

图 11-35 拆除沉头铆钉

第12章　铆工工艺规程及产品检验

12.1　铆工制造工艺规程编制

金属结构产品形成的全过程包括开发设计、原材料采购、生产制造、现场安装和服务等。其中生产制造过程，是决定产品质量和生产进度的重要环节。对生产制造过程加以严格控制，是保证生产进度和产品质量的前提。编制工艺规程，是指导操作者进行规范运作，是控制生产制造过程的有效手段。

12.1.1　铆工制造工艺规程基本知识

(1) 基本概念　将原材料或半成品转变成产品的方法和过程，称为工艺。

改变生产对象的形状、尺寸、相对位置和性质等，使其成为成品或半成品的过程，称为工艺过程。

生产中实用的工艺过程的全部内容，是长期生产实践的总结。

把工艺过程按一定的格式用文件的形式固定下来，便称为工艺规程。

工艺规程是一切生产人员必须严格执行的纪律性文件。

(2) 工艺规程的作用

① 编制工艺规程是生产技术准备的主要内容之一，是组织生产的重要依据，如原材料的采购、工艺装备的设计与制作、生产进度的安排与调度、质量检查的内容和要求等，都可在工艺规程中反映出来。编制合理的工艺规程，可以稳定生产秩序，使生产有序进行。

② 对生产过程起技术指导作用。工艺规程中对各工序的操作方法和步骤、关键部位的难点及应注意的事项等，都作了详细的规定，是生产过程中的指导性技术文件。

内容翔实的工艺规程，不但对操作者提供技术指导，也可对基层生产单位（车间、班组）计划组织生产、充分利用人力资源和设备能力，起到纲领性的指导作用。

③ 为保证产品质量提供保证。工艺规程中对各工序的检查方法和要领都有详细规定，有章可循，有效地防止漏检，加强了对生产过程中的质量控制。

④ 有利于技术进步。通过生产实践，不断地改进和完善工艺规程，有利于提高产品的技术水平和质量水平；有利于企业的整体技术进步。

（3）工艺规程的形式　由于金属结构产品的结构形式种类繁多，工艺过程差别很大，所以，工艺规程很难有统一的格式。各企业都是根据本企业的具体情况，如产品的种类、生产类型、技术条件等自行确定。但常见的有以下几种。

① 工艺路线卡。工艺路线卡以工序为单位，说明产品在生产制造的全过程中，所必经的全部工艺过程，是工艺规程中的纲领性文件。工艺路线卡可指导管理人员和技术人员了解产品制作的全过程，以便组织生产和编制工艺文件。工艺路线卡也可帮助操作者了解前后工序之间的搭配关系，有利于加深对本工序工艺过程的理解。

工艺路线卡可以是单一工种编制，也可跨工种编制。

工艺路线卡通常包含产品的名称规格、工种、工序内容和使用的工艺装备、各工序的工时定额等。

② 工艺过程卡。这种卡片是以单个零、部件的制作为对象，详细说明整个工艺过程的工艺文件。是用来指导操作者的具体操作方法，和帮助管理人员、质量检查人员了解零件加工过程的主要技术文件。

工艺过程卡通常包含零件的工艺特性（材料、形状和尺寸大小）、工艺基准的选择、各工步的操作方法、所应用的工艺装备及工时定额等。

③ 典型工艺卡。当批量生产结构相同或相似、规格不一的产品时，逐种规格去编制工艺路线卡和工艺过程卡显然是不科学的，这时可以采用典型工艺卡的形式。

典型工艺卡的格式与工艺过程卡类似，其作用和工艺过程卡相同。但典型工艺卡的内容相对工艺过程卡要简单一些，对每一工序只强调其工艺过程和使用的工艺装备，量化指标少，也没有工时定额等内容。

④ 工艺规程的其它形式。有工艺过程综合卡、工艺流程图、工艺守则、工艺规范等。

工艺过程综合卡类似工艺路线卡，但比工艺路线卡的内容要详细一些，它包括一些跨工种的工艺过程内容。工艺过程综合卡适用于单件、小批或一次性生产，作技术指导文件用。

工艺流程图是用平面坐标来表达工艺路线的一种形式，其作用也和工艺路线卡相似，但更直观。工艺流程图具有可以平行反映不同部件进度、不同工序关系等特点，常用来做组织生产、协调安排进度的依据。

工艺守则是工艺纪律性文件，工艺守则详细规定了在生产过程中，有关人员应遵守的工艺纪律。工艺守则通常按工种或工序进行编制，如车工工艺守则、装配钳工工艺守则、冷冲压工艺守则等。

工艺规范是对工艺过程中有关技术要求所做的一系列统一规定。工艺规范的作用类似典型工艺过程卡，但内容却十分详细。工艺规范适用于大批量生产、产品单一或工艺过程不变的场合下使用。

12.1.2 工艺规程编制的原则

工艺规程编制的总原则是：在一定的条件下，以最低的成本、最好的质量，可靠地加工出符合图样和技术要求的产品。

编制出的工艺规程首先要能保证产品的质量，同时争取最好的经济效益。

工艺规程的编制要从以下3个方面加以注意。

① 技术上的先进性。在制订工艺规程时，要了解国内、外本行业工艺技术的发展。通过必要的工艺试验，积极采用适用的先进工艺和工艺装备。

② 经济上的合理性。在一定的生产条件下，可能会出现几个保证工件技术要求的工艺方案。此时应考虑全面，通过核算或对比，选择最经济的方案，使产品的成本最低。

③ 有良好的劳动条件。编制工艺规程时，要注意保证操作者有良好而安全的劳动条件。因此，在工艺方案上要注意采取机械化或自动化措施，将工人从笨重、繁杂的体力劳动中解放出来。

12.1.3 工艺规程编制的步骤

（1）图样的分析　了解产品的用途和结构特点，详细分析研究产品图样，要清楚产品结构的每一细节和每一项技术要求。对产品结构是否合理，工艺性是否先进，精度等技术要求是否过高等，都可以探讨。

（2）工艺方案的拟定　按以下顺序进行。

① 拟定工序、工步。

② 选定应用的设备。

③ 确定工装、模具，包括夹具及辅助工具。

④ 草拟各工序（步）的具体操作方法和技术要求。

⑤ 草拟各工序（步）的检验方法和要求。

⑥ 根据需要，提出工装设计任务书。

按以上方法同时考虑 2～3 套方案，进行综合对比，选择一套最优方案。必要时，还可进行工艺试验加以验证。

（3）工艺文件的编写　编写完工艺文件后需正式填写与工艺文件有关的表格及数据等。

12.1.4 金属储气罐工艺规程的编制

金属储气罐属于压力容器，是铆焊工作场地必备的基础设施，也是铆工制作的金属结构产品对象之一。对于压力容器的制造和应用，国家有关部门制定了一系列标准和管理条例。在制作和使用压力容器时，必须严格执行标准和遵守这些管理条例。

压缩空气储气罐结构图样如图 12-1 所示。

（1）储气罐的作用　压缩空气通过进气管输入罐内，通过出气管和连接管路，输出到工作地点。储气罐在这里起到了储藏和稳压作用，同时，利用扩容和离心作用分离出压缩空气中的油和水分。

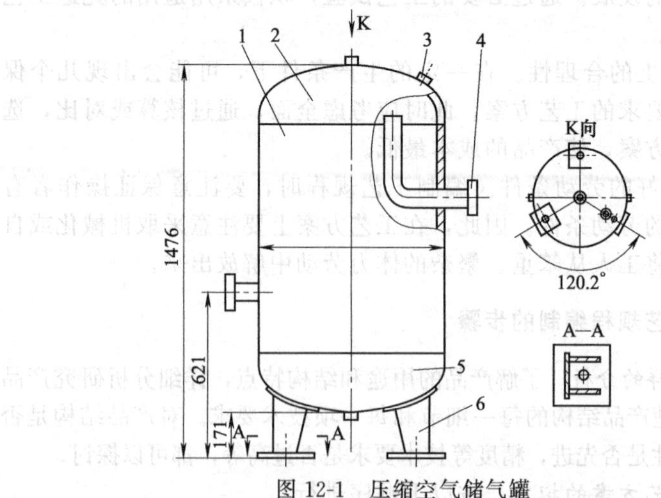

图 12-1　压缩空气储气罐

1—筒体；2,5—封头；3—阀座；4—法兰；6—支座

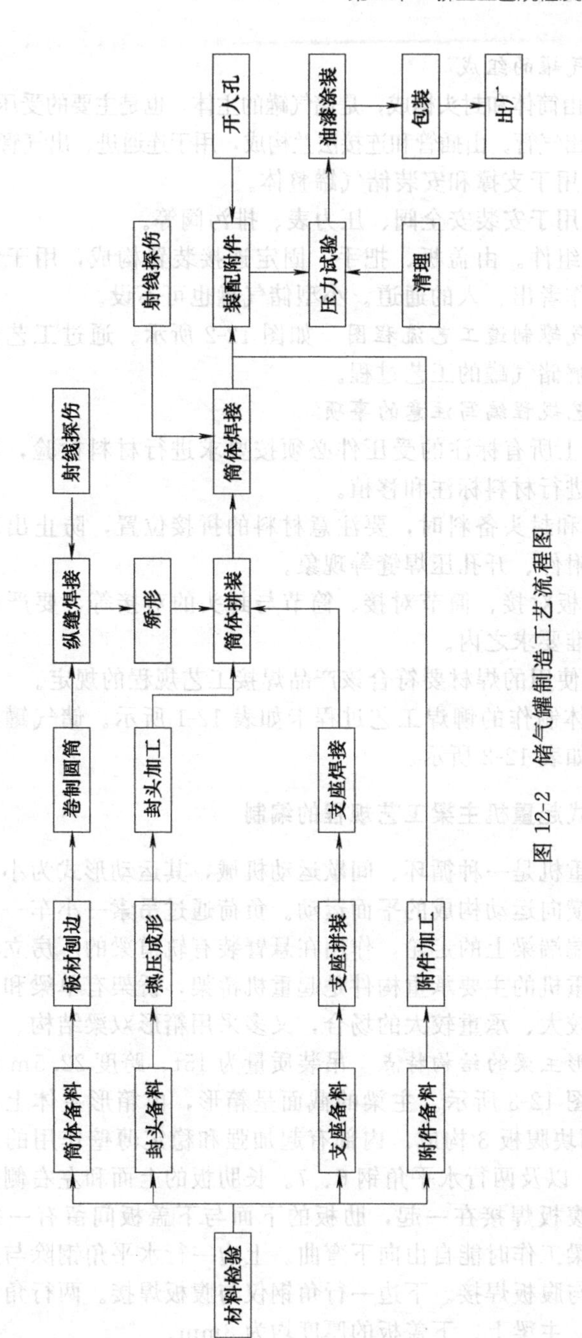

图 12-2 储气罐制造工艺流程图

（2）储气罐的组成

① 罐体由筒体和封头构成，是储气罐的主体，也是主要的受压部件。

② 进、出气管。由插管和连接法兰构成，用于连通进、出气管路。

③ 支座用于支撑和安装储气罐整体。

④ 阀座用于安装安全阀、压力表、排污阀等。

⑤ 人孔组件。由盖板、把手、固定连接装置构成，用于制造和检修时供操作者出、入的通道。小型储气罐也可不设。

（3）储气罐制造工艺流程图　如图 12-2 所示。通过工艺流程图可以概要了解储气罐的工艺过程。

（4）工艺规程编写注意的事项

① 图样上所有标注的受压件必须按要求进行材料检验，在各工序间应注意进行材料标注和移植。

② 筒体和封头备料时，要注意材料的拼接位置，防止出现焊缝距离超标及附件、开孔压焊缝等现象。

③ 板与板对接、筒节对接、筒节与封头的对接等，要严格控制错边量在标准要求之内。

④ 铆焊使用的焊材要符合该产品焊接工艺规程的规定。

单节筒体制作的铆焊工艺过程卡如表 12-1 所示。储气罐的装配工艺过程卡如表 12-2 所示。

12.1.5　桥式起重机主梁工艺规程的编制

桥式起重机是一种循环、间歇运动机械，其运动形式为小车纵向运动、大车横向运动构成的平面运动。负荷通过吊索—小车—主梁和装在主梁两端端梁上的走轮，作用在悬臂装有轨道梁的厂房立柱上。

桥式起重机的主要承重构件是起重机桥架，桥架有单梁和双梁两种。在跨度较大、承重较大的场合，又多采用箱形双梁结构。

（1）箱形主梁的结构特点　吊装质量为 15t、跨度 22.5m 的箱形主梁结构如图 12-3 所示。主梁的截面呈箱形，由箱形主体上、下盖板 1、2 和两块腹板 3 构成。内部有起加强和稳定薄壁作用的长、短肋板 4 和 5，以及两行水平角钢 6、7。长肋板的上面和左右侧面分别与上盖板和腹板焊接在一起，肋板的下面与下盖板间留有一定的间隙，以使主梁工作时能自由向下弯曲。上边一行水平角钢除与短肋板焊接外，还与腹板焊接。下边一行角钢仅与腹板焊接。两行角钢的装配方向不同。主梁上、下盖板的厚度均为 8mm。

表 12-1　单节筒体制作工艺过程卡

×××××厂工艺处			(铆焊)工艺过程卡			共 页 第 页	
产品名称	储气罐	产品代号	××××	零部件名称	筒体	零部件代号	××××
序号	作业区	工序名称	工序内容	设备工装	型号编号	工时	备　注
1	铆工车间	剪切	按展开尺寸×××××剪切，在规定位置打上材料标记钢印。检后转序	剪板机	××××		材质证明齐全
2	加工车间	刨边	按图样刨削焊接坡口。检后转序	龙门刨	××××		
3	铆焊车间	弯曲	卷制圆筒	滚板机 卡样板	××××		
4	焊接车间	焊接	焊接圆筒纵缝。检后转序	焊机	××××		焊接规范××××
5	铆焊车间	矫形	矫正单节圆筒。检后转序	卡样板			
6	射线室	检测	按图样规定进行射线检测。合格后转序	射线探伤机	××××		出具探伤报告
7							
8							
更改记录							
编制	年 月 日	审核	年 月 日	批准	年 月 日	编号	

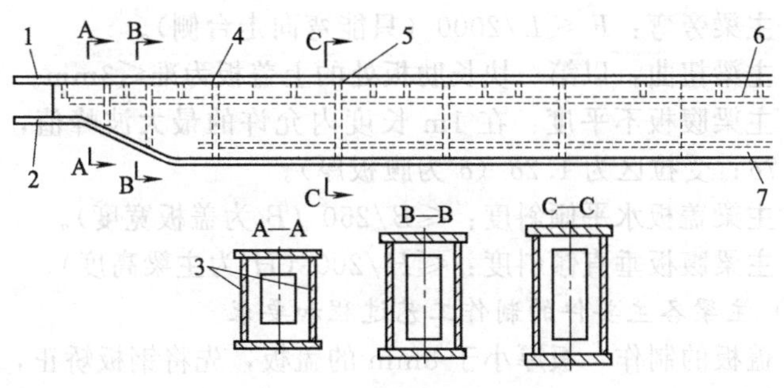

图 12-3　箱形主梁结构

1—上盖板；2—下盖板；3—腹板；4,5—肋板；6,7—角钢

表 12-2 储气罐装配工艺过程卡

×××××厂工艺处		(铆焊装配)工艺过程卡			共 页 第 页		
产品名称	储气罐	产品代号	××××	零部件名称		零部件代号	
序号	作业区	工序名称	工序内容	设备工装	编号	工时	备注
1	铆焊车间	装配	按图样拼接筒节、封头。注意所有纵缝和开孔位置。检后转序	拼装轮架	××××		附材质证明、探伤报告
2	焊接车间	焊接	环缝焊接。检后转序	焊机	××××		焊接规范××××
3	射线室	检测	按图样要求进行射线检测	射线探伤机	××××		出具探伤报告
4	铆焊车间	装配	配装支座。注意其方位和其它接管的位置				
5			配装所有接管、阀座。检后转序				
6	焊接车间	焊接	焊接所有附件	焊机			焊接规范××××
7	铆焊车间		全面修磨、清理,终检				
8							
更改记录							
编制 年 月 日		审核 年 月 日		批准 年 月 日		编号	

(2) 箱形主梁的主要技术要求

① 主梁长度公差跨度：$L\pm8$mm。

② 主梁旁弯：$F'\leqslant L/2000$（只能弯向走台侧）。

③ 主梁扭曲：以第一块长肋板处的上盖板为准≤3mm。

④ 主梁腹板不平度：在 1m 长度内允许的最大波峰值，对受压区为 0.7δ；受拉区为 1.2δ（δ 为腹板厚）。

⑤ 主梁盖板水平倾斜度：$\leqslant B/250$（B 为盖板宽度）。

⑥ 主梁腹板垂直倾斜度：$\leqslant H/200$（H 为主梁高度）。

(3) 主梁各主要件的制作工艺过程和要求

① 盖板的制作　板厚小于 8mm 的盖板，先将钢板矫正，对接拼焊至要求的长度，再画线、气割。对接可采用单面焊双面成形工艺，以省掉开坡口和焊后翻面的麻烦。对接时应留有一定的间隙。板厚

8mm 时，间隙为 2.5～3mm；板厚 8mm 时，间隙为 3～4mm。焊缝应无缺陷。

板厚超过 8mm 的盖板，先下料气割成要求的宽度，再在长度方向对接拼焊而成。

上、下盖板气割或拼接时，可预制出一定的旁弯度。预制旁弯度值应大于技术条件的规定，一般为≤$L/1300$（L 为跨度），但也有不预制旁弯度的，待装配焊按时，使其形成一定的旁弯。

盖板对接后在长度方向应放出一定的工艺余量，上盖板为 200mm，下盖板为 400mm。

② 腹板的制作　钢板校平后，在长度方向先拼接，后对称气割。为使主梁有规定的上拱度，在腹板下料时必须有相应的侧弯。

由于桥架的自重及焊接变形的影响，腹板的预制侧弯量应适当大于主梁的上拱度。

腹板的侧弯曲线可先画线后气割。在专业生产时，也可应用靠模气割。

腹板下料时，应留有 $1.5L/1000$ 的余量，中心两侧 2m 内不应有接头。同时，要和上、下盖板综合考虑，防止焊缝集中。

③ 肋板的制作　肋板为长方形，有长肋板和短肋板之分，长肋板中部开有长方形的减重孔。

下料时，肋板的宽度尺寸取负公差，只能小不能大。长度尺寸可取自由公差。

肋板的 4 角应保证 90°，尤其是肋板与上盖板连接处的两角更应严格保持直角，以使装配后主梁的腹板与上盖板垂直，保证主梁在长度方向不会发生扭曲变形。

(4) 箱形主梁的装配

① 装配肋板　将上盖板平放在平台上作装配基准，在上盖板上画出长短肋板的位置线，同时画出两腹板的位置线。

装配大、小肋板，保持两侧平齐，肋板与盖板的垂直度用角尺检验。

肋板焊接后，上盖板会产生一定的波浪变形和翘曲变形，对于波浪变形应加以矫形，对于长度方向上的翘曲变形，可利用作箱形梁的上拱度。

② 装配水平角钢及腹板　将水平角钢装配点焊在小肋板上。

将腹板吊装在上盖板上，用夹具将腹板临时固定，如图 12-4 (a)

所示。调整腹板的位置，使其紧靠肋板，装配时可用π形专用工具和撬杠，如图 12-4（b）所示。定位焊应两面同时进行。

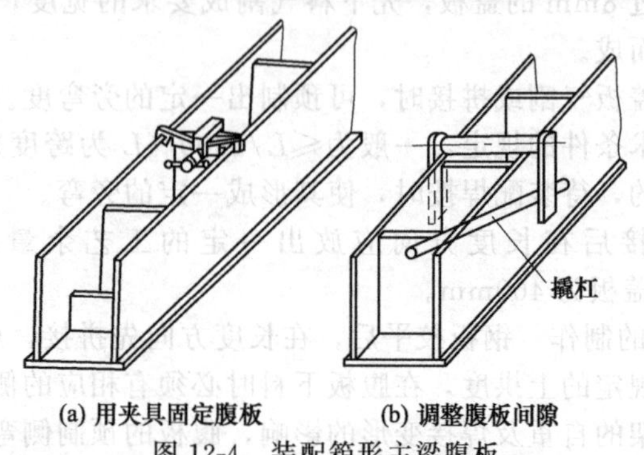

(a) 用夹具固定腹板　　(b) 调整腹板间隙

图 12-4　装配箱形主梁腹板

③ 装配腹板上的补强角钢　腹板装配后接着装配补强角钢，角钢应预先矫直，装配时，在与腹板接触处先点焊，对于间隙较大处可用斜撑抵住，使缝隙减小，再施定位焊。

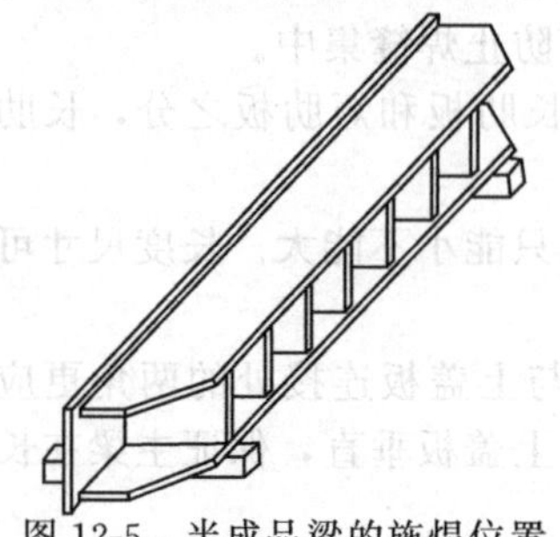

图 12-5　半成品梁的施焊位置

④ 焊接　腹板、肋板与补强角钢安装后，可对内部焊缝进行焊接。焊接时应考虑梁的旁弯，若旁弯过大，应先焊拱出对面。焊接时，可将梁卧置于两支座上，从中间开始向两边对称焊接，焊好一面后，翻转焊另一面，如图 12-5 所示。

焊后应检查梁的旁弯和变形，若超差则应进行矫形。

⑤ 装配下盖板　下盖板的装配关系到主梁最后的成形质量。拼装前，由于盖板的长宽比较大，其上拱度不用预制，但在折弯处应事先压制成形。拼装时，将下盖板垫放在平台上，在下盖板上画出腹板的位置线，将半成品梁吊装在下盖板上，两端用双头螺杆将其压紧固定，如图 12-6 所示。

用水平尺和线锤检验梁中部和两端的水平、垂直度及拱度，如有倾斜或扭曲时，应进行调整，调整后从中间向两端、两面同时进行定位焊。

主梁两端弯头处的下盖板可借助起重机的拉力进行装配点焊。

⑥ 整体焊接　主梁有 4 条纵缝，焊接顺序由梁的拱度和旁弯的

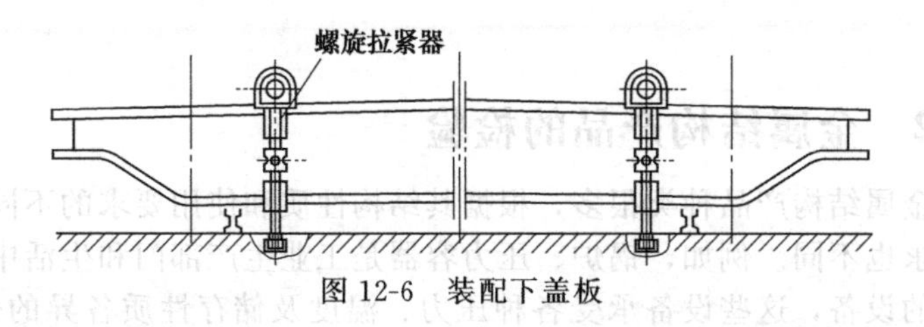

图 12-6　装配下盖板

情况而定。

当拱度不够时，应先焊下盖板左、右两条纵缝，从中间开始向两边对称焊接；拱度过大时，应先焊上盖板左、右两条纵缝。旁弯过大时应先焊外侧焊缝，过小时应先焊内侧焊缝。

(5) **主梁整形**　主梁焊接完成后，按图样要求进行矫形和清理，完成箱形主梁的制作。箱形主梁的铆焊装配工艺过程卡如表 12-3 所示。

表 12-3　箱形主梁装配工艺过程卡

<table>
<tr><td colspan="3">×××××厂工艺处</td><td colspan="4">(铆焊装配)工艺过程卡</td><td colspan="2">共　页第页</td></tr>
<tr><td colspan="2">产品名称</td><td>桥式起重机</td><td>产品代号　×××××</td><td>零部件名称</td><td>箱形主梁</td><td colspan="2">零部件代号</td><td>×××××</td></tr>
<tr><td>序号</td><td>作业区</td><td>工序名称</td><td>工序内容</td><td>工装名称</td><td>工装代号</td><td>工时</td><td colspan="2">备注</td></tr>
<tr><td>1</td><td>铆焊车间</td><td>装配</td><td>1. 在上盖板上画出肋板、腹板的位置线
2. 装配肋板，注意两端平齐
3. 装配水平角钢，点焊在短肋板上
4. 装配腹板，注意靠紧肋板
5. 装配补强角钢，注意与腹板间的间隙，检后转焊接</td><td>专用夹具</td><td>×××</td><td></td><td colspan="2"></td></tr>
<tr><td>2</td><td>铆焊车间</td><td>矫形</td><td>焊后转回，矫形</td><td></td><td></td><td></td><td colspan="2"></td></tr>
<tr><td>3</td><td>铆焊车间</td><td>装配</td><td>1. 在下盖板上画出腹板位置线
2. 将主梁半成品吊放至下盖板上，夹紧
3. 检查无误后，由中间向两端、两面同时施定位焊</td><td>专用夹具</td><td>×××</td><td></td><td colspan="2"></td></tr>
<tr><td colspan="2">更改记录</td><td colspan="7"></td></tr>
<tr><td>编制</td><td colspan="2">年　月　日</td><td>审核　年　月　日</td><td>批准</td><td colspan="2">年　月　日</td><td colspan="2">编号</td></tr>
</table>

12.2 金属结构产品的检验

金属结构产品种类很多，根据其结构性质和使用要求的不同，检验要求也不同。例如，锅炉、压力容器是工业生产部门和生活中广泛应用的设备，这些设备承受各种压力、温度及储存性质各异的介质，潜存着各种不安全的因素。为了保证其安全、经济地运行，保护人身和财产的安全，有关部门颁发了一系列的指导性技术文件。这些文件中，包括有各类产品零、部件的检验标准和产品的最终检验标准。

对铆焊结构零、部件的检验，以及对成品的检验，都是随产品的性质和使用要求来确定的。除锅炉、压力容器类金属结构的检验有一套统一的检验标准外，对其它各类金属结构，根据产品的性质和使用要求，可制定或执行行业检验标准。这些检验标准虽不尽相同，但目的都是一个，即保证产品的制造质量，使其满足用户要求正常运行。

12.2.1 金属结构公差的要求

(1) 对钢材公差的要求

① 板材　一般金属结构所用的钢板及钢板制件，从钢材角度出发，对其公差主要有两项检验要求。

第一项是钢板表面的局部波状平面度，可以用平尺对其进行检查。一般情况下，当板材厚度≤14mm 时，在 $1m^2$ 范围内的平面度允差为±2mm；当板材厚度＞14mm 时，在 $1m^2$ 范围内的平面度允差为±1.5mm。

第二项检验要求是钢板的厚度公差，可用卡尺或千分尺对其进行检查。通常钢板的厚度公差有相应的标准可查，在一般金属结构零件的制造中对其没有更高的要求，只是在一些冲压工序中，钢板的厚度公差对冲压件的质量有着重要的影响，如精密拉伸工序等。

② 型材　以角钢、槽钢为例，对其检查项目主要有直线度和截面垂直度，如表 12-4 所示。

(2) 对钢材下料公差的要求

① 样板　铆焊所用样板主要有两大类：下料用样板和卡样板。样板多用 0.35～1mm 的薄钢板制成，对于单件或小批量零件使用的一次性样板，有时也用硬纸板、油毡纸等低成本材料制成。

表 12-4 角钢、槽钢的检查要求 mm

材料名称	允差	测量工具
角钢	直线度 $f \leqslant 2/1000L$	1m 平尺或拉钢丝
	垂直度 $f \leqslant 1.5/b$，不等边角钢按宽边计算	直角尺或样板
槽钢	直线度 $f \leqslant 2/1000L$	1m 平尺或拉钢丝
	翼板与腹板的垂直度 $f \leqslant 1.5/b$	直角尺

铆焊结构的装配间隙，设计时大多不作考虑，但制作样板时应予以考虑，一般间隙为 1～2mm，且多取负值。样板本身外围的尺寸偏差应在－0.5～－1mm 之间。

样板应根据图样要求注明产品型号、组部号、零件名称及材质、数量和检查印记等。需要冲压成形的零件，样板上还应标明中心线、弯曲线、弯曲方向，以及需要切割的坡口形式，需要加工的加工余量等。

② 剪切下料 剪切后零件的切口应与表面垂直，斜度允差小于 $1/10t$（t 为板厚），可用小直角尺检查。边棱上的堆积物、毛刺及凸、凹不平物应铲去或磨平。

剪切后切断边的表面允许有深度不超过 1mm 的刻痕和高度不大于 0.5mm 的毛刺。

剪切线与号料线的允许偏差如表 12-5 所示。

表 12-5 剪切线与号料线的允许偏差 mm

切口长度	板厚					
	1～2	3～5	6～8	10～12	14～16	18～20
	允差 ±					
≤100	0.5	0.6	0.8	1.0	1.2	1.5
＞100～250	0.6	0.8	1.0	1.2	1.5	1.8
＞250～650	0.8	1.0	1.2	1.5	1.8	2.0
＞650～1000	1.0	1.2	1.5	1.8	2.0	2.3
＞1000～1500	1.2	1.5	1.8	2.0	2.3	2.6
＞1500～2000	1.5	1.8	2.0	2.3	2.6	3.0

③ 气割下料 气割切口与号料线的偏差，在手工进行气割时不得超过±1.5mm，在自动或半自动气割时不得超过±1.0mm。

气割的其它评定内容有切割表面的粗糙度、切割表面的平面度、切口上缘熔化程度、挂渣状态、切口的直线度、切割面与钢板平面的垂直度等。

在每项评定内容中，又分为 4 个等级，即 0、1、2、3 级。

a. 表面粗糙度。指切割面出现的波纹峰-谷之间的高度（取任意 5 点的平均值），如表 12-6 所示。

表 12-6 气割表面粗糙度 mm

等 级	波纹高度 Ra	简 图
0	≤40	
1	≤80	
2	≤160	
3	≤320	

b. 切割面平面度。指沿切割方向上，切割面的凸凹程度。按被切割钢板厚度 t 计算，其切割面平面度的公差规定如表 12-7 所示。

表 12-7 切割面平面度公差 mm

等级	平 面 度		简 图
	$t<20$	$t=20\sim150$	
0	≤1%t	≤0.5%t	
1	≤2%t	≤1%t	
2	≤3%t	≤1.5%t	
3	≤4%t	≤2.5%t	

c. 切口上缘熔化程度。指气割过程中，割口上边的烧塌程度。表现为是否产生塌角及形成间断或连续性的熔滴及熔化条状物，其等级对应的熔化程度如表 12-8 所示。

表 12-8 切口上缘熔化程度

等 级	熔化程度及状态
0	基本清角，塌边宽≤0.5mm
1	上缘有圆角，塌边宽≤1mm
2	上缘有明显圆角，塌边宽≤1.5mm，边缘有熔滴
3	上缘有明显圆角，塌边宽≤2.5mm，边缘有连续熔化条状物

d. 挂渣。挂渣指切割断面的下缘附着铁的氧化物。按其附着多少和剥离难易程度来区分等级。各等级的状态如表 12-9 所示。

表 12-9 挂渣状态

等级	挂渣状态
0	挂渣很少,可自动剥离
1	有挂渣,容易清除
2	有条状挂渣,用铲可清除
3	难清除,留有残迹

e. 直线度。指切割直线时，沿切割方向切割面与起止两端连成的直线之间的偏差。其直线度的公差如表 12-10 所示。

表 12-10 直线度公差 mm

等级	直线度公差	简图
0	≤0.4	
1	≤0.8	
2	≤2	
3	≤4	

f. 垂直度。指切割截面与钢板平面的垂直偏差，如表 12-11 所示。

表 12-11 垂直度公差 mm

等级	垂直度公差	简图
0	≤1%t	
1	≤2%t	
2	≤3%t	
3	≤4%t	

(3) *尺寸公差的确定方法* 金属结构的零件尺寸公差，除设计图样、工艺文件有特殊要求的，一般可按 GB/T 1804—2000《一般公差线性尺寸的未注公差》标准的 IT13～IT14 级公差来确定，如表 12-12 所示。

① 确定公差的方法

a. 当尺寸小于 500mm 时，取 IT14 级公差；当尺寸大于 500mm 时，取 IT13 级公差。

表 12-12 标准公差数值 mm

尺寸	公差等级				
	IT12	IT13	IT14	IT15	IT16
约 3	0.10	0.14	0.25	0.40	0.60
3～6	0.12	0.18	0.30	0.48	0.75
6～10	0.15	0.22	0.36	0.58	0.90
10～18	0.18	0.27	0.43	0.70	1.1
18～30	0.21	0.33	0.52	0.84	1.3
30～50	0.25	0.39	0.62	1.00	1.6
50～80	0.30	0.46	0.74	1.20	1.9
80～120	0.35	0.54	0.87	1.40	2.2
120～180	0.40	0.63	1.00	1.60	2.5
180～250	0.46	0.72	1.15	1.85	2.9
250～315	0.52	0.81	1.30	2.1	3.2
315～400	0.57	0.89	1.40	2.3	3.6
400～500	0.63	0.97	1.55	2.5	4.0
500～630	0.70	1.10	1.75	2.8	4.4
630～800	0.80	1.25	2.0	3.2	5.0
800～1000	0.90	1.40	2.3	3.6	5.6
1000～1250	1.05	1.60	2.6	4.2	6.6
1250～1600	1.25	1.95	3.1	5.0	7.6
1600～2000	1.50	2.3	3.7	6.0	9.2
2000～2500	1.75	2.8	4.4	7.0	11.0
2500～3150	2.1	3.3	5.4	8.6	13.5

b. 对没有配合关系的公差，取 IT14 级公差，上偏差为＋IT/2，下偏差为－IT/2。

c. 对零件外轮廓与其它零件有配合关系的尺寸公差，取标准公差为下偏差，上偏差为零。

d. 对零件内轮廓与其它零件有配合关系的尺寸公差，取标准公差为上偏差，下偏差为零。

② 确定公差实例 图 12-7 所示为一焊接结构的图样，由方法兰、围板和端盖 3 个零件构成。

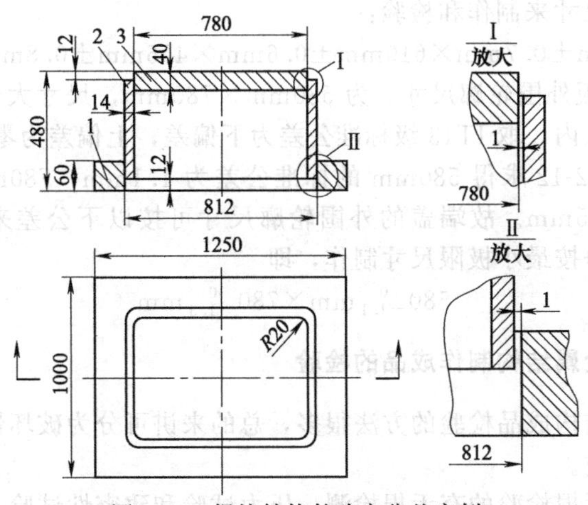

图 12-7 焊接结构件确定公差实例

a. 方法兰外围轮廓尺寸为 1000mm×1250mm，因其外围轮廓尺寸没有与其它零件的配合关系，可确定为 IT14 级公差，上偏差为＋IT/2，下偏差为－IT/2。

查表 12-12 求得 1000mm 的 IT14 级标准公差为 2.6mm，1250mm 的 IT14 级标准公差为 3.1mm。故方法兰外轮廓尺寸在制作时，可按以下尺寸来制作和检验：

1000mm±1.3mm×1250mm±1.6mm

b. 方法兰的内轮廓尺寸为 612mm×812mm，因其包容着围板，尺寸又都大于 500mm，故取 IT13 级标准公差为上偏差、下偏差为零。

查表 12-12 求得 612mm 的 IT13 级标准公差为 1.1mm，812mm 的 IT13 级标准公差为 1.4mm。故方法兰内轮廓尺寸在制作时，可按以下尺寸来制作和检验，并力争按最大极限尺寸制作，即

$$612^{+1.1}_{0}\text{mm}\times812^{+1.4}_{0}\text{mm}$$

c. 围板的外围尺寸为 810mm×610mm、高 456mm。该件比较特殊：其外围插入方法兰内，内围又包容着端盖。因尺寸大于 500mm，可取 IT13 级标准公差，上偏差为＋IT/2、下偏差为－IT/2。高度尺寸小于 500mm，且上、下没有配合关系。取 IT14 级标准公差。上偏差为＋IT/2、下偏差为－IT/2。

查表 12-12 求得 610mm 的标准公差为 1.1mm，810mm 的标准公差为 1.4mm，456mm 的标准公差为 1.55mm。故围板在制作时，

可按以下尺寸来制作和检验：

810mm±0.7mm×610mm±0.6mm×456mm±0.8mm

d. 盖板外围轮廓尺寸。为 580mm×780mm，尺寸大于 500mm，包容在围板内，取 IT13 级标准公差为下偏差，上偏差为零。

查表 12-12 求得 580mm 的标准公差为 1.1mm，780mm 的标准公差为 1.25mm。故端盖的外围轮廓尺寸可按以下公差来制作和检验，并力争按最小极限尺寸制作，即

$$580_{-1.1}^{\ 0}\text{mm}\times780_{-1.3}^{\ 0}\text{mm}$$

12.2.2 金属结构制作成品的检验

金属结构成品检验的方法很多，总的来讲可分为破坏性检验和无损检验两类。

属于无损检验的有无损检测、压力试验和致密性试验。

属于有损检验的有力学性能试验、金相组织检验、化学成分分析和晶间腐蚀试验等。

压力容器是典型的金属结构产品，下面以对压力容器检验为例，结合 GB 150—2011《压力容器》标准和 JB 4730—2012《承压设备无损检测》标准，介绍对金属结构产品检验的方法。

(1) 无损检测　压力容器类金属结构发生破坏的主要原因之一，就是由于结构中缺陷的存在。检测可以把在制造过程中超标的缺陷检验出来，以确保产品的质量。并且，探伤还可以在检修设备时检查出是否原有允许的缺陷或新产生的缺陷在使用过程中发展成为超标缺陷。因此，检测对于压力容器的生产质量优劣及安全使用，有着非常重要的意义。

无损检测，顾名思义，就是在不损坏检验对象的情况下，对其进行探查缺陷的检验。

无损检测技术，广泛地应用在国民经济的许多领域。在压力容器等特殊金属结构的制造生产中，无损检测技术主要用来对钢材或结构的焊接部位（焊缝）进行探查缺陷的检验。

① 渗透检测和荧光渗透检测　渗透检测俗称着色探伤，渗透检测的工作原理是基于毛细管现象来实现的。渗透检测的具体作法是：将擦拭干净的被检部位涂以渗透剂（或浸入渗透剂），具有良好流动性和渗透性极强的渗透剂，便渗入到焊件表面的裂缝中去。随后，将被检部位再次擦拭干净，涂以显现粉，侵入裂缝的渗透剂，遇到显现

粉便呈现出缺陷的位置和形状来。

荧光渗透检测的原理是利用被吸附于缺陷中的荧光物质，受到紫外线的照射发出荧光来发现缺陷的。其具体作法是：将被检部位浸入（或涂以）煤油与矿物油的混合液数分钟，然后取出擦干。

由于混合液的渗透力很强，所以，极细微的裂缝中仍有残留混合液。此时，撒上荧光物质粉，再擦拭干净，但在缺陷的空隙中，仍有少量荧光物质粉依附于混合液而存在。在暗室中用紫外线光源发出的紫外线进行照射，渗入缺陷里的荧光物质就发出荧光，显现出缺陷的位置和形状。

渗透检测常用的着色剂有苏丹红Ⅳ号、128烛红、刚果红等，荧光渗透检测常用的荧光物质有发绿光的CaS、发黄绿光的ZnS、发蓝光的$CaMo_4$等。

渗透检测和荧光渗透检测的特点是：设备简单、使用经济、显示缺陷直观和可以同时显示不同方向的各类缺陷。同时，它们不受材料磁性的限制，可以检查各种金属、非金属、磁性、非磁性材料及零件的表面缺陷。但这两种探伤方法，操作工序相对比较繁杂，只能检查受检部位表面的缺陷，对于表层以内的缺陷，渗透检测和荧光渗透检测方法就无能为力了。

② 磁粉检测　磁粉检测的做法是：首先将被检部位充磁，被检部位中便有磁力线通过。这时，在被检部位表面撒布磁粉（磁粉平均粒度为5～10μm），观察磁粉在磁力线作用下形成的形状、多少和厚薄痕迹，判断缺陷的大小和位置。

当被检部位断面尺寸相同、内部材料均匀时，磁力线分布均匀，因而磁粉的分布也是均匀的。当被检物由于截面形状不同，或者内部存在着裂纹、气孔等缺陷时，则磁力线因各段磁阻不同而产生弯曲，磁粉的分布也随磁力线而呈现弯曲。当缺陷位于焊缝表面或接近于表面时，则磁力线不仅在焊缝内部弯曲，而且将穿过表面而形成“漏磁”。这时，磁粉就会被吸附在“漏磁”处，表现出一定形状的磁粉痕。当缺陷是线状缺陷时，若磁力线与线状缺陷垂直，则显现得最清楚；若磁力线与线状缺陷平行，则显现不出来。为此，变换磁力线的方向，可以达到最佳灵敏度，如图12-8所示。

为了便于观察，常用的磁粉有黑色、红色及白色。还可用荧光磁粉，这样在紫外线照射下显现缺陷更明显。

磁粉检测用于铁磁性材料，如铁、钢、镍、钴等及其合金表面和

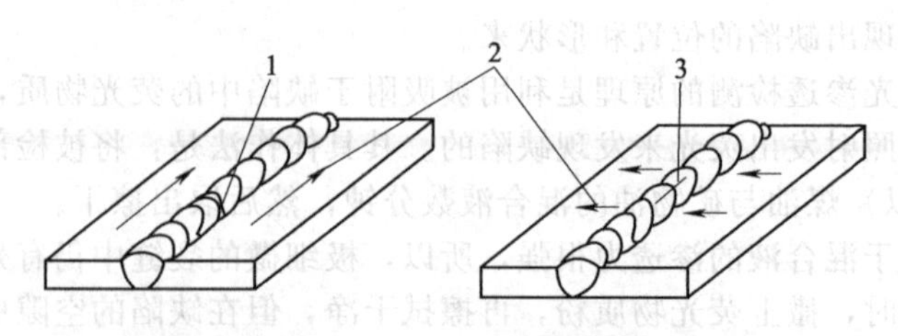

(a) 纵向充磁检测横向裂纹　　(b) 横向充磁检测纵向裂纹

图 12-8　磁粉检测检验线状缺陷时的充磁方向

1—横向裂纹；2—磁力线；3—纵向裂纹

近表面的裂纹、夹层、折叠等缺陷的探测，以及对这些材料进行焊接后，焊缝表层的裂纹、夹渣、气孔等的检测。灵敏度是比较高的，结果也比较可靠。

磁粉检测的特点是操作简便、灵敏度高、结果可靠。

但随着缺陷埋藏深度的增加，其灵敏度迅速降低。另外，磁粉检测局限于铁磁性材料应用，而对于有色金属、奥氏体钢、非金属材料等非导磁性材料是无法应用的。

③ 射线检测　射线能穿透普通光线不能穿透的物质，并在物质中表现出有一定规律的衰减作用。射线还能对某些物质产生光学作用，如使照相胶片感光，或使某些化学元素和化合物产生荧光等。射线检测就是利用了射线的上述特性。

射线检测的原理如图 12-9 所示，当射线透过被检物质时，若被检物质内部完好、质地均匀，则射线衰减的强度无差异。作用于底片上感光均匀，暗房处理后胶片上灰度均匀。

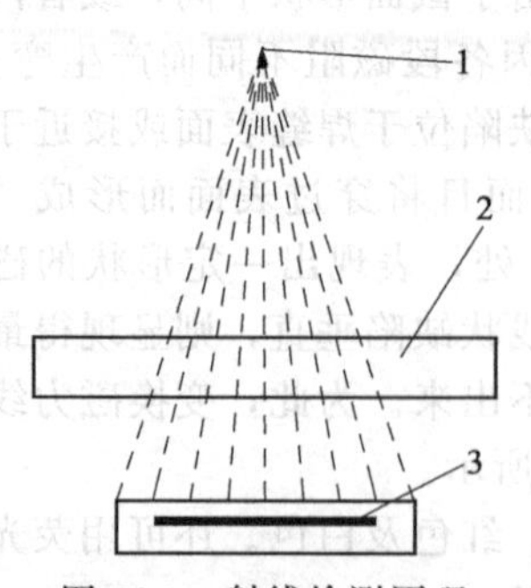

图 12-9　射线检测原理

1—射线；2—被检物质；3—底片

若被检物内部有缺陷，如有夹渣、气孔、裂缝等，则射线穿透时，衰减的强度发生了变化。有缺陷部位的射线强度高于无缺陷部位，这是由于缺陷部位吸收的射线粒子少的缘故。作用于底片上感光就不均匀，暗房处理后，有缺陷的部位通过的射线强度大，而形成的黑度较大，由此来断定缺陷的存在。

射线检测有 X 射线检测和 γ 射线检测两种。对于 X 射线来讲，当被检物件厚度小于 30mm 时，其灵敏度比 γ 射线高，透视时间短，速度快。但 X 射线检测设备比较复杂，费用也比较大。

对于 γ 射线来讲，穿透能力比较强，能透照 300mm 的钢板，设备轻便、操作简单；但照射时间较长。当被检物件厚度小于 50mm 时，显示缺陷的灵敏度较低。

几种焊接缺陷在底片上的特征如下。

a. 气孔。在底片上呈现圆形或椭圆形黑点，中心黑，周围淡，外形较规则。

b. 夹渣。在底片上呈现形状不规则的点状或长条形，黑度均匀。

c. 咬边与未熔合。在底片上的黑度较深且靠近母材一侧。

d. 裂纹。在底片上呈黑色细纹，轮廓分明，两端细，中间稍粗。

e. 未焊透。在底片上呈细长黑线，有时断续出现。

国家行业标准 JB 4730—2012《承压设备无损检测》标准详细规定了 X 射线和 γ 射线检验钢材对接焊缝的技术要求和射线评定质量标准，并对缺陷进行分类定级。焊接方法包括电弧焊、气体保护焊、电渣焊及气焊，照相厚度范围为 2～120mm。

焊缝在透视检验之前，必须进行表面检查。其不规则程度应不妨碍底片上缺陷的辨认，如咬边、焊瘤等，否则应在射线照相前加以修整。

焊缝质量根据缺陷数量的规定分成 4 级。

Ⅰ级焊缝内不准有裂纹、未熔合、未焊透及条状夹渣。

Ⅱ、Ⅲ级焊缝内不准有裂纹、未熔合以及双面焊和加垫板的单面焊中的未焊透。

焊缝缺陷超过Ⅲ级的为Ⅳ级。

长宽比不大于 3 的缺陷定义为圆形缺陷，包括气孔、夹渣和夹钨。评定圆形缺陷可按表 12-13 所示进行换算。

表 12-13 圆形缺陷换算表

缺陷长度/mm	≤1	>1～2	>2～3	>3～4	>4～6	>6～8	>8
点数	1	2	3	6	10	15	25

各级圆形缺陷的限量按表 12-14 所示的规定。

Ⅰ、Ⅱ、Ⅲ级焊缝中气孔点数，多者用于厚度上限，少者用于厚度下限，中间厚度的气孔点数用插入法决定，可按数字修约法推算至整数。

表 12-14 圆形缺陷的分级

评定区($A\times B$)/mm	10×10			10×20		10×30
母材厚度 δ/mm	≤10	>10～15	>15～20	>25～50	>50～100	>100
Ⅰ	1	2	3	4	5	6
Ⅱ	3	6	9	12	15	18
Ⅲ	6	12	18	24	30	36
Ⅳ	点数多于Ⅲ级或缺陷长度大于 $\delta/2$					

母材厚度不大于 20mm，单个气孔（包括点状夹渣）的尺寸超过母材厚度的 1/3 时，即作为Ⅳ级。

产品的射线检测级别要求是由产品设计部门规定的，一般在图样中标出。

④ 超声波探伤　超声波是一种人耳听不见的高频率音波（频率超过 20000Hz），它能在金属的内部传播，并在遇到两种介质的界面上发生反射和折射。以此原理来检查焊缝中缺陷的方法，就是超声波探伤。

超声波脉冲反射式探伤仪（简称超声波探伤仪），由超声频脉冲发生器——产生高频脉冲电压，接收机——放大接收信号，换能器（探头）——产生与接收超声波，显示器——将放大信号显示出来 4 大部分组成。现将超声波探伤仪工作原理简介如下，如图 12-10 所示。

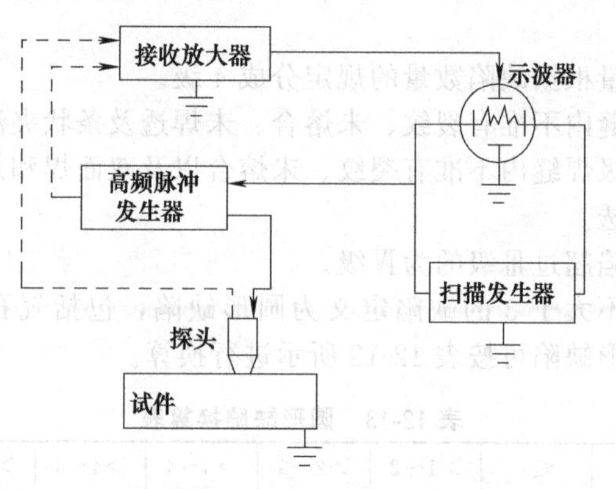

图 12-10　超声波探伤仪原理

扫描发生器发出一个信号，作用在高频脉冲发生器上，产生一个高频电流脉冲，它同时作用在超声波发射探头和接收放大器上。作用在接收放大器上的高频脉冲信号经放大后，加在示波器的垂直偏向板上，在荧光屏上形成第一个脉冲（始脉冲）。高频电流脉冲作用在探头上，由于探头内装有压电晶体，能把接收的高频交变电压脉冲转变成超声波，射向工件并在其中传播。在传播方向上遇到缺陷时引起反射，一部分未遇到缺陷的超声波传到工件底面也同样引起反射，接收探头接到这些反射后，就把这两个波束转变成两个高频电流脉冲，通过接收放大器放大，加到示波器的垂直偏向板上，便在荧光屏上形成第二（缺陷）脉冲和第三脉冲（底脉冲）。检验时根据荧光屏上是否有缺陷脉冲，以及3个脉冲之间的位置，确定工件上是否有缺陷和缺陷在厚度方向的位置。

超声波探伤与射线检测相比，具有灵敏度高、灵活方便、周期短、成本低、效率高和对人体无害等优点。缺点是要求工件表面平滑光洁，辨别缺陷能力较差，对于缺陷反映不直观等。由于超声波探伤的上述特点，因此特别适用于厚度较大的焊缝或工件的探伤。

(2) **压力试验和致密性试验** 各种用来储存液体或气体的容器及压力容器，在制造完工后，按规定要进行压力试验和致密性试验。压力试验的目的是考验结构（包括焊缝）的强度，致密性试验是为了检验结构有无泄漏，有些试验方法（如气压试验和气密性试验），由于方法相似，故常常同时进行。究竟进行哪些实验和具体试验要求，在设计图样中都有详细规定。

① 水压试验 水压试验的目的是考验结构的强度，同时也有检验致密性的作用。水压试验的方法如下。

a. 用水将容器注满，并堵塞好容器上的一切开孔。

b. 用水泵把容器内的水压提高至试验压力，并符合表12-15所示的规定。

c. 保压30min后，将压力降至试验压力的80%，并保持足够长的时间，以对所有焊缝和连接部位进行渗漏检查，若有渗漏，修补后应重新试验。

表12-15 压力容器试验压力的规定

产品种类		试验压力 p_T
内压容器		1.25p 且不小于 p+0.1MPa
外压容器	带夹套	夹套内试验压力按内压容器
	不带夹套	以1.5p 做内压试验
真空容器		以0.2MPa做内压试验

注：1. p 为设计压力。

2. 夹套的实验压力确定后，必须校核容器在该实验压力（外压）下的稳定性。

② 气压试验 气压试验应在水压试验合格后，在有关安全部门

的监督下进行。试验时，将压缩空气通入容器内并缓慢升压，至规定实验压力的10%时（一般情况下气压试验的试验压力为1.15倍的设计压力），保压5min，然后对容器的所有焊缝和连接部位进行初次泄漏检验，如有泄漏，修复后重新试验。检查方法是：在焊缝处和连接部位涂抹肥皂水，小型容器亦可浸入水中，观察其有无气泡涌出。

初次泄漏检查合格后，再继续缓慢升压到规定试验压力的50%，其后按每级为规定试验压力的10%的级差，逐级增至规定的实验压力。保压10min后，再将压力降至规定试验压力的80%，并保持足够长的时间进行泄漏检查，如有泄漏，修复后再按上述规定重新试验。

气密性试验是致密性试验的一种方法，和气压试验的作法类似。通常，气密性试验的试验压力取设计压力的1.05倍。

③ 煤油渗漏试验　煤油渗漏试验的做法是：在焊缝容易检查的一面涂以白粉浆，晾干后在焊缝另一面涂煤油。若焊缝中有细微的裂缝或穿透性气孔等缺陷，渗透性极强的煤油就会渗过缝隙，在白粉的一面形成明显的油渍，由此即可确定焊缝的缺陷位置。经0.5h后，白粉上没有油渍为合格。

煤油渗漏试验适用于不受压容器或压力较低容器的致密性检验。

（3）*破坏性检验*　破坏性检验，是保证压力容器和其它重要焊接结构制造质量的手段之一。破坏性检验是采用机械方法，对焊缝或焊接接头试样做破坏性的检验。主要方法有力学性能试验、化学成分分析、金相组织检验及晶间腐蚀试验。

力学性能试验项目很多，有拉伸、抗剪、冲击、扭转、硬度、疲劳和弯曲等。标准中规定，对焊接接头应进行拉伸、弯曲和常温冲击的试验。

① 试板制备　试板是用来切取试样的。标准中对产品焊接试板有以下要求。

a. 试板的材料必须合格，且与容器用材具有相同牌号、相同规格和相同的热处理状态。

b. 试板应由施焊容器的焊工，采用施焊容器时相同的条件和相同焊接工艺焊接。

c. 试板的长度 L 一般为400～600mm。

d. 试板焊缝应进行外观检查和无损检验，然后在合格部位截取试样。

试样在试板上截取的方式如图12-11所示。试板两端舍弃部分的长度随焊接方法和板厚而异，一般焊条电弧应不少于30mm；自动焊和电渣焊不少于 40mm。如有引弧板和引出板时，也可以少舍弃或不舍弃。

试样的截取一般采用机械切割法，也可采用等离子或其它火焰切割的方法，但必须去除热影响区。

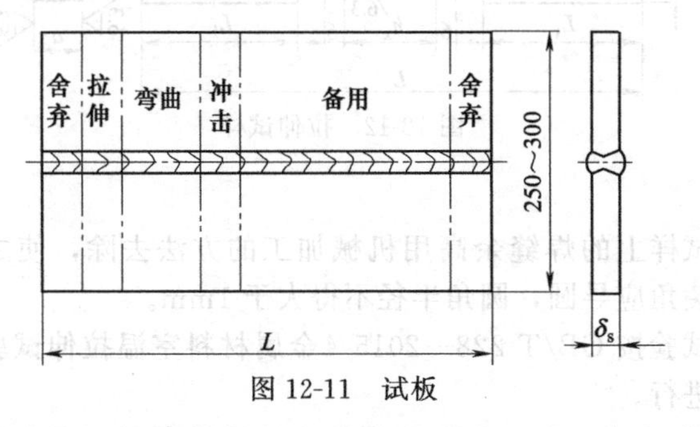

图 12-11　试板

试样的类别和数量如表 12-16 所示。

表 12-16　试样的类别和数量

类别			数量
拉伸			1
弯曲	$\delta \leqslant 20$mm	面弯	1
		背弯	1
	$\delta > 20$mm	侧弯	2
冲击		焊缝金属	3
		热影响区	3

② 拉伸试验　拉伸试验是为了测定焊接接头或焊缝金属的抗拉强度、屈服点、断面收缩率和伸长率等力学性能指标，是测定焊接接头及焊缝金属性能的重要检验方法。试验系用拉伸力将试样拉伸，一般拉至断裂，以便测定力学性能。

钢板焊接接头拉伸试样的形状和尺寸如图 12-12 所示。试样宽度 $b \geqslant 25$mm。

当因试验机能力限制而不能进行全板厚的拉伸试验时，则应将试板厚度等分后作为试样厚度，该试样厚度应较接近实验机所能试验的最大厚度。

根据试验条件可采用全板厚的单个试样，也可用多片试样。采用多片试样时，应将焊接接头全厚度的所有试样组成一组作为一个

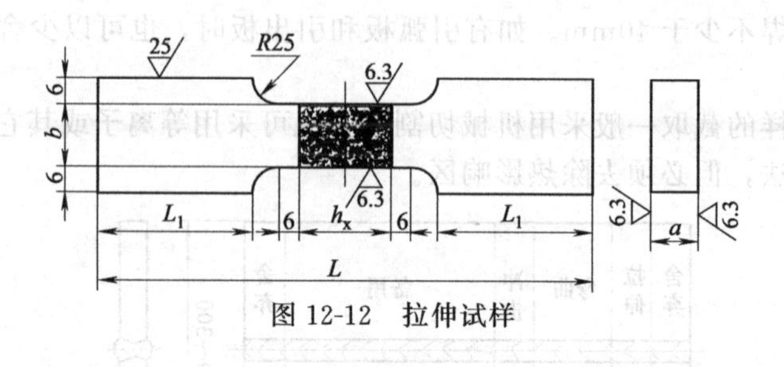

图 12-12 拉伸试样

试样。

拉伸试样上的焊缝余高用机械加工的方法去除，使之与母材平齐。试样棱角应导圆，圆角半径不得大于1mm。

拉伸试验按 GB/T 228—2015《金属材料室温拉伸试验方法》标准的规定进行。

③ 弯曲试验 将一定形状和尺寸的试样放置于弯曲装置上，以规定的弯曲半径将试样弯曲到所要求的角度后，卸除试验力检查试样承受变形性能。

焊接接头弯曲试验的目的，是测定焊接接头弯曲时的塑性。以试样任何部位出现第一条裂缝时的弯曲角度作为评定标准。也可以将试样弯曲到技术条件规定的角度后（如 90°、120°、180°），再检查有无裂缝作评定。

钢板焊接接头弯曲试样形式如图 12-13 所示；试样尺寸如表 12-17 所示。

表 12-17 弯曲试样尺寸 mm

试样厚度 δ	试样长度 L	试样宽度 b
δ_s	$5.5\delta+100$	30

侧弯试样尺寸如图 12-13（c）所示，试样宽度 $b=\delta_s$。

试样上焊缝余高或垫板应采用机械方法去除，试样拉伸表面应齐平，并尽可能保留焊缝两侧中至少一侧的母材原始表面。试样棱角应倒圆，圆角半径不得大于 2mm。

弯曲试验按 GB/T 232—2012《金属材料弯曲试验方法》标准规定进行。

④ 冲击试验 用规定高度的摆锤对处于简支梁状态的缺口试样进行一次性打击，测量试样折断时的冲击吸收功。

冲击试验的目的，是为了测定焊缝金属或基本金属焊接热影响区在受冲击载荷时对抗折断的能力，冲击试验通常是在一定温度下（如常温、低温）进行。

试样的形式和尺寸如图 12-14 所示。

试样的刻槽应尽可能开在焊缝侧面，如有要求，可开在熔合线或热影响区内。

在不同厚度的几种典型焊接试件上，切取试样规定如下：一般按图 12-15（a）或图 12-15（b）所示切取试样。当厚度较大或产品有特殊要求时，可按图 12-15（c）或图 12-15（d）所示切取。

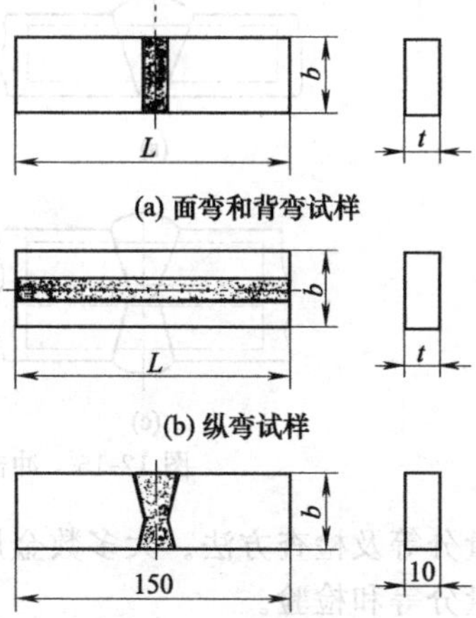

(a) 面弯和背弯试样

(b) 纵弯试样

(c) 侧弯试样

图 12-13 弯曲试样

对冲击试验和试验机的要求以及计算方法，应按 GB/T 229—2007《金属材料 夏比摆锤冲击试验方法》标准的规定执行。

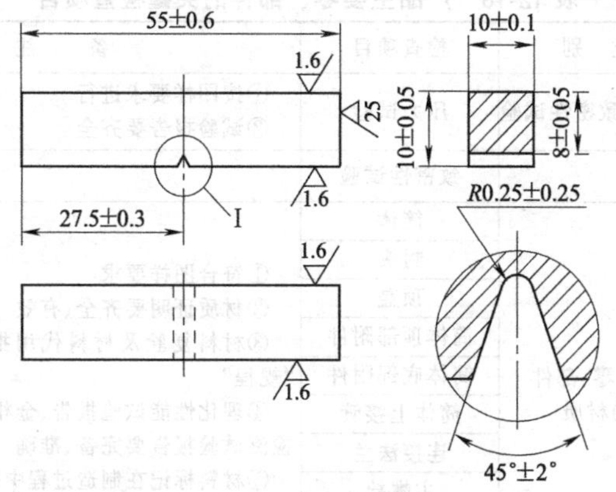

图 12-14 冲击试样的形式和尺寸

12.2.3 产品质量的分等及检验方法

金属结构的产品种类非常多，无法规定统一的质量标准。而压力容器一类金属产品由于其产品的特殊性，有关部门制定了相关的产品

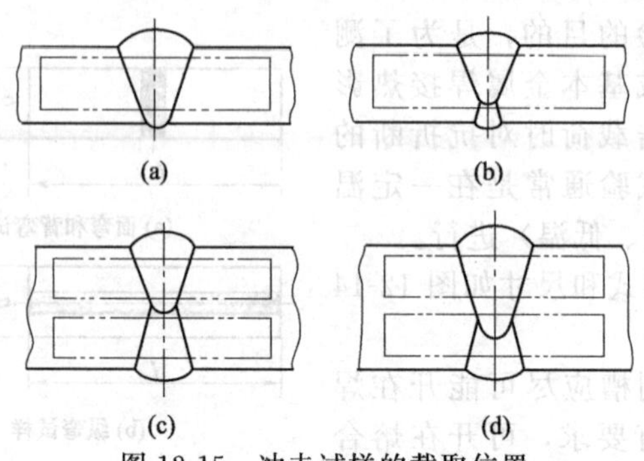

图 12-15　冲击试样的截取位置

质量分等及检查方法。大多数金属结构产品可以参照其规定进行产品质量分等和检验。

产品的质量分等，是根据产品的制造质量、试验结果报告和用户使用结果来进行分等的，分为优等品、一等品和合格品 3 个等级。

(1) 优等品

① 产品主要零、部件的关键检查项目，如表 12-18 所列，合格率要达到 100%。

表 12-18　产品主要零、部件的关键检查项目

序号	类　别	检查项目	备　　注
1	压力和致密性试验	压力试验	①按图样要求进行 ②试验报告要齐全
2		致密性试验	
3	主要零、部件的材质	筒体	①符合图样要求 ②材质证明要齐全、有效 ③材料复验及材料代用批准手续要符合“规程” ④理化性能试验报告、金相检验报告、无损检测试验报告要完备、准确 ⑤材料标记在制造过程中按规定进行了移植，并具有可追溯性
4		封头	
5		顶盖	
6		筒体顶部附件	
7		筒体底部附件	
8		筒体上接管	
9		连接法兰	
10		主螺栓	
11		主螺母	
12		其它受压件	
13	焊接质量	焊接材料	①符合图样和工艺规定 ②要有合格焊工的焊接记录 ③要有合格焊材(焊丝、焊条、焊剂)的牌号、批号记录

续表

序号	类 别	检查项目	备 注
14	焊接质量	焊缝无损检测	①焊缝的检测部位应有永久性标识，以具有可追溯性 ②焊缝的探伤检查必须全部合格
15		产品焊接试板	①试板管理应符合规定 ②力学性能试验必须全部合格，试验报告应规范管理，具有可追溯性
16	热处理		①热处理应符合设计要求，工艺应符合标准 ②热处理报告应规范管理，具有可追溯性

② 产品主要零、部件的主要检查项目如表 12-19 所列，合格率要≥95%。

表 12-19 产品主要零、部件的主要检查项目

序号	检查项目	说 明
1	筒体圆度	
2	筒体直线度	
3	筒体、封头装配时焊缝间距	
4	筒体纵、环焊缝错边量	对于优等品、一等品是必保的
5	筒体对接焊缝棱角	对于优等品、一等品是必保的
6	管口方位、管口高度和管口倾斜度	
7	受压件螺栓、螺母的几何尺寸	
8	受压件螺栓、螺母的螺纹精度和表面粗糙度	
9	受压件螺栓、螺母的热处理	检查热处理记录
10	封头厚度	
11	受压件法兰的几何尺寸	包括螺孔精度，当合格率低于 85%时，应对不合格的 15%进行评审，以决定此项合格与否
12	受压件法兰的密封面质量	
13	法兰螺孔与设备中心线位置应跨中	
14	密封件的几何尺寸和表面质量	
15	设备总体尺寸	绘制竣工图
16	焊工标记	永久性标记
17	无损探伤标记	永久性标记

续表

序号	检查项目	说明
18	对接焊缝宽度	①同一条对接焊缝的最宽与最窄之差不得超过4mm ②焊缝宽度合格率≥80%为合格，其余20%应不影响美观
19	对接焊缝余高	
20	角焊缝	图样无规定时，取焊件薄者的厚度。当补强圈的厚度 $\delta_1 \geq 8$mm 时，焊角高度为 $0.7\delta_1$ 且不小于8mm
21	焊缝和热影响区表面	不得有裂纹、气孔、夹渣和弧坑等缺陷
22	焊缝咬边	优等品、一等品的主要焊缝不允许有咬边，咬边的打磨深度不得大于0.5mm
23	焊缝返修次数	遵照JB 741标准规定，优等品同一部位的返修次数最多为一次，一等品同一部位的返修次数最多为二次
24	焊缝打磨和机械损伤	打磨焊缝表面消除缺陷或机械损伤后的厚度，应不小于母材的厚度
25	焊缝上的熔渣及两侧飞溅物	焊缝上的熔渣及两侧飞溅物必须清除，封头、筒体表面氧化皮必须清除
26	产品表面机械损伤	制造中应避免钢板表面的机械损伤，对严重的尖锐伤痕应进行修磨，使其圆滑过渡。钢板的修磨深度不大于钢板的负偏差值
27	内部清洁情况	完工后，产品内部不允许有任何残留物。优等品和一等品内部应按要求吹干
28	涂装	油漆漆膜应均匀，不应有气泡、夹杂、龟裂、剥落和皱皮等缺陷。产品出厂时应保证涂装完整
29	包装	产品的所有零件、附件应齐全无误，机械加工表面应注意防锈，包装应完整、牢固
30	产品铭牌	产品铭牌应固定在指定位置，铭牌内容要齐全、正确
31	产品合格证	随机所带技术文件应齐全，产品合格证要有效

③ 主要检查项目中的不合格项，经评审确定，不得影响产品的性能、使用寿命和安全。

④ 产品主要经济技术指标接近或达到国际先进水平，用户反馈质量稳定，在国内同类产品中是享有盛誉的名牌产品。

(2) 一等品

① 同优等品第①项。

② 见优等品第②项，项目合格率≥90%。

③ 主要检查项目中的不合格项，经评审确定，一般不影响产品的性能、使用寿命和安全。

④ 用户反映产品好用、耐用是质量较好的产品。

(3) 合格品

① 同优等品第①项。

② 见优等品第②项，项目合格率≥85%。

③ 主要检查项目中的不合格项，经评审确定，基本不影响产品的性能、使用寿命和安全。

第13章 铆工检维修新技术介绍

容器和管道检维修是指设备技术状态劣化或发生故障后，为恢复其功能而进行的技术活动，包括各类计划修理和计划外的故障修理及事故修理，是检修铆工重要的工作内容之一。

13.1 工件的修复原则及修复方法

设备经过长时间的正常运转或发生故障都会使零件产生不同形式和不同程度的损坏而失效。针对零件的具体损坏情况选用合适的修复工艺进行有效修复，不仅使已损坏或将报废的零件恢复使用功能、延长使用寿命，尤其可在缺少备件的情况下解决应急之需。可减少备件数量，利于发展；减少新件购置，大幅降低修复费和修复期。

13.1.1 零件的修复原则

零件修复应从质量、经济和时间三方面综合权衡而定，具体应满足以下要求。

① 应使修复费用低于新件制造成本或购买新件的费用，即应满足：

$$S_{修}/T_{修}<S_{新}/T_{新}$$

式中：

$S_{修}$——修复旧零件的费用，元；

$T_{修}$——零件修复后的使用期，月；

$S_{新}$——新零件的制造成本或购买费用，元；

$T_{修}$——新零件的使用期，月。

一般情况下，如修复费用≤2/3 新零件制造成本或购买新零件费用，就认为是经济的，此种修复工艺是可取的；

② 所选用的修复工艺必须能够充分满足零件的修复要求；

③ 零件修复后必须保持其原有技术要求；

④ 零件修复后必须保证具有足够的强度和刚度，不影响使用性能和使用寿命。重要零件修复前应作必要的强度计算等；

⑤ 零件修复后的耐用度至少应能维持一个修理间隔期。例如，中、小修范围的零件，修复后应能使用到下一个中、小修期。

13.1.2 零件的修复方法

零件的修复工艺和方法很多，目前生产中常用的零件修复方法如表13-1所示。

表13-1 常用零件的修复方法

修复工艺	基本方法
钳工和机械加工修复	①钳工：铰孔；研磨；刮研；钳工修补 ②机械加工：局部更换法；换位法；镶被法；金属扣合法（强固扣合、强密扣合、加强扣合、热扣合），调整法；修理尺寸法；压力加工
焊接修复	①焊补：铸铁的焊补；钢件的焊补；非铁金属的焊补 ②堆焊：手工堆焊；自动堆焊 ③喷涂、喷焊 ④钎焊
电镀修复	①镀铬 ②镀铜 ③镀铁 ④电刷镀
粘接修复	①无机粘接 ②有机粘接
高分子黏合修复	①金属修复方法 ②非金属修复方法
断丝取出技术	反向攻丝法
缺陷螺纹再造技术	①钢丝增强内螺纹粘接再造法 ②钢丝填充粘接再造法

13.1.3 机械加工修复

机械加工是零件修复过程中最主要、最基本、应用最广泛的工艺方法，既可以单独修复零件，也可与其他焊、镀等工艺方法共同完成零件的修复。

13.1.3.1 机械修复

(1) 锉削　用锉刀对工件表面进行切削加工，使工件达到所要求的尺寸、形状和表面粗糙度的操作。锉削的应用范围很广，可以锉削平面、曲面、外表面、内孔、沟槽和各种形状复杂的表面。还可以配键、做样板、修整个别零件的几何形状等。

(2) 铰孔 铰孔是铰刀从工件孔壁上切除微量金属层，以提高其尺寸精度和孔表面质量的方法。铰孔主要用来修复各种零件的配合孔。

(3) 研磨 研磨利用涂敷或压嵌在研具上的磨料颗粒，通过研具与工件在一定压力下的相对运动对加工表面进行的精整加工（如切削加工）。研磨可用于加工各种金属和非金属材料，加工的表面形状有平面，内、外圆柱面和圆锥面，凸、凹球面，螺纹，齿面及其他型面。常用于修复零件的高精度配合表面。

(4) 刮研 刮研是指用刮刀在加工过的工件表面上刮去微量金属，以提高表面形状精度、改善配合表面间接触状况的钳工作业。刮研是机械制造和修理中最终精加工各种型面（如机床导轨面、连接面、轴瓦、配合球面等）的一种重要方法。常用于修复互相配合件的重要滑动表面，手工进行操作，不受工件位置限制。

(5) 修补

① 键槽。当轴或轮毂磨损或损坏其一时，可将磨损或损坏的键槽加宽，然后配制阶梯键。当轴或轮毂全部损坏时，允许将键槽扩大10%～15%，然后配制大尺寸键。当键槽磨损大于15%时，可按原键槽位置旋转90°或180°，按标准重新开槽。开槽前需将旧键槽用气焊或电焊填满并修整。

② 螺纹孔。当西里西亚孔产生滑扣或螺纹剥落时，可先将旧螺纹扩钻成光孔，然后攻出新螺纹，配上特制的双头螺栓。

13.1.3.2 机械修复

(1) 局部更换法 局部更换法是指仅更换零件上损坏部分的修复方法。如果零件结构允许，可将磨损严重的部位切除，将这部分重制新件，用机械连接、焊接或粘接的方法固定在原来的零件上，使零件得以修复。如图13-1所示。图13-1（a）所示为将双联齿轮中磨损严重的小齿轮轮齿切去，重制一个小齿轮，用键联结，并用骑缝螺钉固定的局部更换。图13-1（b）所示为在保留的轮毂上，铆接重制的齿圈局部更换。图13-1（c）所示为局部更换牙嵌式离合器并粘接固定的局部更换。

局部更换法的特点是：修复质量高，能节约优质钢材。但工艺较复杂，对硬度大的零件加工较困难，较适宜修复局部损坏的零件。

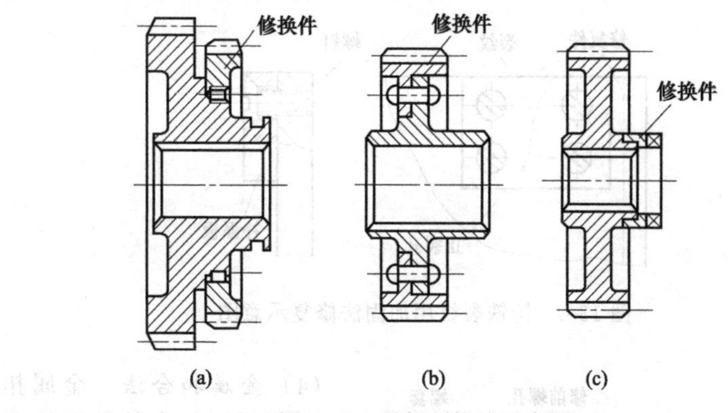

图 13-1　局部更换法示意图

（2）换位法　换位法是将零件的磨损（或损坏）部分翻转一定角度，利用零件未磨损（或未损坏）部位来恢复零件的工作能力。特点是：这种方法只是改变磨损或损坏部分的位置，不修复磨损表面。经常用此法来修理磨损的槽（如图 13-2 所示）及螺栓孔（如图 13-3 所示）。

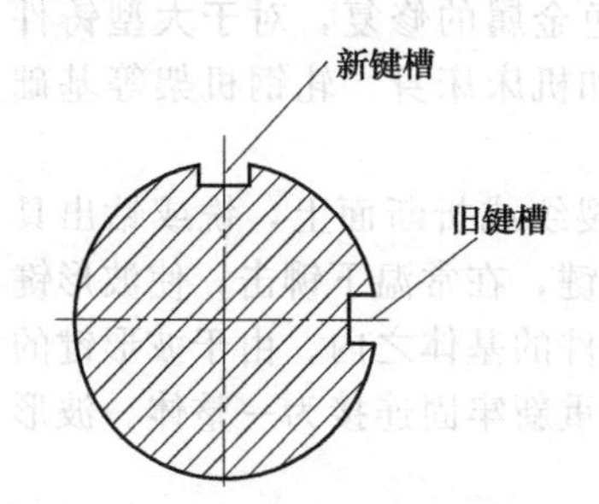

图 13-2　键槽换位法修复示意图

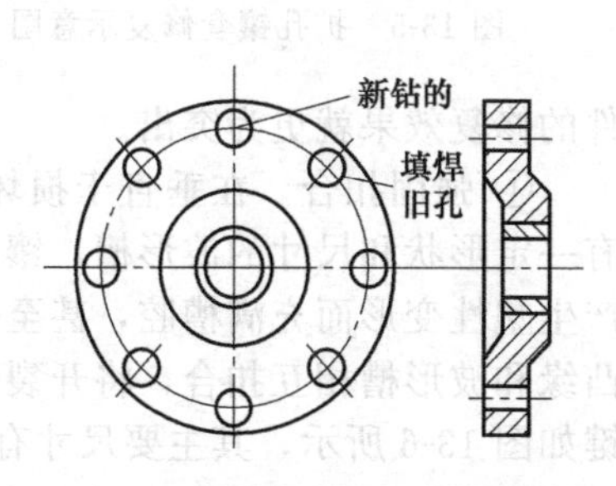

图 13-3　螺栓孔换位法修复示意图

（3）镶补法　镶补法是在零件磨损或断裂处补以加强板或镶装套等，使其恢复使用的一种修复方法。对于中小型零件，此方法操作简单，适用广泛。

在零件出现断裂时，可在其裂纹处镶加补强板，用螺钉或铆钉将补强板与零件连接起来；对于脆性材料，应在裂纹端处钻止裂孔，如图 13-4 所示。对于损坏的圆孔、圆锥孔，可采取扩孔镶套的方法，即将损坏的孔镗大后镶套，套与孔采用过盈配合。如图 13-5 所示。

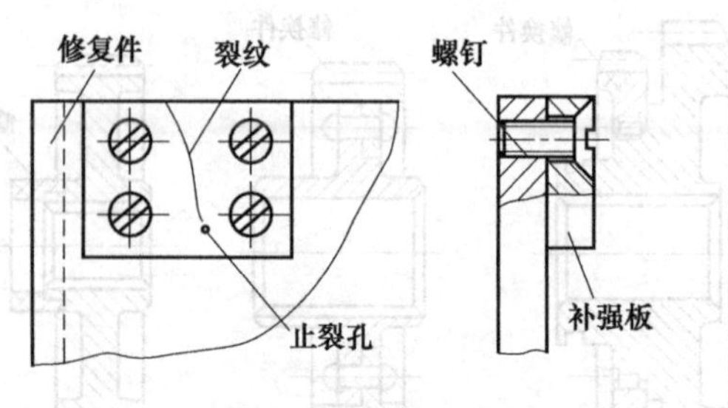

图 13-4　铸铁裂纹用加固法修复示意图

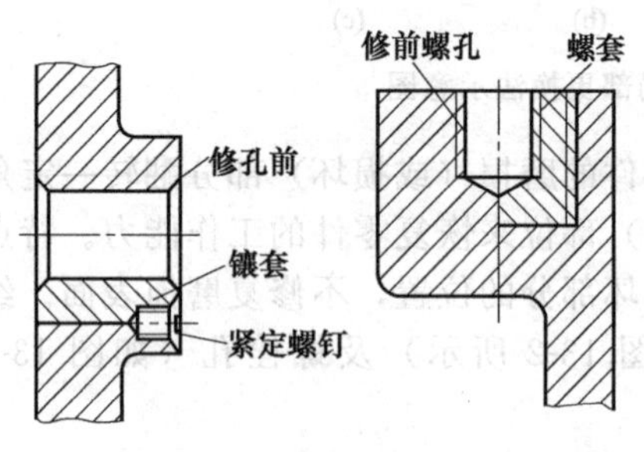

图 13-5　扩孔镶套修复示意图

(4) 金属扣合法　金属扣合技术是利用扣合件的塑性变形或热胀冷缩的性质将损坏的零件连接起来，以达到修复零件裂纹或断裂的目的。这种技术常用于不易焊补的钢件、不允许有较大变形的铸件以及有色金属的修复，对于大型铸件如机床床身、轧钢机架等基础件的修复效果就更为突出。

① 强固扣合。在垂直于损坏零件裂纹或折断面上，铣或钻出具有一定形状和尺寸的波形槽，镶入波形键，在常温下铆击，使波形键产生塑性变形而充满槽腔，甚至嵌入零件的基体之内。由于波形键的凸缘和波形槽相互扣合，将开裂的两边重新牢固连接为一整体。波形键如图 13-6 所示，其主要尺寸有：

$$d=(1.4\sim1.6)b$$

$$l=(2.0\sim2.2)b$$

$$t\leqslant b$$

波形键凸缘的数目一般选用 5、7、9 个。波形键的材料常用 1Cr18Ni9。波形键的布置如图 13-7 所示。

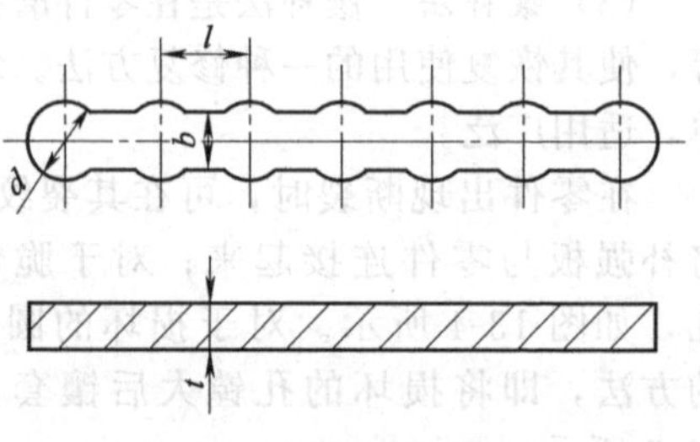

图 13-6　波形键尺寸图

② 强密扣合。对承受高压的汽缸或容器等有密封要求的零件，应用采用强密扣

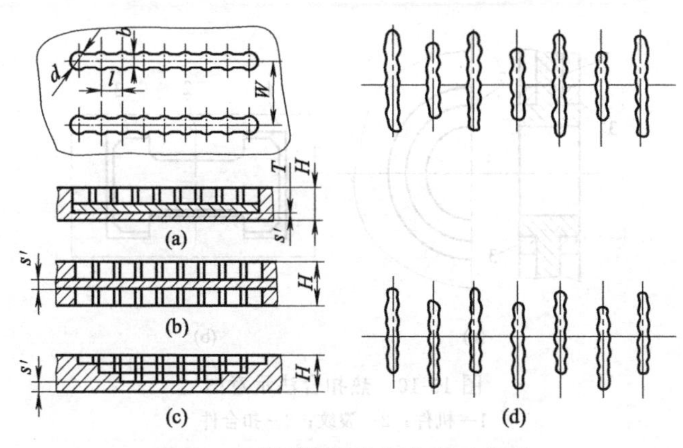

图 13-7 波形键的布置方式示意图

合法，如图 13-8 所示。

这种方法是在强固扣合的基础上，每间隔一定的距离加工出一些缀缝栓孔，形成一条密封的“金属纽带”，以达到阻止渗漏的目的。

③ 加强扣合。修复承受高载荷的厚壁零件，单纯使用波形键扣合不能保证其修复质量，而必须在垂直于裂纹或折断面上镶入钢制的砖形加强件来承受载荷，如图 13-9 所示。钢制砖形加强件和零件的连接，大多采用缀缝栓。缀缝栓的中心安排在它们的结合线上，一半在加强件上，另一半则留在零件基体内。必要时还可再加入波形键。

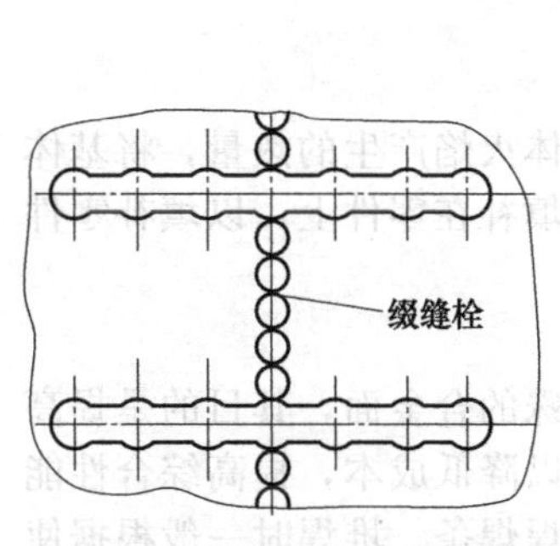

图 13-8 强密扣合法示意图

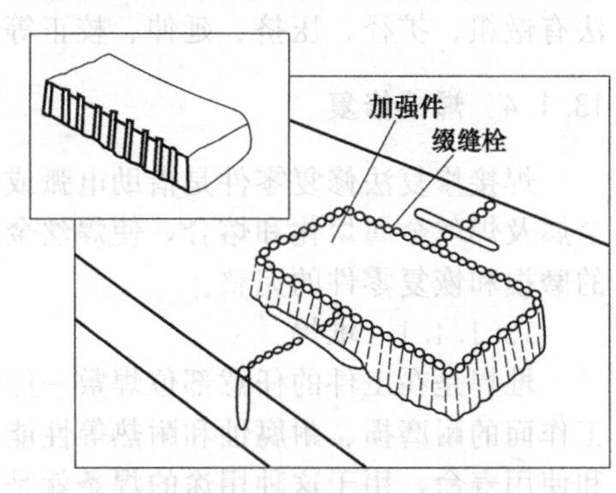

图 13-9 加强扣合法示意图

④ 热扣合。利用金属热胀冷缩的原理，将具有一定开关的扣合件加热后，放入零件损坏处（加工好的与扣合件形状相同）的凹槽中。扣合件冷却收缩，将破裂的零件密合。如图 13-10 所示。

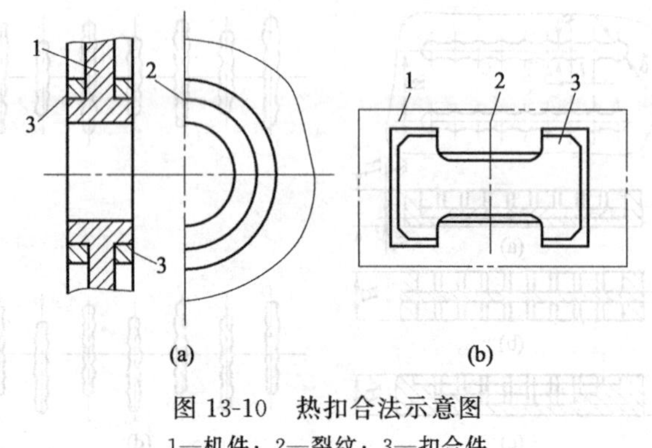

图 13-10 热扣合法示意图

1—机件；2—裂纹；3—扣合件

(5) **调整法** 利用增减垫片或调整螺钉的方法来弥补因零件磨损而引起的配合间隙增大，是维修常用的方法。

(6) **修理尺寸法** 在失效零件的修复中，不考虑原来的设计尺寸，采用切削加工和其他加工方法恢复零件的形状精度、位置精度、表面粗糙度和其他技术条件，从而获得一个新尺寸，该尺寸称为修理尺寸。与此相配合的零件则按修理尺寸制作新件或修复，这种方法称为修理尺寸法。这种方法常见于轴颈、轴上键槽等零件的修复。

(7) **压力加工** 压力加工修复是利用外力的作用使金属产生塑性变形，以弥补磨损掉的金属，恢复零件原来的尺寸和形状。常见的方法有镦粗、扩径、压挤、延伸、校正等。

13.1.4 焊接修复

焊接修复法修复零件是借助电弧或气体火焰产生的热量，将基体金属及焊丝金属熔化和熔合，使焊丝金属填补在零件上，以填补零件的磨损和恢复零件的完整。

13.1.4.1 堆焊

堆焊是在工件的任意部位焊敷一层特殊的合金面，其目的是提高工作面的耐磨损、耐腐蚀和耐热等性能，以降低成本，提高综合性能和使用寿命，用于这种用途的焊条就是堆焊焊条。堆焊时一般根据使用要求来选用不同合金系统和不同硬度等级的焊条。

(1) **堆焊方法**

① 电弧堆焊。电弧堆焊简便灵活，应用广泛，它的主要缺点是生产率低、劳动条件差及降低堆焊零件的疲劳强度等。

② 埋弧堆焊。在零件表面堆敷一层具有特殊性能的金属材料的工艺过程。

③ 振动电弧堆焊。振动电弧堆焊采用细焊丝并使其连续振动，能在小电流下保证堆焊过程的稳定性，因此使零件受热较小，热影响区较小，变形也小，并能获得薄而平整的、硬度较高的堆焊金属层，在机械零件修复中得到了广泛应用。为了提高振动电弧堆焊层的质量，生产中应用了各种保护介质（如水蒸气、压缩空气、二氧化碳）及熔剂层下保护的振动电弧堆焊。

④ 等离子弧堆焊。利用焊炬的钨极作为电流的负极和基体作为电流的阳极之间产生的等离子体作为热能，并将热能转移给被焊接的工件基体工件，并向该热能区域送入焊接粉末材料，使其熔化后沉积在被焊接工件基体表面的堆焊工艺。

⑤ 氧-乙炔焰堆焊。具有堆焊层薄、熔深浅的特点，设备简单，工艺适应性强。近年来，由于硬质合金复合材料的出现，氧-乙炔焰温度低，堆焊后可保持复合材料中硬质合金的原有形貌和性能，也是应用较广的工艺。

（2）堆焊常遇到的问题 堆焊中最常碰到的问题是开裂，防止开裂的主要方法是：

① 焊前预热，控制层间温度，焊后缓冷；

② 焊后进行消除应力热处理；

③ 避免多层堆焊时开裂，采用低氢型堆焊焊条；

④ 必要时，堆焊层与母材之间堆焊过渡层（用碳当量低、韧性高的焊条）。

13.1.4.2 补焊

为修补工件（铸件、锻件、机械加工件或焊接结构件）的缺陷而进行的焊接。

（1）钢制零件的补焊 补焊要考虑材料的可焊接性和焊后加工性要求，还要保持零件其他部位的完好，所以补焊比焊接困难。钢制零件的补焊一般应用电弧焊。

（2）铸铁件的补焊 铸铁的焊接性很差，一般指对某些铸造缺陷进行补焊。铸铁的补焊特点：①易产生白口组织；②易产生裂纹；③易产生气孔和夹渣。

（3）补焊方法

① 热焊补。焊前将焊件局部或整体预热至 600～700℃并在焊接

过程中保持，焊后缓慢冷却。

② 冷焊补。焊前不预热或只预热至400℃以下。

13.1.4.3 金属热喷涂修复

热喷涂是用高速气流将已被热源熔化的粉末材料或线材吹成雾状，喷射到事先准备好的零件表面上，形成一层覆盖物的修复工艺。生产中多用来喷涂各种金属材料，因而通常称为金属喷涂或金属喷镀。如果所用材料是钢，则一般简称为喷钢。非金属材料如塑料、陶瓷等，也可以喷涂。

在机械修理方面，喷涂是几种主要的零件修复工艺之一。如可应用喷钢修复各种直轴、曲轴、内孔、平面、导轨面等的磨损面，喷锌作防护层，喷青铜作轴承，喷高熔点耐磨合金以修复门等零件，喷塑料修复磨损面，等等。这种技术不仅可以恢复零件的尺寸，而且可强化其性能，成倍地提高其寿命，经济意义十分重大。

(1) 金属喷涂的原理

① 电弧喷涂。喷涂时送丝机构不断地将两根金属丝向前输送，两根金属丝进入导向嘴内以后弯曲，从导向嘴伸出来时就相互靠近，由于两导向嘴分别与电源的正负极相连，在具有一定电位差的两根金属丝相互接触短路后，电流产生的热量将尖端处的金属丝熔化并产生电弧，电弧进一步熔化金属丝，熔化的金属丝被从空气喷嘴喷出的0.5～0.6MPa的压缩空气吹成微粒，并以140～300m/s的速度撞击到需喷涂的零件表面上。这样，半塑性金属颗粒以高速度撞击变形并填塞在粗糙的零件表面上，就逐渐地形成覆盖层。金属丝不断地向前输送，同时不断地被熔化，熔化的金属又不断地吹向工件表面，从而保证了喷涂过程的连续进行。如图13-11所示。

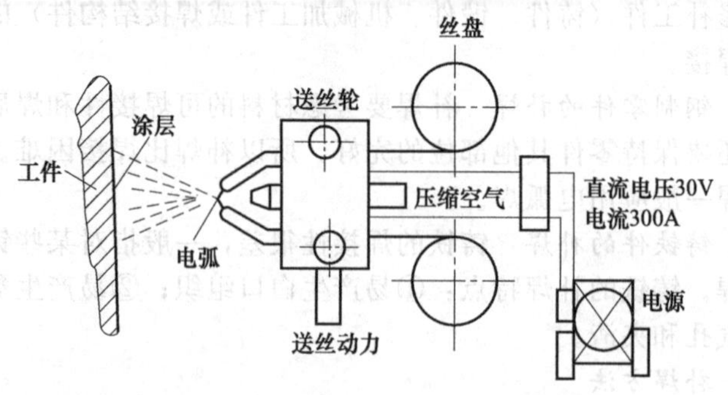

图13-11 电弧喷涂工作原理示意图

电弧喷涂过程由下列四个循环阶段组成：

a. 两电极接触，钢丝的尖端短路被熔化；

b. 熔化的金属丝被压缩空气吹断，电流突然中断，引起自感电势并产生电弧；

c. 电弧熔化的金属被吹散成为小颗粒；

d. 电弧中断。

此后，两电极再次接触短路并重复前一循环。每循环的时间短，通常只有千分之几秒。

② 高频电喷涂。高频电喷涂的原理与电弧喷涂基本相同，只是钢丝的熔化是靠高频感应实现。高频电喷涂的喷头由感应器和电流集中器组成，感应器由高频发电机供电，电流集中器主要是用于保证钢丝在不大的一段长度上熔化，钢丝由送丝轮以一定的速度经导筒送进，压缩空气经气道将电流集中器内熔化的金属喷向零件表面。

③ 氧-乙炔火焰喷涂。它与电喷涂比较，其主要不同是只有一根金属丝和熔化金属丝的热源为氧-乙炔混合气。喷涂时，氧-乙炔气体从混喷嘴喷出并着火燃烧，与此同时，金属丝不断地被送丝机构输送到喷枪头的中央。端头进入火焰中时便被熔化，熔化的金属立即被压缩空气吹散成很小的微粒，这些微粒与高速气流一起冲击到工件表面上，并黏附和嵌合到工件表面上形成喷涂层。

④ 等离子喷涂。等离子喷涂是通过气体把金属粉末送入高温射流而实现喷涂的。整个焊枪分为前枪体、后枪体和中间绝缘体三部分。前枪体用来安装喷嘴、构成喷嘴冷却腔及安置进水管、进气管、进粉管等零件。后枪体用来安置电极、出水管等零件。中间绝缘体用以保证前后枪体互相绝缘和连接。

喷涂工艺过程包括：喷涂前工作表面的准备、喷涂（喷打底层和工作层）和喷涂层加工。

工件表面的准备；喷涂前工件表面准备是喷涂成败的关键，通过表面准备使待喷涂表面绝对干净，并形成一定粗糙度，才能保证涂层与工件的结合强度。

(2) 喷涂工艺过程

① 工件表面的准备。喷涂前工件表面准备是喷涂成败的关键，通过表面准备使待喷涂表面绝对干净，并形成一定粗糙度，才能保证涂层与工件的结合强度。

② 喷涂。喷打底层，厚约 0.1mm。

③ 喷工作层。应来回多次喷涂，且总厚度不应超过2mm，太厚则结合强度会降低。

(3) 涂层性能　喷涂层性能与很多因素有关；如粉末材料、喷涂工具、喷涂工艺等，尤其是所选用的材料不同，其性能各异。

① 硬度。喷涂层的组织是在软基体上弥散分布着硬质相，并含有12%的气孔，其硬度值主要取决于所选用的喷涂材料。

② 耐磨性。喷涂层的耐磨性优于新件和其他修复层，这是由涂层组织决定的，喷涂层这种软硬相间的结构能保证摩擦面间最小的摩擦系数，并能保持润滑油；此外涂层中气孔的存在，有助于磨损表面上形成油膜，起到减磨贮油作用，但是磨合期或干摩擦时磨损较快，且磨下的颗粒易堵塞油道而烧瓦。

③ 涂层与基体结合强度。涂层与基体结合主要靠机械结合，因此结合强度较低。

④ 疲劳强度。喷涂对零件疲劳强度影响比其他修复法小，一方面是因为喷涂前表面加工量小，另一方面是喷涂时，基体没有熔化，基材损伤小。

(4) 热喷涂的应用

① 防腐蚀。主要用于大型水闸钢闸门、造纸机烘缸、煤矿井下钢结构、高压输电铁塔、电视台天线、大型钢桥梁、化工厂大罐和管道的防腐喷涂。

② 防磨损。通过喷涂修复已磨损的零件，或在零件易磨损部位预先喷涂上耐磨材料，如风机主轴、高炉风口、汽车曲轴、机床主轴、机床导轨、柴油机缸套、油田钻杆、农用机械刀片等。

③ 特殊功能层。通过喷涂获得表层某些特殊性能，如耐高温、隔热、导电、绝缘、防辐射等，在航空航天和原子能等部门应用较多。

13.1.4.4　钎焊

钎焊是用比母材熔点低的金属材料作为钎料，用液态钎料润湿母材和填充工件接口间隙并使其与母材相互扩散的焊接方法。钎焊变形小，接头光滑美观，适合于焊接精密、复杂和由不同材料组成的构件，如蜂窝结构板、透平叶片、硬质合金刀具和印刷电路板等。钎焊前对工件必须进行细致加工和严格清洗，除去油污和过厚的氧化膜，保证接口装配间隙。间隙一般要求在0.01～0.1mm之间。

(1) 钎焊的方法　根据焊接温度的不同，钎焊可以分为两大类。

焊接加热温度低于450℃称为软钎焊，高于450℃称为硬钎焊。

① 软钎焊。多用于电子和食品工业中导电、气密和水密器件的焊接。以锡铅合金作为钎料的锡焊最为常用。软钎料一般需要用钎剂，以清除氧化膜，改善钎料的润湿性能。钎剂种类很多，电子工业中多用松香酒精溶液进行软钎焊。这种钎剂焊后的残渣对工件无腐蚀作用，称为无腐蚀性钎剂。焊接铜、铁等材料时用的钎剂，由氯化锌、氯化铵和凡士林等组成。焊铝时需要用氟化物和氟硼酸盐作为钎剂，还有用盐酸加氯化锌等作为钎剂的。这些钎剂焊后的残渣有腐蚀作用，称为腐蚀性钎剂，焊后必须清洗干净。

② 硬钎焊。接头强度高，有的可在高温下工作。硬钎焊的钎料种类繁多，以铝、银、铜、锰和镍为基的钎料应用最广。铝基钎料常用于铝制品钎焊。银基、铜基钎料常用于铜、铁零件的钎焊。锰基和镍基钎料多用来焊接在高温下工作的不锈钢、耐热钢和高温合金等零件。焊接铍、钛、锆等难熔金属、石墨和陶瓷等材料则常用钯基、锆基和钛基等钎料。选用钎料时要考虑母材的特点和对接头性能的要求。硬钎焊钎剂通常由碱金属和重金属的氯化物和氟化物，或硼砂、硼酸、氟硼酸盐等组成，可制成粉状、糊状和液状。在有些钎料中还加入锂、硼和磷，以增强其去除氧化膜和润湿的能力。焊后钎剂残渣用温水、柠檬酸或草酸清洗干净。

（2）钎焊应用　钎焊不适于一般钢结构和重载、动载机件的焊接。主要用于制造精密仪表、电气零部件、异种金属构件以及复杂薄板结构，如夹层构件、蜂窝结构等，也常用于钎焊各类异线与硬质合金刀具。钎焊时，对被钎接工件接触表面经清洗后，以搭接形式进行装配，把钎料放在接合间隙附近或直接放入接合间隙中。当工件与钎料一起加热到稍高于钎料的熔化温度后，钎料将熔化并浸润焊件表面。液态钎料借助毛细管作用，将沿接缝流动铺展。于是被钎接金属和钎料间进行相互溶解，相互渗透，形成合金层，冷凝后即形成钎接接头。

13.1.5　电镀修复

电镀就是利用电解原理在某些金属表面上镀上一薄层其他金属或合金的过程。电镀时，镀层金属做阳极，被氧化成阳离子进入电镀液；待镀的金属制品做阴极，镀层金属的阳离子在金属表面被还原形成镀层。为排除其他阳离子的干扰，且使镀层均匀、牢固，需用含镀层金属阳离子的溶液做电镀液，以保持镀层金属阳离子的浓度不变。

电镀锌：就是利用电解，在制件表面形成均匀、致密、结合良好的金属或合金沉积层的过程。

（1）镀锌　镀锌是指在金属、合金或者其他材料表面镀一层锌以起美观、防锈等作用的表面处理技术。

与其他金属相比，锌是相对便宜而又易镀覆的一种金属，属低值防蚀电镀层。被广泛用于保护钢铁件，特别是防止大气腐蚀，并用于装饰。

（2）镀铬　在金属制品表面镀上一层致密的氧化铬薄膜，可以使金属制品更加坚固耐用。

（3）镀铜　铜的镀层与基体金属的结合能力很强，不需要进行复杂的镀前准备，在室温和很小的电流密度下即可进行，操作方便。

镀铜常用于恢复过盈配合的表面，如滚动轴承外圆的加大；改善间隙配合件的摩擦表面质量，如齿轮镀铜；零件渗碳处理前，对不需渗碳部分镀铜作防护层；在钢铁零件镀铬、镀镍之前常用镀铜作底层，作为防腐保护层。

（4）镀铁　镀铁按电解液的温度可分为高温镀铁和低温镀铁。在90～100℃温度下进行镀铁，使用直流电源的称高温镀铁。这种方法获得的镀层硬度不高，且与基体结合不可靠。在40～50℃常温下进行镀铁，采用不对称交流电电源的称低温镀铁。它解决了常温下镀层与基体结合的强度问题，镀层的力学性能较好，工艺简单，操作方便，在修复和强化机械零件方面可取代高温镀铁，并已得到广泛应用。

（5）电刷镀

① 电刷镀技术的基本原理。电刷镀的设备主要包括电源装置、镀笔与阳极以及各种辅助材料。镀笔前端通常采用高纯度细石墨块作阳极材料，石墨块外面包裹一层棉花和耐磨的涤棉套，刷镀时使镀笔浸满镀液。电刷镀技术采用电化学原理，工作时，专用直流电刷镀电源的负极接工件，正极接镀笔，电刷镀时，包裹的阳极与工件欲刷镀表面接触并作相对运动，含有需镀金属离子的电刷镀专用镀液不断供送到阳极与工件之间的需刷镀的表面处，在电场力的作用下，溶液中金属离子定向迁移到工件表面沉积形成镀层，镀层随着时间增厚直至所需要厚度。如图13-12所示。

② 电刷镀技术的应用

a. 修复：恢复磨损和几何精度。如曲轴、缸套、液压柱塞等零部件的磨损、擦伤的修复，模具的修复和防护。

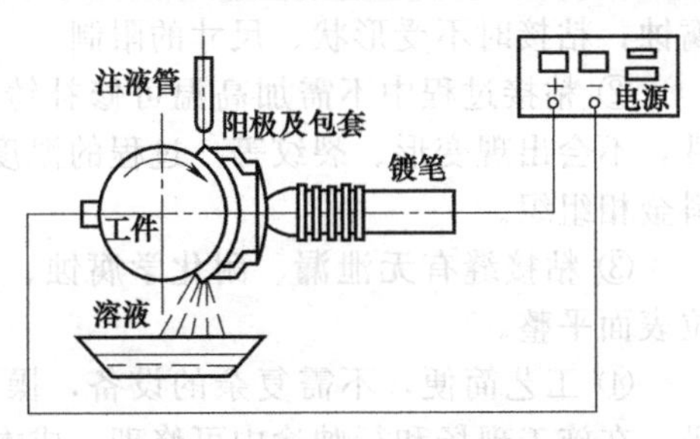

图 13-12　电刷镀基本原理示意图

b. 改善零部件的表面性能和表面装饰，如新品刷镀金、银、铜、镍等保护层，提高零件表面的硬度、耐磨性、光亮度，工艺品装饰。

c. 获得某些特需的功能性表面。如高温抗氧化性，减小接触面的滑动摩擦，提高零件的防腐性能和电触点的电气性能，改善模具的脱模性，改善摩擦的匹配性能，增加导电、导磁性能。如精密电器、印刷电路板的接插件、高压开关及其他工件镀镍、镀锡、镀铜、镀镍钨、镀金、银、钴液等。

③ 电刷镀工艺

a. 零件表面的准备。零件表面的预处理是保证镀层与零件表面结合强度的关键工序。零件表面应光滑平整，无油污、无锈斑和氧化膜等。为此先用钢丝刷、丙酮清洁，然后进行电净处理和活化处理。

b. 打底层（过渡层）。为了进一步提高工作镀层与零件金属基体的结合力，选用特殊镍、铜等作为底层，厚度一般为 2～5μm。然后再于其上镀覆要求的金属镀层，即工作镀层。

c. 镀工作镀层。电刷镀工作镀层的厚度（半径方向上）为 0.3～0.5mm，镀层厚度增加，内应力加大，容易引起裂纹和使结合强度下降，乃至镀层脱落。但用于补偿零件磨损尺寸时，需要较大厚度，则应采用组合镀层。在零件表面上先镀打底层，再镀补偿尺寸的尺寸镀层。为避免因厚度过大使应力增加、晶粒粗大和沉积速度下降，在尺寸镀层间镀夹心镀层（不超过 0.05mm），最后再镀上工作镀层。

13.1.6　粘接修复

粘接修复是用粘接剂将修复件粘接在一起的修复工艺。

13.1.6.1　粘接工艺的特点

① 能粘接各种金属、非金属材料，而且能粘接两种不同的材料。在粘接两种不同金属时，在金属间有一层绝缘性的胶，可防止电化学

腐蚀；粘接时不受形状、尺寸的限制。

② 粘接过程中不需加高温可修补铸铁件、铝合金件和极薄的零件，不会出现变形、裂纹等。过程的温度不超过200℃，不会改变材料金相组织。

③ 粘接缝有无泄漏、耐化学腐蚀、耐磨和绝缘等性能，粘接部位表面平整。

④ 工艺简便，不需复杂的设备，操作人员不需要很高的技术水平，在施工现场和行驶途中可修理。成本低，节约能源。

13.1.6.2 粘接工艺的应用范围

从机械产品制造到机械维修，都可利用粘接来满足部分工艺需要。如以粘代焊、以粘代铆、以粘代螺、以粘代固等。

① 对零、部件裂纹、破碎部位的粘补；

② 对铸件砂眼、气孔的填补；

③ 用于间隙、过盈配合表面磨损的尺寸恢复；

④ 连接表面的密封补漏、防松紧固；

⑤ 以粘接代替铆接、焊接、螺栓连接和过盈配合来修补零件。

在工程机械的修理中，粘接修复法常用于粘补散热器水箱、油箱和壳体零件上的孔洞、裂纹，也用于粘接离合器摩擦片及堵漏等。

13.1.6.3 粘接剂的分类

粘接剂品种繁多，分类方法很多。

① 按粘料的物性属类分为：有机粘接剂和无机粘接剂；

② 按料来源分为：天然粘接剂和合成粘接剂；

③ 按粘接接头的强度特性分为：结构粘接剂和非结构粘剂；

④ 按粘接剂状态分为：液态粘接剂与固体粘接剂；粘接剂的形态有粉状、棒状、薄膜、糊状及液体等；

⑤ 按热性能分为：热塑性粘接剂与热固性粘接剂等等。

13.1.6.4 常用有机粘接剂的性能

(1) 环氧树脂粘接剂　环氧树脂粘接剂，是以环氧树脂和固化剂为主，再加入增塑剂、填料、稀释剂等配制而成的，是一种人工合成的高分子化合物。用它配制的粘接剂用途很广泛，能粘各种金属和非金属材料。

环氧树脂粘接剂的优点是：粘附力强，固化收缩小，耐腐蚀、耐油、电绝缘性好和使用方便。其缺点是：耐温性能较差，抗冲击和弯曲的能力差。因此，选用时必须注意零件的工作条件。

(2) 酚醛树脂粘接剂　酚醛树脂可以单独使用，也可以和环氧树脂混合使用。单独使用的酚醛树脂，具有良好的粘接强度，耐热性也好，缺点是脆性大，不耐冲击。目前，用它粘接制动蹄片效果很好。能用来粘接木材、硬质泡沫塑料和其他多孔性材料。用作金属粘接剂时，需要加入热塑性树脂、合成橡胶等高分子化合物进行改性。为了进一步提高粘接剂的耐热性，在组分内加入有机硅化合物，可得到较高的高温下的粘接强度。如 JF-1 酚醛-缩醛-有机硅粘接剂（又名 204 胶）的使用温度为－60～＋200℃，短时间可耐 300℃温度，可用于摩擦片的粘接。

13.1.6.5　无机粘接剂和厌氧密封胶

(1) 无机粘接剂　无机粘接剂主要有硅酸盐和磷酸盐两种类型，在机械维修中广泛使用的是磷酸—氧化铜无机粘接剂。

无机粘接剂的特点是能承受较高的温度（600～850℃），粘附性好，抗压强度达 90MPa，抗拉强度达 50～80MPa，平面粘接抗拉强度为 80～300MPa，制造工艺简单，成本低，但性脆，耐酸、碱性能差。多用于陶瓷和硬质合金刀具的粘接和量具的粘接，在机械维修中广泛用来粘金属零件的破裂损坏，如粘补内燃机缸盖气门裂纹，具有良好的效果。

(2) 厌氧密封胶　厌氧密封胶是由甲基丙烯酸酯或丙烯酸树脂以及它们的衍生物为粘料，加入催化剂和增稠剂等组成。其特点是在空气中不能固化，当粘合后，由于胶层内隔绝了气，丙烯酸树脂在催化剂作用下很快发生交链反应而固化，起粘接和密封作用，故称为厌氧胶。

厌氧胶处于金属面之间时，因空气被隔离且与金属发生触变反应，从而自行固化并变到一定的坚韧硬度，固化后其体积不收缩，不溶于燃油、润滑油和水。

13.1.6.6　粘接剂的选择

粘接剂的品种繁多，国内成熟的粘接剂品种达二百多种。选用粘接剂的基本原则如下。

① 根据被粘件材料的种类和性质选用粘接剂。

② 考虑被粘件允许的工艺条件。因为好的粘接效果，往往需要一定的固化温度、时间和压能达到，因此，所选用的粘接剂应为被粘接工艺条件所允许和现有设备条件可能实现的。对于加热困难的大型部件和受热易变形部件，一般要选有常温固化粘接剂；对于形状复杂

不能很好吻合的表面，以及无法加压的部件，一般不应选用含有溶剂的和要求必须加压加温固化的胶黏剂；对于应急抢修则必须选用快速固化的粘接剂等。

③ 考虑被粘件的使用条件。首先要根据被粘件的受力情况、受力形式来选择能满足强度的粘接剂，其次是根据被粘件的使用温度和所接触的介质（如油、水蒸气、酸、碱等）来选择的不同温度等级，耐不同介质的粘接剂。

④ 考虑特殊要求。有些特殊要求，如密封、导电、导磁等，必须选择具有这些特殊性能的胶黏剂。另外，要考虑成本和粘接剂的来源，也是选择粘接剂的原则之一。

13.1.6.6 粘接接头的设计和选择

相同的粘接剂，由于选用的接头形式不同，胶层受力状态差异很大。因此，要获得满意的质量，还要进行合理的粘接接头设计，其基本原则如下。

① 尽可能增加粘接面积；

② 尽量使压力均匀分布在整个粘接面上；

③ 尽量使接头粘接面承受压缩、剪切或拉伸力，避免承受弯曲力或剥离力；

④ 当接头要求耐震时，在胶层内可增加玻璃纤维布或其他织物作中间层；

⑤ 当接头在较高温度下工作时，应尽量使粘接件与粘接剂的膨胀系数一致或接近；

⑥ 对于受力较大和冲击载荷的接头，可考虑采用粘接和铆接，螺栓连接，焊接，机械加固，贴加布层或钢板等结合的复合连接方法。

13.1.7 缺陷内螺纹再造技术

机械设备上的内螺纹，特别是铸造设备上的某些特殊内螺纹常由于滑牙而无法形成良好的连接或达不到密封要求，甚至完全失效。传统的修理方法是扩孔攻丝，加大一级螺纹，如再出现滑牙，显然不能无限度加大螺纹尺寸，况且有些设备部位也不允许或无法采用这种扩螺纹的方法。国外多采用德国 Helicoil 公司提供的特制弹簧螺丝进行内螺纹修复，但必须有断面形状特殊的弹簧螺丝及专用装配工具来进行修复作业。而采用缺陷内螺纹再造技术，则不受螺纹制式及螺纹公称直径、螺距大小、滑牙轻重的限制，材料勿得，操作简单，不失为一种行之有效的内螺纹修复方法。

13.1.7.1　钢丝增强内螺纹粘接再造法

钢丝增强内螺纹粘接再造法是选用相应弹簧钢丝和黏合剂对滑牙进行修复的一种方法可用于公称直径较大的内螺纹滑牙的修复。修复后的螺纹由钢丝和黏合剂组成，具有较高的耐磨性及良好的密封性。而强度则取决于所选用的黏合剂品种的综合性能。

(1) **钢丝直径的确定及成形**　钢丝的直径取决于滑牙螺纹的螺距，对于公制螺纹，它的计算公式如下：

$$d \leqslant 0.42p$$

式中　d——钢丝直径，mm；

p——内螺纹螺距，mm。

对于英制螺纹，它的计算公式如下：

$$d \leqslant 0.44p$$

式中　d——钢丝直径，mm；

p——螺纹螺距，mm；$p=25.4/n$

n——每英寸牙数。

根据螺纹距 p 确定钢丝的直径后，即可在相应的胎具上，按图 13-13 所示的形式，将钢丝绕成弹簧形状。绕好的钢丝弹簧应在螺杆的外螺纹上试装，如图 13-14 所示。因弹簧的中径小于螺杆的螺纹中径，故弹簧会紧紧地镶嵌在外螺纹孔内，剪去多余的长度，要求弹簧丝在螺杆上及螺孔内装拆顺利，否则应重新设计弹簧丝。

钢丝的材料可选择 65Mn，此时可按设计要求由专业弹簧厂家来制作，也可选择一般用途的低碳钢丝，在自制的胎具上绕制，然后再淬火提高其淬硬性。

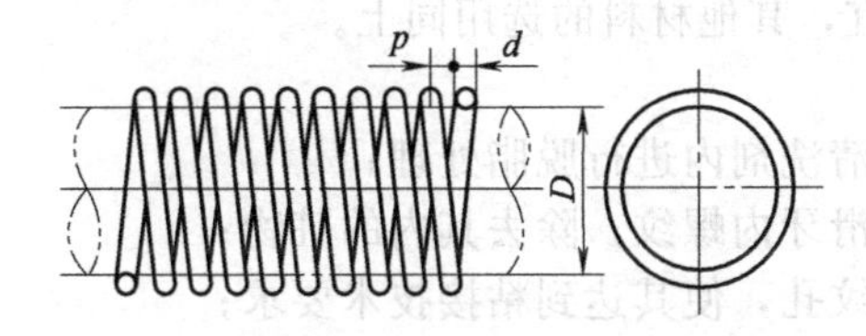

图 13-13　钢丝增强内螺纹粘接再造法示意图

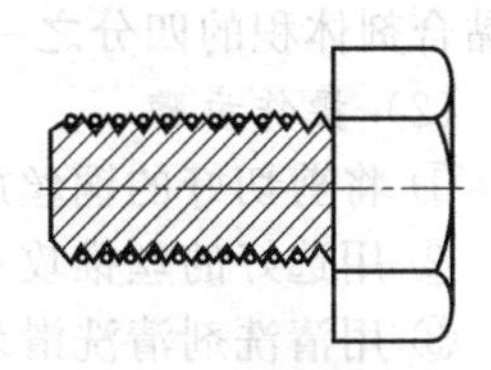

图 13-14　钢丝弹簧成形示意图

(2) **材料准备**　黏合剂可选择 HY-914 环氧类双组分快速固化型，但要在其两组分混合时加入一定量的金属粉末，如铝粉等，最好选择高分子合金修补剂，如超金属修补胶及国内生产的相应品种黏合剂；清洗剂，可选用丙酮或三氯乙烯等；脱模剂（粘接技术中一种防止黏合剂与金属模具黏合并能使制品容易脱离的物质，常用的材料有硅油、矿物油等），现已有商品出售；砂纸；丝锥。

（3）操作步骤

① 用细砂纸将弹簧钢丝打毛；

② 用丝锥攻一下滑牙内螺纹，除去其内的脏物；

③ 用清洗剂清洗螺纹孔及弹簧，使其达到粘接技术要求；

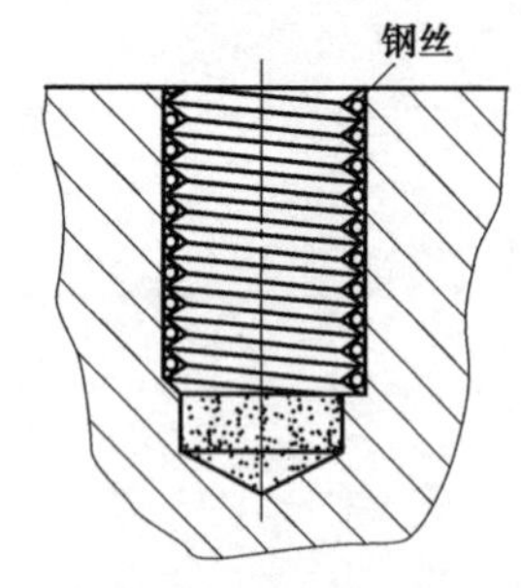

图 13-15 钢丝弹簧配装示意图

④ 按黏合剂或修补剂使用说明按比例配制；

⑤ 在螺杆上涂抹上一层脱模剂，然后在其上均匀地涂抹上一层配好黏合剂，安装弹簧丝，在滑牙螺孔内再均匀地涂抹一层黏合剂，检查无误后拧入螺纹孔内，擦去挤出的黏合剂，常温下固化 20min 时，应轻轻拧动螺杆，然后自然固化，2h 后，将螺杆拧出，检查再造螺纹情况，10 小时后可投入使用。如图 13-15 所示。

13.1.7.2 铜丝填充粘接再造法

对于公称直径较小或螺距很小以及加上弹簧钢丝后无法拧入内螺纹的坏损滑牙，则可选用铜丝填充黏接再造法。这种方法是在所选用的黏合剂或修补剂中加入适量的细铜丝，以增加新造螺纹的强度。修复方法如下。

（1）材料准备 铜丝可选用 ϕ0.2mm 以下规格的，剪切的长度取决于螺纹的公称直径，一般在 2～6mm，加入铜丝的体积一般不超过黏合剂体积的四分之一为宜，其他材料的选用同上。

（2）操作步骤

① 将剪切好的铜丝放入清洗剂内进行脱脂处理；

② 用选好的丝锥攻一下滑牙内螺纹，除去其内的脏物；

③ 用清洗剂清洗滑牙螺纹孔，使其达到粘接技术要求；

④ 按黏合剂或修补剂使用说明取出相应的份数，将铜丝均匀分散于两组分内，搅拌，再将两组分充分搅拌；

⑤ 在螺杆上涂抹上一层脱模剂，然后在其上均匀地涂抹上一层配好黏合剂，在滑牙螺孔内再均匀地涂抹一层黏合剂，检查无误后拧

入螺纹孔内，擦去挤出的黏合剂，常温下固化 20min 时，应轻轻拧动螺杆，然后自然固化，2h 后，将螺杆拧出，检查再造螺纹情况，10h 后可投入使用。固化后的情况如图 13-16 所示。此种方法特别适用于铸钢铸铁和有色金属铜、铝及非金属材料内螺纹滑牙后的修复。

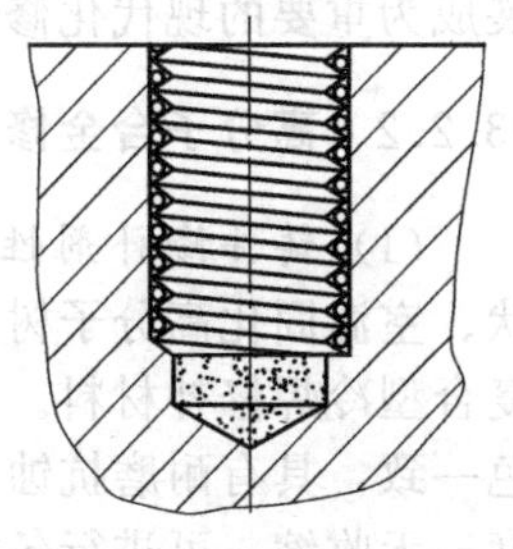

图 13-16 铜丝填充内螺纹粘接再造法示意图

(3) 注意事项

① 粘接修复的螺纹的使用温度受所选胶黏剂使用温度的限制，一般多在 120℃以下使用；

② 所选用的黏合剂不能被所密封的介质破坏；

③ 粘接修复的螺纹不理想时，可用机械加工的方法及燃烧的方法除去粘接物。

13.2 高分子合金修补技术

高分子合金材料是 20 世纪 80 年代发展最快的新型材料之一，经过高聚物共混合金化的高分子合金修补剂具有良好的物理机械性能，抗腐蚀性能、尺寸稳定性和机械加工性能。目前，已在我国各工业系统推广使用。

由两种或两种以上高分子材料构成的复合体系，是由两种或两种以上不同种类的树脂，或者树脂与少量橡胶，或者树脂与少量热塑性弹性体，在熔融状态下，经过共混，由于机械剪切力作用，使部分高聚物断链，再接枝或嵌段，或基团与链段交换，从而形成聚合物与聚合物之间的复合新材料。适用于修复金属、混凝土、木材、橡胶、陶瓷等多种物质。常称其为“工业上的医生”。

13.2.1 高分子合金修补剂的组成

高分子合金修补剂是以高分子复合聚合物与金属粉末或陶瓷粒组成的双组分或多组分的复合材料，是基于高分子化学、胶体化学、有机化学和材料力学等学科基础上发展起来的高技术学科。它可以极大解决和弥补金属材料的应用弱项，可广泛用于设备部件的磨损、冲刷、腐蚀、渗漏、裂纹、划伤等修复保护。高分子复合材料技术已发展成为重要的现代化修补剂应用技术之一。

13.2.2 高分子合金修补剂的种类

（1）铸件修补剂性能与用途 铸造缺陷修补剂是双组分、胶泥状、室温固化高分子树脂胶，以金属及合金为强化填充剂的聚合金属复合型冷焊修补材料。与金属具有较高的结合强度，并基本可保存颜色一致，具有耐磨抗蚀与耐老化的特性。固化后的材料具有较高的强度，无收缩，可进行各类机械加工。具有抗磨损、耐油、防水、耐各种化学腐蚀等优异性能，同时可耐高温120℃。

由多种合金材料和改性增韧耐热树脂进行复合得到的高性能聚合金属材料，适用于各种金属铸件的修补及缺陷大于 2mm 的各种铸件气孔、砂眼、麻坑、裂纹、磨损、腐蚀的修复与粘接。通用于对颜色要求不太严格的各种铸造缺陷的修复，具有较高的强度，并可与基材一起进行各类机械加工。

（2）铁质修补剂性能与用途 铁质修补剂是双组分、胶泥状、室温固化高分子树脂胶。适用于机械加工后出现的铸造气孔、砂眼、裂纹或加工失误的修复。固化后的材料硬度高、无收缩，可进行各类机械加工。综合性能好，与金属具有较高的结合强度；具有耐磨损、耐老化、防水、抗各种化学腐蚀等优异性能，同时可耐高温168℃。

本品是由多种合金材料和改性增韧耐热树脂进行复合得到的高性能聚合金属材料，适用于灰铁、球铁等铸造缺陷的修复及零件磨损、腐蚀、缩孔、气孔、砂眼、裂纹的修复与粘接，修复后颜色与基材一致，具有很高的强度及优异的耐磨抗蚀与耐老化特性，并可与基材一起进行各类机械加工。

（3）钢质修补剂性能与用途 钢质修补剂是双组分、胶泥状、室温固化高分子树脂胶。适用于多种钢件的缺陷修补，综合性能好，与机体结合强度高，颜色可保持与被修基体一致。固化后硬度高、无收缩，可进行各类机械加工。具有耐磨损、耐老化、耐油、防水、抗各种化学腐蚀等优异性能，同时可耐高温200℃。

本品由多种合金材料和改性增韧耐热树脂进行复合加工得到的高性能聚合金属材料，适用于各种碳钢、合金钢、不锈钢的修补，如铸造缺陷的填补及零件磨损、划伤、腐蚀、破裂的修复，修复后的颜色与修复前基材基本一致，具有优异的耐磨抗蚀与耐老化特性，并可与基材一起进行各类机械加工。

（4）铝质修补剂性能与用途 铝质修补剂是双组分、胶泥状、室温固化高分子树脂胶。适用于各种铝及铝合金磨损、腐蚀、破裂及铸造缺陷的修补。以铝为填充剂，颜色与铝铸件基本一致。综合性能好，固化后硬度高、无收缩，可进行各类机械加工。具有耐磨、耐老化、耐油、防水、抗各种化学腐蚀等优异性能，同时可耐高温168℃。

铝制修补剂由多种合金材料和改性增韧耐热树脂进行复合得到的高性能聚合金属材料，适用于各种铸铝件缺陷的修补及铝质零件磨损、划伤、腐蚀、破裂的修复，修复后颜色与基材具有一致性，具有很高的强度以及优异的耐磨抗蚀与耐老化特性，并可与基材一起进行各类机械加工。

（5）铜质修补剂性能与用途 铜质修补剂是双组分、胶泥状、室温固化高分子树脂胶。适用于各种青铜、黄铜件磨损、腐蚀、破裂及铸造缺陷的修补。以铜为填充剂，修补后颜色与铜铸件基本一致。综合性能好，固化后硬度高、无收缩，可进行各类机械加工。具有耐磨、耐老化、防水、抗各种化学腐蚀等优异性能，同时可耐175℃高温。

本品由多种合金材料和改性增韧耐热树脂进行复合得到的高性能聚合金属材料，适用于黄铜、青铜铸件和工艺铸造件磨损、腐蚀、破裂及缺陷的修补与再生，修复后颜色与基材基本一致，具有很高的强度及优异的耐磨抗蚀与耐老化特性，并可与基材一起进行各类机械加工。

（6）橡胶修补剂性能与用途 橡胶修补剂是双组分、黑色黏稠液体、室温固化无溶剂型聚醚胶黏剂。固化速度快，附着力好，强度高。固化后综合性能好，表面平滑、高强度、高韧性、耐磨损、耐介质、耐老化、操作方便。具有卓越的耐酸、耐碱、耐化学腐蚀性能。填充性好，无毒无味，修补后的使用效果好。

本品适用于钢芯、整芯和普通输送带纵横撕裂的拼接修补，以及输送带表面磨损、掉块、带边磨损、带面穿孔的修复和接头封口；聚氨酯复合管的修补，电缆、胶辊及其他橡胶制品的修补。

（7）减摩修补剂性能与用途 减摩修补剂是双组分、胶泥状、室温固化的高分子环氧胶。固化后无收缩，与基体结合强度高，以高性能超细减摩润滑材料为骨材，触变性好。修复后的涂层摩擦系数低并具有自润滑性，抗摩擦磨损性优异，几乎可消除导轨的爬行现象。

用于机床导轨、液压缸划伤、轴套、活塞杆等表面减摩涂层的制备及零件划伤、磨损的修复。

(8) 紧急修补剂性能与用途 紧急修补剂是双组分、膏状体、室温固化的高分子环氧胶。强度高，韧性好，固化速度快，常温5分钟固化，与基体结合强度高；表面处理要求低，可带油、带水施工。

紧急修补剂用于抢修设备的穿孔腐蚀、泄漏，可对紧急堵漏后的部件进行永久性补强。如抢修管路、密封盖板、暖气片、水箱、齿轮箱等设备因裂纹、穿孔、腐蚀引起泄漏后的紧急修复。

(9) 湿面修补剂性能与用途 湿面修补剂是双组分、胶泥状、室温固化的高分子环氧胶。固化速度快，与基体结合强度高；表面处理要求低，可带油、带水施工。

湿面修补剂主要用于潮湿环境或水中对破裂的箱体、管道、法兰、阀门、泵壳、船舶等潮湿工况下进行堵漏、修复。

(10) 油面紧急修补剂性能与用途 油面紧急修补剂是双组分、流淌体、室温固化的高分子胶。固化速度快，与基体结合强度高；表面处理要求低，可带油、带水施工；可在轻微油渍表面进行直接粘接，修复设备的渗漏油部位；也可用于金属、陶瓷、塑料、木材的自粘和互粘。

油面紧急修补剂适用于修复变压器、油箱、油罐、油管、法兰盘、变压器散热片等设备的渗油、泄漏。也可用于汽车塑料面板、灯具、电器壳体、电梯、电机等工业产品的粘接组装。

(11) 耐腐蚀修补剂性能与用途 耐腐蚀修补剂是双组分、半流体、室温固化的高分子环氧胶。耐化学介质广泛，耐化学腐蚀性能优良；抗冲击性能好，与金属结合强度高；长期浸泡不脱落，抗冲蚀、气蚀性能好，固化后无收缩；用于修复遭受腐蚀机件，可做大面积预保护涂层。

适用于电力、冶金、石化等行业遭受腐蚀的泵、阀、管道、热交换器端板、贮槽、油罐、反应釜的修复及其表面防腐涂层的制备，可做大面积预保护涂层。

(12) 耐磨修补剂性能与用途 耐磨修补剂是双组分、胶泥状、室温固化的高分子环氧胶。由各类高性能耐磨、抗蚀材料（如陶瓷、碳化硅、金刚砂、钛合金）与改性增韧耐热树脂进行复合得到的高性能耐磨抗蚀聚合陶瓷材料；与各类金属基材有很高的结合强度；施工工艺性好、固化无收缩；固化后的材料有很高强度，可进行各类机械加工。

耐磨修补剂可精确修复摩擦磨损失效的轴径、轴孔、轴承座等零件；修复后的涂层耐磨性是中碳钢表面淬火的2～3倍。

(13) 高温修补剂性能与用途

超高温修补剂是以无机陶瓷材料和改性固化剂组成的双组分耐1730℃高温胶黏剂。能够满足一般胶黏剂无法解决的高温设备的密封、填补、涂层、修补和粘接等难题。固化后无收缩，具有优异的耐超高温、阻燃、耐磨、耐老化、耐油、耐酸碱、导热等性能。不耐沸水，耐温可达1730℃。

1730℃超高温修补剂应用于高温工况下工作的设备金属部件的粘接和灌封。也可以做耐磨和抗氧化涂层，如高温铸件、破损或断裂的耐酸罐、钢锭模等设备凹陷的填充和修复，以及燃烧器点火装置、钢水测温探头的灌封等。

13.2.3　高分子合金修补剂使用方法

(1) 修复表面处理　除去基体表面松动物质，采用喷砂、电砂轮、钢丝刷或粗砂纸等方式打磨，提高修复表面的粗糙度，使用丙酮或专用清洗剂擦拭，以清洁接着表面。

(2) 产品选用及调配

① 根据设备不同的运行温度、压力、设备材质、化学介质、停机时间、现场环境等因素，选用不同的高分子合金修补剂。

② 高分子合金修补剂是由A、B双组分组成，使用时严格按规定的配比将主剂A和固化剂B充分混合至颜色均匀一致，并在规定的可使用时间内用完，剩余的胶不可再用。

(3) 涂抹施工　将混合好的修补剂涂抹在经处理过的基体表面，涂抹时应用力均匀，反复按压，保证材料与基体表面充分接触，以达到最佳效果。需多层涂胶时，需对原涂胶表面进行处理后再涂抹。并注意以下几点。

① 下雨，下雪，下雾请勿施工；

② 金属表面潮湿或有可能产生凝结请勿施工；

③ 根据现场环境（温度、湿度、压力等），选择适宜的施工方法；

④ 涂抹要均匀，彻底，以保证涂层质量；

⑤ 在操作时限内完成涂抹工作；

(4) 涂抹效果检查

① 在涂抹施工结束后，立即检查是否有气泡、穿孔或疏漏的地

方。如果有立即涂抹补上。

② 一旦完成施工和涂层变硬后，彻底检查一遍以确保无气泡穿孔和疏漏或机械损伤。

③ 当用湿海绵法检测涂层质量时，湿海绵应当在表面上多次往复测试以保证基体表面完全湿润。

④ 可使用电火花测试方法确定涂层的均匀程度。

(5) 修补剂固化　涂层固化时间与涂层表面温度成正比，涂层表面温度越高，固化时间越短，相反则越长；在低于气温 25℃时可适当延长固化时间，当气温低于 15℃时，采用适当的热源进行加热(红外线、电炉等)，但加热时不可以直接接触修补部位，正确操作是热源离修补表面 40cm 以上，60～80℃保持 2～3 小时。

13.2.4　高分子合金修补剂应用领域

(1) 修补气孔、砂眼　将气孔、砂眼里面用锉刀将疏松的材质除去，用丙酮清洗，涂胶底层要充分浸润，填满压实，如果虚填气孔，极易短期内脱落，待金属修补剂固化后进行各种机加工。

(2) 修补导轨划伤、油缸拉毛　导轨划伤修复尺寸，深度为 2mm 以上，宽度应在 2mm 以上，底部应粗略清洗后，用汽油喷灯过火 2～3 秒清除渗在毛细孔内的油迹，再进行精细清洗，再涂敷减摩修补剂，底层充分浸润填满压实，略高台面 0.3～0.4mm 以备加工，固化后用油石细研，严禁用刮刀刮研。

(3) 修补轴、轴键、轴座　应用车床将轴车出螺纹状，轴径应大于 13mm 以上。反复清洗干净后，将搅拌好的耐磨修补剂涂敷于表面与底部，并反复浸润填满，用手沾丙酮快速压实，排出气孔，留出加工量，厚度 1～2mm，8 小时以后上车床切削加工，切削速度不宜大于 0.3mm/s，进给量 0.05～0.2mm，切削精度粗切 0.5～1mm，精切 0.1～0.2mm。

(4) 带压堵漏　大于 3～5kg 压力时可采用夹板堵漏式修复，做一块 5mm 厚的钢板，外形尺寸以漏点调整大小，将钢板之中钻一螺纹孔，并备同一尺寸螺钉，钢板上涂上紧急修补剂，对准漏点与钢板中相等距离一次接上，保证漏点全部由此排出介质，等钢板与基体固化后，在螺钉上涂敷修补剂，快速拧进即可。

(5) 修复热交换器　将热交换器腐蚀点清洗、喷砂、打磨，将耐腐蚀修补剂填满压入刮涂平整，8 小时固化后，取出塞子进一步用修补剂将整体端板、板槽、挡板、连同首次修复一并涂敷即可。

13.3 断丝取出技术

螺柱（螺栓、螺杆、螺钉）由于锈蚀或拆装时用力过大等原因，都可能被扭断，尤其是在通用机械等装备上作为固定或连接用的螺柱（螺栓、螺杆、螺钉）更易发生扭断，使一部分螺柱残留于基体内不易取出而影响设备的正常工作。

13.3.1 断丝取出器工作原理

利用插入断丝体内带有左旋圆锥螺纹特制丝锥，通过强力逆时针左旋断丝取出器，产生越拧越紧的效果，迫使右旋断丝与断丝取出器同时旋转，实现快速取出断丝的目的。左旋断丝则应用选择右旋断丝取出器。

目前断丝取出器市场上已有销售，主要有一组钻头、取出器体、铰手架、钻套等组成，并设置在一个便携式工具箱内。其中钻头即为普通的麻花钻头，用于在断头螺栓的中心钻孔，断丝取出器是一种由合金工具钢制造并经热处理工艺制成的左旋圆锥形丝锥。供手工取出断裂在机器、设备里面的六角头螺栓、双头螺柱、内六角螺钉等之用。快捷方便实用。

13.3.2 使用方法

① 首先根据被折断的螺栓直径选取合适的钻头，选择的原则是钻头的直径与断丝取出器的最细端相仿。如表13-2所示。

② 在螺栓断面上钻孔。这个步骤是取断丝的关键，如有可能，应在螺栓断面上打上中心样冲孔，然后将加工好的钻头装到手电钻上卡紧，将钻头顶住螺栓断面的中间，保持钻头竖直，避免钻头偏移中间位置，如钻头偏移太多，钻孔后会伤到轮毂上的螺纹。一手握住电钻手柄，一手从手电钻后部按压。开始时手电钻的速度不要太快，钻速太快容易使钻头偏移。按压的力度也不要太大。待钻头在螺栓断面上钻入一定深度，钻头不会偏移了，拿起手电钻，观察钻孔的位置是否偏移过大，如偏移过大需要重新定位。如钻孔位置合适，将钻头伸入顶住刚才钻的位置上继续将钻孔打深。这时钻头不会偏移，可以逐渐加快钻速，同时按压手电钻的力度可以随之加大。钻孔深大约8～

10mm 即可。用小形磁体将将孔内的铁屑吸出，或压缩风力吹出。

表 13-2 断丝取出器适用螺栓规格及选用钻头表

取出器规格（号码）	主要尺寸/mm			适用螺栓规格(外径)		选用麻花钻规格(直径)/mm
	直径		全长	米制/mm	英制/in	
	小端	大端				
1	1.6	3.2	50	4～6	3/16～1/4	2
2	2.4	5.2	60	6～8	1/4～5/16	3
3	3.2	6.3	68	8～10	5/16～7/16	4
4	4.8	8.7	76	10～14	7/16～9/16	6.5
5	6.3	11	85	14～18	9/16～3/4	7
6	9.5	15	95	18～24	3/4～1	10

③ 断丝取出器插入钻好的孔内，用锤子敲击断丝取出器尾部，使其与断裂螺栓初步咬合，用扳手旋动断丝取出器带动断裂螺栓将其取出。如用锤子敲击后断丝取出器不能与断裂螺栓充分咬合，说明钻的孔不够深，或是选择的断丝取出器与钻头不匹配。重新选择匹配的断丝取出器。如旋出过程中阻力很大，可以用锤子用力敲击断丝取出器尾端两三下后再继续用扳手旋动。不要用蛮力，那样有可能将断丝取出器拧断。如图 13-17 所示。

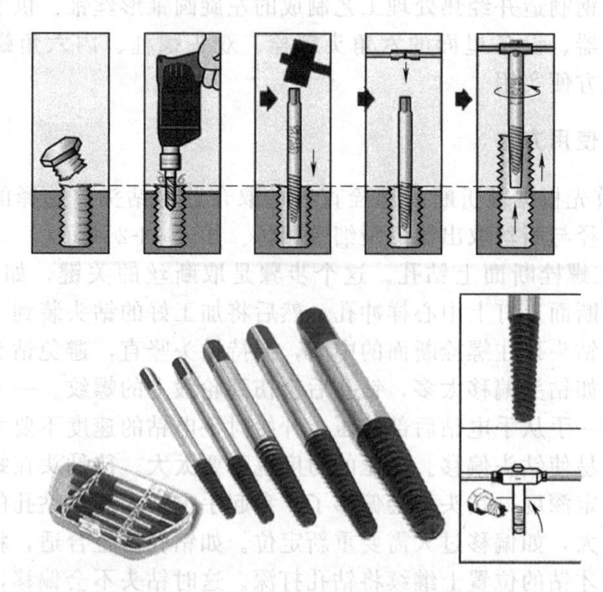

图 13-17 断丝取出器及使用方法示意图

13.3.3 使用注意事项

断丝取出器常出现取出器体折断、崩刃等失效现象，为此注意在旋转取出器体取出折断螺栓时严禁用力过猛，以防取出器体被折断。受其工作条件限制，取出器体的直径较小（特别是小号的断丝取出器），带有沟槽，易产生应力集中，所以无法承受较大的扭矩。因此在取出折断螺栓作业时，若发现转动取出器体的阻力较大，切不可强攻，而应智取，首先要找出原因，一般是由于锈蚀严重所致，应采取松动剂浸润或震动等方法，去除锈蚀阻力，然后再取出折断螺栓。取出断丝如图13-18所示。

图13-18 取出断丝实物图

13.4 压力容器、压力管道在线机械加工修复技术

利用便捷式机械加工机器对生产现场出现的设备法兰密封面、圆孔、平面出现的、发生的缺陷，进行法兰密封面加工，镗孔加工，平面铣削等现场机械加工，恢复元件使用功能的一种在线修复新技术。由于是在生产现场直接对缺陷元件进行修复，不必更新设备或拆除设备后运达专业加工厂进行加工修复，因此可以有效缩短设备检修时间、节省了人力资源、极大地降低了检修成本。

13.4.1 在线机械加工修复技术原理

在生产现场利用便捷式机械加工机器对坏损的生产设备元件表面切除缺陷材料部分，使之达到规定的修复几何形状、尺寸精度和表面质量要求的一种加工方法。

13.4.2 现场密封面加工

(1) 适用范围　各种管道、容器、压力罐、锅炉、加氢反应器等设备上的法兰端面、内孔、外圆、凸面凹槽（RF、RTJ、M、F等）、椭圆面等多种形式的密封面车削加工，并可加工大型压力容器的法兰、阀座、压缩机用法兰、换热器封头等。

（2）技术参数　法兰加工直径范围：ϕ0～6000mm；表面粗糙度：Ra3.2μm，精加工可达Ra1.6μm；精度：±0.03mm。

（3）加工设备特性

① 模块化设计，操作方便，易于安装、拆卸；

② 刀架在360°范围内可作任意角度调整；

③ 独立的内、外卡固定系统使对中更精确；

④ 预载制动系统可以使得间歇切割平衡；

⑤ 速变三速变速箱为全程切割输出最适宜的速度；

⑥ 强大可逆的动力使得切削更平衡；

⑦ 持续切割速度上升或下降时有反向平衡；

⑧ 水平、垂直、倒置安装均可，稳定性好；

⑨ 配有二套底盘安装，适用于不同的管径；

⑩ 平衡起吊环便于搬运；

⑪ 三种动力系统供选用：伺服电机、气动马达、液压马达；

⑫ 配备远程电路控制系统，操作方便、安全系数高。密封面加工设备结构及现场加工应用如图13-19所示。

图13-19　密封面加工设备结构及现场加工应用

13.4.3　现场铣削加工

（1）适用范围　消除磨损部位，去除焊缝以及恢复设备表面，在现场复杂的工况条件下进行平面、凸凹槽、方形法兰面以及各种直线密封槽、模具T型槽、倒角面加工，主要用于换热器、泵和电机、起重机的衬垫、底座、舱门盖、凹槽、凸台接合面、轴和防护罩键槽的加工，也可以用于各种滑动轨道系统的加工；在轴、平板以及管件上加工键槽、条形孔、通孔处加工键槽，也可以加工轴端、轴中的键槽以及加工大型管道内孔键槽。

（2）技术参数 XY铣削平面：泵、压缩机、电机底座等最大尺寸2000mm×4000mm；键槽：如热交换器管板分区槽最长尺寸2032mm。

（3）加工设备特性

① 分体组装式结构，便于现场安装、拆卸；

② 重负荷线性导轨、双滚珠丝杠保证了走刀的精度；

③ 强大可逆的动力使得切削更平衡；

④ 精确的燕尾槽和可调导轨使得调节平滑精确；

⑤ X、Y二方向自动进给，垂直方向手动进给；

⑥ 加工精度高，单位平方米平面度可达0.02mm；

⑦ 加工范围广，铣削宽度可达5000mm；

⑧ 安装方便，可水平安装、垂直安装、倒置安装；

⑨ 可配备磁力底座，适用于特殊工作条件，稳定性高；

⑩ 三种动力系统供选择：气马达、马电达、液压马达。便携式铣床结构及现场加工应用如图13-20所示。

图13-20 便携式铣床结构及现场加工应用

13.4.4 现场镗孔

（1）适用范围 主要用于管道内孔的加工，各种机械部件上的回转孔、轴削孔、安装固定孔的加工及修复；适用于挖掘机、起重机等重型机械上的挖斗、主臂上的轴削孔、同心孔磨损后的修复，泵体、阀体、阀座、涡轮机组以及船艄舵系孔、轴孔、舵叶孔等加工；现场的钻孔、扩孔、孔修复（补焊后加工）、攻丝，水平镗孔、垂直镗孔、直线镗孔、锥度镗孔、断头螺栓取出等。

（2）技术参数 镗孔直径范围：ϕ45～1000mm，最大深度

5000mm；表面粗糙度：$Ra3.2\mu m$，精加工抛光可达 $Ra1.6\mu m$。

(3) 加工设备特性

① 整机部件采用模块设计，可在现场快捷安装、拆卸；

② 高强度合金结构钢镗杆，强度高，不易变形；

③ 可水平镗孔、垂直镗孔、端面铣削；

④ 恒扭矩动力，切削量大，单边切削量最大可达到8mm。动力系统有电马达、气马达、液压马达；

⑤ 具有微调功能的镗刀座，可调整进刀量，轴向、径向切削平衡，无振动；

⑥ 可配备端面铣装置，加工管道的密封面、V形槽等；

⑦ 加工精度高，表面粗糙度可达 $Ra1.6\mu m$；

⑧ 具有快速退刀系统，操作方便、快捷；

⑨ 多种形式支撑固定装置满足了不同工作环境的需要，有单臂支撑、十字支撑、丁字支撑、一字支撑、落地支撑、中心支撑、轴端保护支撑可供选择；

⑩ 配备远程电路控制系统，操作方便、安全系数高。便携式镗孔机结构及现场加工应用如图13-21所示。

图 13-21 携式镗孔机结构及现场加工应用

13.4.5 现场轴颈加工

(1) 适用范围 旧轴颈、已破损轴颈的重新改造、轴焊接与表面修复、轴套安装、轴承位修复。

(2) 技术参数 加工轴直径范围为 $\phi150mm \sim 825.5mm$。

(3) 加工设备特性 即使旋转臂在最远的距离，高速旋转臂及反向平衡体也提供了平滑的旋转和最小的振动。标准形式工具头提供了精确的深度调整，自动轴向进给可在 0～0.635mm 内变化。

可调整的工具头和圆形刀头可以使工具快速定位，精确旋转，安装在轴端，仅需拆除齿轮或轴承就可以露出轴端进行加工。即使轴面不是方形，调整螺钉也可达到精确对心和对中。轴颈车床结构及现场加工应用如图 13-22 所示。

图 13-22 轴颈车床结构及现场加工应用

13.4.6 现场厚壁管道切割坡口

(1) 适用范围 分裂式框架设计冷管道切割坡口机可用来割断厚壁管道。还可以进行各种坡口的切割；用于各种焊接筹备阶段的修坡口坡度修改，切管和坡口加工可同时进行。

(2) 技术参数 可切割范围为 60.3mm (2in)～1524mm (60in) 的碳钢、不锈钢、球墨铸铁、铸铁及大部分合金材料。甚至直径达 100m 的油罐都可以切割和坡口。

(3) 加工设备特性

① 由气动或者液压驱动，它可以在管子水平或者垂直方向作业，可以在壕沟和 180m 深水下作业。

② 切割方式。该铣削切割机/坡口机可以切下 75mm 的金属，而且不改变机加工表面的物理性能，此方法有利于现场工地的截面切割。

③ 精度高。一般情况下，端面垂直度在 1/16in 范围内。如果使用导轨附件可将加工精度保持在 0.005mm 以内。采用导轨和特殊导轨轮可在零能见度下进行垂直切割、水下切割及多道切割。

④ 安全防爆的冷割。切割机在易爆的环境下可以在天然气、原油及燃料管上作业，它曾经用于切割导弹燃料系统。

⑤ 快速、可靠。一分钟完成切割一个 1in 壁厚的管道。当然切割之间随管子的壁厚及合金的坚硬程度而相应变化。该机结构坚固，寿命可达 10～20 年。

⑥ 安装简单。它所需要的径向占空高度为 10～12in，安装时间不到 10 分钟。将可调节的驱动链条连接起来并扣紧在管道上，便可开动机器。

⑦ 切断同时可以加工沟槽。把切割刀和开槽刀安装在一起，就可以一次完成上述作业。

海上管道维护：液压型的切割机采用全封闭液压系统，特别适合恶劣环境（风沙、污泥、水下）工作。适合海上钻井、铺管及各种水上安装工程。

⑧ 抗腐蚀。使用不锈钢螺丝、特殊轴承、铅封及锌层等附件，可防止盐水作业下的腐蚀。切割坡口机结构及现场加工应用如图 13-23所示。

图 13-23 切割坡口机结构及现场加工应用

13.5 压力容器、压力管道带压开孔及封堵技术

带压开孔及封堵技术是在设备、管道堵塞或某些管道损坏，甚至断裂，严重影响介质输送的情况下，在设备、管道完好的部位和段落带压开孔，并封堵损坏的管道，在新开孔部位架设新管道输送介质。当损坏的设备、管段更换或检修完成后，再恢复原来的设备、管道输

送介质。

13.5.1　带压开孔及封堵技术国家现行标准

目前我国现行的标准是 GB/T 28055—2011《钢质管道带压封堵技术规范》。

本标准规定了管道带压开孔、封堵作业的技术要求。本标准适用于钢质油气输送管道带压开孔作业及塞式、折叠式、筒式、囊式等封堵作业（其他介质参照执行）。

13.5.2　术语和定义

① 带压开孔。在管道无介质外泄的状态下，以机械切削方式在管道上加工出圆形孔的一种作业。

② 封堵头。由机械转动部分和密封部分组成，用于阻止管道内介质流动的装置，分为悬挂式、折叠式、筒式封堵头。

③ 封堵。从开孔处将封堵头送入管道并密封管道，从而阻止管道内介质流动的一种作业。

④ 对开三通。用于管道开孔、封堵作业，法兰部位带有塞堵和卡环机构的全包围式特制三通，分为封堵三通和旁通三通。

⑤ 塞堵。置于对开三通的法兰孔内，带有 O 形密封圈、单向阀和卡环槽的圆柱体。

⑥ 卡环机构。置于对开三通的法兰内，用于固定，限制塞堵的可伸缩机构。

⑦ 夹板阀。在开孔、封堵作业中，用于连接三通与开孔及封堵装置的专用阀门。

⑧ 开孔结合器。容纳开孔刀具、塞堵，用于夹板阀和开孔机之间密闭连接的装置。

⑨ 封堵结合器。容纳封堵头，用于夹板阀和封堵器之间密闭连接的装置。

⑩ 筒刀。一端带有多个刀齿，另一端与开孔机相连的圆筒形铣刀。

⑪ 中心钻。安装有 U 形卡环，用于定位、导向和取出鞍形切板，辅助筒刀开孔的钻头。

⑫ 刀具结合器。将开孔机和刀具连接起来的装置。

⑬ 塞堵结合器（下堵器）。将开孔机和塞堵连接起来的装置。

13.5.3 带压开孔

13.5.3.1 概述

带压开孔是在管道无介质外泄的状态下，以机械切削方式在管道上加工出圆形孔的一种作业。其过程如图 13-24 所示。技术参数如表 13-3 所示。

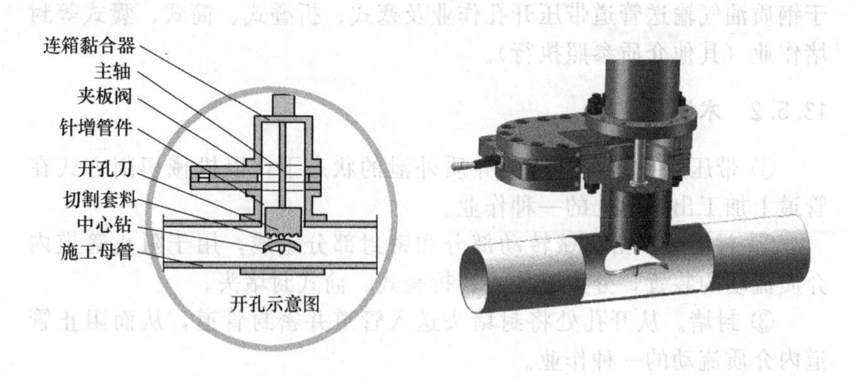

图 13-24 带压开孔过程示意图

表 13-3 带压开孔技术参数

带压开孔	用途	用于管道不停输带压开孔
	规格	ϕ60～323mm
	适用压力	0～10MPa
	适用温度	－30～330℃
	适用管材	碳钢管、锰钢管、不锈钢管、灰口、球墨铸铁管、PVC 管、预应力管、西气东输系列管材
	开孔方式	手动或液压（可另配液压动力头）

13.5.3.2 工作原理

不停输带压开孔机是在密封的条件下，对不停输的工业管道带压进行钻孔定心，套料开孔，实现工业管道不停输带压开孔。其特点如下：

① 在工业管道正常输送的情况下，带压施工，无需停输。

② 在转速范围内，保持恒扭矩输出。

③ 无级变速，调节方便。

④ 广泛适用于石油、化工、供气、供水等各种管线维修施工。

13.5.3.3　基本参数

开孔机基本参数如表13-4所示。

表13-4　开孔机参数

参数 型号	开孔范围/mm	主轴行程/mm	主轴转速/(r/min)	切削进给量/(mm/r)	液压站工作压力/MPa	工作流量/(L/min)
SKKJ100	DN80～DN300	650	手动	3mm/min	—	—
KKJ300	DN80～DN300	1000	10～26	0.099	7	54～108

13.5.3.4　工艺要求与使用规定

① 带压开孔的操作人员在工作之前，必须认真阅读使用说明，掌握带压开孔机的基本结构和工作原理及工艺要求。

② 施工人员在施工前应确切地知道不停输管道内的工作介质压力，不大于10MPa，温度不超过280℃。

③ 对于易燃易爆管线施工前应对不停输管道开孔接管部位进行管壁超声波测厚，挡开孔部位管壁管厚＜4mm时，不允许使用底开焊接三通或焊接短节，以免焊穿造成恶性事故，只允许使用机械连接底开三通。

④ 工业管道不停输带压开孔接管配件，底开焊接三通，焊接短节。机械连接底开三通等，均应使用生产厂家的定型合格产品，不允许在现场临时割制。

⑤ 在不停输工业管道开孔接管部位装上底开三通或短节，再装上阀后，应按不停输工业管道工作压力进行压力试验，并在试验压力下保压10～20分钟，不允许泄漏降压。进行密封检验合格后，方可安装开孔机进行施工。

⑥ 开孔机安装完毕后，应保证闸阀开关自由，注意刀具不允许阻碍阀门的自由开关否则不允许施工。

⑦ 开孔机主轴的切削转速应按接管公称尺寸大小确定，不要随意提高主轴切削转速。

13.5.3.5　操作规程简述

(1) 准备阶段

① 认真了解计算机不停输工业管道内工作介质的性质、工作压力、温度，符合本工艺要求与使用规定，方可准备施工。

② 在开孔的管段上，有保温层的，应扒开保温层，彻底清除底开三通或短节安装部位管道上的脏物，锈皮和管道防腐层。

(2) 安装三通或短节

① 使用焊接型配件(焊接型底开三通或焊接短节),应首先对停输管道焊接部位进行超声波测厚,管壁厚度大于4mm时,方可进行焊接零件安装;当管壁厚度小于4mm时,只允许使用机械连接底开三通。

② 把底开焊接三通装在管道上,大多数情况下尤其在大口径管道上,很有必要垫起下半部分三通,然后再把上半部分三通装上,调对刻在上下两半三通上的标记,以保证三通上下部准确的对中,上下两端保持足够的间隙,然后电焊四角,这样三通能够自由转动,以便于对正。

③ 焊接底开三通上下两部分的纵向焊缝,开始管道与三通之间不焊接,三通可以自由转动,这样在环向焊接时,便于三通在管道上水平调整。

④ 把三通固定于所要求的部位,把两端满焊。

⑤ 安装焊接短节配件应垂直安装并焊接到管道上,要求满焊。

(3) 压力试验

① 使用焊接型配件在焊缝完全冷却后,使用机械连接底开三通配件在螺栓全部拧紧后,在端法兰上放好垫圈,并把盲板用螺栓紧在上面,卸下试压丝堵,安上软管,进行水压试验,合格后卸下软管和盲板。

② 用无油、干燥的压缩空气吹扫试压后的配件内腔,把水分、杂质吹扫干净。

(4) 闸阀安装

① 把试压合格的闸阀安装到三通上端的法兰上。

② 旋转闸阀手轮,记录全开到全封闭手轮转数,把闸阀旋到全开状态。

③ 测量闸阀端法兰垫圈上平面到开口管壁凸点的垂直距高,并做好记录。

(5) 开孔安装

① 按接管公称尺寸选择接合器,并用螺栓将接合器与开孔机机体连接在一起,要求密封良好,连接紧固。

② 按开孔公称尺寸选择定心钻和套料刀,并安装到开孔机的刀柄上。然后将刀具摇进接合器内,定心钻和套料刀均不许露出在接合器外面。

③ 测量定心钻头尖到接合器平面的距离，并做好记录。

④ 将开孔机和接合器吊起，安装到闸阀端法兰上，旋转闸阀手轮，应保证闸阀关闭自由，不应有任何卡阻现象。

⑤ 拧紧接合器与闸阀的连接螺钉。从标尺上记下刀具在最高位置的标记高度 H，并记录好。

⑥ 将接合器的压力平衡接管与不停输管线接通，以平衡刀具在工作时的压力差，拧松排空螺塞直到有压力液、气体介质溢出为止。

(6) 开孔作业

① 将开孔机主机各润滑油口加注润滑油 L-AN15-22。

② 计算快速进给行程，并按操作手册要求进行。

③ 首先波动进给手柄，实现进给运动。启动电动机，主轴旋转开始切削工作，标尺一直进给到标记 E 点，完成切削开孔工作，关闭电动机，拔离进刀离合器，手动退出刀具至接离合器内。

④ 在定心钻孔和套料切削过程中，应仔细观察，若发现有异常情况，应立即停止切削并关机。若定心钻带料卡簧未到孔壁下端情况下可摇动退刀手柄，使刀具退到最高位置，然后关闭闸阀，卸下开孔机，检查产生异常的原因，排除故障后，方可再次装机施工。若定心钻带料卡簧通过孔壁下边则强制切断卡簧，退出刀具，检查处理故障后再装机施工。

(7) 停机

① 完成进刀切削开孔后，应立即顺时针摇动退刀，则使刀具退到最高位置，关闭闸阀，关闭平衡闸阀，卸下压力平衡管。

② 松开接合器与闸阀的连接螺栓，卸掉开孔机。然后取下定心钻上下簧，取下料片，卸下定心钻和套料刀，清擦干净保存。卸下接合器与刀柄，清擦干净保存；主轴装上保护罩。完成开孔作业。

(8) 维护与保养

① 主机齿轮箱内装 HL20-30（冬 20、夏 30）齿轮油，初试运行 150 小时后更换一次，以后每运行 800 小时更换一次。

② 主机每次使用前各润滑油口加足润滑油。

③ 工作一段时间后，要注意检查，各连接螺栓是否松动，并拧紧防止松动。

13.5.4 带压封堵

带压封堵是从带压开孔处将封堵头送入管道并密封管道，从而阻止管道内介质流动的一种作业。封堵成功后可安装旁路管道，对减薄管段进行切断、改路、更换新管或换阀；对管段进行修复或改造完毕后，安装塞柄封住三通法兰口，安装盲板。其过程如图 13-25～图 13-27 所示。技术参数如表 13-5 所示。

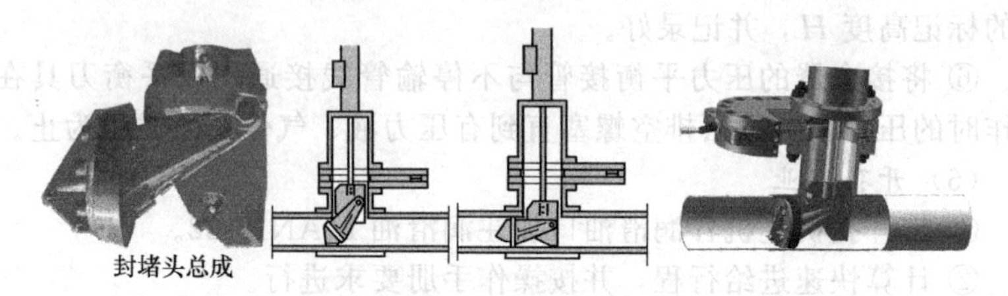

图 13-25 带压封堵过程示意图（1）

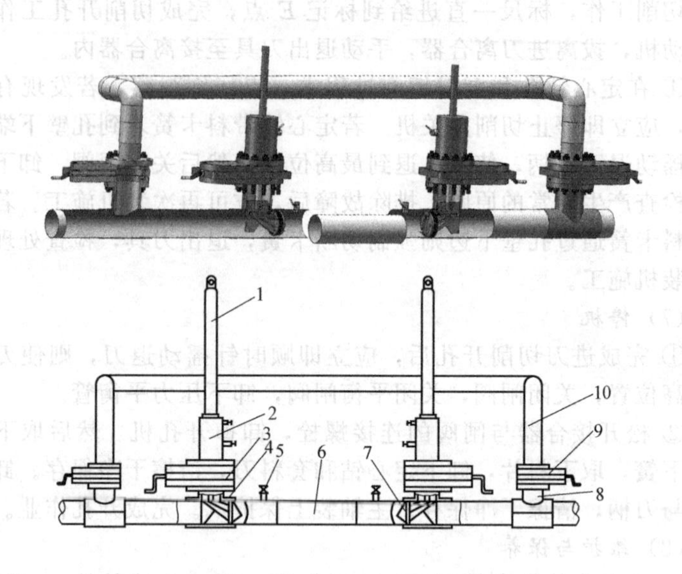

图 13-26 带压封堵过程示意图（2）

1—封堵器；2—封堵结合器；3—封堵夹板阀；4—封堵三通；5—压力平衡短节；6—DN50 放油孔；7—封堵头；8—旁通三通；9—旁通夹板阀；10—旁通管道

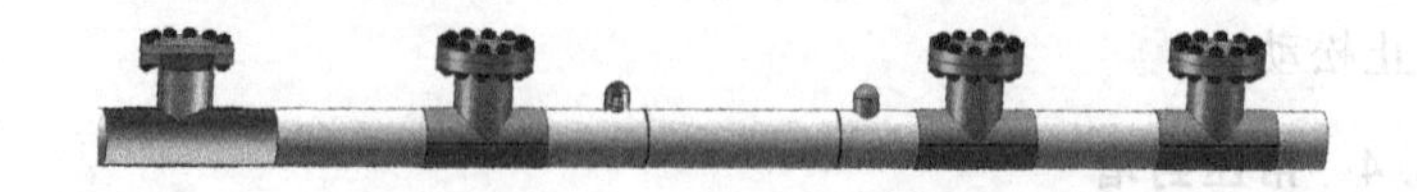

图 13-27 带压封堵过程示意图（3）

表 13-5 带压封堵技术参数

带压封堵	用途	用于高温高压的各种介质管道带压封堵
	规格	ϕ60～323
	适用压力	0～6.4MPa
	适用温度	－30～280℃
	适用介质	水、水蒸气、石油、成品油、天然气、煤气等几乎所有介质
	特殊要求	高温高压、合金材质、不锈钢材质等特殊工艺的专项开孔封堵

13.5.5 产品用途及适用范围介绍

（1）用途　开孔机是在输送不同介质压力管道上，做不停输带压开孔的专用施工机具。用于管道带压分支线开孔、接旁通开孔、管道封堵前的开孔、做阀门两侧的压力平衡开孔、在管道上置入检测器开孔和注入介质开孔等。

（2）适用管道　用于石油、石化、成品油、水汽、天然气、城市燃气及多种气、液管道等。

（3）适用管材

① 金属类：钢管、合金管、（铬钢管、锰钢管）不锈钢管、铸铁、球墨铸铁灯管材。

② 有色金属类：紫铜管、黄铜管、铝合金管。

③ 其他：复合管、塑料管灯。

13.5.6 应用实例

① 江苏沙钢 DN1600 带压开孔现场图片（图 13-28）。

图 13-28　沙钢 DN1600 带压开孔

② DN2000 煤气管道带压开孔现场图片（图 13-29）。

图 13-29 DN2000 煤气管道带压开孔

③ DN250 天然气管道开孔封堵现场图片（图 13-30）。

图 13-30 DN250 天然气管道开孔封堵

④ 生产现场开孔封堵现场图片（图 13-31）。

图 13-31 生产现场开孔封堵

13.6　压力容器、压力管道碳纤维复合材料修复技术

碳纤维复合材料（CFRP）修复技术主要是利用碳纤维复合材料的高强度特性，采用黏结树脂在缺陷管道上缠绕一定厚度的纤维层，树脂固化后与管道结成一体，从而恢复缺陷管道的强度。由于碳纤维复合材料修复具有不需动火焊接、工艺简单、施工迅速、操作安全、可实现不停输修复，并且成本相对较低等优势，已被管道行业普遍接受。1997 年，国外成功地将碳纤维复合材料修复技术应用在埋地钢质管道上。

13.6.1　碳纤维复合材料修复技术原理

使用填平树脂对设备缺陷进行填平修复，再利用碳纤维材料在纤维方向上具有高强度的特性，配合专用黏结剂在服役设备外包覆一层复合材料修复层，补强层固化后，与设备形成一体，代替设备材料承载内部压力，恢复含缺陷设备的服役强度，从而达到恢复甚至超过设备设计运行压力的目的。如图 13-32 所示。

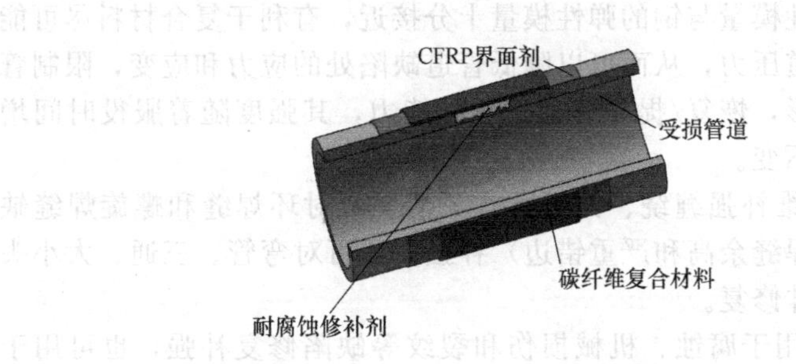

图 13-32　碳纤维复合材料修复技术原理示意图

13.6.2　施工材料及主要用途

① 高强度碳纤维。碳纤维具有极高的弹性模量与拉伸强度，从而提高待修补部位的承压能力和材料强度。

② 碳纤维浸渍胶。双组分高性能改性热固性聚合物。用于碳纤维布与待修补部位的紧密粘接，同时使碳纤维材料均匀受力

③ 耐腐蚀修补剂。为双组分修补剂，固化后具有很高的强度和模量，耐腐蚀、收缩小。用于修补由于机械损伤或腐蚀而造成的待修补部位的缺陷

④ CFRP 界面剂。为双组分界面剂，可提高待修补部位与碳纤维材料的粘接强度，均匀传递载荷，防止电化学腐蚀的发生。

⑤ 快速固化抗紫外线树脂。耐紫外线照射，抗腐蚀性能好，快速固化，适用于暴露在日光下的管道结构，适用于各种形状的管道结构。

⑥ 聚乙烯胶粘带。适用于较规则的管道结构。使用标准：SY/T 0414—2007《钢质管道聚乙烯胶粘带防腐层技术标准》

⑦ 抗老化防腐涂料。与碳纤维复合材料结合性能好，耐腐蚀和抗老化性能好，适用于无法用聚乙烯胶粘带进行防腐的不规则形状的结构。

13.6.3 碳纤维复合材料修复技术特点

① 免焊不动火，可在管道带压运行状态下修复，安全可靠。

② 施工简便快捷，操作时间短（常温下复合材料可在两小时内固化）。

③ 碳纤维复合材料具有高弹性模量、高抗拉强度、高抗蠕变性，且碳纤维弹性模量与钢的弹性模量十分接近，有利于复合材料尽可能多地承载管道压力，从而可以降低管道缺陷处的应力和应变，限制管道的膨胀变形，恢复/提高管道的承压能力，其强度随着服役时间增加基本保持不变。

④ 碳纤维补强缠绕、铺设方式灵活。可对环焊缝和螺旋焊缝缺陷（包括高焊缝余高和严重错边）补强；还可对弯管、三通、大小头等不规则管件修复。

⑤ 可以用于腐蚀、机械损伤和裂纹等缺陷修复补强，也可用于整个管段的提压增强处理，应用范围广。

⑥ 耐腐蚀性能优异，能够耐受各种介质，与各种材质粘接性能好，永久性修复，设计寿命长达 50 年。

⑦ 碳纤维复合材料补强层厚度小，方便后续的保温和防腐处理。

13.6.4 碳纤维复合材料修复工艺及实例

(1) 管道表面处理　通过对管道进行喷砂除锈、机械或手工打磨除锈，使管道表面达到 St 3 级标准。如图 13-33 所示。

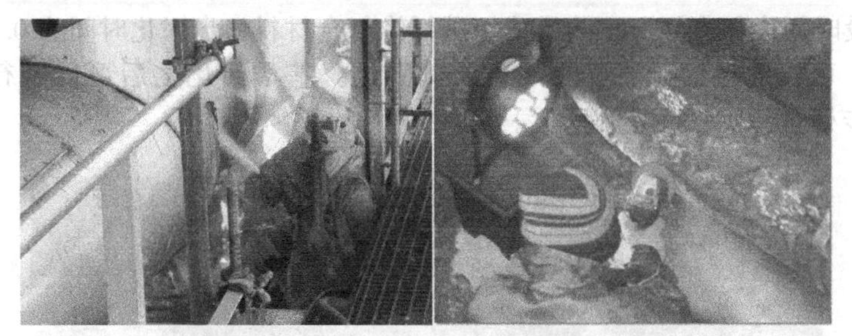

图 13-33 管道表面喷砂与打磨除锈处理

（2）管道缺陷修补 使用专用修补剂将管道表面缺陷处填平；或在进行带压堵漏作业后将待修补部位抹平。如图 13-34 所示。

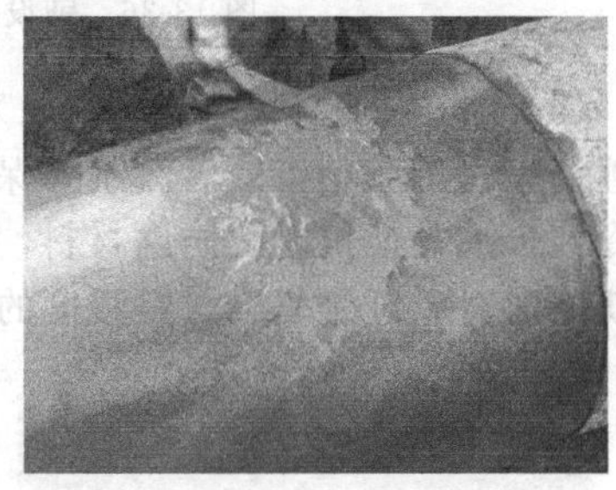

图 13-34 管道缺陷修补处理

（3）涂刷 CFRP 界面剂 在管道外表面涂刷 CFRP 界面剂，涂抹均匀之后即可进行下一步操作。界面剂和碳纤维浸渍胶的固化速度基本相同。如图 13-35 所示。

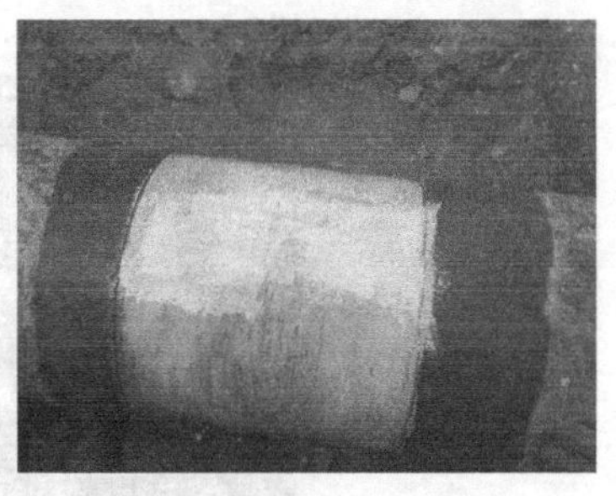

图 13-35 管道外表面涂刷 CFRP 界面剂

（4）铺设碳纤维复合材料 采用湿铺工艺铺设碳纤维复合材料，

铺设时间大概在30min内完成。碳纤维复合材料初步固化时间为0.5～4h，可以通过辐射加温的方式加速固化。基本固化之后可以进行下一步处理。如图13-36所示。

图13-36 铺设碳纤维复合材料

（5）**增加外保护层（可选）** 对于钢管，应在碳纤维复合材料外部缠绕聚乙烯胶粘带或者涂刷外保护层。建议使用抗紫外线涂层、防腐冷缠带或其他抗老化防腐材料，在补强层外进行处理，减少紫外线长期照射对碳纤维复合材料强度的负面影响。如图13-37所示。现场

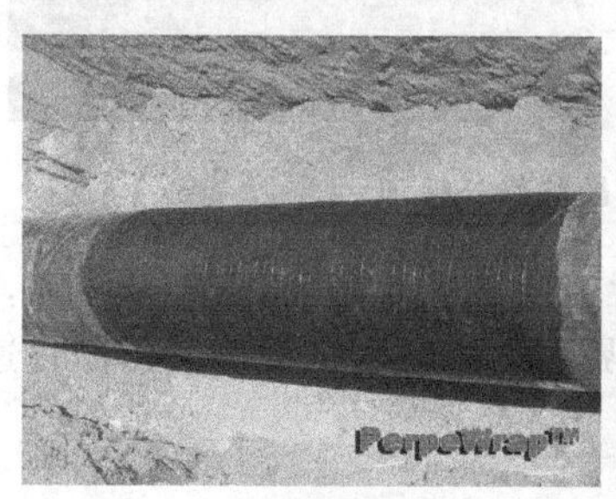

(a) 缠绕冷缠带

(b) 沥青玻璃布防腐

(c) 涂刷金属漆

图13-37 增加外保护层方法

应用情况如图 13-38 所示。

图 13-38　碳纤维复合材料修复应用实例

参考文献

[1] TSG-21—2016 固定式压力容器安全技术监察规程.
[2] GB 150—2011 压力容器.
[3] JB/T 4709—2007 钢制压力容器焊接规程.
[4] JB/T 4712.1—2007 容器支座 第1部分：鞍式支座.
[5] JB/T 4712.2—2007 容器支座 第2部分：腿式支座.
[6] JB/T 4712.3—2007 容器支座 第3部分：耳式支座.
[7] JB/T 4712.4—2007 容器支座 第4部分：支承式支座.
[8] GB/T 4237—2007 不锈钢热轧钢板.
[9] GB/T 700—2006 碳素结构钢.
[10] GB/T 1220—2007 不锈钢棒.
[11] GB/T 1221—2007 耐热钢棒.
[12] GB/T 3274—2007 碳素结构钢和低合金结构钢热轧厚钢板及钢带.
[13] GB/T 3280—2015 不锈钢冷轧钢板和钢带.
[14] GB/T 4238—2015 耐热钢板.
[15] GB/T 11253—2007 碳素结构钢冷轧薄钢板及钢带.
[16] GB/T 13296—2013 锅炉、热交换器用不锈钢无缝钢管.
[17] GB/T 4622.3—2007 缠绕式垫片 技术条件.
[18] GB 9130—2007 钢制管法兰连接用金属环垫技术条件.
[19] GB/T 131—2006 产品几何技术规范（GPS）技术产品文件中表面结构的表示法.
[20] GB/T 17453—2005 技术制图 图样画法 剖面区域的表示法.
[21] SH 3532—2005 石油化工换热设备施工及验收规范.
[22] HG/T 21514—2014 钢制人孔和手孔的类型与技术条件.
[23] HG/T 21515—2014 常压人孔.
[24] HG/T 21516—2014 回转盖板式平焊法兰人孔.
[25] HG/T 21517—2014 回转盖带颈平焊法兰人孔.
[26] HG/T 21518—2014 回转盖带颈对焊法兰人孔.
[27] HG/T 21519—2014 垂直吊盖板式平焊法兰人孔.
[28] HG/T 21520—2014 垂直吊盖带颈平焊法兰人孔.
[29] HG/T 21521—2014 垂直吊盖带颈对焊法兰人孔.
[30] HG/T 21522—2014 水平吊盖板式平焊法兰人孔.
[31] HG/T 21523—2014 水平吊盖带颈平焊法兰人孔.
[32] HG/T 21524—2014 水平吊盖带颈对焊法兰人孔.
[33] HG/T 21525—2014 常压旋柄快开人孔.

[34] HG/T 21526—2014 椭圆形回转盖快开人孔.
[35] HG/T 21527—2014 回转拱盖快开人孔.
[36] HG/T 21528—2014 常压手孔.
[37] HG/T 21529—2014 板式平焊法兰手孔.
[38] HG/T 21530—2014 带颈平焊法兰手孔.
[39] HG/T 21531—2014 带颈对焊法兰手孔.
[40] HG/T 21532—2014 回转盖带颈对焊法兰手孔.
[41] HG/T 21533—2014 常压快开手孔.
[42] HG/T 21534—2014 旋柄快开手孔.
[43] HG/T 21535—2014 回转盖快开手孔.
[44] GB/T 3524—2005 碳素结构钢和低合金结构钢热轧钢带.
[45] GB/T 11263—2010 热轧 H 型钢和部分 T 型钢.
[46] GB/T 1047—2005 管道元件 DN（公称尺寸）的定义和选用.
[47] GB/T 1048—2005 管道元件 PN（公称压力）的定义和选用.
[48] GB/T 19675.1—2005 管法兰用金属冲齿板柔性石墨复合垫片 尺寸.
[49] GB/T 4457.2—2003 技术制图 图样画法 指引线和基准线的基本规定.
[50] GB/T 4458.2—2003 机械制图 装配图中零、部件序号及其编排方法.
[51] GB/T 4458.4—2003 机械制图 尺寸注法.
[52] GB/T 4458.5—2003 机械制图 尺寸公差与配合注法.
[53] GB/T 6567.1—2008 管路系统的图形符号 基本原则.
[54] GB 50341—2014 立式圆筒形钢制焊接油罐设计规范.
[55] GB/T 4457.4—2002 机械制图 图样画法 图线.
[56] GB/T 4458.1—2002 机械制图 图样画法 视图.
[57] GB/T4458.6—2002 机械制图 图样画法 剖视图和断面图.
[58] JB/T 4746—2002 钢制压力容器用封头.
[59] JB/T 4736—2002 补强圈.
[60] GB/T 9019—2015 压力容器公称直径.
[61] GB 50205—2001 钢结构工程施工及验收规范.
[62] SH 3030—2009 石油化工塔型设备基础设计规范.
[63] JB/T 4700—2000 压力容器法兰分类与技术条件.
[64] GB/T 221—2008 钢铁产品牌号表示方法.
[65] GB/T 9113.1—2010 平面、突面整体钢制管法兰.
[66] GB/T 9113.2—2010 凹凸面整体钢制管法兰.
[67] GB/T 9113.3—2010 榫槽面整体钢制管法兰.
[68] GB/T 9113.4—2010 环连接面整体钢制管法.
[69] GB/T 9114—2010 突面带颈螺纹钢制管法兰.
[70] GB/T 9115.1—2010 平面、突面对焊钢制管法兰.
[71] GB/T 9115.2—2010 凹凸面对焊钢制管法兰.
[72] GB/T 9115.3—2010 榫槽面对焊钢制管法兰.
[73] GB/T 9115.4—2010 环连接面对焊钢制管法兰.
[74] GB/T 9116.1—2010 平面、突面带颈平焊钢制管法兰.

[75] GB/T 9116.2—2010 凹凸面带颈平焊钢制管法兰.
[76] GB/T 9116.3—2010 榫槽面带颈平焊钢制管法兰.
[77] GB/T 9116.4—2010 环连接面带颈平焊钢制管法兰.
[78] GB/T 9117.1—2010 突面带颈承插焊钢制管法兰.
[79] GB/T 9117.2—2010 凹凸面带颈承插焊钢制管法兰.
[80] GB/T 9117.3—2010 榫槽面带颈承插焊钢制管法兰.
[81] GB/T 9117.4—2010 环连接面带颈承插焊钢制管法兰.
[82] GB/T 9118.1—2010 突面对焊环带颈松套钢制管法兰.
[83] GB/T 9118.2—2010 环连接面对焊环带颈松套钢制管法兰.
[84] GB/T 9119—2010 平面、突面板式平焊钢制管法兰.
[85] GB/T 9120.1—2010 突面对焊环板式松套钢制管法兰.
[86] GB/T 9120.2—2010 凹凸面对焊环板式松套钢制管法兰.
[87] GB/T 9120.3—2010 榫槽面对焊环板式松套钢制管法兰.
[88] GB/T 9121.1—2010 突面平焊环板式松套钢制管法兰.
[89] GB/T 9121.2—2010 凹凸面平焊环板式松套钢制管法兰.
[90] GB/T 9121.3—2010 榫槽面平焊环板式松套钢制管法兰.
[91] GB/T 9122—2010 翻边环板式松套钢制管法兰.
[92] GB/T 9123.1—2010 平面、突面钢制管法兰盖.
[93] GB/T 9123.2—2010 凹凸面钢制管法兰盖.
[94] GB/T 9123.3—2D10 榫槽面钢制管法兰盖.
[95] GB/T 9123.4—2010 环连接面钢制管法兰盖.
[96] GB/T 9124—2010 钢制管法兰 技术条件.
[97] GB/T 4459.5—1999 机械制图 中心孔表示法.
[98] GB 151—2014 热交换器.
[99] GB/T 17450—1998 技术制图 图线.
[100] GB/T 17451—1998 技术制图 图样画法 视图.
[101] GB/T 17452—1998 技术制图 图样画法 剖视图和断面图.
[102] GB 150—2011 压力容器.
[103] GB/T 4459.1—1995 机械制图 螺纹及螺纹紧固件表示法.
[104] GB/T 15754—1995 技术制图 圆锥的尺寸和公差注法.
[105] GB 50221—95 钢结构工程质量检验评定标准.
[106] GB/T 14691—1993 技术制图 字体.
[107] GB/T 14692—1993 技术制图 投影法.
[108] GB/T 13237—91 优质碳素结构钢冷轧薄钢板和钢带.
[109] GB/T 13304—2008 钢分类.
[110] GB/T 3277—91 花纹钢板.
[111] GB/T 716—1991 碳素结构钢冷轧钢带.
[112] GB/T 12212—1990 技术制图 焊缝符号的尺寸、比例及简化表示法.
[113] GB 12212—90 焊缝符号的尺寸、比例及简化表示法.
[114] GB/T 10609.1—1989 技术制图 标题栏.
[115] GB/T 10609.2—1989 技术制图 明细栏.

[116] GB/T 10609.3—1989 技术制图 复制图的折叠方法.
[117] GB/T 912—89 碳素结构钢和低合金结构钢热轧薄钢板及钢带.
[118] GB/T 11251—2009 合金结构钢热轧厚钢板.
[119] GB/T 324—2008 焊缝符号表示法.
[120] GB/T 711—2008 优质碳素结构钢热轧厚板和宽钢带.
[121] GB 985—2008 气焊、手工电弧焊及气体保护焊焊缝坡口的基本形式与尺寸.
[122] GB 4457.1—1984 机械制图 图纸幅面及格式.
[123] GB 4457.3—1984 机械制图 字体.
[124] GB 4457.5—1984 机械制图 剖面符号.
[125] GB/T 4458.3—1984 机械制图 轴测图.
[126] GB/T 4460—1984 机械制图 机构运动简图符号.
[127] GB/T 4656—2000 金属结构件表示法.
[128] 胡忆沩，李鑫. 实用管工手册 [M]. 北京：化学工业出版社，2011.
[129] 劳动和社会保障部教材办公室组织. 冷作工工艺学 [M]. 北京：中国劳动和社会保障出版社，2008.
[130] 实用钣金技术手册编写组. 实用钣金技术手册 [M]. 北京：机械工业出版社，2006.
[131] GB/T 15237—2000 术语工作 词汇 第1部分：理论与应用 [S]. 北京：中国标准出版社，2001.
[132] 唐顺钦. 实用钣金工展开手册 [M]. 北京：冶金工业出版社，1979.